2 BACHILLERATO

MATEMÁTICAS II

J. COLERA JIMÉNEZ, Mª J. OLIVEIRA GONZÁLEZ,
R. COLERA CAÑAS, R. GARCÍA PÉREZ

Usa este código para:

Acceder al
BANCO DE RECURSOS
y descargar el
LIBRO DIGITAL
disponibles en
www.anayaeducacion.es

ANAYA

ASÍ ES

TU LIBRO

PARA EMPEZAR

Lo primero que encontrarás al empezar el libro es una **unidad dedicada a la resolución de problemas** y un repaso de las épocas más importantes **de la historia de las matemáticas.**

Te damos pautas y pasos para enfrentarte a un problema.

Te mostramos **distintas estrategias** y te planteamos problemas para que las apliques.

BLOQUES DE CONTENIDOS

Al final de cada bloque encontrarás indicaciones para preparar la **prueba de acceso a la universidad.**

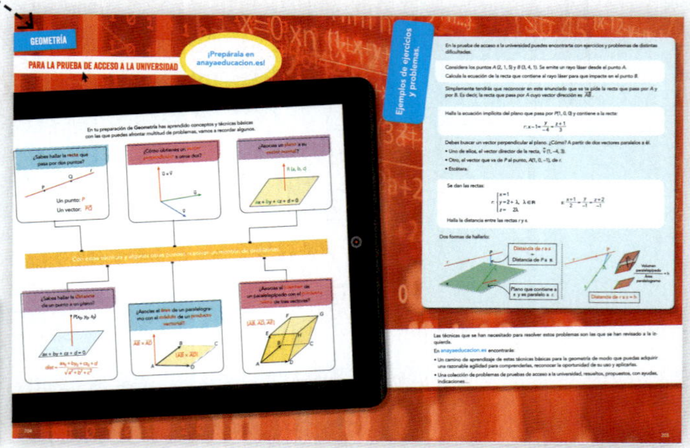

El libro está dividido en cinco bloques:

- Álgebra
- Geometría
- Análisis
- Probabilidad

También dispones de una larga **autoevaluación** para repasar los contenidos de todas las unidades del bloque.

Los **iconos** incluidos en algunas actividades sugieren la clave del proyecto que puede aplicarse en cada caso.

Cada bloque se inicia con un **eje cronológico** en el que se destacan los principales avances en el campo de las matemáticas.

LAS CLAVES DEL PROYECTO

Compromiso ODS

Descubre los Objetivos de Desarrollo Sostenible y forma parte activa de nuestro compromiso para lograr un mundo más igualitario y habitable.

Plan Lingüístico

Pon en práctica tus destrezas comunicativas en los diferentes tipos de texto que te proponemos. El lenguaje siempre está presente, ¡comunícate!

Desarrollo del pensamiento

Trabaja estrategias de pensamiento: reflexiona sobre los contenidos que estás aprendiendo, genera ideas, organízalas, priorízalas, arguméntalas, exponlas...

Aprendizaje cooperativo

Implícate en tu aprendizaje y participa en el de todo el grupo; comprobarás que cooperar mejora el rendimiento y la convivencia en clase.

DESARROLLO DE CADA UNIDAD

Las dos primeras páginas de cada unidad están dedicadas a introducir sus **contenidos más importantes** a través de una introducción histórica.

Las unidades se dividen en **epígrafes y subepígrafes,** en los que te mostramos los conceptos y herramientas que debes aprender.

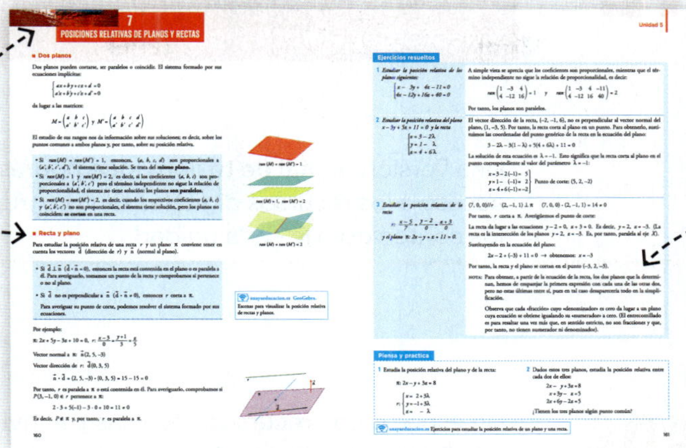

En cada epígrafe encontrarás **ejercicios** resueltos y otros que te proponemos para que los resuelvas.

EJERCICIOS Y AUTOEVALUACIONES

Se completa la presentación teórica con varias páginas de **ejercicios resueltos** y unos **ejercicios guiados** para que los resuelvas siguiendo unos pasos que te indicamos brevemente.

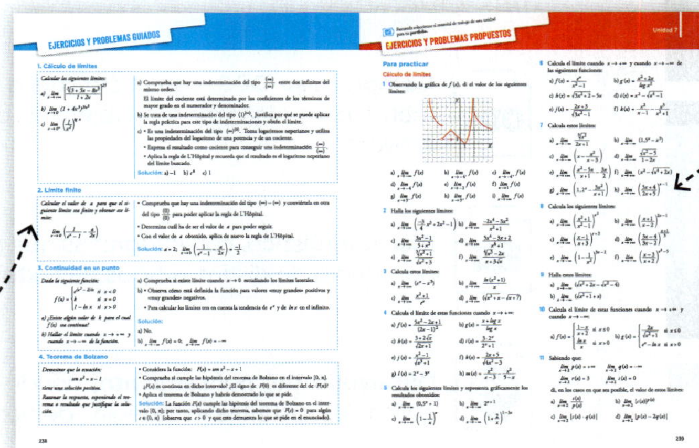

Al final de la unidad te proponemos una gran cantidad de **ejercicios** y te plantemos una **autoevaluación** que te ayudará a comprobar tus avances.

Educación emocional

Aprende a conocerte; identifica las situaciones que te generan emociones bloqueantes y gestiónalas con experiencias de autoafirmación constructiva.

Cultura emprendedora

Confía en tus aptitudes y conocimientos, desarrolla la creatividad, adáptate a las situaciones cambiantes y ten una actitud proactiva y responsable.

TIC

Aprende a obtener información, seleccionarla y aplicarla; a planificar, gestionar y elaborar trabajos; a colaborar en Red de forma ética y segura.

Orientación académica y profesional

Valora tus capacidades personales, descubre y despierta tu vocación, entrénate en la toma de decisiones y aprende a orientarte entre distintas opciones.

Evaluación

Descubre diversas estrategias para analizar qué has aprendido y cómo lo has aprendido; entrénate para asumir compromisos o superar dificultades.

ASÍ ES EL PROYECTO DIGITAL

Regístrate en **www.anayaeducacion.es**. Solo necesitas tener un correo electrónico, el código que se indica en la primera página de este libro y el permiso de tu padre, madre, tutor o tutora legales. Así podrás acceder al banco de recursos y descargar el libro digital.

LIBRO DIGITAL

Una versión digital de tu libro, que podrás usar en condiciones *offline* y *online*, con acceso a los recursos digitales tanto agrupados por tipologías como asociados a los contenidos de cada unidad.

BANCO DE RECURSOS

Un espacio con recursos, técnicas y actividades, diseñado para afianzar tus conocimientos.

RECURSOS RELACIONADOS CON LAS CLAVES DEL PROYECTO

Más sobre las claves

Compromiso ODS, con microvídeos que te ayudarán a conocer cuáles son las metas para alcanzar los Objetivos de Desarrollo Sostenible trabajadas en el proyecto.

Plan Lingüístico, con infografías que te darán las pautas para abordar el trabajo por medio de distintos tipos de textos (descriptivo, narrativo, expositivo, etc.).

Desarrollo del pensamiento, donde se incorporan explicaciones sobre cómo aplicar las distintas estrategias de pensamiento planteadas en el proyecto.

Aprendizaje cooperativo, que incluye la descripción de las técnicas de aprendizaje cooperativo propuestas en el proyecto.

Educación emocional, con orientaciones para superar la inquietud generada en diferentes situaciones de tu proceso de aprendizaje (inicio del curso, enfrentarte a un examen, etc.).

TIC, mediante fichas que reforzarán tu uso saludable, correcto y seguro de las tecnologías de la información y la comunicación.

Orientación académica y profesional, con información sobre diferentes profesiones vinculadas a los contenidos tratados en la asignatura.

Evaluación, se presentan orientaciones para hacer tu portfolio, así como rúbricas y dianas que facilitan tu autoevaluación.

RECURSOS DESTACADOS DE LA MATERIA

- Tutoriales
- Actividades con GeoGebra
- Glosario
- Aprende jugando
- Autoevaluaciones
- Preparación de la prueba de acceso a la universidad.

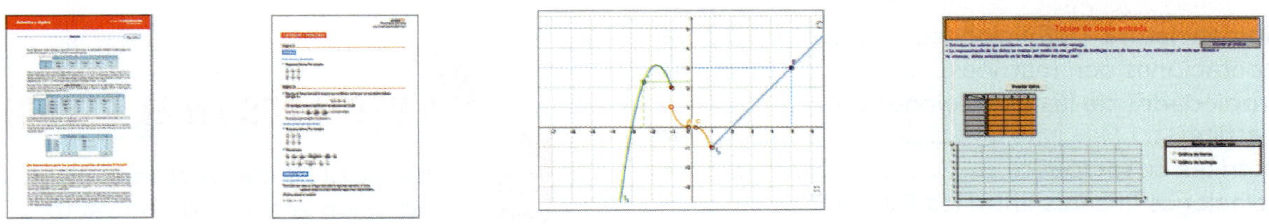

CONTENIDOS DEL CURSO

BREVE HISTORIA DE LAS MATEMÁTICAS Pág. 8

RESOLUCIÓN DE PROBLEMAS Pág. 12

I ÁLGEBRA

1 ÁLGEBRA DE MATRICES Pág. 36

2 DETERMINANTES Pág. 64

3 SISTEMAS DE ECUACIONES Pág. 90

II GEOMETRÍA

4 VECTORES EN EL ESPACIO Pág. 126

5 PUNTOS, RECTAS Y PLANOS EN EL ESPACIO Pág. 146

6 PROBLEMAS MÉTRICOS Pág. 176

III ANÁLISIS

7 LÍMITES DE FUNCIONES. CONTINUIDAD

8 DERIVADAS

9 APLICACIONES DE LAS DERIVADAS

10 REPRESENTACIÓN DE FUNCIONES

11 CÁLCULO DE PRIMITIVAS

12 LA INTEGRAL DEFINIDA

IV PROBABILIDAD

13 AZAR Y PROBABILIDAD

14 DISTRIBUCIONES DE PROBABILIDAD

BREVE HISTORIA DE LAS MATEMÁTICAS

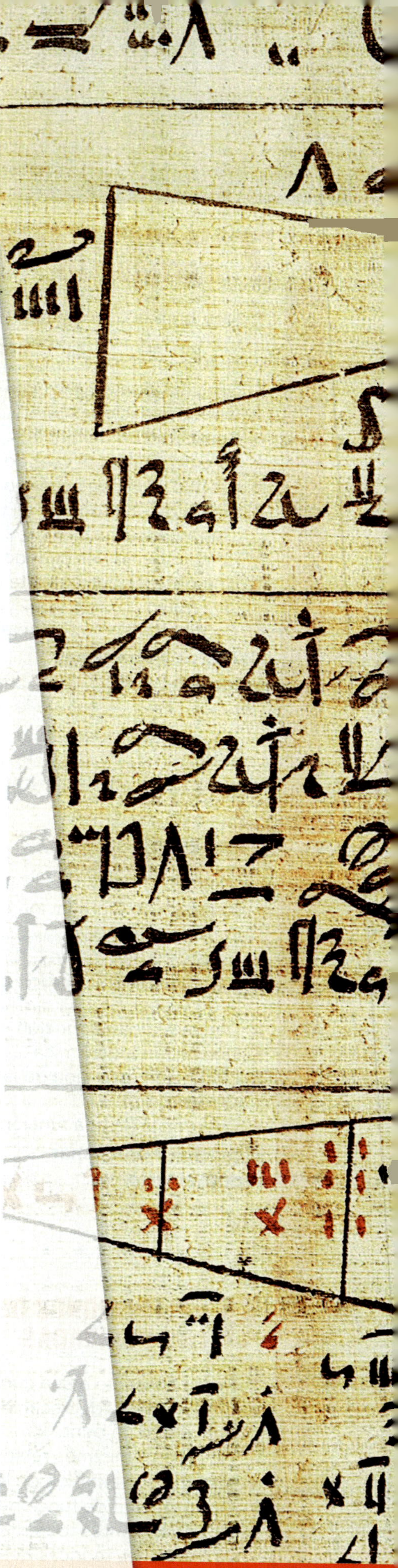

Los inicios de la matemática

Las primeras nociones de número, magnitud y forma se remontan a los orígenes de la especie humana y constituyen el germen de lo que actualmente conocemos como matemáticas.

Las referencias más antiguas sobre una matemática más avanzada y estructurada se remontan a los tiempos de la antigua Babilonia y el antiguo Egipto allá por el tercer milenio antes de Cristo. Ambas civilizaciones desarrollaron extensísimos conocimientos matemáticos que utilizaron con una finalidad puramente práctica.

Periodo occidental clásico

La estela dejada en la historia de la humanidad por la civilización griega entre los siglos VII y II a. C. representa, sin duda, la influencia más profunda ejercida por un único pueblo en la historia de las matemáticas.

En Grecia se afrontó con éxito la tarea de dar consistencia racional rigurosa al pensamiento matemático, convirtiéndolo en modelo para todo el pensamiento científico posterior.

Periodo grecorromano:

Transcurrido el siglo III a. C. comienza un largo periodo de relativo estancamiento en el progreso de la matemática occidental. Es difícil hacer afirmaciones bien fundamentadas sobre las razones de este hecho. La transición de la hegemonía griega a la romana contribuyó, ciertamente, a ello. El espíritu romano pareció estar tan predispuesto como el griego a la especulación científica y filosófica. Su gran obra intelectual fue el asentamiento del derecho.

El auge de la matemática árabe

La expansión árabe propició el contacto de esta cultura con la cultura griega. Pronto la matemática árabe se familiarizó con los tesoros intelectuales de los pueblos de oriente y llegó a convertirse en el foco de irradiación de la cultura griega clásica.

También debemos a la matemática árabe la introducción de símbolos que condujeron al desarrollo del álgebra en el siglo IX.

Periodo medieval europeo

Tras el largo interludio de estancamiento matemático en Occidente, se produjo un pequeño despertar de la mano de Leonardo de Pisa, más conocido como Fibonacci, que introdujo en Europa los conocimientos aritméticos y algebraicos de la cultura árabe.

La matemática renacentista

Mientras Europa se recuperaba de los estragos creados por la peste negra, en 1453 el ejército turco invadió Constantinopla provocando la caída del Imperio bizantino (el Imperio Romano de Oriente). La inmigración bizantina llegada a Italia introdujo también conocimientos, desarrollados en Grecia tiempo atrás, que despertaron el interés de Europa por los grandes clásicos de la cultura helénica. Este hecho, sumado a la invención de la imprenta, que facilitó la difusión de los escritos científicos, contribuyó en gran medida al verdadero impulso de la cultura y la matemática europeas.

La matemática moderna • El siglo de los genios

La acumulación de talento matemático en el siglo XVII parece difícilmente repetible. Una renovación de la visión pitagórica del papel de la matemática en la exploración del mundo, ahora con unas herramientas mucho más potentes a su disposición, es la que guía esta eclosión de actividad matemática.

El siglo XVIII

Durante este periodo la matemática se caracterizó por la aplicación de los nuevos métodos del análisis creados en el siglo anterior a fin de obtener un dominio matemático pleno de diversos campos de la física. El cálculo infinitesimal, que aún no había logrado implementarse de un modo riguroso, demostraba ser tan útil en sus aplicaciones que los matemáticos profundizaron y sistematizaron su uso.

Revolución francesa:

La segunda mitad del siglo XVIII y el comienzo del XIX constituyeron la época de mayor esplendor de la matemática francesa, la cual, a finales del siglo XVIII se ocupó activamente de revitalizar la geometría con creaciones como la geometría diferencial, la descriptiva y la proyectiva, que constituyeron nuevos campos de gran influencia en el desarrollo geométrico posterior.

El siglo XIX

La principal característica de la actividad matemática del siglo XIX es el asentamiento de una fundamentación sistemática y rigurosa, y la profundización de muchos de los logros conseguidos durante los dos siglos precedentes.

El siglo XX

El progreso de la matemática en el siglo XX fue tan grandioso en extensión y profundidad que se ha llegado a afirmar que las creaciones matemáticas en solo este periodo vienen a superar con mucho toda la producción realizada antes del siglo XX.

El desarrollo más espectacular de la matemática del siglo XX ha sido el originado por la irrupción del ordenador en la matemática misma, en todas las otras ciencias y en nuestra cultura en general. Incluso los mismos métodos de trabajo de los matemáticos están empezando a cambiar debido a las múltiples posibilidades que el ordenador ofrece. Este ha resultado ser un magnífico instrumento para estudiar formas de complejidad que hasta ahora resultaban inabordables.

NOTAS HISTÓRICAS

- Periodo occidental clásico
- El auge de la matemática árabe y periodo medieval europeo
- La matemática renacentista
- La matemática moderna
- El siglo XVIII
- El siglo XIX
- El siglo XX

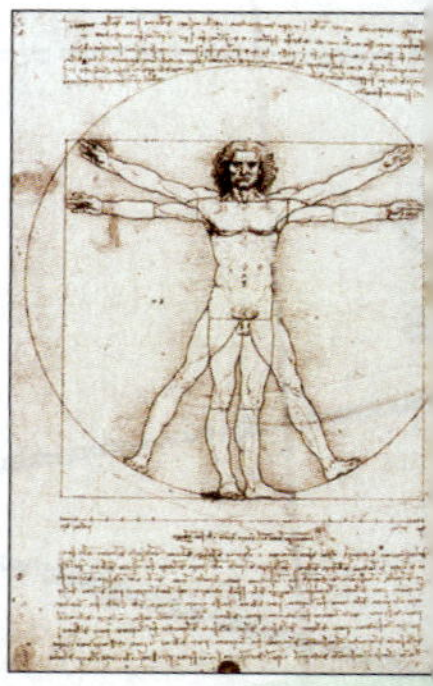

200 — Diofanto

300 — Invención de la pólvora en China

800 — Al-Jwarizmi

División del Imperio carolingio (Tratado de Verdún)

900 — Invención del alfabeto cirílico

1000 — Avicena

Reinos de Taifas

El Cid

Omar Jayyam

1100

1500 — Luca Pacioli

Renaciminent Miguel Ángel Rafael, Leonardo da Vinci...)

Carlos

Karl Marx

Invención de la bombilla

Primera República Española

Pearson

Hamilton, Sylvester, Cayley

Sofia Kovalevskaya

Cantor

1900 — Revolución rusa

Primera Guerra Mundial

Guerra civil española

Kolmogorov

Segunda Guerra Mundial

Guerra espacial

Aparece el álgebra abstracta

2000

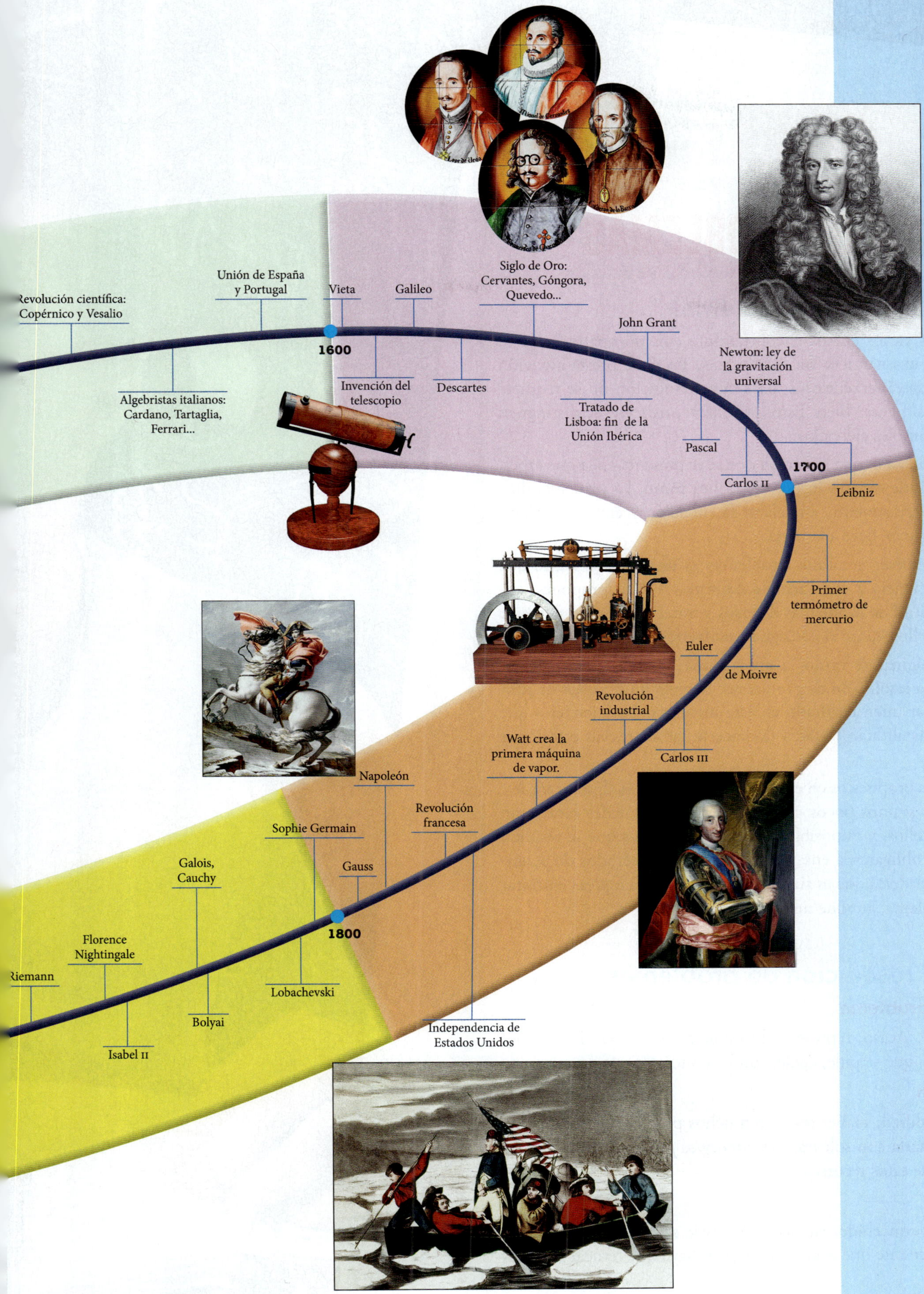
Revolución científica: Copérnico y Vesalio
Algebristas italianos: Cardano, Tartaglia, Ferrari...
Unión de España y Portugal
1600
Vieta
Invención del telescopio
Galileo
Descartes
Siglo de Oro: Cervantes, Góngora, Quevedo...
Tratado de Lisboa: fin de la Unión Ibérica
John Grant
Pascal
Newton: ley de la gravitación universal
Carlos II
1700
Leibniz
Primer termómetro de mercurio
de Moivre
Euler
Carlos III
Revolución industrial
Watt crea la primera máquina de vapor.
Independencia de Estados Unidos
Revolución francesa
Napoleón
Gauss
Sophie Germain
1800
Lobachevski
Galois, Cauchy
Bolyai
Florence Nightingale
Isabel II
Riemann

RESOLUCIÓN DE PROBLEMAS

¿Qué es un auténtico problema?

Seguramente llevas varios cursos encontrándote con un apartado de tu libro denominado RESOLUCIÓN DE PROBLEMAS. En él se presta atención a esos problemas *especiales*, curiosos, para cuya resolución no se requiere saber mucho pero sí pensar bien. Estos *auténticos problemas* se distinguen claramente de los simples ejercicios.

Un verdadero problema es una situación que se te presenta en la que sabes, más o menos, a dónde quieres ir, pero no sabes cómo. La principal dificultad consistirá, precisamente, en aclarar la situación y encontrar algún camino adecuado que te lleve a la meta.

La destreza para resolver genuinos problemas es un verdadero arte que aprenderás con paciencia y considerable esfuerzo, si te lo propones, enfrentándote a multitud de problemas diversos y tratando de sacar el mejor partido posible de ellos, tanto si consigues resolverlos como si no.

En las próximas páginas te vamos a ofrecer unas cuantas estrategias de pensamiento para la resolución de problemas. Son algunos modos de proceder que suelen dar buen resultado en este menester. Los ejercicios que los acompañan te facilitarán la tarea de hacerte familiares las estrategias correspondientes.

Entre los problemas propuestos en esta sección encontrarás algunos fáciles, otros menos fáciles y unos pocos claramente difíciles. Puedes sacar gran provecho de todos ellos, y es posible que más de aquellos que te resulten más duros, pues te obligarán a ensayar más caminos y métodos de pensamiento. Nunca consideres que es tiempo perdido el que empleas en tratar de resolver un problema, aunque no lo consigas.

Etapas en la resolución de problemas

Comprender el problema

Leerlo atentamente. Acaso, representarlo esquemáticamente. Tener muy claro qué se conoce, qué se pide, cuáles son las condiciones.

Concebir un plan

Esta es la fase más difícil. Haber resuelto muchos problemas proporciona recursos para afrontarla con soltura. Las *estrategias para resolver problemas* describen algunos de estos recursos.

Ejecutar el plan

Si el plan está bien concebido, su ejecución suele ser relativamente fácil. Sin embargo, es frecuente que al ejecutar el plan haya que retocar el camino previsto.

Reflexionar sobre la solución obtenida

Este paso es muy importante para mejorar el aprendizaje en la resolución de problemas.

— Verificar si la solución conseguida es razonable.

— Reflexionar sobre el proceso seguido, en qué se podría haber mejorado…

— Acaso convenga plantearse nuevos problemas relacionados con este, más sencillos, más complejos…

Algunos consejos para resolver problemas (actitudes)

- **Entiende bien** todos los términos del problema.

  Asegúrate de que comprendes cada dato, cada frase. Qué es lo que te piden, en qué puedes basarte… Si el enunciado es algo complicado, intenta explicártelo a ti mismo o a otra persona.

- **Pon en tensión todos tus resortes mentales.**

  Concéntrate al máximo, pues resolver problemas es una actividad mental compleja.

  Pon en juego buenas dosis de **paciencia y constancia**.

  No abandones a la menor dificultad. Cada problema requiere su tiempo.

- **Resuelve de nuevo** los problemas complicados.

  Si para resolver un problema has necesitado ayuda, vuelve a intentarlo por tu cuenta esa misma tarde. Y, nuevamente, algunos días después.

- **Reflexiona sobre otras formas de resolución.**

  Si te han mostrado una resolución distinta de la tuya, muestra interés por ella, intentando entenderla. Después, prueba a resolverlo por ese otro camino.

- **Sácale partido a los buenos problemas.**

  Los *buenos problemas* son una fuente de aprendizaje. El «volver a hacer» un problema mejorando la redacción, explicitando algún paso, encontrando algún atajo…, lejos de ser una pérdida de tiempo, es un ejercicio magnífico.

  Y si el problema es interesante, es posible que puedas:

  — Generalizar.

  — Inventar uno parecido (más fácil, más difícil).

  — Cuestionarte sobre lo que ocurriría si se suprimiera tal o cual condición, si se añadiera esta otra…

- **Intercambia conclusiones** con tus compañeros.

  Los problemas se piensan individualmente. Solo en algunas ocasiones tendrá sentido hacer un estudio en grupo para buscar ideas que encaminen a la solución, y ello, después de haber pensado individualmente (para poder ser útil a un grupo, es necesario estar preparado, y la preparación requiere esfuerzo individual).

  Sin embargo, es muy provechoso el intercambio de ideas después de haber resuelto el problema. Es beneficiosa la costumbre de hacerlo sistemáticamente.

Tantear, analizar sistemáticamente todos los casos

En muchas ocasiones es necesario tantear, analizar caso a caso las distintas posibilidades que se nos presentan. Pero en esa búsqueda es fundamental:

- Acotar, previamente, nuestro campo de indagación enfocando bien el problema.
- Ser muy sistemático en la búsqueda.

Problema resuelto

El primer dígito de un número de seis cifras es 1. Si se mueve al otro extremo, a la derecha, manteniendo el orden del resto de cifras, el nuevo número (también de seis cifras) es tres veces el primero.

¿Cuál es el número original?

- Llamamos A al número original y B al nuevo número:

$$A: \underline{1}\ \underline{a}\ \underline{b}\ \underline{c}\ \underline{d}\ \underline{e} \quad \text{y} \quad B: \underline{a}\ \underline{b}\ \underline{c}\ \underline{d}\ \underline{e}\ \underline{1}$$

B ha de ser el triple de A.

- Veamos cuáles son las distintas posibilidades que hay para la última cifra del resultado de multiplicar un dígito por 3:

ÚLTIMA CIFRA DE **A**	0	1	2	3	4	5	6	7	8	9
ÚLTIMA CIFRA DE **B = 3A**	0	3	6	9	2	5	8	1	4	7

(Observa que en $3A$ no se repite ninguna cifra).

- Si la última cifra de B es un 1, la última cifra de A solo puede ser un 7 (observa la tabla: $3 \cdot 7 = 21$): $e = 7$. Entonces, la penúltima cifra de B también será un 7:

$$A: \underline{1}\ \underline{a}\ \underline{b}\ \underline{c}\ \underline{d}\ \underline{7} \quad \text{y} \quad B: \underline{a}\ \underline{b}\ \underline{c}\ \underline{d}\ \underline{7}\ \underline{1}$$

- Si la penúltima cifra de B es 7, la penúltima cifra de A ha de ser 5 (ten en cuenta que $3 \cdot 5 + 2 = 17$; sumamos el 2 porque *nos lo llevábamos* del 21 de antes): $d = 5$

Ya tenemos que: $A: \underline{1}\ \underline{a}\ \underline{b}\ \underline{c}\ \underline{5}\ \underline{7}$ y $B: \underline{a}\ \underline{b}\ \underline{c}\ \underline{5}\ \underline{7}\ \underline{1}$

- Termina tú el razonamiento y obtén que el número que buscamos es 142 857.

¡Atención! Otro modo de resolverlo.

Puedes resolver este problema de forma rápida y elegante. Observa:

$$1\,\underline{a}\,\underline{b}\,\underline{c}\,\underline{d}\,\underline{e} = 100\,000 + \underline{a}\,\underline{b}\,\underline{c}\,\underline{d}\,\underline{e}$$

$$\underline{a}\,\underline{b}\,\underline{c}\,\underline{d}\,\underline{e}\,1 = 10 \cdot (\underline{a}\,\underline{b}\,\underline{c}\,\underline{d}\,\underline{e}) + 1$$

Llama $\underline{a}\,\underline{b}\,\underline{c}\,\underline{d}\,\underline{e} = x$ y relaciona algebraicamente ambas cantidades:

$$10x + 1 = 3 \cdot (100\,000 + x)$$

Termina de resolverla tú mismo.

Piensa y practica

1 El matemático Hardy visitó en el hospital al matemático indio Ramanujan. Le comentó: «He venido en el taxi 1 729, un número muy soso». «De ninguna manera» —contestó Ramanujan—, «es un número muy interesante: es el menor que se puede expresar como suma de dos cubos de dos maneras diferentes». Demuéstralo.

2 El producto de cuatro enteros consecutivos es 7 590 024. ¿Qué números son?

3 Halla el mayor número entero n que cumpla esta desigualdad: $n^{200} < 5^{300}$.

4 ¿Cuántos números de cuatro cifras terminados en 45 son múltiplos de 45? ¿Hay alguno que empiece por 45? Explica tu respuesta.

5 ¿Cuál es la suma de todos los números capicúas comprendidos entre 60 000 y 70 000?

6 ¿Cuántos números menores que 1 000 tienen la suma de sus dígitos igual a 7?

7 ¿Cuál es el último dígito (cifra de unidades) de $3\,857^{105}$?

anayaeducacion.es Repaso: resolución de problemas analizando todos los casos posibles.

Hacer un esquema, dibujo o diagrama

Un buen esquema siempre es útil para resolver un problema. Pero hay ocasiones en que facilita extraordinariamente la visión del camino que se debe seguir para su resolución.

Además, si un problema es similar a otro, puedes pensar sobre un esquema parecido.

Problema resuelto

Un grupo de soldados marcha marcando el paso y formando una hilera de 30 m de larga. El sargento, que se encontraba a la altura del último, aligera el paso hasta alcanzar la cabecera de la fila y, en ese momento, se vuelve y retrocede sin variar su ritmo hasta situarse otra vez junto al último.

¿Cuál ha sido la distancia recorrida por el sargento en ese espacio de tiempo, sabiendo que mientras tanto el pelotón ha progresado 20 m?

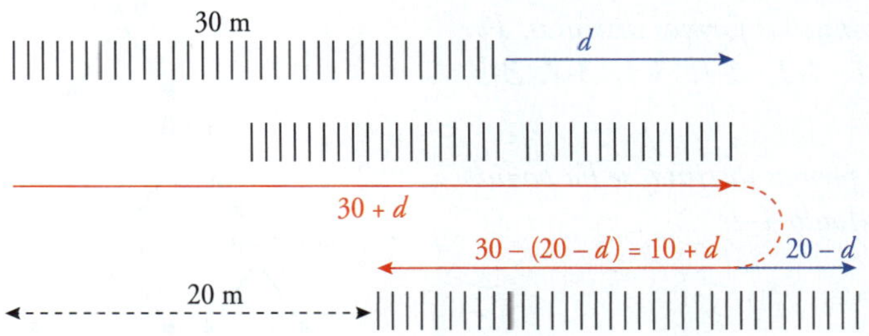

Cuando la fila avanza d, el sargento avanza $30 + d$.

Cuando la fila avanza $20 - d$, el sargento retrocede $30 - (20 - d) = 10 + d$.

Los tramos que recorren el sargento y el pelotón en ambos intervalos de tiempo son proporcionales. Por ello:

$$\frac{30+d}{d} = \frac{10+d}{20-d} \rightarrow d^2 + 10d - 300 = 0 \rightarrow d = 13{,}03 \text{ m}$$

El sargento recorre 30 + 13,03 + 10 + 13,03 = 66,06 m.

Piensa y practica

8 En el problema anterior, ¿qué distancia recorrerá el sargento si la fila avanza 40 m en todo el proceso?

9 Una moto gasta 5 L de gasolina en recorrer un tramo de carretera situado entre dos puntos. En el depósito caben 10 L y puede llevar un bidón de 5 L en el sillín. ¿Cómo harías para recorrer esta carretera con la moto? (En las gasolineras, G, puedes llenar el depósito y comprar bidones de 5 L). ¿Cuántos litros de gasolina necesitarías para llegar de una gasolinera a otra distante n tramos? Para recorrer cuatro tramos, tendrás que ir previamente a dejar un bidón en algún punto intermedio de la carretera. Para resolver el problema para cinco tramos, ¿te ayudaría haberlo resuelto primero para cuatro?

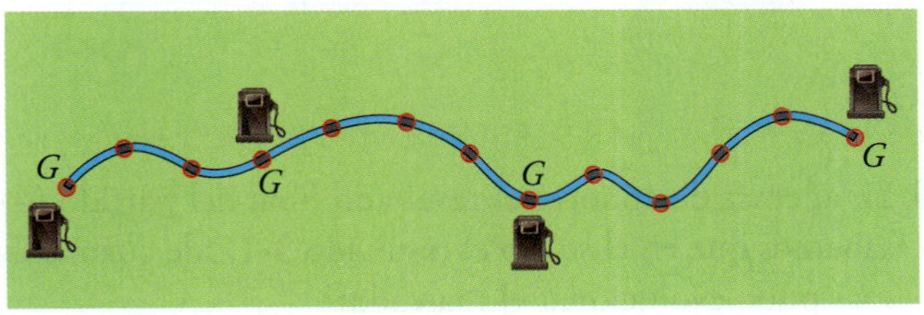

10 Un beduino desea atravesar un desierto de 150 km en el que no hay pozos de agua. El dromedario que monta puede caminar 50 km al día cargado con el beduino y su avituallamiento, más un peso extra de 50 kg. ¡Eso sí!, al final del día debe beber 25 litros de agua.

En estas condiciones tarda tres jornadas en realizar el viaje. ¿Cuántos días tardaría en atravesar un desierto de 200 km? ¿Y si fueran 250 km?… ¿Y si…? Para estas distancias el beduino utiliza la estrategia de dejar vasijas por el camino para volver a recuperarlas.

Cuando lo hayas resuelto, redacta tu solución, de forma que lo pueda entender cualquier persona que no haya trabajado el problema.

11 Una vasija contiene una mezcla de alcohol y agua en una proporción de 3 a 7. En otra vasija la proporción es de 2 a 3. ¿Cuántos cazos hemos de sacar de cada vasija para obtener 12 cazos de una mezcla en la que la proporción alcohol-agua sea de 3 a 5?

Utilizar un diagrama en árbol

Esta estrategia forma parte de la que aconseja «hacer un esquema, dibujo o diagrama». Pero es tan importante que merece un apartado especial.

Problema resuelto

El Atlético y el Sporting han empatado a cuatro (4-4). A este resultado se ha podido llegar de muchas formas distintas. Por ejemplo: 0-1, 1-1, 2-1, 3-1, 3-2, 3-3, 3-4, 4-4.

¿De cuántas formas distintas se ha podido llegar al resultado 4-4?

Describimos el proceso gol a gol:

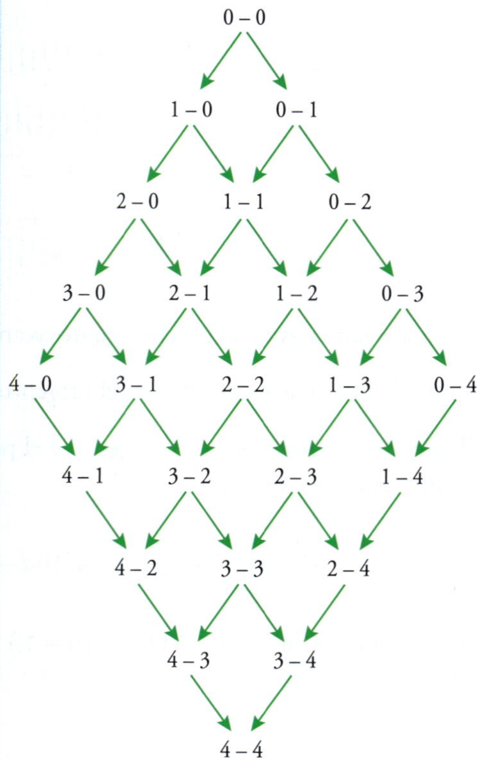

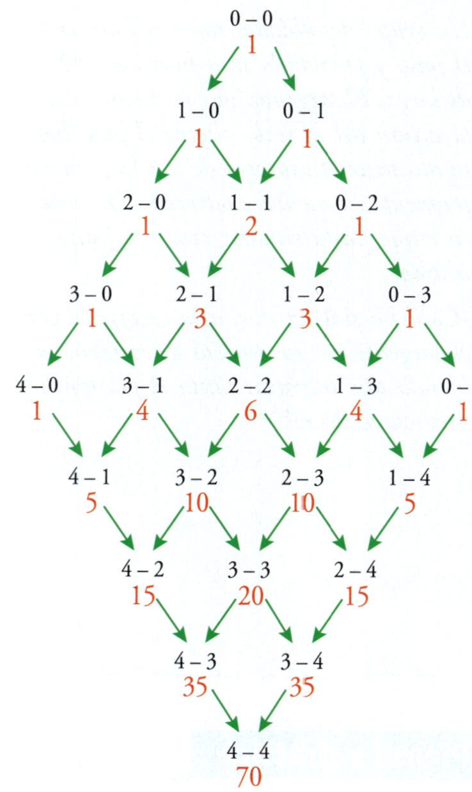

Como vemos, el número total de caminos es 70.

Cada uno de los resultados parciales da lugar a dos posibles continuaciones, salvo los que ya tienen un **cuatro.** Y también cada resultado, salvo los que todavía tienen un **cero,** puede provenir de dos situaciones. Por ejemplo, 3-2 puede venir precedido de 3-1 o de 2-2.

En el gráfico de la derecha se contabilizan el número de caminos que nos llevan a cada resultado. Cada número se obtiene sumando los dos que tiene encima, pues, por ejemplo:

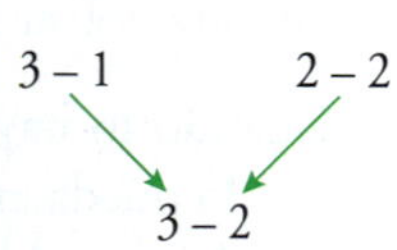

a 3-1 podemos llegar por 4 caminos
a 2-2 podemos llegar por 6 caminos

entonces, a 3-2 podemos llegar por $4 + 6 = 10$ caminos.

Piensa y practica

12 ¿De cuántas formas se puede llegar al resultado 5-0? ¿De cuántas al resultado 4-1? Por tanto, ¿de cuántas se puede llegar a 5-1?

13 Si, además de conocer el resultado final del partido (4-4) sabemos que en él se dio el resultado 3-1, ¿de cuántas formas pudo evolucionar el marcador?

anayaeducacion.es **Repaso:** resolución de problemas haciendo esquemas, dibujos o diagramas.

Problema resuelto

Sandra va en coche de A a B siguiendo el itinerario marcado en rojo.

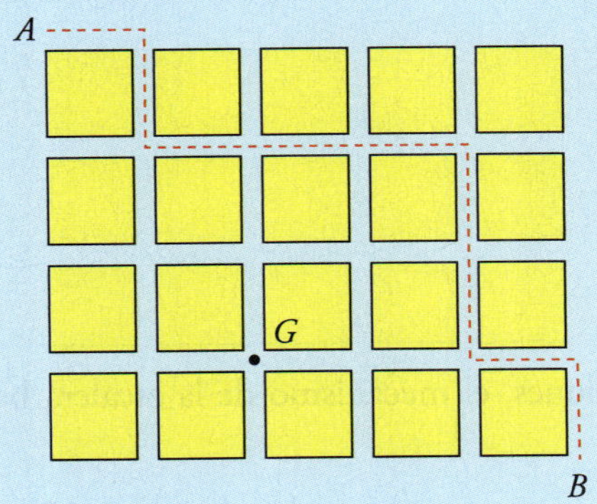

Pero podría haber seguido otros muchos.

a) ¿Cuántos? (Solo puede conducir hacia la derecha y hacia abajo).

b) ¿Y si quiere pasar, primero por la gasolinera G para repostar?

Si miramos la cuadrícula de la forma que aparece abajo, ¿no es fácil ver que se puede aplicar el mismo modelo de contabilidad que hemos utilizado en la página anterior?

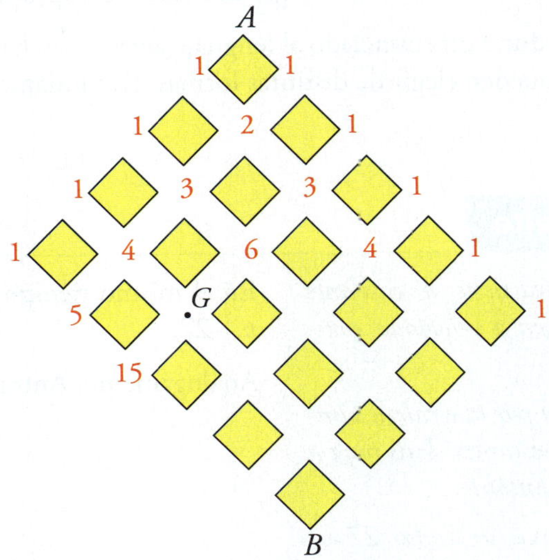

Continúalo y comprueba que las soluciones son a) 126 y b) 40.

Piensa y practica

14 El resultado de un partido de baloncesto es en este momento 8-0. Si sabemos que no se ha marcado ningún triple (solo canastas de 1 y de 2), ¿de cuántas formas se ha podido llegar a ese resultado? (Comprueba que son 34).

15 Averigua de cuántas formas se puede llegar al resultado 4-4 en un partido de baloncesto sin triples. Este es el comienzo del recuento:

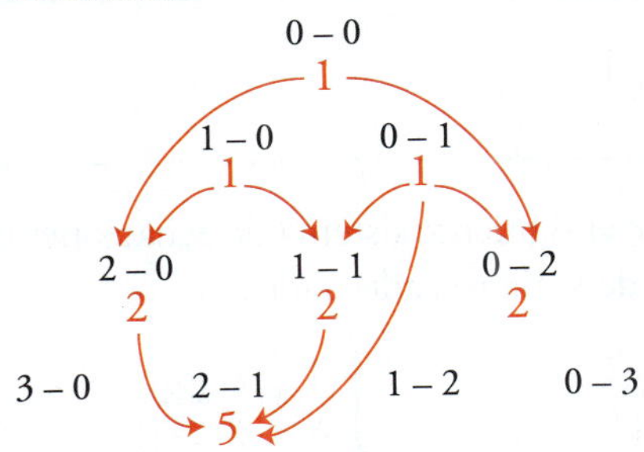

Continúalo tú y comprueba que, por asombroso que parezca, hay 556 formas.

16 Comprueba que, si durante un partido de baloncesto se ha llegado en un cierto momento al resultado 4-4, esto ha podido ocurrir de 784 formas distintas (teniendo en cuenta que se han podido marcar canastas de 1, 2 y 3 puntos).

17 Eva y Moisés apuestan cada uno 40 euros en un juego en el que será vencedor el primero que gane tres partidas. Cuando Eva ha ganado una partida y Moisés aún no ha ganado ninguna, tienen que suspender el juego.

¿Cómo deben repartirse el dinero de forma justa?

18 Cristina y Gonzalo son los finalistas de un torneo de pimpón que se juega al que gane 3 partidas seguidas o al que gane 4 alternas.

Construye un diagrama en árbol con todos los posibles resultados de los partidos.

Elegir una buena notación, atinar con la asignación de incógnitas

Hay problemas, en apariencia muy complicados, que pueden convertirse en meros ejercicios si somos hábiles a la hora de escoger una notación apropiada.

Cuando hemos de traducir un enunciado al lenguaje algebraico, hay ocasiones en las que las incógnitas se pueden elegir de distintas formas. Es fundamental atinar con la más ventajosa.

Problema resuelto

Una escalera mecánica tiene n escalones visibles que descienden a velocidad constante.

Antonio y Luis bajan por la escalera también a velocidades constantes. Luis baja a doble velocidad que Antonio.

Luis llega abajo después de andar 27 escalones y Antonio llega después de andar 18 escalones.

¿Cuál es el número, n, de escalones visibles?

En el mismo tiempo que Luis baja 27 escalones, el mecanismo de la escalera baja $n - 27$.

Análogamente, Antonio baja 18 escalones mientras que la escalera baja $n - 18$.

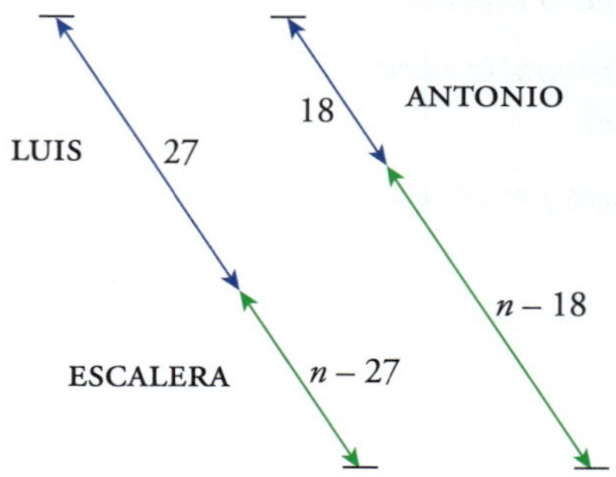

Llamando las velocidades de bajada:

a, la de Antonio; $2a$, la de Luis; b, la de la escalera.

LUIS-ESCALERA: $\dfrac{27}{2a} = \dfrac{n-27}{b} \rightarrow \dfrac{b}{a} = \dfrac{(n-27)\cdot 2}{27}$

ANTONIO-ESCALERA: $\dfrac{18}{a} = \dfrac{n-18}{b} \rightarrow \dfrac{b}{a} = \dfrac{n-18}{18}$

De estas igualdades obtenemos: $\dfrac{(n-27)\cdot 2}{27} = \dfrac{n-18}{18} \rightarrow n = 54$

La escalera tiene 54 escalones visibles.

COMPROBACIÓN:

Cuando Luis baja 27 escalones, la escalera baja otros 27. Por tanto, la velocidad de la escalera es igual que la de Luis y doble que la de Antonio.

Por tanto, cuando Antonio baja 18 escalones, la escalera baja el doble, 36.

Piensa y practica

19 En una cierta escalera mecánica, la velocidad de subida de Andrea es 10 veces la de su hermanita pequeña, Marta. Andrea llega arriba subiendo 40 escalones, mientras que Marta lo hace subiendo 10 escalones.

¿Cuántos escalones visibles tiene el tramo de escalera en cuestión?

20 Resuelve el siguiente sistema de ecuaciones efectuando un cambio de variables adecuado:

$$\begin{cases} \dfrac{1}{x} + \dfrac{2}{y} = 8 \\[2mm] \dfrac{3}{x} - \dfrac{1}{y} = 3 \end{cases}$$

anayaeducacion.es **Repaso:** resolución de problemas que requieren elegir una buena notación.

Problema resuelto

Felipe tarda 30 s en ascender un tramo de escaleras en el metro, subiendo 60 escalones.

Isidro tarda en el mismo tramo 36 s y sube 48 escalones.

Un cierto día, el mecanismo de la escalera está estropeado. ¿Cuánto tardará cada uno de ellos en subirla?

Llamamos v a la velocidad del mecanismo de la escalera (medida en escalones por segundo).

$$\left.\begin{array}{l}\text{FELIPE: } 60 \text{ esc.}, 30 \text{ s} \rightarrow \text{n.º de escalones visibles} = 60 + 30v \\ \text{ISIDRO: } 48 \text{ esc.}, 36 \text{ s} \rightarrow \text{n.º de escalones visibles} = 48 + 36v\end{array}\right\}$$

Solucionamos la ecuación resultante:

$$60 + 30v = 48 + 36v \rightarrow 6v = 12 \rightarrow v = 2 \text{ esc./s}$$

N.° de escalones visibles = $60 + 30 \cdot 2 = 120$

La velocidad de Felipe es $\frac{60}{30} = 2$ esc./s

La de Isidro es $\frac{48}{36} = \frac{4}{3}$ esc./s.

Por tanto: Felipe tarda en subir 120 escalones $\rightarrow \frac{120}{2} = 60 \text{ s} = 1 \text{ min}$

Isidro $\rightarrow \frac{120}{4/3} = 90 \text{ s} = 1$ min y medio

Piensa y practica

21 Leticia tarda 10 s en bajar 50 escalones y completar, así, un tramo de escalera mecánica. Eva, más pausada, tarda 20 s y baja 30 escalones en el mismo tramo. ¿Cuántos escalones tiene ese tramo de escalera?

¿Cuánto tardaría cada una de ellas en bajarla si estuviera estropeado el mecanismo?

22 Mario sube por la escalera mecánica de subida recorriendo un total de 60 escalones. Pero si sube por la de bajada, recorre 120 escalones.

¿Cuántos escalones visibles tienen esos tramos? (Se supone que ambos tramos tienen la misma longitud y que sus velocidades son iguales).

23 Esther da 20 pasos para atravesar una cinta transportadora que se mueve a velocidad constante. Yendo a la misma velocidad pero en sentido contrario a la cinta, debe dar 60 pasos. ¿Cuántos pasos deberá dar si la cinta está parada? Compara las velocidades de Esther y la cinta.

24 Resuelve el siguiente sistema:

$$\begin{cases} \frac{3}{x-2} - \frac{5}{y+1} = 1 \\ \frac{5}{x-2} + \frac{2}{y+1} = 12 \end{cases}$$

25 Resuelve la siguiente ecuación, haciendo un cambio de variable adecuado:

$$(x^2 - 2x + 1)^2 - 2(x-1)^2 - 15 = 0$$

26 Todos los números capicúas de 4 cifras tienen un divisor común distinto de 1. ¿Cuál es?

27 Observa:

$$1 \cdot 2 \cdot 3 \cdot 4 = 24 = 5^2 - 1$$

$$2 \cdot 3 \cdot 4 \cdot 5 = 120 = 11^2 - 1$$

$$3 \cdot 4 \cdot 5 \cdot 6 = 360 = 19^2 - 1$$

¿Será verdad que el producto de cuatro números naturales consecutivos es siempre un cuadrado perfecto menos 1? Si es así, expresa dicho cuadrado en función de los factores.

* *Observa que se trata de escoger una notación adecuada para demostrar que el producto de cuatro números naturales consecutivos más 1 es un cuadrado perfecto.*

Problemas diofánticos

Una **ecuación diofántica** es una ecuación algebraica con soluciones enteras en la que aparecen varias variables.

Las ecuaciones diofánticas se clasifican en función del grado del polinomio que las expresa: pueden ser lineales, cuadráticas,…

Veamos algunos ejemplos de problemas con ecuaciones diofánticas.

Problema resuelto

En un centro escolar deciden prepararse para una gran nevada de la que han sido alertados. Con este fin compran palas, sacos de gravilla y bolsas de sal. Sus precios son 25 €, 5 € y 0,25 €, respectivamente. Gastan 500 € exactamente y, ¡qué casualidad!, han adquirido entre palas, sacos y bolsas, 500 objetos.

Averigua cuántos han comprado de cada tipo.

Este es el típico problema en el que, al plantearlo, aparecen ecuaciones diofánticas. En este caso tenemos un sistema de dos ecuaciones lineales con tres incógnitas:

$x \longrightarrow$ n.º de bolsas de sal

$y \longrightarrow$ n.º de sacos de gravilla

$z \longrightarrow$ n.º de palas

$$\begin{cases} x + y + z = 500 \\ 0,25x + 5y + 25z = 500 \end{cases} \rightarrow \begin{cases} x = -y - z + 500 \\ x + 20y + 100z = 2\,000 \end{cases} \rightarrow$$

$$\rightarrow -y - z + 500 + 20y + 100z = 2\,000 \rightarrow 19y = 1\,500 - 99z$$

Como x, y, z son enteros, $1\,500 - 99z$ debe ser múltiplo de 19:

z	0	1	2	3	4	5	6	7	8	9	10	11	12	13	**14**	15
1 500 – 99z	1500	1401	1302	1203	1104	1005	906	807	708	609	510	411	312	213	**114**	15
¿ES $\dot{19}$?	NO	NO	NO	NO	NO	NO	NO	NO	NO	NO	NO	NO	NO	NO	**SÍ**	NO

El único múltiplo de 19 es $114 = 19 \cdot 6$.

Con lo que $z = 14 \rightarrow y = 6 \rightarrow x = 500 - 6 - 14 = 480$

Por tanto, se han comprado 480 bolsas de sal, 6 sacos de gravilla y 14 palas.

Piensa y practica

28 Por 100 golosinas he pagado 5 euros. Los regalices gigantes cuestan 50 céntimos; las gominolas, 10 céntimos, y las píldoras de regaliz, 1 céntimo. ¿Cuántas golosinas de cada clase he comprado?

29 Ana gasta 100 euros en comprar 40 productos en un bazar. Si solo venden productos a 1 €, 4 € y 12 €, ¿cuántos productos de cada clase se ha llevado Ana?

30 Antonio solo tiene billetes de 3 pesos y en la tienda de iluminación únicamente hay billetes de 5 pesos. ¿Cómo debe proceder para adquirir una lámpara de 19 pesos?

31 Mamen compra 10 paquetes de lápices de colores: unos son de 5 unidades, otros de 10 unidades y otros de 25 unidades. Si en total tiene 90 lápices de colores, ¿cuántos paquetes de cada clase compró?

32 En un bolsillo tenemos monedas de tres clases: de 5, de 20 y de 50 céntimos. En total, 12 monedas con un valor de 2 euros y 85 céntimos (285 céntimos). ¿Cuántas monedas hay de cada clase?

33 El producto de cuatro números es igual que su suma, 6,75. Si uno de ellos es 1, ¿cuánto valen los otros?

- Los números son: 1; x; y; $z = 5,75 - x - y$.
- $6,75 = 3^3 \cdot \left(\frac{1}{2}\right)^2$

  (Observa que hay un 4 en el denominador).
- Para manejar números enteros podemos poner:

  $x' = 4x,\ y' = 4y,\ z' = 4z = 23 - x' - y'$
- Su producto es $x' \cdot y' \cdot (23 - x' - y') = 2^4 \cdot 3^3$, a partir de aquí es un problema diofántico.

2
LA DEMOSTRACIÓN MATEMÁTICA

El proceso deductivo

El razonamiento deductivo es el más usado en matemáticas. Se parte de verdades conocidas y se llega a un nuevo resultado válido siguiendo un camino lógico.

Vamos a estructurar estas afirmaciones.

Proposiciones

Una **proposición** es una afirmación efectuada en términos claros, inequívocos, que puede ser verdadera o falsa pero, con seguridad, es una de las dos cosas.

Por ejemplo: «Todo triángulo equilátero es equiángulo» es verdadera.

«Todo triángulo equilátero es rectángulo» es falsa.

Con frecuencia se utilizan proposiciones que dependen de una variable.

Por ejemplo: «x es un número primo». Dependiendo del valor de x, la proposición es verdadera o falsa.

Las proposiciones que dependen de una o más variables son, en realidad, familias de proposiciones. Para cada valor concreto de las variables, se tiene una proposición concreta que, ahora sí, será verdadera o falsa.

Hay proposiciones complicadas cuya veracidad cuesta comprobar.

Por ejemplo: Si x es un número real que cumple $ax^2 + bx + c = 0$, entonces:

$$x = \frac{-b + \sqrt{b^2 - 4ac}}{2a} \quad \text{o bien} \quad x = \frac{-b - \sqrt{b^2 - 4ac}}{2a}$$

Una proposición compleja puede expresarse mediante proposiciones más simples, sometidas a ciertas operaciones.

El estudio de las operaciones con proposiciones y el análisis de la veracidad de las proposiciones resultantes es interesante y sencillo, pero largo, por lo que se sale de las pretensiones de estas páginas. Por eso, nos limitaremos a estudiar la **implicación,** que, para el razonamiento deductivo, es la operación básica entre proposiciones.

Observa

Sobre una proposición debemos poder decidir si es verdadera o falsa, es decir, existe una función:

$$\{\text{proposiciones}\} \rightarrow \{V, F\}$$

La implicación

Si una proposición, A, trae como consecuencia otra, B, se dice que A **implica** B y se expresa así:

$$A \Rightarrow B$$

En tal caso, si A es verdadera, entonces B también lo es.

Por ejemplo: A: «x es múltiplo de 6»; B: «x es múltiplo de 2»

Es claro que $A \Rightarrow B$, pues «si x es múltiplo de 6, entonces x es múltiplo de 2».

Por tanto, si A es verdadera (por ejemplo, si $x = 12$), también lo es B.

Expresar una simplificación

Hay distintas formas:

- $A \Rightarrow B$
- Si A, entonces B.
- A es una condición suficiente para que ocurra B.
- Siempre que ocurre A, ocurre B.

Cadena de implicaciones

Si $A \Rightarrow B$ y $B \Rightarrow C$, entonces $A \Rightarrow C$.

En general:

Si $A_1 \Rightarrow A_2$ y $A_2 \Rightarrow A_3$ y $A_3 \Rightarrow A_4 \dots A_{n-1} \Rightarrow A_n$, entonces, $A_1 \Rightarrow A_n$.

Por ejemplo: A: «$n^3 - n = (n-1)\, n\, (n+1)$»

B: «$n^3 - n$ es el producto de tres números naturales consecutivos».

C: «$n^3 - n$ es el producto de tres números naturales alguno de los cuales es par y alguno múltiplo de 3».

D: «$n^3 - n$ es múltiplo de 6».

Como $A \Rightarrow B$ y $B \Rightarrow C$ y $C \Rightarrow D$, entonces $A \Rightarrow D$.

Y como A es verdadera, se deduce que D es verdadera.

El método deductivo como forma de demostración

Deseamos demostrar que una proposición X es verdadera. Para ello, podemos proceder del siguiente modo:

Partimos de una proposición A, que sabemos que es verdadera. Mediante una implicación, llegamos a la veracidad de otra proposición B. (Si A es verdadera y $A \Rightarrow B$, entonces B es verdadera). Y así, sucesivamente, mediante una cadena de implicaciones llegamos a la proposición X. De este modo se habrá demostrado que X es verdadera.

Vocabulario

A la regla deductiva que hemos descrito a la derecha, es decir, «Si A es verdadera y, además, $A \Rightarrow B$, entonces B es verdadera», se la conoce como *modus ponens*.

Problemas resueltos

Obtener la fórmula para resolver una ecuación de segundo grado; es decir, demostrar que si:

$$ax^2 + bx + x = 0,\ a \neq 0$$

entonces:

$$x = \frac{-b \pm \sqrt{b^2 - 4ac}}{2a}.$$

$$ax^2 + bx + c = 0$$

$\Downarrow$ Multiplicamos todo por a para que el término en x^2 sea un cuadrado perfecto.

$$a^2x^2 + abx + ac = 0$$

$\Downarrow$ Multiplicamos todo por 4 para que el segundo término se vea como doble producto.

$$4a^2x^2 + 4abx + 4ac = 0$$

$\Downarrow$ Sumamos b^2 en los dos miembros para completar en el primero el cuadrado de una suma.

$$(2ax)^2 + 2 \cdot (2ax) \cdot b + b^2 + 4ac = b^2$$

$\Downarrow$ Pasamos $4ac$ al segundo miembro.

$$(2ax + b)^2 = b^2 - 4ac$$

$\Downarrow$ Extraemos la raíz cuadrada en los dos miembros sin olvidar el doble signo en uno de ellos.

$$2ax + b = \pm\sqrt{b^2 - 4ac}$$

$\Downarrow$ Despejamos, finalmente, la x.

$$x = \frac{-b \pm \sqrt{b^2 - 4ac}}{2a}$$

Problemas resueltos

Demostrar la siguiente propiedad:

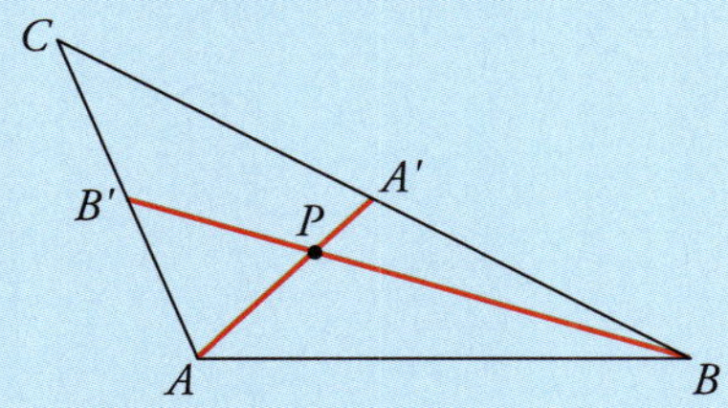

El punto P *en que se cortan dos medianas las divide en dos segmentos, uno de los cuales es doble del otro:*

$$\overline{PA} = 2 \cdot \overline{PA'} \qquad \overline{PB} = 2 \cdot \overline{PB'}$$

$B'A'$ es la paralela media a AB en el triángulo CAB. Por tanto:

$$B'A' \,//\, AB \text{ y } \overline{B'A'} = \frac{\overline{AB}}{2}$$

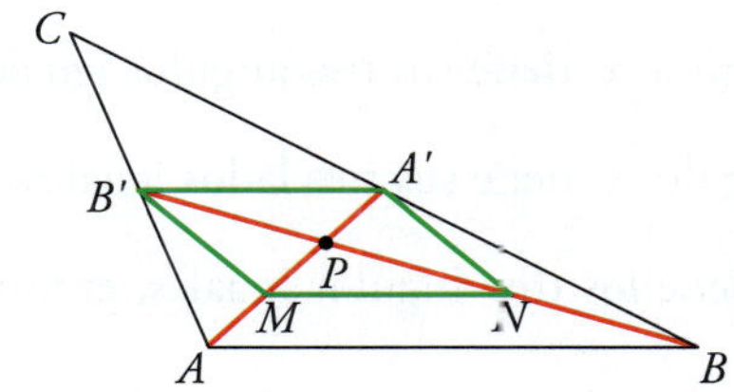

Llamamos M al punto medio de PA y N al punto medio de PB.

Por tanto, MN es la paralela media de AB en el triángulo PAB.

Como consecuencia:

$$MN \,//\, AB \text{ y } \overline{MN} = \frac{\overline{AB}}{2}$$

Hemos probado que $B'A'$ y MN son iguales y paralelos. Por tanto, el cuadrilátero $B'A'NM$ es un paralelogramo y sus diagonales se cortan en sus puntos medios:

$$\overline{PM} = \overline{PA'} \text{ y } \overline{PN} = \overline{PB'}$$

Conclusión: $\overline{PA} = 2 \cdot \overline{PA'}$ y $\overline{PB} = 2 \cdot \overline{PB'}$

Piensa y practica

1 Deduce, paso a paso, justificadamente, una fórmula para despejar x en las ecuaciones del tipo $x^2 - mx + n = 0$.

2 Demuestra que si x_1 y x_2 son las dos raíces de la ecuación $ax^2 + bx + c = 0$, entonces $x_1 + x_2 = -\frac{b}{a}$ y $x_1 \cdot x_2 = \frac{c}{a}$.

3 Si $\overline{x}$ es la media aritmética de n números, $x_1, x_2, x_3, \ldots, x_n$, demuestra que:

$$\frac{\Sigma(x_i - \overline{x})^2}{n} = \frac{\Sigma x_i^2}{n} - (\overline{x})^2$$

4 Observa las siguientes igualdades:

$$2^2 + 3^2 + 6^2 = 7^2$$
$$3^2 + 4^2 + 12^2 = 13^2$$
$$4^2 + 5^2 + 20^2 = 21^2$$
$$\ldots$$

a) Generaliza el resultado.

b) Demuestra su validez.

5 Demuestra que las tres medianas de un triángulo se cortan en un punto.

6 Demuestra que la suma de los ángulos interiores de un triángulo es 180°.

7 Demuestra que un ángulo inscrito en una semicircunferencia es necesariamente recto.

8 Demuestra sobre esta figura que:

$$S_1 = S_2 + S_3$$

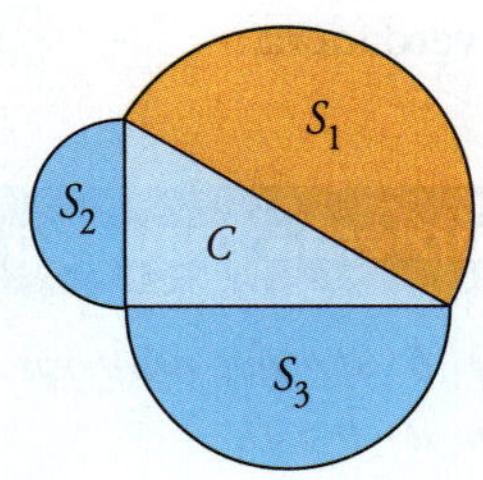

9 Demuestra que la superficie sombreada en rojo coincide con la azul:

10 En un triángulo rectángulo, a y b son sus catetos y c la hipotenusa. Llama h a la altura sobre c.

Demuestra que el triángulo de lados h, $(c + \text{h})$ y $(a + b)$ es rectángulo.

Equivalencia

Si $A \Rightarrow B$ y, además, $B \Rightarrow A$, entonces ponemos $A \Leftrightarrow B$ y decimos que las dos proposiciones son equivalentes.

Por ejemplo: A: «un triángulo x tiene sus tres ángulos iguales».

B: «un triángulo x tiene sus tres lados iguales».

$A \Rightarrow B$, «si un triángulo tiene los tres ángulos iguales, entonces tiene los tres lados iguales».

$B \Rightarrow A$, «si un triángulo tiene los tres lados iguales, entonces tiene los tres ángulos iguales».

Por tanto, $A \Leftrightarrow B$. Las proposiciones A y B son equivalentes.

Decimos: «Un triángulo tiene los tres ángulos iguales ***si y solo si*** tiene los tres lados iguales».

O bien: «*Una condición necesaria y suficiente* para que un triángulo tenga los tres lados iguales es que tenga los tres ángulos iguales».

Demostración mediante una cadena de equivalencias

A veces no es fácil encontrar una cadena de proposiciones por las cuales se llegue a la proposición X que queremos probar, pero sí sabemos encontrar una proposición equivalente a X cuya veracidad resulta más fácil de probar. De ese modo, se llegaría a una proposición verdadera equivalente a X. Veamos:

Si $X \Leftrightarrow A \Leftrightarrow B \Leftrightarrow C$ y C es verdadera, entonces $C \Rightarrow B \Rightarrow A \Rightarrow X$ y, por tanto, X es verdadera.

Problema resuelto

a y b son dos números reales que cumplen $a \cdot b > 0$.

Probar que $\frac{a}{b} + \frac{b}{a} \geq 2$.

$$\frac{a}{b} + \frac{b}{a} \geq 2 \Leftrightarrow \frac{a^2+b^2}{ba} - 2 \geq 0 \Leftrightarrow \frac{a^2+b^2-2ab}{ba} \geq 0 \Leftrightarrow \frac{(a-b)^2}{ba} \geq 0$$

Esta última desigualdad es cierta, pues el numerador es mayor o igual que 0, por ser un cuadrado, y el denominador es mayor que 0 por hipótesis (porque así nos lo dicen en el enunciado).

La cadena de equivalencias, leída de atrás hacia adelante, nos lleva a que la primera desigualdad también es cierta.

Piensa y practica

11 Demuestra:

$$\frac{m^2}{1+m^4} \leq \frac{1}{2}$$

12 Demuestra:

$$\frac{m^2+3}{\sqrt{m^2+2}} > 2$$

3 MÉTODO DE REDUCCIÓN AL ABSURDO

En matemáticas, llegamos a un absurdo cuando demostramos que una proposición es verdadera y falsa al mismo tiempo. Como esta situación no es aceptable, las condiciones que nos han conducido a ella, deben ser falsas:

Si queremos demostrar una proposición X, podemos empezar suponiendo que su negación (no X) es verdadera. Si de esta forma deducimos un absurdo, es decir, si:

$$\text{no } X \Rightarrow \text{absurdo}$$

entonces, (no X) debe ser falsa y, por tanto, X debe ser verdadera.

La **reducción al absurdo,** por tanto, utiliza la negación de una proposición para demostrar si es o no verdadera.

Contrarrecíproco

Es otro método de demostración a partir de una negación, que consiste en utilizar la equivalencia entre las implicaciones:

$$X \Rightarrow Y \quad \text{y} \quad \text{no } Y \Rightarrow \text{no } X$$

Es decir, para demostrar que X implica Y, se prueba que (no Y) implica (no X).

Problemas resueltos

Demostrar que hay infinitos números primos.

Supongamos que no es cierto el enunciado, es decir, supongamos que hay un número finito de números primos: 2, 3, 5, 7, 11, 13, 17, …, P. Este último, P, sería el número primo más grande.

Con todos los números primos, fabricamos el siguiente número:

$$N = (2 \cdot 3 \cdot 5 \cdot 7 \cdot 11 \cdot 13 \cdot 17 \cdot \ldots \cdot P) + 1$$

N es el producto de «todos los números primos, más 1».

Pero N no es divisible por 2, ni por 3, ni por 5, …, ni por P. Eso significaría que N es un número primo. Pero habíamos supuesto que P era el número primo más grande.

Suponiendo que hay un número finito de números primos, hemos llegado a una contradicción. Por tanto, hay infinitos números primos.

Tenemos una circunferencia de centro O y radio r y una recta, t, que solo tiene un punto, T, en común con la circunferencia. Demostrar que entonces la recta t es perpendicular al radio OT.

Supongamos que OT no es perpendicular a t. Trazamos la perpendicular desde O a t: OS.

Tomamos un punto T' tal que $\overline{ST} = \overline{ST'}$.

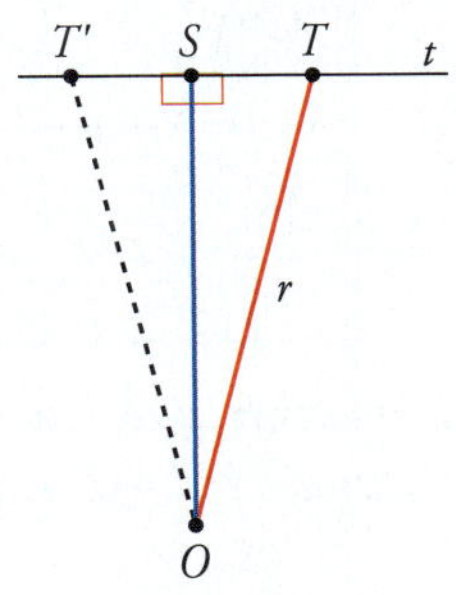

Los dos triángulos OST y OST' son iguales porque son rectángulos y tienen los catetos iguales. Por tanto, sus hipotenusas son iguales. Esto quiere decir que $\overline{OT'} = r$ (el radio) y, por tanto, T' es un punto de la circunferencia.

Pero, ¿no habíamos quedado en que T era el único punto en común de la recta y la circunferencia? ¡Contradicción!

Por tanto, OT ha de ser perpendicular a t.

Piensa y practica

1 Demuestra que si a y b son enteros y se cumple que $a + a^2 + a^3 = b + b^2$, entonces a es par.

2 Si dos rectas coplanarias (no coincidentes) son perpendiculares a una tercera recta, entonces son paralelas.

3 a) Demuestra que si a y b son racionales y c es irracional, entonces $a + b \cdot c$ es irracional.

b) Demuestra que $\sqrt{5}$ es irracional y que, por tanto, $3 - 2\sqrt{5}$ también lo es.

4 MÉTODO DE INDUCCIÓN COMPLETA

Deseamos demostrar que una propiedad $P(n)$ es válida para cualquier número natural n. Para ello, procedemos así:

a) Probamos que se verifica para $n = 1$: $P(1)$ es cierta.

b) Probamos que, si fuera verdadera para un cierto valor de n, entonces también sería verdadera para el siguiente, $n + 1$. Es decir, probamos que:

«$P(n)$ es cierta $\Rightarrow$ $P(n + 1)$ es cierta»

[Obsérvese que no se dice que $P(n)$ sea cierta, sino que *si lo fuera*, entonces también lo sería $P(n + 1)$].

$P(n)$ verdadera $\Rightarrow$ $P(n + 1)$ verdadera

$P(1)$ verdadera $\Rightarrow$ $P(2)$ verdadera $\Rightarrow$ $P(3)$ verdadera $\Rightarrow$ …

Problemas resueltos

Demostrar que:

$$1^2 + 2^2 + 3^2 + \ldots + n^2 = \frac{n(n+1)(2n+1)}{6}$$

La igualdad es cierta para $n = 1$, ya que:

$$1^2 = \frac{1(1+1)(2+1)}{6}$$

Suponemos que es cierta para un cierto valor de n y de ahí hemos de deducir que es cierta para el siguiente, $n + 1$:

$$1^2 + 2^2 + 3^2 + \ldots + n^2 + (n+1)^2 = (1^2 + 2^2 + 3^2 + \ldots + n^2) + (n+1)^2 =$$

$$= \frac{n(n+1)(2n+1)}{6} + (n+1)^2 = (n+1)\left[\frac{n(2n+1)}{6} + (n+1)\right] =$$

$$= (n+1)\left(\frac{2n^2+n}{6} + \frac{6n+6}{6}\right) = (n+1)\,\frac{2n^2+7n+6}{6} =$$

$$= (n+1)\,\frac{(n+2)(2n+3)}{6} = \frac{(n+1)\cdot[(n+1)+1]\cdot[2(n+1)+1]}{6}$$

La expresión final es el segundo miembro de la igualdad que queremos demostrar, pero cambiando n por $n + 1$. Por tanto, se cumple para $n + 1$.

Demostrar que, cualquiera que sea n, natural, $2^{2n} - 1$ es múltiplo de 3.

Para $n = 1$, $2^2 - 1 = 3$ sí es múltiplo de 3.

Suponemos que $2^{2n} - 1$ es múltiplo de 3. Veamos si lo es $2^{2(n+1)} - 1$:

$$2^{2(n+1)} - 1 = 2^{2n+2} - 1 = 2^{2n}\cdot 4 - 1 = 4\cdot 2^{2n} - 1 =$$

$$= 4\cdot \underbrace{(2^{2n}-1)}_{\dot{3}} + 3 = 4\cdot \dot{3} + 3 = \dot{3}$$

Piensa y practica

1 Utiliza el método de inducción completa para demostrar las siguientes igualdades:

a) $(1 + 2 + \ldots + n)^2 = 1^3 + 2^3 + \ldots + n^3$

b) $2^{n+2} + 3^{2n+1}$ es múltiplo de 7.

c) $1^3 + 2^3 + \ldots + n^3 = \dfrac{n^2(n+1)^2}{4}$

d) $n\cdot(n^2 + 20)$ es múltiplo de 48, si n es par.

5
PRINCIPIO DEL PALOMAR

Un principio es una verdad incuestionable que sirve de partida para obtener otras conclusiones.

El «principio del palomar» fue diseñado por Dirichlet y se puede enunciar en los siguientes términos: «*Si una bandada de 21 palomas se mete por los 20 agujeros de un palomar, es seguro que al menos dos palomas han entrado por el mismo agujero*». Un enunciado tan sencillo y tan evidente sirve de base para hacer demostraciones, algunas de ellas muy profundas.

Problema resuelto

En una fiesta hay 50 personas.

Demostrar que al menos dos de ellas tienen el mismo número de amigos en la fiesta.

Consideramos que:

— Si A es amigo de B, entonces B es amigo de A.

— Una persona no es amiga de sí misma.

Entonces, el número de amigos que, en principio, puede tener cada uno de esos 50 individuos es: 0, 1, 2, 3, …, 49.

Ahora bien, si hay alguien que no tiene ningún amigo, no puede haber nadie con 49, es decir, que sea amigo de todos (salvo de sí mismo). Por tanto, si está el 0, no está el 49 y si está el 49, no está el 0.

Esto significa que hay solo 49 posibilidades para los 50 asistentes. Aplicando el *principio del palomar*, tiene que haber dos asistentes con el mismo número de amigos en la sala.

Piensa y practica

1 En un instituto de 450 estudiantes hay al menos dos de ellos con la misma fecha de cumpleaños. Demuéstralo.

2 Los «números secretos» de las tarjetas de crédito constan de cuatro dígitos. Por ejemplo, 2704, 0012, 9461 son posibles números. Demuestra que, en España, con seguridad, hay dos tarjetas de crédito que tienen el mismo código.

3 ¿Podrías asegurar que en tu comunidad autónoma hay, al menos, dos personas con el mismo número de pelos en la cabeza? Razona tu respuesta.

4 Sea ABC un triángulo equilátero de lado 2 cm. Demuestra que si se eligen cinco puntos de su interior, entonces hay, como mínimo, dos puntos que distan menos de 1 cm.

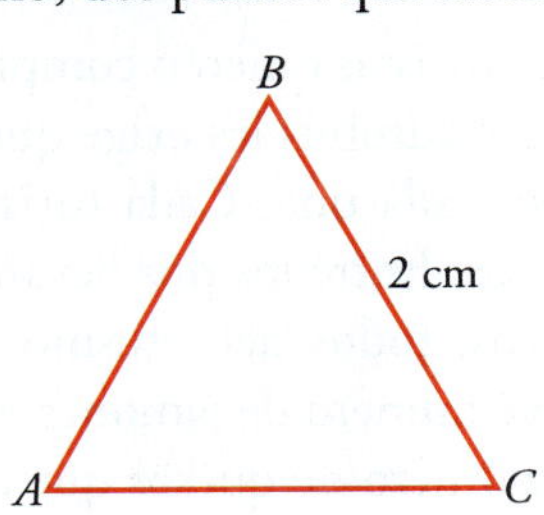

5 En un campo cuadrado de 35 m de lado introducimos 26 ovejas para que pasten. Demuestra que siempre hay, al menos, dos de ellas que están a menos de 10 m.

6 En la cuadrícula 4×6 que aparece abajo hemos coloreado algunos de los cuadrados y otros los hemos dejado en blanco.

Esto se puede hacer de muchas formas. Intenta encontrar una de ellas en la cual no se pueda hallar un rectángulo con los cuatro vértices del mismo color (en la que hemos dibujado no sucede esto, como se ve en los cuatro cuadrados señalados en rojo).

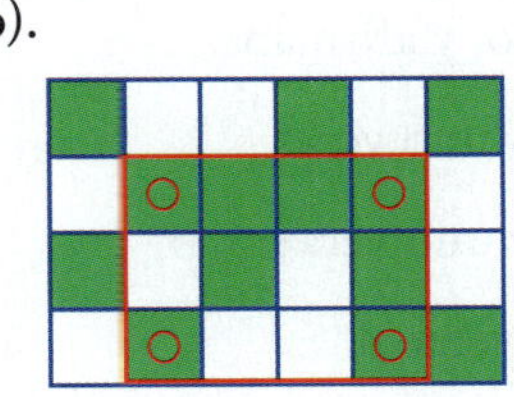

Sin embargo, si la cuadrícula fuera de 4×7, no sería posible encontrar una configuración en la que no hubiera un rectángulo con los cuatro vértices del mismo color. Demuéstralo.

6 PROBLEMAS PARA PRACTICAR

Todos los problemas que proponemos a continuación están resueltos en www.anayaeducacion.es. Además, en muchos se ofrecen ayudas previas que orientan en su resolución. Cuando te enfrentes con cada uno de ellos, te sugerimos que, en primer lugar, pongas empeño en resolverlo por tu cuenta. Si se te resiste, acude a la ayuda. Y, finalmente, contrasta la resolución ofrecida con la tuya.

Todos estos problemas vienen unidos con uno o más similares a él. Por ejemplo, los problemas 1 y 2 forman un grupo; la resolución del 1 te servirá de ayuda para resolver el 2.

1 En el cajón de mi armario tengo 6 calcetines grises y 8 negros, todos sueltos. Una noche que se ha fundido la luz, necesito unos calcetines del mismo color, pero no veo nada. ¿Cuántos calcetines debo coger para estar absolutamente seguro de que tengo dos del mismo color?

2 De una bolsa que contiene veinte bolas rojas, diez verdes y cinco negras, se van sacando bolas, una a una.

¿Cuántas extracciones hay que realizar para tener la seguridad de haber sacado cuatro bolas del mismo color?

3 En medio de una selva hay dos pueblos, que llamaremos V y M. Los habitantes de V dicen siempre la verdad, y los de M siempre mienten. Por ser pueblos próximos, es muy frecuente encontrar habitantes de V en M y de M en V. Una exploradora extraviada llega a uno de los pueblos, pero ignora cuál de ellos es. Para a un transeúnte y le pregunta:

— ¿Es usted de aquí?

¿Por qué con la respuesta que reciba sabrá, con seguridad, si está en V o en M? Describe el proceso que has seguido para llegar a la solución, justificando cada paso.

4 Seis robots dialogan en la sala de espera del psiquiatra. Están aquejados de un extraño mal: solo dicen mentiras o solo dicen verdades. Todos se conocen perfectamente. Hablan los seis, por turno, y afirman:

— Aquí solo hay uno veraz.

— Al menos hay uno veraz.

— Solo hay dos veraces.

— Al menos dos son veraces.

— Solo hay tres veraces.

— Al menos hay tres veraces.

¿Cuáles son los veraces y cuáles los mentirosos?

5 Cinco atletas comentan a su entrenador el resultado de la última carrera:

CARMEN: Esta vez he llegado delante de Amaya.

AMAYA: Tina ha llegado detrás de Rosa.

TINA: Rosa no ha ganado.

ROSA: Carmen ha llegado cuarta.

LUISA: Hoy hacía un día estupendo para correr.

¿Cuál ha sido el orden de llegada?

6 Estoy jugando a los chinos con seis amigos y, valiéndome de mis fabulosas dotes psicológicas, he llegado a las siguientes conclusiones:

— Hay cuatro jugadores con dos monedas.

— Antonio lleva las mismas que Beatriz, y Darío, las mismas que Elena.

— Corina ha sacado más que Elena, pero menos que Beatriz.

¿Cuántas debo pedir yo, que tengo dos monedas en mi mano, para acertar el juego?

7 En una sala de baile hay un cierto número de personas (chicos y chicas). Bailan por parejas chico-chica: en un cierto momento los 6/11 de los chicos bailan con los 4/5 de las chicas. ¿Qué proporción de personas hay sin bailar en ese momento? ¿Qué proporción hay de chicos y de chicas?

8 Disponemos de un número de lápices comprendido entre 300 y 400, y de un cierto número de cajas. En cada caja caben 7 lápices. En un cierto momento hemos llenado las 5/6 partes de las cajas con las 3/5 partes de los lápices. ¿Cuántas cajas más necesitamos para que se puedan guardar todos los lápices?

9 En un viaje dos turistas quieren comprar jamones y quesos. El conductor del autobús les exige que sus compras no excedan de 40 kg cada una. Cada turista consigue comprar sus 40 kg exactos. Entre los dos llevan 5 jamones, de igual peso, y 5 quesos, todos del mismo peso. El primero ha comprado triple número de jamones que de quesos, y el segundo, doble número de quesos que de jamones. ¿Cuánto pesa cada jamón y cada queso?

10 Una cuadrilla de segadores ha de segar dos prados. Uno tiene doble de superficie que el otro. Durante medio día trabajan todos en el grande. El resto del día trabaja la mitad en el grande y la otra mitad en el pequeño. Al día siguiente, lo que quedaba del prado pequeño lo segó un único trabajador en jornada completa.

¿Cuántos segadores tiene la cuadrilla?

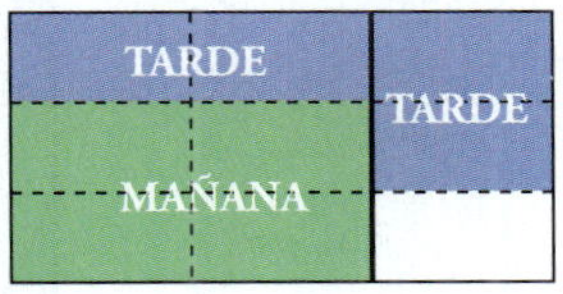

11 Un zorro que da 2 saltos más 1/3 por segundo lleva dados 30 saltos más 3/4 cuando un perro que da 4 saltos más 1/2 por segundo se lanza en pos de él. ¿En cuánto tiempo atrapará el perro al zorro, sabiendo que 3 saltos del perro equivalen a 2 saltos del zorro?

12 Ana y Miguel conciertan una cita a las ocho de la tarde. El reloj de Ana está atrasado 10 minutos, pero ella cree que está adelantado 5 minutos. El reloj de Miguel está adelantado 5 minutos, pero él cree que está atrasado 10 minutos. ¿A qué hora real llega cada uno a la cita?

13 Un vendedor de telas gana el 44 % sobre el precio de coste. Pero un día descubre un metro defectuoso que hace aumentar sus beneficios al 50 %. ¿Cuánto mide en realidad el metro tramposo?

14 ¿Cuál es el número que falta en el último triángulo?

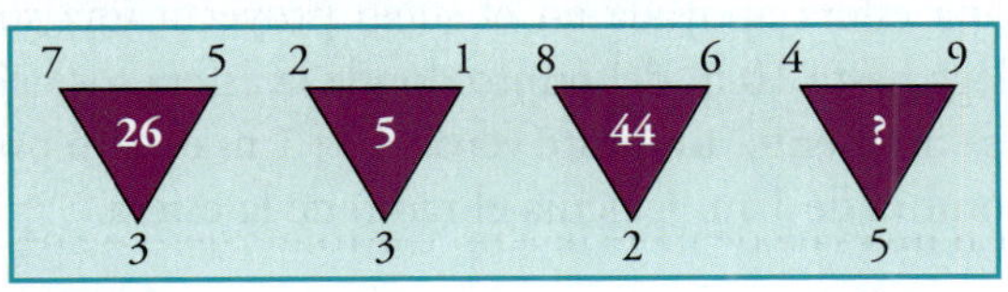

15 Halla las soluciones del siguiente sistema:

$$\begin{cases} \dfrac{1}{x^2+1} - \dfrac{1}{y^2+1} = -0,3 \\ \dfrac{2}{x^2+1} + \dfrac{1}{y^2+1} = 0,9 \end{cases}$$

16 En este triángulo, el número encerrado en un círculo es la suma de los vértices correspondientes.

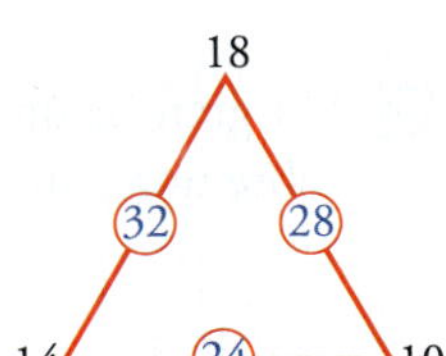

Siguiendo esta misma ley, ¿cuál es el valor de los vértices en este otro triángulo? ¿Y en este rectángulo?

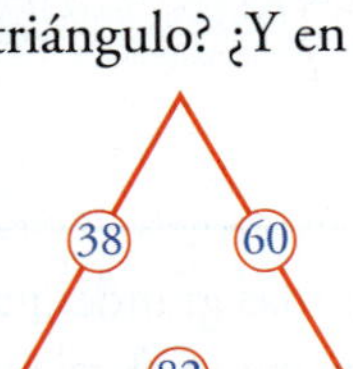

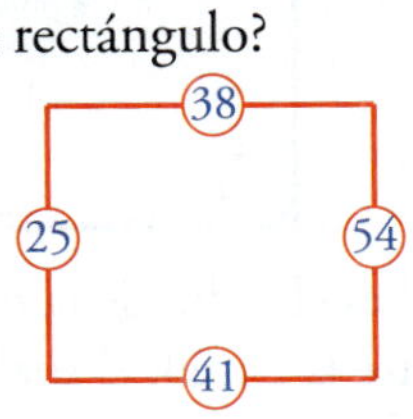

17 Resuelve la siguiente ecuación haciendo un cambio de variable adecuado:

$$(x^2 - 6x + 9)^2 - 10(x-3)^2 + 9 = 0$$

18 Calcula la altura del pequeño Pablo:

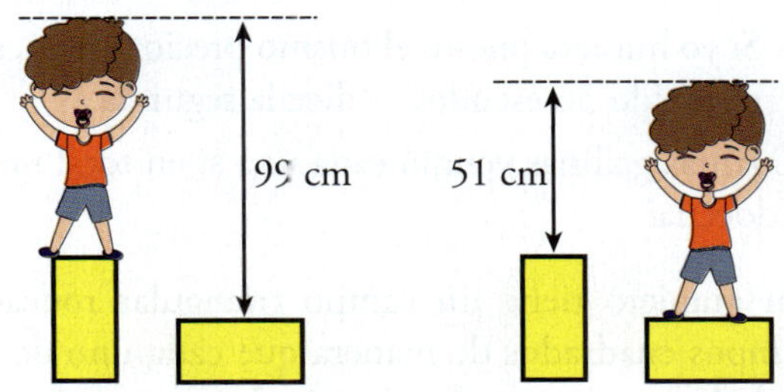

19 En una reunión hay 20 personas. Bailan un chico con una chica. Ana bailó con 7, Lucía con 8, Sonia con 9, … Pepa con todos. ¿Cuántos chicos y cuántas chicas hay?

20 Un padre repartió entre sus hijos un rebaño de ovejas.

- El mayor se llevó una oveja más 1/7 de las restantes.
- Al segundo le correspondieron dos ovejas más 1/7 de las restantes.
- El tercero recibió tres ovejas más 1/7 de las que quedaban.
- Y así sucesivamente hasta llegar al más pequeño.

De esta manera, todos recibieron la misma herencia y no sobró ninguna oveja. ¿Cuántos hermanos eran? ¿Cuántas ovejas había en el rebaño?

21 Virginia compra 17 cajas de lápices de colores: unas son de 12 unidades, otras de 8 unidades y otras de 5 unidades. Si en total tiene 121 lápices de colores, ¿cuántas cajas de cada clase compró?

22 En un bolsillo tenemos monedas de tres clases: de 5, de 20 y de 50 céntimos. En total, 20 monedas con un valor de 4 euros y 15 céntimos (415 céntimos). ¿Cuántas monedas hay de cada clase?

23 Esther le pide a su amigo Luis que le ayude a preparar el pedido de canapés para un bar. Entre los dos tardan 1 h 40 min en las que Luis ha preparado 50 canapés. Al día siguiente, Esther le pide ayuda a Marta con un pedido similar. Entre las dos tardan 2 h 5 min en las que Marta ha preparado 25 canapés. ¿De cuántos canapés consta el pedido? ¿Cuánto tardarían Esther, Luis y Marta en preparar el pedido completo si lo hiciesen solos?

24 Dos granjeras han vendido sus gallinas en el mercado, obteniendo ambas la misma cantidad de dinero.

— Si yo hubiera vendido las mías —dice la primera— al precio que tú has puesto las tuyas, habría obtenido 100 escudos.

— Si yo hubiera puesto el mismo precio que tú, solo habría obtenido 36 escudos —dice la segunda.

¿Cuántas gallinas vendió cada una si en total no llegaron a la docena?

25 Un granjero tiene un campo triangular rodeado de tres campos cuadrados de manera que cada uno de estos tiene un lado común con el triángulo. Las superficies de los campos cuadrados son 4 225 m^2, 1 369 m^2 y 5 594 m^2. ¿Qué superficie tiene el campo triangular?

26 Las áreas de tres de las caras de un ortoedro son 35 cm^2, 60 cm^2 y 84 cm^2.

a) ¿Cuál es su volumen? b) ¿Y la longitud de su diagonal?

27 Imagina que cortas 20 triángulos rectángulos iguales con catetos de longitudes 2 cm y 1 cm. El problema consiste, ahora, en ponerlos unos junto a otros, de modo que entre todos formen un cuadrado. La cosa parece fácil, pero no lo es tanto.

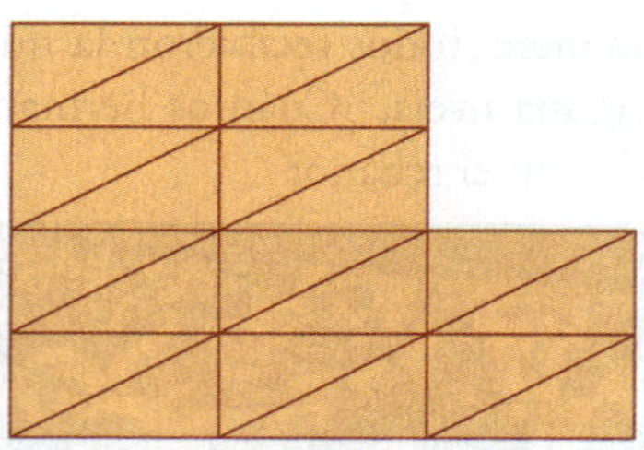

28 Tres amigos deciden compartir una pizza. Uno de ellos, experto geómetra, la parte siguiendo el procedimiento de la figura después de haber dividido el diámetro en tres partes iguales. ¿Es equitativo el reparto? Justifícalo.

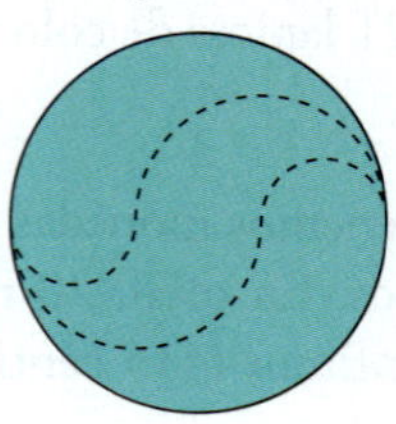

29 Calcula el área de cada uno de los tres triángulos en que se ha dividido un pentágono regular de 10 cm de lado.

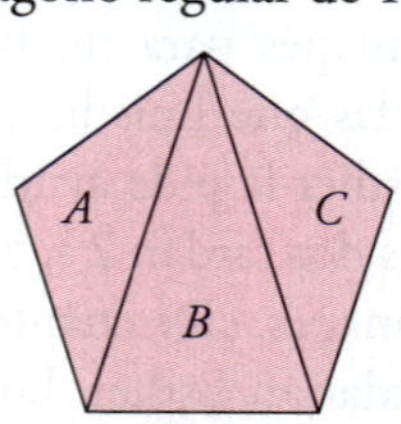

30 En un cuadrado de lado 4 cm se inscribe un círculo. Después, en el círculo se inscribe un cuadrado, y en ese, otro círculo, y así sucesiva e indefinidamente.

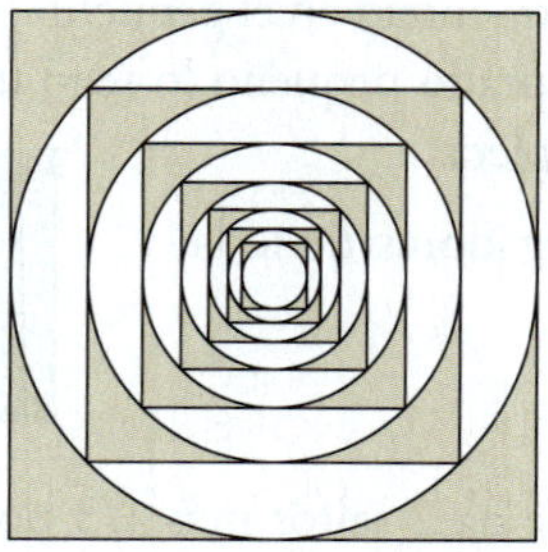

Calcula el área de la zona sombreada y la de la zona en blanco.

31 Dos cuadrados iguales en el plano se mueven de modo que uno de los vértices de uno de ellos es el centro del otro cuadrado. ¿Para qué posición el área de la intersección de los cuadrados es máxima?

32 El rombo tiene una superficie de 120 cm^2 y el cociente entre sus diagonales es 2,4. Calcula el área del círculo inscrito.

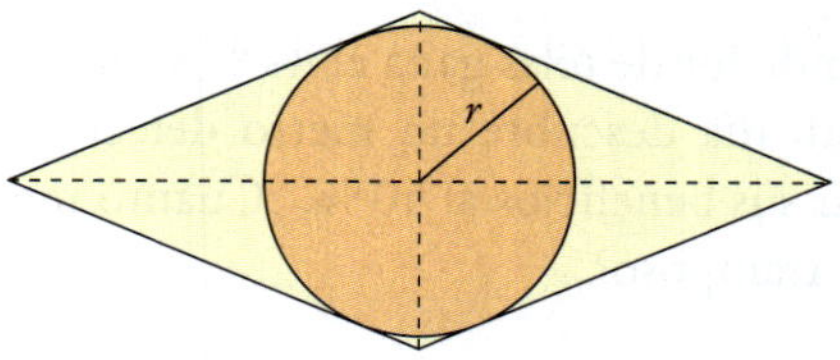

33 Una esfera apoyada en el suelo proyecta una sombra que llega hasta 10 m del punto donde la esfera toca el suelo. En ese momento, un poste vertical de 1 m de alto produce una sombra de 1 m. Calcula el radio de la esfera.

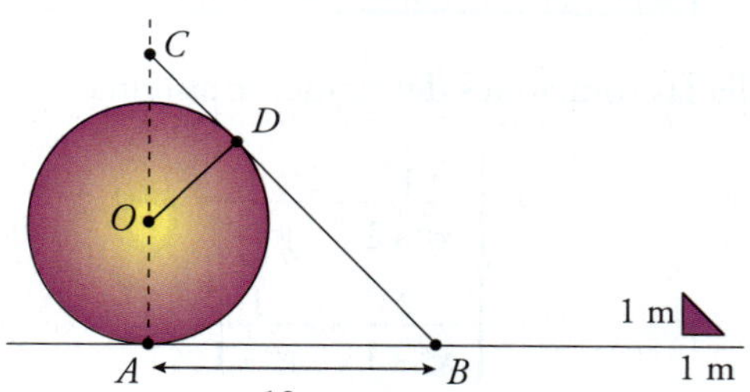

34 Un gran balón de playa de 100 cm de radio está apoyado sobre una pared que forma un ángulo recto con el suelo.

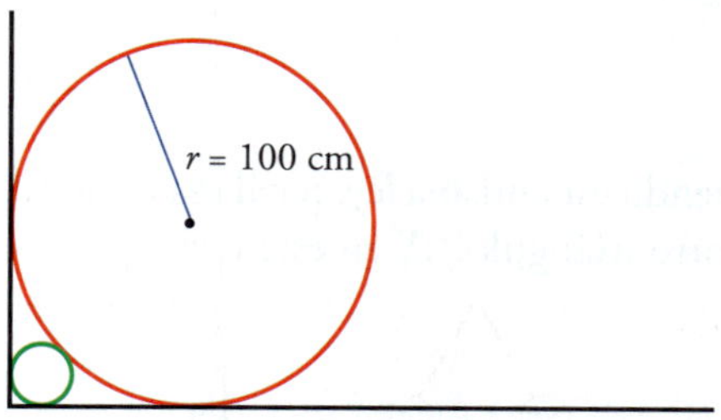

¿Cuál es el radio de la pelota más grande que puede situarse entre la pared, el suelo y el balón de playa?

35 Con regla, compás y cartabón, construye un triángulo del que te han dado la longitud del lado a y las de las dos medianas m_b y m_c que parten de sus extremos.

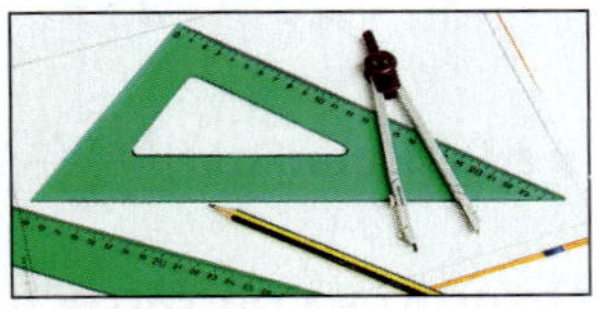

36 a) Explica por qué si escogemos seis números naturales entre 1 y 10, con seguridad, dos de ellos sumarán 11.

b) Inventa un problema similar con números naturales del 55 al 111 y resuélvelo.

37 El número $1 \cdot 2 \cdot 3 \cdot 4 \cdot \ldots \cdot 48 \cdot 49 \cdot 50$ es un número enormemente grande.

a) ¿Qué lugar ocupa el primer dígito distinto de cero empezando desde las unidades?

b) ¿Cuál es ese dígito?

38 Indica cuál es el último dígito (cifra de las unidades) de cada uno de los siguientes números:

a) 284^{559} b) 328^{100} c) 153^{153}

39 El número $2^{48} - 1$ es divisible por dos números comprendidos entre 60 y 70. ¿Cuáles son dichos números?

40 En 1856 se publicó un libro (gordísimo) que contenía *los cuadrados de los números desde el uno hasta el mil millones*. ¿Para qué? ¡Para multiplicar! Te toca a ti averiguar y explicar cómo.

Para ello, relaciona el producto de dos números $m \cdot n$ con la diferencia de los cuadrados de $m + n$ y $m - n$.

Explica cómo se usaría «el libro de los cuadrados» para efectuar el producto de dos números muy grandes (por ejemplo, $57\,839 \cdot 8\,756$) mediante operaciones más sencillas.

41 ¿Qué es mayor, $log_3 108$ o $log_5 375$?

* *Descompón los números en factores.*

42 Este número es entero. ¿Cuál es?

$$\sqrt{|40\sqrt{2} - 57|} - \sqrt{40\sqrt{2} + 57}$$

Demostraciones

43 Demuestra que:

a) Si m es impar, entonces $m^2 + 1$ no es múltiplo de 4.

b) Si l, m, n son enteros consecutivos, entonces el resultado de $l^2 + m^2 + n^2$ no es múltiplo de 24.

44 Demuestra que el número 365 es el único número natural que es suma de los cuadrados de tres números consecutivos y, también, suma de los cuadrados de los dos siguientes.

45 a) Demuestra que existen dos números primos consecutivos cuya diferencia es mayor que 1 000.

b) Demuestra que, por grande que sea m, existen dos números primos consecutivos cuya diferencia es mayor que m. (Es decir, que hay m números compuestos consecutivos).

46 ¿Será verdad que siempre que $A, B, C, D > 0$ se verifica esta desigualdad?

$$(1 + A)^2 (1 + B)^2 (1 + C)^2 (1 + D)^2 \geq 2^4 ABCD$$

47 Si a y b son dos enteros consecutivos, entonces:

$$a^2 + b^2 + (ab)^2$$

resulta ser siempre un cuadrado perfecto. ¿Por qué?

Demostraciones geométricas

48 En el paralelogramo $ACDB$, $\overline{AP} = \overline{CR}$, $\overline{BQ} = \overline{DS}$. Demuestra que $PQRS$ también es un paralelogramo.

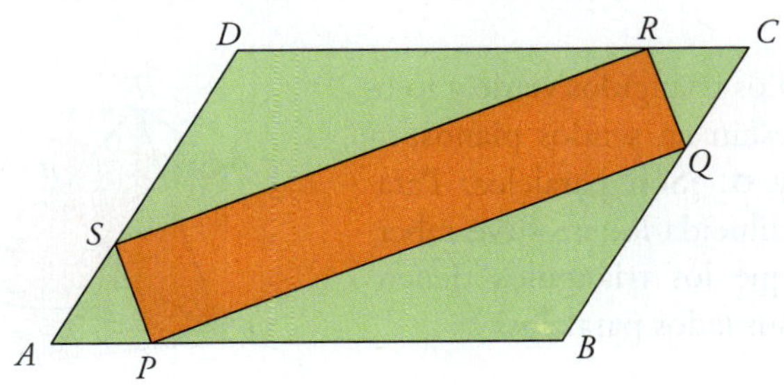

49 Demuestra que en todo triángulo isósceles, la bisectriz del ángulo externo opuesto a los ángulos iguales es paralela al lado desigual.

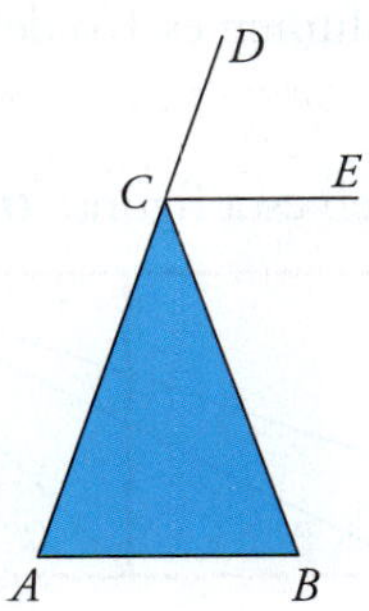

50 Demuestra que si por un punto cualquiera de la bisectriz de un ángulo se traza una paralela a uno de los lados del ángulo, el triángulo así formado es isósceles.

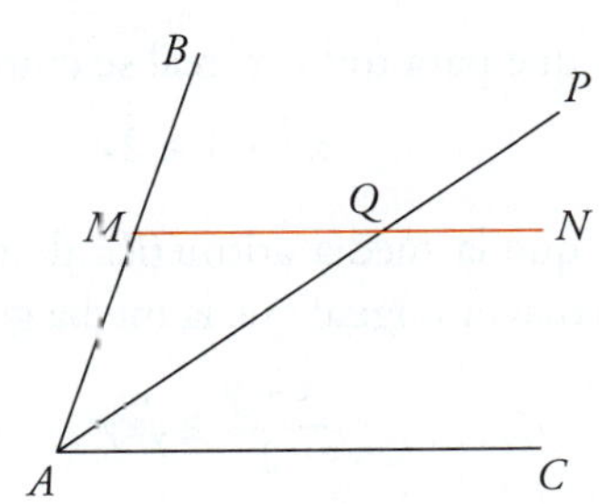

51 En un paralelogramo $ABCD$, Q es el punto medio de AD y P el punto medio de CB. Demuestra que BQ y DP trisecan AC.

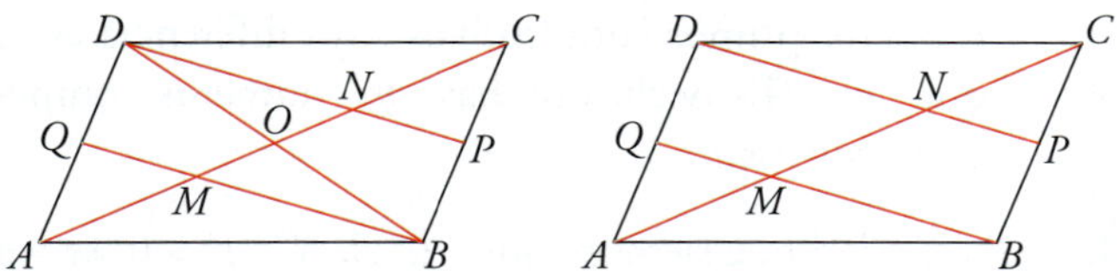

52 Sobre el lado AB de un triángulo ABC se toma un punto cualquiera P. Luego se hacen $\overline{AW} = \overline{WP}$, $\overline{PX} = \overline{XB}$, $\overline{AZ} = \overline{ZC}$, $\overline{BY} = \overline{YC}$. Demuestra que $\overline{XY} = \overline{WZ}$.

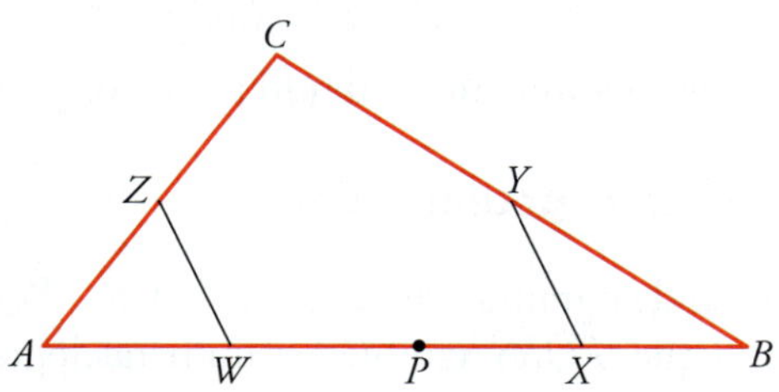

53 Los triángulos verde y rojo están en sendos planos, π y σ. ¿Son paralelos? Para dilucidarlo, ¿te sirve saber que los triángulos tienen sus lados paralelos?

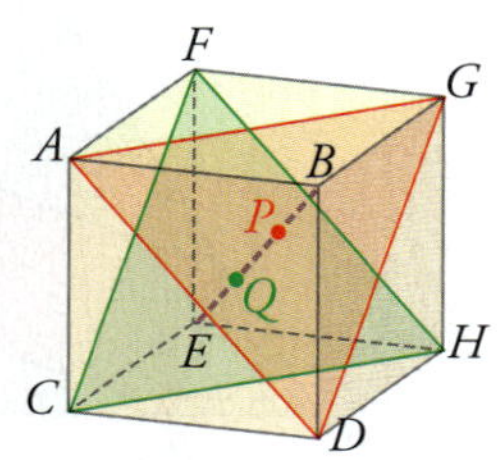

La diagonal del cubo, BE, corta a esos dos planos en P y Q. ¿Podrías probar si se cumple $\overline{BP} = \overline{PQ} = \overline{QE}$?

Para ello, halla la altura de $\overline{BP}$ del tetraedro $BADG$ sabiendo que su volumen es 1/6 del volumen del cubo. (¿Por qué?)

54 Demuestra que, en esta figura, $\alpha = \beta + \gamma$.

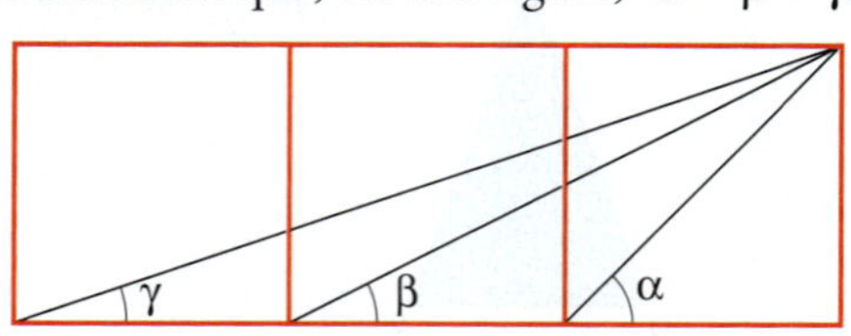

Intenta utilizar una cuadrícula como esta para demostrarlo.

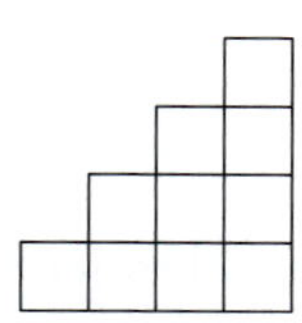

Cadena de equivalencias

55 Demuestra que para todo x real se cumple lo siguiente:

$$x^2 + 1 \geq 2x$$

56 Demuestra que la media aritmética de dos números reales positivos es mayor o igual que la media geométrica. Es decir:

$$\frac{x+y}{2} \geq \sqrt{xy}$$

57 Sabiendo que a y b son dos números distintos y ambos positivos, demuestra la siguiente igualdad:

$$\frac{a+b}{2} > \frac{2ab}{a+b}$$

58 Si $m \geq 0$ y $n \geq 0$, demuestra $\dfrac{m+n}{2} \leq \sqrt{\dfrac{m^2+n^2}{2}}$.

Reducción al absurdo y contrarrecíproco

59 Demuestra por reducción al absurdo lo mismo que demostraste en el ejercicio anterior.

60 Demuestra que $x + \dfrac{1}{x} \geq 2$ para todo número real positivo x.

61 Si a, b son números reales positivos tales que $\sqrt{ab} \neq \dfrac{a+b}{2}$, entonces $a \neq b$.

62 Demuestra que si a, b, c son tres números impares, entonces $ax^2 + bx + c = 0$ no puede tener raíces racionales.

Método de inducción

63 Demuestra que $n^3 + 5n$ es múltiplo de 6 para cualquier valor natural de n.

64 Aplicando el método de inducción completa, demuestra:

a) $2^n > 2n + 1$ para cualquier natural $n \geq 3$.

b) $1 \cdot 4 + 2 \cdot 7 + 3 \cdot 10 + \ldots + n \cdot (3n + 1) = n \cdot (n + 1)^2$ para cualquier n natural.

65 Utiliza el método de inducción completa para demostrar estas igualdades para n natural:

a) $1 + 3 + 6 + 10 + \ldots + \dfrac{n(n+1)}{2} = \dfrac{n(n+1)(n+2)}{6}$

b) $\dfrac{1}{1 \cdot 2} + \dfrac{1}{2 \cdot 3} + \dfrac{1}{3 \cdot 4} + \ldots + \dfrac{1}{n(n+1)} = \dfrac{n}{n+1}$

66 Observa que:

$$1 = 1$$
$$1 - 4 = -(1 + 2)$$
$$1 - 4 + 9 = 1 + 2 + 3$$
$$\ldots$$

¿Qué regla general siguen estas igualdades? Exprésalo en la notación conveniente y demuéstralo.

67 Demuestra que $6^{2n} - 1$ es divisible por 35 para cualquier valor de n (natural).

68 Demuestra que si $n \in \mathbb{N}$, entonces $n^5 - 5n^3 + 4n$ es múltiplo de 120.

69 Demuestra por inducción:

$$1^2 + 3^2 + 5^2 + \ldots + (2n-1)^2 = \frac{(2n-1)\,2n\,(2n+1)}{6}$$

ÁLGEBRA

BLOQUE I

NOTAS HISTÓRICAS
Álgebra

- Periodo occidental clásico
- El auge de la matemática árabe y periodo medieval europeo
- La matemática renacentista
- La matemática moderna
- El siglo XIX
- El siglo XX

El principal empeño del álgebra clásica es la resolución de ecuaciones. Considerándola así, el álgebra tendría más de 4 000 años de antigüedad. Pero no es hasta la Edad Media (siglo IX) cuando surge el álgebra propiamente dicha de mano de los árabes. Posteriormente, el álgebra árabe se difundió, a través de España, (especialmente, del centro cultural que era la ciudad de Córdoba en aquel momento) hacia Europa, donde alcanza la mayoría de edad en los siglos XVI y XVII.

1 En el siglo III, **Diofanto de Alejandría** escribe el primer tratado de álgebra que conocemos. En él propone problemas y utiliza en la resolución de alguno de ellos lo que ahora llamamos ecuaciones algebraicas, usando un simbolismo semejante al actual de los polinomios.

2 **Al-Jwarizmi** (780-850) miembro destacado de «La casa de la sabiduría» de Bagdad, expone la manera de resolver seis tipos de ecuaciones de segundo grado al comienzo de su obra *Hisab **al jabr** wa'l muqabalah.* Del título de ese tratado se deriva la actual denominación del **álgebra**.

3 **Omar Jayyam** (1050-1123) define el álgebra como la ciencia de resolver ecuaciones. Esa definición se mantuvo hasta finales del siglo XIX.

4 **Cardano** (1501-1576) publica el primer método general de resolución de ecuaciones de tercer grado, descubierto por **Tartaglia** (1499-1557), y la solución de las ecuaciones de cuarto grado, descubierta por su secretario **Ludovico Ferrari** (1522-1565).

Batalla de Clavijo

Se inventa el alfabeto cirílico

Avicena

Invención de la ballesta

El Cid

Núñez de Balboa

1100

1500

Reinos de Taifas

Omar Jayyam 3

Carlos I

El imperio carolingio se divide en el tratado de Verdún

Invencion del lápiz

5 Cardano, Tartaglia, Ferrari

Unión de España y Portugal

5 Viète

Batalla de Lepanto

Conde-duque de Olivares

1600

Incendio de Londres

Descartes 5

Richelieu

Carlos II

1700

1800

Gauss 6

5 Avanza la notación simbólica en el álgebra gracias a **Viète** (1540-1603), que es el primero en utilizar las letras para simbolizar tanto las incógnitas como las constantes, y a **Descartes** (1596-1650). Este último trató las propiedades y transformaciones de las ecuaciones algebraicas con un simbolismo muy parecido al actual.

6 **Gauss** (1777-1855), uno de los más grandes matemáticos de todos los tiempos, con tan solo 22 años, llevó a cabo la primera demostración del **Teorema Fundamental del Álgebra**: *toda ecuación polinómica tiene, al menos una solución en el campo complejo.*

7 **Galois** (1811-1832) desarrolla la teoría de grupos, **Hamilton** (1805-1865), **Sylvester** (1814-1897) y **Cayley** (1821-1895) formalizan la teoría de matrices, y **Cauchy** (1789-1857) completa y formaliza la teoría de determinantes.

En **anayaeducacion.es**:
Ampliación de las notas históricas correspondientes a este bloque.

1 ÁLGEBRA DE MATRICES

El álgebra moderna

Antes del siglo XIX, las matemáticas se ocupaban esencialmente de los números (aritmética) y de las figuras (geometría). El álgebra era una herramienta válida para ambas materias y resultó sumamente útil tanto en aspectos prácticos como científicos. Al comienzo del siglo XIX, el álgebra, como otras ramas de la matemática, evoluciona hacia nuevas ideas. Aparecen, como objeto de esta, las matrices, los determinantes, los vectores…

Hamilton y los cuaternios

Las nuevas ideas que surgen a comienzos del siglo XIX nacieron inspirándose en los números complejos. Recordemos que un número complejo $a + bi$ es, en esencia, un par de números reales (a, b). El resultado de multiplicar por un número complejo de módulo 1 y argumento α se interpreta geométricamente como un giro de ángulo α. Pues bien, si las operaciones con pares de números reales se relacionan con transformaciones en el plano, ¿por qué no explorar el álgebra que surge de las ternas de números reales?

William Rowan Hamilton

Hamilton (1805-1865) intentó dar sentido a las operaciones con ternas de la forma $a + bi + cj$ donde i y j jugarían un papel similar al de la unidad imaginaria i, pero no consiguió que aquello funcionara. Tras quince años de mucho discurrir y de intentos fallidos, un día de 1843, mientras paseaba con su esposa por un puente de Dublín, se le ocurrió la feliz idea de, en vez de ternas, utilizar cuádruplas de la forma $a + bi + cj + dk$. Aquello funcionó a la perfección. El propio Hamilton llamó «cuaternios» a estas cuaternas numéricas dotadas de estructura algebraica con fecunda interpretación geométrica. Con ello se abrió un inmenso campo al álgebra en particular y a las ciencias en general.

Por ejemplo, como los cuaternios sirven para describir la dinámica del movimiento en tres dimensiones, se han utilizado en las gráficas de realidades virtuales, en la programación de videojuegos, en robótica, en el estudio de la geometría del espacio-tiempo, en el *software* de vuelo tanto de la aviación comercial como de los transbordadores espaciales…

En **anayaeducacion.es** encontrarás información sobre el campo profesional del *big data*.

Eminente matemático, Hamilton hizo también notables contribuciones a la física (óptica, dinámica, mecánica). Ya en su infancia se le consideraba un talento precoz que dominaba gran número de lenguas. Siempre mantuvo un gran interés por la filosofía y la literatura. Se dice que su prestigio en la universidad era tal que «se le permitía pisar el césped de los jardines», algo rotundamente prohibido. Seguramente ocurrió que, en alguna ocasión, absorto en sus elucubraciones, caminó sobre el césped sin darse cuenta y, por supuesto, nadie se atrevió a reprochárselo.

Las matrices

Las matrices, como cajas rectangulares de números, vienen de muy antiguo. Ya los chinos, en el siglo II a. C., plasmaban en tablas los elementos numéricos de un sistema de tres ecuaciones lineales con tres incógnitas. Mediante transformaciones de estos números, llegaban a la solución.

Podríamos afirmar que el campo de las matrices estaba desarrollado y asentado antes de crearse, pero la notación matricial, propiamente dicha, fue utilizada por primera vez por **Cayley** en 1843, quien las introdujo como entidades independientes y desarrolló el álgebra de matrices (suma y producto, matriz unidad, matriz nula, matriz inversa de otra). Fue el primero en estudiarlas en profundidad y en publicar artículos dedicados a ellas, por lo que se le reconoce como el creador de la teoría de matrices. En 1858 publicó una memoria sobre dicha teoría que contiene la primera definición abstracta de matriz.

El nombre de «matriz» fue acuñado por su gran amigo **Sylvester** en 1850.

Arthur Cayley (1821-1895)

RESUELVE

Estanterías modulares

Una empresa vende tres modelos de estanterías modulares, E_1, E_2, E_3, que, a su vez, están formadas por cuatro tipos de módulos, M_1, M_2, M_3, M_4.

Los módulos que componen cada modelo de estantería se describen en el siguiente gráfico.

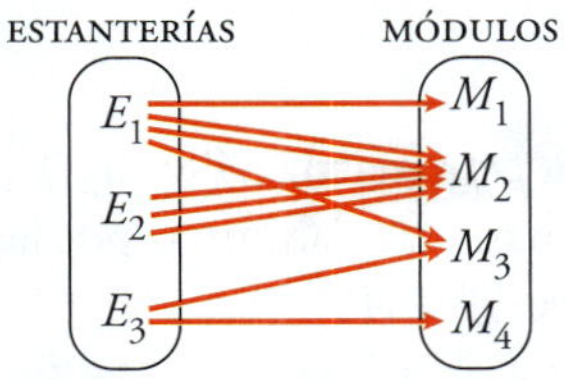

Esta información se puede representar mediante esta tabla.

	M_1	M_2	M_3	M_4
E_1	1	2	1	0
E_2	0	3	0	0
E_3	0	0	1	1

A su vez, los módulos están formados de distintos componentes: elementos de fijación, C_1, piezas de madera grandes, C_2, y piezas de madera pequeñas, C_3.

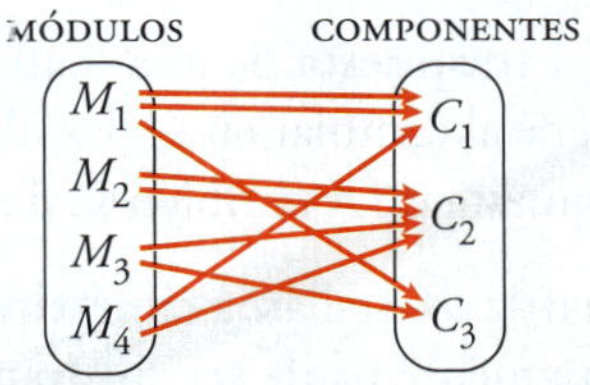

Representa mediante una tabla la información recogida en el diagrama de componentes de los módulos.

1 NOMENCLATURA. DEFINICIONES

Las siguientes tablas numéricas son matrices:

$$\begin{pmatrix} 1 & 7 & -2 & 4 \\ 3 & 0,5 & 0 & 1 \\ -1 & \sqrt{2} & 4 & -5 \end{pmatrix} \quad \begin{pmatrix} 1 & 4 & 0 & \frac{2}{7} & 3 \end{pmatrix} \quad \begin{pmatrix} 5 \\ 3 \\ -4 \\ 0 \end{pmatrix} \quad \begin{pmatrix} 3 & -1 & 4 \\ 5 & 10 & 6 \\ 4 & -1 & 5 \end{pmatrix}$$

Como ves, son cajas rectangulares formadas por **filas** y **columnas.**

La primera es una matriz de 3 filas y 4 columnas. Su **dimensión** es 3×4.

La segunda es una matriz de dimensión 1×5 (1 fila, 5 columnas). A este tipo de matrices se las llama **vectores fila.** Esta es un vector fila de dimensión 5.

La tercera es un **vector columna** de dimensión 4 (es una matriz 4×1).

La cuarta es una matriz 3×3. Se llama **matriz cuadrada** de orden 3.

- Las matrices son tablas numéricas rectangulares:

$$A = \begin{pmatrix} a_{11} & a_{12} & a_{13} & \dots & a_{1n} \\ a_{21} & a_{22} & a_{23} & \dots & a_{2n} \\ a_{31} & a_{32} & a_{33} & \dots & a_{3n} \\ \dots & \dots & \dots & \dots & \dots \\ a_{m1} & a_{m2} & a_{m3} & \dots & a_{mn} \end{pmatrix}$$

Esta es una matriz de m filas y n columnas. Es de **dimensión** $m \times n$.

Los elementos, a_{ij}, son números reales ($a_{ij} \in \mathbb{R}$).

Al designar una matriz genérica, como la anterior, cada término tiene dos subíndices que indican la fila y la columna a las que pertenece. El término a_{23} es el que está en la segunda fila y tercera columna. Para simplificar, la matriz anterior se puede designar así:

$$(a_{ij})_{\substack{i=1,\ \dots,\ m \\ j=1,\ \dots,\ n}} \quad \text{o bien} \quad A = (a_{ij})_{m,\ n} \quad \text{o, simplemente,} \quad (a_{ij})$$

Si $m = n$, se dice que la matriz es **cuadrada.**

- Dos **matrices** son **iguales** cuando son de la misma dimensión y, además, coinciden término a término:

$$\left.\begin{aligned} A &= (a_{ij})_{m,n} \\ B &= (b_{ij})_{m,n} \end{aligned}\right\} \; A = B \iff a_{ij} = b_{ij}$$

- Se llama **traspuesta** de una matriz $A = (a_{ij})_{m,\ n}$ a otra matriz $A^t = (a_{ji})_{n,\ m}$ que se obtiene al cambiar en A las filas por las columnas y las columnas por las filas. La traspuesta de A también se designa A', es decir, $A^t = A'$.

- Una matriz A se llama **simétrica** si $A^t = A$. Para que una matriz sea simétrica, necesariamente ha de ser cuadrada.

- La matriz de la derecha se llama **triangular** porque es cuadrada y todos los elementos que están debajo de la diagonal principal son iguales a cero:

$$\begin{pmatrix} 7 & 1 & 5 & 0 \\ 0 & 4 & 0 & -1 \\ 0 & 0 & 1 & 3 \\ 0 & 0 & 0 & 6 \end{pmatrix}$$

Matrices con calculadora

Para trabajar con matrices en la calculadora debemos acceder a MENU → **4:Matriz.** Aparecerá la pantalla **Definir matriz** en la que tienes la posibilidad de definir hasta cuatro matrices de cualquier dimensión (como mucho 4 filas y 4 columnas).

Para definir una matriz (por ejemplo, la primera matriz que hemos visto, de 3×4), se elige **1:MatA,** entonces se pide el número de filas primero (pulsa 3) y el de columnas después (pulsa 4). Obtienes una pantalla como esta:

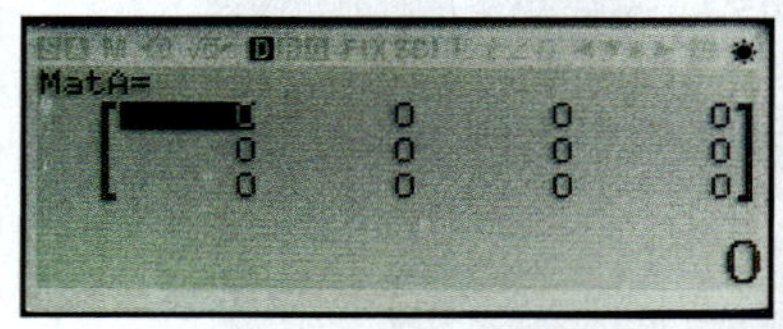

En ella tienes que ir dando valores a cada elemento de la matriz. Al pulsar la tecla = se accede al siguiente:

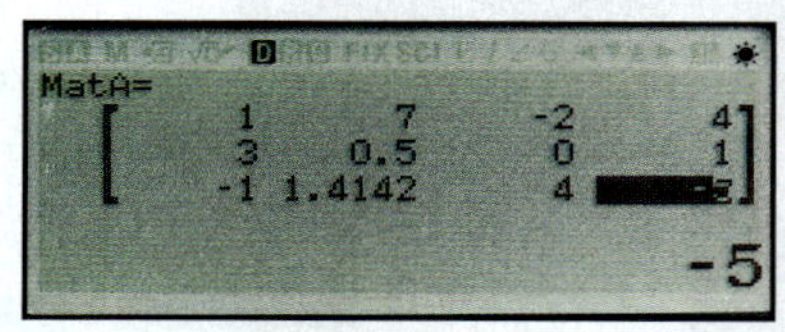

Observa que el valor $\sqrt{2}$ aparece en forma decimal aproximada.

Ten en cuenta que si sales del menú **Matrices** se borrarán todos los datos.

Observa los siguientes ejemplos:

1. La matriz traspuesta de $A = \begin{pmatrix} 7 & 1 & 4 & 2 \\ 0 & 5 & -1 & 3 \\ 6 & 2 & 0 & 5 \end{pmatrix}$ es $A^t = \begin{pmatrix} 7 & 0 & 6 \\ 1 & 5 & 2 \\ 4 & -1 & 0 \\ 2 & 3 & 5 \end{pmatrix}$.

2. La matriz $B = \begin{pmatrix} 1 & 6 & -5 \\ 6 & 0 & 4 \\ -5 & 4 & 6 \end{pmatrix}$ es simétrica porque $B^t = B$.

3. En el seguimiento de la pandemia del COVID-19 se han contabilizado los contagios, las nuevas hospitalizaciones y las altas hospitalarias, de cuatro localidades durante una semana.

	CONTAGIOS	NUEVAS HOSPITALIZACIONES	ALTAS HOSPITALARIAS
L_1	42	23	30
L_2	35	15	16
L_3	56	18	22
L_4	12	3	5

Es claro que los datos configuran una matriz de 4 filas y 3 columnas.

4. Una mujer, directiva en una empresa, contabiliza el número de horas que ha dedicado cada día de una semana a diversas tareas:

	REUNIONES INTERNAS	REUNIONES EXTERNAS	CORRESPONDENCIA (LEER O ESCRIBIR)	ANALIZAR DOCUMENTOS	ELABORAR DOCUMENTOS
L	3	0	1	2	2
M	1	1	1	1	4
X	0	4	1	1	2
J	2	2	1	1	2
V	2	0	1	1	3
S	0	0	0	1	4

Se trata de una matriz 6×5.

Reflexiona

El ejemplo 3 es muy ingenuo pero podemos imaginar una situación más real si se tienen en cuenta los falsos positivos, cada uno de los distintos síntomas que pueden presentar los pacientes, etcétera. Y por otra parte, una enorme cantidad de localidades. Sería una inmensa matriz con muchísimas filas y columnas.

Los ordenadores permiten no solo almacenar matrices de este tipo sino, también, operar con ellas.

Piensa y practica

1 Escribe las matrices traspuestas de:

$A = \begin{pmatrix} 3 & 1 \\ 2 & 5 \\ 7 & 6 \end{pmatrix}$ $\quad B = \begin{pmatrix} 2 & 5 & 7 \\ 4 & 1 & 0 \end{pmatrix}$

$C = \begin{pmatrix} 1 & 3 & 5 & -1 \\ 0 & 2 & 4 & 1 \\ 6 & 1 & 0 & 3 \end{pmatrix}$ $\quad D = \begin{pmatrix} 7 & 4 & 1 \\ 2 & 1 & 0 \\ 0 & 1 & 7 \\ 6 & 3 & 2 \end{pmatrix}$

$E = \begin{pmatrix} 1 & 7 & 4 \\ 7 & -1 & 0 \\ 4 & 0 & 3 \end{pmatrix}$ $\quad F = \begin{pmatrix} 5 & 4 & 6 & 1 \end{pmatrix}$

2 Escribe una matriz X tal que $X^t = X$; esto es, que sea simétrica.

3 Escribe una matriz que describa lo siguiente:

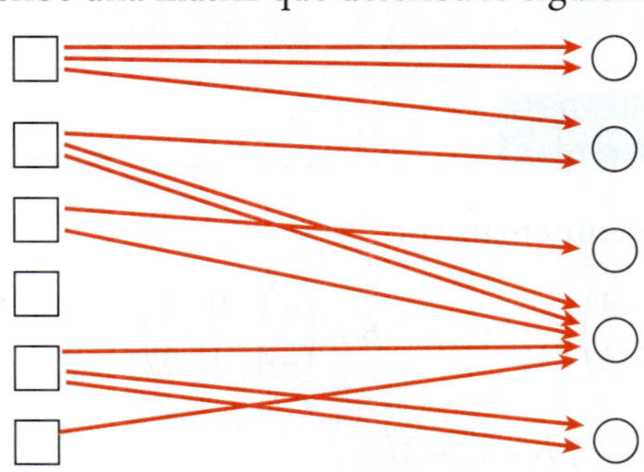

anayaeducacion.es Escribe matrices traspuestas.

2
OPERACIONES CON MATRICES

Las matrices pueden sumarse, ser multiplicadas por un número y multiplicarse entre sí. Observa a continuación cómo cada una de estas operaciones tiene sus peculiaridades y su interpretación:

■ Suma de matrices

Para que dos **matrices** puedan **sumarse,** es necesario que tengan la misma dimensión. En tal caso, se suman término a término:

$$(a_{ij})_{m,\,n} + (b_{ij})_{m,\,n} = (a_{ij} + b_{ij})_{m,\,n}$$

Por ejemplo:

1. $\begin{pmatrix} 1 & 5 & -1 & 4 \\ 2 & 1 & 16 & 0 \\ 3 & 4 & -5 & 5 \end{pmatrix} + \begin{pmatrix} 2 & 0 & -1 & 4 \\ 2 & -3 & 5 & 6 \\ 1 & 1 & -1 & 0 \end{pmatrix} = \begin{pmatrix} 3 & 5 & -2 & 8 \\ 4 & -2 & 21 & 6 \\ 4 & 5 & -6 & 5 \end{pmatrix}$

2. Las matrices $\begin{pmatrix} 2 & 1 & 7 & 4 \\ 3 & 2 & -5 & 6 \end{pmatrix}$ y $\begin{pmatrix} 4 & 7 & 3 \\ 1 & 5 & 2 \end{pmatrix}$ no pueden sumarse por no ser de la misma dimensión.

3. Si en el ejemplo 3 de la página anterior tuviéramos las matrices de contagios, las hospitalizaciones y las altas hospitalarias correspondientes a todas las semanas que ha durado la pandemia, su suma sería una matriz con los contagios, las hospitalizaciones y las altas hospitalarias totales durante la pandemia en las localidades citadas.

■ Producto de un número por una matriz

Para **multiplicar un número por una matriz,** se multiplica por el número cada término de la matriz:

$$k \cdot (a_{ij})_{m,\,n} = (ka_{ij})_{m,\,n}$$

Por ejemplo:

1. $(-2) \cdot \begin{pmatrix} 1 & 5 & -1 & 4 \\ 2 & 1 & 16 & 0 \\ 3 & 4 & -5 & 5 \end{pmatrix} = \begin{pmatrix} -2 & -10 & 2 & -8 \\ -4 & -2 & -32 & 0 \\ -6 & -8 & 10 & -10 \end{pmatrix}$

2. En el ejemplo 4 de la página anterior, la mujer puede suponer que las cuatro semanas que conforman un determinado mes serán aproximadamente iguales y, así, obtener la matriz de dedicación mensual multiplicando por 4 la matriz de dedicación semanal.

Operaciones con matrices con calculadora

Una vez definidas las matrices, para operar con ellas se pulsa OPTN. Aparecerá una pantalla con las siguientes opciones:

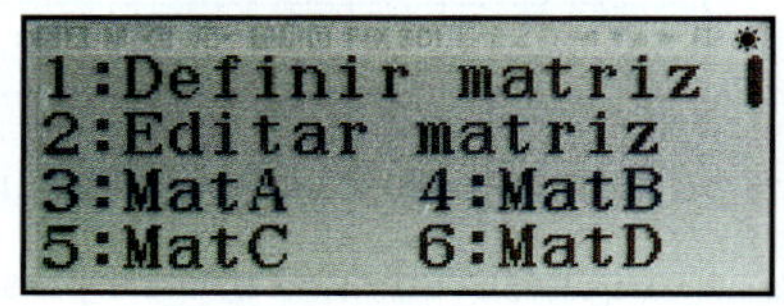

Al escoger las opciones 3, 4, 5 o 6, se toman las matrices (*MatA, MatB...*) como un elemento con el que se puede operar. Por ejemplo, si definimos las matrices A y B con las mismas dimensiones:

- Para sumar $A + B$:

OPTN 3 + OPTN 4 =

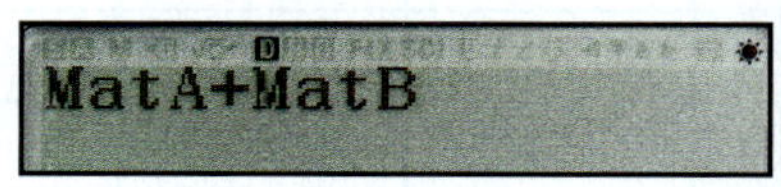

- Para multiplicar $(-5) \cdot A$:

(−) 5 × OPTN 3 =

Piensa y practica

1 Dadas las siguientes matrices:

$A = \begin{pmatrix} 1 & 0 & -2 \\ 4 & 1 & -3 \end{pmatrix}$ $B = \begin{pmatrix} -1 & 0 & 1 \\ -4 & 1 & 3 \end{pmatrix}$ $C = \begin{pmatrix} 7 & 1 & -1 \\ 8 & -10 & 0 \end{pmatrix}$ $D = \begin{pmatrix} -3 & 1 & 5 \\ 6 & 2 & 4 \end{pmatrix}$

calcula $E = 2A - 3B + C - 2D$.

Producto de una matriz fila por una matriz columna

El **producto de un vector fila por un vector columna,** ambos de la misma dimensión, **es un número** que se obtiene multiplicándolos término a término y sumando los resultados:

$$(a_1\ a_2\ a_3\ \dots\ a_n) \cdot \begin{pmatrix} b_1 \\ b_2 \\ b_3 \\ \dots \\ b_n \end{pmatrix} = a_1b_1 + a_2b_2 + a_3b_3 + \dots + a_nb_n$$

Nota

Esta definición es válida para el producto de un vector fila por un vector columna, pero no al contrario.

Ejercicios resueltos

1 *Efectuar el producto* $F \cdot C$*:*

$$F = (5\ \ 1\ \ 4\ \ 2), \quad C = \begin{pmatrix} -1 \\ 3 \\ 2 \\ 0 \end{pmatrix}$$

$F \cdot C = 5 \cdot (-1) + 1 \cdot 3 + 4 \cdot 2 + 2 \cdot 0 = -5 + 3 + 8 + 0 = 6$

(El producto $C \cdot F$ se realiza de forma muy distinta, como veremos en la página siguiente).

2 *En una oficina de cambio de divisas hoy ofrecen estos precios:*

1 \$ = 0,85 €

1 ¥ = 0,008 €

Si una ejecutiva, que necesita euros, llega a la oficina con 70 \$, 20 € y 15 ¥, ¿con cuántos euros saldrá?

Observa que la cantidad total cambiada, en euros, se puede obtener como producto de un vector fila por un vector columna:

$$(\underset{\$\to€}{0{,}85}\quad \underset{€\to€}{1}\quad \underset{¥\to€}{0{,}008}) \cdot \begin{pmatrix} 70 \\ 20 \\ 15 \end{pmatrix} = 0{,}85 \cdot 70 + 1 \cdot 20 + 0{,}008 \cdot 15 = 79{,}62\ €$$

Sale de la oficina con 79,62 €.

Date cuenta de que este ejercicio podría haberse resuelto sin necesidad de usar matrices.

3 *En el problema de estanterías modulares de la página 37, queremos averiguar cuántos componentes* C_2 *se necesitan para fabricar una estantería* E_1*.*

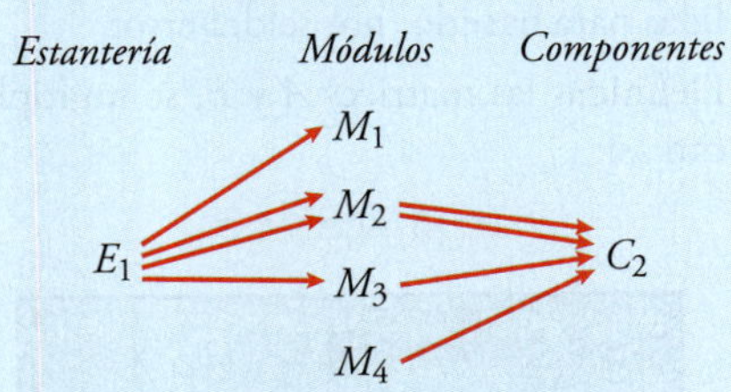

¿Cómo se puede describir matricialmente este cálculo?

Podemos hacerlo del siguiente modo:

Número de módulos (M_1, M_2, M_3, M_4) en la estantería E_1: (1 2 1 0)

Número de componentes C_2 en cada uno de los módulos:

$$\begin{pmatrix} 0 \\ 2 \\ 1 \\ 1 \end{pmatrix}$$

Número total de componentes:

$$(1\ \ 2\ \ 1\ \ 0) \cdot \begin{pmatrix} 0 \\ 2 \\ 1 \\ 1 \end{pmatrix} = 1 \cdot 0 + 2 \cdot 2 + 1 \cdot 1 + 0 \cdot 1 = 5$$

Se necesitan 5 componentes del tipo C_2 para fabricar una estantería del tipo E_1.

anayaeducacion.es Practica la suma de matrices.

Producto de matrices

Para que dos **matrices** A y B puedan **multiplicarse,** $A \cdot B$, es necesario que el *número de columnas de la primera coincida con el número de filas de la segunda.*

En tal caso, el **producto** $A \cdot B = C$ es otra matriz cuyos elementos se obtienen multiplicando cada vector fila de la primera por cada vector columna de la segunda, del siguiente modo:

$$\left.\begin{array}{l} A = (a_{ik})_{m,n} \\ B = (b_{kj})_{n,p} \end{array}\right\} A \cdot B = C = (c_{ij})_{m,p}$$

siendo c_{ij} el producto de la fila i de A por la columna j de B:

$$c_{ij} = (a_{i1} \ \ a_{i2} \ \ \dots \ \ a_{in}) \cdot \begin{pmatrix} b_{1j} \\ b_{2j} \\ \dots \\ b_{nj} \end{pmatrix} = a_{i1}b_{1j} + a_{i2}b_{2j} + \dots + a_{in}b_{nj} = \sum_{k=1}^{n} a_{ik}b_{kj}$$

La matriz C resultante tiene tantas filas como A (m) y tantas columnas como B (p).

Observa en estos ejemplos la mecánica del producto de matrices:

1. $$\begin{pmatrix} 2 & 3 & 5 \\ 7 & 2 & 4 \end{pmatrix} \cdot \begin{pmatrix} 1 & 6 \\ 7 & 2 \\ 0 & -5 \end{pmatrix} = \begin{pmatrix} 2 \cdot 1 + 3 \cdot 7 + 5 \cdot 0 & 2 \cdot 6 + 3 \cdot 2 + 5 \cdot (-5) \\ 7 \cdot 1 + 2 \cdot 7 + 4 \cdot 0 & 7 \cdot 6 + 2 \cdot 2 + 4 \cdot (-5) \end{pmatrix} = \begin{pmatrix} 23 & -7 \\ 21 & 26 \end{pmatrix}$$

(2×3) (3×2) (2×2)

2. Una empresa de juguetes vende tres cajas temáticas con personajes, transportes, accesorios y cabañas.

Matriz A: Cantidad de personajes, *Pe*; transportes, *Tr*; accesorios, *Ac*; y cabañas, *Cb*; que incluye cada caja temática: barco pirata, *Bp*; granja, *Gr*; y hospital, *H*.

Matriz B: Precio, en euros, de cada uno de los componentes, en dos fábricas distintas, F_1 y F_2.

$A =$

	Pe	Tr	Ac	Cb
Bp	7	3	10	2
Gr	9	4	15	3
H	4	2	12	1

$B =$

	F_1	F_2
Pe	2	3
Tr	7	4
Ac	1	1
Cb	9	7

La matriz $A \cdot B$ determina el precio de cada una de las cajas temáticas en cada fábrica.

$A \cdot B =$

	F_1	F_2
Bp	63	57
Gr	88	79
H	43	39

Por ejemplo, la cantidad 57 quiere decir que la fábrica F_2 cobrará 57 € por fabricar la caja temática del barco pirata.

Muy importante

El producto de matrices $A \cdot B$ puede realizarse si los vectores de cada fila de A son de la misma dimensión que los vectores de cada columna de B.

$$\underset{(m,\,n)}{A} \cdot \underset{(n,\,p)}{B} = \underset{(m,\,p)}{C}$$

Vector columna por vector fila

$$C = \begin{pmatrix} -1 \\ 3 \\ 2 \\ 0 \end{pmatrix} \qquad F = (5 \ \ 1 \ \ 4 \ \ 2)$$

Observa que $C \cdot F$ es una matriz 4×4. Calcúlala.

Producto de matrices con calculadora

Multiplicar matrices con calculadora es tan sencillo como sumarlas, restarlas o multiplicarlas por un número. Hay que tener en cuenta que si las dimensiones de las matrices que multiplicamos no son válidas para hacerlo, nos saldrá error.

Definidas las matrices A y B, se multiplican así:

OPTN 3 × OPTN 4 =

anayaeducacion.es

Ejercicios para **reforzar** las operaciones combinadas con matrices.

Ejercicios resueltos

1 *El problema de la fábrica de «Estanterías modulares» del comienzo de la unidad se resume mediante este gráfico:*

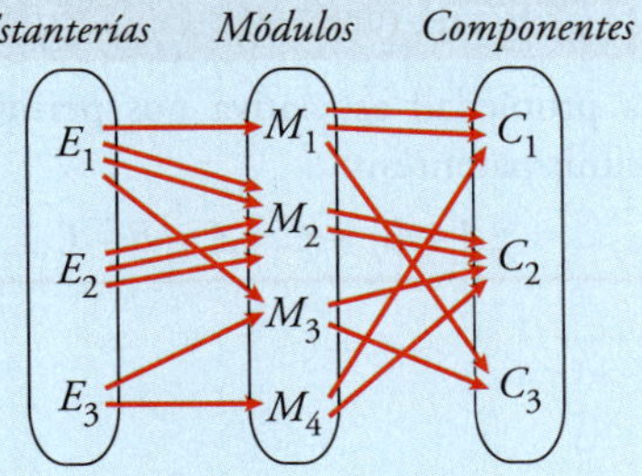

Aplicar el producto de matrices para obtener el número de componentes de cada tipo que necesita cada modelo de estantería, teniendo en cuenta los módulos de los que está compuesta.

El gráfico que describe los módulos, M, de los que está compuesta cada estantería, E, se resumen en la matriz A.

El que describe los componentes, C, de los que está compuesto cada módulo, M, se resumen en la matriz B.

$$A \rightarrow \begin{array}{c} \\ E_1 \\ E_2 \\ E_3 \end{array} \begin{array}{c} \begin{matrix} M_1 & M_2 & M_3 & M_4 \end{matrix} \\ \begin{pmatrix} 1 & 2 & 1 & 0 \\ 0 & 3 & 0 & 0 \\ 0 & 0 & 1 & 1 \end{pmatrix} \end{array} \qquad B \rightarrow \begin{array}{c} \\ M_1 \\ M_2 \\ M_3 \\ M_4 \end{array} \begin{array}{c} \begin{matrix} C_1 & C_2 & C_3 \end{matrix} \\ \begin{pmatrix} 2 & 0 & 1 \\ 0 & 2 & 0 \\ 0 & 1 & 1 \\ 1 & 1 & 0 \end{pmatrix} \end{array}$$

$$A \cdot B \rightarrow \begin{array}{c} \\ E_1 \\ E_2 \\ E_3 \end{array} \begin{array}{c} \begin{matrix} C_1 & C_2 & C_3 \end{matrix} \\ \begin{pmatrix} 2 & 5 & 2 \\ 0 & 6 & 0 \\ 1 & 2 & 1 \end{pmatrix} \end{array}$$

2 *Una oficina de cambio trabaja con tres monedas distintas, euros, dólares y yenes. Puede recibir cantidades de distintas monedas y debe dar el cambio en cualquiera de ellas.*

1 € = 1,18 ↔ 1 $ = 0,85 €

1 € = 125 ¥ ↔ 1 ¥ = 0,0080 €

1 $ = 106 ¥ ↔ 1 ¥ = 0,0094 $

Un cliente dispone de 15 $, 27 € y 2 500 ¥. ¿A cuántos dólares equivale su capital? ¿Y a cuántos euros? ¿Y a cuántos yenes?

La tabla que refleja los cambios de moneda es la siguiente:

	$	**€**	**¥**
$	1	1,18	0,0094
€	0,85	1	0,0080
¥	106	125	1

Calculamos el resultado del cambio de moneda de 15 $, 27 € y 2 500 yen, en las tres monedas.

$$\begin{pmatrix} 1 & 1{,}18 & 0{,}0094 \\ 0{,}85 & 1 & 0{,}0080 \\ 106 & 125 & 1 \end{pmatrix} \begin{pmatrix} 15 \\ 27 \\ 2\,500 \end{pmatrix} = \begin{pmatrix} 15 + 31{,}86 + 23{,}5 \\ 12{,}75 + 27 + 20 \\ 1590 + 3375 + 2500 \end{pmatrix} = \begin{pmatrix} 70{,}36 \\ 59{,}75 \\ 7\,465 \end{pmatrix} \begin{matrix} \leftarrow \$ \\ \leftarrow € \\ \leftarrow ¥ \end{matrix}$$

↑ MATRIZ DE CAMBIO — ↑ CANTIDADES A CAMBIAR — ↑ TOTAL DEL CAMBIO EN DISTINTAS MONEDAS

Piensa y practica

2 Efectúa todos los posibles productos entre las siguientes matrices:

$$A = \begin{pmatrix} 1 & 2 & 3 \\ -2 & 5 & 1 \end{pmatrix} \qquad B = \begin{pmatrix} 7 & 0 \\ -1 & 1 \\ 0 & 1 \\ 3 & 4 \end{pmatrix}$$

$$C = \begin{pmatrix} 2 & 7 & 1 & 5 \\ 6 & 3 & 0 & 0 \\ -2 & -5 & 1 & 0 \end{pmatrix} \qquad D = \begin{pmatrix} 1 & -1 & 1 \\ 0 & 5 & 2 \\ 2 & 3 & -3 \end{pmatrix}$$

3 Intenta conseguir una matriz I_3 de dimensión 3×3 que, multiplicada por cualquier matriz cuadrada $A_{(3 \times 3)}$, la deje igual.

Es decir:

$$A \cdot I_3 = I_3 \cdot A = A$$

La matriz I_3 que verifica la igualdad anterior se llama **matriz unidad** de orden 3.

Una vez que sepas cuál es su fisonomía, sabrás obtener la matriz unidad de cualquier orden.

anayaeducacion.es Practica el producto de matrices.

3
PROPIEDADES DE LAS OPERACIONES CON MATRICES

Las operaciones con matrices tienen unas propiedades que les confieren una estructura interesante. Veámoslas.

Propiedades de la suma de matrices

Las matrices de dimensión $m \times n$ pueden sumarse, y el resultado es otra matriz $m \times n$. Además, la suma cumple las siguientes propiedades:

1. Asociativa: $(A + B) + C = A + (B + C)$

2. Conmutativa: $A + B = B + A$

3. Elemento neutro: La matriz $\mathbf{0}_{m,n}$, cuyos elementos son todos 0, sumada con cualquier otra matriz de dimensión $m \times n$, la deja igual, es decir, $A + \mathbf{0} = \mathbf{0} + A = A$.

4. Toda matriz, A, **tiene una opuesta,** $-A$: La opuesta de $A = (a_{ij})$ es $-A = (-a_{ij})$, pues $(a_{ij}) + (-a_{ij}) = (a_{ij} - a_{ij}) = (0) = \mathbf{0}$.

Por ejemplo, la matriz opuesta de $\begin{pmatrix} 3 & 5 & -1 \\ 2 & -3 & 0 \end{pmatrix}$ es $\begin{pmatrix} -3 & -5 & 1 \\ -2 & 3 & 0 \end{pmatrix}$, porque:

$$\begin{pmatrix} 3 & 5 & -1 \\ 2 & -3 & 0 \end{pmatrix} + \begin{pmatrix} -3 & -5 & 1 \\ -2 & 3 & 0 \end{pmatrix} = \begin{pmatrix} 0 & 0 & 0 \\ 0 & 0 & 0 \end{pmatrix}$$

Estas cuatro propiedades se resumen diciendo que el conjunto $\mathcal{M}_{m,n}$ de las matrices de dimensión $m \times n$ es un **grupo abeliano** respecto de la suma.

Propiedades del producto de números por matrices

Si $a, b \in \mathbb{R}$ y $A, B \in \mathcal{M}_{m,n}$, se cumplen las siguientes propiedades:

1. Asociativa: $a \cdot (b \cdot A) = (a \cdot b) \cdot A$

2. Distributiva I: $(a + b) \cdot A = a \cdot A + b \cdot A$

3. Distributiva II: $a \cdot (A + B) = a \cdot A + a \cdot B$

4. Producto por el número 1: $1 \cdot A = A$

Date cuenta

La propiedad asociativa nos permite suprimir paréntesis:

$$(A + B) + C = A + B + C$$

Matriz antisimétrica

Una matriz cuadrada se llama **antisimétrica** cuando su traspuesta es igual a su opuesta. Por ejemplo:

$$A = \begin{pmatrix} 0 & -2 & 7 \\ 2 & 0 & 4 \\ -7 & -4 & 0 \end{pmatrix}; \quad A^t = -A$$

Nomenclatura

Se llama **grupo abeliano** a un conjunto entre cuyos elementos hay definida una operación que cumple las propiedades:

- Asociativa.
- Conmutativa.
- Elemento neutro.
- Elemento opuesto.

Ejercicio resuelto

1 *Comprobar la propiedad **1** del producto de números por matrices para:*

$$a = 3, \; b = 6, \; A = \begin{pmatrix} 3 & 5 & -1 \\ 2 & -3 & 0 \end{pmatrix}$$

$$3 \cdot \left[6 \cdot \begin{pmatrix} 3 & 5 & -1 \\ 2 & -3 & 0 \end{pmatrix} \right] = 3 \cdot \begin{pmatrix} 18 & 30 & -6 \\ 12 & -18 & 0 \end{pmatrix} = \begin{pmatrix} 54 & 90 & -18 \\ 36 & -54 & 0 \end{pmatrix}$$

$$(3 \cdot 6) \cdot \begin{pmatrix} 3 & 5 & -1 \\ 2 & -3 & 0 \end{pmatrix} = 18 \cdot \begin{pmatrix} 3 & 5 & -1 \\ 2 & -3 & 0 \end{pmatrix} = \begin{pmatrix} 54 & 90 & -18 \\ 36 & -54 & 0 \end{pmatrix}$$

coinciden

Hemos comprobado que $a \cdot (b \cdot A) = (a \cdot b) \cdot A$.

Piensa y practica

1 Comprueba las propiedades **2** y **3** del producto de números por matrices, tomando:

$a = 3, b = 6$ $\quad A = \begin{pmatrix} 3 & 5 & -1 \\ 2 & -3 & 0 \end{pmatrix}$ $\quad B = \begin{pmatrix} 7 & -2 & 1 \\ 4 & 6 & 8 \end{pmatrix}$

■ Propiedades del producto de matrices

1. Asociativa: $(A_{m,n} \cdot B_{n,p}) \cdot C_{p,q} = A_{m,n} \cdot (B_{n,p} \cdot C_{p,q})$

Esta propiedad nos permite prescindir de paréntesis cuando multipliquemos varias matrices (siempre que, por sus dimensiones, cada una sea «multiplicable» por la siguiente).

2. El producto de matrices **no es conmutativo.**

Como consecuencia, hemos de mantener el orden en que aparezcan las matrices que han de multiplicarse. Por tanto, utilizaremos expresiones del siguiente tipo:

«La matriz M está multiplicada por la izquierda (o por la derecha) por la matriz A».

Muy importante

En las matrices, en general $A \cdot B$ **no es igual** que $B \cdot A$.

$$A \cdot B \neq B \cdot A$$

Ejercicios resueltos

1 *Comprobar la propiedad asociativa para:*

$$A = \begin{pmatrix} 1 & 3 \\ 2 & 1 \\ 0 & 4 \end{pmatrix} \qquad C = \begin{pmatrix} 1 \\ 6 \\ 2 \\ 7 \end{pmatrix}$$

$$B = \begin{pmatrix} -1 & 5 & 0 & 3 \\ 1 & 0 & 4 & 6 \end{pmatrix}$$

$$(A \cdot B) \cdot C = \begin{pmatrix} 2 & 5 & 12 & 21 \\ -1 & 10 & 4 & 12 \\ 4 & 0 & 16 & 24 \end{pmatrix} \cdot \begin{pmatrix} 1 \\ 6 \\ 2 \\ 7 \end{pmatrix} = \begin{pmatrix} 203 \\ 151 \\ 204 \end{pmatrix}$$

$$A \cdot (B \cdot C) = \begin{pmatrix} 1 & 3 \\ 2 & 1 \\ 0 & 4 \end{pmatrix} \cdot \begin{pmatrix} 50 \\ 51 \end{pmatrix} = \begin{pmatrix} 203 \\ 151 \\ 204 \end{pmatrix}$$

coinciden

2 *Comprobar con algunos ejemplos que el producto de matrices no es conmutativo.*

- Si A es de orden 3×2 y B es de orden 2×4, puede efectuarse $A \cdot B$, pero no $B \cdot A$.
- Si $A = \begin{pmatrix} 1 & 3 \\ 2 & 1 \\ 0 & 4 \end{pmatrix}$ y $B = \begin{pmatrix} 4 & 5 & -2 \\ 0 & 3 & 4 \end{pmatrix}$, pueden efectuarse $A \cdot B$ y $B \cdot A$, pero $A \cdot B$ es de dimensión 3×3 y $B \cdot A$ es de dimensión 2×2.
- Si $A = \begin{pmatrix} 2 & 1 \\ 4 & 5 \end{pmatrix}$ y $B = \begin{pmatrix} 1 & 7 \\ 3 & 0 \end{pmatrix}$, entonces $A \cdot B = \begin{pmatrix} 5 & 14 \\ 19 & 28 \end{pmatrix}$, $B \cdot A = \begin{pmatrix} 30 & 36 \\ 6 & 3 \end{pmatrix}$;

  $A \cdot B \neq B \cdot A$.

3. Propiedades distributivas

Si A, B, C, D son matrices cuyas dimensiones permiten efectuar las operaciones que se indican, se cumplen las siguientes propiedades:

$$A \cdot (B + C) = A \cdot B + A \cdot C \qquad (B + C) \cdot D = B \cdot D + C \cdot D$$

Piensa y practica

2 Comprueba las propiedades distributivas para las siguientes matrices:

$$A = \begin{pmatrix} 1 & 4 \\ 0 & 5 \\ 1 & 6 \end{pmatrix} \qquad B = \begin{pmatrix} -1 & 5 & 6 & 7 \\ 3 & 0 & 9 & -2 \end{pmatrix} \qquad C = \begin{pmatrix} 4 & 1 & 6 & 0 \\ 0 & -1 & 5 & 5 \end{pmatrix} \qquad D = \begin{pmatrix} 1 \\ 2 \\ -5 \\ 3 \end{pmatrix}$$

anayaeducacion.es Propiedades de las operaciones con matrices.

4 MATRICES CUADRADAS

Las matrices cuadradas de un cierto orden, $\mathcal{M}_{n,n}$, además de sumarse y multiplicarse por números, pueden multiplicarse entre sí. Estas operaciones cumplen todas las propiedades estudiadas hasta ahora y algunas otras.

■ Matriz unidad

$$I_n = \begin{pmatrix} 1 & 0 & 0 & \dots & 0 \\ 0 & 1 & 0 & \dots & 0 \\ 0 & 0 & 1 & \dots & 0 \\ \dots & \dots & \dots & \dots & \dots \\ 0 & 0 & 0 & \dots & 1 \end{pmatrix}$$

Los términos $a_{11}, a_{22}, \dots, a_{nn}$ de una matriz cuadrada $(a_{ij})_{n,n}$ forman lo que se llama **la diagonal principal.** Pues bien, la matriz I_n cuyos términos son todos 0 salvo los de la diagonal principal, que son 1, tiene la siguiente propiedad:

Cualquiera que sea $A \in \mathcal{M}_{n\times n}$, $A \cdot I_n = I_n \cdot A = A$. Por eso, decimos que I_n es la **matriz unidad.**

Por ejemplo: $I_3 = \begin{pmatrix} 1 & 0 & 0 \\ 0 & 1 & 0 \\ 0 & 0 & 1 \end{pmatrix}$, $A = \begin{pmatrix} 3 & -5 & 4 \\ 2 & 7 & 1 \\ 0 & 3 & 8 \end{pmatrix}$, $A \cdot I_3 = I_3 \cdot A = A$

Nomenclatura

A la matriz unidad se la llama también **matriz identidad.**

■ Matriz inversa de otra

Puesto que en el conjunto $\mathcal{M}_{n,n}$ está definida la multiplicación (es decir, el producto de dos matrices cuadradas de orden n es otra matriz cuadrada de orden n), y además existe matriz unidad, parece obligado hacerse la siguiente pregunta: *¿toda matriz cuadrada tiene inversa?* Es decir, dada una matriz cuadrada, A, ¿existe otra, A^{-1}, tal que $A \cdot A^{-1} = A^{-1} \cdot A = I$? Por ejemplo:

$$A = \begin{pmatrix} 1 & -1 & -1 \\ -1 & 0 & 3 \\ -2 & 5 & -3 \end{pmatrix},\ A^{-1} = \begin{pmatrix} 15 & 8 & 3 \\ 9 & 5 & 2 \\ 5 & 3 & 1 \end{pmatrix},\ \text{pues } A \cdot A^{-1} = A^{-1} \cdot A = \begin{pmatrix} 1 & 0 & 0 \\ 0 & 1 & 0 \\ 0 & 0 & 1 \end{pmatrix}$$

La respuesta es negativa. Algunas matrices cuadradas tienen inversa, pero otras no. A continuación, exponemos un método para obtener la inversa de una matriz, si la tiene, o para descubrir que no tiene inversa.

Nomenclatura

Las matrices cuadradas que tienen inversa se llaman **regulares.**

Las matrices cuadradas que no tienen inversa se llaman **singulares.**

■ Inversa de una matriz por el método de Gauss

Para hallar la inversa, A^{-1}, de una matriz A, impondremos a la matriz unidad, I, los mismos cambios a los que hay que someter a la matriz A para obtener la matriz unidad.

$$A \xrightarrow{\text{SOMETIDA A CIERTAS TRANSFORMACIONES}} I \quad , \quad I \xrightarrow{\text{SOMETIDA A LAS MISMAS TRANSFORMACIONES}} A^{-1}$$

$$(A \mid I) \xrightarrow{\text{TRANSFORMACIONES}} (I \mid A^{-1})$$

En la práctica, se coloca la matriz A, y a su derecha, la matriz I. Realizamos las transformaciones necesarias para que A se transforme en I. Como consecuencia, la matriz que se obtiene a la derecha de I es A^{-1}. Todas las transformaciones que se realicen serán idénticas a las que utilizamos el curso pasado para resolver un sistema de ecuaciones por el método de Gauss. Si en la parte de la izquierda aparece una fila de ceros, A no tiene inversa.

anayaeducacion.es

Justificación de la validez del método de Gauss para la obtención de la matriz inversa de otra.

anayaeducacion.es Practica el cálculo de la matriz inversa.

Ejercicios resueltos

1 *Hallar la inversa de esta matriz:*

$$A = \begin{pmatrix} 3 & 5 \\ 4 & 8 \end{pmatrix}$$

$$\left(\begin{array}{cc|cc} 3 & 5 & 1 & 0 \\ 4 & 8 & 0 & 1 \end{array}\right) \xrightarrow[3 \cdot (2.^a)]{4 \cdot (1.^a)} \left(\begin{array}{cc|cc} 12 & 20 & 4 & 0 \\ 12 & 24 & 0 & 3 \end{array}\right) \xrightarrow[(2.^a) - (1.^a)]{(1.^a)} \left(\begin{array}{cc|cc} 12 & 20 & 4 & 0 \\ 0 & 4 & -4 & 3 \end{array}\right)$$

$$\xrightarrow[(2.^a)]{(1.^a) - 5 \cdot (2.^a)} \left(\begin{array}{cc|cc} 12 & 0 & 24 & -15 \\ 0 & 4 & -4 & 3 \end{array}\right) \xrightarrow[(2.^a) : 4]{(1.^a) : 12} \left(\begin{array}{cc|cc} 1 & 0 & 2 & -15/12 \\ 0 & 1 & -1 & 3/4 \end{array}\right)$$

$$A^{-1} = \begin{pmatrix} 2 & -5/4 \\ -1 & 3/4 \end{pmatrix}$$

Se puede comprobar, multiplicando, que $A \cdot A^{-1} = I$.

2 *Hallar la inversa de* $M = \begin{pmatrix} 1 & -2 & 1 \\ 3 & 0 & 4 \\ 0 & 4 & 1 \end{pmatrix}$.

$$\left(\begin{array}{ccc|ccc} 1 & -2 & 1 & 1 & 0 & 0 \\ 3 & 0 & 4 & 0 & 1 & 0 \\ 0 & 4 & 1 & 0 & 0 & 1 \end{array}\right) \xrightarrow{\begin{array}{c}(1.^a)\\(2.^a) - 3 \cdot (1.^a)\\(3.^a)\end{array}} \left(\begin{array}{ccc|ccc} 1 & -2 & 1 & 1 & 0 & 0 \\ 0 & 6 & 1 & -3 & 1 & 0 \\ 0 & 4 & 1 & 0 & 0 & 1 \end{array}\right)$$

$$\xrightarrow{\begin{array}{c}3 \cdot (1.^a) + (2.^a)\\(2.^a)\\3 \cdot (3.^a) - 2 \cdot (2.^a)\end{array}} \left(\begin{array}{ccc|ccc} 3 & 0 & 4 & 0 & 1 & 0 \\ 0 & 6 & 1 & -3 & 1 & 0 \\ 0 & 0 & 1 & 6 & -2 & 3 \end{array}\right) \xrightarrow{\begin{array}{c}(1.^a) - 4 \cdot (3.^a)\\(2.^a) - (3.^a)\\(3.^a)\end{array}} \left(\begin{array}{ccc|ccc} 3 & 0 & 0 & -24 & 9 & -12 \\ 0 & 6 & 0 & -9 & 3 & -3 \\ 0 & 0 & 1 & 6 & -2 & 3 \end{array}\right)$$

$$\xrightarrow{\begin{array}{c}(1.^a) : 3\\(2.^a) : 6\\(3.^a)\end{array}} \left(\begin{array}{ccc|ccc} 1 & 0 & 0 & -8 & 3 & -4 \\ 0 & 1 & 0 & -3/2 & 1/2 & -1/2 \\ 0 & 0 & 1 & 6 & -2 & 3 \end{array}\right)$$

$$M^{-1} = \begin{pmatrix} -8 & 3 & -4 \\ -3/2 & 1/2 & -1/2 \\ 6 & -2 & 3 \end{pmatrix}$$

Se comprueba que $M \cdot M^{-1} = I$.

3 *Hallar la inversa de la siguiente matriz:*

$$B = \begin{pmatrix} 2 & -1 & 0 \\ 0 & 1 & 4 \\ 3 & -2 & -2 \end{pmatrix}$$

$$\left(\begin{array}{ccc|ccc} 2 & -1 & 0 & 1 & 0 & 0 \\ 0 & 1 & 4 & 0 & 1 & 0 \\ 3 & -2 & -2 & 0 & 0 & 1 \end{array}\right) \xrightarrow{\begin{array}{c}(1.^a)\\(2.^a)\\2 \cdot (3.^a) - 3 \cdot (1.^a)\end{array}} \left(\begin{array}{ccc|ccc} 2 & -1 & 0 & 1 & 0 & 0 \\ 0 & 1 & 4 & 0 & 1 & 0 \\ 0 & -1 & -4 & -3 & 0 & 2 \end{array}\right) \xrightarrow{\begin{array}{c}(1.^a)\\(2.^a) + (3.^a)\\(3.^a)\end{array}}$$

$$\left(\begin{array}{ccc|ccc} 2 & -1 & 0 & 1 & 0 & 0 \\ 0 & 0 & 0 & -3 & 1 & 2 \\ 0 & -1 & -4 & -3 & 0 & 2 \end{array}\right)$$

En la parte de la izquierda ha aparecido una fila, la 2.ª, compuesta de ceros. Por tanto, la matriz B no tiene inversa.

Piensa y practica

1 Calcula, utilizando el método de Gauss, la inversa de cada una de las siguientes matrices en el supuesto de que la tengan:

a) $\begin{pmatrix} 1 & 1 \\ 0 & 1 \end{pmatrix}$ b) $\begin{pmatrix} 1 & 2 \\ 3 & 4 \end{pmatrix}$ c) $\begin{pmatrix} 1 & 2 \\ -2 & -4 \end{pmatrix}$

2 Calcula la inversa de cada una de las siguientes matrices o averigua que no la tiene:

a) $\begin{pmatrix} 1 & 2 & 3 \\ 4 & 5 & 6 \\ 7 & 8 & 9 \end{pmatrix}$ b) $\begin{pmatrix} 1 & 2 & 3 \\ 0 & 1 & 2 \\ 1 & 2 & 4 \end{pmatrix}$ c) $\begin{pmatrix} 1 & 1 & 3 \\ 1 & 2 & 1 \\ 2 & 0 & 0 \end{pmatrix}$

Álgebra de matrices cuadradas de orden n

En el conjunto $\mathcal{M}_{n,n}$ de las matrices cuadradas de un cierto orden, n, hay dos **operaciones internas** (tanto la **suma** como el **producto** de dos matrices cuadradas de orden n es otra matriz cuadrada del mismo orden) y una **operación externa** (el **producto de un número real por una matriz cuadrada** es una matriz cuadrada del mismo orden).

- **PROPIEDADES DE LAS OPERACIONES INTERNAS**

Sean A, B, C, I matrices cuadradas del mismo orden.

	SUMA	PRODUCTO
ASOCIATIVA	$(A + B) + C = A + (B + C)$	$(A \cdot B) \cdot C = A \cdot (B \cdot C)$
CONMUTATIVA	$A + B = B + A$	No
ELEMENTO NEUTRO	$\mathbf{0}$; $A + \mathbf{0} = \mathbf{0} + A = A$	I; $A \cdot I = I \cdot A = A$
ELEMENTO SIMÉTRICO	**Opuesta** de A es $-A$. $A + (-A) = (-A) + A = \mathbf{0}$	Algunas matrices tienen **inversa**, A^{-1}: $A \cdot A^{-1} = A^{-1} \cdot A = I$
DISTRIBUTIVAS	$A \cdot (B + C) = A \cdot B + A \cdot C$, $(B + C) \cdot A = B \cdot A + C \cdot A$	

Gracias a estas propiedades podremos resolver ecuaciones del tipo $AX + B = C$, siendo A, B, C matrices de orden $n \times n$ conocidas y X la matriz incógnita, del siguiente modo (la matriz A debe tener inversa):

$$AX + B = C \to AX = C - B \to A^{-1}(AX) = A^{-1}(C - B) \to X = A^{-1}(C - B)$$

- **PROPIEDADES DE LA OPERACIÓN EXTERNA**

Sean A, B matrices, y a, b, números reales.

ASOCIATIVA	$(a \cdot b) \cdot A = a \cdot (b \cdot A)$	
DISTRIBUTIVAS	$(a + b) \cdot A = a \cdot A + b \cdot A$	$a \cdot (A + B) = a \cdot A + a \cdot B$
PRODUCTO POR 1	$1 \cdot A = A$	

Todas estas propiedades le confieren al conjunto $\mathcal{M}_{n,n}$ una estructura llamada **álgebra.** Lo cual permite que se pueda operar entre sus elementos con toda soltura.

Operación interna

Tanto la suma como el producto de matrices son operaciones **internas** porque se operan entre sí elementos del conjunto $\mathcal{M}_{n,n}$ (matrices) y el resultado también es un elemento de $\mathcal{M}_{n,n}$.

anayaeducacion.es

Ejercicios de refuerzo sobre operaciones combinadas con matrices cuadradas.

Operación externa

El producto de un número por una matriz es una operación **externa** porque se operan elementos de distintos conjuntos, $\mathbb{R}$ y $\mathcal{M}_{n,n}$.

Ejercicios resueltos

1 *Resolver la siguiente ecuación matricial $AX + B = C$ donde:*

$$A = \begin{pmatrix} 2 & 3 \\ 5 & 1 \end{pmatrix} \quad B = \begin{pmatrix} 3 & 1 \\ -1 & 1 \end{pmatrix} \quad C = \begin{pmatrix} 17 & 24 \\ -5 & 26 \end{pmatrix}$$

$$AX + B = C \to AX = C - B \to X = A^{-1}(C - B)$$

Hallamos A^{-1}:

$$\left(\begin{array}{cc|cc} 2 & 3 & 1 & 0 \\ 5 & 1 & 0 & 1 \end{array}\right) \xrightarrow[\,2 \cdot (2.^a) - 5 \cdot (1.^a)\,]{(1.^a)} \left(\begin{array}{cc|cc} 2 & 3 & 1 & 0 \\ 0 & -13 & -5 & 2 \end{array}\right) \xrightarrow[\,(2.^a)\,]{13 \cdot (1.^a) + 3 \cdot (2.^a)} \left(\begin{array}{cc|cc} 26 & 0 & -2 & 6 \\ 0 & -13 & -5 & 2 \end{array}\right)$$

$$\xrightarrow[\,(2.^a) : (-13)\,]{(1.^a) : 26} \left(\begin{array}{cc|cc} 1 & 0 & -1/13 & 3/13 \\ 0 & 1 & 5/13 & -2/13 \end{array}\right) \to A^{-1} = \frac{1}{13}\begin{pmatrix} -1 & 3 \\ 5 & -2 \end{pmatrix}$$

Hallamos $C - B$: $\begin{pmatrix} 17 & 24 \\ -5 & 26 \end{pmatrix} - \begin{pmatrix} 3 & 1 \\ -1 & 1 \end{pmatrix} = \begin{pmatrix} 14 & 23 \\ -4 & 25 \end{pmatrix}$

Por tanto: $X = \frac{1}{13}\begin{pmatrix} -1 & 3 \\ 5 & -2 \end{pmatrix}\begin{pmatrix} 14 & 23 \\ -4 & 25 \end{pmatrix} = \frac{1}{13}\begin{pmatrix} -26 & 52 \\ 78 & 65 \end{pmatrix} = \begin{pmatrix} -2 & 4 \\ 6 & 5 \end{pmatrix}$

Ejercicios resueltos

2 *Resolver el siguiente sistema de ecuaciones matriciales:*

$$\begin{cases} X - 3Y = A \\ 2X + 3Y = B \end{cases}$$

siendo:

$$A = \begin{pmatrix} -20 & -5 \\ -2 & -15 \end{pmatrix} \quad B = \begin{pmatrix} 23 & 17 \\ -4 & 15 \end{pmatrix}$$

y sabiendo que las incógnitas X e Y son matrices de orden 2×2.

Resulta favorable aplicar el método de reducción. Para ello, sumamos miembro a miembro las dos igualdades.

$$3X = A + B \rightarrow 3X = \begin{pmatrix} 3 & 12 \\ -6 & 0 \end{pmatrix} \rightarrow X = \frac{1}{3}\begin{pmatrix} 3 & 12 \\ -6 & 0 \end{pmatrix} = \begin{pmatrix} 1 & 4 \\ -2 & 0 \end{pmatrix}$$

Sustituimos en la primera ecuación:

$$\begin{pmatrix} 1 & 4 \\ -2 & 0 \end{pmatrix} - 3Y = A \rightarrow -3Y = \begin{pmatrix} -20 & -5 \\ -2 & -15 \end{pmatrix} - \begin{pmatrix} 1 & 4 \\ -2 & 0 \end{pmatrix} = \begin{pmatrix} -21 & -9 \\ 0 & -15 \end{pmatrix} \rightarrow$$

$$\rightarrow Y = -\frac{1}{3}\begin{pmatrix} -21 & -9 \\ 0 & -15 \end{pmatrix} = \begin{pmatrix} 7 & 3 \\ 0 & 5 \end{pmatrix}$$

La solución es:

$$X = \begin{pmatrix} 1 & 4 \\ -2 & 0 \end{pmatrix}$$

$$Y = \begin{pmatrix} 7 & 3 \\ 0 & 5 \end{pmatrix}$$

Piensa y practica

3 Para las matrices:

$$A = \begin{pmatrix} 1 & 0 \\ 2 & 7 \end{pmatrix} \quad B = \begin{pmatrix} -1 & 5 \\ 4 & -1 \end{pmatrix} \quad C = \begin{pmatrix} 4 & 0 \\ 1 & 1 \end{pmatrix}$$

comprueba:

a) $A \cdot (B + C) = (A \cdot B) + (A \cdot C)$

b) $(A + B) \cdot C = (A \cdot C) + (B \cdot C)$

c) $A \cdot (B \cdot C) = (A \cdot B) \cdot C$

4 Sean $A = \begin{pmatrix} 3 & 0 \\ 5 & -1 \end{pmatrix}$ y $B = \begin{pmatrix} 0 & 6 \\ 1 & -3 \end{pmatrix}$.

Encuentra X que cumpla: $3 \cdot X - 2 \cdot A = 5 \cdot B$.

5 Encuentra dos matrices, A y B, de dimensión 2×2 que cumplan:

$$2A + B = \begin{pmatrix} 1 & 4 \\ 2 & 0 \end{pmatrix} \qquad A - B = \begin{pmatrix} -1 & 2 \\ 1 & 0 \end{pmatrix}$$

6 Encuentra dos matrices X e Y que verifiquen:

$$2X - 3Y = \begin{pmatrix} 1 & 5 \\ 4 & 2 \end{pmatrix} \qquad X - Y = \begin{pmatrix} -1 & 0 \\ 3 & 6 \end{pmatrix}$$

7 Averigua cómo ha de ser una matriz X que cumpla la siguiente condición:

$$X \cdot \begin{pmatrix} 1 & 1 \\ 0 & 1 \end{pmatrix} = \begin{pmatrix} 1 & 1 \\ 0 & 1 \end{pmatrix} \cdot X$$

8 Efectúa las siguientes operaciones con las matrices dadas:

$$A = \begin{pmatrix} 1 & 2 \\ 0 & 3 \end{pmatrix} \quad B = \begin{pmatrix} -4 & 7 \\ 3 & 0 \end{pmatrix} \quad C = \begin{pmatrix} 1 & -1 \\ 3 & 2 \end{pmatrix}$$

a) $(A \cdot B) + (A \cdot C)$

b) $(A - B) \cdot C$

c) $A \cdot B \cdot C$

9 Dada la matriz $A = \begin{pmatrix} 1 & 2 \\ 0 & 1 \end{pmatrix}$, comprueba que $(A - I)^2 = 0$.

10 Halla la inversa de estas matrices:

a) $\begin{pmatrix} 7 & 3 \\ 2 & 1 \end{pmatrix}$ b) $\begin{pmatrix} 3 & -2 \\ -8 & 5 \end{pmatrix}$

c) $\begin{pmatrix} 1 & 0 & 0 \\ 0 & 2 & 0 \\ 0 & 0 & 1 \end{pmatrix}$ d) $\begin{pmatrix} 1 & 2 & 3 \\ 0 & 1 & 2 \\ 0 & 1 & 1 \end{pmatrix}$

11 Resuelve estas ecuaciones:

a) $\begin{pmatrix} 3 & -2 \\ -8 & 5 \end{pmatrix} X + \begin{pmatrix} 1 & 2 \\ 1 & 3 \end{pmatrix} = \begin{pmatrix} 7 & 7 \\ -15 & -10 \end{pmatrix}$

b) $Y \begin{pmatrix} 3 & -2 \\ -8 & 5 \end{pmatrix} + \begin{pmatrix} 1 & 2 \\ 1 & 3 \end{pmatrix} = \begin{pmatrix} 7 & 7 \\ -15 & -10 \end{pmatrix}$

c) $\begin{pmatrix} 1 & 2 & 3 \\ 0 & 1 & 2 \\ 0 & 1 & 1 \end{pmatrix} Z - \begin{pmatrix} 4 & 5 & -1 \\ 3 & 7 & 4 \\ 2 & 1 & 0 \end{pmatrix} = \begin{pmatrix} 4 & 5 & 2 \\ 3 & 6 & 3 \\ 2 & 2 & 1 \end{pmatrix}$

anayaeducacion.es Matrices cuadradas de orden n.

5 RELACIONES LINEALES ENTRE LAS FILAS DE UNA MATRIZ

Las matrices son un apoyo importantísimo para el estudio, análisis y resolución de los sistemas de ecuaciones. Con ese fin, se necesita interpretar y manejar el **rango de una matriz,** concepto que aprenderemos y utilizaremos en el próximo apartado.

Para preparar el camino en este apartado vamos a estudiar las relaciones que puede haber entre las filas (o las columnas) de una matriz y fundamentaremos todo ello dentro del concepto de espacio vectorial.

Espacio vectorial

Tenemos un conjunto, *V*, entre cuyos elementos (a los que llamaremos vectores) hay definidas dos operaciones que cumplen ciertas condiciones:

- **SUMA DE DOS ELEMENTOS DE V (+)**

  La suma de dos vectores es otro vector.

  $$\text{si } \vec{u}, \vec{v} \in V, \text{ entonces } \vec{u} + \vec{v} \in V.$$

- **PRODUCTO POR UN NÚMERO (·)**

  El producto de un número real por un vector es otro vector.

  $$a \in \mathbb{R} \text{ y } \vec{u} \in V, \text{ entonces } a \cdot \vec{u} \in V$$

  Si, además, estas operaciones cumplen una serie de propiedades, se dice que el conjunto *V* con las operaciones + y · $(V, +, \cdot)$ es un **espacio vectorial.**

- **COMBINACIÓN LINEAL DE VECTORES**

  Con estas operaciones se pueden obtener unos vectores a partir de otros. Por ejemplo, si a, b, c son números reales y $\vec{u}, \vec{v}, \vec{w}$ son vectores, entonces $a\vec{u} + b\vec{v} + c\vec{w}$ es un nuevo vector. Se dice que es **combinación lineal** de $\vec{u}, \vec{v}, \vec{w}$.

- **INDEPENDENCIA LINEAL**

  Varios vectores son **linealmente independientes (L.I.)** si ninguno de ellos se puede poner como combinación lineal de los demás.

  $W = \{\vec{v}_1, \vec{v}_2, \vec{v}_3, \ldots, \vec{v}_n\}$ es un conjunto de vectores. Se llama **rango** de *W* al máximo número de vectores linealmente independientes que hay en ese conjunto.

> **anayaeducacion.es**
> Espacio vectotial. Propiedades.

> **Los vectores no solo son «flechitas»**
>
> La idea de **vector** como flecha da lugar a la de **espacio vectorial:** conjunto de todos los vectores entre los cuales se definen unas operaciones que cumplen ciertas propiedades. Pero hay «otros entes matemáticos» con las mismas operaciones y propiedades. Por eso, la definición de espacio vectorial es mucho más amplia y abierta que una colección de «flechas».

> **anayaeducacion.es**
> Dependencia e independencia lineal de vectores.

Las *n*-uplas de números reales

Esto, (3, –5, 1), es una terna. Dos ternas se pueden sumar así:

$(3, -5, 1) + (7, 0, 4) = (10, -5, 5)$. El resultado es otra terna.

Una terna se puede multiplicar por un número, así:

$\frac{2}{5} \cdot (3, -5, 1) = \left(\frac{6}{5}, -2, \frac{2}{5}\right)$ El resultado también es una terna.

- El conjunto de todas las ternas de números reales, $\mathbb{R}^3$, con las operaciones suma y producto por un número real es un espacio vectorial.
- Lo mismo podríamos decir de los **pares:** (2, –1), (3, 4), (0, 5), …
- Y de las **cuaternas:** (0, –1, 3, 7), (4, 1/3, –2, 0), (0, 1, 0, 1), …

> En general, **el conjunto de todas las *n*-uplas** $(a_1, a_2, \ldots, a_n) \in \mathbb{R}^n$ con las operaciones + y · es un espacio vectorial.

Dependencia e independencia lineal de *n*-uplas

Los pares (2, 3) y (6, 9) son linealmente dependientes (L.D.) porque (6, 9) = 3 · (2, 3).

Sin embargo, los pares (2, 3) y (6, 8) son linealmente independientes porque ninguno de los dos se puede obtener multilicando el otro por un número. Veámoslo, intentando poner uno a partir del otro:

$$(6, 8) = a \cdot (2, 3) = (2a, 3a) \rightarrow \left.\begin{array}{l} 6 = 2a \rightarrow a = 3 \\ 8 = 3a \rightarrow a = 8/3 \end{array}\right\} \text{ ¡¡Imposible!!}$$

- Tres pares son, con seguridad, linealmente dependientes. Por ejemplo:

  (2, 3), (–1, 4), (14, –1). Para comprobarlo, ponemos:

  $(14, -1) = a(2, 3) + b(-1, 4) = (2a - b, 3a + 4b)$

  Esto da lugar al sistema: $\left.\begin{array}{l} 2a - b = 14 \\ 3a + 4b = -1 \end{array}\right\}$ Sus soluciones son: $a = 5$, $b = -4$

  Es decir $(14, -1) = 5 \cdot (2, 3) + (-4) \cdot (-1, 4)$

- Análogamente, las ternas (1, 2, 0), (0, 3, 4) y (1, 0, 1) son linealmente independientes. Veamos que (0, 3, 4) no se puede poner como combinación lineal de (1, 2, 0) y (1, 0, 1).

  $$(0, 3, 4) = a(1, 2, 0) + b(1, 0, 1) = (a + b, 2a, b) \rightarrow \left.\begin{array}{l} a + b = 0 \\ 2a = 3 \\ b = 4 \end{array}\right\} \rightarrow a = 3/2$$

  Pero como $a + b = 3/2 + 4 \neq 0$. El sistema no tiene solución.

- Pero cuatro ternas, seguro que son linealmente dependientes. Compruébalo con estas: (1, 2, 0), (0, 3, 4), (1, 0, 1), (5, 1, –1). Si pones esta igualdad:

  $(5, 1, -1) = a(1, 2, 0) + b(0, 3, 4) + c(1, 0, 1)$,

  obtendrás como solución $a = 2$, $b = -1$ y $c = 3$.

- Y, por lo mismo, cuatro cuaternas pueden ser independientes, pero cinco, con seguridad, son dependientes. Compruébalo con estas cuaternas (1, 0, 0, 0), (0, 1, 0, 0), (0, 0, 1, 0), (0, 0, 0, 1) y (7, 2, –4, 3).

  En general, el máximo número de *n*-uplas linealmente independientes es *n*. Es decir, si tenemos más de *n* *n*-uplas, con seguridad son linealmente dependientes.

  La forma más clara de poner *n*-uplas linealmente independientes es esta:

  $$(1, 0, 0, \ldots, 0), (0, 1, 0, \ldots, 0), (0, 0, 1, \ldots, 0), \ldots, (0, 0, 0, \ldots, 1)$$

Piensa y practica

1 Indica en cada caso si son linealmente dependientes o independientes.

a) (2, 3) y (–4, 6)   b) (1, –3) y (–2, 6)

c) (1, 2), (–3, –4) y (5, 6)   d) (–2, –3, 0) y (2, 3, 1)

2 Comprueba que (2, 3, –1) no se puede poner como combinación lineal de (1, 2, 5) y (0, –1, 2).

3 Comprueba que las ternas (2, –1, 0), (1, 0, –1), (–2, 3, 1) y (2, –3, 1) son L.D. Para ello, halla el valor de *a*, *b* y *c* en esta igualdad:

$(2, -3, 1) = a(2, -1, 0) + b(1, 0, -1) + c(-2, 3, 1)$

4 ¿Verdadero o falso?

a) Puede haber cuatro pares linealmente independientes.

b) Cualesquiera tres ternas son L.I.

c) Cualesquiera cuatro ternas son seguro L.D.

d) Dos cuaternas pueden ser L.I., sin embargo, cuatro cuaternas son, con seguridad, linealmente dependientes.

e) Las quíntuplas (1, 0, 0, 0, 0), (0, 2, 0, 0, 0), (0, 0, –2, 0, 0), (0, 0, 0, 0, 1/2) y $(0, 0, 0, \sqrt{3}, 0)$ son L.I.

f) Todo grupo de *n*-uplas que tenga alguna con todas sus coordenadas iguales a cero, es linealmente dependiente.

anayaeducacion.es Dependencia e independencia lineal de *n*-uplas.

6 RANGO DE UNA MATRIZ

Entre las filas de las matrices (y también entre sus columnas) puede haber relaciones de dependencia lineal, cuyo conocimiento será de gran importancia para el estudio de los sistemas de ecuaciones.

- **VECTORES FILA EN UNA MATRIZ**

Las filas de una matriz pueden ser consideradas vectores. Es posible que sean linealmente independientes (L.I.) y es posible que unas dependan linealmente de otras. Por ejemplo:

$A = \begin{pmatrix} 2 & 3 & -1 & 4 \\ 1 & 0 & 4 & 5 \end{pmatrix}$ Sus dos filas son L.I.

$B = \begin{pmatrix} 5 & -1 \\ 6 & 3 \\ 1 & -17 \\ 11 & 2 \end{pmatrix}$ Las dos primeras filas son L.I. Las otras dos dependen linealmente de las primeras:

$$(3.^a) = 5 \cdot (1.^a) - 4 \cdot (2.^a) \qquad (4.^a) = (1.^a) + (2.^a)$$

$C = \begin{pmatrix} 2 & 3 & -5 \\ 1 & -2 & 1 \\ 1 & 5 & -6 \end{pmatrix}$ Las dos primeras filas son L.I. La tercera depende linealmente de ellas:

$$(3.^a) = (1.^a) - (2.^a)$$

Llamamos **rango de una matriz** *A*, *ran* (*A*), al número de filas que son linealmente independientes.

Según esto, el rango de las tres matrices anteriores es 2:

$$ran(A) = 2, \; ran(B) = 2, \; ran(C) = 2$$

- **VECTORES COLUMNA EN UNA MATRIZ**

También las columnas de una matriz pueden ser consideradas vectores. Y se podría definir el rango de una matriz como el número de columnas L.I., pero nos queda la duda de si esta definición contradice en algún caso la anterior. Es decir: ¿es posible que en una matriz el número de filas L.I. sea distinto del número de columnas L.I.? El siguiente teorema asegura que esto no es posible.

Teorema

En una matriz, el número de filas L.I. coincide con el número de columnas L.I. Según esto, el **rango de una matriz** es el número de filas o de columnas L.I.

Puesto que el rango de las tres matrices de arriba, *A*, *B*, *C*, es 2, todas ellas tienen dos columnas linealmente independientes. Efectivamente:

— En *A*, las dos primeras columnas son L.I. y $(3.^a) = 4 \cdot (1.^a) - 3 \cdot (2.^a)$, $(4.^a) = 5 \cdot (1.^a) - 2 \cdot (2.^a)$.

— En *B*, las dos columnas son L.I.

— En *C*, las dos primeras son L.I. y $(3.^a) = -1 \cdot (1.^a) - 1 \cdot (2.^a)$.

Dimensión y rango

El rango de una matriz 3×5 es, a lo sumo, 3. En general, el rango de una matriz $m \times n$ es, a lo sumo, el menor de los números m o n.

En la unidad 2 aprenderemos a calcular el rango de una matriz de manera más eficiente. Para ello, utilizaremos una nueva herramienta matemática: los *determinantes*.

anayaeducacion.es

Demostración de que en una matriz el número de filas linealmente independientes coincide con el de columnas linealmente independientes.

Obtención del rango de una matriz por el método de Gauss

Recuerda del curso pasado el método de Gauss para resolver un sistema. Consistía en someterlo a una serie de transformaciones que lo convertían en escalonado.

Si actuamos sobre una matriz cualquiera (no necesariamente ligada a un sistema de ecuaciones) procediendo como *en el método de Gauss, cada una de las transformaciones a las que se somete mantiene el rango de la matriz,* pues se conserva la relación de dependencia o independencia lineal de la fila transformada respecto de las restantes.

Por tanto, *para hallar el rango de una matriz, podemos proceder a «hacer ceros» como en el método de Gauss. El rango de la matriz escalonada final es, obviamente, el número de filas distintas de* $(0\ \ 0\ \ \dots\ \ 0)$.

Matriz inversa

Ahora podemos dar el siguiente criterio:

Una matriz cuadrada de orden n **tiene inversa** siempre y cuando su rango sea n; es decir, si todas sus filas son L.I.

Ejercicios resueltos

1 *Hallar el rango de esta matriz:*

$$\begin{pmatrix} 7 & -1 & 4 & 8 \\ 0 & 5 & 2 & 6 \\ 0 & 0 & 8 & 4 \\ 0 & 0 & 0 & 6 \end{pmatrix}$$

El rango es 4, pues las cuatro filas son L.I.

Es fácil ver que estas n-uplas escalonadas son L.I., pues ninguna de ellas se puede poner como combinación lineal de las demás. Por eso, para hallar el rango de una matriz la transformaremos hasta llegar a la forma escalonada.

2 *Hallar el rango de la matriz siguiente:*

$$A = \begin{pmatrix} 1 & 4 & 6 & -2 \\ 3 & 2 & 5 & 1 \\ 4 & 6 & 1 & 0 \\ 0 & 0 & 10 & -1 \\ 7 & 8 & 6 & 1 \end{pmatrix}$$

$$\begin{pmatrix} 1 & 4 & 6 & -2 \\ 3 & 2 & 5 & 1 \\ 4 & 6 & 1 & 0 \\ 0 & 0 & 10 & -1 \\ 7 & 8 & 6 & 1 \end{pmatrix} \begin{matrix} (1.^a) \\ (2.^a) - 3 \cdot (1.^a) \\ (3.^a) - 4 \cdot (1.^a) \\ (4.^a) \\ (5.^a) - 7 \cdot (1.^a) \end{matrix} \to \begin{pmatrix} 1 & 4 & 6 & -2 \\ 0 & -10 & -13 & 7 \\ 0 & -10 & -23 & 8 \\ 0 & 0 & 10 & -1 \\ 0 & -20 & -36 & 15 \end{pmatrix} \begin{matrix} (1.^a) \\ (2.^a) \\ (3.^a) - (2.^a) \\ (4.^a) \\ (5.^a) - 2 \cdot (2.^a) \end{matrix} \to$$

$$\begin{pmatrix} 1 & 4 & 6 & -2 \\ 0 & -10 & -13 & 7 \\ 0 & 0 & -10 & 1 \\ 0 & 0 & 10 & -1 \\ 0 & 0 & -10 & 1 \end{pmatrix} \begin{matrix} (1.^a) \\ (2.^a) \\ (3.^a) \\ (4.^a) + (3.^a) \\ (5.^a) - (3.^a) \end{matrix} \to \begin{pmatrix} 1 & 4 & 6 & -2 \\ 0 & -10 & -13 & 7 \\ 0 & 0 & -10 & 1 \\ 0 & 0 & 0 & 0 \\ 0 & 0 & 0 & 0 \end{pmatrix}$$

La matriz final tiene las tres primeras filas L.I. y las dos últimas dependen linealmente de ellas. Por tanto, su rango es 3. Conclusión: $ran(A) = 3$.

3 *Hallar el rango de esta matriz:*

$$M = \begin{pmatrix} 3 & 7 & 4 & -1 \\ 2 & 11 & -6 & 17 \\ 5 & -1 & 24 & -37 \end{pmatrix}$$

$$\begin{pmatrix} 3 & 7 & 4 & -1 \\ 2 & 11 & -6 & 17 \\ 5 & -1 & 24 & -37 \end{pmatrix} \begin{matrix} (1.^a) \\ (2.^a) + 17 \cdot (1.^a) \\ (3.^a) - 37 \cdot (1.^a) \end{matrix} \to \begin{pmatrix} 3 & 7 & 4 & -1 \\ 53 & 130 & 62 & 0 \\ -106 & -260 & -124 & 0 \end{pmatrix} \begin{matrix} (1.^a) \\ (2.^a) \\ (3.^a) + 2 \cdot (2.^a) \end{matrix} \to$$

$$\begin{pmatrix} 3 & 7 & 4 & -1 \\ 53 & 130 & 62 & 0 \\ 0 & 0 & 0 & 0 \end{pmatrix}$$

Ahora es claro que $ran(M) = 2$.

Piensa y practica

1 Calcula el rango de las siguientes matrices:

$$A = \begin{pmatrix} 1 & 4 & -1 \\ -1 & 3 & 2 \\ 2 & 2 & 0 \end{pmatrix} \qquad B = \begin{pmatrix} 1 & 3 & -1 \\ 2 & -1 & 5 \\ 1 & 10 & -8 \end{pmatrix} \qquad C = \begin{pmatrix} 1 & -2 & 0 & -3 \\ -1 & 3 & 1 & 4 \\ 2 & 1 & 5 & -1 \end{pmatrix} \qquad D = \begin{pmatrix} 1 & 0 & 2 & 1 & -1 \\ 0 & 2 & -1 & 1 & 2 \\ -1 & 1 & 3 & 2 & 0 \\ 0 & 8 & 7 & 9 & 4 \end{pmatrix}$$

anayaeducacion.es Practica el rango de una matriz.

EJERCICIOS Y PROBLEMAS RESUELTOS

1. Matrices y gráficos. Interpretación

En un país A hay tres aeropuertos internacionales, A_1, A_2, A_3, y en otro país B hay cuatro, B_1, B_2, B_3, B_4.

Una persona que quiera ir el lunes de A a B dispone de estos vuelos:

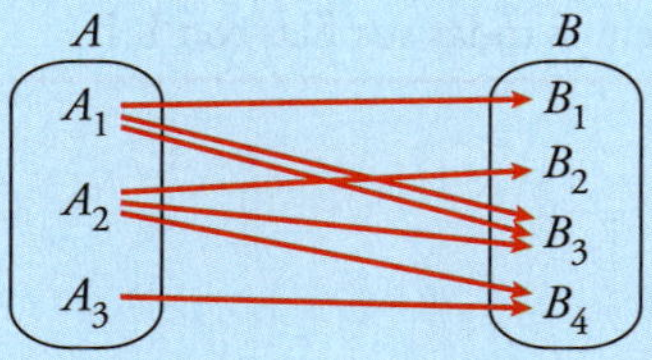

Esta matriz, N, representa los vuelos que permiten viajar el martes desde B hasta otro país C.

$$\begin{array}{c} \\ B_1 \\ B_2 \\ B_3 \\ B_4 \end{array}\begin{array}{c} C_1 \quad C_2 \\ \begin{pmatrix} 3 & 2 \\ 1 & 0 \\ 1 & 0 \\ 0 & 2 \end{pmatrix}\end{array}$$

a) Escribir la matriz que representa los posibles vuelos del lunes entre A y B.

b) Representar mediante un gráfico la información de los vuelos que hay el martes entre B y C.

c) Dibujar el gráfico que describe los vuelos entre A y C pasando por B.

d) Aplicar el producto de matrices para obtener el número de combinaciones de vuelos para ir de cada aeropuerto de A a cada aeropuerto de C pasando por alguno de B.

a) La matriz M que nos da la información de los vuelos entre A y B es:

	B_1	B_2	B_3	B_4
A_1	1	0	2	0
A_2	0	1	1	1
A_3	0	0	0	1

b)

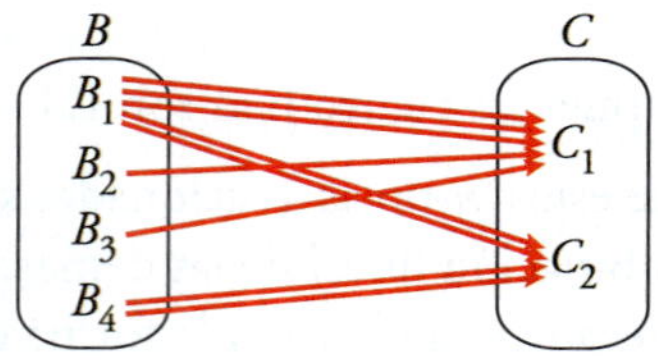

c)

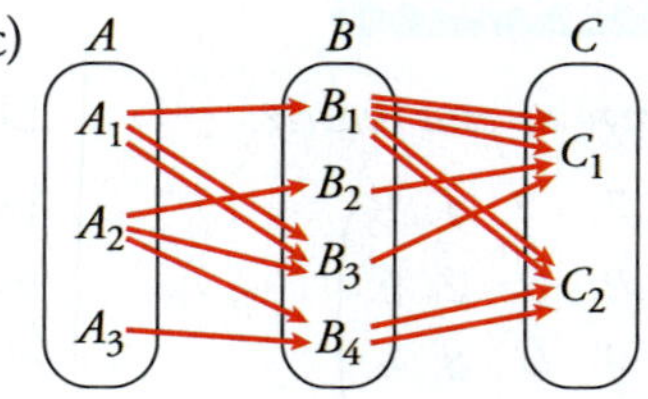

d) El gráfico anterior, describe los vuelos que hay de cada aeropuerto de A a los de B, que se resumen en la matriz M, y los del país B al país C, resumidos en la matriz N. La matriz producto $M \cdot N$ da el número de combinaciones para ir de cada aeropuerto de A a cada aeropuerto de C pasando por alguno de B.

$$M \to \begin{array}{c} \\ A_1 \\ A_2 \\ A_3 \end{array}\begin{array}{c} B_1 \; B_2 \; B_3 \; B_4 \\ \begin{pmatrix} 1 & 0 & 2 & 0 \\ 0 & 1 & 1 & 1 \\ 0 & 0 & 0 & 1 \end{pmatrix}\end{array} \quad N \to \begin{array}{c} \\ B_1 \\ B_2 \\ B_3 \\ B_4 \end{array}\begin{array}{c} C_1 \quad C_2 \\ \begin{pmatrix} 3 & 2 \\ 1 & 0 \\ 1 & 0 \\ 0 & 2 \end{pmatrix}\end{array} \quad M \cdot N \to \begin{array}{c} \\ A_1 \\ A_2 \\ A_3 \end{array}\begin{array}{c} C_1 \quad C_2 \\ \begin{pmatrix} 5 & 2 \\ 2 & 2 \\ 0 & 2 \end{pmatrix}\end{array}$$

2. Operaciones con matrices. Igualdad

Encontrar dos matrices A y B cuadradas de orden 2 que cumplan lo siguiente:

- *Su suma es la matriz identidad de orden 2.*
- *Al restar A – B se obtiene la traspuesta de* $C = \begin{pmatrix} 1 & 3 \\ 2 & 4 \end{pmatrix}$.

Hazlo tú

Sea $A = \begin{pmatrix} x & 3 \\ -2 & y \end{pmatrix}$. Halla x e y para que se cumpla que $A^2 = A$. Estas matrices se llaman **idempotentes.**

Ponemos nombre a los elementos de las matrices A y B:

$$A = \begin{pmatrix} a & b \\ c & d \end{pmatrix},\ B = \begin{pmatrix} m & n \\ p & q \end{pmatrix} \text{ y escribimos la traspuesta } C^t = \begin{pmatrix} 1 & 2 \\ 3 & 4 \end{pmatrix}.$$

Efectuamos las operaciones indicadas y escribimos los resultados:

$$A + B = \begin{pmatrix} a & b \\ c & d \end{pmatrix} + \begin{pmatrix} m & n \\ p & q \end{pmatrix} = \begin{pmatrix} a+m & b+n \\ c+p & d+q \end{pmatrix} = \begin{pmatrix} 1 & 0 \\ 0 & 1 \end{pmatrix}$$

$$A - B = \begin{pmatrix} a & b \\ c & d \end{pmatrix} - \begin{pmatrix} m & n \\ p & q \end{pmatrix} = \begin{pmatrix} a-m & b-n \\ c-p & d-q \end{pmatrix} = \begin{pmatrix} 1 & 2 \\ 3 & 4 \end{pmatrix}$$

Obtenemos cuatro sistemas de dos ecuaciones con dos incógnitas:

$$\begin{cases} a+m=1 \\ a-m=1 \end{cases};\ \begin{cases} b+n=0 \\ b-n=2 \end{cases};\ \begin{cases} c+p=0 \\ c-p=3 \end{cases};\ \begin{cases} d+q=1 \\ d-q=4 \end{cases}$$

Solución: $a = 1$; $m = 0$; $b = 1$; $n = -1$; $c = 3/2$; $p = -3/2$; $d = 5/2$; $q = -3/2$

Las matrices buscadas son: $A = \begin{pmatrix} 1 & 1 \\ 3/2 & 5/2 \end{pmatrix} \quad B = \begin{pmatrix} 0 & -1 \\ -3/2 & -3/2 \end{pmatrix}$

3. Matriz inversa igual a traspuesta

Dada la matriz $A = \begin{pmatrix} a & 0 & 0 \\ b & 1 & 0 \\ 0 & 0 & 1 \end{pmatrix}$, *calcular los valores de* a *y* b *para que la matriz inversa de* A *coincida con su traspuesta.*

Si la inversa de una matriz A es igual a su traspuesta, se dice que es ***ortogonal.***

Hazlo tú

Determina los valores de a, b y c para que $C = \begin{pmatrix} 0 & 0 & a \\ b & 0 & 0 \\ 0 & c & 0 \end{pmatrix}$ sea ortogonal.

Si $A^{-1} = A^t$, entonces debe cumplirse que $A \cdot A^t = I$ donde I es la matriz unidad de orden 3. Calculamos el producto $A \cdot A^t$ e igualamos cada uno de los términos de la matriz resultante al que ocupa el mismo lugar en la matriz I.

$$A^{-1} = A^t \to AA^{-1} = AA^t \to I = AA^t$$

$$A^t = \begin{pmatrix} a & b & 0 \\ 0 & 1 & 0 \\ 0 & 0 & 1 \end{pmatrix} \to A \cdot A^t = \begin{pmatrix} a & 0 & 0 \\ b & 1 & 0 \\ 0 & 0 & 1 \end{pmatrix} \cdot \begin{pmatrix} a & b & 0 \\ 0 & 1 & 0 \\ 0 & 0 & 1 \end{pmatrix} = \begin{pmatrix} a^2 & ab & 0 \\ ab & b^2+1 & 0 \\ 0 & 0 & 1 \end{pmatrix}$$

$$A \cdot A^t = I \to \begin{pmatrix} a^2 & ab & 0 \\ ab & b^2+1 & 0 \\ 0 & 0 & 1 \end{pmatrix} = \begin{pmatrix} 1 & 0 & 0 \\ 0 & 1 & 0 \\ 0 & 0 & 1 \end{pmatrix}$$

Igualamos término a término y resolvemos el sistema obtenido:

$$\begin{cases} a^2 = 1 \\ ab = 0 \\ b^2 + 1 = 1 \end{cases} \to \text{Las soluciones son } a = \pm 1;\ b = 0$$

Hay dos matrices que cumplen la condición $\begin{pmatrix} 1 & 0 & 0 \\ 0 & 1 & 0 \\ 0 & 0 & 1 \end{pmatrix}$ y $\begin{pmatrix} -1 & 0 & 0 \\ 0 & 1 & 0 \\ 0 & 0 & 1 \end{pmatrix}$.

4. Dimensión de una matriz y de su traspuesta

Dadas las matrices $A = (-1,\ 0\ ,1)$, $B = (3,\ 0,\ 1)$ *y* $C = (4, -2, 0)$, *calcular la matriz X que verifica* $B^tAX + C^t = X$.

Hazlo tú

Halla la matriz X que verifica:

$$X \cdot A = C^t$$

siendo:

$$A = \begin{pmatrix} 2 & 1 & 1 \\ 0 & -1 & 1 \end{pmatrix} \text{ y } C = \begin{pmatrix} -2 \\ 1 \\ -3 \end{pmatrix}$$

La dimensión de la matriz resultante del producto B^tAX tiene que ser igual a la de C^t para que se puedan sumar, es decir, debe ser 3×1.

Para que esto sea posible, la dimensión de la matriz X debe ser 3×1.

Planteamos el sistema: $\begin{pmatrix} 3 \\ 0 \\ 1 \end{pmatrix}_{(3\times 1)} \cdot (-1\ \ 0\ \ 1)_{(1\times 3)} \cdot \begin{pmatrix} a \\ b \\ c \end{pmatrix}_{(3\times 1)} + \begin{pmatrix} 4 \\ -2 \\ 0 \end{pmatrix}_{(3\times 1)} = \begin{pmatrix} a \\ b \\ c \end{pmatrix}_{(3\times 1)}$

Operamos: $\begin{pmatrix} -3 & 0 & 3 \\ 0 & 0 & 0 \\ -1 & 0 & 1 \end{pmatrix}_{(3\times 1)} \cdot \begin{pmatrix} a \\ b \\ c \end{pmatrix}_{(3\times 1)} + \begin{pmatrix} 4 \\ -2 \\ 0 \end{pmatrix}_{(3\times 1)} = \begin{pmatrix} a \\ b \\ c \end{pmatrix}_{(3\times 1)}$

$$\begin{pmatrix} -3a+3c \\ 0 \\ -a+c \end{pmatrix}_{(3\times 1)} + \begin{pmatrix} 4 \\ -2 \\ 0 \end{pmatrix}_{(3\times 1)} = \begin{pmatrix} a \\ b \\ c \end{pmatrix}_{(3\times 1)} \to \begin{pmatrix} -3a+3c+4 \\ -2 \\ -a+c \end{pmatrix}_{(3\times 1)} = \begin{pmatrix} a \\ b \\ c \end{pmatrix}_{(3\times 1)}$$

Igualamos los elementos de una matriz con los de la otra y resolvemos el sistema:

$$\begin{cases} -3a+3c+4 = a \\ -2 = b \\ -a+c = c \end{cases} \to \begin{cases} a = 0 \\ b = -2 \\ c = -4/3 \end{cases} \to \text{Por tanto: } X = \begin{pmatrix} 0 \\ -2 \\ -4/3 \end{pmatrix}$$

5. Matriz inversa, definición

Sean A *y* B *matrices regulares de orden* n *e* I *la matriz identidad del mismo orden. Demostrar que si* $A^2 = A$ *y* $B = 2A - I$, *entonces* $B^{-1} = B$.

Si $B^{-1} = B$ entonces el producto $B \cdot B$ sería igual a I (esto es lo que demostraremos).

$$B \cdot B = (2A - I) \cdot (2A - I) = 4A^2 - 2AI - I\,2A + I^2$$

Teniendo en cuenta que $A^2 = A$, que $2AI = I\,2A$ y que $I^2 = I$, concluimos que:

$$B \cdot B = 4A - 4A + I = I$$

Y, por tanto, queda demostrado que $B^{-1} = B$.

Hazlo tú

Prueba que si $A^2 = A + I$, entonces A es invertible (invertible es sinónimo de regular).

6. Ecuaciones con matrices

Dadas estas matrices:

$$A = \begin{pmatrix} 4 & 5 \\ -3 & -4 \end{pmatrix} \quad B = \begin{pmatrix} 0 & 1 \\ 1 & 0 \end{pmatrix}$$

a) Hallar una matriz X tal que:

$$AX + B = I$$

b) Dada la matriz A:

$$A = \begin{pmatrix} 3 & 0 \\ 1 & 3 \end{pmatrix}$$

Calcular la matriz X que verifica esta ecuación:

$$XA - 2X = A$$

a) Sea $X = \begin{pmatrix} a & b \\ c & d \end{pmatrix}$ la matriz que buscamos. Podemos obtenerla de dos formas: operando con sus elementos en la igualdad $AX + B = I$ de manera que lleguemos a dos sistemas de ecuaciones con dos incógnitas, o bien despejar X multiplicando adecuadamente por la matriz inversa de A.

Primer método

$$AX + B = I \rightarrow \begin{pmatrix} 4 & 5 \\ -3 & -4 \end{pmatrix}\begin{pmatrix} a & b \\ c & d \end{pmatrix} + \begin{pmatrix} 0 & 1 \\ 1 & 0 \end{pmatrix} = \begin{pmatrix} 1 & 0 \\ 0 & 1 \end{pmatrix} \rightarrow \begin{cases} 4a + 5c = 1 \\ -3a - 4c = -1 \\ 4b + 5d = -1 \\ -3b - 4d = 1 \end{cases} \rightarrow \begin{cases} a = -1 \\ c = 1 \\ b = 1 \\ d = -1 \end{cases}$$

Luego $X = \begin{pmatrix} -1 & 1 \\ 1 & -1 \end{pmatrix}$.

Segundo método

$$AX + B = I \rightarrow AX = I - B \overset{(*)}{\rightarrow} A^{-1}AX = A^{-1}(I - B) \rightarrow$$
$$\rightarrow IX = A^{-1}(I - B) \rightarrow X = A^{-1}(I - B)$$

(*) Multiplicamos los dos miembros por A^{-1} por la izquierda.

Calculamos la matriz inversa de A por el método de Gauss: $A^{-1} = \begin{pmatrix} 4 & 5 \\ -3 & -4 \end{pmatrix}$

Por tanto:

$$X = A^{-1}(I - B) \rightarrow X = \begin{pmatrix} 4 & 5 \\ -3 & -4 \end{pmatrix}\left[\begin{pmatrix} 1 & 0 \\ 0 & 1 \end{pmatrix} - \begin{pmatrix} 0 & 1 \\ 1 & 0 \end{pmatrix}\right] = \begin{pmatrix} 4 & 5 \\ -3 & -4 \end{pmatrix}\begin{pmatrix} 1 & -1 \\ -1 & 1 \end{pmatrix} = \begin{pmatrix} -1 & 1 \\ 1 & -1 \end{pmatrix}$$

b) Despejamos X sacando factor común en el primer miembro teniendo en cuenta que $2X = 2XI = 2IX \rightarrow X(A - 2I) = A$.

Multiplicamos los dos miembros por $(A - 2I)^{-1}$ por la derecha.

Para ello, calculamos $(A - 2I) = \begin{pmatrix} 1 & 0 \\ 1 & 1 \end{pmatrix}$ y su inversa, $(A - 2I)^{-1} = \begin{pmatrix} 1 & 0 \\ 1 & 1 \end{pmatrix}^{-1} = \begin{pmatrix} 1 & 0 \\ -1 & 1 \end{pmatrix}$.

Y obtenemos $X = A \cdot (A - 2I)^{-1} \rightarrow X = \begin{pmatrix} 3 & 0 \\ 1 & 3 \end{pmatrix} \cdot \begin{pmatrix} 1 & 0 \\ -1 & 1 \end{pmatrix} = \begin{pmatrix} 3 & 0 \\ -2 & 3 \end{pmatrix}$

Hazlo tú

Dadas estas matrices cuadradas:

$$A = \begin{pmatrix} 2 & 1 \\ 3 & 2 \end{pmatrix} \text{ y } B = \begin{pmatrix} 1 & 0 \\ 2 & 3 \end{pmatrix}$$

halla la matriz X que cumple lo siguiente:

$$AXA = 2BA$$

7. Factor común. Matriz inversa

Sea A una matriz cuadrada tal que $A^2 + 2A = 3I$, donde I es la matriz identidad.

a) Hallar los valores de a y b para que se cumpla esta ecuación:

$$A^{-1} = a\,A + b\,I.$$

b) Calcular los valores de p y q para los cuales se cumpla $A^4 = p\,A + q\,I$.

a) Despejamos I en la condición dada:

$$I = \frac{1}{3}(A^2 + 2A) = \frac{1}{3}A(A + 2I) = A\left[\frac{1}{3}(A + 2I)\right]$$

Al sacar A como factor común, obtenemos una matriz, no un número, por eso escribimos $2I$. Además, la expresión encerrada entre corchetes es la matriz inversa de A ya que su producto es la matriz unidad.

$$A^{-1} = \left[\frac{1}{3}(A + 2I)\right] = \frac{1}{3}A + \frac{2}{3}I \rightarrow a = \frac{1}{3};\ b = \frac{2}{3}$$

b) $A^2 + 2A = 3I \rightarrow A^2 = 3I - 2A \rightarrow A^4 = A^2 \cdot A^2 = (3I - 2A)(3I - 2A)$

Multiplicamos, teniendo en cuenta que $I^2 = I$ y $A \cdot I = I \cdot A$.

$$A^4 = 9I^2 - 6IA - 6AI + 4A^2 = 9I - 12A + 4(3I - 2A) =$$
$$= 9I - 12A + 12I - 8A = 21I - 20A$$

Por tanto, $p = -20$ y $q = 21$.

Hazlo tú

Expresa M^{-1} en función de M y de I, sabiendo que M es una matriz cuadrada que cumple esta igualdad:

$$M^2 - 5M = \frac{1}{2}I$$

8. Potencia de una matriz

Dados la matriz $A = \begin{pmatrix} 1 & 0 & 1 \\ 0 & 1 & 0 \\ 1 & 0 & 1 \end{pmatrix}$ *y* $n \in \mathbb{N}$, *calcular la potencia enésima de A.*

$$A^2 = \begin{pmatrix} 1 & 0 & 1 \\ 0 & 1 & 0 \\ 1 & 0 & 1 \end{pmatrix} \cdot \begin{pmatrix} 1 & 0 & 1 \\ 0 & 1 & 0 \\ 1 & 0 & 1 \end{pmatrix} = \begin{pmatrix} 2 & 0 & 2 \\ 0 & 1 & 0 \\ 2 & 0 & 2 \end{pmatrix} \rightarrow A^3 = A^2 \cdot A = \begin{pmatrix} 4 & 0 & 4 \\ 0 & 1 & 0 \\ 4 & 0 & 4 \end{pmatrix}$$

Suponemos que sigue la misma regla para el exponente n, es decir:

$$A^n = \begin{pmatrix} 2^{n-1} & 0 & 2^{n-1} \\ 0 & 1 & 0 \\ 2^{n-1} & 0 & 2^{n-1} \end{pmatrix}, \ n \in \mathbb{N}$$

Si comprobamos que esta expresión de A^n es válida para A^{n+1}, entonces será válida para cualquier n (método de inducción).

$$A^{n+1} = A^n \cdot A = \begin{pmatrix} 2^{n-1} & 0 & 2^{n-1} \\ 0 & 1 & 0 \\ 2^{n-1} & 0 & 2^{n-1} \end{pmatrix} \cdot \begin{pmatrix} 1 & 0 & 1 \\ 0 & 1 & 0 \\ 1 & 0 & 1 \end{pmatrix} = \begin{pmatrix} 2^n & 0 & 2^n \\ 0 & 1 & 0 \\ 2^n & 0 & 2^n \end{pmatrix}$$

Hazlo tú

Sean la matriz $A = \begin{pmatrix} 1 & 0 \\ 3 & 1 \end{pmatrix}$ y un número natural cualquiera n.

a) Calcula A^n.

b) Halla $A^{50} - A^{20}$.

9. Despejar una matriz multiplicando por las inversas de otras dos

a) Despejar la matriz X en la ecuación C(A + X) B = I.

b) Obtener X siendo $A = \begin{pmatrix} 3 & 4 \\ 1 & 2 \end{pmatrix}$, $B = \begin{pmatrix} 1 & 1 \\ 0 & 1 \end{pmatrix}$ *y* $C = \begin{pmatrix} 1 & 0 \\ 1 & 1 \end{pmatrix}$.

a) Multiplicamos por C^{-1} por la izquierda y por B^{-1} por la derecha.

$$C^{-1}C(A + X)BB^{-1} = C^{-1}IB^{-1} \rightarrow A + X = C^{-1}B^{-1} \rightarrow X = C^{-1}B^{-1} - A$$

b) Obtenemos B^{-1} y C^{-1} por el método de Gauss:

$$\left(\begin{array}{cc|cc} 1 & 1 & 1 & 0 \\ 0 & 1 & 0 & 1 \end{array}\right) \begin{array}{l} (1.^a) - (2.^a) \\ (2.^a) \end{array} \left(\begin{array}{cc|cc} 1 & 0 & 1 & -1 \\ 0 & 1 & 0 & 1 \end{array}\right) \rightarrow B^{-1} = \begin{pmatrix} 1 & -1 \\ 0 & 1 \end{pmatrix}$$

$$\left(\begin{array}{cc|cc} 1 & 0 & 1 & 0 \\ 1 & 1 & 0 & 1 \end{array}\right) \begin{array}{l} (1.^a) \\ (2.^a) - (1.^a) \end{array} \left(\begin{array}{cc|cc} 1 & 0 & 1 & 0 \\ 0 & 1 & -1 & 1 \end{array}\right) \rightarrow C^{-1} = \begin{pmatrix} 1 & 0 \\ -1 & 1 \end{pmatrix}$$

Hallamos X:

$$X = C^{-1}B^{-1} - A = \begin{pmatrix} 1 & 0 \\ -1 & 1 \end{pmatrix}\begin{pmatrix} 1 & -1 \\ 0 & 1 \end{pmatrix} - \begin{pmatrix} 3 & 4 \\ 1 & 2 \end{pmatrix} = \begin{pmatrix} 1 & -1 \\ -1 & 2 \end{pmatrix} - \begin{pmatrix} 3 & 4 \\ 1 & 2 \end{pmatrix} = \begin{pmatrix} -2 & -5 \\ -2 & 0 \end{pmatrix}$$

Hazlo tú

Determina la matriz X que verifica $AXB = A + B$ siendo $A = \begin{pmatrix} 1 & -1 \\ 0 & 1 \end{pmatrix}$ y $B = \begin{pmatrix} 4 & 1 \\ -1 & 0 \end{pmatrix}$.

10. Rango de una matriz

Estudiar el rango de la matriz M según los valores de a. ¿Existe algún valor de a para el que sea ran (M) = 1?

$$M = \begin{pmatrix} 1 & 2 & a \\ 1 & 1 & a \\ a & 0 & 1 \end{pmatrix}$$

Transformamos la matriz M para hacer todos los ceros posibles en ella:

$$\begin{pmatrix} 1 & 2 & a \\ 1 & 1 & a \\ a & 0 & 1 \end{pmatrix} \begin{array}{l} (1.^a) \\ (2.^a) - (1.^a) \\ (3.^a) - a(1.^a) \end{array} \begin{pmatrix} 1 & 2 & a \\ 0 & -1 & 0 \\ 0 & -2a & 1 - a^2 \end{pmatrix} \begin{array}{l} (1.^a) \\ (2.^a) \\ (3.^a) - 2a(2.^a) \end{array} \begin{pmatrix} 1 & 2 & a \\ 0 & -1 & 0 \\ 0 & 0 & 1 - a^2 \end{pmatrix}$$

Hacemos $1 - a^2 = 0 \rightarrow a = 1, \ a = -1$

- Si $a = 1$, $ran(M) = ran \begin{pmatrix} 1 & 2 & 1 \\ 0 & -1 & 0 \\ 0 & 0 & 0 \end{pmatrix} = 2$
- Si $a = -1$, $ran(M) = ran \begin{pmatrix} 1 & 2 & -1 \\ 0 & -1 & 0 \\ 0 & 0 & 0 \end{pmatrix} = 2$

Por tanto, si $a = 1$ o $a = -1$, $ran(M) = 2$.

- Si $a \neq 1$ y $a \neq -1$, $ran(M) = 3$.

El rango de M no puede ser igual a 1 para ningún valor de a, porque las dos primeras filas son linealmente independientes para cualquier a.

Hazlo tú

Estudia el rango de B en función del parámetro m:

$$B = \begin{pmatrix} 1 & 1 & 2 \\ m & 1 & 2 \\ 1 & m + 1 & 0 \end{pmatrix}$$

1. Ecuación con matrices

Calcular x, y, z tales que:

$$\begin{pmatrix} 1 & y \\ x & z \end{pmatrix} \cdot \begin{pmatrix} 1 & x \\ y & z \end{pmatrix} = \begin{pmatrix} 5 & 0 \\ 0 & 5 \end{pmatrix}$$

- Transforma la igualdad en un sistema de ecuaciones multiplicando las matrices del primer miembro e igualando término a término a la matriz del segundo miembro.
- Resuelve el sistema obtenido.

Solución: Hay cuatro soluciones: (2, 2, –1), (2, –2, 1), (–2, 2, 1), (–2, –2, –1).

2. Despejar una matriz

Determinar la matriz X que verifique $AXA - B = \mathbf{0}$, siendo:

$$A = \begin{pmatrix} 3 & 1 \\ -2 & -1 \end{pmatrix}, \quad B = \begin{pmatrix} 5 & -2 \\ 1 & 3 \end{pmatrix}$$

y $\mathbf{0}$ la matriz nula de orden 2.

- Para despejar X, pasa B al segundo miembro y multiplica la igualdad por la derecha y por la izquierda por A^{-1}.
- Halla A^{-1} aplicando la definición $(A \cdot A^{-1} = I)$ o por el método de Gauss.

Solución: $X = \begin{pmatrix} 4 & 3 \\ -3 & 2 \end{pmatrix}$

3. Matrices conmutables

Dada la matriz $A = \begin{pmatrix} 1 & 1 \\ 2 & 0 \end{pmatrix}$, obtener todas las matrices B que conmutan con A, es decir, que $A \cdot B = B \cdot A$.

Escribirlas en función de dos parámetros y poner un ejemplo.

- La matriz B debe ser una matriz cuadrada de orden 2, cuyos elementos no conocemos, por ejemplo $\begin{pmatrix} a & b \\ c & d \end{pmatrix}$. La condición que debe cumplir es $AB = BA$.
- Multiplicando e igualando los términos que ocupan el mismo lugar llegarás a un sistema de dos ecuaciones con cuatro incógitas que tiene infinitas soluciones. Expresa c y d en función de a y b.

Solución: Las matrices que conmutan con A son $B = \begin{pmatrix} a & b \\ 2b & a-b \end{pmatrix}$, $a, b \in \mathbb{R}$.

Por ejemplo, si $a = 1$ y $b = 2$, entonces, $B = \begin{pmatrix} 1 & 2 \\ 4 & -1 \end{pmatrix}$.

4. Potencias de una matriz

Dada $A = \begin{pmatrix} 17 & 29 \\ -10 & -17 \end{pmatrix}$, calcular:

a) Las matrices $A^2, A^3, A^4, \ldots, A^8$.

b) Los números reales m y n para los que se verifica:

$$(A + I)^3 = mI + nA$$

a) Multiplica $A \cdot A$ para obtener A^2 y el resultado que obtengas vuelve a multiplicarlo por A para obtener A^3. A partir de los resultados anteriores puedes obtener las demás potencias sin realizar productos numéricos.

b) Para calcular $(A + I)^3$ ten en cuenta que $I^2 = I$ y utiliza el resultado obtenido en el apartado anterior. Igualando coeficientes, obtendrás m y n.

Solución: a) $A^2 = -I,\ A^3 = -A,\ A^4 = I,\ A^5 = A,\ A^6 = -I,\ A^7 = -A,\ A^8 = I$

b) $m = -2,\ n = 2$

5. Ecuación con infinitas soluciones

Dadas las matrices $A = \begin{pmatrix} 2 & 0 \\ 0 & -1 \end{pmatrix}$ y $B = \begin{pmatrix} 8 & -9 \\ 6 & -7 \end{pmatrix}$, hallar una matriz X tal que $XAX^{-1} = B$.

- Multiplica los dos miembros de la ecuación por X por la derecha.
- Toma $X = \begin{pmatrix} a & b \\ c & d \end{pmatrix}$, y multiplica A y B por X en el orden adecuado. Obtendrás dos sistemas de ecuaciones, uno con a y c y otro con b y d.
- Comprueba que ambos sistemas son indeterminados. Expresa c en función de a y b en función de d y escribe X en función de a y b.

Solución: Hay infinitas soluciones $X = \begin{pmatrix} a & b \\ 2a/3 & b \end{pmatrix}$ con $a \neq 0$ y $b \neq 0$ para que exista X^{-1}. Si, por ejemplo, hacemos $a = 3$ y $b = 1$, entonces $X = \begin{pmatrix} 3 & 1 \\ 2 & 1 \end{pmatrix}$.

EJERCICIOS Y PROBLEMAS PROPUESTOS

Para practicar

Operaciones con matrices. Matriz inversa

1 Dadas estas matrices:

$$A = \begin{pmatrix} 1 & -3 \\ 2 & 0 \end{pmatrix} \quad B = \begin{pmatrix} 2 & -1 & 0 \\ 0 & 1 & 4 \end{pmatrix} \quad C = \begin{pmatrix} 1 & 2 \\ -1 & 0 \\ -2 & 3 \end{pmatrix}$$

Calcula, si es posible, estas otras:

a) $A \cdot B$ b) $B \cdot C$ c) $A^t \cdot C$ d) $A \cdot B \cdot C$ e) $B + C \cdot A^t$

2 Dadas las siguientes matrices:

$$A = \begin{pmatrix} 2 & -1 \\ 3 & 2 \end{pmatrix} \qquad B = \begin{pmatrix} 0 & 1 \\ 4 & -2 \end{pmatrix}$$

calcula:

a) $A \cdot B$ b) $B \cdot A$

c) B^{-1} d) $(A + B)(A - B)$

e) $A^2 - B^2$ f) $(A + B)^2$

3 Dada $A = \begin{pmatrix} 3 & 0 & 8 \\ 3 & -1 & 6 \\ -2 & 0 & -5 \end{pmatrix}$, comprueba que $(A + I)^2 = \mathbf{0}$ y expresa A^2 como combinación lineal de A e I.

4 Dada la matriz $A = \begin{pmatrix} 1 & -1 \\ 0 & 2 \end{pmatrix}$, averigua cuál de las siguientes matrices es su inversa:

$$M = \begin{pmatrix} 3/2 & 3/2 \\ 1/2 & 1/2 \end{pmatrix} \qquad N = \begin{pmatrix} 1 & 1/2 \\ 0 & 1/2 \end{pmatrix}$$

5 Utiliza el método de Gauss para hallar la matriz inversa de cada una de estas matrices:

$$A = \begin{pmatrix} 1 & 2 \\ -1 & 0 \end{pmatrix} \quad B = \begin{pmatrix} -1 & 0 \\ 2 & 4 \end{pmatrix} \quad C = \begin{pmatrix} 1 & 0 & 1 \\ 0 & 1 & 0 \\ 0 & 1 & 1 \end{pmatrix}$$

6 a) Dada la matriz $A = \begin{pmatrix} 0 & 2 & -1 \\ 0 & 0 & 1 \\ 0 & 0 & 0 \end{pmatrix}$, prueba que A^3 es la matriz nula.

b) Demuestra después que la matriz $I + A + A^2$ es la matriz inversa de $I - A$.

7 a) Comprueba que $A^2 = 2A - I$, siendo $A = \begin{pmatrix} 5 & -4 & 2 \\ 2 & -1 & 1 \\ -4 & 4 & -1 \end{pmatrix}$ e I la matriz unidad de orden 3.

b) Utiliza la igualdad anterior para calcular A^4.

8 Dada la matriz $A = \begin{pmatrix} 1 & 1 \\ 1 & 2 \end{pmatrix}$ encuentra las matrices B tales que $AB = BA$.

Rango de una matriz

9 Estudia el rango de las matrices siguientes:

$$A = \begin{pmatrix} 1 & -2 & 3 & 4 \\ -2 & 4 & -6 & 8 \end{pmatrix} \qquad B = \begin{pmatrix} 1 & 3 & 0 \\ -1 & 0 & 0 \end{pmatrix}$$

$$C = \begin{pmatrix} 1 & -2 & 3 \\ -2 & 4 & -6 \\ 12 & -24 & 36 \end{pmatrix} \qquad D = \begin{pmatrix} 1 & 2 & 3 \\ 2 & 4 & 0 \\ 3 & 6 & 0 \end{pmatrix}$$

$$E = \begin{pmatrix} 1 & 0 & 3 & 0 \\ 0 & 2 & 0 & 3 \\ 0 & 1 & 0 & 1 \end{pmatrix} \qquad F = \begin{pmatrix} 0 & 0 & 1 \\ 1 & 0 & 0 \\ 0 & 1 & 0 \end{pmatrix}$$

10 Estudia el rango de estas matrices y di, en cada caso, el número de columnas que son L.I.:

$$A = \begin{pmatrix} 1 & 1 & 1 & 2 \\ 2 & 3 & 5 & 11 \\ 1 & -1 & 6 & 29 \end{pmatrix} \qquad B = \begin{pmatrix} 2 & 1 & 3 \\ 4 & 2 & -1 \\ 6 & 3 & 2 \end{pmatrix}$$

$$C = \begin{pmatrix} 1 & -3 & -1 & -1 \\ 1 & 5 & 3 & 3 \\ 1 & 1 & 1 & 1 \\ 3 & 7 & 5 & 5 \end{pmatrix} \qquad D = \begin{pmatrix} 1 & 1 & 1 & 1 \\ 1 & -1 & 1 & -1 \\ 1 & 1 & -1 & -1 \\ 1 & 1 & 1 & -1 \end{pmatrix}$$

11 Estudia el rango de las siguientes matrices según los valores del parámetro m:

$$A = \begin{pmatrix} 1 & -2 & 2 \\ 2 & 1 & -1 \\ 2 & 1 & m \end{pmatrix} \qquad B = \begin{pmatrix} 1 & 1 & 1 \\ 2 & -4 & -m \\ 4 & 10 & m^2 \end{pmatrix}$$

$$C = \begin{pmatrix} m & m+1 \\ 2m & m-1 \end{pmatrix} \qquad D = \begin{pmatrix} -1 & 0 & 1 \\ 0 & m & 0 \\ 2 & 0 & m^2-1 \end{pmatrix}$$

$$E = \begin{pmatrix} 2 & 1 & -1 \\ 1 & m & -m \end{pmatrix} \qquad F = \begin{pmatrix} m-2 & 0 & 0 \\ 0 & m & -1 \\ 0 & -1 & m \end{pmatrix}$$

Ecuaciones matriciales

12 Calcula las matrices X e Y que verifican las siguientes condiciones:

$$\begin{cases} 2X + 3Y = A \\ X + Y = B \end{cases} \text{ siendo } A = \begin{pmatrix} 4 & 5 \\ 1 & 0 \end{pmatrix} \text{ y } B = \begin{pmatrix} 0 & 1 \\ 1 & 0 \end{pmatrix}$$

13 Dadas A y B, halla X tal que $2X - B^2 = A \cdot B$.

$$A = \begin{pmatrix} 1 & 0 & 1 \\ 1 & 1 & 0 \\ 0 & 0 & 2 \end{pmatrix} \qquad B = \begin{pmatrix} 1 & 0 & -1 \\ 1 & 1 & 1 \\ 0 & 0 & 1 \end{pmatrix}$$

14 Resuelve el siguiente sistema dado en forma matricial:

$$\begin{pmatrix} 1 & -1 \\ 3 & 2 \end{pmatrix}\begin{pmatrix} x \\ y \end{pmatrix} = \begin{pmatrix} 1 & x \\ y & -1 \end{pmatrix}\begin{pmatrix} 3 \\ 2 \end{pmatrix}$$

15 Dadas las siguientes matrices:

$$A = \begin{pmatrix} 1 & -1 \\ 0 & 1 \end{pmatrix} \quad B = \begin{pmatrix} 3 & 1 \\ -1 & 1 \end{pmatrix} \quad C = \begin{pmatrix} 1 & 1 \\ 1 & 0 \end{pmatrix}$$

halla la matriz X que verifica $AX - A = B - C$.

16 Halla las matrices A y B tales que:

$$\begin{cases} 2A - 5B = \begin{pmatrix} 1 & 5 & -2 \\ 5 & -2 & 3 \end{pmatrix} \\ -A + 4B = \begin{pmatrix} -2 & -1 & 1 \\ 2 & 4 & -3 \end{pmatrix} \end{cases}$$

17 Dadas las matrices $M = \begin{pmatrix} 1 & 5 \\ -1 & 3 \end{pmatrix}$ y $N = \begin{pmatrix} 1 & 0 \\ 3 & 0 \end{pmatrix}$, halla dos matrices X e Y que verifiquen estas condiciones:

$X - 2M = 3N$

$M + N - Y = I$

18 Calcula una matriz X que conmute con la matriz A, esto es, $A \cdot X = X \cdot A$, siendo $A = \begin{pmatrix} -1 & 2 \\ 1 & 0 \end{pmatrix}$.

19 Considera las siguientes matrices:

$$A = \begin{pmatrix} 2 & -1 & 0 \\ 0 & 2 & -1 \end{pmatrix} \quad B = \begin{pmatrix} 2 & 1 \\ 2 & 2 \end{pmatrix} \quad C = \begin{pmatrix} 1 & -2 \\ 0 & 2 \\ -2 & 0 \end{pmatrix}$$

a) Calcula B^{-1} por el método de Gauss.

b) Halla X tal que $BX - A = C^t$.

c) Determina la dimensión de una matriz M para poder calcular AMC.

d) ¿Cuál debe ser la dimensión de N para que C^tN sea una matriz cuadrada?

20 Sea la siguiente ecuación matricial $AX - B + C = \mathbf{0}$, donde $A = \begin{pmatrix} 4 & 1 \\ -1 & 0 \end{pmatrix}$, $B = \begin{pmatrix} 1 & 2 & 0 & -1 \\ -2 & -1 & 1 & 0 \end{pmatrix}$ y $C = \begin{pmatrix} 0 & -1 & 2 & 1 \\ 1 & 0 & -3 & 0 \end{pmatrix}$.

a) Calcula A^{-1} aplicando la definición.

b) Resuelve la ecuación.

21 Sea la matriz $A = \begin{pmatrix} x & -1 \\ 1 & y \end{pmatrix}$.

a) Calcula A^2.

b) Determina x e y para que $A^2 = \begin{pmatrix} x+1 & -2 \\ 2 & -1 \end{pmatrix}$.

22 Dada la matriz $A = \begin{pmatrix} 1 & 1 & 0 \\ 0 & 1 & 0 \\ 2 & 0 & 1 \end{pmatrix}$:

a) Calcula A^{-1}.

b) Halla la matriz X que verifique $AX + 2A = I$.

23 Sean $A = \begin{pmatrix} 3 & 1 \\ 2 & 0 \end{pmatrix}$, $B = \begin{pmatrix} -1 & 2 \\ 1 & 1 \end{pmatrix}$ y $C = \begin{pmatrix} 3 & -1 \\ 1 & 2 \end{pmatrix}$.

a) Despeja la matriz X en la ecuación $XA - B = XC$.

b) Calcula X.

24 Dadas las matrices $A = \begin{pmatrix} 2 & -3 \\ -3 & 5 \end{pmatrix}$ y $B = \begin{pmatrix} 1 & -4 \\ -9 & 5 \end{pmatrix}$:

a) Calcula las matrices X e Y que verifiquen $2X - Y = A$ y $X - 3Y = B$.

b) Halla la matriz Z tal que $B + ZA - B^t = 3I$ donde I es la matriz unidad de orden 2.

Para resolver

25 Calcula A^n y B^n siendo:

$$A = \begin{pmatrix} 1 & 1/7 & 1/7 \\ 0 & 1 & 0 \\ 0 & 0 & 1 \end{pmatrix} \qquad B = \begin{pmatrix} 1 & 0 \\ 0 & 3 \end{pmatrix}$$

26 Dada la matriz $A = \begin{pmatrix} 4 & 5 & -1 \\ -3 & -4 & 1 \\ -3 & -4 & 0 \end{pmatrix}$, halla A^2, A^3, ..., A^{128}.

27 Determina, si es posible, un valor de k para que la matriz $(A - kI)^2$ sea la matriz nula.

$$A = \begin{pmatrix} 0 & -1 & -2 \\ -1 & 0 & -2 \\ 1 & 1 & 3 \end{pmatrix}$$

28 Estudia el rango de las siguientes matrices según el valor del parámetro k:

$$M = \begin{pmatrix} 1 & -1 & -1 \\ 1 & -1 & 2 \\ 2 & 1 & k \end{pmatrix} \qquad N = \begin{pmatrix} 2 & -1 & 4 \\ -2 & 1 & 3 \\ 1 & k & 2 \end{pmatrix}$$

$$P = \begin{pmatrix} 1 & 3 & 2 & -1 \\ 2 & 6 & 4 & k \\ 4 & 12 & 8 & -4 \end{pmatrix} \qquad Q = \begin{pmatrix} -1 & 1 & 0 & 2 \\ 1 & 3 & 1 & 0 \\ 2 & 10 & 3 & k \end{pmatrix}$$

29 Sea $A = \begin{pmatrix} 1 & 0 \\ -1 & 1 \end{pmatrix}$, halla la matriz X tal que $XA + A^t = 2I$.

30 Dadas las matrices $B = \begin{pmatrix} 1 & 0 & 0 \\ 0 & 1 & 0 \\ 0 & -1 & m \end{pmatrix}$, $C = \begin{pmatrix} 1 & -3 & 5 \\ -2 & 4 & -6 \end{pmatrix}$ y $D = \begin{pmatrix} 1 & 2 & 3 \\ 0 & 1 & 0 \end{pmatrix}$:

a) ¿Para qué valores de m existe B^{-1}? Para $m = 1$, calcula B^{-1}.

b) Para $m = 1$ halla la matriz X tal que $X \cdot B + C = D$.

31 Dadas las matrices $A = \begin{pmatrix} 2 & 1 & 1 \\ 2 & 3 & 2 \\ -3 & -3 & -2 \end{pmatrix}$ e I (matriz unidad de orden 3):

a) Calcula las matrices $(A - I)^2$ y $A(A - I)$.

b) Justifica que la matriz A es invertible.

c) Comprueba que no existe la matriz inversa de $A - I$.

d) Determina el valor del parámetro real λ para que se verifique $A^{-1} = \lambda(A - 2I)$.

32 Calcula una matriz X que conmute con la matriz A, esto es, $A \cdot X = X \cdot A$, siendo $A = \begin{pmatrix} 1 & 1 \\ 0 & 1 \end{pmatrix}$.

Después, calcula $A^2 + 2A^{-1} \cdot X$.

33 Sean las matrices $A = \begin{pmatrix} 1 & -1 \\ 2 & 4 \end{pmatrix}$ y $B = \begin{pmatrix} 2 & 0 \\ -1 & 1 \end{pmatrix}$. Determina la matriz X que verifica $BXB = 2BA$.

34 Sean A y B las matrices dadas por:

$$A = \begin{pmatrix} 5 & 2 & 0 \\ 2 & 5 & 0 \\ 0 & 0 & 1 \end{pmatrix} \qquad B = \begin{pmatrix} a & b & 0 \\ c & c & 0 \\ 0 & 0 & 1 \end{pmatrix}$$

a) Encuentra las condiciones que deben cumplir los coeficientes a, b, c para que se verifique $A \cdot B = B \cdot A$.

b) Para $a = b = c = 1$, calcula B^{10}.

35 Recuerda que un matriz es ortogonal si su inversa coincide con su traspuesta.

Calcula x e y para que esta matriz A sea ortogonal:

$$A = \begin{pmatrix} 3/5 & x & 0 \\ y & -3/5 & 0 \\ 0 & 0 & 1 \end{pmatrix}$$

36 Consideramos estas matrices:

$$A = \begin{pmatrix} 1 & 2 \\ 1 & 3 \end{pmatrix} \qquad B = \begin{pmatrix} 1 & 1 \\ 1 & 2 \end{pmatrix}$$

Halla la matriz X que verifica $AXB = I_2$.

37 Dadas las matrices:

$$A = \begin{pmatrix} 0 & 1 & 1 \\ 1 & 0 & 0 \\ 0 & 0 & 1 \end{pmatrix} \qquad B = \begin{pmatrix} 1 & -1 & 1 \\ 1 & -1 & 0 \\ -1 & 2 & 3 \end{pmatrix}$$

Halla, si existe, la matriz X tal que $AX + B = A^2$.

38 Halla todas las matrices $X = \begin{pmatrix} a & 0 \\ b & c \end{pmatrix}$ con $a, b \in \mathbb{R}$, que satisfacen la ecuación matricial $X^2 = 2X$.

39 Dadas las matrices $A = \begin{pmatrix} 1 & 0 & 0 \\ 1 & 0 & 0 \\ 1 & 0 & 0 \end{pmatrix}$ y $C = \begin{pmatrix} 1 & 0 & 0 \\ 2 & 1 & 0 \\ 3 & 2 & 2 \end{pmatrix}$, halla la matriz X que verifica la relación $XC + A = C + A^2$.

40 Halla la matriz X que verifica $AX + B = 3X$ siendo $A = \begin{pmatrix} 0 & -1 \\ 1 & 0 \end{pmatrix}$ y $B = \begin{pmatrix} 1 & 2 \\ 3 & 4 \end{pmatrix}$.

41 a) Despeja la matriz X en la igualdad $AXA + B = B(2A + I)$.

b) Calcula la matriz X en el caso de que $A = \begin{pmatrix} 1 & -1 \\ 0 & 1 \end{pmatrix}$ y $B = \begin{pmatrix} 1 & 2 \\ -1 & -1 \end{pmatrix}$.

42 Dada la matriz $A = \begin{pmatrix} 1 & 0 & 0 \\ -3 & 1 & -1 \\ 5 & -1 & 2 \end{pmatrix}$, halla una matriz X que verifique la ecuación $XA + A = A^{-1}$.

43 Un fabricante produce tres clases de refrescos de cola: clásico, A; sin azúcar, B; y sin cafeína C. Cada uno lo vende en cuatro tamaños: 1/4 L, 1/3 L, 1/2 L y 1 L con los precios siguientes, en euros:

- Tamaño 1/4 L (0,5 ; 0,4 ; 0,6)
- Tamaño 1/3 L (0,8 ; 0,75 ; 0,9)
- Tamaño 1/2 L (1; 0,9 ; 1,2)
- Tamaño 1 L (1,5 ; 1,2 ; 1,75)

Los envases que produce en un día vienen dados por:

$$M = \begin{array}{c} \\ A \\ B \\ C \end{array} \begin{array}{c} \begin{array}{cccc} 1/4\text{ L} & 1/3\text{ L} & 1/2\text{ L} & 1\text{ L} \end{array} \\ \begin{pmatrix} 300 & 500 & 250 & 200 \\ 250 & 300 & 200 & 150 \\ 150 & 600 & 150 & 100 \end{pmatrix} \end{array}$$

a) Escribe una matriz N que indique los precios.

b) Calcula los elementos de la diagonal principal de la matriz MN y explica su significado.

c) Haz lo mismo con los elementos de la diagonal principal de la matriz NM.

44 En un centro de idiomas los alumnos de inglés, francés y chino se distribuyen en cuatro niveles como indica la matriz A. Además estas clases pueden ser impartidas en aulas con laboratorio de idiomas o sin él. El precio por hora viene dado en la matriz B.

$$A = \begin{matrix} \\ \text{I} \\ \text{II} \\ \text{III} \\ \text{IV} \end{matrix} \begin{matrix} I \quad F \quad C \\ \begin{pmatrix} 10 & 12 & 14 \\ 17 & 10 & 12 \\ 15 & 16 & 10 \\ 8 & 12 & 4 \end{pmatrix} \end{matrix} \qquad B = \begin{matrix} \\ Lab \\ NoLab \end{matrix} \begin{matrix} \text{I} \quad \text{II} \quad \text{III} \quad \text{IV} \\ \begin{pmatrix} 8 & 8 & 10 & 12 \\ 6 & 7 & 8 & 9 \end{pmatrix} \end{matrix}$$

Calcula lo que ingresa el centro por hora en cada idioma según sea de aula con laboratorio o sin él.

45 ODS Meta 1.3. En la Unidad de Cuidados Intensivos, UCI, de un hospital, los pacientes son clasificados según su estado en críticos, graves y estables. Esta situación es revisada cada día por un médico internista de acuerdo con la evolución del paciente. La probabilidad de que un paciente pase de un estado a otro viene dado por el siguiente grafo:

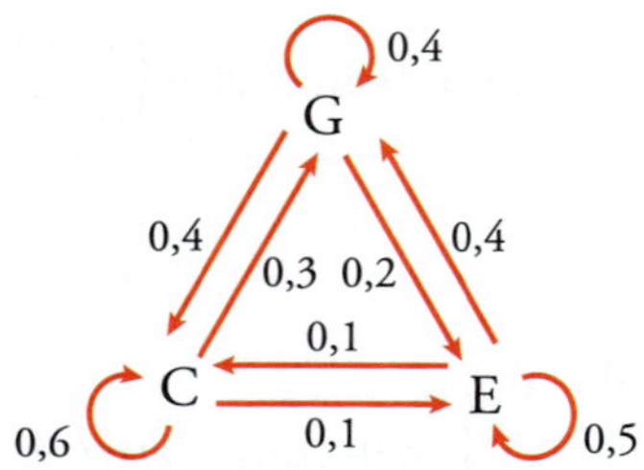

a) Escribe la matriz de probabilidades.

b) Si un cierto día hay en la UCI 20 enfermos críticos, 35 graves y 30 estables, ¿cuál será la distribución que se espera para el día siguiente?

46 a) Comprueba que si A es una matriz cuadrada tal que $A^2 = 2A - I$, donde I es la matriz identidad, entonces A es invertible. ¿Cuál es la expresión de A^{-1}?

b) Utiliza el apartado anterior para calcular la inversa de la matriz $A = \begin{pmatrix} 5 & -4 & 2 \\ 2 & -1 & 1 \\ -4 & 4 & -1 \end{pmatrix}$.

Cuestiones teóricas

47 Sean las matrices, $A_{(3 \times 2)}$; $B_{(2 \times 4)}$; $C_{(4 \times 4)}$; $D_{(2 \times 1)}$.

a) Justifica cuáles de estos productos se pueden efectuar:

$AB \quad AC \quad BC \quad CD \quad AD$

b) ¿Alguno de ellos es una matriz cuadrada?

48 Sea A una matriz de dimensión 2 × 3. ¿Existe una matriz B tal que $A \cdot B$ sea una matriz de una sola fila? ¿Y para $B \cdot A$? Pon un ejemplo para cada caso.

49 Demuestra que, si A es una matriz cuadrada, siempre se verifica que:

a) $A + A^t$ es simétrica.

b) $A - A^t$ es antisimétrica. (Ten en cuenta que una matriz B es antisimétrica si $B = -B^t$).

50 ¿Es posible encontrar una matriz A no nula tal que A^2 sea la matriz nula?

En caso afirmativo, pon un ejemplo.

51 Demuestra que, si A y B son invertibles se verifica que $(A \cdot B)^{-1} = B^{-1} \cdot A^{-1}$.

52 Definimos la *traza* de una matriz cuadrada A de orden 2 como $tr(A) = a_{11} + a_{22}$. Prueba que si A y B son dos matrices cuadradas de orden 2, entonces $tr(A \cdot B) = tr(B \cdot A)$.

53 Prueba que si A es idempotente, entonces $I - A$ también lo es. (Una matriz es **idempotente** si $A^2 = A$).

54 ¿Verdadero o falso? Justifica tu respuesta y pon ejemplos.

a) Si A es una matriz 2×2 cuyo rango es 2, su rango no varía si le añadimos una fila o una columna.

b) Si $X - AX = B$ entonces $X = (I - A)^{-1}B$.

c) Si $A = \begin{pmatrix} -1 & 2 \\ 3 & -1 \end{pmatrix}$ entonces $(A + I)^2 = 6I$.

d) Si $AB = BA$ son dos matrices cuadradas del mismo orden entonces, $(AB)^t = A^t B^t$.

e) Si a una matriz de 3 filas y 3 columnas cuyo rango es 3 le quitamos una fila y una columna, entonces su rango será 2.

f) En una matriz antisimétrica $(A^t = -A)$, los elementos de la diagonal principal son todos 0.

g) El rango de $M = \begin{pmatrix} 1 & 2 & 3 & 4 \\ 4 & 3 & 2 & 1 \\ 5 & 5 & 5 & k^2 - 1 \end{pmatrix}$ es 3 si $k = 0$.

h) Si A es una matriz regular y $(B - C)A = \mathbf{0}$ (matriz nula), podemos asegurar que $B = C$.

Para profundizar

55 Despeja la matriz X en la igualdad $(X + A)^2 = X^2 + XA + I_2$ y obtén X en el caso $A = \begin{pmatrix} 1 & 2 \\ -1 & 0 \end{pmatrix}$.

56 Demuestra que si A es una matriz regular, al despejar X en la ecuación $XA^2 + BA = A^2$ se obtiene $X = I - BA^{-1}$.

57 Sean A y B dos matrices cuadradas del mismo orden. De la igualdad $A \cdot B = A \cdot C$ no puede deducirse, en general, que $B = C$.

Prueba esta afirmación buscando dos matrices B y C distintas tales que $A \cdot B = A \cdot C$, siendo $A = \begin{pmatrix} 1 & 1 \\ 1 & 1 \end{pmatrix}$.

58 Halla una matriz cuadrada de orden 2, distinta de I y de $-I$, cuya inversa coincida con su traspuesta.

59 Obtén la forma general de una matriz de orden 2 que sea antisimétrica.

60 a) Si A es una matriz regular de orden n y existe una matriz B tal que $AB + BA = \mathbf{0}$, probar que $BA^{-1} + A^{-1}B = \mathbf{0}$.

b) Si $A = \begin{pmatrix} -3 & -2 \\ 4 & 3 \end{pmatrix}$, halla una matriz $B \neq \mathbf{0}$ tal que $AB + BA = \mathbf{0}$.

61 Considera las matrices

$$A = \begin{pmatrix} 1 & a & 0 \\ 0 & a & 0 \\ 0 & 0 & b \end{pmatrix} \quad B = \begin{pmatrix} 0 & 4 & -1 \\ 4 & -2 & 0 \\ 0 & 2 & 0 \end{pmatrix} \quad C = \begin{pmatrix} x \\ y \\ z \end{pmatrix}, a, b \in \mathbb{R}$$

a) Determina para qué valores de a y b la matriz A es regular, es decir, que tiene inversa.

b) Halla los valores de a y b para los que se cumple que $A = A^{-1}$.

c) Para $a = 2$ y $b = 2$ calcula las matrices C que verifican $AC = BC$.

62 Una matriz cuadrada es *mágica de suma* k cuando la suma de los elementos de cada fila, de cada columna y de las dos diagonales es, en todos los casos, igual a k. ¿Cuánto vale k si una matriz mágica es antisimétrica? Halla todas las matrices mágicas antisimétricas de orden 3.

63 Obtén todas las matrices mágicas simétricas de orden 3 para $k = 0$.

64 Obtén todas las matrices mágicas simétricas de orden 3 para $k = 3$.

65 Sea A una matriz cuadrada que verifica la igualdad $A^2 - 2A = 3I$.

a) Demuestra que A es invertible y expresa A^{-1} en función de A e I.

b) Expresa A^3 como combinación lineal de A e I.

c) Halla todas las matrices simétricas de orden 2 que verifican $A^2 - 2A = 3I$.

AUTOEVALUACIÓN

Resoluciones de estos ejercicios.

1 Estudia el rango de la siguiente matriz según los valores del parámetro a:

$$A = \begin{pmatrix} 1 & a & 1 & 2 \\ 2 & 0 & -1 & 1 \\ -1 & 1 & 1 & 0 \end{pmatrix}$$

2 Sean las matrices $A_{(3\times3)}$; $C_{(3\times2)}$ y $D_{(2\times2)}$; , ¿qué dimensión debe tener la matriz B para que la ecuación matricial $AB = CD$ tenga sentido?

3 Demuestra que si A es una matriz cuadrada de orden 2 entonces $(A^t)^2 = (A^2)^t$.

4 Dada la matriz $A = \begin{pmatrix} 1 & 0 \\ 5 & 1 \end{pmatrix}$, calcula A^n.

5 Determina todas las matrices A tales que $AX = XA$, siendo $X = \begin{pmatrix} 1 & 1 \\ 1 & 1 \end{pmatrix}$.

6 Dada la matriz $C = \begin{pmatrix} 1 & 1 \\ 2 & 1 \end{pmatrix}$, halla dos matrices X e Y tales que verifiquen las siguientes ecuaciones:

$$X + Y^{-1} = C$$

$$X - Y^{-1} = C^t$$

7 a) Halla la inversa de la siguiente matriz:

$$A = \begin{pmatrix} 1 & 2 & 1 \\ 0 & 1 & 1 \\ 2 & 1 & 0 \end{pmatrix}$$

b) Resuelve $2XA + B = A^t$, siendo $B = \begin{pmatrix} -1 & 0 & 1 \\ 0 & 2 & 3 \\ -2 & -1 & 0 \end{pmatrix}$.

8 Razona si es posible añadir una fila a esta matriz de forma que la nueva matriz tenga rango 4:

$$\begin{pmatrix} 1 & 2 & 0 & 3 \\ 0 & 1 & -1 & -2 \\ 2 & 7 & -3 & 0 \end{pmatrix}$$

9 Una asociación de consumidores quiere comparar los precios, en euros, de cuatro productos básicos en tres supermercados distintos y obtiene estos datos:

	P_1	P_2	P_3	P_4
S_1	1	5	2	3
S_2	1,5	4,5	1,8	3,6
S_3	1,2	5,4	2,2	3,5

Para comparar el gasto de una familia según la tienda elegida, consideramos la compra semanal de unidades de cada producto. Las cantidades correspondientes son 2, 1, 3, 4.

Opera con matrices para comparar el gasto semanal de una familia según la tienda elegida.

Compromiso ODS Visualiza el vídeo Meta 10.1., piensa en una acción con la que podrías contribuir al logro de esa meta y comprométete a llevarla a cabo.

2 DETERMINANTES

Los pioneros

La teoría de matrices es, conceptualmente, la base de los determinantes. Precisamente, el nombre de matriz, acuñado por **Sylvester,** alude a su relación de «maternidad» respecto a los determinantes. Sin embargo, en la literatura matemática, estos aparecen un siglo antes que aquellas.

La mayoría de los historiadores coinciden en atribuir el primer uso sistemático de los determinantes a **Leibniz** que, en 1693, utilizó un algoritmo equivalente al de los determinantes para resolver sistemas de ecuaciones. No obstante, algunos estiman que el japonés **Seki Kowa** se le adelantó 10 años. También **Colin McLaurin** (1730) y **Gabriel Cramer** (1750) los utilizaron para resolver sistemas de ecuaciones mediante tratamientos bien estructurados y, en 1772, **Alexandre Vandermonde** realizó, por primera vez, un estudio sistemático de los mismos.

Seki Kowa (1642-1708)

Formalización y expansión

Los determinantes y las matrices fueron objeto de gran atención durante el siglo XIX. Pero no supusieron una renovación a nivel teórico, sino que representaron una renovación únicamente lingüística. Sin embargo, ambas son herramientas de una enorme utilidad. Como dijo **Lagrange:** «Tanta es la ventaja de un lenguaje bien construido que su notación simplificada a menudo se convierte en fuente de teorías profundas».

Las mayores aportaciones a la teoría de determinantes las hizo, ya en el siglo XIX, el francés **Cauchy,** quien al igual que otras ramas de la matemática, trató la teoría de determinantes de forma sistemática, rigurosa y elegante. La hizo pública en una memoria que expuso en el Institute de France en 1812. A partir de entonces, los utilizó en multitud de aplicaciones: propagación de ondas, problemas geométricos, problemas físicos… Fue él quien acuñó el término «determinante». Pero, ¿qué determina un determinante? Como veremos en esta unidad, su valor determina que un sistema tenga o no solución.

Los matemáticos ingleses **Cayley** y **Sylvester** contribuyeron notablemente al desarrollo de esta teoría: mejoraron su nomenclatura, adoptaron la doble barra vertical para designarlos y ampliaron su campo de aplicación.

Cayley y Sylvester

Arthur Cayley (1821-1895) fue uno de los matemáticos más prolíficos junto con **Euler** y **Cauchy.** Procedía de una familia de ricos comerciantes; sus maestros detectaron pronto sus aptitudes y convencieron a su padre para que le permitiera ingresar en el Trinity College de Cambridge, donde continuó después como profesor hasta su renuncia, causada al imponérsele la condición de hacerse clérigo para poder continuar en la docencia. Se dedicó entonces a la abogacía aunque sin abandonar sus intereses matemáticos. Pero los asuntos legales le aburrían y tras catorce años en los tribunales volvió a Cambridge como profesor.

En bastantes artículos de Cayley aparece también la inspiración de otro eminente matemático inglés, **James Joseph Sylvester** (1814-1897), con el que mantuvo una excelente relación durante toda su vida. Era, este último, un personaje singular, que podía servir de ejemplo al tópico de «sabio distraído».

Cayley y Sylvester ejercieron también su influencia en otros aspectos no menos relevantes como, por ejemplo, ayudando a cambiar la mentalidad medieval de la Universidad de Cambridge en lo que se refiere a admitir como alumnas a las mujeres; de hecho, una de las primeras y más eminentes discípulas de Sylvester fue **Florence Nightingale,** quien años después destacaría por su aportación a la mejora de las condiciones en los hospitales y en la atención médica en general.

RESUELVE

Determinantes de orden 2

Como veremos en el desarrollo de la unidad, **el determinante de una matriz** de orden 2 **es un número** que se obtiene multiplicando en cruz y restando los resultados, del siguiente modo:

$$M = \begin{pmatrix} a & b \\ c & d \end{pmatrix} \to det\, M = a \cdot d - b \cdot c$$

$$A = \begin{pmatrix} 7 & 4 \\ 6 & 11 \end{pmatrix} \to det\, A = 7 \cdot 11 - 4 \cdot 6 = 53$$

¿Y por qué ese nombre? ¿Qué es lo que «determina» un determinante?

Para empezar, vamos a resolver estos dos sistemas de ecuaciones:

$$S_1: \begin{cases} 2x + y = 7 \\ x - 4y = -10 \end{cases} \qquad S_2: \begin{cases} 3x - 2y = -1 \\ 6x - 4y = 0 \end{cases}$$

Solución: $x = 2$, $y = 3$ — No tiene solución.

Las matrices formadas por sus coeficientes son:

$$A_1 = \begin{pmatrix} 2 & 1 \\ 1 & -4 \end{pmatrix} \qquad A_2 = \begin{pmatrix} 3 & -2 \\ 6 & -4 \end{pmatrix}$$

Sus determinantes son: $det\, A_1 = -9$ y $det\, A_2 = 0$

Fíjate en que el determinante de la matriz de los coeficientes del sistema S_1, que tiene solución única, es distinto de 0, mientras que el de S_2, sin solución, es 0. ¿Ocurrirá siempre esto?

- Resuelve los siguientes sistemas y calcula el determinante de cada matriz de coeficientes:

a) $\begin{cases} 2x + 3y = 29 \\ 3x - y = 5 \end{cases}$ b) $\begin{cases} 5x - 3y = 8 \\ -10x + 6y = -16 \end{cases}$

c) $\begin{cases} 4x + y = 17 \\ 5x + 2y = 19 \end{cases}$ d) $\begin{cases} 9x - 6y = 7 \\ -6x + 4y = 11 \end{cases}$

e) $\begin{cases} 18x + 24y = 6 \\ 15x + 20y = 5 \end{cases}$ f) $\begin{cases} 3x + 11y = 128 \\ 8x - 7y = 46 \end{cases}$

Observa que, en los sistemas que tienen solución única, el determinante de la matriz de los coeficientes es distinto de cero. Y en los restantes sistemas, que son incompatibles o indeterminados, el determinante es cero. Por tanto, los determinantes «determinan» que el sistema correspondiente tenga solución única o no. De ahí su gran importancia.

1 DETERMINANTES DE ORDEN DOS

Se llama **determinante** de una matriz cuadrada a un número que se obtiene operando de cierta forma con los elementos de la matriz. Aprenderemos a obtenerlo, a lo largo de la unidad, para matrices de órdenes cada vez mayores. Empezamos con las matrices de orden dos.

El determinante de una matriz cuadrada de orden dos $A=\begin{pmatrix} a_{11} & a_{12} \\ a_{21} & a_{22} \end{pmatrix}$ es un número que se obtiene del siguiente modo:

$$\det A = a_{11}\,a_{22} - a_{21}\,a_{12}$$

El determinante de A se designa, indistintamente, de las siguientes formas:

$$\det A, \quad \det\begin{pmatrix} a_{11} & a_{12} \\ a_{21} & a_{22} \end{pmatrix}, \quad |A|, \quad \begin{vmatrix} a_{11} & a_{12} \\ a_{21} & a_{22} \end{vmatrix}$$

Observa la regla para calcular *det A*

- En cada producto hay un factor de cada fila y uno de cada columna.
- Estos son los dos únicos productos que se pueden construir con la condición anterior.
- Uno de los sumandos tiene signo + y otro, signo –.

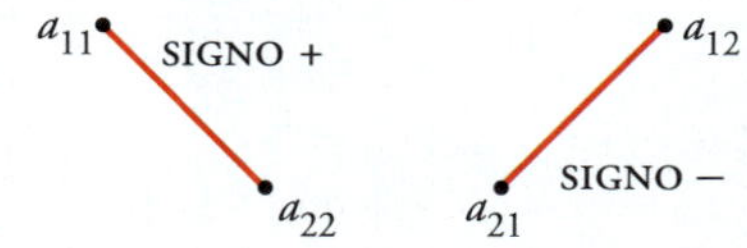

Ejercicios resueltos

1 *Calcular el determinante de la matriz* $A=\begin{pmatrix} 7 & 5 \\ -2 & 11 \end{pmatrix}$ *y comprobar que coincide con el de su traspuesta.*

$|A| = \begin{vmatrix} 7 & 5 \\ -2 & 11 \end{vmatrix} = 7 \cdot 11 - (-2) \cdot 5 = 77 - (-10) = 87$

$|A^t| = \begin{vmatrix} 7 & -2 \\ 5 & 11 \end{vmatrix} = 7 \cdot 11 - 5 \cdot (-2) = 77 + 10 = 87$

2 *Calcular* $\begin{vmatrix} 3 & 0 \\ -7 & 0 \end{vmatrix}$. *¿Qué observas?*

$\begin{vmatrix} 3 & 0 \\ -7 & 0 \end{vmatrix} = 3 \cdot 0 + (-7) \cdot 0 = 0 + 0 = 0$

El resultado del determinante es cero pues en una columna los dos elementos son cero.

3 *Calcular* $\begin{vmatrix} 5 & 2 \\ 7 & 4 \end{vmatrix}$ *y* $\begin{vmatrix} 7 & 4 \\ 5 & 2 \end{vmatrix}$. *¿Qué observas?*

$\begin{vmatrix} 5 & 2 \\ 7 & 4 \end{vmatrix} = 5 \cdot 4 - 7 \cdot 2 = 20 - 14 = 6$

$\begin{vmatrix} 7 & 4 \\ 5 & 2 \end{vmatrix} = 7 \cdot 2 - 5 \cdot 4 = 14 - 20 = -6$

Al ser las filas del segundo determinante iguales a las del primero pero cambiadas de lugar, los sumandos cambian de signo y, por tanto, el resultado final es el mismo pero cambiado de signo.

Piensa y practica

1 Siendo A una matriz 2×2, justifica si las siguientes afirmaciones son verdaderas o falsas:

a) Para que $|A| = 0$ es necesario que sus cuatro elementos sean 0.

b) Si los dos elementos de la segunda columna de A son 0, entonces $|A| = 0$.

c) Si las dos filas de A coinciden, entonces $|A| = 0$.

d) Si $\begin{vmatrix} a & b \\ c & d \end{vmatrix} = -15$, entonces $\begin{vmatrix} c & d \\ a & b \end{vmatrix} = 15$.

e) Si $\begin{vmatrix} m & 3 \\ n & 7 \end{vmatrix} = 43$, entonces $\begin{vmatrix} m & 30 \\ n & 70 \end{vmatrix} = 430$.

2 Calcula el valor de los siguientes determinantes y di por qué son cero algunos de ellos:

a) $\begin{vmatrix} 13 & 6 \\ 4 & 2 \end{vmatrix}$ b) $\begin{vmatrix} 13 & 6 \\ 4 & -2 \end{vmatrix}$ c) $\begin{vmatrix} 1 & 0 \\ 11 & 0 \end{vmatrix}$

d) $\begin{vmatrix} 7 & -2 \\ 7 & -2 \end{vmatrix}$ e) $\begin{vmatrix} 3 & 11 \\ 21 & 77 \end{vmatrix}$ f) $\begin{vmatrix} -140 & 7 \\ 60 & -3 \end{vmatrix}$

3 Sean $A=\begin{pmatrix} l & m \\ n & p \end{pmatrix}$ y $|A| = -13$. Calcula:

a) $\begin{vmatrix} n & p \\ l & m \end{vmatrix}$ b) $\begin{vmatrix} l & m \\ 7n & 7p \end{vmatrix}$ c) $|3A|$ d) $\begin{vmatrix} 3n & 5p \\ 3l & 5m \end{vmatrix}$

anayaeducacion.es Calcula determinantes de orden 2.

2 DETERMINANTES DE ORDEN TRES

El determinante de una matriz 3×3 se obtiene del siguiente modo:

$$\begin{vmatrix} a_{11} & a_{12} & a_{13} \\ a_{21} & a_{22} & a_{23} \\ a_{31} & a_{32} & a_{33} \end{vmatrix} = a_{11}\,a_{22}\,a_{33} + a_{12}\,a_{23}\,a_{31} + a_{13}\,a_{21}\,a_{32} - a_{13}\,a_{22}\,a_{31} - a_{12}\,a_{21}\,a_{33} - a_{11}\,a_{23}\,a_{32}$$

- **En cada producto hay un factor de cada fila y uno de cada columna.** Para comprobarlo, observamos que en cada producto hay tres elementos. Los primeros subíndices (filas) son, siempre, 1 2 3. Los segundos subíndices son también 1 2 3, ordenados de diversas formas.
- **Están todos los posibles productos con un factor de cada fila y uno de cada columna,** pues los subíndices de las columnas son todas las permutaciones de 1, 2, 3. Hay 3! = 6.
- La mitad de los sumandos tienen **signo +,** y la otra mitad, **signo –.** Estos seis sumandos se recuerdan fácilmente con la siguiente regla mnemotécnica, llamada **regla de Sarrus:**

Observa

Las permutaciones de 1, 2, 3 son:

1 2 3	2 1 3	3 1 2
1 3 2	2 3 1	3 2 1

Ejercicio resuelto

1 *Calcular los siguientes determinantes:*

a) $\begin{vmatrix} 3 & -2 & 5 \\ 1 & 7 & 3 \\ 4 & 1 & 0 \end{vmatrix}$ *b)* $\begin{vmatrix} 7 & -4 & 3 \\ 0 & 11 & 1 \\ 0 & 0 & 5 \end{vmatrix}$

a) Aplicamos la regla de Sarrus:

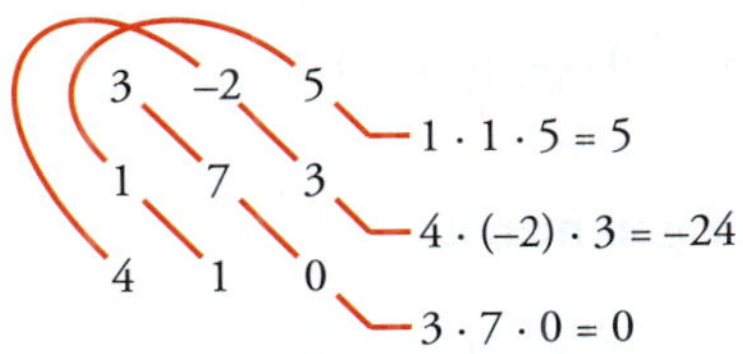

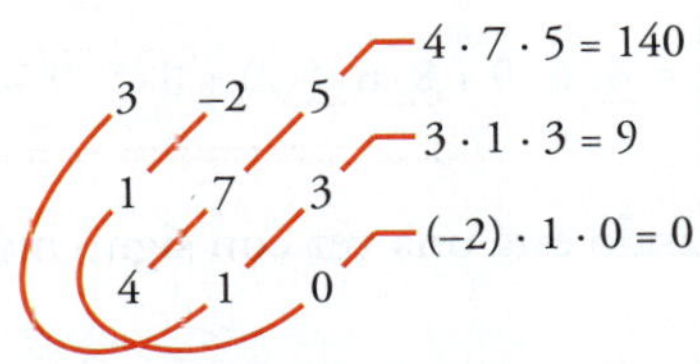

Con su signo: $5 - 24 + 0 = -19$ Con signo menos: $-(140 + 9 + 0) = -149$

Por tanto, el determinante vale: $-19 - 149 = -168$

b) En las matrices triangulares, el único sumando no nulo en el desarrollo de su determinante es el de la diagonal principal. Por tanto:

$$\begin{vmatrix} 7 & -4 & 3 \\ 0 & 11 & 1 \\ 0 & 0 & 5 \end{vmatrix} = 7 \cdot 11 \cdot 5 = 385$$

Comprueba que, efectivamente, en todos los demás sumandos siempre hay un factor cero.

Piensa y practica

1 Calcula los siguientes determinantes:

a) $\begin{vmatrix} 5 & 1 & 4 \\ 0 & 3 & 6 \\ 9 & 6 & 8 \end{vmatrix}$ b) $\begin{vmatrix} 9 & 0 & 3 \\ -1 & 1 & 0 \\ 0 & 2 & 1 \end{vmatrix}$

2 Halla el valor de estos determinantes:

a) $\begin{vmatrix} 0 & 4 & -1 \\ 1 & 2 & 1 \\ 3 & 0 & 1 \end{vmatrix}$ b) $\begin{vmatrix} 10 & 47 & 59 \\ 0 & 10 & 91 \\ 0 & 0 & 10 \end{vmatrix}$

anayaeducacion.es Calcula determinantes de orden 3.

Propiedades de los determinantes

1. El determinante de una matriz es igual que el de su traspuesta: $|A| = |A^t|$

2. Si una matriz cuadrada tiene una línea (fila o columna) de ceros, su determinante es cero.

Pues en cada uno de los sumandos aparece como factor un elemento de esa línea. Todos los sumandos son, por tanto, nulos.

3. Si se permutan dos líneas paralelas de una matriz cuadrada, su determinante cambia de signo.

$$\begin{vmatrix} 3 & 1 & 7 \\ 2 & 4 & 8 \\ 5 & 6 & 9 \end{vmatrix} = 3 \cdot 4 \cdot 9 + 2 \cdot 6 \cdot 7 + 5 \cdot 1 \cdot 8 - 5 \cdot 4 \cdot 7 - 3 \cdot 6 \cdot 8 - 2 \cdot 1 \cdot 9 = -70$$

$$\begin{vmatrix} 7 & 1 & 3 \\ 8 & 4 & 2 \\ 9 & 6 & 5 \end{vmatrix} = 7 \cdot 4 \cdot 5 + 8 \cdot 6 \cdot 3 + 9 \cdot 1 \cdot 2 - 9 \cdot 4 \cdot 3 - 7 \cdot 6 \cdot 2 - 8 \cdot 1 \cdot 5 = 70$$

Los sumandos son los mismos, pero con los signos cambiados.

4. Si una matriz cuadrada tiene dos líneas paralelas iguales, su determinante es cero.

$$\begin{vmatrix} 4 & 5 & -2 \\ 8 & 6 & 9 \\ 8 & 6 & 9 \end{vmatrix} = 4 \cdot 6 \cdot 9 + 8 \cdot 6 \cdot (-2) + 8 \cdot 5 \cdot 9 - 8 \cdot 6 \cdot (-2) - 8 \cdot 5 \cdot 9 - 4 \cdot 6 \cdot 9 = 0$$

Cada sumando está una vez con signo más y otra con signo menos.

5. Si multiplicamos por el mismo número todos los elementos de una línea (fila o columna) de una matriz cuadrada, su determinante queda multiplicado por ese número.

$$\begin{vmatrix} 3 & 1 & 7k \\ 2 & 4 & 8k \\ 5 & 6 & 9k \end{vmatrix} = 3 \cdot 4 \cdot 9k + 2 \cdot 6 \cdot 7k + 5 \cdot 1 \cdot 8k - 5 \cdot 4 \cdot 7k - 2 \cdot 1 \cdot 9k - 3 \cdot 6 \cdot 8k =$$

$$= k(3 \cdot 4 \cdot 9 + 2 \cdot 6 \cdot 7 + 5 \cdot 1 \cdot 8 - 5 \cdot 4 \cdot 7 - 2 \cdot 1 \cdot 9 - 3 \cdot 6 \cdot 8) = k\begin{vmatrix} 3 & 1 & 7 \\ 2 & 4 & 8 \\ 5 & 6 & 9 \end{vmatrix}$$

6. Si una matriz cuadrada tiene dos filas (o dos columnas) proporcionales, su determinante es cero.

7. $$\begin{vmatrix} a_{11} & a_{12}+a'_{12} & a_{13} \\ a_{21} & a_{22}+a'_{22} & a_{23} \\ a_{31} & a_{32}+a'_{32} & a_{33} \end{vmatrix} = \begin{vmatrix} a_{11} & a_{12} & a_{13} \\ a_{21} & a_{22} & a_{23} \\ a_{31} & a_{32} & a_{33} \end{vmatrix} + \begin{vmatrix} a_{11} & a'_{12} & a_{13} \\ a_{21} & a'_{22} & a_{23} \\ a_{31} & a'_{32} & a_{33} \end{vmatrix}$$

Esta descomposición es válida cualquiera que sea la fila o la columna en la que se encuentren los sumandos.

¡Atención!

Todas estas propiedades son válidas para determinantes de orden cualquiera, *n*.

Están enunciadas de forma general, pero son ejemplificadas con determinantes de orden 3. Para algunas de ellas hay, en el margen, una demostración que sí es válida cualquiera que sea el orden del determinante.

Demostración de 4

Si se permutan las dos líneas iguales, el determinante queda igual. Pero, por la propiedad **3,** debería cambiar de signo. El 0 es el único número que queda igual aunque se cambie de signo.

Demostración de 5

Cada sumando tiene un factor multiplicado por *k*. Por tanto, toda la suma queda multiplicada por *k* (*k* es **factor común**).

Demostración de 6

Basta con aplicar la propiedad **5** y extraer del determinante el factor de proporcionalidad. Nos quedan entonces dos líneas iguales que, por la propiedad **4,** hacen que el determinante se anule.

8. Si a una línea de una matriz le sumamos una combinación lineal de las demás paralelas, su determinante no varía.

$$\begin{vmatrix} 2 & 5 & 3 \\ 4 & 8 & 1 \\ 6 & 9 & 7 \end{vmatrix} = -52 \rightarrow \begin{vmatrix} 2 & 5 & 3+11\cdot\mathbf{5}-16\cdot\mathbf{2} \\ 4 & 8 & 1+11\cdot\mathbf{8}-16\cdot\mathbf{4} \\ 6 & 9 & 7+11\cdot\mathbf{9}-16\cdot\mathbf{6} \end{vmatrix} = \begin{vmatrix} 2 & 5 & 26 \\ 4 & 8 & 25 \\ 6 & 9 & 10 \end{vmatrix} = -52$$

9. Si una matriz tiene una línea que es combinación lineal de las demás paralelas, entonces su determinante es cero. Y recíprocamente: si un determinante es cero, tiene alguna fila (y alguna columna) combinación lineal de las demás.

Demostración de 9

Se puede descomponer en suma de varios determinantes, cada uno de los cuales es cero por tener dos líneas proporcionales.

10. El determinante del producto de dos matrices es igual al producto de sus determinantes: $|A \cdot B| = |A| \cdot |B|$

anayaeducacion.es

Refuerzo de las propiedades de los determinantes.

Ejercicios resueltos

1 *Sin desarrollar, probar este resultado:*

$$\begin{vmatrix} 7 & 4 & 74 \\ 1 & 6 & 16 \\ 9 & 3 & 93 \end{vmatrix} = 0$$

$$\begin{vmatrix} 7 & 4 & 74 \\ 1 & 6 & 16 \\ 9 & 3 & 93 \end{vmatrix} = \begin{vmatrix} 7 & 4 & 70+4 \\ 1 & 6 & 10+6 \\ 9 & 3 & 90+3 \end{vmatrix} = \begin{vmatrix} 7 & 4 & 7\cdot10+4 \\ 1 & 6 & 1\cdot10+6 \\ 9 & 3 & 9\cdot10+3 \end{vmatrix} = 0$$

Es cero por la propiedad **9**. Columnas: (1.ª) · 10 + (2.ª) = (3.ª).

2 *Probar que:*

a) Si I es la matriz identidad, entonces $|I| = 1$.

b) Si A es una matriz regular, entonces $|A^{-1}| = \dfrac{1}{|A|}$.

a) $|I| = \begin{vmatrix} 1 & 0 & 0 \\ 0 & 1 & 0 \\ 0 & 0 & 1 \end{vmatrix} = 1 \cdot 1 \cdot 1 = 1$

De los 6 productos que dan lugar a un determinante de orden 3, el único distinto de 0 es 1 · 1 · 1.

b) $A \cdot A^{-1} = I$. Por la propiedad **10**, $|A| \cdot |A^{-1}| = |A \cdot A^{-1}| = |I| = 1$.

Por tanto, $\mathbf{|A^{-1}| = \dfrac{1}{|A|}}$.

Piensa y practica

3 Dadas estas matrices:

$$A = \begin{pmatrix} 5 & 4 & 9 \\ 8 & 1 & 9 \\ 3 & 6 & 9 \end{pmatrix} \quad B = \begin{pmatrix} 5 & 4 & 1 \\ 8 & 1 & 7 \\ 3 & 6 & -3 \end{pmatrix} \quad C = \begin{pmatrix} 5 & 4 & 20 \\ 8 & 1 & 8 \\ 3 & 6 & 18 \end{pmatrix}$$

justifica si las siguientes afirmaciones son verdaderas o falsas:

a) $|A| = 0$ porque su tercera columna es suma de las dos primeras.

b) $|B| = 0$ porque su tercera columna es diferencia de las dos primeras.

c) $|C| = 0$ porque su tercera columna es producto de las dos primeras.

4 Justifica, sin desarrollar, estas igualdades:

a) $\begin{vmatrix} 3 & -1 & 7 \\ 0 & 0 & 0 \\ 1 & 11 & 4 \end{vmatrix} = 0$ b) $\begin{vmatrix} 4 & 1 & 7 \\ 2 & 9 & 1 \\ -8 & -2 & -14 \end{vmatrix} = 0$ c) $\begin{vmatrix} 7 & 4 & 1 \\ 2 & 9 & 7 \\ 27 & 94 & 71 \end{vmatrix} = 0$

5 Sabiendo que $\begin{vmatrix} x & y & z \\ 5 & 0 & 3 \\ 1 & 1 & 1 \end{vmatrix} = 1$, calcula sin desarrollar los siguientes determinantes:

a) $\begin{vmatrix} 3x & 3y & 3z \\ 5 & 0 & 3 \\ 1 & 1 & 1 \end{vmatrix}$ b) $\begin{vmatrix} 5x & 5y & 5z \\ 1 & 0 & 3/5 \\ 1 & 1 & 1 \end{vmatrix}$ c) $\begin{vmatrix} x & y & z \\ 2x+5 & 2y & 2z+3 \\ x+1 & y+1 & z+1 \end{vmatrix}$

3 DETERMINANTES DE ORDEN CUALQUIERA

$$\begin{vmatrix} a_{11} & a_{12} & \dots & a_{1j} & \dots & a_{1n} \\ a_{21} & a_{22} & \dots & a_{2j} & \dots & a_{2n} \\ \dots & \dots & \dots & \dots & \dots & \dots \\ a_{i1} & a_{i2} & \dots & a_{ij} & \dots & a_{in} \\ \dots & \dots & \dots & \dots & \dots & \dots \\ a_{n1} & a_{n2} & \dots & a_{nj} & \dots & a_{nn} \end{vmatrix}$$

El determinante de una matriz $n \times n$ es el resultado de sumar todos los posibles productos de n elementos, uno de cada fila y uno de cada columna, con su signo o con el signo cambiado según un cierto criterio.

Vamos a analizar la definición anterior:

- En el desarrollo del determinante hay *muchos* sumandos, cada uno de los cuales es un producto de n factores así: $a_{1\sigma(1)}\, a_{2\sigma(2)} \dots a_{n\sigma(n)}$.

  Los primeros subíndices, 1, 2, …, n, corresponden a las filas. Los segundos subíndices, $\sigma(1), \sigma(2), \dots, \sigma(n)$, corresponden a las columnas y son una permutación (a la que llamamos σ) de los números 1, 2, …, n. Por tanto, en ese producto hay un elemento de cada fila y uno de cada columna.

- ¿Cuántos sumandos hay? Pues tantos como posibles permutaciones se puedan hacer con los números 1, 2, …, n. Es decir, $n!$ sumandos.

- ¿Qué signo se le asocia a cada sumando? Pues + o – según una cierta propiedad de la permutación σ. Veámosla.

Signo de cada sumando

En el sumando $a_{1\sigma(1)}\, a_{2\sigma(2)} \dots a_{n\sigma(n)}$ los n factores están ordenados por el índice de sus filas (1.er subíndice). Los segundos subíndices, $\sigma(1), \sigma(2), \dots, \sigma(n)$, corresponden a las columnas y σ es una permutación de los elementos $(1, 2, \dots, n)$. Es decir, $\sigma(i)$ significa el elemento que ocupa el lugar i en la permutación σ.

En una permutación, cada dos elementos se dice que están *en sucesión*, cuando conservan el mismo orden en que estaban en la disposición inicial y *en inversión* si cambian el orden. Si el número total de inversiones que presenta la permutación de los índices de las columnas es **par,** entonces el sumando correspondiente mantiene su signo (+) y si es **impar,** cambia de signo (–).

Por ejemplo, en un determinante 4×4, el sumando $a_{13}\, a_{21}\, a_{34}\, a_{42}$ tiene ordenados los índices de las filas (1, 2, 3, 4). Los índices de las columnas (3, 1, 4, 2) son una permutación suya. Veamos cuántas *inversiones* presenta:

3 está en inversión con 1 y con 2 $\to$ (2 inversiones)

1 está en sucesión con todos los posteriores $\to$ (0 inversiones)

4 está en inversión con 2 $\to$ (1 inversión)

Hay, en total, 3 inversiones, un número **impar.** Por tanto, el sumando correspondiente cambia su signo $\to -a_{13}\, a_{21}\, a_{34}\, a_{42}$.

La **definición de determinante** queda así:

$$|a_{ij}| = \sum_{\sigma \in \mathcal{P}(n)} (-1)^{\text{n.º de inversiones de } \sigma}\, a_{1\sigma(1)}\, a_{2\sigma(2)} \dots a_{n\sigma(n)}$$

$\sigma \in \mathcal{P}(n)$ significa que cada sumando se obtiene de una permutación de los elementos $(1, \dots, n)$.

Ten en cuenta

Para definir los determinantes de orden 2 y de orden 3, se han dado unas reglas fácilmente visualizables (producto en cruz, regla de Sarrus) con el fin de recordar qué sumandos intervienen y qué signos se les asocian.

El interés de la definición general que damos en esta página es exclusivamente teórico. Si se prescinde de su lectura, el resto del tema sigue siendo inteligible y suficiente para manejarse con toda soltura con los determinantes.

Ejemplo

Para $n = 4$, en el sumando:

$$a_{13}\, a_{21}\, a_{34}\, a_{42}$$

los subíndices de las filas son (1, 2, 3 , 4) y los de las columnas forman la permutación (3, 1, 4, 2). Es decir, $\sigma(1) = 3$, $\sigma(2) = 1$, $\sigma(3) = 4$, $\sigma(4) = 2$.

Propiedades de los determinantes

Como ya hemos dicho, las diez propiedades enunciadas en el apartado anterior para determinantes de orden 3 valen para determinantes de cualquier orden.

Determinantes con calculadora

Introducimos la matriz, como vimos en la unidad anterior y pulsamos OPTN ⟳. En la pantalla aparece:

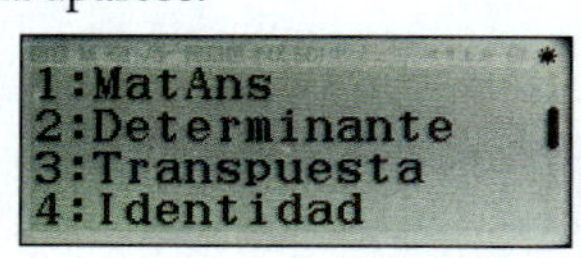

Elegimos la opción **2:Determinante.** Añadimos, entonces, la matriz A definida por OPTN **3** y pulsamos =.

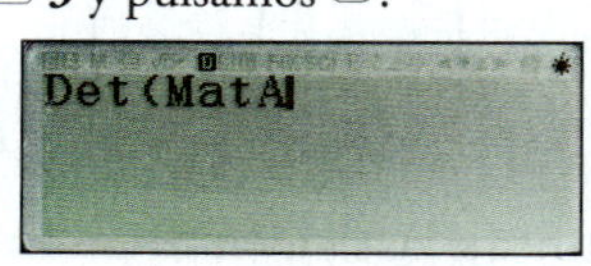

Atención

Esta definición, tan complicada, es muy poco operativa. Para hallar determinantes de órdenes superiores a 3, obtendremos, en los próximos apartados, una nueva propiedad y un procedimiento basado en ella.

Ejercicios resueltos

1 *Comprobar que el producto*

$$a_{24} \cdot a_{33} \cdot a_{12} \cdot a_{51} \cdot a_{45}$$

es uno de los sumandos de un determinante de orden 5 y averiguar el signo que le corresponde.

Ordenamos los cinco factores por los índices de sus filas:

$$a_{12} \cdot a_{24} \cdot a_{33} \cdot a_{45} \cdot a_{51}$$

Los índices de las columnas son (2, 4, 3, 5, 1), que es una permutación de (1, 2, 3, 4, 5). Por tanto, es uno de los sumandos del desarrollo del determinante. Veamos cuál es su signo. Para ello contamos sus inversiones:

- 2 está en inversión con 1 → **1** inversión
- 4 está en inversión con 3 y 1 → **2** inversiones
- 3 está en inversión con 1 → **1** inversión
- 5 está inversión con 1 → **1** inversión

En total hay **5** inversiones, impar. Le corresponde signo menos (–).

2 *Justificar que los determinantes siguientes son cero:*

a) $\begin{vmatrix} 3 & -1 & 5 & 0 \\ 2 & 7 & 0 & 1 \\ 0 & 0 & 0 & 0 \\ 5 & -1 & 2 & 4 \end{vmatrix}$ *b)* $\begin{vmatrix} 2 & 1 & 2 & -4 \\ 7 & 0 & 1 & -14 \\ 3 & 1 & 1 & -6 \\ 11 & 0 & 1 & -22 \end{vmatrix}$

a) Los elementos de la 3.ª fila son todos cero.

Por tanto, por la propiedad **2**, el determinante es cero.

b) La cuarta columna se obtiene multiplicando por –2 la primera. Es decir, las columnas 1.ª y 4.ª son proporcionales.

El determinante es cero por la propiedad **6.**

3 *Hallar el valor de este determinante:*

$$\begin{vmatrix} 0 & 0 & 5 & 0 \\ 0 & 0 & 0 & -2 \\ 3 & 0 & 0 & 0 \\ 0 & 7 & 0 & 0 \end{vmatrix}$$

En cada fila y en cada columna solo hay un elemento distinto de 0. Por tanto, de los 4! = 24 sumandos solo uno de ellos es distinto de cero (pues en los restantes hay algún factor 0). Este es el sumando: $5 \cdot (-2) \cdot 3 \cdot 7$

Veamos qué signo le corresponde. Se trata del producto $a_{13} \cdot a_{24} \cdot a_{31} \cdot a_{42}$.

Los índices de las filas están ordenados (1, 2, 3, 4). Los índices de las columnas son (3, 4, 1, 2).

3 → dos inversiones; 4 → dos inversiones; 1 → 0 inversiones

Hay en total 4 inversiones, **par.** Por tanto, el producto mantiene su signo; y el valor del determinante es $5 \cdot (-2) \cdot 3 \cdot 7 = -210$.

Piensa y practica

1 ¿Verdadero o falso? En una matriz A, 4×4, sus 16 elementos son números positivos. Entonces:

a) En el desarrollo de $|A|$ hay $4! = 4 \cdot 3 \cdot 2 \cdot 1 = 24$ sumandos, todos positivos.

b) En el desarrollo de $|A|$ hay 12 sumandos positivos y 12 negativos.

c) $|A|$ es, con seguridad, un número positivo.

d) $|-A| = |A|$.

2 a) ¿Cuántos sumandos tiene el desarrollo del determinante $|a_{ij}|$ de orden 5?

b) Comprueba que el producto $a_{41} \cdot a_{32} \cdot a_{55} \cdot a_{24} \cdot a_{13}$ es uno de ellos. ¿Qué signo le corresponde?

3 Calcula el valor de los siguientes determinantes:

a) $\begin{vmatrix} 4 & 3 & 1 & 27 \\ 1 & 1 & 4 & 9 \\ 2 & 4 & -1 & 36 \\ 0 & 6 & 2 & 54 \end{vmatrix}$ b) $\begin{vmatrix} 1 & 0 & 1 & 0 \\ 2 & 4 & 0 & 3 \\ 612 & 704 & 410 & 103 \\ 6 & 7 & 4 & 1 \end{vmatrix}$ c) $\begin{vmatrix} 4 & 0 & 0 & 0 \\ 0 & 0 & 8 & 0 \\ 0 & 0 & 0 & 1 \\ 0 & -3 & 0 & 0 \end{vmatrix}$ d) $\begin{vmatrix} 1 & 0 & 0 & 0 \\ 4 & -1 & 0 & 0 \\ 7 & -1 & 1 & 0 \\ 3 & 1 & 4 & 1 \end{vmatrix}$ e) $\begin{vmatrix} 6 & 0 & 0 & 0 \\ 0 & 8 & 0 & 5 \\ 0 & 0 & 4 & 0 \\ 3 & 0 & 0 & 0 \end{vmatrix}$

anayaeducacion.es Calcula determinantes de cualquier orden.

4 MENOR COMPLEMENTARIO Y ADJUNTO

Si en una matriz seleccionamos r filas y r columnas, los elementos en los que se cruzan forman una submatriz cuadrada de orden r. El determinante de esa submatriz se llama **menor de orden r** de la matriz inicial.

Por ejemplo:

$$\begin{matrix} \rightarrow \\ \\ \rightarrow \\ \rightarrow \end{matrix}\begin{pmatrix} 7 & -5 & -2 & 9 & 3 \\ 2 & 4 & 6 & 3 & 6 \\ 9 & 3 & 0 & 8 & 2 \\ 5 & 1 & -1 & -2 & 0 \end{pmatrix}$$

(flechas sobre las columnas 2.ª, 3.ª y 5.ª)

Seleccionamos un **menor de orden tres.** Su valor es:

$$\begin{vmatrix} -5 & -2 & 3 \\ 3 & 0 & 2 \\ 1 & -1 & 0 \end{vmatrix} = -23$$

Si en una matriz cuadrada $n \times n$ destacamos un elemento, a_{ij}, al suprimir su fila y su columna se obtiene una submatriz $(n-1) \times (n-1)$. Su determinante es un menor de orden $n-1$ que se llama **menor complementario** del elemento a_{ij} y se designa por α_{ij}.

Se llama **adjunto** de a_{ij} al número

$$A_{ij} = (-1)^{i+j} \cdot \alpha_{ij}$$

es decir, al menor complementario con su signo o con el signo cambiado, según que $i+j$ sea par o impar, respectivamente.

Ejemplo

$$\begin{pmatrix} 1 & -2 & 0 & 3 \\ 0 & 2 & 1 & 4 \\ 2 & \boxed{-5} & 3 & 0 \\ 1 & -1 & 1 & 7 \end{pmatrix}$$

$$\alpha_{32} = \begin{vmatrix} 1 & 0 & 3 \\ 0 & 1 & 4 \\ -1 & 1 & 7 \end{vmatrix} = 6$$

$$A_{32} = (-1)^{3+2} \cdot 6 = -6$$

Ejercicio resuelto

1 *Dada la matriz*

$$M = \begin{pmatrix} 3 & 7 & -3 & 11 \\ 4 & 2 & 0 & 7 \\ 4 & 6 & 2 & 2 \\ 0 & 4 & 6 & 5 \end{pmatrix}$$

hallar:

a) Un menor de orden 2.

b) El menor complementario del elemento a_{32}.

c) El adjunto del elemento a_{32}.

a) $$\begin{matrix} \rightarrow \\ \\ \\ \rightarrow \end{matrix}\begin{pmatrix} 3 & 7 & -3 & 11 \\ 4 & 2 & 0 & 7 \\ 4 & 6 & 2 & 2 \\ 0 & 4 & 6 & 5 \end{pmatrix}$$

Seleccionamos las filas 1.ª y 4.ª y las columnas 2.ª y 4.ª. El menor de orden 2 seleccionado es, pues:

$$\begin{vmatrix} 7 & 11 \\ 4 & 5 \end{vmatrix} = -9$$

b) $$\begin{pmatrix} 3 & 7 & -3 & 11 \\ 4 & 2 & 0 & 7 \\ 4 & \boxed{6} & 2 & 2 \\ 0 & 4 & 6 & 5 \end{pmatrix}$$

El menor complementario del elemento a_{32} es:

$$\alpha_{32} = \begin{vmatrix} 3 & -3 & 11 \\ 4 & 0 & 7 \\ 0 & 6 & 5 \end{vmatrix} = 198$$

c) El adjunto de a_{32} es $A_{32} = (-1)^{3+2} \cdot \alpha_{32} = -198$.

Piensa y practica

1 Halla dos menores de orden dos y otros dos menores de orden tres de la matriz M.

$$M = \begin{pmatrix} 2 & 3 & -1 & 5 \\ 4 & 6 & 2 & 7 \\ 5 & -1 & 2 & 6 \\ 4 & 1 & 1 & 5 \\ 0 & 0 & 3 & 4 \end{pmatrix}$$

2 Halla el menor complementario y el adjunto de los elementos a_{12}, a_{33} y a_{43}.

$$A = \begin{pmatrix} 0 & 2 & 4 & 6 \\ 2 & -1 & 3 & 5 \\ 1 & 1 & 2 & 3 \\ 4 & 6 & 5 & 7 \end{pmatrix}$$

anayaeducacion.es Cálculo del menor complementario de un elemento de una matriz cuadrada.

5 DESARROLLO DE UN DETERMINANTE POR LOS ELEMENTOS DE UNA LÍNEA

Vamos a estudiar dos nuevas propiedades de los determinantes. La primera resultará muy útil para calcular determinantes de orden mayor que 3.

11. Si los elementos de una fila o columna de una matriz cuadrada se multiplican por sus respectivos adjuntos y se suman los resultados, se obtiene el determinante de la matriz inicial. Se dice entonces que el determinante está **desarrollado** por los elementos de esa línea.

Por ejemplo, el desarrollo de un determinante de orden 3 por los elementos de la segunda fila es:

$$A = \begin{pmatrix} a_{11} & a_{12} & a_{13} \\ a_{21} & a_{22} & a_{23} \\ a_{31} & a_{32} & a_{33} \end{pmatrix} \qquad |A| = a_{21}A_{21} + a_{22}A_{22} + a_{23}A_{23}$$

Demostración para este caso concreto

$$|A| = a_{11}a_{22}a_{33} + a_{21}a_{32}a_{13} + a_{31}a_{12}a_{23} - a_{31}a_{22}a_{13} - a_{21}a_{12}a_{33} - a_{11}a_{32}a_{23} =$$

$$\overset{(*)}{=} a_{21}(a_{32}a_{13} - a_{12}a_{33}) + a_{22}(a_{11}a_{33} - a_{31}a_{13}) + a_{23}(a_{31}a_{12} - a_{11}a_{32}) =$$

$$= a_{21} \cdot (-1) \begin{vmatrix} a_{12} & a_{13} \\ a_{32} & a_{33} \end{vmatrix} + a_{22} \cdot \begin{vmatrix} a_{11} & a_{13} \\ a_{31} & a_{33} \end{vmatrix} + a_{23} \cdot (-1) \begin{vmatrix} a_{11} & a_{12} \\ a_{31} & a_{32} \end{vmatrix} =$$

$$= a_{21}A_{21} + a_{22}A_{22} + a_{23}A_{23}$$

(∗) Puesto que queremos «desarrollar por los elementos de la 2.ª fila», sacamos factor común los elementos de dicha fila.

Ejercicios resueltos

1 *Calcular el determinante de la matriz*

$$A = \begin{pmatrix} 3 & 1 & 17 \\ 4 & 13 & -2 \\ 1 & -6 & -3 \end{pmatrix}$$

a) desarrollándolo por la 3.ª columna.

b) desarrollándolo por la 2.ª fila.

a) 3.ª columna: $|A| = 17 \cdot \begin{vmatrix} 4 & 13 \\ 1 & -6 \end{vmatrix} - (-2) \cdot \begin{vmatrix} 3 & 1 \\ 1 & -6 \end{vmatrix} + (-3) \cdot \begin{vmatrix} 3 & 1 \\ 4 & 13 \end{vmatrix} =$

$= 17 \cdot (-37) + 2 \cdot (-19) - 3 \cdot 35 = -772$

b) 2.ª fila: $|A| = -4 \cdot \begin{vmatrix} 1 & 17 \\ -6 & -3 \end{vmatrix} + 13 \cdot \begin{vmatrix} 3 & 17 \\ 1 & -3 \end{vmatrix} - (-2) \cdot \begin{vmatrix} 3 & 1 \\ 1 & -6 \end{vmatrix} =$

$= -4 \cdot 99 + 13 \cdot (-26) + 2 \cdot (-19) = -772$

Como es natural, en ambos casos se obtiene el mismo resultado.

2 *Calcular este determinante:*

$$\begin{vmatrix} 3 & 5 & -1 & 8 \\ 2 & 0 & 7 & 3 \\ 4 & 1 & 6 & -2 \\ 2 & 1 & 3 & 9 \end{vmatrix}$$

Lo vamos a calcular desarrollándolo por los elementos de una línea. Escogemos la segunda fila, pues, al tener un cero, nos ahorramos calcular el adjunto correspondiente (cero por algo es cero).

$$\begin{vmatrix} 3 & 5 & -1 & 8 \\ 2 & 0 & 7 & 3 \\ 4 & 1 & 6 & -2 \\ 2 & 1 & 3 & 9 \end{vmatrix} = -2 \cdot \begin{vmatrix} 5 & -1 & 8 \\ 1 & 6 & -2 \\ 1 & 3 & 9 \end{vmatrix} + 0 - 7 \cdot \begin{vmatrix} 3 & 5 & 8 \\ 4 & 1 & -2 \\ 2 & 1 & 9 \end{vmatrix} + 3 \cdot \begin{vmatrix} 3 & 5 & -1 \\ 4 & 1 & 6 \\ 2 & 1 & 3 \end{vmatrix} =$$

$$= -2 \cdot 287 - 7 \cdot (-151) + 3 \cdot (-11) = 450$$

3 *Calcular este determinante:*

$$|A| = \begin{vmatrix} 15 & 4 & 8 & 6 \\ 0 & 9 & 11 & 11 \\ 2 & 1 & 33 & 8 \\ 0 & 0 & 6 & 0 \end{vmatrix}$$

Si lo desarrollamos por los elementos de la cuarta fila, el proceso será muy cómodo porque todos sus elementos, salvo uno, son ceros.

$$|A| = -6 \cdot \begin{vmatrix} 15 & 4 & 6 \\ 0 & 9 & 11 \\ 2 & 1 & 8 \end{vmatrix} = -6 \cdot 895 = -5\,370$$

anayaeducacion.es Cálculo de determinantes por los elementos de una línea.

12. Si se suman los elementos de una fila (o columna) multiplicados por los respectivos adjuntos de otra paralela, el resultado es cero.

Por ejemplo, $a_{21}A_{31} + a_{22}A_{32} + a_{23}A_{33} = 0$

Demostración para este caso concreto

$$a_{21}A_{31} + a_{22}A_{32} + a_{23}A_{33} = a_{21}\begin{vmatrix} a_{12} & a_{13} \\ a_{22} & a_{23} \end{vmatrix} - a_{22}\begin{vmatrix} a_{11} & a_{13} \\ a_{21} & a_{23} \end{vmatrix} + a_{23}\begin{vmatrix} a_{11} & a_{12} \\ a_{21} & a_{22} \end{vmatrix} =$$

$$\overset{(*)}{=} \begin{vmatrix} a_{11} & a_{12} & a_{13} \\ a_{21} & a_{22} & a_{23} \\ a_{21} & a_{22} & a_{23} \end{vmatrix} \overset{(**)}{=} 0$$

(*) Esta igualdad se debe a que lo que hay arriba es el desarrollo del determinante de abajo según los elementos de la tercera fila.

(**) El determinante tiene dos filas iguales y, por tanto, es cero.

Ejercicio resuelto

1 *Dada la matriz*

$$M = \begin{pmatrix} 4 & 7 & -1 \\ 2 & 5 & 0 \\ 3 & -2 & 4 \end{pmatrix}$$

comprobar que si multiplicamos los elementos de la 2.ª columna respectivamente por los adjuntos de los elementos de la 1.ª columna y sumamos los resultados, la suma es cero.

Hallamos los adjuntos de los elementos de la 1.ª columna:

$$A_{11} = \begin{vmatrix} 5 & 0 \\ -2 & 4 \end{vmatrix} = 20; \quad A_{21} = (-1) \cdot \begin{vmatrix} 7 & -1 \\ -2 & 4 \end{vmatrix} = -26; \quad A_{31} = \begin{vmatrix} 7 & -1 \\ 5 & 0 \end{vmatrix} = 5$$

Efectuamos la suma que se nos pide:

$$a_{12} \cdot A_{11} + a_{22} \cdot A_{21} + a_{32} \cdot A_{31} = 7 \cdot 20 + 5 \cdot (-26) + (-2) \cdot 5 = 140 - 130 - 10 = 0$$

Efectivamente, el resultado es 0 como consecuencia de la propiedad **12**.

Piensa y practica

1 Calcula el siguiente determinante aplicando la regla de Sarrus y desarrollándolo por cada una de sus filas y cada una de sus columnas:

$$\begin{vmatrix} 3 & 7 & -1 \\ -5 & 2 & 6 \\ 9 & 8 & 4 \end{vmatrix}$$

Comprueba que se obtiene el mismo resultado en los siete casos.

2 Dada esta matriz:

$$\begin{pmatrix} 3 & 7 & -1 \\ -5 & 2 & 6 \\ 9 & 8 & 4 \end{pmatrix}$$

a) Halla la suma de los productos de cada elemento de la 1.ª fila por el correspondiente adjunto de la 3.ª fila.

b) Halla la suma de los productos de cada elemento de la 3.ª columna por el adjunto de los correspondientes elementos de la 2.ª columna.

c) Justifica por qué los dos resultados anteriores son cero.

3 Calcula los siguientes determinantes:

a) $\begin{vmatrix} 7 & 0 & -3 & 4 \\ 4 & 0 & 4 & 7 \\ 3 & 7 & 6 & 9 \\ 1 & 0 & 1 & 9 \end{vmatrix}$ b) $\begin{vmatrix} 3 & 1 & -1 & 3 \\ 1 & 4 & -1 & 4 \\ 0 & 3 & 2 & 5 \\ 2 & 0 & 0 & 2 \end{vmatrix}$

c) $\begin{vmatrix} 0 & 0 & 3 & 4 \\ 1 & 1 & 1 & 0 \\ 2 & 0 & 3 & 5 \\ 0 & 2 & 0 & 1 \end{vmatrix}$ d) $\begin{vmatrix} 3 & -1 & 4 & 0 \\ 5 & 6 & 2 & 0 \\ 0 & 1 & 3 & 0 \\ 8 & 6 & 7 & 1 \end{vmatrix}$

anayaeducacion.es Cálculo de determinantes de orden 4.

6 MÉTODO PARA CALCULAR DETERMINANTES DE ORDEN CUALQUIERA

Como hemos visto, para calcular un determinante de orden grande resulta muy ventajoso que tenga alguna fila con varios ceros, cuantos más, mejor. Pero ¿y si no los tiene? En tal caso, «los fabricamos». La idea para generar ceros es muy similar a la que se utiliza para hallar el rango de una matriz, que a su vez es similar a la que utilizamos el curso pasado para resolver un sistema de ecuaciones por el método de Gauss. Aquí, en los determinantes, aplicaremos la propiedad **8** simplificada: *Si a una línea le sumamos el producto de una paralela multiplicada por un número, su determinante no varía.*

anayaeducacion.es
Cálculo de determinantes de orden 5.

Ejercicio resuelto

1 *Calcular los siguientes determinantes haciendo ceros en alguna línea:*

a) $\begin{vmatrix} 7 & 4 & 1 & 9 \\ 2 & 0 & 6 & 3 \\ 5 & 1 & 6 & 11 \\ -1 & 7 & 2 & 8 \end{vmatrix}$

b) $\begin{vmatrix} 1 & 3 & -5 & 2 & 0 \\ 4 & 1 & 2 & -1 & -1 \\ 3 & 5 & 0 & -1 & 2 \\ 1 & 1 & 3 & 1 & 0 \\ 4 & 0 & 5 & 1 & 3 \end{vmatrix}$

a) Vamos a desarrollar el determinante por los elementos de la 2.ª columna porque ya *hay un cero* y, lo que es más importante, *hay un uno* que facilita «hacer más ceros».

FILAS

$$\begin{vmatrix} 7 & 4 & 1 & 9 \\ 2 & 0 & 6 & 3 \\ 5 & 1 & 6 & 11 \\ -1 & 7 & 2 & 8 \end{vmatrix} \begin{matrix} (1.^a) - 4 \cdot (3.^a) \\ (2.^a) \\ (3.^a) \\ (4.^a) - 7 \cdot (3.^a) \end{matrix} = \begin{vmatrix} -13 & 0 & -23 & -35 \\ 2 & 0 & 6 & 3 \\ 5 & 1 & 6 & 11 \\ -36 & 0 & -40 & -69 \end{vmatrix} =$$

$$= (-1)^{3+2} \cdot 1 \cdot \begin{vmatrix} -13 & -23 & -35 \\ 2 & 6 & 3 \\ -36 & -40 & -69 \end{vmatrix} = 1\,628$$

b)

FILAS

$$\begin{vmatrix} 1 & 3 & -5 & 2 & 0 \\ 4 & 1 & 2 & -1 & -1 \\ 3 & 5 & 0 & -1 & 2 \\ 1 & 1 & 3 & 1 & 0 \\ 4 & 0 & 5 & 1 & 3 \end{vmatrix} \begin{matrix} (1.^a) \\ (2.^a) \\ (3.^a) + 2 \cdot (2.^a) \\ (4.^a) \\ (5.^a) + 3 \cdot (2.^a) \end{matrix} = \begin{vmatrix} 1 & 3 & -5 & 2 & 0 \\ 4 & 1 & 2 & -1 & -1 \\ 11 & 7 & 4 & -3 & 0 \\ 1 & 1 & 3 & 1 & 0 \\ 16 & 3 & 11 & -2 & 0 \end{vmatrix} =$$

FILAS

$$= (-1)^{2+5} \cdot (-1) \cdot \begin{vmatrix} 1 & 3 & -5 & 2 \\ 11 & 7 & 4 & -3 \\ 1 & 1 & 3 & 1 \\ 16 & 3 & 11 & -2 \end{vmatrix} \begin{matrix} (1.^a) + (4.^a) \\ (2.^a) + 3 \cdot (3.^a) \\ (3.^a) \\ (4.^a) + 2 \cdot (3.^a) \end{matrix} = \begin{vmatrix} 17 & 6 & 6 & 0 \\ 14 & 10 & 13 & 0 \\ 1 & 1 & 3 & 1 \\ 18 & 5 & 17 & 0 \end{vmatrix} =$$

COLUMNAS / COLUMNAS

$$= (-1) \cdot \begin{vmatrix} 17 & 6 & 6 \\ 14 & 10 & 13 \\ 18 & 5 & 17 \end{vmatrix} \begin{matrix} (1.^a) - 3 \cdot (2.^a)^{(*)} \\ (2.^a) \\ (3.^a) - (2.^a) \end{matrix} = -\begin{vmatrix} \boxtimes 1 & 6 & 0 \\ \boxtimes 16 & 10 & 3 \\ 3 & 5 & 1\boxtimes \end{vmatrix} \begin{matrix} (1.^a) \\ (2.^a) + 6 \cdot (1.^a) \\ (3.^a) \end{matrix} =$$

$$= -\begin{vmatrix} \boxtimes 1 & 0 & 0 \\ \boxtimes 16 & \boxtimes 86 & 3 \\ 3 & \boxtimes 3 & 1\boxtimes \end{vmatrix} \boxtimes \begin{vmatrix} \boxtimes 86 & 3 \\ \boxtimes 3 & 1\boxtimes \end{vmatrix} = -1\,101$$

(*) Este paso se da para conseguir un –1 que sirve de base para «fabricar ceros». Ya vemos que en determinantes 3×3 también puede convenir «hacer ceros».

Piensa y practica

1 Calcula los siguientes determinantes:

a) $\begin{vmatrix} 4 & 2 & 7 & 1 \\ 2 & -5 & 3 & 6 \\ 2 & 0 & 4 & -3 \\ 6 & 2 & 8 & 0 \end{vmatrix}$

b) $\begin{vmatrix} 3 & -5 & 2 & 2 \\ 4 & 7 & 8 & 27 \\ 1 & 5 & 3 & 12 \\ 5 & 1 & 0 & 6 \end{vmatrix}$

c) $\begin{vmatrix} 1 & 2 & 0 & 3 & 4 \\ 0 & 0 & 1 & -1 & 3 \\ 1 & 0 & -1 & 2 & 1 \\ 3 & 1 & 0 & 0 & 1 \\ -2 & -3 & -1 & 0 & 2 \end{vmatrix}$

d) $\begin{vmatrix} 0 & 0 & 1 & 2 \\ 3 & 0 & 1 & 0 \\ -2 & 1 & 0 & 3 \\ 0 & -4 & 2 & 1 \end{vmatrix}$

7
EL RANGO DE UNA MATRIZ A PARTIR DE SUS MENORES

Según vimos en la unidad anterior, el rango de una matriz es el número de filas (o de columnas) linealmente independientes. Esta definición permite averiguar rangos mediante el método de Gauss.

Ahora pretendemos utilizar los determinantes para el cálculo de rangos. Para ello, recordemos la propiedad **9**:

La condición necesaria y suficiente para que el determinante de una matriz cuadrada sea cero es que sus filas (o columnas) sean linealmente dependientes, esto es, que alguna de ellas se pueda poner como combinación lineal de las otras. Es decir:

$|A| = 0 \Leftrightarrow$ las filas de A son **linealmente dependientes**

o bien:

$|A| \neq 0 \Leftrightarrow$ las filas de A son **linealmente independientes**

James Joseph Sylvester (1814-1814) contribuyó notablemente a la teoría de determinantes.

Esta propiedad nos proporciona una nueva definición de rango de una matriz:

Rango de una matriz es el máximo orden de sus menores no nulos.

- Por ejemplo: $A = \begin{pmatrix} \mathbf{1} & \mathbf{-5} & -3 & \mathbf{0} & 6 \\ \mathbf{3} & \mathbf{0} & -1 & \mathbf{6} & -2 \\ \mathbf{2} & \mathbf{5} & 2 & \mathbf{-1} & 9 \\ 1 & 10 & 5 & -15 & 37 \end{pmatrix}$

El determinante de la submatriz señalada en rojo vale –105 (compruébalo). Por ser distinto de 0, podemos asegurar que sus tres filas son L.I. Por tanto, también son L.I. las tres primeras filas de A, con lo que el rango de A es, al menos, 3 $[ran(A) \geq 3]$.

En A hay cinco menores de orden 4 (número de combinaciones de 5 columnas tomadas de 4 en 4). Pero los cinco son nulos. Eso significa que la cuarta fila de A depende linealmente de las tres primeras. El rango de A no es 4. Por tanto, $ran(A) = 3$, que es el orden del menor señalado en negrita, pues los menores de orden superior son todos nulos.

- Otro ejemplo: $A = \begin{pmatrix} \mathbf{1} & \mathbf{3} & 0 & 5 & 4 & 8 \\ \mathbf{0} & \mathbf{5} & 1 & 6 & 2 & 9 \\ 1 & 8 & 1 & 11 & 6 & 17 \\ 1 & -2 & -1 & -1 & 2 & -1 \\ 2 & 6 & 0 & 10 & 8 & 16 \end{pmatrix}$

El determinante de la matriz $\begin{pmatrix} 1 & 3 \\ 0 & 5 \end{pmatrix}$ es distinto de cero. Por tanto, las dos primeras filas son linealmente independientes.

Si calculáramos los menores de orden tres, veríamos que todos ellos son cero. Por tanto, también son cero los de orden cuatro y los de orden cinco. El rango de la matriz es 2.

Si tenemos en cuenta que en esta matriz hay 200 menores de orden 3, la tarea de calcularlos todos sería inmensa. En la página siguiente verás un método para hallar el rango de una matriz de forma simplificada.

■ Método para hallar el rango de una matriz a partir de sus menores

La cantidad de «menores» que tiene una matriz es enorme. Como curiosidad, digamos que una matriz 4×5 tiene 60 menores de orden 2, 40 de orden 3 y 5 de orden 4. No cabe pensar en calcularlos todos para hallar su rango. El método que describimos a continuación, mediante un ejemplo, nos permite hallar el rango de una matriz con razonable rapidez.

anayaeducacion.es
Ampliación práctica con ejercicios para calcular el rango de una matriz dependiente de un parámetro.

Ejercicio resuelto

1 *Calcular el rango de la siguiente matriz:*

$$A = \begin{pmatrix} -1 & 3 & 0 & 1 & 2 \\ 0 & 5 & 1 & 2 & 3 \\ -3 & -1 & -2 & -1 & 0 \\ 3 & 11 & 4 & 5 & 6 \end{pmatrix}$$

Empezamos por destacar un menor de orden dos no nulo (esto se puede hacer a ojo). Procuramos que sea lo más sencillo posible, pues va a formar parte de muchos determinantes de orden superior que habremos de calcular más adelante.

$$\begin{pmatrix} \mathbf{-1} & 3 & \mathbf{0} & 1 & 2 \\ \mathbf{0} & 5 & \mathbf{1} & 2 & 3 \\ -3 & -1 & -2 & -1 & 0 \\ 3 & 11 & 4 & 5 & 6 \end{pmatrix}$$

El hecho de que $\begin{vmatrix} -1 & 0 \\ 0 & 1 \end{vmatrix} \neq 0$ nos asegura que las dos primeras filas de A son L.I.

Veamos si la tercera fila depende linealmente de ellas. Para ello, añadimos los dos nuevos elementos, –3 y –2, y calculamos todos los menores de orden 3 en que intervengan esas dos columnas, por si algunno de ellos es distinto de cero:

$$\begin{vmatrix} -1 & 3 & 0 \\ 0 & 5 & 1 \\ -3 & -1 & -2 \end{vmatrix} = 0 \qquad \begin{vmatrix} -1 & 0 & 1 \\ 0 & 1 & 2 \\ -3 & -2 & -1 \end{vmatrix} = 0 \qquad \begin{vmatrix} -1 & 0 & 2 \\ 0 & 1 & 3 \\ -3 & -2 & 0 \end{vmatrix} = 0$$

Al ser cero todos ellos, se deduce que **la tercera fila es combinación lineal de las dos primeras.**

(Si alguno de estos tres menores fuera no nulo, la tercera fila sería L.I. de las dos primeras. Tomaríamos como base ese menor de orden 3 y ampliaríamos las tres columnas con los elementos correspondientes de la cuarta fila. Obtendríamos así tres columnas de cuatro elementos. Añadiendo otra columna, probaríamos si alguno de los menores de orden 4 era no nulo).

Ahora haremos con la cuarta fila lo mismo que hemos hecho con la tercera. Los tres menores de orden 3 que así se obtienen son cero. Por tanto, **la cuarta fila es,** también, **combinación lineal de las dos primeras.**

El rango de la matriz es dos (máximo orden de un menor no nulo o, lo que es lo mismo, máximo número de filas L.I.).

Piensa y practica

1 Calcula el rango de las siguientes matrices:

$$A = \begin{pmatrix} 1 & 2 & 3 & 0 & -1 & 4 \\ 3 & -1 & 0 & 1 & 1 & 2 \\ 4 & 1 & 3 & 1 & 0 & 6 \\ 7 & 0 & 3 & 2 & 1 & 8 \end{pmatrix} \qquad B = \begin{pmatrix} 4 & 2 & 1 & 5 & 3 \\ 2 & 3 & 2 & 6 & 5 \\ 6 & 5 & 3 & 12 & 8 \\ 12 & 10 & 6 & 23 & 16 \end{pmatrix}$$

$$C = \begin{pmatrix} 1 & 0 & 0 & 1 & -1 \\ 1 & -1 & 2 & 1 & 0 \\ 0 & 0 & 0 & 0 & 1 \\ 1 & 1 & 0 & 0 & 0 \end{pmatrix} \qquad D = \begin{pmatrix} 2 & 1 & 0 & -1 \\ 5 & 1 & -3 & -7 \\ 7 & 2 & -3 & -8 \\ 1 & 0 & 2 & 2 \end{pmatrix}$$

anayaeducacion.es Cálculo del rango de una matriz.

8 OTRO MÉTODO PARA OBTENER LA INVERSA DE UNA MATRIZ

En la unidad anterior hemos aprendido a obtener la inversa de una matriz por el **método de Gauss**. El conocimiento de los determinantes y sus propiedades nos permite diseñar otra forma de obtenerla.

Para que una matriz cuadrada, $A = (a_{ij})$, sea regular, es decir, para que tenga inversa, es necesario y suficiente que su determinante sea no nulo, $|A| \neq 0$.

En tal caso, $\boldsymbol{A^{-1} = \frac{1}{|A|} \cdot (A_{ij})^t = \frac{1}{|A|} \cdot (A_{ji})}$.

Es decir:

$$A = \begin{pmatrix} a_{11} & a_{12} & a_{13} & \dots & a_{1n} \\ a_{21} & a_{22} & a_{23} & \dots & a_{2n} \\ a_{31} & a_{32} & a_{33} & \dots & a_{3n} \\ \dots & \dots & \dots & \dots & \dots \\ a_{n1} & a_{n2} & a_{n3} & \dots & a_{nn} \end{pmatrix} = (a_{ij}) \to A^{-1} = \frac{1}{|A|} \begin{pmatrix} A_{11} & A_{21} & A_{31} & \dots & A_{n1} \\ A_{12} & A_{22} & A_{32} & \dots & A_{n2} \\ A_{13} & A_{23} & A_{33} & \dots & A_{n3} \\ \dots & \dots & \dots & \dots & \dots \\ A_{1n} & A_{2n} & A_{3n} & \dots & A_{nn} \end{pmatrix} = \frac{1}{|A|} \cdot (A_{ji})$$

Fíjate

A_{ij} es el adjunto del elemento a_{ij}.

Observa que en A^{-1} aparece la matriz **traspuesta** de la que resulta de sustituir cada elemento por su adjunto. Por eso hemos puesto (A_{ji}).

Para demostrar que la matriz así definida es la inversa de A, efectuemos el producto $A \cdot A^{-1} = (p_{ij})$ y comprobemos que es la matriz unidad, es decir, que cada elemento de la diagonal principal, p_{ii}, es un uno y que los restantes elementos son ceros. Para comprobarlo, calculemos p_{22} y p_{23}:

- $$p_{22} = \frac{1}{|A|}(a_{21} \; a_{22} \; a_{23} \; \dots \; a_{2n}) \begin{pmatrix} A_{21} \\ A_{22} \\ A_{23} \\ \dots \\ A_{2n} \end{pmatrix} =$$

$$= \frac{1}{|A|}(a_{21}A_{21} + a_{22}A_{22} + a_{23}A_{23} + \dots + a_{2n}A_{2n}) \overset{(*)}{=} \frac{1}{|A|} \cdot |A| = 1$$

El mismo resultado se obtiene para cualquier otro elemento de la diagonal principal: $p_{ii} = 1$

(*) Propiedad 11

La suma de los productos de los elementos de una fila por sus respectivos adjuntos es $|A|$.

- $$p_{32} = \frac{1}{|A|}(a_{31} \; a_{32} \; a_{33} \; \dots \; a_{3n}) \begin{pmatrix} A_{21} \\ A_{22} \\ A_{23} \\ \dots \\ A_{2n} \end{pmatrix} =$$

$$= \frac{1}{|A|}(a_{31}A_{21} + a_{32}A_{22} + a_{33}A_{23} + \dots + a_{3n}A_{2n}) \overset{(**)}{=} \frac{1}{|A|} \cdot 0 = 0$$

Y, en general, si $i \neq j$, $p_{ij} = 0$.

(**) Propiedad 12

La suma de los productos de los elementos de una fila por los respectivos adjuntos de una paralela es 0.

- Hemos probado así que:

$$A \cdot A^{-1} = I_n \text{ (matriz unidad de dimensión } n)$$

¡ATENCIÓN! Hemos afirmado que la inversa de una matriz regular $A = (a_{ij})$ es $\frac{1}{|A|} \cdot (A_{ji})$. Y hemos comprobado, multiplicando ambas matrices, que efectivamente lo es. No obstante, debemos preguntarnos cómo hemos llegado a esa matriz. Para obtenerla constructivamente necesitamos unas herramientas que aprenderemos en la próxima unidad. Allí lo haremos.

Regla práctica para calcular la inversa de una matriz

Para hallar la inversa de una matriz, sugerimos que se realicen los siguientes pasos:

$$|A| \neq 0;\ (a_{ij}) \xrightarrow{(1)} (\alpha_{ij}) \xrightarrow{(2)} (A_{ij}) \xrightarrow{(3)} (A_{ji}) \xrightarrow{(4)} A^{-1} = \frac{1}{|A|}(A_{ji}) = \left(\frac{A_{ji}}{|A|}\right)$$

Hallamos $|A|$ y solo si es no nulo seguimos adelante.

(1) Formamos una nueva matriz con los menores complementarios de cada elemento.

(2) Cambiamos el signo alternativamente para obtener los adjuntos.

(3) Trasponemos la matriz $(A_{ij})^t = (A_{ji})$.

(4) Dividimos cada elemento por $|A|$. Si no son divisibles, es más cómodo sacar factor común $\frac{1}{|A|}$.

Recuerda

$$A_{ij} = (-1)^{i+j} \cdot \alpha_{ij}$$

La inversa de una matriz 2 × 2

La inversa de $A = \begin{pmatrix} a_{11} & a_{12} \\ a_{21} & a_{22} \end{pmatrix}$ es especialmente sencilla:

$$A^{-1} = \frac{1}{|A|}\begin{pmatrix} a_{22} & -a_{12} \\ -a_{21} & a_{11} \end{pmatrix}$$

Ejercicios resueltos

1 *Calcular la inversa de la siguiente matriz:*

$$A = \begin{pmatrix} 3 & 0 & 1 \\ 0 & 2 & 0 \\ 4 & 2 & 1 \end{pmatrix}$$

$|A| = -2$. Como $|A| \neq 0$, la matriz A tiene inversa.

(1) $(\alpha_{ij}) = \begin{pmatrix} 2 & 0 & -8 \\ -2 & -1 & 6 \\ -2 & 0 & 6 \end{pmatrix}$ Cada α_{ij} es el menor complementario de a_{ij}. Por ejemplo: $\alpha_{21} = \begin{vmatrix} 0 & 1 \\ 2 & 1 \end{vmatrix} = -2$.

(2) $(A_{ij}) = \begin{pmatrix} 2 & \textcircled{0} & -8 \\ \textcircled{2} & -1 & \textcircled{-6} \\ -2 & \textcircled{0} & 6 \end{pmatrix}$ Para hallar los adjuntos hemos cambiado el signo a los cuatro elementos señalados.

(3) $(A_{ji}) = (A_{ij})^t = \begin{pmatrix} 2 & 2 & -2 \\ 0 & -1 & 0 \\ -8 & -6 & 6 \end{pmatrix}$ Es la traspuesta de la matriz anterior.

(4) $A^{-1} = \begin{pmatrix} -1 & -1 & 1 \\ 0 & 1/2 & 0 \\ 4 & 3 & -3 \end{pmatrix}$ Hemos dividido por $|A| = -2$ cada uno de los elementos de la matriz (A_{ji}).

2 *Calcular la inversa de esta matriz:*

$$A = \begin{pmatrix} 1 & 0 & -1 \\ 0 & 2 & 3 \\ 1 & -1 & 1 \end{pmatrix}$$

Calculamos su determinante: $|A| = 7$

$$\begin{pmatrix} 1 & 0 & -1 \\ 0 & 2 & 3 \\ 1 & -1 & 1 \end{pmatrix} \xrightarrow{(1)} \begin{pmatrix} 5 & -3 & -2 \\ -1 & 2 & -1 \\ 2 & 3 & 2 \end{pmatrix} \xrightarrow{(2)} \begin{pmatrix} 5 & 3 & -2 \\ 1 & 2 & 1 \\ 2 & -3 & 2 \end{pmatrix} \xrightarrow{(3)} \begin{pmatrix} 5 & 1 & 2 \\ 3 & 2 & -3 \\ -2 & 1 & 2 \end{pmatrix} \xrightarrow{(4)} A^{-1} = \frac{1}{7}\begin{pmatrix} 5 & 1 & 2 \\ 3 & 2 & -3 \\ -2 & 1 & 2 \end{pmatrix}$$

3 *Hallar la inversa de esta matriz:*

$$A = \begin{pmatrix} 5 & -1 \\ 4 & 3 \end{pmatrix}$$

$|A| = 19$; $A^{-1} = \frac{1}{19}\begin{pmatrix} 3 & 1 \\ -4 & 5 \end{pmatrix}$

Comprobación: $\frac{1}{19}\begin{pmatrix} 3 & 1 \\ -4 & 5 \end{pmatrix} \cdot \begin{pmatrix} 5 & -1 \\ 4 & 3 \end{pmatrix} = \frac{1}{19}\begin{pmatrix} 19 & 0 \\ 0 & 19 \end{pmatrix} = \begin{pmatrix} 1 & 0 \\ 0 & 1 \end{pmatrix}$

Piensa y practica

1 Calcula la inversa de cada una de las siguientes matrices:

$$A = \begin{pmatrix} 1 & -1 & -1 \\ -1 & 0 & 3 \\ -2 & 5 & -3 \end{pmatrix} \qquad B = \begin{pmatrix} 2 & -1 \\ 1 & -2 \end{pmatrix}$$

2 Calcula la inversa de estas matrices:

$$A = \begin{pmatrix} 1 & -2 & -3 & -1 \\ 0 & 1 & 2 & 0 \\ 0 & 2 & 3 & 1 \\ 3 & -2 & 0 & 1 \end{pmatrix} \qquad B = \begin{pmatrix} 1 & 1 & 0 & 0 \\ 0 & 1 & 1 & 0 \\ 0 & 0 & 1 & 1 \\ 0 & 0 & 0 & 1 \end{pmatrix}$$

anayaeducacion.es Cálculo de la inversa de una matriz.

EJERCICIOS Y PROBLEMAS RESUELTOS

1. Cálculo de un determinante de orden 4

Hallar, en función de a, el valor del siguiente determinante:

$$\begin{vmatrix} a+1 & a & a & a \\ a & a+1 & a & a \\ a & a & a+1 & a \\ a & a & a & a+1 \end{vmatrix}$$

$$\begin{vmatrix} a+1 & a & a & a \\ a & a+1 & a & a \\ a & a & a+1 & a \\ a & a & a & a+1 \end{vmatrix} \overset{(1)}{=} \begin{vmatrix} 4a+1 & a & a & a \\ 4a+1 & a+1 & a & a \\ 4a+1 & a & a+1 & a \\ 4a+1 & a & a & a+1 \end{vmatrix} \overset{(2)}{=}$$

$$= (4a+1)\begin{vmatrix} 1 & a & a & a \\ 1 & a+1 & a & a \\ 1 & a & a+1 & a \\ 1 & a & a & a+1 \end{vmatrix} = \begin{matrix} \text{FILAS} \\ (1.^a) \\ (2.^a)-(1.^a) \\ (3.^a)-(1.^a) \\ (4.^a)-(1.^a) \end{matrix} \; (4a+1)\begin{vmatrix} 1 & a & a & a \\ 0 & 1 & 0 & 0 \\ 0 & 0 & 1 & 0 \\ 0 & 0 & 0 & 1 \end{vmatrix} \overset{(3)}{=}$$

$$= (4a+1)\begin{vmatrix} 1 & 0 & 0 \\ 0 & 1 & 0 \\ 0 & 0 & 1 \end{vmatrix} = (4a+1)\cdot 1 = 4a+1$$

(1) Sumamos las columnas 2.ª, 3.ª y 4.ª a la primera.

(2) Sacamos factor común $4a + 1$, de la 1.ª columna.

(3) Al desarrollar por la 1.ª columna, el valor del último determinante es igual al producto de los elementos de la diagonal principal por corresponder a una matriz triangular.

Hazlo tú

Calcula el valor de este determinante en función del parámetro a:

$$\begin{vmatrix} a & 1 & 1 & 1 \\ 1 & a & 1 & 1 \\ 1 & 1 & a & 1 \\ 1 & 1 & 1 & a \end{vmatrix}$$

2. Propiedades de los determinantes

Aplicar las propiedades de los determinantes para demostrar la siguiente igualdad:

$$|A| = \begin{vmatrix} a^2 & ab & ab \\ ab & a^2 & b^2 \\ ab & b^2 & a^2 \end{vmatrix} = a^2(a^2-b^2)^2$$

La primera fila y la primera columna son múltiplos de a:

$$|A| = a\begin{vmatrix} a & ab & ab \\ b & a^2 & b^2 \\ b & b^2 & a^2 \end{vmatrix} = a^2\begin{vmatrix} 1 & b & b \\ b & a^2 & b^2 \\ b & b^2 & a^2 \end{vmatrix} \begin{matrix} \text{FILAS} \\ (1.^a) \\ (2.^a)-b(1.^a) \\ (3.^a)-b(1.^a) \end{matrix} = a^2\begin{vmatrix} 1 & b & b \\ 0 & a^2-b^2 & 0 \\ 0 & 0 & a^2-b^2 \end{vmatrix} =$$

$$= a^2(a^2-b^2)^2$$

Hazlo tú Si $\begin{vmatrix} a & b & c \\ p & q & r \\ x & y & z \end{vmatrix} = 7$, calcula el valor de estos determinantes sin desarrollarlos:

a) $\begin{vmatrix} a+2x & b+2y & c+2z \\ p & q & r \\ 2x+p & 2y+q & 2z+r \end{vmatrix}$ b) $\begin{vmatrix} -b & c+b & 5a \\ -q & r+q & 5p \\ -y & z+y & 5x \end{vmatrix}$

3. Resolver una ecuación

Hallar el valor de x para el cual $|2B| = 160$ siendo B la matriz:

$$B = \begin{pmatrix} x & 3 & 1 \\ x+1 & 4 & 2 \\ x & 2-x^2 & 1 \end{pmatrix}$$

La matriz $2B$ se obtiene multiplicando por 2 todos los elementos de B. Por tanto, como todas las filas estarán multiplicadas por 2, se verifica que:

$$|2B| = 2\cdot 2\cdot 2\,|B| = 160 \rightarrow |B| = 20$$

$$|B| = \begin{vmatrix} x & 3 & 1 \\ x+1 & 4 & 2 \\ x & 2-x^2 & 1 \end{vmatrix} \begin{matrix} \text{FILAS} \\ (1.^a) \\ (2.^a)-(1.^a) \\ (3.^a)-(1.^a) \end{matrix} = \begin{vmatrix} x & 3 & 1 \\ 1 & 1 & 1 \\ 0 & -x^2-1 & 0 \end{vmatrix} \begin{matrix} \text{COLUMNAS} \\ (1.^a)-(3.^a) \\ (2.^a) \\ (3.^a) \end{matrix} =$$

$$= \begin{vmatrix} x-1 & 3 & 1 \\ 0 & 1 & 1 \\ 0 & -x^2-1 & 0 \end{vmatrix} = -(x-1)(-x^2-1) = 20 \rightarrow x^3-x^2+x-21 = 0 \rightarrow$$

$$\rightarrow (x-3)(x^2+2x+7) = 0 \rightarrow x = 3$$

Para $x = 3$, se cumple que $|2B| = 160$.

Hazlo tú

Resuelve la ecuación:

$$\begin{vmatrix} x & -1 & -2x \\ -2x & -x & 1+x \\ 1 & 2x & 0 \end{vmatrix} = 0$$

4. Deducir el valor de un determinante a partir de otro

Si $\begin{vmatrix} 1 & 1 & 1 \\ a & b & c \\ a^2 & b^2 & c^2 \end{vmatrix} = 2$, *hallar:*

a) $\begin{vmatrix} a-1 & b-1 & c-1 \\ a^2-1 & b^2-1 & c^2-1 \\ 5 & 5 & 5 \end{vmatrix}$

b) $\begin{vmatrix} (a+1)^2 & (b+1)^2 & (c+1)^2 \\ a & b & c \\ a^2 & b^2 & c^2 \end{vmatrix}$

a) $\begin{vmatrix} a-1 & b-1 & c-1 \\ a^2-1 & b^2-1 & c^2-1 \\ 5 & 5 & 5 \end{vmatrix} \overset{(1)}{=} 5\begin{vmatrix} a-1 & b-1 & c-1 \\ a^2-1 & b^2-1 & c^2-1 \\ 1 & 1 & 1 \end{vmatrix} \overset{(2)}{=} 5\begin{vmatrix} a & b & c \\ a^2 & b^2 & c^2 \\ 1 & 1 & 1 \end{vmatrix} \overset{(3)}{=}$

$\overset{(3)}{=} 5\begin{vmatrix} 1 & 1 & 1 \\ a & b & c \\ a^2 & b^2 & c^2 \end{vmatrix} = 5 \cdot 2 = 10$

(1) Sacamos el 5 como factor común.

(2) Sumamos la tercera fila a las otras dos.

(3) Hacemos dos permutaciones de las filas. El determinante no cambia de signo.

b) $\begin{vmatrix} (a+1)^2 & (b+1)^2 & (c-1)^2 \\ a & b & c \\ a^2 & b^2 & c^2 \end{vmatrix} \overset{(1)}{=} \begin{vmatrix} a^2+2a+1 & b^2+2b+1 & c^2+2c+1 \\ a & b & c \\ a^2 & b^2 & c^2 \end{vmatrix} \overset{(2)}{=}$

$\overset{(2)}{=} \begin{vmatrix} 1 & 1 & 1 \\ a & b & c \\ a^2 & b^2 & c^2 \end{vmatrix} = 2$

(1) Desarrollamos el cuadrado de la suma en cada elemento de la 1.ª fila.

(2) Restamos a la 1.ª fila el doble de la 2.ª fila más la 3.ª.

Hazlo tú

Sabiendo que $|A| = 1$, halla $|B|$.

$A = \begin{pmatrix} a & b & c \\ d & e & f \\ g & h & k \end{pmatrix}$ $B = \begin{pmatrix} 2g & a & a-d \\ 2h & b & b-e \\ 2k & c & c-f \end{pmatrix}$

5. Rango de una matriz dependiente de un parámetro. Ecuación matricial

Dadas estas matrices

$A = \begin{pmatrix} 1 \\ -1 \\ 0 \end{pmatrix}$ $B = \begin{pmatrix} 1 \\ 1 \\ 1 \end{pmatrix}$

a) Estudiar según los valores del parámetro k el rango de esta matriz:

$A \cdot B^t + kI$

b) Calcular la matriz X que verifica $A \cdot B^t \cdot X - X = 2I$.

a) Calculamos $A \cdot B^t = \begin{pmatrix} 1 \\ -1 \\ 0 \end{pmatrix} \cdot \begin{pmatrix} 1 & 1 & 1 \end{pmatrix} = \begin{pmatrix} 1 & 1 & 1 \\ -1 & -1 & -1 \\ 0 & 0 & 0 \end{pmatrix}$

$A \cdot B^t + kI = \begin{pmatrix} 1 & 1 & 1 \\ -1 & -1 & -1 \\ 0 & 0 & 0 \end{pmatrix} + \begin{pmatrix} k & 0 & 0 \\ 0 & k & 0 \\ 0 & 0 & k \end{pmatrix} = \begin{pmatrix} 1+k & 1 & 1 \\ -1 & -1+k & -1 \\ 0 & 0 & k \end{pmatrix}$

Para estudiar su rango, hallamos $\begin{vmatrix} 1+k & 1 & 1 \\ -1 & -1+k & -1 \\ 0 & 0 & k \end{vmatrix} = k\begin{vmatrix} 1+k & 1 \\ -1 & -1+k \end{vmatrix} = k^3$

Si $k \neq 0$, el rango de $A \cdot B^t + kI$ es 3. Si $k = 0$, el rango es 1.

b) Para despejar X sacamos factor común $(A \cdot B^t - I) \cdot X = 2I$ y multiplicamos por la izquierda los dos miembros por $(A \cdot B^t - I)^{-1}$. La matriz $(A \cdot B^t - I)$ es como la del apartado a), con $k = -1$. Podemos asegurar que su rango es 3, que es invertible, y calcular su matriz inversa.

$(A \cdot B^t - I) \cdot X = 2I \rightarrow X = (A \cdot B^t - I)^{-1}\, 2I$

Calculamos $(A \cdot B^t - I)^{-1} \rightarrow \begin{pmatrix} 0 & 1 & 1 \\ -1 & -2 & -1 \\ 0 & 0 & -1 \end{pmatrix}^{-1} = \begin{pmatrix} -2 & -1 & -1 \\ 1 & 0 & 1 \\ 0 & 0 & -1 \end{pmatrix}$

Por tanto, $X = \begin{pmatrix} -2 & -1 & -1 \\ 1 & 0 & 1 \\ 0 & 0 & -1 \end{pmatrix}\begin{pmatrix} 2 & 0 & 0 \\ 0 & 2 & 0 \\ 0 & 0 & 2 \end{pmatrix} = \begin{pmatrix} -4 & -2 & -2 \\ 2 & 0 & 2 \\ 0 & 0 & -2 \end{pmatrix}$

Hazlo tú

Dadas estas matrices:

$A = \begin{pmatrix} 1 & -1 & 1 \\ 0 & 1 & 1 \\ 0 & 0 & 1 \end{pmatrix}$ $B = \begin{pmatrix} -2 \\ 1 \\ -1 \end{pmatrix}$

$C = \begin{pmatrix} -1 & 1 & 3 \end{pmatrix}$

Halla la matriz X tal que $AX = BC$.

6. Demostrar una igualdad

Demostrar que si $A = \begin{pmatrix} a & b \\ c & d \end{pmatrix}$, *se verifica:*

$$A^2 - (a + d)A + |A|I = \mathbf{0}$$

donde I *es la matriz unidad de orden 2 y* $\mathbf{0}$ *es la matriz nula de orden 2.*

Hazlo tú

Demuestra que existe una matriz cuadrada A, de orden 2, simétrica y con $|A| = -7$ que verifica:

$$A\begin{pmatrix} 2 & 6 \\ -1 & -3 \end{pmatrix} = \begin{pmatrix} -4 & -12 \\ 1 & 3 \end{pmatrix}$$

$$A^2 = \begin{pmatrix} a & b \\ c & d \end{pmatrix} \cdot \begin{pmatrix} a & b \\ c & d \end{pmatrix} = \begin{pmatrix} a^2 + bc & ab + bd \\ ca + dc & cb + d^2 \end{pmatrix}$$

$$(a + d)A = (a + d)\begin{pmatrix} a & b \\ c & d \end{pmatrix} = \begin{pmatrix} a^2 + da & ab + db \\ ac + dc & ad + d^2 \end{pmatrix}$$

$$|A|I = (ad - bc)\begin{pmatrix} 1 & 0 \\ 0 & 1 \end{pmatrix} = \begin{pmatrix} ad - bc & 0 \\ 0 & ad - bc \end{pmatrix}$$

$$A^2 - (a + d)A + |A|I =$$

$$= \begin{pmatrix} a^2 + bc - a^2 - da + ad - bc & ab + bd - ab - db \\ ca + dc - ac - dc & cb + d^2 - ad - d^2 + ad - bc \end{pmatrix} = \begin{pmatrix} 0 & 0 \\ 0 & 0 \end{pmatrix}$$

7. Estudio del rango de una matriz que depende de un parámetro

Estudiar el rango de las matrices M *y* N *según los valores de* a:

a) $M = \begin{pmatrix} 1 & 0 & -2 & 3 & 1 \\ 2 & -1 & 3 & 0 & 2 \\ 4 & a & -1 & 6 & 4 \end{pmatrix}$

b) $N = \begin{pmatrix} 1 & 3 & -a & 4 \\ -a & 1 & a & 0 \\ -1 & 2a & 0 & a+2 \\ 2 & -1 & -2 & 0 \end{pmatrix}$

Hazlo tú

Estudia el rango de las siguientes matrices según los valores del parámetro k:

a) $M = \begin{pmatrix} 1 & -k & 3 & -2 \\ -3 & 6 & -9 & 6 \\ k & -4 & 6 & -4 \end{pmatrix}$

b) $N = \begin{pmatrix} 1 & -1 & 0 & 5 \\ 0 & 1 & 1 & k \\ 1 & 0 & -2 & 3 \\ 2 & 0 & -3 & k \end{pmatrix}$

a) Buscamos el valor de a que hace 0 el determinante formado por las tres primeras columnas:

$$\begin{vmatrix} 1 & 0 & -2 \\ 2 & -1 & 3 \\ 4 & a & -1 \end{vmatrix} = -7a - 7 \rightarrow -7a - 7 = 0 \rightarrow a = -1$$

- Para $a \neq -1$, $ran\,(M) = 3$, ya que el menor de orden 3 formado por las tres primeras columnas es distinto de 0.
- Para $a = -1$, calculamos los menores de orden 3 formados por la 1.ª, la 2.ª y la 4.ª columna y por la 1.ª, la 2.ª y la 5.ª:

$$\begin{vmatrix} 1 & 0 & 3 \\ 2 & -1 & 0 \\ 4 & -1 & 6 \end{vmatrix} = -6 - 6 + 12 = 0 \qquad \begin{vmatrix} 1 & 0 & 1 \\ 2 & -1 & 2 \\ 4 & -1 & 4 \end{vmatrix} = 0$$

Hemos comprobado que la tercera fila es combinación lineal de las otras dos.

Por tanto, $ran\,(M) = 2$, ya que $\begin{vmatrix} 1 & 0 \\ 2 & -1 \end{vmatrix} \neq 0$.

b) Desarrollamos el determinante de N por los menores de la cuarta columna, igualamos a cero y aplicamos Ruffini para resolver la ecuación:

$$|N| = -4\begin{vmatrix} -a & 1 & a \\ -1 & 2a & 0 \\ 2 & -1 & -2 \end{vmatrix} - (a+2)\begin{vmatrix} 1 & 3 & -a \\ -a & 1 & a \\ 2 & -1 & -2 \end{vmatrix} =$$

$$= -4(a - 2) - (a + 2)(-a^2 + 3a - 2) = a^3 - a^2 - 8a + 12 = 0 \;\Big\langle\; \begin{matrix} a = 2 \\ a = -3 \end{matrix}$$

- Si $a \neq 2$ y $a \neq -3 \rightarrow ran(N) = 4$

Para $a = 2 \rightarrow N = \begin{pmatrix} 1 & 3 & -2 & 4 \\ -2 & 1 & 2 & 0 \\ -1 & 4 & 0 & 4 \\ 2 & -1 & -2 & 0 \end{pmatrix}$; y para $a = -3 \rightarrow N = \begin{pmatrix} 1 & 3 & 3 & 4 \\ 3 & 1 & -3 & 0 \\ -1 & -6 & 0 & -1 \\ 2 & -1 & -2 & 0 \end{pmatrix}$.

- Si $a = 2 \rightarrow ran(N) = 2$ ya que la 3.ª fila es suma de las dos primeras, la 4.ª fila es proporcional a la 2.ª y el menor destacado en N es distinto de cero.
- Si $a = -3 \rightarrow ran\,(N) = 3$ ya que la 4.ª columna es la suma de la 1.ª y la 3.ª y el menor destacado en N es distinto de cero.

8. Propiedades de los determinantes y rango de una matriz

Sea B una matriz 3×3 cualquiera. Indicar, justificando las respuestas, si son ciertas o falsas las siguientes afirmaciones:

a) Si $ran(B) = 2$, entonces $ran(B^2) = 2$.

b) Si $ran(B) = 3$, entonces $ran(B^3) = 3$.

c) Si $ran(B) = 3$, entonces $ran(B^{-1}) = 3$

Hazlo tú

Si A y B son dos matrices cuadradas de orden 2, tales que $ran(A) = 2$ y $ran(B) = 1$, ¿cuál de las siguientes afirmaciones es siempre verdadera?:

a) $ran(A + B) = 3$

b) $ran(A + B) \leq 2$

c) $ran(A + B) > 1$

a) Falsa. Si $ran(B) = 2$, entonces $|B| = 0$ y $|B^2| = |B| \cdot |B| = 0$.

Esto nos indica que $ran(B^2) \leq 2$.

Y el rango de B^2 puede ser igual a 1, como prueba el siguiente ejemplo:

$$B = \begin{pmatrix} 0 & 1 & 1 \\ 0 & 0 & 1 \\ 0 & 0 & 0 \end{pmatrix} \rightarrow B^2 = \begin{pmatrix} 0 & 1 & 1 \\ 0 & 0 & 1 \\ 0 & 0 & 0 \end{pmatrix}\begin{pmatrix} 0 & 1 & 1 \\ 0 & 0 & 1 \\ 0 & 0 & 0 \end{pmatrix} = \begin{pmatrix} 0 & 0 & 1 \\ 0 & 0 & 0 \\ 0 & 0 & 0 \end{pmatrix}$$

$ran(B) = 2$ y $ran(B^2) = 1$

b) Verdadera. Si $ran(B) = 3$, entonces $|B| \neq 0$ y $|B^3| = |B|^3 \neq 0$.

Por tanto, $ran(B^3) = 3$.

c) Verdadera.

$$BB^{-1} = I \rightarrow |B \cdot B^{-1}| = |I| \rightarrow |B|\,|B^{-1}| = 1 \rightarrow |B^{-1}| = \frac{1}{|B|} \neq 0$$

ya que $|B| \neq 0$, porque $ran(B) = 3$.

9. Cálculo de la matriz inversa

Dadas estas matrices:

$$A = \begin{pmatrix} 1 & 0 & -1 \\ 0 & m & 3 \\ 4 & 1 & -m \end{pmatrix} \qquad B = \begin{pmatrix} 1 & 0 \\ 3 & 2 \\ -1 & 1 \end{pmatrix}$$

$$C = \begin{pmatrix} 5 & -3 & 4 \\ -3 & -2 & 2 \end{pmatrix}$$

a) Indicar los valores de m para los que A es invertible.

b) Resolver la siguiente ecuación matricial $XA - B^t = C$ para $m = 0$.

Hazlo tú

Dada esta matriz:

$$A = \begin{pmatrix} 1 & 0 & -1 \\ 0 & a & 3 \\ 4 & 1 & -a \end{pmatrix}$$

a) Halla los valores de a para los cuales A es regular.

b) Para $a = 2$, halla la matriz inversa de A.

a) Para que A tenga inversa debe cumplirse que $|A| \neq 0$.

$$|A| = \begin{vmatrix} 1 & 0 & -1 \\ 0 & m & 3 \\ 4 & 1 & -m \end{vmatrix} = -m^2 + 4m - 3 = 0 \rightarrow m = \frac{-4 \pm \sqrt{16-12}}{-2} \begin{cases} m = 1 \\ m = 3 \end{cases}$$

Para $m \neq 1$ y $m \neq 3$ la matriz A tiene inversa.

b) $XA - B^t = C \rightarrow XA = C + B^t \rightarrow X = (C + B^t)A^{-1}$

$$C + B^t = \begin{pmatrix} 5 & -3 & 4 \\ -3 & -2 & 2 \end{pmatrix} + \begin{pmatrix} 1 & 3 & -1 \\ 0 & 2 & 1 \end{pmatrix} = \begin{pmatrix} 6 & 0 & 3 \\ -3 & 0 & 3 \end{pmatrix}$$

$$A^{-1} = \frac{1}{|A|}(A_{ji}) \rightarrow \text{Para } m = 0,\ |A| = \begin{vmatrix} 1 & 0 & -1 \\ 0 & 0 & 3 \\ 4 & 1 & 0 \end{vmatrix} = -3.$$

$$(A_{ij}) = \begin{pmatrix} -3 & 12 & 0 \\ -1 & 4 & -1 \\ 0 & -3 & 0 \end{pmatrix} \rightarrow (A_{ji}) = \begin{pmatrix} -3 & -1 & 0 \\ 12 & 4 & -3 \\ 0 & -1 & 0 \end{pmatrix} \rightarrow A^{-1} = \begin{pmatrix} 1 & 1/3 & 0 \\ -4 & -4/3 & 1 \\ 0 & 1/3 & 0 \end{pmatrix}$$

$$X = (C + B^t)A^{-1} = \begin{pmatrix} 6 & 0 & 3 \\ -3 & 0 & 3 \end{pmatrix}\begin{pmatrix} 1 & 1/3 & 0 \\ -4 & -4/3 & 1 \\ 0 & 1/3 & 0 \end{pmatrix} = \begin{pmatrix} 6 & 3 & 0 \\ -3 & 0 & 0 \end{pmatrix}$$

EJERCICIOS Y PROBLEMAS GUIADOS

1. Propiedades de los determinantes

Si c_1, c_2 y c_3 son las columnas 1.ª, 2.ª y 3.ª de una matriz cuadrada de orden 3 tal que $|c_1 \;\; c_2 \;\; c_3| = 7$, calcular:

a) $|c_3 \;\; c_1 \;\; c_2|$

b) $|3c_1 \;\; c_2 + c_1 \;\; -c_3|$

c) $|c_1 + 2c_3 \;\; c_2 \;\; 2c_3 - c_1|$

a) Observa que se han permutado las columnas 2.ª y 3.ª; y después, la 1.ª y 2.ª.

b) Ten en cuenta que hay dos columnas que se han multiplicado por números.

c) Recuerda que al sumar a una línea, otra multiplicada por un número, el valor del determinante no cambia.

Solución:

a) 7 b) –21 c) 28

2. Resolver una ecuación con un determinante

Estudiar, según los valores de a, el número de soluciones reales que tiene la siguiente ecuación:

$$\begin{vmatrix} x^2 & a & a & a \\ a & x^2 & a & a \\ a & a & x^2 & a \\ a & a & a & x^2 \end{vmatrix} = 0$$

- Para desarrollar el determinante, suma a la primera columna las otras tres y después extrae factor común de esa primera columna. Resta la primera fila a las otras tres y llegarás al determinante de una matriz diagonal.
- Para resolver la ecuación, iguala a cero cada factor y ten en cuenta el signo de a.

Solución:

Si $a = 0 \rightarrow x = 0$; si $a > 0 \rightarrow x = \pm\sqrt{a}$; si $a < 0 \rightarrow x = \pm\sqrt{-3a}$.

3. Determinar los elementos de una matriz

Dadas las siguientes matrices:

$$A = \begin{pmatrix} 2 & 1 \\ 0 & 1 \end{pmatrix} \qquad B = \begin{pmatrix} 2 & a-3 \\ b+2 & c \end{pmatrix}$$

determinar los valores de a, b y c de modo que $|B| = 8$ y $AB = BA$.

- Desarrolla $|B|$ e iguala a 8 la expresión obtenida.
- Halla los productos AB y BA e iguala término a término.
- Obtendrás un sistema de ecuaciones cuyas soluciones son los valores buscados.

Solución:

$a = 1$, $b = -2$, $c = 4$

4. Rango de una matriz que depende de dos parámetros

Estudiar el rango de esta matriz:

$$B = \begin{pmatrix} 1 & -1 & -1 & b \\ -1 & 1 & 0 & 2 \\ 1 & a & 2 & -2 \end{pmatrix}$$

- Ten en cuenta cuál es el rango máximo que puede tener esa matriz.
- Calcula el valor de a que anula el menor formado por las tres primeras filas y columnas y determina el rango de B cuando ese menor es distinto de cero.
- Halla el valor de b que anula el menor formado por las columnas 1.ª, 3.ª y 4.ª.
- Analiza qué condiciones deben cumplirse para que $ran(B) = 2$.

Solución: Si $a \neq -1$ o bien $b \neq -2$, $ran(B) = 3$. Si $a = -1$ y $b = -2$, $ran(B) = 2$.

5. Resolver una ecuación matricial

Dada la matriz $A = \begin{pmatrix} -2 & m & 0 \\ 0 & 0 & m \\ 1 & -1 & 0 \end{pmatrix}$:

a) Calcular los valores de m para los que A tiene inversa.

b) Para $m = 1$, calcular la matriz X que verifica $XA + X - 2A = \mathbf{0}$.

a) Obtén los valores de m para los que $|A| = 0$.

b) • En la ecuación, pasa $2A$ al segundo miembro y saca X factor común. Para ello, ten en cuenta que $X = XI$.

• Multiplica los dos miembros por la matriz adecuada para despejar X. Recuerda que el producto de matrices no es conmutativo y decide si debes multiplicar por la izquierda o por la derecha.

Solución:

a) A es regular para $m \neq 0$ y $m \neq 2$.

b) $X = \begin{pmatrix} 6 & -2 & 2 \\ 2 & 0 & 2 \\ -2 & 0 & 0 \end{pmatrix}$

EJERCICIOS Y PROBLEMAS PROPUESTOS

Para practicar

Determinantes. Propiedades

1 Resuelve las siguientes ecuaciones:

a) $\begin{vmatrix} 3 & 4 & -5 \\ 1 & -1 & 1 \\ 1 & -1 & a \end{vmatrix} = 0$ b) $\begin{vmatrix} a-1 & 1 & -1 \\ 0 & a+6 & 3 \\ a-1 & 2 & 0 \end{vmatrix} = 0$

c) $\begin{vmatrix} 2 & 1 & 1 \\ 0 & 2 & 2 \\ 2 & 3 & a^2 \end{vmatrix} = 0$ d) $\begin{vmatrix} a+1 & 1 & 1 \\ 1 & 2 & a \\ 1 & a & 2 \end{vmatrix} = 0$

2 Halla el valor de los siguientes determinantes de orden 4:

a) $\begin{vmatrix} 1 & 0 & 2 & 0 \\ 0 & 3 & 0 & 0 \\ 4 & 0 & 0 & 5 \\ 0 & 6 & 0 & 1 \end{vmatrix}$ b) $\begin{vmatrix} 2 & 1 & -3 & 1 \\ 3 & 1 & 1 & 0 \\ 4 & 0 & 3 & 1 \\ 5 & 2 & -2 & 1 \end{vmatrix}$

3 Calcula el valor de los siguientes determinantes:

a) $\begin{vmatrix} 1 & 0 & -1 & 2 \\ 2 & 3 & 2 & -2 \\ 2 & 4 & 2 & 1 \\ 3 & 1 & 5 & -3 \end{vmatrix}$ b) $\begin{vmatrix} 1 & -1 & 2 & 0 \\ 2 & 1 & 3 & 1 \\ 3 & 1 & 4 & 3 \\ 2 & 1 & 7 & 0 \end{vmatrix}$

c) $\begin{vmatrix} 1 & 2 & 3 & 4 \\ 2 & 1 & 2 & 1 \\ 1 & 2 & 4 & 5 \\ 3 & 4 & 1 & 2 \end{vmatrix}$ d) $\begin{vmatrix} -1 & 3 & 2 & -1 \\ 2 & -2 & 1 & 3 \\ 0 & -5 & 10 & 4 \\ 7 & -8 & 9 & -2 \end{vmatrix}$

4 Si $\begin{vmatrix} m & n \\ p & q \end{vmatrix} = -5$, ¿cuál es el valor de cada uno de los siguientes determinantes? Justifica las respuestas:

a) $\begin{vmatrix} m+3n & p+3q \\ n & q \end{vmatrix}$ b) $\begin{vmatrix} p & m \\ q & n \end{vmatrix}$

c) $\begin{vmatrix} 3n & -m \\ 3q & -p \end{vmatrix}$ d) $\begin{vmatrix} p & 2m \\ q & 2n \end{vmatrix}$

e) $\begin{vmatrix} 1 & n/m \\ mp & mq \end{vmatrix}$ f) $\begin{vmatrix} m & 5m \\ p & 5p \end{vmatrix}$

5 Sustituye los puntos suspensivos por los números adecuados para que se verifiquen las siguientes igualdades:

a) $\begin{vmatrix} 3 & 7 \\ 5 & -3 \end{vmatrix} = \begin{vmatrix} 2 & 7 \\ 3 & -3 \end{vmatrix} + \begin{vmatrix} \dots & 7 \\ \dots & -3 \end{vmatrix}$

b) $\begin{vmatrix} -4 & 3 \\ 2 & 0 \end{vmatrix} = \begin{vmatrix} 6 & -1 \\ 2 & 0 \end{vmatrix} + \begin{vmatrix} \dots & \dots \\ 2 & 0 \end{vmatrix}$

6 Sabiendo que $\begin{vmatrix} 1 & 1 & 1 \\ a & b & c \\ x & y & z \end{vmatrix} = 5$, calcula el valor de los siguientes determinantes:

a) $\begin{vmatrix} 1 & 1 & 1 \\ a+7 & b+7 & c+7 \\ x/2 & y/2 & z/2 \end{vmatrix}$ b) $\begin{vmatrix} 0 & 0 & 1 \\ c-a & b-c & c \\ z-x & y-z & z \end{vmatrix}$

c) $\begin{vmatrix} 1-x & 1-y & 1-z \\ a+2x & b+2y & c+2z \\ 2x & 2y & 2z \end{vmatrix}$ d) $\begin{vmatrix} -3 & a+3 & x \\ -3 & b+3 & y \\ -3 & c+3 & z \end{vmatrix}$

7 Utiliza las propiedades para desarrollar este determinante y calcula su valor:

$$\begin{vmatrix} x & 2x+1 & 3x+2 \\ x & 2x+3 & 3x+4 \\ x & 2x+5 & 3x+6 \end{vmatrix}$$

8 a) Resuelve la ecuación $|A| = 0$ siendo $A = \begin{pmatrix} a & 0 & 2a \\ 0 & a-1 & 0 \\ -a & 0 & -a \end{pmatrix}$.

b) Obtén el valor del determinante de la matriz $2A^2$ para $a = 3$.

Rango de una matriz

9 Halla el rango de estas matrices:

a) $A = \begin{pmatrix} 3 & 5 & 1 \\ 6 & 10 & -2 \\ 1 & 0 & 1 \\ 4 & 5 & 0 \end{pmatrix}$ b) $B = \begin{pmatrix} 1 & 2 & 3 & 1 & -1 \\ 4 & 5 & 6 & 2 & 1 \\ 1 & 0 & 0 & 3 & 4 \end{pmatrix}$

c) $C = \begin{pmatrix} 2 & -1 & 0 & 0 \\ 0 & 0 & 2 & -1 \\ 0 & 2 & -1 & 0 \\ 2 & 0 & -1 & 0 \end{pmatrix}$ d) $D = \begin{pmatrix} 1 & 2 & 0 & 3 \\ 0 & 1 & -1 & -2 \\ 2 & 7 & -3 & 0 \end{pmatrix}$

10 Estudia el rango de las siguientes matrices según el valor del parámetro que aparece en ellas:

a) $A = \begin{pmatrix} 2 & 1 & 0 \\ 1 & 1 & -2 \\ 3 & 1 & a \end{pmatrix}$ b) $B = \begin{pmatrix} a & 1 & 0 \\ -1 & 2a & -2 \\ 1 & -1 & 2 \end{pmatrix}$

c) $C = \begin{pmatrix} 2 & -1 & a \\ a & 3 & 4 \\ 3 & -1 & 2 \end{pmatrix}$ d) $D = \begin{pmatrix} 1 & 1 & 1 \\ 1 & -a & 1 \\ 1 & 1 & a \end{pmatrix}$

11 Halla los valores del parámetro m para los que el rango de $A = \begin{pmatrix} 1 & 1 & 1 \\ m & m^2 & m^2 \\ m & m & m^2 \end{pmatrix}$ es menor que 3.

12 Estudia el rango de estas matrices según el valor del parámetro a:

a) $A = \begin{pmatrix} 1 & 1 & 1 & 2 \\ 1 & 2 & -3 & 8 \\ a & -1 & -1 & 1 \\ 1 & -1 & 1 & -2 \end{pmatrix}$ b) $B = \begin{pmatrix} 1 & 2 & 3 & a \\ 2 & 4 & 6 & 8 \\ 3 & 6 & 9 & 12 \end{pmatrix}$

c) $C = \begin{pmatrix} a & -1 & 1 \\ 1 & -a & 2a-1 \end{pmatrix}$ d) $D = \begin{pmatrix} a-2 & 1-2a & -1 \\ a & a & 2a \end{pmatrix}$

13 Estudia el rango de la matriz M según los valores de t.

a) $M = \begin{pmatrix} 1 & 2 & 3 & 1 \\ 1 & t & 3 & 2 \\ 1 & 8-3t & 3 & -2 \end{pmatrix}$ b) $M = \begin{pmatrix} 1 & 0 & 4 & 2 \\ 0 & t & 4 & 0 \\ -1 & 3 & t & -2 \end{pmatrix}$

c) $M = \begin{pmatrix} 1 & 1 & t+1 & 1 \\ t & 0 & 0 & 2 \\ 0 & t & 2 & 0 \end{pmatrix}$ d) $M = \begin{pmatrix} t & 1 & 3 & 0 \\ 1 & t & 2 & 1 \\ 2 & 2t & 5 & t \end{pmatrix}$

14 Estudia el rango de las siguientes matrices según los valores del parámetro a:

a) $A = \begin{pmatrix} 1 & 2 & a & 0 \\ a & 3a-1 & 1+a^2 & 2 \\ 1 & 2 & a^2-a & a-2 \end{pmatrix}$

b) $B = \begin{pmatrix} a+1 & 1 & 1 & -1 \\ -a-1 & 0 & -2 & 2 \\ 0 & 1 & a^2-a-1 & -a+2 \end{pmatrix}$

c) $C = \begin{pmatrix} 1 & a & a-2 & 1 \\ 1 & 2a & a-4 & 3 \\ a & a^2 & 2a^2-2a-4 & 2a+2 \end{pmatrix}$

Matriz inversa. Ecuaciones matriciales

15 Halla la matriz inversa de las siguientes matrices:

a) $M = \begin{pmatrix} 2 & -2 \\ 5 & -4 \end{pmatrix}$ b) $N = \begin{pmatrix} 3 & 0 \\ -5 & 2 \end{pmatrix}$

c) $P = \begin{pmatrix} 1 & 2 & 0 \\ 1 & 1 & 1 \\ -1 & 0 & -1 \end{pmatrix}$ d) $Q = \begin{pmatrix} 1 & 1 & 0 \\ 0 & 0 & 1 \\ 1 & 0 & 1 \end{pmatrix}$

16 a) Calcula la inversa de cada una de las siguientes matrices:

$$A = \begin{pmatrix} 1 & 2 & 1 \\ 0 & 1 & 0 \\ 2 & 0 & 3 \end{pmatrix} \quad B = \begin{pmatrix} 2 & 1 & 0 \\ 0 & 1 & 3 \\ 2 & 1 & 1 \end{pmatrix}$$

b) Resuelve las ecuaciones $AX = B$ y $XB = A$ siendo A y B las matrices del apartado anterior.

17 Dada la siguiente matriz:

$$M = \begin{pmatrix} \lambda+1 & -1 & \lambda+1 \\ 0 & \lambda & 0 \\ 1 & -2 & \lambda \end{pmatrix}$$

a) Indica el rango de M según los valores de λ.

b) Estudia para qué valores de λ existe M^{-1}.

c) Halla M^{-1}, si existe, cuando $\lambda = -2$.

18 Halla los valores del parámetro t para los cuales las matrices A y B no son regulares y calcula:

a) A^{-1} si $t = 1$. b) B^{-1} si $t = 2$.

$$A = \begin{pmatrix} 1 & 0 & 4 \\ 0 & t & 4 \\ -1 & 3 & t \end{pmatrix} \quad B = \begin{pmatrix} 1 & 0 & t \\ 1 & 1 & 0 \\ t & 0 & 1 \end{pmatrix}$$

19 Dada $A = \begin{pmatrix} 2 & 3 \\ 1 & 2 \end{pmatrix}$, halla X tal que $AXA = \begin{pmatrix} 1 & 1 \\ 2 & 3 \end{pmatrix}$.

20 Resuelve la ecuación $AXB = C$ siendo:

$$A = \begin{pmatrix} 3 & 2 \\ 4 & 3 \end{pmatrix} \quad B = \begin{pmatrix} 2 & 3 \\ 1 & 2 \end{pmatrix} \quad C = \begin{pmatrix} 1 & 1 \\ 1 & 1 \end{pmatrix}$$

21 Dada la matriz $A = \begin{pmatrix} 1 & 0 & -1 \\ 0 & x & 3 \\ 4 & 1 & -x \end{pmatrix}$, halla:

a) Los valores de x para los que la matriz A posee inversa.

b) La inversa de A para $x = 2$.

c) El valor de $b \in \mathbb{R}$ para que la matriz bA tenga determinante 1.

22 Dada la matriz $A = \begin{pmatrix} 2 & 1 & 1 \\ 2 & 3 & 2 \\ -3 & -3 & -2 \end{pmatrix}$:

a) Calcula $A(2I - A)$.

b) Justifica si existen las matrices inversas de A y $2I - A$.

c) ¿Para qué valor de k se verifica $A^{-1} = kI - A$?

23 Dadas las matrices:

$$A = \begin{pmatrix} -2 & 0 & 1 \\ 1 & -1 & 5 \end{pmatrix} \quad B = \begin{pmatrix} 3 & 0 & -1 \\ 1 & 1 & 0 \end{pmatrix} \quad C = \begin{pmatrix} 1 & 2 \\ 3 & -1 \end{pmatrix} \quad D = \begin{pmatrix} -8 \\ -2 \end{pmatrix}$$

halla la matriz X que verifica $(AB^t + C)X = D$.

24 Halla X tal que $3AX = B$, siendo:

$$A = \begin{pmatrix} 1 & 0 & 2 \\ 0 & 1 & 1 \\ 1 & 0 & 1 \end{pmatrix} \quad B = \begin{pmatrix} 1 & 0 & 2 \\ 1 & 0 & 1 \\ 1 & 1 & 1 \end{pmatrix}$$

Para resolver

25 Resuelve las ecuaciones siguientes:

a) $\begin{vmatrix} x & 1 & 0 & 0 \\ 0 & x & 1 & 0 \\ 0 & 0 & x & 1 \\ 1 & 0 & 0 & x \end{vmatrix} = 0$ b) $\begin{vmatrix} a & b & c \\ a & x & c \\ a & b & x \end{vmatrix} = 0$

c) $\begin{vmatrix} -x & 1 & 0 & 1 \\ 1 & -x & 1 & 0 \\ 0 & 1 & -x & 1 \\ 1 & 0 & 1 & -x \end{vmatrix} = 0$ d) $\begin{vmatrix} x & -1 & -1 & 0 \\ -x & x & -1 & 1 \\ 1 & -1 & x & 1 \\ 1 & -1 & 0 & x \end{vmatrix} = 0$

26 Estudia el rango de las siguientes matrices según los valores del parámetro que contienen:

a) $A = \begin{pmatrix} k & k & -1 & 2 \\ 3 & -k & 0 & 0 \\ 5 & k & 0 & 0 \\ 1 & 0 & 2 & 1 \end{pmatrix}$ b) $B = \begin{pmatrix} 1 & 3 & 3 & 1 \\ k & k & 3 & -1 \\ -1 & 3 & 3 & 0 \end{pmatrix}$

c) $C = \begin{pmatrix} k & 1 & -2 & 0 \\ -1 & -1 & k & 1 \\ 1 & 1 & 1 & k \end{pmatrix}$ d) $D = \begin{pmatrix} 1 & 0 & -k & -1 \\ 1 & k+3 & 4-k & 0 \\ 1 & k+3 & k^2+2 & k+2 \end{pmatrix}$

27 Calcula el rango de estas matrices en función del parámetro t:

a) $A = \begin{pmatrix} t & 1 & 1 & 2 \\ 2 & t & t^2 & 1 \\ 2 & 1 & 1 & 2 \end{pmatrix}$ b) $B = \begin{pmatrix} t & t & 0 \\ 2 & t+1 & t-1 \\ 2t+1 & 0 & -t-3 \end{pmatrix}$

c) $C = \begin{pmatrix} 3-t & 3 & 2t \\ -2 & 0 & -1 \\ 1 & 3 & 2+t \\ t+2 & 0 & t \end{pmatrix}$ d) $D = \begin{pmatrix} -t & 4 & 5 & 6 \\ -t & 1 & 2 & 3 \\ -t & -t & 0 & -1 \\ -t & -t & -t & -1 \end{pmatrix}$

28 Dadas las siguientes matrices:

$A = \begin{pmatrix} m & 4 & 4 \\ 0 & 2 & 4 \\ 0 & 0 & 1 \end{pmatrix}$ $B = \begin{pmatrix} 1 & -1 & 2 \\ 1 & 0 & 1 \end{pmatrix}$ $C = \begin{pmatrix} 0 & 1 & 1 \\ 1 & 2 & -1 \end{pmatrix}$

a) ¿Para qué valores de m existe A^{-1}?

b) Para $m = 1$, halla la matriz X tal que $XA + B = C$.

29 Sean las matrices $A = \begin{pmatrix} 1 & k & 2 \\ 0 & -1 & 1 \end{pmatrix}$ y $B = \begin{pmatrix} 0 & k \\ 1 & 1 \\ 3 & 2 \end{pmatrix}$.

a) Determina para qué valores de k la matriz AB tiene inversa.

b) Resuelve la ecuación $ABX = 3I$ para $k = 0$, donde I es la matriz unidad de orden 2.

30 Dadas las siguientes matrices:

$A = \begin{pmatrix} 1 & m & 1 \\ m-1 & m & 0 \\ 1 & 1 & 1 \end{pmatrix}$ $B = \begin{pmatrix} 1 & -1 \\ 2 & 0 \\ 0 & 1 \end{pmatrix}$

a) Calcula los valores de m para los cuales existe A^{-1}.

b) Para $m = 2$ halla la matriz X que cumple la igualdad: $AX - BB^t = I$

31 Comprueba aplicando las propiedades de los determinantes.

a) $\begin{vmatrix} a^2 & ab & b^2 \\ 2a & a+b & 2b \\ 1 & 1 & 1 \end{vmatrix} = (a-b)^3$

b) $\begin{vmatrix} 1 & a^2-1 & a \\ 1 & 2a^2-2 & 2a-1 \\ 1 & 0 & a^2 \end{vmatrix} = (a^2-1)^2$

32 Dada esta matriz de orden n:

$$A_n = \begin{pmatrix} 1 & 1 & 1 & \dots & 1 & 1 \\ -1 & 9 & 1 & \dots & 1 & 1 \\ -1 & -1 & 9 & \dots & 1 & 1 \\ \dots & \dots & \dots & \dots & \dots & \dots \\ -1 & -1 & -1 & \dots & -1 & 9 \end{pmatrix}$$

calcula el determinante de A_2, A_3 y A_5.

33 Dada la matriz $A = \begin{pmatrix} 1 & 0 & 0 \\ 1 & 1 & 0 \\ 0 & 0 & 1 \end{pmatrix}$:

a) Encuentra la expresión general de A^n donde n es un número natural cualquiera.

b) Razona que A^n tiene inversa para cualquier $n \geq 1$ y calcula dicha matriz inversa.

34 Dada esta matriz:

$$A = \begin{pmatrix} 5 & 4 & 3 \\ 4 & 2 & 2 \\ 3 & 2 & 1 \end{pmatrix}$$

Calcula la matriz X que cumple:

$AX = (A^{-1} A^t + I)^2$

35 Considera la matriz $A = \begin{pmatrix} a & b & c \\ 2a & -b & 3c \\ 3a & 0 & 4c \end{pmatrix}$, donde a, b y c son no nulos.

a) Determina el número de columnas de A que son linealmente independientes.

b) Calcula el rango de A.

EJERCICIOS Y PROBLEMAS PROPUESTOS

36 Estudia el rango de la siguiente matriz para los distintos valores de a, b y c:

$$M = \begin{pmatrix} 5 & 5 & 5 \\ a & b & c \\ b+c & a+c & a+b \end{pmatrix}$$

37 Calcula, en los casos que sea posible, la inversa de esta matriz:

$$A = \begin{pmatrix} \cos\alpha & -\operatorname{sen}\alpha & 0 \\ \operatorname{sen}\alpha & \cos\alpha & 0 \\ 0 & 0 & 1 \end{pmatrix}$$

Cuestiones teóricas

38 ¿Verdadero o falso? Justifica las respuestas y pon ejemplos.

a) Si c_1, c_2 y c_3 son las columnas 1.ª, 2.ª y 3.ª de una matriz cuadrada de orden 3 tal que $|c_1 \;\; c_2 \;\; c_3| = 5$, entonces:

I) $|c_2 \quad 2c_3 \quad c_1| = 10$

II) $|c_1 + c_2 \quad c_2 - c_1 \quad c_3| = 0$

III) $|c_1 + c_3 \quad c_2 \quad c_3 + c_1| = 5$

IV) $|-c_2 \quad 2c_1 - c_3 \quad c_3 + c_2| = 10$

b) Si B es una matriz cuadrada de orden 3 cuyo determinante vale 4, entonces:

I) $|5B| = 20$ II) $|B^2| = 16$ III) $|B^{-1}| = 1/4$

c) Si A es una matriz cuadrada tal que $A^2 = 2A - I$, entonces A es invertible y $A^{-1} = 2I - A$.

d) Si A y B son dos matrices regulares que verifican que $AXB = A + B$, entonces $X = A^{-1} + B^{-1}$.

39 Razona tu repuesta en estas preguntas:

a) Si $|M| = 3$ y $|2M| = 48$, ¿cuál es el orden de la matriz M?

b) Si A es una matriz cuadrada de orden 4 y $|2A| = 80$, ¿cuánto vale el determinante de A?

c) Sean A y B dos matrices cuadradas de orden 3 con $|AB| = 5$. ¿Cuál es el rango de A? ¿Y el de B?

40 ¿Cuál de los siguientes productos forma parte del desarrollo de un determinante de orden 4?

a) $a_{12} \cdot a_{23} \cdot a_{31} \cdot a_{42}$

b) $a_{14} \cdot a_{41} \cdot a_{23} \cdot a_{32}$

41 Si A es una matriz cuadrada de orden 4, ¿puedes saber el valor de $a_{21}A_{11} + a_{22}A_{12} + a_{23}A_{13} + a_{24}A_{14}$ sin conocer los elementos de la matriz?

42 Si $A = \begin{pmatrix} a & b & c \\ m & n & p \end{pmatrix}$ tiene rango 2, ¿qué rango tendrá B?

$$B = \begin{pmatrix} m & n & p \\ a & b & c \\ 2m-a & 2n-b & 2p-c \end{pmatrix}$$

43 Dadas las matrices A y B de orden 4 con $|A| = 3$ y $|B| = 2$, calcula $|A^{-1}|$, $|B^t A|$ y $|(AB^{-1})^t|$.

44 a) Define a qué se llama rango de una matriz.

b) Indica, razonando la respuesta, cuáles de las siguientes afirmaciones son ciertas:

I) $ran(A) = ran(-A)$ ($-A$ es la matriz opuesta de A).

II) $ran(A) = ran(A^t)$ (A^t es la matriz traspuesta de A).

III) $ran(A + B) = ran(A) + ran(B)$

IV) $ran(A^2) = [ran(A)]^2$

V) $ran(A) = ran(A^{-1})$ si A tiene inversa (A^{-1} es la matriz inversa de A).

45 Escribe dos matrices A y B de orden 2 tales que:

a) $det(A + B) \neq det(A) + det(B)$

b) $det(A + B) = det(A) + det(B)$

46 Sea M una matriz cuadrada de orden 2. ¿Qué condición deben cumplir sus elementos para que se verifique que $|M + I| = |M| + |I|$?

47 Si el determinante de una matriz cuadrada, M, de orden 3 vale 4, calcula:

a) $ran\,(5M)$ b) $ran\,(M^2)$ c) $|(M^{-1})^2|$

48 El determinante de una matriz 3×3 es múltiplo de 5. Justifica si estas afirmaciones son verdaderas o falsas:

a) Hay una fila en la que todos los elementos son múltiplos de 5.

b) Todos sus elementos son múltiplos de 5.

c) El rango de la matriz es 3.

d) La matriz no tiene inversa.

Para profundizar

49 Prueba que $\begin{vmatrix} 1 & 1 & 1 \\ a & b & c \\ a^2 & b^2 & c^2 \end{vmatrix} = (b-a)(c-a)(c-b)$.

* *Este determinante se llama de **Vandermonde.***

50 Demuestra, sin desarrollar, que $\begin{vmatrix} 1 & a^2 & a^3 \\ 1 & b^2 & b^3 \\ 1 & c^2 & c^3 \end{vmatrix} = \begin{vmatrix} bc & a & a^2 \\ ac & b & b^2 \\ ab & c & c^2 \end{vmatrix}$

51 Escribe una matriz con 3 filas y 3 columnas, que tenga 3 elementos nulos y tal que ninguno de sus menores de orden 2 sea nulo.

52 Determina las matrices cuadradas de orden 2 cuyos elementos sean números enteros, con determinante igual a –1, y tales que su inversa coincida con su traspuesta.

* *Haz* $A \cdot A^t = I$ *y* $|A| = -1$. *Hay 4 soluciones.*

53 a) Estudia el rango de M según los valores de a y b.

$$M = \begin{pmatrix} 2a+b & 0 & 0 \\ a & b-a & 0 \\ a & 0 & b-a \end{pmatrix}$$

b) Halla M^{-1} en el caso $a = 1$, $b = -1$.

c) Justifica si la ecuación $MX + 2X = M$ tiene solución en el caso $a = 1$, $b = -1$.

54 Dadas las siguientes matrices:

$$M = \begin{pmatrix} a & -1 & -1 & 0 \\ -a & a & -1 & 1 \\ 1 & -1 & a & 1 \\ 1 & -1 & 0 & a \end{pmatrix} \qquad N = \begin{pmatrix} 1 & -1 & 0 & 1 \\ 0 & 0 & 1 & -1 \end{pmatrix}$$

a) Halla los valores de a para los que M es invertible.

b) Calcula la inversa de M para $a = 0$.

c) Resuelve la ecuación $XM = N$ para $a = 0$.

55 Considera la matriz $A = \begin{pmatrix} 2 & -1 & 0 \\ 3 & 0 & 4 \\ 2 & 1 & 1 \end{pmatrix}$.

a) Halla la matriz (A_{ij}).

b) Prueba que $A \cdot (A_{ij})^t = \begin{pmatrix} |A| & 0 & 0 \\ 0 & |A| & 0 \\ 0 & 0 & |A| \end{pmatrix}$.

c) ¿Qué relación hay entre $|A|$ y $|(A_{ij})|$?

56 Sea A una matriz cuadrada de orden 3 con $|A| \neq 0$. Busca la relación que existe entre $|A|$ y $|(A_{ij})|$. Para ello, ten en cuenta el apartado b) del problema anterior y que $|A \cdot B| = |A| \cdot |B|$.

57 Si A es una matriz cuadrada de orden n, da el valor de $|(A_{ij})|$ en función de $|A|$.

AUTOEVALUACIÓN

Resoluciones de estos ejercicios.

1 Halla el valor de a que hace que la matriz A no sea regular.

$$A = \begin{pmatrix} 1 & -1 & 0 & 2 \\ 1 & 0 & -1 & 2 \\ 0 & 1 & 1 & 2 \\ -1 & 2 & -1 & a \end{pmatrix}$$

2 Calcula el valor de este determinante, dando el resultado factorizado:

$$\begin{vmatrix} a & 1 & 0 & 1 \\ 1 & a & 1 & 0 \\ 0 & 1 & a & 1 \\ 1 & 0 & 1 & a \end{vmatrix}$$

3 Dada la matriz $M = \begin{pmatrix} a & 5 \\ 1 & a-4 \end{pmatrix}$, calcula:

a) Los valores de a para los que M no es invertible.

b) Para $a = 4$ halla una matriz N tal que $N = M^t M^{-1}$.

c) Resuelve la ecuación matricial $MX - M^2 = M^t$ en el caso $a = 4$.

4 Si c_1, c_2, c_3 son los vectores columna de una matriz tal que $|c_1 \ c_2 \ c_3| = 5$, calcula:

a) $|c_1 - 3c_2 \ \ c_2 \ \ c_3|$ b) $|c_1 \ \ c_2 \ \ 2c_3|$ c) $|c_1 \ \ c_1 - c_2 \ \ c_3|$

5 Estudia el rango de N según los valores del parámetro a:

$$N = \begin{pmatrix} a+1 & 1 & 1 & a \\ 1 & a+1 & 1 & a \\ 1 & 1 & a+1 & a \end{pmatrix}$$

6 Considera las matrices $A = \begin{pmatrix} t & -1 & 4 \\ 3 & t & 0 \\ -1 & 0 & 1 \end{pmatrix}$ y $B = \begin{pmatrix} 1 & 0 & 0 \\ 1 & 1 & 0 \\ 0 & 0 & 1 \end{pmatrix}$.

a) Determina para qué valores de t la matriz A es regular.

b) Para $t = 1$, halla la matriz X que verifica $AXA^{-1} = B$.

7 ¿Para qué valores de a se verifica $|M| + |N - I| = \mathbf{0}$?

$$M = \begin{pmatrix} 3 & 1 & -1 \\ a & 2a & a-1 \\ -a & a+1 & 1 \end{pmatrix} \qquad N = \begin{pmatrix} 8 & 5 \\ a & a^2+1 \end{pmatrix}$$

Compromiso ODS Visualiza el vídeo Meta 12.4., piensa en una acción con la que podrías contribuir al logro de esa meta y comprométete a llevarla a cabo.

3

SISTEMAS DE ECUACIONES

El método que utilizó Gauss

A comienzos del siglo XIX, **Gauss** realizó observaciones del asteroide Pallas. A partir de sus mediciones, llegó a un sistema de seis ecuaciones con seis incógnitas. Para resolverlo diseñó un procedimiento que, actualmente, denominamos «método de Gauss».

Veintiún siglos antes se publicó en China el libro *Los nueve capítulos sobre el arte de las matemáticas*. En el capítulo octavo se encuentra este problema:

> *Hay tres tipos de cereal, de los cuales tres fardos del primero, dos del segundo y uno del tercero hacen 39 medidas. Dos del primero, tres del segundo y uno del tercero hacen 34 medidas. Y uno del primero, dos del segundo y tres del tercero hacen 26 medidas. ¿Cuántas medidas de cereal son contenidas en un fardo de cada tipo?*

Y para resolverlo, en el citado libro se procedía del siguiente modo:

Se colocan los números en un tablero (cada ecuación es descrita en una columna):

1	2	3
2	3	2
3	1	1
26	34	39

Mediante transformaciones con sus columnas, el tablero se transforma en este otro:

0	0	3
0	5	2
36	1	1
99	24	39

Y de este último se obtiene inmediata y sucesivamente el número de medidas de cereal de cada fardo.

A la vista de la similitud de ambos procedimientos, lo que hoy llamamos método de Gauss acaso debería llamarse «método de **Chui-Chang Suan-Shu**» (que es como se transcribe del chino el título del mencionado libro de autor desconocido).

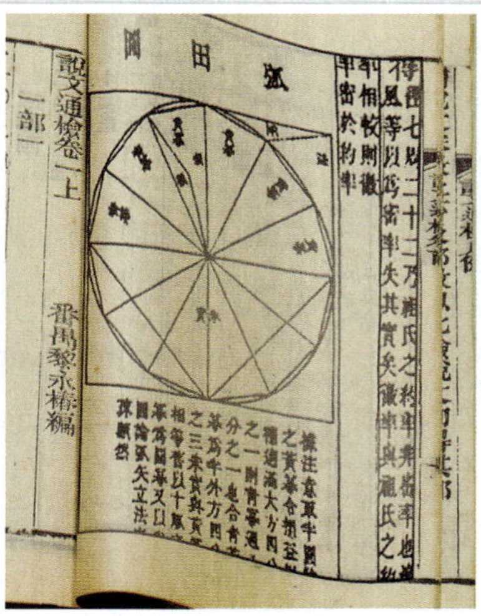

Página de «Los nueve capítulos sobre el arte de las matemáticas».

El diario científico de Gauss

Carl Friedrich Gauss (1777-1855), para muchos, el matemático más grande de la historia, conocido con el sobrenombre de «príncipe de los matemáticos». No hay parte de la matemática en la que no intervenga. Y lo curioso es que no fue nada propicio a divulgar sus descubrimientos.

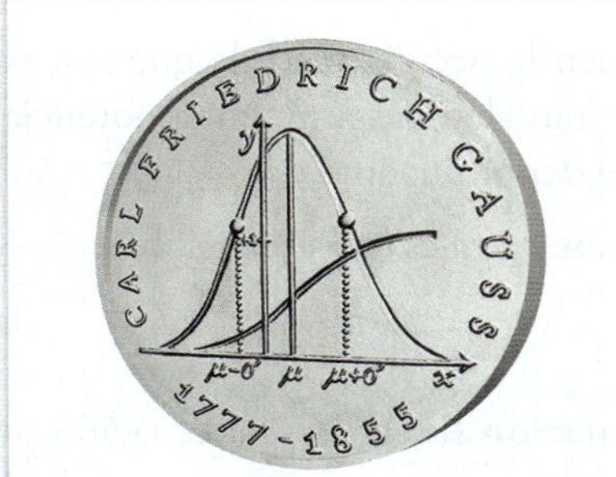

Moneda de plata de 20 marcos de la extinta República Democrática de Alemania en honor a Gauss

Cuando tenía 19 años, obtuvo un procedimiento para resolver un problema geométrico pendiente desde la época de Euclides. La demostración fue extraordinaria ya que empleó técnicas algebraicas para resolverlo (resultó una gran novedad resolver un problema geométrico mediante procedimientos algebraicos). El mismo día de su descubrimiento decidió anotarlo en un pequeño diario, un folleto de 19 páginas. Siguió utilizándolo durante muchos años, efectuando un total de 146 anotaciones, la última de las cuales está fechada en 1814, 17 años después. Por la cantidad de ideas y la profundidad de las mismas es, seguramente, uno de los documentos más valiosos en toda la historia de las matemáticas.

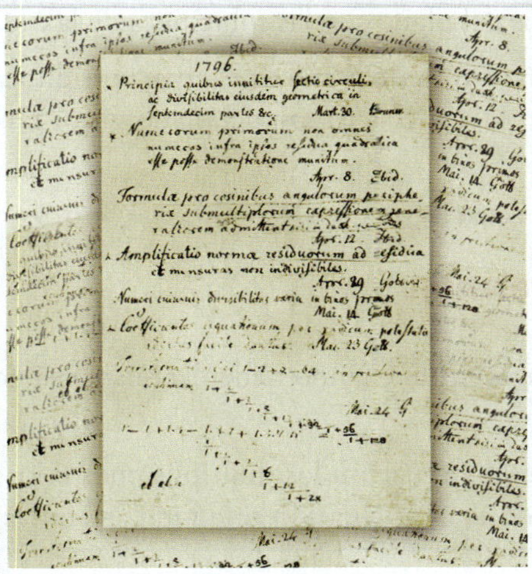
1796.

Página del diario científico de Gauss.

Este cuadernillo ha sido crucial para conocer el pensamiento de este genio, pero no fue publicado hasta 1898, cuarenta y tres años después de la muerte de Gauss.

RESUELVE

Los fardos de cereal

Resuelve el problema chino de los fardos de cereal procediendo de forma similar a como lo resolvieron ellos. Recuerda el método de Gauss que aprendiste el curso pasado y ten en cuenta que, en los cuadros, las ecuaciones están descritas en columnas en vez de en filas.

1

SISTEMAS DE ECUACIONES LINEALES

■ Ecuación lineal

Las ecuaciones siguientes son lineales:

$$2x - 3 = 0 \qquad 5x + 4y = 20 \qquad 3x + 2y + 6z = 6 \qquad 5x - 3y + z - 5t = 0$$

Tienen la peculiaridad de que son polinómicas de grado 1. Es decir, las incógnitas no están elevadas a ninguna potencia, ni multiplicadas entre sí, ni bajo radicales, ni en el denominador…

No son lineales estas ecuaciones:

$$2x - 3y + \sqrt{z} = 5 \qquad 3xy - 2z = 0 \qquad x + 2y - sen\ z = 1$$

Ecuación lineal es una ecuación polinómica de grado uno con una o varias incógnitas.

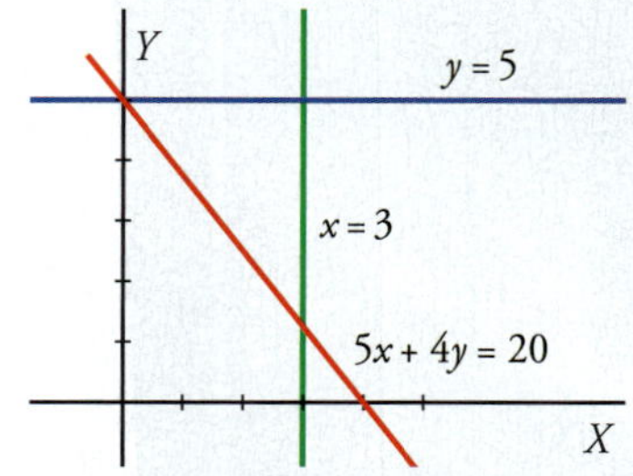

ECUACIONES LINEALES CON DOS INCÓGNITAS

- Si nos movemos en el plano, disponemos de dos incógnitas: x, y. Una ecuación lineal con dos incógnitas o con solo una de ellas describen una recta del plano. Los puntos de la recta son las soluciones de la ecuación.

  Por ejemplo, $5x + 4y = 20$ es una recta en el plano XY. Los puntos (4, 0), (0, 5), (–2; 7,5), (3; 1,25) son de la recta y, por tanto, soluciones de la ecuación.

  También las ecuaciones $x = 3$ o $y = 5$ describen rectas.

- Una ecuación lineal con tres incógnitas o con algunas de ellas representa un plano en el espacio. Los puntos del plano son las soluciones de la ecuación.

  Por ejemplo, $3x + 2y + 6z = 6$ es un plano en el espacio tridimensional. Los puntos (2, 0, 0), (0, 3, 0), (0, 0, 1), (1, 1, 1/6) son del plano y, por tanto, soluciones de la ecuación.

  También son planos las ecuaciones $5x + 4y = 20$, $x = 3$ o $y = 5$.

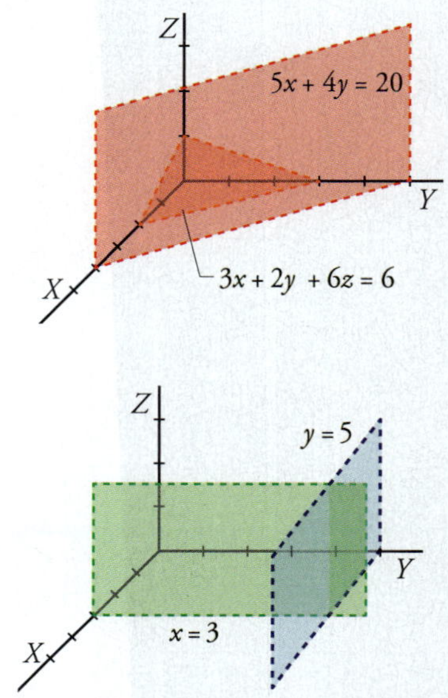

ECUACIONES LINEALES CON TRES INCÓGNITAS

■ Ecuaciones equivalentes

Dos **ecuaciones** son **equivalentes** cuando tienen la misma solución (o las mismas soluciones).

Si a los dos miembros de una ecuación los multiplicamos o los dividimos por un mismo número distinto de cero, la ecuación resultante es equivalente a la primera.

Por ejemplo:

$\frac{x}{4} + \frac{y}{5} = 1$ es equivalente a $5x + 4y = 20$ (representan la misma recta).

$30x + 20y + 60z = 60$ es equivalente a $3x + 2y + 6z = 6$ (representan el mismo plano).

■ Sistemas de ecuaciones lineales

Varias ecuaciones dadas conjuntamente con el fin de determinar la solución o las soluciones comunes a todas ellas forman un **sistema de ecuaciones.**

- Un sistema de ecuaciones lineales con dos incógnitas representa un conjunto de rectas. Su resolución consiste en averiguar si todas ellas tienen algún punto en común y localizarlo.
- Si las ecuaciones de un sistema tienen tres incógnitas, representan planos. Resolver el sistema es encontrar el punto o los puntos que tienen en común todos estos planos.

Sistema

Los sistemas de ecuaciones son especialmente interesantes, y a ellos nos dedicaremos en esta unidad y en las siguientes. Por eso, en adelante, la expresión «sistema de ecuaciones», o simplemente, «sistema», la utilizaremos como sinónimo de «sistema de ecuaciones lineales».

Sistemas equivalentes

Dos **sistemas de ecuaciones** son **equivalentes** si tienen las mismas soluciones.

Dos sistemas pueden ser equivalentes sin que lo sean las ecuaciones que los forman.

Por ejemplo: $\left.\begin{array}{r} 2x - 5y = 16 \\ x + 3y = -3 \end{array}\right\}$ y $\left.\begin{array}{r} 5x + y = 13 \\ x + y = 1 \end{array}\right\}$ son equivalentes, pues ambos tienen la única solución: $x = 3,\ y = -2$.

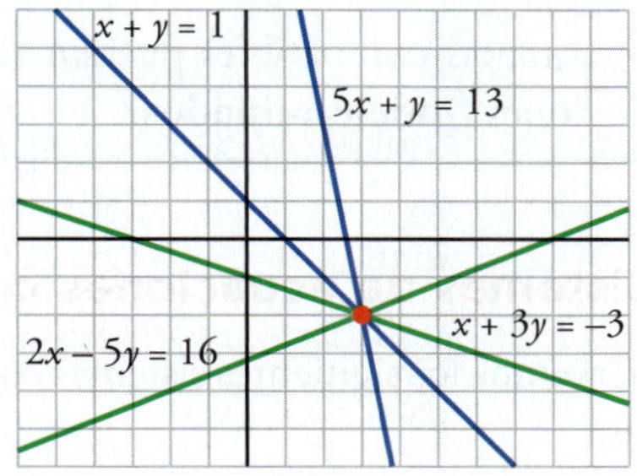

Transformaciones en un sistema de ecuaciones

Consideramos válida toda transformación que pase de un sistema a otro equivalente. Por ejemplo:

① Multiplicar o dividir los dos miembros de una de las ecuaciones por un número distinto de cero.

$$\left.\begin{array}{r} 3x + 5y - z = 3 \\ x - 2y + z = 5 \end{array}\right\} \xrightarrow{(2.^a)\cdot 3} \left.\begin{array}{r} 3x + 5y - z = 3 \\ 3x - 6y + 3z = 15 \end{array}\right\}$$

② Añadir una ecuación que sea combinación lineal de las demás, o al contrario, suprimir una ecuación que sea combinación lineal de las otras.

$$\left.\begin{array}{r} 3x + 5y - z = 3 \\ x - 2y + z = 5 \end{array}\right\} \underset{\longleftarrow}{\xrightarrow{(1.^a) - 3\cdot(2.^a)}} \left.\begin{array}{r} 3x + 5y - z = 3 \\ x - 2y + z = 5 \\ 11y - 4z = -12 \end{array}\right\}$$

③ Sustituir una ecuación por el resultado de sumarle otra multiplicada por un número.

$$\left.\begin{array}{r} 3x + 5y - z = 3 \\ x - 2y + z = 5 \end{array}\right\} \xrightarrow[(1.^a) - 3\cdot(2.^a)]{} \left.\begin{array}{r} 11y - 4z = -12 \\ x - 2y + z = 5 \end{array}\right\}$$

Se llaman **transformaciones válidas** a las que mantienen las soluciones del sistema.

Combinación lineal de ecuaciones

Una **combinación lineal de ecuaciones** es el resultado de multiplicar cada una de ellas por un número y sumarlas miembro a miembro.

Atención

En la resolución de sistemas de ecuaciones debemos realizar transformaciones que, además de válidas, sean «convenientes»; es decir, que nos aproximen a la solución. Para ello, utilizaremos, fundamentalmente, las transformaciones ① y ③ aquí descritas.

Piensa y practica

1 ¿Verdadero o falso?

a) En un sistema de ecuaciones con dos incógnitas $(x,\ y)$ la ecuación $x + y = 4$ tiene, entre otras, la solución $(3,\ 1)$.

b) En un sistema con tres incógnitas $(x,\ y,\ z)$ la ecuación $x + y = 4$ no tiene sentido.

c) En un sistema con tres incógnitas $(x,\ y,\ z)$ la ecuación $x + y = 4$ sí tiene sentido. Representa un plano. Algunas soluciones suyas son $(3, 1, 0)$, $(3, 1, 7)$, $(3, 1, -4)$.

d) Si estamos en el plano (dos incógnitas, x, y) la ecuación $y = 0$ representa al eje X.

e) Si estamos en el espacio (tres incógnitas, x, y, z) la ecuación $y = 0$ representa al plano XZ.

2 Sin resolverlos, explica por qué son equivalentes los siguientes pares de sistemas:

a) $\begin{cases} x + y = 5 \\ 2x - y = 7 \end{cases}$ $\begin{cases} x + y = 5 \\ 3x = 12 \end{cases}$

b) $\begin{cases} x + y - z = 5 \\ x + y = 7 \end{cases}$ $\begin{cases} z = 2 \\ x + y = 7 \end{cases}$

c) $\begin{cases} x + y - z = 5 \\ x + y = 7 \\ 2x + 2y - z = 12 \end{cases}$ $\begin{cases} z = 2 \\ x + y = 7 \end{cases}$

d) $\begin{cases} x + y - z = 11 \\ x + 2y - z = 7 \end{cases}$ $\begin{cases} x + y - z = 11 \\ y = -4 \end{cases}$

anayaeducacion.es Actividades para comprobar si dos sistemas son equivalentes.

2 POSIBLES SOLUCIONES DE UN SISTEMA DE ECUACIONES LINEALES

Un sistema de ecuaciones puede tener solución (**compatible**) o no tener solución (**incompatible**).

Los sistemas compatibles pueden tener una solución (**determinados**) o infinitas soluciones (**indeterminados**).

Ten en cuenta

En vez de decir que un sistema es *compatible* o *incompatible* sería más correcto afirmar que las ecuaciones que lo forman son compatibles (es decir, todas tienen alguna solución común) o incompatibles (no hay ninguna solución común a todas ellas). Sin embargo, la nomenclatura que aquí se utiliza es la universalmente aceptada.

■ Sistemas de ecuaciones con dos incógnitas

Observemos los siguientes sistemas con sus correspondientes interpretaciones geométricas:

- $\left.\begin{array}{l}2x + 3y = 9\\ 3x - 5y = 4\end{array}\right\}$ Este sistema de ecuaciones tiene por solución $x = 3$, $y = 1$. Esto significa que las dos rectas se cortan en el punto (3, 1).

  El sistema es, pues, **compatible** y **determinado.**

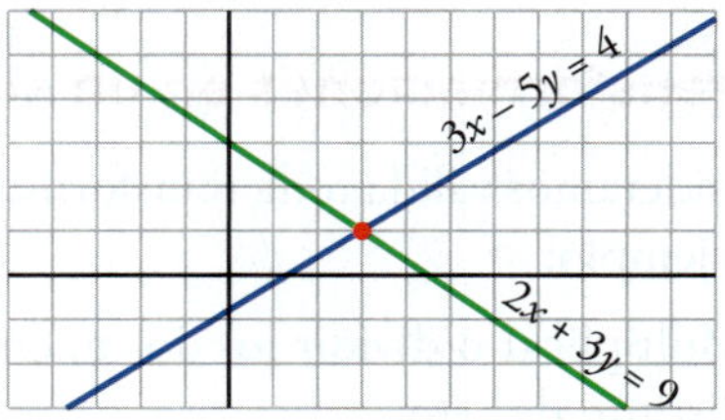

- $\left.\begin{array}{l}2x + 3y = 9\\ 3x - 5y = 4\\ 5x - 2y = 13\end{array}\right\}$ Este sistema es prácticamente igual que el anterior, pues las dos primeras ecuaciones son las mismas y la tercera se obtiene sumando, miembro a miembro, las anteriores.

  La nueva recta (negra en el dibujo) pasa por el punto (3, 1) en que se cortan las otras dos. El sistema es, también, **compatible** y **determinado.**

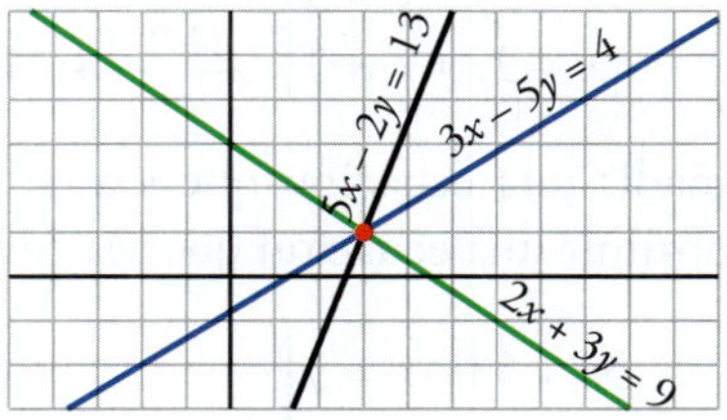

- $\left.\begin{array}{l}2x + 3y = 9\\ 4x + 6y = 18\end{array}\right\}$ Las dos ecuaciones dicen lo mismo. Cada solución de una de ellas es, también, solución de la otra. Las dos rectas coinciden. Es decir, son la misma recta.

  El sistema es **compatible** e **indeterminado.**

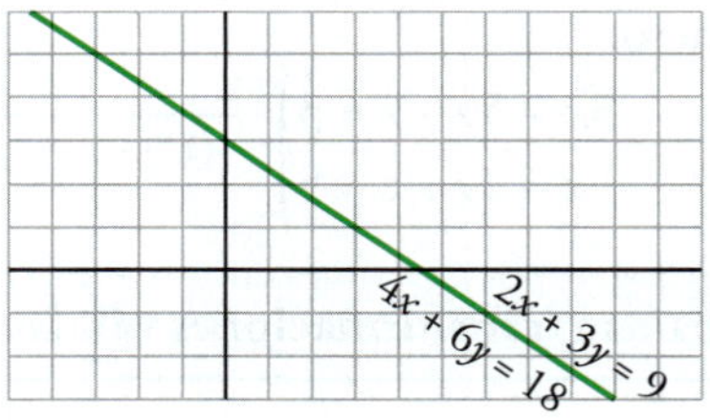

- $\left.\begin{array}{l}2x + 3y = 9\\ 4x + 6y = 12\end{array}\right\}$ Las ecuaciones dicen cosas contradictorias. No tienen ninguna solución común. Geométricamente, las dos rectas son paralelas, pues no tienen ningún punto común.

  Este sistema carece de solución. Es **incompatible.** Al intentar resolverlo se llega a expresiones disparatadas.

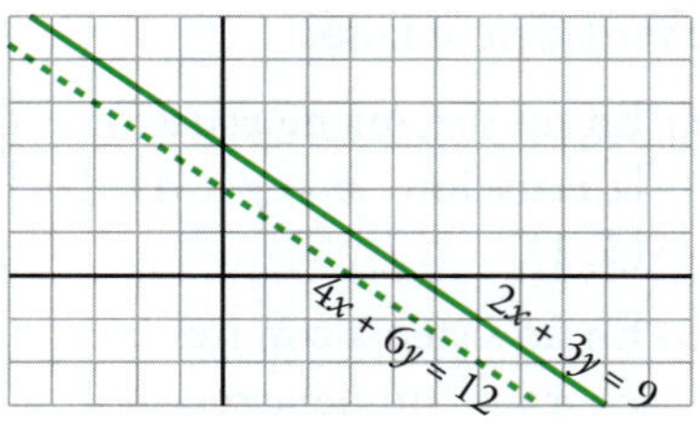

- $\left.\begin{array}{l}2x + 3y = 9\\ 3x - 5y = 4\\ 5x - 2y = -6\end{array}\right\}$ Este sistema es muy parecido al segundo. Solo cambia el término independiente de la tercera ecuación, que ya no pasa por el punto (3, 1) donde se cortan las otras dos. Las tres rectas no tienen ningún punto común.

  El sistema es, pues, **incompatible.**

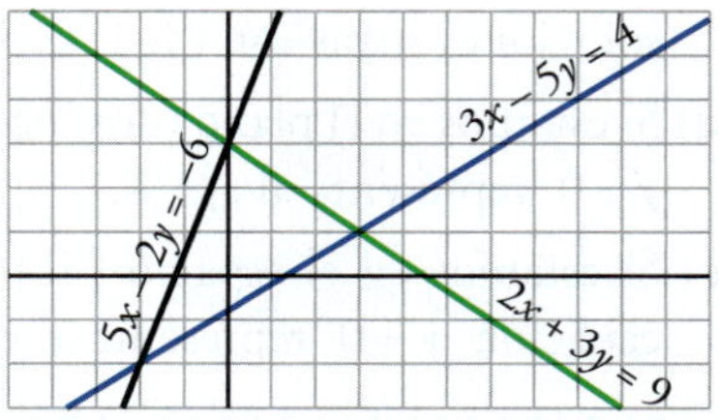

anayaeducacion.es Clasifica sistemas de ecuaciones lineales con dos incógnitas.

Sistemas de ecuaciones con tres incógnitas

Observemos los siguientes sistemas con sus correspondientes interpretaciones geométricas:

anayaeducacion.es

Ejercicios para reforzar la interpretación geométrica de sistemas de dos y de tres incógnitas.

- $\begin{cases} 2x + y - z = 11 \\ x - 3y = -20 \\ 4x + 2y + 5z = 8 \end{cases}$

  Los tres planos se cortan en un punto. El sistema es **compatible determinado.**

  Solución: $x = 1,\ y = 7,\ z = -2$

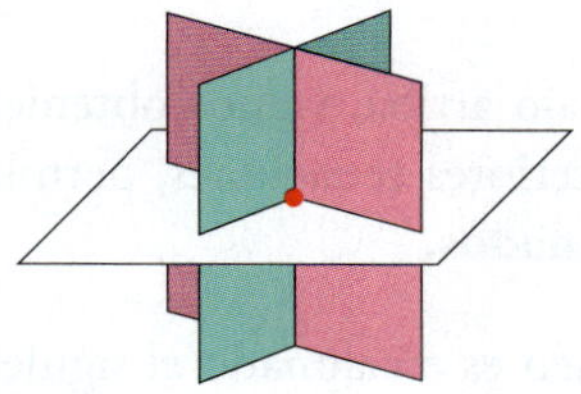

- $\begin{cases} 2x + y - z = 11 \\ x - 3y = -20 \\ 4x + 2y + 5z = 8 \\ 7x + 4z = -1 \end{cases}$

  La cuarta ecuación es suma de las otras tres. El plano correspondiente (amarillo) pasa por el punto común. El sistema es **compatible determinado.**

  Solución: $x = 1,\ y = 7,\ z = -2$

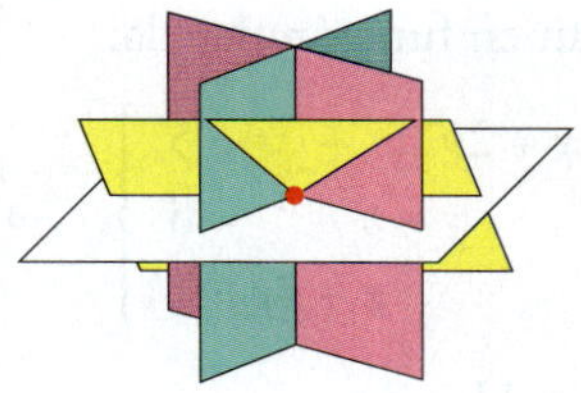

- $\begin{cases} 2x + y - z = 11 \\ x - 3y = -20 \\ 4x + 2y + 5z = 8 \\ 7x + 4z = 3 \end{cases}$

  La cuarta ecuación contradice la suma de las otras tres. Este plano (amarillo) no pasa por el punto de corte de los otros tres. El sistema es **incompatible.**

  No tiene solución.

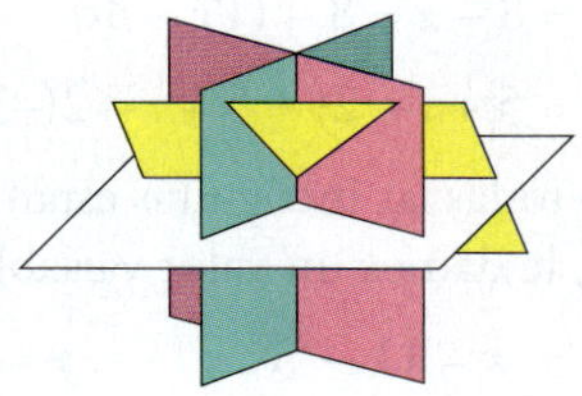

- $\begin{cases} 2x + y - z = 11 \\ x + y = -20 \\ 3x + 2y - z = -9 \end{cases}$

  La tercera ecuación, al ser suma de las otras dos, no aporta información al sistema. El sistema es compatible **indeterminado.**

  Solución: Todos los puntos de la recta donde se cortan los planos son solución del sistema.

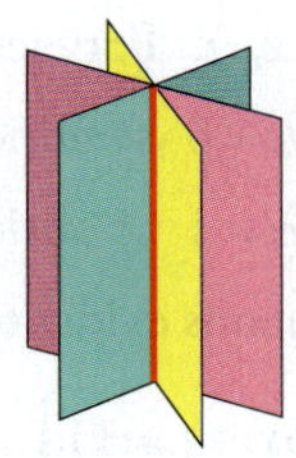

- $\begin{cases} 2x + y - z = 11 \\ x + y = -20 \\ 3x + 2y - z = 3 \end{cases}$

  La tercera ecuación contradice lo que se obtiene sumando las otras dos. El sistema es **incompatible.**

  No tiene solución.

Piensa y practica

1 Resuelve e interpreta geométricamente los siguientes sistemas de ecuaciones:

a) $\begin{cases} 2x + y = 1 \\ 3x + 2y = 4 \\ x + y = 3 \end{cases}$ b) $\begin{cases} x + y + z = 6 \\ y - z = 1 \\ x + 2y = 7 \end{cases}$

c) $\begin{cases} x + y + z = 6 \\ x + y + z = 0 \\ x - z = 0 \end{cases}$ d) $\begin{cases} x + y + z = 6 \\ y - z = 1 \\ z = 1 \end{cases}$

2 a) Resuelve este sistema:

$$\begin{cases} x + 2y = 3 \\ x - y = 4 \end{cases}$$

b) Añade una tercera ecuación de modo que siga siendo compatible.

c) Añade una tercera ecuación de modo que el sistema sea incompatible.

d) Interpreta geométricamente lo que has hecho en cada caso.

3 SISTEMAS ESCALONADOS

- Los siguientes sistemas son extraordinariamente fáciles de resolver:

$$\begin{cases} 2x + 3y = 14 \\ 5y = 10 \end{cases} \qquad \begin{cases} x - 3y + 2z = 7 \\ 5y - z = 6 \\ 3z = 12 \end{cases} \qquad \begin{cases} x + 2y - t = 5 \\ y + z = 8 \\ z + 3t = 11 \\ 2t = 6 \end{cases}$$

De abajo arriba, vamos obteniendo el valor de cada incógnita que, sustituida en las anteriores ecuaciones, permite seguir el proceso. Estos sistemas se denominan **escalonados.**

- También es escalonado el siguiente sistema. Al tener más incógnitas que ecuaciones, pasamos una de las incógnitas al segundo miembro, con lo que las demás se calculan en función de ella:

$$\left.\begin{array}{r} x + 2y - t = 5 \\ y + z = 8 \\ z + 3t = 11 \end{array}\right\} \rightarrow \left.\begin{array}{r} x + 2y = 5 + t \\ y + z = 8 \\ z = 11 - 3t \end{array}\right\}$$

(3.ª) $z = 11 - 3t$

(2.ª) $y = 8 - z = 8 - (11 - 3t) = -3 + 3t$

(1.ª) $x = 5 + t - 2y = 5 + t - 2(-3 + 3t) = 11 - 5t$

Como todas las incógnitas están puestas en función de t, tomamos t como parámetro, le damos un valor variable. Llamando $t = \lambda$, queda:

$$x = 11 - 5\lambda \qquad y = -3 + 3\lambda \qquad z = 11 - 3\lambda \qquad t = \lambda$$

Para cada valor numérico que demos a λ, obtendremos los correspondientes valores de x, y, z, t. Por ejemplo:

Para $\lambda = 0$ se obtiene $x = 11$, $y = -3$, $z = 11$, $t = 0$.

Para $\lambda = 1$ se obtiene $x = 6$, $y = 0$, $z = 8$, $t = 1$.

- Aunque es menos evidente, también es escalonado este sistema:

$$\left.\begin{array}{r} 3x - 5y = 11 \\ 2y = 4 \\ x + y + z = 14 \end{array}\right\}$$

Es claro que podemos despejar, sucesivamente, la y en la 2.ª ecuación, la x en la 1.ª y, finalmente, la z en la 3.ª ecuación.

También llamaremos escalonados a estos sistemas, aunque su fisonomía no lo sugiera.

Propuesta

Resuelve paso a paso cada uno de estos tres sistemas.

Notación

λ (lambda), μ (mu), ν (nu) son letras griegas que suelen utilizarse como parámetros.

Piensa y practica

1 Reconoce como escalonados los siguientes sistemas y resuélvelos:

a) $\begin{cases} 3x = 7 \\ x - 2y = 5 \end{cases}$ b) $\begin{cases} 2x = 6 \\ x + y + 3z = 7 \\ 5x - z = 4 \end{cases}$

c) $\begin{cases} 2x - 2t = 6 \\ x + y + 3z = 7 \\ 5x - z + t = 4 \end{cases}$ d) $\begin{cases} 2x + 3z = 0 \\ x + 3y - z = 7 \\ 4x = 4 \end{cases}$

2 ¿Son escalonados estos sistemas? Resuélvelos:

a) $\begin{cases} 2y + z = 1 \\ 2y = 1 \\ x + 2y + 2z = 1 \end{cases}$ b) $\begin{cases} x + y + z = 7 \\ 2x - z = 4 \end{cases}$

c) $\begin{cases} x + y + z = 3 \\ x - y = 2 \end{cases}$ d) $\begin{cases} z + t = 3 \\ y + 3z - 2t = 4 \\ 2z = 2 \\ x - z + 2t = 5 \end{cases}$

Cómo transformar un sistema en otro equivalente escalonado

Veamos, mediante algunos ejercicios resueltos, cómo se pasa de un sistema cualquiera a otro equivalente escalonado.

Ejercicio resuelto

1 *Transformar en escalonados estos sistemas:*

a) $\begin{cases} x - 3y = 4 \\ 3x - 7y = 7 \end{cases}$

b) $\begin{cases} x + 5y - 3z = 7 \\ 2x - y + z = 11 \\ 4x + 3y - 4z = 3 \end{cases}$

c) $\begin{cases} 3x - y + 2z - 3t = 19 \\ x - 2y + 3z + 4t = -16 \\ 2x - y + z - t = 9 \\ x - y + 3z + 2t = -7 \end{cases}$

a) $\begin{cases} x - 3y = 4 & (1.^a) \\ 3x - 7y = 7 & (2.^a) - 3 \cdot (1.^a) \end{cases} \rightarrow \begin{cases} x - 3y = 4 \\ 2y = -5 \end{cases}$

Fíjate en cómo los coeficientes que son 1 ayudan a hacer transformaciones fáciles.

Resolución: $(2.^a)\ y = -2{,}5;\ \ (1.^a)\ x = -3{,}5$

b) $\begin{cases} x + 5y - 3z = 7 & (1.^a) \\ 2x - y + z = 11 & (2.^a) - 2 \cdot (1.^a) \\ 4x + 3y - 4z = 3 & (3.^a) - 4 \cdot (1.^a) \end{cases} \rightarrow \begin{cases} x + 5y - 3z = 7 & (1.^a) \\ -11y + 7z = -3 & -17 \cdot (2.^a)^{(*)} \\ -17y + 8z = -25 & 11 \cdot (3.^a)^{(*)} \end{cases} \rightarrow$

$\begin{cases} x + 5y - 3z = 7 & (1.^a) \\ 187y - 119z = 51 & (2.^a)/17 \\ -187y + 88z = -275 & -(3.^a) - (2.^a) \end{cases} \rightarrow \begin{cases} x + 5y - 3z = 7 \\ 11y - 7z = 3 \\ 31z = 224 \end{cases}$

Ya tenemos el sistema en forma escalonada. Las transformaciones (*) se han hecho, obviamente, para igualar los coeficientes de la y, y así poder eliminarla sin recurrir a las fracciones.

Resolución: $(3.^a)\ z = 224/31;\ \ (2.^a)\ y = 151/31;\ \ (1.^a)\ x = 134/31$

c) $\begin{cases} 3x - y + 2z - 3t = 19 & (1.^a) - 3 \cdot (4.^a) \\ x - 2y + 3z + 4t = -16 & (2.^a) - (4.^a) \\ 2x - y + z - t = 9 & (3.^a) - 2 \cdot (4.^a) \\ x - y + 3z + 2t = -7 & (4.^a) \end{cases} \rightarrow \begin{cases} 2y - 7z - 9t = 40 \\ -y + 2t = -9 \\ y - 5z - 5t = 23 \\ x - y + 3z + 2t = -7 \end{cases}$

$\begin{matrix} (1.^a) + 2 \cdot (2.^a) \\ (2.^a) \\ (3.^a) + (2.^a) \\ (4.^a) \end{matrix} \rightarrow \begin{cases} -7z - 5t = 22 & 3 \cdot (1.^a) \\ -y + 2t = -9 & (2.^a) \\ -5z - 3t = 14 & -5 \cdot (3.^a) \\ x - y + 3z + 2t = -7 & (4.^a) \end{cases} \rightarrow$

$\begin{cases} -21z - 15t = 66 & (1.^a) + (3.^a) \\ -y + 2t = -9 & (2.^a) \\ 25z + 15t = -70 & (3.^a)/5 \\ x - y + 3z + 2t = -7 & (4.^a) \end{cases} \rightarrow \begin{cases} 4z = -4 \\ -y + 2t = -9 \\ 5z + 3t = -14 \\ x - y + 3z + 2t = -7 \end{cases}$

Resolución: $(1.^a)\ z = -1;\ \ (3.^a)\ t = -3;\ \ (2.^a)\ y = 3;\ \ (4.^a)\ x = 5$

Piensa y practica

3 Transforma en escalonados y resuelve.

a) $\begin{cases} 2x - 3y = 21 \\ 3x + y = 4 \end{cases}$

b) $\begin{cases} x - y + 3z = -4 \\ x + y + z = 2 \\ x + 2y - z = 6 \end{cases}$

c) $\begin{cases} x + y + z = 6 \\ x - y - z = -4 \\ 3x + y + z = 8 \end{cases}$

d) $\begin{cases} x - y + 3z = 0 \\ 3x - 2y - 5z + 7w = -32 \\ x + 2y - z + 3w = 18 \\ x - 3y + z + 2w = -26 \end{cases}$

4 MÉTODO DE GAUSS

El procedimiento que hemos visto en la página anterior para transformar un sistema de ecuaciones lineales en otro escalonado se llama **método de Gauss.** Su práctica puede hacerse más cómoda si, prescindiendo de las incógnitas, nos limitamos a utilizar los números (coeficientes y términos independientes), situándolos en una matriz.

Veamos cómo sería la resolución del segundo ejemplo de la página anterior:

$$\left(\begin{array}{ccc|c} 1 & 5 & -3 & 7 \\ 2 & -1 & 1 & 11 \\ 4 & 3 & -4 & 3 \end{array}\right) \to \left(\begin{array}{ccc|c} 1 & 5 & -3 & 7 \\ 0 & -11 & 7 & -3 \\ 0 & -17 & 8 & -25 \end{array}\right) \to \left(\begin{array}{ccc|c} 1 & 5 & -3 & 7 \\ 0 & 187 & -119 & 51 \\ 0 & -187 & 88 & -275 \end{array}\right) \to$$

$$\to \left(\begin{array}{ccc|c} 1 & 5 & -3 & 7 \\ 0 & 11 & -7 & 3 \\ 0 & 0 & 31 & 224 \end{array}\right)$$

Cada una de las sucesivas matrices que intervienen en el proceso corresponde a un sistema de ecuaciones. El último es escalonado y, por tanto, se resuelve fácilmente.

El **método de Gauss** consiste en transformar un sistema de ecuaciones lineales en otro escalonado. Para ello, «hacemos ceros» sometiendo las ecuaciones a dos transformaciones elementales:

- Multiplicar una ecuación por un número distinto de cero.
- Sumar a una ecuación otra multiplicada por un número.

El proceso se realiza muy ventajosamente si, en lugar de las ecuaciones, utilizamos exclusivamente los números —coeficientes y términos independientes— estructurados en matrices.

Al finalizar el proceso, o en algún paso intermedio, podemos encontrarnos con uno de los siguientes casos:

a) *Una fila de ceros.* Corresponde a una ecuación trivial y podemos prescindir de ella:

$$(0\ \ 0\ \ \dots\ \ 0 \mid 0) \iff 0x + 0y + \dots + 0t = 0$$

b) *Dos filas iguales o proporcionales.* Corresponden a ecuaciones equivalentes y podemos prescindir inmediatamente de una de ellas:

$$\left(\begin{array}{cccc|c} \dots & \dots & \dots & \dots & \dots \\ 0 & 1 & 5 & -2 & 6 \\ \cancel{0} & \cancel{3} & \cancel{15} & \cancel{-6} & \cancel{18} \end{array}\right) \to \left(\begin{array}{cccc|c} \dots & \dots & \dots & \dots & \dots \\ 0 & 1 & 5 & -2 & 6 \end{array}\right)$$

c) *Una fila de ceros, salvo el último número* —que corresponde al término independiente— *distinto de cero:*

$$(0\ \ 0\ \ \dots\ \ 0 \mid \square) \iff 0x + 0y + \dots + 0t = \square$$

($\square$ es un número distinto de cero)

Evidentemente, se trata de una ecuación imposible. En estos casos en que aparece una ecuación imposible, reconocemos de inmediato el sistema como incompatible.

Ecuación trivial

La ecuación $0x + 0y + 0z = 0$ afirma una trivialidad. Cualquier terna de números es solución suya. Se la llama **ecuación trivial.**

Piensa y practica

1 ¿Verdadero o falso?

a) Es posible que un sistema incompatible, al aplicar el método de Gauss, dé lugar a un sistema escalonado compatible. O viceversa.

b) Al aplicar el método de Gauss, el sistema escalonado al que se llega finalmente es del mismo tipo que el sistema inicial, pues todos los pasos que se dan transforman cada sistema en otro equivalente a él.

Distintos tipos de sistemas de ecuaciones

El método de Gauss permite transformar cualquier sistema de ecuaciones lineales en otro sistema, escalonado, equivalente a él.

Para saber si el sistema inicial es compatible (determinado o indeterminado) o incompatible, observamos la fisonomía del sistema escalonado al que se llega al final del proceso. Puede darse uno de los siguientes casos:

I. $\left(\begin{array}{cccc|c} \blacksquare & \square & \square & \square & \square \\ 0 & \blacksquare & \square & \square & \square \\ 0 & 0 & \blacksquare & \square & \square \\ 0 & 0 & 0 & \blacksquare & \square \end{array}\right)$

$\blacksquare$ un número distinto de cero

$\square$ un número cualquiera

Hay tantas ecuaciones válidas como incógnitas. Paso a paso, vamos obteniendo un valor numérico para cada incógnita.

Es, por tanto, un sistema **compatible determinado.**

II. $\left(\begin{array}{cccc|c} \blacksquare & \square & \square & \square & \square \\ 0 & \blacksquare & \square & \square & \square \\ 0 & 0 & \blacksquare & \square & \square \end{array}\right)$

Hay menos ecuaciones válidas que incógnitas. Las incógnitas que están de más se pasan al segundo miembro, con lo que el valor de las otras se dará en función de ellas.

El sistema es **compatible indeterminado.** Su solución general vendrá dada con tantos parámetros como incógnitas hayamos pasado al segundo miembro.

III. $\left(\begin{array}{ccccc|c} \dots & \dots & \dots & \dots & \dots & \dots \\ \dots & \dots & \dots & \dots & \dots & \dots \\ 0 & 0 & 0 & \dots & 0 & \blacksquare \end{array}\right)$

La última ecuación es absurda, no tiene solución.

El sistema es **incompatible.**

anayaeducacion.es

Ejemplos de resolución de sistemas 3 × 3 aplicando el método de Gauss.

Ejercicios resueltos

1 *Resolver por el método de Gauss el siguiente sistema:*

$$\begin{cases} 2x - 5y + 3z = 4 \\ x - 2y + z = 3 \\ 5x + y + 7z = 11 \end{cases}$$

$$\left(\begin{array}{ccc|c} 2 & -5 & 3 & 4 \\ 1 & -2 & 1 & 3 \\ 5 & 1 & 7 & 11 \end{array}\right) \xrightarrow{\begin{array}{l}(1.^{a}) - 2 \cdot (2.^{a}) \\ (2.^{a}) \\ (3.^{a}) - 5 \cdot (2.^{a})\end{array}} \left(\begin{array}{ccc|c} 0 & -1 & 1 & -2 \\ 1 & -2 & 1 & 3 \\ 0 & 11 & 2 & -4 \end{array}\right) \xrightarrow{\begin{array}{l}(1.^{a}) \\ (2.^{a}) \\ (3.^{a}) - 2 \cdot (1.^{a})\end{array}}$$

$$\left(\begin{array}{ccc|c} 0 & -1 & 1 & -2 \\ 1 & -2 & 1 & 3 \\ 0 & 13 & 0 & 0 \end{array}\right)$$

Ya está el sistema puesto en forma escalonada.

El sistema es compatible determinado. Lo resolvemos:

(3.ª) $13y = 0 \rightarrow y = 0$

(1.ª) $-y + z = -2 \rightarrow 0 + z = -2 \rightarrow z = -2$

(2.ª) $x - 2y + z = 3 \rightarrow x - 0 - 2 = 3 \rightarrow x = 5$

Solución: $x = 5,\ y = 0,\ z = -2$

Ejercicios resueltos

2 *Resolver por el método de Gauss el siguiente sistema:*

$$\begin{cases} x-3y+7z=10 \\ 5x-y+z=8 \\ x+4y-10z=-11 \end{cases}$$

$$\left(\begin{array}{ccc|c} \boxed{1} & -3 & 7 & 10 \\ 5 & -1 & 1 & 8 \\ 1 & 4 & -10 & -11 \end{array}\right) \begin{array}{l} (1.^a) \\ (2.^a)-5\cdot(1.^a) \\ (3.^a)-(1.^a) \end{array} \rightarrow \left(\begin{array}{ccc|c} 1 & -3 & 7 & 10 \\ 0 & 14 & -34 & -42 \\ 0 & 7 & -17 & -21 \end{array}\right) \begin{array}{l} (1.^a) \\ (2.^a)\text{ Se elimina} \\ (3.^a) \end{array}$$

$$\left(\begin{array}{ccc|c} 1 & -3 & 7 & 10 \\ 0 & 7 & -17 & -21 \end{array}\right) \rightarrow \begin{cases} x-3y+7z=10 \\ 7y-17z=-21 \end{cases}$$

Eliminamos la segunda ecuación porque es proporcional a la tercera. El sistema ya está escalonado pasando la tercera columna (la z) al término independiente. El sistema es compatible indeterminado.

$(2.^a)\ 7y-17z=-21 \ \rightarrow\ y=\dfrac{-21+17z}{7}=-3+\dfrac{17}{7}z$

$(1.^a)\ x-3y+7z=10 \ \rightarrow\ x=10+3\left(-3+\dfrac{17}{7}z\right)-7z=1+\dfrac{2}{7}z$

La *solución* es: $x=1+\dfrac{2}{7}\lambda;\ y=-3+\dfrac{17}{7}\lambda;\ z=\lambda$

Si en lugar de tomar $z=\lambda$ tomamos $z=7\lambda$, la solución se pondría así:

$$x=1+2\lambda;\ y=-3+17\lambda;\ z=7\lambda$$

3 *Resolver por el método de Gauss este sistema:*

$$\begin{cases} x-3y-2z=7 \\ 2x-y+15z=3\ l \\ x-8y-21z=11 \end{cases}$$

$$\left(\begin{array}{ccc|c} \boxed{1} & -3 & -2 & 7 \\ 2 & -1 & 15 & 3 \\ 1 & -8 & -21 & 11 \end{array}\right) \begin{array}{l} (1.^a) \\ (2.^a)-2\cdot(1.^a) \\ (3.^a)-(1.^a) \end{array} \rightarrow \left(\begin{array}{ccc|c} 1 & -3 & -2 & 7 \\ 0 & 5 & 19 & -11 \\ 0 & -5 & -19 & 4 \end{array}\right) \begin{array}{l} (1.^a) \\ (2.^a) \\ (3.^a)+(2.^a) \end{array}$$

$$\left(\begin{array}{ccc|c} 1 & -3 & -2 & 7 \\ 0 & 5 & 19 & -11 \\ 0 & 0 & 0 & -7 \end{array}\right)$$

La fila $(0\ 0\ 0\,|\,-7)$ representa la ecuación $0x+0y+0z=-7$, que no tiene solución. El sistema es incompatible.

Piensa y practica

2 Resuelve estos sistemas de ecuaciones utilizando el método de Gauss:

a) $\begin{cases} x+y+z=2 \\ 3x-2y-z=4 \\ -2x+y+2z=2 \end{cases}$

b) $\begin{cases} 3x-4y+2z=1 \\ -2x-3y+z=2 \\ 5x-y+z=5 \end{cases}$

c) $\begin{cases} x-2y=-3 \\ -2x+3y+z=4 \\ 2x+y-5z=4 \end{cases}$

3 Resuelve mediante el método de Gauss.

a) $\begin{cases} x-y+2z=2 \\ -x+3y+z=3 \\ x+y+5z=7 \end{cases}$

b) $\begin{cases} 2x-y+w=0 \\ x-2y+z=0 \\ 5x-y+z+w=0 \\ 5x-2y-z+2w=0 \end{cases}$

c) $\begin{cases} 2x-y+w=9 \\ x-2y+z=11 \\ 5x-y+z+w=24 \\ 5x-2y-z+2w=0 \end{cases}$

anayaeducacion.es Resuelve sistemas aplicando el método de Gauss.

5 DISCUSIÓN DE SISTEMAS DE ECUACIONES

Observa el siguiente sistema de ecuaciones lineales:

$$\begin{cases} x + y + kz = 1 \\ kx + (k-1)y + z = k \\ x + y + z = k+1 \end{cases}$$

En realidad, más que un sistema de ecuaciones es un conjunto de ellos, pues para cada valor del parámetro k hay un sistema de ecuaciones distinto.

De esos infinitos sistemas, es posible que unos sean compatibles, y otros, incompatibles. **Discutir** el sistema «dependiente» del parámetro es reconocer los valores de k para los que el sistema es de un tipo u otro.

Discutir un sistema de ecuaciones dependiente de uno o más parámetros es identificar para qué valores de los parámetros el sistema es compatible o incompatible, distinguiendo también los casos en que es determinado o indeterminado.

En los próximos epígrafes de esta unidad aprenderemos a resolver sistemas de ecuaciones lineales por un método distinto del de Gauss. Este nuevo procedimiento será, en general, más cómodo para la discusión de sistemas. No obstante, el método de Gauss también permite realizar discusiones. Veámoslo con un ejercicio resuelto.

Ejercicio resuelto

1 *Discutir y resolver, cuando se pueda, el siguiente sistema:*

$$\begin{cases} x + y + kz = 1 \\ kx + (k-1)y + z = k \\ x + y + z = k+1 \end{cases}$$

Utilizaremos el método de Gauss:

$$\left(\begin{array}{ccc|c} 1 & 1 & k & 1 \\ k & k-1 & 1 & k \\ 1 & 1 & 1 & k+1 \end{array}\right) \begin{array}{l} (1.^a) \\ (2.^a) - k \cdot (1.^a) \\ (3.^a) - (1.^a) \end{array} \to \left(\begin{array}{ccc|c} 1 & 1 & k & 1 \\ 0 & -1 & 1-k^2 & 0 \\ 0 & 0 & 1-k & k \end{array}\right)$$

- Si $k = 1$, la última fila es $(0\ 0\ 0 \mid 1)$. El sistema es incompatible.
- Si $k \neq 1$, entonces:

$$z = \frac{k}{1-k} \qquad y = (1-k^2)\frac{k}{1-k} = k^2 + k \qquad x = \frac{k^3 - k^2 - 2k + 1}{1-k}$$

Es decir, para cualquier $k \neq 1$, el sistema es compatible determinado.

Solución: $\left(\dfrac{k^3 - k^2 - 2k + 1}{1-k},\ k^2 + k,\ \dfrac{k}{1-k}\right)$

Atención: No hay infinitas soluciones, sino infinitos sistemas, uno para cada valor de k. Y cada uno de ellos tiene solución única, salvo el correspondiente a $k = 1$, que no tiene solución. Por ejemplo, para $k = 2$, el sistema es:

$$\left.\begin{array}{r} x + y + 2z = 1 \\ 2x + y + z = 2 \\ x + y + z = 3 \end{array}\right\}$$ Su *solución* es: $x = -1,\ y = 6,\ z = -2$

Piensa y practica

1 Discute, en función de k, estos sistemas de ecuaciones:

a) $\begin{cases} 4x + 2y = k \\ x + y - z = 2 \\ kx + y + z = 1 \end{cases}$ b) $\begin{cases} 4x + 2y = k \\ x + y - z = 2 \\ kx + y + z = 0 \end{cases}$

2 Discute estos sistemas de ecuaciones en función de k:

a) $\begin{cases} kx + y - z = 8 \\ x + y + z = 0 \\ 2x + z = k \end{cases}$ b) $\begin{cases} x + y + z = 1 \\ y + kz = 1 \\ x + 2y = k \end{cases}$

anayaeducacion.es Discute sistemas de ecuaciones lineales en función de un parámetro.

6
UN NUEVO CRITERIO PARA SABER SI UN SISTEMA ES COMPATIBLE

Como hemos visto en páginas anteriores, el método de Gauss permite saber si un sistema es o no compatible.

El procedimiento que describimos a continuación también posibilita el estudio de la compatibilidad de un sistema basándose en los rangos de dos matrices. Su fundamento es el siguiente: si el sistema tiene solución, la columna de los términos independientes se puede poner como combinación lineal de las columnas de la matriz de los coeficientes.

Teorema de Rouché

La condición necesaria y suficiente para que tenga solución el sistema

$$(*)\ \begin{cases} a_{11}x_1 + a_{12}x_2 + a_{13}x_3 + \ldots + a_{1n}x_n = c_1 \\ a_{21}x_1 + a_{22}x_2 + a_{23}x_3 + \ldots + a_{2n}x_n = c_2 \\ \ldots \quad \ldots \quad \ldots \quad \ldots \quad \ldots \quad \ldots \\ a_{m1}x_1 + a_{m2}x_2 + a_{m3}x_3 + \ldots + a_{mn}x_n = c_m \end{cases}$$

es que el rango de la **matriz de los coeficientes,** A, coincida con el rango de la **matriz ampliada,** A'.

$$A = \begin{pmatrix} a_{11} & a_{12} & a_{13} & \ldots & a_{1n} \\ a_{21} & a_{22} & a_{23} & \ldots & a_{2n} \\ \ldots & \ldots & \ldots & \ldots & \ldots \\ a_{m1} & a_{m2} & a_{m3} & \ldots & a_{mn} \end{pmatrix}, \quad A' = \begin{pmatrix} a_{11} & a_{12} & a_{13} & \ldots & a_{1n} & c_1 \\ a_{21} & a_{22} & a_{23} & \ldots & a_{2n} & c_2 \\ \ldots & \ldots & \ldots & \ldots & \ldots & \ldots \\ a_{m1} & a_{m2} & a_{m3} & \ldots & a_{mn} & c_m \end{pmatrix}$$

Es decir:

El sistema (*) tiene solución $\Leftrightarrow$ *ran* (*A*) = *ran* (*A'*)

Ejemplo

En el siguiente sistema:

$$\begin{cases} x + \ y + 2z \qquad = 7 \\ 3x - \ y \qquad + 4t = 1 \\ x - 3y - 4z + 4t = -13 \end{cases}$$

La matriz de los coeficientes es:

$$A = \begin{pmatrix} 1 & 1 & 2 & 0 \\ 3 & -1 & 0 & 4 \\ 1 & -3 & -4 & 4 \end{pmatrix}$$

y la matriz ampliada es:

$$A' = \begin{pmatrix} 1 & 1 & 2 & 0 & 7 \\ 3 & -1 & 0 & 4 & 1 \\ 1 & -3 & -4 & 4 & -13 \end{pmatrix}$$

Demostración

Podemos poner el sistema como una relación lineal entre los vectores columna:

$$\begin{pmatrix} a_{11} \\ a_{21} \\ \ldots \\ a_{m1} \end{pmatrix} x_1 + \begin{pmatrix} a_{12} \\ a_{22} \\ \ldots \\ a_{m2} \end{pmatrix} x_2 + \begin{pmatrix} a_{13} \\ a_{23} \\ \ldots \\ a_{m3} \end{pmatrix} x_3 + \ldots + \begin{pmatrix} a_{1n} \\ a_{2n} \\ \ldots \\ a_{mn} \end{pmatrix} x_n = \begin{pmatrix} c_1 \\ c_2 \\ \ldots \\ c_m \end{pmatrix}$$

Se ve claro que si el sistema tiene solución, existen unos números, x_1, x_2, x_3, …, x_n, que permiten poner la columna de los términos independientes como combinación lineal de las columnas de la matriz A. Por tanto, al añadir la columna (c_i) a la matriz A, esta no aumenta su rango. Es decir, si el sistema tiene solución, entonces: $ran(A') = ran(A)$.

El argumento recíproco es similar: si $ran(A') = ran(A)$, es porque la columna (c_i) es combinación lineal de las restantes y, por tanto, existen unos números, x_1, x_2, x_3, …, x_n, que multiplicados por las columnas (a_{i1}), (a_{i2}), (a_{i3}), …, (a_{in}), dan como resultado el vector (c_i). De modo que esos números x_1, x_2, x_3, …, x_n son solución del sistema.

Relación entre *ran* (*A*) y *ran* (*A'*) en un sistema incompatible

Si el sistema es incompatible, $ran(A) \neq ran(A')$. Puesto que A' tiene una columna más que A, su rango solo puede ser una unidad mayor. Por tanto, si el sistema es incompatible, $ran(A') = ran(A) + 1$.

Ejercicio resuelto

1 *Aplicar el teorema de Rouché para averiguar si los siguientes sistemas son compatibles o incompatibles:*

a) $\begin{cases} 2x + 3y - z = 4 \\ x + 2y = 5 \\ 3y + z = 1 \end{cases}$

b) $\begin{cases} x - 2y + z = 0 \\ x - y = -1 \\ x - 4y + 3z = 4 \end{cases}$

c) $\begin{cases} x - 2y + z = 0 \\ x - y = -1 \\ x - 4y + 3z = 2 \end{cases}$

d) $\begin{cases} x + y = 7 \\ 2x - 3y = 4 \\ 2x + y = 0 \end{cases}$

a) $A = \begin{pmatrix} 2 & 3 & -1 \\ 1 & 2 & 0 \\ 0 & 3 & 1 \end{pmatrix}$, $A' = \begin{pmatrix} 2 & 3 & -1 & 4 \\ 1 & 2 & 0 & 5 \\ 0 & 3 & 1 & 1 \end{pmatrix}$

$|A| = -2 \neq 0$. Por tanto, $ran(A) = 3$. Como A' solo tiene tres filas, su rango no puede ser mayor que 3. Por tanto, $ran(A) = ran(A')$.

El sistema es compatible.

b) $\underbrace{\overbrace{\begin{pmatrix} 1 & -2 & 1 \\ 1 & -1 & 0 \\ 1 & -4 & 3 \end{pmatrix}}^{A}\begin{matrix} 0 \\ -1 \\ 4 \end{matrix}}_{A'}$

$|A| = 0$, $ran(A) = 2$, pues el menor recuadrado en rojo es no nulo.

$\begin{vmatrix} 1 & -2 & 0 \\ 1 & -1 & -1 \\ 1 & -4 & 4 \end{vmatrix} \neq 0$. Por tanto, $ran(A') = 3$.

Como $ran(A) \neq ran(A')$, el sistema es incompatible.

c) Este sistema solo difiere del anterior en el término independiente de la tercera ecuación.

Se puede comprobar que $ran(A) = ran(A') = 2$.

El sistema es compatible.

d) Puesto que A' es una matriz cuadrada, hallamos su determinante:

$|A'| = 60 \neq 0$. Por tanto, $ran(A') = 3$.

Como A solo tiene dos columnas, $ran(A) = 2$.

Por tanto, $ran(A) = 2 \neq ran(A') = 3$, el sistema es incompatible.

Piensa y practica

1 Aplica el teorema de Rouché para averiguar si los siguientes sistemas son compatibles o incompatibles:

a) $\begin{cases} 3x - 2y = 5 \\ x + 3y = -2 \\ 2x - y = 3 \end{cases}$

b) $\begin{cases} 4x + 5y = 7 \\ 2x - y = 0 \\ 7x + 11y = 4 \end{cases}$

c) $\begin{cases} x + y + 2z = 7 \\ 3x - y + 4t = 1 \\ x - 3y - 4z + 4t = 6 \end{cases}$

2 Siguiendo el mismo proceso que en el ejercicio anterior, averigua si los siguientes sistemas son compatibles o incompatibles:

a) $\begin{cases} x + 3y - z = 1 \\ 2x + z = 2 \\ 2y - z = 0 \end{cases}$

b) $\begin{cases} x + 3y - z = 1 \\ 2x + z = 2 \\ 2y - z = 5 \end{cases}$

c) $\begin{cases} x + y + 2z = 7 \\ 3x - y + 4t = 1 \\ x - 3y - 4z + 4t = -13 \end{cases}$

anayaeducacion.es Ejercicios de aplicación del teorema de Rouché a la discusión de sistemas.

7 REGLA DE CRAMER

La regla de Cramer es un teorema con una inmediata utilidad práctica. Sirve para obtener la solución de un sistema de n ecuaciones con n incógnitas. Vamos a enunciarlo y a demostrarlo para $n = 4$. Su generalización para un n cualquiera es inmediata.

Tenemos un sistema de 4 ecuaciones con 4 incógnitas:

$$\begin{cases} a_{11}x + a_{12}y + a_{13}z + a_{14}t = c_1 \\ a_{21}x + a_{22}y + a_{23}z + a_{24}t = c_2 \\ a_{31}x + a_{32}y + a_{33}z + a_{34}t = c_3 \\ a_{41}x + a_{42}y + a_{43}z + a_{44}t = c_4 \end{cases} \quad \text{con } |A| = \begin{vmatrix} a_{11} & a_{12} & a_{13} & a_{14} \\ a_{21} & a_{22} & a_{23} & a_{24} \\ a_{31} & a_{32} & a_{33} & a_{34} \\ a_{41} & a_{42} & a_{43} & a_{44} \end{vmatrix} \neq 0$$

Puesto que $|A| \neq 0$, $ran(A) = ran(A') = 4$. Por tanto, el sistema es compatible.

Su solución es: $x = \dfrac{|A_x|}{|A|}$, $y = \dfrac{|A_y|}{|A|}$, $z = \dfrac{|A_z|}{|A|}$, $t = \dfrac{|A_t|}{|A|}$

siendo A_x la matriz que resulta de sustituir en la matriz A la columna de los coeficientes de x por la columna de los términos independientes. Y, análogamente, A_y, A_z, A_t se obtienen sustituyendo en A la columna de los coeficientes de la incógnita correspondiente por la de los términos independientes.

¿Cramer o Gauss?

Para resolver un sistema por el método de Gauss es imprescindible triangularlo y obtener encadenadamente el valor de una incógnita tras otra.

Por el contrario, la regla de Cramer permite calcular el valor de una incógnita sin obtener las restantes. En algunos casos eso es una gran ventaja.

Ejercicio resuelto

1 *Resolver este sistema:*

$$\begin{cases} x + y - 4z - 3t = -18 \\ x + 2y + z + 5t = 9 \\ 2x + 2y - 3z + 2t = -8 \\ 6x + 3y + z - 2t = 11 \end{cases}$$

$$A = \begin{pmatrix} 1 & 1 & -4 & -3 \\ 1 & 2 & 1 & 5 \\ 2 & 2 & -3 & 2 \\ 6 & 3 & 1 & -2 \end{pmatrix}, \ |A| = -120 \neq 0$$

$$A_x = \begin{pmatrix} -18 & 1 & -4 & -3 \\ 9 & 2 & 1 & 5 \\ -8 & 2 & -3 & 2 \\ 11 & 3 & 1 & -2 \end{pmatrix}, \ |A_x| = -240; \quad A_y = \begin{pmatrix} 1 & -18 & -4 & -3 \\ 1 & 9 & 1 & 5 \\ 2 & -8 & -3 & 2 \\ 6 & 11 & 1 & -2 \end{pmatrix}, \ |A_y| = 120$$

$$A_z = \begin{pmatrix} 1 & 1 & -18 & -3 \\ 1 & 2 & 9 & 5 \\ 2 & 2 & -8 & 2 \\ 6 & 3 & 11 & -2 \end{pmatrix}, \ |A_z| = -480; \quad A_t = \begin{pmatrix} 1 & 1 & -4 & -18 \\ 1 & 2 & 1 & 9 \\ 2 & 2 & -3 & -8 \\ 6 & 3 & 1 & 11 \end{pmatrix}, \ |A_t| = -120$$

Por tanto: $x = \dfrac{-240}{-120} = 2$, $y = \dfrac{120}{-120} = -1$, $z = \dfrac{-480}{-120} = 4$, $t = \dfrac{-120}{-120} = 1$

Piensa y practica

1 Enuncia la regla de Cramer para un sistema de tres ecuaciones con tres incógnitas.

$$\begin{cases} a_{11}x + a_{12}y + a_{13}z = c_1 \\ a_{21}x + a_{22}y + a_{23}z = c_2 \\ a_{31}x + a_{32}y + a_{33}z = c_3 \end{cases}$$

2 Utilizando la regla de Cramer, resuelve el siguiente sistema de ecuaciones:

$$\begin{cases} x - 3y + 5z = -24 \\ 2x - y + 4z = -8 \\ x + y = 9 \end{cases}$$

Demostración de la regla de Cramer

Hemos de despejar cada una de las incógnitas. Empecemos por la x.

Para despejar la x, hemos de eliminar y, z, t. Esto se consigue multiplicando las cuatro ecuaciones, que llamamos (1), (2), (3), (4), por los adjuntos de los coeficientes de la x:

$(1) \cdot A_{11} \to a_{11}A_{11}\,x + a_{12}A_{11}\,y + a_{13}A_{11}\,z + a_{14}A_{11}\,t = c_1A_{11}$

$(2) \cdot A_{21} \to a_{21}A_{21}\,x + a_{22}A_{21}\,y + a_{23}A_{21}\,z + a_{24}A_{21}\,t = c_2A_{21}$

$(3) \cdot A_{31} \to a_{31}A_{31}\,x + a_{32}A_{31}\,y + a_{33}A_{31}\,z + a_{34}A_{31}\,t = c_3A_{31}$

$(4) \cdot A_{41} \to a_{41}A_{41}\,x + a_{42}A_{41}\,y + a_{43}A_{41}\,z + a_{44}A_{41}\,t = c_4A_{41}$

Sumando, obtenemos una igualdad que vamos a analizar por partes:

— El coeficiente de la x es:

$$a_{11}A_{11} + a_{21}A_{21} + a_{31}A_{31} + a_{41}A_{41} = |A|$$

— El coeficiente de la y es:

$$a_{12}A_{11} + a_{22}A_{21} + a_{32}A_{31} + a_{42}A_{41} = 0$$

Análogamente se ve que los coeficientes de z y de t son cero.

— El término independiente es:

$$c_1A_{11} + c_2A_{21} + c_3A_{31} + c_4A_{41}$$

que es el determinante de la matriz A_x que resulta al sustituir en A la columna de los coeficientes de x por la columna de los términos independientes:

$$A_x = \begin{pmatrix} c_1 & a_{12} & a_{13} & a_{14} \\ c_2 & a_{22} & a_{23} & a_{24} \\ c_3 & a_{32} & a_{33} & a_{34} \\ c_4 & a_{42} & a_{43} & a_{44} \end{pmatrix}$$

Recapitulando:

Al efectuar la suma $(1) \cdot A_{11} + (2) \cdot A_{21} + (3) \cdot A_{31} + (4) \cdot A_{41}$, obtenemos:

$$|A|x + 0y + 0z + 0t = |A_x|$$

Puesto que $|A| \neq 0$, podemos despejar la x, y obtenemos: $x = \dfrac{|A_x|}{|A|}$

Para despejar la y, habría que multiplicar las ecuaciones (1), (2), (3), (4) por A_{12}, A_{22}, A_{32}, A_{42}, respectivamente. Y análogamente procederíamos para despejar z y t, obteniéndose:

$$y = \frac{|A_y|}{|A|} \qquad z = \frac{|A_z|}{|A|} \qquad t = \frac{|A_t|}{|A|}$$

Gabriel Cramer (1704-1752).

Recuerda

- La expresión $a_{11}A_{11} + a_{21}A_{21} + \ldots$ es el desarrollo del determinante de A por los elementos de la primera columna.
- La expresión $a_{12}A_{11} + a_{22}A_{21} + \ldots$ es la suma de los productos de los elementos de una columna de la matriz A por los adjuntos de otra.

  Por tanto, vale 0.

anayaeducacion.es

En la unidad anterior dimos la expresión de la inversa de una matriz cuadrada. Y aunque comprobamos su validez, nos preguntamos cómo se obtendría de forma constructiva. Ahora, con la regla de Cramer, estamos en condiciones de obtenerla.

Piensa y practica

3 Demuestra la regla de Cramer para un sistema de tres ecuaciones con tres incógnitas.

Procede de forma análoga a como se ha hecho en esta página.

8

APLICACIÓN DE LA REGLA DE CRAMER A SISTEMAS CUALESQUIERA

La regla de Cramer, en principio, solo es válida para sistemas cuadrados $(n \times n)$ que cumplen que $|A| \neq 0$ (a estos sistemas se les suele llamar «de Cramer»). Sin embargo, también puede aplicarse a cualquier sistema compatible, como veremos a continuación.

Tenemos un sistema de m ecuaciones con n incógnitas, que es compatible. Supongamos que $ran(A) = ran(A') = r$ y que $r < m$, $r < n$. Esto significa que la matriz de los coeficientes tiene un menor de orden r distinto de cero. Para simplificar la notación, supondremos que ese menor está en la esquina izquierda de la matriz A; es decir, está formado por la intersección de las r primeras filas y las r primeras columnas:

$$\left\{\begin{array}{l} a_{11}x_1 + \dots + a_{1r}x_r + \overbrace{a_{1\,r+1}x_{r+1} + \dots + a_{1n}x_n}^{\text{pasan al segundo miembro}} = c_1 \\ \dots \quad \dots \quad \dots \quad \dots \quad \dots \quad \dots \quad \dots \\ a_{r1}x_1 + \dots + a_{rr}x_r + a_{r\,r+1}x_{r+1} + \dots + a_{rn}x_n = c_r \\ \left.\begin{array}{l} a_{r+1\,1}x_1 + \dots + a_{r+1\,r}x_r + a_{r+1\,r+1}x_{r+1} + \dots + a_{r+1\,n}x_n = c_{r+1} \\ \dots \quad \dots \quad \dots \quad \dots \quad \dots \quad \dots \quad \dots \\ a_{m1}x_1 + \dots + a_{mr}x_r + a_{m\,r+1}x_{r+1} + \dots + a_{mn}x_n = c_m \end{array}\right\}(*) \end{array}\right.$$

(*) Estas ecuaciones se suprimen, pues son C.L. de las r ecuaciones anteriores.

El sistema es, por tanto, equivalente a este otro:

$$\left\{\begin{array}{l} a_{11}x_1 + \dots + a_{1r}x_r = c_1 - a_{1\,r+1}x_{r+1} - \dots - a_{1n}x_n \\ \dots \quad \dots \quad \dots \quad \dots \quad \dots \quad \dots \quad \dots \\ a_{r1}x_1 + \dots + a_{rr}x_r = c_r - a_{r\,r+1}x_{r+1} - \dots - a_{rn}x_n \end{array}\right.$$

$$\begin{vmatrix} a_{11} & \dots & a_{1r} \\ \dots & \dots & \dots \\ a_{r1} & \dots & a_{rr} \end{vmatrix} \neq 0$$

Este es un sistema de Cramer en el que los términos independientes están dados en función de las incógnitas «sobrantes» $(x_{r+1}, \dots, x_n)$. Por tanto, la solución depende de $n - r$ parámetros.

- Si $r = m$, todas las ecuaciones son útiles (no «sobra» ninguna).
- Si $r = n < m$, «sobran» varias ecuaciones, pero, al suprimirlas, queda un sistema de Cramer de n ecuaciones y n incógnitas, determinado.

Ejercicios resueltos

1 *Estudiar y resolver el siguiente sistema:*

$$\left\{\begin{array}{l} x - y + z - 2t = 2 \\ 2x + y - z - t = 1 \\ x - 4y + 4z - 5t = 5 \\ x + 5y - 5z + 4t = -4 \end{array}\right.$$

$$A = \begin{pmatrix} 1 & -1 & 1 & -2 \\ 2 & 1 & -1 & -1 \\ 1 & -4 & 4 & -5 \\ 1 & 5 & -5 & 4 \end{pmatrix}$$

Cálculo de $ran(A)$:

Observamos las siguientes relaciones entre columnas:

(3.ª) = –(2.ª)   (4.ª) = (2.ª) – (1.ª)

Por tanto, A solo tiene dos columnas L.I.

Es decir, $ran(A) = 2$

Ejercicios resueltos

$$A' = \left(\begin{array}{cccc|c} 1 & -1 & 1 & -2 & 2 \\ 2 & 1 & -1 & -1 & 1 \\ 1 & -4 & 4 & -5 & 5 \\ 1 & 5 & -5 & 4 & -4 \end{array}\right)$$

Cálculo de *ran* (*A'*):

La nueva columna es proporcional a la cuarta:

$(5.^a) = -(4.^a)$

Por tanto, $ran(A') = 2$.

Como $ran(A) = ran(A') = 2$, el sistema es compatible. Su sistema equivalente es:

$$\left.\begin{array}{r} x - y = 2 - z + 2t \\ 2x + y = 1 + z + t \end{array}\right\} \quad B = \begin{pmatrix} 1 & -1 \\ 2 & 1 \end{pmatrix}, \; |B| = 3$$

$$|B_x| = \begin{vmatrix} 2 - z + 2t & -1 \\ 1 + z + t & 1 \end{vmatrix} = 3 + 3t \to x = \frac{3 + 3t}{3} = 1 + t$$

$$|B_y| = \begin{vmatrix} 1 & 2 - z + 2t \\ 2 & 1 + z + t \end{vmatrix} = -3 + 3z - 3t \to y = \frac{-3 + 3z - 3t}{3} = -1 + z - t$$

Solución general: $x = 1 + \mu, \; y = -1 + \lambda - \mu, \; z = \lambda, \; t = \mu$

2 *Estudiar y resolver el sistema siguiente:*

$$\begin{cases} 3x - 2y + z = 2 \\ 2x + 5y - 3z = 15 \\ 11x - y = 21 \end{cases}$$

$$A = \begin{pmatrix} 3 & -2 & 1 \\ 2 & 5 & -3 \\ 11 & -1 & 0 \end{pmatrix}; \; |A| = 0 \to \text{Por tanto, } ran(A) < 3.$$

Como hay menores de orden 2 distintos de cero, $ran(A) = 2$.

$$A' = \left(\begin{array}{ccc|c} 3 & -2 & 1 & 2 \\ 2 & 5 & -3 & 15 \\ 11 & -1 & 0 & 21 \end{array}\right)$$

Comprobamos que todos los menores de orden 3 son cero.

Por tanto, $ran(A') = 2$.

El sistema es compatible de rango 2. Una de las incógnitas ha de pasar al segundo miembro.

Puesto que $\begin{vmatrix} 3 & 1 \\ 11 & 0 \end{vmatrix} = -11 \neq 0$, podemos tomar como sistema equivalente el siguiente:

$$\begin{cases} 3x + z = 2 + 2y \\ 11x = 21 + y \end{cases}$$

$$|B_x| = \begin{vmatrix} 2 + 2y & 1 \\ 21 + y & 0 \end{vmatrix} = -(21 + y) \to x = \frac{-(21 + y)}{-11} = \frac{21 + y}{11}$$

$$|B_z| = \begin{vmatrix} 3 & 2 + 2y \\ 11 & 21 + y \end{vmatrix} = 41 - 19y \to z = \frac{41 - 19y}{-11} = \frac{-41 + 19y}{11}$$

Solución general: $x = \dfrac{21 + \lambda}{11}, \; y = \lambda, \; z = \dfrac{-41 + 19\lambda}{11}$

Piensa y practica

1 Resuelve los siguientes sistemas de ecuaciones:

a) $\begin{cases} x - y + 3z = 1 \\ 3x - y + 2z = 3 \\ -2y + 7z = 0 \end{cases}$

b) $\begin{cases} x - y + 3z = 1 \\ 3x - y + 2z = 3 \\ -2y + 7z = 10 \end{cases}$

c) $\begin{cases} x + y = 3 \\ y + z = 5 \\ x + z = 4 \\ 5x - y + z = 6 \end{cases}$

d) $\begin{cases} 3x + 4y = 4 \\ 2x + 6y = 23 \\ -2x + 3y = 1 \end{cases}$

anayaeducacion.es Resuelve sistemas de ecuaciones aplicando la regla de Cramer.

9 SISTEMAS HOMOGÉNEOS

Estudiamos ahora un tipo especial de sistemas de ecuaciones: aquellos cuyos términos independientes son todos cero.

Se llama **homogéneo** el sistema de ecuaciones cuyos términos independientes son todos cero.

Se caracterizan por las dos propiedades siguientes:

— Un sistema homogéneo tiene, con seguridad, la solución $x = 0$, $y = 0$, $z = 0$, $t = 0$, … Por eso se le llama **solución trivial.**

— Para que un sistema homogéneo tenga otras soluciones, es necesario y suficiente que:

$$ran(A) < \text{número de incógnitas}$$

Ejercicios resueltos

1 *Resolver el siguiente sistema:*

$$\begin{cases} x + y + z = 0 \\ 2x - y + z = 0 \\ x - 2y - z = 0 \end{cases}$$

$$|A| = \begin{vmatrix} 1 & 1 & 1 \\ 2 & -1 & 1 \\ 1 & -2 & -1 \end{vmatrix} = 3 \neq 0 \to \text{Por tanto, } ran(A) = 3 = \text{n.º de incógnitas.}$$

El sistema solo tiene la solución trivial, $x = 0$, $y = 0$, $z = 0$.

2 *Resolver este sistema:*

$$\begin{cases} x - y - z = 0 \\ x + y - 2z = 0 \\ 2x - 4y - z = 0 \end{cases}$$

$$|A| = \begin{vmatrix} 1 & -1 & -1 \\ 1 & 1 & -2 \\ 2 & -4 & -1 \end{vmatrix} = 0$$

Esto significa que las tres ecuaciones son dependientes. Sobra alguna de ellas. Veamos cuál.

Seleccionamos el menor $\begin{vmatrix} 1 & -1 \\ 1 & 1 \end{vmatrix} \neq 0 \to ran(A) = 2$

Por tanto, las dos primeras ecuaciones son independientes; podemos suprimir la tercera ecuación y pasar la z al segundo miembro:

$$\begin{cases} x - y = z \\ x + y = 2z \end{cases} \to x = \frac{3}{2}z, \; y = \frac{1}{2}z$$

Para que no haya denominadores, hacemos $z = 2\lambda$.

Solución general: $x = 3\lambda$, $y = \lambda$, $z = 2\lambda$

Piensa y practica

1 Resuelve los siguientes sistemas de ecuaciones:

a) $\begin{cases} 3x - 5y + z = 0 \\ x - 2y + z = 0 \\ x + y = 0 \end{cases}$

b) $\begin{cases} x - y - z = 0 \\ x + y + 3z = 0 \\ x - 5y - 9z = 0 \end{cases}$

c) $\begin{cases} x + 11y - 4z = 0 \\ -2x + 4y + z = 0 \\ x + y - 2z = 0 \\ 2x - 16y + 5z = 0 \end{cases}$

d) $\begin{cases} x + y + 5z = 0 \\ 3x - y - 2t = 0 \\ x - y + z - t = 0 \end{cases}$

2 Resuelve.

a) $\begin{cases} x - 2y + 3z = 0 \\ y + z = 0 \\ x - 3y + 2z = 0 \\ -x + 5y = 0 \end{cases}$

b) $\begin{cases} x - 2y + 3z = 0 \\ y + z = 0 \\ x - 3y + 2z = 0 \\ -x + 5y + 3z = 0 \end{cases}$

c) $\begin{cases} x + 3z = 0 \\ y - t = 0 \\ x + y + 2t = 0 \\ 2x + 2y + 3z + t = 0 \end{cases}$

d) $\begin{cases} x + 3z = 0 \\ y - t = 0 \\ x + y + 2t = 0 \\ 2x + 2y + 3z + 9t = 0 \end{cases}$

10 DISCUSIÓN DE SISTEMAS MEDIANTE DETERMINANTES

En el epígrafe 5 de esta unidad hemos visto en qué consiste discutir un sistema de ecuaciones dependiente de un parámetro y discutimos algunos mediante el método de Gauss. Vamos a hacerlo ahora con la ayuda de los determinantes y veremos que así es mucho más cómodo.

anayaeducacion.es

Ejercicios para reforzar la discusión de sistemas de ecuaciones.

Ejercicios resueltos

1 *Discutir y resolver, según los valores del parámetro a, el siguiente sistema de ecuaciones:*

$$\begin{cases} ax + y + z = 1 \\ x + ay + z = 1 \\ x + y + az = 1 \end{cases}$$

$$|A| = \begin{vmatrix} a & 1 & 1 \\ 1 & a & 1 \\ 1 & 1 & a \end{vmatrix} = a^3 - 3a + 2 = (a-1)^2(a+2) = 0 \begin{cases} a = 1 \\ a = -2 \end{cases}$$

Hemos factorizado $|A|$ con objeto de apreciar fácilmente para qué valores del parámetro se anula. Son los casos que hay que estudiar con especial atención.

- $a = 1$

  El sistema queda reducido a una ecuación: $x + y + z = 1$. Es, por tanto, indeterminado. Su solución se obtiene dándole un valor paramétrico a dos de las incógnitas y poniendo la otra en función de ellos.

  Solución: $x = \lambda,\ y = \mu,\ z = 1 - \lambda - \mu$

- $a = -2$

  $$A' = \left(\begin{array}{ccc|c} -2 & 1 & 1 & 1 \\ 1 & -2 & 1 & 1 \\ 1 & 1 & -2 & 1 \end{array}\right)$$

  El rango de A es 2 pues el menor recuadrado en rojo es no nulo. Buscamos ahora si en A' hay un menor de orden 3 distinto de cero. Nos quedamos con las dos primeras columnas de A junto con la de términos independientes.

  $$\begin{vmatrix} -2 & 1 & 1 \\ 1 & -2 & 1 \\ 1 & 1 & 1 \end{vmatrix} = 9 \neq 0 \to ran(A') = 3 \neq ran(A) = 2 \to \text{El sistema es incompatible.}$$

- $a \neq 1,\ a \neq -2$

  Para cada valor de a (distinto de 1 y de –2), el sistema es compatible y determinado.

  Calculamos $|A_x|$, $|A_y|$, $|A_z|$: $|A_x| = |A_y| = |A_z| = (a-1)^2$

  Por tanto, la *solución* es:

  $$x = \frac{(a-1)^2}{(a-1)^2(a+2)} = \frac{1}{a+2}, \quad y = \frac{1}{a+2}, \quad z = \frac{1}{a+2}$$

  Recordemos que esto no significa que hay infinitas soluciones. Para cada valor de a hay un sistema con solución única. Por ejemplo, para $a = 0$ la solución del sistema es $x = 1/2,\ y = 1/2,\ z = 1/2$.

2 *Discutir y resolver, según los valores de k, este sistema de ecuaciones:*

$$\begin{cases} x + y = 7 \\ kx - y = 11 \\ x - 4y = k \end{cases}$$

Aquí nos conviene calcular $|A'|$ e igualarlo a 0. Solo en esos casos el sistema será compatible.

$$|A'| = \begin{vmatrix} 1 & 1 & 7 \\ k & -1 & 11 \\ 1 & -4 & k \end{vmatrix} = -k^2 - 29k + 62 = -(k-2)(k+31) = 0 \begin{cases} k = 2 \\ k = -31 \end{cases}$$

- Si $k = 2$, $ran(A) = ran(A') = 2$. El sistema es compatible determinado.

  Solución: $x = 6,\ y = 1$

- Si $k = -31$, $ran(A) = ran(A') = 2$. El sistema es compatible determinado.

  Solución: $x = -3/5,\ y = 38/5$

- Si $k \neq 2$ y $k \neq -31$, el sistema es incompatible, pues $ran(A') = 3 \neq ran(A) = 2$.

Ejercicios resueltos

3 *Discutir y resolver, cuando sea posible, el sistema siguiente:*

$$\begin{cases} 2x - my + 6z = 0 \\ x + 3y - mz = 0 \end{cases}$$

Por ser homogéneo, el sistema es compatible en todos los casos; siempre tiene, al menos, la solución $x = 0,\ y = 0,\ z = 0$. Además, como el número de ecuaciones es menor que el de incógnitas, el sistema es siempre indeterminado.

Vamos a estudiar el rango de la matriz A en función de m:

$$\begin{vmatrix} 2 & -m \\ 1 & 3 \end{vmatrix} = 6 + m \to \text{Se anula cuando } m = -6.$$

$$\begin{vmatrix} 2 & 6 \\ 1 & -m \end{vmatrix} = -2m - 6 \to \text{Se anula cuando } m = -3.$$

Como no hay ningún valor de m que anule a los dos determinantes, el rango de A es 2 en todos los casos. Por tanto, el sistema es compatible indeterminado y las dos ecuaciones son útiles sea cual sea el valor de m.

- Para $m \neq -6$: $\begin{cases} 2x - my = -6z \\ x + 3y = mz \end{cases}$; $|A| = m + 6$, $|A_x| = (m^2 - 18)z$, $|A_y| = (2m + 6)z$

  Solución: $x = \dfrac{m^2 - 18}{m + 6}\lambda, \quad y = \dfrac{2m + 6}{m + 6}\lambda, \quad z = \lambda$

- Para $m = -6$, tomamos y como parámetro. *Solución:* $x = -3\lambda,\ y = \lambda,\ z = 0$

OBSERVACIÓN IMPORTANTE. Con lo visto hasta ahora se ha resuelto el problema. Sin embargo, es razonable que nos preguntemos si habríamos llegado a las mismas soluciones si hubiéramos tomado como referencia el valor $m = -3$. Hagámoslo:

- Para $m \neq -3$, obtenemos $x = \dfrac{m^2 - 18}{2m + 6}\mu, \quad y = \mu, \quad z = \dfrac{m + 6}{2m + 6}\mu$
- Para $m = -3$: $x = -3\mu, \quad y = 0, \quad z = \mu$

} 2.ª solución

Pues bien, se comprueba que ambas soluciones coinciden. En la página web se hace un análisis muy completo de esta casuística.

anayaeducacion.es
Ambas soluciones coinciden.

4 *Discutir y resolver, cuando sea posible, este sistema:*

$$\begin{cases} x + (1 - \lambda)y = \lambda \\ (1 + \lambda)x - 3y = -\lambda \end{cases}$$

Ojo, λ es un parámetro para el sistema. Cuando el sistema sea indeterminado deberemos utilizar otro parámetro para describir las soluciones.

$|A| = \lambda^2 - 4 = (\lambda - 2)(\lambda + 2) \to$ Se anula para $\lambda = 2$ y para $\lambda = -2$.

Puedes comprobar cada uno de los siguientes resultados.

- $\lambda = 2$: $ran(A) = 1 \neq ran(A') = 2$. El sistema es incompatible.
- $\lambda = -2$: $ran(A) = ran(A') = 1$. El sistema es compatible indeterminado.

  Soluciones: $x = -2 - 3k,\ y = k$
- $\lambda \neq 2$ y $\lambda \neq -2$: $ran(A) = ran(A') = 2$. El sistema que es compatible determinado.

  Solución: $x = \dfrac{-\lambda(\lambda + 2)}{\lambda^2 - 4} = \dfrac{-\lambda}{\lambda - 2}, \quad y = \dfrac{-\lambda}{\lambda - 2}$ (Para cada λ hay un sistema con solución única).

Piensa y practica

1 Discute y resuelve.

a) $\begin{cases} x + y + az = 0 \\ ax - y = -1 \\ x + 4y + 6z = 0 \end{cases}$ b) $\begin{cases} x + y = k \\ kx - y = 13 \\ 5x + 3y = 16 \end{cases}$

2 Discute y resuelve, en función del parámetro a, el siguiente sistema de ecuaciones:

$$\begin{cases} (a - 1)x + y = 0 \\ (a - 1)x + (a + 1)y = 0 \end{cases}$$

anayaeducacion.es Ejercicios de discusión de sistemas dependientes de un parámetro.

11 FORMA MATRICIAL DE UN SISTEMA DE ECUACIONES

Un sistema de ecuaciones lleva aparejadas tres matrices: la de los coeficientes, la de las incógnitas y la de los términos independientes. Por ejemplo:

$$\left.\begin{array}{r} x - y - z = 1 \\ -x \quad + 3z = 18 \\ -2x + 5y - 3z = -52 \end{array}\right\} \qquad A = \begin{pmatrix} 1 & -1 & -1 \\ -1 & 0 & 3 \\ -2 & 5 & -3 \end{pmatrix} \qquad X = \begin{pmatrix} x \\ y \\ z \end{pmatrix} \qquad C = \begin{pmatrix} 1 \\ 18 \\ -52 \end{pmatrix}$$

MATRIZ DE LOS COEFICIENTES — INCÓGNITAS — TÉRMINOS INDEPENDIENTES

Este sistema puede expresarse en forma matricial así:

$$\begin{pmatrix} 1 & -1 & -1 \\ -1 & 0 & 3 \\ -2 & 5 & -3 \end{pmatrix} \cdot \begin{pmatrix} x \\ y \\ z \end{pmatrix} = \begin{pmatrix} 1 \\ 18 \\ -52 \end{pmatrix} \quad \text{Es decir, } A \cdot X = C.$$

Si la matriz A tiene inversa, podremos despejar X del siguiente modo:

$$A^{-1} \cdot A \cdot X = A^{-1} \cdot C \to X = A^{-1} \cdot C$$

y como $A^{-1} = \begin{pmatrix} 15 & 8 & 3 \\ 9 & 5 & 2 \\ 5 & 3 & 1 \end{pmatrix}$ (compruébalo), obtendremos:

$$\begin{pmatrix} x \\ y \\ z \end{pmatrix} = \begin{pmatrix} 15 & 8 & 3 \\ 9 & 5 & 2 \\ 5 & 3 & 1 \end{pmatrix} \cdot \begin{pmatrix} 1 \\ 18 \\ -52 \end{pmatrix} = \begin{pmatrix} 3 \\ -5 \\ 7 \end{pmatrix} \quad \text{Es decir: } \begin{cases} x = 3 \\ y = -5 \\ z = 7 \end{cases}$$

Un sistema de m ecuaciones con n incógnitas se puede expresar en forma matricial del siguiente modo: $AX = C$.

A es una matriz $m \times n$ formada por los coeficientes de las incógnitas.

X es una matriz columna $n \times 1$ formada por las incógnitas.

C es una matriz columna $m \times 1$ formada por los términos independientes.

Si A es una matriz regular, es decir, cuadrada y con inversa, la solución del sistema se obtiene así: $X = A^{-1} \cdot C$.

Nota histórica

En 1858 Cayley observó que «la matriz de los coeficientes de un sistema lineal se puede considerar como un operador que actúa sobre las variables de manera similar a como un número a lo hace sobre la incógnita x para obtener ax».

Demostración

$$A \cdot X = C$$
$$\downarrow$$
$$A^{-1} \cdot (A \cdot X) = A^{-1} \cdot C$$
$$\downarrow$$
(propiedad asociativa)
$$(A^{-1} \cdot A) \cdot X = A^{-1} \cdot C$$
$$\downarrow$$
$$I \cdot X = A^{-1} \cdot C$$
$$\downarrow$$
$$X = A^{-1} \cdot C$$

Ejercicio resuelto

1 *Resolver matricialmente este sistema:*

$$\begin{cases} 5x + 4y = 7 \\ 2x + y = 4 \end{cases}$$

$$AX = C \to \begin{pmatrix} 5 & 4 \\ 2 & 1 \end{pmatrix} \cdot \begin{pmatrix} x \\ y \end{pmatrix} = \begin{pmatrix} 7 \\ 4 \end{pmatrix}; \; A = \begin{pmatrix} 5 & 4 \\ 2 & 1 \end{pmatrix} \to A^{-1} = \frac{-1}{3}\begin{pmatrix} 1 & -4 \\ -2 & 5 \end{pmatrix}$$

$$X = A^{-1} \cdot C \to \begin{pmatrix} x \\ y \end{pmatrix} = \frac{-1}{3}\begin{pmatrix} 1 & -4 \\ -2 & 5 \end{pmatrix}\begin{pmatrix} 7 \\ 4 \end{pmatrix} = \frac{-1}{3}\begin{pmatrix} -9 \\ 6 \end{pmatrix} = \begin{pmatrix} 3 \\ -2 \end{pmatrix} \to \begin{cases} x = 3 \\ y = -2 \end{cases}$$

Piensa y practica

1 Expresa en forma matricial y resuelve (ten en cuenta el ejercicio propuesto 1 de la página 79 de la unidad anterior).

a) $\begin{cases} x - y - z = 6 \\ -x \quad + 3z = 2 \\ -2x + 5y - 3z = 0 \end{cases}$ b) $\begin{cases} 2x - y = 7 \\ x - 2y = 11 \end{cases}$

2 Expresa en forma matricial y resuelve.

a) $\begin{cases} x - 2y - 3z - t = 0 \\ y + 2z = 4 \\ 2y + 3z + t = 1 \\ 3x - 2y + t = -2 \end{cases}$ b) $\begin{cases} x + y = 5 \\ y + z = -1 \\ z + t = 4 \\ t = 2 \end{cases}$

1. Aplicación del método de Gauss a la discusión de sistemas de ecuaciones lineales

Discutir y resolver estos sistemas, en función del parámetro que aparece en ellos, aplicando el método de Gauss. Dar, en cada caso, una interpretación geométrica:

a) $\begin{cases} -x + my + z = 2 \\ 2x - y + 2z = 0 \\ -x - 3z = -2 \end{cases}$

b) $\begin{cases} x + my = m - 1 \\ mx + y = 2 - 2m \end{cases}$

c) $\begin{cases} x - z = 0 \\ x - y + az = 0 \\ x + ay + z = 0 \end{cases}$

a) Cambiamos el orden de las ecuaciones.

$$\left(\begin{array}{ccc|c} -1 & m & 1 & 2 \\ 2 & -1 & 2 & 0 \\ -1 & 0 & -3 & 2 \end{array}\right) \begin{matrix} (3.^a) \\ (2.^a) \\ (1.^a) \end{matrix} \left(\begin{array}{ccc|c} -1 & 0 & -3 & -2 \\ 2 & -1 & 2 & 0 \\ -1 & m & 1 & 2 \end{array}\right) \begin{matrix} (1.^a) \\ (2.^a) + 2 \cdot (1.^a) \\ (3.^a) - (1.^a) \end{matrix}$$

$$\left(\begin{array}{ccc|c} -1 & 0 & -3 & -2 \\ 0 & -1 & -4 & -4 \\ 0 & m & 4 & 4 \end{array}\right) \begin{matrix} (1.^a) \\ (2.^a) \\ (3.^a) + (2.^a) \end{matrix} \left(\begin{array}{ccc|c} -1 & 0 & -3 & -2 \\ 0 & -1 & -4 & -4 \\ 0 & m-1 & 0 & 0 \end{array}\right)$$

- Si $m = 1$, la última fila es $(0 \ \ 0 \ \ 0 \ \ 0)$ y se puede suprimir. El sistema es compatible indeterminado porque tiene más incógnitas que ecuaciones. Tiene infinitas soluciones que dependen de un parámetro

  $\left.\begin{array}{l} -x - 3z = -2 \\ -y - 4z = -4 \\ 0y = 0 \end{array}\right\}$ *Soluciones:* $x = 2 - 3\lambda, \ y = 4 - 4\lambda, \ z = \lambda$

  Representan tres planos que tienen una recta en común.

- Si $m \neq 1$ el sistema es *compatible determinado.*

  $\left.\begin{array}{l} -x - 3z = -2 \\ -y - 4z = -4 \\ (m-1)y = 0 \end{array}\right\}$ *Solución:* $x = -1, \ y = 0, \ z = 1$

  Los tres planos se cortan en el punto $(-1, 0, 1)$.

b) $\left(\begin{array}{cc|c} 1 & m & m-1 \\ m & 1 & 2-2m \end{array}\right) \begin{matrix} (1.^a) \\ (2.^a) - m \cdot (1.^a) \end{matrix} \left(\begin{array}{cc|c} 1 & m & m-1 \\ 0 & 1-m^2 & -m^2-m+2 \end{array}\right)$

Hallamos los valores que anulan el coeficiente de la y en la segunda ecuación:

$$1 - m^2 = 0 \rightarrow m = \pm 1$$

- Si $m = -1$, la segunda ecuación será $0 \cdot y = 2$. El sistema es incompatible. Son dos rectas paralelas.
- Si $m = 1$, la segunda ecuación $0 \cdot y = 0$ se puede suprimir. El sistema es compatible indeterminado. Solo nos queda la ecuación $x + y = 0$, que resolvemos considerando la y como parámetro. Las soluciones son: $(-\lambda, \lambda)$. Las dos rectas coinciden.
- Si $m \neq \pm 1$, el sistema es compatible determinado. Para cada valor de m, tenemos un sistema distinto con solución única: $\left(\frac{2m^2 - m - 1}{1 - m^2}, \frac{-m^2 - m + 2}{1 - m^2}\right)$. Las dos rectas se cortan en un punto.

c) $\left(\begin{array}{ccc|c} 1 & 0 & -1 & 0 \\ 1 & -1 & a & 0 \\ 1 & a & 1 & 0 \end{array}\right) \begin{matrix} (1.^a) \\ (2.^a) - (1.^a) \\ (3.^a) - (1.^a) \end{matrix} \left(\begin{array}{ccc|c} 1 & 0 & -1 & 0 \\ 0 & -1 & a+1 & 0 \\ 0 & a & 2 & 0 \end{array}\right) \begin{matrix} (1.^a) \\ (2.^a) \\ (3.^a) + a \cdot (2.^a) \end{matrix}$

$\left(\begin{array}{ccc|c} 1 & 0 & -1 & 0 \\ 0 & -1 & a+1 & 0 \\ 0 & 0 & a^2+a+2 & 0 \end{array}\right)$ Como la ecuación $a^2 + a + 2 = 0$ no tiene solución, el sistema siempre es compatible determinado.

Para cada valor de a, tenemos un sistema distinto con solución única, que es $(0, 0, 0)$. Son tres planos que se cortan en el origen de coordenadas.

Hazlo tú

Discute y resuelve, en función del parámetro, aplicando el método de Gauss.

a) $\begin{cases} x + y + 2z = 3 \\ x + 2y + 3z = 5 \\ x + 3y + mz = 7 \end{cases}$

b) $\begin{cases} x + y + z = 0 \\ 3x + 2y + az = 5 \\ 2x + y + z = 3 \end{cases}$

c) $\begin{cases} mx + y = 1 \\ x - my = m \end{cases}$

2. Discusión de sistemas aplicando el teorema de Rouché

Discutir los siguientes sistemas y resolverlos cuando sean compatibles. Dar, en cada caso, una interpretación geométrica:

a) $\begin{cases} x + y = 1 \\ my + z = 0 \\ x + (m+1)y + mz = m+1 \end{cases}$

b) $\begin{cases} ax + y + z = a^2 \\ x - y + z = 1 \\ 3x - y - z = 1 \\ 6x - y + z = 3a \end{cases}$

Hazlo tú

Discute los siguientes sistemas de ecuaciones y resuélvelos cuando sean compatibles:

a) $\begin{cases} x + y + z = a - 1 \\ 2x + y + az = a \\ x + ay + z = 1 \end{cases}$

b) $\begin{cases} x - y + z = 2 \\ 2x + y - z = 4 \\ mx + y + 3z = 6 \\ x - 2z = 0 \end{cases}$

a) $|A| = \begin{vmatrix} 1 & 1 & 0 \\ 0 & m & 1 \\ 1 & m+1 & m \end{vmatrix} = m^2 - m = m(m-1) = 0 \begin{cases} m = 0 \\ m = 1 \end{cases}$

- Si $m \neq 0$ y $m \neq 1$, $ran(A) = 3 = ran(A')$. El sistema es compatible determinado. Para cada valor de m distinto de 0 y 1, tenemos un sistema con solución única:

$$x = \frac{\begin{vmatrix} 1 & 1 & 0 \\ 0 & m & 1 \\ m+1 & m+1 & m \end{vmatrix}}{m^2 - m}, \quad y = \frac{\begin{vmatrix} 1 & 1 & 0 \\ 0 & 0 & 1 \\ 1 & m+1 & m \end{vmatrix}}{m^2 - m}, \quad z = \frac{\begin{vmatrix} 1 & 1 & 1 \\ 0 & m & 0 \\ 1 & m+1 & m+1 \end{vmatrix}}{m^2 - m}$$

Solución: $\left(\dfrac{m}{m-1}, \dfrac{-1}{m-1}, \dfrac{m}{m-1} \right)$

- Si $m = 0 \rightarrow \begin{vmatrix} 1 & 0 \\ 0 & 1 \end{vmatrix} \neq 0 \rightarrow ran(A) = 2$

Como en A' hay dos filas iguales, $ran(A') = 2 = ran(A)$. Por tanto, el sistema es compatible indeterminado.

Para resolverlo, tomamos las dos primeras ecuaciones y pasamos x al segundo miembro: $x = \lambda$, $y = 1 - \lambda$, $z = 0$.

- Si $m = 1 \rightarrow \begin{vmatrix} 1 & 1 \\ 0 & 1 \end{vmatrix} \neq 0 \rightarrow ran(A) = 2$

$A' = \left(\begin{array}{ccc|c} 1 & 1 & 0 & 1 \\ 0 & 1 & 1 & 0 \\ 1 & 2 & 1 & 2 \end{array} \right) \rightarrow \begin{vmatrix} 1 & 1 & 1 \\ 0 & 1 & 0 \\ 1 & 2 & 2 \end{vmatrix} \neq 0 \rightarrow ran(A') = 3$

El sistema es incompatible.

Interpretación geométrica: si $m \neq 0$ y $m \neq 1$, son tres planos que se cortan en un punto. Si $m = 0$, los planos se cortan en una recta. Si $m = 1$, los planos se cortan dos a dos.

b) Empezamos estudiando el rango de A', pues puede ser 4:

$$|A'| = \begin{vmatrix} a & 1 & 1 & a^2 \\ 1 & -1 & 1 & 1 \\ 3 & -1 & -1 & 1 \\ 6 & -1 & 1 & 3a \end{vmatrix} = \begin{vmatrix} a & 1 & 1 & a^2 \\ 1+a & 0 & 2 & 1+a^2 \\ 3+a & 0 & 0 & 1+a^2 \\ 6+a & 0 & 2 & 3a+a^2 \end{vmatrix} = -4(a-2)^2$$

- Si $a \neq 2$, $ran(A') = 4 > ran(A)$, el sistema es incompatible.
- Si $a = 2$, $ran(A') < 4$.

Puesto que $\begin{vmatrix} 2 & 1 & 1 \\ 1 & -1 & 1 \\ 3 & -1 & -1 \end{vmatrix} = 10 \neq 0$, $ran(A) = ran(A') = 3$.

El sistema es compatible determinado. Para resolverlo, tomamos las tres primeras ecuaciones que forman un menor distinto de cero y aplicamos la regla de Cramer, obteniendo:

$x = 1$, $y = 1$, $z = 1$

Interpretación geométrica: si $a \neq 2$, son cuatro planos que se cortan dos a dos. Si $a = 2$, los planos se cortan en un punto.

3. Sistemas que dependen de dos parámetros

Discutir, en función de los parámetros a y b, el siguiente sistema de ecuaciones:

$$\begin{cases} x + ay + 2z = 3 \\ x - 3y - z = -1 \\ -x + 8y + 4z = b \end{cases}$$

$$|A| = \begin{vmatrix} 1 & a & 2 \\ 1 & -3 & -1 \\ -1 & 8 & 4 \end{vmatrix} = 6 - 3a = 0 \rightarrow a = 2$$

- Si $a \neq 2$, para cualquier valor de b, $ran(A) = ran(A') = 3$. El sistema es compatible determinado.
- Si $a = 2$: $A' = \begin{pmatrix} 1 & 2 & 2 & 3 \\ 1 & -3 & -1 & -1 \\ -1 & 8 & 4 & b \end{pmatrix}$ Como $\begin{vmatrix} 1 & 2 \\ 1 & -3 \end{vmatrix} \neq 0 \rightarrow ran(A) = 2$.

$$\begin{vmatrix} 1 & 2 & 3 \\ 1 & -3 & -1 \\ -1 & 8 & b \end{vmatrix} = 25 - 5b = 0 \rightarrow b = 5$$

- Si $a = 2$ y $b = 5$, $ran(A) = ran(A') = 2 <$ n.º de incógnitas. El sistema es compatible indeterminado.
- Si $a = 2$ y $b \neq 5$, $ran(A) = 2 \neq ran(A') = 3$. El sistema es incompatible.

Hazlo tú

Discute y resuelve según los valores de m y n el sistema siguiente:

$$\begin{cases} mx + y + z = n \\ x + y + mz = 2 \\ 2x + y + mz = n \end{cases}$$

4. Sistemas homogéneos

Dado el siguiente sistema de ecuaciones:

$$\begin{pmatrix} m-1 & 1 & -1 \\ 0 & m-2 & 1 \\ m & 0 & 2 \end{pmatrix}\begin{pmatrix} x \\ y \\ z \end{pmatrix} = \begin{pmatrix} 0 \\ 0 \\ 0 \end{pmatrix}$$

a) ¿Cuál debe ser el valor de m para que el sistema tenga más de una solución?

b) Resolver en el caso m = 1.

a) $|A| = \begin{vmatrix} m-1 & 1 & -1 \\ 0 & m-2 & 1 \\ m & 0 & 2 \end{vmatrix} = 3m^2 - 7m + 4 = 0 \begin{cases} m = 1 \\ m = 4/3 \end{cases}$

Si $m = 1$ o $m = 4/3$, $ran(A) = ran(A') < 3$. El sistema es compatible indeterminado. Tiene infinitas soluciones.

Si $m \neq 1$ y $m \neq 4/3$, $ran(A) = ran(A') = 3$. El sistema tiene solución única. Como se trata de un sistema homogéneo, la solución es (0, 0, 0), solución trivial.

b) Si $m = 1 \rightarrow A' = \begin{pmatrix} 0 & 1 & -1 & 0 \\ 0 & -1 & 1 & 0 \\ 1 & 0 & 2 & 0 \end{pmatrix}$ Como $\begin{vmatrix} -1 & 1 \\ 0 & 2 \end{vmatrix} \neq 0 \rightarrow ran(A) = ran(A') = 2$.

El sistema es compatible indeterminado. Eliminamos la primera ecuación, que es equivalente a la segunda, y resolvemos pasando z al segundo miembro como parámetro.

Solución: $x = -2\lambda$, $y = \lambda$, $z = \lambda$

Hazlo tú

Discute y resuelve este sistema de ecuaciones:

$$\begin{cases} x + y - z = 0 \\ x + 3y + z = 0 \\ 3x + ay + 4z = 0 \end{cases}$$

5. Sistemas con más incógnitas que ecuaciones

Dado el siguiente sistema de ecuaciones:

$$\begin{cases} x - 2y + z + mt = 0 \\ x + y - z = 2 \\ 2x - y + t = m \end{cases}$$

a) ¿Puede ser incompatible?

b) Resolver en el caso m = 0.

a) $A = \begin{pmatrix} 1 & -2 & 1 & m \\ 1 & 1 & -1 & 0 \\ 2 & -1 & 0 & 1 \end{pmatrix} \rightarrow \begin{vmatrix} 1 & -2 & 1 \\ 1 & 1 & -1 \\ 2 & -1 & 0 \end{vmatrix} = 0; \begin{vmatrix} 1 & -2 & m \\ 1 & 1 & 0 \\ 2 & -1 & 1 \end{vmatrix} = 3 - 3m = 0 \rightarrow m = 1$

- Si $m \neq 1$, $ran(A) = ran(A') = 3$, el sistema es compatible. Como el rango es menor que el número de incógnitas, el sistema es indeterminado y las soluciones dependen de $4 - 3 = 1$ parámetro.
- Si $m = 1$, $\begin{vmatrix} 1 & -2 & 0 \\ 1 & 1 & 2 \\ 2 & -1 & 1 \end{vmatrix} \neq 0 \rightarrow ran(A) = 2$ y $ran(A') = 3$. El sistema es incompatible.

b) Si $m = 0$, el sistema tiene infinitas soluciones, lo resolvemos aplicando la regla de Cramer, pasando z al segundo miembro como parámetro $z = \lambda$.

$$\begin{cases} x - 2y + = -\lambda \\ x + y - = 2 + \lambda \\ 2x - y + t = 0 \end{cases} \rightarrow \text{Las soluciones son: } x = \frac{4+\lambda}{3};\ y = \frac{2+2\lambda}{3};\ z = \lambda;\ t = -2$$

Hazlo tú

Discute este sistema de ecuaciones y resuélvelo en el caso $a = 0$:

$$\begin{cases} x - y + z - t = 2 \\ 3x + y - z = -1 \\ x - 5y + 5z - at = a + 5 \end{cases}$$

EJERCICIOS Y PROBLEMAS GUIADOS

1. Sistema compatible para cualquier valor del parámetro

Sea el sistema de ecuaciones:

$$\begin{cases} ax + y + z = a+2 \\ 2x - ay + z = 2 \\ x - y + az = a \end{cases}$$

a) Comprobar que es compatible para cualquier valor de a.

b) Calcular su solución en forma matricial en el caso a = 0.

c) Resolver para a = 1 utilizando el método de Gauss.

a) Comprueba que no existe ningún valor de a para el cual $ran(A) \neq ran(A')$.

b) Expresa el sistema en forma matricial. Calcula la matriz inversa de A para $a = 0$ y utilízala para hallar la solución.

c) Transforma el sistema en otro equivalente escalonado.

Solución:

a) Para $a \neq -1$, $ran(A) = ran(A') = 3$. Es compatible determinado.

Para $a = -1$, $ran(A) = ran(A') = 2$. Es compatible indeterminado.

b) (0, 0, 2)

c) (1, 1, 1)

2. Añadir una ecuación a un sistema

Añadir una ecuación al sistema

$$\begin{cases} 2x - y + 2z = 1 \\ x + y - z = 3 \end{cases}$$

de modo que sea:

a) incompatible.

b) compatible determinado.

c) compatible indeterminado.

a) Una nueva ecuación que haga el sistema dado incompatible ha de ser de la forma $m(2x - y + 2z) + n(x + y - z) = k$ con $k \neq m + 3n$, siendo m y n números reales cualesquiera.

b) Busca una ecuación que sea linealmente independiente de las otras dos, de forma que el rango de A sea igual a 3.

c) Para que el sistema sea compatible indeterminado, la ecuación añadida debe ser una combinación lineal de las ecuaciones dadas:

$$m(2x - y + 2z) + n(x + y - z) = m + 3n$$

donde m y n son números reales cualesquiera.

Solución:

a) Por ejemplo, $5x - y + 3z = 0$. b) Por ejemplo, $z = 5$. c) Por ejemplo, $7x + y + z = 11$.

3. Sistema matricial

Dado este sistema de ecuaciones:

$$\begin{cases} x - y + mz = m \\ mx + y - z = m \\ (m+1)x + z = m+2 \end{cases}$$

hallar la matriz $A^{-1}B$, sin calcular la matriz inversa de A, siendo A la matriz de coeficientes y B la de términos independientes.

- Llama X a la matriz buscada, que debe cumplir $X = A^{-1}B$. Ten en cuenta cuál debe ser la dimensión de X para que se verifique esa igualdad.
- Multiplica los dos miembros por A, por la izquierda. Obtendrás un sistema de ecuaciones en el que la matriz X es la solución.
- Resuelve ese sistema, aplicando la regla de Cramer, en función del parámetro m.

Solución: $A^{-1}B = \begin{pmatrix} 1 \\ 1 \\ 1 \end{pmatrix}$

4. Sistema con las mismas soluciones que otro compatible indeterminado

Dado este sistema de ecuaciones:

$$\begin{cases} x - y + 2z = -3 \\ 2x + y + z = 0 \end{cases}$$

Hallar los valores que deben tener m y n para que, al añadir una ecuación de la forma x + my + nz = 2, el sistema tenga las mismas soluciones que el dado.

Comprobar que para los valores obtenidos, las soluciones son las mismas.

- Comprueba que el sistema dado verifica $ran(A) = ran(A')$. Resuélvelo.
- Para que el nuevo sistema tenga las mismas soluciones, la ecuación añadida debe ser combinación lineal de las dos primeras. Por tanto, los menores de orden 3 que formes con ella deben ser nulos.
- A partir de un menor de orden 2 no nulo forma dos menores de orden 3 con la 3.ª fila y la 4.ª columna, de forma que en uno contenga a m y el otro a n.
- Al igualarlos a 0 obtendrás los valores de m y n.

Solución: $m = \frac{3}{2}$; $n = \frac{-1}{2}$. Las soluciones del sistema son: $(-1 - \lambda, \lambda + 2, \lambda)$.

Recuerda seleccionar el material de trabajo de esta unidad para tu **portfolio.**

EJERCICIOS Y PROBLEMAS PROPUESTOS

Para practicar

Método de Gauss

1 Resuelve, si es posible, los siguientes sistemas:

a) $\begin{cases} x + 2y + z = 9 \\ x - y - z = -10 \\ 2x - y + z = 5 \end{cases}$ b) $\begin{cases} x + 2y + z = 3 \\ 2x - y + z = -1 \end{cases}$

c) $\begin{cases} -x + 2y - z = 1 \\ 2x - 4y + 2z = 3 \\ x + y + z = 2 \end{cases}$ d) $\begin{cases} 2x - 3y + z = 0 \\ 3x - y = 0 \\ 4x + y - z = 0 \end{cases}$

2 Estudia y resuelve por el método de Gauss.

a) $\begin{cases} -x + y + 3z = -2 \\ 4x + 2y - z = 5 \\ 2x + 4y - 7z = 1 \end{cases}$ b) $\begin{cases} y + z = -1 \\ x - y = 1 \\ x + 2y + 3z = -2 \end{cases}$

c) $\begin{cases} 5x + 2y + 3z = 4 \\ 2x + 2y + z = 3 \\ x - 2y + z = 0 \end{cases}$ d) $\begin{cases} x - y + 3z - 14t = 0 \\ 2x - 2y + 3z + t = 0 \\ 3x - 3y + 5z + 6t = 0 \end{cases}$

3 Resuelve por el método de Gauss.

a) $\begin{cases} x + 2z = 11 \\ x + y = 3 \\ y + z = 13 \\ x + y + z = 10 \end{cases}$ b) $\begin{cases} x + y + z + t = 1 \\ x - y + z - t = 0 \\ x + y - z - t = -1 \\ x + y + z - t = 2 \end{cases}$

4 Discute los siguientes sistemas según los valores del parámetro m:

a) $\begin{cases} x + 2y = 3 \\ y = 1 \\ 2y = m - 2 \end{cases}$ b) $\begin{cases} x - 2y + z = 3 \\ y + 2z = 0 \\ 3y + 7z = m \end{cases}$

c) $\begin{cases} x + y - z = 1 \\ -2y + 8z = 3 \\ mz = 1 \end{cases}$ d) $\begin{cases} x - y = 0 \\ 3x + z = 0 \\ (m-5)z = 0 \end{cases}$

5 Discute los siguientes sistemas y resuélvelos cuando sea posible:

a) $\begin{cases} 2x - y = 4 \\ -x + (y/2) = -2 \\ x + my = 2 \end{cases}$ b) $\begin{cases} 2x + y - z = 1 \\ x - 2y + z = 3 \\ 5x - 5y + 2z = m \end{cases}$

c) $\begin{cases} x + 2y = 3 \\ 2x - y = 1 \\ 4x + 3y = m \end{cases}$ d) $\begin{cases} x - y - 2z = 2 \\ 2x + y + 3z = 1 \\ 3x + z = 3 \\ x + 2y + 5z = m \end{cases}$

Teorema de Rouché. Regla de Cramer

6 Aplica el teorema de Rouché para averiguar si los siguientes sistemas son compatibles o incompatibles. Resuélvelos cuando sea posibe.

a) $\begin{cases} x - y = 6 \\ 4x + y = -1 \\ 5x + 2y = -5 \end{cases}$ b) $\begin{cases} x + y - z = -2 \\ 2x - y - 3z = -3 \\ x - 2y - 2z = 0 \end{cases}$

c) $\begin{cases} 2x + 3y - z = 3 \\ -x - 5y + z = 0 \\ 3x + y - z = 6 \end{cases}$ d) $\begin{cases} x - y - 2z = 2 \\ 2x + y + 3z = 1 \\ 3x + z = 5 \end{cases}$

e) $\begin{cases} x + y + z = 2 \\ x - 2y - 7z = 0 \\ y + z = -1 \\ 2x + 3y = 0 \end{cases}$ f) $\begin{cases} x + 3y + z = -1 \\ x - y - z = -1 \\ 2x + y + 3z = 5 \end{cases}$

7 Resuelve los siguientes sistemas aplicando la regla de Cramer:

a) $\begin{cases} 8x + 14y = 2 \\ 3x - 5y = 11 \end{cases}$ b) $\begin{cases} x + y - z + t = 1 \\ x - y - t = 2 \\ z - t = 0 \end{cases}$

c) $\begin{cases} 3x - y = 2 \\ 2x + y + z = 0 \\ 3y + 2z = -1 \end{cases}$ d) $\begin{cases} x - y - z + t = 4 \\ x + y + z - t = 2 \end{cases}$

8 Estudia y resuelve estos sistemas, cuando sea posible:

a) $\begin{cases} 3x + y - z = 0 \\ x + y + z = 0 \\ y - z = 1 \end{cases}$ b) $\begin{cases} x - 2y + z = -2 \\ -2x + y + z = -2 \\ x + y - 2z = -2 \end{cases}$

c) $\begin{cases} x + 2y + z = 0 \\ -x - y = 1 \\ -y - z = -1 \end{cases}$ d) $\begin{cases} x + y = 5 \\ x + z = 6 \\ y + z = 7 \\ 2x + y + z = 11 \end{cases}$

9 Resuelve los siguientes sistemas homogéneos:

a) $\begin{cases} x + y - z = 0 \\ 12x - 3y - 2z = 0 \\ x - 2y + z = 0 \end{cases}$ b) $\begin{cases} 9x + 3y + 2z = 0 \\ 3x - y + z = 0 \\ 8x + y + 4z = 0 \\ x + 2y - 2z = 0 \end{cases}$

10 ¿Existe algún valor de a para el cual estos sistemas tengan infinitas soluciones?:

a) $\begin{cases} x + y + 2z = 0 \\ x + ay + 3z = 1 \\ x + y + (2-a)z = a \end{cases}$ b) $\begin{cases} x + y = a \\ -2x - y + (a-1)z = 2 \\ x + 3y - z = a \end{cases}$

11 Discute los siguientes sistemas homogéneos en función del parámetro a:

a) $\begin{cases} 2x - y + z = 0 \\ x + 2y - 3z = 0 \\ 3x - 4y - az = 0 \end{cases}$ b) $\begin{cases} x + y + z = 0 \\ ax + 2z = 0 \\ 2x - y + az = 0 \end{cases}$

c) $\begin{cases} ax + y - z = 0 \\ x + 2y + z = 0 \\ 3x + 10y + 4z = 0 \end{cases}$ d) $\begin{cases} 3x + 3y - z = 0 \\ 4x + 2y - az = 0 \\ 3x + 4y + 6z = 0 \end{cases}$

12 Discute los siguientes sistemas según los valores del parámetro m:

a) $\begin{cases} mx + y + z = 4 \\ x + y + z = m \\ x - y + mz = 2 \end{cases}$ b) $\begin{cases} x + y + z = m - 1 \\ 2x + y + mz = m \\ x + my + z = 1 \end{cases}$

c) $\begin{cases} x + 2y + 3z = 0 \\ x + my + z = 0 \\ 2x + 3y + 4z = 2 \end{cases}$ d) $\begin{cases} x + my + z = 4 \\ x + 3y + z = 5 \\ mx + y + z = 4 \end{cases}$

e) $\begin{cases} x + 2z = 3 \\ 3x + y + z = -1 \\ 2y - z = -2 \\ x - y + mz = -5 \end{cases}$ f) $\begin{cases} -2x + y + z = 1 \\ x - 2y + z = m \\ x + y - 2z = 0 \\ x - y - z = m \end{cases}$

Forma matricial de un sistema

13 Expresa en forma matricial y resuelve utilizando la matriz inversa:

a) $\begin{cases} 2x + y = 2 \\ y + 3z = 0 \\ 2x + y + z = 2 \end{cases}$ b) $\begin{cases} x + y - z = 3 \\ 2x + y + z = -2 \\ x - 2y - 3z = 1 \end{cases}$

c) $\begin{cases} x + y = -1 \\ y + z = -2 \\ x + z = 3 \end{cases}$ d) $\begin{cases} x + 2y + z = 3 \\ 3y + z = 4 \\ x + 2y + 2z = 4 \end{cases}$

14 Escribe en la forma habitual estos sistemas y resuélvelos si es posible:

a) $\begin{pmatrix} 1 & 3 & 2 \\ 1 & -1 & -1 \end{pmatrix}\begin{pmatrix} x \\ y \\ z \end{pmatrix} = \begin{pmatrix} 4 \\ 0 \end{pmatrix}$ b) $\begin{pmatrix} 1 & 1 \\ 3 & -1 \\ 2 & -1 \end{pmatrix}\begin{pmatrix} x \\ y \end{pmatrix} = \begin{pmatrix} 4 \\ 0 \\ 1 \end{pmatrix}$

15 Resuelve el siguiente sistema:

$$\begin{pmatrix} 2 & 0 & 5 \\ 1 & 1 & -2 \\ -1 & 1 & 1 \end{pmatrix}\begin{pmatrix} x \\ y \\ z \end{pmatrix} + \begin{pmatrix} -3 \\ 1 \\ 2 \end{pmatrix} = \begin{pmatrix} 4 \\ -1 \\ 1 \end{pmatrix}$$

16 Dadas las matrices $A = \begin{pmatrix} 2 & 1 & k \end{pmatrix}$, $B = \begin{pmatrix} 3 & -1 & -4 \end{pmatrix}$ y $C = \begin{pmatrix} 1 & 2 & 1 \end{pmatrix}$, calcula k para que el sistema de ecuaciones $xA + yB = 4C$ sea compatible y resuélvelo en ese caso.

Para resolver

17 Un autobús transporta 60 viajeros con tres tipos de tarifa. Hay viajeros que pagan el billete entero, que vale 1,2 euros. Otro grupo de viajeros abona el 80 % y un tercer grupo abona el 50 %. Ayer la recaudación del autobús fue de 46,56 euros. Calcula el número de viajeros de cada clase sabiendo que el número de los viajeros con mayor descuento es el doble que el número del resto de viajeros.

18 En una tienda, por comprar dos chaquetas y una blusa nos cobran 200 €. Si volvemos a la tienda y compramos una chaqueta, un pantalón y devolvemos la blusa nos cobran 100 €. ¿Cuánto nos cobrarán por cinco chaquetas, un pantalón y una blusa?

19 Un cajero automático contiene 95 billetes de 10, 20 y m euros. Se sabe que tiene almacenados 2 000 € y que el número de billetes de 10 euros es el doble que el número de billetes de 20 euros.

a) Plantea un sistema de ecuaciones que refleje las condiciones del problema. Prueba que si $m \in \{5, 50, 100\}$, el sistema es compatible determinado.

b) ¿Puede haber billetes de 5 o 100 euros en el cajero?

c) Resuelve el sistema para $m = 50$.

20 Irene compra 200 acciones de la empresa A, 150 de B y 100 de C. Paga por ellas 3 300 €. Jesús gasta 3 750 € por la compra de 50 acciones de A, 120 de B y 240 de C. Con estos datos, ¿es posible saber el precio de cada acción? ¿Y si cada acción tiene un precio entero comprendido entre 1 € y 12 €, ambos incluidos?

21 Una persona ha obtenido 6 000 € de beneficio por invertir un total de 60 000 € en tres empresas: A, B y C. La suma del dinero invertido en A y B fue m veces el invertido en C, y los beneficios fueron el 5 % en A, el 10 % en B y el 20 % en C.

a) Plantea un sistema de ecuaciones para averiguar la cantidad invertida en cada empresa.

b) Prueba que si $m > 0$, el sistema es compatible determinado.

c) Halla la solución para $m = 5$.

22 Un almacén distribuye cierto producto que fabrican tres marcas distintas: A, B y C. La marca A lo envasa en cajas de 250 gramos y su precio es de 10 €; la marca B lo envasa en cajas de 500 gramos a un precio de 18 € y la marca C lo hace en cajas de 1 kilo a un precio de 33 €. El almacén vende a un cliente 2,5 kilos de este producto por un importe de 100 €. Sabiendo que el lote iba envasado en 5 cajas, calcula cuántos envases de cada tipo se han comprado. ¿Tiene solución el problema?

EJERCICIOS Y PROBLEMAS PROPUESTOS

23 Estudia y resuelve los siguientes sistemas e interprétalos geométricamente:

a) $\begin{cases} 2x + y - z = 1 \\ x - 2y + z = 3 \\ 5x - 5y + 2z = m \end{cases}$ b) $\begin{cases} x + ay - z = 1 + a \\ x + y - az = a \\ x - y - z = a \end{cases}$

c) $\begin{cases} x + y + z = 1 \\ mx + y + (m-1)z = 2 \\ x + my + z = m \end{cases}$ d) $\begin{cases} x + z = 1 \\ y + (a-1)z = 0 \\ x + (a-1)y + az = a \end{cases}$

24 Discute y resuelve los siguientes sistemas:

a) $\begin{cases} \lambda x + 2z = 0 \\ \lambda y - z = \lambda \\ x + 3y + z = 5 \end{cases}$ b) $\begin{cases} (m+2)x + (m-1)y - z = 3 \\ mx - y + z = 2 \\ x + my - z = 1 \end{cases}$

c) $\begin{cases} \lambda x + 3y + z = \lambda \\ x + \lambda y + \lambda z = 1 \\ x + y - z = 1 \end{cases}$ d) $\begin{cases} mx + y + z = 2 \\ 2x + my + m^2 z = 1 \\ 2x + y + z = 2 \end{cases}$

NOTA: En los casos a) y c) si necesitas un parámetro para resolverlos, no puedes llamarle λ, porque este es el parámetro del sistema.

25 Sea el sistema de ecuaciones: $\begin{cases} 2ax + by + z = 3c \\ 3x - 2by - 2cz = a \\ 5ax - 2y + cz = -4b \end{cases}$

a) Justifica que para los valores de los parámetros $a = 0$, $b = 1$, $c = 2$ el sistema es compatible.

b) Determina los valores de los parámetros a, b y c para los que se verifica que $(x, y, z) = (1, 2, 3)$ es solución del sistema.

c) Justifica si dicha solución es o no es única.

26 Discute los siguientes sistemas en función del parámetro y resuélvelos cuando sean compatibles:

a) $\begin{cases} ax + y = 0 \\ -y + 2az = 0 \\ -x + ay = 0 \end{cases}$ b) $\begin{cases} mx + y + z = 0 \\ x - my - z = 1 \\ 2x + y + z = 0 \end{cases}$

c) $\begin{cases} kx + ky - z = 2 \\ 3x - ky = 0 \\ 5x + ky = 0 \\ x + 2z = 1 \end{cases}$ d) $\begin{cases} x + 3y + z = 5 \\ mx + 2z = 0 \\ my - z = m \\ x - y + z = 0 \end{cases}$

27 a) Demuestra que el siguiente sistema de ecuaciones tiene siempre solución para cualquier valor de α y β:

$$\begin{cases} x - y + (\alpha + \beta) z = \alpha \\ x + z = \beta \\ x - z = \alpha - 3\beta \end{cases}$$

b) ¿Es posible que tenga infinitas soluciones para algún valor de α y β?

28 Considera el siguiente sistema de ecuaciones lineales:

$$\begin{cases} x + 2y - 3z = 3 \\ 2x + 3y + z = 5 \end{cases}$$

a) Calcula k de manera que al añadir una tercera ecuación de la forma $kx + y - 7z = 1$ el sistema resultante tenga las mismas soluciones que el original.

b) Calcula las soluciones del sistema dado tales que la suma de los valores de las incógnitas sea 4.

29 a) Sean las matrices $M = \begin{pmatrix} x & y & z \\ y & z & x \\ z & x & y \end{pmatrix}$, $A = \begin{pmatrix} 2 \\ -1 \\ 1 \end{pmatrix}$, $B = \begin{pmatrix} 1 \\ 0 \\ 1 \end{pmatrix}$.

Calcula x, y, z para que la matriz A sea solución del sistema $M \cdot A = B$.

b) Considera ahora las matrices $N = \begin{pmatrix} a & b & c \\ b & c & a \\ c & a & b \end{pmatrix}$, $X = \begin{pmatrix} x \\ y \\ z \end{pmatrix}$, $B = \begin{pmatrix} 1 \\ 0 \\ 1 \end{pmatrix}$, donde a, b, c verifican $a \neq 0$, $b + c = 0$ y $c = a$.

Estudia si el sistema $N \cdot X = B$ es compatible determinado.

Cuestiones teóricas

30 ¿Verdadero o falso? Justifica tus respuestas y pon ejemplos.

a) Si S y S' son dos sistemas equivalentes con solución única que tienen iguales los términos independientes, entonces los coeficientes de las incógnitas también son iguales.

b) Para $m = 1$, el sistema $\begin{pmatrix} m & 1 & 1 \\ 1 & m & 1 \\ 1 & 1 & m \end{pmatrix} \begin{pmatrix} x \\ y \\ z \end{pmatrix} = \begin{pmatrix} m \\ m \\ m \end{pmatrix}$ tiene infinitas soluciones que dependen de un parámetro.

c) El sistema $\begin{pmatrix} 1 & 2 & 0 \\ 1 & 3 & 1 \end{pmatrix} \begin{pmatrix} x \\ y \\ z \end{pmatrix} = \begin{pmatrix} a \\ b \end{pmatrix}$ es compatible indeterminado para cualquier valor de a y b.

d) Sean S y S' dos sistemas de ecuaciones con dos incógnitas que difieren solo en los términos independientes. Si S es compatible indeterminado, ¿lo será también S'?

31 Si a un sistema compatible indeterminado le añadimos una nueva ecuación, el nuevo sistema:

a) No puede tener solución única.

b) Puede ser incompatible.

c) Siempre tendrá infinitas soluciones.

Analiza si cada una de estas afirmaciones es verdadera o falsa y pon ejemplos que lo justifiquen.

32 Sean $A = \begin{pmatrix} 1 & 2 \\ 1 & -1 \\ 0 & 3 \end{pmatrix}$, $B = \begin{pmatrix} a \\ b \\ c \end{pmatrix}$ y $C = \begin{pmatrix} a+3 \\ b \\ c+3 \end{pmatrix}$.

Justifica que si el sistema $AX = B$ es compatible determinado, entonces el sistema $AX = C$ también lo es.

33 Sea S un sistema de 4 ecuaciones y 3 incógnitas y S' el sistema homogéneo cuya matriz de coeficientes coincide con la de S.

Prueba que si (x_1, y_1, z_1) y (x_2, y_2, z_2) son dos soluciones del sistema S, entonces $(x_1 - x_2, y_1 - y_2, z_1 - z_2)$ es solución de S'.

Para profundizar

34 Estudia y resuelve cuando sea posible.

a) $\begin{cases} x + y + 2t = 3 \\ 3x - y + z - t = 1 \\ 5x - 3y + 2z - 4t = a \\ 2x + y + z + t = 2 \end{cases}$ b) $\begin{cases} ax + z + t = 1 \\ ay + z - t = 1 \\ ay + z - 2t = 2 \\ az - t = 0 \end{cases}$

35 Discute los siguientes sistemas:

a) $\begin{cases} x - y + z = 2 \\ 2x + 3y - 2z = -8 \\ 4x + y + az = b \end{cases}$ b) $\begin{cases} x + y + z = a - 1 \\ 2x + y + az = a \\ x + ay + z = b \end{cases}$

c) $\begin{cases} x - 3y + z = a \\ x - z = b \\ x + z = c \end{cases}$ d) $\begin{cases} ax + y - z = b - 1 \\ 2x + ay = b + 1 \\ -x + z = b \end{cases}$

36 La *eliminación de parámetros* es el proceso inverso al resolver un sistema de ecuaciones compatible indeterminado. Para ello tendremos que resolver un nuevo sistema equivalente, en el que los parámetros son las incógnitas y considerar las incógnitas anteriores como términos independientes. Elimina los parámetros λ y μ en las ecuaciones.

$$\begin{cases} x = 2\lambda - \mu \\ y = -\lambda + \mu \\ z = 3\lambda - 2\mu \\ t = \lambda + \mu \end{cases}$$

AUTOEVALUACIÓN

Resoluciones de estos ejercicios.

1 Resuelve por el método de Gauss el siguiente sistema e interprétalo geométricamente:

$$\begin{cases} x - 3y - z = -1 \\ x + 5y + 3z = 3 \\ x + y + z = 1 \\ 3x + 7y + 5z = 5 \end{cases}$$

2 Escribe las ecuaciones lineales del sistema $AX = B$, siendo $A = \begin{pmatrix} 1 & -1 & 4 \\ 3 & 1 & 0 \\ -1 & 0 & 1 \end{pmatrix}$ y $B = \begin{pmatrix} 11 \\ 5 \\ 2 \end{pmatrix}$, y resuélvelo.

3 La suma de las tres cifras de un número es 6. Si se intercambian la primera y la segunda, el número aumenta en 90 unidades y si se intercambian la segunda y la tercera, el número aumenta en 9 unidades. Halla ese número.

4 Añade una ecuación al siguiente sistema de forma que sea:

a) Incompatible

b) Compatible determinado

$$\begin{cases} 2x - y + 2z = 1 \\ x + y - z = 3 \end{cases}$$

5 Demuestra que no hay valores de m para los que este sistema no tenga solución.

Resuélvelo:

$$\begin{cases} x + 2y + z = 3 \\ x + 3y + 2z = 5 \\ x + my + 3z = 7 \end{cases}$$

6 Discute y resuelve los siguientes sistemas:

a) $\begin{cases} x + ay + z = a + 2 \\ x + y + az = -2(a+1) \\ ax + y + z = a \end{cases}$

b) $\begin{cases} x - 2y = 1 \\ y + z = a \\ x - 3z = -1 \\ y - z = 2 \end{cases}$

7 En un sistema homogéneo de cuatro ecuaciones y tres incógnitas, el rango de la matriz de coeficientes es 3.

Explica cuántas soluciones puede tener el sistema.

Compromiso ODS Visualiza el vídeo Meta 6.b., piensa en una acción con la que podrías contribuir al logro de esa meta y comprométete a llevarla a cabo.

ÁLGEBRA

PARA LA PRUEBA DE ACCESO A LA UNIVERSIDAD

¡Prepárala en anayaeducacion.es!

¿Dominas las propiedades de las matrices y sus operaciones?

¿Tienes claro qué se puede hacer y qué no se puede hacer?

¿Conoces estrategias para despejar una incógnita en una igualdad matricial?

$A = \begin{pmatrix} a & b \\ c & d \end{pmatrix}$ y $|A| \neq 0$

¿Cuál de las siguientes expresiones corresponde a A^{-1}, la inversa de la matriz A?

a) $\frac{1}{|A|}\begin{pmatrix} d & -b \\ -c & a \end{pmatrix}$

b) $\begin{pmatrix} a & -b \\ -c & d \end{pmatrix}$

c) $\begin{pmatrix} d & -b \\ -c & a \end{pmatrix}$

d) $\frac{1}{|A|}\begin{pmatrix} d & b \\ c & a \end{pmatrix}$

Con estas técnicas y algunas otras puedes resolver un montón de ejercicios y problemas.

¿Sabes aplicar los determinantes a la discusión y resolución de un sistema de ecuaciones con, o sin, parámetros?

¿Conoces el teorema de Rouché?

¿Dominas la regla de Cramer y su aplicación?

A es la matriz de coeficientes de un sistema de ecuaciones de 3 incógnitas y A' su matriz ampliada. Relaciona cada línea de la izquierda con la que le corresponde a la derecha.

a) $Ran(A) = Ran(A') < 3$

b) $Ran(A) < Ran(A') = 3$

c) $Ran(A) = Ran(A') = 3$

d) $Ran(A) = Ran(A') < 2$

e) $Ran(A) < Ran(A') < 3$

I) Infinitas soluciones

II) Sin solución

III) Una solución

Ejemplos de ejercicios y problemas.

Es mucha la variedad de ejercicios y problemas de álgebra con la que puedes encontrarte.

- Observa estos dos para los que resulta fundamental el dominio de las **matrices**, sus operaciones y sus propiedades.

① Halla la matriz X que verifique que $A \cdot X \cdot B = I$, siendo:

$$A = \begin{pmatrix} 1 & 2 \\ 1 & 3 \end{pmatrix} \text{ y } B = \begin{pmatrix} 1 & 1 \\ 1 & 2 \end{pmatrix}$$

El primero se resuelve fácilmente hallando las inversas de A y B y multiplicando adecuadamente por ellas en la igualdad inicial:

$$A^{-1} \cdot (A \cdot X \cdot B) \cdot B^{-1} = A^{-1} \cdot I \cdot B^{-1} \rightarrow$$
$$\rightarrow X = A^{-1} \cdot B^{-1}$$

② Considera las matrices:

$$A = \begin{pmatrix} 0 & 1 \\ 1 & 0 \\ 0 & 1 \end{pmatrix} \text{ y } B = \begin{pmatrix} 3 \\ 2 \\ 3 \end{pmatrix}$$

a. Calcula la matriz $[(A \cdot A^t)^2 - 2A \cdot A^t]^{11}$.

b. Determina el número de filas y columnas de la matriz X que verifica que $X \cdot A^t = B^t$.

c. Justifica si A^t es una matriz invertible y calcula la matriz X.

El segundo, algo más complejo, requiere relacionar distintas propiedades de las matrices y sus operaciones.

- O estos otros basados en la resolución de **sistemas de ecuaciones:**

① Considera el siguiente sistema de ecuaciones:

$$\begin{cases} x + 2y - z = 2 \\ x + (a+1)y - az = 2a \\ 2x + ay + (a+1)z = 1 \end{cases}$$

a. Discútelo según los valores de a.

b. ¿Hay algún valor de a para el cual el sistema tenga infinitas soluciones? En caso afirmativo, resuélvelo.

El primero, muy técnico requiere comparar los rangos de A y A' a partir del cálculo de $|A|$.

En **el segundo**, el único escollo es interpretar correctamente el enunciado y plantear un sistema de ecuaciones cuya resolución carece de dificultad.

② Se quiere construir un invernadero para el cultivo de semillas con ambiente controlado de temperatura, humedad y composición del aire. El aire que hay que suministrar debe contener un 78% de nitrógeno, un 21% de oxígeno y un 1% de argón.

a. Si la capacidad del invernadero es de 2000 litros, determina cuántos litros de nitrógeno, cuántos de oxígeno y cuántos de argón son necesarios.

b. Para suministrar el aire se dispone de tres mezclas gaseosas, A, B y C, cuya composición se expresa en la tabla adjunta. Obtén la cantidad que hay que utilizar de cada mezcla para llenar el invernadero de aire con la composición requerida .

MEZCLA	NITRÓGENO	OXÍGENO	ARGÓN
A	80%	20%	0%
B	70%	20%	10%
C	60%	40%	0%

Las técnicas que se han necesitado para resolver estos problemas son las que se han revisado a la izquierda.

En anayaeducacion.es encontrarás:

- Un camino de aprendizaje de estas técnicas básicas para el álgebra de modo que puedas adquirir una razonable agilidad para comprenderlas, reconocer la oportunidad de su uso y aplicarlas.
- Una colección de problemas de pruebas de acceso a la universidad, resueltos, propuestos, con ayudas, indicaciones…

1 Dadas $A=\begin{pmatrix}5&3\\3&2\end{pmatrix}$, $B=\begin{pmatrix}2&x\\x&1\end{pmatrix}$ y $C=\begin{pmatrix}0&-1\\-1&4\end{pmatrix}$:

a) Halla el valor de x para que se verifique $B^2=A$.

b) Calcula el valor de x para que $B+C=A^{-1}$.

c) Halla x de modo que $A-B+\frac{1}{2}C=3I_2$.

2 Dada la matriz $M=\begin{pmatrix}1&0&-1\\0&m+1&0\\1&1&m-1\end{pmatrix}$:

a) Estudia el rango de M según los valores de m.

b) Para $m=1$, calcula la inversa de M.

3 Halla las matrices de la forma $A=\begin{pmatrix}x&1\\y&0\end{pmatrix}$ tales que $A\cdot A^t=\begin{pmatrix}2&-2\\-2&4\end{pmatrix}$.

4 Despeja la matriz X en la ecuación matricial $AX-2X=B$ y halla su valor siendo $A=\begin{pmatrix}1&-1\\1&2\end{pmatrix}$ y $B=\begin{pmatrix}3&0\\-6&3\end{pmatrix}$.

5 Dada la matriz $A=\begin{pmatrix}2&5\\2&-1\end{pmatrix}$, halla los valores de m y n para que se verifique $A^2+mA+nI=\mathbf{0}$.

6 Sea la matriz $A=\begin{pmatrix}1&1\\1&-1\end{pmatrix}$:

a) Comprueba que $A^2=2I$ y calcula A^{-1} utilizando esa propiedad.

b) Halla A^{13}.

7 Dadas las siguientes matrices:

$$A=\begin{pmatrix}1&-1&0\\3&0&-2\end{pmatrix}\qquad B=\begin{pmatrix}2&1&3\\0&-2&2\end{pmatrix}$$

halla las matrices X e Y que verifican este sistema:

$$\begin{cases}2X+Y=A\\3X+2Y=-\frac{1}{2}B\end{cases}$$

8 Si C_1, C_2, C_3 y C_4 son la 1.ª, 2.ª, 3.ª y 4.ª columna de una matriz M cuadrada de orden 4 tal que $|M|=-3$, calcula:

a) $\left|\frac{1}{3}M\right|$ b) $|M^{-1}|$ c) $|C_1, 2C_2+C_4, C_4, C_3|$

Indica, en cada caso, las propiedades que aplicas.

9 Escribe las ecuaciones lineales del sistema $AX=B$, siendo

$$A=\begin{pmatrix}1&-1&4\\3&1&0\\-1&0&1\end{pmatrix}\text{ y } B=\begin{pmatrix}11\\5\\2\end{pmatrix}\text{, y resuélvelo.}$$

10 Dada $A=\begin{pmatrix}3&2&-1\\-1&0&1\\-1&-2&3\end{pmatrix}$, halla las matrices $X=\begin{pmatrix}x\\y\\z\end{pmatrix}$ no nulas que verifican la igualdad $AX=mX$, para algún valor de m.

11 Dada la matriz $A=\begin{pmatrix}0&1\\1&-1\end{pmatrix}$, obtén todas las matrices B que conmutan con A, es decir, las que verifican que $A\cdot B=B\cdot A$.

12 Prueba, sin desarrollarlo, que:

$$\begin{vmatrix}1&2&3&4\\1+a&2+a&3+a&4+a\\a&a&a&a\\5&6&7&8\end{vmatrix}=0$$

13 Resuelve, si es posible, e interpreta geométricamente los siguientes sistemas de ecuaciones lineales:

a) $\begin{cases}x+3y=5\\2x-y=3\\x+y=2\end{cases}$ b) $\begin{cases}-x+y+z=1\\4y+3z=2\\x+2y=1\\x+3y+2z=1\end{cases}$

14 Discute y resuelve este sistema, según los valores de m:

$$\begin{cases}(m+1)x+y+z=-1\\(-m-1)x-2z=2\\y+(m^2-m-1)z=-a+2\end{cases}$$

15 Considera este sistema:

$$\begin{cases}-x+y+z=1\\4y+az=2\\x+2y=1\\x+ay+2z=1\end{cases}$$

¿Es posible encontrar valores de a tales que el sistema sea incompatible? ¿Y compatible determinado?

Justifica tus respuestas.

16 a) Comprueba que este sistema es compatible indeterminado:

$$\begin{cases}y+z-2x=0\\x+z-2y=0\\x+y-2z=0\end{cases}$$

b) Justifica si es posible añadir una nueva ecuación que lo convierta en compatible determinado. ¿Y en incompatible?

GEOMETRÍA

BLOQUE II

NOTAS HISTÓRICAS
Geometría

- La matemática moderna
- El siglo XVIII
- El siglo XIX
- El siglo XX

El gran **Euclides** (325-265 a. C.) es recordado fundamentalmente por organizar y disponer lógicamente todo el saber geométrico de su época construyendo un gran sistema deductivo fuertemente cohesionado en su tratado *Los Elementos.* Esta obra está compuesta por 13 pequeños libros y contiene un total de 465 proposiciones. En el primer libro expone **cinco postulados** y una serie de nociones comunes llamadas **axiomas.** Cada libro comienza con las definiciones de los conceptos que desarrollará. Mediante estas **definiciones** y los axiomas, demuestra los teoremas, vertebrando, de esta manera, la teoría.

A esta manera de razonar que propuso Euclides se la denomina geometría clásica o geometría euclídea.

Invenció del pararra

1750

1650

Se consagra la Basílica de San Pedro del Vaticano

Paz de Westfalia

1 Descartes

Expulsión de los moriscos de España

1600

Guerra de los 30 años

1 **Descartes** (1596-1650) revoluciona la geometría al utilizar el **método de coordenadas**. Este consiste en emplear recursos algebraicos para resolver problemas geométricos, definiendo las curvas y superficies mediante ecuaciones algebraicas. Es lo que se conoce como **geometría analítica**.

2 **Gauss** (1777-1855), **Lobachevski** (1792-1856) y **Bolyai** (1802-1860) crean las llamadas geometrías no euclídeas. Estas surgen de la negación del quinto postulado de Euclides.

V. *Por un punto exterior a una recta se puede trazar una y solo una paralela, es decir, una y solo una recta que no corte a la primera.*

Por ejemplo, en la geometría esférica, se considera la superficie de una esfera como espacio en sí misma. Los círculos máximos serían las «equivalentes» a las rectas del plano (pues son las líneas que nos dan las distancias más cortas entre puntos). Así, en esta superficie, no existen paralelas (no se cumple el V postulado).

Segunda Guerra Mundial

Guerra Fría

4 Sierpinski

Nace el rock and roll

5 Mandelbrot

Transición española

2000

1950

Se funda la ONU

Entra en vigor el Tratado de la Unión Europea

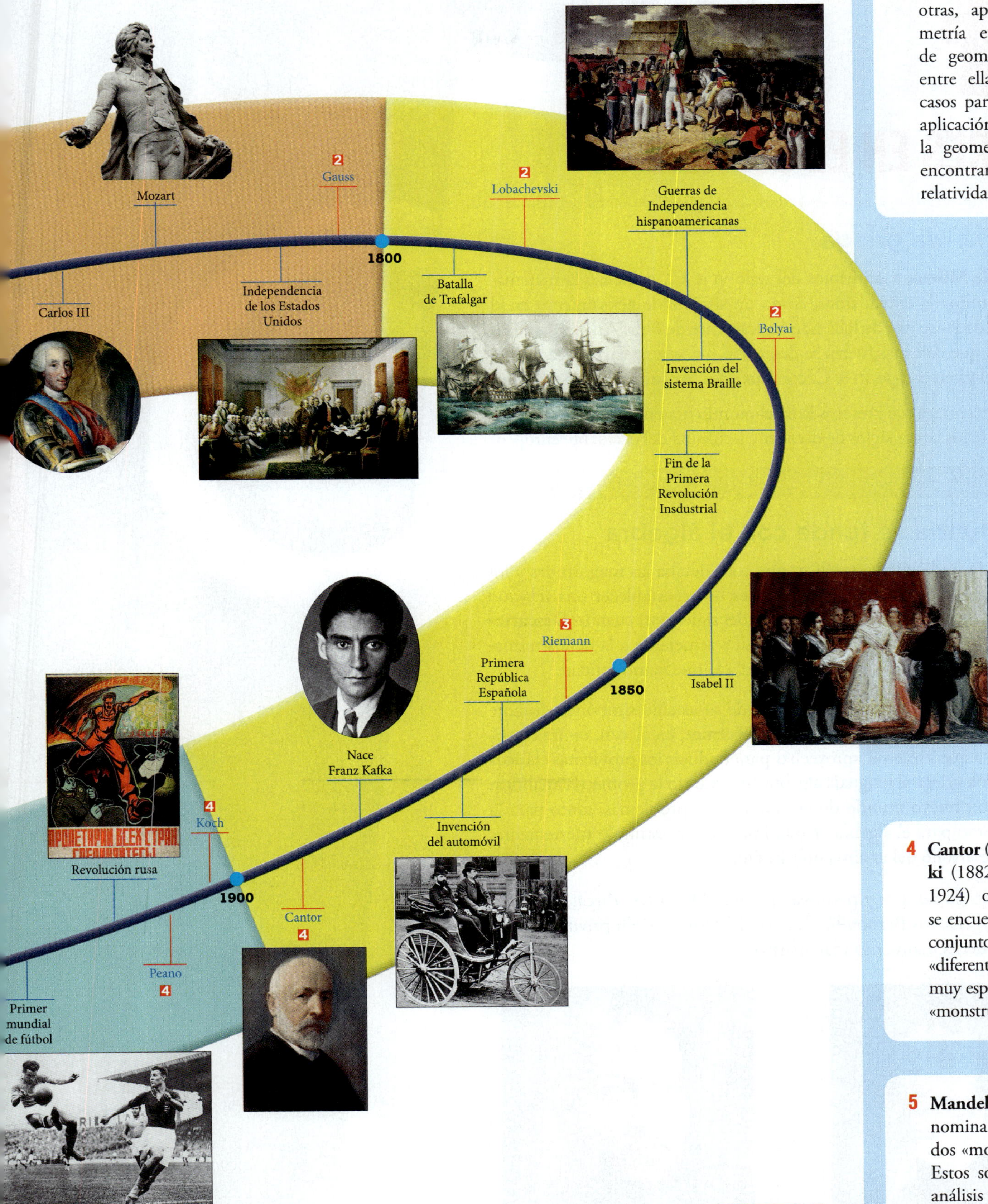

3 **Riemann** (1826-1866) establece los fundamentos de la llamada **geometría riemanniana**, que engloba a muchas otras, apareciendo la geometría euclídea y multitud de geometrías no euclídeas, entre ellas la esférica como casos particulares de esta. La aplicación más importante de la geometría riemanniana la encontramos en la teoría de la relatividad general.

4 **Cantor** (1845-1918), **Sierpinski** (1882-1969), **Koch** (1870-1924) o **Peano** (1858-1932) se encuentran con una serie de conjuntos y figuras geométricas «diferentes» con características muy especiales a los que llaman «monstruos geométricos».

5 **Mandelbrot** (1924-2010) denomina fractales a los llamados «monstruos geométricos». Estos son muy útiles para el análisis de una gran variedad de fenómenos físicos (las nubes, las montañas, los capilares sanguíneos, ...).

En anayaeducacion.es: Ampliación de las notas históricas correspondientes a este bloque.

4

VECTORES EN EL ESPACIO

La geometría griega

Con **Tales de Mileto,** a principios del siglo VI a. C., comenzó la matemática tal como hoy la entendemos, como un sistema de pensamiento en el que unas verdades se van deduciendo lógicamente de otras. Y la rama de las matemáticas que con más fuerza se desarrolló fue la geometría, alcanzando un gran nivel ya en el siglo III a. C. con **Euclides, Arquímedes** y **Apolonio.**

Esta geometría griega fue preservada en el mundo matemático indio, persa y árabe, durante los largos siglos de decadencia cultural del occidente europeo.

La geometría se funde con el álgebra

Seguidor de la tradición aristotélica, que consideraba las magnitudes y los números como objetos separados, **Euclides** buscó establecer una relación entre ambos. Pero no fue hasta principios del siglo XVII, cuando **Descartes** definió una operatividad para las magnitudes semejante a la de los números. Para ello, inventó una nueva magnitud a la que llamó unidad.

El desarrollo del álgebra y la maduración de su cálculo simbólico durante los siglos XV y XVI colocaron a Descartes y **Fermat,** en el XVII, en una posición ventajosa que supieron aprovechar para traducir los problemas clásicos de la geometría griega al lenguaje algebraico, creando la geometría analítica. Se abrió así un nuevo mundo de posibilidades y problemas, tanto para la geometría como para el álgebra. Y esta intersección estimuló fuertemente, además, el desarrollo del análisis infinitesimal.

La conjunción de campos y personas (Fermat, Descartes, Pascal, Newton, Leibniz, Huygens, los Bernoulli…), hace del XVII un siglo privilegiado en la evolución del pensamiento matemático.

René Descartes (1596-1650)

Pierre de Fermat (1601-1665)

En **anayaeducacion.es** encontrarás información sobre la denominada inteligencia empresarial.

Vectores

El concepto de vector fue utilizado desde finales del siglo XVII para representar y componer magnitudes con dirección y sentido, como son la fuerza y la velocidad.

Pero los primeros indicios de un tratamiento vectorial datan de principios del siglo XVII, cuando algunos matemáticos pusieron de manifiesto la necesidad de describir los fenómenos físicos a través del lenguaje matemático. **Galileo Galilei** (1564-1642) fue pionero en esta tarea. Identificó que la trayectoria del movimiento parabólico se componía de un movimiento horizontal y otro vertical. Para describirlo había que combinar ambos movimientos mediante una nueva operación «suma», la cual no se podía realizar por los medios conocidos hasta entonces; era necesario un nuevo método.

Isaac Newton (1642-1727) continuó el estudio iniciado por Galileo, y a través de la representación del paralelogramo de fuerzas, expresó de manera matemática el resultado de la suma de dos fuerzas individuales aplicadas a un cuerpo. De este modo estableció que cuando dos fuerzas actúan de manera simultánea sobre un cuerpo, la fuerza resultante se podía describir por la diagonal de un paralelogramo, mientras sus lados describían las fuerzas individuales. Si bien, Newton no utilizó la noción de vector tal y como la conocemos hoy, manejó una idea aproximada a este en la aplicación del concepto de fuerza.

Casi un siglo después, **Lagrange** introdujo las coordenadas al mundo de los vectores, con lo que aritmetizó las magnitudes vectoriales.

Ya en el siglo XIX, entre los hitos más relevantes relacionados con los vectores, podemos mencionar su uso por parte de **Gauss** para representar los números complejos, el desarrollo entre 1832 y 1837 de un álgebra de vectores, equivalente al actual cálculo vectorial, a cargo de **Giusto Bellavitis** o la generalización a espacios *n*-dimensionales de la teoría de vectores desarrollada por **Hermann Grassmann** a partir de 1844. Y no podemos olvidarnos de mencionar a **William Hamilton,** quien a mediados de este siglo, fue el primero en utilizar el nombre de vector.

RESUELVE

Diagonal de un ortoedro y volumen de un paralelepípedo

1 Expresa la diagonal de un ortoedro en función de sus dimensiones, a, b y c.

2 Calcula el volumen de este paralelepípedo en función de a, b y c y de los ángulos α y β.

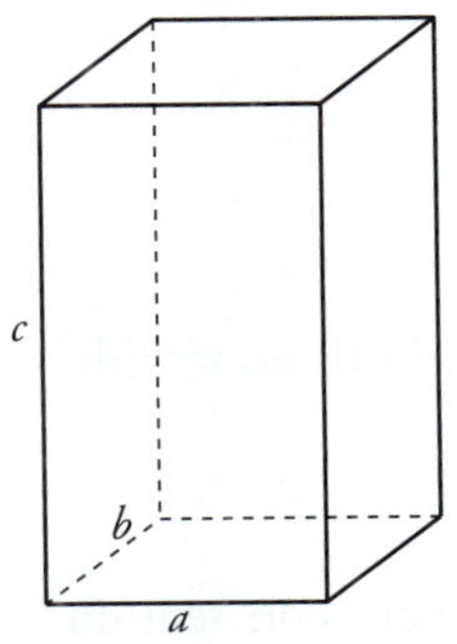

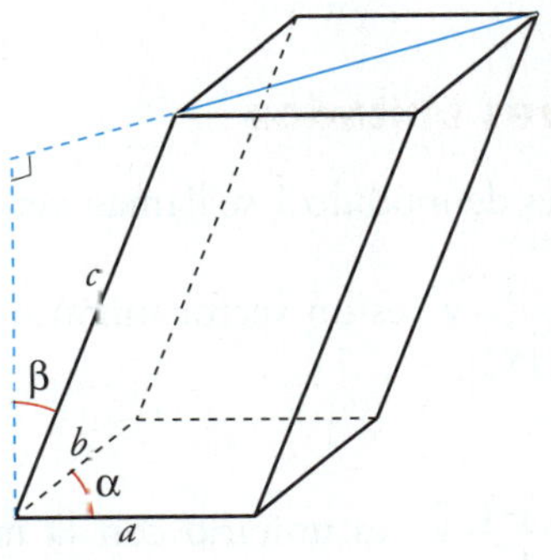

1 OPERACIONES CON VECTORES

Las características de los vectores en el espacio, así como sus operaciones, son idénticas a las de los vectores del plano, que ya conocemos del curso anterior. Recordémoslas:

Vector $\overrightarrow{AB}$ es un segmento orientado de origen A y extremo B.

Módulo de $\overrightarrow{AB}$ es la distancia de A a B. Se designa así: $|\overrightarrow{AB}|$

Dirección de $\overrightarrow{AB}$ es la de la recta sobre la que están A y B y la de todas las rectas paralelas a ella.

Cada dirección admite dos **sentidos** opuestos: de A a B y de B a A.

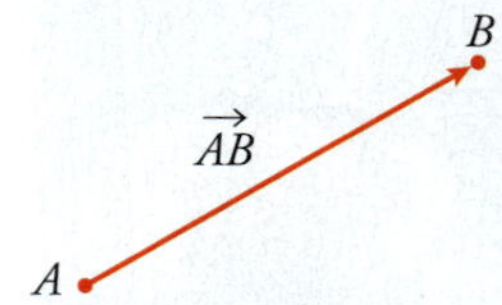

Vector de origen A y extremo B.

Dos vectores son iguales cuando tienen el mismo módulo, la misma dirección y el mismo sentido (también se les suele llamar **equipolentes**).

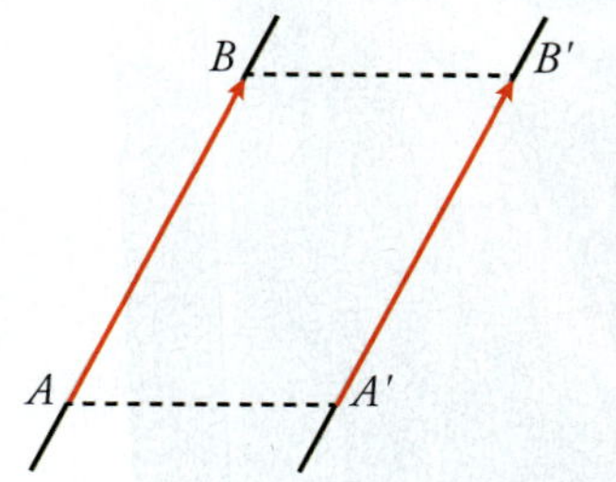

Los vectores $\overrightarrow{AB}$ y $\overrightarrow{A'B'}$ son iguales.

Cuando queremos hacer uso de un vector, podemos tomar, en su lugar, cualquiera de los que son iguales a él. Cada uno de ellos es un **vector fijo.** Todos ellos se llaman **representantes** de un único vector, llamado **vector libre.**

Los vectores se representan por letras con una flecha encima, $\vec{u}$, $\vec{v}$, $\vec{w}$, $\vec{y}$, $\vec{z}$, ..., o bien mediante uno de sus representantes, designando su origen y su extremo con una flechita encima: $\overrightarrow{AB}$.

Producto de un número por un vector

El producto de un número $k \neq 0$ por un vector $\vec{v}$ es otro vector $k \cdot \vec{v}$ (o, simplemente, $k\vec{v}$) que tiene:

- Dirección: la misma que $\vec{v}$.
- Sentido: el mismo que el de $\vec{v}$ o sentido opuesto, según si k es positivo o negativo.
- Módulo: igual al producto del módulo de $\vec{v}$ por el valor absoluto de k.

$$|k\vec{v}| = |k|\,|\vec{v}|$$

El producto $0\vec{v}$ es igual al **vector cero,** $\vec{\mathbf{0}}$. Es un vector cuyo origen y extremo coinciden y, por tanto, su módulo es cero. Carece de dirección.

El vector $-1\vec{v}$ se designa por $-\vec{v}$ y se llama **opuesto** de $\vec{v}$.

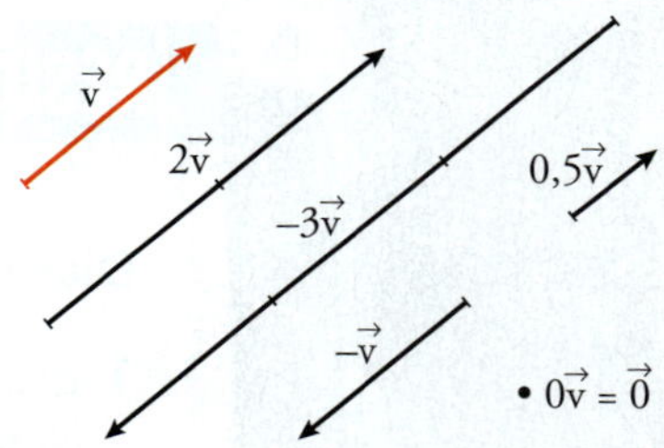

Vectores unitarios

Los vectores de módulo 1 se llaman vectores unitarios.

El vector $\frac{1}{|\vec{v}|}\vec{v}$ es un vector unitario con la misma dirección y el mismo sentido que $\vec{v}$.

El vector $\frac{-1}{|\vec{v}|}\vec{v}$ es unitario con la misma dirección que $\vec{v}$, pero con sentido opuesto.

Nomenclatura

$\frac{1}{k}\vec{v}$ es el producto del número $\frac{1}{k}$ por el vector $\vec{v}$. Sin embargo, a veces se dice (impropiamente) que es el resultado de dividir $\vec{v}$ entre k. Aunque no es correcto, se suele admitir como expresión coloquial.

Sin embargo, no se suele poner $\frac{\vec{v}}{k}$.

Suma y resta de dos vectores

- Para sumar dos vectores, $\vec{u}$ y $\vec{v}$, se sitúa $\vec{v}$ a continuación de $\vec{u}$ de manera que el origen de $\vec{v}$ coincida con el extremo de $\vec{u}$. La suma, $\vec{u}+\vec{v}$, es el vector cuyo origen es el de $\vec{u}$ y cuyo extremo es el de $\vec{v}$.
- Para restar dos vectores, $\vec{u}-\vec{v}$, se le suma a $\vec{u}$ el opuesto de $\vec{v}$:

$$\vec{u}-\vec{v}=\vec{u}+(-\vec{v})$$

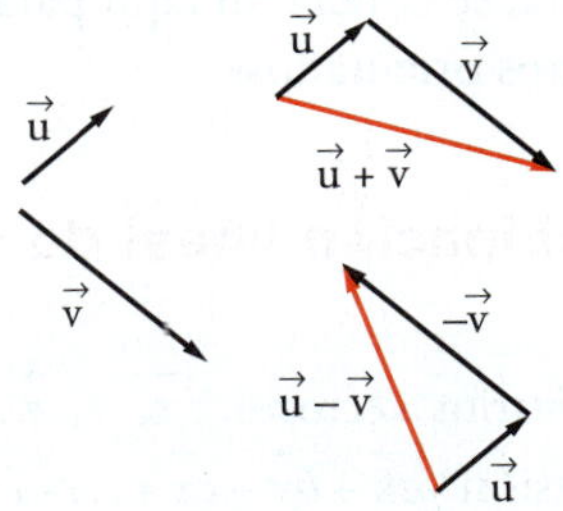

Regla del paralelogramo

Si colocamos $\vec{u}$ y $\vec{v}$ con origen común y completamos un paralelogramo, entonces:

- La diagonal cuyo origen es el de $\vec{u}$ y $\vec{v}$ es el vector suma $\vec{u}+\vec{v}$.
- La diagonal que va del extremo de $\vec{v}$ al de $\vec{u}$ es $\vec{u}-\vec{v}$.

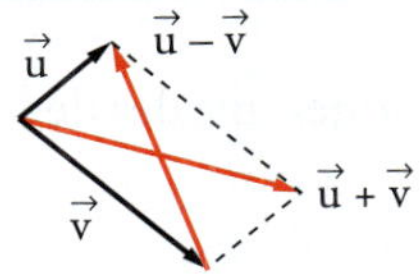

Esta construcción sirve si los vectores tienen distintas direcciones. Cuando tienen la misma dirección, tanto la suma como la resta son triviales.

Suma de tres vectores

Regla del paralelepípedo

Colocamos tres vectores, $\vec{u}$, $\vec{v}$ y $\vec{w}$ con los orígenes coincidentes. Sumamos $\vec{u}+\vec{v}$. Al vector resultante, $\vec{u}+\vec{v}$, le sumamos $\vec{w}$ aplicando la regla del paralelogramo. Obtenemos, así, el vector $(\vec{u}+\vec{v})+\vec{w}$. Entonces:

- El vector suma, $(\vec{u}+\vec{v})+\vec{w}$, es la diagonal del paralelepípedo.

Esta construcción sirve si los vectores $\vec{u}$, $\vec{v}$ y $\vec{w}$ no son coplanarios.

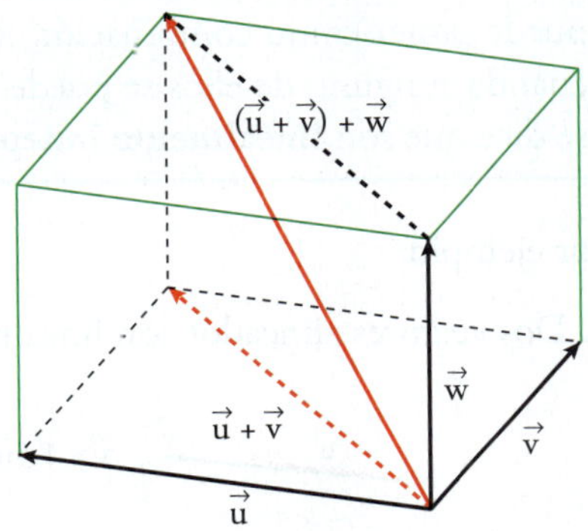

Propiedades de las operaciones con vectores

		SUMA DE VECTORES
1	ASOCIATIVA	$(\vec{u}+\vec{v})+\vec{w}=\vec{u}+(\vec{v}+\vec{w})$
2	CONMUTATIVA	$\vec{u}+\vec{v}=\vec{v}+\vec{u}$
3	VECTOR NULO	$\vec{v}+\vec{0}=\vec{v}$
4	VECTOR OPUESTO	$\vec{v}+(-\vec{v})=\vec{0}$

		PRODUCTO DE NÚMEROS POR VECTORES
5	ASOCIATIVA	$a\cdot(b\cdot\vec{v})=(ab)\cdot\vec{v}$
6	DISTRIBUTIVA I	$(a+b)\cdot\vec{v}=a\cdot\vec{v}+b\cdot\vec{v}$
7	DISTRIBUTIVA II	$a\cdot(\vec{v}+\vec{w})=a\cdot\vec{v}+a\cdot\vec{w}$
8	PRODUCTO POR 1	$1\cdot\vec{v}=\vec{v}$

Todas estas propiedades le confieren al conjunto de los vectores la estructura de **espacio vectorial**. (En el apartado 5 de la unidad 1 se estudia el espacio vectorial).

anayaeducacion.es Demostración de las propiedades de las operaciones con vectores.

Piensa y practica

1 La propiedad $a\cdot(b\cdot\vec{v})=(ab)\cdot\vec{v}$ relaciona el producto de números por vectores con el producto entre números.

a) De los cuatro productos que aparecen, ¿cuáles son del primer tipo y cuáles del segundo?

b) Interpreta dicha propiedad para $a=3$, $b=-2$ y $\vec{v}$ un vector cualquiera representado sobre el papel.

2 La propiedad distributiva $(a+b)\cdot\vec{v}=a\cdot\vec{v}+b\cdot\vec{v}$ relaciona la suma de números con la suma de vectores.

a) De las dos sumas que aparecen, determina cuál es de cada tipo.

b) Interpreta dicha propiedad para $a=3$, $b=5$ y $\vec{v}$ un vector cualquiera representado sobre el papel.

anayaeducacion.es Espacio vectorial. Propiedades.

2 EXPRESIÓN ANALÍTICA DE UN VECTOR. COORDENADAS

Las definiciones de combinación lineal y de dependencia e independencia lineal de vectores, que ya se dieron en la unidad 1 relativas a elementos de un espacio vectorial cualquiera, se concretan aquí para los vectores propiamente dichos, es decir, para los «segmentos orientados».

Combinación lineal de vectores

Dados varios vectores, $\vec{x}, \vec{y}, \vec{z}, \dots, \vec{w}$ y otros tantos números, $a, b, c, \dots, l$, la expresión $a\vec{x} + b\vec{y} + c\vec{z} + \dots + l\vec{w}$ se llama **combinación lineal** de los vectores.

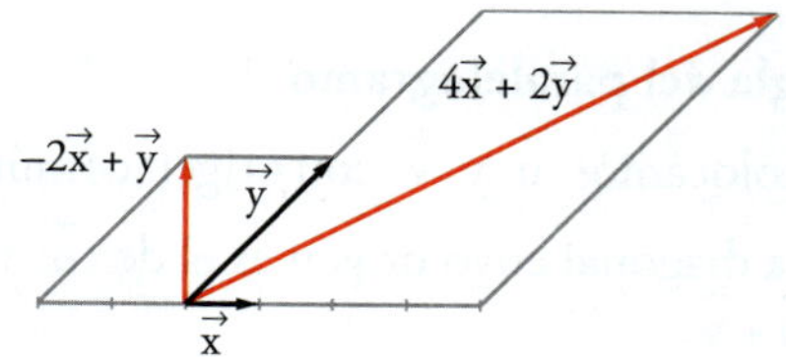

Por ejemplo: $4\vec{x} + 2\vec{y}$, $-2\vec{x} + \vec{y}$ son combinaciones lineales de los vectores $\vec{x}$ e $\vec{y}$.

Dependencia e independencia lineal

Varios vectores se dice que son **linealmente dependientes** si alguno de ellos se puede poner como combinación lineal de los demás. Cuando no es así, es decir, cuando ninguno de ellos se puede poner como combinación lineal de los demás, se dice que son **linealmente independientes.**

Por ejemplo:

1. Dos vectores alineados son linealmente dependientes.

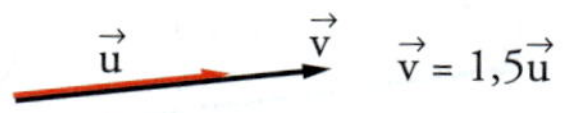

2. Dos vectores no alineados son linealmente independientes.

3. Tres vectores coplanarios (que están en el mismo plano) son linealmente dependientes.

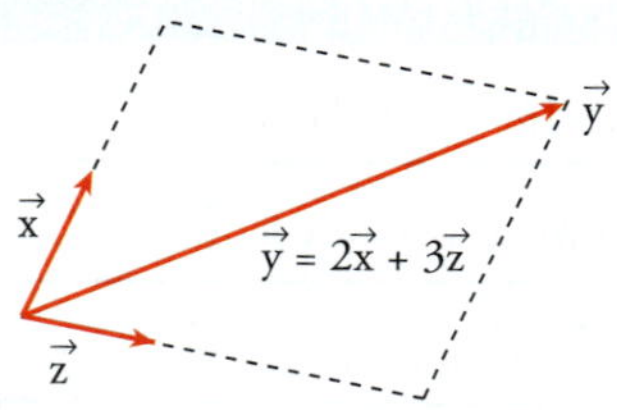

Base

Tres vectores no coplanarios, $\vec{x}, \vec{y}, \vec{z}$ son linealmente independientes y, además, cualquier otro vector del espacio se puede poner como combinación lineal de ellos de forma única. Por eso decimos que forman una **base.**

$$\mathcal{B} = (\vec{x}, \vec{y}, \vec{z})$$

Tres vectores no coplanarios cualesquiera forman una **base** del espacio vectorial tridimensional.

Si los tres vectores son perpendiculares entre sí, se dice que forman una base **ortogonal.** Si además tienen la misma longitud (que se toma como unidad), se dice que la base es **ortonormal.**

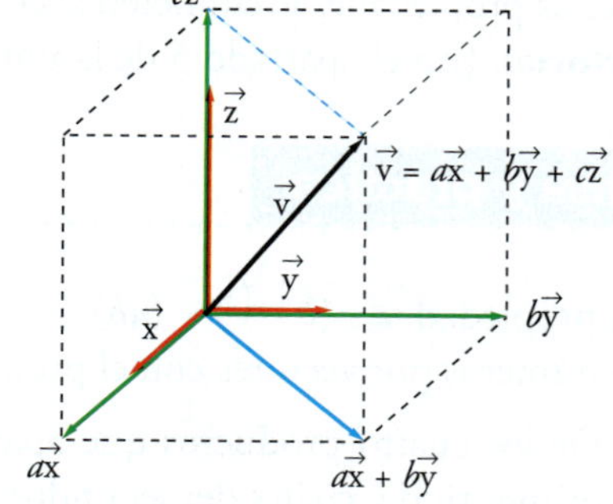

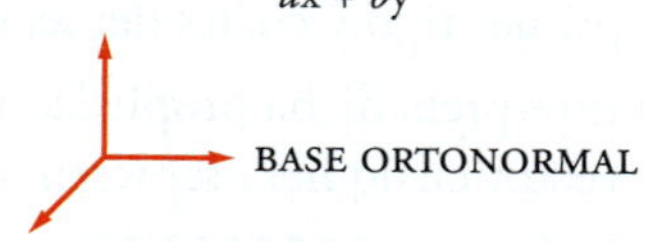

anayaeducacion.es GeoGebra. Visualización de las coordenadas de un vector en un sistema de referencia ortogonal.

Coordenadas de un vector respecto de una base

Dada una base, $\mathcal{B} = (\vec{x}, \vec{y}, \vec{z})$, cualquier vector, $\vec{v}$, se puede poner de forma única como combinación lineal de sus elementos:

$$\vec{v} = a\vec{x} + b\vec{y} + c\vec{z}$$

A los números a, b, c se los llama **coordenadas** de $\vec{v}$ respecto de $\mathcal{B}$.

Se expresa así: $\vec{v} = (a, b, c)$, o bien $\vec{v}(a, b, c)$.

Las coordenadas de los elementos de la base $\mathcal{B} = (\vec{x}, \vec{y}, \vec{z})$ son:

$$\vec{x}(1, 0, 0), \quad \vec{y}(0, 1, 0), \quad \vec{z}(0, 0, 1)$$

Las coordenadas del vector cero son $\vec{0}(0, 0, 0)$ en cualquier base.

Atención

Si $\mathcal{B} = (\vec{x}, \vec{y}, \vec{z})$ es una base, entonces:

- Cualquier vector $\vec{v}$ se puede poner como combinación lineal de $\vec{x}$, $\vec{y}$, $\vec{z}$.
- Solo hay **una manera** de hacerlo, es decir, a, b y c son únicos.

Operaciones con coordenadas

Como sabes, las coordenadas de los vectores se comportan «muy razonablemente» cuando operamos con ellos. Concretémoslo:

$\vec{u}(x_1, y_1, z_1) \qquad \vec{v}(x_2, y_2, z_2)$

- SUMA: $\vec{u} + \vec{v} = (x_1 + x_2, y_1 + y_2, z_1 + z_2)$

  Las coordenadas del vector $\vec{u} + \vec{v}$ se obtienen sumando las coordenadas de $\vec{u}$ con las coordenadas de $\vec{v}$.
- PRODUCTO POR UN NÚMERO: $k\vec{u} = (kx_1, ky_1, kz_1)$

  Las coordenadas del vector $k\vec{u}$ se obtienen multiplicando por k las coordenadas de $\vec{u}$.
- COMBINACIÓN LINEAL: $a\vec{u} + b\vec{v} = (ax_1 + bx_2, ay_1 + by_2, az_1 + bz_2)$

Como consecuencia de estos resultados, será muy cómodo trabajar con los vectores a partir de sus coordenadas.

anayaeducacion.es

Practica operaciones con vectores.

Ejercicio resuelto

1 *Las coordenadas de $\vec{x}$, $\vec{y}$, $\vec{z}$, $\vec{w}$ respecto de una cierta base son:*

$\vec{x}(1, -2, 0)$, $\vec{y}(0, -1, 3)$

$\vec{z}(1, 0, -5)$, $\vec{w}(-1, 1, 0)$

Hallar a, b y c para que se cumpla que:

$$a\vec{x} + b\vec{y} + c\vec{z} = \vec{w}$$

$a(1, -2, 0) + b(0, -1, 3) + c(1, 0, -5) = (-1, 1, 0) \rightarrow$

$\rightarrow (a + c, \; -2a - b, \; 3b - 5c) = (-1, 1, 0)$

Igualando coordenada a coordenada, obtenemos un sistema de tres ecuaciones con tres incógnitas:

$$\left.\begin{array}{l} a \quad\;\; + c = -1 \\ -2a - b \quad\;\; = 1 \\ \quad\;\; 3b - 5c = 0 \end{array}\right\}$$

Resolviendo el sistema, se obtiene: $a = 2$, $b = -5$, $c = -3$

Piensa y practica

1 Si $\vec{u}(-3, 5, 1)$, $\vec{v}(7, 4, -2)$, halla las coordenadas de:

a) $2\vec{u}$ b) $0\vec{v}$ c) $-\vec{u}$

d) $2\vec{u} + \vec{v}$ e) $\vec{u} - \vec{v}$ f) $5\vec{u} - 3\vec{v}$

2 Sean los vectores:

$\vec{x}(1, -5, 2)$, $\vec{y}(3, 4, -1)$, $\vec{z}(6, 3, -5)$, $\vec{w}(24, -26, -6)$

Halla a, b, c para que se cumpla $a\vec{x} + b\vec{y} + c\vec{z} = \vec{w}$.

3 PRODUCTO ESCALAR DE VECTORES

Como es natural, tanto la definición como las propiedades y las aplicaciones del producto escalar en el espacio coinciden con las del plano, que ya conocemos del curso pasado. Recordémoslas:

El **producto escalar** de dos vectores $\vec{u}$ y $\vec{v}$ $(\vec{u} \neq 0,\ \vec{v} \neq 0)$ es:

$$\vec{u} \cdot \vec{v} = |\vec{u}||\vec{v}|\cos(\widehat{\vec{u},\vec{v}})$$

$|\vec{u}|$ y $|\vec{v}|$ son números positivos. Por tanto, $\vec{u} \cdot \vec{v}$ es un número positivo o negativo según el ángulo que forman $\vec{u}$ y $\vec{v}$:

- Si $(\widehat{\vec{u},\vec{v}})$ es agudo, $\cos(\widehat{\vec{u},\vec{v}}) > 0 \Rightarrow \vec{u} \cdot \vec{v}$ es positivo.
- Si $(\widehat{\vec{u},\vec{v}})$ es obtuso, $\cos(\widehat{\vec{u},\vec{v}}) < 0 \Rightarrow \vec{u} \cdot \vec{v}$ es negativo.

Lenguaje

Escalar significa número, en contraposición a vector.

Por eso recibe tal nombre este producto entre vectores, porque su resultado es un número.

Propiedad fundamental

Si $\vec{u} = \vec{0}$ o $\vec{v} = \vec{0}$, entonces $\vec{u} \cdot \vec{v} = 0$. Pero si ninguno de ellos es el vector cero, su producto escalar solo puede ser cero si $\cos(\widehat{\vec{u},\vec{v}}) = 0$; es decir, si $\vec{u} \perp \vec{v}$.

El producto escalar de dos vectores no nulos es cero solo cuando son perpendiculares:

$$\vec{u} \neq 0 \text{ y } \vec{v} \neq 0$$
$$\vec{u} \cdot \vec{v} = 0 \Leftrightarrow \vec{u} \perp \vec{v}$$

Módulo, ángulo, proyección

- **Módulo de un vector:** $|\vec{u}| = \sqrt{\vec{u} \cdot \vec{u}}$

$$\vec{u} \cdot \vec{u} = |\vec{u}||\vec{u}|\cos(\widehat{\vec{u},\vec{u}}) = |\vec{u}|^2 \cdot 1 = |\vec{u}|^2$$

- **Ángulo de dos vectores:** $\cos(\widehat{\vec{u},\vec{u}}) = \dfrac{\vec{u} \cdot \vec{v}}{|\vec{u}||\vec{v}|}$

(Basta despejar $\cos(\widehat{\vec{u},\vec{v}})$ en la expresión del producto escalar).

Nomenclatura

A partir de ahora vamos a prescindir del punto para multiplicar un número por un vector. Dejaremos el punto para el producto escalar.

- **Vector proyección** de $\vec{u}$ sobre $\vec{v}$ es $\dfrac{\vec{u} \cdot \vec{v}}{|\vec{v}|^2}\vec{v}$.

Recuerda que $proy_{\vec{v}}(\vec{u}) = |\vec{u}|\cos(\widehat{\vec{u},\vec{v}}) = |\vec{u}|\dfrac{\vec{u} \cdot \vec{v}}{|\vec{u}||\vec{v}|} = \dfrac{\vec{u} \cdot \vec{v}}{|\vec{v}|}$ es la longitud del segmento AB con signo + o – según que el ángulo sea agudo u obtuso.

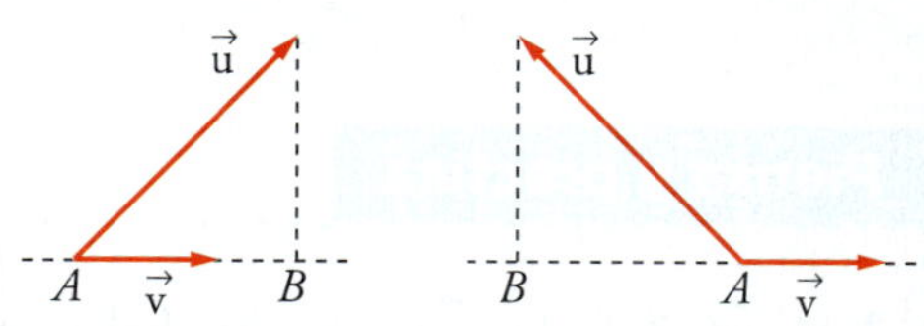

Si este número lo multiplicamos por el vector unitario $\dfrac{1}{|\vec{v}|}\vec{v}$, que tiene la misma dirección y el mismo sentido que $\vec{v}$, se obtiene el vector proyección.

Operatoria con el producto escalar. Propiedades

Al relacionar el producto escalar de vectores con las demás operaciones entre vectores, se dan algunas propiedades que vimos el curso pasado y que recordamos a continuación:

1. Conmutativa: $\vec{u} \cdot \vec{v} = \vec{v} \cdot \vec{u}$

2. Asociativa: $\lambda(\vec{u} \cdot \vec{v}) = (\lambda\vec{u}) \cdot \vec{v} = \vec{u} \cdot (\lambda\vec{v})$

3. Distributiva: $\vec{u} \cdot (\vec{v} + \vec{w}) = \vec{u} \cdot \vec{v} + \vec{u} \cdot \vec{w}$

anayaeducacion.es

Demostraciones de las propiedades del producto escalar.

Expresión analítica del producto escalar

Si $\mathcal{B}(\vec{i}, \vec{j}, \vec{k})$ es una **base ortonormal,** se cumple que:

$$\vec{i} \cdot \vec{i} = 1 \qquad \vec{i} \cdot \vec{j} = 0$$
$$\vec{j} \cdot \vec{j} = 1 \qquad \vec{i} \cdot \vec{k} = 0$$
$$\vec{k} \cdot \vec{k} = 1 \qquad \vec{j} \cdot \vec{k} = 0$$

Todas ellas son obvias teniendo en cuenta que $\vec{i}$, $\vec{j}$, $\vec{k}$ son perpendiculares entre sí y que:

$$|\vec{i}| = |\vec{j}| = |\vec{k}| = 1$$

Si las coordenadas de $\vec{u}$ y $\vec{v}$ respecto de una **base ortonormal** $\mathcal{B}(\vec{i}, \vec{j}, \vec{k})$ son $\vec{u}(x_1, y_1, z_1)$ y $\vec{v}(x_2, y_2, z_2)$, entonces:

$$\vec{u} \cdot \vec{v} = x_1 x_2 + y_1 y_2 + z_1 z_2$$

Demostración

$$\vec{u} \cdot \vec{v} = (x_1 \vec{i} + y_1 \vec{j} + z_1 \vec{k}) \cdot (x_2 \vec{i} + y_2 \vec{j} + z_2 \vec{k}) \overset{(*)}{=}$$
$$= (x_1 x_2)(\vec{i} \cdot \vec{i}) + (y_1 y_2)(\vec{j} \cdot \vec{j}) + (z_1 z_2)(\vec{k} \cdot \vec{k}) +$$
$$+ (x_1 y_2)(\vec{i} \cdot \vec{j}) + (x_1 z_2)(\vec{i} \cdot \vec{k}) + (y_1 x_2)(\vec{i} \cdot \vec{j}) +$$
$$+ (y_1 z_2)(\vec{j} \cdot \vec{k}) + (z_1 x_2)(\vec{i} \cdot \vec{k}) + (z_1 y_2)(\vec{j} \cdot \vec{k}) \overset{(**)}{=}$$
$$= x_1 x_2 + y_1 y_2 + z_1 z_2$$

Propiedades

(*) Se aplican las propiedades distributiva y asociativa del producto escalar y las propiedades asociativa y conmutativa de la suma de números para reorganizar los sumandos.

(**) Se ha tenido en cuenta que en una base ortonormal se cumple que:

$$\vec{i} \cdot \vec{i} = 1 \quad \vec{j} \cdot \vec{j} = 1 \quad \vec{k} \cdot \vec{k} = 1$$
$$\vec{i} \cdot \vec{j} = 0 \quad \vec{i} \cdot \vec{k} = 0 \quad \vec{j} \cdot \vec{k} = 0$$

Piensa y practica

1 Respecto de una base ortonormal, las coordenadas de tres vectores son $\vec{u}(3, -1, 5)$, $\vec{v}(4, 7, 11)$, $\vec{w}(-2, k, 3)$.

a) Calcula $\vec{u} \cdot \vec{v}$.

b) Halla k para que $\vec{v}$ y $\vec{w}$ sean perpendiculares.

RESUMEN PRÁCTICO DE ALGUNOS RESULTADOS ANTERIORES

- **Producto escalar de dos vectores** $\vec{u}(x_1, y_1, z_1)$, $\vec{v}(x_2, y_2, z_2)$, $(\widehat{\vec{u}, \vec{v}}) = \alpha$:

$$\vec{u} \cdot \vec{v} = |\vec{u}||\vec{v}| \cos \alpha = x_1 x_2 + y_1 y_2 + z_1 z_2$$

- **Módulo de un vector** $\vec{u}(x_1, y_1, z_1)$:

$$|\vec{u}| = \sqrt{\vec{u} \cdot \vec{u}} = \sqrt{x_1^2 + y_1^2 + z_1^2}$$

- **Ángulo** α **de dos vectores** $\vec{u}(x_1, y_1, z_1)$, $\vec{v}(x_2, y_2, z_2)$:

$$\cos \alpha = \frac{\vec{u} \cdot \vec{v}}{|\vec{u}||\vec{v}|} = \frac{x_1 x_2 + y_1 y_2 + z_1 z_2}{\sqrt{x_1^2 + y_1^2 + z_1^2} \cdot \sqrt{x_2^2 + y_2^2 + z_2^2}}$$

- **Proyección de un vector** $\vec{u}(x_1, y_1, z_1)$ **sobre otro** $\vec{v}(x_2, y_2, z_2)$:

$$proy_{\vec{v}}(\vec{u}) = \frac{\vec{u} \cdot \vec{v}}{|\vec{v}|} = \frac{x_1 x_2 + y_1 y_2 + z_1 z_2}{\sqrt{x_2^2 + y_2^2 + z_2^2}}$$

$$\text{Vector proyección} = \frac{\vec{u} \cdot \vec{v}}{|\vec{v}|^2} \vec{v} = \frac{x_1 x_2 + y_1 y_2 + z_1 z_2}{x_2^2 + y_2^2 + z_2^2}(x_2, y_2, z_2)$$

- **Criterio de perpendicularidad** de dos vectores (ambos no nulos) $\vec{u}(x_1, y_1, z_1)$, $\vec{v}(x_2, y_2, z_2)$:

$$\vec{u} \perp \vec{v} \iff \vec{u} \cdot \vec{v} = 0 \iff x_1 x_2 + y_1 y_2 + z_1 z_2 = 0$$

Ten en cuenta

En adelante supondremos que la base utilizada es ortonormal.

Ejercicios resueltos

1 *Dar un vector perpendicular a este:* $\vec{v}(3, -1, 5)$

En principio, planteamos el problema de forma general: localizar un vector $\vec{v}(\alpha, \beta, \gamma)$ que cumpla la igualdad $\vec{u} \cdot \vec{v} = 0$.

Es decir:

$$(\alpha, \beta, \gamma) \cdot (3, -1, 5) = 0 \iff 3\alpha - \beta + 5\gamma = 0$$

Esta ecuación con tres incógnitas tiene infinitas soluciones; por ejemplo:

$$(1, -2, -1), (2, 11, 1), \ldots$$

Pero hay una forma muy sencilla de obtener rápidamente un vector perpendicular a $\vec{v}$: cambiar dos coordenadas de lugar, y una de ellas, además, de signo. La otra coordenada la hacemos cero.

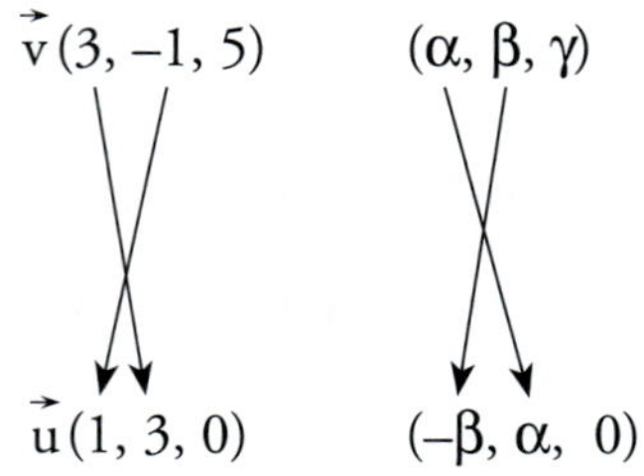

Es obvio que $(3, -1, 5) \cdot (1, 3, 0) = 0$.

De forma análoga obtendríamos $(5, 0, -3)$ y $(0, 5, 1)$, ambos perpendiculares a $\vec{v}$.

Ejercicios resueltos

2 *Respecto de una base ortonormal tenemos:*

$\vec{u}(3, -4, 12)$ $\vec{v}(5, -2, -6)$

Calcular:

a) $\vec{u} \cdot \vec{v}$

b) $|\vec{u}|$ *y* $|\vec{v}|$

c) $(\widehat{\vec{u}, \vec{v}})$

d) Proyección de $\vec{u}$ *sobre* $\vec{v}$.

e) ¿Cuánto ha de valer x *para que* $\vec{w}(7, x, -2)$ *sea perpendicular a* $\vec{u}$*?*

a) $\vec{u} \cdot \vec{v} = 3 \cdot 5 + (-4) \cdot (-2) + 12 \cdot (-6) = -49$

b) $|\vec{u}| = \sqrt{9+16+144} = \sqrt{169} = 13$

$|\vec{v}| = \sqrt{25+4+36} = \sqrt{65} = 8{,}06$

c) $cos(\widehat{\vec{u}, \vec{v}}) = \dfrac{\vec{u} \cdot \vec{v}}{|\vec{u}||\vec{v}|} = \dfrac{-49}{13 \cdot \sqrt{65}} = -0{,}468 \rightarrow (\widehat{\vec{u}, \vec{v}}) = 117°\ 52'$

d) $proy_{\vec{v}}(\vec{u}) = \dfrac{\vec{u} \cdot \vec{v}}{|\vec{v}|} = \dfrac{-49}{\sqrt{65}} = -6{,}078$

Significa que el vector proyección de $\vec{u}$ en la dirección de $\vec{v}$ tiene módulo 6,078 y sentido contrario al de $\vec{v}$.

Vector proyección de $\vec{u}$ sobre $\vec{v} = \dfrac{\vec{u} \cdot \vec{v}}{|\vec{v}|^2}\vec{v} =$

$= \dfrac{-49}{65}(5, -2, -6) = (-3{,}77;\ 1{,}51;\ 4{,}52)$

e) $\vec{u} \perp \vec{w} \Leftrightarrow \vec{u} \cdot \vec{w} = 0$

$3 \cdot 7 - 4x + 12 \cdot (-2) = 0 \rightarrow -4x - 3 = 0 \rightarrow x = -\dfrac{3}{4}$

3 *Obtener un vector perpendicular a* $\vec{u}(3, -1, 2)$ *y a* $\vec{v}(1, 0, 3)$.

Queremos hallar las coordenadas de un vector $\vec{w}(x, y, z)$ que sea perpendicular a $\vec{u}$ y a $\vec{v}$:

$$\left.\begin{array}{l} \vec{w} \perp \vec{u} \Rightarrow (3, -1, 2) \cdot (x, y, z) = 0 \Rightarrow 3x - y + 2z = 0 \\ \vec{w} \perp \vec{v} \Rightarrow (1, 0, 3) \cdot (x, y, z) = 0 \Rightarrow x \quad + 3z = 0 \end{array}\right\}$$

Es un sistema de dos ecuaciones homogéneas con tres incógnitas, de rango 2, pues $\vec{u}$ y $\vec{v}$ son linealmente independientes. Pasamos una de las incógnitas al segundo miembro:

$$\left.\begin{array}{l} 3x - y = -2z \\ x \quad = -3z \end{array}\right\}$$

Este sistema tiene infinitas soluciones proporcionales. Una de ellas es $x = 3$, $y = 7$, $z = -1$.

Es decir, el vector buscado puede ser $(3, 7, -1)$ o cualquiera paralelo a él.

ATENCIÓN: En el próximo apartado aprenderemos un método mucho más eficaz que este para obtener un vector perpendicular a otros dos.

Piensa y practica

2 Dados los vectores $\vec{u}(5, -1, 2)$, $\vec{v}(-1, 2, -2)$, calcula:

a) $\vec{u} \cdot \vec{v}$ b) $|\vec{u}|$ y $|\vec{v}|$ c) $(\widehat{\vec{u}, \vec{v}})$

d) Proyección de $\vec{u}$ sobre $\vec{v}$ y proyección de $\vec{v}$ sobre $\vec{u}$. (Segmento y vector).

e) ¿Cuánto tiene que valer x para que el vector $(7, 2, x)$ sea perpendicular a $\vec{u}$?

3 Obtén tres vectores que no sean paralelos entre sí y que sean perpendiculares a este otro vector:

$\vec{v}(3, 2, 7)$

4 Halla un vector que sea perpendicular a estos dos vectores dados:

$\vec{u}(5, -1, 2)$ $\vec{v}(-1, 2, -2)$

anayaeducacion.es Producto escalar de dos vectores.

4 PRODUCTO VECTORIAL

El **producto vectorial** de dos vectores, $\vec{u}$ y $\vec{v}$, es un nuevo vector, $\vec{u} \times \vec{v}$, que se define del siguiente modo:

- Si $\vec{u}$ y $\vec{v}$ son linealmente independientes, $\vec{u} \times \vec{v}$ es un vector con las siguientes características:

  — Módulo: $|\vec{u} \times \vec{v}| = |\vec{u}|\,|\vec{v}|\,sen\,(\widehat{\vec{u}, \vec{v}})$

  — Dirección: perpendicular a $\vec{u}$ y a $\vec{v}$.

  — Sentido: si $(\widehat{\vec{u}, \vec{v}}) < 180°$, hacia arriba.

  si $(\widehat{\vec{u}, \vec{v}}) > 180°$, hacia abajo.

  (Tomamos el ángulo en sentido positivo, es decir, contrario al movimiento de las agujas del reloj)

- Si $\vec{u}$ y $\vec{v}$ son linealmente dependientes, es decir, si alguno de ellos es $\vec{0}$ o si tienen la misma dirección, entonces $\vec{u} \times \vec{v} = \vec{0}$.

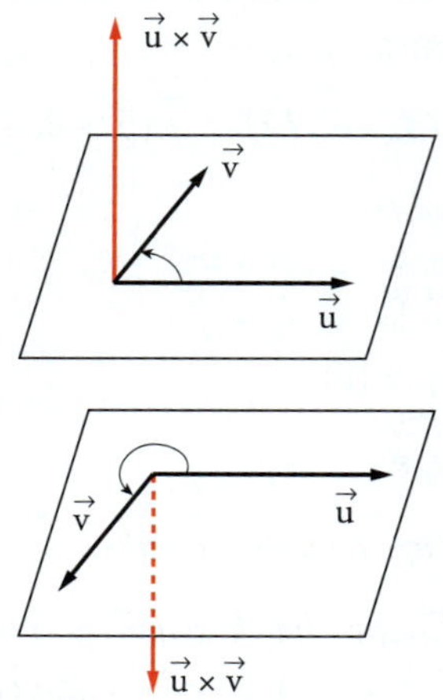

■ Propiedades

1. El módulo del producto vectorial $\vec{u} \times \vec{v}$ es igual al área del paralelogramo definido por los vectores $\vec{u}$ y $\vec{v}$.

La demostración es inmediata observando que la altura del paralelogramo es $|\vec{v}|\,sen\,\alpha$. (Véase gráfico al margen).

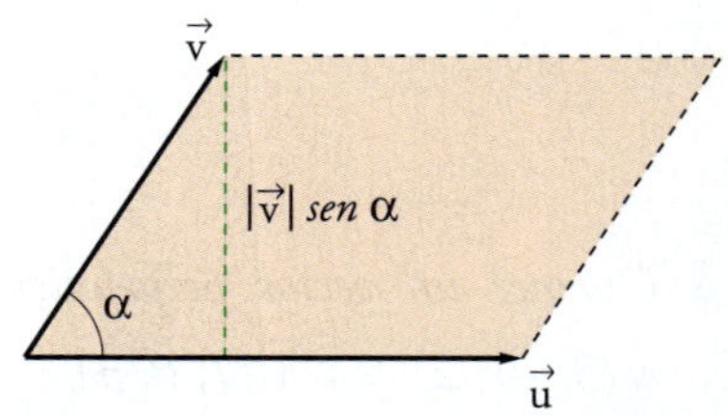

Área del paralelogramo sombreado = $|\vec{u} \times \vec{v}|$

2. $\vec{u} \times \vec{v} = -\vec{v} \times \vec{u}$

Pues tienen el mismo módulo, la misma dirección y sentidos opuestos, como es fácil de comprobar.

3. $\vec{u} \times \vec{u} = \vec{0}$, cualquiera que sea $\vec{u}$.

4. Los vectores de la base $\mathcal{B}(\vec{i}, \vec{j}, \vec{k})$ cumplen que $\vec{i} \times \vec{j} = \vec{k}$, $\vec{j} \times \vec{k} = \vec{i}$, $\vec{k} \times \vec{i} = \vec{j}$.

5. $(a\vec{u}) \times \vec{v} = a(\vec{u} \times \vec{v}) = \vec{u} \times (a\vec{v})$

Se comprueba fácilmente a partir de la definición del producto vectorial.

6. El producto vectorial no posee la propiedad asociativa. En general, $(\vec{u} \times \vec{v}) \times \vec{w}$ no es igual a $\vec{u} \times (\vec{v} \times \vec{w})$. Por ejemplo:

$$(\vec{i} \times \vec{i}) \times \vec{j} = \vec{0} \times \vec{j} = \vec{0} \qquad\qquad \vec{i} \times (\vec{i} \times \vec{j}) = \vec{i} \times \vec{k} = -\vec{j}$$

7. Expresión analítica de $\vec{u} \times \vec{v}$. Si $\vec{u}(x_1, y_1, z_1)$, $\vec{v}(x_2, y_2, z_2)$, entonces:

$$\vec{u} \times \vec{v} = \left(\begin{vmatrix} y_1 & z_1 \\ y_2 & z_2 \end{vmatrix}, \begin{vmatrix} z_1 & x_1 \\ z_2 & x_2 \end{vmatrix}, \begin{vmatrix} x_1 & y_1 \\ x_2 & y_2 \end{vmatrix} \right), \text{ o bien } \vec{u} \times \vec{v} = \begin{vmatrix} \vec{i} & \vec{j} & \vec{k} \\ x_1 & y_1 & z_1 \\ x_2 & y_2 & z_2 \end{vmatrix}$$

8. Propiedad distributiva del producto vectorial respecto de la suma de vectores:

$$\vec{u} \times (\vec{v} + \vec{w}) = \vec{u} \times \vec{v} + \vec{u} \times \vec{w}$$

Joseph-Louis Lagrange (1736-1813) contribuyó notablemente al tratamiento algebraico de los vectores.

RESUMEN PRÁCTICO DE ALGUNOS RESULTADOS ANTERIORES

- **Producto vectorial de dos vectores** $\vec{u}(x_1, y_1, z_1)$, $\vec{v}(x_2, y_2, z_2)$.

  Sus coordenadas son:

  $$\vec{u} \times \vec{v} = \left(\begin{vmatrix} y_1 & z_1 \\ y_2 & z_2 \end{vmatrix}, \begin{vmatrix} z_1 & x_1 \\ z_2 & x_2 \end{vmatrix}, \begin{vmatrix} x_1 & y_1 \\ x_2 & y_2 \end{vmatrix} \right)$$

- Para hallar el **área del paralelogramo** determinado por $\vec{u}$ y $\vec{v}$, calcularemos el módulo de $\vec{u} \times \vec{v}$.
- Para obtener un **vector perpendicular** a otros dos, $\vec{u}$ y $\vec{v}$, no alineados, hallaremos $\vec{u} \times \vec{v}$.

anayaeducacion.es GeoGebra. Visualización del producto vectorial de dos vectores.

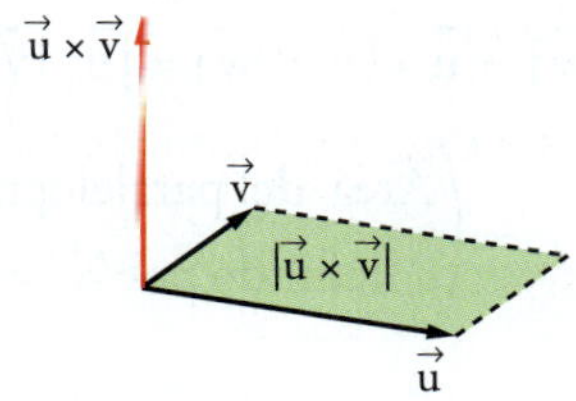

Ejercicios resueltos

1 *a) Calcular el producto vectorial de $\vec{u}(3, -5, 1)$ por $\vec{v}(4, 7, 6)$.*

b) Comprobar que el producto es perpendicular a cada uno de los factores.

a) Utilizamos la expresión analítica para calcular el producto vectorial.

$$\vec{u} \times \vec{v} = \left(\begin{vmatrix} -5 & 1 \\ 7 & 6 \end{vmatrix}, \begin{vmatrix} 1 & 3 \\ 6 & 4 \end{vmatrix}, \begin{vmatrix} 3 & -5 \\ 4 & 7 \end{vmatrix} \right) = (-37, -14, 41)$$

b) Para ver que $\vec{u} \times \vec{v}$ es perpendicular a $\vec{u}$ comprobamos que su producto escalar es cero:

$$(3, -5, 1) \cdot (-37, -14, 41) = 3 \cdot (-37) - 5 \cdot (-14) + 1 \cdot 41 = 0$$

Análogamente para ver que $\vec{u} \times \vec{v} \perp \vec{v}$:

$$(4, 7, 6) \cdot (-37, -14, 41) = 4 \cdot (-37) + 7 \cdot (-14) + 6 \cdot 41 = 0$$

Por tanto, $\vec{u} \times \vec{v}$ es perpendicular a $\vec{u}$ y a $\vec{v}$.

2 *Hallar el área del triángulo rojo.*

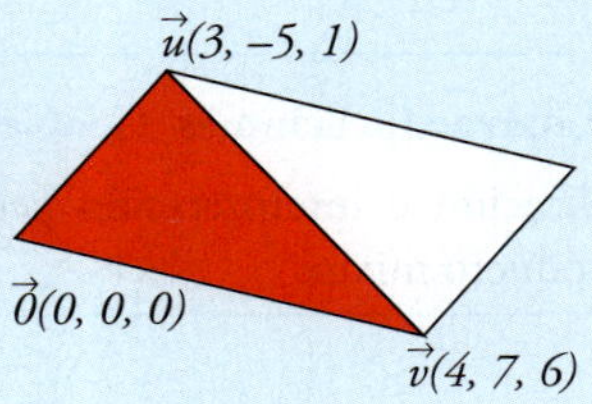

Hallamos el área del paralelogramo definido por $\vec{u}$ y $\vec{v}$.

$$\text{Área del paralelogramo} = |\vec{u} \times \vec{v}| = |(-37, -14, 41)| =$$

$$= \sqrt{37^2 + 14^2 + 41^2} = \sqrt{3\,246} = 56{,}97 \text{ u}^2$$

El área del triángulo será la mitad del resultado obtenido.

$$\text{Área del triángulo} = \frac{1}{2} \text{ Área del paralelogramo} = 28{,}49 \text{ u}^2$$

3 *Hallar un vector perpendicular a los vectores $\vec{u}(3, -5, 1)$ y $\vec{v}(4, 7, 6)$.*

Un vector perpendicular a $\vec{u}$ y a $\vec{v}$ es el producto vectorial de ambos:

$$\vec{u} \times \vec{v} = (-37, -14, 41)$$

o cualquier vector proporcional a él.

Piensa y practica

1 Halla el producto vectorial de $\vec{u}(3, 7, -6)$ y $\vec{v}(4, 1, -2)$.

2 Halla un vector perpendicular a estos dos vectores:

$\vec{u}(3, 7, -6)$ $\quad$ $\vec{v}(4, 1, -2)$

3 Halla el área del triángulo determinado por los siguientes vectores:

$\vec{u}(3, 7, -6)$ $\quad$ $\vec{v}(4, 1, -2)$

anayaeducacion.es Cálculo del producto vectorial de dos vectores.

5 PRODUCTO MIXTO DE TRES VECTORES

Se llama **producto mixto** de los vectores $\vec{u}$, $\vec{v}$, $\vec{w}$, y se designa $[\vec{u}, \vec{v}, \vec{w}]$, al número que se obtiene al operarlos del siguiente modo: $[\vec{u}, \vec{v}, \vec{w}] = \vec{u} \cdot (\vec{v} \times \vec{w})$.

■ Interpretación geométrica

$[\vec{u}, \vec{v}, \vec{w}] = \vec{u} \cdot (\vec{v} \times \vec{w}) = |\vec{u}|\,|\vec{v} \times \vec{w}|\, cos\, \alpha = |\vec{v} \times \vec{w}|\,(|\vec{u}| \cos \alpha) =$

$$= \begin{pmatrix} \text{Área del paralelogramo} \\ \text{definido por } \vec{v} \text{ y } \vec{w} \end{pmatrix} \cdot \begin{pmatrix} \text{Proyección de } \vec{u} \text{ sobre la perpen-} \\ \text{dicular al plano definido por } \vec{v} \text{ y } \vec{w} \end{pmatrix} =$$

$$= \begin{pmatrix} \text{Área de la base del paralelepípedo} \\ \text{definido por } \vec{u}, \vec{v} \text{ y } \vec{w} \end{pmatrix} \cdot \begin{pmatrix} \text{Altura del paralelepípedo} \\ \text{definido por } \vec{u}, \vec{v} \text{ y } \vec{w} \end{pmatrix} =$$

$$= \text{Volumen del paralelepípedo definido por } \vec{u}, \vec{v} \text{ y } \vec{w}$$

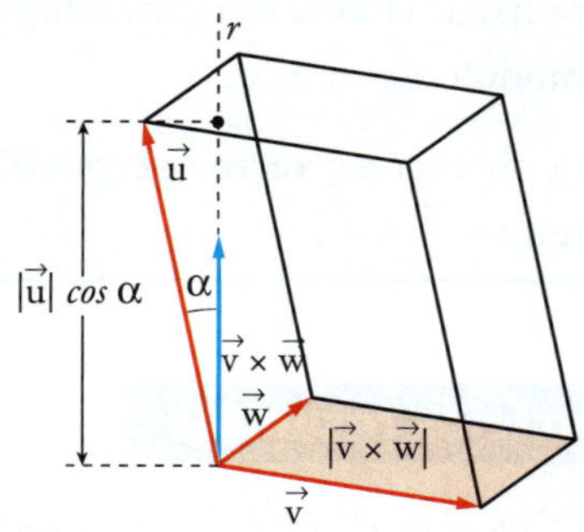

El valor absoluto del producto mixto, $[\vec{u}, \vec{v}, \vec{w}]$, es el volumen del paralelepípedo definido por $\vec{u}$, $\vec{v}$ y $\vec{w}$.

■ Expresión analítica

$\vec{u}(x_1, y_1, z_1)$, $\vec{v}(x_2, y_2, z_2)$, $\vec{w}(x_3, y_3, z_3)$

$$[\vec{u}, \vec{v}, \vec{w}] = \vec{u} \cdot (\vec{v} \times \vec{w}) = (x_1, y_1, z_1) \cdot \left(\begin{vmatrix} y_2 & z_2 \\ y_3 & z_3 \end{vmatrix}, \begin{vmatrix} z_2 & x_2 \\ z_3 & x_3 \end{vmatrix}, \begin{vmatrix} x_2 & y_2 \\ x_3 & y_3 \end{vmatrix} \right) =$$

$$= x_1 \cdot \begin{vmatrix} y_2 & z_2 \\ y_3 & z_3 \end{vmatrix} + y_1 \cdot \begin{vmatrix} z_2 & x_2 \\ z_3 & x_3 \end{vmatrix} + z_1 \cdot \begin{vmatrix} x_2 & y_2 \\ x_3 & y_3 \end{vmatrix} = \begin{vmatrix} x_1 & y_1 & z_1 \\ x_2 & y_2 & z_2 \\ x_3 & y_3 & z_3 \end{vmatrix}$$

■ ¿Cómo influye el orden de los vectores en el producto mixto?

Tanto la interpretación geométrica como la expresión analítica permiten concluir que, si permutamos los vectores del corchete, cambia, a lo sumo, el signo del resultado, pero no su valor absoluto. Por tanto, para el cálculo de volúmenes tomaremos los vectores en el orden que convenga.

anayaeducacion.es GeoGebra. Visualización e interpretación geométrica del producto mixto.

Ejercicio resuelto

1 *Hallar el volumen del paralelepípedo definido por los vectores $\vec{u}(-5, 1, 7)$, $\vec{v}(4, 7, 3)$ y $\vec{w}(1, 0, 4)$.*

$$[\vec{u}, \vec{v}, \vec{w}] = \begin{vmatrix} -5 & 1 & 7 \\ 4 & 7 & 3 \\ 1 & 0 & 4 \end{vmatrix} = -202$$

Por tanto, el volumen del paralelepípedo es de 202 u^3.

Piensa y practica

1 Halla el volumen del paralelepípedo definido por los siguientes vectores:

$\vec{u}(3, -5, 1)$ $\quad \vec{v}(7, 4, 2)$ $\quad \vec{w}(0, 6, 1)$

2 Halla el valor de x para que los vectores $\vec{u}(3, -5, 1)$, $\vec{v}(7, 4, 2)$ y $\vec{z}(1, 14, x)$ sean coplanarios (es decir, que el volumen del paralelepípedo que determinan sea cero).

anayaeducacion.es Practica el producto mixto de vectores.

EJERCICIOS Y PROBLEMAS RESUELTOS

1. Combinación lineal de vectores

Dados los siguientes vectores:

$\vec{u}(a, 1 + a, 2a)$, $\vec{v}(a, 1, a)$, $\vec{w}(1, a, 1)$

a) Hallar los valores de a *para que los vectores* $\vec{u}$, $\vec{v}$ *y* $\vec{w}$ *sean linealmente dependientes.*

b) Estudiar si el vector $\vec{c}(3, 3, 0)$ *depende linealmente de* $\vec{u}$, $\vec{v}$ *y* $\vec{w}$ *para el caso* $a = 2$.

c) Justificar si para $a = 0$ *se cumple la igualdad* $\vec{u} \cdot (\vec{v} \times \vec{w}) = 0$.

Hazlo tú

Dados estos vectores:

$\vec{u}(1, -3, 2)$, $\vec{v}(-2, 6, -4)$, $\vec{w}(2, 0, 1)$

a) Expresa, si es posible, $\vec{u}$ como combinación lineal de $\vec{v}$ y $\vec{w}$.

b) ¿Son linealmente dependientes o independientes los vectores $\vec{u}$, $\vec{v}$ y $\vec{w}$?

a) Si son linealmente dependientes, al menos uno de ellos se podrá poner como combinación de los demás. En ese caso, la matriz que forman debe tener el rango menor que 3.

$$[\vec{u}, \vec{v}, \vec{w}] = \begin{vmatrix} a & 1+a & 2a \\ a & 1 & a \\ 1 & a & 1 \end{vmatrix} = a^3 - a = a(a^2 - 1) = 0 \rightarrow a = 0,\ a = 1,\ a = -1$$

Para $a = 0$, $a = 1$ o $a = -1$, los vectores $\vec{u}$, $\vec{v}$, $\vec{w}$ son linealmente dependientes.

b) Para $a = 2$, los vectores $\vec{u}$, $\vec{v}$ y $\vec{w}$ son linealmente independientes. Como son tres vectores de $\mathbb{R}^3$ linealmente independientes, forman una base de $\mathbb{R}^3$. Así, cualquier otro vector, y en particular $\vec{c}(3, 3, 0)$, depende linealmente de ellos. Obtengamos la combinación lineal.

$\vec{u}(2, 3, 4)$, $\vec{v}(2, 1, 2)$, $\vec{w}(1, 2, 1)$ $\rightarrow$ $(3, 3, 0) = x(2, 3, 4) + y(2, 1, 2) + z(1, 2, 1)$

$$\left.\begin{aligned} 2x + 2y + z &= 3 \\ 3x + y + 2z &= 3 \\ 4x + 2y + z &= 0 \end{aligned}\right\}$$

Resolvemos el sistema aplicando la regla de Cramer y obtenemos: $x = -\frac{3}{2}$, $y = \frac{3}{2}$, $z = 3$.

Por tanto, $\vec{c} = -\frac{3}{2}\vec{u} + \frac{3}{2}\vec{v} + 3\vec{w}$.

c) $\vec{u} \cdot (\vec{v} \times \vec{w}) = [\vec{u}, \vec{v}, \vec{w}] = 0$ para $a = 0$. Está probado en el apartado a).

2. Vectores perpendiculares

Dados los siguientes vectores:

$\vec{u}(3, 2, -2)$, $\vec{v}(-1, m, 4)$

a) Hallar los valores de m *para que los vectores* $\vec{u} + \vec{v}$ *y* $\vec{u} - \vec{v}$ *sean ortogonales.*

b) Para $m = 1$ *hallar un vector de módulo 9 perpendicular a* $\vec{u}$ *y a* $\vec{v}$.

Hazlo tú

a) Comprueba si los vectores $\vec{a}(2, -1, 0)$ y $\vec{b}(1, -2, -1)$ son ortogonales.

b) Halla un vector unitario que sea perpendicular a $\vec{a}$ y a $\vec{b}$.

a) Calculamos las coordenadas de los vectores $\vec{u} + \vec{v}$ y $\vec{u} - \vec{v}$:

$$\vec{u} + \vec{v} = (3, 2, -2) + (-1, m, 4) = (2, 2 + m, 2)$$

$$\vec{u} - \vec{v} = (3, 2, -2) - (-1, m, 4) = (4, 2 - m, -6)$$

Para que sean ortogonales es necesario que su producto escalar sea cero:

$(\vec{u} + \vec{v}) \cdot (\vec{u} - \vec{v}) = 0 \rightarrow (2, 2 + m, 2) \cdot (4, 2 - m, -6) = 8 + 4 - m^2 - 12 = 0 \rightarrow m = 0$

b) Para $m = 1 \rightarrow \vec{v} = (-1, 1, 4)$

Un vector perpendicular a $\vec{u}$ y a $\vec{v}$ se obtiene mediante el producto vectorial de los vectores dados:

$$\vec{u} \times \vec{v} = \begin{vmatrix} \vec{i} & \vec{j} & \vec{k} \\ 3 & 2 & -2 \\ -1 & 1 & 4 \end{vmatrix} = 10\vec{i} - 10\vec{j} + 5\vec{k} = (10, -10, 5)$$

Calculamos su módulo:

$$|(10, -10, 5)| = \sqrt{10^2 + (-10)^2 + 5^2} = \sqrt{225} = 15$$

$\frac{1}{15}(10, -10, 5) = \left(\frac{2}{3}, -\frac{2}{3}, \frac{1}{3}\right)$ es perpendicular a $\vec{u}$ y a $\vec{v}$ y tiene módulo 1.

Por tanto, $9\left(\frac{2}{3}, -\frac{2}{3}, \frac{1}{3}\right) = (6, -6, 3)$ es un vector de módulo 9 perpendicular a los vectores $\vec{u}$ y $\vec{v}$.

3. Productos escalar y vectorial

El producto escalar de los vectores $\vec{u}$ y $\vec{v}$, de los que conocemos sus módulos $|\vec{u}| = 4$ y $|\vec{v}| = 12$ es igual a –24. Calcular:

a) El ángulo que forman $\vec{u}$ y $\vec{v}$.

b) $(-\vec{v}) \cdot \vec{u}$

c) $|\vec{u} \times \vec{v}|$

d) $(\vec{u} \times \vec{v}) \cdot \vec{v}$

e) $(\vec{u} \times \vec{v}) \cdot (\vec{v} \times \vec{u})$

Hazlo tú

Con los mismos vectores del ejercicio anterior halla:

a) $\vec{v} \cdot (\vec{u} + \vec{v})$

b) $(\vec{u} + \vec{v}) \cdot (\vec{u} - \vec{v})$

a) De la definición de producto escalar obtenemos el ángulo que forman:

$$\vec{u} \cdot \vec{v} = |\vec{u}| \cdot |\vec{v}| \cos\alpha \rightarrow -24 = 4 \cdot 12 \cdot \cos\alpha \rightarrow \cos\alpha = \frac{-1}{2} \rightarrow \alpha = 120°$$

b) $(-\vec{v}) \cdot \vec{u} = -(\vec{v} \cdot \vec{u}) = -(\vec{u} \cdot \vec{v}) = 24$

c) Aplicamos la definición del módulo del producto vectorial:

$$|\vec{u} \times \vec{v}| = |\vec{u}| \cdot |\vec{v}| \cdot sen\,(\widehat{\vec{u}, \vec{v}}) = 4 \cdot 12 \cdot sen\,120° = 24\sqrt{3}$$

d) $(\vec{u} \times \vec{v}) \cdot \vec{v}$ es el producto escalar de dos vectores perpendiculares, por lo tanto su producto escalar es igual a 0.

e) Como $\vec{v} \times \vec{u} = -(\vec{u} \times \vec{v})$, entonces $(\vec{u} \times \vec{v}) \cdot (\vec{v} \times \vec{u})$ es el producto escalar de dos vectores opuestos:

$$(\vec{u} \times \vec{v}) \cdot (\vec{v} \times \vec{u}) = |\vec{u} \times \vec{v}|^2 \cos 180° = (24\sqrt{3})^2 (-1) = -1\,728$$

4. Base y coordenadas

Sean $\vec{e_1}$, $\vec{e_2}$, $\vec{e_3}$, tres vectores linealmente independientes de $\mathbb{R}^3$.

a) ¿Son también linealmente independientes los vectores siguientes?

$\vec{u} = \vec{e_1} - \vec{e_3}$

$\vec{v} = \vec{e_2} + \vec{e_3}$

$\vec{w} = \vec{e_1} - \vec{e_2} + \vec{e_3}$

b) Hallar $\vec{u} \times \vec{v}$ y comprobar que el resultado es ortogonal a $\vec{u}$ y $\vec{v}$.

Hazlo tú

Con los datos el enunciado anterior, calcula:

$$[\vec{u}, -\vec{v}, \vec{u} \times \vec{v}]$$

a) Los vectores $\vec{e}_1$, $\vec{e}_2$, $\vec{e}_3$ forman una base de $\mathbb{R}^3$.

Las coordenadas de $\vec{u}$, $\vec{v}$ y $\vec{w}$ en esa base son:

$\vec{u}(1, 0, -1)$ $\vec{v}(0, 1, 1)$ $\vec{w}(1, -1, 1)$

Estudiamos la dependencia lineal de $\vec{u}$, $\vec{v}$, $\vec{w}$:

$$\begin{vmatrix} 1 & 0 & -1 \\ 0 & 1 & 1 \\ 1 & -1 & 1 \end{vmatrix} = 1 + 1 + 1 = 3 \neq 0$$

Por tanto, $\vec{u}$, $\vec{v}$ y $\vec{w}$ son linealmente independientes.

b) $$\vec{u} \times \vec{v} = \begin{vmatrix} \vec{i} & \vec{j} & \vec{k} \\ 1 & 0 & -1 \\ 0 & 1 & 1 \end{vmatrix} = \vec{i} - \vec{j} + \vec{k} \rightarrow \vec{u} \times \vec{v} = (1, -1, 1)$$

Probemos que $\vec{u} \times \vec{v}$ es perpendicular a $\vec{u}$ y a $\vec{v}$:

$(\vec{u} \times \vec{v}) \cdot \vec{u} = (1, -1, 1) \cdot (1, 0, -1) = 1 - 1 = 0 \Rightarrow \vec{u} \times \vec{v} \perp \vec{u}$

$(\vec{u} \times \vec{v}) \cdot \vec{v} = (1, -1, 1) \cdot (0, 1, 1) = -1 + 1 = 0 \Rightarrow \vec{u} \times \vec{v} \perp \vec{v}$

5. Vector proyección

a) Dados los vectores $\vec{u}(-2, 0, 1)$, $\vec{v}(a, b, 6)$, $\vec{w}(2, 1, -2)$, hallar a y b para que $\vec{u}$ y $\vec{v}$ sean perpendiculares y la proyección de $\vec{v}$ sobre $\vec{w}$ tenga módulo 2.

b) ¿Cuáles son las coordenadas del vector proyección de $\vec{v}$ sobre $\vec{w}$?

a) • Si $\vec{u} \perp \vec{v} \rightarrow \vec{u} \cdot \vec{v} = 0 \rightarrow (-2, 0, 1) \cdot (a, b, 6) = 0 \rightarrow -2a + 6 = 0 \rightarrow a = 3$

• Si $proy_{\vec{w}}\,\vec{v} = \dfrac{\vec{v} \cdot \vec{w}}{|\vec{w}|} = 2 \rightarrow \begin{cases} \vec{v} \cdot \vec{w} = 2a + b - 12 = 6 + b - 12 = b - 6 \\ |\vec{w}| = \sqrt{2^2 + 1^2 + (-2)^2} = 3 \end{cases} \rightarrow$

$\rightarrow \dfrac{b-6}{3} = 2 \rightarrow b = 12 \rightarrow$ Por tanto, $\vec{v}\,(3, 12, 6)$

b) Vector proyección: $\dfrac{\vec{v} \cdot \vec{w}}{|\vec{w}|^2}\vec{w} = \dfrac{6}{9}(2, 1, -2) = \left(\dfrac{4}{3}, \dfrac{2}{3}, \dfrac{-4}{3}\right)$

6. Vectores coplanarios

Dados $\vec{u}(1, -1, 2)$ y $\vec{v}(3, 1, -1)$, hallar los vectores que, siendo perpendiculares a $\vec{u}$, son coplanarios con $\vec{u}$ y $\vec{v}$.

Sea $\vec{w}(x, y, z)$ un vector tal que:

- $\vec{w} \perp \vec{u} \rightarrow (x, y, z) \cdot (1, -1, 2) = x - y + 2z = 0$
- $\vec{w}$ es coplanario con $\vec{u}$ y $\vec{v}$, es decir, el volumen del paralelepípedo determinado por ellos es cero $\rightarrow [\vec{u}, \vec{v}, \vec{w}] = \begin{vmatrix} 1 & -1 & 2 \\ 3 & 1 & -1 \\ x & y & z \end{vmatrix} = -x + 7y + 4z = 0$

Resolvemos el sistema formado por estas dos condiciones:

$$\left.\begin{array}{r} x - y + 2z = 0 \\ -x + 7y + 4z = 0 \end{array}\right\} \rightarrow \left.\begin{array}{r} x + 2z = y \\ -x + 4z = -7y \end{array}\right\} \quad \textit{Solución: } (3t, t, -t), \text{ con } t \neq 0$$

Hay infinitos vectores que cumplen las condiciones dadas. Son de la forma $(3t, t, -t)$, con $t \neq 0$, paralelos al vector $\vec{v}$.

Hazlo tú

a) Halla el valor de m para que los vectores $\vec{u}(2, 3, 0)$, $\vec{v}(1, m, -1)$ y $\vec{w}(-2, 0, 6)$ sean coplanarios.

b) Comprueba si para ese valor de m algún par de los vectores dados son perpendiculares.

7. Hallar un vector con ciertas condiciones

Encontrar los vectores unitarios de $\mathbb{R}^3$ que son perpendiculares a $\vec{v}(1, 0, 1)$ y que forman un ángulo de 60° con el vector $\vec{w}\left(\frac{1}{2}, \frac{\sqrt{2}}{2}, \frac{1}{2}\right)$.

Sea $\vec{u}(x, y, z)$ el vector buscado, que debe cumplir estas condiciones:

- $|\vec{u}| = 1 \rightarrow \sqrt{x^2 + y^2 + z^2} = 1 \rightarrow x^2 + y^2 + z^2 = 1$
- $\vec{u} \perp \vec{v} \rightarrow \vec{u} \cdot \vec{v} = 0 \rightarrow (x, y, z) \cdot (1, 0, 1) = 0 \rightarrow x + z = 0$
- $\widehat{(\vec{u}, \vec{w})} = 60° \rightarrow \frac{\vec{u} \cdot \vec{w}}{|\vec{u}||\vec{w}|} = \frac{1}{2} \overset{(*)}{\rightarrow} \frac{1}{2}x + \frac{\sqrt{2}}{2}y + \frac{1}{2}z = \frac{1}{2} \rightarrow x + \sqrt{2}y + z = 1$

(*) Hemos tenido en cuenta que $|\vec{u}| = 1$ y que $|\vec{w}| = \sqrt{\left(\frac{1}{2}\right)^2 + \left(\frac{\sqrt{2}}{2}\right)^2 + \left(\frac{1}{2}\right)^2} = 1$.

Tenemos que resolver el sistema formado por las tres ecuaciones obtenidas:

$$\begin{cases} x + z = 0 \rightarrow z = -x \\ x + \sqrt{2}y + z = 1 \rightarrow y = 1/\sqrt{2} \\ x^2 + y^2 + z^2 = 1 \rightarrow x = \pm 1/2 \end{cases}$$

Hay dos soluciones:

$$\vec{u}_1\left(\frac{1}{2}, \frac{1}{\sqrt{2}}, -\frac{1}{2}\right) \text{ y } \vec{u}_2\left(-\frac{1}{2}, \frac{1}{\sqrt{2}}, \frac{1}{2}\right)$$

Hazlo tú

Dados estos vectores:

$\vec{u}(3, -2, \sqrt{3})$, $\vec{v}(4, -2, -4)$

halla $|\vec{u}|$, $|\vec{v}|$, $\widehat{(\vec{u}, \vec{v})}$ y el vector proyección de $\vec{u}$ sobre $\vec{v}$.

8. Ángulo que forman dos vectores

Calcular el ángulo que forman los vectores $\vec{u}$ y $\vec{v}$ sabiendo que $|\vec{u}| = 3$, $|\vec{v}| = 5$ y $|\vec{u} + \vec{v}| = 7$.

Puesto que $|\vec{u} + \vec{v}|^2 = (\vec{u} + \vec{v}) \cdot (\vec{u} + \vec{v})$, comenzamos desarrollando esta expresión:

$$|\vec{u} + \vec{v}|^2 = (\vec{u} + \vec{v}) \cdot (\vec{u} + \vec{v}) = \vec{u} \cdot \vec{u} + \vec{u} \cdot \vec{v} + \vec{v} \cdot \vec{u} + \vec{v} \cdot \vec{v} =$$
$$= |\vec{u}|^2 + |\vec{v}|^2 + 2(\vec{u} \cdot \vec{v})$$

Sustituimos $|\vec{u} + \vec{v}|$, $|\vec{u}|$ y $|\vec{v}|$ por sus valores y $(\vec{u} \cdot \vec{v})$ por su expresión:

$$7^2 = 3^2 + 5^2 + 2 \cdot 3 \cdot 5 \cos \widehat{(\vec{u}, \vec{v})} \rightarrow \cos \widehat{(\vec{u}, \vec{v})} = \frac{49 - 9 - 25}{30} = \frac{1}{2} \rightarrow \widehat{(\vec{u}, \vec{v})} = 60°$$

Hazlo tú

Halla $|\vec{a} + \vec{b}|$ sabiendo que $|\vec{a}| = 6$, $|\vec{b}| = 8$ y $\widehat{(\vec{a}, \vec{b})} = 45°$.

1. Módulo del vector suma de otros dos

Calcular el módulo del vector $\vec{s}$ suma de los vectores $\vec{a}$ y $\vec{b}$ de los que conocemos $|\vec{a}| = 8$, $|\vec{b}| = 6$ y que forman un ángulo de 75°.

- Dibuja el vector $\vec{s}$ aplicando la regla del paralelogramo de lados $\vec{a}$ y $\vec{b}$.
- Calcula el ángulo opuesto a la diagonal $\vec{s}$.
- Aplica el teorema del coseno para hallar módulo de $\vec{s}$.

Solución:

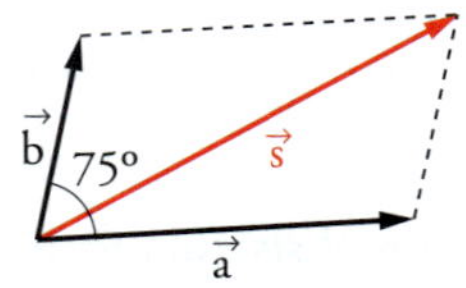

$|\vec{s}| \approx 11{,}2$

2. Volumen de un paralelepípedo

Hallar el valor de m para que los vectores $\vec{a}(3, 0, 1)$, $\vec{b}(0, m, -1)$ y $\vec{a} \times \vec{b}$ determinen un paralelepípedo de volumen igual a 49 u^3.

- Obtén las coordenadas del vector $\vec{a} \times \vec{b}$ en función de m.
- Halla el volumen del paralelepípedo calculando el valor absoluto del producto mixto de $\vec{a}$, $\vec{b}$ y $\vec{a} \times \vec{b}$.
- Iguala ese volumen a 49. Obtendrás dos soluciones.

Solución: $m = 2$, $m = -2$

3. Tetraedro regular

Sea $ABCD$ un tetraedro regular de arista a. Demostrar que:

a) $\overrightarrow{AB} \cdot \overrightarrow{AC} = \overrightarrow{AC} \cdot \overrightarrow{AD} = \overrightarrow{AD} \cdot \overrightarrow{AB} = \dfrac{a^2}{2}$

b) Las aristas opuestas son ortogonales.

a) Dibuja un tetraedro y pon nombre a sus vértices. Para hallar los productos escalares pedidos ten en cuenta lo que miden las aristas del tetraedro y los ángulos que forman dos a dos.

b) Dos aristas opuestas son, por ejemplo, AB y CD. Para hallar el producto escalar de ambas, expresa CD en función de AD y AC y aplica la propiedad distributiva.

4. Base y coordenadas

Dados los vectores $\vec{a}(1, -1, 0)$, $\vec{b}(0, 1, -3)$, $\vec{c}(0, 2, -1)$ y $\vec{d}(7, -4, 5)$:

a) Justificar cuál de estos conjuntos:
$B_1 = \{\vec{a}, \vec{b}\}$, $B_2 = \{\vec{a}, \vec{b}, \vec{c}, \vec{d}\}$ o $B_3 = \{\vec{a}, \vec{b}, \vec{c}\}$ es una base.

b) Determinar las coordenadas de $\vec{d}$ en dicha base.

a) Recuerda cuántos vectores forman una base del espacio vectorial tridimensional y qué condición deben cumplir entre ellos.

b) Expresa $\vec{d}$ como combinación lineal de los vectores de la base y determina cuáles son los coeficientes de esa combinación lineal.

Solución:

a) B_3 es la base. b) $\vec{d}\left(7, -\dfrac{13}{5}, \dfrac{14}{5}\right)$

5. Módulo de un vector

En un vértice de un cubo se aplican tres fuerzas, $\vec{f}_1$, $\vec{f}_2$ y $\vec{f}_3$ dirigidas según las diagonales de las tres caras que pasan por dicho vértice. Si sus módulos son, respectivamente, 1, 2 y 3, hallar el módulo de la resultante.

- Queremos hallar el módulo del vector suma de tres vectores $(\vec{f}_1 + \vec{f}_2 + \vec{f}_3)$. Ten en cuenta que el cuadrado de ese módulo es igual al producto escalar de $\vec{f}_1 + \vec{f}_2 + \vec{f}_3$ por sí mismo.
- Recuerda que el ángulo que forman las diagonales de dos caras consecutivas de un cubo es de 60°, ya que al unir sus extremos se obtiene un triángulo equilátero.

Solución: $|\vec{f}_1 + \vec{f}_2 + \vec{f}_3| = 5$

Recuerda seleccionar el material de trabajo de esta unidad para tu **portfolio.**

EJERCICIOS Y PROBLEMAS PROPUESTOS

Para practicar

Dependencia e independencia lineal. Base y coordenadas

1 a) Comprueba que los vectores $\vec{u} = (1, 1, -1)$, $\vec{v} = (2, 1, 0)$ y $\vec{w} = (-2, -1, 3)$ forman una base.

b) Halla las coordenadas de los vectores $\vec{a} = (1, 2, 1)$ y $\vec{b} = (-1, 0, 2)$ respecto de esa base.

2 ¿Cuáles de los siguientes conjuntos de vectores son una base? Justifica tus respuestas:

$A = \{(1, 2, 1),\ (1, 0, 1),\ (2, 2, 2)\}$

$B = \{(1, 1, 1),\ (1, 0, 1),\ (1, 1, 0),\ (0, 0, 1)\}$

$C = \{(-3, 2, 1),\ (1, 2, -1),\ (1, 0, 1)\}$

3 Comprueba que no es posible expresar el vector $\vec{x}(3, -1, 0)$ como combinación lineal de $\vec{u}(1, 2, -1)$ y $\vec{v}(2, -3, 5)$.

¿Son linealmente independientes $\vec{x}$, $\vec{u}$ y $\vec{v}$?

4 Comprueba que cualquiera de los vectores $\vec{a}(1, 2, 3)$, $\vec{b}(2, 1, 3)$, $\vec{c}(1, 0, 1)$ puede expresarse como C.L. de los otros dos.

5 Determina m y n para que los siguientes conjuntos de vectores sean linealmente dependientes:

a) $\vec{u}(m, -3, 2)$, $\vec{v}(2, 3, m)$, $\vec{w}(4, 6, -4)$

b) $\vec{u}(3, 2, 5)$, $\vec{v}(2, 4, 7)$, $\vec{w}(1, -1, n)$

6 a) ¿Para qué valores del parámetro a el conjunto de vectores $S = \{(1, 1, 1),\ (a, 1, 1),\ (1, a, 0)\}$ es una base?

b) Para $a = 2$ halla, si es posible, las coordenadas del vector $(0, 1, 0)$ respecto de esa base.

7 ¿Qué relación ha de existir entre m y n para que los vectores $\vec{u}(m, -1, 0)$, $\vec{v}(2, 0, n)$ y $\vec{w}(1, 1, -2)$ sean linealmente dependientes?

8 Prueba que los vectores $(1, a, b)$, $(0, 1, c)$, $(0, 0, 1)$ son linealmente independientes cualesquiera que sean a, b y c.

Producto de vectores

9 En una base ortonormal tenemos $\vec{a}(1, 2, 2)$ y $\vec{b}(-4, 5, -3)$. Calcula:

a) $\vec{a} \cdot \vec{b}$ b) $|\vec{a}|$ y $|\vec{b}|$ c) $(\widehat{\vec{a}, \vec{b}})$

d) $(\vec{a} + \vec{b}) \cdot (\vec{a} - \vec{b})$ e) $\vec{a} \times \vec{b}$ f) $|\vec{a} \times \vec{b}|$

g) El segmento proyección de $\vec{a}$ sobre $\vec{b}$.

h) El vector proyección de $\vec{b}$ sobre $\vec{a}$.

10 Dados los siguientes vectores:

$$\vec{a} = \vec{i} + m\vec{j} + \vec{k} \qquad \vec{b} = -2\vec{i} + 4\vec{j} + m\vec{k}$$

halla m para que los vectores $\vec{a}$ y $\vec{b}$ sean…

a) paralelos.

b) ortogonales.

c) $|\vec{a}| = 4$

11 Halla el vector proyección del vector $\vec{u}(3, 1, 2)$ sobre el vector $\vec{v}(1, -1, 2)$.

12 ¿Son $\vec{a}(1, 2, 3)$ y $\vec{b}(2, -2, 1)$ ortogonales? Si no lo son, halla el ángulo que forman.

13 Comprueba si el vector $\vec{u} = \left(\frac{1}{2}, \frac{1}{2}, 0\right)$ es unitario. Si no lo es, halla las coordenadas de dos vectores unitarios de la misma dirección que $\vec{u}$.

14 Dados $\vec{u} = 2\vec{i} - \vec{j} + \vec{k}$ y $\vec{v} = -\vec{i} + 3\vec{j} + 2\vec{k}$, comprueba que los vectores $\vec{u} \times \vec{v}$ y $\vec{v} \times \vec{u}$ son opuestos, y halla su módulo. ¿Cuál es el área del triángulo determinado por $\vec{u}$ y $\vec{v}$?

15 Dados los vectores $\vec{u} = (1, -1, 0)$ y $\vec{v} = (2, 0, 1)$, halla un vector ortogonal a $\vec{u}$ y $\vec{v}$ que sea unitario y otro vector también ortogonal a $\vec{u}$ y $\vec{v}$ cuyo módulo sea $\sqrt{24}$.

16 Calcula, en cada caso, el ángulo que forman los vectores dados.

a) $\vec{u} = (1, -3, 2)$ y $\vec{v} = (1, 0, -1)$

b) $\vec{u} = (3, 4, 0)$ y $\vec{v} = (4, 0, 2)$

c) $\vec{u} = (2, -4, 0)$ y $\vec{v} = (-1, 2, 0)$

17 Halla el producto mixto de los tres vectores que aparecen en cada caso:

a) $\vec{u}(1, -3, 2)$, $\vec{v}(1, 0, -1)$, $\vec{w}(2, 3, 0)$

b) $\vec{u}(3, 2, 1)$, $\vec{v}(1, -2, 0)$, $\vec{w}(-4, 1, 1)$

c) $\vec{u}(1, 2, -1)$, $\vec{v}(3, 0, 2)$, $\vec{w}(-1, 4, -4)$

Calcula, en cada apartado, el volumen del paralelepípedo determinado por los tres vectores.

18 Calcula el volumen del paralelepípedo determinado por $\vec{u}(1, 2, 3)$, $\vec{v}(-2, 1, 0)$ y $\vec{w} = \vec{u} \times \vec{v}$. Justifica por qué el resultado es $|\vec{u} \times \vec{v}|^2$.

19 Calcula el volumen del tetraedro determinado por los vectores siguientes:

$$\vec{a}(3, -1, 1), \quad \vec{b}(1, 7, 2), \quad \vec{c}(2, 1, -4)$$

20 Dados los vectores $\vec{a}(1, 2, -1)$ y $\vec{b}(1, 3, 0)$, comprueba que el vector $\vec{a} \times \vec{b}$ es perpendicular a $\vec{a} + \vec{b}$ y a $\vec{a} - \vec{b}$.

EJERCICIOS Y PROBLEMAS PROPUESTOS

Para resolver

21 Considera los siguientes vectores:

$$\vec{u}(1, -1, 3), \quad \vec{v}(1, 0, -1), \quad \vec{w}(m, 1, 0)$$

a) Calcula el valor de m para el cual $\vec{u}$ y $\vec{w}$ son ortogonales.

b) Halla los valores de m que hacen que $\vec{u}$, $\vec{v}$ y $\vec{w}$ sean linealmente independientes.

c) Para $m = 1$ escribe el vector $\vec{s}(3, 0, 2)$ como combinación lineal de $\vec{u}$, $\vec{v}$ y $\vec{w}$.

22 Sean los vectores $\vec{u} = (-1, 4, 8)$ y $\vec{v} = (1, 2, -2)$:

a) Demuestra que el ángulo formado por $\vec{u}$ y $\vec{v}$ es mayor que 90°.

b) Calcula un vector perpendicular a $\vec{u}$ y $\vec{v}$ que tenga módulo 1.

23 a) Comprueba que el paralelogramo determinado por los vectores $\vec{u}(3, -2, 1)$ y $\vec{v}(4, 3, -6)$ es un rectángulo.

b) Halla su área multiplicando la base por la altura y comprueba que obtienes el mismo resultado si hallas $|\vec{u} \times \vec{v}|$.

24 Dados los siguientes vectores: $\vec{u}_1(2, 0, 0)$, $\vec{u}_2(0, 1, -3)$, $\vec{u}_3 = a\vec{u}_1 + b\vec{u}_2$, ¿qué relación deben cumplir a y b para que $\vec{u}_3$ sea ortogonal al vector $\vec{v}(1, 1, 1)$?

25 Calcula las coordenadas de un vector $\vec{u}$ que sea ortogonal a $\vec{v}(1, 2, 3)$ y $\vec{w}(1, -1, 1)$ y tal que $[\vec{u}, \vec{v}, \vec{w}] = 19$.

26 a) Determina los valores de a para los que resultan linealmente dependientes los vectores $(-2, a, a)$, $(a, -2, a)$ y $(a, a, -2)$.

b) Obtén en esos casos una relación de dependencia entre los vectores.

27 Halla el valor de b para que los vectores $\vec{u} = (1, b, 2)$ y $\vec{v} = (-1, 1, 2)$ formen un ángulo de 60°.

28 De dos vectores $\vec{u}$ y $\vec{v}$, conocemos $|\vec{u}| = 12$; $|\vec{v}| = 10$; $|\vec{u} - \vec{v}| = 20$. Calcula:

a) $\vec{u} \cdot \vec{v}$

b) el ángulo que forman $\vec{u}$ y $\vec{v}$.

c) el ángulo que forman $\vec{u}$ y $\vec{u} - \vec{v}$.

* *Mira el problema resuelto 8.*

29 Calcula los valores de a y b para que los vectores $\vec{u} = (a, 1, b)$ y $\vec{v} = (-2, a, 1)$ sean ortogonales y sus módulos sean iguales.

30 De dos vectores $\vec{u}$ y $\vec{v}$ sabemos que son ortogonales y que $|\vec{u}| = 6$ y $|\vec{v}| = 10$. Halla $|\vec{u} + \vec{v}|$ y $|\vec{u} - \vec{v}|$.

31 Dados los vectores $\vec{u} = (1, -3, 2)$, $\vec{v} = (1, 0, -1)$ y $\vec{w} = (2, 1, 3)$, calcula:

a) El volumen del paralelepípedo que determinan esos tres vectores.

b) La medida de la altura de ese paralelepípedo tomando como base la cara determinada por $\vec{u}$ y $\vec{v}$.

32 Dados los siguientes vectores $\vec{u}(1, -1, 0)$, $\vec{v}(0, 1, 2)$ y $\vec{w}(k + 1, 2k, 2 - 3k)$, halla los valores de k:

a) para que $\vec{u}$, $\vec{v}$ y $\vec{w}$ sean coplanarios.

b) para que $\vec{w}$ sea perpendicular a $\vec{u}$ y a $\vec{v}$.

c) para que el volumen del tetraedro que tiene por aristas los vectores $\vec{u}$, $\vec{v}$ y $\vec{w}$ sea igual a 1/6.

33 Dados los siguientes vectores:

$$\vec{u}(1, 0, -1), \quad \vec{v}(0, a + 1, 0), \quad \vec{w}(1, 1, a - 1)$$

a) Halla los valores de a para los que los vectores $\vec{u}$, $\vec{v}$ y $\vec{w}$ son linealmente dependientes.

b) Estudia si el vector $\vec{c}(1, 2, 3)$ depende linealmente de $\vec{u}$, $\vec{v}$ y $\vec{w}$ para el caso $a = 2$.

c) Justifica razonadamente si para $a = 1$ se cumple la igualdad $\vec{u} \cdot (\vec{v} \times \vec{w}) = 0$.

34 Halla un vector $\vec{u}$ de la misma dirección que $\vec{v}(1, -2, 3)$ y tal que determine con el vector $\vec{w}(-2, 4, -1)$ un paralelogramo de área 25 u^2.

35 Halla un vector $\vec{v}$ coplanario con $\vec{a}(2, -1, 1)$ y $\vec{b}(1, 0, 3)$ y ortogonal a $\vec{c}(2, 3, 0)$.

36 Sean $\vec{a}$ y $\vec{b}$ tales que $|\vec{a}| = 4$ y $|\vec{b}| = 2$, con $(\widehat{\vec{a}, \vec{b}}) = 60°$. Calcula $|\vec{a} + \vec{b}|$ y $|\vec{a} - \vec{b}|$.

Cuestiones teóricas

37 a) ¿Cuál es el número de vectores linealmente independientes que hay en este conjunto?

$$S = \{(1, 1, 1), (0, 2, 1), (2, 0, -3), (-1, 1, 2)\}$$

b) Un vector no nulo tiene sus tres componentes iguales. ¿Puede escribirse como combinación lineal de los dos primeros vectores de S?

c) ¿Existe algún vector que, teniendo sus dos primeras componentes iguales a 1, se pueda poner como combinación lineal de los vectores segundo y tercero de S?

38 Prueba, utilizando el producto escalar, que si $\vec{a} \perp \vec{b}$ y $\vec{a} \perp \vec{c}$ entonces $\vec{a} \perp (m\vec{b} + n\vec{c})$.

39 ¿Cómo han de ser dos vectores $\vec{u}$ y $\vec{v}$ para que $\vec{u} + \vec{v}$ sea perpendicular a $\vec{u} - \vec{v}$?

40 a) Si $\vec{u} \cdot \vec{v} = \vec{u} \cdot \vec{w}$, ¿podemos asegurar que $\vec{v} = \vec{w}$?

b) Si $\vec{a} \times \vec{b} = \vec{a} \times \vec{c}$, ¿es $\vec{b} = \vec{c}$ necesariamente?

Justifica tus respuestas y pon ejemplos.

41 a) ¿Puede haber dos vectores $\vec{u}$ y $\vec{v}$ tales que $\vec{u} \cdot \vec{v} = 3$, $|\vec{u}| = 1$, $|\vec{v}| = 2$?

b) Si dos vectores verifican $|\vec{u} \cdot \vec{v}| = |\vec{u}|\,|\vec{v}|$, ¿qué puedes decir del ángulo que forman?

42 ¿Verdadero o falso? Justifica tus respuestas y pon ejemplos.

a) Existen infinitos vectores coplanarios con $\vec{a}(2, -3, 0)$ y $\vec{b}(1, 0, -2)$ y ortogonales a $\vec{c}(-1, 1, -4)$.

b) Si $|\vec{a}| = 5$, $|\vec{b}| = 3$ y el ángulo que forman $\vec{a}$ y $\vec{b}$ es de 60°, entonces $|\vec{a} + \vec{b}| = 8$.

c) Si $\vec{u}$ y $\vec{v}$ son dos vectores cualesquiera, se cumple la igualdad $\vec{u} \times (\vec{u} + \vec{v}) + \vec{v} \times (\vec{u} + \vec{v}) = 0$.

d) Si dos vectores son perpendiculares su producto vectorial es nulo.

e) El producto mixto de los vectores $\vec{a}$, $\vec{b}$ y $2\vec{a} - 3\vec{b}$ es igual a 0, cualesquiera que sean $\vec{a}$ y $\vec{b}$.

f) Dos vectores ortogonales son siempre linealmente independientes.

43 Si tres vectores $\vec{a}$, $\vec{b}$ y $\vec{c}$ son linealmente independientes, ¿podemos asegurar que los vectores $\vec{a} + \vec{b}$, $\vec{a} - \vec{b}$, $\vec{a} + \vec{b} - \vec{c}$ también lo son? Razona tu respuesta.

Para profundizar

44 Sean $\vec{a}$, $\vec{b}$, $\vec{c}$ tres vectores linealmente independientes. Indica razonadamente cuál o cuáles de los siguientes productos mixtos valen 0:

$$[\vec{a} + \vec{c},\ \vec{a} - \vec{c},\ \vec{a} + \vec{b} + \vec{c}],\quad [\vec{a} + \vec{c},\ \vec{b},\ \vec{a} + \vec{b}],$$
$$[\vec{a} - \vec{c},\ \vec{c} - \vec{b},\ \vec{b} - \vec{a}]$$

45 De los vectores $\vec{u}$ y $\vec{v}$ sabemos que cumplen $\vec{u} + \vec{v} = \vec{a}$, $2\vec{u} - 3\vec{v} = \vec{b}$, siendo $\vec{a}(2, -1, 0)$ y $\vec{b}(1, 3, -1)$. Halla el ángulo formado por $\vec{u}$ y $\vec{v}$.

46 Los vectores $\vec{u}$, $\vec{v}$ y $\vec{w}$ cumplen las siguientes condiciones:

$$|\vec{u}| = 5,\quad |\vec{v}| = 4,\quad |\vec{w}| = 7,\quad \vec{u} + \vec{v} + \vec{w} = \vec{0}$$

Calcula $\vec{u} \cdot \vec{v} + \vec{u} \cdot \vec{w} + \vec{v} \cdot \vec{w}$.

47 Dados $\vec{u}$ y $\vec{v}$ tal que $|\vec{u}| = 6$; $|\vec{v}| = 8$; $|\vec{u} - \vec{v}| = 10$. Halla el producto mixto $[\vec{u} \times \vec{v},\ \vec{u},\ \vec{v}]$.

48 Sean $\vec{u}$ y $\vec{v}$ dos vectores ortogonales y unitarios. Halla el valor del parámetro a para que los vectores $\vec{u} + a\vec{v}$ y $\vec{u} - a\vec{v}$ formen un ángulo de 60°.

49 Demuestra que si $\vec{u}$ y $\vec{v}$ son dos vectores cualesquiera, entonces: $(\vec{u} \cdot \vec{v})^2 + |\vec{u} \times \vec{v}|^2 = |\vec{u}|^2\,|\vec{v}|^2$

50 Demuestra que $(\vec{u} - \vec{v}) \times (\vec{u} + \vec{v}) = 2(\vec{u} \times \vec{v})$ cualesquiera que sean $\vec{u}$ y $\vec{v}$.

AUTOEVALUACIÓN

Resoluciones de estos ejercicios.

1 a) Halla a, b y c para que se verifique $a\vec{u} + b\vec{v} + c\vec{w} = \vec{0}$ siendo $\vec{u}(1, -1, 0)$, $\vec{v}(0, 1, 2)$, $\vec{w}(-2, 0, 1)$.

b) ¿Forman una base los vectores $\vec{u}$, $\vec{v}$ y $\vec{w}$?

c) Escribe, si es posible, el vector $\vec{r}(1, 1, 1)$ como combinación lineal de $\vec{u}$, $\vec{v}$ y $\vec{w}$.

2 Sean los vectores $\vec{u}(3, -2, \sqrt{3})$ y $\vec{v}(4, -2, -4)$. Halla $|\vec{u}|$, $|\vec{v}|$, $(\widehat{\vec{u}, \vec{v}})$ y el vector proyección de $\vec{u}$ sobre $\vec{v}$.

3 Dados los vectores $\vec{u}(3, -4, 0)$ y $\vec{v}(m, 0, 7)$:

a) Halla m para que los vectores $\vec{u}$ y $\vec{v}$ sean perpendiculares.

b) Halla un vector $\vec{w}$ perpendicular a $\vec{u}$ y a $\vec{v}$.

c) Obtén tres vectores unitarios, $\vec{u}'$, $\vec{v}'$, $\vec{w}'$, que tengan, respectivamente, la misma dirección que $\vec{u}$, $\vec{v}$ y $\vec{w}$.

d) ¿Forman $\vec{u}'$, $\vec{v}'$ y $\vec{w}'$ una base ortonormal?

4 a) Halla la relación que debe existir entre a y b para que los vectores $\vec{u}(1, 2, -1)$, $\vec{v}(0, 1, a)$ y $\vec{w}(3, b, 0)$ sean coplanarios.

b) Para $a = 3$ calcula el valor que debe tener b para que el volumen del paralelepípedo determinado por $\vec{u}$, $\vec{v}$ y $\vec{w}$ sea 10 u^3.

5 Calcula el valor de m de modo que el área del triángulo determinado por los vectores $\vec{a}(2, -1, 4)$ y $\vec{b}(0, 3, m)$ sea igual a $3\sqrt{5}$ u^2.

6 Halla un vector de módulo 10 que sea perpendicular a (3, –1, 0) y forme un ángulo de 60° con (0, 0, 1).

7 Sea $\{\vec{x}, \vec{y}, \vec{z}\}$ una base de $\mathbb{R}^3$. Calcula m para que los vectores $\vec{u} = \vec{x} - \vec{y} + \vec{z}$, $\vec{v} = m\vec{x} + 2\vec{y}$, $\vec{w} = -3\vec{y} + m\vec{z}$ determinen un tetraedro de volumen 1 u^3.

Compromiso ODS Visualiza el vídeo Meta 4.1., piensa en una acción con la que podrías contribuir al logro de esa meta y comprométete a llevarla a cabo.

5

PUNTOS, RECTAS Y PLANOS EN EL ESPACIO

Geometría analítica

Los inventores de la geometría analítica, **Descartes** y **Fermat** (siglo XVII) se interesaron por el estudio de superficies, pero dedicaron poca atención a ello, centrándose casi exclusivamente en el estudio de curvas planas. Fue en el siglo XVIII cuando se desarrolló la geometría analítica del espacio. **Clairaut, Euler** y **Lagrange** fueron pioneros.

Por su extraordinario nivel de geómetra y su vocación pedagógica, puede considerarse a **Monge** (1746-1818) como el auténtico padre de la geometría analítica tridimensional: entre sus muchos libros, publicó uno para sus alumnos de la Escuela Politécnica de París, en el que la desarrolló prácticamente como se encuentra en la actualidad.

Las geometrías no euclídeas

En la primera mitad del siglo XIV se comenzó a ver la luz en un profundo problema geométrico de más de veintitrés siglos. Entre los postulados (es decir, las afirmaciones iniciales «obvias» que se aceptan por convención) propuestos por Euclides para levantar sobre ellos el edificio lógico de la geometría, figuraba uno, el quinto, que al contrario que los demás, no parecía nada «obvio»: «*Si una recta que corta a otras dos, forma ángulos interiores con ellas (a un mismo lado de la recta) que suman menos que dos ángulos rectos, entonces las dos rectas, si se prolongan indefinidamente, llegan a encontrarse del lado en que los ángulos suman menos que dos rectos*».

Por siglos y siglos los matemáticos se habían preguntado si la geometría no se podría levantar sin necesidad de admitir, por convención, una afirmación tan complicada.

Hubo innumerables intentos de hacerlo así. El pensamiento colectivo de los matemáticos llegó a estar suficientemente maduro en la primera mitad del siglo XIX y, para entonces, casi al tiempo, e independientemente, **Gauss** en Alemania, **Bolyai** en Hungría y **Lobachevski** en Rusia, dieron con la solución: se pueden construir geometrías distintas basadas en la negación del quinto postulado de Euclides.

Habían nacido las geometrías **no euclídeas** que, aparte de provocar una revolución dentro del mundo matemático, causaron con el tiempo una profunda transformación en el pensamiento filosófico sobre la teoría del conocimiento humano.

Significado de estas geometrías

El quinto postulado de Euclides se puede proponer de una forma más sencilla que la que usó él mismo: «*Por un punto* P *exterior a una recta* r *del plano se puede trazar una recta paralela a ella y solo una*». Es decir, hay una única recta que pase por P y que no corte a r.

Las geometrías no euclídeas se pueden construir aceptando todos los otros postulados de Euclides y negando este, lo que se puede hacer de dos maneras:

(1) Por P no se puede trazar recta alguna que no corte a r.

(2) Por P se pueden trazar más de una recta que no corten a r.

Construyendo sobre tales bases, se edifican las nuevas geometrías, que son tan consistentes (no contienen contradicciones) como la euclídea.

La frustración de los pioneros

Qué frustración debe de ser descubrir un nuevo mundo y ver que nadie quiere creer tal descubrimiento, a pesar de realizar enormes esfuerzos para comunicarlo.

Las carreras de Lobachevski y Bolyai, pioneros en las geometrías no euclídeas, constituyen la prueba de la dificultad que las nuevas ideas tienen para introducirse a través de la inercia de la mente colectiva del ser humano. Con todo, es posible que si Lobachevski y Bolyai hubieran surgido en los centros matemáticos del momento, en lugar de en rincones como los de Kazán, en Rusia, y lo que hoy es Rumanía (y en aquel tiempo era Hungría) tal vez el reconocimiento de las nuevas ideas hubiese llegado más rápidamente.

Nokolái Lobachevski (1792-1856)

RESUELVE

Geometría elíptica

Una de las posibles geometrías no euclídea se llama elíptica. Y una versión sencilla de la misma se desarrolla sobre una superficie esférica. Las «rectas», en este caso, serían las circunferencias máximas (intersección de la superficie esférica con un plano que pasa por el centro).

Esta geometría cumple los primeros cuatro postulados de Euclides.

Comprueba que:

a) Dos «rectas» siempre se cortan.

b) Por un punto exterior a una «recta» no se puede trazar ninguna otra «recta» que no corte a la primera.

c) En esta geometría elíptica no se cumple el quinto postulado de Euclides.

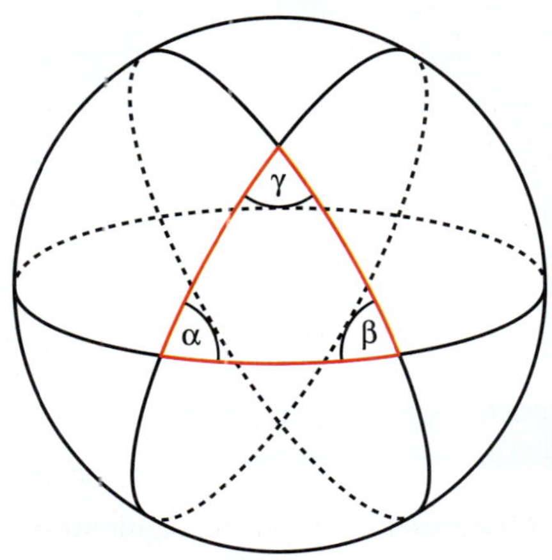

Triángulo de la geometría elíptica

1 SISTEMA DE REFERENCIA EN EL ESPACIO

Los vectores son un auxiliar utilísimo para el estudio de la geometría del espacio. Empezaremos construyendo a partir de ellos un sistema de referencia con el que expresar los puntos y, posteriormente, las figuras espaciales.

Un **sistema de referencia** en el espacio consiste en el conjunto $\mathcal{R} = \{O, \{\vec{i}, \vec{j}, \vec{k}\}\}$ formado por:

- Un punto fijo, O, llamado **origen.**
- Una **base,** $\mathcal{B} = \{\vec{i}, \vec{j}, \vec{k}\}$ para los vectores.

A cada punto, P, del espacio ⟶ se le asocia el vector $\overrightarrow{OP}$ ⟶ de coordenadas $\overrightarrow{OP}(a, b, c)$

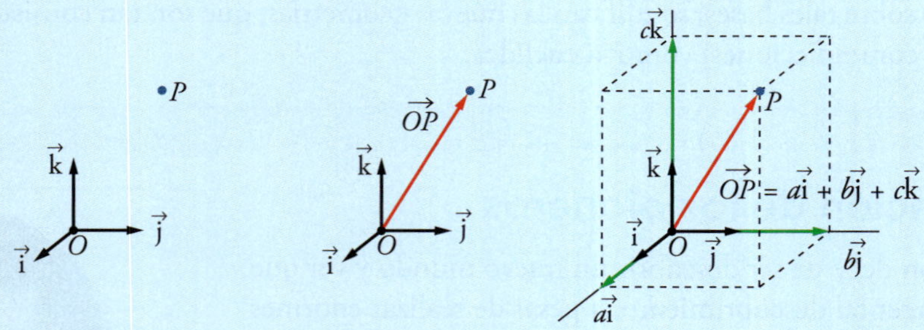

Según esto, cada punto P del plano tiene unas coordenadas (a, b, c) respecto del sistema de referencia $\mathcal{R}$. Lo escribiremos así: $P(a, b, c)$. Recíprocamente, a cada terna de coordenadas le corresponde un único punto del espacio.

A los ejes de coordenadas los llamamos X, Y, Z. Son rectas paralelas a los vectores de la base, que pasan por el origen O.

Vector de posición

Al vector $\overrightarrow{OP}$ se le conoce como el **vector de posición** del punto P.

Ten en cuenta

En adelante, supondremos que la base que estamos utilizando es **ortonormal,** es decir, formada por vectores de la misma longitud, que tomaremos como unidad, y perpendiculares entre sí.

Ejercicio resuelto

1 *Representar el punto* $P(3, 5, 4)$.

1. Teniendo en cuenta las coordenadas, se obtienen los puntos P_1, P_2, P_3.
2. Completando los paralelogramos en cada uno de los planos coordenados, se obtienen P', P'', P'''.
3. Trazamos paralelas desde P', P'', P''' a los tres ejes. Las tres se cortan en P.

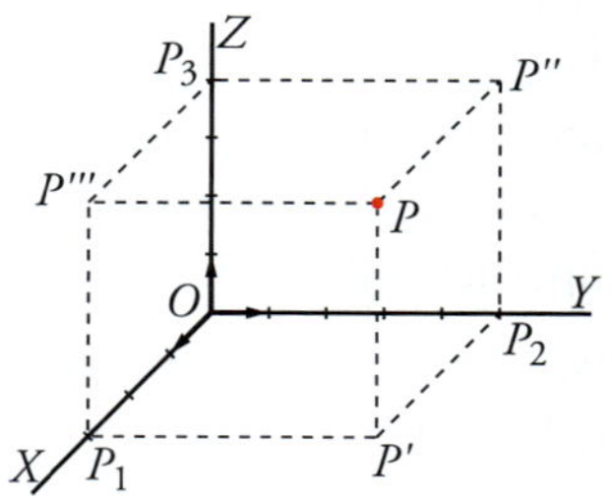

Piensa y practica

1 Representa los puntos siguientes:

$P(5, 2, 3)$, $Q(3, -2, 5)$, $R(1, 4, 0)$

$S(3, 0, 4)$, $T(0, 6, 3)$, $U(0, 0, 4)$

2 Sitúa sobre un sistema de referencia un punto P. Proyéctalo, P', sobre el plano XY (observa que la proyección de P' no es unívoca, depende de tu voluntad). Sigue el proceso hasta determinar las coordenadas de P.

anayaeducacion.es GeoGebra. Representación de un punto y el vector posición.

2 APLICACIONES DE LOS VECTORES A PROBLEMAS GEOMÉTRICOS

Coordenadas del vector que une dos puntos

Recuerda que $\overrightarrow{PQ} = \overrightarrow{OQ} - \overrightarrow{OP}$. Por tanto:

Las coordenadas del vector que une $P(x_1, y_1, z_1)$ y $Q(x_2, y_2, z_2)$ son:

$$\overrightarrow{PQ}(x_2 - x_1,\ y_2 - y_1,\ z_2 - z_1)$$

$$\begin{pmatrix}\text{Coordenadas} \\ \text{del vector } \overrightarrow{PQ}\end{pmatrix} = \begin{pmatrix}\text{Coordenadas del} \\ \textbf{extremo, } Q\end{pmatrix} - \begin{pmatrix}\text{Coordenadas del} \\ \textbf{origen, } P\end{pmatrix}$$

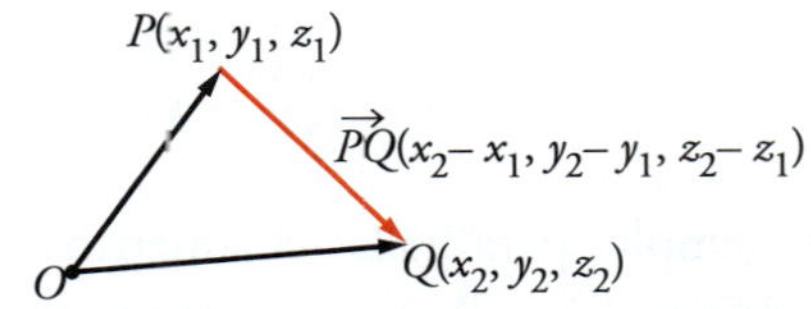

Por ejemplo, si P y Q son $P(3, -5, 8)$, $Q(1, 7, -4)$:

$$\overrightarrow{PQ} = (1 - 3, 7 - (-5), -4 - 8) = (-2, 12, -12)$$

$$\overrightarrow{QP} = (3 - 1, -5 - 7, 8 - (-4)) = (2, -12, 12)$$

Comprobación de que tres puntos están alineados

Los puntos $A(x_1, y_1, z_1)$, $B(x_2, y_2, z_2)$ y $C(x_3, y_3, z_3)$ están alineados siempre que los vectores $\overrightarrow{AB}$ y $\overrightarrow{BC}$ tengan la misma dirección. Esto ocurre cuando sus coordenadas son proporcionales, es decir, si:

$$\frac{x_2 - x_1}{x_3 - x_2} = \frac{y_2 - y_1}{y_3 - y_2} = \frac{z_2 - z_1}{z_3 - z_2}$$

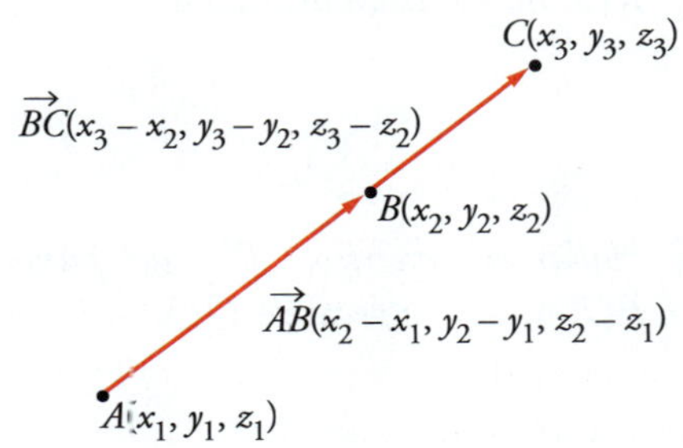

Por ejemplo, para ver si los puntos $A(5, -1, -4)$, $B(3, 3, 2)$ y $C(2, 5, 5)$ están alineados o no, comprobamos si $\overrightarrow{AB}(-2, 4, 6)$ y $\overrightarrow{BC}(-1, 2, 3)$ son vectores con coordenadas proporcionales.

Como $\frac{-2}{-1} = \frac{4}{2} = \frac{6}{3} = 2$, en efecto, tenemos la proporcionalidad y, por tanto, podemos afirmar que $\overrightarrow{AB} \parallel \overrightarrow{BC}$ y que A, B y C están alineados.

anayaeducacion.es Ejercicios para comprobar si tres o más puntos están alineados.

Punto medio de un segmento

Las diagonales de un paralelogramo $OASB$ se cortan en sus puntos medios. Por tanto, como $\overrightarrow{OS} = \overrightarrow{OA} + \overrightarrow{OB}$ es una de esas diagonales:

$$\overrightarrow{OM} = \frac{1}{2}\overrightarrow{OS} = \frac{1}{2}(\overrightarrow{OA} + \overrightarrow{OB}) = \left(\frac{x_1 + x_2}{2}, \frac{y_1 + y_2}{2}, \frac{z_1 + z_2}{2}\right)$$

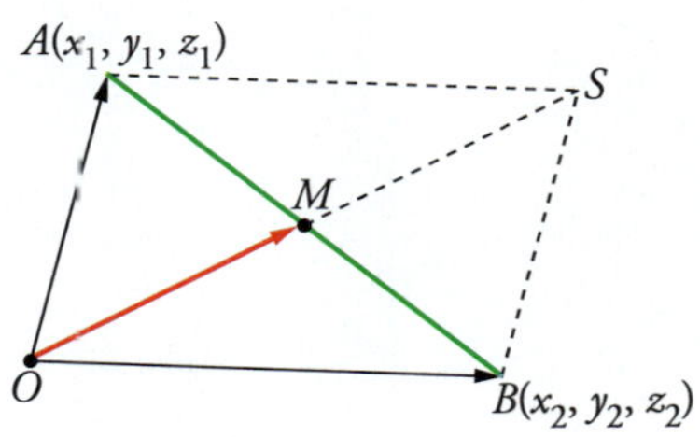

Las coordenadas del punto medio, M, de un segmento de extremos $A(x_1, y_1, z_1)$ y $B(x_2, y_2, z_2)$ son:

$$M\left(\frac{x_1 + x_2}{2}, \frac{y_1 + y_2}{2}, \frac{z_1 + z_2}{2}\right)$$

anayaeducacion.es Calcula el punto medio de un segmento.

Por ejemplo, el punto medio del segmento cuyos extremos son los puntos $A(7, -1, 4)$ y $B(1, 5, -3)$ es:

$$M = \left(\frac{7+1}{2}, \frac{-1+5}{2}, \frac{4-3}{2}\right) = \left(4, 2, \frac{1}{2}\right)$$

■ Simétrico de un punto respecto de otro

El simétrico de P respecto de Q es P' si Q es el punto medio del segmento PP'. Por tanto, si $P(x_1, y_1, z_1)$ y $Q(x_2, y_2, z_2)$, las coordenadas de $P'(\alpha, \beta, \gamma)$ se obtienen a partir de las siguientes igualdades:

$$\frac{x_1+\alpha}{2}=x_2 \qquad \frac{y_1+\beta}{2}=y_2 \qquad \frac{z_1+\gamma}{2}=z_2$$

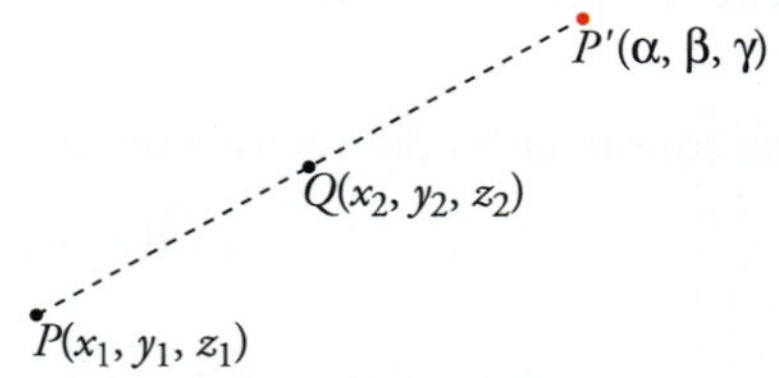

Por ejemplo, para hallar el simétrico de $P(5, -1, 2)$ respecto de $Q(7, 0, 3)$, lo llamamos $P'(\alpha, \beta, \gamma)$ y tenemos en cuenta que Q debe ser el punto medio de PP':

$$\frac{5+\alpha}{2}=7, \quad \frac{-1+\beta}{2}=0, \quad \frac{2+\gamma}{2}=3 \;\rightarrow\; \alpha=9,\ \beta=1,\ \gamma=4 \;\rightarrow\; P'(9, 1, 4)$$

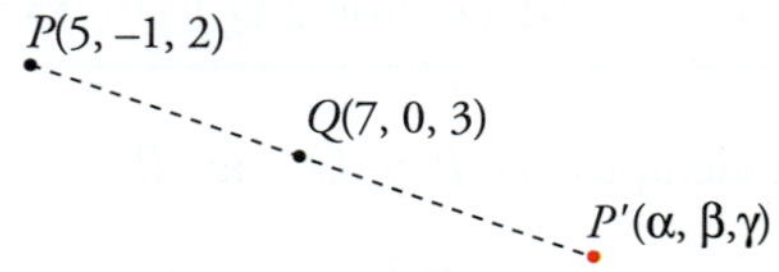

Ejercicios resueltos

1 *Averiguar los valores de m y n para los que $P(4, -1, 3)$, $Q(3, 5, 1)$ y $R(0, m, n)$ están alineados.*

$\overrightarrow{PQ}\,(-1, 6, -2)$, $\overrightarrow{QR}\,(-3, m-5, n-1)$

$$P,\ Q,\ R \text{ alineados} \Leftrightarrow \overrightarrow{PQ} \,/\!/\, \overrightarrow{QR} \Leftrightarrow \frac{-3}{-1}=\frac{m-5}{6}=\frac{n-1}{-2} \Leftrightarrow$$

$$\Leftrightarrow \frac{m-5}{6}=3 \rightarrow m=23 \text{ y } \frac{n-1}{-2}=3 \rightarrow n=-5$$

2 *Hallar el simétrico, P', del punto $P(7, 4, -2)$ respecto de $Q(3, -11, 7)$.*

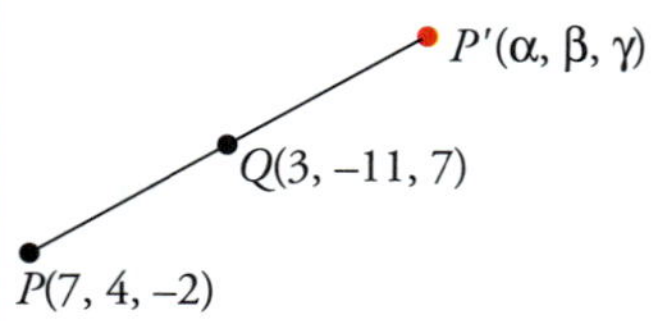

$$\left.\begin{array}{l} \dfrac{7+\alpha}{2}=3 \;\rightarrow\; \alpha=-1 \\ \dfrac{4+\beta}{2}=-11 \;\rightarrow\; \beta=-26 \\ \dfrac{-2+\gamma}{2}=7 \;\rightarrow\; \gamma=16 \end{array}\right\} \; P'(-1, -26, 16)$$

3 *Hallar dos puntos M y N que dividan el segmento de extremos $A(7, -2, 11)$ y $B(10, 7, 5)$ en tres partes iguales.*

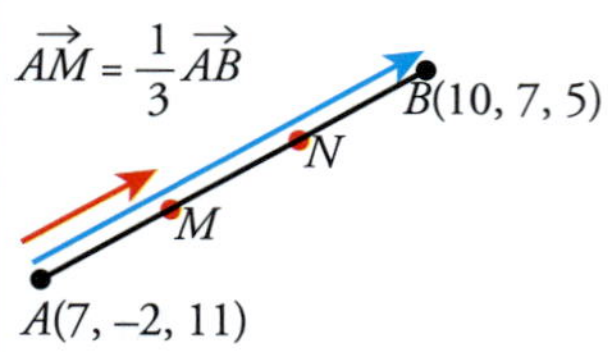

$\overrightarrow{AB} = (3, 9, -6)$

$\overrightarrow{AM} = \frac{1}{3}\overrightarrow{AB} = (1, 3, -2)$

$\overrightarrow{OM} = \overrightarrow{OA} + \overrightarrow{AM} = (7, -2, 11) + (1, 3, -2) =$

$= (8, 1, 9)$

$\overrightarrow{ON} = \overrightarrow{OA} + \overrightarrow{AN} = \overrightarrow{OA} + 2\overrightarrow{AM} = (7, -2, 11) + (2, 6, -4) = (9, 4, 7)$

Las coordenadas de los puntos M y N son $M(8, 1, 9)$ y $N(9, 4, 7)$.

Piensa y practica

1 Calcula m y n para que los puntos $P(7, -1, m)$, $Q(8, 6, 3)$ y $R(10, n, 9)$ estén alineados.

2 Halla las coordenadas de los puntos medios de los lados del triángulo cuyos vértices son los puntos $A(1, -3, 5)$, $B(0, 7, 2)$ y $C(-1, 5, 6)$.

3 Dados los puntos $A(-3, 5, 11)$ y $B(3, 5, -1)$:

a) Halla el punto medio del segmento AB.

b) Halla el simétrico de B respecto de A.

c) Obtén un punto M de AB tal que $\overline{AM} = 2\overline{MB}$.

d) Obtén un punto N de AB tal que $\overline{NB} = 3\overline{AN}$.

anayaeducacion.es Calcula el simétrico de un punto respecto a otro.

3 ECUACIONES DE LA RECTA

Ecuación vectorial

Una recta r queda determinada vectorialmente si conocemos:

- Un punto P de r, lo cual supone conocer $\overrightarrow{OP} = \vec{p}$, llamado **vector posición.**
- Un vector, $\vec{d}$, paralelo a r, llamado **vector dirección.**

Observamos en el dibujo que al situar con su origen en O los vectores $\vec{p}$, $\vec{p} + \vec{d}$, $\vec{p} - \vec{d}$, $\vec{p} + 2\vec{d}$, …, todos ellos tienen un extremo sobre la recta. En general, $\vec{p} + \lambda\vec{d}$ es un vector que, si se sitúa con su origen en O, tiene su extremo, X, sobre la recta. Obtenemos así la **ecuación vectorial** de r:

$$r: \overrightarrow{OX} = \vec{p} + \lambda\vec{d}$$

- O es el origen de coordenadas
- X es un punto variable de la recta
- $\vec{p}$ es el vector posición, que nos sitúa sobre la recta
- $\vec{d}$ es un vector dirección, que es paralelo a la recta
- λ es un parámetro. Al variar λ, X recorre la recta

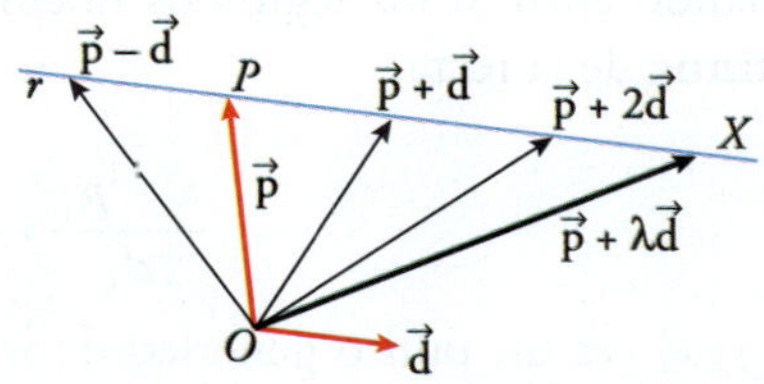

Cualquiera que sea λ, el vector $\overrightarrow{OX} = \vec{p} + \lambda\vec{d}$ tiene su extremo X sobre la recta r, es decir, X se desliza sobre r al variar λ.

anayaeducacion.es GeoGebra
Visualización gráfica de la ecuación vectorial de la recta.

Ecuaciones paramétricas

Si en la ecuación vectorial se sustituyen los vectores por sus coordenadas, quedaría de la siguiente forma:

$$(x, y, z) = (p_1, p_2, p_3) + \lambda(d_1, d_2, d_3)$$

Expresando por separado cada variable se obtienen las **ecuaciones paramétricas** de r:

$$r: \begin{cases} x = p_1 + d_1\lambda \\ y = p_2 + d_2\lambda \\ z = p_3 + d_3\lambda \end{cases}$$

- (x, y, z) son las coordenadas de un punto genérico de r
- (p_1, p_2, p_3) son las coordenadas de un punto concreto de r
- (d_1, d_2, d_3) son las coordenadas de un vector paralelo a r
- λ es un parámetro. Para cada valor de λ, se obtiene un punto (x, y, z) de r

Por ejemplo, obtengamos la ecuación vectorial y las ecuaciones paramétricas de la recta, r, del dibujo.

El punto $P(3, 5, 8)$ es de la recta. Por tanto, $\vec{p} = \overrightarrow{OP}(3, 5, 8)$ es vector posición.

El vector $\vec{d}(2, 6, 4)$ es paralelo a r. Por tanto es un vector dirección.

Ecuación vectorial: $\overrightarrow{OX} = \vec{p} + \lambda\vec{d}$

Sustituyendo los vectores por sus coordenadas:

$$(x, y, z) = (3, 5, 8) + \lambda(2, 6, 4)$$

Las ecuaciones paramétricas son, por tanto:

$$\begin{cases} x = 3 + 2\lambda \\ y = 5 + 6\lambda \\ z = 8 + 4\lambda \end{cases}$$

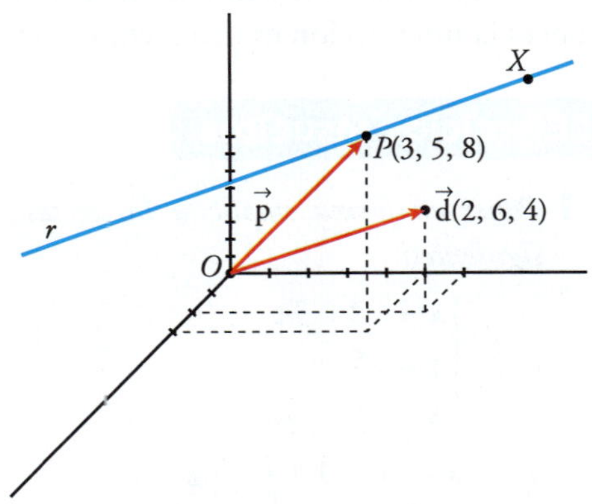

anayaeducacion.es Ejercicios para calcular la ecuación paramétrica de la recta.

■ Ecuación continua de la recta

Si en cada ecuación paramétrica despejamos el parámetro λ, se obtiene:

$$\lambda = \frac{x - p_1}{d_1}, \quad \lambda = \frac{y - p_2}{d_2}, \quad \lambda = \frac{z - p_3}{d_3}$$

Igualando entre sí los segundos miembros de estas igualdades obtenemos la **forma continua** de la recta.

$$\frac{x - p_1}{d_1} = \frac{y - p_2}{d_2} = \frac{z - p_3}{d_3}$$

(x, y, z) es un punto genérico de la recta, (p_1, p_2, p_3) es su vector posición y (d_1, d_2, d_3) es un vector dirección.

> anayaeducacion.es Ejercicios para calcular la ecuación continua de la recta.

Por ejemplo, la ecuación continua de la recta r del ejemplo de la página anterior, que tiene vector posición $\overrightarrow{OP}(3, 5, 8)$ y tiene vector dirección $\vec{d}(2, 6, 4)$ es:

$$\frac{x-3}{2} = \frac{y-5}{6} = \frac{z-8}{4}$$

A veces, una recta en forma continua se nos presenta con algún cero en el denominador. Tal expresión no es correcta aritméticamente, pero puede admitirse como *expresión simbólica*: los denominadores son las coordenadas de su vector dirección.

Por ejemplo, la recta s que pasa por $P(3, -1, 4)$ y es paralela a $\vec{d}(2, -5, 0)$ tiene la siguiente forma continua:

$$s: \frac{x-3}{2} = \frac{y+1}{-5} = \frac{z-4}{0}$$

La primera igualdad expresa una verdadera proporción. Pero la tercera fracción solo tiene carácter simbólico: significa que todos los vectores paralelos a r tienen igual a cero su tercera coordenada. Es decir, la tercera coordenada de todos los puntos de la recta es constante: $z = 4$.

> **¡Atención!**
>
> Una expresión como esta:
>
> $$\frac{x-3}{2} = \frac{y+1}{-5} = \frac{z-4}{0}$$
>
> es una gran incorrección matemática. En este contexto se admite como expresión simbólica: significa que el vector $(2, -5, 0)$ es paralelo a la recta (vector dirección).

■ Forma implícita de la ecuación de la recta

Como vimos en la unidad 3, una ecuación lineal $ax + by + cz + d = 0$ representa un plano y el sistema formado por dos de ellas es la intersección de dos de esos planos.

$$\begin{cases} ax + by + cz + d = 0 \\ a'x + b'y + c'z + d' = 0 \end{cases}$$

Si el rango de la matriz de coeficientes es 2, es decir, si $(a, b, c) \neq \lambda(a', b', c')$, entonces la intersección es una recta y decimos que está en **forma implícita.**

> **Observa**
>
> Cada una de las dos igualdades de la forma continua de la ecuación de una recta determina la ecuación de un plano.

Ejercicios resueltos

1 *Poner en forma implícita las rectas siguientes:*

a) $r: \begin{cases} x = 2 + 3\lambda \\ y = -5 \\ z = 1 + \lambda \end{cases}$

b) $s: \dfrac{x-3}{2} = \dfrac{y+1}{-4} = \dfrac{z}{-1}$

a) Eliminamos λ con las expresiones de x y de z:

$\lambda = z - 1 \to x = 2 + 3(z - 1) \to x - 3z + 1 = 0$ es una de las ecuaciones implícitas de r. La otra ecuación es: $y = -5 \to y + 5 = 0$

Por tanto: $r: \begin{cases} x - 3z + 1 = 0 \\ y + 5 = 0 \end{cases}$

b) $\left.\begin{array}{l} \dfrac{x-3}{2} = \dfrac{z}{-1} \to x + 2z - 3 = 0 \\ \dfrac{y+1}{-4} = \dfrac{z}{-1} \to y - 4z + 1 = 0 \end{array}\right\} \to s: \begin{cases} x + 2z - 3 = 0 \\ y - 4z + 1 = 0 \end{cases}$

> anayaeducacion.es Ejercicios para calcular la ecuación en forma implícita de la recta.

Ejercicios resueltos

2 *Obtener las ecuaciones paramétricas, continua e implícita de la recta que pasa por $P(0, 1, -3)$ y es paralela al vector $\vec{d}(1, -5, 0)$.*

La ecuación vectorial es $\overrightarrow{OX} = \overrightarrow{OP} + \lambda\vec{d}$. Al sustituir los vectores por sus coordenadas, se obtiene:

$$(x, y, z) = (0, 1, -3) + \lambda(1, -5, 0) = (\lambda, 1 - 5\lambda, -3)$$

ECUACIONES PARAMÉTRICAS: $\begin{cases} x = \lambda \\ y = 1 - 5\lambda \\ z = -3 \end{cases}$ FORMA CONTINUA: $\dfrac{x}{1} = \dfrac{y-1}{-5} = \dfrac{z+3}{0}$

Una ecuación implícita es, $z = -3$, es decir, $z + 3 = 0$.

La otra la podemos obtener, bien eliminando λ de las dos primeras ecuaciones paramétricas, bien de la primera igualdad de la ecuación continua.

FORMA IMPLÍCITA: $\left.\begin{array}{l} -5x = y - 1 \\ z + 3 = 0 \end{array}\right\} \to \left.\begin{array}{l} 5x + y - 1 = 0 \\ z + 3 = 0 \end{array}\right\}$

3 *Obtener las ecuaciones paramétricas de la recta que pasa por $A(1, 7, 3)$ y $B(2, -1, -8)$, y obtener otros dos puntos de ella.*

- Tomamos como vector posición de la recta $\overrightarrow{OA}(1, 7, 3)$ y, como vector dirección, $\overrightarrow{AB}(1, -8, -11)$.

  Las ecuaciones paramétricas son: $\begin{cases} x = 1 + \lambda \\ y = 7 - 8\lambda \\ z = 3 - 11\lambda \end{cases}$

- Para obtener puntos de la recta, damos valores a λ:

  Para $\lambda = -1 \to x = 0,\ y = 15,\ z = 14$. Se obtiene el punto $(0, 15, 14)$.

  Para $\lambda = 2 \to x = 3,\ y = -9,\ z = -19$. Se obtiene el punto $(3, -9, -19)$.

  Fíjate en que para $\lambda = 0$ y $\lambda = 1$ se obtienen, respectivamente, A y B.

4 *Comprobar si alguno de los puntos pertenece a la recta r:*

$r: \begin{cases} x = 3 - \lambda \\ y = 2 + 3\lambda \\ z = -1 \end{cases}$

$A(3, 2, -1)$ $B(-2, 17, -1)$

$C(1, 5, 0)$ $D(2, 8, -1)$

A. Evidentemente, sí. Se obtiene para $\lambda = 0$.

B. Para la primera coordenada: $-2 = 3 - \lambda \to \lambda = 5$. Veamos si para $\lambda = 5$ se obtienen las otras coordenadas:

$\left.\begin{array}{l} y = 2 + 3 \cdot 5 = 17 \\ z = -1 \end{array}\right\}$ Efectivate, $B \in r$

C. Evidentemente no, pues $z \neq -1$.

D. Para la primera coordenada: $2 = 3 - \lambda \to \lambda = 1$

Sustituimos en la segunda coordenada: $y = 2 + 3 \cdot 1 = 5 \neq 8$

No, el punto $D \notin r$.

Piensa y practica

1 Obtén las ecuaciones paramétricas, la ecuación en forma continua y las ecuaciones implícitas de la recta que pasa por estos puntos:

$$A(-5, 3, 7) \text{ y } B(2, -3, 3)$$

2 Halla seis puntos de la recta anterior diferentes de A y B.

3 Comprueba si alguno de los puntos que se dan a continuación pertenecen o no a la recta r:

$A(5, 0, 0)$ $B(3, 3, 4)$

$C(15, -15, 4)$ $D(1, 6, 0)$

$r: \begin{cases} x = 5 - 2\lambda \\ y = 3\lambda \\ z = 4 \end{cases}$

4 POSICIONES RELATIVAS DE DOS RECTAS

Cuando nos dan las ecuaciones de dos rectas, r y s, nos encontraremos con uno de los siguientes cuatro casos:

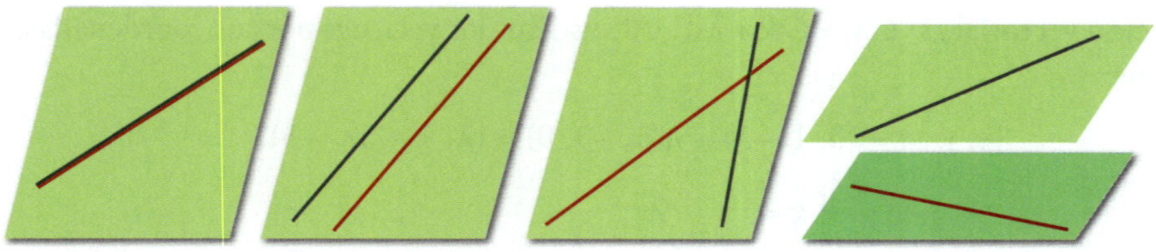

COINCIDEN	SON PARALELAS	SE CORTAN	SE CRUZAN
• Misma dirección	• Misma dirección	• Distinta dirección	• Distinta dirección
• Un punto común	• Ningún punto común	• Un punto común	• Ningún punto común

Clariaut (1713-1765) fue uno de los pioneros de la geometría analítica.

Vamos a estudiar las posiciones relativas de las siguientes rectas:

r: $\overrightarrow{OX} = \vec{p} + \lambda\vec{d}$ $\qquad$ s: $\overrightarrow{OX} = \vec{p}\,' + \lambda\vec{d}\,'$

Si sus vectores dirección son paralelos ($\vec{d} \,//\, \vec{d}\,'$)

En tal caso las rectas coinciden o son paralelas. Para dilucidarlo, tomaremos un punto de r (por ejemplo P) y comprobaremos si pertenece o no a s.

- Si $P \in s \to$ las rectas *coinciden* (es decir, son la misma recta).
- Si $P \notin s \to$ las rectas *son paralelas*.

Por ejemplo:

$$r: \frac{x-3}{6} = \frac{y+5}{-3} = \frac{z}{9} \text{ y } s: \frac{x+1}{-2} = \frac{y+3}{1} = \frac{z+6}{-3}.$$

$\vec{d}(6, -3, 9)$, $\vec{d}\,'(-2, 1, -3)$ y $\frac{6}{-2} = \frac{-3}{1} = \frac{9}{-3} = -3$, por tanto, $\vec{d} \,//\, \vec{d}\,'$.

$P(3, -5, 0) \in r$. Veamos si pertenece a s:

$$\frac{3+1}{-2} \stackrel{?}{=} \frac{-5+3}{1} \stackrel{?}{=} \frac{0+6}{-3} \to \frac{4}{-2} \stackrel{?}{=} \frac{-2}{1} \stackrel{?}{=} \frac{6}{-3}$$

Evidentemente, sí. Por tanto, las rectas coinciden. Son la misma recta.

Si sus vectores dirección no son paralelos ($\vec{d}$ no paralelo a $\vec{d}\,'$)

En este caso recurrimos a un tercer vector, $\overrightarrow{PP'}$, que va de una recta a otra.

- Si r y s se cortan, los vectores $\vec{d}$, $\vec{d}\,'$ y $\overrightarrow{PP'}$ son coplanarios, es decir, son linealmente dependientes.
- Si r y s se cruzan, los vectores $\vec{d}$, $\vec{d}\,'$ y $\overrightarrow{PP'}$ no son coplanarios, es decir, son linealmente independientes.

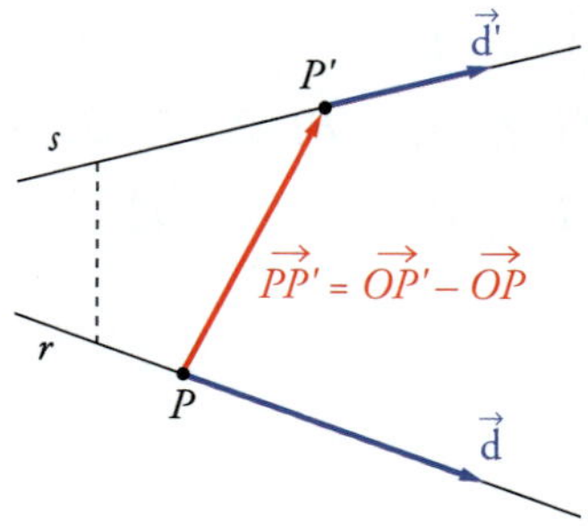

Para averiguar si los vectores $\vec{d}$, $\vec{d}\,'$ y $\overrightarrow{PP'}$ son o no linealmente independientes, comprobamos si el determinante de la matriz M' formada con las coordenadas de esos tres vectores es o no cero:

$$M' = \begin{pmatrix} d_1 & d'_1 & p'_1 - p_1 \\ d_2 & d'_2 & p'_2 - p_2 \\ d_3 & d'_3 & p'_3 - p_3 \end{pmatrix}$$

Si $det(M') = 0$, r y s *se cortan.*

Si $det(M') \neq 0$, r y s *se cruzan.*

Ejercicios resueltos

1 *Estudiar la posición relativa de los siguientes pares de rectas.*

$$r: \begin{cases} x = 3 - 5\lambda \\ y = 2 + \lambda \\ z = 5 - \lambda \end{cases}$$

$$s: \begin{cases} x = 1 + 10\mu \\ y = 4 - 2\mu \\ z = 2\mu \end{cases}$$

Las coordenadas de $\vec{d}(-5, 1, -1)$ y de $\vec{d}'(10, -2, 2)$ son proporcionales, por tanto, r y s tienen la misma dirección.

Para comprobar si son o no la misma recta, sustituimos el punto $(3, 2, 5)$ de r en las ecuaciones paramétricas de s:

$$\left.\begin{aligned} 3 &= 1 + 10\mu \to \mu = 2/10 \\ 2 &= 4 - 2\mu \to \mu = 1 \\ 5 &= 2\mu \end{aligned}\right\}$$

No coinciden los valores obtenidos para μ. Por tanto, el punto $(3, 2, 5)$ no pertenece a s.

Las rectas *son paralelas*.

2 *¿Cómo son las rectas r y s?*

$$r: \begin{cases} x = 2 - 3\lambda \\ y = 3 + 5\lambda \\ z = \lambda \end{cases} \qquad s: \begin{cases} x = 1 - \mu \\ y = \mu \\ z = 5 \end{cases}$$

Las coordenadas de los vectores dirección $\vec{d}(-3, 5, 1)$ y $\vec{d}'(-1, 1, 0)$ no son proporcionales. Por tanto, las rectas se cortan o se cruzan.

Hallamos un vector $\overrightarrow{PP'}$ que va de un punto P de r a un punto P' de s.

$P(2, 3, 0)$, $P'(1, 0, 5) \to \overrightarrow{PP'}(-1, -3, 5)$

Veamos si los vectores $\vec{d}$, $\vec{d}'$ y $\overrightarrow{PP'}$ son o no coplanarios:

$$\begin{vmatrix} -3 & -1 & -1 \\ 5 & 1 & -3 \\ 1 & 0 & 5 \end{vmatrix} = -15 + 3 + 1 + 25 = 14 \neq 0$$

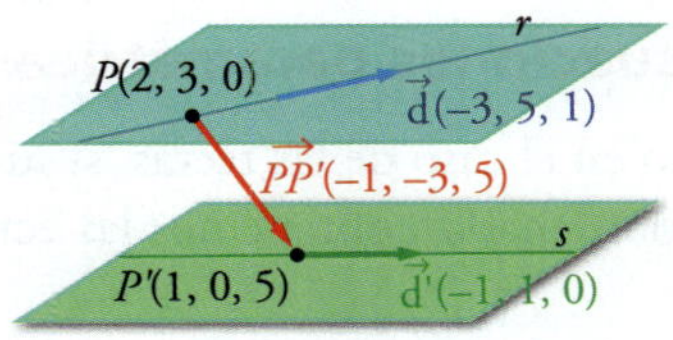

Por tanto, las rectas *se cruzan*.

Hazlo tú

Estudia la posición relativa de estas rectas:

$$r: \begin{cases} x = 1 - 2\lambda \\ y = 2 + \lambda \\ z = 3 - \lambda \end{cases} \qquad s: \begin{cases} x = -2 + \mu \\ y = 1 + 2\mu \\ z = 1 + 3\mu \end{cases}$$

3 *Estudiar la posición relativa de las siguientes rectas:*

$$r: \begin{cases} x = 2 - 3\lambda \\ y = 3 + 5\lambda \\ z = \lambda \end{cases}$$

$$s: \begin{cases} x = 1 - \lambda \\ y = 2\lambda \\ z = 5 \end{cases}$$

Las rectas tienen distinta dirección, pues $\vec{d}(-3, 5, 1)$ no es paralelo a $\vec{d}'(-1, 2, 0)$.

El determinante cuyas columnas son estos dos vectores y el vector que une los puntos $P(2, 3, 0) \in r$ y $P'(1, 0, 5) \in s$ es cero.

$$\begin{vmatrix} -3 & -1 & 2-1 \\ 5 & 2 & 3-0 \\ 1 & 0 & 0-5 \end{vmatrix} = 0 \to \text{Los tres vectores son coplanarios.}$$

Por tanto, las rectas *se cortan*.

Para ver en qué punto se cortan, igualamos coordenada a coordenada las respectivas ecuaciones paramétricas. **(Observación importante: aunque en el enunciado se dan ambas rectas con el mismo parámetro, al usarlas simultáneamente debemos escribir parámetros distintos).**

Igualando: $\begin{cases} 2 - 3\lambda = 1 - \mu \\ 3 + 5\lambda = 2\mu \\ \lambda = 5 \end{cases}$ Se obtiene: $\lambda = 5$, $\mu = 14$

El punto de corte se obtiene tomando $\lambda = 5$ en las ecuaciones de r:

$$\left.\begin{aligned} x &= 2 - 3 \cdot 5 = -13 \\ y &= 3 + 5 \cdot 5 = 28 \\ z &= 5 \end{aligned}\right\} \text{ Se cortan en } (-13, 28, 5).$$

El mismo punto se obtiene si en s hacemos $\mu = 14$. (Recuerda que en s cambiamos λ por μ).

Hazlo tú

Estudia la posición relativa de estas rectas:

$$r: \begin{cases} x = 1 - 2\lambda \\ y = -1 + \lambda \\ z = -1 + \lambda \end{cases} \qquad s: \begin{cases} x = 2 - \lambda \\ y = 1 - 2\lambda \\ z = -1 \end{cases}$$

anayaeducacion.es Ejercicios relacionados con la posición relativa de dos rectas.

5 ECUACIONES DEL PLANO

Ecuación vectorial

Un plano π queda determinado vectorialmente si conocemos los siguientes elementos:

- Un punto P de π, lo cual supone conocer el vector $\overrightarrow{OP} = \vec{p}$, llamado **vector posición.**
- Dos vectores $\vec{u}$ y $\vec{v}$, paralelos al plano e **independientes** entre sí.

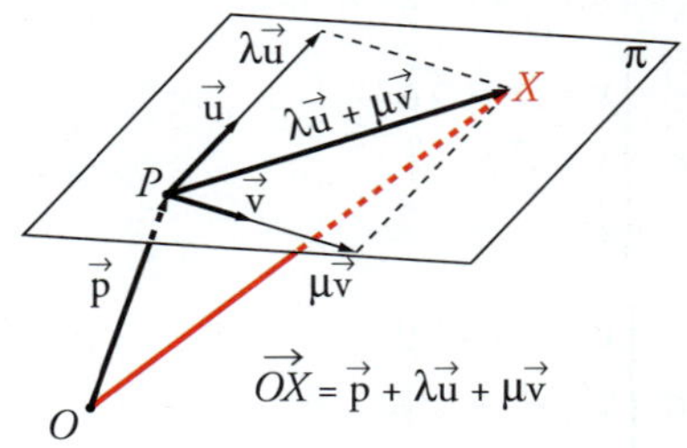

El vector $\vec{p}$ nos sitúa en un punto, P, del plano. La combinación $\lambda\vec{u} + \mu\vec{v}$, tal y como muestra el gráfico del margen, nos permite acceder desde P a cualquier punto X del plano π.

Se obtiene de este modo la **ecuación vectorial** del plano:

$$\pi: \overrightarrow{OX} = \vec{p} + \lambda\vec{u} + \mu\vec{v}$$

- X es un punto genérico del plano
- $\vec{p}$ es un vector posición que nos sitúa sobre el plano
- $\vec{u}$ y $\vec{v}$ son vectores paralelos al plano y linealmente independientes
- λ y μ son parámetros

Ecuaciones paramétricas

Como en el caso de las rectas, si sustituimos los vectores de la ecuación vectorial por sus coordenadas, obtenemos las **ecuaciones paramétricas** del plano.

$$\pi: \begin{cases} x = p_1 + u_1\lambda + v_1\mu \\ y = p_2 + u_2\lambda + v_2\mu \\ z = p_3 + u_3\lambda + v_3\mu \end{cases}$$

Para cada par de valores que demos a λ y μ, obtenemos las coordenadas de un punto de π.

Ten en cuenta

La escritura con coordenadas de la ecuación vectorial del plano tiene la forma:

$(x, y, z) = (p_1, p_2, p_3) + \lambda(u_1, u_2, u_3) + $
$+ \mu(v_1, v_2, v_3)$

Ecuación implícita

Si en las ecuaciones paramétricas eliminamos los parámetros λ y μ, se obtiene una única ecuación, llamada **ecuación implícita** del plano, que es del tipo:

$$ax + by + cz + d = 0$$

anayaeducacion.es

Ejercicios de **refuerzo:** Paso de ecuaciones paramétricas a ecuación implícita de un plano.

Para obtener la ecuación implícita a partir de las ecuaciones paramétricas, hemos de eliminar λ y μ del siguiente sistema (observa que λ y μ son las incógnitas).

$$\begin{cases} u_1\lambda + v_1\mu = x - p_1 \\ u_2\lambda + v_2\mu = y - p_2 \\ u_3\lambda + v_3\mu = z - p_3 \end{cases}$$

Observa

El sistema planteado tiene tres ecuaciones y dos incógnitas (λ, μ).

Para que el sistema tenga solución, el determinante de la matriz ampliada ha de ser cero, es decir:

$$\begin{vmatrix} u_1 & v_1 & x - p_1 \\ u_2 & v_2 & y - p_2 \\ u_3 & v_3 & z - p_3 \end{vmatrix} = 0$$

Es decir, si (x, y, z) es un punto del plano, el sistema de ecuaciones anterior tiene solución (existen λ y μ que lo cumplen) y, por tanto, el determinante de la matriz es cero. El determinante igualado a cero es, pues, la ecuación implícita del plano.

Vocabulario

La ecuación implícita del plano también es conocida como **ecuación general.**

Ecuación implícita a partir de un vector normal al plano

Si de un plano conocemos un punto $P_0(x_0, y_0, z_0)$ y un vector normal $\vec{n}(a, b, c)$, entonces el plano queda determinado y su ecuación es:

$$a(x - x_0) + b(y - y_0) + c(z - z_0) = 0$$

Pues si $X(x, y, z)$ es un punto del plano, el vector $\overrightarrow{P_0X}\,(x - x_0, y - y_0, z - z_0)$ es paralelo al plano y, por tanto, perpendicular a $\vec{n}$, (o bien es el vector $\vec{0}$). En cualquier caso, se cumple que:

$$(a, b, c) \cdot (x - x_0, y - y_0, z - z_0) = 0 \Rightarrow a(x - x_0) + b(y - y_0) + c(z - z_0) = 0$$

Viceversa: si $ax + by + cz + d = 0$ (1) es la ecuación de un plano, el vector de coordenadas (a, b, c) es perpendicular al mismo.

Pues, si $P_0(x_0, y_0, z_0)$ es un punto concreto del plano, se cumple que:

$$ax_0 + by_0 + cz_0 + d = 0 \; (2)$$

Restando las dos ecuaciones, (1) – (2), se obtiene:

$$a(x - x_0) + b(y - y_0) + c(z - z_0) = 0 \Leftrightarrow (a, b, c) \cdot (x - x_0, y - y_0, z - z_0) = 0$$

Es decir, (a, b, c) es perpendicular al vector $(x - x_0, y - y_0, z - z_0)$ y, por tanto, al plano.

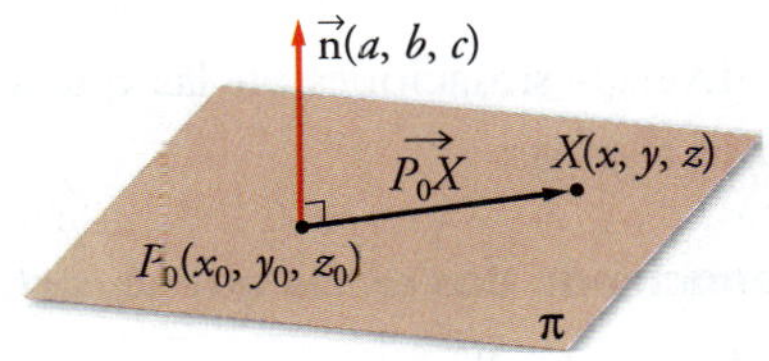

El vector normal $\vec{n}$ determina la orientación del plano.

Ejercicios resueltos

1 *Hallar la ecuación del plano π que pasa por P(2, 3, 5) y es paralelo a $\vec{u}(-1, -2, -3)$ y $\vec{v}(1, 3, 5)$.*

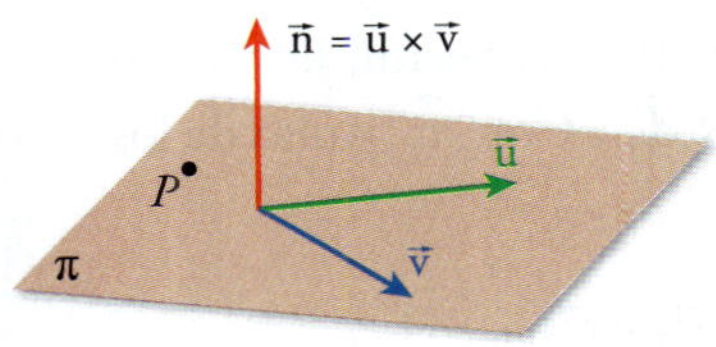

$\vec{u} \times \vec{v} = (-1, 2, -1)$ es un vector normal al plano. Por tanto, la ecuación de este es:

$$-1(x - 2) + 2(y - 3) - 1(z - 5) = 0$$

$$\pi\!: x - 2y + z - 1 = 0$$

También podría haberse resuelto a partir de las ecuaciones paramétricas del plano. Pero es más eficiente la resolución anterior.

2 *Esto es una recta dada en forma implícita, es decir, como intersección de dos planos:*

$$r\!: \begin{cases} 3x - 2y + 5z - 4 = 0 \\ -x \qquad\;\; + 3z + 8 = 0 \end{cases}$$

Hallar un vector paralelo a r.

Se podrían obtener dos puntos de esta recta, P_1 y P_2. El vector $\overrightarrow{P_1P_2}$ es paralelo a r.

Pero es mucho más eficaz este otro método, basado en el producto vectorial:

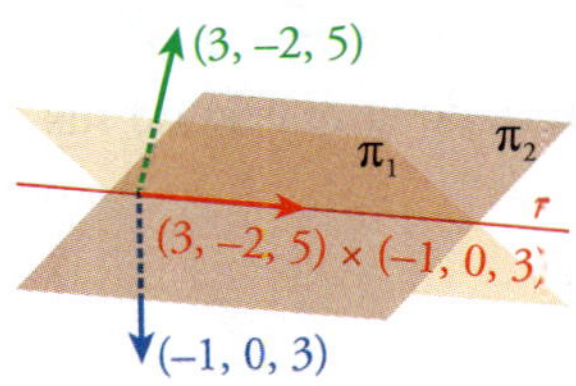

Llamamos π_1 y π_2 a los planos que deteminan la recta r.

$$\left.\begin{array}{l}(3, -2, 5) \perp \pi_1 \\ (-1, 0, 3) \perp \pi_2\end{array}\right\} \rightarrow (3, -2, 5) \times (-1, 0, 3) \;//\; r$$

$(3, -2, 5) \times (-1, 0, 3) = (-6, -14, -2) \;//\; r$. También $(-3, -7, -1) \;//\; r$.

Piensa y practica

1 Halla la ecuación implícita del plano que pasa por el punto $P(2, -1, 3)$ y es paralelo a $\vec{u}(1, 0, 4)$ y $\vec{v}(0, 4, 7)$.

a) Hazlo obteniendo, previamente, las ecuaciones paramétricas y eliminando los parámetros.

b) Halla el vector normal al plano y, con él, escribe su ecuación.

2 Determina un vector paralelo a la siguiente recta, dada como intersección de dos planos:

$$\begin{cases} 5x - y + 4z - 4 = 0 \\ \qquad 2y + 3z - 12 = 0 \end{cases}$$

a) Mediante sus vectores normales.

b) Hallando dos puntos de la recta.

anayaeducacion.es Ejercicios para calcular la ecuación implícita de un plano a partir de su vector normal.

6 FORMAS DE DETERMINAR UN PLANO

La ecuación de un plano puede ponerse de forma inmediata conociendo un punto $P_0(x_0, y_0, z_0) \in \pi$ y un vector normal, $\vec{n}(a, b, c) \perp \pi$:

$$\pi: a(x - x_0) + b(y - y_0) + c(z - z_0) = 0$$

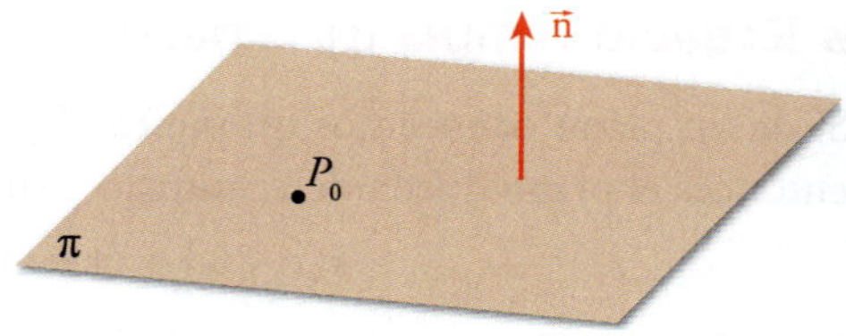

Hay diversas situaciones en las que se puede llegar a esto de forma muy sencilla. Veamos algunas:

- **Conociendo dos rectas que se cortan contenidas en el plano**

  Cada una de ellas viene determinada por un punto y un vector dirección:

  $r_1: P_1, \vec{d_1}$ $\qquad$ $r_2: P_2, \vec{d_2}$

  Con $\vec{d_1}$ y $\vec{d_2}$ obtenemos un vector normal: $\vec{n} = \vec{d_1} \times \vec{d_2}$. Con uno de los puntos, P_1 o P_2, y el vector normal, $\vec{n}$, obtenemos la ecuación del plano.

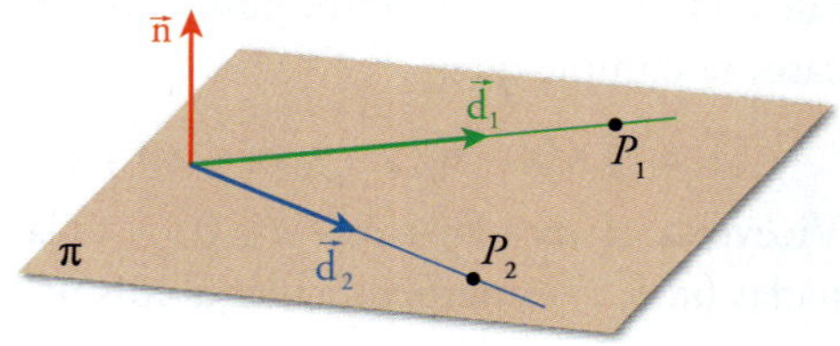

- **Conociendo un punto del plano y dos rectas paralelas al mismo y que se cruzan entre sí**

  El caso es similar al anterior: los vectores dirección de las rectas dan lugar al vector normal: $\vec{n} = \vec{d_1} \times \vec{d_2}$

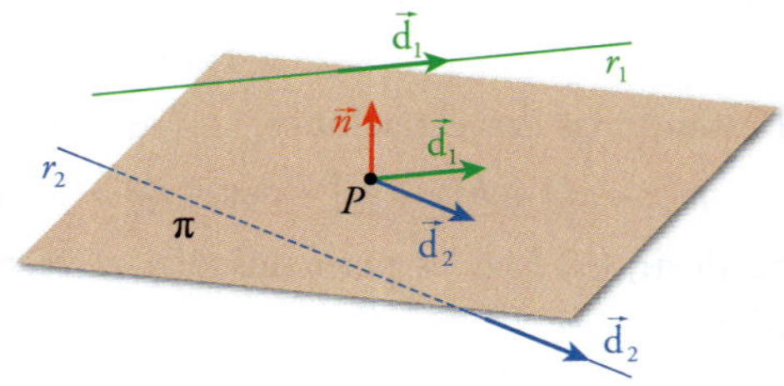

- **Conociendo dos rectas paralelas entre sí contenidas en el plano**

  $r_1: P_1, \vec{d_1}$ $\qquad$ $r_2: P_2, \vec{d_2}$ $\qquad$ $\vec{d_1} \,//\, \vec{d_2}$

  El vector $\overrightarrow{P_1P_2}$ es paralelo al plano (está contenido en él). Este vector, junto con $\vec{d_1}$, nos permite obtener un vector normal: $\vec{n} = \overrightarrow{P_1P_2} \times \vec{d_1}$. Con $\vec{n}$ y uno de los puntos (P_1 o P_2) se obtiene la ecuación del plano.

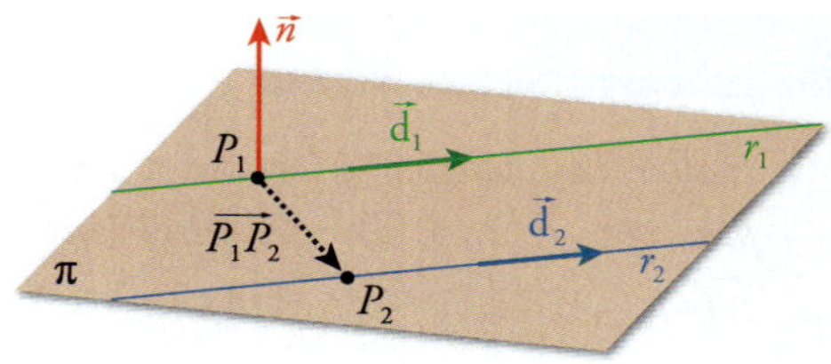

- **Conociendo tres puntos no alineados del plano, P_1, P_2 y P_3**

  Veamos tres formas de resolver esta situación:

  - Los vectores $\overrightarrow{P_1P_2}$ y $\overrightarrow{P_1P_3}$ son paralelos al plano. Por tanto, un vector normal al plano es $\vec{n} = \overrightarrow{P_1P_2} \times \overrightarrow{P_1P_3}$.

    Con $\vec{n}$ y uno de los tres puntos se obtiene la ecuación del plano.

  - Si $P_1(x_1, y_1, z_1)$, $P_2(x_2, y_2, z_2)$ y $P_3(x_3, y_3, z_3)$ son puntos fijos del plano π y $X(x, y, z)$ es un punto genérico de π, entonces los vectores $\overrightarrow{XP_1}$, $\overrightarrow{P_1P_2}$ y $\overrightarrow{P_1P_3}$ han de ser coplanarios y, por tanto, el determinante de la matriz de sus coordenadas ha de ser 0.

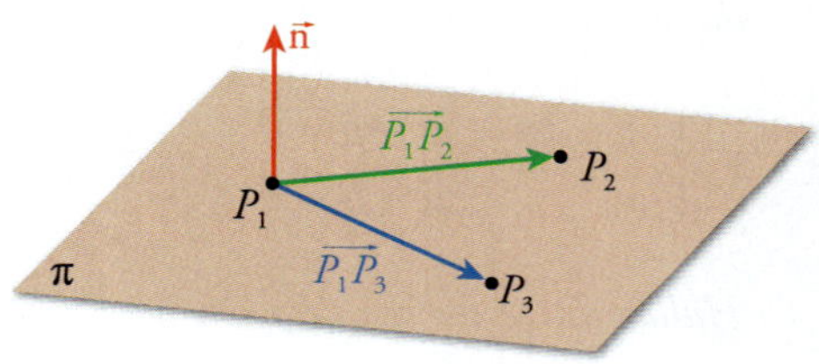

Esta es la ecuación del plano: $\begin{vmatrix} x - x_1 & y - y_1 & z - z_1 \\ x_2 - x_1 & y_2 - y_1 & z_2 - z_1 \\ x_3 - x_1 & y_3 - y_1 & z_3 - z_1 \end{vmatrix} = 0$

Ahora vamos a transformar el determinante.

$$\begin{vmatrix} x - x_1 & y - y_1 & z - z_1 & 0 \\ x_1 & y_1 & z_1 & 1 \\ x_2 - x_1 & y_2 - y_1 & z_2 - z_1 & 0 \\ x_3 - x_1 & y_3 - y_1 & z_3 - z_1 & 0 \end{vmatrix} = 0 \quad \to \quad \begin{vmatrix} x & y & z & 1 \\ x_1 & y_1 & z_1 & 1 \\ x_2 & y_2 & z_2 & 1 \\ x_3 & y_3 & z_3 & 1 \end{vmatrix} = 0$$

Hemos añadido una fila y una columna. Al desarrollar por los elementos de esta se obtiene el determinante del que partimos.

A las filas 1.ª, 3.ª y 4.ª les hemos sumando la 2.ª fila.

Observa

Hemos llegado a esta curiosa forma de poner la ecuación del plano que pasa por tres puntos.

- Veamos otra forma de obtener la ecuación del plano, $ax + by + cz + d = 0$ a partir de tres de sus puntos. Los puntos $P_1(x_1, y_1, z_1)$, $P_2(x_2, y_2, z_2)$ y $P_3(x_3, y_3, z_3)$ cumplen dicha ecuación, por tanto:

$$\left.\begin{aligned} ax_1 + by_1 + cz_1 + d = 0 \\ ax_2 + by_2 + cz_2 + d = 0 \\ ax_3 + by_3 + cz_3 + d = 0 \end{aligned}\right\}$$

El sistema tiene solución dependiente de un parámetro. Dándole un valor al parámetro se obtienen *a*, *b*, *c* y *d* y, por tanto, la ecuación del plano.

Ejemplo

$P_1(0, 0, -2)$, $P_2(5, 0, 0)$, $P_3(1, 1, -1)$

$ax + by + cz + d = 0$

$$\left.\begin{aligned} -2c + d = 0 \\ 5a \qquad + d = 0 \\ a + b - c + d = 0 \end{aligned}\right\} \rightarrow \begin{aligned} d &= 10\lambda \\ c &= 5\lambda \\ a &= -2\lambda \\ b &= -3\lambda \end{aligned}$$

Para $\lambda = -1$: $a = 2$, $b = 3$, $c = -5$, $d = -10$

La ecuación es $2x + 3y - 5z - 10 = 0$.

Ejercicios resueltos

1 *Hallar la ecuación del plano π que contiene a la recta:*

$$r_1: \frac{x-3}{5} = \frac{y+1}{-2} = \frac{z+4}{0}$$

y es paralelo a r_2:

$$r_2: \begin{cases} x + y - 3z + 5 = 0 \\ 2x - y \qquad + 1 = 0 \end{cases}$$

De r_1 conocemos $P_1(3, -1, -4)$ y $\vec{d_1}(5, -2, 0)$. $P_1 \in \pi$, $\vec{d_1} \,//\, \pi$

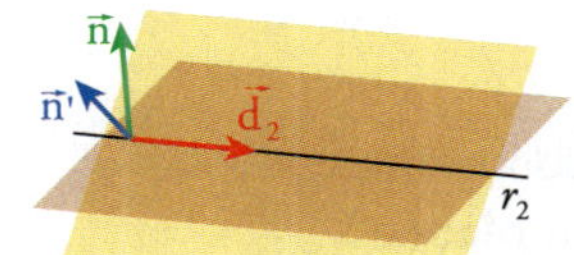

Hemos de hallar un vector paralelo a r_2.

$\vec{d_2} = (1, 1, -3) \times (2, -1, 0) = (-3, -6, -3) \,//\, \pi$

Tomamos uno proporcional: $(1, 2, 1) \,//\, \pi$

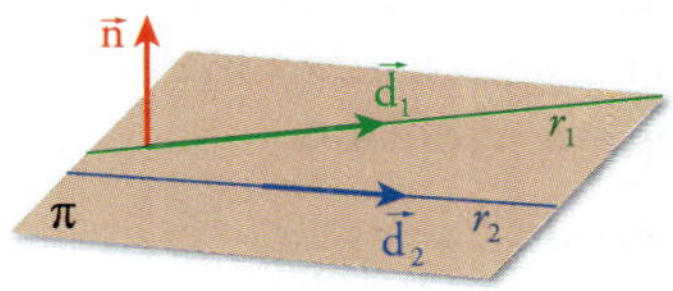

$\vec{n} = (5, -2, 0) \times (1, 2, 1) = (-2, -5, 12) \perp \pi$

$\pi: -2(x-3) - 5(y+1) + 12(z+4) = 0$

2 *Calcular la ecuación del plano π que contiene a estas rectas:*

$$r_1: \frac{x-2}{-5} = \frac{y+1}{3} = \frac{z}{1}$$

$$r_2: \begin{cases} x = 3 + 10\lambda \\ y = \quad -6\lambda \\ z = 11 - 2\lambda \end{cases}$$

¿Habrá, realmente, un plano que contenga a las dos rectas? Para ello es necesario que se corten o que sean paralelas (si se cruzan, no existe tal plano).

Veámoslo: $\vec{d_1}(-5, 3, 1) \,//\, r_1$; $\vec{d_2}(10, -6, -2) \,//\, r_2$; $\vec{d_2} = -2\vec{d_1}$. Por tanto, $r_1 \,//\, r_2$.

Las rectas son paralelas. Vamos a hallar el plano que las contiene.

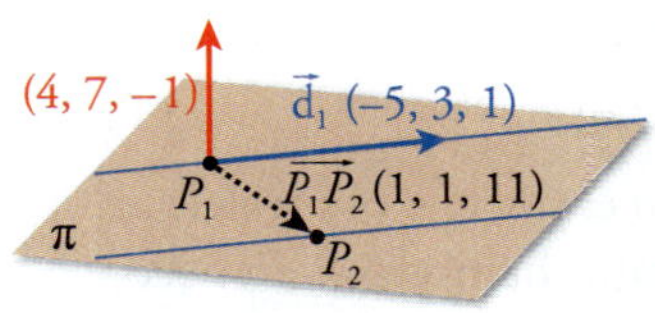

$P_1(2, -1, 0)$ y $P_2(3, 0, 11) \in \pi$, $\overrightarrow{P_1P_2} = (1, 1, 11) \,//\, \pi$

$\vec{d_1} \times \overrightarrow{P_1P_2} = (-5, 3, 1) \times (1, 1, 11) = (32, 56, -8) \perp \pi$

Tomamos un vector paralelo: $(4, 7, -1)$

La ecuación del plano es $\pi: 4(x-2) + 7(y+1) - z = 0$.

3 *Obtener la ecuación del plano π que contiene a estos tres puntos:*

$P(1, -3, 0)$, $Q(2, 7, 4)$, $R(0, 4, 5)$

$\overrightarrow{PQ}(1, 10, 4) \,//\, \pi$, $\overrightarrow{PR}(-1, 7, 5) \,//\, \pi$, $\overrightarrow{PQ} \times \overrightarrow{PR} = (22, -9, 17) \perp \pi$

(Si los puntos hubieran estado alineados, probablemente lo habríamos advertido al ver las coordenadas de $\overrightarrow{PQ}$ y $\overrightarrow{PR}$. Pero, de no ser así, ahora lo tendríamos claro, pues el producto vectorial sería $(0, 0, 0)$).

$$\pi: 22(x-1) - 9(y+3) + 17z = 0 \rightarrow \pi: 22x - 9y + 17z - 49 = 0$$

Puedes comprobar que se llega a la misma ecuación resolviendo este problema por cualquiera de los otros procedimientos.

Piensa y practica

1 Halla la ecuación del plano que contiene a estas rectas:

$$r_1: \begin{cases} x + 2y \qquad - 2 = 0 \\ 3x \qquad - z \qquad = 0 \end{cases} \qquad r_2: \begin{cases} x = 1 - \lambda \\ y = \quad \lambda \\ z = 0 \end{cases}$$

2 Determina el plano que contiene a estos tres puntos:

$P_1(2, 0, 1)$ $\quad P_2(2, -1, 1)$ $\quad P_3(1, -1, -1)$

Hazlo por los tres procedimientos vistos anteriormente.

anayaeducacion.es Ejercicios para calcular la ecuación de un plano.

7 POSICIONES RELATIVAS DE PLANOS Y RECTAS

Dos planos

Dos planos pueden cortarse, ser paralelos o coincidir. El sistema formado por sus ecuaciones implícitas:

$$\begin{cases} ax+by+cz+d=0 \\ a'x+b'y+c'z+d'=0 \end{cases}$$

da lugar a las matrices:

$$M=\begin{pmatrix} a & b & c \\ a' & b' & c' \end{pmatrix} \text{ y } M'=\begin{pmatrix} a & b & c & d \\ a' & b' & c' & d' \end{pmatrix}$$

El estudio de sus rangos nos da información sobre sus soluciones; es decir, sobre los puntos comunes a ambos planos y, por tanto, sobre su posición relativa.

- Si $ran(M) = ran(M') = 1$, entonces, (a, b, c, d) son proporcionales a (a', b', c', d'), el sistema tiene solución. Se trata del **mismo plano.**
- Si $ran(M) = 1$ y $ran(M') = 2$, es decir, si los coeficientes (a, b, c) son proporcionales a (a', b', c') pero el término independiente no sigue la relación de proporcionalidad, el sistema no tiene solución: los planos **son paralelos.**
- Si $ran(M) = ran(M') = 2$, es decir, cuando los respectivos coeficientes (a, b, c) y (a', b', c') no son proporcionales, el sistema tiene solución, pero los planos no coinciden: **se cortan** en una recta.

$ran\ (M) = ran\ (M') = 1$

$ran\ (M) = 1,\ ran\ (M') = 2$

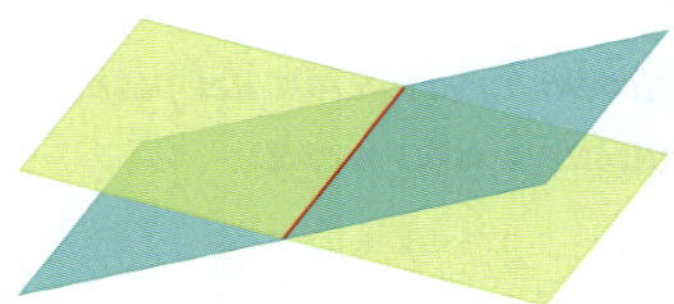

$ran\ (M) = ran\ (M') = 2$

Recta y plano

Para estudiar la posición relativa de una recta r y un plano π conviene tener en cuenta los vectores $\vec{d}$ (dirección de r) y $\vec{n}$ (normal al plano).

- Si $\vec{d} \perp \vec{n}$ $(\vec{d} \cdot \vec{n} = 0)$, entonces la recta está contenida en el plano o es paralela a él. Para averiguarlo, tomamos un punto de la recta y comprobamos si pertenece o no al plano.
- Si $\vec{d}$ no es perpendicular a $\vec{n}$ $(\vec{d} \cdot \vec{n} \neq 0)$, entonces r corta a π.

  Para averiguar su punto de corte, podemos resolver el sistema formado por sus ecuaciones.

anayaeducacion.es GeoGebra. Escenas para visualizar la posición relativa de rectas y planos.

Por ejemplo:

π: $2x + 5y - 3z + 10 = 0$, r: $\dfrac{x-3}{0} = \dfrac{y+1}{3} = \dfrac{z}{5}$

Vector normal a π: $\vec{n}(2, 5, -3)$

Vector dirección de r: $\vec{d}(0, 3, 5)$

$$\vec{n} \cdot \vec{d} = (2, 5, -3) \cdot (0, 3, 5) = 15 - 15 = 0$$

Por tanto, r es paralela a π o está contenida en él. Para averiguarlo, comprobamos si $P(3, -1, 0) \in r$ pertenece a π:

$$2 \cdot 3 + 5(-1) - 3 \cdot 0 + 10 = 11 \neq 0$$

Es decir, $P \notin \pi$ y, por tanto, r es paralela a π.

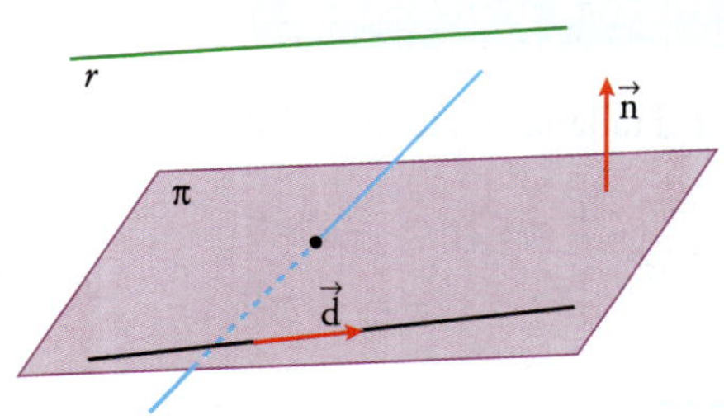

Ejercicios resueltos

1 *Estudiar la posición relativa de los planos siguientes:*

$$\begin{cases} x - 3y + 4z - 11 = 0 \\ 4x - 12y + 16z + 40 = 0 \end{cases}$$

A simple vista se aprecia que los coeficientes son proporcionales, mientras que el término independiente no sigue la relación de proporcionalidad, es decir:

$$ran \begin{pmatrix} 1 & -3 & 4 \\ 4 & -12 & 16 \end{pmatrix} = 1 \quad \text{y} \quad ran \begin{pmatrix} 1 & -3 & 4 & -11 \\ 4 & -12 & 16 & 40 \end{pmatrix} = 2$$

Por tanto, los planos son paralelos.

2 *Estudiar la posición relativa del plano $x - 3y + 5z + 11 = 0$ y la recta*

$$\begin{cases} x = 3 - 2\lambda \\ y = 1 - \lambda \\ z = 4 + 6\lambda \end{cases}$$

El vector dirección de la recta, $(-2, -1, 6)$, no es perpendicular al vector normal del plano, $(1, -3, 5)$. Por tanto, la recta corta al plano en un punto. Para obtenerlo, sustituimos las coordenadas del punto genérico de la recta en la ecuación del plano:

$$3 - 2\lambda - 3(1 - \lambda) + 5(4 + 6\lambda) + 11 = 0$$

La solución de esta ecuación es $\lambda = -1$. Esto significa que la recta corta al plano en el punto correspondiente al valor del parámetro $\lambda = -1$:

$$\left.\begin{array}{l} x = 3 - 2(-1) = 5 \\ y = 1 - (-1) = 2 \\ z = 4 + 6(-1) = -2 \end{array}\right\} \text{Punto de corte: } (5, 2, -2)$$

3 *Estudiar la posición relativa de la recta*

$$r: \frac{x-5}{7} = \frac{y-2}{0} = \frac{z+3}{0}$$

y el plano $\pi: 2x - y + z + 11 = 0$.

$(7, 0, 0) // r \qquad (2, -1, 1) \perp \pi \qquad (7, 0, 0) \cdot (2, -1, 1) = 14 \neq 0$

Por tanto, r corta a π. Averigüemos el punto de corte:

La recta da lugar a las ecuaciones $y - 2 = 0$, $z + 3 = 0$. Es decir, $y = 2$, $z = -3$. (La recta es la intersección de los planos $y = 2$, $z = -3$. Es, por tanto, paralela al eje X).

Sustituyendo en la ecuación del plano:

$$2x - 2 + (-3) + 11 = 0 \rightarrow \text{obtenemos: } x = -3$$

Por tanto, la recta y el plano se cortan en el punto $(-3, 2, -3)$.

NOTA: Para obtener, a partir de la ecuación de la recta, los dos planos que la determinan, hemos de emparejar la primera expresión con cada una de las otras dos, pero no estas últimas entre sí, pues en tal caso desaparecería todo en la simplificación.

Observa que cada «fracción» cuyo «denominador» es cero da lugar a un plano cuya ecuación se obtiene igualando su «numerador» a cero. (El entrecomillado es para resaltar una vez más que, en sentido estricto, no son fracciones y que, por tanto, no tienen numerador ni denominador).

Piensa y practica

1 Estudia la posición relativa del plano y de la recta:

$$\pi: 2x - y + 3z = 8$$

$$r: \begin{cases} x = 2 + 3\lambda \\ y = -1 + 3\lambda \\ z = -\lambda \end{cases}$$

2 Dados estos tres planos, estudia la posición relativa entre cada dos de ellos:

$$\begin{array}{r} 2x - y + 3z = 8 \\ x + 3y - z = 5 \\ 2x + 6y - 2z = 5 \end{array}$$

¿Tienen los tres planos algún punto común?

anayaeducacion.es Ejercicios para estudiar la posición relativa de un plano y una recta.

Ecuaciones implícitas

En tres dimensiones, es decir, en el espacio tridimensional, **una ecuación describe una superficie:**

$\begin{array}{l} 2x + y + 2z = 0 \\ 2x + y \quad = 2 \\ z = 0 \end{array}$ → son planos

$x^2 + y^2 + z^2 = 25$ → es una esfera

$x^2 + y^2 = 9$ → es un cilindro

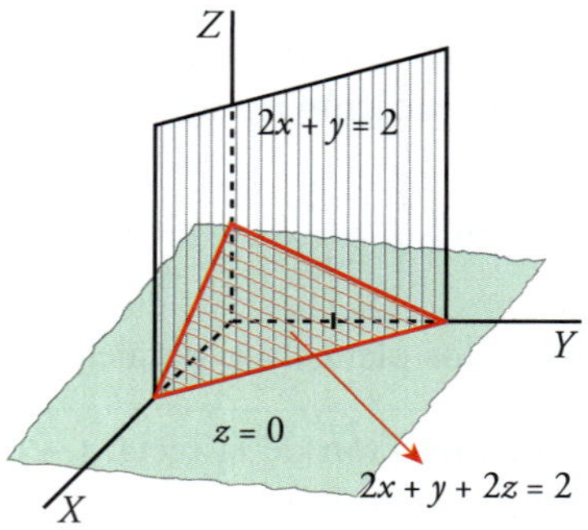

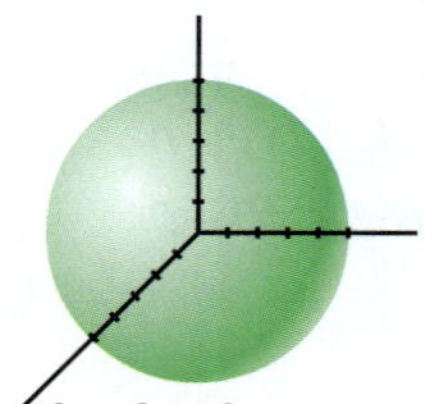

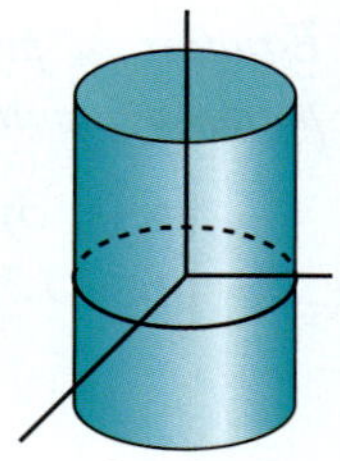

Cada ecuación es una *restricción* entre las variables. La ausencia de una variable en una ecuación significa que dicha variable no está sometida a restricción alguna y, por tanto, tiene absoluta libertad de movimiento.

Una línea se puede dar como intersección de dos superficies mediante un sistema de dos ecuaciones:

$\begin{cases} 2x + y + 2z = 2 \\ z = 0 \end{cases}$ → es una recta, intersección de dos planos

$\begin{cases} x^2 + y^2 + z^2 = 25 \\ z = 0 \end{cases}$ → es una circunferencia, intersección de una esfera y un plano

$\begin{cases} x^2 + y^2 \quad = 25 \\ z = 0 \end{cases}$ → es la misma circunferencia, intersección de un cilindro y un plano

Ecuaciones paramétricas

Las ecuaciones paramétricas expresan, explícitamente, el comportamiento de cada variable. Cada parámetro es un *grado de libertad*. Unas ecuaciones paramétricas con un parámetro describen una línea; con dos parámetros, una superficie.

ELEMENTO DE $\mathbb{R}^3$	GRADOS DE LIBERTAD
Superficie/Plano	2
Curva/Recta	1
Punto	0

Si un parámetro solo aparece en una de las variables, dicha variable se mueve libremente sin tener en cuenta las demás. Por ejemplo:

$\begin{cases} x = 2 \\ y = 3 \\ z = \lambda \end{cases}$ es una recta (roja), porque tiene un único parámetro.

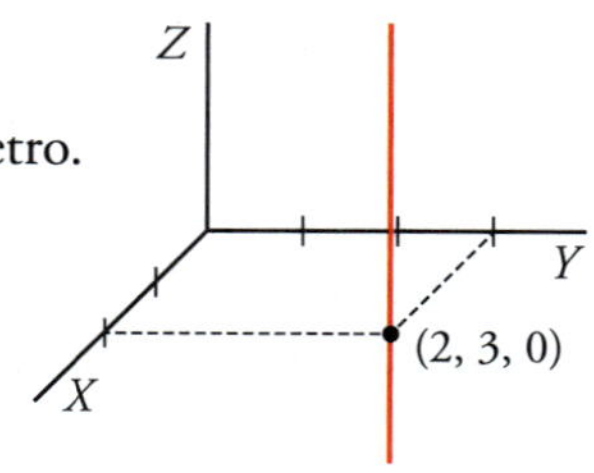

$\begin{cases} x = 2\lambda \\ y = 3\lambda \\ z = 0 \end{cases}$ es la recta verde, pero $\begin{cases} x = 2\lambda \\ y = 3\lambda \\ z = \mu \end{cases}$ es el plano verde pues tiene dos parámetros.

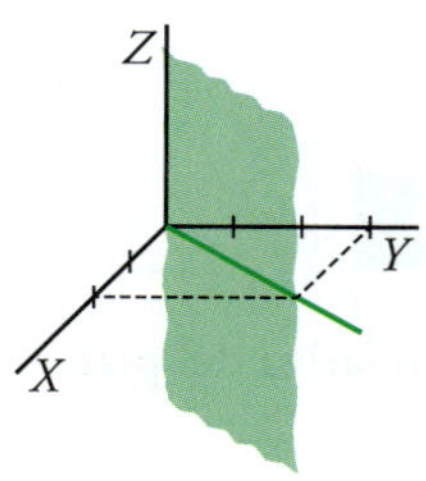

$\begin{cases} x = 3 + 2\lambda - \mu \\ y = 1 - 2\lambda + \mu \\ z = 4 + \lambda + \mu \end{cases}$

Pero, esto que también es un plano no es tan fácil de visualizar como el anterior. (¿O sí? Si sumamos x e y obtenemos $x + y = 4$. ¡Esta es su ecuación implícita y resulta bien fácil de visualizar!)

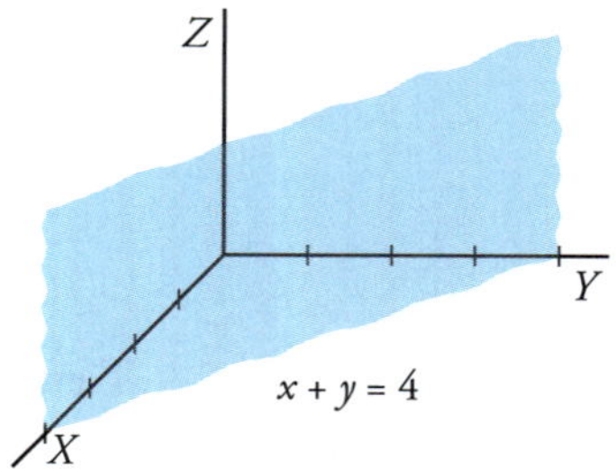

Ejercicio resuelto

1 *Escribir las ecuaciones paramétricas e implícitas de las siguientes figuras:*

a) Eje Y *b) Plano XY*

c) Recta bisectriz de los ejes Y, Z.

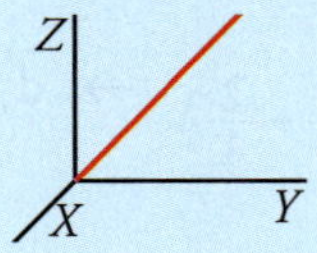

d)

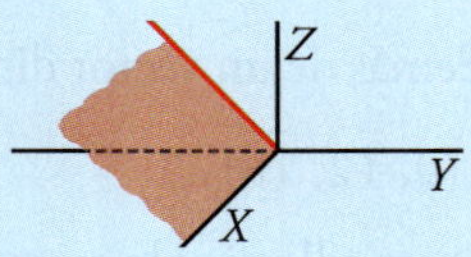

a)

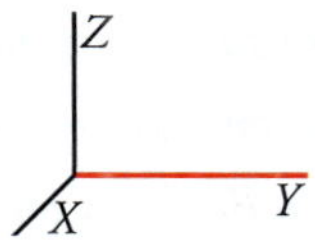

Tanto la x como la z son 0.

Sin embargo, la y se mueve libremente.

$$\begin{cases} x = 0 \\ y = \lambda \\ z = 0 \end{cases}$$

Las ecuaciones implícitas se extraen de las paramétricas: $\begin{cases} x = 0 \\ z = 0 \end{cases}$

Es decir, es la intersección de esos dos planos.

b)

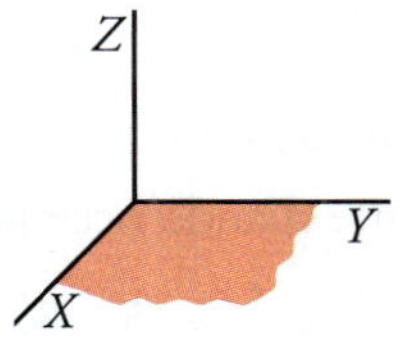

La x y la y se mueven libremente e independientemente la una de la otra. Cada una, un parámetro. La z es cero.

$$\begin{cases} x = \lambda \\ y = \mu \\ z = 0 \end{cases}$$

La última ecuación, $z = 0$, es la ecuación implícita del plano.

c)

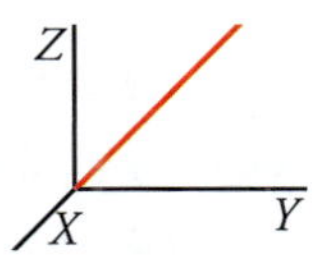

La x es cero, la y y la z se mueven simultáneamente tomando el mismo valor.

$$\begin{cases} x = 0 \\ y = \lambda \\ z = \lambda \end{cases}$$

Ecuaciones implícitas: $\begin{cases} x = 0 \\ y = z \end{cases}$

d)

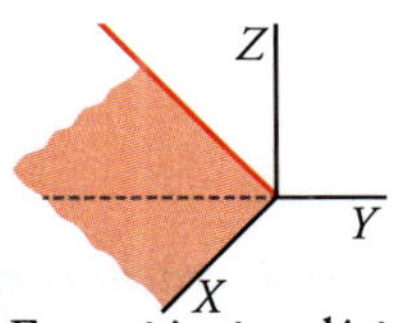

La x se mueve libremente. La y y la z se mueven simultáneamente tomando el mismo valor pero con distinto signo.

$$\begin{cases} x = \lambda \\ y = \mu \\ z = -\mu \end{cases}$$

Ecuación implícita: $y = -z$

Hazlo tú

Escribe las paramétricas y las implícitas de estas figuras:

a) Eje Z b) Plano XZ

c) Recta bisectriz de los ejes X, Y.

d)

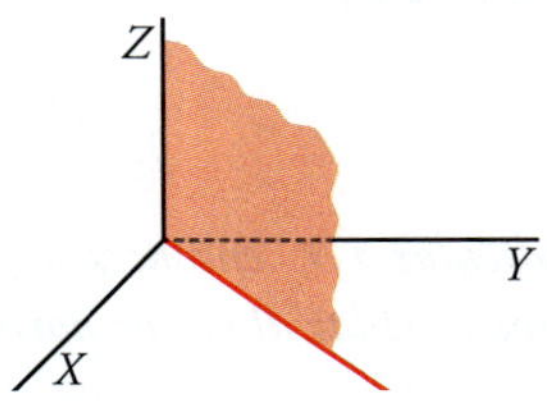

Piensa y practica

1 Escribe las ecuaciones implícitas y paramétricas de las siguientes figuras:

a)

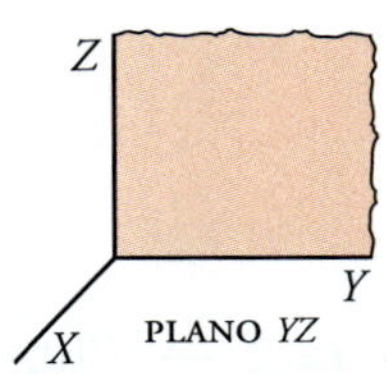

b)

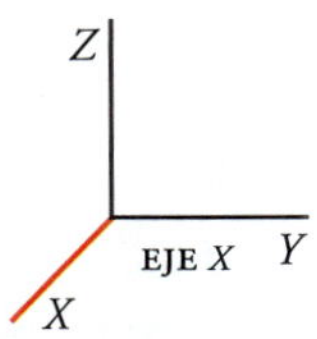

c)

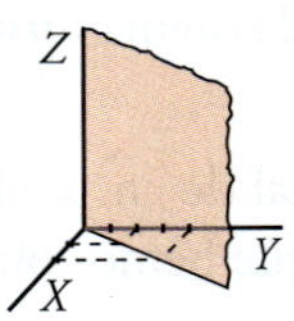

d)

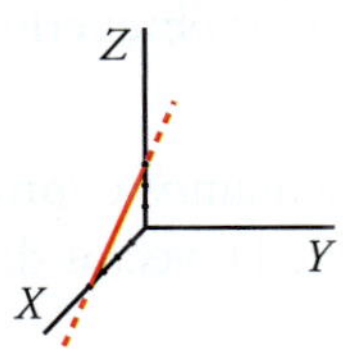

e)

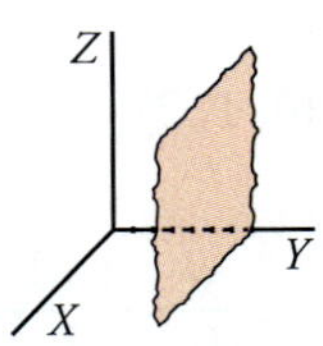

f)

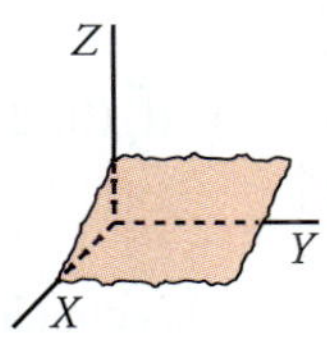

2 Representa las figuras dadas por estas ecuaciones:

a) $z = 4$

b) $\begin{cases} x = \lambda \\ y = \mu \\ z = 4 \end{cases}$

c) $\begin{cases} x = \lambda \\ y = \lambda \\ z = 4 \end{cases}$

d) $\begin{cases} x = \lambda \\ y = 0 \\ z = 4 \end{cases}$

e) $\begin{cases} y = 0 \\ z = 4 \end{cases}$

f) $\begin{cases} x = 0 \\ z = 0 \end{cases}$

g) $y = 0$

h) $\begin{cases} x = 3 \\ y = 0 \\ z = \lambda + \mu \end{cases}$

i) $\begin{cases} x = 3 \\ y = 4 \\ z = 5 \end{cases}$

j) $\begin{cases} x = \lambda \\ y = \mu \\ z = \tau \end{cases}$

k) $x + y + z = 1$

l) $\begin{cases} x + y + z \le 1 \\ x \ge 0 \\ y \ge 0 \\ z \ge 0 \end{cases}$

m) $x^2 = z^2$

n) $\begin{cases} x = 2 \\ z = 0 \end{cases}$

ñ) $\begin{cases} x = z \\ y = 0 \end{cases}$

EJERCICIOS Y PROBLEMAS RESUELTOS

1. Vector dirección de una recta dada en forma implícita

Determinar la ecuación de la recta s, que pasa por el punto (0, 2, –4) y es paralela a la recta:

$$r: \begin{cases} 5x - 3y + 2z = 1 \\ x + 3y - 2z = -4 \end{cases}$$

Expresar s como intersección de dos planos.

Análisis del problema: *La recta s tendrá la misma dirección que r. Obtenemos el vector dirección de una recta dada por sus ecuaciones implícitas de dos formas:*

1) Resolviendo el sistema que forman los planos.

2) Hallando un vector perpendicular a los vectores normales de los planos.

$$1)\ \begin{cases} 5x - 3y + 2z = 1 \\ x + 3y - 2z = -4 \end{cases} \rightarrow \begin{cases} 5x - 3y = 1 - 2\lambda \\ x + 3y = -4 + 2\lambda \end{cases} \rightarrow \begin{cases} x = -\dfrac{1}{2} \\ y = -\dfrac{7}{6} + \dfrac{2}{3}\lambda \\ z = \lambda \end{cases} \rightarrow \vec{d}_r = \left(0, \dfrac{2}{3}, 1\right)$$

O bien podemos tomar $\vec{d}_r = (0, 2, 3)$.

Esta forma es conveniente cuando necesitamos un punto además de un vector dirección.

2) Vector director de r: $\vec{n} \times \vec{n}' = (5, -3, 2) \times (1, 3, -2) = (0, 12, 18)$

Podemos tomar $\vec{d}_r = (0, 2, 3)$. Este procedimiento es más sencillo si solo necesitamos el vector dirección.

Ecuaciones paramétricas de s: $\begin{cases} x = 0 \\ y = 2 + 2\lambda \\ z = -4 + 3\lambda \end{cases} \rightarrow \dfrac{x}{0} = \dfrac{y-2}{2} = \dfrac{z+4}{3} \rightarrow \begin{cases} \dfrac{x}{0} = \dfrac{y-2}{2} \\ \dfrac{y-2}{2} = \dfrac{z+4}{3} \end{cases}$

La ecuación de s como intersección de planos es: $\begin{cases} x = 0 \\ 3y - 2z = 14 \end{cases}$

Hazlo tú

Comprueba que los planos

$\alpha: x - y + z - 4 = 0$

$\beta: 2x + y - z + 1 = 0$

se cortan y halla las ecuaciones paramétricas de la recta que determinan.

2. Recta que corta perpendicularmente a otra

Escribir la ecuación continua de la recta s que está contenida en el plano:

$$\pi: x - 2y + z = 4$$

y corta perpendicularmente a la recta:

$$r: \begin{cases} x - y - z + 1 = 0 \\ 3x - y + z - 3 = 0 \end{cases}$$

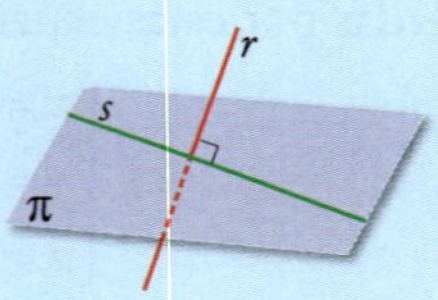

Análisis del problema: *Si s está contenida en π y es perpendicular a r, entonces s pasará por el punto de corte de r y π. El vector director de s es perpendicular al vector normal de π, por estar contenido en el plano, y al vector director de r.*

Para hallar el punto de corte de r y π, expresamos r en ecuaciones paramétricas y las sustituimos en la ecuación del plano π. Así obtenemos también $\vec{d}_r$.

Obtenemos las paramétricas de r resolviendo el sistema en función de un parámetro:

$$\begin{cases} x - y - z + 1 = 0 \\ 3x - y + z - 3 = 0 \end{cases} \rightarrow \begin{cases} x - y = -1 + t \\ 3x - y = 3 - t \\ z = t \end{cases} \rightarrow \begin{cases} x = 2 - t \\ y = 3 - 2t \\ z = t \end{cases}$$

Ecuaciones paramétricas de r: $\begin{cases} x = 2 - t \\ y = 3 - 2t \\ z = t \end{cases}$

Sustituimos en la ecuación de π: $(2 - t) - 2(3 - 2t) + t = 4 \rightarrow t = 2 \rightarrow P(0, -1, 2)$

Nota: El punto de corte también podemos obtenerlo resolviendo el sistema formado con las ecuaciones de r y de π.

Para hallar el vector director de s calculamos el producto vectorial de $\vec{n} = (1, -2, 1)$, vector normal de π, y de $\vec{d}_r = (-1, -2, 1)$, vector director de r que hemos obtenido al escribir sus ecuaciones paramétricas

$$\vec{d}_s = \vec{d}_r \times \vec{n} = \begin{vmatrix} \vec{i} & \vec{j} & \vec{k} \\ -1 & -2 & 1 \\ 1 & -2 & 1 \end{vmatrix} \rightarrow \vec{d}_s\,(0, 2, 4) \text{ o bien } \vec{d}_s\,(0, 1, 2)$$

Con el punto P y el vector $\vec{d}_s$ escribimos la ecuación continua de s: $\dfrac{x}{0} = \dfrac{y+1}{1} = \dfrac{z-2}{2}$

Hazlo tú

Dada la recta:

$$r: \begin{cases} x = -1 - 2\lambda \\ y = 3 + \lambda \\ z = -5 \end{cases}$$ y el punto $P(5, 5, 1)$.

Determina:

a) La ecuación del plano π que pasa por P y es perpendicular a r.

b) La ecuación de la recta que pasa por P y corta perpendicularmente a r.

3. Vértices de un rombo

Sean los puntos P(7, 4, 2), Q(1, 2, –2) y R(2, 1, –3). Uno de ellos es el centro de un rombo y los otros dos, dos vértices.

Calcular las coordenadas de los vértices desconocidos.

Sabemos que las diagonales del rombo se cortan en su punto medio y son perpendiculares. Comprobamos que ninguno de los puntos es el punto medio del segmento determinado por los otros dos.

$\frac{7+1}{2} \neq 2;\quad \frac{7+2}{2} \neq 1;\quad \frac{1+2}{2} \neq 7$ Los vértices no son opuestos sino consecutivos.

Probamos qué par de vectores de entre $\overrightarrow{PQ}$, $\overrightarrow{PR}$ y $\overrightarrow{QR}$ son ortogonales.

$\overrightarrow{PQ} = (-6, -2, -4);\ \overrightarrow{PR} = (-5, -3, -5);\ \overrightarrow{QR} = (1, -1, -1)$

$\overrightarrow{PQ} \cdot \overrightarrow{QR} = -6 + 2 + 4 = 0 \to \overrightarrow{PQ}$ y $\overrightarrow{QR}$ son perpendiculares.

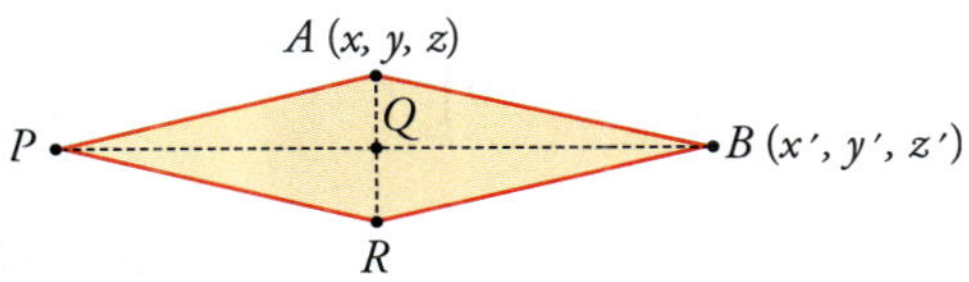

El punto Q es el centro del rombo. Los otros dos vértices son los simétricos de R y de P respecto de Q. Los llamamos $A(x, y, z)$ y $B(x', y', z')$.

$$\frac{x+2}{2} = 1 \to x = 0;\ \frac{y+1}{2} = 2 \to y = 3;\ \frac{z-3}{2} = -2 \to z = -1 \to A(0, 3, -1)$$

$$\frac{x'+7}{2} = 1;\ \frac{y'+4}{2} = 2;\ \frac{z'+2}{2} = -2 \to B(-5, 0, -6)$$

Hazlo tú

Dados $A(1, 2, 3)$, $B(-2, 1, 0)$ y $C(a, a, 2)$, halla el valor de a para que los vectores $\overrightarrow{AB}$ y $\overrightarrow{AC}$ sean ortogonales.

Para ese valor de a, uno de los puntos es el centro de un rombo y los otros son dos vértices. Halla las coordenadas de todos sus vértices.

4. Posiciones relativas de dos rectas. Plano que las contiene

Dadas las siguientes rectas:

$$r: \begin{cases} x + y - z = 6 \\ x + \quad z = 3 \end{cases}$$

$$s: \frac{1-x}{1} = \frac{y+1}{6} = \frac{z}{2}$$

a) Estudiar su posición relativa. Si se cortan, hallar el punto de intersección.

b) Hallar la ecuación del plano π que las contiene.

a) Para saber la posición de r y s tenemos que ver, en primer lugar, si sus vectores directores son paralelos

$$r: \begin{cases} x + y - z = 6 \\ x + \quad z = 3 \end{cases} \to r: \begin{cases} x = 3 - \lambda \\ y = 3 + 2\lambda \\ z = \lambda \end{cases} \to \vec{d}_r = (-1, 2, 1)$$

$$s: \frac{1-x}{1} = \frac{y+1}{6} = \frac{z}{2} \to s: \frac{x-1}{-1} = \frac{y+1}{6} = \frac{z}{2} \to \vec{d}_s(-1, 6, 2)$$

Los vectores dirección no son paralelos. Tenemos que hallar un vector que va de una recta a otra: $P(3, 3, 0) \in r$ y $Q(1, -1, 0) \in s \to \overrightarrow{PQ} = (-2, -4, 0)$

Comprobamos que los vectores $\vec{d}_r$, $\vec{d}_s$ y $\overrightarrow{PQ}$ son linealmente dependientes:

$\begin{vmatrix} -1 & 2 & 1 \\ -1 & 6 & 2 \\ -2 & -4 & 0 \end{vmatrix} = 0$, entonces r y s se cortan. Para hallar el punto de corte, igualamos las ecuaciones paramétricas de r y s: $\begin{cases} x = 1 - \mu \\ y = -1 + 6\mu \\ z = 2\mu \end{cases}$

$$\left.\begin{array}{l} 3 - \lambda = 1 - \mu \\ 3 + 2\lambda = -1 + 6\mu \\ \lambda = 2\mu \end{array}\right\} \to \lambda = 4,\ \mu = 2$$

Sustituyendo el valor de λ en r o el de μ en s, obtenemos el punto buscado, $R(-1, 11, 4)$.

b) Con el punto R y los vectores $\vec{d}_r$ y $\vec{d}_s$ escribimos la ecuación del plano que contiene a r y a s:

$$\pi: \begin{vmatrix} x+1 & y-11 & z-4 \\ -1 & 2 & 1 \\ -1 & 6 & 2 \end{vmatrix} = 0 \to \pi: 2x - y + 4z - 3 = 0$$

Hazlo tú

Dadas las rectas:

$$r: \frac{x+5}{3} = \frac{y-1}{2} = \frac{z-2}{-4}$$

$$s: \begin{cases} 2x + y + 2z + 5 = 0 \\ 2x - y + z + 11 = 0 \end{cases}$$

a) Estudia su posición relativa.

b) Halla la ecuación del plano que las contiene.

5. Posición relativa de dos rectas en función de un parámetro

Estudiar, en función de a, la posición relativa de las rectas siguientes:

$$r: \begin{cases} x = 5 + 3\lambda \\ y = 1 - \lambda \\ z = 6 + 4\lambda \end{cases}$$

$$s: \begin{cases} ax + 3y - 2z = 12 \\ 2x + 5y - z = 6 \end{cases}$$

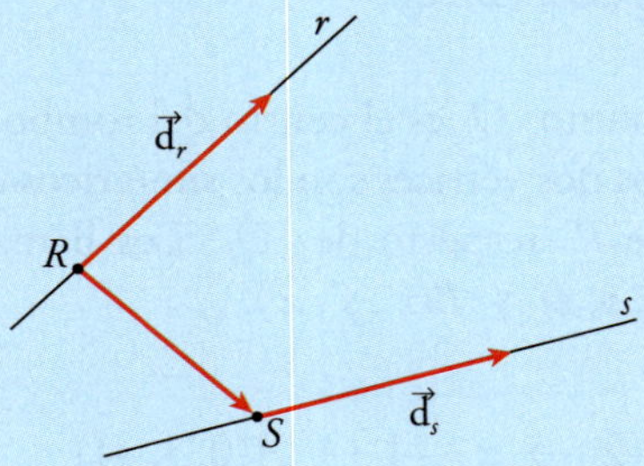

Hazlo tú

Estudia la posición relativa de las siguientes rectas según los valores de m:

$$r: \frac{x-2}{1} = \frac{y-1}{m} = \frac{z-4}{-1}$$

$$s: \begin{cases} x = 1 + 2\lambda \\ y = -2 - 2\lambda \\ z = -2\lambda \end{cases}$$

Análisis del problema: *Podemos utilizar dos procedimientos distintos para resolverlo:*

1) Estudiar el rango de la matriz formada por las coordenadas de los vectores $\vec{d}_r$, $\vec{d}_s$ y $\vec{RS}$ siendo $R \in r$ y $S \in s$ según los valores de a.

2) Sustituir las coordenadas de un punto genérico de r en las ecuaciones de s y analizar para qué valor de a, las rectas tienen algún punto en común.

1) r pasa por $R(5, 1, 6)$ y tiene vector director $\vec{d}_r(3, -1, 4)$.

El vector director de s es $\vec{d}_s = (a, 3, -2) \times (2, 5, -1) = (7, a-4, 5a-6)$.

Para buscar un punto de s, hacemos $x = 0$ y resolvemos:

$$x = 0 \rightarrow \left.\begin{aligned} 3y - 2z &= 12 \\ 5y - z &= 6 \end{aligned}\right\} \; y = 0,\ z = -6 \rightarrow S(0, 0, -6) \in s \rightarrow \vec{RS}(-5, -1, -12)$$

Estudiamos ahora el rango de la matriz $M = (\vec{d}_r, \vec{d}_s, \vec{RS}) = \begin{pmatrix} 3 & -1 & 4 \\ 7 & a-4 & 5a-6 \\ -5 & -1 & -12 \end{pmatrix}$.

$|M| = -96 + 24a = 0 \Leftrightarrow a = 4$. Por tanto:

- Si $a = 4$, $ran(M) = 2$, los vectores son coplanarios y las rectas se cortan.
- Si $a \neq 4$, $ran(M) = 3$, las rectas se cruzan.

2) Sustituimos las paramétricas de r por x, y, z en las ecuaciones de s:

$$\begin{cases} a(5+3\lambda) + 3(1-\lambda) - 2(6+4\lambda) = 12 \\ 2(5+3\lambda) + 5(1-\lambda) - (6+4\lambda) = 6 \end{cases}$$

En la 2.ª ecuación, $\lambda = 1$. Sustituyendo en la 1.ª, se obtiene: $a = 4$

- Significa que, para $a = 4$, las dos rectas tienen un punto común que se obtiene calculando el valor de las paramétricas de r cuando $\lambda = 1$. El punto es (8, 0, 10).
- Si $a \neq 4$, las rectas no tienen punto en común: se cruzan.

6. Posiciones relativas de tres planos en función de parámetros

Dados los siguientes planos:

$$\begin{cases} \alpha: x + y + z = m \\ \beta: x - y = 0 \\ \gamma: 3x + y + nz = 0 \end{cases}$$

Estudiar su posición relativa en función de m y n e indicar en qué caso determinan un prisma.

Hazlo tú

Estudia la posición relatica de estos planos según los valores de a.

$$\begin{cases} \pi_1: x + y + z = a - 1 \\ \pi_2: 2x + y + az = a \\ \pi_3: x + ay + z = 1 \end{cases}$$

Estudiamos el sistema formado por las ecuaciones de los tres planos:

$$\begin{vmatrix} 1 & 1 & 1 \\ 1 & -1 & 0 \\ 3 & 1 & n \end{vmatrix} = -2n + 4 \rightarrow -2n + 4 = 0 \rightarrow n = 2$$

- Si $n \neq 2$, $ran\ (A) = ran\ (A') = 3$, por lo que el sistema es compatible determinado cualquiera que sea el valor de m. Para cada valor de m y de $n \neq 2$ obtenemos tres planos distintos que se cortan en un punto.
- Si $n = 2$, $ran\ (A) = 2$. Estudiamos el rango de A'.

$$A' = \left(\begin{array}{ccc|c} 1 & 1 & 1 & m \\ 1 & -1 & 0 & 0 \\ 3 & 1 & 2 & 0 \end{array}\right) \rightarrow \begin{vmatrix} 1 & 1 & m \\ 1 & -1 & 0 \\ 3 & 1 & 0 \end{vmatrix} = 4m \rightarrow 4m = 0 \rightarrow \text{Si } m = 0 \rightarrow ran\ (A') = 2$$

- Si $n = 2$ y $m = 0$, $ran\ (A) = ran\ (A') = 2$, el sistema es compatible indeterminado. Tiene infinitas soluciones, los planos se cortan en una recta.
- Si $n = 2$ y $m \neq 0$, $ran\ (A) = 2$ y $ran\ (A') = 3$, el sistema es incompatible. Los tres planos no tienen ningún punto en común. Como no hay planos coincidentes ni paralelos, en este caso determinan un prisma.

7. Determinación de un plano

Hallar la ecuación del plano α que contiene a la recta r y corta al plano π en una recta s paralela al plano OXY, siendo

$$r: \begin{cases} x = 1 \\ y = 3 \end{cases} \quad y \quad \pi: x + y + z = 1$$

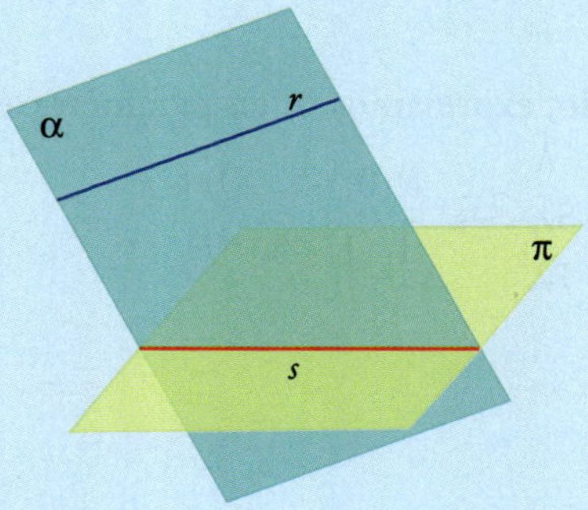

Análisis del problema:

1) Como el plano α contiene a r, cualquier punto de r está contenido en α. Además, el vector director de r es un vector paralelo a α.

2) El plano α contiene también a la recta s, cuyo vector director es perpendicular a los vectores normales de los planos OXY y π.

1) Buscamos un punto y el vector director de r: $P(1, 3, 0) \in r \quad \vec{d_r}(0, 0, 1) // \alpha$

2) $\vec{d_s}$ es perpendicular a $\vec{n_\pi}(1, 1, 1)$ y $\vec{n'}(0, 0, 1)$ vector normal de OXY cuya ecuación es $z = 0$.

Por tanto $\vec{d_s} = \vec{n_\pi} \times \vec{n'} = (1, 1, 1) \times (0, 0, 1) = (1, -1, 0) // \alpha$

Con el punto P y los vectores $\vec{d_r}$ y $\vec{d_s}$ escribimos la ecuación del plano α:

$$\begin{vmatrix} 0 & 1 & x-1 \\ 0 & -1 & y-3 \\ 1 & 0 & z \end{vmatrix} = 0 \rightarrow \alpha: x + y - 4 = 0$$

Hazlo tú. Halla la ecuación del plano que contiene a la recta $r: \begin{cases} x = 2t \\ y = t \\ z = -1 \end{cases}$ y corta al plano π: $2x - y - z = 3$ en una recta paralela al plano $y = 0$.

8. Posición de recta y plano

a) Determinar a y b para que el plano π: $2x + y + az = b$ contenga a la recta:

$$r: \begin{cases} x + y + z = 1 \\ -x - 2y + z = 0 \end{cases}$$

b) ¿Para qué valores de a y b es r paralela a π?

c) ¿Para qué valores corta r a π? Hallar el punto de corte en el caso $a = 0$ y $b = 7$.

Hazlo tú

a) Estudia la posición relativa de la recta

$$r: \begin{cases} x = 1 + 2t \\ y = t \\ z = -2 \end{cases}$$

y el plano π: $ax + 3y - z = 0$ según los valores de a.

b) Halla el punto de corte de r y π en el caso $a = 1$.

a) Para que se cumpla la condición, el vector normal del plano y el vector dirección de la recta deben ser perpendiculares:

$$\vec{n} = (2, 1, a) \qquad \vec{d} = (1, 1, 1) \times (-1, -2, 1) = (3, -2, -1)$$

$$\vec{n} \cdot \vec{d} = 0 \rightarrow 6 - 2 - a = 0 \rightarrow a = 4$$

Por tanto, si $a = 4$, la recta es paralela (o está contenida) en el plano. Si $a \neq 4$, la recta corta al plano.

Un punto cualquiera de r tiene que pertenecer a π.

Hacemos $z = 0$ para obtener un punto:

$$P(2, -1, 0) \in r \rightarrow P \in \pi \rightarrow 2 \cdot 2 + 1(-1) + 4 \cdot 0 = b \rightarrow b = 3$$

b) r será paralela a π si $a = 4$ y $b \neq 3$ (es decir, un punto de la recta no está en el plano).

c) r cortará a π si $a \neq 4$ y b toma cualquier valor.

Para hallar el punto de corte, expresamos r en paramétricas:

$$r: \begin{cases} x = 2 + 3\lambda \\ y = -1 - 2\lambda \\ z = -\lambda \end{cases}$$

El punto que buscamos es de la forma: $Q(2 + 3\lambda, -1 - 2\lambda, -\lambda)$

Hagamos que $Q \in \pi$ con $a = 0$ y $b = 7$:

$$2(2 + 3\lambda) - 1 - 2\lambda = 7 \rightarrow \lambda = 1$$

Sustituimos en r y obtenemos el punto $Q(5, -3, -1)$.

9. Recta que corta a otras dos

Encontrar la recta que pasa por el punto $P(1, 0, -1)$ y corta a las rectas r y s de ecuaciones:

$$r: \begin{cases} 3x + 2y - z + 1 = 0 \\ 2x - y + z + 4 = 0 \end{cases}$$

$$s: \begin{cases} x = 3 + \lambda \\ y = \lambda \\ z = 1 + \lambda \end{cases}$$

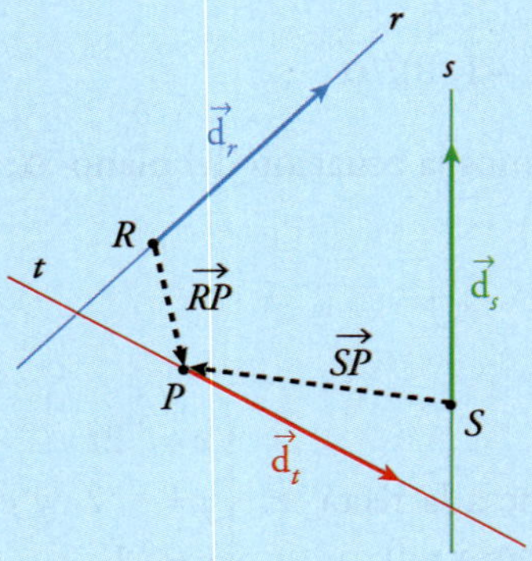

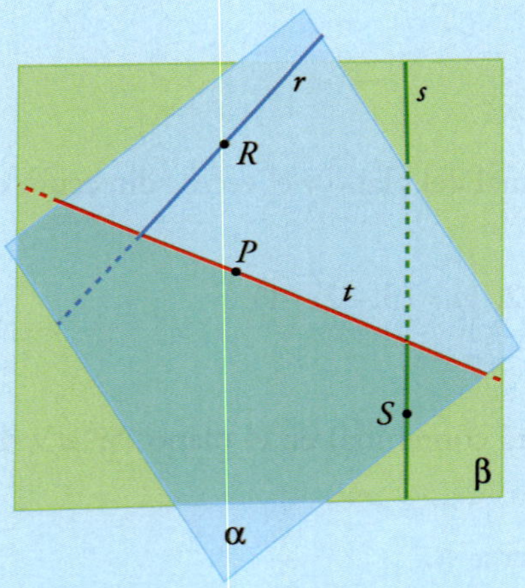

Hazlo tú

Halla la ecuación de la recta que pasa por el punto $P(2, -1, 1)$ y corta a las rectas:

$$r: \begin{cases} x + y - z = 2 \\ 2x - z = 3 \end{cases}$$

$$s: \begin{cases} x - 2y - 2z = 3 \\ 2x - 3y = 0 \end{cases}$$

Análisis del problema:

Resolución A. *Sea t la recta que buscamos. Si r y t se cortan, los vectores $\vec{d}_r$, $\vec{d}_t$ y $\overrightarrow{RP}$ ($R \in r$) serán coplanarios. La condición análoga se tiene que cumplir para que se corten s y t. Estas dos condiciones permiten obtener un vector director, $\vec{d}_t$ de t. Con él y el punto P escribimos la ecuación de t.*

Resolución B. *Otra forma de obtener la ecuación de t es como intersección de dos planos: α que contiene a r y al punto P y β que contiene a s y al punto P.*

Resolución A

- Estudiamos la posición relativa de r y s. Para ello, expresamos r en paramétricas.

$$r: \begin{cases} 3x + 2y - z + 1 = 0 \\ 2x - y + z + 4 = 0 \end{cases} \xrightarrow{\text{Resolviendo}} \begin{cases} x = \lambda \\ y = -5 - 5\lambda \\ z = -9 - 7\lambda \end{cases} \to \begin{array}{l} R(0, -5, -9) \in r \\ \vec{d}_r(1, -5, -7) \end{array}$$

$$s: \begin{cases} x = 3 + \lambda \\ y = \lambda \\ z = 1 + \lambda \end{cases} \to \begin{array}{l} S(3, 0, 1) \in s \\ \vec{d}_s(1, 1, 1) \end{array}$$

$$\vec{d}_r(1, -5, -7),\ \vec{d}_s(1, 1, 1),\ \overrightarrow{RS} = (3 - 0, 0 + 5, 1 + 9) = (3, 5, 10)$$

$$ran(\vec{d}_r, \vec{d}_s, \overrightarrow{RS}) = ran\begin{pmatrix} 1 & -5 & -7 \\ 1 & 1 & 1 \\ 3 & 5 & 10 \end{pmatrix} = 3 \to \text{Las dos rectas se cruzan.}$$

- Búsqueda de la recta t que pasa por P y corta a r y s:

Llamamos $\vec{d}_t(a, b, c)$ al vector dirección de t.

$$\left.\begin{array}{l} \vec{d}_t,\ \vec{d}_r \text{ y } \overrightarrow{RP}(1, 5, 8) \text{ son coplanarios} \to \begin{vmatrix} a & b & c \\ 1 & -5 & -7 \\ 1 & 5 & 8 \end{vmatrix} = 0 \\ \vec{d}_t,\ \vec{d}_s \text{ y } \overrightarrow{SP}(-2, 0, -2) \text{ son coplanarios} \to \begin{vmatrix} a & b & c \\ 1 & 1 & 1 \\ -2 & 0 & -2 \end{vmatrix} = 0 \end{array}\right\} \to$$

$$\to \left.\begin{array}{r} -a - 3b + 2c = 0 \\ a - c = 0 \end{array}\right\}$$ Una solución de este sistema es $a = 3$, $b = 1$, $c = 3$. Por tanto, un vector dirección de t es $(3, 1, 3)$.

$$\text{Ecuaciones de } t: \begin{cases} x = 1 + 3\lambda \\ y = \lambda \\ z = -1 + 3\lambda \end{cases}$$

Resolución B

La recta t está determinada por los planos α, que contiene a r y al punto P, y β, que contiene a s y al punto P.

Llamamos $X(x, y, z)$ a un punto de t. Por tanto, $\overrightarrow{XP} = (x - 1, y, z + 1)$.

Plano α: determinado por $\overrightarrow{XP}$, $\vec{d}_r$ y $\overrightarrow{RP}$. Su ecuación es: $\begin{vmatrix} x - 1 & y & z + 1 \\ 1 & -5 & -7 \\ 1 & 5 & 8 \end{vmatrix} = 0$

Plano β: determinado por $\overrightarrow{XP}$, $\vec{d}_s$ y $\overrightarrow{SP}$. Su ecuación es: $\begin{vmatrix} x - 1 & y & z + 1 \\ 1 & 1 & 1 \\ -2 & 0 & -2 \end{vmatrix} = 0$

Así t se expresa como la intersección de α y β. $t: \begin{cases} x + 3y - 2z - 3 = 0 \\ x - z - 2 = 0 \end{cases}$

EJERCICIOS Y PROBLEMAS GUIADOS

1. Puntos que dividen a un segmento en tres partes iguales

Hallar las coordenadas de los puntos que dividen al segmento AB en tres partes iguales, siendo $A(5, -1, 6)$, $B(-4, 4, 6)$.

- Dibuja AB y señala los puntos P y Q que lo dividen en tres partes iguales.

  Para hallar las coordenadas de P ten en cuenta que $\overrightarrow{OP} = \overrightarrow{OA} + \overrightarrow{AP}$ donde O es el origen de coordenadas y $\overrightarrow{AP} = (1/3)\overrightarrow{AB}$. Calcula las coordenadas de estos vectores y opera con ellas hasta obtener las coordenadas de $\overrightarrow{OP}$ y, por tanto, las del punto P.
- El segundo punto Q es el punto medio del segmento PB.

Solución: $P(2, 2/3, 6)$, $Q(-1, 7/3, 6)$

2. Recta contenida en un plano

Si r es la recta que pasa por el punto $P(1, -1, 1)$ y tiene como vector director $(1, 2, -2)$, ¿existe algún valor de a para el cual la recta r está contenida en el plano π: $2x + 3y + 4z = a$? En caso afirmativo, encontrar el valor de a y en caso negativo razonar la respuesta.

- Con el punto P y el vector dado describe las ecuaciones paramétricas de la recta r. ¿Cuáles son las coordenadas de un punto genérico de r?

  Para que la recta r esté contenida en π, todos sus puntos deben verificar la ecuación de dicho plano.
- Sustituye las coordenadas del punto genérico de r en la ecuación de π y comprueba que hay infinitos puntos que cumplen la ecuación para un cierto valor de a.

Solución: Si $a = 3$, los puntos de la recta r cumplen la ecuación del plano π.

3. Recta que corta a otra, pasa por un punto y está contenida en un plano

Hallar la recta r, que pasa por el punto $A(1, -1, 0)$, está contenida en el plano $\pi: x + y = 0$ y corta a la recta $s: x = y = z$.

- Conocemos un punto de r; vamos a obtener otro punto de r para hallar su ecuación. r está contenida en el plano π y corta a s, por tanto s corta a π en un punto que es el mismo que el de corte de r y s.
- Escribe las ecuaciones paramétricas de s y halla el punto de corte de s y π. Con ese punto y el punto A, obtén las ecuaciones de la recta pedida.

Solución: $r: x = -\lambda;\ y = \lambda;\ z = 0$

4. Posición relativa de dos rectas

Si r es la recta que pasa por el punto $P(1, -1, -2)$ y es perpendicular al plano $\pi: ax + 2y + 3z + 6 = 0$ y s es la recta que pasa por $A(1, 0, 0)$ y $B(-1, -3, -4)$.

a) Calcular el valor de a para que r y s se corten.

b) Hallar el punto de corte para ese a.

c) ¿Cuál sería la posición de ambas rectas para un valor de a distinto del obtenido?

a) Para que las rectas se corten, los vectores de dirección de r, de s y el vector $\overrightarrow{AP}$ deben ser coplanarios. El vector director de r es el vector normal del plano π, y depende de a. Halla el valor de a para que $ran(\vec{d}_r, \vec{d}_s, \overrightarrow{AP}) < 3$.

b) Escribe las ecuaciones paramétricas de r y de s, utilizando distinta letra para los dos parámetros. Resuelve el sistema formado por las ecuaciones de r y s y comprueba que obtienes un mismo punto de r y de s para los valores de los parámetros calculados.

c) Comprueba si los vectores $\vec{d}_r$ y $\vec{d}_s$ pueden ser paralelos para algún valor de a.

Solución: a) $a = 1$ b) $Q(3, 3, 4)$ c) r y s se cruzan si $a \neq 1$.

5. Corte de recta y plano

Dados los puntos $A(1, 1, 1)$, $B(1, 0, 0)$ y $C(0, 2, 1)$, sea r la recta que pasa por A y B y π el plano que pasa por C y es perpendicular a r. Hallar el punto de corte de r y π.

- Escribe las ecuaciones paramétricas de la recta que pasa por A y B. Como el plano π ha de ser perpendicular a r, el vector director de r, $\overrightarrow{AB}$, es el vector normal del plano. Por tanto, conocemos los coeficientes a, b y c de π.
- Para hallar el término independiente, d, ten en cuenta que el punto C debe cumplir la ecuación de π. Calcula el punto de intersección de r y π sustituyendo en π las paramétricas de r.

Solución: $P(1, 3/2, 3/2)$

Recuerda seleccionar el material de trabajo de esta unidad para tu **portfolio.**

EJERCICIOS Y PROBLEMAS PROPUESTOS

Para practicar

Puntos

1 Los puntos $A(1, 3, -1)$, $B(2, 0, 2)$ y $C(4, -1, -3)$ son vértices consecutivos de un paralelogramo. Halla el cuarto vértice, D, y el centro del paralelogramo.

2 Halla el simétrico del punto $A(-2, 3, 0)$ respecto del punto $M(1, -1, 2)$.

3 Calcula a, b y c para que los puntos $A(a, 0, b)$ y $B(3, c, 1)$ sean simétricos respecto de $M(3, -2, 1)$.

4 a) Dados los puntos $A(2, 1, -1)$, $B(-1, 4, -7)$ y $C(4, -1, 3)$, comprueba si están alineados.

b) En caso afirmativo, prueba si el punto $D(1, 2, -2)$ está alineado con A, B y C.

5 Calcula el valor de a y b para que los puntos $A(1, 2, -1)$, $B(3, 0, -2)$ y $C(4, a, b)$ estén alineados.

6 Dado el segmento AB, con $A(-2, 1, 0)$ y $B(1, 3, -2)$ halla los puntos P y Q tales que $\overrightarrow{AP} = \frac{1}{3}\overrightarrow{AB}$ y $\overrightarrow{AQ} = \frac{2}{3}\overrightarrow{AB}$.

7 Halla los puntos P y Q tales que $\overrightarrow{AQ} = \frac{3}{5}\overrightarrow{AB}$ y $\overrightarrow{AP} = \frac{2}{3}\overrightarrow{AQ}$, siendo $A(2, 0, 1)$ y $B(7, 5, -4)$.

Rectas

8 Halla las ecuaciones paramétricas e implícitas de las siguientes rectas:

a) Pasa por $A(-3, 2, 1)$ y $B(-5/2, 3/2, 0)$.

b) Pasa por $A(0, 1, -1)$ y es paralela a la recta que pasa por $B(1, 1, -1)$ y $C(2, 0, 1)$.

9 Escribe las ecuaciones implícitas de los lados del triángulo de vértices $A(1, 0, 1)$, $B(-2, 0, 1)$ y $C(0, 3, 1)$.

10 Comprueba si existe alguna recta que pase por los puntos $P(3, 1, 0)$, $Q(0, -5, 1)$ y $R(6, -5, 1)$.

11 Escribe las ecuaciones paramétricas y las ecuaciones implícitas de los ejes de coordenadas.

12 Halla las ecuaciones de la recta que pasa por el punto $A(-4, 2, 5)$ y es paralela al eje Z.

13 Escribe las ecuaciones de la recta que pasa por el punto $P(1, -3, 0)$ y es paralela al vector $\vec{u} \times \vec{v}$, siendo $\vec{u}(1, -1, 2)$ y $\vec{v}(2, 0, 0)$.

14 Halla las ecuaciones paramétricas de las siguientes rectas:

$$r: \begin{cases} 2x - y + z - 3 = 0 \\ x - y + z - 2 = 0 \end{cases} \qquad s: \begin{cases} x + 2y - z - 3 = 0 \\ 3y + 2z - 1 = 0 \end{cases}$$

15 Escribe, como intersección de dos planos, las ecuaciones de la recta r que pasa por el punto $P(1, 0, -2)$ y paralela a $s: \frac{x}{2} = \frac{y+1}{-1} = z$.

16 Halla las ecuaciones paramétricas de las rectas r' y s' que pasan por el punto $A(-2, 0, 1)$ y son paralelas a las rectas r y s respectivamente.

$$r: \begin{cases} 2x - y + z - 3 = 0 \\ x - y + z - 2 = 0 \end{cases} \qquad s: \begin{cases} x + 2y - z - 3 = 0 \\ 3y + 2z - 1 = 0 \end{cases}$$

17 Estudia la posición relativa de las siguientes rectas y halla el punto de corte, cuando sea posible:

a) $r: \frac{x-1}{3} = \frac{y+2}{2} = \frac{z-1}{4}$ $\qquad s: \frac{x+2}{-1} = \frac{y-3}{2} = \frac{z-2}{3}$

b) $r: \frac{x-1}{-1} = \frac{y-1}{2} = \frac{z-2}{1}$ $\qquad s: \frac{x-4}{4} = \frac{y-4}{1} = \frac{z-5}{2}$

c) $r: \frac{x}{2} = y - 1 = \frac{z+1}{3}$ $\qquad s: \begin{cases} x - 2y - 1 = 0 \\ 3y - z + 1 = 0 \end{cases}$

d) $r: \frac{x-1}{2} = \frac{y}{3} = \frac{z}{4}$ $\qquad s: \begin{cases} x = 3 + 4\lambda \\ y = 3 + 6\lambda \\ z = 4 + 8\lambda \end{cases}$

18 Obtén el valor de a para el cual las rectas r y s se cortan:

$r: x = y = z - a$

$s: \frac{2x-1}{3} = \frac{y+3}{-2} = \frac{z-2}{0}$

Calcula el punto de corte de r y s para el valor de a que has calculado.

19 Halla los valores de m y n para que las rectas r y s sean paralelas:

$$r: \begin{cases} x = 5 + 4\lambda \\ y = 3 + \lambda \\ z = -\lambda \end{cases}$$

$$s: \frac{x}{m} = \frac{y-1}{3} = \frac{z+3}{n}$$

20 Halla la ecuación de la recta perpendicular al plano $x + 2y = 5$ y que pasa por el punto $P(7, -2, 1)$.

21 Halla el punto de intersección de las rectas r y s cuyas ecuaciones son:

$$r: \begin{cases} x + y - z = 6 \\ x + z = 3 \end{cases}$$

$$s: \frac{x-1}{-1} = \frac{y+1}{6} = \frac{z}{2}$$

Planos

22 Halla la ecuación implícita de cada uno de los siguientes planos:

a) Determinado por el punto $A(1, -3, 2)$ y por los vectores $\vec{u}(2, 1, 0)$ y $\vec{v}(-1, 0, 3)$.

b) Pasa por el punto $P(2, -3, 1)$ y su vector normal es $\vec{n}(5, -3, -4)$.

c) Perpendicular a la recta $\frac{x}{2} = \frac{y+1}{-1} = \frac{z}{3}$ y que pasa por el punto $(1, 0, 1)$.

23 Escribe las ecuaciones paramétricas de los planos:

a) $z = 3$ b) $x = -1$ c) $y = 2$

24 ¿Cuál es el vector normal del plano $x = -1$?

Escribe las ecuaciones de una recta perpendicular a ese plano que pase por $A(2, 3, 0)$.

25 Calcula los valores de m y n para que los planos siguientes sean paralelos:

$\alpha: mx + y - 3z - 1 = 0$ $\beta: 2x + ny - z - 3 = 0$

¿Pueden ser α y β coincidentes?

26 Considera los puntos $A(0, 1, -2)$, $B(1, 2, 0)$, $C(0, 0, 1)$ y $D(1, 0, m)$.

Calcula el valor de m para que los cuatro puntos sean coplanarios.

27 Dados los puntos $A(1, 2, 0)$, $B(0, -1, 2)$, $C(2, -1, 3)$ y $D(1, 0, 1)$, encuentra la ecuación del plano que contiene a la recta que pasa por A y B y es paralelo a la recta que pasa por C y D.

28 Escribe las ecuaciones paramétricas del plano π que pasa por los puntos $A(-1, 5, 0)$ y $B(0, 1, 1)$ y es paralelo a la recta:

$$r: \begin{cases} 3x + 2y - 3 = 0 \\ 2y - 3z - 1 = 0 \end{cases}$$

29 Dados los planos:

$$\pi: mx + 2y - 3z - 1 = 0 \text{ y } \pi': 2x - 4y + 6z + 5 = 0$$

halla m para que sean:

a) Paralelos. b) Perpendiculares.

30 Halla la ecuación del plano perpendicular a la recta $r: \begin{cases} x - 2y + 6 = 0 \\ 3x + 2y - 4 = 0 \end{cases}$ y que pasa por el punto $P(1, -4, 2)$.

31 Comprueba que la recta $\frac{x}{2} = y - 3 = \frac{2-z}{3}$ corta al plano $x - 2y + z = 1$ y halla el punto de corte.

32 Considera las rectas siguientes:

$r: \frac{x-1}{2} = y = z - 2$ $s: \begin{cases} x - 2z = 5 \\ x - 2y = 11 \end{cases}$

a) Comprueba que r y s son paralelas.

b) Halla la ecuación implícita del plano que contiene a r y a s.

33 Halla la ecuación del plano determinado por una recta y un punto en los siguientes casos:

a) $P(2, 1, 2)$ y $r: x - 2 = \frac{y-3}{-1} = \frac{z-4}{-3}$

b) $A(1, 0, 1)$ y $r: \begin{cases} x + y - z + 1 = 0 \\ 2x - y + 2z = 0 \end{cases}$

34 Estudia la posición relativa de los tres planos en cada uno de los siguientes casos:

a) $\begin{cases} x + 2y - z - 3 = 0 \\ 3y + 2z - 1 = 0 \\ x + y + z - 2 = 0 \end{cases}$ b) $\begin{cases} 2x - y + z - 3 = 0 \\ x - y + z - 2 = 0 \\ 3x - y + z - 4 = 0 \end{cases}$

c) $\begin{cases} x - y + z - 1 = 0 \\ 3x + y - 2z = 0 \\ 2x + 2y - 3z + 4 = 0 \end{cases}$ d) $\begin{cases} x + y - 2z = 0 \\ -x + y + z + 1 = 0 \\ 2x - z + 2 = 0 \end{cases}$

35 Estudia la posición relativa de la recta s y el plano π en los siguientes casos:

a) $s: \begin{cases} x = -\lambda \\ y = 0 \\ z = 1 + \lambda \end{cases}$ $\pi: 2x - y + 3z = 6$ b) $s: \begin{cases} x = 3 \\ y = 2 \end{cases}$ $\pi: z = 1$

36 Halla la ecuación del plano que contiene a la recta $\begin{cases} x = 1 + t \\ y = -1 + 2t \\ z = t \end{cases}$ y es perpendicular al plano $2x + y - z - 2 = 0$.

37 Halla la ecuación del plano que contiene a la recta r y es paralelo a la recta s.

$s: \begin{cases} x - y - z = 0 \\ x - 2y + z = 0 \end{cases}$ $r: \frac{x-1}{2} = y = 2 - z$

38 Tenemos el plano $2x + ay + z = 2$ y la recta de ecuación $r(x, y, z) = (0, 0, 0) + \lambda(2, 1, 1)$.

a) Determina el parámetro a para que la recta sea perpendicular al plano.

b) Halla a para que la recta sea paralela al plano.

39 Dados los planos $x - y + 3 = 0$ y $2x + y - z = 0$, halla la ecuación de la recta paralela a los dos planos y que pasa por el punto $P(2, 2, 3)$.

40 Considera el plano $\pi: 2x - 3y + z = 0$ y la recta de ecuación $r: \frac{x-1}{1} = \frac{y-2}{-1} = \frac{z+1}{2}$. Halla la ecuación del plano que contiene a la recta r y es perpendicular al plano π.

EJERCICIOS Y PROBLEMAS PROPUESTOS

Para resolver

41 Considera las rectas r y s de ecuaciones

$$r: x-1=y=1-z \quad \text{y} \quad s: \begin{cases} x+2y=4 \\ x-z=2 \end{cases}$$

a) Halla su punto de corte.

b) Determina la ecuación del plano que contiene a r y s.

42 Dado el plano $\pi: x+z=4$ y el punto $P(1, 1, 0)$, se pide:

a) La ecuación del plano paralelo a π que contiene a P.

b) Las ecuaciones paramétricas de la recta r perpendicular a π que pasa por P.

¿Cuál es la posición relativa de r y el plano hallado?

43 Calcula el valor de m para que los siguientes planos se corten dos a dos:

$$\alpha: x-3y-2z-2=0$$
$$\beta: -2x+y-z-3=0$$
$$\pi: 5x+5z=m$$

44 Dados el plano $\alpha: 2x+ay+4z+25=0$ y la recta $x+1=\frac{y-1}{2}=\frac{z+3}{5}$, calcula los valores de a para que la recta esté contenida en el plano.

45 Encuentra la ecuación continua de la recta que pasa por el punto $P(1, 1, 1)$ y corta a las rectas:

$$r: \begin{cases} x+y+z=1 \\ 2x+2y+z=0 \end{cases} \qquad s: \frac{x}{2}=\frac{y-2}{1}=\frac{z+1}{1}$$

46 Calcula b para que las rectas r y s se corten. Obtén después el punto de corte y la ecuación del plano que las contiene:

$$r: \frac{x-1}{2}=\frac{y+5}{-3}=\frac{z+1}{2} \qquad s: \frac{x}{4}=\frac{y-b}{-1}=\frac{z-1}{2}$$

47 Sean los puntos $A(1, 1, 1)$, $B(1, -1, -1)$. Calcula:

a) La ecuación del plano π que hace que los puntos A y B sean simétricos respecto a él.

b) Los puntos C y D que dividen al segmento AB en tres partes iguales.

48 Dadas las rectas

$$r: \begin{cases} y=2 \\ 2x+z=13 \end{cases} \qquad s: \begin{cases} x+2y=4 \\ x-z=3 \end{cases}$$

y el punto $A(0, 0, 3)$, halla la ecuación general del plano que pasa por A y es paralelo a r y a s.

49 Dadas la recta r, determinada por los puntos $A(1, 1, 1)$ y $B(3, 1, 2)$, y la recta:

$$s: \begin{cases} x-2z-1=0 \\ y-2=0 \end{cases}$$

estudia su posición relativa y halla, si existe, la ecuación del plano que las contiene.

50 Halla la ecuación del plano que pasa por los puntos $A(1, 3, 2)$ y $B(-2, 5, 0)$ y es paralelo a la recta:

$$\begin{cases} x=3-\lambda \\ y=2+\lambda \\ z=-2-3\lambda \end{cases}$$

51 Si $A(2, 1, -1)$, $B(1, 0, 1)$ y $C(0, 1, -3)$ son tres vértices consecutivos de un paralelogramo.

a) Halla el cuarto vértice, D.

b) Determina la recta que pasa por el centro del paralelogramo y es perpendicular al plano que lo contiene.

52 Sean la recta $r: \frac{x-1}{3}=\frac{y}{1}=\frac{z+1}{2}$, el punto $P(3, 1, -1)$ y el plano $\pi: 2x+y-z=0$.

Encuentra las ecuaciones paramétricas de la recta que pasa por el punto P y por el punto Q, siendo Q el punto de corte de la recta r con el plano paralelo a π que contiene a P.

53 Sean $r: \frac{x-1}{m}=\frac{y-1}{2}=\frac{z-1}{4}$ y $\pi: x+y+kz=0$, encuentra m y k para que:

a) La recta r sea perpendicular al plano π.

b) La recta r esté contenida en el plano π.

54 Dados los puntos $A(2, -1, 1)$ y $B(-2, 3, 1)$:

a) Escribe las ecuaciones paramétricas de la recta r que pasa por A y por B.

b) Determina la ecuación de la recta s perpendicular a r que pasa por el punto $P(-4, 17, 0)$.

c) Halla la ecuación del plano respecto del cual A y B son simétricos.

55 Encuentra la ecuación continua de la recta que pasa por el punto $P(0, -2, 1)$ y corta a las rectas:

$$r: \begin{cases} 2x+y-z=-2 \\ x-y-z=-1 \end{cases} \qquad s: \frac{x+1}{-2}=\frac{y+4}{1}=\frac{z+1}{-3}$$

56 Dados los planos:

$$\pi_1: x+y=1$$
$$\pi_2: my+z=0$$
$$\pi_3: x+(m+1)y+mz=m+1$$

a) ¿Cuánto debe valer m para que no tengan ningún punto en común?

b) Determina su posición relativa cuando $m=0$.

57 Sean la recta $r: \begin{cases} 3x - y + z = 0 \\ 2x - z + 3 = 0 \end{cases}$ y el plano de ecuación $ax - y + 4z - 2 = 0$.

a) Calcula el valor de a para que r sea paralela al plano.

b) ¿Existe algún valor de a para el cual r sea perpendicular al plano?

58 Dados la recta y el plano siguientes:

$$r: \begin{cases} x - 2z + 3 = 0 \\ y - z - 4 = 0 \end{cases} \qquad \pi: x + 2y + 3z - 1 = 0$$

halla la ecuación de una recta s contenida en el plano π que pase por el punto $P(2, 1, -1)$ y sea perpendicular a r.

59 a) Estudia la posición relativa de la recta y el plano siguientes:

$$r: \begin{cases} x = 3 \\ y = 2 \end{cases} \qquad \pi: z = 1$$

b) Halla, si existe, la ecuación de una recta perpendicular a r y que pase por el punto de intersección de r y π.

60 a) Dada la recta:

$$r: \begin{cases} 2x - y - 5 = 0 \\ x + z - 2 = 0 \end{cases}$$

escribe la ecuación del plano π que contiene a r y pasa por el origen de coordenadas.

b) Halla la ecuación de la recta perpendicular a π que pasa por el punto $P(1, 1, 1)$.

61 Escribe la ecuación del plano que pasa por los puntos $A(1, -3, 2)$ y $B(0, 1, 1)$ y es paralelo a la recta:

$$r: \begin{cases} 3x - 2y + 1 = 0 \\ 2y + 3z - 3 = 0 \end{cases}$$

62 Sean A y B los puntos de coordenadas $A(3, 4, 1 + 2a)$ y $B(-3, a, 0)$. Calcula las ecuaciones paramétricas de la recta que pasa por A y B.

¿Existe algún valor de a para el cual dicha recta contenga al punto $R(9, 4, 6)$?

63 Dadas las rectas $r: \dfrac{x-1}{2} = \dfrac{y-3}{-2} = z$ y s que pasa por el punto $(2, -5, 1)$ y tiene dirección $(-1, 0, -1)$ se pide:

a) Estudiar la posición relativa de r y s

b) Ecuación de un plano que sea paralelo a r y contenga a s.

c) Ecuación de un plano perpendicular a r y que pase por el origen de coordenadas.

64 Halla la ecuación de la recta que pasa por $A(1, 1, 1)$, es paralela a $\pi: x - y + z - 3 = 0$ y corta a $s: \begin{cases} x = 1 \\ y = 3 \end{cases}$.

65 Estudia, en función del parámetro m, la posición relativa de los planos $\alpha: mx - y + 2 = 0$ y $\beta: 2x + 3y = 0$.

66 Calcula el punto simétrico del punto $P(1, 2, 3)$ respecto del plano $\pi: -x + z = 0$.

67 Sean las rectas $r: \begin{cases} x - y + 3 = 0 \\ 2x - z + 3 = 0 \end{cases}$ y $s: x = y + 1 = \dfrac{z-2}{2}$.

a) Halla la ecuación del plano que contiene a r y a s.

b) La recta que pasa por $P(0, -1, 2)$ y corta perpendicularmente a r.

c) El valor que deben tener los parámetros a y b para que la recta s esté contenida en el plano: $\pi: x - 2y + az = b$.

68 Sean los planos $\alpha: x + y + z = 0$ y β. Su intersección es la recta $r: \begin{cases} x + y + z = 0 \\ x + z = 0 \end{cases}$.

Halla la ecuación del plano β sabiendo que $A(1, 1, 1) \in \beta$.

69 a) Comprueba que las rectas:

$$r: x + 1 = \frac{y-1}{2} = \frac{z+3}{5} \quad \text{y} \quad s: \begin{cases} x = t \\ y = 1 + t \\ z = 2 - t \end{cases}$$

no se cortan ni son paralelas.

b) Halla la ecuación del plano α que contiene a r y es paralelo a s y la del plano β que contiene a s y es paralelo a r. ¿Cómo son entre sí los planos α y β?

70 Considera que r y s son las rectas definidas por las siguientes expresiones:

$$r: mx = y - 1 = z + 3 \quad \text{y} \quad s: \frac{x+1}{2} = y - 2 = \frac{z}{-3}$$

a) Halla el valor del parámetro m para que r y s sean perpendiculares.

b) Justifica si existe algún valor de m para el cual r y s sean paralelas.

71 Dado el punto $P(1, -2, 1)$, el plano $\pi: 2x - 4y + z = 15$ y la recta $r: \dfrac{x}{-2} = y + 1 = \dfrac{z-2}{-1}$:

a) Halla la ecuación del plano que pasa por P y contiene a r.

b) Halla las ecuaciones de la recta que pasa por P, es paralela a π y corta a r.

72 Dados los planos $\pi: ax + y + z = a$ y $\pi': x - ay + az = -1$ comprueba que se cortan en una recta para cualquier valor del parámetro a. Obtén el vector dirección de esa recta en función de dicho parámetro.

EJERCICIOS Y PROBLEMAS PROPUESTOS

73 Dados los vectores $\vec{u} = (2, 3, 5)$, $\vec{v} = (6, -3, 2)$, $\vec{w} = (4, -6, 3)$, $\vec{p} = (8, 0, a)$, y los planos:

$$\pi: (x, y, z) = (1, 2, 3) + \lambda\vec{u} + \mu\vec{v}$$

$$\pi': (x, y, z) = (1, 2, 3) + \lambda\vec{w} + \mu\vec{p}$$

estudia la posición relativa de π y π' según los valores de a.

74 Halla las ecuaciones de la recta r que pasa por el punto $P(2, 0, -1)$ y corta a las rectas:

$$s_1: \frac{x-2}{2} = \frac{y-2}{-1} = \frac{z+1}{1} \qquad s_2: \begin{cases} x + y + 4 = 0 \\ y - 3z + 3 = 0 \end{cases}$$

75 Estudia las posiciones relativas del plano y la recta siguientes según los valores de a:

$$\pi: x + ay - z = 1 \qquad r: \begin{cases} 2x + y - az = 2 \\ x - y - z = a - 1 \end{cases}$$

76 Considera las rectas siguientes:

$$r: \begin{cases} x - 3y + 6 = 0 \\ ax - 3z + 3 = 0 \end{cases} \qquad s: \begin{cases} x - 2ay = 1 - 4a \\ 2y - z - 4 = 0 \end{cases}$$

a) Averigua si existe algún valor de a para el cual las rectas están contenidas en un plano. En caso afirmativo, calcula la ecuación de dicho plano.

b) ¿Existe algún valor de a para el que las rectas son paralelas? ¿Para qué valores de a se cruzan?

Cuestiones teóricas

77 ¿Verdadero o falso? Justifica las respuestas.

a) El plano $x + 14y + 11z + 12 = 0$ es paralelo a la recta $\frac{x-3}{5} = \frac{y+1}{2} = \frac{z}{-3}$.

b) El plano del apartado anterior contiene a la recta: $\frac{x-2}{3} = \frac{y+1}{-1} = z - 1$.

c) El vector director de una recta determinada por dos planos secantes, es paralelo a los vectores normales de ambos planos.

d) Si las rectas r y s se cruzan, existe una recta que pasa por un punto dado y corta a r y a s.

e) Si el vector director de una recta no es perpendicular al vector normal de un plano, la recta y el plano se cortan.

f) Si los planos α y β son paralelos y π es un plano que los corta, entonces el sistema de ecuaciones que forman los tres planos es compatible indeterminado.

g) La recta $\begin{cases} x = 1 + 2t \\ y = 2 + t \\ z = 0 \end{cases}$ está contenida en el plano de ecuación $2x - y + mz = 3$ cualquiera que sea el valor de m.

78 a) Explica cómo se obtienen las ecuaciones paramétricas de un plano del que se conoce la ecuación implícita. Aplícalo al plano $\pi: x + 2y - z - 1 = 0$.

b) ¿Cómo se hace si en la ecuación no aparece una de las incógnitas? Aplícalo al plano $\pi': 2x - z + 8 = 0$.

79 Dada una recta r y uno de sus puntos P, ¿cuántas rectas perpendiculares a r en ese punto se pueden trazar?

80 Dado un plano π y uno de sus puntos Q. ¿Cuántas rectas se pueden trazar que están contenidas en el plano y pasen por ese punto? ¿Y cuántas rectas perpendiculares a π que pasen por Q?

81 ¿Cuáles son las ecuaciones implícitas de esta recta?:

$$\frac{x-4}{0} = \frac{y+3}{0} = \frac{z-1}{2}$$

¿Se podría encontrar la ecuación continua de esa recta a partir de sus ecuaciones implícitas?

82 Sean π_1 y π_2 dos planos paralelos y r_1 y r_2 dos rectas contenidas en π_1 y π_2, respectivamente. ¿Podemos asegurar que r_1 y r_2 son paralelas?

83 Sean $A(x_1, y_1, z_1)$ y $B(x_2, y_2, z_2)$ dos puntos del plano $ax + by + cz + d = 0$. Prueba analíticamente que el vector $\overrightarrow{AB}$ es perpendicular al vector $\vec{n}(a, b, c)$.

84 ¿Qué condición deben cumplir tres puntos para que determinen un plano? Justifica que hay infinitos planos que contengan los puntos $A(1, 2, 3)$, $B(2, 3, 4)$ y $C(5, 6, 7)$.

85 Considera la recta y el plano siguientes:

$$r: \begin{cases} ax + by + cz + d = 0 \\ a'x + b'y + c'z + d' = 0 \end{cases} \qquad \pi: a''x + b''y + c''z + d'' = 0$$

a) ¿Qué significa geométricamente que el sistema que se obtiene juntando las ecuaciones de la recta y el plano sea compatible?

b) ¿Y si el sistema resulta compatible indeterminado?

86 Describe y representa cada una de las siguientes figuras:

a) $y = 3$ b) $\begin{cases} x = 0 \\ z = 0 \end{cases}$ c) $x = y = z$

d) $\begin{cases} x = 0 \\ y = 3 \\ z = \lambda \end{cases}$ e) $\begin{cases} x = \lambda \\ y = \mu \\ z = 0 \end{cases}$ f) $\begin{cases} x = 0 \\ y = 3 \\ z = 0 \end{cases}$

87 a) Demuestra que la ecuación del plano que corta a los ejes en $A(a, 0, 0)$, $B(0, b, 0)$ y $C(0, 0, c)$, siendo a, b y c no nulos, puede escribirse $\frac{x}{a} + \frac{y}{b} + \frac{z}{c} = 1$.

b) Utiliza esa expresión para calcular los puntos de corte del plano $14x + 35y + 10z = 70$ con los ejes.

Para profundizar

88 Indica qué condición deben cumplir a, b, c y d para que el plano π: $ax + by + cz + d = 0$ sea:

a) Paralelo al plano XY.

b) Perpendicular al plano XY.

c) Paralelo al eje Z.

d) Perpendicular al eje X.

e) No sea paralelo a ninguno de los ejes.

89 Razona qué condición deben cumplir a, b y c para que la recta $\begin{cases} x = 1 + at \\ y = 2 + bt \\ z = -3 + ct \end{cases}$ sea:

a) Paralela al plano XZ.

b) Paralela al eje X.

c) Perpendicular a XY.

d) Pase por $P(2, 3, -2)$.

90 Considera el plano π: $ax + y + z + 1 = 0$ y las rectas:

$$r_1: \begin{cases} x = 1 \\ y = z \end{cases} \qquad r_2: \begin{cases} x = 2 \\ y = 2z \end{cases} \qquad r_3: \begin{cases} x = 3 \\ y = 3z \end{cases}$$

Calcula el valor de a para que los puntos de corte del plano con cada una de las rectas estén alineados.

91 **Puntos interiores en un segmento**

Dividimos el segmento PQ en cinco partes iguales y situamos el punto V a dos unidades de P y a tres de Q. ¿Cuáles son las coordenadas de V?

Para hallarlas, llamamos: $\vec{p} = \overrightarrow{OP}$, $\vec{q} = \overrightarrow{OQ}$

$$\overrightarrow{OV} = \vec{p} + \frac{2}{5}\overrightarrow{PQ} = \vec{p} + \frac{2}{5}(\vec{q} - \vec{p}) = \frac{3}{5}\vec{p} + \frac{2}{5}\vec{q}$$

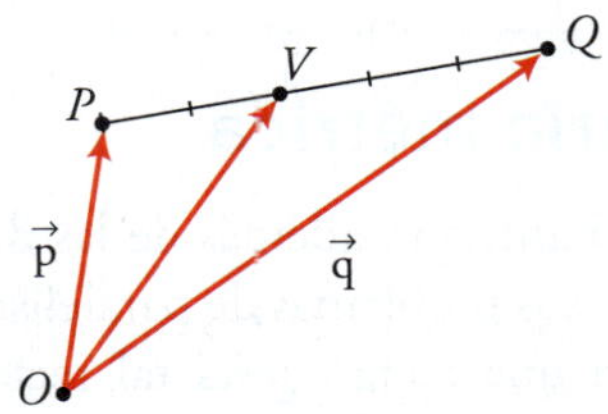

a) Si $P(4, -1, 8)$ y $Q(-1, 9, 8)$, halla las coordenadas de V.

b) Obtén las coordenadas de un punto W situado en el segmento PQ del siguiente modo: se divide el segmento en 7 partes iguales y situamos W a 2 de P.

Aplícalo a los puntos $P(2, 11, -15)$, $Q(9, -3, 6)$.

c) Demuestra que si dividimos PQ en $m + n$ partes y situamos X a m unidades de P, las coordenadas de X son:

$$\frac{n}{m+n}\vec{p} + \frac{m}{m+n}\vec{q}$$

d) Demuestra que si $0 \le \alpha \le 1$, entonces $(1 - \alpha)\vec{p} + \alpha\vec{q}$ es un punto de PQ.

AUTOEVALUACIÓN

Resoluciones de estos ejercicios.

1 Considera la recta r que pasa por los puntos $P(1, 2, 3)$ y $Q(1, -1, 3)$ y el plano que contiene a los puntos $A(1, 0, 1)$, $B(2, -1, 3)$ y $C(4, 1, 0)$.

a) Halla las ecuaciones implícitas de la recta y del plano y estudia su posición relativa.

b) Calcula, si es posible, su punto de intersección.

2 Dados los puntos $A(1, -1, 1)$ y $B(2, 2, 2)$ halla la ecuación del plano respecto al cual los puntos A y B son simétricos.

3 Halla la ecuación del plano que contiene a la recta:

$$r: \begin{cases} x = 2 + 3\lambda \\ y = -1 - \lambda \\ z = \lambda \end{cases} \text{ y es paralelo a } s: \frac{x-3}{5} = \frac{y+1}{2} = \frac{z}{-3}.$$

4 Determina la recta que pasa por $A(1, 1, 1)$, es paralela a π: $x - y + z - 3 = 0$ y corta a la recta $s: \begin{cases} x = 1 \\ y = 3 \end{cases}$.

5 Halla la posición relativa de las rectas r y s para $k = 2$ y $k = 5$. Si se cortan, indica en qué punto:

$$r: \frac{x-17}{7} = \frac{y-1}{0} = \frac{z-8}{2} \qquad s: \begin{cases} x = 15 + 4\lambda \\ y = -2 - \lambda \\ z = 19 + k\lambda \end{cases}$$

6 Estudia la posición relativa de los siguientes planos según el valor de m:

α: $2x + y + z - 1 = 0$ $\quad\beta$: $x + y - z - m = 0$ $\quad\gamma$: $x + mz + 1 = 0$

En caso de que se corten en una recta, escribe sus ecuaciones paramétricas.

7 Considera el punto $P(2, 0, 1)$ y las rectas:

$$r_1: \begin{cases} x = 1 \\ y = 5 + \lambda \\ z = 2 + 2\lambda \end{cases} \qquad r_2: \begin{cases} x = 7 - \lambda \\ y = -15 + 3\lambda \\ z = 7 \end{cases}$$

Halla una recta s que pasa por P y corta a r_1 y a r_2.

Compromiso ODS Visualiza el vídeo Meta 16.b., piensa en una acción con la que podrías contribuir al logro de esa meta y comprométete a llevarla a cabo.

6

PROBLEMAS MÉTRICOS

Geometría métrica

En la unidad anterior, además de las distintas ecuaciones de rectas y planos, hemos visto problemas de paralelismo, intersección e incidencia (¿está un punto en una recta?, ¿está tal recta contenida en un cierto plano?). Todas ellas —paralelismo, corte e incidencia— son propiedades afines. Las relaciones en que intervienen medidas (ángulos, distancias, áreas, volúmenes) son *propiedades métricas.*

En el desarrollo de la geometría métrica, además de las aportaciones de **Monge** y sus discípulos, son logros destacables la obtención de la fórmula para hallar la distancia de un punto a un plano **(Lagrange)** y la del volumen de un paralelepípedo (**Cauchy**).

El español **Pedro Puig Adam** (1900-1960), gran matemático con una extraordinaria capacidad didáctica, fue autor de una *Geometría métrica* que es un clásico de esta materia.

Geometrías más modernas

El desarrollo más reciente de la geometría ha seguido distintos cauces, algunos de los más importantes son los siguientes:

- A finales del siglo XIX fueron desarrollándose nuevas formas de evolución de la geometría analítica clásica, dando lugar a la *geometría algebraica,* que combina el álgebra y la geometría y se ocupa de estudiar las soluciones de los sistemas de ecuaciones algebraicas. En la actualidad presenta implicaciones muy importantes en teoría de números.
- La *geometría diferencial* es otra de las evoluciones de la fusión del análisis con la geometría. Las aplicaciones de este tipo de geometría están relacionadas con el campo de la física, especialmente con la teoría de la relatividad.
- La *topología* es una forma de geometría que, inicialmente, se ocupaba de las propiedades de las figuras que se mantienen por transformaciones que deforman las figuras sin llegar a romperlas, como si fueran de plastilina. Por ejemplo, una circunferencia y un triángulo son lo mismo topológicamente porque podemos convertir uno en el otro sin romper ni pegar. Pero una circunferencia no es lo mismo, topológicamente, que un segmento porque habría que pegarla o partirla para convertir una en otra.

Gaspard Monge, padre de la geometría descriptiva

Gaspard Monge (1746-1818).

La matemática no es, ni mucho menos, una ciencia tan aséptica, fría y separada de los quehaceres mundanos como muchos piensan. A veces se ve involucrada directamente con asuntos tan odiosos como la guerra. Este fue el caso de los importantes descubrimientos geométricos de un joven de 17 años, que fueron guardados en secreto durante más de 30 años por el Estado francés.

Durante sus vacaciones de 1762, **Gaspard Monge** (1746-1818) hizo un mapa a gran escala de una ciudad, para lo cual diseñó originales métodos e instrumentos de observación, trabajo que le sirvió para entrar como delineante en la Escuela Militar de Mézières, donde se le presentó el problema de encontrar el emplazamiento óptimo para los cañones de una fortaleza mediante unos pocos datos. Monge sustituyó los pesados métodos de cálculo (entonces al uso) por procedimientos puramente geométricos. Y resolvió el problema tan rápidamente que el comandante lo rechazó pensando que era un «farol». Pero poco después se percató del valor de esos nuevos métodos, que fueron secreto militar hasta 1795, año en el que se permitió a Monge enseñarlos en la Escuela Politécnica de París. Había desarrollado lo que hoy llamamos *geometría descriptiva*, que permite representar figuras tridimensionales en una superficie bidimensional.

Fue también un hábil organizador y llegó a ser Ministro de Marina. Amigo íntimo de Napoleón, subió al poder con él, acompañándolo, junto con **Fourier,** en su famosa expedición cultural a Egipto. Cayó, también con él, en 1814 y murió en 1818 en París.

RESUELVE

Cálculo de distancias

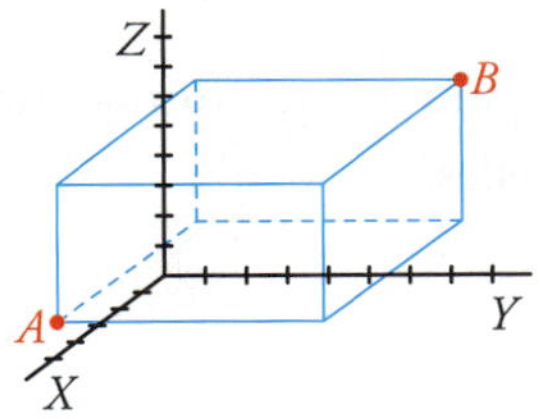

1 Recordando cómo se obtiene la diagonal de un ortoedro en función de sus dimensiones, halla la distancia entre los puntos $A(4, -2, -7)$ y $B(7, 2, 5)$.

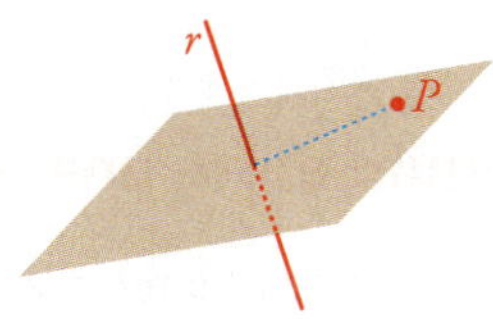

2 Halla la distancia del punto $P(8, 6, 12)$ a la recta r, obteniendo previamente la ecuación de un plano que pasa por el punto y es perpendicular a la recta.

$$r: \begin{cases} x = 2 \\ y = 1 - \lambda \\ z = 7 + 2\lambda \end{cases}$$

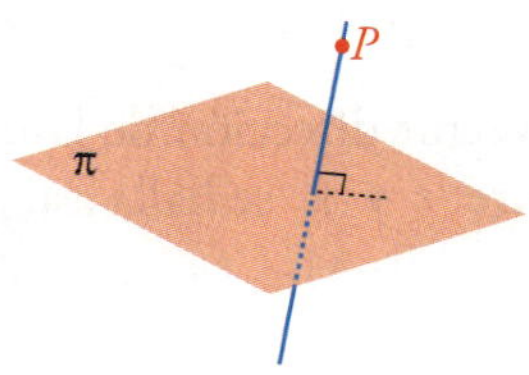

3 Para hallar la distancia del punto $P(4, 35, 70)$ al plano π, obtén previamente las ecuaciones de una recta que pasa por P y es perpendicular a π.

$$\pi: 5y + 12z - 1 = 0$$

1
MEDIDA DE ÁNGULOS ENTRE RECTAS Y PLANOS

Para el estudio de ángulos entre rectas, entre planos y entre rectas y planos, necesitamos disponer para cada elemento de un vector que caracterice su dirección. En la recta, ese papel lo cumple, obviamente, su vector dirección; en el plano, su vector normal.

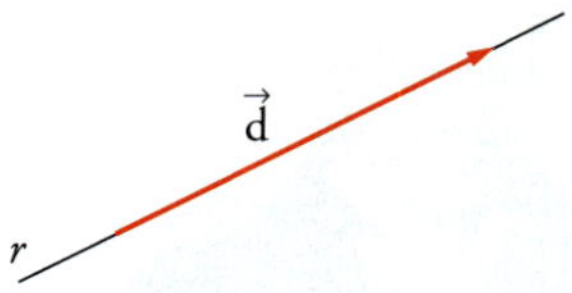

El vector $\vec{d}$ caracteriza la dirección de la recta.

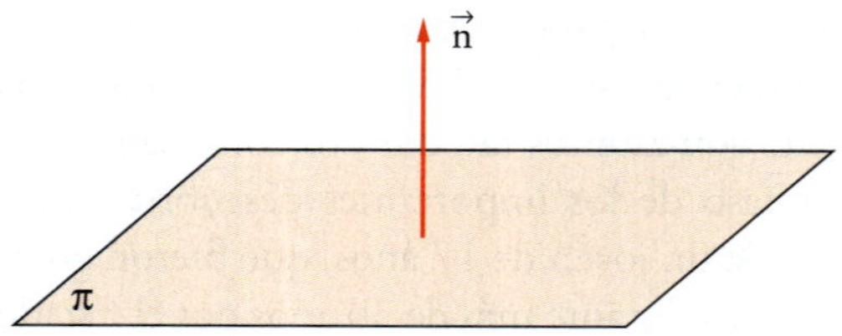

El vector $\vec{n}$ determina la dirección del plano, pues solo hay una dirección perpendicular a π.

Para medir ángulos utilizaremos la fórmula:

$$\cos \alpha = \frac{|\vec{u} \cdot \vec{v}|}{|\vec{u}|\,|\vec{v}|}$$

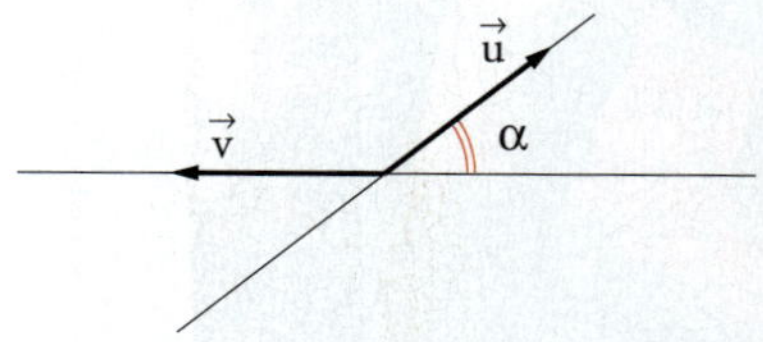

de la que podemos deducir el menor ángulo que forman los vectores $\vec{u}$ y $\vec{v}$ o bien $\vec{u}$ y $-\vec{v}$.

■ Ángulo entre dos rectas

El ángulo α entre dos rectas, r y r', es el ángulo que forman sus vectores directores $\vec{d}$ y $\vec{d}'$. Se obtiene a partir de la siguiente expresión:

$$\cos \alpha = \frac{|\vec{d} \cdot \vec{d}'|}{|\vec{d}|\,|\vec{d}'|}$$

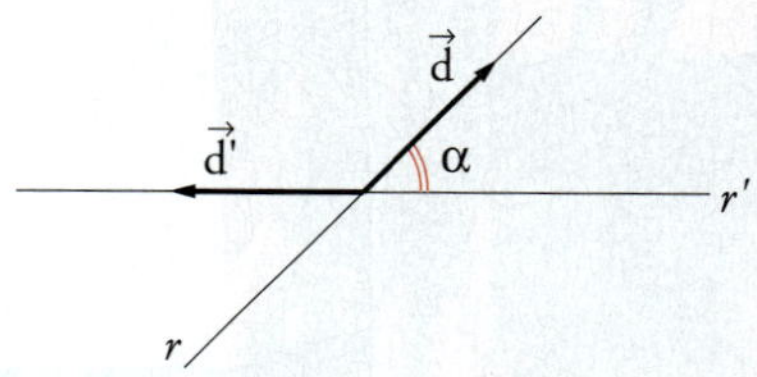

■ Ángulo entre dos planos

El ángulo α que forman dos planos π y π' es el ángulo que forman sus vectores normales, $\vec{n}$ y $\vec{n}'$:

$$\cos \alpha = \frac{|\vec{n} \cdot \vec{n}'|}{|\vec{n}|\,|\vec{n}'|}$$

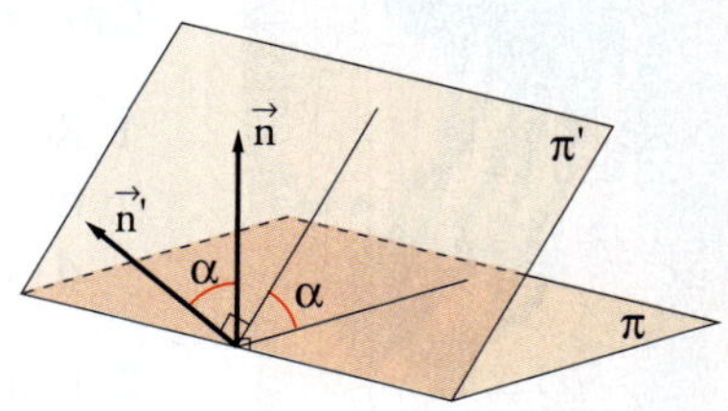

■ Ángulo entre una recta y un plano

El ángulo entre una recta y un plano es el que forma la recta con su proyección sobre el plano, es decir, es el complementario del ángulo que forma la recta con la dirección normal al plano.

Si el vector dirección de la recta es $\vec{d}$ y el vector normal al plano es $\vec{n}$, el ángulo α entre r y π se halla así:

$$\cos (90° - \alpha) = sen\ \alpha = \frac{|\vec{d} \cdot \vec{n}|}{|\vec{d}|\,|\vec{n}|}$$

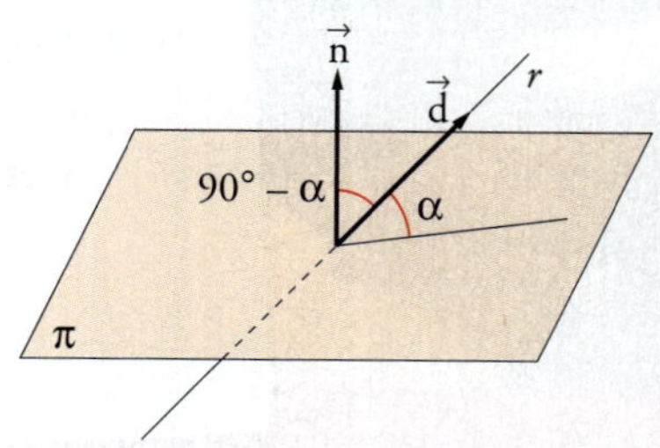

Ejercicios resueltos

1 *¿Qué ángulo forma la recta*

$r: \dfrac{x-3}{2} = \dfrac{y+1}{5} = \dfrac{z-1}{-1}$

con el plano

$\pi: 2x - 5y + 7z - 11 = 0$?

Llamamos $90° - \alpha$ al ángulo formado por las direcciones de $\vec{d}$ y $\vec{n}$ sin tener en cuenta sus sentidos (α es el ángulo que buscamos).

$\vec{d}(2, 5, -1) \parallel r$

$\vec{n}(2, -5, 7) \perp \pi$

$$\cos(90° - \alpha) = \frac{|\vec{d} \cdot \vec{n}|}{|\vec{d}||\vec{n}|} = \frac{|4 - 25 - 7|}{\sqrt{30}\sqrt{78}} = 0{,}5788$$

$90° - \alpha = \arccos(0{,}5788) = 54°\ 38'\ 2''$

$\alpha = \widehat{(r, \pi)} = 90° - 54°\ 38'\ 2'' = 35°\ 21'\ 58''$

O bien, directamente $\operatorname{sen} \alpha = \dfrac{|\vec{d} \cdot \vec{n}|}{|\vec{d}||\vec{n}|} = 0{,}5788 \rightarrow \alpha = 35°\ 21'\ 58''$

2 *Hallar el ángulo que forman las rectas siguientes:*

$r: \dfrac{x-3}{5} = \dfrac{y+1}{3} = \dfrac{z}{-1}$

$s: \begin{cases} 2x + 3y - 5z + 4 = 0 \\ x - 2y \quad + 5 = 0 \end{cases}$

El vector dirección de r es $\vec{d}(5, 3, -1)$.

El vector dirección de s, $\vec{d}\,'$, hay que hallarlo.

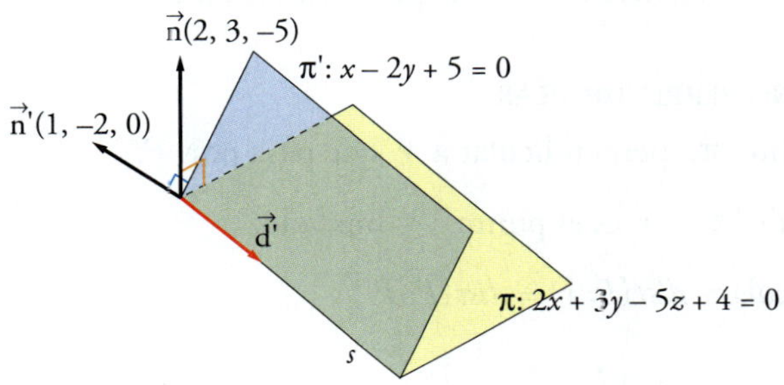

El vector dirección de la recta s es el producto vectorial de los vectores normales de los planos que la determinan:

$\vec{d}\,' = (2, 3, -5) \times (1, -2, 0) = (-10, -5, -7)$

Por tanto, $\cos \alpha = \dfrac{|\vec{d} \cdot \vec{d}\,'|}{|\vec{d}||\vec{d}\,'|} = \dfrac{|(5, 3, -1) \cdot (-10, -5, -7)|}{\sqrt{25+9+1}\sqrt{100+25+49}} = \dfrac{58}{\sqrt{6\,090}} =$

$= 0{,}74322 \rightarrow \alpha = 41°\ 59'\ 37''$

3 *Hallar el ángulo entre los planos siguientes:*

$\pi: x - 2y + 4z = 0$

$\pi': 2x - y + 3 = 0$

Los vectores normales son $\vec{n}(1, -2, 4)$ y $\vec{n}\,'(2, -1, 0)$:

$$\cos \alpha = \frac{|(1, -2, 4) \cdot (2, -1, 0)|}{\sqrt{1+4+16}\sqrt{4+1+0}} = \frac{4}{\sqrt{105}} = 0{,}39036 \rightarrow \alpha = 67°\ 1'\ 23''$$

Piensa y practica

1 Halla el ángulo entre las rectas r y s:

$r: \begin{cases} x = 3 - 5\lambda \\ y = 2 + 3\lambda \\ z = -1 \end{cases} \qquad s: \begin{cases} x - 2y + 3z = 0 \\ 2x - y \quad + 4 = 0 \end{cases}$

2 Calcula el ángulo que forma la recta

$r: \dfrac{x-3}{7} = \dfrac{y}{-1} = \dfrac{z-2}{3}$

con el plano $\pi: x + 3y - z + 1 = 0$.

anayaeducacion.es GeoGebra. Calcula el ángulo formado por una recta y un plano.

2 DISTANCIAS ENTRE PUNTOS, RECTAS Y PLANOS

Distancia entre dos puntos

La distancia entre dos puntos $P_1(x_1, y_1, z_1)$ y $P_2(x_2, y_2, z_2)$ es el módulo del vector $\overrightarrow{P_1P_2}$:

$$dist(P_1, P_2) = |\overrightarrow{P_1P_2}| = \sqrt{(x_2-x_1)^2 + (y_2-y_1)^2 + (z_2-z_1)^2}$$

Por ejemplo, la distancia entre $P(5, -1, 7)$ y $Q(4, 5, -11)$ es:

$$dist(P, Q) = \sqrt{(4-5)^2 + (5+1)^2 + (-11-7)^2} = \sqrt{361} = 19$$

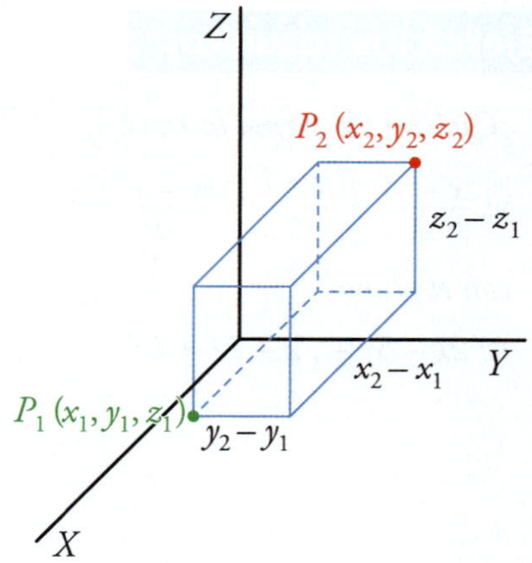

Distancia entre un punto y una recta

Se llama distancia de un punto P a una recta r a la longitud del segmento perpendicular que une el punto con la recta; es decir, la distancia de P a su proyección sobre la recta, P'.

$$dist(P, r) = dist(P, P')$$

Veamos cómo hallar la distancia de P a r por varios métodos.

El «punto de enfrente»

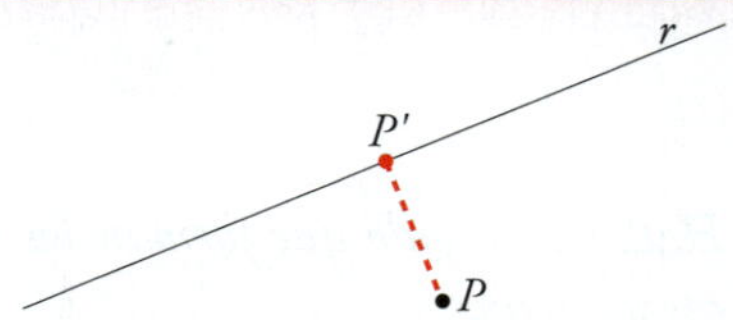

Al punto P', proyección de P sobre r, una alumna lo llamaba **punto de enfrente.** La expresión nos parece muy afortunada.

anayaeducacion.es GeoGebra. Ejemplo para visualizar la distancia entre un punto y una recta.

- **MÉTODO DEL PLANO PERPENDICULAR**
  - Hallamos el plano, π, perpendicular a r que pasa por P.
  - La intersección de π y r es el punto P' buscado.
  - Ya podemos calcular: $dist(P, r) = dist(P, P')$

- **MÉTODO DEL PUNTO GENÉRICO**

  Un punto R genérico de la recta r tiene sus coordenadas dependientes de un parámetro λ. Si imponemos que $\overrightarrow{PR}$ sea perpendicular a r obtenemos el valor de λ por el cual se halla P'. Para ello:

  - Escribimos la recta r en paramétricas (si no lo está ya).
  - Hallamos R con las coordenadas dependientes de λ. Hallamos $\overrightarrow{PR}$.
  - Imponemos que $\overrightarrow{PR} \perp r$ mediante el producto escalar: $\overrightarrow{PR} \cdot \vec{d} = 0$. De esta forma, se obtiene una ecuación con la incógnita λ que debemos resolver.
  - El valor de λ solución de la ecuación nos da las coordenadas del punto P'.

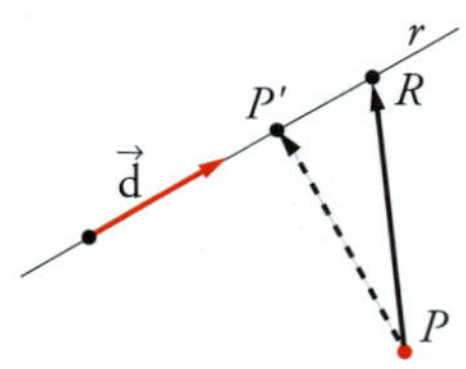

- **MÉTODO DEL PRODUCTO VECTORIAL: CÁLCULO DE LA DISTANCIA**

  El área del paralelogramo de la figura de la izquierda es $|\overrightarrow{RP} \times \vec{d}|$. Si el área del paralelogramo la dividimos por la longitud de su base, $|\vec{d}|$, obtenemos su altura. Por tanto, la distancia entre P y r se halla directamente:

$$dist(P, r) = \frac{\text{Área}}{\text{Base}} = \frac{|\overrightarrow{RP} \times \vec{d}|}{|\vec{d}|}$$

  Este método permite calcular, directamente, la distancia de P a r sin obtener, previamente, el punto P' (proyección de P sobre r).

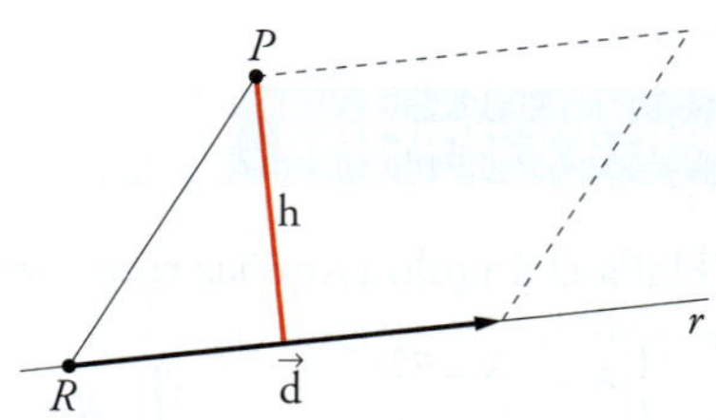

$$dist(P, r) = \text{h} = \frac{\text{Área}}{\text{Base}} = \frac{|\overrightarrow{RP} \times \vec{d}|}{|\vec{d}|}$$

Ejercicio resuelto

1 *Calcular la distancia del punto $P(5, -1, 6)$ a la recta siguiente:*

$$r: \begin{cases} x = 1 - 2\lambda \\ y = \quad - \lambda \\ z = 5 + \lambda \end{cases}$$

MÉTODO DEL PLANO PERPENDICULAR

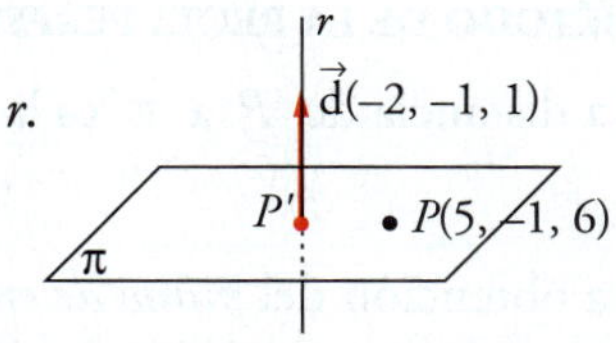

- Plano π que pasa por $P(5, -1, 6)$ y es perpendicular a r.

  El vector normal a π es el vector dirección de r:

  $\vec{n} = \vec{d} = (-2, -1, 1)$

  Plano π: $-2(x - 5) - (y + 1) + (z - 6) = 0 \rightarrow 2x + y - z - 3 = 0$

- Intersección de π y r.

  Sustituimos las coordenadas de r en la ecuación de π para hallar λ:

  $2(1 - 2\lambda) + (-\lambda) - (5 + \lambda) - 3 = 0 \rightarrow \lambda = -1$

  $$\lambda = -1 \rightarrow \begin{cases} x = 1 - 2(-1) = 3 \\ y = -(-1) = 1 \\ z = 5 + (-1) = 4 \end{cases} \rightarrow P'(3, 1, 4)$$

- Distancia pedida:

  $dist(P, r) = dist(P, P') = \sqrt{(5-3)^2 + (-1-1)^2 + (6-4)^2} = \sqrt{12}$

MÉTODO DEL PUNTO GENÉRICO

$R(1 - 2\lambda, -\lambda, 5 + \lambda)$ es un punto genérico de la recta r.

El vector $\overrightarrow{RP} = (4 + 2\lambda, -1 + \lambda, 1 - \lambda)$ es variable pues depende del parámetro λ.

Buscamos el valor de λ para el cual el vector $\overrightarrow{RP}$ sea perpendicular a r. Es decir, imponemos que $\overrightarrow{RP} \cdot \vec{d} = 0$:

$(-2, -1, 1) \cdot (4 + 2\lambda, -1 + \lambda, 1 - \lambda) = 0$

$-2(4 + 2\lambda) - 1(-1 + \lambda) + (1 - \lambda) = 0$

La solución es $\lambda = -1$.

Para $\lambda = -1$, se obtiene el punto buscado, P'.

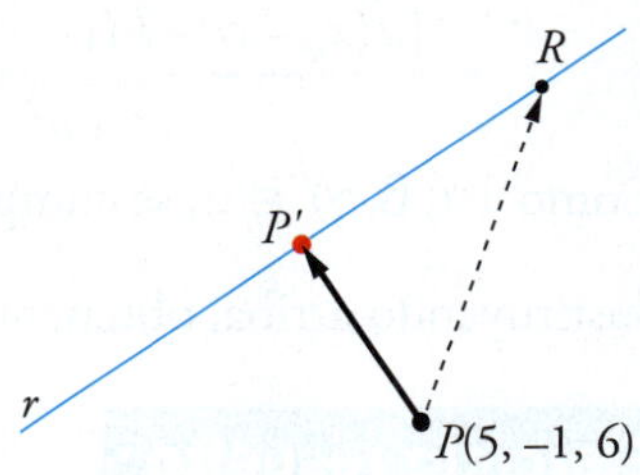

El vector $\overrightarrow{PP'}$ buscado es perpendicular a la recta.

MÉTODO DEL PRODUCTO VECTORIAL

$$dist(P, r) = \frac{\text{Área}}{\text{Base}} = \frac{|\overrightarrow{RP} \times \vec{d}|}{|\vec{d}|}$$

$\overrightarrow{RP} \times \vec{d} = (0, -6, -6)$

$|\overrightarrow{RP} \times \vec{d}| = \sqrt{0 + 6^2 + 6^2} = \sqrt{72}$

$|\vec{d}| = \sqrt{4 + 1 + 1} = \sqrt{6}$

$$dist(P, r) = \frac{\sqrt{72}}{\sqrt{6}} = \sqrt{12}$$

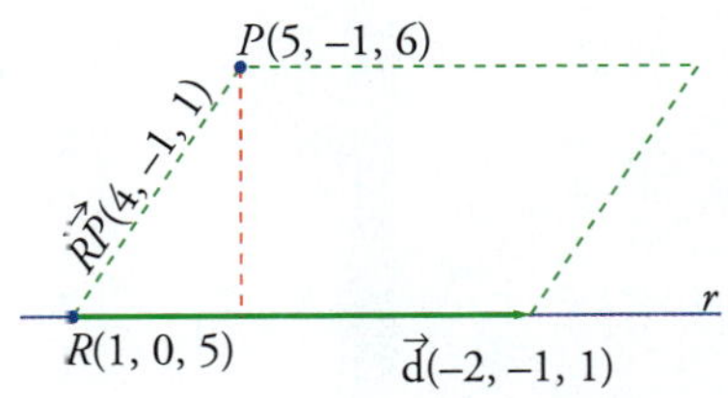

anayaeducacion.es

Profundización: método de la «distancia mínima».

Piensa y practica

1 Halla razonadamente la distancia de $P(5, 6, 6)$ a la recta $r: (5\lambda, 2 - \lambda, \lambda)$.

Hazlo por cada uno de los tres métodos que has aprendido.

Distancia de un punto a un plano

Veamos dos formas de hallar la distancia de un punto a un plano.

- **MÉTODO DE LA RECTA PERPENDICULAR**

La distancia de P a π es la distancia entre P y su proyección sobre el plano:

$$dist(P, \pi) = dist(P, P')$$

La obtención del *punto de enfrente*, P', se puede realizar de forma similar a como hemos hecho en el cálculo de la distancia de un punto a una recta.

- Hallamos la recta, r, que pasa por P y es perpendicular a π.
- P' es el punto de intersección de r con π.

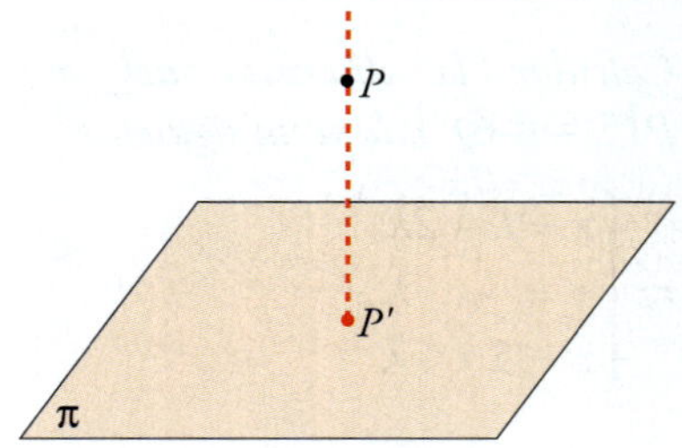

- **APLICACIÓN DIRECTA DE UNA FÓRMULA**

Sin embargo, podemos ahorrarnos todo el proceso anterior, pues existe una fórmula comodísima para hallar la distancia de un punto a un plano:

$$\left.\begin{array}{l}\text{Punto } P(x_0, y_0, z_0)\\ \text{Plano } \pi: ax + by + cz + d = 0\end{array}\right\} \quad dist(P, \pi) = \frac{|ax_0 + by_0 + cz_0 + d|}{\sqrt{a^2 + b^2 + c^2}}$$

anayaeducacion.es GeoGebra. Ejemplo para visualizar la distancia de un punto a un plano.

Obtención de la fórmula:

Tenemos un plano π: $ax + by + cz + d = 0$ y un punto $P(x_0, y_0, z_0)$. Llamamos P' al punto proyección de P sobre π. Tomamos un punto $Q(\alpha, \beta, \gamma)$ del plano.

$$dist(P, \pi) = |\overrightarrow{P'P}| = |\overrightarrow{QR}| = (\text{proyección de } \overrightarrow{QP} \text{ sobre } \vec{n}) = \frac{|\overrightarrow{QP} \cdot \vec{n}|}{|\vec{n}|} =$$

$$= \frac{|a(x_0 - \alpha) + b(y_0 - \beta) + c(z_0 - \gamma)|}{\sqrt{a^2 + b^2 + c^2}} = \frac{|ax_0 + by_0 + cz_0 - (a\alpha + b\beta + c\gamma)|}{\sqrt{a^2 + b^2 + c^2}}$$

Como $(\alpha, \beta, \gamma) \in \pi$, se cumple que $a\alpha + b\beta + c\gamma + d = 0$ y, así, $a\alpha + b\beta + c\gamma = -d$.

Sustituyendo arriba, obtenemos, finalmente: $dist(P, \pi) = \dfrac{|ax_0 + by_0 + cz_0 + d|}{\sqrt{a^2 + b^2 + c^2}}$

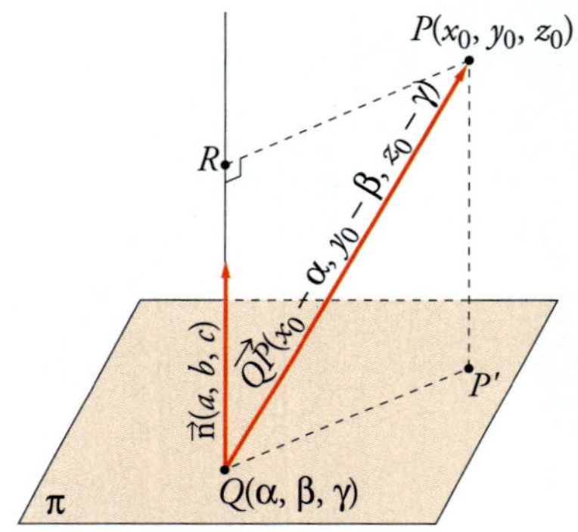

Ejercicio resuelto

1 *Calcular la distancia de $P(-2, -6, 11)$ a $\pi: x - 3y + 5z - 1 = 0$.*

- Recta perpendicular a π que pasa por P: $r: \begin{cases} x = -2 + \lambda \\ y = -6 - 3\lambda \\ z = 11 + 5\lambda \end{cases}$

Intersección de r y π: $(-2 + \lambda) - 3(-6 - 3\lambda) + 5(11 + 5\lambda) - 1 = 0 \rightarrow \lambda = -2$

Para $\lambda = -2$ obtenemos las coordenadas de $P'(-4, 0, 1)$. Por tanto, $\overrightarrow{PP'} = (-2, 6, -10)$.

$$dist(P, \pi) = dist(P, P') = |\overrightarrow{PP'}| = \sqrt{(-2)^2 + 6^2 + (-10)^2} = \sqrt{140} = 2\sqrt{35}$$

- Aplicando la fórmula: $dist(P, \pi) = \dfrac{|-2 - 3 \cdot (-6) + 5 \cdot 11 - 1|}{\sqrt{1^2 + (-3)^2 + 5^2}} = \dfrac{70}{\sqrt{35}} = 2\sqrt{35}$

Piensa y practica

2 Halla la distancia de P a π por el método de la recta perpendicular y aplicando la fórmula.

$P(11, 7, 9)$ $\quad\quad$ $\pi: 3x + 4z + 6 = 0$

3 Halla las distancias a $\pi: 5x - 11y + 2z - 7 = 0$ de los puntos $P(5, -3, 8)$ y $Q\left(7, 3, \frac{5}{2}\right)$ aplicando la fórmula.

■ Distancia de una recta a un plano

Llamamos $\vec{d}$ al vector dirección de r, y $\vec{n}$ al vector normal a π.

- Si $\vec{d}$ no es perpendicular a $\vec{n}$ $(\vec{d} \cdot \vec{n} \neq 0)$, entonces la recta r corta a π. Su distancia, $dist(r, \pi)$, es cero.
- Si $\vec{d}$ es perpendicular a $\vec{n}$ $(\vec{d} \cdot \vec{n} = 0)$, entonces r es paralela a π o está contenida en él. En cualquiera de los casos, tomamos un punto P de r y:

$$dist(r, \pi) = dist(P, \pi)$$

■ Distancia entre dos planos

Llamamos $\vec{n}$ y $\vec{n}'$ a los vectores normales a π y π'.

- Si $\vec{n}$ no es paralelo a $\vec{n}'$, entonces los planos se cortan y su distancia es cero.
- Si $\vec{n}$ es paralelo a $\vec{n}'$, entonces π y π' coinciden o son paralelos. En cualquiera de los casos, tomamos un punto P de π y:

$$dist(\pi, \pi') = dist(P, \pi')$$

anayaeducacion.es GeoGebra.
Ejemplo para visualizar la distancia entre dos planos.

Ejercicios resueltos

1 *Calcular la distancia de la recta*

$$r: \frac{x-3}{5} = \frac{y-1}{2} = \frac{z+2}{-1}$$

al plano $\pi: x - 3y - z + 6 = 0.$

$$\left.\begin{array}{l} \vec{d}(5, 2, -1) \,//\, r \\ \vec{n}(1, -3, -1) \perp \pi \end{array}\right\} \vec{d} \cdot \vec{n} = (5, 2, -1) \cdot (1, -3, -1) = 5 - 6 + 1 = 0 \Rightarrow \vec{d} \perp \vec{n} \Rightarrow r \,//\, \pi$$

Puesto que la recta es paralela al plano o está contenida en él, la distancia de r a π se obtiene calculando la distancia de cualquier punto de r a π.

Tomamos el punto $P(3, 1, -2) \in r$:

$$dist(r, \pi) = dist(P, \pi) = \frac{|3 - 3 \cdot 1 - (-2) + 6|}{\sqrt{1+9+1}} = \frac{8}{\sqrt{11}} = 2{,}41$$

La recta es paralela al plano. Su distancia es 2,41 unidades.

2 *Calcular la distancia del plano:*

$$\pi: x - 5y + 2z - 19 = 0$$

al plano:

$$\sigma: 2x - 10y + 4z = 0$$

Los dos planos son paralelos, pues sus coeficientes son proporcionales. Por tanto, la distancia que los separa es la distancia que hay entre un punto cualquiera de uno de ellos y el otro.

$P(2, -1, 6)$ es un punto de π (compruébalo).

Por tanto:

$$dist(\pi, \sigma) = dist(P, \sigma) = \frac{|2 \cdot 2 - 10 \cdot (-1) + 4 \cdot 6|}{\sqrt{4+100+16}} = \frac{38}{\sqrt{120}} = 3{,}47$$

Piensa y practica

4 Calcula la distancia entre la recta r y el plano π siguientes:

$$r: (1 - 3\lambda, 2 + \lambda, 1 - \lambda)$$
$$\pi: x + 3y = 0$$

5 Calcula la distancia entre estos planos:

$$\pi: y - 5z + 4 = 0$$
$$\pi': 2y - 10z = 0$$

Distancia entre dos rectas

Al calcular la distancia entre dos rectas *r* y *s* cuyos vectores dirección son $\vec{d}$ y $\vec{d'}$, podemos encontrar dos casos:

- Si $\vec{d}$ es paralelo a $\vec{d'}$, las rectas son la misma o son paralelas. En cualquiera de los casos, para hallar la distancia de *r* a *s* se debe buscar un punto *P* de *r* y $dist(r, s) = dist(P, s)$.

  La distancia de un punto a una recta la vimos en la página 180.

- Si $\vec{d}$ no es paralelo a $\vec{d'}$, y no es evidente que las rectas se cortan, entonces hallaremos la distancia de *r* a *s* por cualquiera de los procedimientos siguientes. Si la distancia anterior fuera cero, concluiríamos que *r* y *s* se cortan.

anayaeducacion.es **GeoGebra.** Ejemplo para visualizar la distancia entre dos rectas.

• MÉTODO DEL PLANO PARALELO

Hallamos el plano π paralelo a *s* que contiene a *r*. Entonces:

$$dist(r, s) = dist(s, \pi) = dist(\text{un punto cualquiera de } s, \pi)$$

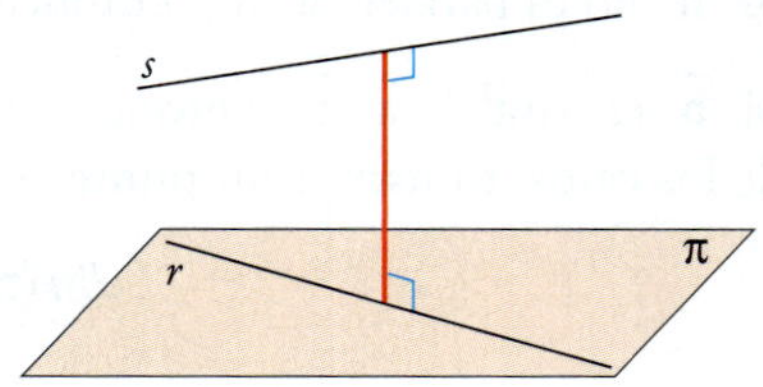

• MÉTODO DEL PRODUCTO MIXTO

El plano π contiene a la recta *r* y es paralelo a *s*. *R* es un punto cualquiera de *r*, y *S*, un punto cualquiera de *s*. Por tanto, el vector $\overrightarrow{RS}$ va de *r* a *s*.

Los vectores $\vec{d}$ (vector dirección de *r*), $\vec{d'}$ (vector dirección de *s*) y $\overrightarrow{RS}$ determinan un paralelepípedo. Su altura, h, es la distancia de la recta *s* al plano π, es decir, es la distancia buscada entre *s* y *r*.

Pero la altura es el cociente entre el volumen y el área de la base.

- El volumen del paralelepípedo es $|[\vec{d}, \vec{d'}, \overrightarrow{RS}]|$ (producto mixto).
- El área del paralelogramo de la base es $|\vec{d} \times \vec{d'}|$ (módulo del producto vectorial).

Por tanto, la distancia buscada es:

$$dist(r, s) = dist(S, \pi) = \text{h} = \frac{\text{Volumen paralelepípedo}}{\text{Área paralelogramo}} = \frac{|[\vec{d}, \vec{d'}, \overrightarrow{RS}]|}{|\vec{d} \times \vec{d'}|}$$

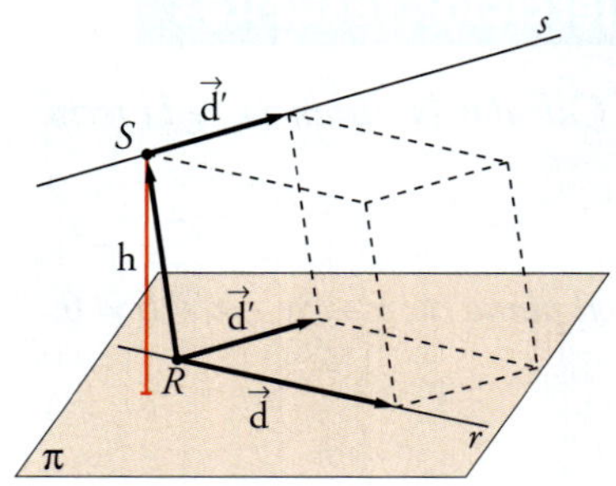

• MÉTODO DEL VECTOR VARIABLE

R es un punto genérico de *r*. Sus coordenadas dependen de λ.

S es un punto genérico de *s*. Sus coordenadas dependen de μ.

$\overrightarrow{RS}$ es un vector con origen en *r* y extremo en *s*. Sus coordenadas dependen de dos parámetros, λ y μ.

Obligamos a que $\overrightarrow{RS}$ sea perpendicular a *r* y a *s* haciendo que sus productos escalares por $\vec{d}$ y $\vec{d'}$ sean iguales a 0. Estos dos productos dan lugar a un sistema de dos ecuaciones con dos incógnitas. Resolviéndolo, se obtienen λ y μ y, con ellos, $R_0 \in r$ y $S_0 \in s$ para los cuales $\overrightarrow{R_0S_0}$ es perpendicular a *r* y a *s*. Por tanto:

$$dist(r, s) = dist(R_0, S_0)$$

Mediante este método, además de hallar la distancia entre las rectas, obtenemos la perpendicular común.

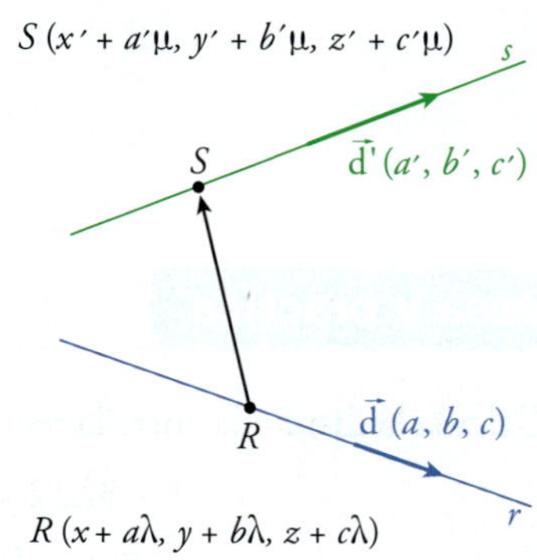

Ejercicios resueltos

1 *Calcular la distancia entre las rectas siguientes:*

$$r: \begin{cases} x = 5 + \lambda \\ y = -1 \\ z = 8 + 2\lambda \end{cases}$$

$$s: \begin{cases} x = 4 + 3\mu \\ y = 3 - \mu \\ z = 5 + 4\mu \end{cases}$$

MÉTODO DEL PLANO PARALELO

Hallemos el plano π que contiene a r y es paralelo a s:

$$\left. \begin{matrix} (1, 0, 2) \,//\, r \\ (3, -1, 4) \,//\, s \end{matrix} \right\} \text{ Por tanto, } (1, 0, 2) \times (3, -1, 4) = (2, 2, -1) \text{ es perpendicular a } \pi.$$

El punto $(5, -1, 8)$ es de r y, por tanto, de π.

Ecuación de π: $2(x - 5) + 2(y + 1) - 1(z - 8) = 0 \to \pi: 2x + 2y - z = 0$

$$dist(s, r) = dist(s, \pi) = dist\ [(4, 3, 5), \pi] = \frac{|2 \cdot 4 + 2 \cdot 3 - 5|}{\sqrt{4 + 4 + 1}} = \frac{9}{3} = 3$$

MÉTODO DEL PRODUCTO MIXTO

$dist(r, s) = dist(\pi, s) =$

$$= \frac{\text{Volumen del paralelepípedo definido por } \overrightarrow{RS}, \vec{d}, \vec{d'}}{\text{Área del paralelogramo definido por } \vec{d}, \vec{d'}} = \frac{|[\overrightarrow{RS}, \vec{d}, \vec{d'}]|}{|\vec{d} \times \vec{d'}|}$$

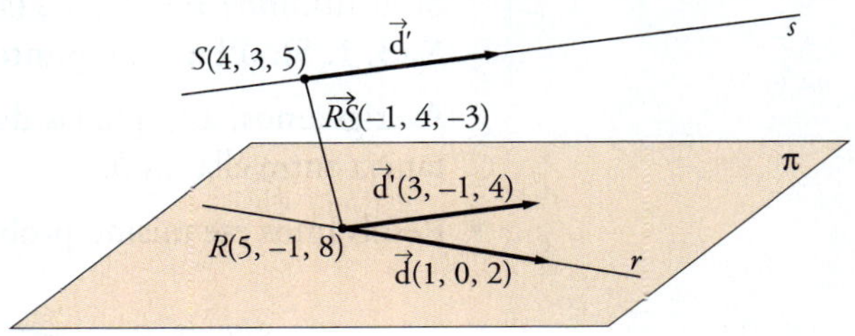

$$|[\overrightarrow{RS}, \vec{d}, \vec{d'}]| = \begin{vmatrix} -1 & 4 & -3 \\ 1 & 0 & 2 \\ 3 & -1 & 4 \end{vmatrix} = 9; \quad \vec{d} \times \vec{d'} = (2, 2, -1) \to |\vec{d} \times \vec{d'}| = \sqrt{4 + 4 + 1} = 3$$

$$dist(r, s) = \frac{9}{3} = 3$$

MÉTODO DEL VECTOR VARIABLE

Punto genérico de r: $R(5 + \lambda, -1, 8 + 2\lambda)$

Punto genérico de s: $S(4 + 3\mu, 3 - \mu, 5 + 4\mu)$

Un vector genérico que tenga su origen en r y su extremo en s es:

$$\overrightarrow{RS} = (4 + 3\mu - 5 - \lambda, 3 - \mu + 1, 5 + 4\mu - 8 - 2\lambda) =$$
$$= (-1 + 3\mu - \lambda, 4 - \mu, -3 + 4\mu - 2\lambda)$$

De todos los posibles vectores $\overrightarrow{RS}$, buscamos aquel que sea perpendicular a las dos rectas:

$$\left. \begin{matrix} \overrightarrow{RS} \cdot (1, 0, 2) = 0 \to 7 + 5\lambda - 11\mu = 0 \\ \overrightarrow{RS} \cdot (3, -1, 4) = 0 \to 19 + 11\lambda - 26\mu = 0 \end{matrix} \right\}$$

La solución es $\lambda = 3$, $\mu = 2$. Sustituyendo en r y en s, obtenemos los puntos R_0 y S_0:

$$\left. \begin{matrix} R_0(8, -1, 14) \\ S_0(10, 1, 13) \end{matrix} \right\}$$

$$dist(r, s) = dist(R_0, S_0) = \sqrt{(10 - 8)^2 + (1 + 1)^2 + (13 - 14)^2} = 3$$

Este método, más complejo que el anterior, es especialmente útil cuando, además de la distancia de r a s, se desea hallar la **perpendicular común** a esas dos rectas que, obviamente es la recta que pasa por R_0 y S_0.

Ejercicios resueltos

2 *Hallar la distancia entre las rectas siguientes:*

$$r: \begin{cases} x = 10 + 7\lambda \\ y = -2 - 3\lambda \\ z = 9 + 4\lambda \end{cases}$$

$$s: \begin{cases} x = 7 - 2\lambda \\ y = -5 + 3\lambda \\ z = 5 \end{cases}$$

- Vamos a resolverlo por el **método del vector variable.**

  $R(10 + 7\lambda, -2 - 3\lambda, 9 + 4\lambda)$ es un punto variable de la recta r.

  $S(7 - 2\mu, -5 + 3\mu, 5)$ es un punto variable de la recta s. ¡Atención! Hemos puesto un parámetro distinto de λ para que no coincida con el de r.

  El vector $\overrightarrow{SR}(3 + 7\lambda + 2\mu, 3 - 3\lambda - 3\mu, 4 + 4\lambda)$ tiene su origen en la recta s y su extremo en r.

  De todos los posibles vectores $\overrightarrow{SR}$ buscamos aquel que sea perpendicular a las dos rectas:

$$\left.\begin{array}{l} \overrightarrow{SR} \perp r \rightarrow \overrightarrow{SR} \cdot (7, -3, 4) = 0 \rightarrow 28 + 74\lambda + 23\mu = 0 \\ \overrightarrow{SR} \perp s \rightarrow \overrightarrow{SR} \cdot (-2, 3, 0) = 0 \rightarrow 3 - 23\lambda - 13\mu = 0 \end{array}\right\}$$

  La solución de este sistema de ecuaciones es $\lambda = -1$, $\mu = 2$.

  Si sustituimos $\lambda = -1$ en r, obtenemos $R_0(3, 1, 5)$.

  Si sustituimos $\mu = 2$ en s (si vamos al enunciado, hacemos $\lambda = 2$ en s), obtenemos $S_0(3, 1, 5)$. ¡El mismo punto!

  Averiguamos, así, que las dos rectas se cortan en $(3, 1, 5)$ y que, por tanto, la distancia entre ellas es 0.

- Resolvamos ese mismo problema por el **método del producto mixto.**

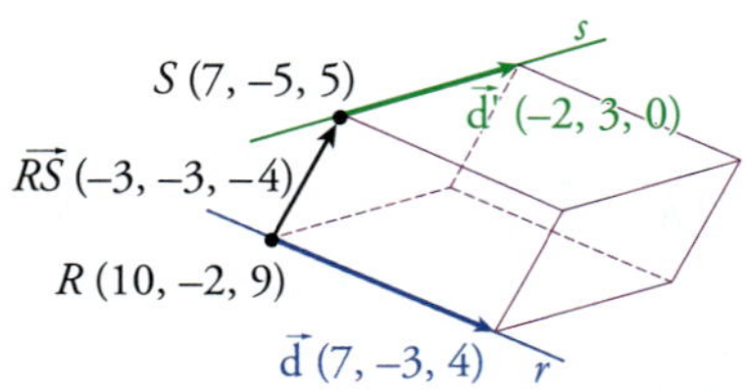

Producto mixto de $\vec{d}, \vec{d'}, \overrightarrow{RS}$:

$$|[\vec{d}, \vec{d'}, \overrightarrow{RS}]| = \begin{vmatrix} 7 & -3 & 4 \\ -2 & 3 & 0 \\ -3 & -3 & -4 \end{vmatrix} = 0$$

Si el volumen del paralelepípedo es 0, la distancia entre las rectas es 0.

Por tanto, las rectas se cortan. Aunque con este método no averiguamos el punto de corte, podríamos hallarlo, si quisiéramos.

Para calcular el punto de corte de r y s, igualamos las coordenadas de ambas rectas:

$$\left.\begin{array}{r} 10 + 7\lambda = 7 - 2\mu \\ -2 - 3\lambda = -5 + 3\mu \\ 9 + 4\lambda = 5 \end{array}\right\}$$

La solución de este sistema es $\lambda = -1$, $\mu = 2$. Sustituyendo $\lambda = -1$ en la recta r o $\mu = 2$ en la recta s, obtenemos el mismo punto, $(3, 1, 5)$, que es el punto de corte.

Piensa y practica

6 Calcula la distancia entre las dos rectas dadas mediante cada uno de los tres métodos aprendidos:

a) $r: \begin{cases} x = 13 + 12\lambda \\ y = 2 \\ z = 8 + 5\lambda \end{cases}$ $\quad s: \begin{cases} x = 6 \\ y = 6 + \mu \\ z = -9 \end{cases}$

b) $r: \begin{cases} x = 5\lambda \\ y = 2 - \lambda \\ z = \lambda \end{cases}$ $\quad s: \begin{cases} x = 5 + 7\mu \\ y = 1 - 5\mu \\ z = 1 - 5\mu \end{cases}$

c) $r: \begin{cases} x = -2 - \lambda \\ y = 14 + 5\lambda \\ z = 2 \end{cases}$ $\quad s: \begin{cases} x = -11 + 3\mu \\ y = -1 \\ z = -14 + 4\mu \end{cases}$

d) $r: \begin{cases} x = 4 + \lambda \\ y = 3 + \lambda \\ z = 8 \end{cases}$ $\quad s: \begin{cases} x - y = 1 \\ x = 8 \end{cases}$

anayaeducacion.es Calcula la distancia entre dos rectas.

3 MEDIDAS DE ÁREAS Y VOLÚMENES

En la unidad 4, en la que estudiamos los vectores, aprendimos a calcular el **área de un paralelogramo** utilizando el producto vectorial y el **volumen de un paralelepípedo** utilizando el producto mixto. En esta unidad hemos utilizado esos resultados para calcular distancias y ahora vamos a volver a ellos para obtener, trivialmente, dos fórmulas: área de un triángulo y volumen de un tetraedro.

■ Área de un triángulo conocidos sus vértices

$$\text{ÁREA DE } \widehat{ABC} = \frac{1}{2}|\overrightarrow{AB} \times \overrightarrow{AC}|$$

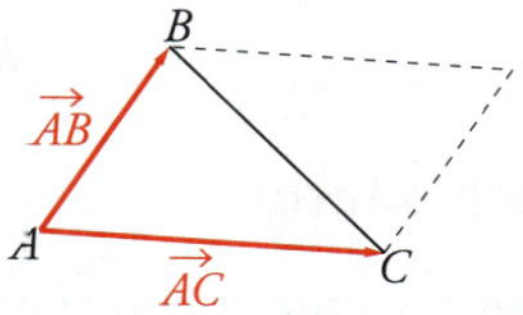

Ejemplo. Si $A(-5, 2, 1)$, $B(1, 7, 5)$, $C(-1, 0, 4)$.

$$\left.\begin{array}{l}\overrightarrow{AB}(6,5,4)\\ \overrightarrow{AC}(4,-2,3)\end{array}\right\}\ \overrightarrow{AB} \times \overrightarrow{AC} = (23,-2,-32)$$

$$\text{Área triángulo} = \frac{1}{2}\cdot|\overrightarrow{AB} \times \overrightarrow{AC}| = \frac{1}{2}\sqrt{23^2+(-2)^2+(-32)^2} = \frac{1}{2}\sqrt{1\,557} = 19{,}73\ u^2$$

■ Volumen de un tetraedro conocidos sus vértices

Recordemos que el volumen de un tetraedro es igual a la sexta parte del volumen del paralelepípedo correspondiente (observa la justificación del margen).

Debemos tener presente, también, que el volumen de un paralelepípedo es el valor absoluto del producto mixto de los tres vectores que lo determinan.

Con esto concluimos que:

$$\text{VOLUMEN DEL TETRAEDRO DE VÉRTICES } A, B, C, D = \frac{1}{6}|[\overrightarrow{AB}, \overrightarrow{AC}, \overrightarrow{AD}]|$$

Si las coordenadas de los vértices son $A(x_1, y_1, z_1)$, $B(x_2, y_2, z_2)$, $C(x_3, y_3, z_3)$, $D(x_4, y_4, z_4)$, entonces el volumen adopta la siguiente expresión en valor absoluto:

$$V = \frac{1}{6}\begin{vmatrix} 1 & x_1 & y_1 & z_1 \\ 1 & x_2 & y_2 & z_2 \\ 1 & x_3 & y_3 & z_3 \\ 1 & x_4 & y_4 & z_4 \end{vmatrix}$$

(Si restas a las filas 2.ª, 3.ª y 4.ª la 1.ª verás la expresión del producto mixto).

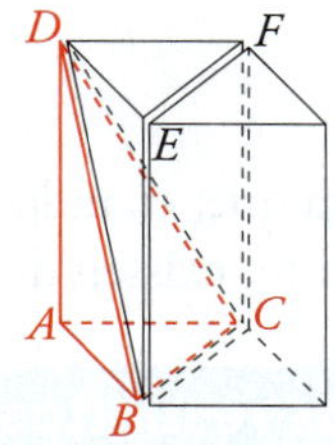

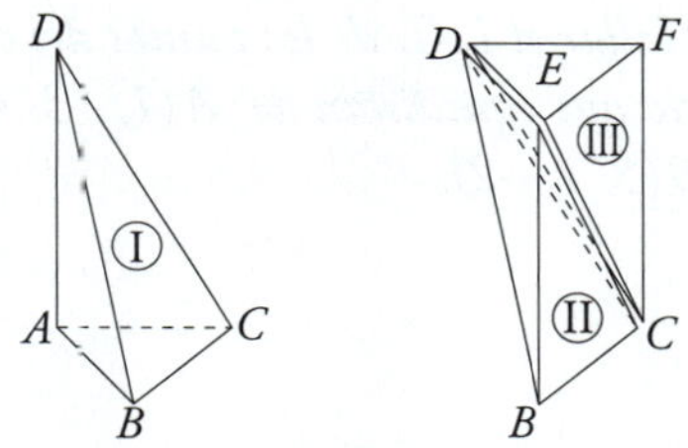

Medio paralelepípedo se descompone en tres pirámides (tetraedros) de igual volumen.

(I) = (II) porque si consideramos los triángulos con la misma área *ADB* y *BDE* como bases, las alturas también coinciden al ser *C* el vértice opuesto común.

Análogamente, (II) = (III).

Ejercicio resuelto

1 *Calcular el volumen del tetraedro cuyos vértices son:*

$A(3, 5, 7)$, $B(1, 0, -1)$, $C(7, -1, 4)$ y $D(11, 4, -6)$.

Puesto que las coordenadas de B son las más cómodas de manejar, vamos a tomar el vértice B como origen de los tres vectores:

$$\overrightarrow{BA}(2, 5, 8) \quad \overrightarrow{BC}(6, -1, 5) \quad \overrightarrow{BD}(10, 4, -5)$$

$$\text{Volumen de } ABCD = \frac{1}{6}|[\overrightarrow{BA}, \overrightarrow{BC}, \overrightarrow{BD}]| = \frac{1}{6}\left|\begin{vmatrix} 2 & 5 & 8 \\ 6 & -1 & 5 \\ 10 & 4 & -5 \end{vmatrix}\right| = \frac{642}{6} = 107\ u^3$$

Piensa y practica

1 Calcula el área del triángulo que tiene sus vértices en estos puntos: $A(1, 3, 5)$, $B(2, 5, 8)$ y $C(5, 1, -1)$.

2 Calcula el volumen de un tetraedro cuyos vértices son $A(2, 1, 4)$, $B(1, 0, 2)$, $C(4, 3, 2)$ y $D(1, 5, 6)$.

anayaeducacion.es GeoGebra. Cálculo del volumen de un paralelepípedo.

4 LUGARES GEOMÉTRICOS EN EL ESPACIO

El concepto, así como el tratamiento analítico, de los lugares geométricos (**L.G.**) en el espacio son en todo similares a los del plano.

Plano mediador

Se llama **plano mediador** de un segmento al perpendicular a él en su punto medio. Es el lugar geométrico de los puntos del espacio que equidistan de los extremos del segmento:

$$dist(X, A) = dist(X, B)$$

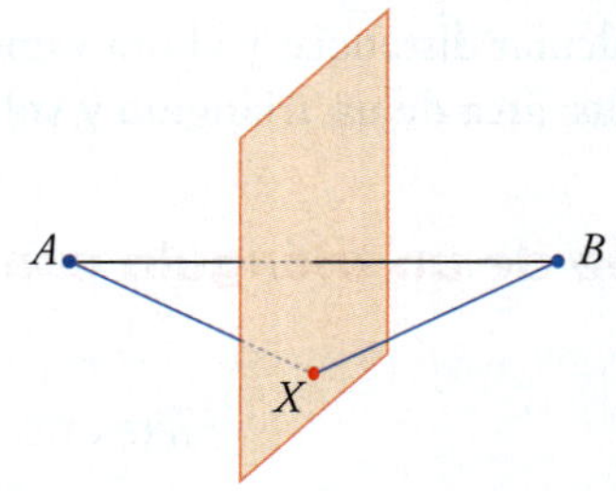

Plano bisector

Semiplano bisector es el que divide a un ángulo diedro en dos ángulos iguales. Es el lugar geométrico de los puntos que equidistan de los semiplanos que forman el ángulo diedro:

$$dist(X, \pi) = dist(X, \pi')$$

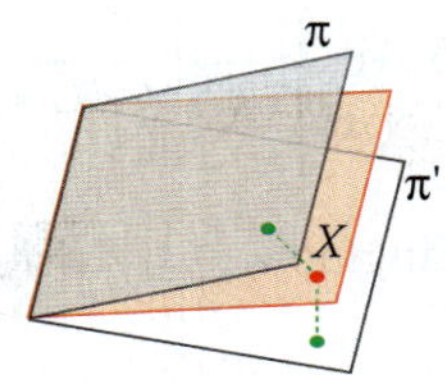

Ten en cuenta que, cuando se cortan, dos planos determinan cuatro ángulos diedros y que, por tanto, existen dos planos bisectores.

Ejercicios resueltos

1 *Hallar el L.G. de los puntos del espacio que equidistan de $A(1, -3, 4)$ y $B(5, 1, -2)$.*

Buscamos puntos $X(x, y, z)$ tales que: $dist(X, A) = dist(X, B)$:

$$\sqrt{(x-1)^2+(y+3)^2+(z-4)^2} = \sqrt{(x-5)^2+(y-1)^2+(z+2)^2}$$

Elevando al cuadrado, desarrollando y simplificando, se llega a la ecuación: $2x + 2y - 3z - 1 = 0$.

Se trata de un plano que es perpendicular a $\overrightarrow{AB}(4, 4, -6)$, pues su vector normal $\vec{n}(2, 2, -3)$ es proporcional a este y pasa por el punto medio de AB, $M(3, -1, 1)$. Es, por tanto, el plano mediador del segmento AB.

2 *Hallar el L.G. de los puntos del espacio que equidistan de los planos π y π':*

$\pi: x + y - 1 = 0$

$\pi': y - z - 1 = 0$

$$dist(X, \pi) = dist(X, \pi') \rightarrow \frac{|x+y-1|}{\sqrt{2}} = \frac{|y-z-1|}{\sqrt{2}}$$

Al suprimir los valores absolutos aparece el doble signo ±:

$$x + y - 1 = y - z - 1 \rightarrow x + z = 0 \quad (\sigma)$$

$$x + y - 1 = -(y - z - 1) \rightarrow x + 2y - z - 2 = 0 \quad (\sigma')$$

El lugar geométrico está formado por dos planos σ y σ':

- Se cortan en la recta r determinada por los puntos $P(1, 0, -1)$ y $Q(0, 1, 0)$, al igual que π y π'. (Compruébalo).
- Además, σ y σ' son perpendiculares, pues lo son sus vectores normales, ya que:

$$(1, 0, 1) \cdot (1, 2, -1) = 0$$

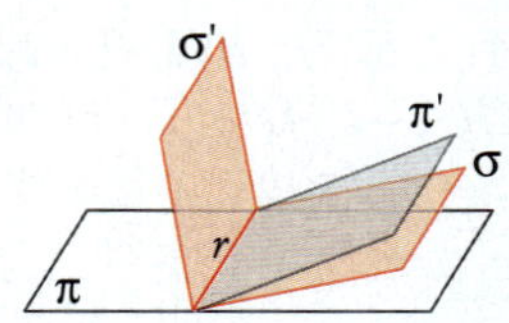

Piensa y practica

1 Halla el L.G. de los puntos que equidistan de:

a) $A(4, -1, 7)$ y $B(-2, 5, 1)$

b) $\pi: x + y + z - 2 = 0$ y $\pi': x - y + z - 2 = 0$

c) $\pi: x - 3y + 2z - 8 = 0$ y $\pi': x - 3y + 2z = 0$

Superficie esférica

La superficie esférica es el lugar geométrico de los puntos del espacio cuya distancia al centro, Q, es constante, r.

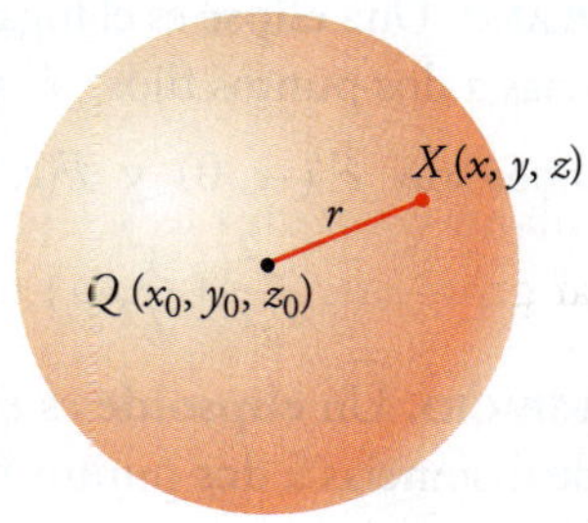

La similitud entre la ecuación de la circunferencia en el plano, y la de la esfera, en el espacio, es tan grande que podemos limitarnos aquí a dar los resultados sin más comentarios.

Los puntos $X(x, y, z,)$ de una superficie esférica de centro $Q(x_0, y_0, z_0)$ y radio r cumplen la condición siguiente: $|\overrightarrow{QX}| = r$.

SUPERFICIE ESFÉRICA DE CENTRO $Q(x_0, y_0, z_0)$ Y RADIO r:

$$(x - x_0)^2 + (y - y_0)^2 + (z - z_0)^2 = r^2$$

Desarrollando la igualdad anterior se llega a una expresión del tipo:

$$x^2 + y^2 + z^2 + Ax + By + Cz + D = 0$$

Recíprocamente, una ecuación de este tipo corresponde a una superficie esférica de centro $Q\left(-\frac{A}{2}, -\frac{B}{2}, -\frac{C}{2}\right)$ y radio $r = \sqrt{\left(\frac{A}{2}\right)^2 + \left(\frac{B}{2}\right)^2 + \left(\frac{C}{2}\right)^2 - D}$, siempre que el radicando sea positivo.

Ejercicios resueltos

1 *Averiguar si la ecuación:*

$x^2 + y^2 + z^2 - 4x + 6z - 12 = 0$

corresponde a una superficie esférica y, en caso afirmativo, dar su centro y su radio.

$$r = \sqrt{\left(\frac{A}{2}\right)^2 + \left(\frac{B}{2}\right)^2 + \left(\frac{C}{2}\right)^2 - D} = \sqrt{2^2 + 3^2 + 12} = \sqrt{25} = 5$$

Es una superficie esférica de radio 5 y centro $Q\left(-\frac{A}{2}, -\frac{B}{2}, -\frac{C}{2}\right) = (2, 0, -3)$.

2 *La superficie esférica:*

$(x - 3)^2 + (y + 2)^2 + (z - 1)^2 = 25$

y el plano:

$2x - 2y + z - 2 = 0$

se cortan en una circunferencia. Averiguar su radio.

La superficie esférica tiene el centro en $Q(3, -2, 1)$ y su radio es $R = 5$.

La distancia de Q al plano es:

$$d = \frac{|2 \cdot 3 - 2 \cdot (-2) + 1 - 2|}{\sqrt{2^2 + 2^2 + 1}} = 3$$

Por tanto, el radio de la circunferencia es:

$$r = \sqrt{R^2 - d^2} = \sqrt{5^2 - 3^2} = 4$$

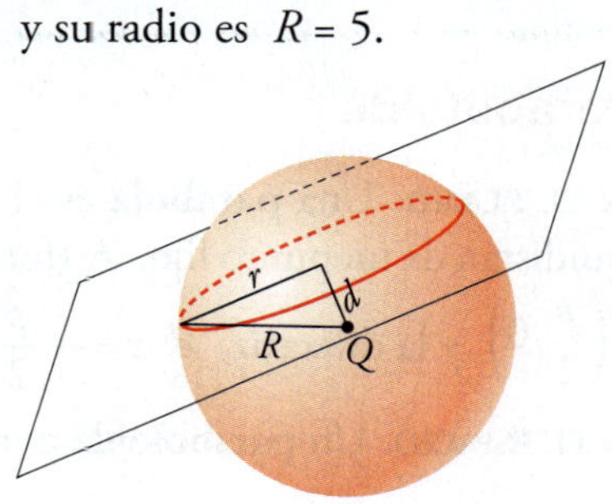

Piensa y practica

2 Averigua si $x^2 + y^2 + z^2 + 2x - 10y + 25 = 0$ corresponde a una superficie esférica, y halla su centro y su radio.

3 Calcula el radio de la circunferencia en la que el plano $4x - 3z - 3 = 0$ corta a $(x - 2)^2 + (y + 5)^2 + z^2 = 169$.

4 Halla el lugar geométrico de los puntos del espacio cuya suma de cuadrados de distancias a $O(0, 0, 0)$ y $Q(10, 0, 0)$ es 68.

Tras efectuar los cálculos, comprueba que la superficie resulta ser una esfera de centro $(5, 0, 0)$ y radio 3.

5 Halla la ecuación de la superficie esférica con centro en $O(5, -1, 3)$ y tangente al plano de ecuación $4x + 4y - 2z + 11 = 0$.

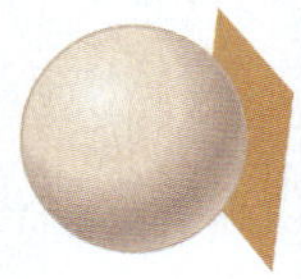

anayaeducacion.es GeoGebra. Escena para visualizar la esfera en función de su ecuación.

Elipsoide

- **EN EL PLANO.** Una **elipse** es el lugar geométrico de los puntos, $P(x, y)$, cuya suma de diferencias a dos puntos fijos, F y F' (focos), es una constante, k: $\overline{PF} + \overline{PF'} = k$.

  Si los focos son $F'(-c, 0)$ y $F(c, 0)$, entonces la ecuación de la elipse es:

  $$\frac{x^2}{a^2} + \frac{y^2}{b^2} = 1, \text{ donde } a = k/2 \text{ y } b = \sqrt{a^2 - c^2}$$

- **EN EL ESPACIO.** Un **elipsoide** es el lugar geométrico de los puntos $P(x, y, z)$ cuya suma de distancias a dos puntos fijos F y F' es una constante, k.

  Si los focos son $F'(-c, 0, 0)$ y $F(c, 0, 0)$, la ecuación del elipsoide adopta la siguiente forma:

  $$\frac{x^2}{a^2} + \frac{y^2 + z^2}{b^2} = 1$$

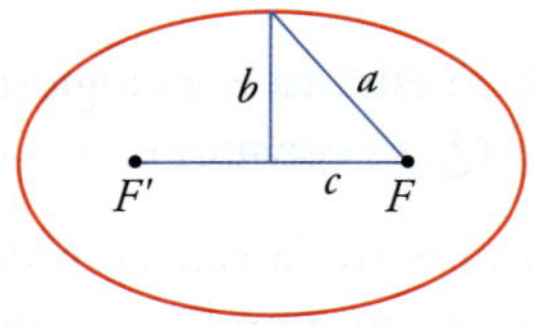

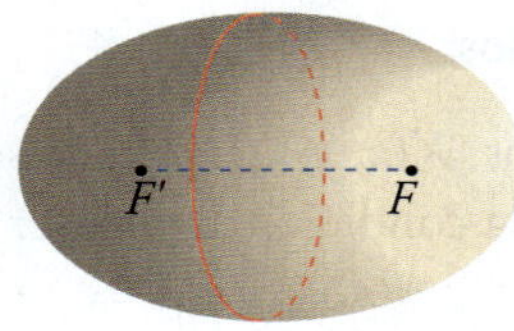

anayaeducacion.es
Repaso profundo de las cónicas.

Ejercicio resuelto

1 *Hallar el lugar geométrico de los puntos cuya suma de distancias a F(3, 0, 0) y F'(–3, 0, 0) es 10.*

Buscamos los puntos $X(x, y, z)$ tales que $dist(X, F) = dist(X, F') = 10$.

$$\sqrt{(x+3)^2 + y^2 + z^2} + \sqrt{(x-3)^2 + y^2 + z^2} = 10$$

$$\sqrt{x^2 + 6x + 9 + y^2 + z^2} = 10 - \sqrt{x^2 - 6x + 9 + y^2 + z^2}$$

Elevando la expresión anterior al cuadrado y simplificando términos, obtenemos:

$$12x - 100 = -20\sqrt{x^2 - 6x + 9 + y^2 + z^2}$$

Elevando nuevamente al cuadrado y simplificando:

$$16x^2 + 25y^2 + 25z^2 = 400$$

Dividiendo por 400:

$$\boxed{\frac{x^2}{5^2} + \frac{y^2}{4^2} + \frac{z^2}{4^2} = 1}$$

Ecuación muy similar a la de la elipse.

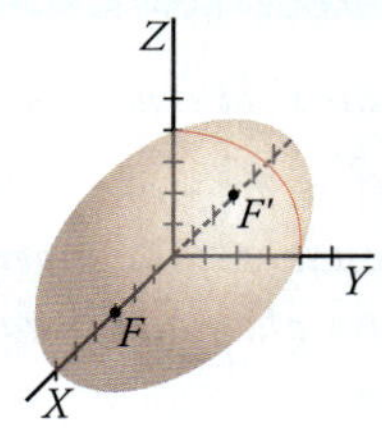

Paraboloide

- **EN EL PLANO.** Una **parábola** es el lugar geométrico de los puntos, $P(x, y)$, que equidistan de un punto fijo, F (foco), y de una recta fija, d (directriz). Si el foco es $F\left(\frac{p}{2}, 0\right)$ y la directriz, d: $x = -\frac{p}{2}$, la ecuación es $y^2 = 2px$.

- **EN EL ESPACIO.** Un **paraboloide** es el lugar geométrico de los puntos $P(x, y, z)$ que equidistan de un punto fijo, F, y de un plano fijo, π. Si $F\left(\frac{p}{2}, 0, 0\right)$ y π: $x = -\frac{p}{2}$, entonces la ecuación del paraboloide es $y^2 + z^2 = 2px$.

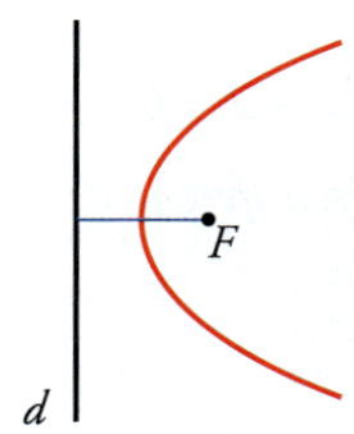

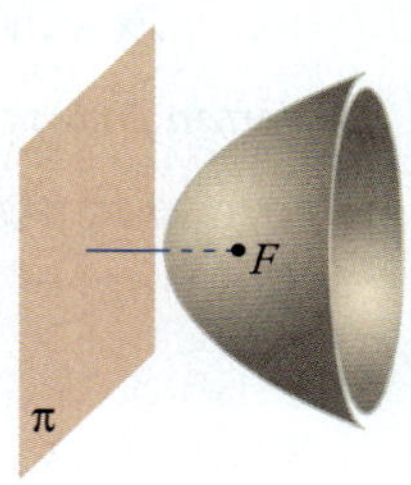

Ejercicio resuelto

1 *Hallar el L.G. de los puntos que equidistan del plano π: z = –1 y del punto F(0, 0, 1).*

$$dist(X, F) = dist(X, \pi); \quad \pi: z + 1 = 0$$

$$\sqrt{x^2 + y^2 + (z-1)^2} = |z + 1| \to x^2 + y^2 + \cancel{z^2} - 2z + \cancel{1} = \cancel{z^2} + 2z + \cancel{1}$$

$$\boxed{z = \frac{1}{4}(x^2 + y^2)}$$

Ecuación muy similar a la de una parábola.

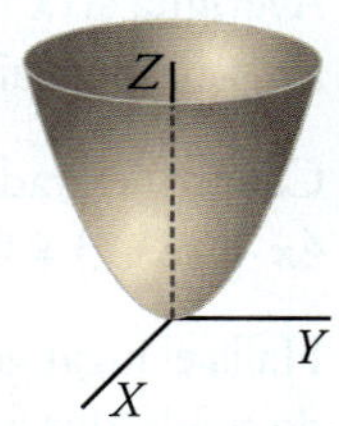

anayaeducacion.es GeoGebra. Escena para visualizar un elipsoide en función de su ecuación.

Hiperboloide

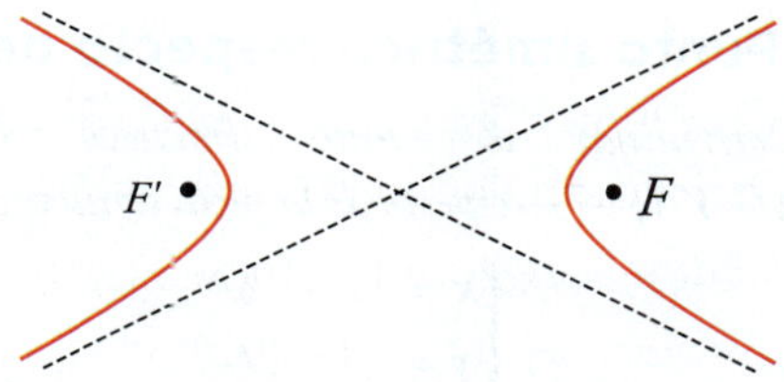

- **EN EL PLANO.** Una **hipérbola** es el lugar geométrico de los puntos, $P(x, y)$, cuya diferencia de distancias, en valor absoluto a dos puntos fijos, F y F' (focos), es una constante, k: $|\overline{PF} - \overline{PF'}| = k$.

  Si los focos son $F'(-c, 0)$ y $F(c, 0)$, entonces la ecuación de la hipérbola es:

  $$\frac{x^2}{a^2} - \frac{y^2}{b^2} = 1, \text{ donde } a = k/2 \text{ y } b = \sqrt{c^2 - a^2}.$$

  Las rectas punteadas de la figura del margen son las asíntotas de la hipérbola.

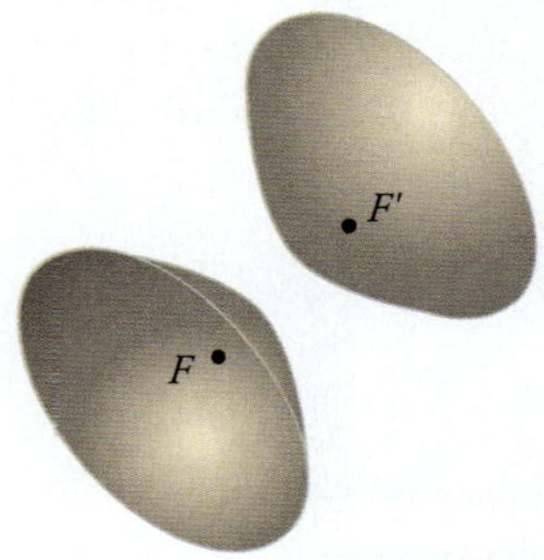

- **EN EL ESPACIO.** Un **hiperboloide** es el lugar geométrico de los puntos $P(x, y, z)$ cuya diferencia de distancias a dos puntos fijos F y F' (focos) es una constante, k.

  Si los focos son $F'(-c, 0, 0)$ y $F(c, 0, 0)$, su ecuación es: $\dfrac{x^2}{a^2} - \dfrac{y^2 + z^2}{b^2} = 1$

Ejercicio resuelto

1 *Hallar el lugar geométrico de los puntos $P(x, y, z)$ que cumplen:*

$$|\overline{PF} - \overline{PF'}| = 8$$

donde $F(0, 5, 0)$ y $F'(0, -5, 0)$.

$$\sqrt{x^2 + (y-5)^2 + z^2} - \sqrt{x^2 + (y+5)^2 + z^2} = 8 \ \to$$

$$\to \sqrt{x^2 + (y-5)^2 + z^2} = 8 + \sqrt{x^2 + (y+5)^2 + z^2}$$

Elevamos al cuadrado en los dos miembros y simplificamos:

$$-5y - 16 = 4\sqrt{x^2 + (y+5)^2 + z^2}$$

Volvemos a elevar al cuadrado y a simplificar:

$$9y^2 - 16x^2 - 16z^2 = 144$$

Dividimos por 144 en los dos miembros:

$$\boxed{\frac{y^2}{4^2} - \frac{x^2 + z^2}{3^2} = 1}$$

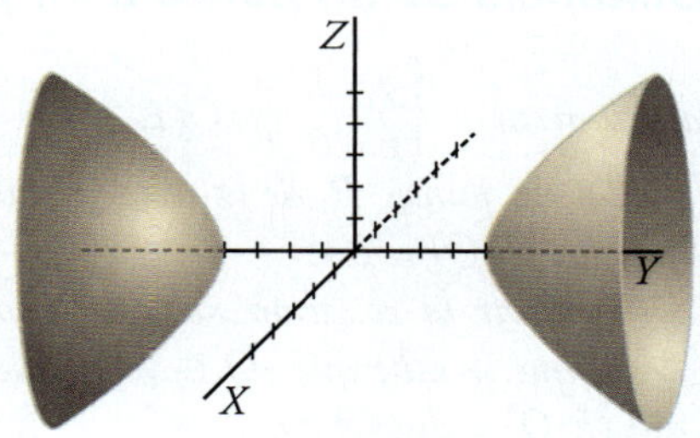

Se trata de un hiperboloide con su eje en el eje Y.

Piensa y practica

Obtén la ecuación del lugar geométrico de los puntos, $P(x, y, z)$ del espacio que cumplen la condición que se indica en cada uno de los siguientes ejercicios:

6 La suma de sus distancias a los puntos $F(0, 3, 0)$ y $F'(0, -3, 0)$ es 10.

7 La suma de sus distancias a los puntos $F(0, 0, 5)$ y $F'(0, 0, -5)$ es 26.

8 Sus distancias a los puntos $F(5, 0, 0)$ y $F'(-5, 0, 0)$ suman 26.

9 Equidistan de $F(0, 1, 0)$ y $\pi: y = -1$.

10 Equidistan de $F(1/4, 0, 0)$ y $\pi: x = -1/4$.

11 La diferencia de sus distancias a $F(0, 0, 5)$ y $F'(0, 0, -5)$, es 8.

12 Cumplen que $|\overline{PF} - \overline{PF'}| = 10$, donde $F(0, 13, 0)$ y $F'(0, -13, 0)$.

13 La diferencia de los cuadrados de sus distancias a $O(0, 0, 0)$ y a $Q(10, 0, 0)$ es 40.

14 La suma de los cuadrados de sus distancias a $P(0, 0, -6)$ y $Q(0, 0, 6)$ es 90.

15 La diferencia de los cuadrados de sus distancias a $P(0, 0, -6)$ y $Q(0, 0, 6)$ es 72.

¿Qué relación hay entre este lugar geométrico y el lugar geométrico del ejercicio anterior?

1. Punto simétrico respecto de una recta

Determinar el punto simétrico de $A(-3, 1, -7)$ respecto de la recta siguiente:

$$r: \begin{cases} x = -1 + \lambda \\ y = 3 + 2\lambda \\ z = -1 + 2\lambda \end{cases}$$

<u>Análisis del problema</u>. *Hallamos el plano π que es perpendicular a r y contiene al punto A. El punto de corte de r con ese plano π, es el punto medio, M, entre A y su simétrico, A'.*

También podemos obtener M expresándolo como un punto genérico de r e imponiendo que $\overrightarrow{AM}$ y $\vec{d}_r$ sean ortogonales.

- Hallamos el plano π que contiene a A y es perpendicular a r:

  $\vec{n} = \vec{d}_r(1, 2, 2) \rightarrow \pi: 1(x+3) + 2(y-1) + 2(z+7) = 0 \rightarrow \pi: x + 2y + 2z + 15 = 0$

- Punto de corte de r y π:

  $(-1+\lambda) + 2(3+2\lambda) + 2(-1+2\lambda) + 15 = 0$

  $9\lambda + 18 = 0 \rightarrow \lambda = -2 \rightarrow M(-3, -1, -5)$

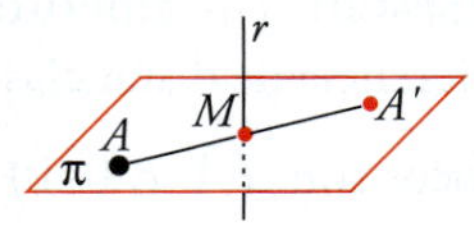

- El punto $A'(\alpha, \beta, \gamma)$ es simétrico de A respecto de M:

$$\left(\frac{\alpha-3}{2}, \frac{\beta+1}{2}, \frac{\gamma-7}{2}\right) = (-3, -1, -5) \rightarrow A'(-3, -3, -3)$$

Otra forma de hallar *M*

M es un punto de r. Sus coordenadas son $(-1+\lambda, 3+2\lambda, -1+2\lambda)$.

$\overrightarrow{AM} \cdot \vec{d}_r = 0$, así obtenemos $\lambda = -2$ y, por tanto, $M(-3, -1, -5)$.

Hazlo tú

Halla el punto simétrico de $A(1, -1, 1)$ respecto de la recta:

$$\frac{x-2}{-1} = \frac{y-3}{0} = z - 1$$

2. Distancia de un punto a un plano

Dada la recta $r: \begin{cases} y = 1 \\ z = 0 \end{cases}$ *y* $Q(1, 1, 1)$:

a) Hallar un punto P de la recta r tal que dist (P, Q) = 1 u.

b) Determinar la ecuación de un plano π del que se sabe que Q ∈ π y que dist (P, Q) = dist (P, π).

a) Cualquier punto de r es de la forma $P(\lambda, 1, 0)$. P debe cumplir:

$dist\,(P, Q) = |\overrightarrow{PQ}| = 1$

$\overrightarrow{PQ} = (1-\lambda, 0, 1) \rightarrow |\overrightarrow{PQ}| = \sqrt{(1-\lambda)^2 + 0^2 + 1^2} = 1 \rightarrow (1-\lambda)^2 = 0 \rightarrow \lambda = 1$

El punto buscado es $P(1, 1, 0)$.

b)

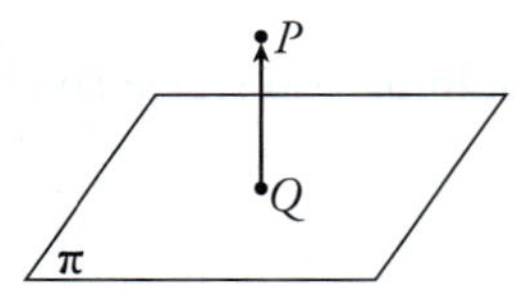

Si $dist\,(P, Q) = dist\,(P, \pi)$, entonces $\overrightarrow{PQ}$ debe ser perpendicular al plano π.

$\vec{n}_\pi = \overrightarrow{PQ} = (0, 0, 1)$

Ecuación del plano π: $0 \cdot x + 0 \cdot y + 1 \cdot z + d = 0$

Como sabemos que $Q \in \pi: 1 + d = 0 \rightarrow d = -1$, por tanto, $\pi: z - 1 = 0$

Hazlo tú

Halla, un punto de la recta $r: (x, y, z) = (0, -2, 1) + \lambda(-1, 2, -3)$ que diste $\frac{5}{\sqrt{14}}$ del plano $\beta: x - 2y + 3z + 12 = 0$.

3. Proyección ortogonal de una recta sobre un plano

Hallar las ecuaciones implícitas de la proyección de la recta r sobre el plano π:

$$r: \begin{cases} x = -1 - \lambda \\ y = -\lambda \\ z = 2\lambda \end{cases}$$

$$\pi: 2x - 3y + z + 1 = 0$$

<u>Análisis del problema</u>. *La recta que buscamos, r', es la intersección del plano π con el plano σ perpendicular a π que contiene a r:*

$\vec{n}_\pi(2, -3, 1) \,//\, \sigma$; $\vec{d}_r(-1, -1, 2) \,//\, \sigma$; $\vec{n}_\pi \times \vec{d}_r = (-5, -5, -5) \rightarrow \vec{n}_\sigma(1, 1, 1)$

$R(-1, 0, 0) \in \sigma \rightarrow \sigma: (x+1) + y + z = 0 \rightarrow$

$\rightarrow \sigma: x + y + z + 1 = 0$

Por tanto: $r': \begin{cases} 2x - 3y + z + 1 = 0 \\ x + y + z + 1 = 0 \end{cases}$

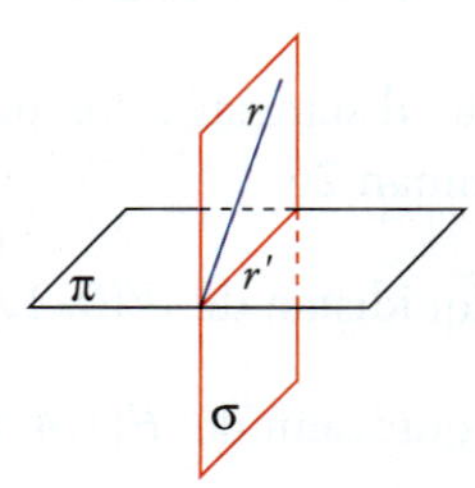

Hazlo tú

Halla la proyección ortogonal de la recta r anterior sobre el plano $\pi: x + 2y - 5z - 1 = 0$.

4. Recta simétrica de otra respecto de un plano

Determinar la recta r', simétrica de la recta $r: x + 2 = y = z - 2$ respecto del plano $\pi: x + z + 2 = 0$

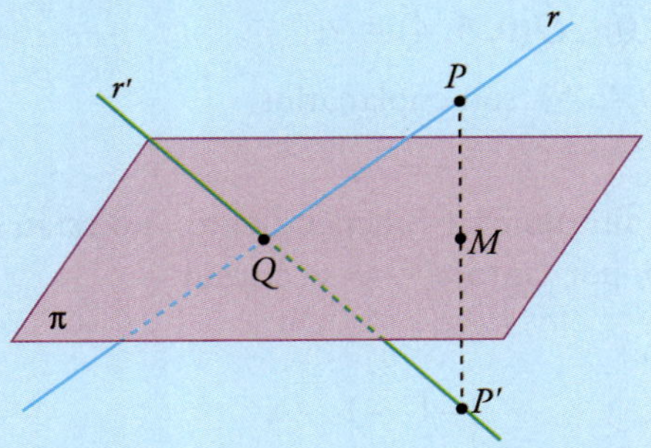

Análisis del problema. *Estudiamos la posición de r y π. La recta simétrica de r pasa por el punto de corte de r y π, si existe, y por el punto simétrico respecto a π de cualquier otro punto de r.*

- Posición de la recta r y el plano π:

  $\vec{d}_r = (1, 1, 1)$; $\vec{n}_\pi = (1, 0, 1) \to \vec{d}_r \cdot \vec{n}_\pi = 1 + 1 = 2 \neq 0$. El vector director de r y el normal del plano no son perpendiculares, por tanto, la recta corta al plano.

- Calculamos el punto Q intersección de r y π:

  $$r: \begin{cases} x = -2 + \lambda \\ y = \lambda \\ z = 2 + \lambda \end{cases}$$ Un punto genérico de r es $P_r(-2 + \lambda, \lambda, 2 + \lambda)$.

  Sustituimos P_r en la ecuación del plano π para, así, obtener el punto de corte:

  $-2 + \lambda + 2 + \lambda + 2 = 0 \to \lambda = -1 \to Q(-3, -1, 1)$, que es común de r y r'.

- Hallamos la proyección ortogonal de otro punto cualquiera de r, distinto de Q, sobre el plano π. Para hallar otro punto de r, tomamos, por ejemplo, $\lambda = 2$, y obtenemos $P(0, 2, 4)$. La ecuación de la recta s perpendicular a π desde P es:

  $$\vec{d}_s = \vec{n}_\pi = (1, 0, 1) \to s: \begin{cases} x = \lambda \\ y = 2 \\ z = 4 + \lambda \end{cases}$$

  Para hallar el punto de corte, M, de s y π, sustituimos un punto genérico de s en la ecuación de π. Es decir, $\lambda + 4 + \lambda + 2 = 0 \to \lambda = -3$

  $M(-3, 2, 1)$ es el punto medio del segmento PP', donde P' es el simétrico de $P(0, 2, 4)$ respecto de π.

- Hallamos las coordenadas del punto $P'(x, y, z)$:

  $$\frac{0 + x}{2} = -3;\ \frac{2 + y}{2} = 2;\ \frac{4 + z}{2} = 1 \to P'(-6, 2, -2)$$

- Finalmente, calculamos la ecuación de la recta buscada, r', que pasa por los puntos $Q(-3, -1, 1)$ y $P'(-6, 2, -2)$:

  $$\overrightarrow{P'Q} = (3, -3, 3) \to \vec{d}_{r'} = (1, -1, 1) \to r': \begin{cases} x = -3 + \lambda \\ y = -1 - \lambda \\ z = 1 + \lambda \end{cases}$$

Hazlo tú

Halla la ecuación de la recta r' simétrica de $r: \frac{x}{0} = \frac{2 - y}{1} = \frac{z + 1}{2}$ respecto del plano $\pi: 2x - y + z - 6 = 0$.

5. Distancia entre rectas paralelas

Estudiar la posición relativa de las rectas r y s y hallar la distancia entre ellas.

$$r: \begin{cases} x = 2\lambda \\ y = 1 + \lambda \\ z = 3 - \lambda \end{cases}$$

$$s: \begin{cases} x - 2y - 1 = 0 \\ y + z = 0 \end{cases}$$

- Hallamos el vector dirección de s: $\vec{d}_s = (1, -2, 0) \times (0, 1, 1) = (-2, -1, 1)$

  $\vec{d}_r(2, 1, -1)$ $\vec{d}_s(-2, -1, 1) \to \vec{d}_r = -\vec{d}_s$

  r y s tienen la misma dirección.

  $A(0, 1, 3) \in r$ pero $A \notin s \to r$ y s son paralelas.

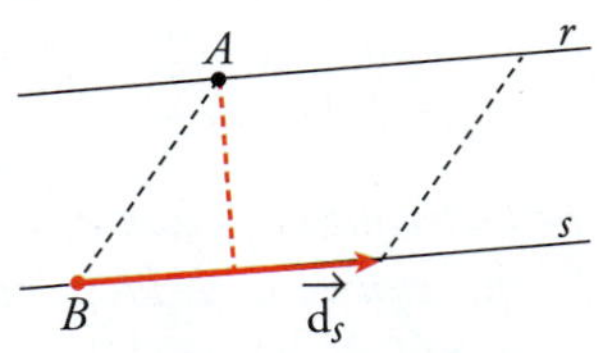

- Hallamos, utilizando el producto vectorial, el área del paralelogramo determinado por $\vec{d}_s$ y un vector cualquiera, que une un punto A de r con otro B de s. Al dividir el área entre su base, $|\vec{d}_s|$, obtenemos la altura del paralelogramo, es decir, la distancia de A a s y, por tanto, la distancia de r a s.

  Tomamos un punto de s haciendo $z = 0$: $B(1, 0, 0)$

  $$\left.\begin{array}{l} B(1,0,0) \\ \overrightarrow{AB}(1,-1,-3) \end{array}\right\} dist(A, s) = \frac{|\overrightarrow{AB} \times \vec{d}_s|}{|\vec{d}_s|} = \frac{|(-4,5,-3)|}{|(-2,-1,1)|} = \frac{\sqrt{50}}{\sqrt{6}} = \frac{5\sqrt{3}}{3}$$

Hazlo tú

Calcula la distancia entre las rectas:

$r: x - 1 = -y = z + 3$

$s: 3 - x = y + 4 = -z + 2$

6. Distancia entre rectas que se cruzan

Dadas las rectas de ecuaciones:

$$r: \begin{cases} 5x + y - z = 4 \\ 2x - 2y - z = -5 \end{cases}$$

$$s: \begin{cases} x - y = -5 \\ z = 4 \end{cases}$$

a) Justificar que las rectas r y s se cruzan.

b) Calcular razonadamente la distancia entre r y s.

c) Determinar la ecuación del plano que es paralelo y equidistante de r y s.

Hazlo tú

a) Comprueba que las rectas r y s se cruzan y calcula la distancia entre ellas.

$$r: x+1 = \frac{y-1}{-1} = \frac{z+3}{2}$$

$$s: \begin{cases} x = t \\ y = 1+t \\ z = 2-t \end{cases}$$

b) Halla la ecuación de los planos paralelos a r y s y que distan $\sqrt{14}$ u de s.

Análisis del problema. *Para calcular la distancia entre r y s, utilizaremos el método del plano paralelo: hallamos el plano β que contiene a r y es paralelo a s. La distancia de un punto cualquiera de s al plano β es la distancia pedida.*

a) $\vec{d_r}(-1, 1, -4)$; $P(0, 3, -1) \in r$; $\vec{d_s}(-1, -1, 0)$; $Q(0, 5, 4) \in s$:

Estudiamos si los vectores $\vec{d_r}$, $\vec{d_s}$ y $\overrightarrow{PQ}(0, 2, 5)$ son coplanarios.

$$\begin{vmatrix} -1 & 1 & -4 \\ -1 & -1 & 0 \\ 0 & 2 & 5 \end{vmatrix} = 18 \neq 0 \rightarrow$$ Los vectores son linealmente independientes, no están en un mismo plano, por tanto r y s se cruzan.

b) Plano β que contiene a r y es paralelo a s:

$$P(0, 3, -1) \in r,\ \vec{d_r}(-1, 1, -4),\ \vec{d_s}(-1, -1, 0) \rightarrow \beta: \begin{vmatrix} -1 & -1 & x \\ 1 & -1 & y-3 \\ -4 & 0 & z+1 \end{vmatrix} = 0$$

$\beta: -2x + 2y + z - 5 = 0$; $Q(0, 5, 4) \in s$

$$dist(r, s) = dist(Q, \beta) = \frac{|-2 \cdot 0 + 2 \cdot 5 + 4 - 5|}{\sqrt{4+4+1}} = \frac{9}{3} = 3$$

c) Como el plano π que buscamos ha de ser paralelo a r y a s, su vector normal será $\vec{d_r} \times \vec{d_s} = (-4, 4, 2)$. Por tanto, $\pi: -4x + 4y + 2z + d = 0$.

Calculamos la distancia de $P(0, 3, -1) \in r$ al plano π. Esa distancia debe ser igual a la mitad de la distancia entre r y s:

$$dist(P, \pi) = \frac{|-4 \cdot 0 + 4 \cdot 3 + 2(-1) + d|}{\sqrt{16+16+4}} = \frac{3}{2} \rightarrow \frac{|10+d|}{6} = \frac{3}{2} \rightarrow d = -1;\ d = -19$$

Para saber cuál de los dos valores debemos tomar, hallamos también la distancia de $Q(0, 5, 4) \in s$ a π:

$$dist(Q, \pi) = \frac{|-4 \cdot 0 + 4 \cdot 5 + 2 \cdot 4 + d|}{\sqrt{16+16+4}} = \frac{3}{2} \rightarrow \frac{|28+d|}{6} = \frac{3}{2} \rightarrow d = -19;\ d = -37$$

El plano pedido es $\pi: -4x + 4y + 2z - 19 = 0$

7. Puntos equidistantes

Dados los planos de ecuaciones:

$$\alpha: x - y + z = 0 \quad y \quad \beta: x + y - z = 2$$

a) Hallar la ecuación de la recta r que pasa por A(1, 2, 3) y no corta a ninguno de los dos planos.

b) Determinar el punto P de la recta r que equidista de los puntos R(1, 0, 0) y S(1, 2, 4).

Hazlo tú

Halla un punto A de la recta:

$$r: \begin{cases} x = 5 + \lambda \\ y = 3 - \lambda \\ z = -2 - 2\lambda \end{cases}$$ que equidiste de $B(1, 0, 1)$ y $C(2, 4, -2)$.

a) Estudiamos la posición de los planos α y β.

Como $\vec{n_\alpha}(1, -1, 1)$ y $\vec{n_\beta}(1, 1, -1)$ no son proporcionales, los planos no son paralelos y, por tanto, se cortan en una recta s.

Comprobamos que A no está contenido en ninguno de los dos planos:

$$1 - 2 + 3 \neq 0 \qquad 1 + 2 - 3 \neq 2$$

La recta r que pasa por A, no está contenida en ninguno de los planos y tampoco los corta, por lo que debe ser paralela a ambos. Su vector dirección será paralelo al de la recta que determinan, es decir: $\vec{d_r} = \vec{n_\alpha} \times \vec{n_\beta} = (0, 2, 2) = 2(0, 1, 1)$

Con A y $\vec{d_r}$ escribimos las ecuaciones paramétricas de r: $\begin{cases} x = 1 \\ y = 2 + \lambda \\ z = 3 + \lambda \end{cases}$

b) Sea $P(1, 2 + \lambda, 3 + \lambda)$ un punto de r que debe cumplir $|\overrightarrow{PR}| = |\overrightarrow{PS}| \rightarrow$

$$\rightarrow \sqrt{(-2-\lambda)^2 + (-3-\lambda)^2} = \sqrt{(-\lambda)^2 + (1-\lambda)^2} \rightarrow \lambda = -1$$

$P(1, 1, 2)$ es el punto que buscamos.

8. Recta perpendicular común a dos rectas que se cruzan

Comprobar que las rectas

$$r: \begin{cases} x = 1 \\ y = 5 + \lambda \\ z = \lambda \end{cases} \quad s: \begin{cases} x = 7 + 3\lambda \\ y = -5 + \lambda \\ z = 7 \end{cases}$$

se cruzan y, a continuación, y hallar la ecuación de la recta perpendicular a ambas.

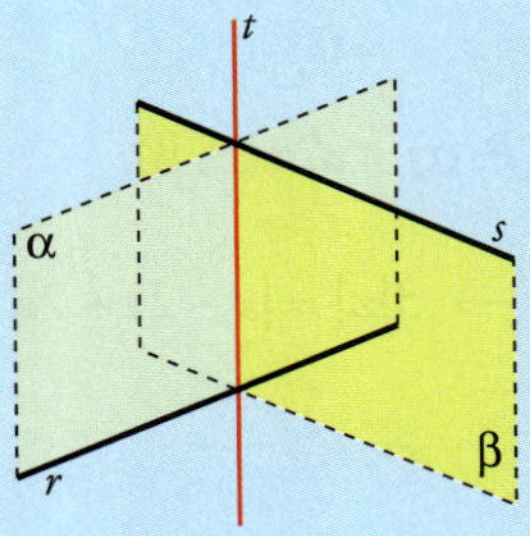

Análisis del problema. *Expresaremos la recta t como intersección de dos planos: α que contiene a r y al vector $\vec{d}_r \times \vec{d}_s$ y β que contiene a s y al vector $\vec{d}_r \times \vec{d}_s$.*

Posición relativa de r y s

$$\left.\begin{array}{l} \vec{d}_r(0,1,1)//r;\ R(1,5,0) \in r \\ \vec{d}_s(3,1,0)//s;\ S(7,-5,7) \in s \\ \overrightarrow{RS}(6,-10,7) \end{array}\right\} \to |A| = \begin{vmatrix} 6 & -10 & 7 \\ 0 & 1 & 1 \\ 3 & 1 & 0 \end{vmatrix} \neq 0 \to ran(A) = 3 \to$$

$\to r$ y s se cruzan.

Recta perpendicular a r y a s: intersección de dos planos

Por ser la recta buscada, t, perpendicular a r y a s, su vector dirección es:

$$\vec{d}_t = \vec{d}_r \times \vec{d}_s = (0,\ 1,\ 1) \times (3,\ 1,\ 0) = (-1,\ 3,\ -3)$$

Plano α: contiene a r y a t:

$$\left.\begin{array}{l} P(1,5,0) \\ \vec{d}_r(0,1,1) \\ \vec{d}_t(-1,3,-3) \end{array}\right\} \to \alpha: \begin{vmatrix} x-1 & 0 & -1 \\ y-5 & 1 & 3 \\ z & 1 & -3 \end{vmatrix} = 0 \to \boxed{6x + y - z - 11 = 0}$$

Plano β: contiene a s y a t:

$$\left.\begin{array}{l} Q(7,-5,7) \\ \vec{d}_s(3,1,0) \\ \vec{d}_t(-1,3,-3) \end{array}\right\} \to \beta: \begin{vmatrix} x-7 & 3 & -1 \\ y+5 & 1 & 3 \\ z-7 & 0 & -3 \end{vmatrix} = 0 \to \boxed{3x - 9y - 10z + 4 = 0}$$

Por tanto, la recta t es: $\begin{cases} 6x + y - z - 11 = 0 \\ 3x - 9y - 10z + 4 = 0 \end{cases}$

Otro método: vector variable que va de r a s

Tomamos un punto genérico R de r y otro S de s.

$$\left.\begin{array}{l} R \in r \to R(1,\ 5+\lambda,\ \lambda) \\ S \in s \to S(7+3\mu,\ -5+\mu,\ 7) \end{array}\right\} \overrightarrow{RS}(6+3\mu,\ -10+\mu-\lambda,\ 7-\lambda)$$

Ahora *obligamos* a que $\overrightarrow{RS}$ sea perpendicular a r y a s:

$$\left.\begin{array}{l} \overrightarrow{RS} \perp r \to (6+3\mu,\ -10+\mu-\lambda,\ 7-\lambda)\cdot(0,\ 1,\ 1) = 0 \\ \overrightarrow{RS} \perp s \to (6+3\mu,\ -10+\mu-\lambda,\ 7-\lambda)\cdot(3,\ 1,\ 0) = 0 \end{array}\right\} \to \left\{\begin{array}{l} \mu - 2\lambda = 3 \\ 10\mu - \lambda = -8 \end{array}\right\} \begin{array}{l} \lambda = -2 \\ \mu = -1 \end{array}$$

Sustituyendo en r y en s, obtenemos $R(1,\ 3,\ -2)$, $S(4,\ -6,\ 7)$. La recta que pasa por R y S es la perpendicular común.

Hazlo tú

Considera estas rectas:

$$r: \frac{x-3}{2} = \frac{y}{1} = \frac{z-1}{1}$$

$$s: \begin{cases} x = \lambda \\ y = -\lambda \\ z = -\lambda \end{cases}$$

Halla los puntos que dan la mínima distancia entre ellas y la ecuación de la perpendicular común.

9. Distancia de un punto a una recta

Hallar un punto S de la recta

$$s: \begin{cases} x = \lambda \\ y = -\lambda \\ z = 0 \end{cases}$$ *cuya distancia a la recta*

$$r: \frac{x-2}{-1} = \frac{y}{1} = \frac{z}{1}$$ *sea igual a* $\sqrt{2}$.

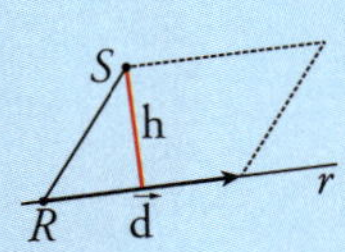

Vamos a aplicar el método del producto vectorial: $dist\,(S,\ r) = \dfrac{|\overrightarrow{RS} \times \vec{d}_r|}{|\vec{d}_r|} = \sqrt{2}$

Tomamos un punto cualquiera de r, por ejemplo $R(2,\ 0,\ 0)$ y un punto genérico de s, $S(\lambda,\ -\lambda,\ 0)$, por tanto, $\overrightarrow{RS}(\lambda - 2,\ -\lambda,\ 0)$. Puesto que $\vec{d}_r(-1,\ 1,\ 1)$:

$$\overrightarrow{RS} \times \vec{d}_r = (-\lambda,\ -\lambda + 2,\ -2) \to |\overrightarrow{RS} \times \vec{d}_r| = \sqrt{(-\lambda)^2 + (-\lambda+2)^2 + (-2)^2};\ |\vec{d}_r| = \sqrt{3}$$

$$dist\,(S,\ r) = \frac{|\overrightarrow{RS} \times \vec{d}_r|}{|\vec{d}_r|} = \frac{\sqrt{(-\lambda)^2 + (-\lambda+2)^2 + (-2)^2}}{\sqrt{3}} = \sqrt{2} \to 2\lambda^2 - 4\lambda + 2 = 0 \to \lambda = 1$$

El punto que buscamos es, pues, $S(1,\ -1,\ 0)$.

10. Lugares geométricos

Dados los planos:

$\alpha: z = 0$ *y* $\beta: x - 2y + 2z - 5 = 0$

hallar:

a) El lugar geométrico de los puntos del plano α *que distan 2 unidades del plano* β.

b) El lugar geométrico de los puntos que equidistan de los planos α *y* β.

c) Los puntos de la recta r *que distan de* β *el doble que de* α.

$$r: \begin{cases} x = 1 + 2t \\ y = t \\ z = -t \end{cases}$$

a) Los puntos genéricos del plano α son de la forma $P(x, y, 0)$. Calculamos la distancia de P al plano β y la igualamos a 2.

$$dist(P, \beta) = \frac{|x - 2y + 2 \cdot 0 - 5|}{\sqrt{1^2 + (-2)^2 + 2^2}} = 2 \rightarrow |x - 2y - 5| = 6 \begin{cases} x - 2y - 5 = 6 \\ x - 2y - 5 = -6 \end{cases}$$

Por tanto, los puntos que buscamos deben cumplir una de esas relaciones y además deben estar contenidos en el plano $z = 0$.

Son dos rectas: $r: \begin{cases} x - 2y - 11 = 0 \\ z = 0 \end{cases}$ y $s: \begin{cases} x - 2y + 1 = 0 \\ z = 0 \end{cases}$

b) Sea $P(x, y, z)$ uno de los puntos que cumple $dist(P, \alpha) = dist(P, \beta)$:

$$\frac{|z|}{1} = \frac{|x - 2y + 2z - 5|}{\sqrt{1 + 4 + 4}} \rightarrow |z| = \frac{|x - 2y + 2z - 5|}{3} \rightarrow 3|z| = |x - 2y + 2z - 5|$$

$$\begin{cases} 3z = x - 2y + 2z - 5 \rightarrow x - 2y - z - 5 = 0 \\ -3z = x - 2y + 2z - 5 \rightarrow x - 2y + 5z - 5 = 0 \end{cases}$$

Son los planos bisectores del ángulo diedro formado por los planos α y β.

c) Un punto genérico de r es de la forma $P(1 + 2t, t, -t)$ y debe cumplir que $dist(P, \beta) = 2dist(P, \alpha)$.

$$\frac{|1 + 2t - 2t + 2(-t) - 5|}{\sqrt{1 + 4 + 4}} = 2|-t| \rightarrow |-2t - 4| = 6|-t| \rightarrow t = 1,\ t = -1/2$$

Sustituimos en r y obtenemos $P_1(3, 1, -1)$ y $P_2(0, -1/2, 1/2)$.

Hazlo tú

Halla el L.G. de los puntos cuya distancia a $A(0, 2, 1)$ sea el doble de la distancia a $B(-1, 3, -2)$.

11. Esfera

a) Hallar la ecuación de la esfera que pasa por los puntos $A(1, -3, 4)$, $B(1, -5, 2)$, $C(1, -3, 0)$ *y tiene su centro en el plano* $x + y + z = 0$.

b) ¿Cuál es la ecuación del plano tangente a dicha esfera en el punto A*?*

a) El centro, U, equidista de A, B y C:

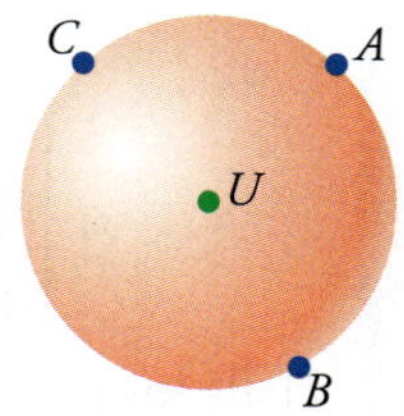

$$dist(A, U) = dist(B, U) \rightarrow \sqrt{(x-1)^2 + (y+3)^2 + (z-4)^2} = \sqrt{(x-1)^2 + (y+5)^2 + (z-2)^2} \rightarrow \boxed{y + z + 1 = 0}$$

$$dist(A, U) = dist(C, U) \rightarrow \sqrt{(x-1)^2 + (y+3)^2 + (z-4)^2} = \sqrt{(x-1)^2 + (y+3)^2 + z^2} \rightarrow \boxed{z - 2 = 0}$$

Así, hemos obtenido dos planos que contienen al centro U.

Con ellos y el plano $x + y + z = 0$, obtendremos U:

$$\left.\begin{array}{r} y + z + 1 = 0 \\ z - 2 = 0 \\ x + y + z = 0 \end{array}\right\} \text{Centro de la esfera: } U(1, -3, 2)$$

Radio de la esfera = $dist(U, A) = 2$

Ecuación de la esfera: $\boxed{(x - 1)^2 + (y + 3)^2 + (z - 2)^2 = 4}$

b) El plano α tangente en A tiene como vector normal $\overrightarrow{UA}$:

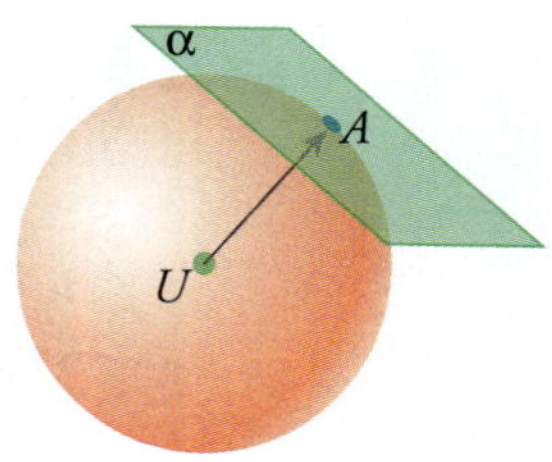

$$\overrightarrow{UA} = \overrightarrow{OA} - \overrightarrow{OU} = (1, -3, 4) - (1, -3, 2) = (0, 0, 2)$$

Plano α:

$$0(x - 1) + 0(y + 3) + 2(z - 4) = 0 \rightarrow \boxed{\alpha : z = 4}$$

EJERCICIOS Y PROBLEMAS GUIADOS

1. Punto más cercano a una recta

Hallar el punto que está más cercano a $P(1, 3, 0)$ de entre todos los puntos de la recta determinada por el punto $Q(-2, 2, 1)$ y el vector $\vec{v}(1, 1, 1)$. Calcular la distancia del punto P a la recta.

- Halla la ecuación del plano π perpendicular a r y que pasa por P.

  Llama A al punto de corte de r y π: para hallarlo, sustituye las ecuaciones paramétricas de r en la ecuación de π.
- La distancia de P a r es la misma que la distancia entre P y A.

Solución: $A(-1, 3, 2)$, $dist(P, r) = 2\sqrt{2}$.

2. Distancia de un punto a un plano

Determinar la relación que deben cumplir a y b para que la distancia del punto $P(a, 1, b)$ al plano determinado por los puntos $A(1, 1, 1)$, $B(1, 0, 0)$ y $C(0, 2, 1)$ sea igual a 1.

- Escribe la ecuación implícita del plano π que pasa por los puntos A, B y C. Para ello, toma los vectores $\overrightarrow{AB}$ y $\overrightarrow{AC}$ y uno cualquiera de los puntos dados.
- Iguala a 1 la expresión de la distancia de P a π.
- Obtendrás una ecuación con un valor absoluto que da lugar a dos soluciones.

Solución: $a - b = \sqrt{3}$ o bien $a - b = -\sqrt{3}$.

3. Distancia entre rectas

Considerar el punto $Q(3, -1, 4)$ y la recta:

$$r: \begin{cases} x = -2 + 3t \\ y = \quad -2t \\ z = \ 1 + 4t \end{cases}$$

a) Hallar la distancia de Q a la recta r.

b) Justificar que la recta s que pasa por Q y tiene como vector dirección $(1, -1, 1)$, no corta a r.

c) Calcular la distancia entre r y s.

a) Halla un punto P y el vector de dirección de r, $\vec{d_r}$. Divide el área del paralelogramo que forman $\vec{d_r}$ y $\overrightarrow{PQ}$ entre la medida de su base y obtendrás $dist(Q, r)$.

b) Comprueba que los vectores $\vec{d_r}$, $\vec{d_s}$ y $\overrightarrow{PQ}$ son linealmente independientes y, por tanto, no coplanarios.

c) Como r y s se cruzan, para hallar su distancia divide el volumen del paralelepípedo formado por $\vec{d_r}$, $\vec{d_s}$ y $\overrightarrow{PQ}$ entre el área de la base que forman $\vec{d_r}$ y $\vec{d_s}$.

Solución: a) $\sqrt{6}$ u b) $\begin{vmatrix} 3 & -2 & 4 \\ 1 & -1 & 1 \\ 5 & -1 & 3 \end{vmatrix} = 6 \neq 0$ c) $\sqrt{6}$ u

4. Recta perpendicular a otra

Hallar la ecuación de la recta s que pasa por el punto $P(2, -1, 1)$ y corta perpendicularmente a la recta r:

$$r: \begin{cases} x = \ 3 + \lambda \\ y = -1 + 2\lambda \\ z = \quad 3\lambda \end{cases}$$

Podemos resolver el problema utilizando dos métodos:

I) La recta s es la intersección de dos planos: α: es perpendicular a r y contiene a P; β: contiene a r y a P.

II) Después de hallar el plano α, perpendicular a r y que contiene a P, buscamos el punto Q de corte de r y α. Los puntos P y Q determinan la recta s.

Solución: $(x, y, z) = (2, -1, 1) + \lambda(8, 2, -4)$

5. Volumen de un cubo y vértices de un cuadrado

a) Calcular el volumen de un cubo cuyos vértices pertenezcan a estos dos planos:

$\alpha: 4x + 6y - 12z + 1 = 0$

$\beta: -2x - 3y + 6z - 5 = 0$

b) Los puntos $A(2, 1, 3)$ y $B(1, 2, 3)$, son vértices consecutivos de un cuadrado ABCD. El punto C está en los planos β y $\pi: x - y + z = 2$. Hallar C y D.

a) Comprueba que los planos α y β son paralelos.
Halla la longitud de la arista del cubo, que es la distancia entre los planos α y β.

b) Los vectores $\overrightarrow{AB}$ y $\overrightarrow{BC}$ deben ser perpendiculares. Además, sabemos que $C \in \beta$ y $C \in \pi$.

Obtendrás un sistema de tres ecuaciones cuya solución corresponde a las coordenadas de C.

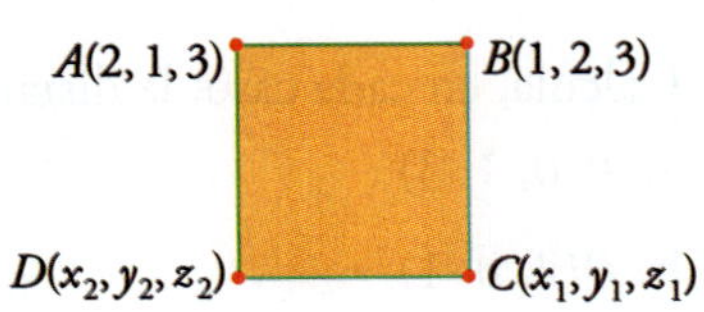

Con la igualdad de los vectores $\overrightarrow{AB} = \overrightarrow{DC}$ halla las coordenadas de D.

Solución: a) $V = 0{,}27$ u^3 b) $C(2, 3, 3)$; $D(3, 2, 3)$

Recuerda seleccionar el material de trabajo de esta unidad para tu **portfolio.**

EJERCICIOS Y PROBLEMAS PROPUESTOS

Para practicar

Ángulos

1 Halla el ángulo que forman las rectas r y s en cada caso. Comprueba, previamente, que se cortan:

a) $r: \begin{cases} x = 5 - 2\lambda \\ y = 4 + 3\lambda \\ z = \ \ -2\lambda \end{cases}$ $s: \begin{cases} x = 5 - \lambda \\ y = 4 + 5\lambda \\ z = \lambda \end{cases}$

b) $r: \begin{cases} 5x + y - z = 4 \\ 2x - 2y - z = -5 \end{cases}$ $s: \begin{cases} x - y = -5 \\ z = -5 \end{cases}$

2 Halla, en cada caso, el ángulo que forman la recta y el plano:

a) $r: \dfrac{x+1}{-2} = \dfrac{y+3}{4} = \dfrac{z}{2}$ $\pi: x - 2y - z + 1 = 0$

b) $r: x = \lambda,\ y = 1 + 2\lambda,\ z = -2$ $\pi: 2x - y + z = 0$

c) $r: \dfrac{x-1}{2} = \dfrac{y-3}{1} = \dfrac{z}{1}$ $\pi: x + z = 17$

3 Calcula el ángulo que forman los siguientes pares de planos:

a) $\alpha: z = 3$ $\beta: x - y + 2z + 4 = 0$

b) $\alpha: 2x + y - 3 = 0$ $\beta: x + z - 1 = 0$

c) $\alpha: x - 2y + z = 0$ $\beta: z = 0$

4 Calcula los tres ángulos de los triángulos cuyos vértices son:

a) $A(0, 0, 0)$, $B(1, 2, 1)$, $C(3, 1, 1)$

b) $A(2, 7, 3)$, $B(1, 2, 5)$, $C(-1, -2, 5)$

5 Calcula el valor de m para que r y s formen un ángulo de:

a) 90° b) 60°

$r: x - 1 = \dfrac{y-1}{\sqrt{2}} = \dfrac{z-1}{-1}$ $s: x = \dfrac{y-1}{m} = z - 1$

Distancias

6 Calcula la distancia entre el punto $Q(2, -1, 0)$ y el plano que contiene al punto $P(2, 0, 4)$ y a la recta:

$$s: \frac{x-3}{-2} = \frac{y-2}{3} = \frac{z-4}{0}$$

7 Halla la distancia entre los siguientes pares de planos:

a) $\pi_1: x - 2y + 3 = 0;$ $\pi_2: 2x - 4y + 1 = 0$

b) $\pi_1: 3x - 2y + z - 2 = 0;$ $\pi_2: 2x - y + z = -5$

8 Calcula, en cada caso, la distancia entre P y el plano π:

a) $P(0, 1, 3)$ $\pi: x - y - 2z + 3 = 0$

b) $P(2, 0, 1)$ $\pi: x + y - 2z = 0$

c) $P(3, -4, 1)$ $\pi: y = 3$

d) $r: x - 1 = \dfrac{y-1}{\sqrt{2}} = \dfrac{z-1}{-1}$ $s: x = \dfrac{y-1}{m} = z - 1$

9 Halla la distancia de la recta r al plano π en cada caso:

a) $r: \begin{cases} x = 2 + 4\lambda \\ y = 3\lambda \\ z = -1 + 7\lambda \end{cases}$ $\pi: 3x - 4y - 3 = 0$

b) $r: \begin{cases} x = 3 + 2\lambda \\ y = 5 \\ z = 4 + \lambda \end{cases}$ $\pi: 7x - 2y - z + 1 = 0$

10 Dada la recta $r: \begin{cases} x = 4 + \lambda \\ y = 2 + \lambda \\ z = -1 - 3\lambda \end{cases}$ y el punto $P(3, 1, 6)$:

a) Escribe la ecuación de un plano, π, que sea perpendicular a r y que contiene a P.

b) Halla el punto Q, intersección de r y π.

c) Calcula la distancia de P a Q.

11 Halla la distancia entre la recta y el punto del problema anterior utilizando el producto vectorial de $\vec{d}_r$ y $\overrightarrow{PR}$ siendo R un punto cualquiera de r.

12 Halla la distancia entre el punto $P(2, 2, -11)$ y la recta:

$$r: \begin{cases} x = 9 + 12\lambda \\ y = -1 - 3\lambda \\ z = 6 + 5\lambda \end{cases}$$

13 Dados la recta $r: \dfrac{x-3}{-1} = \dfrac{y+1}{3} = \dfrac{z}{2}$ y el punto $A(5, 7, 3)$:

a) Calcula la distancia del punto A a la recta r.

b) Halla la distancia de $B(1, 1, 1)$ al plano π para que pase por $P(3, -1, 0)$ y sea perpendicular a r.

14 Calcula la distancia que hay entre estas rectas:

$r: \begin{cases} x = 4\lambda \\ y = -10 - 3\lambda \\ z = 9 + 5\lambda \end{cases}$ $s: \begin{cases} x = 2 - 12\lambda \\ y = 1 + 9\lambda \\ z = 4 + \lambda \end{cases}$

Para ello, sigue estos pasos:

a) Halla el plano π que contenga a la recta r y sea paralelo a la recta s.

b) Halla la distancia de un punto (el que quieras) de s al plano π.

15 a) Estudia la posición relativa del plano $\pi: 3x - 2y + z = 3$ y la recta $r: \begin{cases} x + 3y + 3z = 0 \\ y + 2z = 1 \end{cases}$.

b) Si la recta es paralela al plano, calcula la distancia entre ellos. Si la recta corta al plano, halla el punto de corte y el ángulo que forman.

16 Calcula la distancia que hay entre estas rectas:

$$r: \begin{cases} x = -2 + 3\lambda \\ y = 2\lambda \\ z = 1 + \lambda \end{cases} \qquad s: \begin{cases} x = 1 - \lambda \\ y = 5\lambda \\ z = -2 + \lambda \end{cases}$$

Para ello, haz lo siguiente:

a) Halla el vector $\overrightarrow{PQ}$, siendo P y Q puntos de las rectas r y s, respectivamente.

b) Halla el volumen, V, del paralelepípedo definido por $\overrightarrow{PQ}$ y los vectores dirección de r y s.

c) Halla el área, A, del paralelogramo definido por los vectores dirección de r y s.

d) La distancia de r a s coincide con el resultado de dividir V entre A.

17 Comprueba que las rectas siguientes se cruzan y calcula la distancia entre ellas.

$$r: \begin{cases} -x - 2y + 12 = 0 \\ 3y - z - 15 = 0 \end{cases} \qquad s: \frac{x-2}{5} = \frac{y+3}{2} = \frac{z}{3}$$

Áreas y volúmenes

18 Halla el área de cada uno de los triángulos ABC donde:

a) $A(2, 7, 3)$, $B(1, -5, 4)$, $C(7, 0, 11)$

b) $A(3, -7, 4)$, $B(-1, 2, 5)$, $C(-5, 11, 6)$

Justifica la solución del segundo.

19 Calcula, en cada caso, el volumen del tetraedro de vértices:

a) $(2, 1, 4)$; $(1, 0, 2)$; $(4, 3, 2)$; $(1, 5, 6)$

b) $(4, 1, 2)$; $(2, 0, 1)$; $(2, 3, 4)$; $(6, 5, 1)$

20 Calcula el área total y el volumen del tetraedro determinado por los ejes coordenados y el plano:

$$\pi: 6x - 5y + 3z - 30 = 0$$

21 Halla la ecuación del plano π perpendicular a la recta $r: \frac{x+3}{2} = \frac{y-4}{3} = \frac{z}{4}$ y que pasa por el punto $(-1, 1, 0)$, y calcula el volumen de la figura limitada por π y los tres planos coordenados.

22 El plano perpendicular al segmento de extremos $P(0, 3, 8)$ y $Q(2, 1, 6)$ y que pasa por su punto medio, corta a los ejes coordenados en los puntos A, B y C.

Halla el área del triángulo ABC.

Lugares geométricos. Esfera

23 Justifica cuáles de las siguientes ecuaciones corresponden a esferas y di su centro y su radio:

a) $x^2 + y^2 - 2x + 4y - 8 = 0$

b) $2x^2 - 2y^2 + 2z^2 + 4x - 16 = 0$

c) $2x^2 + 2y^2 + 2z^2 + 4x - 16 = 0$

d) $x^2 + y^2 + z^2 + 2x - 2y + 3 = 0$

e) $3x^2 + 3y^2 + 3z^2 + 6x - 12z - 3 = 0$

24 Halla la ecuación de las siguientes esferas:

a) Centro $(1, 0, -5)$ y radio 1.

b) Diámetro AB con $A(3, -4, 2)$, $B(5, 2, 0)$.

c) Centro $(4, -2, 3)$ y tangente al plano $x - z = 0$.

d) Centro $(3, -1, 2)$ y tangente al plano YZ.

25 Halla el lugar geométrico de los puntos cuya distancia al punto $(2, -1, 4)$ es igual a 7.

26 Halla el lugar geométrico de los puntos cuya distancia a $A(-2, 3, 4)$ sea el doble de la distancia a $B(3, -1, -2)$.

27 Dados $A(4, 2, 0)$ y $B(2, 6, -4)$, halla el lugar geométrico de los puntos P tales que PA sea perpendicular a PB.

28 Halla el lugar geométrico de los puntos que equidistan de los planos:

$$\pi_1: x + y - z = 1 \quad \text{y} \quad \pi_2: x - y + z = 1$$

Para resolver

29 Sean el plano $\pi: 2x - 3y + z = 8$ y el punto $P(-1, 2, 0)$. Calcula.

a) Las ecuaciones de una recta que pase por P y sea perpendicular al plano π.

b) La distancia, d, del punto P al plano π.

c) La ecuación de otro plano paralelo a π, que diste de P la misma distancia, d.

30 a) Halla la ecuación del plano π que contiene a la recta

$$r: \begin{cases} x + y - z + 1 = 0 \\ x + 2y + z = 0 \end{cases}$$

y es perpendicular al plano $\sigma: 2x - y + 3z + 1 = 0$.

b) Obtén las ecuaciones paramétricas de la recta determinada por π y σ.

c) Halla el ángulo que forma la recta r con el plano σ.

31 Si $r: \begin{cases} x \quad -2z+3=0 \\ y-\ z-4=0 \end{cases}$ y π: $x + 2y + 3z - 1 = 0$, halla la ecuación de una recta situada en el plano π, que pase por el punto $P(2, 1, -1)$ y sea perpendicular a r.

32 a) Halla los puntos A, B, C que pertenecen a la recta $r: x - 12 = \dfrac{y+6}{2} = \dfrac{z-6}{3}$ y que están situados en los planos coordenados.

b) Determina cuál de los puntos A, B, C está situado entre los otros dos.

33 Determina la recta perpendicular común a las rectas siguientes:

$$r: \begin{cases} x+\ y=z+4 \\ x+2y=\quad 7 \end{cases} \qquad s: \begin{cases} x \quad -2=0 \\ y+3=0 \end{cases}$$

34 a) Halla p para que las rectas r_1 y r_2 sean perpendiculares:

$$r_1: \frac{x}{4} = \frac{y-1}{-2} = \frac{z}{2} \qquad r_2: \frac{x-1}{1} = \frac{y-p}{p-1} = \frac{z-3}{3}$$

b) Calcula su punto de intersección y la ecuación del plano que las contiene para el valor de p que has hallado.

35 Halla la ecuación de la recta que pasa por el punto (1, 2, 1) y corta perpendicularmente a la recta siguiente:

$$r: \begin{cases} x-y-z=1 \\ x \quad +z=2 \end{cases}$$

36 Los vértices del triángulo ABC son los puntos de corte del plano $2x + y - 3z = 6$ con los ejes coordenados. Halla la ecuación de la altura que parte del vértice B que está en el eje Y.

37 Determina la ecuación de un plano π paralelo al plano σ: $x - 2y + 3z + 6 = 0$ y que dista 12 unidades del origen.

38 Dados los puntos $P(1, 0, -1)$, $Q(2, 1, 1)$ y la recta $r: x - 5 = y = \dfrac{z+2}{-2}$ halla:

a) El punto simétrico de P respecto de r.

b) El punto de r que equidista de P y Q.

39 a) Halla las ecuaciones de la recta que corta perpendicularmente a r y s:

$$r: \begin{cases} x=-3+\ \lambda \\ y=-2+5\lambda \\ z=\ 0 \end{cases} \qquad s: \begin{cases} x=\ 3 \\ y=-6+4\lambda \\ z=\ 2+\ \lambda \end{cases}$$

b) Calcula la distancia entre r y s.

40 a) Halla k para que la recta

$$r: \begin{cases} x=\ \lambda \\ y=-2\lambda \\ z=\ \lambda \end{cases} \text{ y el plano } \pi: x - y + kz = 3$$

formen un ángulo de 60°.

b) Para $k = 0$, calcular los posibles valores de a para que el punto $P(a, a, a)$ equidiste de la recta r y del plano π.

41 Considera la recta $r: \dfrac{x-1}{2} = y + 1 = z + 1$ y el plano π: $x - y = 0$.

Calcula el área del triángulo formado por el punto de corte de la recta y el plano, el punto $P(1, -1, 1)$ y la proyección ortogonal de ese punto sobre el plano.

42 Sean la recta de ecuación $r: \dfrac{x-1}{m} = \dfrac{y-1}{2} = \dfrac{z-1}{4}$ y el plano π: $x + y + kz = 0$. Encuentra los valores de m y k para que:

a) la recta sea perpendicular al plano.

b) la recta esté contenida en el plano.

43 Halla los puntos simétricos de $P(1, 2, 3)$ respecto del plano α: $x - 3y - 2z + 4 = 0$ y respecto de la recta:

$$r: \begin{cases} x-y \quad +3=0 \\ 4x \quad -z \quad =0 \end{cases}$$

44 Sea π el plano de ecuación $9x + 12y + 20z = 180$. Se pide.

a) Las ecuaciones de los planos paralelos a π que disten de él 4 unidades.

b) Los puntos A, B, C intersección del plano π con los ejes OX, OY, OZ, respectivamente, y el ángulo que forman los vectores $\overrightarrow{AB}$ y $\overrightarrow{AC}$.

c) El volumen del tetraedro cuyos vértices son el origen O de coordenadas y los puntos A, B y C.

45 Halla la ecuación del plano cuyo punto más próximo al origen es (1, 3, 2).

46 Un dron se encuentra en el punto $P(2, -3, 1)$ y queremos dirigirlo en línea recta hasta el punto más cercano del plano π: $3x + 4z + 15 = 0$.

a) Calcula la ecuación paramétrica de la recta que debe seguir el dron.

b) Encuentra las coordenadas del punto del plano al que llegará el dron.

47 Dibuja un cubo de 6 unidades de lado, con un vértice en el origen y los tres vértices contiguos sobre los ejes de coordenadas. Halla la mínima distancia de una diagonal del cubo a una diagonal de una cara, sabiendo que las rectas que contienen a las diagonales se cruzan.

48 a) Encuentra los puntos de

$$r: \begin{cases} x + y \quad = 0 \\ x - \quad z = 0 \end{cases}$$

que disten $\frac{1}{3}$ del plano $\pi: 2x - y + 2z + 1 = 0$.

b) Obtén los puntos de π que distan $\frac{1}{3}$ de los puntos hallados en el apartado anterior.

49 Dados los puntos $A(-1, 3, -1)$, $B(-3, 1, -7)$ y $C(0, 5, 1)$:

a) Prueba que son los vértices de un triángulo.

b) Halla la longitud del segmento que determina el punto B y su proyección sobre AC.

50 Un cuadrado tiene uno de sus lados sobre la recta $r: \begin{cases} 3x + 2y + 2z = 0 \\ x - 2y + 2z = 0 \end{cases}$ y otro sobre $s: \frac{x-3}{2} = \frac{y-1}{-1} = \frac{z+5}{-2}$.

a) Calcula el área del cuadrado.

b) Si uno de los vértices del cuadrado es $(0, 0, 0)$, ¿cuál es el otro vértice situado sobre la recta r?

51 Halla el punto del plano de ecuación $x - z = 3$ que está más cerca del punto $P(3, 1, 4)$, así como la distancia entre el punto P y el plano dado.

52 Se consideran los puntos $P(2, 1, -1)$, $Q(1, 4, 1)$ y $R(1, 3, 1)$:

a) Comprueba que no están alineados y halla el área del triángulo que determinan.

b) Si desde el punto $V(1, 1, -1)$ se trazan rectas a cada uno de los puntos P, Q y R, se obtiene una pirámide. Halla la altura de dicha pirámide y su volumen.

53 Halla la ecuación de la proyección ortogonal r' de la recta

$$r: \frac{x-1}{2} = \frac{y-1}{1} = \frac{z-2}{2}$$

sobre el plano $\alpha: x - 3y + 2z + 12 = 0$

54 Los puntos $A(3, 0, 0)$, $B(0, 3, 0)$ y $C(0, 0, 3)$ son tres vértices de un tetraedro. El cuarto vértice D está en la recta r que pasa por el punto $P(1, 1, 1)$ y es perpendicular al plano π, determinado por los puntos A, B, C. Halla las coordenadas de D sabiendo que el volumen del tetraedro es 18 u^3.

55 Halla el lugar geométrico de los puntos $P(x, y, z)$ que equidistan de los puntos $A(1, -1, 0)$ y $B(2, 3, -4)$. Comprueba que obtienes un plano perpendicular a $\overrightarrow{AB}$ y que pasa por el punto medio de AB.

56 Dados la recta r y el plano π:

$$r: \begin{cases} 2x + 2y + 2z = 2 \\ -x - 2y + \quad z = 0 \end{cases} \qquad \pi: ax + y + z - b = 0$$

a) Calcula a y b para que el plano π contenga a la recta r.

b) Determina a y b para que r sea paralela al plano π.

57 Considera un cuadrado cuyo centro es el punto $C(1, 1, -1)$ y tiene uno de sus lados en la recta:

$$r: \frac{x-2}{1} = \frac{y-1}{1} = \frac{z-1}{0}$$

a) Halla la ecuación del plano en el que se encuentra el cuadrado.

b) Calcula la longitud del lado del cuadrado.

58 En la figura adjunta, calcula el ángulo que forma la recta BC con la recta que une B con el punto medio del lado AD.

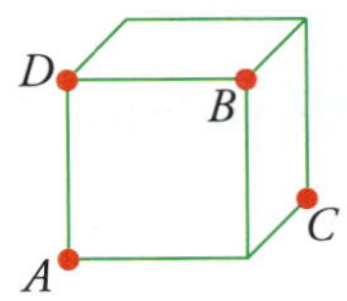

59 Sea la recta $r: \begin{cases} 3x + 2y - z - 1 = 0 \\ x + \ y \qquad - 1 = 0 \end{cases}$

a) Determina la ecuación de la recta s que corta perpendicularmente a r y pasa por $(0, 2, 2)$, y las coordenadas del punto P intersección de r y s.

b) Halla la ecuación del plano π que contiene a r y a s, y la de la recta t perpendicular a π por el punto P.

c) Si Q es cualquier punto de t, explica, sin hacer ningún cálculo, qué relación hay entre las distancias de Q a r, a s y a π.

60 Halla el plano de la familia $mx + y + z - (m + 1) = 0$ que está situado a distancia 1 del origen de coordenadas.

61 a) Determina el valor de a y b para que los tres planos se corten en una misma recta.

$$\begin{cases} x + ay + \ z = 0 \\ x + y - 2z = b \\ -2x + y + \ z = -2 \end{cases}$$

b) Halla el simétrico del origen de coordenadas respecto de la recta común a los tres planos dados.

62 Los puntos $A(0, 0, 0)$ y $B(1, 1, 1)$ son dos de los vértices de un triángulo, cuyo tercer vértice, C, está contenido en $r: \begin{cases} x = 2y \\ z = 1 \end{cases}$. Si el área del triángulo es $\sqrt{2}/2$, ¿cuáles pueden ser las coordenadas de C?

63 Halla todos los puntos de la recta $r: \frac{x-1}{2} = \frac{y+1}{1} = \frac{z}{3}$ que equidistan de los planos:

$$\alpha: x + y + z = -3 \quad \text{y} \quad \beta: \begin{cases} x = -3 + \lambda \\ y = \quad -\lambda + \mu \\ z = -6 \quad + \mu \end{cases}$$

64 Dados los puntos $A(1, 3, -1)$, $B(1, 5, 4)$, $C(2, 0, 2)$ halla el lugar geométrico de los puntos que con A, B, C formen un tetraedro de volumen $7\ u^3$.

65 a) Halla el lugar geométrico de los puntos que equidistan de los planos α: $3x + y - 2z + 1 = 0$ y β: $x - 3y + 2z - 3 = 0$.

b) ¿Qué puntos del eje Y equidistan de ambos planos?

66 Halla las ecuaciones del lugar geométrico de todos los puntos del plano $x = y$ que distan 1 del plano $2x - y + 2z = 2$. Describe la figura que obtienes.

67 a) Halla la ecuación del plano tangente a la esfera $x^2 + y^2 + z^2 - 2x - 4y + 4 = 0$ en el punto $P(1, 2, 1)$.

b) ¿Cuál es el punto diametralmente opuesto a P en la esfera dada?

68 Halla la ecuación de la esfera tangente a los planos $x - 2z - 8 = 0$ y $2x - z + 5 = 0$ y cuyo centro pertenece a la recta:

$$r: \begin{cases} x = -2 \\ y = 0 \end{cases}$$

69 La esfera $(x-3)^2 + (y+2)^2 + (z-1)^2 = 25$ corta al plano $2x - 2y + z - 2 = 0$ en una circunferencia.

Halla su centro y su radio.

70 Halla la ecuación de la esfera de radio $r = \sqrt{27}$, que pasa por el punto $P(1, 2, -3)$ y cuyo centro está en la recta r: $x = y + 1 = z$.

71 Halla el lugar geométrico de los puntos cuya suma de distancias a $(2, 0, 0)$ y $(-2, 0, 0)$ sea igual a 6.

72 Halla el lugar geométrico de los puntos del espacio que equidistan de $(0, 0, 3)$ y del plano $z = -3$.

73 Halla el lugar geométrico de los puntos cuya diferencia de distancias a $(0, 5, 0)$ y $(0, -5, 0)$ sea igual a 4.

74 a) Halla la ecuación de la esfera que pasa por los puntos $A(4, 1, -3)$ y $B(3, 2, 1)$ y que tiene su centro en la recta $\frac{x-8}{2} = \frac{y-3}{1} = \frac{z+4}{-1}$.

b) ¿Cuál es la ecuación del plano tangente en B a dicha esfera?

75 Escribe la ecuación de la esfera que tiene el centro en la recta $r: \begin{cases} x + y = 4 \\ -x + z = 1 \end{cases}$ y es tangente al plano $x - y + 2z - 4 = 0$ en el punto $P(3, 1, 1)$.

Cuestiones teóricas

76 ¿Verdadero o falso? Justifica y pon ejemplos.

a) La ecuación $ax + by + cz + d = 0$ representa un plano:

I) Si $a = 0$ y $b = 0$ el plano es perpendicular al plano XY.

II) Si $b = 0$ y $c = 0$ el plano es paralelo al plano YZ.

III) Si $a = 0$ y $c = 0$ el plano es perpendicular al eje Y.

b) No es posible calcular la distancia entre el plano $x + y - 2z - 5 = 0$ y la recta $x = y = z$.

c) No es posible hallar el punto de corte de las rectas

$$r: \frac{x-1}{2} = \frac{2y-1}{-6} = \frac{2z-3}{6} \qquad s: \frac{x-3}{-2} = \frac{2y+3}{2} = \frac{z}{4}$$

d) Si $A(x_1, y_1, z_1)$ es un punto que está contenido en el plano π: $ax + by + cz + d = 0$ y $B(x_2, y_2, z_2)$ es un punto tal que $\overrightarrow{AB} \cdot (a, b, c) = 0$, entonces $B \in \pi$.

e) Una recta perpendicular a una recta contenida en un plano es siempre perpendicular a ese plano.

f) La distancia entre α: $x + y - z = 1$ y β: $x - y + z = -2$ es igual a 0.

g) El ángulo que forman dos rectas que se cruzan es el mismo que el que forman sus proyecciones ortogonales sobre un mismo plano.

h) Si dos planos α y β se cortan en una recta, no es posible hallar un plano que equidiste de α y β.

i) La ecuación $x^2 + y^2 + z^2 + 2x - 2y + 8 = 0$ corresponde a una esfera.

77 Determina la proyección ortogonal de un punto cualquiera $P(x_0, y_0, z_0)$ sobre los planos coordenados.

78 ¿Qué condición debe cumplir un punto cualquiera $P(x, y, z)$ para que la distancia de P a los puntos $A(1, 0, 0)$ y $B(0, 0, 1)$ sea la misma? ¿Qué representa esa condición?

Para profundizar

79 Sean r la recta determinada por el punto A y el vector director $\vec{d_r}$ y s la recta determinada por B y $\vec{d_s}$. Si suponemos que r y s se cruzan:

a) Justifica la igualdad $dist(r, s) = \frac{|[\overrightarrow{AB}, \vec{d_r}, \vec{d_s}]|}{|\vec{d_r} \times \vec{d_s}|}$.

b) Justifica que la perpendicular común a r y a s se puede obtener así:

$$\begin{cases} det(\overrightarrow{AX}, \vec{d_r}, \vec{d_r} \times \vec{d_s}) = 0 \\ det(\overrightarrow{BX}, \vec{d_s}, \vec{d_r} \times \vec{d_s}) = 0 \end{cases}$$

80 Sean los puntos $P(1, -1, 3)$, $Q(1, 2, 1)$ y $R(1, 0, -1)$. Encuentra todos los puntos S del plano determinado por P, Q y R de manera que el cuadrilátero de vértices P, Q, R y S sea un paralelogramo.

81 Los puntos $P(1, -1, 1)$ y $Q(3, -3, 3)$ son dos vértices opuestos de un cuadrado. Sabemos que dicho cuadrado está contenido en un plano perpendicular al plano de ecuación $x + y = 0$.

a) Halla los vértices restantes.

b) Calcula el perímetro del cuadrado.

82 Halla las intersecciones de la superficie $\frac{x^2}{25}+\frac{y^2}{16}+\frac{z^2}{9}=1$ con los tres planos coordenados.

¿Qué figura obtienes? ¿Cómo se llama la superficie dada?

83 Halla el centro y las longitudes de los ejes del elipsoide siguiente: $2x^2 + 3y^2 + z^2 - 8x + 6y - 4z - 3 = 0$.

84 La ecuación $(1 + 2k)x + (1 - k)y + (1 + 3k)z + 2k - 1 = 0$, representa un conjunto de planos. Para cada valor de k obtenemos un plano. Prueba que todos ellos contienen una misma recta r y halla sus ecuaciones paramétricas.

85 La recta $r: \begin{cases} \pi: 2x + 3y - z - 4 = 0 \\ \sigma: \ x - 2y + z - 1 = 0 \end{cases}$ es la intersección de los planos π y σ.

El conjunto de todos los planos que contienen a r se llama **haz de planos** de arista r, y su expresión analítica es:

$$a(2x + 3y - z - 4) + b(x - 2y + z + 1) = 0$$

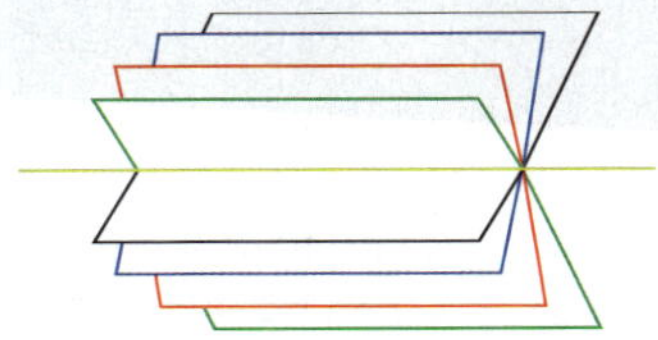

Para cada par de valores de a y b (salvo para $a = 0$ y $b = 0$), se obtiene la ecuación de un plano del haz.

a) Halla el plano del haz que pasa por (0, 0).

b) ¿Para qué valor de k uno de los planos del haz es perpendicular a la recta $t: \frac{x}{3}=\frac{y-2}{5}=\frac{z}{k}$? ¿Cuál es ese plano?

c) Halla dos puntos que pertenezcan a todos los planos del haz anterior.

d) Escribe la expresión del haz de planos cuya arista es la recta $s: \frac{x-5}{3}=\frac{y+1}{-2}=\frac{z-3}{1}$.

e) ¿Cuál de los planos de este haz dista más de (0, 0)?

AUTOEVALUACIÓN

Resoluciones de estos ejercicios.

1 a) Calcula la distancia del punto $A(1, 0, 0)$ al plano que pasa por $P(1, -1, -2)$ y es paralelo al plano $\pi: x + 2y + 3z + 6 = 0$.

b) Halla el punto simétrico de A respecto del plano π.

c) ¿Qué ángulo forma la recta que pasa por A y P con π?

2 a) Halla el lugar geométrico de los puntos que equidistan de $P(5, 1, 3)$ y $Q(3, 7, -1)$.

b) Comprueba que el plano que obtienes, π, es perpendicular al segmento PQ en su punto medio.

c) El plano π corta a los ejes coordenados en los puntos A, B y C. Calcula el área del triángulo ABC.

d) Calcula el volumen del tetraedro de vértices A, B, C y O (origen de coordenadas).

3 Determina el punto simétrico del punto $A(-3, 1, 6)$ respecto de la recta r de ecuación $x - 1 = \frac{y+3}{2}=\frac{z+1}{2}$.

4 Los puntos $P(0, 1, 0)$ y $Q(-1, 1, 1)$ son dos vértices de un triángulo, y el tercero, S, pertenece a la recta $r: \begin{cases} x = 4 \\ z = 1 \end{cases}$. La recta que contiene a P y a S es perpendicular a la recta r.

a) Determina las coordenadas de S.

b) En el triángulo PQS halla la longitud de la altura sobre el lado PQ.

5 Dadas las rectas $r: \begin{cases} x = 3 + 2\lambda \\ y = 5 - \lambda \\ z = 4 + \lambda \end{cases}$ y $s: \begin{cases} 2x - y + z + 4 = 0 \\ x + 3z = 0 \end{cases}$:

a) Halla la ecuación de la recta que corta perpendicularmente a r y a s.

b) Calcula la distancia entre r y s.

6 a) Halla el centro y el radio de esta esfera:

$S: x^2 + y^2 + z^2 - 4x + 2z - 20 = 0$

b) Calcula el radio de la circunferencia que determina el plano $3x - 4z + 5 = 0$ al cortar a S.

Compromiso ODS Visualiza el vídeo Meta 3.3., piensa en una acción con la que podrías contribuir al logro de esa meta y comprométete a llevarla a cabo.

GEOMETRÍA

PARA LA PRUEBA DE ACCESO A LA UNIVERSIDAD

¡Prepárala en anayaeducacion.es!

En tu preparación de **Geometría** has aprendido conceptos y técnicas básicas con las que puedes afrontar multitud de problemas, vamos a recordar algunos.

¿Sabes hallar la **recta** que pasa por dos puntos?

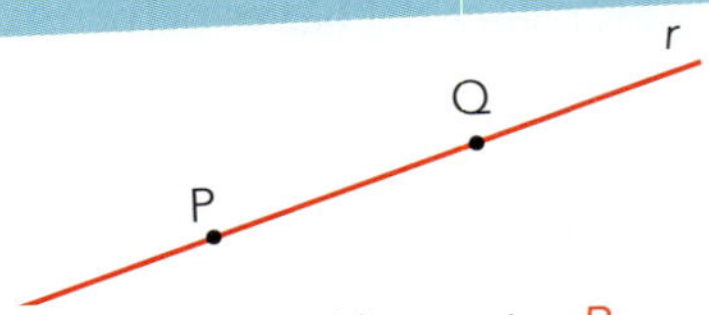

Un punto: P

Un vector: $\overrightarrow{PQ}$

¿Cómo obtienes un **vector perpendicular** a otros dos?

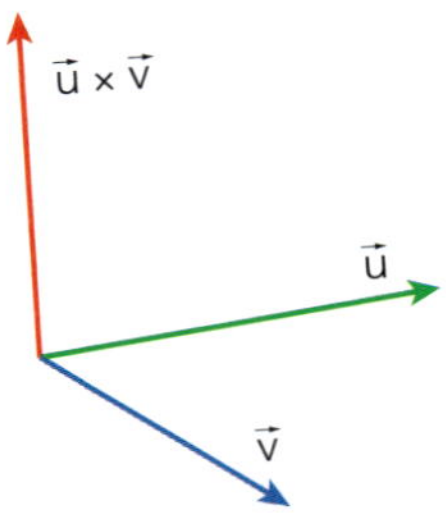

¿Asocias un **plano** a su **vector normal**?

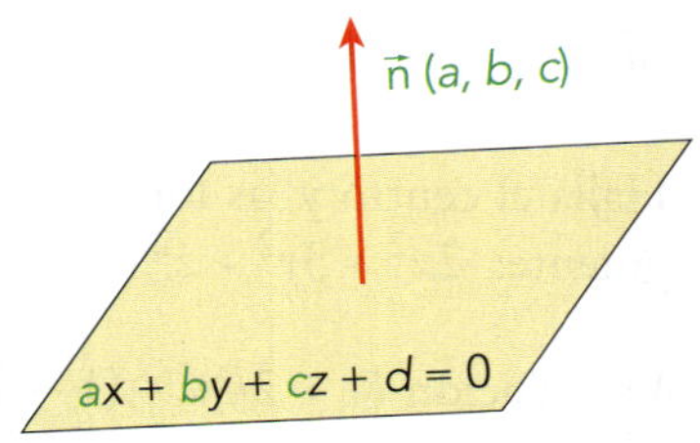

Con estas técnicas y algunas otras puedes resolver un montón de problemas.

¿Sabes hallar la **distancia** de un punto a un plano?

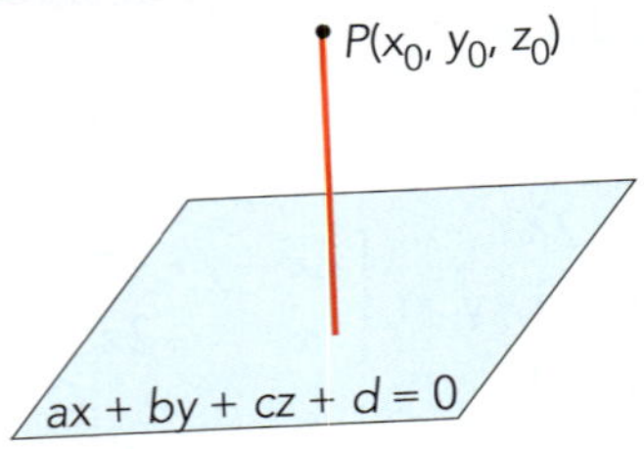

$$dist = \frac{ax_0 + by_0 + cz_0 + d}{\sqrt{a^2 + b^2 + c^2}}$$

¿Asocias el **área** de un paralelogramo con el **módulo** de un **producto vectorial?**

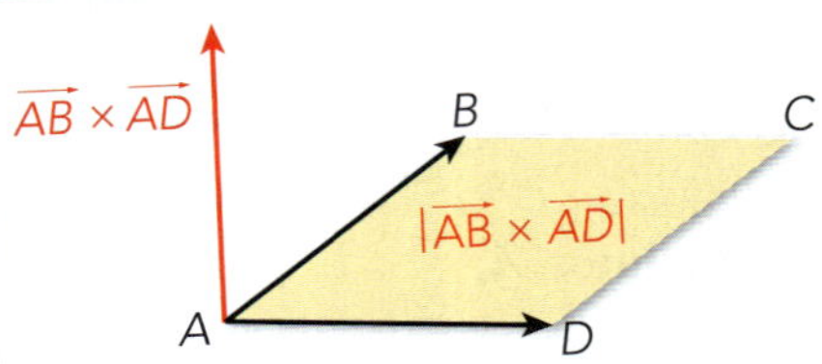

¿Asocias el **volumen** de un paralelepípedo con el **producto mixto** de tres vectores?

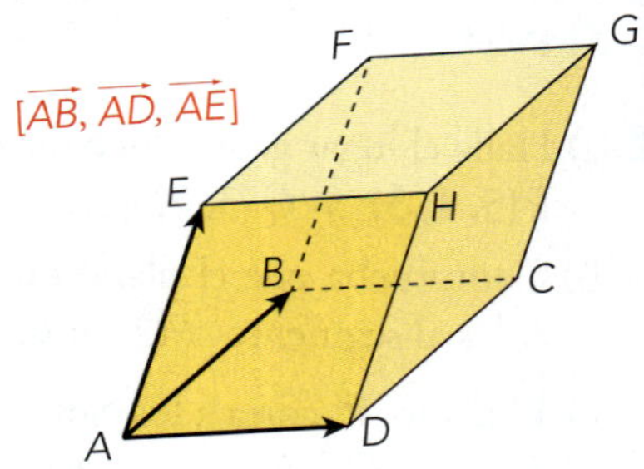

Ejemplos de ejercicios y problemas.

En la prueba de acceso a la universidad puedes encontrarte con ejercicios y problemas de distintas dificultades.

Considera los puntos $A(2, 1, 5)$ y $B(3, 4, 1)$. Se emite un rayo láser desde el punto A.

Calcula la ecuación de la recta que contiene al rayo láser para que impacte en el punto B.

Símplemente tendrás que reconocer en este enunciado que se te pide la recta que pasa por A y por B. Es decir, la recta que pasa por A cuyo vector dirección es $\overrightarrow{AB}$.

Halla la ecuación implícita del plano que pasa por $P(1, 0, 0)$ y contiene a la recta:

$$r: x-1=\frac{y}{-4}=\frac{z+1}{3}$$

Debes buscar un vector perpendicular al plano. ¿Cómo? A partir de dos vectores paralelos a él.

- Uno de ellos, el vector director de la recta, $\vec{v}(1, -4, 3)$.
- Otro, el vector que va de P al punto, $A(1, 0, -1)$, de r.
- Etcétera.

Se dan las rectas:

$$r: \begin{cases} x=1 \\ y=2+\lambda, \quad \lambda \in \mathbb{R} \\ z=\quad 2\lambda \end{cases} \qquad s: \frac{x+1}{2}=\frac{y}{-1}=\frac{z+2}{1}$$

Halla la distancia entre las rectas r y s.

Dos formas de hallarlo:

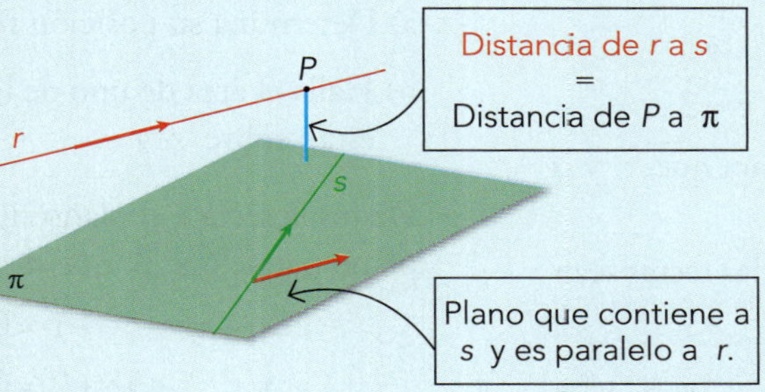

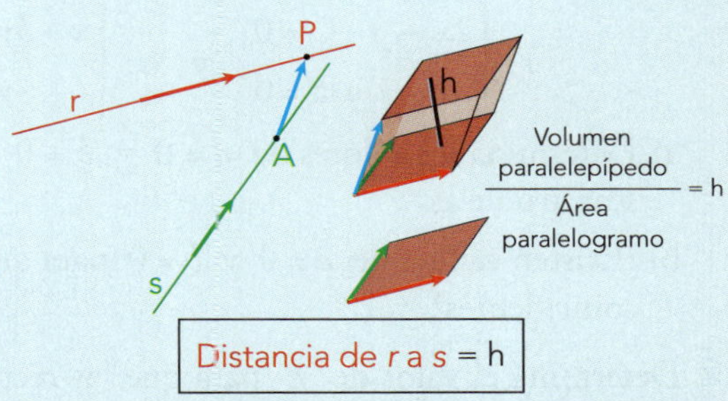

Las técnicas que se han necesitado para resolver estos problemas son las que se han revisado a la izquierda.

En anayaeducacion.es encontrarás:

- Un camino de aprendizaje de estas técnicas básicas para la geometría de modo que puedas adquirir una razonable agilidad para comprenderlas, reconocer la oportunidad de su uso y aplicarlas.
- Una colección de problemas de pruebas de acceso a la universidad, resueltos, propuestos, con ayudas, indicaciones…

1 Determina todos los vectores de módulo 2 que son ortogonales a los vectores $\vec{u}(1, -1, -1)$ y $\vec{v}(-1, 2, 1)$.

2 Dados los vectores $\vec{u}(2, 0, 0)$, $\vec{v}(1, 0, -1)$ y $\vec{w}(-2, 3, 2)$, calcula:

a) El área del paralelogramo determinado por $\vec{v}$ y $\vec{w}$.

b) El ángulo que forman $\vec{u}$ y $\vec{v}$.

c) El volumen del paralelepípedo que forman $\vec{u}$, $\vec{v}$ y $\vec{w}$.

3 a) Calcula las coordenadas del vector proyección de $\vec{a}(2, 0, 0)$ sobre $\vec{b}(2, 2, 0)$,

b) Halla la longitud de la proyección de $\vec{a}$ sobre $\vec{b}$.

4 Halla el vector director de la recta $r: \begin{cases} x - y = 0 \\ y + z = 2 \end{cases}$ y escribe sus ecuaciones paramétricas.

5 Halla la ecuación del plano perpendicular al segmento de extremos $A(0, -1, 3)$ y $B(2, -1, 1)$ y que pasa por el punto medio de dicho segmento.

6 Calcula el área del triángulo cuyos vértices son los puntos de corte del plano $2x + y + 2z - 2 = 0$ con los ejes de coordenadas.

7 Halla la ecuación de la recta que corta perpendicularmente al eje Z y pasa por el punto $P(1, 2, 3)$.

8 Considera las rectas siguientes:

$$r: \begin{cases} 2x - y = 0 \\ ax - z = 0 \end{cases} \quad \text{y} \quad s: \begin{cases} x + by = 3 \\ y + z = 3 \end{cases}$$

a) Determina los valores de $a \neq 0$ y $b \neq 0$ para que r y s sean paralelas.

b) ¿Existen valores de $a \neq 0$ y $b \neq 0$ para que las rectas sean coincidentes?

9 Determina el valor de k para que las rectas r y s sean coplanarias. Halla, después, la ecuación del plano que las contiene:

$$r: \frac{x}{1} = \frac{y-k}{1} = \frac{z}{0} \qquad s: \begin{cases} x = 1 + \lambda \\ y = 1 - \lambda \\ z = -1 + \lambda \end{cases}$$

10 Sean las rectas $r: x = y = z$ y $s: \begin{cases} x - y = 1 \\ x - 3z = 1 \end{cases}$.

a) Comprueba que r y s se cruzan.

b) Halla la ecuación de la recta que corta perpendicularmente a las rectas r y s.

11 Halla los puntos de la recta $r: x - 1 = y + 2 = z$ que equidistan de estos dos planos:

$$\alpha: 4x - 3y - 1 = 0$$
$$\beta: 3x + 4y - 4 = 0$$

12 Considera las rectas

$$r: \begin{cases} 2x - 4z = 2 \\ x + y + z = 1 \end{cases} \quad \text{y} \quad s: \frac{x}{2} = \frac{y+2}{a} = \frac{2z-1}{4}$$

a) Estudia su posición relativa según los valores de a.

b) Calcula el ángulo que forman en el caso $a = 2$.

13 Halla la ecuación del plano que pasa por el punto $P(1, 0, -1)$, es paralelo a la recta $r: \begin{cases} x - 2y = 0 \\ z = 0 \end{cases}$ y es perpendicular al plano $\alpha: 2x - y + z + 1 = 0$.

14 Considera el plano $\pi: x + y - z = 0$ y el punto $P(1, 1, -1)$. Obtén:

a) El punto Q del plano π tal que la recta s determinada por P y Q sea perpendicular al plano π.

b) Los puntos R de la recta s tales que la distancia de R a π sea el doble que la distancia de P a π.

15 Halla la ecuación de la recta que está contenida en el plano $\alpha: x + y + z = 3$, es paralela al plano $\beta: x = 0$ y que pasa por el punto simétrico de $P(-1, 1, 1)$ respecto de β.

16 Dadas las rectas:

$$r: \frac{x-1}{1} = \frac{y+1}{2} = \frac{z-2}{1} \qquad s: \begin{cases} x - y + z = 2 \\ 3x - y - z = -4 \end{cases}$$

a) Determina su posición relativa.

b) Halla el área de uno de los cuadrados, dos de cuyos lados están sobre r y s.

17 Dados la recta y el plano siguientes, halla la ecuación de un plano paralelo a β que diste 3 unidades de la recta r:

$$r: \begin{cases} 2x - 5y - 1 = 0 \\ x + 5z + 7 = 0 \end{cases} \qquad \beta: x - 3y - z + 6 = 0$$

18 Halla un punto de la recta $x = -y = z$ tal que su distancia a $r: \begin{cases} x + y = 0 \\ z = 3 \end{cases}$ sea igual a 1 unidad.

19 Halla las ecuaciones implícitas de la proyección ortogonal de la recta r sobre el plano π.

$$r: (x, y, z) = (1, 2, 3) + \lambda(1, 3, 0) \qquad \pi: x - y + 2z + 5 = 0$$

20 Halla el lugar geométrico de los puntos que equidistan de los siguientes planos:

$$\alpha: x - y - 5 = 0 \quad \text{y} \quad \beta: x + y + 3 = 0$$

21 Dada la esfera $x^2 + y^2 + z^2 - 2x + 6y - 39 = 0$, halla:

a) Su centro y su radio.

b) La ecuación correspondiente al plano tangente en el punto $P(1, -3, 7)$.

ANÁLISIS

BLOQUE III

NOTAS HISTÓRICAS

Análisis

- La matemática moderna
- El siglo XVIII
- El siglo XIX
- El siglo XX

1 En 1671, **Newton** publica su obra *Método de fluxiones,* que contenía su cálculo infinitesimal. En 1687 publica *Los principios matemáticos de la filosofía natural,* que constituye uno de los hitos más grandes de la historia de la ciencia.

2 En 1678, **Leibniz** publica sus descubrimientos sobre el cálculo en una nueva revista que él mismo había fundado, *Acta Eruditorum*. Pero es el acta de 1684 la que contiene lo que actualmente se considera el primer tratado de cálculo diferencial.

3 **Euler** (1707-1783) escribe importantes tratados sobre análisis infinitesimal y cálculo integral, en los que desarrolló una nueva notación, la que actualmente usamos, adoptando símbolos como e, π, i. Es el matemático más prolífico de todos los tiempos y, seguramente, el más original. Dejó un legado tan extenso para la posteridad que, aún hoy, se está catalogando.

El cálculo infinitesimal, germen de la rama de las matemáticas que actualmente denominamos análisis, fue creado para resolver los principales problemas científicos del siglo XVII, como, por ejemplo, obtener longitudes de curvas, áreas y volúmenes de cuerpos geométricos, tangentes a una curva y máximos y mínimos de funciones.

Muchos de los grandes matemáticos de este siglo —por ejemplo, **Cavalieri** (1598-1647), **Torricelli** (1608-1647), **Fermat** (1601-1665), **Wallis** (1616-1703) o **Barrow** (1630-1677)— trabajaron estos problemas obteniendo importantes resultados. Sin embargo, faltaba una teoría global donde se incluyeran estos problemas, y otros muchos, aparentemente independientes. Los artífices de esta descomunal teoría fueron, al unísono, **Newton** (1643-1727) y **Leibniz** (1646-1716).

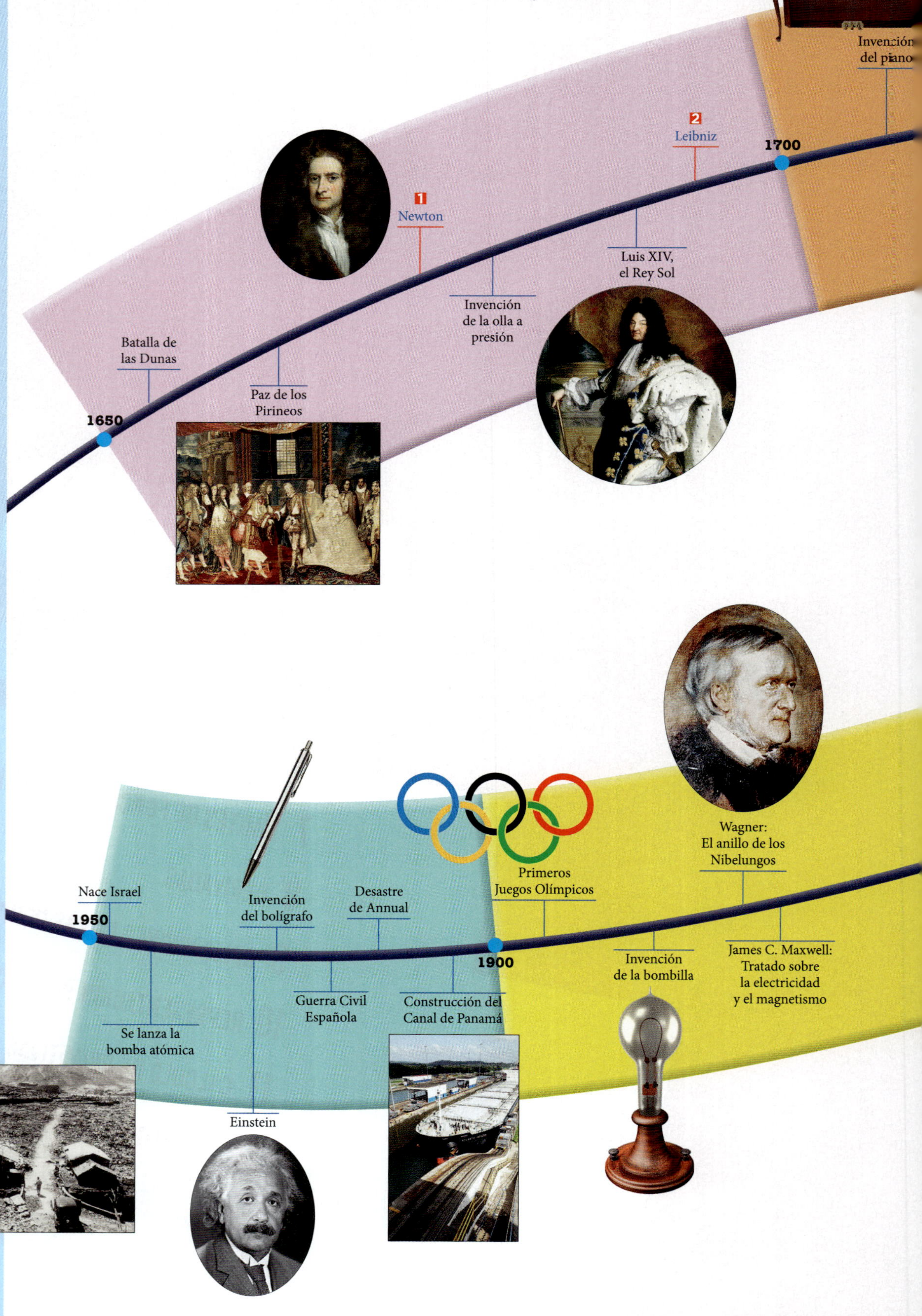

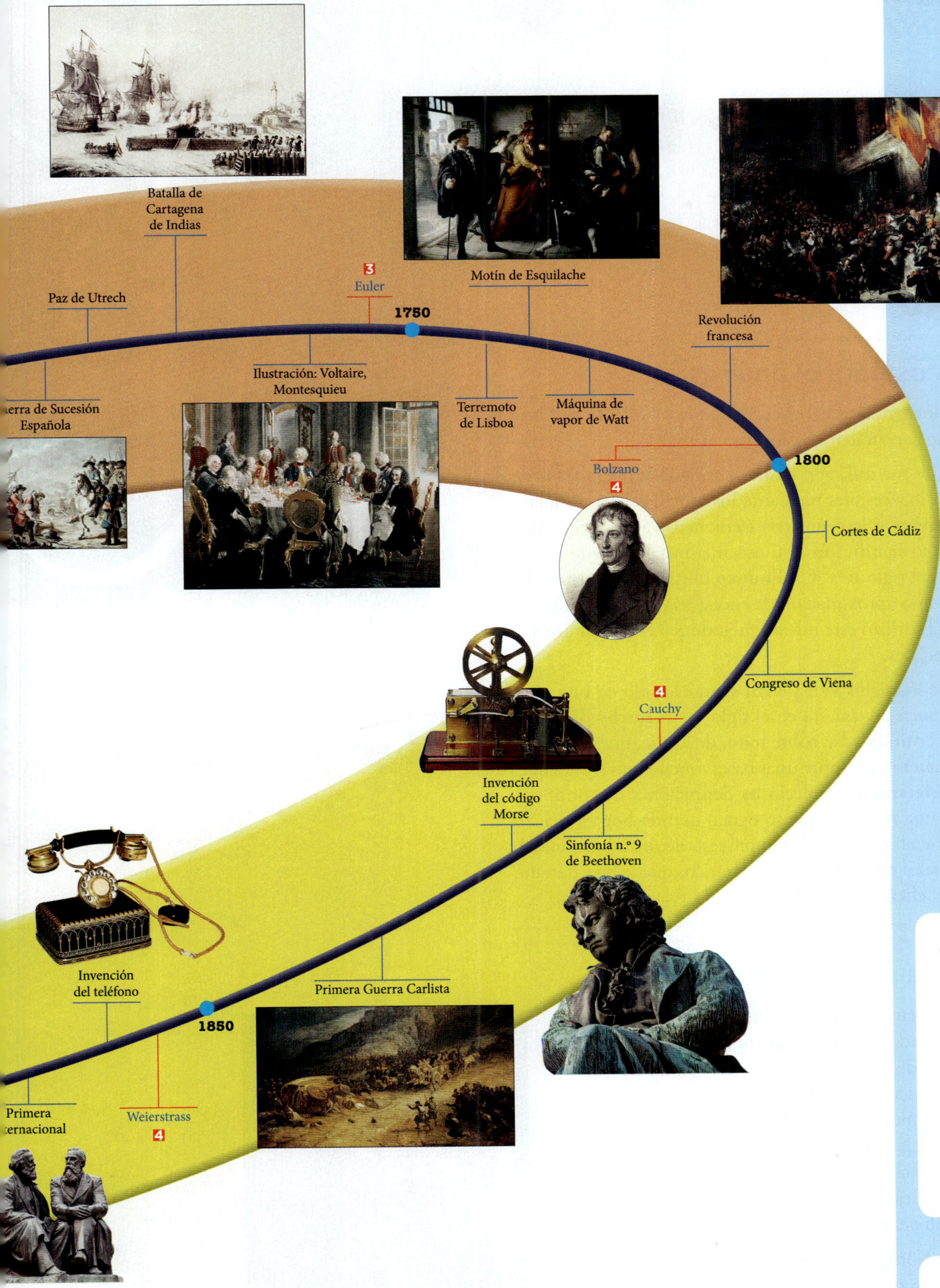

4 Matemáticos como **Bolzano** (1781-1848), **Cauchy** (1789-1857) o **Weierstrass** (1815-1897) buscaron el rigor necesario para poder avanzar, intentando reconstruir el Análisis sobre la base de los conceptos aritméticos. Así, por ejemplo, Cauchy dio una primera demostración del **Teorema Fundamental del Cálculo**.

5 Durante el siglo XX, en Análisis Matemático se desarrollaron los resultados obtenidos en el siglo XIX haciéndose más autónomas sus diferentes ramas y disciplinas.

En **anayaeducacion.es**:
Ampliación de las notas históricas correspondientes a este bloque.

7

LÍMITES DE FUNCIONES. CONTINUIDAD

Los límites básicos para el análisis

El principal interés que albergan tanto el concepto como el cálculo de límites reside en su carácter de herramienta básica para el análisis.

El proceso de paso al límite fue utilizado desde la antigüedad para resolver problemas que resultaban inaccesibles mediante los sencillos procedimientos de la aritmética, el álgebra o la geometría elemental. En un principio, y durante muchos siglos, su significado y su uso fueron meramente intuitivos. De ese modo, ya en el siglo IV a. C., **Eudoxo** obtuvo la superficie de algunos recintos curvos como aproximación de sucesivas figuras rectilíneas. Arquímedes (siglo III a. C.) utilizó este mismo método para calcular áreas y volúmenes de figuras espaciales.

El cálculo infinitesimal de los siglos XVII y XVIII siguió basado en una idea de los límites intuitiva y poco precisa. Ya en el siglo XIX, **Cauchy** dio unas definiciones de función, continuidad y, sobre todo, de límite, que le permitieron asentar el análisis matemático sobre unas bases mucho más firmes que las de sus antecesores. **Weierstrass** estableció las definiciones de continuidad, límite y derivada de una función, que se siguen usando hoy en día. A él le debemos en gran parte el importantísimo proceso de introducción del formalismo y el rigor actuales en el análisis matemático, que le han dotado de altas cotas de precisión, eficacia y sencillez.

Weierstrass, padre del análisis moderno

Karl Weierstrass nació en Alemania, en 1815. Presionado por su padre, estudió derecho en Bonn, pero nunca consiguió obtener el título. A sus 24 años, entró en la Escuela de Magisterio de Münster para prepararse como profesor de enseñanza secundaria. Fue allí donde le empezaron a atraer las matemáticas por influencia de un buen profesor. A partir de 1841 y durante 14 años dio clases en institutos y trabajó por su cuenta incesantemente pero, por dificultades económicas, no pudo permitirse el lujo de mantener una correspondencia científica. No obstante, fue una de las personas más influyentes en el análisis matemático moderno.

En 1854 la universidad de Königsberg le concedió, por sus trabajos en análisis matemático, el título de doctor honoris causa, y en 1856 fue nombrado profesor de matemáticas en la Real Escuela Politécnica de Berlín, donde permaneció hasta su muerte en 1897. Entre sus alumnos hubo muchos matemáticos importantes, entre otros la famosa **Sofía Kovalevskaya.**

Karl Weierstrass (1815-1897).

En **anayaeducacion.es** podrás conocer en qué consiste el internet de las cosas.

Sofía Kovalevskaya: el difícil camino de una mujer científica

Nació en Moscú, a mediados del siglo XIX, cuando la vida de las mujeres estaba mayormente reservada al ámbito doméstico. Criada en el seno de una familia con gran interés por el conocimiento matemático, deseaba ir a estudiar a Alemania. Sofía fue la primera mujer que consiguió una plaza de profesora universitaria en Europa. Pero el camino no fue fácil.

A los trece años leía, a escondidas de su padre, libros de álgebra. Algunos años más tarde, estudió geometría analítica y cálculo infinitesimal. Pero a medida que sus conocimientos y formación avanzaban, se hacían más evidentes las dificultades de una mujer para formar parte del mundo científico. En 1869, intentó ingresar a la universidad de Heidelberg, y después de muchos esfuerzos, consiguió que la admitieran como oyente. En 1870, decidió instalarse en Berlín para asistir a las clases de Karl Weierstrass, pero esa universidad era aún más estricta, no podía asistir ni siquiera como oyente. Entonces estableció contacto directamente con Weierstrass para tomar clases particulares. Weierstrass quedó impresionado por su talento matemático, y desde entonces apoyó y animó su trabajo, utilizó su influencia académica para que Sofía alcanzara el título de Doctora. Sin embargo, las dificultades de género de la época no le permitieron encontrar trabajo en ninguna universidad de Europa, como tampoco en su Rusia natal. En 1884, fue aceptada como profesora en la Universidad de Estocolmo, durante un periodo de prueba, por lo que su cargo no era oficialmente remunerado. Hasta 1889 no fue nombrada oficialmente profesora de esta universidad.

Kovalevskaya murió dos años después en Estocolmo, dejando una importante labor matemática y varias obras de gran valía.

Sofía Kovalevskaya (1850-1891).

RESUELVE

Piensa y encuentra los límites

1 Utiliza tu sentido común para asignar valor a los siguientes límites:

a) $\lim\limits_{x \to +\infty} x^2$, $\lim\limits_{x \to +\infty} x^3$, $\lim\limits_{x \to +\infty} (x^3 - x^2)$

b) $\lim\limits_{x \to -\infty} x^2$, $\lim\limits_{x \to -\infty} x^3$, $\lim\limits_{x \to -\infty} (x^3 - x^2)$

c) $\lim\limits_{x \to 2} x^2$, $\lim\limits_{x \to 2} x^3$, $\lim\limits_{x \to 2} (x^3 - 5x^2 + 3)$

d) $\lim\limits_{x \to +\infty} \dfrac{1}{x}$, $\lim\limits_{x \to +\infty} \dfrac{1}{x^2}$, $\lim\limits_{x \to +\infty} \dfrac{x}{x^2+1}$

e) $\lim\limits_{x \to -\infty} \dfrac{1}{x}$, $\lim\limits_{x \to -\infty} \dfrac{1}{x^2}$, $\lim\limits_{x \to -\infty} \dfrac{x}{x^2+1}$

f) $\lim\limits_{x \to 0} \dfrac{1}{x}$, $\lim\limits_{x \to 0} \dfrac{1}{x^2}$, $\lim\limits_{x \to 0} \dfrac{x}{x^2+1}$

g) $\lim\limits_{x \to +\infty} \dfrac{x^3}{x^2+1}$, $\lim\limits_{x \to +\infty} \dfrac{x^3 - 5x^2}{x^2+1}$

h) $\lim\limits_{x \to -\infty} \dfrac{x^3}{x^2+1}$, $\lim\limits_{x \to -\infty} \dfrac{x^2}{3x+5}$

2 Tanteando con la calculadora, da el valor de estos límites:

a) $\lim\limits_{x \to 0} \dfrac{sen\, x}{x}$

b) $\lim\limits_{x \to 3} (x-3) \cdot ln(x-3)$

c) $\lim\limits_{x \to +\infty} \left(1 + \dfrac{3}{x}\right)^{2x}$

1 IDEA GRÁFICA DE LOS LÍMITES DE FUNCIONES

Empecemos revisando el significado de las expresiones $\lim_{x \to \square} = \diamond$ asociando cada uno de los casos que pueden darse con su representación gráfica.

■ Límites cuando $x \to +\infty$

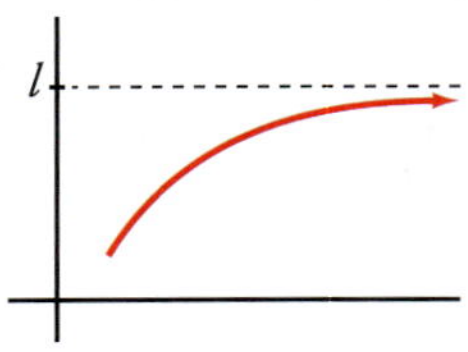

$\lim_{x \to +\infty} f(x) = l$

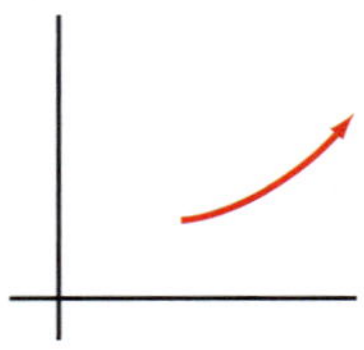

$\lim_{x \to +\infty} f(x) = +\infty$

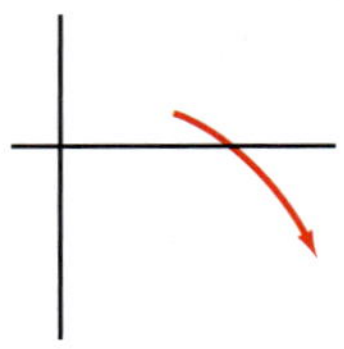

$\lim_{x \to +\infty} f(x) = -\infty$

También puede ocurrir que el límite no exista. Veamos dos ejemplos:

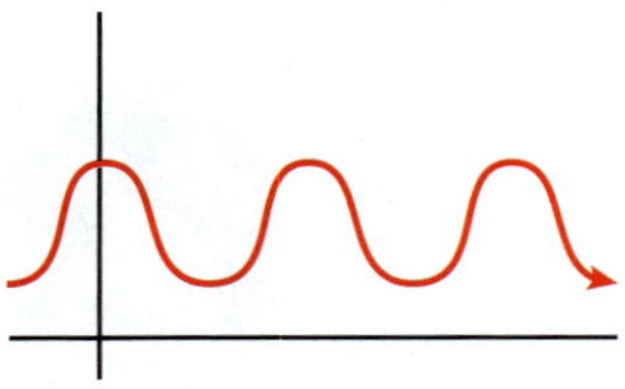

$\lim_{x \to +\infty} f(x)$ no existe

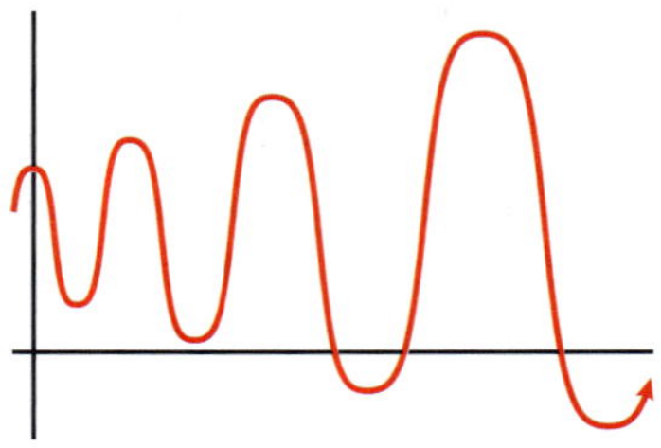

$\lim_{x \to +\infty} f(x)$ no existe

■ Límites cuando $x \to -\infty$

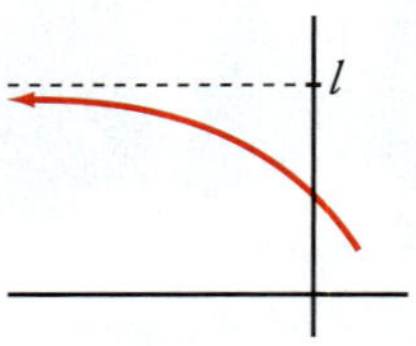

$\lim_{x \to -\infty} f(x) = l$

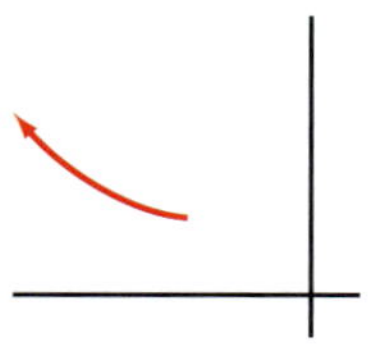

$\lim_{x \to -\infty} f(x) = +\infty$

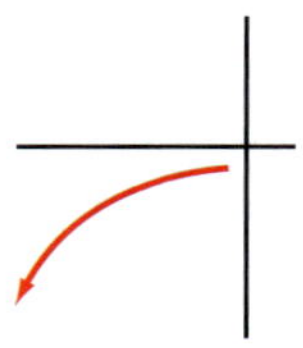

$\lim_{x \to -\infty} f(x) = -\infty$

Observa

Cuando $x \to -\infty$ también puede ocurrir que el límite no exista. Como ejemplos sirven los mismos que hemos usado para $x \to +\infty$ cambiando la orientación de las gráficas, haciendo que tiendan a $-\infty$.

Piensa y practica

1 Describe mediante un límite cada una de las siguientes ramas:

a)

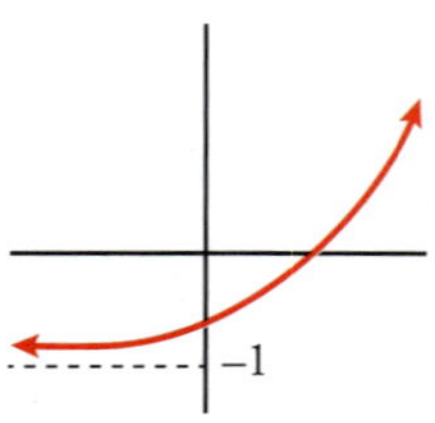

b)

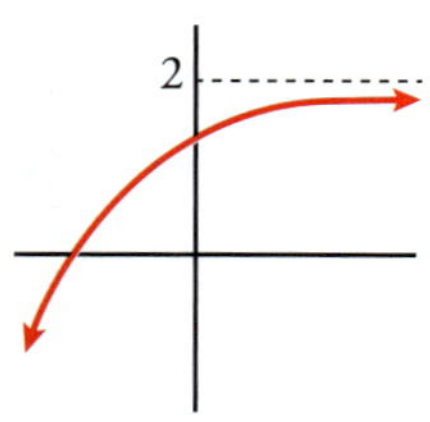

c)

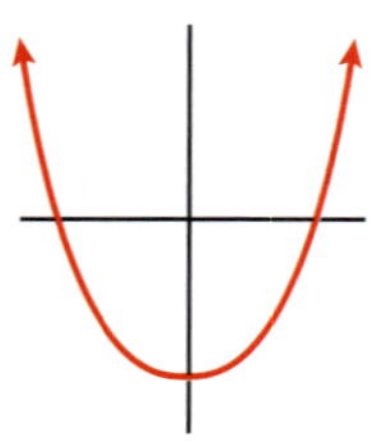

d)

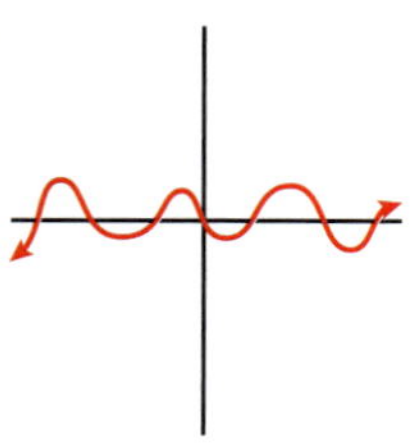

2 Asigna $\lim_{x \to -\infty}$ y $\lim_{x \to +\infty}$ a cada una de las siguientes funciones conocidas (dibuja esquemáticamente su gráfica):

a) $f(x) = x^2$ b) $f(x) = -x^2$ c) $f(x) = x^3$

d) $f(x) = -x^3$ e) $f(x) = sen\ x$ f) $f(x) = tg\ x$

3 Dibuja, en cada caso, una función que cumpla:

a) $\lim_{x \to -\infty} f(x) = 4$, $\lim_{x \to +\infty} f(x) = -\infty$

b) $\lim_{x \to -\infty} f(x) = 3$, $\lim_{x \to +\infty} f(x) = 3$

c) $\lim_{x \to -\infty} f(x) = +\infty$, $\lim_{x \to +\infty} f(x) = -\infty$

d) $\lim_{x \to -\infty} f(x) = -\infty$, $\lim_{x \to +\infty} f(x) = +\infty$

■ Límites cuando $x \to c$. Límites laterales

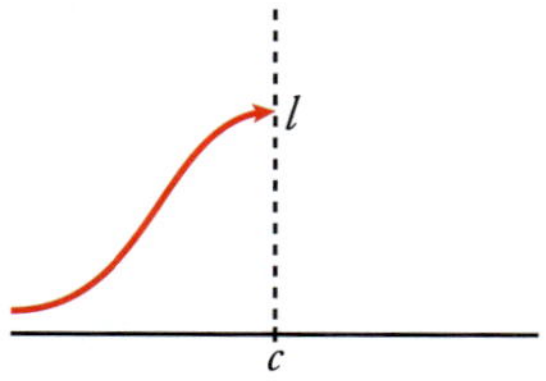

$\lim\limits_{x \to c^-} f(x) = l$

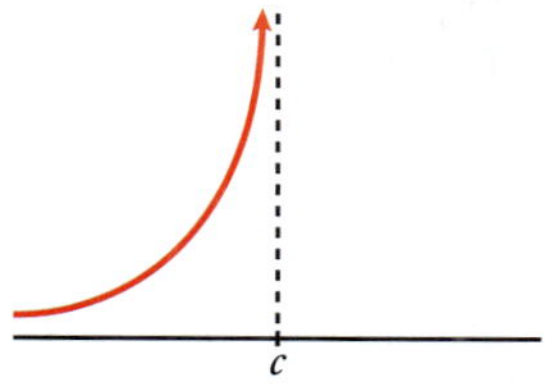

$\lim\limits_{x \to c^-} f(x) = +\infty$

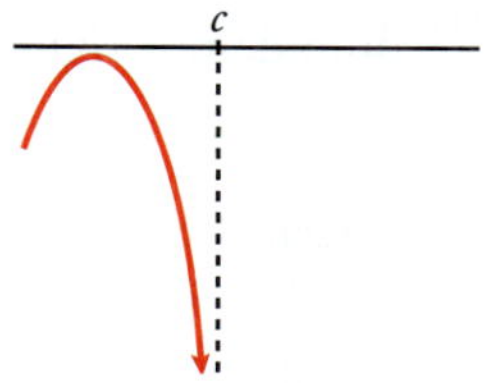

$\lim\limits_{x \to c^-} f(x) = -\infty$

Límite por la izquierda de c:

$\lim\limits_{x \to c^-} f(x)$

x se acerca a c tomando valores menores que c.

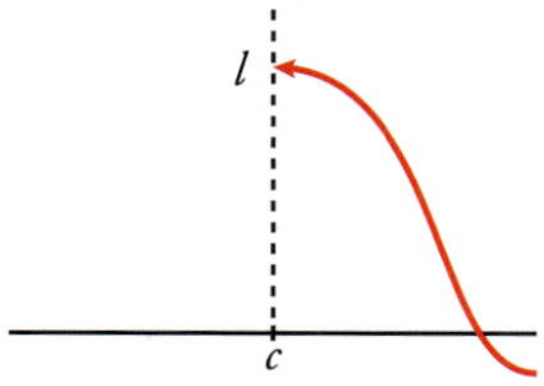

$\lim\limits_{x \to c^+} f(x) = l$

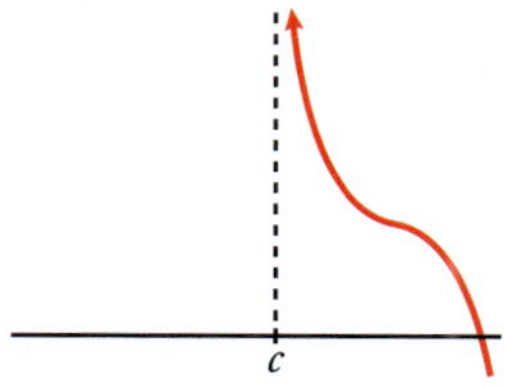

$\lim\limits_{x \to c^+} f(x) = +\infty$

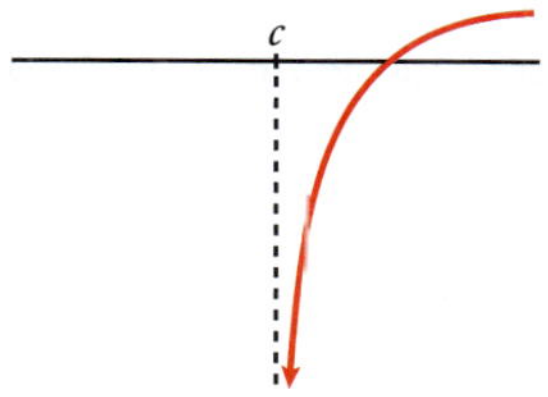

$\lim\limits_{x \to c^+} f(x) = -\infty$

Límite por la derecha de c:

$\lim\limits_{x \to c^+} f(x)$

x se acerca a c tomando valores mayores que c.

Si $f(x)$ está definida a la izquierda y a la derecha de c, para que exista $\lim\limits_{x \to c} f(x)$ es necesario que tenga límites finitos a los dos lados, y coincidan:

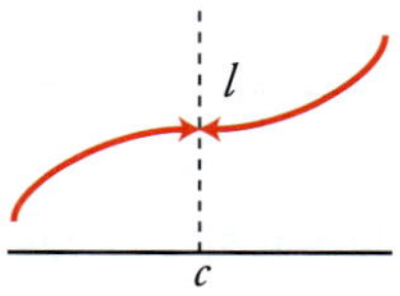

$$\left.\begin{array}{l} \lim\limits_{x \to c^-} f(x) = l \\ \lim\limits_{x \to c^+} f(x) = l \end{array}\right\} \text{ Entonces } \lim\limits_{x \to c} f(x) = l.$$

Límite en c:

$\lim\limits_{x \to c} f(x)$

x se acerca a c por cualquiera de los lados, indistintamente.

No existe límite en estos casos:

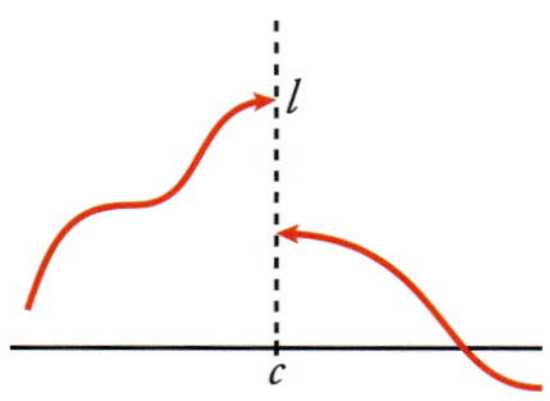

$\lim\limits_{x \to c} f(x)$ no existe

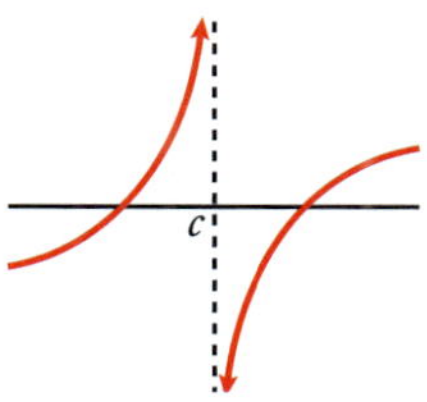

$\lim\limits_{x \to c} f(x)$ no existe

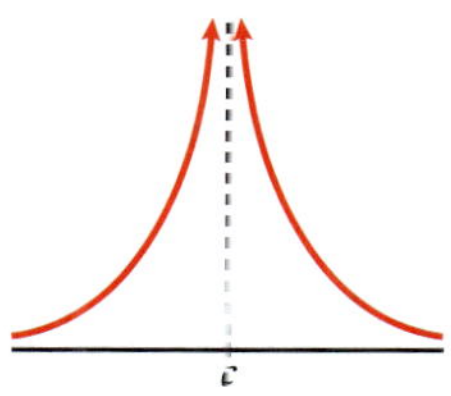

$\lim\limits_{x \to c} f(x)$ no existe

Observa

Si $\lim\limits_{x \to c^-} f(x) = +\infty$ y $\lim\limits_{x \to c^+} f(x) = +\infty$, no decimos que $\lim\limits_{x \to c} f(x) = +\infty$; decimos que $\lim\limits_{x \to c} f(x)$ no existe. Solo existe cuando tiene límites laterales finitos y coincidentes.

Piensa y practica

4 Describe con límites las siguientes ramas:

a)

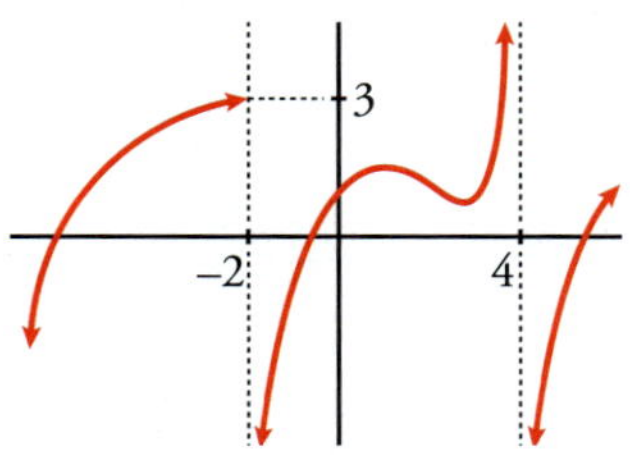

b)

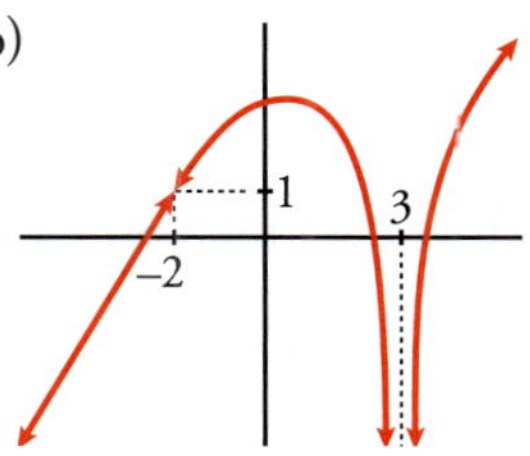

c)

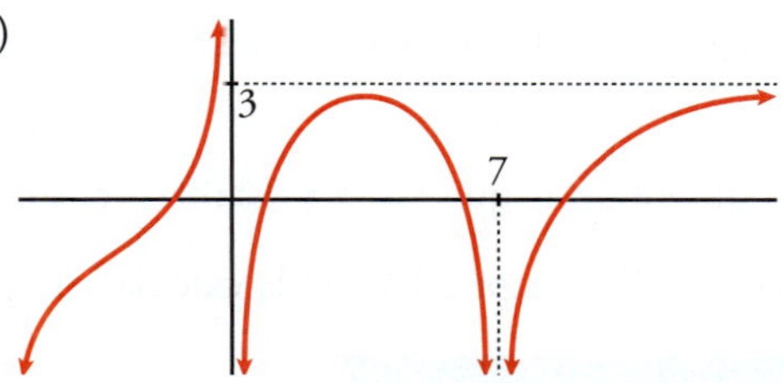

5 Representa una curva que cumpla las seis condiciones siguientes:

$\lim\limits_{x \to -\infty} f(x) = 4$ $\quad \lim\limits_{x \to -3^-} f(x) = -\infty$ $\quad \lim\limits_{x \to -3^+} f(x) = -\infty$

$\lim\limits_{x \to 5^-} f(x) = -\infty$ $\quad \lim\limits_{x \to 5^+} f(x) = +\infty$ $\quad \lim\limits_{x \to +\infty} f(x)$ no existe

anayaeducacion GeoGebra. Practica la asignación de límites a partir de gráficas.

2 UN POCO DE TEORÍA: APRENDAMOS A DEFINIR LOS LÍMITES

En matemáticas, para dar pasos firmes, es necesario que las bases estén bien asentadas. Y la base de esta unidad es el concepto de límite. Hasta ahora hemos manejado visiones intuitivas, interpretaciones gráficas, pero… ¿cómo definir rigurosamente un límite?

Vamos a definir algunos de los límites que hemos visualizado en páginas anteriores y a analizar detenidamente los aspectos claves de estas definiciones. Si en cursos próximos (es decir, en la universidad) sigues estudiando matemáticas, afianzarás estas definiciones y aprenderás a deducir rigurosamente todas las propiedades de los límites a partir de ellas.

En este nivel nos conformaremos con asomarnos someramente al proceso de enunciar con precisión.

Cómo definir con precisión que $\lim_{x \to +\infty} f(x) = l$

La idea es que $f(x)$ «se acercará mucho» a l cuando x «se haga muy grande». Dicho con más precisión:

$\lim_{x \to +\infty} f(x) = l \Leftrightarrow$ Podemos conseguir que $f(x)$ esté tan próximo a l como queramos sin más que darle a x valores suficientemente grandes.

Vamos a intentar hacerlo aún mejor:

$\lim_{x \to +\infty} f(x) = l \Leftrightarrow$ Dado un número positivo ε (arbitrariamente pequeño), podemos encontrar un h (tan grande como sea necesario) tal que:

$$\text{si } x > \text{h} \text{ entonces } |f(x) - l| < \varepsilon$$

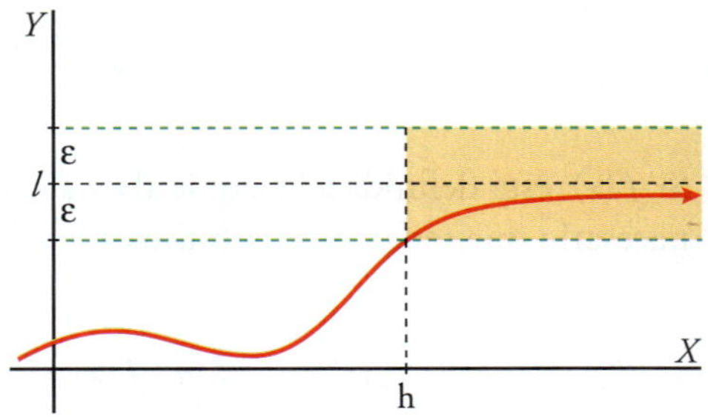

Cuanto más pequeño sea ε, más grande hemos de tomar h.

Veamos un caso concreto. Vamos a demostrar que $\lim_{x \to +\infty} \frac{5x+10}{x-1} = 5$:

Tomamos $\varepsilon > 0$ (e imaginamos ε muy pequeño). ¿Cómo tiene que ser x para que la distancia de $f(x)$ a 5 sea menor que ε?

$$|f(x) - 5| < \varepsilon \Leftrightarrow \left| \frac{5x+10}{x-1} - 5 \right| < \varepsilon \Leftrightarrow \left| \frac{5x+10-5x+5}{x-1} \right| < \varepsilon \overset{(*)}{\Leftrightarrow} \frac{15}{x-1} < \varepsilon$$

(*) Hemos quitado el valor absoluto porque para valores grandes de x, $\frac{15}{x-1} > 0$.

$$\frac{15}{x-1} < \varepsilon \Leftrightarrow x - 1 > \frac{15}{\varepsilon} \Leftrightarrow x > \frac{15}{\varepsilon} + 1. \text{ Es decir, } \text{h} = \frac{15}{\varepsilon} + 1.$$

Por ejemplo, si $\varepsilon = 0{,}001 \to \text{h} = \frac{15}{0{,}001} + 1 = 15\,001$.

Esto quiere decir que «si $x > 15\,001$, entonces $\frac{5x+10}{x-1}$ dista de 5 menos de una milésima» (haz la prueba con la calculadora y dale a x el valor 15 002).

Piensa y practica

1 Sabiendo que $\lim_{x \to +\infty} \frac{3x-20}{x-100} = 3$, aplica lo que acabamos de ver para calcular h en función de ε.

Averigua después para qué valor de h se verifica que «si $x > \text{h}$, entonces $|f(x) - 3| < 0{,}01$».

Definición precisa de otros límites

Ya hemos dicho que solo pretendemos asomarnos al proceso de definir con precisión los límites. Ampliemos nuestro horizonte definiendo algunos límites más, a modo de ejemplos:

- **Cuando $x \to +\infty$ la función tiende a $+\infty$**

$\lim\limits_{x \to +\infty} f(x) = +\infty \iff$ Podemos conseguir que $f(x)$ sea tan grande como queramos sin más que tomar x tan grande como sea necesario.

Dicho con más precisión:

$\lim\limits_{x \to +\infty} f(x) = +\infty \iff$ Dado un número k (arbitrariamente grande), podemos encontrar otro número h (tan grande como sea necesario) tal que:

$$\text{si } x > \text{h}, \text{ entonces } f(x) > k$$

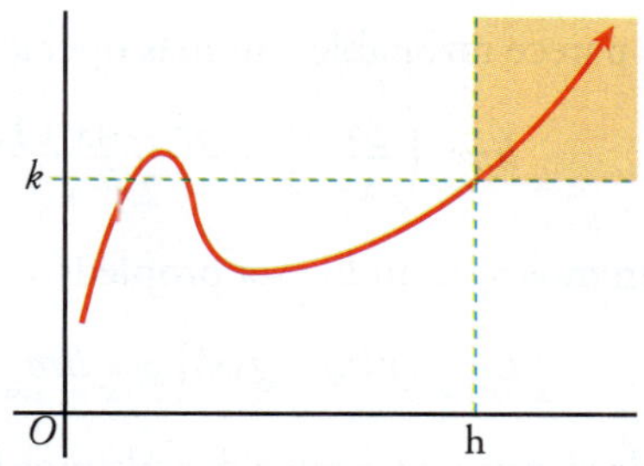

Cuanto más grande sea k, más grande debemos tomar h.

- **Cuando $x \to -\infty$ la función tiende a $-\infty$**

$\lim\limits_{x \to -\infty} f(x) = -\infty \iff$ Podemos conseguir que $f(x)$ sea «tan negativo» como queramos sin más que tomar x «tan negativo» como sea necesario.

Con más precisión:

$\lim\limits_{x \to -\infty} f(x) = -\infty \iff$ Dado un número k (arbitrariamente grande), podemos encontrar otro número h (tan grande como sea necesario) tal que:

$$\text{si } x < -\text{h}, \text{ entonces } f(x) < -k$$

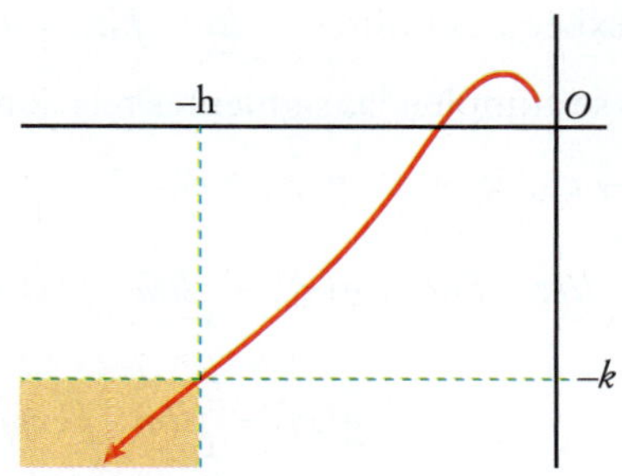

Cuanto más grande sea k, más grande debemos tomar h.

- **Cuando $x \to c^-$ la función tiende a $+\infty$**

$\lim\limits_{x \to c^-} f(x) = +\infty \iff$ El **límite** de $f(x)$ cuando x tiende a c **por la izquierda** es $+\infty$ si al acercarse x a c tomando valores menores que c, $f(x)$ toma valores tan grandes como se quiera.

$\iff$ Dado un número k, podemos encontrar un $\delta > 0$ tal que:

$$\text{si } c - \delta < x < c, \text{ entonces } f(x) > k$$

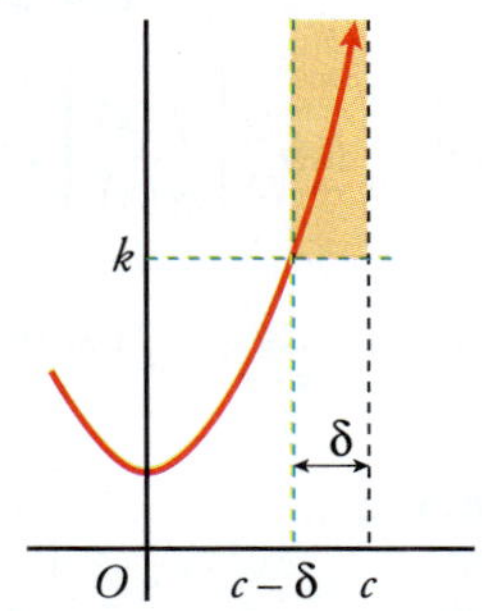

Cuando más grande sea k, más pequeño hemos de tomar δ.

- **Cuando $x \to c$ la función tiende a l**

$\lim\limits_{x \to c} f(x) = l \iff$ Si queremos que $f(x)$ sea muy próximo a l, podremos conseguirlo sin más que darle a x valores tan próximos a c como sea necesario.

$\iff$ Dado $\varepsilon > 0$, podemos encontrar un $\delta > 0$ tal que:

$$\text{si } x \neq c \text{ y } c - \delta < x < c + \delta, \text{ entonces } |f(x) - l| < \varepsilon$$

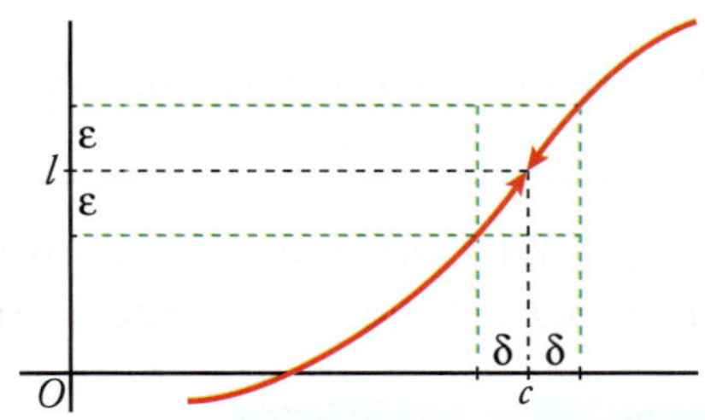

Cuando más pequeño sea ε, más pequeño hemos de tomar δ.

Piensa y practica

2 Define, acompañado de un dibujo, los siguientes límites:

a) $\lim\limits_{x \to +\infty} f(x) = -\infty$ b) $\lim\limits_{x \to -\infty} f(x) = +\infty$ c) $\lim\limits_{x \to c^+} f(x) = -\infty$ d) $\lim\limits_{x \to c} f(x) = -\infty$

anayaeducacion GeoGebra. Definición precisa de otros límites.

3 SENCILLAS OPERACIONES CON LÍMITES

Operaciones con límites finitos

Observa estos dos límites:

$$\lim_{x \to +\infty} \frac{3x+5}{x-2} = 3 \qquad \lim_{x \to +\infty} \frac{x^2-4x+12}{2x^2+7} = \frac{1}{2}$$

¿No parece razonable, sin más operaciones, hacer lo siguiente?:

$$\lim_{x \to +\infty} \left(\frac{3x+5}{x-2} - \frac{x^2-4x+12}{2x^2+7} \right) = 3 - \frac{1}{2} = 2{,}5$$

Estaremos aplicando esta propiedad:

$$\lim_{x \to +\infty} [f(x) - g(x)] = \lim_{x \to +\infty} f(x) - \lim_{x \to +\infty} g(x)$$

válida siempre que estos dos últimos límites existan y sean finitos.

Parece, pues, razonable, admitir los siguientes resultados:

Si existe y es finito el $\lim_{x \to \square} f(x) = a$ y existe y es finito el $\lim_{x \to \square} g(x) = b$, entonces se cumplen las siguientes relaciones (todas ellas valen para $x \to -\infty$, $x \to +\infty$, $x \to c^-$, $x \to c^+$ y $x \to c$):

1. $\lim_{x \to \square} [f(x) + g(x)] = \lim_{x \to \square} f(x) + \lim_{x \to \square} g(x) = a + b$

2. $\lim_{x \to \square} [f(x) - g(x)] = \lim_{x \to \square} f(x) - \lim_{x \to \square} g(x) = a - b$

3. $\lim_{x \to \square} [f(x) \cdot g(x)] = \lim_{x \to \square} f(x) \cdot \lim_{x \to \square} g(x) = a \cdot b$

4. Si $b \neq 0$, $\lim_{x \to \square} \left[\frac{f(x)}{g(x)} \right] = \frac{\lim_{x \to \square} f(x)}{\lim_{x \to \square} g(x)} = \frac{a}{b}$

5. Si $f(x) > 0$, $\lim_{x \to \square} [f(x)^{g(x)}] = \left[\lim_{x \to \square} f(x) \right]^{\lim_{x \to \square} g(x)} = a^b$

6. Si n es impar o Si n es par y $f(x) \geq 0$ $\to$ $\lim_{x \to \square} \sqrt[n]{f(x)} = \sqrt[n]{\lim_{x \to \square} f(x)} = \sqrt[n]{a}$

7. Si $\alpha > 0$, $\alpha \neq 1$ y $f(x) > 0$, $\lim_{x \to \square} [\log_\alpha f(x)] = \log_\alpha \left[\lim_{x \to \square} f(x) \right] = \log_\alpha a$

En rigor, todas estas propiedades deberían ser demostradas, pero esa tarea está muy por encima de lo que se pretende en este curso.

Piensa y practica

1 Todas estas propiedades que acabamos de presentar son muy sencillas y razonables. Y se pueden enunciar en los siguientes términos:

1. *El límite de la suma de dos funciones es igual a la suma de sus límites.*

Haz otro tanto con las propiedades **2** a **7** y reflexiona sobre las restricciones que se imponen en algunas de ellas, de modo que las veas razonables (por ejemplo: ¿por qué $b \neq 0$ en la propiedad **4**?, ¿por qué $f(x) > 0$ en la propiedad **5**?, …).

Algunas operaciones con límites infinitos

Del mismo modo que se manejan de forma obvia las operaciones con límites finitos, hay muchas operaciones en las que intervienen funciones con límites infinitos cuyo resultado es también obvio. Por ejemplo:

Si $\lim\limits_{x \to \square} f(x) = +\infty$ y $\lim\limits_{x \to \square} g(x) = +\infty$, entonces:

$$\lim_{x \to \square} [f(x) + g(x)] = +\infty$$

Se expresa así: $(+\infty) + (+\infty) = (+\infty)$

Ponemos, a continuación, algunos resultados de operaciones en las que intervienen funciones con límites infinitos. No trates de memorizarlos. Mira bien cada uno de ellos, haz algunas pruebas, ponte algunos ejemplos y acaba viéndolos tan razonables que los recuerdes cuando te los encuentres.

SUMAS

$(+\infty) + (l) = (+\infty)$

$(+\infty) + (+\infty) = (+\infty)$

$(-\infty) + (l) = (-\infty)$

$(-\infty) + (-\infty) = (-\infty)$

$-(-\infty) = (+\infty)$

PRODUCTOS

$(+\infty) \cdot (+\infty) = (+\infty)$

$(+\infty) \cdot (-\infty) = (-\infty)$

Si $l > 0$, $\begin{cases} (+\infty) \cdot (l) = (+\infty) \\ (-\infty) \cdot (l) = (-\infty) \end{cases}$

Si $l < 0$, $\begin{cases} (+\infty) \cdot (l) = (-\infty) \\ (-\infty) \cdot (l) = (+\infty) \end{cases}$

COCIENTES

$\dfrac{(l)}{(\pm\infty)} = (0)$

$\dfrac{(l)}{(0)} = (\pm\infty)$, si $l \neq 0$

$\dfrac{(\pm\infty)}{(0)} = (\pm\infty)$

$\dfrac{(0)}{(\pm\infty)} = (0)$

POTENCIAS

$(+\infty)^{(+\infty)} = (+\infty)$

$(+\infty)^{(-\infty)} = (0)$

Si $l > 0$, $(+\infty)^{(l)} = (+\infty)$

Si $l < 0$, $(+\infty)^{(l)} = (0)$

Si $l \neq 0$, $(l)^{(0)} = (1)$

Si $l > 1$, $\begin{cases} (l)^{(+\infty)} = (+\infty) \\ (l)^{(-\infty)} = (0) \end{cases}$

Si $0 < l < 1$, $\begin{cases} (l)^{(+\infty)} = (0) \\ (l)^{(-\infty)} = (+\infty) \end{cases}$

Nota histórica

Lee lo que decía, en el siglo VII, el matemático indio Brahmagupta a propósito de una expresión del tipo $\dfrac{(a)}{(0)}$:

«*… cuanto más disminuye el divisor, tanto mayor es el cociente.*

Si el divisor se hace extremadamente pequeño, el cociente se hace extremadamente grande.

Pero mientras pueda decirse que es de tal o tal otra magnitud, todavía no se ha llegado a la magnitud extrema, pues siempre puede darse un número mayor que él. El cociente, por lo tanto (cuando el divisor se reduce al mínimo posible, es decir, a cero), se hace indefiniblemente grande y puede llamarse, con razón, infinito».

Es esta la forma de razonar que te sugerimos («si el divisor se hace extremadamente pequeño, el cociente se hace extremadamente grande»). Ayúdate de la calculadora cuando lo necesites, pero llega a convicciones claras.

Piensa y practica

2 Si, cuando $x \to +\infty$, $f(x) \to +\infty$, $g(x) \to 4$, $h(x) \to -\infty$, $u(x) \to 0$, asigna, siempre que puedas, límite cuando $x \to +\infty$ a las expresiones siguientes:

a) $f(x) - h(x)$ b) $f(x)^{f(x)}$ c) $f(x) + h(x)$ d) $f(x)^x$ e) $f(x) \cdot h(x)$

f) $u(x)^{u(x)}$ g) $f(x)/h(x)$ h) $[-h(x)]^{h(x)}$ i) $g(x)^{h(x)}$ j) $u(x)/h(x)$

k) $f(x)/u(x)$ l) $h(x)/u(x)$ m) $g(x)/u(x)$ n) $x + f(x)$ ñ) $f(x)^{h(x)}$

o) $x + h(x)$ p) $h(x)^{h(x)}$ q) x^{-x} r) $f^2(x) + h^2(x)$ s) $f^2(x) - h^2(x)$

anayaeducacion Practica operaciones sencillas con límites.

4 INDETERMINACIONES

Con la expresión $(+\infty) + (+\infty) = (+\infty)$ estamos diciendo que, con seguridad, la suma de dos funciones que tienden a $+\infty$, cualesquiera que sean, es otra función que también tiende a infinito. ¿Qué resultado podemos aventurar para $(+\infty) - (+\infty)$?

Veamos, con los siguientes ejemplos, que puede ocurrir cualquier cosa:

$$f(x) = x^3 \qquad \lim_{x \to +\infty} f(x) = +\infty \qquad \lim_{x \to +\infty} [f(x) - g(x)] = (+\infty) - (+\infty)$$

$$g(x) = x^2 + 5 \qquad \lim_{x \to +\infty} g(x) = +\infty \qquad \lim_{x \to +\infty} [g(x) - f(x)] = (+\infty) - (+\infty)$$

$$h(x) = x^2 \qquad \lim_{x \to +\infty} h(x) = +\infty \qquad \lim_{x \to +\infty} [g(x) - h(x)] = (+\infty) - (+\infty)$$

Las expresiones anteriores son del tipo $(+\infty) - (+\infty)$. Sus límites son:

$$\lim_{x \to +\infty} [f(x) - g(x)] = \lim_{x \to +\infty} [x^3 - (x^2 + 5)] \overset{(*)}{=} +\infty$$

$$\lim_{x \to +\infty} [g(x) - f(x)] = \lim_{x \to +\infty} [(x^2 + 5) - x^3] \overset{(*)}{=} -\infty$$

$$\lim_{x \to +\infty} [g(x) - h(x)] = \lim_{x \to +\infty} [(x^2 + 5) - x^2] = 5$$

(*) Pues x^3 crece mucho más rápidamente que x^2.

Como hemos visto, $(+\infty) - (+\infty)$ ha significado, según los casos, $(+\infty)$, $(-\infty)$ o 5. Es decir, con solo saber que dos funciones tienden a infinito, no podemos saber a qué tiende su diferencia.

Si $\lim_{x \to +\infty} f(x) = +\infty$ y $\lim_{x \to +\infty} g(x) = +\infty$, ¿cuánto vale $\lim_{x \to +\infty} [f(x) - g(x)]$?

Para contestar a la pregunta, no queda más remedio que analizar más a fondo cada caso concreto.

Una **indeterminación** es el reconocimiento de que con solo conocer los límites de las funciones que intervienen no podemos asignar límite al resultado de la operación. Hay que efectuar una investigación más profunda que nos permita llegar al valor de dicho límite.

En las próximas páginas aprenderemos algunos métodos para resolver los casos más frecuentes de indeterminación. Los más importantes son:

$$\frac{(\pm\infty)}{(\pm\infty)} \quad \frac{(0)}{(0)} \quad (+\infty) - (+\infty) \quad (\pm\infty)\cdot(0) \quad (+\infty)^{(0)} \quad (0)^{(0)} \quad (1)^{(+\infty)} \quad (1)^{(-\infty)}$$

Indeterminaciones

Las indeterminaciones más importantes son:

$$\frac{(\pm\infty)}{(\pm\infty)} \qquad \frac{(0)}{(0)}$$

$$(+\infty) - (+\infty) \qquad (\pm\infty)\cdot(0)$$

$$(+\infty)^{(0)} \qquad (0)^{(0)}$$

$$(1)^{(+\infty)} \qquad (1)^{(-\infty)}$$

Piensa y practica

1 Para $x \to 4$ se dan los siguientes resultados:

$$f(x) \to +\infty, \; g(x) \to 4, \; h(x) \to -\infty, \; u(x) \to 0$$

¿Cuáles de las siguientes funciones son indeterminaciones cuando $x \to 4$? En cada caso, si es indeterminación, di de qué tipo y, si no lo es, di cuál es el límite:

a) $f(x) + h(x)$ b) $f(x)/h(x)$

c) $f(x)^{-h(x)}$ d) $f(x)^{h(x)}$

e) $f(x)^{u(x)}$ f) $u(x)^{h(x)}$

g) $[g(x)/4]^{f(x)}$ h) $g(x)^{f(x)}$

anayaeducacion Operaciones con límites. Indeterminaciones.

5 COMPARACIÓN DE INFINITOS

Si $x \to +\infty$, es claro que tanto $2x$ como x^2 tienden a $+\infty$. También es claro que x^2 tiende a $+\infty$ «mucho más deprisa» que $2x$. Diremos, pues, que x^2 es un **infinito de orden superior** a $2x$.

¿Para qué sirve esto? Para saber que, cuando compiten el uno con el otro, «gana» el que más puede. Por ejemplo:

$$\lim_{x \to +\infty} (x^2 - 2x) = +\infty; \quad \lim_{x \to +\infty} (2x - x^2) = -\infty; \quad \lim_{x \to +\infty} \frac{x^2}{2x} = +\infty$$

Si, cuando $x \to \square$, $f(x) \to \pm\infty$ y $g(x) \to \pm\infty$, se dice que $f(x)$ es un **infinito de orden superior** a $g(x)$ cuando se cumple lo siguiente:

$$\lim_{x \to \square} \frac{f(x)}{g(x)} = \pm\infty \quad \text{o, lo que es lo mismo,} \quad \lim_{x \to \square} \frac{g(x)}{f(x)} = 0$$

Si $\lim_{x \to \square} \frac{f(x)}{g(x)} = l \neq 0$, entonces $f(x)$ y $g(x)$ son **infinitos del mismo orden.**

Observa

En esta definición $x \to \square$ significa que tiende a $+\infty$, $-\infty$ o un número cualquiera, c.

Aplicación a los límites cuando $x \to +\infty$

Recuerda que, cuando $x \to +\infty$, hay tres grandes familias de funciones infinitas:

- **Potencias** de exponente positivo: x^3, $\sqrt{x}$, $\sqrt[3]{x^5}$, …
- **Exponenciales** de base mayor que 1: $1{,}5^x$; 2^x; e^x, …
- **Logaritmos** de base mayor que 1: $log_{1,5}\, x$; $log_{10}\, x$; $ln\, x$; …

Es fácil comprobar las siguientes afirmaciones:

- Dadas **dos potencias** de x, la de mayor exponente es un infinito de orden superior:

$$\lim_{x \to +\infty} \frac{x^4}{7x^3} = +\infty \qquad \lim_{x \to +\infty} \frac{\sqrt[3]{x^4}}{5x} = \lim_{x \to +\infty} \frac{x^{4/3}}{5x} = +\infty$$

- Dadas **dos funciones exponenciales** de bases mayores que 1, la de mayor base es un infinito de orden superior:

$$\lim_{x \to +\infty} \frac{2^x}{1\,000 \cdot 1{,}5^x} = +\infty$$

- Cualquier **función exponencial** de base mayor que 1 es un infinito de orden superior a cualquier potencia:

$$\lim_{x \to +\infty} \frac{1{,}2^x}{1\,000 \cdot x^{20}} = +\infty$$

- Los **logaritmos** tienden a infinito muy lentamente. Cualquier potencia es un infinito de orden superior a cualquier logaritmo.
- Si en una suma hay **varios sumandos** infinitos, el orden de la suma es el del sumando de mayor orden: $x^{20} + 7 \cdot 1{,}1^x$ es un infinito del mismo orden que $1{,}1^x$.

Otras funciones infinitas

Exponenciales de base positiva menor que 1 actuando sobre $(-x)$.

$$\left(\frac{1}{2}\right)^{-x} = 2^x \xrightarrow[x \to +\infty]{} +\infty$$

Logaritmos de base positiva menor que 1.

$$log_{1/2}\, x = -\,log_2\, x \xrightarrow[x \to +\infty]{} -\infty$$

anayaeducacion.es

La desesperante lentitud de crecimiento de los logaritmos.

Piensa y practica

1 Indica cuáles de las siguientes expresiones son infinitos $(\pm\infty)$ cuando $x \to +\infty$:

a) $3x^5 - \sqrt{x} + 1$ b) $0{,}5^x$ c) $-1{,}5^x$

d) $log_2\, x$ e) $\dfrac{1}{x^3+1}$ f) $\sqrt{x}$

g) 4^x h) 4^{-x} i) -4^x

2 a) Ordena de menor a mayor los órdenes de los siguientes infinitos:

$log_2\, x \quad \sqrt{x} \quad x^2 \quad 3x^5 \quad 1{,}5^x \quad 4^x$

b) Teniendo en cuenta el resultado anterior, calcula:

$$\lim_{x \to +\infty} \frac{log_2\, x}{\sqrt{x}} \qquad \lim_{x \to +\infty} \frac{3x^5}{x^2} \qquad \lim_{x \to +\infty} \frac{\sqrt{x}}{1{,}5^x}$$

6
CÁLCULO DE LÍMITES CUANDO $x \to +\infty$

■ Cociente de polinomios

El cálculo de límites de fracciones algebraicas (cocientes de dos polinomios) se resuelve con toda sencillez si prestamos atención a los términos de mayor grado del numerador y del denominador.

$$f(x) = \frac{ax^p + a'x^{p-1} + \dots}{bx^q + b'x^{q-1} + \dots} \quad \text{se comporta como} \quad \frac{a}{b}x^{p-q}.$$

- Si $p > q$, $\lim\limits_{x \to +\infty} f(x) = \pm\infty$ (el signo del límite depende de los signos de a y b).
- Si $p = q$, $\lim\limits_{x \to +\infty} f(x) = \frac{a}{b}$
- Si $p < q$, $\lim\limits_{x \to +\infty} f(x) = 0$

Por ejemplo:

1. $\lim\limits_{x \to +\infty} \dfrac{3x^3 + 2x - 1}{10x^2 - 7x + 3} = +\infty$, pues el grado del numerador es mayor que el del denominador: el infinito del numerador es de orden superior al del denominador.

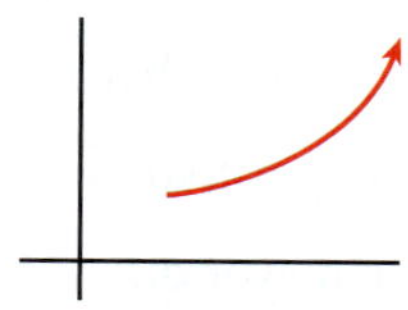

Razonadamente:

$$l = \lim_{x \to +\infty} \frac{\dfrac{3x^3}{x^2} + \dfrac{2x}{x^2} - \dfrac{1}{x^2}}{\dfrac{10x^2}{x^2} - \dfrac{7x}{x^2} + \dfrac{3}{x^2}} = \lim_{x \to +\infty} \frac{3x + \dfrac{2}{x} - \dfrac{1}{x^2}}{10 - \dfrac{7}{x} + \dfrac{3}{x^2}} = \frac{(+\infty)}{(10)} = +\infty$$

2. $\lim\limits_{x \to +\infty} \dfrac{-3x^3 - 5x^2 - 1}{6x^3 - 7x^2} = \dfrac{-3}{6} = -\dfrac{1}{2}$

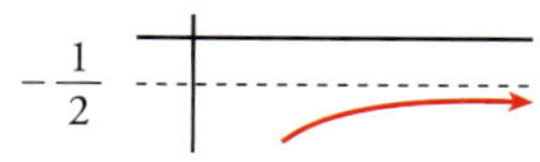

3. $\lim\limits_{x \to +\infty} \dfrac{10x - 3}{-5x^2 + 2} = 0$

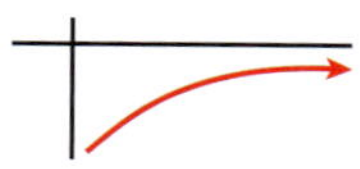

4. $\lim\limits_{x \to +\infty} \dfrac{10x^4 + 5x}{6(1 - x^3)} = \lim\limits_{x \to +\infty} \dfrac{10x^4}{-6x^3} = -\infty$

> **Recuerda**
>
> Cuando $x \to +\infty$, el protagonismo de una función polinómica lo desempeña su término de mayor grado.

> **anayaeducacion.es**
>
> Ejemplos y ejercicios sobre el cálculo de límites de cocientes de polinomios.

■ Cociente de otras expresiones infinitas

La regla anterior también es válida cuando en el numerador, en el denominador o en ambos, hay expresiones radicales. Para aplicarla, tendremos que tener en cuenta que:

- $\sqrt[p]{ax^n + \dots}$ se comporta como $\sqrt[p]{a} \cdot x^{n/p}$ cuando $x \to +\infty$.
- $\sqrt[p]{ax^n + \dots}$ no tiene límite cuando $x \to +\infty$ si a es negativo y p es par, pues no está definido para valores grandes de x.

Por ejemplo:

1. $\lim\limits_{x \to +\infty} \dfrac{3x + 1}{\sqrt{4x^2 - 6x}} = \lim\limits_{x \to +\infty} \dfrac{3x}{2x} = \dfrac{3}{2}$

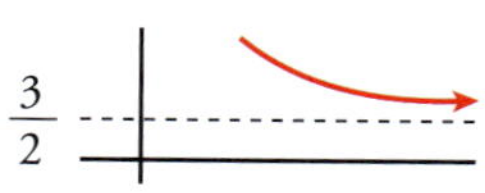

2. $\lim\limits_{x \to +\infty} \dfrac{\sqrt{5x^3 - 2x}}{2x + 5} = \lim\limits_{x \to +\infty} \dfrac{\sqrt{5}x^{3/2}}{2x} = \lim\limits_{x \to +\infty} \dfrac{\sqrt{5}}{2}x^{1/2} = +\infty$

> **anayaeducacion.es**
>
> Límite cuando $x \to +\infty$ de cocientes de polinomios.

Diferencia de expresiones infinitas

Estudiaremos tres casos, cada uno algo más complicado que el anterior.

I. Cuando se aprecia a simple vista que las expresiones cuya diferencia se nos propone son infinitos de orden distinto, podemos atribuirles, directamente, límite $+\infty$ o $-\infty$. Por ejemplo:

1. $\lim\limits_{x \to +\infty} \left(\sqrt{x^3 - 5x} - \dfrac{3x^2 - 7x + 2}{2x - 1} \right) = +\infty$ Porque el minuendo es de grado 3/2 y el sustraendo es de grado 1.

2. $\lim\limits_{x \to +\infty} \left(\dfrac{(x-5)^4}{x^2 - 1} - 1{,}5^x \right) = -\infty$ Porque una exponencial con base mayor que 1 es un infinito de orden superior a una potencia.

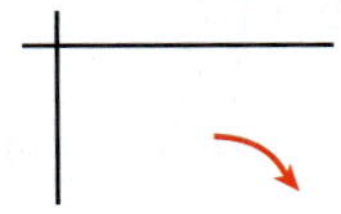

II. Cuando puede efectuarse la operación

Si el límite no se aprecia a simple vista (los dos infinitos son del mismo orden), intentaremos efectuar la diferencia indicada y, después, calcularemos el límite. Por ejemplo:

$$\lim_{x \to +\infty} \left(\frac{2x^2 - 5x}{x + 3} - 2x \right) = \lim_{x \to +\infty} \frac{2x^2 - 5x - 2x(x+3)}{x+3} = \lim_{x \to +\infty} \frac{-11x}{x+3} = -11$$

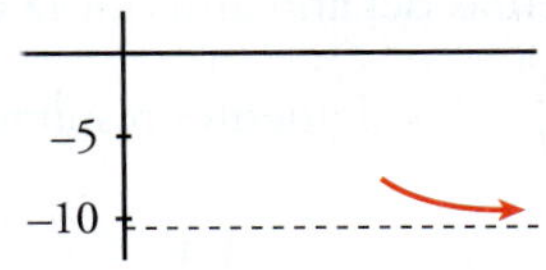

III. Cuando hay radicales cuadráticos

Si en el minuendo, $f(x)$, en el sustraendo, $g(x)$, o en ambos, hay una raíz cuadrada, la operación no es inmediata. Entonces se procede multiplicando y dividiendo por $f(x) + g(x)$, con lo que desaparece la diferencia de raíces, que obstaculizaba el cálculo del límite.

$$f(x) - g(x) = \frac{[f(x) - g(x)][f(x) + g(x)]}{f(x) + g(x)} = \frac{f(x)^2 - g(x)^2}{f(x) + g(x)}$$

Por ejemplo:

$$\lim_{x \to +\infty} \left(\sqrt{x^2 - x} - x \right) = \lim_{x \to +\infty} \left(\frac{\left(\sqrt{x^2 - x} - x\right)\left(\sqrt{x^2 - x} + x\right)}{\sqrt{x^2 - x} + x} \right) =$$

$$= \lim_{x \to +\infty} \frac{(x^2 - x) - x^2}{\sqrt{x^2 - x} + x} = \lim_{x \to +\infty} \frac{-x}{\sqrt{x^2 - x} + x} =$$

$$= \lim_{x \to +\infty} \frac{-1}{\sqrt{1 - \frac{1}{x}} + 1} = \frac{-1}{1+1} = -\frac{1}{2}$$

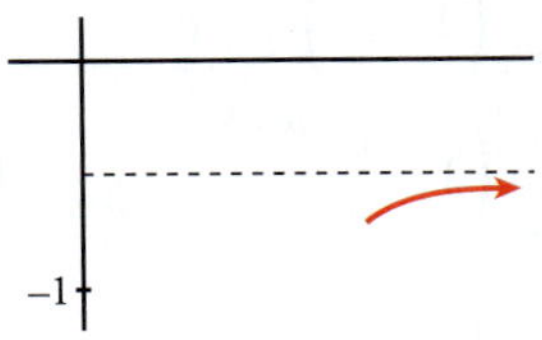

anayaeducacion.es
Límites con radicales cuadráticos.

Piensa y practica

1 Sin operar, di el límite, cuando $x \to +\infty$, de las siguientes expresiones:

a) $\left(x^2 - \sqrt[3]{2x+1}\right)$

b) $(x^2 - 2^x)$

c) $\sqrt{x^2 + 1} - \sqrt{x}$

d) $3^x - 2^x$

e) $5^x - \sqrt[3]{x^8 - 2}$

f) $\sqrt{x} - \log_5 x^4$

2 Calcula el límite, cuando $x \to +\infty$, de las siguientes expresiones:

a) $\dfrac{3x^3 + 5}{x + 2} - \dfrac{4x^3 - x}{x - 2}$

b) $\dfrac{x^3}{2x^2 + 1} - \dfrac{x}{2}$

c) $\dfrac{3x + 5}{2} - \dfrac{x^2 - 2}{x}$

d) $\sqrt{x^2 + x} - \sqrt{x^2 + 1}$

e) $2x - \sqrt{x^2 + x}$

f) $\sqrt{x + 1} - \sqrt{x + 2}$

Límite de una potencia

El límite de una potencia, en muchos casos, se puede calcular sin más que conocer los límites de la base y del exponente. Por ejemplo:

1. $\lim\limits_{x \to +\infty} (x^2+1)^{x-3} = +\infty$, pues es del tipo $(+\infty)^{(+\infty)}$.

2. $\lim\limits_{x \to +\infty} \left(\dfrac{2x+1}{x}\right)^x = +\infty$, pues es del tipo $(2)^{(+\infty)}$.

3. $\lim\limits_{x \to +\infty} \left(\dfrac{x}{2x+1}\right)^x = 0$, pues es del tipo $\left(\dfrac{1}{2}\right)^{(+\infty)} = \dfrac{1}{(2)^{(+\infty)}}$.

Sin embargo, cuando $\lim\limits_{x \to +\infty} f(x) = 1$ y $\lim\limits_{x \to +\infty} g(x) = +\infty$, el $\lim\limits_{x \to +\infty} f(x)^{g(x)}$ es una indeterminación del tipo $(1)^{(+\infty)}$, que hay que estudiar en cada caso.

Límites inmediatos relacionados con el número *e*

Si recuerdas del año anterior la definición del número e como límite de la sucesión $\left(1+\dfrac{1}{n}\right)^n$, los siguientes resultados te parecerán evidentes:

$$\lim_{x \to +\infty} \left(1+\frac{1}{x}\right)^x = e, \quad \lim_{x \to +\infty} \left(1-\frac{1}{x}\right)^x = \frac{1}{e} = e^{-1}$$

Basándonos en ellos, obtenemos estos otros límites:

- $\lim\limits_{x \to +\infty} \left(1+\dfrac{1}{x}\right)^{-x} = \lim\limits_{x \to +\infty} \left[\left(1+\dfrac{1}{x}\right)^x\right]^{-1} = e^{-1}$
- $\lim\limits_{x \to +\infty} \left(1+\dfrac{1}{2x}\right)^{2x} = e$, pues haciendo $2x = y$ queda $\lim\limits_{x \to +\infty} \left(1+\dfrac{1}{y}\right)^y$.
- $\lim\limits_{x \to +\infty} \left(1+\dfrac{1}{x}\right)^{ax} = \lim\limits_{x \to +\infty} \left[\left(1+\dfrac{1}{x}\right)^x\right]^a = e^a$
- $\lim\limits_{x \to +\infty} \left(1-\dfrac{1}{x}\right)^{ax} = e^{-a}$
- $\lim\limits_{x \to +\infty} \left(1+\dfrac{1}{x}\right)^{ax+b} = \lim\limits_{x \to +\infty} \left(1+\dfrac{1}{x}\right)^{ax}\left(1+\dfrac{1}{x}\right)^b = e^a \cdot 1 = e^a$
- $\lim\limits_{x \to +\infty} \left(1+\dfrac{k}{x}\right)^x = \lim\limits_{x \to +\infty} \left(1+\dfrac{1}{x/k}\right)^x = \lim\limits_{x \to +\infty} \left[\left(1+\dfrac{1}{x/k}\right)^{x/k}\right]^k = e^k$

No lo olvides

$$\lim_{x \to +\infty} \left(1+\frac{1}{x}\right)^{ax+b} = e^a$$

$$\lim_{x \to +\infty} \left(1+\frac{k}{x}\right)^x = e^k$$

Piensa y practica

3 Halla los siguientes límites cuando $x \to +\infty$:

a) $\left(1+\dfrac{1}{5x}\right)^x$ b) $\left(5+\dfrac{1}{5x}\right)^{5x}$ c) $\left(5+\dfrac{1}{5x}\right)^{-5x}$

d) $\left(1+\dfrac{1}{5x}\right)^5$ e) $\left(1+\dfrac{5}{x}\right)^x$ f) $\left(1+\dfrac{5}{x}\right)^{-x}$

g) $\left(5+\dfrac{5}{x}\right)^{5x}$ h) $\left(1-\dfrac{1}{x}\right)^{5x}$ i) $\left(1-\dfrac{1}{x}\right)^{-5x}$

4 Calcula estos límites cuando $x \to +\infty$:

a) $\left(1+\dfrac{1}{x}\right)^{3x-2}$ b) $\left(1-\dfrac{1}{2x}\right)^{4x}$

c) $\left(1+\dfrac{1}{5x}\right)^{3x}$ d) $\left(1+\dfrac{3}{2x}\right)^5$

e) $\left(1-\dfrac{1}{2x}\right)^{3x}$ f) $\left(1+\dfrac{2}{5x}\right)^{5x}$

Expresiones del tipo $(1)^{(+\infty)}$. Regla práctica

Estas indeterminaciones se resuelven relacionándolas con el número *e*. En ocasiones, no veremos de forma inmediata esta relación, por lo que te damos aquí una regla práctica para deshacer tal indeterminación:

Si $\lim\limits_{x \to +\infty} f(x) = 1$ y $\lim\limits_{x \to +\infty} g(x) = +\infty$, entonces:

$$\lim_{x \to +\infty} f(x)^{g(x)} = e^{\lim\limits_{x \to +\infty} [f(x)-1]\cdot g(x)}$$

Demostración

$$f(x)^{g(x)} \overset{(1)}{=} \{1+[f(x)-1]\}^{g(x)} \overset{(2)}{=}$$

$$= \left(1+\frac{1}{\frac{1}{f(x)-1}}\right)^{g(x)} \overset{(3)}{=}$$

$$= \left(1+\frac{1}{\frac{1}{f(x)-1}}\right)^{\frac{1}{f(x)-1}\cdot[f(x)-1]\cdot g(x)} \overset{(4)}{=}$$

$$= \left[\left(1+\frac{1}{\frac{1}{f(x)-1}}\right)^{\frac{1}{f(x)-1}}\right]^{[f(x)-1]\cdot g(x)}$$

(1) Para poner la base de la forma $1 + \frac{1}{\phi(x)}$

(2) $f(x) - 1 = \frac{1}{\frac{1}{f(x)-1}}$

Si $f(x) \to 1$, entonces $\frac{1}{f(x)-1} \to \infty$.

(3) Multiplicamos y dividimos el exponente por $f(x) - 1$ para que la expresión adopte la forma:

$$\left\{\left[1+\frac{1}{\phi(x)}\right]^{\phi(x)}\right\}^{\cdots}$$

(4) Si $\phi(x) \to +\infty$, entonces:

$$\left[1+\frac{1}{\phi(x)}\right]^{\phi(x)} \to e$$

anayaeducacion.es
Resolución de límites indeterminados del tipo $(1)^{(+\infty)}$.

Ejercicio resuelto

1 *Calcular este límite:*

$$\lim_{x \to +\infty} \left(\frac{x^2+x-1}{x^2+2}\right)^{3x-1}$$

- Como es del tipo $(1)^{(+\infty)}$, podemos aplicar la regla anterior:

$$l = e^{\lim\limits_{x \to +\infty} \left(\frac{x^2+x-1}{x^2+2}-1\right)\cdot(3x-1)} = e^{\lim\limits_{x \to +\infty} \left(\frac{x-3}{x^2+2}\right)\cdot(3x-1)} = e^3$$

- Vamos a resolverlo de nuevo dando todos los pasos, como si no tuviéramos la «regla práctica».

$$\left(\frac{x^2+x-1}{x^2+2}\right)^{3x-1} = \left(1+\frac{x-3}{x^2+2}\right)^{3x-1} = \left(1+\frac{1}{(x^2+2)/(x-3)}\right)^{3x-1} =$$

$$= \left(1+\frac{1}{(x^2+2)/(x-3)}\right)^{\frac{x^2+2}{x-3}\cdot\frac{x-3}{x^2+2}\cdot(3x-1)} =$$

$$= \left[\left(1+\frac{1}{(x^2+2)/(x-3)}\right)^{\frac{x^2+2}{x-3}}\right]^{\frac{x-3}{x^2+2}\cdot(3x-1)} \xrightarrow[x \to +\infty]{} e^3$$

Piensa y practica

5 Resuelve estos límites aplicando la regla anterior. Después, resuelve también uno de ellos dando todos los pasos:

a) $\lim\limits_{x \to +\infty} \left(\frac{3x+5}{3x-1}\right)^{5x-3}$

b) $\lim\limits_{x \to +\infty} \left(\frac{x^3-3x+2}{x^3+x^2}\right)^{2x-1}$

7 CÁLCULO DE LÍMITES CUANDO $x \to -\infty$

Para calcular límites cuando $x \to -\infty$, tendremos en cuenta que:

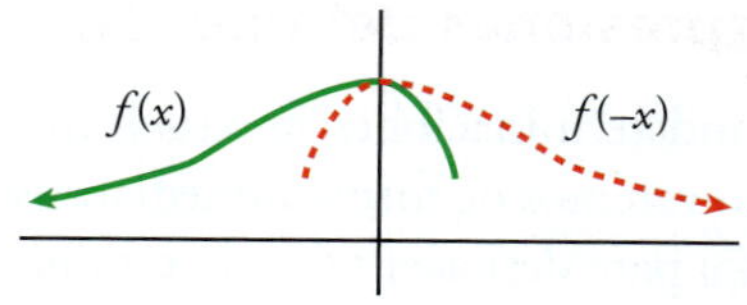

$$\lim_{x \to -\infty} f(x) = \lim_{x \to +\infty} f(-x)$$

Por tanto, calcularemos el $\lim\limits_{x \to +\infty}$ de la expresión que resulta de cambiar x por $-x$. Por ejemplo:

1. $\lim\limits_{x \to -\infty} (x^2 - 5x + 3) = \lim\limits_{x \to +\infty} [(-x)^2 - 5(-x) + 3] =$

$$= \lim_{x \to +\infty} (x^2 + 5x + 3) = +\infty$$

Observa que, para calcular el límite, sería suficiente con haber hecho el cambio en el término de mayor grado, que es el único que influye en el resultado final. (Incluso se puede realizar mentalmente observando si el exponente es par o impar y, por tanto, si la potencia va a ser positiva o negativa).

2. $\lim\limits_{x \to -\infty} (3x^3 + 2x - 1) = \lim\limits_{x \to +\infty} [3(-x)^3 + \ldots] = \lim\limits_{x \to +\infty} (-3x^3 + \ldots) = -\infty$

3. $\lim\limits_{x \to -\infty} \sqrt{5x^4 - 11x^2 + 1} = +\infty$

Pues la mayor potencia, x^4, es par, y su coeficiente, 5, positivo.

4. $\lim\limits_{x \to -\infty} \sqrt{-4x^3 + 3x^2 + 5x} = +\infty$

Pues la mayor potencia, x^3, es impar, y su coeficiente, -4, negativo: $- \cdot - = +$

5. $\lim\limits_{x \to -\infty} \sqrt{5x^3 + 7x^2 + 8}$ no existe

Pues el radicando se hace negativo cuando $x \to -\infty$.

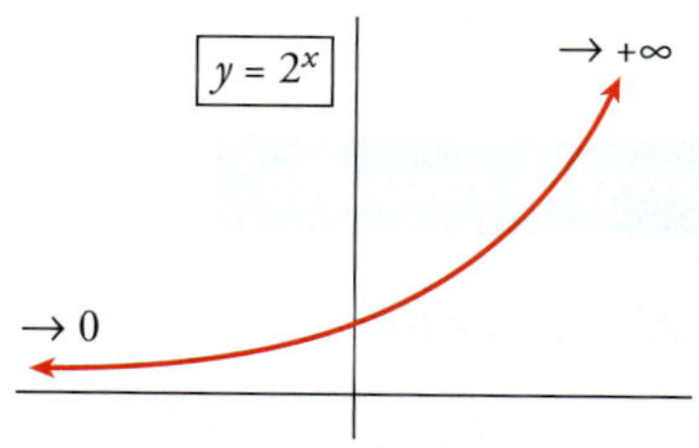

6. $\lim\limits_{x \to -\infty} 2^x = \lim\limits_{x \to +\infty} 2^{-x} = \lim\limits_{x \to +\infty} \dfrac{1}{2^x} = \dfrac{(1)}{(+\infty)} = 0$

7. $\lim\limits_{x \to -\infty} \left(1 + \dfrac{1}{x}\right)^x = \lim\limits_{x \to +\infty} \left(1 - \dfrac{1}{x}\right)^{-x} = \lim\limits_{x \to +\infty} \left[\left(1 - \dfrac{1}{x}\right)^x\right]^{-1} = (e^{-1})^{-1} = e$

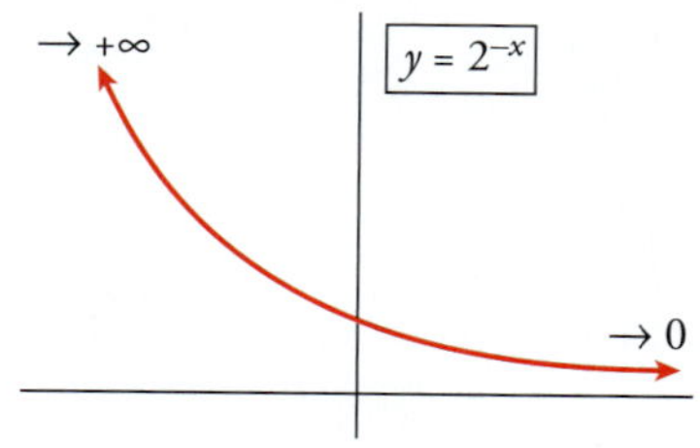

■ Familias de funciones infinitas cuando $x \to -\infty$

En el epígrafe 5 veíamos tres familias de funciones infinitas para $x \to +\infty$. ¿Lo son también para $x \to -\infty$? Sí, pero con algunos cambios:

- Las potencias de exponente positivo, cuidando que en las raíces de índice par el radicando no sea negativo para $x \to -\infty$.

  $x^3 \to -\infty$, $\sqrt{-x} \to +\infty$, $\sqrt[3]{x} \to -\infty$, $\sqrt[3]{x^2} \to +\infty$, …

- Exponenciales de base menor que 1.

  $\left(\dfrac{1}{2}\right)^x = 2^{-x} \to +\infty$, $\left(\dfrac{1}{e}\right)^x = e^{-x} \to +\infty$; $0{,}7^x \to +\infty$, …

- Los logaritmos no están definidos para valores negativos, por tanto, para poder hacer que x tienda a $-\infty$ pondremos $(-x)$ en lugar de x:

  $\ln(-x) \to +\infty$, $\log_2(-x) \to +\infty$, $\log_{1/2}(-x) = -\log_2(-x) \to -\infty$, …

anayaeducacion.es
Ejercicios de repaso sobre límites de funciones cuando $x \to \pm\infty$.

Ejercicio resuelto

1 *Hallar el límite cuando $x \to -\infty$ de las siguientes expresiones:*

a) $\dfrac{3x^3 + 2x - 1}{10x^2 - 7x + 3} = A$

a) $\lim\limits_{x \to -\infty} A = \lim\limits_{x \to +\infty} \dfrac{-3x^3 - 2x - 1}{10x^2 + 7x + 3} = -\infty$

Se podría haber dado el límite directamente observando que el numerador es de grado mayor que el denominador $(\pm\infty)$ y que el numerador es negativo y el denominador positivo.

b) $\dfrac{-3x^3 - 5x^2 + 3}{6x^3 - 7x^2} = B$

b) $\lim\limits_{x \to -\infty} B = \lim\limits_{x \to +\infty} \dfrac{3x^3 - 5x^2 + 3}{-6x^3 - 7x^2} = -\dfrac{1}{2}$

c) $\dfrac{\sqrt{5x^3 - 2x}}{2x + 5} = C$

c) No existe.

Observa que el radicando, $5x^3 - 2x$, toma valores negativos cuando $x \to -\infty$.

d) $\left(\sqrt{-3x^3 + 5} - \dfrac{4x^2 - 3}{x + 2}\right) = D$

d) $\lim\limits_{x \to -\infty} D = \lim\limits_{x \to +\infty} \left(\sqrt{3x^3 + 5} - \dfrac{4x^2 - 3}{-x + 2}\right) = (+\infty) - (-\infty) = +\infty$

e) $\left(\sqrt{-3x^3 + 5} + \dfrac{4x^2 - 3}{x + 2}\right) = E$

e) Es una indeterminación del tipo $(+\infty) + (-\infty)$. Para resolverla, observamos que el primer sumando es de grado 3/2, y el segundo sumando, de grado 1. Por tanto, $\lim\limits_{x \to -\infty} E = +\infty$.

f) $\left(\sqrt{x^2 - x} - x\right) = F$

f) $\lim\limits_{x \to -\infty} F = +\infty$, pues es una expresión del tipo $(+\infty) - (-\infty) = (+\infty) + (+\infty)$.

g) $\left(\sqrt{x^2 + x} + x\right) = G$

g) $\lim\limits_{x \to -\infty} G = \lim\limits_{x \to +\infty} \left(\sqrt{x^2 - x} - x\right) = -\dfrac{1}{2}$ (Ver página 221).

h) $\left(1 + \dfrac{3}{2x}\right)^{5x} = H$

h) $\lim\limits_{x \to -\infty} H = \lim\limits_{x \to +\infty} \left(1 - \dfrac{3}{2x}\right)^{-5x} = \lim\limits_{x \to +\infty} \left[\left(1 - \dfrac{1}{\frac{2x}{3}}\right)^{\frac{2}{3}x}\right]^{-\frac{3}{2}\cdot 5} = e^{\frac{15}{2}}$

Piensa y practica

1 Sin operar, di el límite cuando $x \to -\infty$ de las siguientes expresiones:

a) $x^2 - \sqrt[3]{2x + 1}$

b) $x^2 + 2^x$

c) $x^2 - 2^x$

d) $x^2 - 2^{-x}$

e) $2^{-x} - 3^{-x}$

f) $\sqrt{x^5 - 1} - 5^x$

g) $2^x - x^2$

h) $x^2 - \sqrt{x^4 - 1}$

i) $\sqrt[3]{x + 2} - x^2$

j) $3^{-x} - 2^{-x}$

2 Calcula el límite cuando $x \to -\infty$ de las siguientes expresiones:

a) $\dfrac{3x^3 + 5}{x + 2} - \dfrac{4x^3 - x}{x - 2}$

b) $\dfrac{x^3}{2x^2 + 1} - \dfrac{x}{2}$

c) $\sqrt{x^2 + x} - \sqrt{x^2 + 1}$

d) $2x + \sqrt{x^2 + x}$

e) $\sqrt{x^2 + 2x} + x$

f) $\left(1 + \dfrac{3}{x}\right)^{2x}$

g) $\left(1 - \dfrac{1}{x}\right)^{5x + 3}$

h) $\left(\dfrac{x^2 + x - 1}{x^2 + 2}\right)^{3x - 1}$

8
LÍMITE DE UNA FUNCIÓN EN UN PUNTO. CONTINUIDAD

Vamos a recordar y sintetizar algunos resultados que ya conocemos:

■ Límite en un punto y límites laterales

$f(x)$ es una función definida a la izquierda y a la derecha de c.

Si existen los límites laterales y coinciden

$$\lim_{x \to c^-} f(x) = \lim_{x \to c^+} f(x) = l$$

entonces decimos que el límite de $f(x)$ existe y es igual a l:

$$\lim_{x \to c} f(x) = l$$

■ Continuidad en un punto

f es **continua** en c si $\lim_{x \to c} f(x) = f(c)$.

Es decir, si f es continua en c, se cumplen las tres condiciones siguientes:

— $\lim_{x \to c} f(x)$ existe y es finito.

— f está definida en c. Es decir, existe $f(c)$.

— El límite de $f(x)$ en c coincide con el valor de f en c.

Por tanto, una función puede dejar de ser continua en un punto por no cumplir alguna de esas condiciones:

I

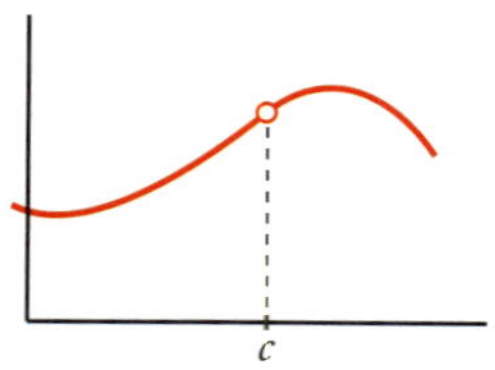

f no está definida en c

II

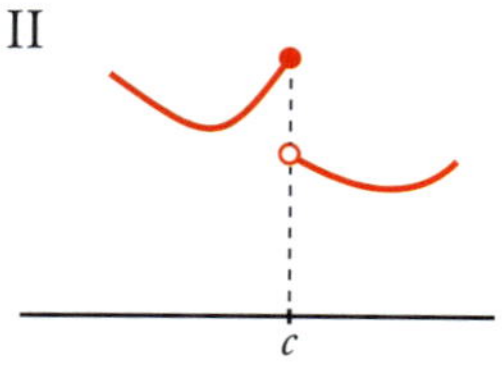

f no tiene límite en c

III

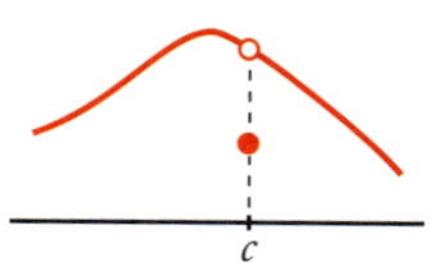

$\lim_{x \to c} f(x) \neq f(c)$

Cuando una función es discontinua en c pero existe el límite en dicho punto, se dice que la discontinuidad es **evitable.**

En los demás casos, la discontinuidad es **inevitable.** Puede deberse a un **salto finito** (los dos límites laterales son finitos, pero distintos), un **salto infinito** (uno de los dos límites laterales, o ambos, son infinitos), o bien carecer de límites laterales. Por ejemplo:

IV

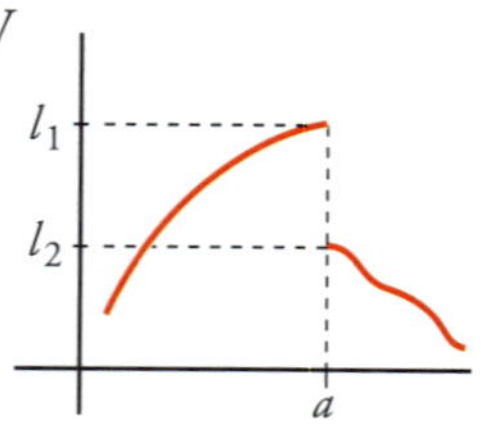

Salto finito

$l_1 = \lim_{x \to a^-} f(x) \neq \lim_{x \to a^+} f(x) = l_2$

V

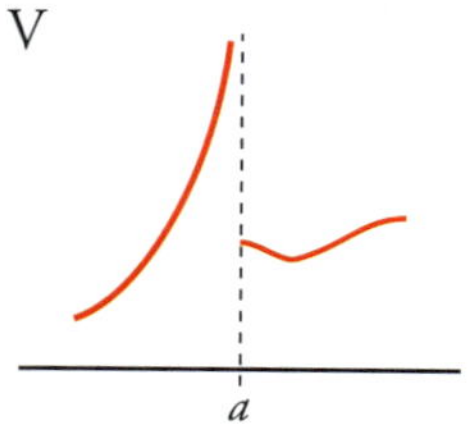

Salto infinito

$\lim_{x \to a^-} f(x) = +\infty$

VI

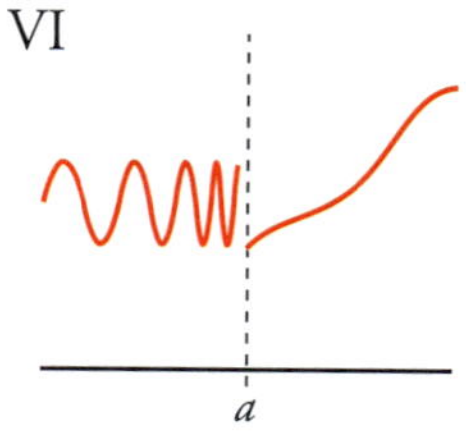

No existe $\lim_{x \to a^-} f(x)$.

Atención

Observa que en la definición de límite en c no hay ninguna referencia al valor de la función en c, $f(c)$. Es decir, para la definición de límite en c no importa que f no esté definida en c o, si lo está, cuál es su valor.

La continuidad de las funciones reales y los errores en la medida

Las funciones que se refieren a fenómenos reales relacionan, frecuentemente, causas con efectos.

En una función $P = f(T)$, que relacione la temperatura en un autoclave con la presión dentro de este, la temperatura es la causa y la presión es el efecto.

Que f sea continua significa que a «pequeñas variaciones» en la causa corresponden «pequeñas variaciones» en el efecto.

Puesto que toda medida que tomemos en una magnitud real es aproximada (nunca exacta), la continuidad permite aproximarnos tanto como deseemos al valor del efecto (presión) sin más que controlar, tanto como sea necesario, el valor de la causa (temperatura). Una discontinuidad en la función traería como consecuencia la imprevisibilidad en los efectos, puesto que la causa siempre estará sometida a la imprecisión de la medida.

Tipos de discontinuidades

- Evitable: I y III
- Salto finito: II y IV
- Salto infinito: V

anayaeducacion.es GeoGebra. Continuidad en un punto.

9 CÁLCULO DE LÍMITES CUANDO $x \to c$

■ Límites en puntos donde la función es continua

Parece razonable decir que $\lim_{x \to 4} (x+1)^2 = 5^2 = 25$. Sí, parece lo más adecuado, pero ¿cuál es el fundamento teórico que nos permite hacer esto? Veámoslo:

$(x+1)^2$ es una función continua en todo $\mathbb{R}$ y, por supuesto, en $x = 4$. Por tanto, el límite de la función en $x = 4$ coincide con el valor de la función en $x = 4$.

En general, esto le ocurre a todas las funciones elementales (todas las que manejamos habitualmente) en todos los puntos en los que están definidas.

> Si $f(x)$ es una función habitual dada por su expresión analítica y está definida en el punto $x = c$, entonces:
>
> para hallar $\lim_{x \to c} f(x)$ calcularemos, sencillamente, $f(c)$

■ Funciones definidas a trozos. Límites en el punto de ruptura

Veamos cómo se calcula el límite en $x = c$ de la siguiente función:

$$f(x) = \begin{cases} f_1(x), & x < c \\ f_2(x), & x > c \end{cases}$$ en donde $f_1(x)$ y $f_2(x)$ son funciones continuas.

Si $f_1(x)$ es continua en c, existe $\lim_{x \to c} f_1(x) = f_1(c)$ y, por tanto, $\lim_{x \to c^-} f_1(x) = f_1(c)$.

Análogamente, existe $\lim_{x \to c} f_2(x) = f_2(c)$ y, por tanto, $\lim_{x \to c^+} f_2(x) = f_2(c)$. Es decir:

- Si $f_1(c) = f_2(c)$, el límite $\lim_{x \to c} f(x)$ existe y es ese valor.
  En tal caso, si la función estuviera definida en $x = c$ (bien porque f_1 rige para $x \le c$ o bien f_2 es para $x \ge c$), entonces $f(x)$ sería continua en c.
- Si $f_1(c) \ne f_2(c)$, no existe $\lim_{x \to c} f(x)$.

Ejercicio resuelto

1 *Calcular, si existe, $\lim_{x \to 1} f(x)$, siendo:*

$$f(x) = \begin{cases} x + 1, & x < 1 \\ -x^2 + 4x - 1, & x > 1 \end{cases}$$

$$\lim_{x \to 1^-} f(x) = \lim_{x \to 1^-} (x+1) = \lim_{x \to 1} (x+1) = 2$$

$$\lim_{x \to 1^+} f(x) = \lim_{x \to 1^+} (-x^2 + 4x - 1) = \lim_{x \to 1} (-x^2 + 4x - 1) = 2$$

Como los límites laterales coinciden, existe el $\lim_{x \to 1} f(x)$ y es igual a 2.

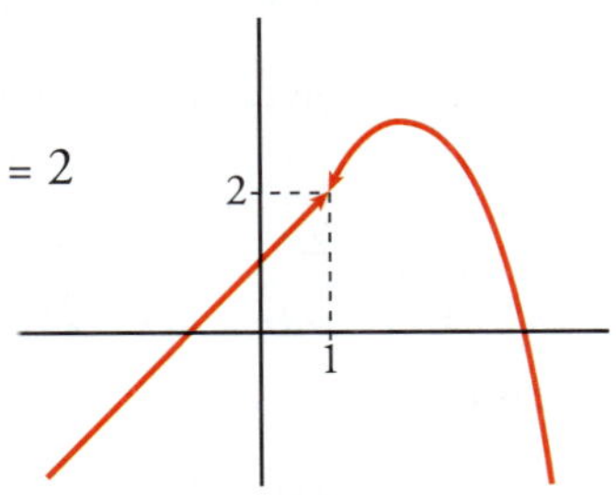

Piensa y practica

1 Halla los siguientes límites:

a) $\lim_{x \to 2} \dfrac{3 + 2x}{x - 3}$

b) $\lim_{x \to 5} \sqrt{x^2 - 5x + 4}$

c) $\lim_{x \to 0} (3 - sen\ 2x)$

d) $\lim_{x \to -1} e^{3x+4}$

2 Halla el límite cuando $x \to 5$ de las siguientes funciones:

a) $f(x) = \begin{cases} x^2 - 5x + 1, & x \le 5 \\ x - 4, & x > 5 \end{cases}$

b) $g(x) = \begin{cases} 2^x, & x < 5 \\ \dfrac{(x-1)^2}{2}, & x \ge 5 \end{cases}$

Indeterminaciones cuando $x \to c$

En el cálculo de límites los casos más difíciles (y más interesantes) son, como ya sabemos, aquellos en los que se presenta algún tipo de indeterminación. Veamos los más importantes.

- **Cocientes de polinomios, indeterminación $\frac{(0)}{(0)}$**

$$\lim_{x \to c} \frac{P(x)}{Q(x)}$$

- Si $Q(c) \neq 0$, entonces $\lim_{x \to c} \frac{P(x)}{Q(x)} = \frac{P(c)}{Q(c)}$ (no es indeterminación).
- Si $Q(c) = 0$, pueden darse dos casos:

— $P(c) = 0$. Entonces la fracción puede simplificarse dividiendo numerador y denominador entre $x - c$, y se tiene que:

$$\lim_{x \to c} \frac{P(x)}{Q(x)} = \lim_{x \to c} \frac{P_1(x)(x-c)}{Q_1(x)(x-c)} = \lim_{x \to c} \frac{P_1(x)}{Q_1(x)}$$

— $P(c) \neq 0$. Entonces el límite es $\pm\infty$. Puede ser distinto el límite a la izquierda y a la derecha de c. Para averiguarlo, se recomienda obtener con la calculadora el resultado del cociente para valores de x próximos a c por uno y otro lado.

Veamos algunos ejemplos:

1. $\lim_{x \to 3} \frac{x^2-4}{x^3+2x^2+5x+10} = \frac{5}{70} = \frac{1}{14}$

2. $\lim_{x \to -2} \frac{x^2-4}{x^3+2x^2+5x+10} = \frac{(0)}{(0)} = \lim_{x \to -2} \frac{(x+2)(x-2)}{(x+2)(x^2+5)} = \lim_{x \to -2} \frac{x-2}{x^2+5} = \frac{-4}{9}$

3. $\lim_{x \to 1} \frac{x^2+3}{x^2-5x+4} = \frac{(4)}{(0)} = \pm\infty$ (En este caso es $-\infty$ a la derecha de 1 y $+\infty$ a la izquierda).

- **Otros cocientes, indeterminación $\frac{(0)}{(0)}$**

Veamos otras expresiones en las que también se presenta la indeterminación $\frac{(0)}{(0)}$.

Por ejemplo: $\lim_{x \to 2} \frac{\sqrt[3]{x^2-2x}}{\sqrt{x^2+x-6}} = \frac{(0)}{(0)}$

Para poder resolver esta indeterminación, hemos de reducir a índice común las dos raíces:

$$\frac{\sqrt[3]{x^2-2x}}{\sqrt{x^2+x-6}} = \frac{\sqrt[3]{(x-2)x}}{\sqrt{(x-2)(x+3)}} = \frac{\sqrt[6]{(x-2)^2 x^2}}{\sqrt[6]{(x-2)^3 (x+3)^3}} = \sqrt[6]{\frac{x^2}{(x-2)(x+3)^3}}$$

Por tanto:

$$\lim_{x \to 2} \frac{\sqrt[3]{x^2-2x}}{\sqrt{x^2+x-6}} = \lim_{x \to 2} \sqrt[6]{\frac{x^2}{(x-2)(x+3)^3}} \quad \begin{cases} \lim_{x \to 2^-} f(x) \text{ no existe} \\ \lim_{x \to 2^+} f(x) = +\infty \end{cases}$$

Acaso te resulte útil el siguiente organigrama que ya conoces del curso pasado:

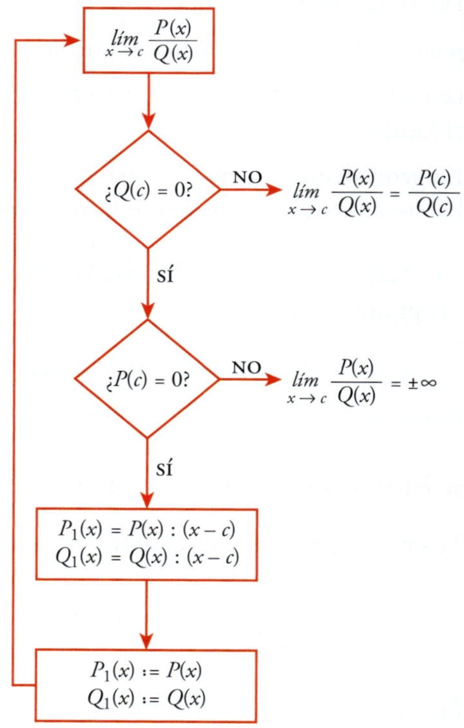

La expresión $:=$ significa «se pone en lugar de».

anayaeducacion.es

Calcula límites en los que aparece la indeterminación $\frac{(0)}{(0)}$.

¿Por qué?

$\lim_{x \to 2^-} \sqrt[6]{\frac{x^2}{(x-2)(x+3)^3}}$ no existe.

¿Por qué? Si $x \to 2^-$ es $x < 2$ y en tal caso $x - 2 < 0$, mientras que $x^2 > 0$ y $(x+3)^3 > 0$. Por tanto, cuando $x \to 2^-$ el radicando es negativo. La raíz sexta no existe.

Piensa y practica

3 Calcula los límites siguientes:

a) $\lim_{x \to -1} \frac{x^3-2x^2+2x+5}{x^2-6x-7}$ b) $\lim_{x \to 4} \frac{x^3-5x+1}{x^3+2x^2-3x}$

4 Calcula los límites siguientes:

a) $\lim_{x \to -3} \frac{\sqrt{x^2+2x-3}}{\sqrt[3]{x^3+3x^2}}$ b) $\lim_{x \to 1} \frac{\sqrt[4]{x^3-x}}{\sqrt{x^2+x-2}}$

- **Diferencias, indeterminación $(+\infty) - (+\infty)$**

La mejor forma de deshacer estas indeterminaciones es efectuar la operación (resta) y estudiar la expresión resultante. Por ejemplo:

$$\lim_{x \to 3} \left[\frac{x^2-6}{x(x-3)} - \frac{1}{x-3} \right] = (+\infty) - (+\infty) = \lim_{x \to 3} \left[\frac{x^2-6}{x(x-3)} - \frac{x}{x(x-3)} \right] =$$

$$= \lim_{x \to 3} \frac{x^2-6-x}{x(x-3)} = \frac{(0)}{(0)} =$$

$$= \lim_{x \to 3} \frac{(x-3)(x+2)}{x(x-3)} = \lim_{x \to 3} \frac{x+2}{x} = \frac{5}{3}$$

- **Indeterminaciones $(1)^{(+\infty)}$**

Tanto el proceso que seguimos en la página 223 como la regla a la que se llega son aplicables al caso de límites cuando $x \to c$.

Si $\lim_{x \to c} f(x) = 1$ y $\lim_{x \to c} g(x) = +\infty$, entonces:

$$\lim_{x \to c} f(x)^{g(x)} = e^{\lim_{x \to c} [f(x) - 1] \cdot g(x)}$$

Ten en cuenta

Cuando hay diferencias con radicales cuadráticos (raíces cuadradas) y aparece una indeterminación (0)/(0), podemos multiplicar y dividir por el conjugado para deshacer la indeterminación, y luego simplificar. Por ejemplo:

$$\lim_{x \to 1} \frac{\sqrt{5x-1}-2}{x-1} = \frac{(0)}{(0)} =$$

$$= \lim_{x \to 1} \frac{(\sqrt{5x-1}-2)(\sqrt{5x-1}+2)}{(x-1)(\sqrt{5x-1}+2)} =$$

$$= \lim_{x \to 1} \frac{5x-1-4}{(x-1)(\sqrt{5x-1}+2)} =$$

$$= \lim_{x \to 1} \frac{5(x-1)}{(x-1)(\sqrt{5x-1}+2)} =$$

$$= \lim_{x \to 1} \frac{5}{\sqrt{5x-1}+2} = \frac{5}{4}$$

Ejercicio resuelto

1 *Calcular este límite:*

$$\lim_{x \to 6} \left(\frac{x^2-4x-10}{x-4} \right)^{\frac{1}{x-6}}$$

- Comprobamos que la base tiende a 1 y el exponente a infinito. Es, por tanto, una indeterminación del tipo $(1)^{(+\infty)}$. Podemos aplicar la regla:

$$\lim_{x \to 6} \left(\frac{x^2-4x-10}{x-4} \right)^{\frac{1}{x-6}} = (1)^{(+\infty)} = e^{\lim_{x \to 6} \left(\frac{x^2-4x-10}{x-4} - 1 \right) \cdot \frac{1}{x-6}} =$$

$$= e^{\lim_{x \to 6} \frac{x^2-5x-6}{x-4} \cdot \frac{1}{x-6}} = e^{7/2}$$

- También podemos calcular el límite razonadamente:

$$\frac{x^2-4x-10}{x-4} = 1 + \left(\frac{x^2-4x-10}{x-4} - 1 \right) = 1 + \frac{x^2-5x-6}{x-4} = 1 + \frac{1}{\frac{x-4}{x^2-5x-6}}$$

Tenemos la expresión $1 + \frac{1}{\phi(x)}$, siendo $\phi(x) \to +\infty$. Hemos de hallar, por tanto:

$$\lim_{x \to 6} \left[\left(1 + \frac{1}{(x-4)/(x^2-5x-6)} \right)^{\frac{x-4}{x^2-5x-6}} \right]^{\frac{x^2-5x-6}{x-4} \cdot \frac{1}{x-6}}$$

Calculamos el límite del exponente:

$$\lim_{x \to 6} \frac{x^2-5x-6}{x-4} \cdot \frac{1}{x-6} = \lim_{x \to 6} \frac{(x+1)\cancel{(x-6)}}{x-4} \cdot \frac{1}{\cancel{x-6}} = \frac{7}{2}$$

El límite pedido es: $e^{7/2}$

Piensa y practica

5 Calcula: $\lim_{x \to 0} \left(\frac{x^2-5x+2}{x^2+2x} - \frac{x^3+2x+1}{x^3+x} \right)$

6 Calcula: $\lim_{x \to 7} \left(\frac{x^2-7x+4}{x-3} \right)^{\frac{x+1}{x-7}}$

10 UNA POTENTE HERRAMIENTA PARA EL CÁLCULO DE LÍMITES

La regla de L'Hôpital, que ya conoces del curso pasado, utiliza la derivación para hallar límites de cocientes. Y, con un poco de habilidad, se puede hacer extensiva a otros tipos de límites (productos, potencias...).

REGLA DE L'HÔPITAL. RESUMEN PRÁCTICO

Los límites del tipo $\lim\limits_{x \to \square} \dfrac{f(x)}{g(x)}$, donde $\square$ es $-\infty$, $+\infty$ o un número, si dan lugar a una indeterminación del tipo $\dfrac{(0)}{(0)}$ o $\dfrac{(\pm\infty)}{(\pm\infty)}$, pueden obtenerse derivando numerador y denominador y calculando (si existe) el límite del cociente de sus derivadas.

A veces, después de este primer paso, se llega a otra indeterminación, por lo que se puede repetir el proceso.

Hay expresiones del tipo $(\infty) - (\infty)$, $(1)^{(\infty)}$, ... que, con cierta habilidad, se pueden poner en forma de cociente para que se les pueda aplicar la regla de L'Hôpital.

Regla de ¿L'Hôpital?

De la lectura inicial de la unidad 9, se deduce que sería más justo darle a esta regla el nombre de Johann Bernoulli.

Guillaume de l'Hôpital (1661-1704).

Ejercicios resueltos

1 $\lim\limits_{x \to 2} \dfrac{3x^2 + 2x - 16}{x^2 - x - 2}$

Es una indeterminación del tipo $\dfrac{(0)}{(0)}$. Aplicamos la regla de L'Hôpital:

$$\lim_{x \to 2} \frac{f'(x)}{g'(x)} = \lim_{x \to 2} \frac{6x + 2}{2x - 1} = \frac{14}{3} \to \text{El límite buscado es } \frac{14}{3}.$$

2 $\lim\limits_{x \to 0} \dfrac{(3 - x)e^x - 2x - 3}{x^2}$

$$\lim_{x \to 0} \frac{(3 - x)e^x - 2x - 3}{x^2} = \frac{(0)}{(0)} \overset{H}{=} \lim_{x \to 0} \frac{-e^x + (3 - x)e^x - 2}{2x} = \frac{(0)}{(0)} \overset{H}{=}$$

$$= \lim_{x \to 0} \frac{-e^x - e^x + (3 - x)e^x}{2} = \frac{-1 - 1 + 3}{2} = \frac{1}{2}$$

H → Aplicando la regla de L'Hôpital.

3 $\lim\limits_{x \to +\infty} \dfrac{3^x}{x^3}$

$$\lim_{x \to +\infty} \frac{3^x}{x^3} = \frac{(\infty)}{(\infty)} \overset{H}{=} \lim_{x \to +\infty} \frac{3^x \ln 3}{3x^2} = \frac{(\infty)}{(\infty)} \overset{H}{=} \lim_{x \to +\infty} \frac{3^x (\ln 3)^2}{6x} = \frac{(\infty)}{(\infty)} \overset{H}{=}$$

$$= \lim_{x \to +\infty} \frac{3^x (\ln 3)^3}{6} = \frac{+\infty}{6} = +\infty$$

Vemos así, mediante la regla de L'Hôpital, que una función exponencial es un infinito de orden superior a una función potencia.

4 $\lim\limits_{x \to 3} \dfrac{\sqrt{x^2 - 5} - 2}{x - 3}$

$$\lim_{x \to 3} \frac{\sqrt{x^2 - 5} - 2}{x - 3} = \frac{(0)}{(0)} \overset{H}{=} \lim_{x \to 3} \frac{\frac{2x}{2\sqrt{x^2 - 5}}}{1} = \lim_{x \to 3} \frac{x}{\sqrt{x^2 - 5}} = \frac{3}{2}$$

5 $\lim\limits_{x \to 0} \dfrac{e^x - e^{-x}}{\operatorname{sen} x}$

$$\lim_{x \to 0} \frac{e^x - e^{-x}}{\operatorname{sen} x} = \frac{(0)}{(0)} \overset{H}{=} \lim_{x \to 0} \frac{e^x - e^{-x}(-1)}{\cos x} = \lim_{x \to 0} \frac{e^x + e^{-x}}{\cos x} = \frac{2}{1} = 2$$

Ejercicios resueltos

6 $\lim\limits_{x \to +\infty} x(5^{1/x} - 1)$

Transformamos el producto en cociente $\left(A \cdot x = \dfrac{A}{1/x}\right)$.

$$\lim_{x \to +\infty} x(5^{1/x} - 1) = (+\infty) \cdot (0) = \lim_{x \to +\infty} \frac{5^{1/x} - 1}{1/x} = \frac{(0)}{(0)} \overset{H}{=}$$

$$= \lim_{x \to +\infty} \frac{5^{1/x} \cdot (-1/x^2) \cdot \ln 5}{-1/x^2} = \ln 5$$

7 $\lim\limits_{x \to 0} (\cos 2x)^{3/x^2}$

Para poner $(\cos 2x)^{3/x^2}$ en forma de cociente, tomamos logaritmos neperianos:

$$A = (\cos 2x)^{3/x^2} \rightarrow \ln A = \frac{3}{x^2} \cdot \ln(\cos 2x) = \frac{3 \ln(\cos 2x)}{x^2}$$

$$\lim_{x \to 0} \ln A = \lim_{x \to 0} \frac{3 \ln(\cos 2x)}{x^2} = \frac{(0)}{(0)} \overset{H}{=} \lim_{x \to 0} \frac{3 \cdot \dfrac{(-\operatorname{sen} 2x) \cdot \cancel{2}}{\cos 2x}}{\cancel{2}x} =$$

$$= \lim_{x \to 0} \frac{-3 \operatorname{tg} 2x}{x} = \frac{(0)}{(0)} \overset{H}{=} \lim_{x \to 0} \frac{-3(1 + \operatorname{tg}^2 2x) \cdot 2}{1} = -6$$

$$\lim_{x \to 0} [\ln f(x)] = -6 \Rightarrow \lim_{x \to 0} f(x) = e^{-6}$$

¿Por qué hemos tomado $\ln$ y no logaritmos de otra base? Porque los $\ln$ son los que tienen una derivada más sencilla.

8 $\lim\limits_{x \to 0} \left(\dfrac{1}{x} - \dfrac{1}{\operatorname{sen} x}\right)$

$$\lim_{x \to 0} \left(\frac{1}{x} - \frac{1}{\operatorname{sen} x}\right) = (\infty) - (\infty) = \lim_{x \to 0} \frac{\operatorname{sen} x - x}{x \operatorname{sen} x} = \frac{(0)}{(0)} \overset{H}{=} \lim_{x \to 0} \frac{\cos x - 1}{\operatorname{sen} x + x \cos x} =$$

$$= \frac{(0)}{(0)} \overset{H}{=} \lim_{x \to 0} \frac{-\operatorname{sen} x}{\cos x + \cos x + x(-\operatorname{sen} x)} = \frac{0}{1 + 1 + 0} = 0$$

9 $\lim\limits_{x \to +\infty} (2^x - 1)^{2/(x+1)}$

Tomamos logaritmos:

$$A = (2^x - 1)^{2/(x+1)} \rightarrow \ln A = \frac{2 \ln(2^x - 1)}{x + 1}$$

$$\lim_{x \to +\infty} \ln A = \frac{(+\infty)}{(+\infty)} \overset{H}{=} \lim_{x \to +\infty} \frac{2 \dfrac{2^x \ln 2}{2^x - 1}}{1} = \lim_{x \to +\infty} \frac{2 \cdot 2^x \cdot \ln 2}{2^x - 1} = 2 \ln 2 = \ln 4$$

$$\lim_{x \to +\infty} \ln A = \ln 4 \Rightarrow \lim_{x \to +\infty} A = 4$$

Piensa y practica

1 Halla los siguientes límites aplicando la regla de L'Hôpital:

a) $\lim\limits_{x \to -1} \dfrac{x^3 + 2x^2 + x}{x^3 + x^2 - x - 1}$

b) $\lim\limits_{x \to 0} \dfrac{e^{-x} + x - 1}{x^2}$

c) $\lim\limits_{x \to 0} \dfrac{\operatorname{sen} x(1 + \cos x)}{x \cos x}$

d) $\lim\limits_{x \to 0} \dfrac{e^x - e^{-x}}{\operatorname{sen} x}$

e) $\lim\limits_{x \to 0} (\cos x + \operatorname{sen} x)^{1/x}$

f) $\lim\limits_{x \to +\infty} (1 - 2^{1/x})x$

g) $\lim\limits_{x \to 2} (3 - x)^{2/(x^2 - 4)}$

h) $\lim\limits_{x \to 5} \dfrac{\sqrt{x^2 - 9} - 4}{x - 5}$

11
CONTINUIDAD EN UN INTERVALO

Una función se dice que es continua en un intervalo (finito o infinito) de $\mathbb{R}$ si es continua en cada punto del intervalo.

Las funciones elementales que utilizamos habitualmente son continuas en todos los puntos en los que están definidas. Por ejemplo, las funciones polinómicas, las trigonométricas *seno* y *coseno* o las exponenciales son continuas en todo $\mathbb{R}$; las funciones $log_a x$ son continuas en $(0, +\infty)$; la función $\sqrt{x}$ es continua en $[0, +\infty)$; etcétera.

Podemos, no obstante, construir funciones discontinuas en uno o más puntos. Por ejemplo:

$$y = \begin{cases} f_1(x) & x \le a \\ f_2(x) & x > a \end{cases}$$

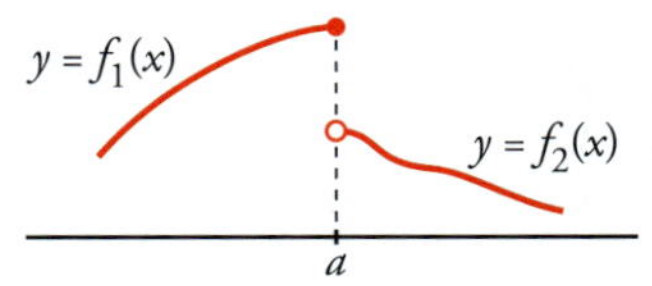

Las funciones definidas a trozos presentan discontinuidades en los puntos de empalme, salvo que en ellos los límites laterales coincidan. Es decir, salvo que $f_1(a) = f_2(a)$.

La siguiente función es discontinua en todos sus puntos. Se llama «función de Dirichlet» y, ciertamente, no tiene nada de elemental.

$$y = D(x) = \begin{cases} 0 \text{ si } x \text{ es irracional} \\ 1 \text{ si } x \text{ es racional} \end{cases}$$

Para estudiar la continuidad de una función en un intervalo, atenderemos a todo lo ya dicho y estudiaremos en detalle la continuidad en los puntos conflictivos.

Existe una serie de importantes teoremas relativos a funciones continuas en un intervalo. Con ellos, el hecho de que una función sea continua nos asegura poder realizar ciertas afirmaciones sobre algunos comportamientos, obvios pero importantes, de la función que se estudia. Vamos a verlos.

■ Teorema de Bolzano

Si $f(x)$ es continua en un intervalo cerrado y en sus extremos toma valores de distinto signo, entonces, con seguridad, corta al eje X en ese intervalo. Es decir:

Si $f(x)$ es continua en $[a, b]$ y signo de $f(a) \neq$ signo de $f(b)$, entonces existe $c \in (a, b)$ tal que $f(c) = 0$.

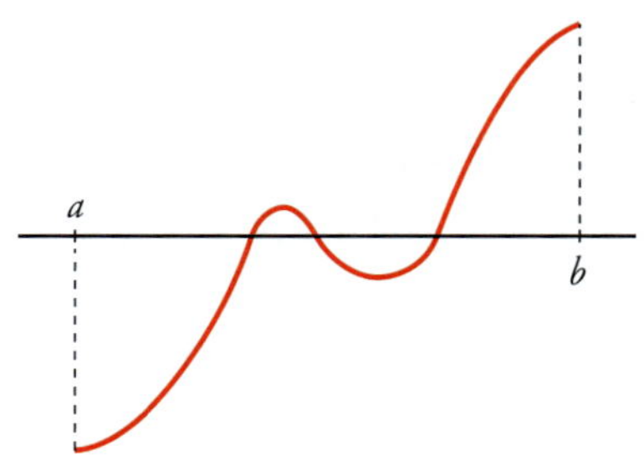

Como tal teorema, habría que demostrarlo, pero, a pesar de lo evidente que es el resultado, la demostración es sumamente complicada, superando el nivel de este curso.

Ejercicio resuelto

1 Probar que la ecuación

$x^3 - 3x + 40 = 0$

tiene alguna raíz real.

Aproximar su valor hasta las décimas.

Consideremos la función $f(x) = x^3 - 3x + 40$, continua por ser polinómica. Calculamos el valor de f en distintos puntos para encontrar dos con distintos signos. Así encontramos que $f(-4) = -12$, $f(-3) = 22$.

Es decir, f es continua en $[-4, -3]$ y signo de $f(-4) \neq$ signo de $f(-3)$.

Por tanto (teorema de Bolzano), existe un $c \in (-4, -3)$ tal que $f(c) = 0$.

c es una raíz de la ecuación.

Tanteando con valores decimales, obtenemos: $f(-3{,}8) = -3{,}472$; $f(-3{,}7) = 0{,}447$. Por tanto, podemos asegurar que hay una raíz de la ecuación en el intervalo $[-3{,}8; -3{,}7]$ y que el número $-3{,}7$ se aproxima en menos de una décima a una raíz de la ecuación dada.

Consecuencias del teorema de Bolzano

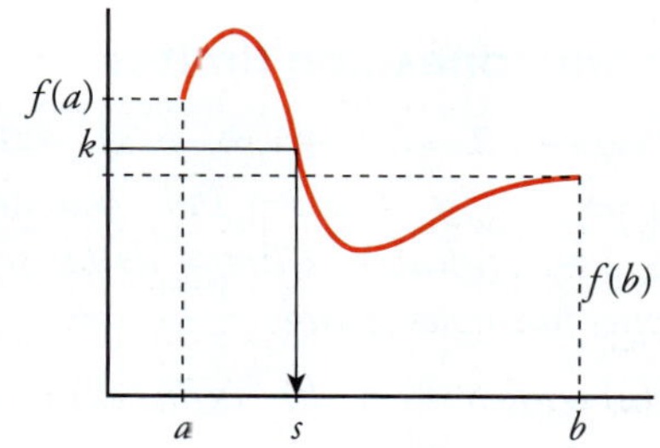

Teorema de los valores intermedios (Darboux)

Si f es continua en $[a, b]$, entonces toma todos los valores intermedios entre $f(a)$ y $f(b)$.

Es decir, cualquiera que sea el número k comprendido entre $f(a)$ y $f(b)$, existe un número s, $a < s < b$, tal que $f(s) = k$.

El teorema de los valores intermedios es una consecuencia inmediata del teorema de Bolzano. Veamos otra:

Si f y g son funciones continuas en $[a, b]$ y $f(a) < g(a)$ y $f(b) > g(b)$, entonces existe un número $s \in (a, b)$ tal que $f(s) = g(s)$.

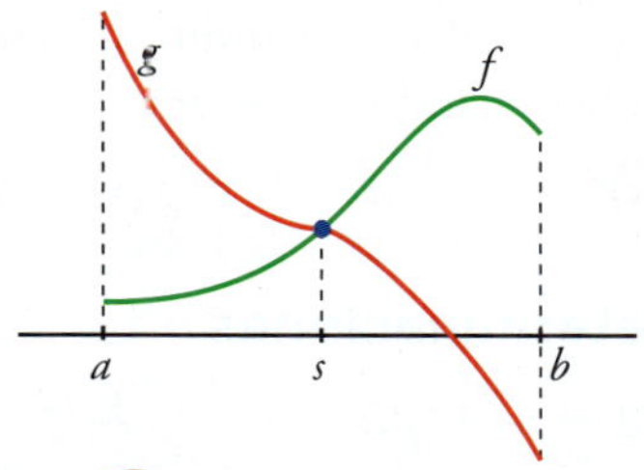

Es decir, las funciones f y g se cortan en algún punto del intervalo (a, b). Podemos obtener este resultado aplicando el teorema de Bolzano a la función $f - g$.

Teorema de Weierstrass

Si f es continua en $[a, b]$, entonces tiene un máximo y un mínimo absolutos en ese intervalo. Es decir, existen sendos números, c y d, del intervalo $[a, b]$ para los cuales se cumple que:

$$\text{cualquiera que sea } x \in [a, b] \text{ es } f(d) \le f(x) \le f(c)$$

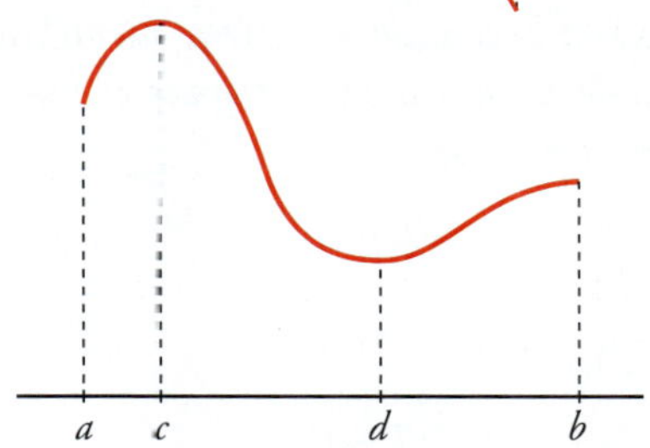

Por tanto, todos los valores de $f(x)$ están comprendidos entre el máximo y el mínimo.

Ejercicio resuelto

1 *Probar que las gráficas de las funciones $f(x) = ln\ x$ y $g(x) = e^{-x}$ se cortan en algún punto.*

$$\left.\begin{array}{l} f(1) = ln\ 1 = 0 \\ g(1) = e^{-1} = 1/e \approx 0{,}37 \end{array}\right\} \rightarrow f(1) < g(1)$$

$$\left.\begin{array}{l} f(2) = ln\ 2 \approx 0{,}69 \\ g(2) = e^{-2} \approx 0{,}14 \end{array}\right\} \rightarrow f(2) > g(2)$$

Como ambas son continuas en todo su dominio de definición y, más concretamente, en el intervalo $[1, 2]$, podemos asegurar que se cortan en algún punto comprendido entre 1 y 2.

Piensa y practica

1 Encuentra cuatro intervalos distintos en cada uno de los cuales tenga una raíz la ecuación siguiente:

$$2x^4 - 14x^2 + 14x - 1 = 0$$

Busca los intervalos entre -4 y 3. Comprueba que $f(1{,}5) < 0$ y tenlo en cuenta.

2 Comprueba que las funciones $e^x + e^{-x} - 1$ y $e^x - e^{-x}$ se cortan en algún punto.

3 Justifica cuáles de las siguientes funciones tienen máximo y mínimo absoluto en el intervalo correspondiente:

a) $x^2 - 1$ en $[-1, 1]$ b) x^2 en $[-3, 4]$

c) $\dfrac{1}{x-1}$ en $[2, 5]$ d) $\dfrac{1}{x-1}$ en $[0, 2]$

e) $\dfrac{1}{1+x^2}$ en $[-5, 10]$ f) e^{-x} en $[0, 1]$

EJERCICIOS Y PROBLEMAS RESUELTOS

1. Operaciones con límites

Si $f(x) \to -2$, $g(x) \to -\infty$, $h(x) \to 0$, $u(x) \to +\infty$ y $v(x) \to 0{,}4$ cuando $x \to +\infty$, calcular el límite de las siguientes funciones cuando $x \to +\infty$:

a) $f(x) - g(x)$ b) $f(x)/u(x)$

c) $u(x) \cdot f(x)$ d) $v(x)^{g(x)}$

e) $u(x)/h(x)$

Hazlo tú

Siendo f, g, h, u y v las funciones anteriores, calcula el límite de estas funciones cuando $x \to +\infty$:

a) $v(x)^{u(x)}$ b) $u(x)^{g(x)}$ c) $g(x) \cdot u(x)$

Aplicamos los resultados de las operaciones con límites.

a) $\lim\limits_{x \to +\infty} [f(x) - g(x)] = (-2) - (-\infty) = -2 + \infty = +\infty$

b) $\lim\limits_{x \to +\infty} \left[\dfrac{f(x)}{u(x)}\right] = \dfrac{(-2)}{(+\infty)} = 0$

c) $\lim\limits_{x \to +\infty} [u(x) \cdot f(x)] = (+\infty) \cdot (-2) = -\infty$

d) $\lim\limits_{x \to +\infty} [\,v(x)^{g(x)}] = (0{,}4)^{(-\infty)} = +\infty$

e) $\lim\limits_{x \to +\infty} \left[\dfrac{u(x)}{h(x)}\right] = \dfrac{(+\infty)}{(0)} = \pm\infty$

Para saber si es $+\infty$ o $-\infty$ hay que conocer la función $h(x)$ y estudiar el signo del cociente para valores de x muy grandes.

2. Indeterminaciones

Si $f(x) \to +\infty$, $g(x) \to -\infty$, $h(x) \to 0$ y $j(x) \to 1$ cuando $x \to +\infty$, identificar las indeterminaciones y asignar el límite en los otros casos.

a) $\lim\limits_{x \to +\infty} [f(x)/g(x)]$

b) $\lim\limits_{x \to +\infty} [g(x) \cdot h(x)]$

c) $\lim\limits_{x \to +\infty} [f(x)/h(x)]$

d) $\lim\limits_{x \to +\infty} [f(x)^{g(x)}]$

e) $\lim\limits_{x \to +\infty} [j(x)^{g(x)}]$

a) $\lim\limits_{x \to +\infty} \left[\dfrac{f(x)}{g(x)}\right] = \dfrac{(+\infty)}{(-\infty)}$ Indeterminación. No podemos saber cuál es el límite de ese cociente sin conocer las funciones f y g. Puede ser finito o infinito.

b) $\lim\limits_{x \to +\infty} [g(x) \cdot h(x)] = (-\infty) \cdot (0)$ Indeterminación

c) $\lim\limits_{x \to +\infty} \left[\dfrac{f(x)}{h(x)}\right] = \dfrac{(+\infty)}{(0)} = \pm\infty$

Aunque no podemos saber si el límite es $+\infty$ o $-\infty$ sin conocer la función h, este caso no es una indeterminación porque solo puede darse uno de esos dos resultados.

d) $\lim\limits_{x \to +\infty} [f(x)^{g(x)}] = (+\infty)^{(-\infty)} = \dfrac{1}{+\infty} = 0$

e) $\lim\limits_{x \to +\infty} [j(x)^{g(x)}] = (1)^{(-\infty)}$ Indeterminación

3. Comparación de infinitos

Comparar los órdenes de infinito y asignar límite a estas expresiones:

a) $\lim\limits_{x \to +\infty} \left(10x^2 - \sqrt{x^5 - 1}\right)$

b) $\lim\limits_{x \to +\infty} \dfrac{\log(x^3 + 1)}{10x^2 - 5}$

c) $\lim\limits_{x \to +\infty} \dfrac{2^x}{\log(x^3 + 1)}$

d) $\lim\limits_{x \to +\infty} \left(\dfrac{1 - 3^x}{2^{x+5}}\right)$

Hazlo tú

Asigna límite para $x \to +\infty$ para cada una de estas expresiones:

a) $\dfrac{2^x}{10x^2 - 5}$ b) $\dfrac{\sqrt{x^5 - 1}}{10x^2 - 5}$

a) $\lim\limits_{x \to +\infty} \left(10x^2 - \sqrt{x^5 - 1}\right) = -\infty$

Porque el minuendo es de menor grado que el sustraendo.

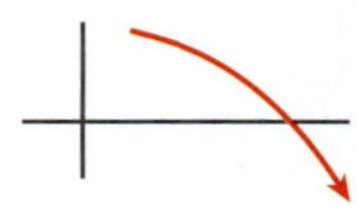

b) $\lim\limits_{x \to +\infty} \dfrac{\log(x^3 + 1)}{10x^2 - 5} = 0$

Porque cualquier potencia es un infinito de orden superior a cualquier función logarítmica.

c) $\lim\limits_{x \to +\infty} \dfrac{2^x}{\log(x^3 + 1)} = +\infty$

Porque toda función exponencial de base mayor que 1 es un infinito de orden superior a cualquier función logarítmica.

d) $\lim\limits_{x \to +\infty} \left(\dfrac{1 - 3^x}{2^{x+5}}\right) = -\infty$

Porque entre dos funciones exponenciales de base mayor que 1, la de mayor base es un infinito de orden superior.

4. Cálculo de límites

Calcular los siguientes límites:

a) $\lim\limits_{x \to 3} \dfrac{\sqrt{x+1}-2}{\sqrt{x+6}-3}$

b) $\lim\limits_{x \to +\infty} \left(\dfrac{2\ln x}{\ln(7x^2)}\right)^{\ln x}$

c) $\lim\limits_{x \to +\infty} \dfrac{2^x + x}{e^x}$

d) $\lim\limits_{x \to 2} \left(\dfrac{3x+1}{2x}\right)^{1/(x-2)}$

e) $\lim\limits_{x \to -\infty} \dfrac{e^x + e^{-x}}{e^x - e^{-x}}$

f) $\lim\limits_{x \to 1} \dfrac{x^2-1}{|x-1|}$

a) $\lim\limits_{x \to 3} \dfrac{\sqrt{x+1}-2}{\sqrt{x+6}-3} = \dfrac{(0)}{(0)}$ Indeterminación. Multiplicamos numerador y denominador primero por $\sqrt{x+1}+2$ y después por $\sqrt{x+6}+3$:

$$\frac{\sqrt{x+1}-2}{\sqrt{x+6}-3} = \frac{x-3}{(\sqrt{x+6}-3)(\sqrt{x+1}+2)} = \frac{(x-3)(\sqrt{x+6}+3)}{(x-3)(\sqrt{x+1}+2)} = \frac{\sqrt{x+6}+3}{\sqrt{x+1}+2}$$

Por tanto: $\lim\limits_{x \to 3} \dfrac{\sqrt{x+1}-2}{\sqrt{x+6}-3} = \lim\limits_{x \to 3} \dfrac{\sqrt{x+6}+3}{\sqrt{x+1}+2} = \dfrac{6}{4} = \dfrac{3}{2}$

b) $\lim\limits_{x \to +\infty} \left(\dfrac{2\ln x}{\ln(7x^2)}\right)^{\ln x} = \lim\limits_{x \to +\infty} \left(\dfrac{2\ln x}{\ln 7 + 2\ln x}\right)^{\ln x} = (1)^{(+\infty)}$ Indeterminación

$$\lim_{x \to +\infty} \left(\frac{2\ln x}{\ln(7x^2)}\right)^{\ln x} = e^{\lim\limits_{x \to +\infty}\left(\frac{2\ln x}{\ln 7 + 2\ln x} - 1\right)\ln x} =$$

$$= e^{\lim\limits_{x \to +\infty}\left(\frac{2\ln x - \ln 7 - 2\ln x}{\ln 7 + 2\ln x}\right)\ln x} = e^{\lim\limits_{x \to +\infty} \frac{-\ln 7 \cdot \ln x}{\ln 7 + 2\ln x}} = e^{\frac{-\ln 7}{2}}$$

c) $\lim\limits_{x \to +\infty} \dfrac{2^x + x}{e^x} = \dfrac{(+\infty)}{(+\infty)}$. Hay una indeterminación que resolvemos comparando los órdenes de los infinitos del numerador y del denominador. Entre dos funciones exponenciales de base mayor que 1, la que tenga mayor base es un infinito de orden superior. En este caso la base mayor está en el denominador. Por tanto:

$$\lim_{x \to +\infty} \frac{2^x + x}{e^x} = 0$$

d) $\lim\limits_{x \to 2} \left(\dfrac{3x+1}{2x}\right)^{1/(x-2)} = \left(\dfrac{7}{4}\right)^{\pm\infty}$. Estudiamos los límites laterales de $\dfrac{1}{x-2}$ en $x = 2$:

$$\lim_{x \to 2^-} \frac{1}{x-2} = \frac{(+)}{(-)} = -\infty \qquad \lim_{x \to 2^+} \frac{1}{x-2} = \frac{(+)}{(+)} = +\infty$$

Por tanto: $\begin{cases} \lim\limits_{x \to 2^-} \left(\dfrac{3x+1}{2x}\right)^{1/(x-2)} = \left(\dfrac{7}{4}\right)^{-\infty} = 0 \\ \lim\limits_{x \to 2^+} \left(\dfrac{3x+1}{2x}\right)^{1/(x-2)} = \left(\dfrac{7}{4}\right)^{+\infty} = +\infty \end{cases}$ No existe límite.

e) $\lim\limits_{x \to -\infty} \dfrac{e^x + e^{-x}}{e^x - e^{-x}} = \lim\limits_{x \to +\infty} \dfrac{e^{-x} + e^x}{e^{-x} - e^x} = \dfrac{(+\infty)}{(-\infty)}$

Dividimos numerador y denominador entre e^x:

$$\lim_{x \to +\infty} \frac{e^{-x} + e^x}{e^{-x} - e^x} = \lim_{x \to +\infty} \frac{\frac{e^{-x}}{e^x} + 1}{\frac{e^{-x}}{e^x} - 1} = \lim_{x \to +\infty} \frac{\frac{1}{e^{2x}} + 1}{\frac{1}{e^{2x}} - 1} = \frac{0+1}{0-1} = -1$$

f) $\lim\limits_{x \to 1} \dfrac{x^2-1}{|x-1|} = \dfrac{(0)}{(0)}$ Indeterminación

Definimos la función en intervalos y simplificamos: $\dfrac{x^2-1}{|x-1|} = \begin{cases} -(x+1), & x < 1 \\ x+1, & x > 1 \end{cases}$

Hallamos los límites laterales: $\lim\limits_{x \to 1} \dfrac{x^2-1}{|x-1|} = \begin{cases} \lim\limits_{x \to 1^-} -(x+1) = -2 \\ \lim\limits_{x \to 1^+} (x+1) = 2 \end{cases}$ No existe límite.

Hazlo tú

Calcula los límites siguientes:

a) $\lim\limits_{x \to +\infty} \left(\dfrac{4x-2}{3x}\right)^{2x-1}$

b) $\lim\limits_{x \to +\infty} (\log x)^{1-3x}$

c) $\lim\limits_{x \to 2} \dfrac{\sqrt{x+2}-2}{\sqrt{2x-3}-1}$

d) $\lim\limits_{x \to 4} \left(\dfrac{x+2}{6}\right)^{\frac{1}{x-4}}$

e) $\lim\limits_{x \to -\infty} \dfrac{x^2-1}{|x-1|}$

f) $\lim\limits_{x \to +\infty} \dfrac{e^x + e^{-x}}{e^x - e^{-x}}$

EJERCICIOS Y PROBLEMAS RESUELTOS

5. Regla de L'Hôpital

Calcular los siguientes límites:

a) $\lim_{x \to 0} \left(\frac{1}{ln\,(1+x)} - \frac{1}{x} \right)$

b) $\lim_{x \to 0} \frac{x - sen\,x}{sen\,x^2}$

c) $\lim_{x \to +\infty} (ln\,x)^{1/e^x}$

d) $\lim_{x \to +\infty} x \left[arctg\,(e^x) - \left(\frac{\pi}{2}\right) \right]$

a) $\lim_{x \to 0} \left(\frac{1}{ln(1+x)} - \frac{1}{x} \right) = (\infty) - (\infty) = \lim_{x \to 0} \frac{x - ln(1+x)}{x\,ln(1+x)} = \frac{(0)}{(0)} \overset{\mathbf{H}}{=}$

$= \lim_{x \to 0} \frac{1 - [1/(1+x)]}{ln(1+x) + [x/(1+x)]} = \frac{(0)}{(0)} \overset{\mathbf{H}}{=} \lim_{x \to 0} \frac{1/(1+x)^2}{[1/(1+x)] + [1/(1+x)^2]} = \frac{1}{2}$

b) $\lim_{x \to 0} \frac{x - sen\,x}{sen\,x^2} = \frac{(0)}{(0)} \overset{\mathbf{H}}{=} \lim_{x \to 0} \frac{1 - cos\,x}{2x\,cos\,x^2} = \frac{(0)}{(0)} \overset{\mathbf{H}}{=} \lim_{x \to 0} \frac{sen\,x}{2\,cos\,x^2 - 4x^2\,sen\,x^2} = 0$

c) $\lim_{x \to +\infty} (ln\,x)^{1/e^x} = (\infty)^{(0)}$. Tomamos logaritmos.

$ln \lim_{x \to +\infty} (ln\,x)^{1/e^x} = \lim_{x \to +\infty} \frac{1}{e^x}\,ln\,(ln\,x) = \frac{(\infty)}{(\infty)} \overset{\mathbf{H}}{=} \lim_{x \to +\infty} \frac{1/(x\,ln\,x)}{e^x} =$

$= \lim_{x \to +\infty} \frac{1}{x\,ln\,x\,e^x} = 0 \rightarrow \lim_{x \to +\infty} (ln\,x)^{1/e^x} = e^0 = 1$

d) $\lim_{x \to +\infty} x \left[arctg\,(e^x) - \left(\frac{\pi}{2}\right) \right] = (+\infty) \cdot (0) = \lim_{x \to +\infty} \frac{arctg\,(e^x) - (\pi/2)}{1/x} = \frac{(0)}{(0)} \overset{\mathbf{H}}{=}$

$= \lim_{x \to +\infty} \frac{\frac{e^x}{1+e^{2x}}}{-\frac{1}{x^2}} = \lim_{x \to +\infty} \frac{-x^2\,e^x}{1+e^{2x}} = \frac{(-\infty)}{(+\infty)} \overset{\mathbf{H}}{=} \lim_{x \to +\infty} \frac{-2xe^x - x^2\,e^x}{2e^{2x}} =$

$= \lim_{x \to +\infty} \frac{-2x - x^2}{2e^x} = \frac{(-\infty)}{(+\infty)} \overset{\mathbf{H}}{=} \lim_{x \to +\infty} \frac{-2 - 2x}{2e^x} = \frac{(-\infty)}{(+\infty)} \overset{\mathbf{H}}{=} \lim_{x \to +\infty} \frac{-2}{2e^x} = 0$

Hazlo tú

Calcula estos límites:

a) $\lim_{x \to 0} \frac{ln\,(cos\,3x)}{ln\,(cos\,2x)}$

b) $\lim_{x \to 0} (cos\,2x)^{3/x^2}$

c) $\lim_{x \to 1} \left(\frac{e}{e^x - e} - \frac{1}{x-1} \right)$

6. Continuidad en un punto

a) Estudiar la continuidad de esta función:

$$f(x) = \begin{cases} \frac{|x+2|}{x} & si\ x \neq -2 \\ 1 & si\ x = -2 \end{cases}$$

b) Clasificar sus discontinuidades, si las hay, y representar los resultados obtenidos.

a) Definimos la función por intervalos para prescindir del valor absoluto:

$$f(x) = \begin{cases} \frac{-x-2}{x} & \text{si } x < -2 \\ 1 & \text{si } x = -2 \\ \frac{x+2}{x} & \text{si } x > -2 \end{cases}$$

Para $x < -2$, $f(x)$ es continua porque lo es $\frac{-x-2}{x}$.

Para $x > -2$, $f(x)$ no es continua en $x = 0$ porque no existe $f(0)$.

Para $x = -2$, estudiamos la continuidad:

$\lim_{x \to -2^-} f(x) = \lim_{x \to -2^-} \frac{-x-2}{x} = 0$

$\lim_{x \to -2^+} f(x) = \lim_{x \to -2^+} \frac{x+2}{x} = 0$

Por tanto, $\lim_{x \to -2} f(x) = 0$.

Como $f(-2) = 1 \rightarrow \lim_{x \to -2} f(x) \neq f(-2) \rightarrow f(x)$ no es continua en $x = -2$.

b) En $x = 0$ hay una discontinuidad inevitable de salto infinito porque $\lim_{x \to 0} f(x) = \pm\infty$.

En $x = -2$ hay una discontinuidad evitable porque existe límite pero no coincide con el valor de la función en ese punto.

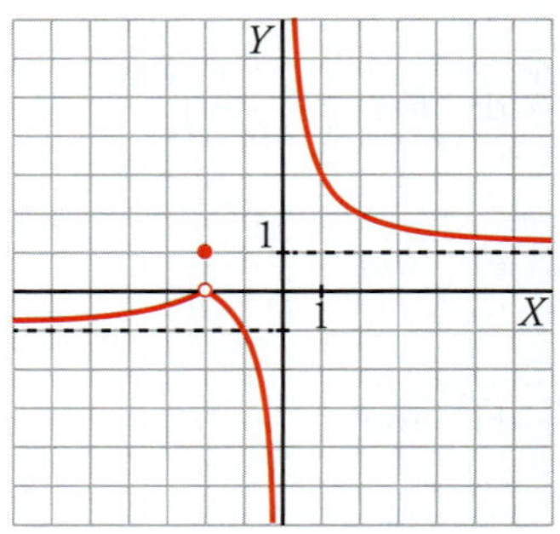

Hazlo tú

Estudia la continuidad de la función $f(x)$ y clasifica sus discontinuidades.

$$f(x) = \begin{cases} x^2 + \frac{x}{|x|} & \text{si } x \neq 0 \\ 1 & \text{si } x = 0 \end{cases}$$

7. Función continua

Hallar a y b para que la función $f(x)$ sea continua en $\mathbb{R}$.

$$f(x) = \begin{cases} \dfrac{sen\,x - ax}{x^2} & si \ x > 0 \\ x^2 + b & si \ x \leq 0 \end{cases}$$

Si $x \neq 0$, $f(x)$ es una función continua porque las funciones que intervienen en su definición lo son. Y $f(x)$ será continua en $x = 0$ si $\lim\limits_{x \to 0} f(x) = f(0)$. Comprobemos esto último:

$$f(0) = b$$

$$\lim_{x \to 0^-} f(x) = \lim_{x \to 0^-} (x^2 - b) = b$$

$$\lim_{x \to 0^+} f(x) = \lim_{x \to 0^+} \frac{sen\,x - ax}{x^2} = \frac{(0)}{(0)} \overset{\mathbf{H}}{=} \lim_{x \to 0^+} \frac{\cos x - a}{2x} \rightarrow$$

$$\rightarrow \begin{cases} \text{Si } a \neq 1, \ \lim\limits_{x \to 0^+} f(x) = \dfrac{1-a}{0} = \pm\infty \\ \text{Si } a = 1, \ \lim\limits_{x \to 0^+} f(x) = \dfrac{(0)}{(0)} \overset{\mathbf{H}}{=} \lim\limits_{x \to 0^+} \dfrac{\cos x - a}{2x} = \lim\limits_{x \to 0^+} \dfrac{-sen\,x}{2} = \dfrac{0}{2} = 0 \end{cases}$$

Si $a = 1$ y $b = 0$, $\lim\limits_{x \to 0} f(x) = f(0) = 0 \rightarrow f(x)$ es continua en $x = 0$.

Por tanto, para que $f(x)$ sea continua en $\mathbb{R}$, deben ser $a = 1$ y $b = 0$.

Hazlo tú

Determina los valores de a y de b para los que $f(x)$ es continua.

$$f(x) = \begin{cases} x^2 + 2x + b & \text{si } -\infty < x \leq 0 \\ sen(ax) & \text{si } 0 < x < \pi \\ (x-\pi)^2 + 1 & \text{si } \pi \leq x < +\infty \end{cases}$$

8. Teorema de Bolzano

a) ¿Se puede aplicar el teorema de Bolzano a la función $f(x) = \dfrac{1}{1+x^2}$ en algún intervalo?

b) Demostrar que la función anterior y $g(x) = 2x - 1$ se cortan en, al menos, un punto.

a) $f(x) = \dfrac{1}{1+x^2}$ es una función continua en todo $\mathbb{R}$, ya que el denominador no se anula para ningún valor de x.

Como $f(x) = \dfrac{1}{1+x^2} > 0$ para cualquier valor de $x \in \mathbb{R}$, no se puede aplicar el teorema de Bolzano porque no existe ningún intervalo $[a, b]$ en el que se verifique signo de $f(a) \neq$ signo de $f(b)$.

b) Si $f(x)$ y $g(x)$ se cortan, entonces:

$$f(x) = g(x) \rightarrow \frac{1}{1+x^2} = 2x - 1 \rightarrow \frac{1}{1+x^2} - 2x + 1 = 0$$

Definimos la función $F(x) = f(x) - g(x) = \dfrac{1}{1+x^2} - 2x + 1 = \dfrac{-2x^3 + x^2 - 2x + 2}{1+x^2}$.

$F(x)$ es continua en $\mathbb{R}$ porque su denominador nunca se anula.

Como $\lim\limits_{x \to +\infty} F(x) = -\infty$ y $\lim\limits_{x \to -\infty} F(x) = +\infty$, la función $F(x)$ cambia de signo en al menos un $x \in \mathbb{R}$ por lo que, según el teorema de Bolzano, existirá al menos un punto $c \in \mathbb{R}$ tal que $F(c) = 0$. Y esto nos asegura que existirá al menos un punto $c \in \mathbb{R}$ tal que $f(c) = g(c)$, y, por tanto, $f(x)$ y $g(x)$ se cortarán en, al menos, un punto c.

Hazlo tú

Prueba que las gráficas de las funciones

$$f(x) = sen\,x \quad y \quad g(x) = \frac{1}{x}$$

se cortan en algún punto del intervalo $\left(2\pi, \dfrac{5\pi}{2}\right)$.

9. Teorema de los valores intermedios

Dada la función

$$f(x) = x^3 + x - 5$$

probar que existe un valor c tal que $f(c) = 20$.

f, por ser una función polinómica, es continua en todo $\mathbb{R}$.

Tanteando, observamos que $f(2) = 5$ y $f(3) = 25$.

Según el teorema de los valores intermedios, f toma todos los valores entre 5 y 25. Como 20 está comprendido entre $f(2) = 5$ y $f(3) = 25$, existirá un número $c \in (2, 3)$ tal que $f(c) = 20$.

EJERCICIOS Y PROBLEMAS GUIADOS

1. Cálculo de límites

Calcular los siguientes límites:

a) $\lim_{x \to +\infty} \left[\dfrac{\sqrt[3]{3 + 5x - 8x^3}}{1 + 2x} \right]^{25}$

b) $\lim_{x \to 0} (1 + 4x^3)^{2/x^3}$

c) $\lim_{x \to 0^+} \left(\dfrac{1}{x^2} \right)^{tg\, x}$

a) Comprueba que hay una indeterminación del tipo $\dfrac{(\infty)}{(\infty)}$ entre dos infinitos del mismo orden.

El límite del cociente está determinado por los coeficientes de los términos de mayor grado en el numerador y denominador.

b) Se trata de una indeterminación del tipo $(1)^{(\infty)}$. Justifica por qué se puede aplicar la regla práctica para este tipo de indeterminaciones y obtén el límite.

c) • Es una indeterminación del tipo $(\infty)^{(0)}$. Toma logaritmos neperianos y utiliza las propiedades del logaritmo de una potencia y de un cociente.

• Expresa el resultado como cociente para conseguir una indeterminación $\dfrac{(\infty)}{(\infty)}$.

• Aplica la regla de L'Hôpital y recuerda que el resultado es el logaritmo neperiano del límite buscado.

Solución: a) -1 b) e^8 c) 1

2. Límite finito

Calcular el valor de a para que el siguiente límite sea finito y obtener ese límite:

$$\lim_{x \to 0} \left(\frac{1}{e^x - 1} - \frac{a}{2x} \right)$$

• Comprueba que hay una indeterminación del tipo $(\infty) - (\infty)$ y conviértela en otra del tipo $\dfrac{(0)}{(0)}$ para poder aplicar la regla de L'Hôpital.

• Determina cuál ha de ser el valor de a para poder seguir.

• Con el valor de a obtenido, aplica de nuevo la regla de L'Hôpital.

Solución: $a = 2$; $\lim_{x \to 0} \left(\dfrac{1}{e^x - 1} - \dfrac{a}{2x} \right) = \dfrac{-1}{2}$

3. Continuidad en un punto

Dada la siguiente función:

$$f(x) = \begin{cases} e^{(x^2 - 2)/x} & si \;\; x < 0 \\ k & si \;\; x = 0 \\ 1 - \ln x & si \;\; x > 0 \end{cases}$$

a) ¿Existe algún valor de k para el cual $f(x)$ sea continua?

b) Hallar el límite cuando $x \to +\infty$ y cuando $x \to -\infty$ de la función.

a) Comprueba si existe límite cuando $x \to 0$ estudiando los límites laterales.

b) • Observa cómo está definida la función para valores «muy grandes» positivos y «muy grandes» negativos.

• Para calcular los límites ten en cuenta la tendencia de e^x y de $\ln x$ en el infinito.

Solución:

a) No.

b) $\lim_{x \to -\infty} f(x) = 0$; $\lim_{x \to +\infty} f(x) = -\infty$

4. Teorema de Bolzano

Demostrar que la ecuación:

$$sen\, x^2 = x - 1$$

tiene una solución positiva.

Razonar la respuesta, exponiendo el teorema o resultado que justifique la solución.

• Considera la función: $F(x) = sen\, x^2 - x + 1$

• Comprueba si cumple las hipótesis del teorema de Bolzano en el intervalo $[0, \pi]$.

¿$F(x)$ es continua en dicho intervalo? ¿El signo de $F(0)$ es diferente del de $F(\pi)$?

• Aplica el teorema de Bolzano y habrás demostrado lo que se pide.

Solución: La función $F(x)$ cumple las hipótesis del teorema de Bolzano en el intervalo $[0, \pi]$; por tanto, aplicando dicho teorema, sabemos que $F(c) = 0$ para algún $c \in (0, \pi)$ (observa que $c > 0$ y que esto demuestra lo que se pide en el enunciado).

Recuerda seleccionar el material de trabajo de esta unidad para tu **portfolio.**

EJERCICIOS Y PROBLEMAS PROPUESTOS

Para practicar

Cálculo de límites

1 Observando la gráfica de $f(x)$, di el valor de los siguientes límites:

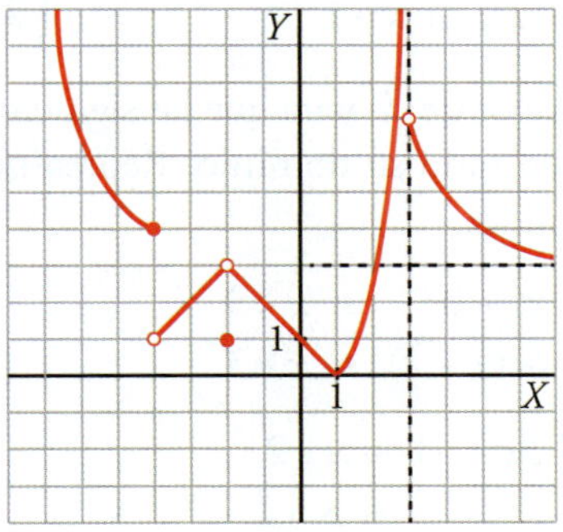

a) $\lim_{x \to -\infty} f(x)$ b) $\lim_{x \to -4^-} f(x)$ c) $\lim_{x \to -4^+} f(x)$

d) $\lim_{x \to -4} f(x)$ e) $\lim_{x \to -2} f(x)$ f) $\lim_{x \to 1} f(x)$

g) $\lim_{x \to 3^-} f(x)$ h) $\lim_{x \to 3^+} f(x)$ i) $\lim_{x \to +\infty} f(x)$

2 Halla los siguientes límites:

a) $\lim_{x \to +\infty} \left(\frac{-3}{4} x^3 + 2x^2 - 1 \right)$ b) $\lim_{x \to +\infty} \frac{-2x^4 - 3x^2}{x^2 + 1}$

c) $\lim_{x \to +\infty} \frac{3x^2 - 1}{5 + x^2}$ d) $\lim_{x \to +\infty} \frac{5x^4 - 3x + 2}{x^6 + 1}$

e) $\lim_{x \to +\infty} \frac{\sqrt[3]{x^2 + 1}}{\sqrt{x^2 + 3}}$ f) $\lim_{x \to +\infty} \frac{\sqrt[4]{x^3} - 2x}{x + 3\sqrt{x}}$

3 Calcula estos límites:

a) $\lim_{x \to +\infty} (e^x - x^3)$ b) $\lim_{x \to +\infty} \frac{\ln(x^2 + 1)}{x}$

c) $\lim_{x \to +\infty} \frac{x^2 + 1}{e^x}$ d) $\lim_{x \to +\infty} (\sqrt{x^2 + x} - \sqrt{x + 7})$

4 Calcula el límite de estas funciones cuando $x \to +\infty$:

a) $f(x) = \frac{5x^2 - 2x + 1}{(2x - 1)^2}$ b) $g(x) = \frac{x + \log x}{\log x}$

c) $h(x) = \frac{3 + 2\sqrt{x}}{\sqrt{2x + 1}}$ d) $i(x) = \frac{3 \cdot 2^x}{2^x + 1}$

e) $j(x) = \frac{x^2 - 1}{\sqrt{x^3 + 1}}$ f) $k(x) = \frac{2x + 5}{\sqrt{4x^2 - 3}}$

g) $l(x) = 2^x - 3^x$ h) $m(x) = \frac{x^2}{x - 3} - \frac{x^2}{5 - x}$

5 Calcula los siguientes límites y representa gráficamente los resultados obtenidos:

a) $\lim_{x \to -\infty} (0{,}5^x + 1)$ b) $\lim_{x \to -\infty} 2^{x+1}$

c) $\lim_{x \to -\infty} \left(1 - \frac{1}{x}\right)^x$ d) $\lim_{x \to -\infty} \left(1 + \frac{2}{x}\right)^{1 - 3x}$

6 Calcula el límite cuando $x \to +\infty$ y cuando $x \to -\infty$ de las siguientes funciones:

a) $f(x) = \frac{e^x}{x^2 - 1}$ b) $g(x) = \frac{x^2 + 2x}{\log x^2}$

c) $h(x) = \sqrt{3x^2 + 2} - 5x$ d) $i(x) = x^2 - \sqrt{x^4 - 1}$

e) $j(x) = \frac{2x + 3}{\sqrt{3x^2 - 1}}$ f) $k(x) = \frac{x^2}{x - 1} - \frac{x^3}{x^2 + 1}$

7 Calcula estos límites:

a) $\lim_{x \to -\infty} \frac{\sqrt[3]{x^2}}{2x + 1}$ b) $\lim_{x \to -\infty} (1{,}5^x - x^3)$

c) $\lim_{x \to -\infty} \left(x - \frac{x^2}{x - 3} \right)$ d) $\lim_{x \to -\infty} \frac{\sqrt{x^2 - 5}}{1 - 2x}$

e) $\lim_{x \to +\infty} \left(\frac{x^2 - 5x}{x + 1} - \frac{3x}{2} \right)$ f) $\lim_{x \to +\infty} (x^2 - \sqrt{x^4 + 2x})$

g) $\lim_{x \to +\infty} \left(1{,}2^x - \frac{3x^2}{x + 1} \right)$ h) $\lim_{x \to +\infty} \left(\frac{3x + 4}{2x + 5} \right)^{x - 1}$

8 Calcula los siguientes límites:

a) $\lim_{x \to +\infty} \left(\frac{x^2 + 1}{x^2 - 1} \right)^{x^2}$ b) $\lim_{x \to +\infty} \left(\frac{x + 1}{x - 2} \right)^{2x - 1}$

c) $\lim_{x \to +\infty} \left(\frac{x - 1}{x + 3} \right)^{x + 2}$ d) $\lim_{x \to +\infty} \left(\frac{3x - 4}{3x - 2} \right)^{\frac{x + 1}{3}}$

e) $\lim_{x \to -\infty} \left(1 - \frac{1}{x^2} \right)^{3x - 2}$ f) $\lim_{x \to -\infty} \left(\frac{x - 3}{x + 2} \right)^{x^2 - 5}$

9 Halla estos límites:

a) $\lim_{x \to -\infty} (\sqrt{x^2 + 2x} - \sqrt{x^2 - 4})$

b) $\lim_{x \to -\infty} (\sqrt{x^2 + 1} + x)$

10 Calcula el límite de estas funciones cuando $x \to +\infty$ y cuando $x \to -\infty$:

a) $f(x) = \begin{cases} \frac{1 - x}{x + 2} & \text{si } x \le 0 \\ \frac{\ln x}{x} & \text{si } x > 0 \end{cases}$ b) $g(x) = \begin{cases} \frac{2x}{\sqrt{x^2 + 1}} & \text{si } x \le 0 \\ e^x - \ln x & \text{si } x > 0 \end{cases}$

11 Sabiendo que:

$\lim_{x \to 2} p(x) = +\infty$ $\lim_{x \to 2} q(x) = -\infty$

$\lim_{x \to 2} r(x) = 3$ $\lim_{x \to 2} s(x) = 0$

di, en los casos en que sea posible, el valor de estos límites:

a) $\lim_{x \to 2} \frac{s(x)}{p(x)}$ b) $\lim_{x \to 2} [s(x)]^{p(x)}$

c) $\lim_{x \to 2} |s(x) \cdot q(x)|$ d) $\lim_{x \to 2} |p(x) - 2q(x)|$

EJERCICIOS Y PROBLEMAS PROPUESTOS

12 Calcula estos límites. Si alguno es infinito, calcula los límites laterales:

a) $\lim\limits_{x \to 1} \dfrac{x^2 - 7x + 6}{1 - x}$ b) $\lim\limits_{x \to 1} \dfrac{x^3 - 4x^2 + 5x - 2}{(x^3 - 1)(x - 2)}$

c) $\lim\limits_{x \to -2/3} \dfrac{3x^2 + 5x + 2}{9x^2 - 4}$ d) $\lim\limits_{x \to 2} \dfrac{x^2 + 3x - 10}{x^3 - x^2 - 8x + 12}$

13 Calcula y representa los resultados obtenidos.

a) $\lim\limits_{x \to 1} \left[\dfrac{2}{(x-1)^2} - \dfrac{1}{x(x-1)}\right]$

b) $\lim\limits_{x \to 2} \left[\dfrac{3}{x^2 - 5x + 6} - \dfrac{4}{x - 2}\right]$

14 Calcula y estudia los límites laterales cuando sea necesario.

a) $\lim\limits_{x \to 2} \left(\dfrac{1 - \sqrt{3 - x}}{x - 2}\right)$

b) $\lim\limits_{x \to 0} \left(\dfrac{\sqrt{x + 9} - 3}{x^2}\right)$

c) $\lim\limits_{x \to 0} \left[\dfrac{\sqrt{1 + x} - \sqrt{1 - x}}{3x}\right]$

15 Calcula.

a) $\lim\limits_{x \to 0} \left(\dfrac{x^2 + 1}{2x + 1}\right)^{\frac{1}{x}}$ b) $\lim\limits_{x \to 2} \left(\dfrac{2x^2 - x - 1}{7 - x}\right)^{\frac{1}{x - 2}}$

16 Halla el valor de los límites que se piden, siendo:

$$f(x) = \begin{cases} e^x & \text{si } x \le 0 \\ 1 - x^2 & \text{si } 0 < x < 2 \\ \dfrac{3}{x - 3} & \text{si } x > 2 \end{cases}$$

a) $\lim\limits_{x \to -\infty} f(x)$ b) $\lim\limits_{x \to 0} f(x)$ c) $\lim\limits_{x \to 2} f(x)$

d) $\lim\limits_{x \to 3} f(x)$ e) $\lim\limits_{x \to 4} f(x)$ f) $\lim\limits_{x \to +\infty} f(x)$

17 Aplica la regla de L'Hôpital para calcular los siguientes límites:

a) $\lim\limits_{x \to -1} \dfrac{x^3 + 1}{x^2 - 3x - 4}$ b) $\lim\limits_{x \to 0} \dfrac{ln(e^x + x^3)}{x}$

c) $\lim\limits_{x \to 0} \dfrac{sen\, x}{1 - cos\, x}$ d) $\lim\limits_{x \to 0} \dfrac{a^x - b^x}{x}$

e) $\lim\limits_{x \to 0} \dfrac{arctg\, x - x}{x - sen\, x}$ f) $\lim\limits_{x \to 0} \dfrac{e^x - e^{sen\, x}}{1 - cos\, x}$

g) $\lim\limits_{x \to 0} \dfrac{ln(cos\, 3x)}{x^2}$ h) $\lim\limits_{x \to 0} \dfrac{ln(1 + x)}{\sqrt[4]{x^3}}$

i) $\lim\limits_{x \to 0} \dfrac{1 - cos^2(2x)}{3x^2}$ j) $\lim\limits_{x \to 0} \left(\dfrac{x - sen\, x}{x\, sen\, x}\right)$

k) $\lim\limits_{x \to 0} \dfrac{1 - cos\, x}{e^x - 1}$ l) $\lim\limits_{x \to \pi/2} \dfrac{tg\, x - 8}{sec\, x + 10}$

Continuidad

18 Estudia la continuidad de las siguientes funciones y dibuja su gráfica:

a) $f(x) = \begin{cases} e^x & \text{si } x < 1 \\ ln\, x & \text{si } x \ge 1 \end{cases}$ b) $g(x) = \begin{cases} 1/x & \text{si } x < 1 \\ 2x - 1 & \text{si } x \ge 1 \end{cases}$

19 Calcula el valor de k para que las siguientes funciones sean continuas en todo su dominio. Represéntalas para el valor de k obtenido:

a) $f(x) = \begin{cases} x^2 + kx & \text{si } x < 3 \\ ln(x - 2) & \text{si } x \ge 3 \end{cases}$

b) $g(x) = \begin{cases} kx^2 - 3 & \text{si } x \le 2 \\ e^{x^2 - 4} & \text{si } x > 2 \end{cases}$

20 Calcula el valor de a y b para que $f(x)$ sea continua en todo su dominio.

$$f(x) = \begin{cases} x^2 - 1 & \text{si } x < 0 \\ ax + b & \text{si } 0 \le x < 1 \\ 2 & \text{si } 1 \le x \end{cases}$$

21 Estudia la continuidad de las siguientes funciones:

a) $f(x) = \begin{cases} e^x & \text{si } x < 0 \\ 3x^2 + 1 & \text{si } 0 \le x < 1 \\ 4 + ln\, x & \text{si } x \ge 1 \end{cases}$

b) $g(x) = \begin{cases} x^2 + 2x & \text{si } x \le 0 \\ sen\, x & \text{si } 0 < x < \pi \\ (x - \pi)^2 + 1 & \text{si } \pi \le x \end{cases}$

c) $h(x) = \begin{cases} e^{1 - x^2} & \text{si } x \le -1 \\ \dfrac{-1}{x} & \text{si } x > -1 \end{cases}$

d) $i(x) = \begin{cases} \dfrac{x + 2}{x^2 - 4} & \text{si } x \ne -2 \\ \dfrac{1}{4} & \text{si } x = -2 \end{cases}$

22 Clasifica las discontinuidades de las siguientes funciones:

a) $f(x) = \dfrac{x^3 - 2x^2 + x - 2}{x^2 - x - 2}$ b) $g(x) = \dfrac{x^3 - 2x^2 - 3x}{x^2 - x - 6}$

23 Estudia la continuidad de cada una de estas funciones. En los puntos en los que sean discontinuas, di cuál es el límite por la derecha y por la izquierda e indica el tipo de discontinuidad.

I) 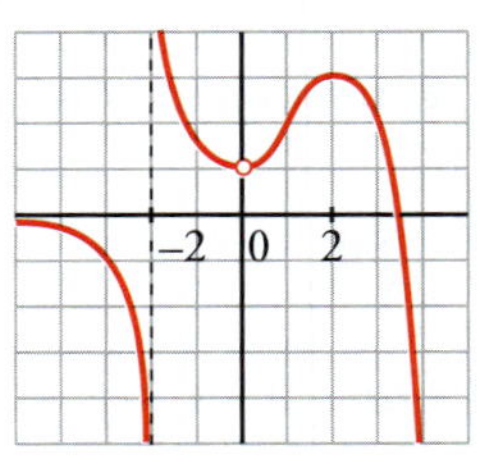

II) 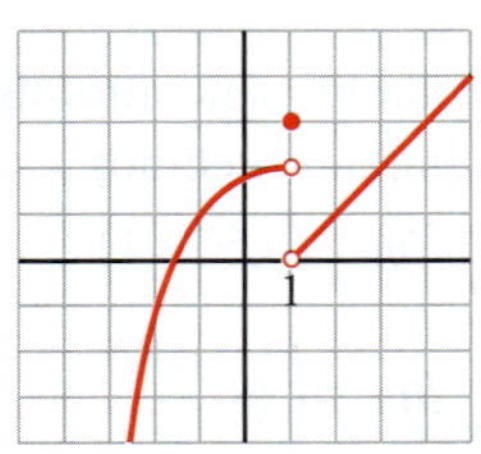

Para resolver

24 Calcula los siguientes límites:

a) $\lim_{x \to +\infty} \left(\dfrac{2x^3+x^2-3}{5x^3-2x^2}\right)^{1-x}$ b) $\lim_{x \to +\infty} \left(\dfrac{2x-5}{2x+3}\right)^{\frac{x+1}{2}}$

c) $\lim_{x \to 0} \dfrac{x\ sen\ x}{1-cos\ x}$ d) $\lim_{x \to 2} \dfrac{\sqrt{13-x^2}-3}{x-2}$

e) $\lim_{x \to 1} \dfrac{ln\ x}{(x-1)^2}$ f) $\lim_{x \to -\infty} x^2 e^{-x}$

g) $\lim_{x \to 0} \left(\dfrac{1}{x}-\dfrac{1}{sen\ x}\right)$ h) $\lim_{x \to 0} \dfrac{e^x - x\ cos\ x - 1}{sen\ x - x + 1 - cos\ x}$

25 Calcula estos límites:

a) $\lim_{x \to (\pi/2)^-} cos\ x\ ln(tg(x))$ b) $\lim_{x \to 0} \left(\dfrac{1}{x}\right)^{tg\ x}$

c) $\lim_{x \to 0} (cos\ x + sen\ x)^{1/x}$ d) $\lim_{x \to 0} \left(\dfrac{1}{sen\ x}\right)^{\frac{1}{x}}$

e) $\lim_{x \to +\infty} x\ ln\left(\dfrac{1+x}{x}\right)$ f) $\lim_{x \to 0} (1 - sen\ 2x)^{cotg\ 3x}$

26 a) Si $f(x) = \dfrac{x^3+x^2+kx+3}{x^3-x^2-x+1}$, ¿hay algún valor de k para el cual $\lim_{x \to 1} f(x)$ existe? En caso afirmativo, hállalo.

b) Para $k = 0$, halla $\lim_{x \to 1^-} f(x)$ y $\lim_{x \to 1^+} f(x)$.

27 El rendimiento físico de un deportista, durante 60 minutos, varía con el tiempo según esta función:

$$f(t) = \begin{cases} -t(t-a) & \text{si } 0 \le t < 15 \\ 3,5a + 5 & \text{si } 15 \le t < 30 \\ 100 - bt & \text{si } 30 \le t \le 60 \end{cases}$$

Calcula a y b para que la función sea continua.

28 Sabemos que $f(x) = \dfrac{3x-4}{x^3+bx^2+8x-4}$ es discontinua en $x = 2$. Calcula b y estudia el comportamiento de la función en las proximidades de los puntos de discontinuidad.

29 Dada $f(x) = \dfrac{ax^2+b}{a-x}$ con $a \ne 0$, halla a y b para que la función pase por el punto (2, 3) y el $\lim_{x \to +\infty} \dfrac{f(x)}{x} = -4$.

30 Calcula el valor de k para que cada una de las siguientes funciones sea continua. ¿Alguna es continua en todo $\mathbb{R}$?:

a) $f(x) = \begin{cases} \dfrac{x^3-1}{x-1} & \text{si } x \ne 1 \\ ln\ k & \text{si } x = 1 \end{cases}$ b) $g(x) = \begin{cases} \dfrac{\sqrt{x}-1}{x-1} & \text{si } x \ne 1 \\ 2^k & \text{si } x = 1 \end{cases}$

31 Halla b para que la función $f(x)$ sea continua en $\mathbb{R}$.

$$f(x) = \begin{cases} x^2+2x+b & \text{si } x \le 0 \\ \dfrac{ln(1+x)}{2x} & \text{si } x > 0 \end{cases}$$

32 Calcula el valor de k para que la siguiente función sea continua en $x = 0$:

$$f(x) = \begin{cases} \dfrac{2}{e^x-1} - \dfrac{k}{x} & \text{si } x \ne 0 \\ -1 & \text{si } x = 0 \end{cases}$$

33 ¿Existe algún valor de k para el que la función $f(x)$ sea continua en $x = 0$?

$$f(x) = \begin{cases} \dfrac{1-cos\ x}{sen\ x} & \text{si } x < 0 \\ k & \text{si } x = 0 \\ \dfrac{sen^2\ x}{x^2} & \text{si } x > 0 \end{cases}$$

34 Determina dónde son continuas las funciones siguientes:

a) $f(x) = \dfrac{x}{ln(x-2)}$ b) $g(x) = \dfrac{1}{\sqrt{x^3-x-6}}$

c) $h(x) = \sqrt{\dfrac{x-1}{x+2}}$ d) $i(x) = \dfrac{1}{1-cos^2\ x}$

35 a) Calcula a para que $\lim_{x \to 0} \dfrac{x - a\ sen\ x}{x^2}$ sea finito.

b) Halla el límite para ese valor de a.

36 Estudia la continuidad de la función $f(x) = \dfrac{1}{2-|x|}$ y clasifica sus discontinuidades.

37 Halla el valor de t para que la siguiente función sea continua en $x = 2$. Represéntala en el caso $t = 2$ y di qué tipo de discontinuidad tiene:

$$f(x) = \begin{cases} |x-1| - t & \text{si } x \le 2 \\ x-5 & \text{si } x > 2 \end{cases}$$

38 Calcula el límite de las siguientes funciones cuando $x \to +\infty$ y cuando $x \to -\infty$, definiéndolas previamente por intervalos:

a) $f(x) = \dfrac{|x|}{x+1}$ b) $g(x) = |x-3| - |x|$

c) $h(x) = |2x-1| + x$ d) $i(x) = \dfrac{x+1}{|x|}$

39 Estudia la continuidad en $x = 0$ de esta función:

$$f(x) = 2x + \dfrac{|x|}{x}$$

¿Qué tipo de discontinuidad tiene?

40 Se define la función f del modo siguiente:

$$f(x) = \begin{cases} \ln x - 1 & \text{si } x > 1 \\ 2x^2 + ax + b & \text{si } x \le 1 \end{cases}$$

Encuentra los valores de a y b para que la función sea continua y su gráfica pase por el origen de coordenadas.

41 El precio de cada acción de una determinada empresa oscila entre 2 € y 8 €. La facturación de dicha empresa en bolsa depende del precio de la acción y viene dada por la función:

$$F(x) = \begin{cases} 3 + Ax & \text{si } 2 \le x \le 5 \\ 53 + 2x + Bx^2 & \text{si } 5 < x \le 8 \end{cases}$$

siendo $F(x)$ la facturación de la empresa en bolsa, en miles de euros, y x el precio por cada acción, en €. Se sabe que para un precio de la acción de 2 €, la facturación es de 7 000 € y que la función es continua. Determina las constantes A y B.

42 El precio de compra de un producto varía según el número de unidades encargadas y esto queda reflejado en la siguiente función:

$$C(x) = \begin{cases} 5x & \text{si } 0 < x \le 10 \\ \sqrt{ax^2 + 500} & \text{si } x > 10 \end{cases}$$

a) Halla a para que el precio varíe de forma continua al variar el número de unidades que se compran.

b) ¿A cuánto tiende el precio de una unidad cuando se compra un número muy grande de unidades?

43 Considera la función $f(x) = \dfrac{2x^3 - 5x + 4}{1 - x}$.

a) Estudia su continuidad.

b) Observa que $f(-2) = -2/3$, $f(0) = 4$ y $f(2) = -10$. Razona si, a partir de esta información, podemos deducir que el intervalo $(-2, 0)$ contiene un cero de la función. ¿Podemos deducirlo para el intervalo $(0, 2)$?

c) Encuentra un intervalo determinado por dos enteros consecutivos que contenga, como mínimo, un cero de esta función.

44 Dadas las funciones $f(x) = x^3 + 3x^2 - 1$ y $g(x) = 6x$, justifica que existe algún punto en el intervalo $[1, 10]$ en el que ambas funciones toman el mismo valor.

45 Demuestra que la siguiente función corta al eje X en algún punto $(c, 0)$, donde $c \in (-1, 1)$:

$$f(x) = \begin{cases} x^3 + 2x + 1 & \text{si } x \le 0 \\ e^x & \text{si } x > 0 \end{cases}$$

Cuestiones teóricas

46 Dada la siguiente función:

$$f(x) = \begin{cases} \dfrac{x-4}{4} & \text{si } 0 \le x \le \dfrac{1}{2} \\ e^{-x^2} & \text{si } \dfrac{1}{2} < x \le 1 \end{cases}$$

observamos que f está definida en $[0, 1]$ y que verifica $f(0) = -1 < 0$ y $f(1) = e^{-1} > 0$, pero no existe ningún $c \in (0, 1)$ tal que $f(c) = 0$. ¿Contradice el teorema de Bolzano? Razona la respuesta.

47 Da una interpretación geométrica del teorema de Bolzano y utilízalo para demostrar que las gráficas de $f(x) = x^3 + x^2$ y $g(x) = 3 + \cos x$ se cortan en algún punto.

48 Sea la función $f(x) = x^2 + 1$. ¿Podemos asegurar que dicha función toma todos los valores del intervalo $[1, 5]$? En caso afirmativo, enuncia el teorema que lo justifica.

49 Si $f(x)$ es continua en $[1, 9]$, $f(1) = -5$ y $f(9) > 0$, ¿podemos asegurar que la función $g(x) = f(x) + 3$ tiene al menos un cero en el intervalo $[1, 9]$?

50 De una función g se sabe que es continua en el intervalo cerrado $[0, 1]$ y que para $0 < x \le 1$ es $g(x) = \dfrac{x^2 + x}{x}$. ¿Cuánto vale $g(0)$?

51 ¿Verdadero o falso? Justifica la respuesta.

a) Si una función no está definida en $x = 3$, puede ocurrir que $\lim\limits_{x \to 3} f(x) = 5$.

b) Si $f(x)$ es una función continua tal que $f(x) < 0$ si $x < 3$ y $f(x) > 0$ si $x > 3$, no es posible que $\lim\limits_{x \to 3} f(x) = 5$.

c) La ecuación $x^5 + x + 1 = 0$ no tiene ninguna raíz real.

d) Si sabemos que $f(x)$ es continua en $[a, b]$ y que $f(a) = 3$ y $f(b) = 5$, podemos asegurar que para algún c del intervalo $[a, b]$ se cumple que $f(c) = 7$.

e) $\operatorname{sen} x + 2x - 1 = 0$ tiene, al menos una raíz real.

f) La función $y = \operatorname{tg} x$ no cumple las hipótesis del teorema de Bolzano en el intervalo $\left[\dfrac{\pi}{4}, \dfrac{3\pi}{4}\right]$.

52 Escribe una definición para cada una de estas expresiones y haz una representación de f:

a) $\lim\limits_{x \to -\infty} f(x) = 3$

b) $\lim\limits_{x \to +\infty} f(x) = -\infty$

c) $\lim\limits_{x \to 2^-} f(x) = +\infty$

d) $\lim\limits_{x \to 2^+} f(x) = -\infty$

e) $\lim\limits_{x \to -3} f(x) = +\infty$

f) $\lim\limits_{x \to 1} f(x) = 4$

Para profundizar

53 Estudia el comportamiento de cada una de estas funciones cuando $x \longrightarrow +\infty$:

a) $f(x) = x^3 - sen\, x$ b) $g(x) = \dfrac{cos\, x}{x^2+1}$

c) $h(x) = \dfrac{Ent\,(x)}{x}$ d) $i(x) = \dfrac{3x + sen\, x}{x}$

* *Ent(x) es la función **parte entera** de x.*

54 Calcula, si es posible, el valor de k para que cada una de las siguientes funciones sea continua en $x = 0$:

a) $f(x) = \begin{cases} \dfrac{1-cos\, x}{(e^x-1)^2} & \text{si } x \neq 0 \\ k & \text{si } x = 0 \end{cases}$

b) $g(x) = \begin{cases} \dfrac{sen\, x}{|x|} & \text{si } x \neq 0 \\ k & \text{si } x = 0 \end{cases}$ c) $h(x) = \begin{cases} \dfrac{x\, sen\, x}{tg\, x^2} & \text{si } x \neq 0 \\ k & \text{si } x = 0 \end{cases}$

55 Halla el valor de a y de b para que la siguiente función sea continua en $\mathbb{R}$ y pase por el punto (1, –2):

$$f(x) = \begin{cases} ax^2 + b & \text{si } |x| \leq 2 \\ \dfrac{1}{x^2} & \text{si } |x| > 2 \end{cases}$$

56 En una circunferencia de radio 1, tomamos un ángulo $\widehat{AOP}$ de x radianes. Observa que: $\overline{PQ} = sen\, x$, $\overline{TA} = tg\, x$ y arco $\widehat{PA} = x$.

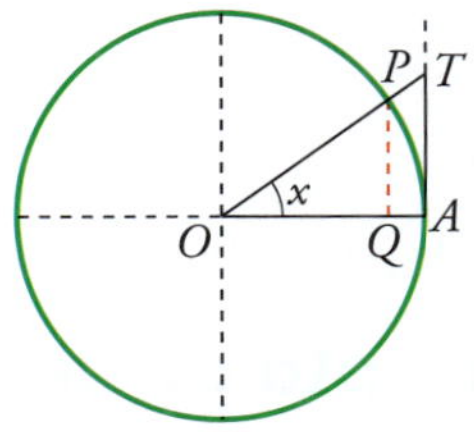

Como $\overline{PQ} < \widehat{PA} < \overline{TA} \longrightarrow sen\, x < x < tg\, x$

A partir de esa desigualdad, prueba que $\lim\limits_{x \to 0} \dfrac{sen\, x}{x} = 1$.

57 Aplica el resultado anterior para calcular los siguientes límites sin utilizar la regla de L'Hôpital:

a) $\lim\limits_{x \to 0} \dfrac{sen\, x}{2x}$ b) $\lim\limits_{x \to 0} \dfrac{x - sen\, x}{x}$

c) $\lim\limits_{x \to 0} \dfrac{tg\, x}{x}$ d) $\lim\limits_{x \to 0} \dfrac{1 - cos\, x}{x^2}$

58 Supongamos que f es continua en [0, 1] y que $0 < f(x) < 1$ para todo x de [0, 1]. Prueba que existe un número c de (0, 1) tal que $f(c) = c$.

Haz una gráfica para que el resultado sea evidente.

AUTOEVALUACIÓN

Resoluciones de estos ejercicios.

1 Calcula los siguientes límites:

a) $\lim\limits_{x \to -\infty} \dfrac{e^x}{log\,(x^2+1)}$ b) $\lim\limits_{x \to 1} (x)^{\frac{1}{1-x}}$

c) $\lim\limits_{x \to +\infty} (2x + 1 - \sqrt{4x^2+1})$ d) $\lim\limits_{x \to 0} \dfrac{x^4 - (1/3)x^3}{x - tg\, x}$

2 a) Estudia la continuidad de $f(x) = \dfrac{9-x^2}{x^2+3x}$ y justifica qué tipo de discontinuidad tiene.

b) Halla sus límites cuando $x \longrightarrow +\infty$ y cuando $x \longrightarrow -\infty$.

c) Representa la información obtenida en a) y en b).

3 a) Estudia la continuidad de la siguiente función:

$$f(x) = \begin{cases} \dfrac{x}{x+2} & \text{si } x < 0 \\ e^x & \text{si } x \geq 0 \end{cases}$$

b) Calcula $\lim\limits_{x \to +\infty} f(x)$ y $\lim\limits_{x \to -\infty} f(x)$.

4 Determina a y b para que la siguiente función sea continua en $x = 0$:

$$f(x) = \begin{cases} \dfrac{e^x - x - a}{b\, sen\, x^2} & \text{si } x \neq 0 \\ \dfrac{1}{2} & \text{si } x = 0 \end{cases}$$

5 Dada la función $f(x) = \dfrac{4x - x^3}{3x + x^2} + 4$, halla su dominio y obtén el valor que hay que asignar a $f(x)$ en $x = 0$ para que sea continua en ese punto.

6 Para la función $f(x) = sen\left(\dfrac{\pi}{4}x\right)$, demuestra que existe un $c \in (0, 4)$ tal que $f(c) = f(c+1)$.

7 Considerando la función $f(x) = x + e^{-x}$, demuestra que existe algún número real c tal que $c + e^{-c} = 4$.

Compromiso ODS Visualiza el vídeo Meta 1.3., piensa en una acción con la que podrías contribuir al logro de esa meta y comprométete a llevarla a cabo.

8

DERIVADAS

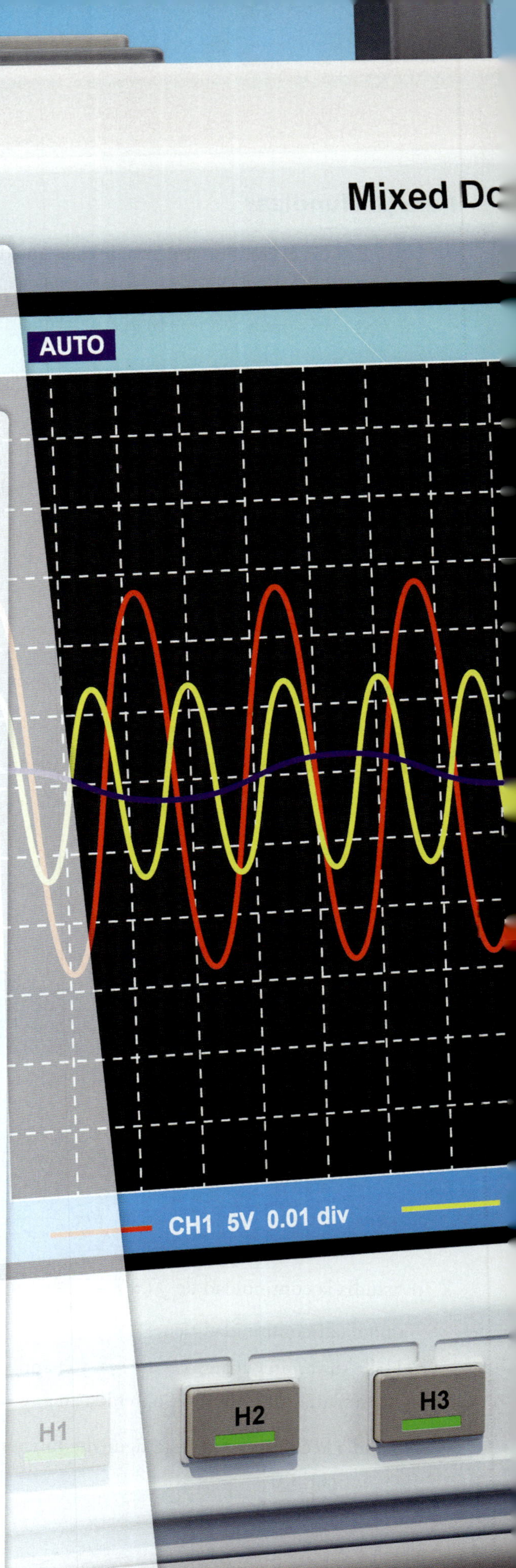

Evolución del concepto de derivada

Hay descubrimientos que están en el aire en una cierta época. El ambiente está preparado, maduro, y solo hace falta que alguien con decisión y tino se atreva a cristalizar las ideas en un todo coherente. Por eso no es de extrañar que en estas circunstancias surjan, al mismo tiempo, dos o tres personas que lo hagan. En la segunda mitad del siglo XVII el cálculo infinitesimal estaba flotando en el ambiente matemático, y cuajó en las mentes de **Newton y Leibniz** de forma independiente.

Los precursores de esta invención habían allanado el camino de estos dos grandes fundadores. **Isaac Barrow,** maestro de Newton, fue uno de ellos y constituyó sin duda una gran influencia para Newton en este sentido. A Barrow se debe un método para determinar las tangentes a curvas en el plano parecido al actual en el que ya aparece el concepto de derivada. En 1665, Newton empezó a pensar en la velocidad del cambio de algunas magnitudes que varían de manera continua: longitud, área, volumen, temperatura, etc. Durante ese año y el siguiente cerró el Trinity College, donde trabajaba Newton, debido a la peste. Por ello, se enclaustró en su casa y durante esos fecundos meses hizo sus principales descubrimientos, entre los que se encuentra el cálculo infinitesimal.

Leibniz hizo el mismo descubrimiento unos 10 años después, hacia 1676, pero fue el primero en publicarlo explícitamente en 1684. Aunque lo hizo de una forma tan confusa que, dado que era buen expositor, se ha llegado a pensar que su oscuridad fue intencionada, a fin de que nadie le entendiera demasiado bien y poder mantener la prioridad de haberlo publicado y, al mismo tiempo, la ventaja de usarlo él solo en aquellos tiempos en que las competiciones matemáticas estaban todavía de moda.

Pero hubo quien se empeñó en entender lo que Leibniz había escrito y lo consiguió con tal maestría, que al poco tiempo, en lo que al manejo del cálculo se refiere, no tenía nada que aprender ni de Leibniz ni de Newton. Este fue **Jacob Bernoulli,** quien quedó tan fascinado con las novedades matemáticas de Leibniz en cuanto al cálculo infinitesimal, que se convirtió en un ferviente defensor suyo en la polémica que mantenía con Newton por hacerse con la primicia del invento. Bernoulli se dedicó con afán a sacarle jugo al descubrimiento de mil modos sorprendentes, junto con su hermano **Johann,** trece años menor. Los hermanos Bernoulli, suizos de Basilea, pertenecieron a una gran familia de matemáticos. Ninguna otra, a lo largo de la historia, ha integrado a tantos matemáticos eminentes. Al menos una decena de miembros de esta familia consiguieron destacar en matemáticas y física. Más tarde, Euler, el matemático más importante de Suiza, se unió a ellos constituyendo el orgullo científico de Basilea.

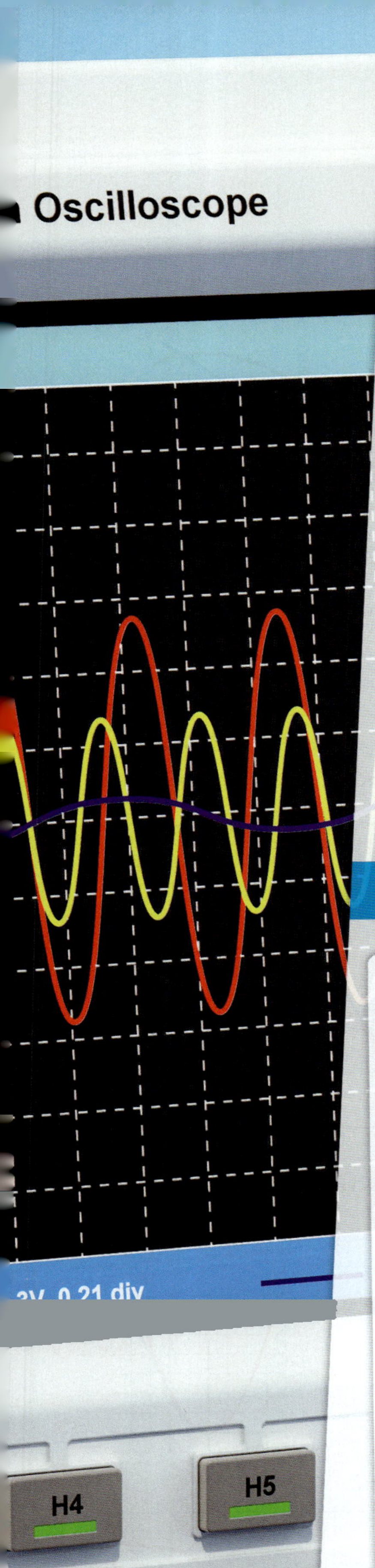

Cauchy. La sistematización del cálculo

Hubo de pasar casi siglo y medio desde que Newton y Leibniz comenzaron a desarrollar y manejar las nociones del análisis infinitesimal, a finales del siglo XVII, hasta que **Cauchy,** a comienzos del XIX, las sistematizó en un cuerpo teórico bien construido y prácticamente con la misma forma en que hoy lo utilizamos para iniciarnos en los primeros pasos del análisis.

Las más grandes contribuciones de Cauchy al cálculo infinitesimal están en sus libros: *Curso de análisis* (1821), *Lecciones sobre el cálculo infinitesimal* (1823), *Lecciones sobre la aplicación del cálculo infinitesimal a la geometría* (1826-28) y *Lecciones del cálculo diferencial* (1829). Con ellos, Cauchy comienza la tarea de imponer rigor en el desarrollo de la matemática del siglo XIX.

Su producción matemática fue enorme y muy variada. Cauchy es una excepción a la regla según la cual la mayor fecundidad del matemático se da en la juventud: de los 800 artículos que escribió, más de 500 fueron escritos en los últimos 20 años de su vida, si bien es verdad que sus grandes obras sistemáticas fueron escritas cuando su edad rondaba los 30 años.

RESUELVE

Función derivada

- La gráfica verde es la función derivada de la roja. Es decir: $g(x) = f'(x)$.

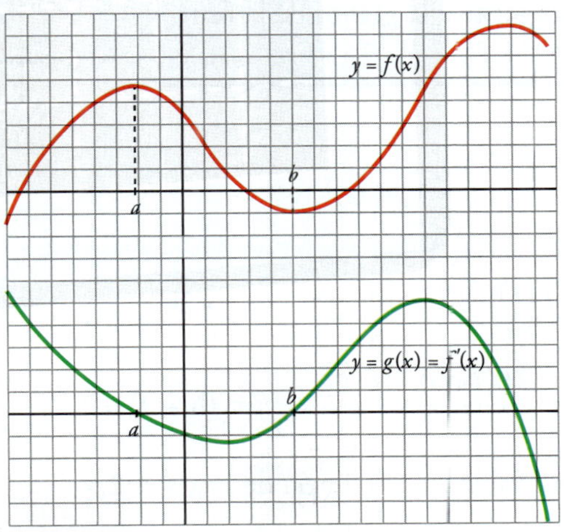

Veamos por qué:

— En el tramo $(-\infty, a)$, $f(x)$ es creciente. Por tanto, su derivada es positiva. Es lo que le pasa a $g(x)$.

— La derivada de f en a es 0: $f'(a) = 0$. Y también es $g(a) = 0$.

- Continúa escribiendo las razones por las cuales $g(x)$ es una función cuyo comportamiento responde al de la derivada de $f(x)$.
- Las tres gráficas de abajo, A, B y C, son las funciones derivadas de las gráficas de arriba, 1, 2 y 3, pero en otro orden. Explica razonadamente cuál es la de cada una.

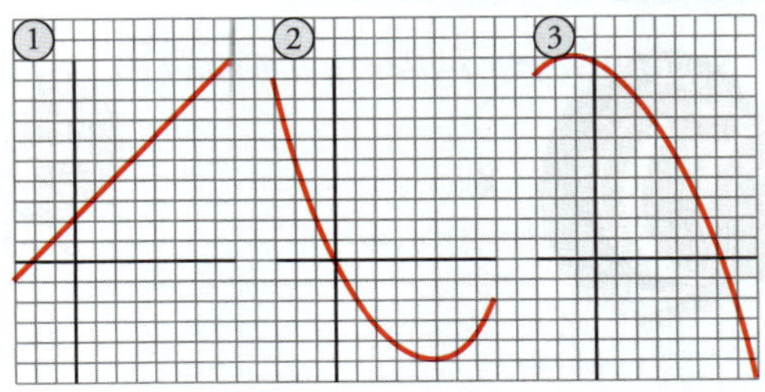

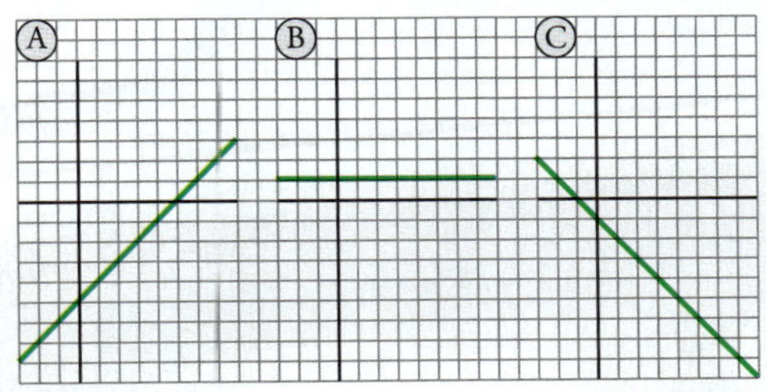

1 DERIVADA DE UNA FUNCIÓN EN UN PUNTO

Vamos a recordar algunos conceptos relacionados con la medida del crecimiento de una función $y = f(x)$ en un punto de su dominio.

■ Tasa de variación media

Cuando la abscisa varía entre x_0 y $x_0 + \text{h}$, la ordenada va de $f(x_0)$ hasta $f(x_0 + \text{h})$.

- h es el **incremento de la *x*.**
- $\Delta f = f(x_0 + \text{h}) - f(x_0)$ es el **incremento de la función** en el intervalo $[x_0, x_0 + \text{h}]$.

El cociente, $\dfrac{\Delta f}{\text{h}}$, mide el **crecimiento medio de *f*** en ese intervalo.

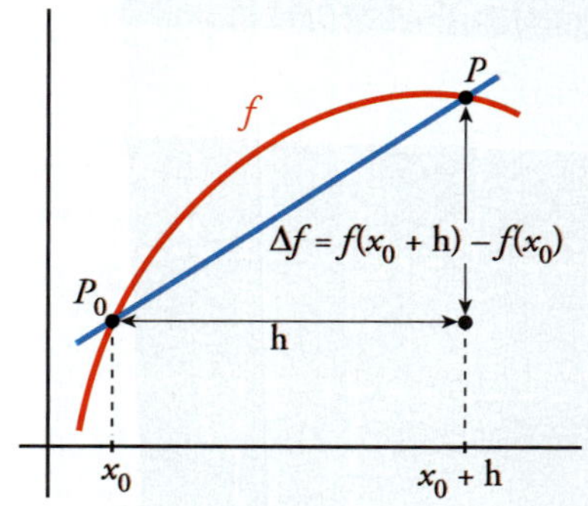

$\dfrac{f(x_0+\text{h})-f(x_0)}{\text{h}}$ es la pendiente de P_0P.

El **cociente incremental** $\dfrac{\Delta f}{\text{h}} = \dfrac{f(x_0+\text{h})-f(x_0)}{\text{h}}$ se llama **tasa de variación media** y mide la variación relativa de f con relación a x en el intervalo $[x_0, x_0 + \text{h}]$. Gráficamente, es la pendiente de la recta que pasa por los puntos $P_0(x_0, f(x_0))$ y $P(x_0 + \text{h}, f(x_0 + \text{h}))$.

■ Derivada en un punto

Si en la expresión del crecimiento medio de la función en el intervalo $[x_0, x_0 + \text{h}]$ hacemos que h tienda a 0, obtenemos el crecimiento instantáneo, o mejor, el crecimiento en el punto x_0:

anayaeducacion.es GeoGebra. Visualización gráfica de la tasa de variación media.

El límite, $\lim\limits_{\text{h}\to 0} \dfrac{\Delta f}{\text{h}}$, si existe y es finito, se llama **derivada de la función *f* en x_0** y se designa por $f'(x_0)$:

$$f'(x_0) = \lim_{\text{h}\to 0} \frac{f(x_0+\text{h})-f(x_0)}{\text{h}}$$

$f'(x_0)$ es la **tasa de variación instantánea** de f en x_0.

Gráficamente, $f'(x_0)$ es la **pendiente de la recta tangente** a la gráfica de la función en el punto de abscisa x_0.

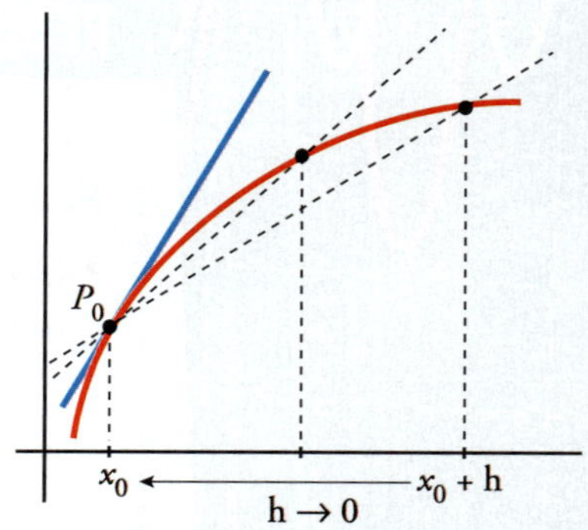

$f(x_0)$ es la pendiente de la tangente en x_0.

Si $f'(x_0)$ existe, se dice que ***f* es derivable** en x_0.

Ejercicios resueltos

1 *Si $f(x) = x^2$, hallar su derivada en $x = 1$.*

$$\frac{f(1+\text{h})-f(1)}{\text{h}} = \frac{(1+\text{h})^2-1}{\text{h}} = \frac{\text{h}^2+2\text{h}}{\text{h}} = \text{h} + 2$$

$$f'(1) = \lim_{\text{h}\to 0} \frac{f(1+\text{h})-f(1)}{\text{h}} = \lim_{\text{h}\to 0} (\text{h} + 2) = 2$$

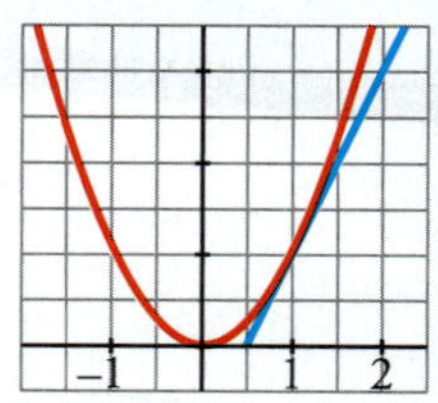

$y = x^2$ es derivable en $x = 1$. Su derivada es 2.

Significa que la pendiente de la recta tangente en $x = 1$ es 2.

1 *Si $f(x) = \sqrt[3]{x}$, hallar su derivada en $x = 0$.*

$$\frac{f(0+\text{h})-f(0)}{\text{h}} = \frac{\text{h}^{1/3}-0}{\text{h}} = \text{h}^{-2/3}$$

$$\lim_{\text{h}\to 0} (\text{h}^{-2/3}) = \lim_{\text{h}\to 0} \frac{1}{\sqrt[3]{\text{h}^2}} = +\infty$$

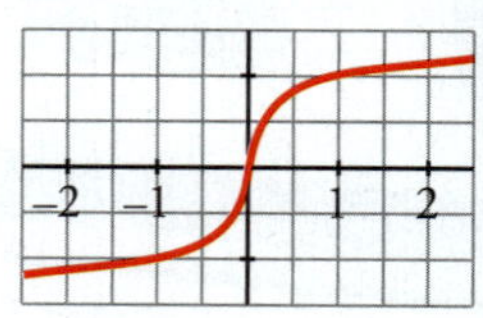

El valor obtenido no es finito, por tanto, no existe $f'(0)$. La recta tangente a la curva en $x = 0$ es perpendicular al eje *X*. La función no es derivable en ese punto.

anayaeducacion.es Practica la derivada en un punto.

Derivadas laterales

Se define la **derivada por la izquierda** de f en x_0:

$$f'(x_0^-) = \lim_{h \to 0^-} \frac{f(x_0 + h) - f(x_0)}{h}$$

Se define la **derivada por la derecha** de f en x_0:

$$f'(x_0^+) = \lim_{h \to 0^+} \frac{f(x_0 + h) - f(x_0)}{h}$$

A ambas se las llama **derivadas laterales.**

Recuerda

$h \to 0^-$ Significa que h tiende a 0 tomando valores menores que 0.

$h \to 0^+$ h tiende a 0 tomando valores mayores que 0.

Si las dos derivadas laterales en x_0 coinciden, entonces f es **derivable** en x_0.

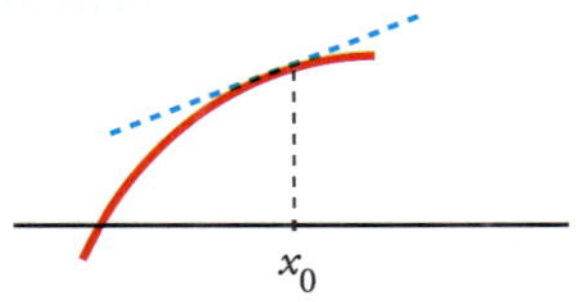

FUNCIÓN DERIVABLE:
$f'(x_0^-) = f'(x_0^+) = f'(x_0)$

Si las dos derivadas laterales en x_0 son distintas, entonces la gráfica de la función tiene un **punto anguloso** en x_0.

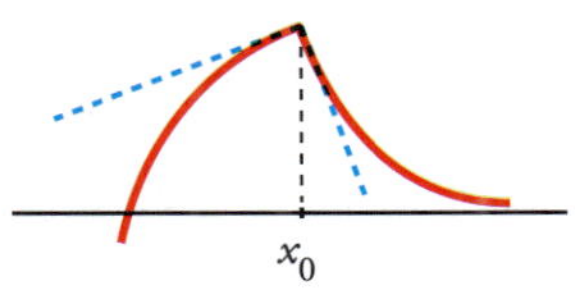

PUNTO ANGULOSO:
$f'(x_0^-) \neq f'(x_0^+)$

Observa

Gráficamente, la derivabilidad de una función en un punto está relacionada con el hecho de que su gráfica sea «lisa» o «suave» en ese punto.

También hay que descartar la derivabilidad de las funciones en los puntos en los que la tangente es vertical.

Función derivable en un intervalo

f es **derivable en un intervalo abierto** (a, b) si lo es en cada punto de (a, b).

f es **derivable en un intervalo cerrado** $[a, b]$ si lo es en (a, b) y existen las derivadas laterales $f'(a^+)$ y $f'(b^-)$.

Las funciones elementales, las que manejamos habitualmente, son derivables en todos los puntos en los que están definidas salvo en algunos puntos de tangente vertical, como el que hemos visto en la página anterior, de $f(x) = \sqrt[3]{x}$ en $x = 0$.

Piensa y practica

1 Halla, paso a paso, las derivadas de:

a) $f(x) = 4x - x^2$ en $x = 3$ b) $f(x) = x^3$ en $x = 2$

c) $f(x) = \frac{1}{x}$ en $x = 2$ d) $f(x) = (x - 3)^2$ en $x = 1$

2 Halla, paso a paso, la derivada lateral $f'(0^+)$ de $f(x) = \sqrt{x}$ y justifica la respuesta.

3 ¿Qué condición debe cumplir una función, f, para ser derivable en el intervalo $[1, 5)$?

Derivabilidad y continuidad

Una función puede ser continua en un punto y no ser derivable en él. Es lo que ocurre en los puntos angulosos y en los puntos de tangente «vertical» (es decir, perpendicular al eje X).

continuidad $\not\Rightarrow$ derivabilidad

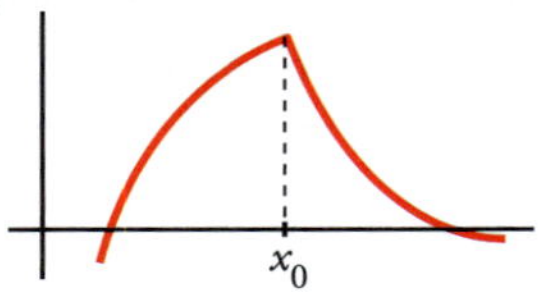

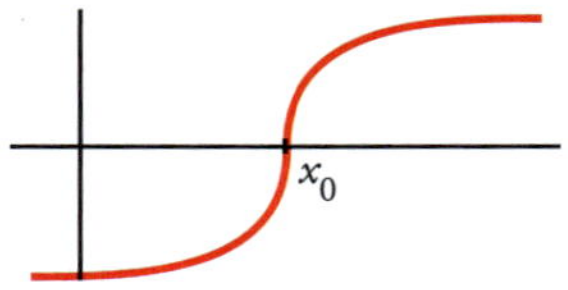

Sin embargo:

> Si una función es derivable en un punto, necesariamente es continua en él.

derivabilidad $\Rightarrow$ continuidad

Demostración

Para probar que f es continua en x_0, hemos de demostrar que:

$$\lim_{x \to x_0} f(x) = f(x_0) \text{ o, lo que es lo mismo, } \lim_{h \to 0} f(x_0 + h) = f(x_0)$$

Veámoslo: $f(x_0 + h) - f(x_0) = h \cdot \dfrac{f(x_0 + h) - f(x_0)}{h}$

Tomamos límites cuando $h \to 0$ en los dos miembros de la igualdad. Teniendo en cuenta que f es derivable en x_0, $\lim_{h \to 0} \dfrac{f(x_0 + h) - f(x_0)}{h} = f'(x_0)$, es decir:

$$\lim_{h \to 0} [f(x_0 + h) - f(x_0)] = \lim_{h \to 0} \left[h \cdot \frac{f(x_0 + h) - f(x_0)}{h} \right] = 0 \cdot f'(x_0) = 0$$

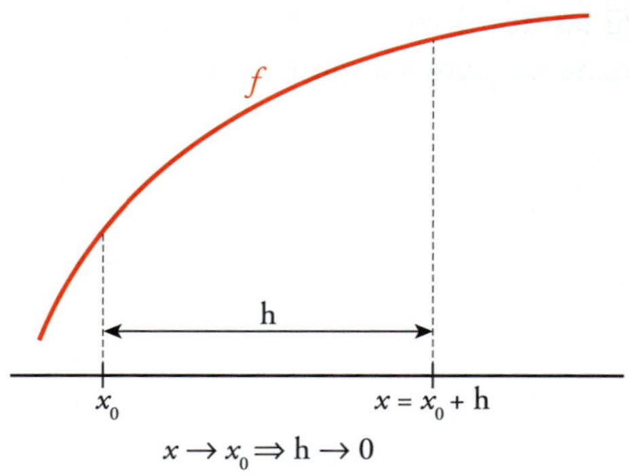

Hemos probado que $\lim_{h \to 0} [f(x_0 + h) - f(x_0)] = 0$ y, por tanto, $\lim_{h \to 0} f(x_0 + h) = f(x_0)$, es decir, f es continua en x_0.

Estudio de la derivabilidad de una función definida a trozos

Consideremos una función: $f(x) = \begin{cases} f_1(x), & x \le x_0 \\ f_2(x), & x > x_0 \end{cases}$

Supongamos que f_1 es derivable en el intervalo (a, x_0) y f_2 es derivable en (x_0, b).

Para estudiar si $f(x)$ es derivable en x_0, daremos los siguientes pasos:

1.º Vemos si f es continua en x_0: ¿ $\lim_{x \to x_0^-} f_1(x) = \lim_{x \to x_0^+} f_2(x) = f(x_0)$?

Si la respuesta es negativa, la función no es derivable. Si es afirmativa, seguimos.

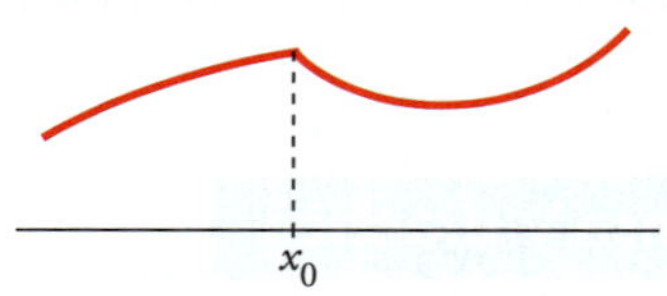

¿Es continua en x_0?

2.º Calculamos las derivadas laterales $f'(x_0^-) = \lim_{x \to x_0^-} f'_1(x)$ y $f'(x_0^+) = \lim_{x \to x_0^+} f'_2(x)$.

¿Es $f'(x_0^-) = f'(x_0^+)$ y, por supuesto, es un valor finito? En caso afirmativo, este es el valor de $f'(x_0)$ y la función $f(x)$ es derivable en el intervalo (a, b).

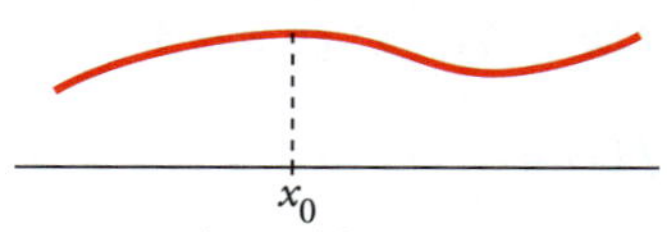

¿Es derivable en x_0?

Ejercicios resueltos

1 *Estudiar la derivabilidad de f en $x = 2$ utilizando las reglas de derivación de las funciones polinómicas que conoces desde el curso pasado:*

$$f(x) = \begin{cases} x^2 & si \ x < 2 \\ 3x - 2 & si \ x \geq 2 \end{cases}$$

- Continuidad en $x = 2$:

$$\left.\begin{aligned} \lim_{x \to 2^-} f(x) &= \lim_{x \to 2^-} x^2 = 4 \\ \lim_{x \to 2^+} f(x) &= \lim_{x \to 2^+} (3x - 2) = 4 \end{aligned}\right\}$$

$\lim_{x \to 2} f(x) = f(2) = 4$. Por tanto, $f(x)$ es continua en $x = 2$. Puesto que es continua, veamos si es derivable.

- Derivabilidad en $x = 2$:

$$\left.\begin{aligned} \lim_{x \to 2^-} f'(x) &= \lim_{x \to 2^-} 2x = 4 = f'(2^-) \\ \lim_{x \to 2^+} f'(x) &= \lim_{x \to 2^+} 3 = 3 = f'(2^+) \end{aligned}\right\}$$

Las derivadas laterales existen pero no coinciden. Por tanto, f no es derivable en $x = 2$. Es un punto anguloso.

2 *Estudiar la derivabilidad en $x = -2$ de la siguiente función:*

$$f(x) = \begin{cases} x^3 + 3x^2 + x, & x \leq -2 \\ x^2 + 5x + 8, & x > -2 \end{cases}$$

- Continuidad en $x = -2$:

$$\lim_{x \to -2^-} f(x) = \lim_{x \to -2^-} (x^3 + 3x^2 + x) = (-2)^3 + 3 \cdot (-2)^2 + (-2) = 2$$

$$\lim_{x \to -2^+} f(x) = \lim_{x \to -2^+} (x^2 + 5x + 8) = (-2)^2 + 5 \cdot (-2) + 8 = 2$$

$\lim_{x \to -2} f(x) = 2$. Además $f(-2) = 2$. Por tanto $f(x)$ es continua en $x = -2$.

- Derivabilidad en $x = -2$:

$$f'(x) = \begin{cases} 3x^2 + 6x + 1, & x < -2 \\ 2x + 5, & x > -2 \end{cases}$$

$$\lim_{x \to -2^-} f'(x) = \lim_{x \to -2^-} (3x^2 + 6x + 1) = 1 = f'(-2^-)$$

$$\lim_{x \to -2^+} f'(x) = \lim_{x \to -2^+} (2x + 5) = 1 = f'(-2^+)$$

Las derivadas laterales son finitas y coinciden. Por tanto f es derivable en $x = -2$ y es $f'(-2) = 1$.

3 *Calcular m y n para que la siguiente función sea derivable en $x = 1$:*

$$f(x) = \begin{cases} x^2 - 5x + m, & x \leq 1 \\ -x^2 + nx, & x > 1 \end{cases}$$

- Para que sea derivable ha de ser continua en $x = 1$. Para ello, hemos de procurar que los trozos «empalmen», es decir, que los límites laterales en $x = 1$ coincidan:

$$\left.\begin{aligned} \lim_{x \to 1^-} f(x) &= 1 - 5 + m \\ \lim_{x \to 1^+} f(x) &= -1 + n \end{aligned}\right\} \to 1 - 5 + m = -1 + n \to m - 4 = n - 1 \to m - n = 3$$

- f será derivable si las dos derivadas laterales en $x = 1$ coinciden:

$$\left.\begin{aligned} \lim_{x \to 1^-} f'(x) &= \lim_{x \to 1^-} (2x - 5) = -3 \\ \lim_{x \to 1^+} f'(x) &= \lim_{x \to 1^+} (-2x + n) = -2 + n \end{aligned}\right\} \to -3 = -2 + n \to n = -1$$

Para que la función sea derivable en $x = 1$ han de cumplirse las dos condiciones anteriores:

$$\left.\begin{aligned} m - n &= 3 \\ n &= -1 \end{aligned}\right\} \to m = 2, \ n = -1$$

f es derivable en $x = 1$ si $m = 2$, $n = -1$. Su derivada es $f'(1) = -3$.

Piensa y practica

4 Estudia la derivabilidad en $x = 3$ de la función:

$$f(x) = \begin{cases} x^2 - 3x, & x \leq 3 \\ 3x - 9, & x > 3 \end{cases}$$

5 Estudia la derivabilidad en $x = 0$ de la función:

$$f(x) = \begin{cases} x^2 - 5x + 3, & x \leq 0 \\ -x^2 + 2x + 3, & x > 0 \end{cases}$$

6 Estudia la derivabilidad de la siguiente función en $x = 0$:

$$f(x) = \begin{cases} -\sqrt{-x}, & x \leq 0 \\ \sqrt{x}, & x > 0 \end{cases}$$

7 Calcula m y n para que $f(x)$ sea derivable en $\mathbb{R}$:

$$f(x) = \begin{cases} x^2 - mx + 5, & x \leq 0 \\ -x^2 + n, & x > 0 \end{cases}$$

anayaeducacion.es Ejercicio para consguir que una función definida a trozos sea continua y derivable.

2 FUNCIÓN DERIVADA

Si una función, f, es derivable en un intervalo, I, la función f':

$$x \longrightarrow f'(x)$$

definida en I, se llama **función derivada** de f.

Si f' es derivable, su derivada se llama f'' (se lee ***f* segunda**).

Así, sucesivamente, se definen f''', f^{IV}, …, f^n (f tercera, f cuarta, f n-ésima).

Notación

Para las derivadas, se usan superíndices en romanos

$$f^{I},\ f^{II},\ f^{III},\ f^{IV},\ \dots$$

Sin embargo, para las tres primeras el I se ha desfigurado, convirtiéndose en un apóstrofo:

$$f',\ f'',\ f'''$$

Otra forma de nombrar las derivadas es Df, D^2f, D^3f, …, D^nf.

La función derivada, $f'(x)$, puede obtenerse a partir de la expresión de $f(x)$ aplicando la definición:

$$f'(x) = \lim_{h \to 0} \frac{f(x+h) - f(x)}{h} \quad \text{es la derivada en un punto variable } x.$$

No obstante, habitualmente las derivadas de las funciones se obtienen a partir de las llamadas «reglas de derivación», que permiten hallar con comodidad y rapidez la derivada de cualquier función. Conocemos muchas del curso pasado. Esas y algunas nuevas se verán en páginas posteriores.

Ejercicio resuelto

1 *Dada la función:*

$$f(x) = 5x - x^2$$

a) Hallar su función derivada, $f'(x)$, mediante el límite del cociente incremental.

b) Hallar $f'(x)$ mediante las reglas de derivación que conoces del curso pasado.

c) Hallar el valor de $f'(-3)$ y $f'(0)$.

d) Averiguar para qué valor de x se cumple la igualdad $f'(x) = 3$ y para qué valor es $f'(x) = 0$.

e) Hallar las derivadas sucesivas $f''(x)$, $f'''(x)$, …

a) $$f'(x) = \lim_{h \to 0} \frac{[5(x+h) - (x+h)^2] - [5x - x^2]}{h} =$$

$$= \lim_{h \to 0} \frac{\cancel{5x} + 5h - \cancel{x^2} - 2xh - h^2 - \cancel{5x} + \cancel{x^2}}{h} =$$

$$= \lim_{h \to 0} \frac{5h - 2xh - h^2}{h} = \lim_{h \to 0} (5 - 2x - h) = 5 - 2x$$

b) Aplicando las reglas de derivación que ya conoces del curso pasado:

$$f'(x) = 5 - 2x$$

Conocer la expresión de $f'(x)$ tiene ventajas evidentes, como se apreciará en los apartados c) y d).

c) A partir de la expresión de $f'(x)$, podemos obtener, rápidamente, la derivada en cualquier punto.

$$f'(-3) = 5 - 2(-3) = 11$$

$$f'(0) = 5 - 2 \cdot 0 = 5$$

d) A partir de $f'(x)$ podemos averiguar las abscisas para las cuales $f'(x)$ toma un valor determinado.

¿Para qué valor de x es $f'(x) = 3$?

$$f'(x) = 5 - 2x = 3 \to 2x = 2 \to x = 1 \to f'(1) = 3$$

¿Para qué valor de x es $f'(x) = 0$?

$$5 - 2x = 0 \to 2x = 5 \to x = 2{,}5 \to f'(2{,}5) = 0$$

e) Las derivadas sucesivas de esta función son:

$$f''(x) = -2$$

$$f'''(x) = 0$$

$$f^{IV}(x) = 0$$

anayaeducacion.es Calcula la función derivada.

3 REGLAS DE DERIVACIÓN

La validez de todas estas reglas se demuestra en el penúltimo apartado de esta unidad.

SUMA	$F(x) = f(x) + g(x) \rightarrow F'(x) = f'(x) + g'(x)$	
PRODUCTO POR UN NÚMERO	$F(x) = kf(x) \rightarrow F'(x) = kf'(x)$	
PRODUCTO	$F(x) = f(x) \cdot g(x) \rightarrow F'(x) = f'(x) \cdot g(x) + f(x) \cdot g'(x)$	
COCIENTE	$F(x) = \dfrac{f(x)}{g(x)} \rightarrow F'(x) = \dfrac{f'(x) \cdot g(x) - f(x) \cdot g'(x)}{[g(x)]^2}$	
COMPOSICIÓN (regla de la cadena)	$F(x) = g[f(x)] \rightarrow F'(x) = g'[f(x)] \cdot f'(x)$ $F(x) = h(g[f(x)]) \rightarrow F'(x) = h'(g[f(x)]) \cdot g'[f(x)] \cdot f'(x)$	
POTENCIA	$f(x) = x^k \rightarrow f'(x) = k\,x^{k-1},\ k \in \mathbb{R} - \{0\}$	$F(x) = f(x)^k \rightarrow F'(x) = k\,f(x)^{k-1} \cdot f'(x)$
	$f(x) = \sqrt{x} = x^{1/2} \rightarrow f'(x) = \dfrac{1}{2\sqrt{x}}$	$F(x) = \sqrt{f(x)} \rightarrow F'(x) = \dfrac{1}{2\sqrt{f(x)}} \cdot f'(x)$
	$f(x) = \dfrac{1}{x} = x^{-1} \rightarrow f'(x) = -\dfrac{1}{x^2}$	$F(x) = \dfrac{1}{f(x)} \rightarrow F'(x) = -\dfrac{1}{f(x)^2} \cdot f'(x)$
TRIGONOMÉTRICAS	$f(x) = sen\ x \rightarrow f'(x) = cos\ x$	$F(x) = sen\, f(x) \rightarrow F'(x) = cos\, f(x) \cdot f'(x)$
	$f(x) = cos\ x \rightarrow f'(x) = -sen\ x$	$F(x) = cos\, f(x) \rightarrow F'(x) = -sen\, f(x) \cdot f'(x)$
	$f(x) = tg\ x \rightarrow f'(x) = 1 + tg^2\, x$	$F(x) = tg\, f(x) \rightarrow F'(x) = [1 + tg^2\, f(x)] \cdot f'(x)$
FUNCIONES ARCO (Inversas o recíprocas de las trigonométricas)	$f(x) = arc\ sen\ x \rightarrow f'(x) = \dfrac{1}{\sqrt{1 - x^2}}$	$F(x) = arc\ sen\, f(x) \rightarrow F'(x) = \dfrac{1}{\sqrt{1 - f(x)^2}} \cdot f'(x)$
	$f(x) = arc\ cos\ x \rightarrow f'(x) = \dfrac{-1}{\sqrt{1 - x^2}}$	$F(x) = arc\ cos\, f(x) \rightarrow F'(x) = \dfrac{-1}{\sqrt{1 - f(x)^2}} \cdot f'(x)$
	$f(x) = arc\ tg\ x \rightarrow f'(x) = \dfrac{1}{1 + x^2}$	$F(x) = arc\ tg\, f(x) \rightarrow F'(x) = \dfrac{1}{1 + f(x)^2} \cdot f'(x)$
EXPONENCIALES	$f(x) = e^x \rightarrow f'(x) = e^x$	$F(x) = e^{f(x)} \rightarrow F'(x) = e^{f(x)} \cdot f'(x)$
	$f(x) = a^x \rightarrow f'(x) = a^x \cdot ln\ a$	$F(x) = a^{f(x)} \rightarrow F'(x) = a^{f(x)} \cdot ln\ a \cdot f'(x)$
LOGARÍTMICAS	$f(x) = ln\ x \rightarrow f'(x) = \dfrac{1}{x},\ x > 0$	$F(x) = ln\, f(x) \rightarrow F'(x) = \dfrac{1}{f(x)} \cdot f'(x),\ f(x) > 0$
	$f(x) = ln\,\lvert x \rvert \rightarrow f'(x) = \dfrac{1}{x},\ x \neq 0$	$F(x) = ln\,\lvert f(x) \rvert \rightarrow F'(x) = \dfrac{1}{f(x)} \cdot f'(x),\ f(x) \neq 0$
	$f(x) = log_a\, x \rightarrow f'(x) = \dfrac{1}{x} \cdot \dfrac{1}{ln\ a},\ x > 0$	$F(x) = log_a f(x) \rightarrow F'(x) = \dfrac{1}{f(x)} \cdot \dfrac{1}{ln\ a} \cdot f'(x),\ f(x) > 0$
	$f(x) = log_a\,\lvert x \rvert \rightarrow f'(x) = \dfrac{1}{x} \cdot \dfrac{1}{ln\ a},\ x \neq 0$	$F(x) = log_a\,\lvert f(x) \rvert \rightarrow F'(x) = \dfrac{1}{f(x)} \cdot \dfrac{1}{ln\ a} \cdot f'(x),\ f(x) \neq 0$

anayaeducacion.es
Ejercicios para **repasar** la composición de funciones.

Ejercicio resuelto

1 *Calcular la derivada de:*

a) $f(x) = x^5$

b) $f(x) = \dfrac{1}{x^4}$

c) $f(x) = \sqrt[5]{x^3}$

d) $f(x) = \sqrt[3]{7x^2}$

e) $f(x) = x^3 - \sqrt{2x} + \dfrac{3}{x}$

f) $f(x) = 3x^4 - 5x^2 + 7x + 1$

g) $f(x) = sen\,(x^2 + 5x - 1)$

h) $f(x) = \sqrt{sen\,x}$

i) $f(x) = sen\,\sqrt{x^2 + 5x - 1}$

j) $f(x) = 5e^{x^2 + 3x}$

k) $f(x) = arc\,cos\,\sqrt{x}$

l) $f(x) = arc\,tg\,(sen\,x)$

m) $f(x) = ln\,(ln\,x)$

n) $f(x) = arc\,tg\,\sqrt{x}$

ñ) $f(x) = (x^2 - \sqrt{x} + sen\,x)^4$

o) $f(x) = ln\left[\dfrac{1 + sen\,x}{1 - sen\,x}\right]$

a) $f'(x) = 5x^4$

b) $f(x) = x^{-4} \rightarrow f'(x) = -4x^{-5} = -\dfrac{4}{x^5}$

c) $f(x) = x^{3/5} \rightarrow f'(x) = \dfrac{3}{5}x^{3/5-1} = \dfrac{3}{5}x^{-2/5} = \dfrac{3}{5\sqrt[5]{x^2}}$

d) $f(x) = \sqrt[3]{7}\,x^{2/3} \rightarrow f'(x) = \sqrt[3]{7}\cdot\dfrac{2}{3}\,x^{2/3-1} = \sqrt[3]{7}\cdot\dfrac{2}{3}\,x^{-1/3} = \dfrac{2\sqrt[3]{7}}{3\sqrt[3]{x}}$

e) $f'(x) = 3x^2 - \sqrt{2}\cdot\dfrac{1}{2\sqrt{x}} - 3\cdot\dfrac{1}{x^2} = 3x^2 - \dfrac{1}{\sqrt{2x}} - \dfrac{3}{x^2}$

f) $f'(x) = 12x^3 - 10x + 7$

g) $f'(x) = cos\,(x^2 + 5x - 1)\,(2x + 5)$

h) $f'(x) = \dfrac{1}{2\sqrt{sen\,x}}\,cos\,x$

i) $f'(x) = cos\,\sqrt{x^2 + 5x - 1}\cdot\dfrac{1}{2\sqrt{x^2 + 5x - 1}}\,(2x + 5)$

j) $f'(x) = 5e^{x^2 + 3x}\cdot(2x + 3)$

k) $f'(x) = \dfrac{-1}{\sqrt{1 - x}}\cdot\dfrac{1}{2\sqrt{x}} = \dfrac{-1}{2\sqrt{x - x^2}}$

l) $f'(x) = \dfrac{1}{1 + sen^2\,x}\cdot cos\,x$

m) $f'(x) = \dfrac{1}{ln\,x}\cdot\dfrac{1}{x} = \dfrac{1}{x\,ln\,x}$

n) $f'(x) = \dfrac{1}{1 + (\sqrt{x})^2}\cdot\dfrac{1}{2\sqrt{x}} = \dfrac{1}{1 + x}\cdot\dfrac{1}{2\sqrt{x}}$

ñ) $f'(x) = 4(x^2 - \sqrt{x} + sen\,x)^3\cdot\left(2x - \dfrac{1}{2\sqrt{x}} + cos\,x\right)$

o) $f'(x) = \dfrac{1}{\dfrac{1 + sen\,x}{1 - sen\,x}}\cdot\left(\dfrac{1 + sen\,x}{1 - sen\,x}\right)' =$

$$= \frac{1 - sen\,x}{1 + sen\,x}\cdot\frac{cos\,x\,(1 - sen\,x) - (1 + sen\,x)(-cos\,x)}{(1 - sen\,x)^2} =$$

$$= \frac{cos\,x - sen\,x\,cos\,x + cos\,x + sen\,x\,cos\,x}{(1 + sen\,x)(1 - sen\,x)} = \frac{2\,cos\,x}{1 - sen^2\,x} = \frac{2\,cos\,x}{cos^2\,x} = \frac{2}{cos\,x}$$

anayaeducacion.es Calcula la derivada de diferentes funciones.

Ejercicio resuelto

Esta derivada se puede resolver más cómodamente tomando logaritmos antes de derivar:

$$f(x) = ln\left[\frac{1+sen\,x}{1-sen\,x}\right] \overset{(*)}{=} ln(1 + sen\,x) - ln(1 - sen\,x). \text{ Por tanto:}$$

$$f'(x) = \frac{1}{1+sen\,x} \cdot cos\,x - \frac{1}{1-sen\,x}(-cos\,x) = \frac{cos\,x}{1+sen\,x} + \frac{cos\,x}{1-sen\,x} =$$

$$= \frac{cos\,x - cos\,x\,sen\,x + cos\,x + cos\,x\,sen\,x}{(1+sen\,x)(1-sen\,x)} =$$

$$= \frac{2\,cos\,x}{1-sen^2\,x} = \frac{2\,cos\,x}{cos^2\,x} = \frac{2}{cos\,x}$$

(*) $\left(\text{pues } ln\,\frac{A}{B} = ln\,A - ln\,B\right)$

p) $f(x) = \sqrt{x\sqrt{x+1}}$

p) $f'(x) = \dfrac{1}{2\sqrt{x\sqrt{x+1}}} \cdot (x\sqrt{x+1})' = \dfrac{1}{2\sqrt{x\sqrt{x+1}}} \cdot \left(1 \cdot \sqrt{x+1} + x \cdot \dfrac{1}{2\sqrt{x+1}}\right) =$

$$= \frac{1}{2\sqrt[4]{x^2(x+1)}} \cdot \frac{2(x+1)+x}{2\sqrt{x+1}} = \frac{3x+2}{4\sqrt[4]{x^2(x+1)^3}}$$

También puedes resolverla teniendo en cuenta que:

$$f(x) = \sqrt[4]{x^2(x+1)}$$

Piensa y practica

1 Utiliza las reglas de derivación para calcular la derivada de cada una de las siguientes funciones:

a) $f(x) = \dfrac{1-x}{1+x}$

b) $f(x) = \sqrt{\dfrac{1-x}{1+x}}$

c) $f(x) = ln\,\dfrac{1-x}{1+x}$

d) $f(x) = \dfrac{1-tg\,x}{1+tg\,x}$

e) $f(x) = \sqrt{\dfrac{1-tg\,x}{1+tg\,x}}$

f) $f(x) = ln\,\sqrt{e^{tg\,x}}$

g) $f(x) = \sqrt{3^{x+1}}$

h) $f(x) = log(sen\,x \cdot cos\,x)^2$

i) $f(x) = tg^2\,x + sen^2\,x$

j) $f(x) = sen\,\sqrt{x+1} \cdot cos\,\sqrt{x-1}$

k) $f(x) = arc\,sen\,\sqrt{x}$

l) $f(x) = sen(3x^5 - 2\sqrt{x} + \sqrt[3]{2x})$

m) $f(x) = \sqrt{sen\,x + x^2 + 1}$

n) $f(x) = cos^2\,\sqrt[3]{x + (3-x)^2}$

2 Halla las derivadas primera, segunda y tercera de las siguientes funciones:

a) $y = x^5$

b) $y = x\,cos\,x$

c) $y = sen^3\,x + cos^2\,x + x$

3 Calcula $f'(1)$ siendo:

$$f(x) = \frac{\sqrt{x}\,\sqrt[3]{3x}}{2\sqrt[5]{3x^2}} \cdot e^4$$

4 Calcula $f'\left(\dfrac{\pi}{6}\right)$ siendo:

$$f(x) = (cos^2\,3x - sen^2\,3x) \cdot sen\,6x$$

5 Calcula $f'(0)$ siendo:

$$f(x) = ln\,\sqrt{x^2+x-1} - \frac{1}{\sqrt{3}} \cdot arc\,tg\,\frac{2x+1}{\sqrt{3}}$$

anayaeducacion.es Calcula la derivada de diferentes funciones en un punto aplicando las reglas de derivación.

4 DERIVADA DE UNA FUNCIÓN CONOCIENDO LA DE SU INVERSA

Hay funciones cuya derivada no es fácil de obtener directamente pero sí cuando se conoce la derivada de su función inversa o recíproca. En este apartado, vamos a aprender a obtener la derivada de una función a partir de la de su inversa.

Empecemos recordando a qué se llama función inversa de otra.

■ Función inversa o recíproca de otra

Recuerda que una función f es inyectiva si cada valor de y corresponde a un único valor de x. Se llama **función inversa** de la función inyectiva f, y se designa f^{-1}, a la que cumple la siguiente condición:

$$\text{si } f(r) = s \text{ entonces } f^{-1}(s) = r$$

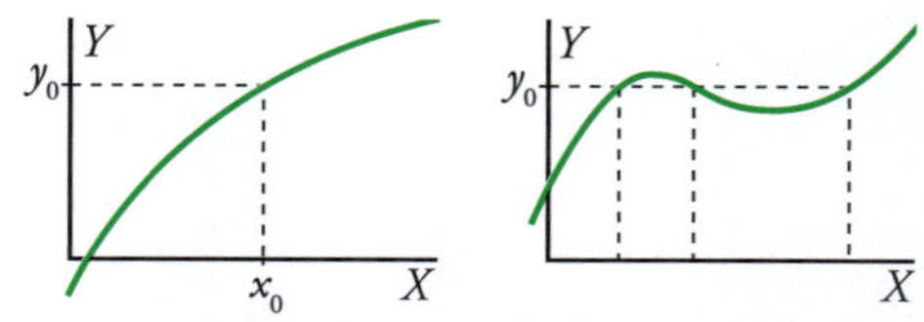

INYECTIVA NO INYECTIVA

Es importante que tengas en cuenta lo siguiente:

- Las gráficas de una función y de su recíproca son simétricas respecto a la recta $y = x$.
- Entre una función f y su recíproca f^{-1} se cumplen las siguientes relaciones:

  $x \xrightarrow{f} f(x) \xrightarrow{f^{-1}} x$. Es decir, $f^{-1}[f(x)] = x$

  $x \xrightarrow{f^{-1}} f^{-1}(x) \xrightarrow{f} x$. Es decir, $f[f^{-1}(x)] = x$

- Si una función no es inyectiva no podemos hallar su inversa, pero podemos descomponerla en tramos en los que sea inyectiva, y así cada uno de ellos tendrá inversa.

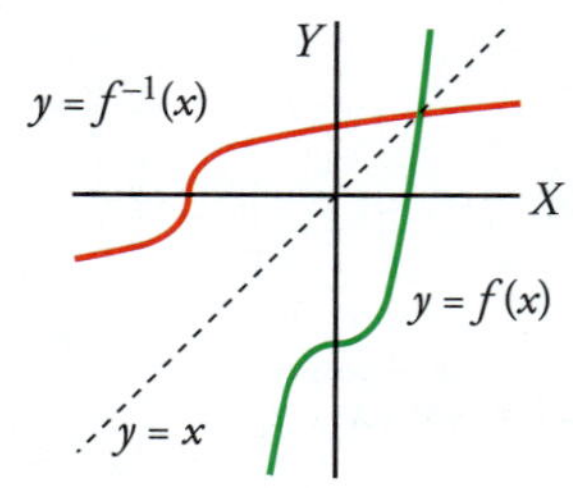

GRÁFICAS DE FUNCIONES INVERSAS

Ejemplos

- La función $y = x^2$ no es inyectiva, pero se puede descomponer en dos funciones:

  $y = x^2,\ x \geq 0$ $\qquad\qquad$ $y = x^2,\ x < 0$

  cada una de las cuales sí es inyectiva y, por tanto, tiene inversa.

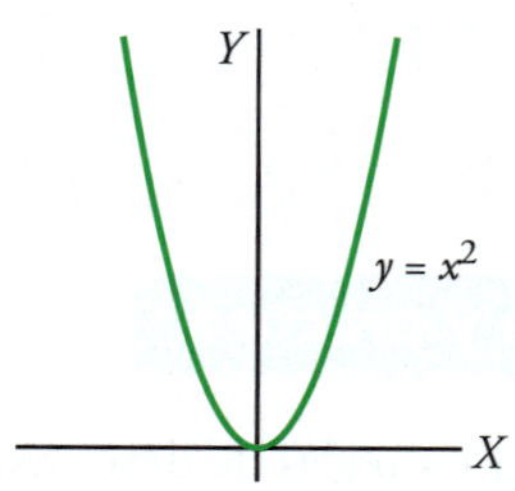

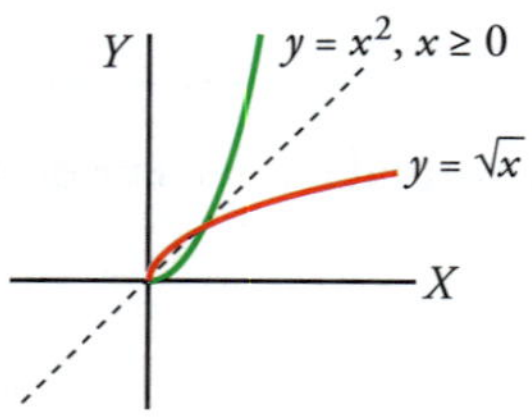

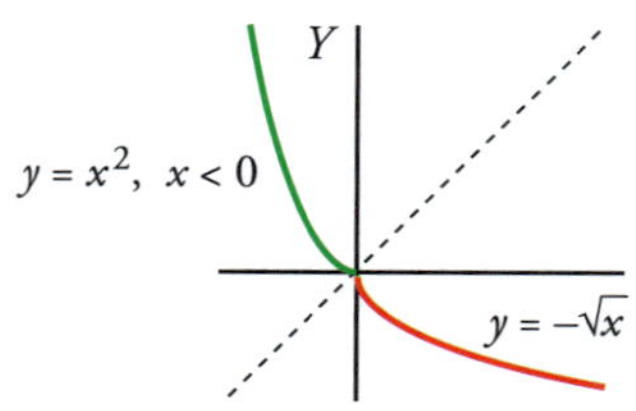

$$y = f(x) = x^2 \begin{cases} y = f_1(x) = x^2,\ x \geq 0 \ \rightarrow\ f_1^{-1}(x) = \sqrt{x} \\ y = f_2(x) = x^2,\ x < 0 \ \rightarrow\ f_2^{-1}(x) = -\sqrt{x} \end{cases}$$

- La función recíproca de $y = \sqrt{x} + 1,\ x \in [0, 4]$ se obtiene así:

$$y = \sqrt{x} + 1 \xrightarrow[x \text{ e } y]{\text{se cambian}} x = \sqrt{y} + 1 \xrightarrow{\text{se despeja } y} \sqrt{y} = x - 1 \rightarrow y = (x-1)^2$$

Extremos del intervalo de definición de f^{-1}:

$f(0) = \sqrt{0} + 1 = 1$

$f(4) = \sqrt{4} + 1 = 3$

Por tanto:

$f(x) = \sqrt{x} + 1,\ x \in [0, 4] \rightarrow$

$\rightarrow f^{-1}(x) = (x-1)^2,\ x \in [1, 3]$

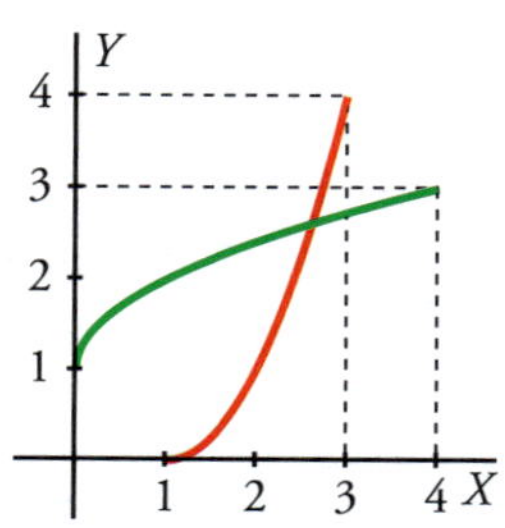

anayaeducacion.es Repasa el cálculo de la función inversa.

■ Obtención de $(f^{-1})'(x)$ conociendo $f'(x)$

Si conocemos la derivada de una función f y, a partir de ella, queremos obtener la derivada de su función recíproca, f^{-1}, procedemos del siguiente modo:

— Por ser f^{-1} recíproca de f, se cumple que $f[f^{-1}(x)] = x$.

— Derivando: $f'[f^{-1}(x)] \cdot (f^{-1})'(x) = 1$, por la regla de la cadena.

— Despejando:

$$(f^{-1})'(x) = \frac{1}{f'[f^{-1}(x)]}$$

Por ejemplo:

- $f(x) = x^2,\ x \geq 0,\ f^{-1}(x) = \sqrt{x}$

$$f[f^{-1}(x)] = x \Leftrightarrow (\sqrt{x})^2 = x \xrightarrow{\text{Derivando}} 2\sqrt{x} \cdot (\sqrt{x})' = 1 \rightarrow (\sqrt{x})' = \frac{1}{2\sqrt{x}}$$

- $f(x) = sen\, x,\ x \in \left[-\frac{\pi}{2}, \frac{\pi}{2}\right],\ f^{-1}(x) = arc\ sen\, x,\ x \in [-1, 1]$

$$f[f^{-1}(x)] = x \Leftrightarrow sen\,(arc\ sen\, x) = x \xrightarrow{\text{Derivando}} cos\,(arc\ sen\, x) \cdot (arc\ sen\, x)' = 1 \rightarrow$$

$$\rightarrow (arc\ sen\, x)' = \frac{1}{cos(arc\ sen\, x)}$$

¿Qué significa $cos\,(arc\ sen\, x)$? Es el coseno de un ángulo cuyo seno es x. Es decir, sabemos que $sen\,\alpha = x$ y queremos calcular $cos\,\alpha$. Pues hagámoslo:

$$sen\,\alpha = x \text{ y como } sen^2\alpha + cos^2\alpha = 1,\ cos\,\alpha = \sqrt{1 - sen^2\alpha} = \sqrt{1 - x^2}$$

Por tanto, $(arc\ sen\, x)' = \dfrac{1}{\sqrt{1 - x^2}}$.

Para que $f(x) = sen\, x$ sea inyectiva, la tomamos en el intervalo $\left[-\frac{\pi}{2}, \frac{\pi}{2}\right]$.

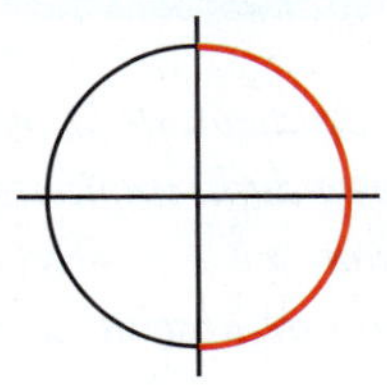

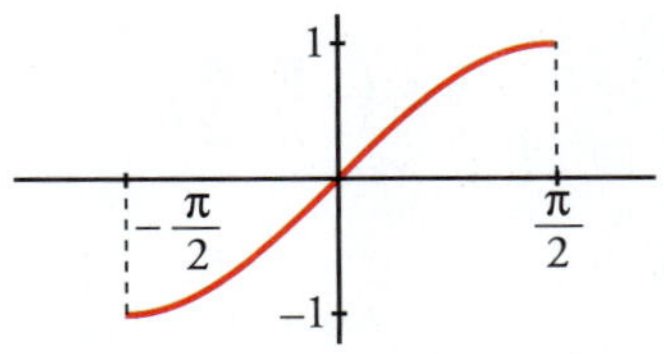

En ese intervalo, $cos\, x$ es positivo o 0. Por eso, al despejar $cos\, x = \sqrt{1 - sen^2 x}$ nos hemos quedado solo con el signo +.

■ Obtención de $(f^{-1})'(c)$ sin obtener previamente $(f^{-1})'(x)$

Calculemos, por ejemplo, $(arc\ sen)'\left(\frac{1}{2}\right)$:

$$f(x) = sen\, x,\ x \in \left[-\frac{\pi}{2}, \frac{\pi}{2}\right],\ f^{-1}(x) = arc\ sen\, x,\ x \in [-1, 1]$$

Calculamos $f^{-1}\left(\frac{1}{2}\right)$: $arc\ sen\left(\frac{1}{2}\right) = a \rightarrow sen\, a = \frac{1}{2},\ a = \frac{\pi}{6}$

$$(f^{-1})'\left(\frac{1}{2}\right) = \frac{1}{f'(\pi/6)} \overset{(*)}{=} \frac{1}{cos\,\pi/6} = \frac{1}{\sqrt{3}/2} = \frac{2}{\sqrt{3}} = \frac{2\sqrt{3}}{3}$$

(*) $f'(x) = (sen\, x)' = cos\, x$

Por tanto, $f'\left(\frac{\pi}{6}\right) = cos\,\frac{\pi}{6} = \frac{\sqrt{3}}{2}$.

Naturalmente, se puede llegar al mismo resultado conociendo la expresión de $(f^{-1})'(x)$. Veámoslo:

$$(f^{-1})'(x) = (arc\,sen\,x)' = \frac{1}{\sqrt{1-x^2}} \rightarrow (f^{-1})'\left(\frac{1}{2}\right) = \frac{1}{\sqrt{1-(1/2)^2}} = \frac{1}{\sqrt{3/4}} = \frac{2}{\sqrt{3}} = \frac{2\sqrt{3}}{3}$$

Observa

No necesitamos conocer la expresión de $(f^{-1})'$ para calcular sus valores.

Piensa y practica

1 Halla $(f^{-1})'(x)$ a partir de $f'(x)$:

a) $f(x) = x^2 - 1,\ x \in [1, 3]$

b) $f(x) = x^3$

2 $f(x) = tg\,x,\ x \in \left(-\frac{\pi}{2}, \frac{\pi}{2}\right)$. Halla $(f^{-1})'(\sqrt{3})$ de dos formas:

a) Obteniendo, previamente, $(f^{-1})'(x)$.

b) Directamente.

5

DERIVADA DE UNA FUNCIÓN IMPLÍCITA

Hay funciones que vienen dadas mediante expresiones $\phi(x, y) = 0$, en las cuales es difícil o imposible despejar la y. Por ejemplo: $y^3 - 7x^2 + 5y^2x + 17 = 0$

En ellas, los valores de y quedan *implícitamente* dados por la expresión, pero no es posible obtener explícitamente una función del tipo $y = f(x)$. La derivada, y', de la función, no es, sin embargo, difícil de calcular. Veámoslo sobre el ejemplo anterior:

Al derivar $y^3 - 7x^2 + 5y^2x + 17 = 0$, obtenemos:

$$3y^2y' - 14x + 5(2yy'x + y^2) = 0 \rightarrow 3y^2y' - 14x + 10xyy' + 5y^2 = 0$$

$$(3y^2 + 10xy)y' = 14x - 5y^2 \rightarrow y' = \frac{14x - 5y^2}{3y^2 + 10xy}$$

Observamos que y' viene dada en función de x y de y. Por tanto, para hallar el valor de la derivada en un punto, hemos de conocer su abscisa y su ordenada. Por ejemplo, sabiendo que la curva pasa por (2, 1), obtenemos su derivada en ese punto:

$$y'(2, 1) = \frac{14 \cdot 2 - 5}{3 + 10 \cdot 2} = 1$$

¿Se puede poner y' en vez de $f'(x)$?

Utilizamos aquí, por primera vez, la expresión y' para designar la derivada de la función $y = f(x)$. Al utilizar esta nomenclatura se está identificando la variable y con la función f. Esto es correcto y se puede utilizar siempre que se tenga claro el significado.

Ejercicios resueltos

1 *Hallar la ecuación de la recta tangente a la curva dada implícitamente por la expresión $x^2 - x + tg(x + y) = 1$ en el punto de abscisa $x = 0$ considerando:*

$$y \in \left(-\frac{\pi}{2}, \frac{\pi}{2}\right)$$

Empezamos averiguando la ordenada del punto. Para ello, sustituimos x por 0 y obtenemos, sencillamente, $tg\, y = 1 \rightarrow y = \frac{\pi}{4}$.

Por tanto, hemos de poner la recta tangente en el punto $\left(0, \frac{\pi}{4}\right)$. Necesitamos conocer su pendiente.

Derivamos la expresión: $2x - 1 + [1 + tg^2(x + y)](1 + y') = 0$

Sustituimos $x = 0$, $y = \frac{\pi}{4}$: $-1 + \left[1 + tg^2\left(\frac{\pi}{4}\right)\right](1 + y') = 0 \rightarrow$

$$\rightarrow -1 + (1 + 1)(1 + y') = 0 \rightarrow -1 + 2 + 2y' = 0 \rightarrow y' = -\frac{1}{2}$$

La pendiente de la recta tangente es $-\frac{1}{2}$. Su ecuación es: $y = \frac{\pi}{4} - \frac{1}{2}(x - 0)$.

2 *Hallar las ecuaciones de las rectas tangentes a la elipse:*

$$\frac{x^2}{100} + \frac{y^2}{36} = 1$$

en los puntos de abscisa $x = 8$.

Obtención de las ordenadas de los puntos de abscisa $x = 8$:

$$\frac{8^2}{100} + \frac{y^2}{36} = 1 \rightarrow \frac{y^2}{36} = 1 - \frac{64}{100} = \frac{36}{100} \rightarrow y = \pm\frac{36}{10} = \pm 3{,}6$$

Para hallar la derivada podríamos despejar la y para, después, derivar. Pero parece más cómodo proceder como función implícita:

$$\frac{2x}{100} + \frac{2yy'}{36} = 0 \left\langle \begin{array}{l} x = 8,\ y = 3{,}6 \rightarrow \frac{16}{100} + \frac{7{,}2y'}{36} = 0 \rightarrow y' = -0{,}8 \\ x = 8,\ y = -3{,}6 \rightarrow \frac{16}{100} - \frac{7{,}2y'}{36} = 0 \rightarrow y' = 0{,}8 \end{array}\right.$$

Hay dos rectas tangentes: $y = 3{,}6 - 0{,}8(x - 8)$ e $y = -3{,}6 + 0{,}8(x - 8)$.

Piensa y practica

1 Halla la tangente (o las tangentes) a las curvas siguientes en el punto que se indica:

a) $3x^2 - 5xy + 2y^2x - y^3 - 27 = 0$, en $x = 3$

b) $sen(x^2y) - y^2 + x = 2 - \frac{\pi^2}{16}$, en $\left(2, \frac{\pi}{4}\right)$

c) $(x - 2)^2 + (y + 1)^2 = 25$, en $x = 5$

6 DERIVACIÓN LOGARÍTMICA

En ocasiones, tomando logaritmos y aprovechando sus propiedades, se simplifica notablemente el cálculo de la derivada de una función. Veámoslo en el ejemplo siguiente: $f(x) = x^x$.

Esta expresión no es potencial, porque el exponente no es constante, ni exponencial, porque la base no es constante. Carecemos, pues, de reglas para hallar su derivada. Sin embargo, si tomamos logaritmos, obtenemos una función que sabemos derivar:

$$ln\, f(x) = x\, ln\, x$$

$$\frac{f'(x)}{f(x)} = ln\, x + x \cdot \frac{1}{x} \rightarrow f'(x) = f(x) \cdot (ln\, x + 1) = x^x\, ln\, x + x^x$$

Esta técnica de hallar la derivada tomando previamente logaritmos recibe el nombre de **derivación logarítmica.**

Es casi imprescindible recurrir a ella para poder derivar funciones cuya expresión es de la forma $\phi(x) = \alpha(x)^{\beta(x)}$. Veámoslo:

$$ln\, \phi(x) = \beta(x)\, ln\, \alpha(x)$$

Derivando:

$$\frac{\phi'(x)}{\phi(x)} = \beta'(x) \cdot ln\, \alpha(x) + \beta(x) \frac{\alpha'(x)}{\alpha(x)}$$

Se despeja $\phi'(x)$ y se sustituye $\phi(x)$ por su expresión. Así llegamos a:

$$\phi(x) = \alpha(x)^{\beta(x)} \rightarrow \phi'(x) = \alpha(x)^{\beta(x)} \left[\beta'(x) \cdot ln\, \alpha(x) + \beta(x) \frac{\alpha'(x)}{\alpha(x)}\right]$$

Recuerda

$ln\,(A \cdot B) = ln\, A + ln\, B$

$ln\left(\frac{A}{B}\right) = ln\, A - ln\, B$

$ln\,(A)^B = B\, ln\, A$

anayaeducacion.es

Repaso teórico: propiedades de los logaritmos.

Recuerda

Esta técnica de derivación (la logarítmica) nos resultará muy útil para demostrar la validez de algunas de las reglas de derivación que ya conocemos.

Ejercicio resuelto

1 *Hallar la derivada de:*

a) $f(x) = x^{sen\, x}$

b) $f(x) = \sqrt[3]{\frac{x^2}{1-x}}$

a) $ln\, f(x) = (sen\, x)\, ln\, x \rightarrow \frac{f'(x)}{f(x)} = cos\, x\, ln\, x + sen\, x \cdot \frac{1}{x}$

Por tanto, $f'(x) = x^{sen\, x}\left(cos\, x\, ln\, x + \frac{sen\, x}{x}\right)$.

b) Aunque se puede derivar directamente, en este caso resultará más cómodo si aplicamos la derivación logarítmica:

$$ln\, f(x) = \frac{1}{3} ln\left(\frac{x^2}{1-x}\right) = \frac{1}{3}[ln\, x^2 - ln\,(1-x)] = \frac{1}{3}[2\, ln\, x - ln\,(1-x)]$$

$$\frac{f'(x)}{f(x)} = \frac{1}{3}\left(\frac{2}{x} - \frac{-1}{1-x}\right) = \frac{1}{3}\,\frac{x-2}{x^2-x} \rightarrow f'(x) = \sqrt[3]{\frac{x^2}{1-x}} \cdot \frac{1}{3} \cdot \frac{x-2}{x^2-x}$$

Piensa y practica

1 Halla la función derivada de las funciones siguientes:

a) $f(x) = (cos\, x + 1)^{x^2 - 1}$

b) $g(x) = \sqrt{\frac{x^3}{x^2-1} sen^2\, x}$

c) $h(x) = (cos\, x)^{e^{x^2+1}}$

anayaeducacion.es Calcula derivadas aplicando la técnica de derivación logarítmica.

7
OBTENCIÓN RAZONADA DE LAS FÓRMULAS DE DERIVACIÓN

El orden en que iremos haciendo las sucesivas demostraciones es muy distinto del orden en que fueron presentadas las fórmulas que vamos a demostrar.

La secuencia que aquí seguimos permite, aplicando cada resultado en la obtención de los siguientes, simplificar notablemente algunas demostraciones.

DERIVADA DE LA SUMA DE DOS FUNCIONES: $\phi(x) = f(x) + g(x)$

Efectuamos la demostración basándonos en la definición de derivada:

$$\frac{\phi(x+\mathrm{h}) - \phi(x)}{\mathrm{h}} = \frac{[f(x+\mathrm{h}) + g(x+\mathrm{h})] - [f(x) + g(x)]}{\mathrm{h}} =$$

$$= \frac{f(x+\mathrm{h}) - f(x)}{\mathrm{h}} + \frac{g(x+\mathrm{h}) - g(x)}{\mathrm{h}}$$

$$\phi'(x) = \lim_{\mathrm{h}\to 0} \frac{\phi(x+\mathrm{h}) - \phi(x)}{\mathrm{h}} =$$

$$= \lim_{\mathrm{h}\to 0} \frac{f(x+\mathrm{h}) - f(x)}{\mathrm{h}} + \lim_{\mathrm{h}\to 0} \frac{g(x+\mathrm{h}) - g(x)}{\mathrm{h}} =$$

$$= f'(x) + g'(x)$$

DERIVADA DE LA FUNCIÓN COMPUESTA: $\phi(x) = g[f(x)]$

$$\frac{\phi(x+\mathrm{h}) - \phi(x)}{\mathrm{h}} \overset{(1)}{=} \frac{\phi(x+\mathrm{h}) - \phi(x)}{f(x+\mathrm{h}) - f(x)} \cdot \frac{f(x+\mathrm{h}) - f(x)}{\mathrm{h}} =$$

$$\overset{(2)}{=} \frac{g[f(x+\mathrm{h})] - g[f(x)]}{f(x+\mathrm{h}) - f(x)} \cdot \frac{f(x+\mathrm{h}) - f(x)}{\mathrm{h}} =$$

$$\overset{(3)}{=} \frac{g[f(x) + k] - g[f(x)]}{k} \cdot \frac{f(x+\mathrm{h}) - f(x)}{\mathrm{h}}$$

Tomando el límite cuando $\mathrm{h} \to 0$, en cuyo caso $k \to 0$, será:

$$\lim_{k\to 0} \frac{g[f(x) + k)] - g[f(x)]}{k} \cdot \lim_{\mathrm{h}\to 0} \frac{f(x+\mathrm{h}) - f(x)}{\mathrm{h}} = g'[f(x)] \cdot f'(x).$$

Es decir:

$$\phi'(x) = g'[f(x)] \cdot f'(x)$$

(1) Multiplicamos y dividimos por $f(x + \mathrm{h}) - f(x)$. Para ello, hemos de suponer que en un entorno de x, $f(x + \mathrm{h}) \neq f(x)$ y, por tanto, $f(x + \mathrm{h}) - f(x) \neq 0$.

(2) Expresamos $\phi(x)$ como $g[f(x)]$ y, por tanto, $\phi(x + \mathrm{h}) = g[f(x + \mathrm{h})]$.

(3) Llamamos $k = f(x + \mathrm{h}) - f(x)$ y, por tanto, $f(x + \mathrm{h}) = f(x) + k$. Observa que si $\mathrm{h} \to 0$, entonces $k \to 0$.

DERIVADA DE UN LOGARITMO NEPERIANO: $\phi(x) = \ln x,\ x > 0$

$$\frac{\phi(x+h)-\phi(x)}{h} = \frac{\ln(x+h)-\ln x}{h} = \frac{1}{h}\cdot \ln\left(\frac{x+h}{x}\right) =$$

$$= \frac{1}{h}\ln\left(1+\frac{h}{x}\right) = \ln\left(1+\frac{h}{x}\right)^{1/h} =$$

$$= \ln\left(1+\frac{1}{x/h}\right)^{\frac{x}{h}\cdot\frac{1}{x}} = \ln\left[\left(1+\frac{1}{x/h}\right)^{\frac{x}{h}}\right]^{\frac{1}{x}}$$

Ahora vamos a tomar el límite cuando $h \to 0$.

Como $x > 0$, entonces $\frac{x}{h} \to \infty$.

Recordemos que $\lim_{n\to\infty}\left(1+\frac{1}{n}\right)^n = e$. Aquí $\frac{x}{h}$ hace las veces de n.

$$\phi'(x) = \lim_{h\to 0}\frac{\phi(x+h)-\phi(x)}{h} = \ln\left[\lim_{h\to 0}\left(1+\frac{1}{x/h}\right)^{\frac{x}{h}}\right]^{\frac{1}{x}} = \ln e^{1/x}$$

Si tenemos en cuenta que $\ln e^k = k \ln e = k$, resulta:

$$\phi'(x) = \frac{1}{x}$$

Hemos considerado $x > 0$, pero puedes observar en el margen la comprobación de que $(\ln|x|)' = \frac{1}{x}$ si $x \neq 0$.

Este resultado, junto con el de la función compuesta, permite utilizar la técnica de «la derivación logarítmica» (se toman logaritmos y, después, se deriva). Con esta técnica vamos a probar los siguientes resultados.

DERIVADA DEL PRODUCTO DE FUNCIONES: $\phi(x) = f(x)\cdot g(x)$

Tomamos logaritmos: $\ln \phi(x) = \ln f(x) + \ln g(x)$

Derivamos:

$$\frac{\phi'(x)}{\phi(x)} = \frac{f'(x)}{f(x)} + \frac{g'(x)}{g(x)}$$

Despejamos $\phi'(x)$:

$$\phi'(x) = \phi(x)\left[\frac{f'(x)}{f(x)} + \frac{g'(x)}{g(x)}\right] = f(x)\cdot g(x)\left[\frac{f'(x)}{f(x)} + \frac{g'(x)}{g(x)}\right] = f'(x)\,g(x) + f(x)\,g'(x)$$

$$\phi'(x) = f'(x)\cdot g(x) + f(x)\cdot g'(x)$$

DERIVADA DEL PRODUCTO DE UN NÚMERO POR UNA FUNCIÓN: $\phi(x) = k f(x)$

Es consecuencia inmediata de la anterior, considerando k como una función cuya derivada es 0:

$$\phi'(x) = k' f(x) + k f'(x) = 0 + k f'(x) = k f'(x)$$

$$\phi'(x) = k f'(x)$$

Observa

$$\ln|x| = \begin{cases} \ln(-x) & \text{si } x < 0 \\ \ln x & \text{si } x > 0 \end{cases}$$

$$(\ln|x|)' = \begin{cases} -\frac{1}{x}\cdot(-1) = \frac{1}{x} & \text{si } x < 0 \\ \frac{1}{x} & \text{si } x > 0 \end{cases}$$

Por tanto:

$(\ln|x|)' = \frac{1}{x}$, si $x \neq 0$

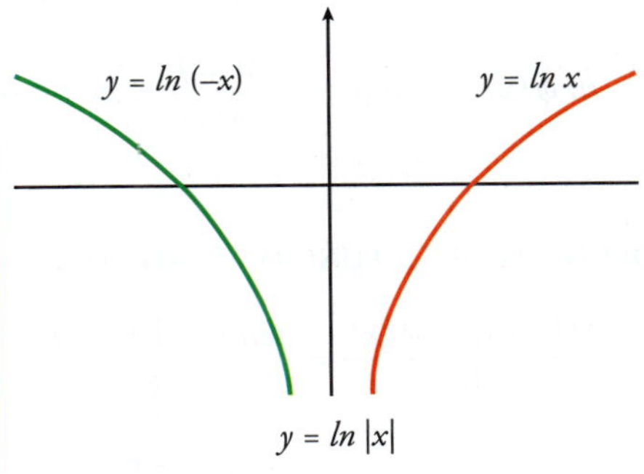

DERIVADA DE UNA POTENCIA: $\phi(x) = x^k$

Tomando logaritmos y derivando:

$$\ln \phi(x) = k \ln x \to \frac{\phi'(x)}{\phi(x)} = k \cdot \frac{1}{x}$$

Despejamos $\phi'(x)$:

$$\phi'(x) = k \cdot \frac{1}{x} \cdot \phi(x) = k \cdot \frac{1}{x} \cdot x^k \to \boxed{\phi'(x) = k\, x^{k-1}}$$

DERIVADA DE UN COCIENTE: $\phi(x) = \dfrac{f(x)}{g(x)},\ g(x) \neq 0$

Es consecuencia de la derivada de un producto y de que:

$$\left(\frac{1}{g(x)}\right)' = -\frac{g'(x)}{g(x)^2}$$

$$\phi'(x) = \left(f(x) \cdot \frac{1}{g(x)}\right)' = f'(x) \cdot \frac{1}{g(x)} + f(x) \cdot \left(-\frac{g'(x)}{g(x)^2}\right)$$

$$\boxed{\phi'(x) = \frac{f'(x) \cdot g(x) - f(x) \cdot g'(x)}{g(x)^2}}$$

Recuerda

$$\left(\frac{1}{x}\right)' = (x^{-1})' = -x^{-2} = -\frac{1}{x^2}$$

$$\left(\frac{1}{g(x)}\right)' = \frac{-1}{g(x)^2} \cdot g'(x) = -\frac{g'(x)}{g(x)^2}$$

DERIVADA DE UN LOGARITMO DE BASE CUALQUIERA: $\phi(x) = \log_a x$

Como $\log_a x = \dfrac{\ln x}{\ln a}$, $(\log_a x)' = \dfrac{1}{\ln a} \cdot (\ln x)' \to \boxed{\phi'(x) = \dfrac{1}{\ln a} \cdot \dfrac{1}{x}}$

DERIVADA DE LA FUNCIÓN EXPONENCIAL: $\phi(x) = e^x$

$$\ln \phi(x) = x \to \frac{\phi'(x)}{\phi(x)} = 1 \to \phi'(x) = \phi(x) \to \boxed{\phi'(x) = e^x}$$

DERIVADA DE LA FUNCIÓN EXPONENCIAL DE BASE CUALQUIERA: $\phi(x) = a^x$

$$\ln \phi(x) = x \ln a \to \frac{\phi'(x)}{\phi(x)} = \ln a \to \boxed{\phi'(x) = a^x \ln a}$$

DERIVADA DE LA FUNCIÓN SENO: $\phi(x) = \operatorname{sen} x$

$$\frac{\phi(x+h) - \phi(x)}{h} = \frac{\operatorname{sen}(x+h) - \operatorname{sen} x}{h} =$$

$$= \frac{2\cos\dfrac{x+h+x}{2} \cdot \operatorname{sen}\dfrac{x+h-x}{2}}{h} = \cos\left(x + \frac{h}{2}\right) \cdot \frac{\operatorname{sen}\dfrac{h}{2}}{\dfrac{h}{2}}$$

Recuerda

$$\operatorname{sen} A - \operatorname{sen} B = 2\cos\frac{A+B}{2}\operatorname{sen}\frac{A-B}{2}$$

Teniendo en cuenta que $\lim\limits_{\alpha \to 0} \dfrac{\operatorname{sen}\alpha}{\alpha} = 1$, al tomar límites cuando $h \to 0$ obtenemos la siguiente igualdad:

$$\boxed{\phi'(x) = \cos x \cdot 1 = \cos x}$$

DERIVADA DE LA FUNCIÓN COSENO: $\phi(x) = \cos x$

$$\phi(x) = \cos x = sen\left(\frac{\pi}{2} - x\right)$$

$$\phi'(x) = \cos\left(\frac{\pi}{2} - x\right) \cdot (-1) = -\cos\left(\frac{\pi}{2} - x\right) \rightarrow \boxed{\phi'(x) = -sen\, x}$$

DERIVADA DE LA FUNCIÓN TANGENTE: $\phi(x) = tg\, x$

$$\phi'(x) = \left(\frac{sen\, x}{\cos x}\right)' = \frac{\cos x \cdot \cos x - sen\, x(-sen\, x)}{(\cos x)^2} =$$

$$= \frac{\cos^2 x + sen^2 x}{\cos^2 x} = \frac{1}{\cos^2 x} = 1 + tg^2 x$$

$$\boxed{\phi'(x) = 1 + tg^2 x = \frac{1}{\cos^2 x}}$$

Ten en cuenta

$$\frac{1}{\cos^2 x} = \frac{\cos^2 x + sen^2 x}{\cos^2 x} =$$

$$= \frac{\cos^2 x}{\cos^2 x} + \frac{sen^2 x}{\cos^2 x} = 1 + tg^2 x$$

DERIVADA DE LA FUNCIÓN ARCO SENO: $\phi(x) = arc\, sen\, x$

$$\phi(x) = arc\, sen\, x \rightarrow sen\, \phi(x) = x$$

Derivamos: $\cos \phi(x) \cdot \phi'(x) = 1 \rightarrow \phi'(x) = \dfrac{1}{\cos \phi(x)}$

¿Cuál es el coseno del ángulo cuyo seno es x?

$$sen^2\, \phi(x) + \cos^2 \phi(x) = 1 \rightarrow \cos \phi(x) = \pm\sqrt{1 - sen^2\, \phi(x)} = \pm\sqrt{1 - x^2}$$

Por tanto: $\boxed{\phi'(x) = \dfrac{1}{\sqrt{1 - x^2}}}$

Nos quedamos con el valor positivo de la raíz cuadrada porque sabemos que la función *arc sen x* es creciente.

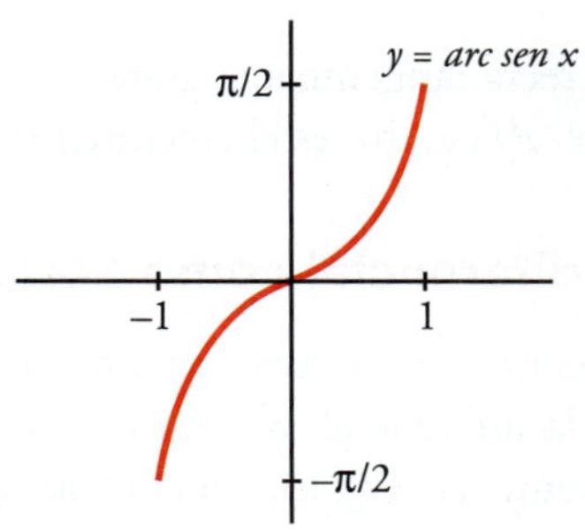

DERIVADA DE LA FUNCIÓN ARCO COSENO: $\phi(x) = arc\, \cos x$

$$\phi(x) = arc\, \cos x \rightarrow \cos \phi(x) = x$$

Derivamos: $[-sen\, \phi(x)] \cdot \phi'(x) = 1 \rightarrow \phi'(x) = \dfrac{-1}{sen\, \phi(x)}$

$$sen^2\, \phi(x) + \cos^2 \phi(x) = 1 \rightarrow$$

$$sen\, \phi(x) = \pm\sqrt{1 - \cos^2 \phi(x)} = \pm\sqrt{1 - x^2} \rightarrow \boxed{\phi'(x) = \frac{-1}{\sqrt{1 - x^2}}}$$

En este caso, nos quedamos con el valor negativo de la raíz porque sabemos que la función *arc cos x* es decreciente.

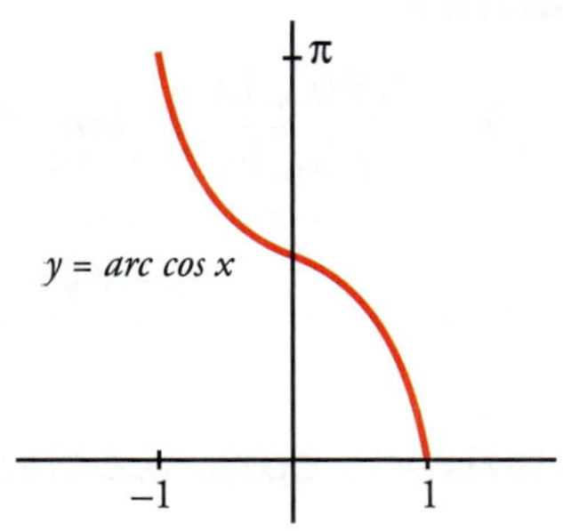

DERIVADA DE LA FUNCIÓN ARCO TANGENTE: $\phi(x) = arc\, tg\, x$

$$\phi(x) = arc\, tg\, x \rightarrow tg\, \phi(x) = x$$

Derivamos: $[1 + tg^2\, \phi(x)]\, \phi'(x) = 1 \rightarrow \phi'(x) = \dfrac{1}{1 + tg^2\, \phi(x)} \rightarrow \boxed{\phi'(x) = \dfrac{1}{1 + x^2}}$

8 DIFERENCIAL DE UNA FUNCIÓN

Incremento y diferencial de una función en un punto

El **incremento de una función** f en x_0, correspondiente a un incremento h de la variable independiente, es:

$$\Delta f(x_0, \mathrm{h}) = f(x_0 + \mathrm{h}) - f(x_0)$$

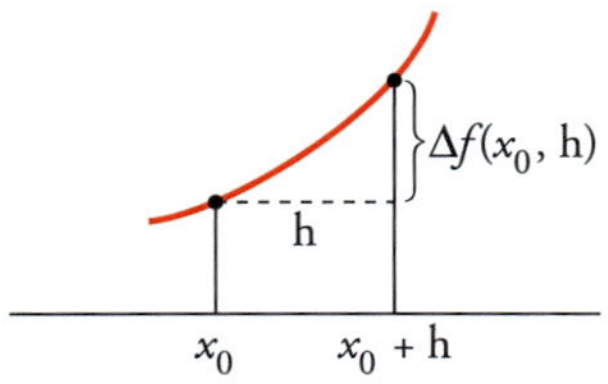

Su significado es el crecimiento de la función entre los puntos de abscisas x_0 y $x_0 + \mathrm{h}$.

La **diferencial de una función** f en x_0, correspondiente a un incremento h de la variable independiente, es:

$$df(x_0, \mathrm{h}) = f'(x_0) \cdot \mathrm{h}$$

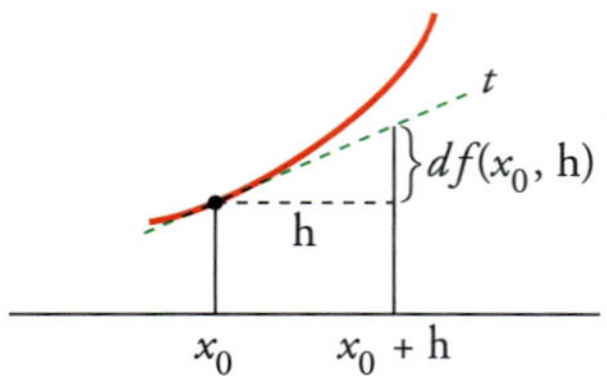

t es la recta tangente a la gráfica de la función en el punto de abscisa x_0. El significado de $df(x_0, \mathrm{h})$ es el crecimiento de la ordenada de la recta t entre x_0 y $x_0 + \mathrm{h}$.

Notación

Ponemos $\Delta f(x_0, \mathrm{h})$ porque el incremento de f depende tanto del punto x_0 como del incremento h de la variable independiente. Por lo mismo se pone $df(x_0, \mathrm{h})$.

La diferencial como aproximación del incremento

La tangente a una curva en un punto es la recta que mejor se ciñe a ella. Por esta razón, la diferencial $df(x_0, \mathrm{h})$ puede tomarse como una buena aproximación del incremento $\Delta f(x_0, \mathrm{h})$, en el mismo punto, x_0, y para el mismo valor de h, cuando $|\mathrm{h}|$ es pequeño.

Esto se resume en la siguiente proposición:

$$\lim_{\mathrm{h} \to 0} \frac{\Delta f(x_0, \mathrm{h})}{df(x_0, \mathrm{h})} = 1$$

Demostración

$$\lim_{\mathrm{h} \to 0} \frac{\Delta f(x_0, \mathrm{h})}{df(x_0, \mathrm{h})} = \lim_{\mathrm{h} \to 0} \frac{f(x_0 + \mathrm{h}) - f(x_0)}{f'(x_0) \cdot \mathrm{h}} =$$

$$= \lim_{\mathrm{h} \to 0} \frac{1}{f'(x_0)} \cdot \frac{f(x_0 + \mathrm{h}) - f(x_0)}{\mathrm{h}} = \frac{1}{f'(x_0)} \cdot f'(x_0) = 1$$

Observa

La diferencial nos permite analizar en las cercanías de un punto una función cualquiera f a partir de una función lineal, ya que:

$$df(x_0, \mathrm{h}) = f'(x_0) \cdot \mathrm{h} = f'(x_0) \cdot (x - x_0)$$

es una función lineal de x.

La derivada como cociente de diferenciales

Para la función identidad, $g(x) = x$, se tiene que $g'(x) = 1$ y que, por tanto:

$$dg(x) = g'(x) \cdot \mathrm{h} = 1 \cdot \mathrm{h} = \mathrm{h}$$

Es decir, $dx = \mathrm{h}$. Teniendo esto en cuenta, podemos poner:

$$df(x) = f'(x)\, dx \Rightarrow f'(x) = \frac{df(x)}{dx}$$

La derivada se puede expresar como cociente de diferenciales.

Ejercicios resueltos

1 *Obtener $df(x)$, siendo:*

a) $f(x) = x^2 - 3x + 9$

b) $f(x) = \sqrt{x^2 + \cos x}$

a) $df(x) = f'(x)\,dx = (2x - 3)dx$

b) $df(x) = \dfrac{2x - \text{sen}\, x}{2\sqrt{x^2 + \cos x}}\,dx$

2 *Calcular el espacio recorrido por una partícula cuya posición viene dada por la ecuación:*

$$s(t) = 2t^4 - t^3 + t^2$$

s en centímetros, t en segundos, desde $t = 4$ hasta $t = 4{,}01$.

a) Exactamente.

b) Aproximadamente.

a) El espacio recorrido se obtiene calculando el incremento de la función posición entre los instantes $t = 4$ s y $t = 4{,}01$ s:

$$\Delta s = s(4{,}01) - s(4) = 468{,}73813102 - 464 = 4{,}73813102 \text{ cm}$$

b) Se puede obtener aproximadamente a partir de la diferencial, ds, tomando $t_0 = 4$, $dt_0 = \text{h} = 4{,}01 - 4 = 0{,}01$:

$$ds = s'(t) \cdot dt = (8t^3 - 3t^2 + 2t) \cdot dt$$

Para $t_0 = 4$ y $dt_0 = 0{,}01$: $ds = 472 \cdot 0{,}01 = 4{,}72$ cm

Podemos apreciar que la aproximación es muy buena.

3 *Calcular el aumento de volumen que experimenta un cubo de lado l sabiendo que cada lado aumenta h.*

Concretar el resultado para $l = 10$ cm y h $= 0{,}02$ cm.

Función: el volumen del cubo en función del lado $\rightarrow$ $V = l^3$

Aumento:

$$\Delta V = (l + \text{h})^3 - l^3 = (l^3 + 3l^2\text{h} + 3l\text{h}^2 + \text{h}^3) - l^3 = 3l^2\text{h} + 3l\text{h}^2 + \text{h}^3$$

Aumento aproximado: $dV = V'(l) \cdot \text{h} = 3l^2\text{h}$

Interpretación geométrica:

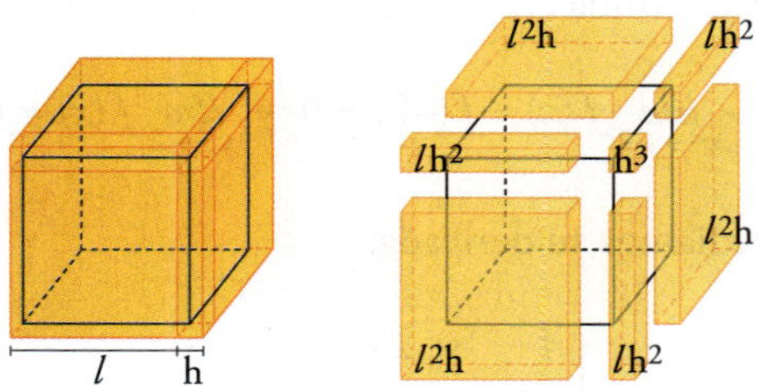

ΔV está formado por los siete elementos que se desprenden del cubo en la segunda figura.

dV está formada por las tres placas cuadradas.

La diferencia $\Delta V - dV$ consta de los tres listones y el cubito. Para h pequeño, estos cuatro elementos tienen un volumen insignificante.

Para $l = 10$ cm, h $= 0{,}02$ cm, obtenemos:

$$\Delta V = 10{,}02^3 - 10^3 = 6{,}012 \text{ cm}^3, \quad dV = 3 \cdot 10^2 \cdot 0{,}02 = 6 \text{ cm}^3$$

La diferencia, $0{,}012 \text{ cm}^3$, es insignificante.

anayaeducacion.es Ejercicios para aplicar la diferencial para hacer aproximaciones.

Piensa y practica

1 Calcula Δy, dy, $\Delta y - dy$:

a) $y = x^2 - x$ para $x_0 = 3$, $dx_0 = 0{,}01$

b) $y = \sqrt{x^2 - 1}$ para $x_0 = 2$, $dx_0 = 0{,}1$

c) $y = \sqrt[3]{x}$ para $x_0 = 125$, $dx_0 = 1$

2 A una bola de bronce de 7 cm de radio se le da un baño de plata de 0,2 mm de grosor.

Calcula la cantidad de plata empleada (aproximadamente, a partir de la diferencial).

3 Calcula una aproximación de $\sqrt[3]{126}$ dando los siguientes pasos:

- Llama $f(x) = \sqrt[3]{x}$.
- Obtén df para $x_0 = 125$ y $dx_0 = 1$.
- Obtén $f(126) \approx f(125) + df(125)$ para $dx_0 = 1$.

4 Procediendo como en el ejercicio anterior, halla, aproximadamente:

a) $1{,}01^4$ b) $\sqrt{15{,}8}$ c) $\sqrt[3]{66}$

EJERCICIOS Y PROBLEMAS RESUELTOS

1. Obtención de la derivada a partir de la definición

Hallar la función derivada de

$$f(x) = \sqrt{x+3}$$

utilizando la definición.

Función derivada:

$$f'(x) = \lim_{h \to 0} \frac{f(x+h) - f(x)}{h} = \lim_{h \to 0} \frac{\sqrt{x+h+3} - \sqrt{x+3}}{h} = \frac{0}{0}.\ \text{Indeterminación.}$$

Multiplicamos numerador y denominador por $\sqrt{x+h+3} + \sqrt{x+3}$ para poder simplificar la fracción:

$$f'(x) = \lim_{h \to 0} \frac{\left(\sqrt{x+h+3}\right)^2 - \left(\sqrt{x+3}\right)^2}{h\left(\sqrt{x+h+3} + \sqrt{x+3}\right)} = \lim_{h \to 0} \frac{h}{h\left(\sqrt{x+h+3} + \sqrt{x+3}\right)} =$$

$$= \lim_{h \to 0} \frac{1}{\sqrt{x+h+3} + \sqrt{x+3}} = \frac{1}{2\sqrt{x+3}}$$

Hazlo tú

Halla la función derivada de $f(x) = \sqrt{x^2 - 4}$ utilizando la definición.

2. Estudio de la derivabilidad de una función definida a trozos

Estudiar la derivabilidad de la siguiente función:

$$f(x) = \begin{cases} 4x + 8, & x \le -2 \\ 4 - x^2, & -2 < x < 2 \\ 4x - 8, & x \ge 2 \end{cases}$$

Representar las gráficas de f y f'.

- f está definida por funciones polinómicas en los intervalos $(-\infty, -2)$, $(-2, 2)$ y $(2, +\infty)$. Por tanto, f es continua y derivable en esos intervalos.

- f es continua en $x = -2$ y en $x = 2$, porque:

$$\lim_{x \to -2} f(x) = f(-2) = 0 \ \text{ y } \ \lim_{x \to 2} f(x) = f(2) = 0$$

Estudiamos su derivada:

$$f'(x) = \begin{cases} 4 & \text{si } x < -2 \\ -2x & \text{si } -2 < x < 2 \\ 4 & \text{si } x > 2 \end{cases}$$

$f'(-2^-) = f'(-2^+) = 4 \to f$ es derivable en $x = -2$

$f'(2^-) = -4,\ f'(2^+) = 4 \to f'(2^-) \ne f'(2^+) \to f$ no es derivable en $x = 2$

Por tanto:

$$f'(x) = \begin{cases} 4 & \text{si } x \le -2 \\ -2x & \text{si } -2 < x < 2 \\ 4 & \text{si } x > 2 \end{cases}$$

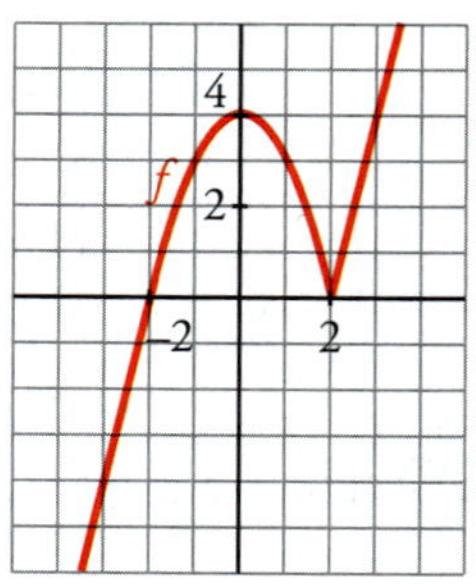

f tiene un punto anguloso en $x = 2$

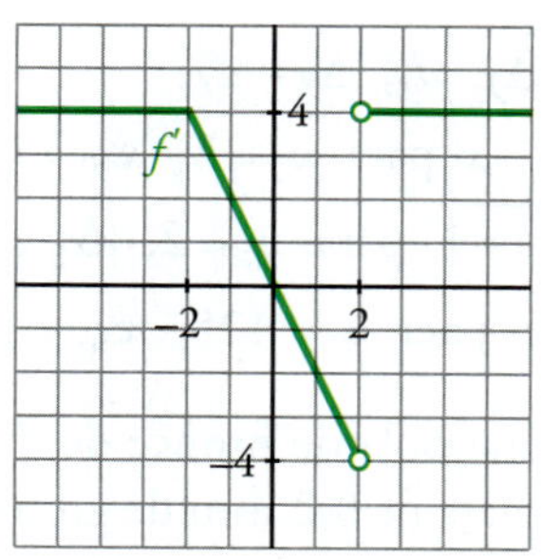

f' no existe en $x = 2$

Hazlo tú

Estudia la derivabilidad de la siguiente función:

$$f(x) = \begin{cases} x^2 + 4x + 2 & \text{si } x < -1 \\ x^3 & \text{si } -1 \le x \le 1 \\ 3x & \text{si } x > 1 \end{cases}$$

Representa las gráficas de f y f'.

3. Valor de un parámetro para que f sea derivable

Hallar el valor que ha de tener el parámetro m para que la función $f(x)$ sea derivable en $x = 1$.

$$f(x) = \begin{cases} 3 - mx^2 & si\ x \le 1 \\ \dfrac{2}{mx} & si\ x > 1 \end{cases}$$

Para que f sea derivable en $x = 1$, ha de ser continua en $x = 1$.

- Si f es continua en $x = 1$, debe ser $\lim\limits_{x \to 1} f(x) = f(1) = 3 - m$

$$\lim_{x \to 1} f(x) \begin{cases} \lim\limits_{x \to 1^-} f(x) = \lim\limits_{x \to 1^-} (3 - mx^2) = 3 - m \\ \lim\limits_{x \to 1^+} f(x) = \lim\limits_{x \to 1^+} \dfrac{2}{mx} = \dfrac{2}{m} \end{cases}$$

$$3 - m = \frac{2}{m} \to m^2 - 3m + 2 = 0 \begin{cases} m = 2 \\ m = 1 \end{cases}$$

f es continua en $x = 1$ si $m = 1$ o bien $m = 2$.

- f será derivable en $x = 1$ si $f'(1^-) = f'(1^+)$.

Para $m = 1$: $f(x) = \begin{cases} 3 - x^2 & \text{si } x \le 1 \\ \dfrac{2}{x} & \text{si } x > 1 \end{cases}$

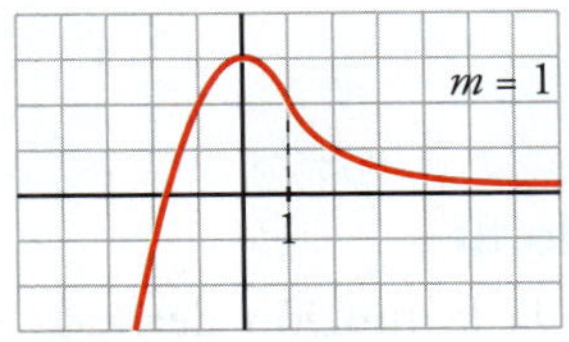

$$f'(x) = \begin{cases} -2x & \text{si } x < 1 \to f'(1^-) = -2 \\ -\dfrac{2}{x^2} & \text{si } x > 1 \to f'(1^+) = -2 \end{cases}$$

f **es derivable** en $x = 1$ si $m = 1$. Su derivada es $f'(1) = -2$

Para $m = 2$: $f(x) = \begin{cases} 3 - 2x^2 & \text{si } x \le 1 \\ \dfrac{1}{x} & \text{si } x > 1 \end{cases}$

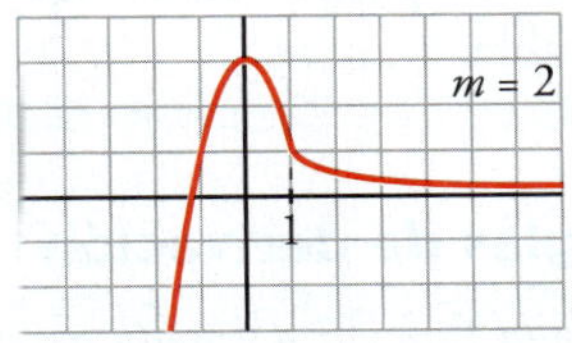

$$f'(x) = \begin{cases} -4x & \text{si } x < 1 \to f'(1^-) = -4 \\ -\dfrac{1}{x^2} & \text{si } x > 1 \to f'(1^+) = -1 \end{cases}$$

f no es derivable en $x = 1$ si $m = 2$.

Hazlo tú

Halla el valor que ha de tener a para que la siguiente función $f(x)$ sea derivable en todo $\mathbb{R}$:

$$f(x) = \begin{cases} ax^4 - 2x^2 - 2 & \text{si } x \le 0 \\ x^2 - 2 & \text{si } x > 0 \end{cases}$$

4. Derivabilidad

Hallar los valores de a y b para que esta función sea derivable en $x = 1$:

$$f(x) = \begin{cases} \dfrac{a}{x} - \sqrt{x} & si\ 0 < x < 1 \\ bx^{2x} & si\ x \ge 1 \end{cases}$$

Para que sea derivable en $x = 1$, ha de ser continua en ese punto:

$$\left.\begin{array}{l} \lim\limits_{x \to 1^-} f(x) = \lim\limits_{x \to 1^-} \left(\dfrac{a}{x} - \sqrt{x}\right) = a - 1 \\ \lim\limits_{x \to 1^+} f(x) = \lim\limits_{x \to 1^+} bx^{2x} = b \\ f(1) = b \end{array}\right\}$$

Para que sea continua en $x = 1$, debe ser: $a - 1 = b$ (*)

Derivabilidad en $x = 1$:

$$f'(x) = \begin{cases} \dfrac{-a}{x^2} - \dfrac{1}{2\sqrt{x}} & \text{si } 0 < x < 1 \\ bx^{2x}(2\ln x + 2) & \text{si } x > 1 \end{cases} \qquad \left.\begin{array}{l} f'(1^-) = -a - \dfrac{1}{2} \\ f'(1^+) = 2b \end{array}\right\}$$

Debe ser: $-a - \dfrac{1}{2} = 2b$ (**)

(En el segundo tramo, hemos aplicado la derivación logarítmica).

Resolviendo el sistema formado por (*) y (**), obtenemos $a = \dfrac{1}{2}$, $b = \dfrac{-1}{2}$.

Por tanto, si $a = \dfrac{1}{2}$ y $b = \dfrac{-1}{2}$, $f(x)$ es derivable y su derivada es:

$$f'(x) = \begin{cases} \dfrac{-1}{2x^2} - \dfrac{1}{2\sqrt{x}} & \text{si } 0 < x < 1 \\ -x^{2x}(\ln x + 1) & \text{si } x \ge 1 \end{cases}$$

Hazlo tú

Repite el ejercicio para la función:

$$f(x) = \begin{cases} ax^x & \text{si } 0 < x < 1 \\ 2bx + \ln x & \text{si } x \ge 1 \end{cases}$$

5. Derivada de una función con valores absolutos

Hallar la función derivada de la siguiente función:

$$f(x) = |x-3| + |x|$$

Indicar los puntos en los que no es derivable.

- Definimos f por intervalos teniendo en cuenta que:

$$\left.\begin{array}{l} |x-3| = \begin{cases} -x+3 & \text{si } x<3 \\ x-3 & \text{si } x \ge 3 \end{cases} \\ |x| = \begin{cases} -x & \text{si } x<0 \\ x & \text{si } x \ge 0 \end{cases} \end{array}\right\} \to$$

$\lvert x-3\rvert =$	$-x+3$	$-x+3$	$x-3$
$\lvert x\rvert =$	$-x$	x	x
$\lvert x-3\rvert + \lvert x\rvert =$	$-2x+3$	3	$2x-3$
	0	3	

$$f(x) = \begin{cases} -2x+3 & \text{si } x<0 \\ 3 & \text{si } 0 \le x < 3 \\ 2x-3 & \text{si } x \ge 3 \end{cases} \qquad f'(x) = \begin{cases} -2 & \text{si } x<0 \\ 0 & \text{si } 0 < x < 3 \\ 2 & \text{si } x > 3 \end{cases}$$

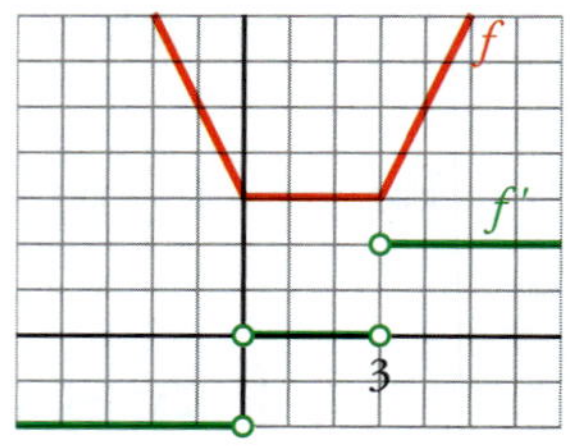

- $f'(0^-) = -2,\ f'(0^+) = 0 \to f$ no es derivable en $x = 0$ porque $f'(0^-) \ne f'(0^+)$.

  $f'(3^-) = 0,\ f'(3^+) = 2 \to f$ no es derivable en $x = 3$ porque $f'(3^-) \ne f'(3^+)$.

Hazlo tú

Calcula la función derivada de esta función y representa f y f'.

$$f(x) = |2-x| + |x+1|$$

Indica los puntos en los que no es derivable.

6. Reglas de derivación

Hallar la función derivada de estas funciones:

a) $y = arc\ sen\ (2x\sqrt{1-x^2})$

b) $y = ln\ \sqrt[3]{\dfrac{sen\ x \cdot cos\ x}{(1-x)^2}}$

c) $y = arc\ tg\ \dfrac{x}{\sqrt{1-x^2}}$

Indicar os puntos en los que no es derivable.

a) $$y' = \frac{1}{\sqrt{1-(2x\sqrt{1-x^2})^2}} \cdot (2x\sqrt{1-x^2})' =$$

$$= \frac{1}{\sqrt{1-4x^2+4x^4}} \cdot \left(2\sqrt{1-x^2} + \frac{-2x^2}{\sqrt{1-x^2}}\right) =$$

$$= \frac{1}{\sqrt{(1-2x^2)^2}} \cdot \frac{2-4x^2}{\sqrt{1-x^2}} = \frac{1}{1-2x^2} \cdot \frac{2(1-2x^2)}{\sqrt{1-x^2}} = \frac{2}{\sqrt{1-x^2}}$$

b) Antes de derivar, aplicamos las propiedades de los logaritmos:

$$y = ln\left(\frac{sen\ x\ cos\ x}{(1-x)^2}\right)^{1/3} = \frac{1}{3}[ln(sen\ x) + ln(cos\ x) - 2\ ln(1-x)]$$

$$y' = \frac{1}{3}\left[\frac{cos\ x}{sen\ x} - \frac{sen\ x}{cos\ x} + \frac{2}{1-x}\right] = \frac{1}{3}\left(\frac{cos^2 x - sen^2 x}{sen\ x\ cos\ x} + \frac{2}{1-x}\right) =$$

$$= \frac{1}{3}\left[\frac{cos\ 2x}{(1/2)\ sen\ 2x} + \frac{2}{1-x}\right] = \frac{2}{3}\left(cotg\ 2x + \frac{1}{1-x}\right)$$

c) $$y' = \frac{1}{1+\left(\dfrac{x}{\sqrt{1-x^2}}\right)^2} \cdot \left(\frac{x}{\sqrt{1-x^2}}\right)' = (1-x^2) \cdot \frac{\sqrt{1-x^2} - \dfrac{-2x^2}{2\sqrt{1-x^2}}}{(\sqrt{1-x^2})^2} =$$

$$= (1-x^2) \cdot \frac{1}{(1-x^2)\sqrt{1-x^2}} = \frac{1}{\sqrt{1-x^2}}$$

Hazlo tú

Halla la función derivada de estas funciones:

a) $y = arc\ sen\left(\dfrac{x-1}{x+1}\right)$

b) $y = ln\left(\dfrac{x^2+1}{x^2}\right)$

7. Obtención de $(f^{-1})'(x)$ conociendo $f'(x)$

Damos por sabido que la derivada de la siguiente función:

$$f(x) = arc\ tg \frac{x}{\sqrt{1-x^2}}$$

es $f'(x) = \dfrac{1}{\sqrt{1-x^2}}$.

(Lo vimos en el Ejercicio resuelto 6).

A partir de este resultado, calcular la derivada de la inversa de $f(x)$.

Hazlo tú

Sabemos que:

$f(x) = ln(ln\ x)^2$ y que $f'(x) = \dfrac{2}{x\ ln\ x}$

Calcula $(f^{-1})'(x)$.

- Aplicamos a este caso la relación entre las derivadas $(f^{-1})'$ y f':

$$(f^{-1})'(x) = \frac{1}{f'[f^{-1}(x)]} = \frac{1}{\dfrac{1}{\sqrt{1-[f^{-1}(x)]^2}}} = \sqrt{1-[f^{-1}(x)]^2}$$

- Para seguir, hemos de obtener la expresión de $(f^{-1})(x)$ a partir de la de $f(x)$:

$$y = arc\ tg \frac{x}{\sqrt{1-x^2}} \xrightarrow[\text{la } x \text{ por la } y]{\text{intercambiamos}} x = arc\ tg \frac{y}{\sqrt{1-y^2}} \to tg\ x = \frac{y}{\sqrt{1-y^2}} \to$$

$$\to tg^2\ x = \frac{y^2}{1-y^2} \to (1-y^2)\ tg^2\ x = y^2 \to y^2(1+tg^2\ x) = tg^2\ x \to$$

$$\to y^2 = \frac{tg^2\ x}{1+tg^2\ x} \to y = \frac{tg\ x}{\sqrt{1+tg^2\ x}};\ \text{es decir, } f^{-1}(x) = \frac{tg\ x}{\sqrt{1+tg^2\ x}}$$

Por tanto:

$$(f^{-1})'(x) = \sqrt{1-[f^{-1}(x)]^2} = \sqrt{1-\left(\frac{tg\ x}{\sqrt{1+tg^2\ x}}\right)^2} = \sqrt{\frac{1+tg^2\ x - tg^2\ x}{1+tg^2\ x}} = \frac{1}{\sqrt{1+tg^2\ x}}$$

8. Obtención de $(f^{-1})'(x_0)$ sin calcular $(f^{-1})'(x)$

Dada la función del ejercicio anterior

$$f(x) = arc\ tg \frac{x}{\sqrt{1-x^2}}$$

cuya derivada se conoce:

$$f'(x) = \frac{1}{\sqrt{1-x^2}}$$

Calcular $(f^{-1})'(0)$ y $(f^{-1})'\left(\frac{\pi}{3}\right)$ sin utilizar la función derivada de la inversa, $(f^{-1})'(x)$.

Hazlo tú

Dada la función del *Hazlo tú* del ejercicio anterior, calcula $(f^{-1})'(0)$ sin utilizar la función derivada de la inversa $(f^{-1})'(x)$.

Volvemos a utilizar la recíproca para ayudarnos a hacer estos cálculos:

$$f(x) = arc\ tg \frac{x}{\sqrt{1-x^2}} \to f^{-1}(x) = \frac{tg\ x}{\sqrt{1+tg^2\ x}}$$

- Para hallar $(f^{-1})'(0)$, calculamos primero $f^{-1}(0) = \dfrac{tg\ 0}{\sqrt{1+tg^2\ 0}} = \dfrac{0}{\sqrt{1+0}} = 0$.

Por tanto:

$$(f^{-1})'(0) = \frac{1}{f'[f^{-1}(0)]} = \frac{1}{f'(0)} = \frac{1}{\dfrac{1}{\sqrt{1-0^2}}} = 1$$

- Para hallar $(f^{-1})'\left(\frac{\pi}{3}\right)$, calculamos primero $f^{-1}\left(\frac{\pi}{3}\right)$:

$$f^{-1}\left(\frac{\pi}{3}\right) = \frac{tg\ \frac{\pi}{3}}{\sqrt{1+tg^2\ \frac{\pi}{3}}} = \frac{\sqrt{3}}{\sqrt{1+(\sqrt{3})^2}} = \frac{\sqrt{3}}{2}$$

$$(f^{-1})'\left(\frac{\pi}{3}\right) = \frac{1}{f'\left[f^{-1}\left(\frac{\pi}{3}\right)\right]} = \frac{1}{f'\left(\frac{\sqrt{3}}{2}\right)} = \frac{1}{\dfrac{1}{\sqrt{1-\left(\frac{\sqrt{3}}{2}\right)^2}}} = \sqrt{1-\frac{3}{4}} = \sqrt{\frac{1}{4}} = \frac{1}{2}$$

Como es natural, habríamos llegado a los mismos resultados utilizando la derivada de la función inversa, $(f^{-1})'(x)$.

$$(f^{-1})'(x) = \left(\frac{tg\ x}{\sqrt{1+tg^2\ x}}\right)' = \frac{1}{\sqrt{1+tg^2\ x}} \to \begin{cases} (f^{-1})'(0) = \dfrac{1}{\sqrt{1+tg^2\ 0}} = 1 \\ (f^{-1})\left(\dfrac{\pi}{3}\right) = \dfrac{1}{\sqrt{1+tg^2\ \frac{\pi}{3}}} = \dfrac{1}{\sqrt{4}} = \dfrac{1}{2} \end{cases}$$

EJERCICIOS Y PROBLEMAS GUIADOS

1. Obtención de los valores de dos parámetros para que la función sea derivable

Calcula los parámetros a y b para que la siguiente función sea derivable en $x = 1$:

$$f(x) = \begin{cases} x^2 + \dfrac{a}{x} + b \cdot e^{x-1} & si\ x \le 1 \\ \dfrac{2}{x+1} & si\ x > 1 \end{cases}$$

- Para que la función sea derivable, debe ser continua. Para ello, los parámetros a y b deben cumplir cierta condición. Se obtiene así una primera ecuación que los relaciona.
- Para que f sea derivable, a y b tienen que cumplir otra nueva ecuación.
- Ya tienes un sistema de dos ecuaciones con las incógnitas a y b. Resuélvelo.
- Comprueba que la función así obtenida es continua y derivable en $x = 1$.

Solución: $a = \dfrac{5}{4}$; $b = -\dfrac{5}{4}$

2. Derivación implícita

Halla los puntos de la circunferencia

$$x^2 + y^2 + 6x - 2y - 15 = 0$$

en los que su tangente tiene pendiente $-\dfrac{3}{4}$.

Represéntala.

- Deriva en implícita y sustituye y' por su valor, $-\dfrac{3}{4}$.

  Obtendrás una relación lineal entre x e y (ecuación de una recta, r).
- Halla la intersección de r con la circunferencia. Obtendrás los puntos que pide el enunciado.
- Represéntala.

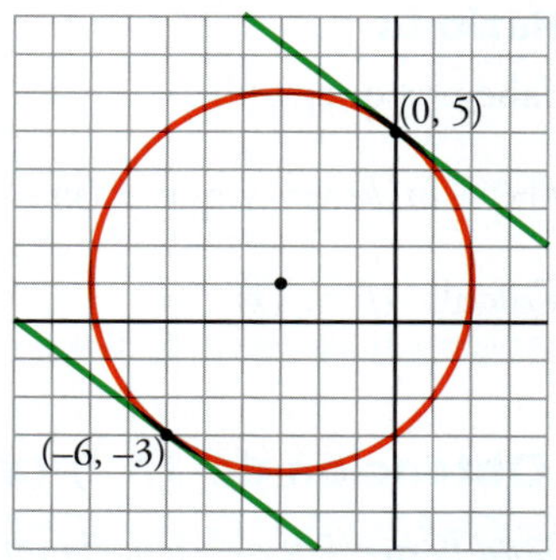

Solución: (–6, –3), (0, 5).

3. Derivación logarítmica

Utiliza la derivación logarítmica y las propiedades de los logaritmos para calcular las funciones derivadas de las siguientes funciones:

a) $y = \log_x tg\, x$

b) $y = (x + 1)^{tg\, x}$

c) $y = \sqrt{x^2 - 1} \cdot \sqrt[4]{x + 1}$

a) Utiliza la definición de logaritmo para expresar la igualdad en forma exponencial.

Toma logaritmos y aplica la propiedad del logaritmo de una potencia para despejar la y.

Deriva la función obtenida.

b) Toma logaritmos en los dos miembros y aplica la misma propiedad que en el apartado anterior.

Deriva la función implícita obtenida y despeja y'.

c) Toma logaritmos como en los apartados anteriores y aplica la propiedad del logaritmo de un producto.

Expresa las raíces como potencias y aplica los logaritmos para «bajar» el exponente.

Deriva como en el apartado anterior.

Solución:

a) $y = \dfrac{\ln tg\, x}{\ln x} \rightarrow y' = \dfrac{1}{\ln^2 x} \cdot \left(\dfrac{\ln x}{sen\, x \cdot cos\, x} - \dfrac{\ln tg\, x}{x} \right)$

b) $y' = \left[\dfrac{\ln (x+1)}{cos^2 x} + \dfrac{tg\, x}{x+1} \right] \cdot (x+1)^{tg\, x}$

c) $y' = \dfrac{5x - 1}{4(x^2 - 1)} \left[\sqrt{x^2 - 1} \cdot \sqrt[4]{x+1} \right]$

EJERCICIOS Y PROBLEMAS PROPUESTOS

Para practicar

Definición de derivada

1 En la siguiente figura se muestra la gráfica de una función, $y = f(x)$.

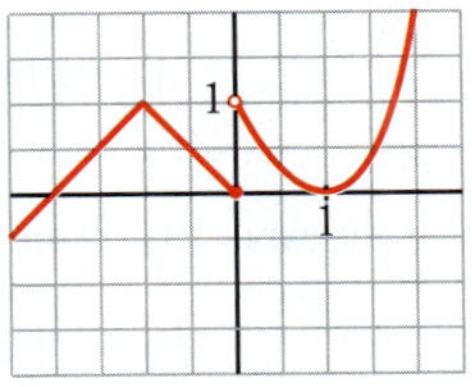

a) Indica los valores de $f(-1)$ y $f'(1)$.

b) Indica razonadamente si f es derivable en los puntos $x = -1$ y $x = 0$.

c) Di cuál es el valor de las derivadas laterales de $f(x)$ en $x = -1$, en $x = 0$ y en $x = 1$.

2 Utiliza la definición de derivada para hallar $f'(2)$ en los siguientes casos:

a) $f(x) = \dfrac{x-1}{x+1}$ b) $f(x) = \sqrt{x+2}$

3 Aplica la definición de derivada para hallar $f'(x)$ en cada caso:

a) $f(x) = x + \dfrac{1}{x}$ b) $f(x) = \sqrt{x^2+1}$

4 I) Justifica que estas dos expresiones son iguales:

$$\lim_{h\to 0} \frac{f(x_0+h)-f(x_0)}{h} = \lim_{x\to x_0} \frac{f(x)-f(x_0)}{x-x_0} = f'(x_0)$$

II) Escribe la expresión de los siguientes límites (se supone que las funciones que intervienen son derivables):

a) $\displaystyle\lim_{x\to a} \frac{g(x)-g(a)}{x-a}$ b) $\displaystyle\lim_{h\to 0} \frac{f(h)-f(0)}{h}$

c) $\displaystyle\lim_{x\to 0} \frac{\phi(2+x)-\phi(2)}{x}$ d) $\displaystyle\lim_{x\to 0} \frac{f(5)-f(5+x)}{x}$

5 El límite $\displaystyle\lim_{h\to 0} \frac{sen(\pi+h)-sen\,\pi}{h}$ es la derivada de la función *seno* en el punto de abscisa π, es decir, $sen'(\pi)$. Por tanto, el límite es:

$$sen'(\pi) = cos(\pi) = -1$$

Calcula análogamente, es decir, a partir de las reglas de derivación que ya conoces, los siguientes límites:

a) $\displaystyle\lim_{h\to 0} \frac{\sqrt{4+h}-2}{h}$ b) $\displaystyle\lim_{h\to 0} \frac{e^{2+h}-e^2}{h}$

c) $\displaystyle\lim_{x\to 3} \frac{(x^2-3x+1)-1}{x-3}$ d) $\displaystyle\lim_{x\to 4} \frac{x^3-64}{x-4}$

Reglas de derivación

Calcula las derivadas de las siguientes funciones:

6 a) $y = \dfrac{x^2-3}{x^2+3}$ b) $y = \sqrt[3]{3x^2}$

7 a) $y = \left(\dfrac{1-x}{1+x}\right)^{2/3}$ b) $y = \dfrac{2}{x} + \dfrac{x^2}{2}$

8 a) $y = \dfrac{ln\,x}{x}$ b) $y = 7e^{-x}$

9 a) $y = \dfrac{e^x+e^{-x}}{e^x-e^{-x}}$ b) $y = sen\,x\,cos\,x$

10 a) $y = \dfrac{1}{sen\,x}$ b) $y = ln(x^2+1)$

11 a) $y = arc\,tg\,\dfrac{x}{3}$ b) $y = cos^2(2x-\pi)$

12 a) $y = sen^2\,x$ b) $y = \sqrt{tg\,x}$

13 a) $y = sen\,x^2$ b) $y = arc\,tg(x^2+1)$

14 a) $y = (2\sqrt{x}-3)^7$ b) $y = log_2\sqrt{x}$

15 a) $y = sen^2\,x^2$ b) $y = arc\,tg\,\dfrac{1}{x}$

16 a) $y = cos^5(7x^2)$ b) $y = 3^x+1$

17 a) $y = \sqrt[3]{(5x-3)^2}$ b) $y = arc\,sen\,\dfrac{x^2}{3}$

18 a) $y = ln(2x-1)$ b) $y = tg\,\dfrac{x^2}{2}$

19 a) $y = ln(x^2-1)$ b) $y = arc\,cos\,\sqrt{2x}$

20 a) $y = ln\,\sqrt{1-x}$ b) $y = (arc\,tg\,x)^2$

21 a) $y = log_3(7x+2)$ b) $y = ln\left(tg\,\dfrac{3}{x}\right)$

22 a) $y = e^{4x}$ b) $y = ln\left(ln\,\dfrac{1}{x}\right)$

23 a) $y = 2^x$ b) $y = arc\,sen\left(\dfrac{x+1}{x-1}\right)$

24 a) $y = 5tg^3(3x^2+1)$ b) $y = \sqrt{x+\sqrt{x}}$

25 a) $y = \sqrt{tg\,x^2}$ b) $y = \sqrt[3]{\dfrac{x-2}{x+2}}$

Continuidad y derivabilidad

26 Observa las gráficas de las siguientes funciones e indica en qué puntos no son derivables:

a) 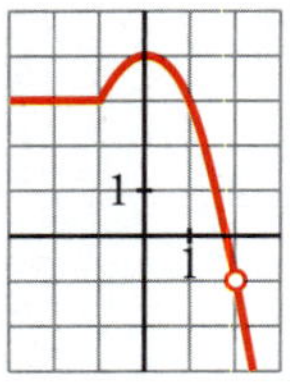

b) 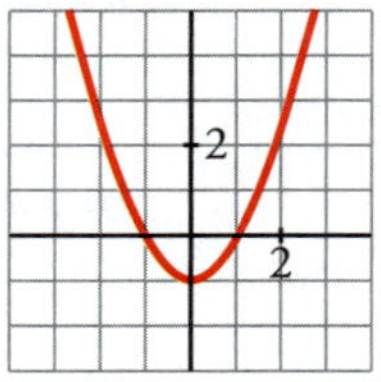

c) 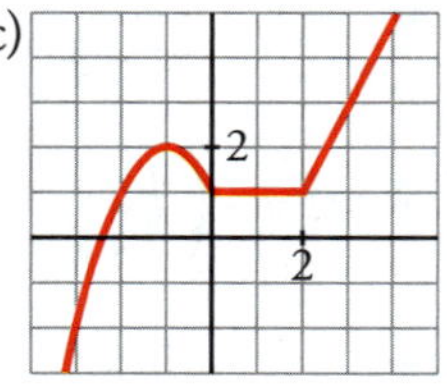

¿Alguna de ellas es derivable en todo $\mathbb{R}$?

27 a) Comprueba que la siguiente función es continua y derivable y halla $f'(0)$, $f'(3)$ y $f'(1)$:

$$f(x) = \begin{cases} 3x-1 & \text{si } x<1 \\ x^2+x & \text{si } x\geq 1 \end{cases}$$

b) ¿Cuál es su función derivada?

c) ¿En qué punto se cumple $f'(x) = 5$?

28 Comprueba que la función $f(x)$ es continua pero no es derivable en $x = 2$:

$$f(x) = \begin{cases} ln(x-1) & \text{si } x<2 \\ 3x-6 & \text{si } x\geq 2 \end{cases}$$

29 Estudia la continuidad y la derivabilidad de las siguientes funciones:

a) $f(x) = \begin{cases} e^x & \text{si } x\leq 0 \\ 1 & \text{si } 0<x<3 \\ -x^2+3x+2 & \text{si } x\geq 3 \end{cases}$

b) $f(x) = \begin{cases} x^2+2x+1 & \text{si } x<-1 \\ 2x+2 & \text{si } -1\leq x\leq 2 \\ -x^2+8x & \text{si } x>2 \end{cases}$

30 Estudia la continuidad y la derivabilidad de las funciones:

a) $f(x) = \begin{cases} 0 & \text{si } x<0 \\ x^2 & \text{si } 0\leq x<1 \\ x & \text{si } x\geq 1 \end{cases}$ b) $f(x) = \begin{cases} e^{-x} & \text{si } x\leq 0 \\ 1-x & \text{si } x>0 \end{cases}$

31 a) Calcula m y n para que f sea derivable en todo $\mathbb{R}$:

$$f(x) = \begin{cases} x^2-5x+m & \text{si } x\leq 1 \\ -x^2+nx & \text{si } x>1 \end{cases}$$

b) ¿En qué puntos es $f'(x) = 0$?

32 Calcula a y b para que la siguiente función sea derivable en todo $\mathbb{R}$:

$$f(x) = \begin{cases} ax^2+3x & \text{si } x\leq 2 \\ x^2-bx-4 & \text{si } x>2 \end{cases}$$

33 Calcula a y b para que f sea continua y derivable.

$$f(x) = \begin{cases} x^3-x & \text{si } x\leq 0 \\ ax+b & \text{si } x>0 \end{cases}$$

Otras técnicas de derivación

34 Calcula la derivada de las siguientes funciones, aplicando previamente las propiedades de los logaritmos:

a) $y = ln\sqrt{\dfrac{1-x}{1+x}}$ b) $y = ln(x\ tg\ x)^2$

c) $y = ln\left(\dfrac{\sqrt[3]{x^2-1}}{x^2}\right)$ d) $y = ln(2^x \cdot sen^2\ x)$

35 Calcula la derivada de estas funciones implícitas:

a) $x^2+y^2=9$ b) $x^2+y^2-4x-6y=-9$

c) $\dfrac{x^2}{16}+\dfrac{y^2}{9}=1$ d) $\dfrac{(x-1)^2}{8}-\dfrac{(y+3)^2}{14}=1$

e) $x^3+y^3=-2xy$ f) $xy^2=x^2+y$

g) $\dfrac{x^2}{9}-\dfrac{y^2}{25}=1$ h) $4x^2+4y^2+8x+3=0$

i) $x^2+xy+y^2=0$ j) $yx-x^2-y=0$

36 Aplica la derivación logarítmica para derivar:

a) $y = x^{3x}$ b) $y = x^{x+1}$

c) $y = x^{e^x}$ d) $y = (ln\ x)^{x+1}$

e) $y = \left(\dfrac{sen\ x}{x}\right)^x$ f) $y = x^{tg\ x}$

g) $y = (2x)^{x-2}$ h) $y = (x+4)^x$

i) $y = \left(\dfrac{x+1}{x}\right)^x$ j) $y = x^{cos\ x}$

k) $y = (2x-3)^{x+1}$ l) $y = (cos\ x)^x$

Diferencial de una función

37 Determina la diferencial, $df(x)$, para cada una de las siguientes funciones:

a) $f(x) = x^4-2x^2+1$ b) $f(x) = e^{2x^2+1}$

c) $f(x) = ln\ \dfrac{4}{x^2}$ d) $f(x) = \sqrt[3]{x^2+2}$

38 Halla Δy, dy y $\Delta y - dy$ en cada uno de estos casos:

a) $y = x^2-3x+1$ para $x_0 = 2$ y $dx_0 = 0{,}2$

b) $y = e^x$ para $x_0 = 2$ y $dx_0 = 0{,}1$

c) $y = \sqrt[3]{x^2+2}$ para $x_0 = 5$ y $dx_0 = 0{,}02$

d) $y = \dfrac{x}{\sqrt{x^2-2x+5}}$ para $x_0 = 1$ y $dx_0 = 0{,}1$

39 Calcula el valor aproximado de las siguientes expresiones utilizando el diferencial:

a) $\dfrac{1}{4{,}001}$ b) $\dfrac{1}{2{,}01^3}$ c) $log\ 10\,001$

Para resolver

40 Sean f y g dos funciones derivables de las que se conocen los siguientes datos:

$$f(1) = 1,\ f'(1) = 2,\ g(1) = 3,\ g'(1) = 4$$

a) Dada $h(x) = f[(x+1)^2]$, usa la regla de la cadena para calcular $h'(0)$.

b) Calcula $k'(1)$ siendo $k(x) = \dfrac{f(x)}{g(x)}$.

41 Dadas $f(x) = x^2$ y $g(x) = 3x + 1$, halla:

a) $(f \circ g)'(x)$ b) $(g \circ f)'(x)$

c) $(f \circ g')(x)$ d) $(f' \circ g)(x)$

42 Dadas $f(x) = (x+1)^2$ y $g(x) = x^2$.

a) Calcula:

$$f'(x^2) \qquad (f \circ g)'(x) \qquad g'[f(x)] \qquad (g \circ f)'(x)$$

b) Si h es una función cualquiera, halla en función de h' y de h las derivadas de:

$$f[h(x)] \qquad f[x + h(x)] \qquad g[f(x + h(x))]$$

43 Estudia la continuidad y la derivabilidad de esta función:

$$f(x) = \begin{cases} -1 & \text{si } x = 0 \\ \dfrac{2x(x-3)}{x^2-9} & \text{si } x \neq 0,\ x \neq 3 \\ 1 & \text{si } x = 3 \end{cases}$$

44 Estudia la derivabilidad en $x = 0$ de la siguiente función:

$$f(x) = \begin{cases} 1 + \sqrt[3]{x^2} & \text{si } x \le 0 \\ 1 - \sqrt[3]{x^2} & \text{si } x > 0 \end{cases}$$

45 Estudia la continuidad y la derivabilidad de la siguiente función:

$$f(x) = \begin{cases} \dfrac{sen\, x}{x} & \text{si } x < 0 \\ xe^x + 1 & \text{si } x \ge 0 \end{cases}$$

46 Determina, si es posible, el valor del parámetro a para que la función f sea derivable en todo su dominio de definición:

$$f(x) = \begin{cases} x\, ln\, x & \text{si } 0 < x \le 1 \\ a(1 - e^{1-x}) & \text{si } 1 < x \end{cases}$$

47 Determina si la función $g(x) = f'(x)$ está definida, es continua y es derivable en $x = 1$, siendo:

$$f(x) = \begin{cases} (x-1)^2 & \text{si } x \le 1 \\ (x-1)^3 & \text{si } x > 1 \end{cases}$$

48 Di si es derivable cada una de las funciones siguientes en los puntos que se indican. Si es derivable, calcula su valor y, en caso contrario, di cuánto valen las derivadas laterales.

a) $f(x) = \begin{cases} 3x - 1 & \text{si } x < 2 \\ x^2 - x + 3 & \text{si } x \ge 2 \end{cases}$ en $x_0 = 2$

b) $f(x) = \begin{cases} x^2 - 1 & \text{si } x \le 1 \\ 2x - 2 & \text{si } x > 1 \end{cases}$ en $x_0 = 1$

c) $f(x) = |x|$ en $x_0 = 0$

d) $f(x) = |x^2 - x - 6|$ en $x_0 = -2$ y $x_1 = 3$

49 Averigua los puntos de derivada nula de estas funciones:

a) $y = \dfrac{x}{(x+3)^2}$ b) $y = \dfrac{16}{x^2(x-4)}$

c) $y = \dfrac{x^2 - x + 1}{x^2 + x + 1}$ d) $y = e^x(x-1)$

e) $y = x^2 e^x$ f) $y = sen\, x + cos\, x$

50 a) Representa la función $f(x) = |x+1| + |x-3|$. Observando la gráfica, di en qué puntos no es derivable.

b) Representa $f'(x)$.

* *Mira el Ejercicio resuelto 5.*

51 Dada la función $f(x) = x \cdot |x| = \begin{cases} -x^2 & \text{si } x < 0 \\ x^2 & \text{si } x \ge 0 \end{cases}$:

a) Halla $f'(x)$. b) Halla $f''(x)$.

Representa gráficamente los resultados.

52 Estudia la derivabilidad de las siguientes funciones:

a) $y = |x - 2|$ b) $y = |x^2 + 6x + 8|$

c) $y = x + |x - 3|$ d) $y = x^2 + |x|$

53 Estudia la continuidad y la derivabilidad de las siguientes funciones:

a) $f(x) = \dfrac{1}{1 + |x|}$ b) $f(x) = \dfrac{|x|}{x^2 - 1}$

54 Si $f(x) = x^2|x|$, halla f', f'' y f'''.

55 Determina la derivada de cada una de estas funciones:

a) $y = \left(1 + \dfrac{1}{x}\right)^x$

b) $y = (sen\, x)^x$

c) $4x^2 + y^2 + 4x - 12y - 6 = 0$

d) $xy = e^x + y$

e) $\sqrt{xy} = ln\, y$

f) $x^2 - y^2 + 3xy + 5 = 0$

56 Obtén la derivada de las siguientes funciones de dos maneras y comprueba, operando, que llegas al mismo resultado:

I) Utilizando las reglas de derivación que conoces.

II) Aplicando la derivación logarítmica.

a) $y = \left(\dfrac{x^2+1}{x}\right)^3$ b) $y = \sqrt{\dfrac{1+x}{1-x}}$

c) $y = sen^3\, x\, cos^2\, x$ d) $y = \sqrt{x^2+1}\,\sqrt[3]{x^2}$

57 Calcula el valor de la derivada en $x = 0$ de cada una de las siguientes funciones:

a) $g(x) = e^{sen\, f(x)}$ si $f(0) = 0$ y $f'(0) = 1$

b) $h(x) = [sen\, f(x)]^3$ si $f(0) = \dfrac{\pi}{4}$ y $f'(0) = 1$

c) $j(x) = \sqrt{ln\, f(x)}$ si $f(0) = e$ y $f'(0) = 1$

58 Halla la derivada de orden n de estas funciones:

a) $f(x) = e^{2x}$ b) $f(x) = x^n$

59 Calcula la derivada de orden 50 y 51 de esta función:

$$y = sen\left(\frac{\pi}{2}x\right)$$

60 Halla la pendiente de la recta o rectas tangentes a estas funciones en el punto de abscisa que se indica en cada caso:

a) $x^2 + y^2 - 2x - 8y + 15 = 0$ en $x = 2$

b) $cos(x+y) + sen(x-y) = 0$ en $x = \dfrac{\pi}{4}$

c) $y = (ln\, x)^{x+1}$ en $x = 1$ d) $y = (arc\ tg\, x)^{2x}$ en $x = 1$

e) $\dfrac{y^2}{25} - \dfrac{x^2}{81} = 1$ en $x = 7$ f) $y = \left(\sqrt{x}\right)^{ln\, x}$ en $x = e^2$

g) $y = \left(\dfrac{sen\, x}{x}\right)^x$ en $x = \pi$ h) $\dfrac{x^2}{36} + \dfrac{y^2}{49} = 1$ en $x = 5$

61 Demuestra que todas las derivadas de orden par de la función $f(x) = sen\, 2x$ se anulan en el origen de coordenadas.

62 Calcula el valor aproximado de las siguientes expresiones utilizando el diferencial:

a) $\sqrt{122}$ b) $\sqrt{1\,370}$ c) $log_2\, 130$

d) $\sqrt[4]{260}$ e) $\sqrt[3]{103\,825}$ f) $3^{4{,}001}$

63 Halla, aproximadamente (mediante diferenciales), el volumen de un cubo de 4,012 dm de lado.

64 Determina el aumento de volumen que experimenta un ortoedro de 15 dm de altura y cuya base es un cuadrado de 20 dm de lado sabiendo que aumenta 1 cm la longitud del lado. Hazlo de forma exacta y de forma aproximada (utilizando diferenciales).

Cuestiones teóricas

65 Dibuja un boceto de la derivada de cada función:

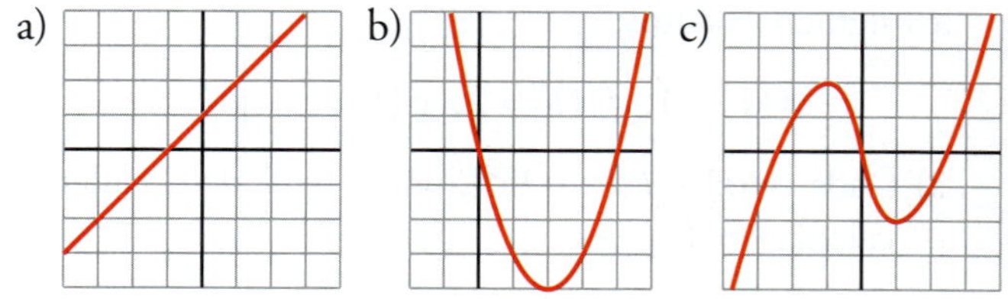

66 ¿Cuántos puntos de derivada nula puede tener una función polinómica de tercer grado? ¿Es posible que no tenga ninguno? ¿Es posible que solo tenga uno?

67 Justifica que una función polinómica de segundo grado tiene siempre un punto de tangente horizontal.

68 Sea $f(x) = x^3$ y a un punto cualquiera. La función que mide la diferencia entre f y la tangente a la gráfica en el punto (a, a^3) es $g(x) = f(x) - f'(a)(x-a) - f(a)$.

a) Prueba que $\lim\limits_{x \to a} \dfrac{g(x)}{x-a} = 0$.

b) Prueba que si f es una función cualquiera, también se verifica el resultado anterior. Haz una gráfica explicativa.

69 ¿Verdadero o falso?

a) $\lim\limits_{h \to 0} \dfrac{f(a-h) - f(a)}{h} = -f'(a)$

b) $\lim\limits_{h \to 0} \dfrac{f(a+2h) - f(a)}{h} = 2f'(a)$

c) $\lim\limits_{h \to 0} \dfrac{f(a+2h) - f(a+h)}{h} = f'(a)$

70 Considera la función $f(x) = x\, g(x)$. Si $g(x)$ es continua en 0, prueba que $f(x)$ es derivable en 0 y calcula su derivada. (No supongas que $g(x)$ es derivable; puede no serlo).

71 Estas gráficas son las funciones derivadas de f, g, h y j:

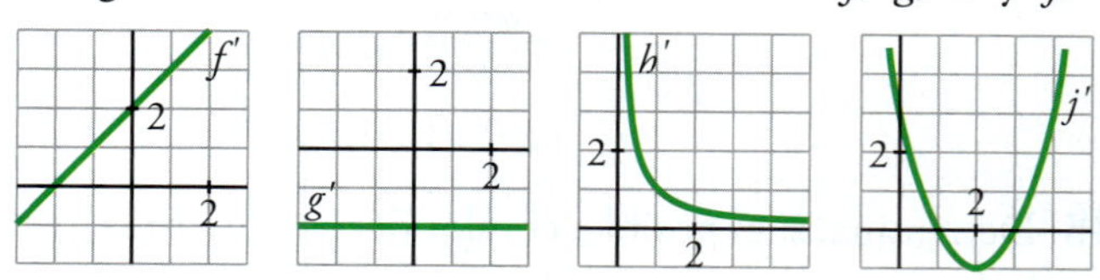

a) ¿Cuáles de esas funciones (f, g, h y j) tienen puntos de tangente horizontal?

b) ¿Cuál de estas gráficas es la función derivada de una función polinómica de primer grado?

c) ¿Cuál de ellas corresponde a una función polinómica de segundo grado?

d) ¿Alguna puede ser polinómica de tercer grado?

e) ¿Alguna de las funciones puede ser $y = ln\, x$?

Para profundizar

72 Demuestra que f es derivable en $x = 0$ y que g no lo es:

$$f(x) = \begin{cases} x^2\, sen\,\frac{1}{x} & \text{si } x \neq 0 \\ 0 & \text{si } x = 0 \end{cases} \qquad g(x) = \begin{cases} x\, sen\,\frac{1}{x} & \text{si } x \neq 0 \\ 0 & \text{si } x = 0 \end{cases}$$

73 Sean f y g dos funciones tales que $f(x) = x^2 + 1$ y $g'(x) = cos\left(\frac{\pi}{2}x\right)$ y $g(0) = 4$. Calcula:

a) $(f \circ g)'(0)$ b) $(g \circ f)'(0)$

c) $(g^{-1})'(4)$ d) $(f^{-1})'(5)$

74 Las funciones siguientes:

$$senh\,(x) = \frac{e^x - e^{-x}}{2};\ cosh\,(x) = \frac{e^x + e^{-x}}{2};\ tgh\,(x) = \frac{e^x - e^{-x}}{e^x + e^{-x}}$$

se denominan seno hiperbólico, coseno hiperbólico y tangente hiperbólica.

Comprueba que se cumplen las siguientes igualdades:

a) $cosh^2\,(x) - senh^2\,(x) = 1$

b) $senh\,(x + y) = senh\,x\,cosh\,y + cosh\,x\,senh\,y$

c) $cosh\,(x + y) = cosh\,x\,cosh\,y + senh\,x\,senh\,y$

d) $senh'\,x = cosh\,x$

e) $cosh'\,x = senh\,x$

f) $tgh'\,x = \dfrac{1}{cos\,h^2\,x}$

75 Sea $f(x) = arc\,cos\,\sqrt{x}$.

a) Calcula a partir de su función inversa, la derivada de esta función.

b) Halla $f'\left(\frac{1}{2}\right)$ sin utilizar $f'(x)$.

c) Comprueba el resultado de b) a partir del de a).

76 Prueba, utilizando la definición de derivada, que la siguiente función es derivable en $x = 1$ y no lo es en $x = -1$:

$$f(x) = (1 - x)\sqrt{1 - x^2}$$

77 Se dice que a es una raíz doble de la función polinómica f, cuando:

$f(x) = (x - a)^2\, g(x)$, donde g es una función polinómica

a) Prueba que si f tiene una raíz doble, a, entonces $f'(a) = 0$.

b) Recíprocamente, prueba que si a es raíz de f' y de f, entonces a es una raíz doble de f.

78 Halla la derivada n-ésima de las siguientes funciones:

a) $y = e^{ax}$ b) $y = \dfrac{1}{x}$ c) $y = ln(1 + x)$

79 Comprueba teniendo en cuenta la fórmula de $tg\,\frac{x}{2}$ que la derivada de la siguiente función es una constante:

$$y = arc\,tg\sqrt{\frac{1 - cos\,x}{1 + cos\,x}} \quad \text{con } 0 \le x < \pi$$

AUTOEVALUACIÓN

Resoluciones de estos ejercicios.

1 Halla la función derivada de las siguientes funciones:

a) $y = (2x + 2)\sqrt{x - 1}$ b) $y = arc\,tg\,\dfrac{x + 3}{x - 3}$

c) $y = ln(sen\,x)^2$ d) $y = \sqrt[3]{2^{x-1}}$

e) $y = (tg\,x)^{1-x}$ f) $x^2 + y^2 - xy = 0$

2 Dada la función $f(x) = |x| + |x^2 + 2x|$ defínela por intervalos y obtén:

a) $f'(x)$ b) $f''(x)$

Representa $f(x)$, $f'(x)$ y $f''(x)$.

3 Estudia la continuidad y la derivabilidad de:

$$f(x) = \begin{cases} x^2 + 2x - 1 & \text{si } x \le 1 \\ x + 1 & \text{si } x > 1 \end{cases}$$

¿Existe algún punto en el que $f'(x) = 0$? Represéntala.

4 Estudia la continuidad y la derivabilidad en $x = 0$ y en $x = 1$ de la función:

$$f(x) = \begin{cases} 0 & \text{si } x \le 0 \\ |x\,ln\,x| & \text{si } x > 0 \end{cases}$$

5 Halla a y b para que $f(x)$ sea continua:

$$f(x) = \begin{cases} 2x + a & \text{si } x < -1 \\ ax + b & \text{si } -1 \le x < 0 \\ 3x^2 + 2 & \text{si } 0 \le x \end{cases}$$

Para los valores de a y b que has obtenido, estudia su derivabilidad.

6 Observando la gráfica de esta función f, estudia su derivabilidad. Halla, si existen, $f'(-4)$, $f'(0)$ y $f'(3)$.

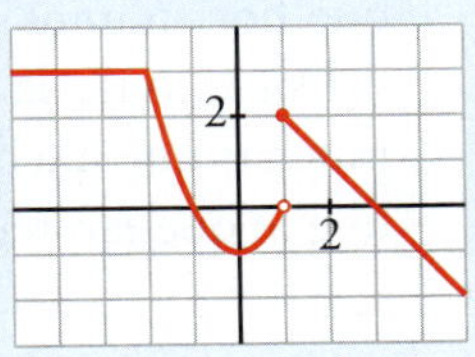

Compromiso ODS Visualiza el vídeo Meta 4.b., piensa en una acción con la que podrías contribuir al logro de esa meta y comprométete a llevarla a cabo.

9

APLICACIONES DE LAS DERIVADAS

Buscando la optimización

La obtención de la tangente a una curva en uno de sus puntos y el cálculo de la velocidad instantánea de un móvil son problemas históricos que dieron lugar, en su momento, a la noción de derivada. Sin embargo, fueron los problemas de optimización los que aportaron mayor impulso a la búsqueda de una teoría que diera generalidad a todos los problemas particulares que se habían planteado.

La ciencia, la técnica, las propias matemáticas e, incluso, la vida cotidiana están plagadas de problemas de optimización (máximos y mínimos). Numerosas cuestiones importantes se plantean de este modo: «¿qué es lo óptimo en tales circunstancias»? Muchos de los problemas de máximos y mínimos ya fueron abordados por los griegos, como, por ejemplo, el camino que recorre la luz para llegar de un punto a otro mediante reflexión (**Herón,** siglo I d. C.). Antes de la invención del cálculo diferencial, cada uno de tales problemas se abordaba mediante un procedimiento específico, no generalizable a los demás. Actualmente muchos de esos problemas son simples aplicaciones de las derivadas.

Una buena notación

Tener una buena notación para designar simbólicamente de forma adecuada los conceptos matemáticos es enormemente importante. **Newton** anotaba con un punto encima, $\dot{y}$, la derivada de la función, lo cual dice muy poco sobre lo que es la derivada. **Leibniz** quien fue siempre consciente de la importancia de una buena notación para el desarrollo de las matemáticas, ideó la notación $\frac{dy}{dx}$, que representa muy adecuadamente su significado.

A comienzos del siglo XVIII se originó una vehemente disputa entre las islas británicas y el continente sobre si había sido Leibniz (continental) o Newton (inglés) el primero que había inventado el cálculo infinitesimal. Tanto se agriaron los ánimos que los matemáticos británicos se aferraron durante todo el siglo XVIII no solo a las enseñanzas de Newton, sino también a su notación poco afortunada. Se dice que la consecuencia de este empecinamiento fue un atraso de 50 años para la matemática británica.

El gran maestro de la buena notación fue **Euler.** A él se debe casi toda la que hoy usamos en nuestra matemática. Fue quien consagró, a mediados del siglo XVIII, la notación de Leibniz para la derivada y la integral y otras muchas que quedaron avaladas por su autoridad y por su adecuación con lo que querían representar.

Johann Bernoulli y el Marqués de L'Hôpital

El padre de los hermanos **Bernoulli, Jakob** y **Johann,** creía saber bien lo que les iba a cada uno de sus hijos: a Jakob, la teología, y a Johann, la medicina. La verdad es que no acertó con ninguno. Por ahí los encauzó y por esos caminos comenzaron cada uno en la Universidad de Basilea, Suiza. Pero la atracción de la matemática fue tal que, después de terminados los estudios prescritos por su padre, esta les absorbió completamente y en ella descollaron extraordinariamente.

En 1692, en un viaje que Johann hizo a París, conoció a un joven marqués, **G.F.A. de L'Hôpital,** entusiasmado con el nuevo cálculo infinitesimal. Este, aparte de recibir lecciones de Bernoulli, firmó con él un contrato por el que Johann, de vuelta a Basilea, a cambio de un sueldo regular, se comprometía a comunicar al marqués sus descubrimientos y este podría hacer de ellos el uso que le pareciera.

Con las ideas y descubrimientos de Johann Bernoulli, L'Hôpital escribió en 1696 un magnífico libro, *Análisis de los infinitésimos*, que tuvo un éxito extraordinario durante todo el siglo XVIII y le ha hecho pasar a la historia. Este nunca pretendió hacerse con la paternidad de los resultados que publicaba en él, sino que siempre reconoció claramente el mérito a Bernoulli.

La regla de L'Hôpital, que ya conoces como eficaz herramienta para el cálculo de límites y cuya validez se demostrará en esta unidad, es uno de los descubrimientos de Johann Bernoulli que se le atribuyen injustamente al marqués.

Al morir L'Hôpital, Johann Bernoulli reclamó para sí el mérito de aquella regla. Nadie le creyó. Más adelante el descubrimiento de la correspondencia entre Bernoulli y el marqués ha puesto las cosas en su lugar.

RESUELVE

Optimización

- Una persona se acerca a una estatua de 2 m de altura. Los ojos de la persona están 1 m por debajo de los pies de la escultura. ¿A qué distancia se debe acercar para que el ángulo, φ, bajo el cual ve la estatua sea máximo?

  Hay una hermosa resolución por métodos geométricos. Obsérvala:

  Se traza una circunferencia que pasa por los puntos A y B y es tangente a la recta r.

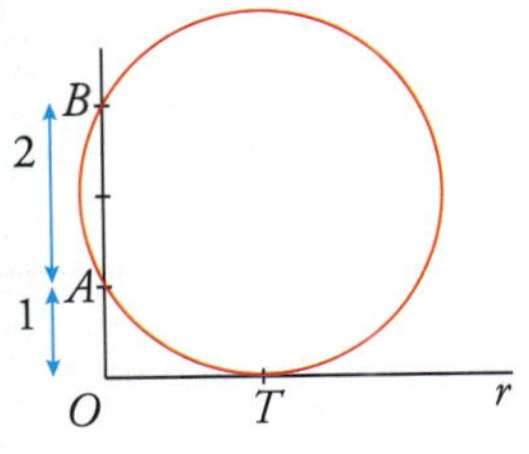

Demuestra que el punto de tangencia, T, es el lugar de la recta r desde el que se ve el segmento AB con ángulo máximo.

La longitud del segmento OT se halla teniendo en cuenta que la potencia del punto O respecto a la circunferencia es igual a $\overline{OA} \cdot \overline{OB}$ y también es igual a $\overline{OT}^2$.

Así, $\overline{OT} = \sqrt{\overline{OA} \cdot \overline{OB}} = \sqrt{1 \cdot 3} = \sqrt{3} \approx 1{,}73$ m.

¡ATENCIÓN! Este problema lo puedes resolver, también, relacionando el ángulo φ con los ángulos α y β cuyas tangentes trigonométricas podemos expresar en función de x.

Obtendrás una función que debes hacer máxima (en la página 282 se resuelve este problema siguiendo este camino).

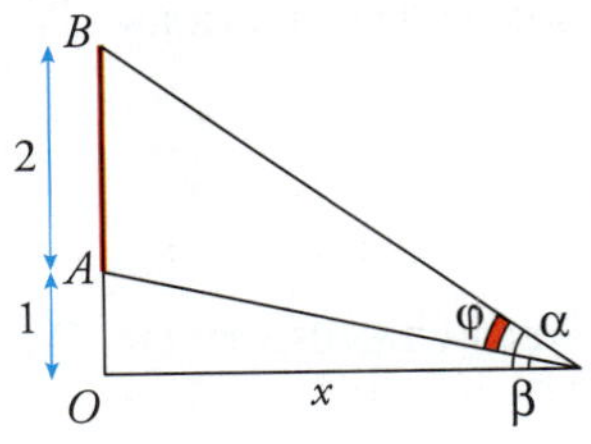

1 RECTA TANGENTE A UNA CURVA

La obtención de la recta tangente a una curva en uno de sus puntos es la aplicación más inmediata de las derivadas, que ya conoces desde el curso pasado y que hemos utilizado en la unidad anterior. Pero relacionados con este hay otros casos menos triviales. Veámoslos:

- **Caso elemental: tangente a $y = f(x)$ en el punto de abscisa $x = x_0$**
  - Ordenada del punto: $f(x_0)$
  - Pendiente de la recta: $m = f'(x_0)$

  La ecuación de la recta tangente es:

  $$y = f(x_0) + f'(x_0)(x - x_0)$$

  Por ejemplo:

  Hallar la ecuación de la recta tangente a $y = \dfrac{x^2 - 2x}{x + 3}$ en $x_0 = 3$.

  - Cálculo de la ordenada: $f(x_0) = f(3) = \dfrac{3^2 - 2 \cdot 3}{3 + 3} = \dfrac{1}{2}$

    La curva pasa por $\left(3, \dfrac{1}{2}\right)$.

  - Pendiente: $f'(x) = \dfrac{(2x-2)(x+3) - (x^2 - 2x)}{(x+3)^2}$; $f'(3) = \dfrac{4 \cdot 6 - 3}{6^2} = \dfrac{7}{12}$

    La ecuación de la recta tangente en $x = 3$ es: $y = \dfrac{1}{2} + \dfrac{7}{12}(x - 3)$

Recuerda

La **recta normal** a una función en un punto es la perpendicular a la recta tangente en ese punto.

Su ecuación es:

$$y = f(x_0) - \frac{1}{f'(x_0)}(x - x_0)$$

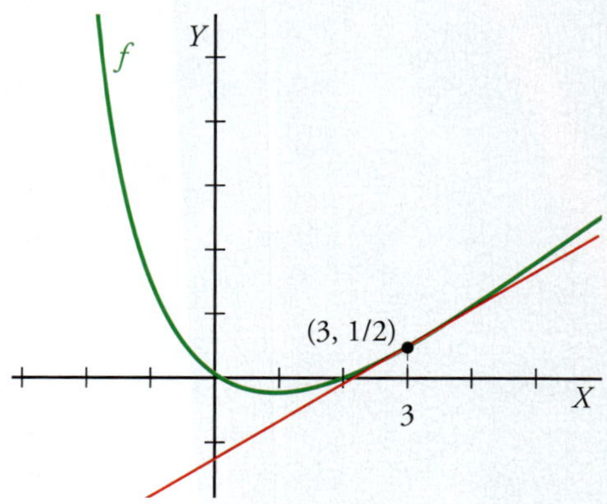

- **Cuando la función se da implícitamente: $\phi(x, y) = 0$**

  La función $y(x)$ viene dada implícitamente.

  - Coordenadas del punto: nos pueden dar las coordenadas del punto (x_0, y_0), o bien solo la abscisa. En este caso la ordenada se obtiene resolviendo la ecuación $\phi(x_0, y) = 0$.
  - Pendiente de la recta: la expresión de $y'(x, y)$ y, en consecuencia, el valor de $y'(x_0, y_0)$ se obtiene mediante la derivación implícita en $\phi(x, y) = 0$.

  Ejemplo:

  Hallar las tangentes a $\dfrac{x^2}{25} + \dfrac{y^2}{16} = 1$ en los puntos de abscisa $x_0 = 4$.

  - Obtención de las ordenadas correspondientes:

    $$\frac{16}{25} + \frac{y_0^2}{16} = 1 \to y_0^2 = 16\left(1 - \frac{16}{25}\right) = \frac{144}{25} \to y_0 = \pm\frac{12}{5}$$

  - Para hallar la pendiente en esos puntos, derivamos implícitamente:

    $$\frac{2x}{25} + \frac{2y\,y'}{16} = 0 \to y' = -\frac{16x}{25y}$$

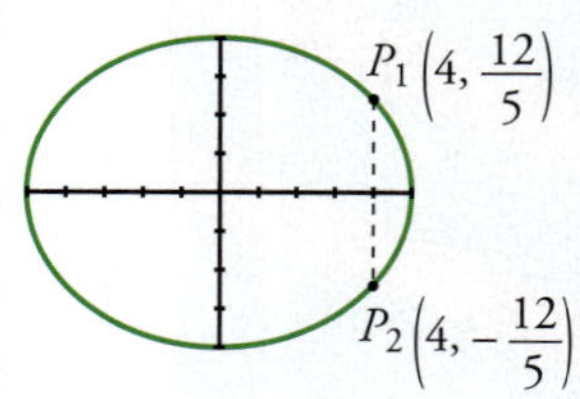

RECTA TANGENTE EN P_1: Pendiente: $y'\left(4, \dfrac{12}{5}\right) = -\dfrac{16 \cdot 4}{25 \cdot (12/5)} = -\dfrac{16}{15}$

$$y = \frac{12}{5} - \frac{16}{15}(x - 4)$$

RECTA TANGENTE EN P_2: Pendiente: $y'\left(4, -\dfrac{12}{5}\right) = -\dfrac{16 \cdot 4}{25 \cdot (-12/5)} = \dfrac{16}{15}$

$$y = -\frac{12}{5} + \frac{16}{15}(x - 4)$$

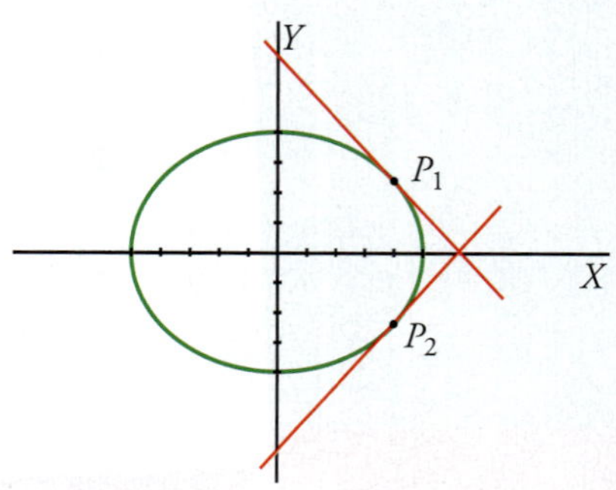

- **Tangente a una curva $y = f(x)$ conociendo su pendiente**

Conocemos la pendiente, m, de las rectas tangentes buscadas pero no sabemos cuáles son los puntos de tangencia. Las abscisas de estos se obtienen resolviendo la ecuación $f'(x) = m$.

Por ejemplo:

Hallar las rectas tangentes a $y = sen\, x$, $x \in [-\pi, \pi]$ paralelas a la recta $x + 2y = 0$.

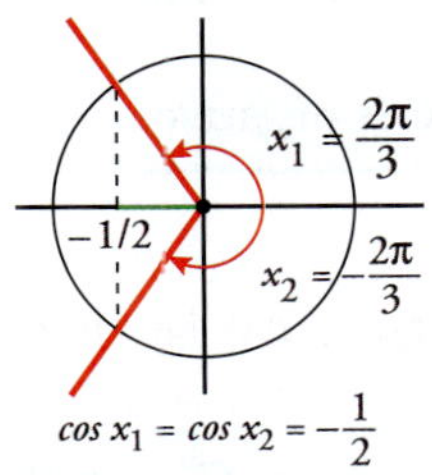

- Pendiente de la recta: $y = -\frac{1}{2}x \to m = -\frac{1}{2}$
- $f'(x) = cos\, x$; $cos\, x = -\frac{1}{2} \to x_1 = \frac{2\pi}{3}$, $x_2 = -\frac{2\pi}{3}$
- Puntos de tangencia: $sen \frac{2\pi}{3} = \frac{\sqrt{3}}{2} \to \left(\frac{2\pi}{3}, \frac{\sqrt{3}}{2}\right)$

  $sen\left(-\frac{2\pi}{3}\right) = -\frac{\sqrt{3}}{2} \to \left(-\frac{2\pi}{3}, -\frac{\sqrt{3}}{2}\right)$

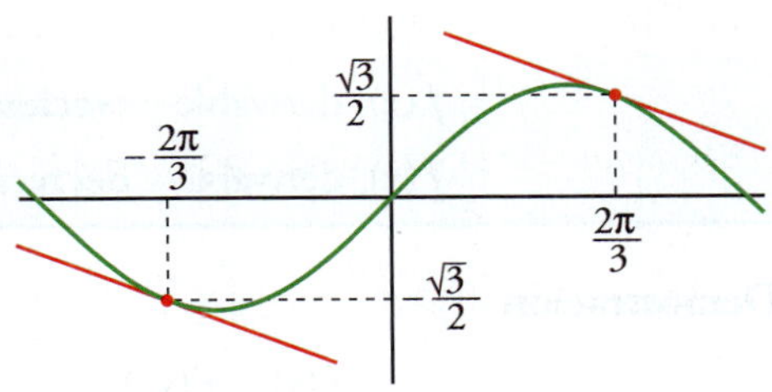

Rectas tangentes: $y = \frac{\sqrt{3}}{2} - \frac{1}{2}\left(x - \frac{2\pi}{3}\right)$ $\quad y = -\frac{\sqrt{3}}{2} - \frac{1}{2}\left(x + \frac{2\pi}{3}\right)$

- **Tangente a una curva desde un punto exterior**

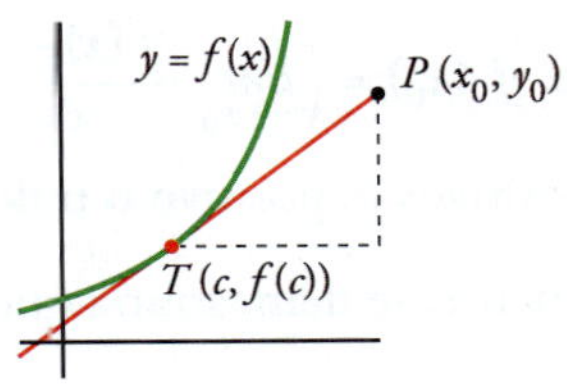

- Conocemos el punto, $P(x_0, y_0)$. Desconocemos el punto de tangencia, $T(c, f(c))$.
- La pendiente del segmento PT es $\frac{y_0 - f(c)}{x_0 - c}$ y coincide con $f'(c)$.
- Se igualan y se resuelve la ecuación. Las soluciones son las abscisas de los puntos de tangencia.

Por ejemplo:

Hallar las rectas tangentes a $y = x^2 - 5x + 3$ que pasan por el punto $P(2, -7)$.

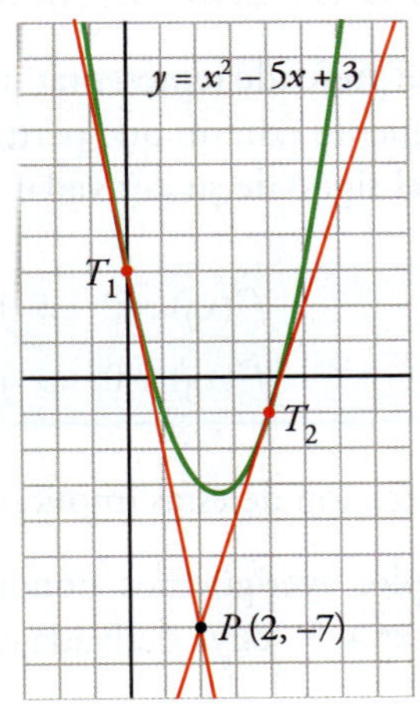

- El punto T de tangencia es de la curva. Sus coordenadas son $(c, c^2 - 5c + 3)$.
- La pendiente de la recta PT debe ser igual a la derivada de f en c:

$$\frac{f(c) - y_0}{c - x_0} = f'(c) \to \frac{c^2 - 5c + 3 - (-7)}{c - 2} = 2c - 5 \quad (\text{pues } f'(x) = 2x - 5)$$

$$\to c^2 - 5c + 10 = (c-2)(2c-5) \to c^2 - 4c = 0 \to c_1 = 0,\ c_2 = 4$$

- Hay dos rectas tangentes:

  $c_1 = 0,\ f(c_1) = 3,\ f'(c_1) = -5 \to y = 3 - 5(x - 0) \to y = -5x + 3$

  $c_2 = 4,\ f(c_2) = -1,\ f'(c_2) = 3 \to y = -1 + 3(x - 4) \to y = 3x - 13$

Los puntos de tangencia son $T_1(0, 3)$ y $T_2(4, -1)$.

Piensa y practica

1 Halla las rectas tangentes a cada curva que cumplen la condición que se indica:

a) $y = \frac{5x^3 + 7x^2 - 16x}{x - 2}$
en los puntos de abscisa 0, 1, 3.

b) $x^2 + y^2 - 2x + 4y - 24 = 0$
en los puntos de abscisa $x_0 = 3$.

c) $y = \frac{x^3}{3} - x^2 + 3x - 6$
paralelas a la recta $y - x = 9$.

d) $y = \frac{x^3}{3} - x^2 + x - 2$
que pasan por el punto $P(2, 0)$.

anayaeducacion.es Practica el cálculo de la recta tangente a una curva.

2 CRECIMIENTO Y DECRECIMIENTO DE UNA FUNCIÓN EN UN PUNTO

La idea gráfica de función creciente o decreciente en un punto es muy clara. Vamos a dar una definición que permita operar con ella:

f es **creciente** en x_0 si existe un entorno de x_0, $E = (x_0 - a,\ x_0 + a)$ tal que, si $x \in E$, $x \neq x_0$, entonces:

$$\frac{f(x) - f(x_0)}{x - x_0} > 0 \quad \text{Esto significa:} \quad \begin{cases} \text{si } x > x_0, \text{ entonces } f(x) > f(x_0) \\ \text{si } x < x_0, \text{ entonces } f(x) < f(x_0) \end{cases}$$

Análogamente, si f es **decreciente,** el cociente es negativo.

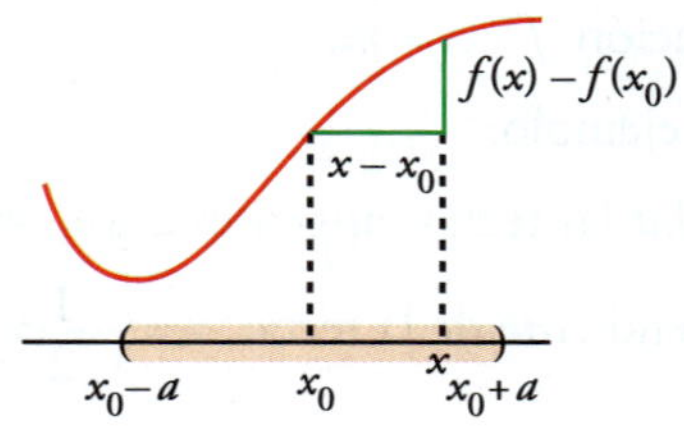

■ Relación del crecimiento con el signo de la derivada

$f(x)$ derivable y **creciente** en $x_0 \Rightarrow f'(x_0) \geq 0$

$f(x)$ derivable y **decreciente** en $x_0 \Rightarrow f'(x_0) \leq 0$

Demostración

f creciente en $x_0 \Rightarrow \dfrac{f(x) - f(x_0)}{x - x_0} > 0$ para todo x de un entorno E de x_0.

Por tanto, $f'(x_0) = \lim\limits_{x \to x_0} \dfrac{f(x) - f(x_0)}{x - x_0} \geq 0$, pues el límite de una función que toma valores positivos es positivo o nulo.

Análogamente, se demostraría que si f es decreciente en x_0, $f'(x_0) \leq 0$.

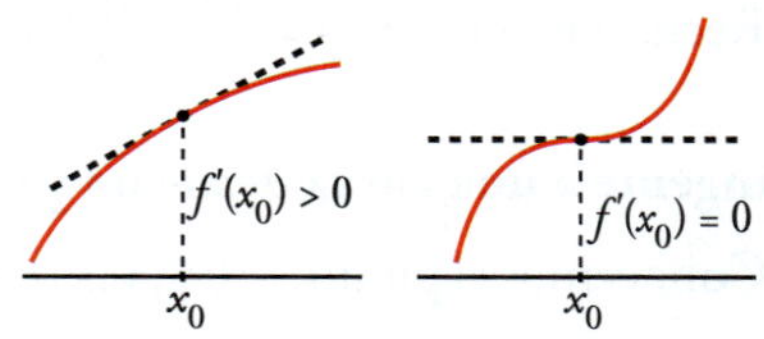

FUNCIONES CRECIENTES

Observa que una función puede ser creciente en un punto siendo cero su derivada en él.

■ Criterio de crecimiento en x_0 a partir del signo de $f'(x_0)$

Cuando se pretende representar una función a partir de su expresión analítica, resulta útil el siguiente criterio que permite inferir si una función es creciente o decreciente a partir del signo de su derivada:

$f'(x_0) > 0 \Rightarrow f$ es **creciente** en x_0

$f'(x_0) < 0 \Rightarrow f$ es **decreciente** en x_0

anayaeducacion.es GeoGebra. Gráfica interactiva para analizar la primera derivada y el crecimiento de una función.

La demostración de estas implicaciones se verá en la página 289.

Por ejemplo, averigüemos dónde es creciente y dónde es decreciente la función $y = x^3 - 6x^2 + 5$, cuya derivada es $f'(x) = 3x^2 - 12x = 3x(x - 4)$:

$$\begin{cases} x < 0 & \Rightarrow f'(x) > 0 \Rightarrow f \text{ es creciente} \\ 0 < x < 4 & \Rightarrow f'(x) < 0 \Rightarrow f \text{ es decreciente} \\ 4 < x & \Rightarrow f'(x) > 0 \Rightarrow f \text{ es creciente} \end{cases}$$

$(-\infty, 0)$ CRECIENTE
$(0, 4)$ DECRECIENTE
$(4, +\infty)$ CRECIENTE

Piensa y practica

1 Demuestra que si una función $y = f(x)$ es decreciente en x_0, entonces:

$$f'(x_0) \leq 0$$

2 Dada la función $y = x^3 - 3x^2 - 9x + 5$:

a) ¿Dónde crece?

b) ¿Dónde decrece?

anayaeducacion.es Calcula los intervalos de crecimiento y decrecimiento de funciones.

3 MÁXIMOS Y MÍNIMOS RELATIVOS DE UNA FUNCIÓN

La idea de máximo relativo en un punto es que la función, en ese punto, vale más que en los puntos que lo rodean. Veamos una definición más operativa:

f tiene un **máximo relativo** en el punto de abscisa x_0 si existe un entorno de x_0, $E = (x_0 - a,\ x_0 + a)$, tal que si $x \in E$, $x \neq x_0$, entonces $f(x) < f(x_0)$. Es decir, es creciente a la izquierda de x_0 y decreciente a su derecha.

Análogamente se define **mínimo relativo.**

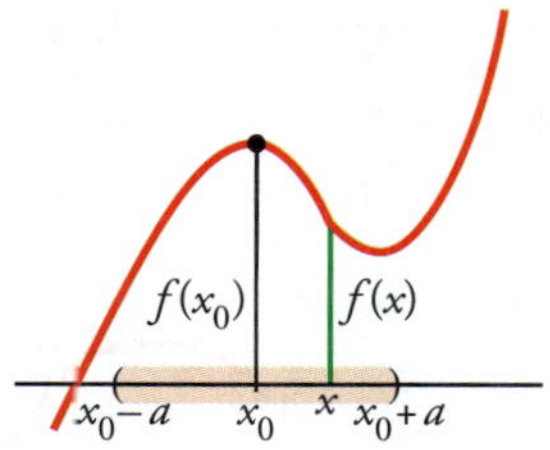

En los máximos y mínimos, la derivada es 0

Si $f(x)$ es derivable en x_0 y tiene un máximo o un mínimo en él, entonces $f'(x_0) = 0$. Es decir:

$$f(x) \text{ máximo o mínimo en } x_0 \Rightarrow f'(x_0) = 0$$

Sin embargo, puede ocurrir que $f'(x_0) = 0$ y que no haya ni máximo ni mínimo en x_0.

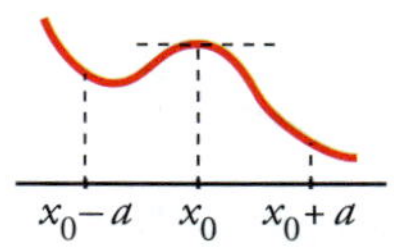

MÁXIMO RELATIVO

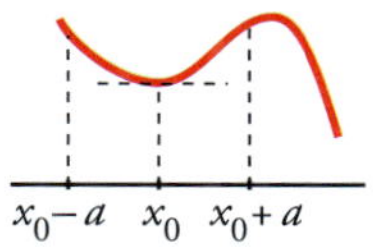

MÍNIMO RELATIVO

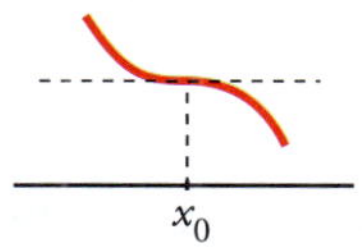

NO HAY MÁXIMO NI MÍNIMO. ES UN PUNTO DE INFLEXIÓN

Demostración

Si f tiene un máximo en x_0, $f(x) - f(x_0) < 0$ cualquiera que sea $x \in (x_0 - a,\ x_0 + a)$:

$$\left.\begin{array}{l} x < x_0 \Rightarrow x - x_0 < 0 \Rightarrow \dfrac{f(x) - f(x_0)}{x - x_0} > 0 \Rightarrow f'(x_0^-) \geq 0 \\ x > x_0 \Rightarrow x - x_0 > 0 \Rightarrow \dfrac{f(x) - f(x_0)}{x - x_0} < 0 \Rightarrow f'(x_0^+) \leq 0 \end{array}\right\}$$

Como f es derivable en x_0, será: $f'(x_0) = f'(x_0^-) = f'(x_0^+) \Rightarrow f'(x_0) = 0$

Ejemplo: veamos los máximos y mínimos de la función $y = 3x^5 - 5x^3$.

Su derivada, $f'(x) = 15(x^4 - x^2) = 15(x-1)\,x^2(x+1)$ se anula en -1, 0 y 1. ¿Cómo saber si hay máximo o mínimo en cada uno de ellos?

— Estudiando el signo de la derivada a su derecha y a su izquierda. Por ejemplo:

$$\left.\begin{array}{l} f'(0{,}99) < 0, \text{ es decreciente a la izquierda de } 1 \\ f'(1{,}01) > 0, \text{ es creciente a la derecha de } 1 \end{array}\right\} \text{ Hay un mínimo en } x = 1.$$

— O bien, representando los tres puntos así como las ramas infinitas. Como la función es derivable y, por tanto, continua en $\mathbb{R}$, al unir los puntos se aprecia cómo se comporta la función en cada uno de ellos.

Vemos que hay un máximo en $x = -1$, un mínimo en $x = 1$ y un punto de inflexión en $x = 0$.

Puntos singulares

Los puntos de tangente horizontal, es decir, aquellos donde $f'(x) = 0$, se llaman **puntos singulares** o **puntos críticos.**

Un punto singular puede ser:

máximo	f pasa de crecer a decrecer
mínimo	f pasa de decrecer a crecer
punto de inflexión	no hay cambio en el crecimiento

Idea de la demostración

Si hay un máximo en x_0:

— La derivada en x_0 por la izquierda es mayor o igual que 0.

— La derivada en x_0 por la derecha es menor o igual que 0.

Por tanto, la derivada en x_0 es 0.

Y algo parecido ocurre para los mínimos.

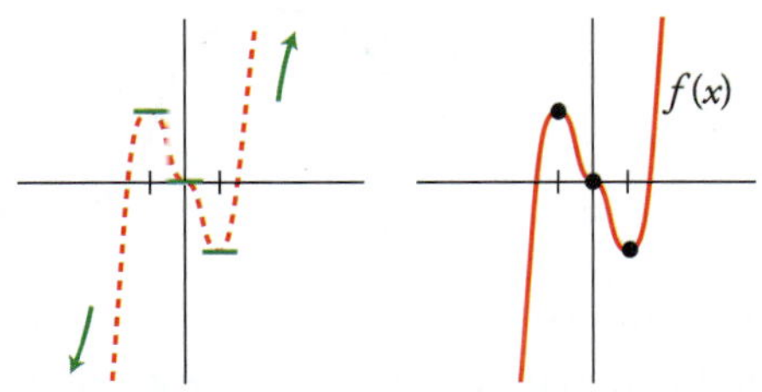

anayaeducacion.es GeoGebra. Gráfica para analizar la primera derivada y los máximos y mínimos de una función.

Piensa y practica

1 Comprueba que la función $y = x^3/(x-2)^2$ tiene solo dos puntos singulares, en $x = 0$ y en $x = 6$.

Averigua de qué tipo es cada uno de estos dos puntos singulares; para ello, debes estudiar el signo de la derivada.

2 a) Halla todos los puntos singulares (abscisa y ordenada) de la función $y = -3x^4 + 4x^3$. Mediante una representación adecuada, averigua de qué tipo es cada uno de ellos.

b) Haz lo mismo para $y = x^4 + 8x^3 + 22x^2 + 24x + 9$.

anayaeducacion.es Ejercicio para estudiar los máximos y mínimos de una función.

4 INFORMACIÓN EXTRAÍDA DE LA SEGUNDA DERIVADA

Concavidad, convexidad y punto de inflexión

Observemos la siguiente gráfica:

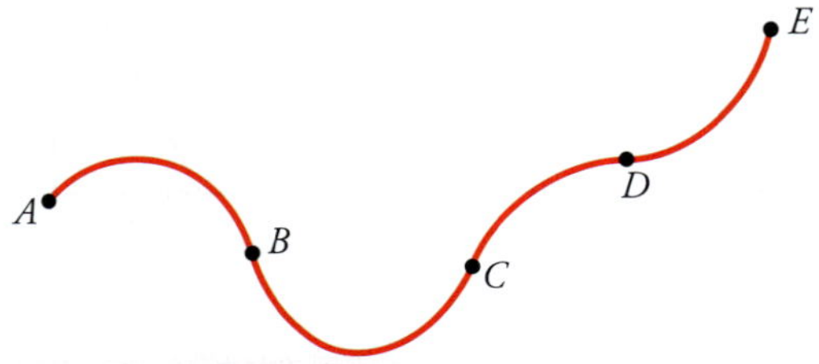

Mirándola desde arriba, ¿no es razonable que llamemos **cóncavos** a los tramos BC y DE y **convexos** a los tramos AB y CD? Los puntos B, C, D, en los que la curvatura pasa de cóncava a convexa, o viceversa, son los **puntos de inflexión**.

La mejor forma de caracterizar matemáticamente el tipo de curvatura (concavidad, convexidad o inflexión) es analizar la posición de la curva con relación a su tangente, como vamos a hacer a continuación.

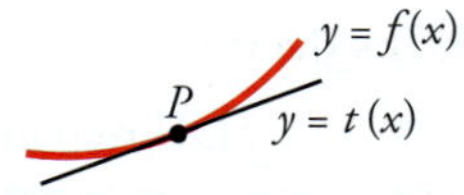

$f(x) > t(x) \Rightarrow f$

La tangente está por debajo de la gráfica de f.

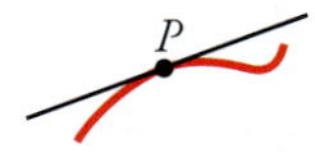

$f(x) < t(x) \Rightarrow f$

La tangente está por encima de la gráfica de f.

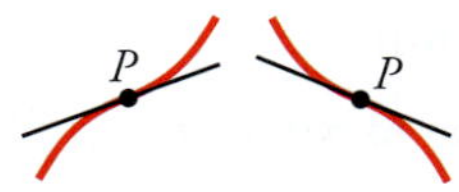

La tangente «atraviesa» la gráfica de f.

> Tenemos una curva $y = f(x)$. Trazamos la recta tangente a ella en un punto P, cuya ecuación es $y = t(x)$. Entonces:
>
> Si en las cercanías de P es $f(x) > t(x)$, la curva es **cóncava** en P.
>
> Si en las cercanías de P es $f(x) < t(x)$, la curva es **convexa** en P.
>
> Si la tangente atraviesa la curva en P, es decir, si a la izquierda de P es $f(x) < t(x)$, y a la derecha $f(x) > t(x)$, o viceversa, P es un **punto de inflexión.**

Relación de la curvatura con la segunda derivada

Observa esta gráfica:

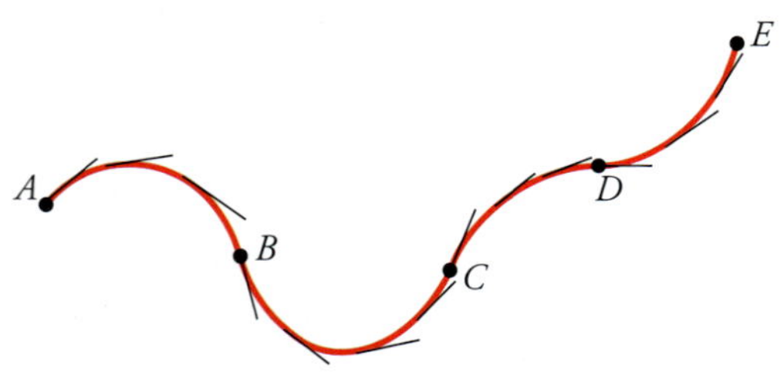

Fíjate que en el tramo AB las cuatro tangentes que hay representadas tienen su pendiente cada vez menor. En este intervalo, pues, f' es decreciente y, por tanto, su derivada (la derivada de f') es negativa. Lo mismo le ocurre al tramo CD.

Y lo contrario ocurre en los tramos BC y DE: la pendiente de las tangentes aumenta y, por tanto, f' es creciente y la derivada de f' es positiva. En general:

> Si f tiene segunda derivada en x_0, se cumple que:
>
> f **cóncava** en $x_0 \Rightarrow f'$ es **creciente** en $x_0 \Rightarrow f''(x_0) \ge 0$
>
> f **convexa** en $x_0 \Rightarrow f'$ es **decreciente** en $x_0 \Rightarrow f''(x_0) \le 0$
>
> f tiene un **punto de inflexión** en $x_0 \Rightarrow f''(x_0) = 0$

anayaeducacion.es GeoGebra. Gráfica interactiva para analizar la segunda derivada y la curvatura de una función.

Ten en cuenta

Estas implicaciones sirven para extraer conclusiones sobre el comportamiento de la segunda derivada, f'', a partir de la forma de la curva.

■ Criterio para detectar el tipo de curvatura

Puesto que lo que suele interesarnos es obtener información sobre la forma de la curva a partir de su expresión analítica, veamos cómo son las implicaciones de sentido opuesto a las que acabamos de ver:

$f''(x_0) > 0 \Rightarrow f$ es **cóncava** en x_0

$f''(x_0) < 0 \Rightarrow f$ es **convexa** en x_0

$f''(x_0) = 0$ y $f'''(x_0) \neq 0 \Rightarrow f$ tiene un **punto de inflexión** en x_0

■ Aplicación a la identificación de máximos y mínimos

Si $f'(x_0) = 0$ y existe $f''(x_0)$, entonces:

$f''(x_0) > 0 \Rightarrow f$ tiene un **mínimo relativo** en x_0

$f''(x_0) < 0 \Rightarrow f$ tiene un **máximo relativo** en x_0

(La demostración se verá en la página 291).

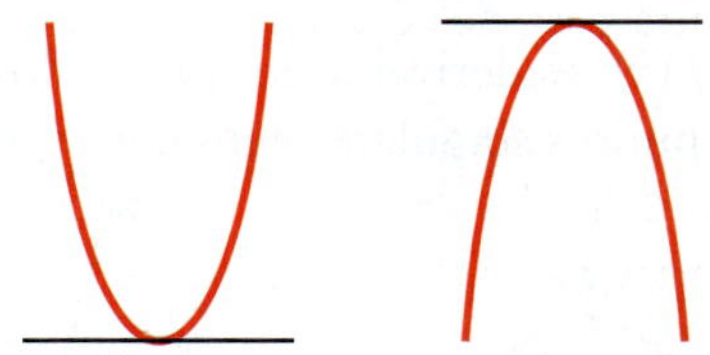

Ejercicio resuelto

1 *Estudiar la curvatura de la función:* $f(x) = x^3 + 3x^2$.

Hallamos la derivada segunda de la función:

$$f'(x) = 3x^2 + 6x$$

$$f''(x) = 6x + 6$$

Buscamos los valores que anulan la derivada segunda:

$$f''(x) = 0 \rightarrow 6x + 6 = 0 \rightarrow x = -1$$

$$f(-1) = (-1)^3 + 3(-1)^2 = 2$$

Como $f'''(x) = 6 \neq 0$, el punto $I(-1, 2)$ es un punto de inflexión.

- $f''(x) = 6x + 6 < 0 \Leftrightarrow x < -1$

  Desde $-\infty$ hasta -1, la curva es **convexa,** pues $f''(x) < 0$.

- $f''(x) = 6x + 6 > 0 \Leftrightarrow x > -1$

  Desde -1 hasta $+\infty$, la curva es **cóncava,** pues $f''(x) > 0$.

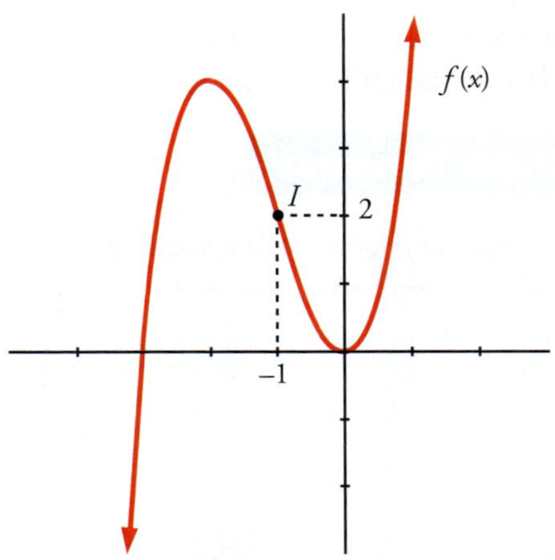

anayaeducacion.es
Ejercicios de **refuerzo:** aplicaciones de la segunda derivada.

Piensa y practica

1 Estudia la curvatura de esta función:

$$y = 3x^4 - 8x^3 + 5$$

2 Estudia la curvatura de la función siguiente:

$$y = x^3 - 6x^2 + 9x$$

anayaeducacion.es Ejercicios para estudiar la curvatura de una función.

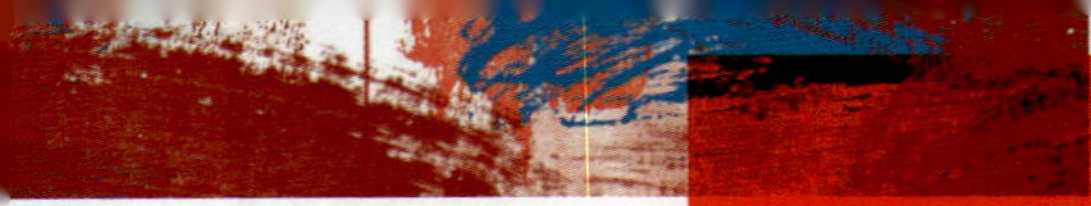

5
OPTIMIZACIÓN DE FUNCIONES

Recuerda que **optimizar** una función, $f(x)$, es averiguar cuál es el valor máximo (o mínimo) y determinar para qué valor de x se alcanza.

Para familiarizarnos con la resolución de este tipo de problemas, tendremos que:

- Aprender la técnica de hallar, de la forma más eficaz posible, los extremos de una función que viene dada mediante su expresión analítica.
- Ejercitarnos en expresar analíticamente funciones que se describen mediante un enunciado.

Empecemos dando unas orientaciones muy concretas para lo primero y, a continuación, propondremos una serie de ejemplos como entrenamiento para lo segundo.

La importancia de optimizar

Hacer máximo un volumen, una población, unos beneficios, hacer mínimos unos costes de producción o un área son ejemplos de optimización de funciones con los que ingenieros, arquitectos, economistas, … tienen que tratar habitualmente.

La dificultad de estos problemas, normalmente, no estriba en optimizar una función dada por una expresión analítica, sino en encontrar la expresión analítica de la función que se desea optimizar.

Cálculo de los extremos de una función $f(x)$ en un intervalo $[a, b]$

En los problemas de optimización, lo que interesa no son los extremos relativos de la función sino los absolutos. Veamos algunas reglas para obtenerlos:

a) Si $f(x)$ es derivable en $[a, b]$, los máximos y los mínimos absolutos están entre los puntos singulares y los correspondientes a los extremos del intervalo:

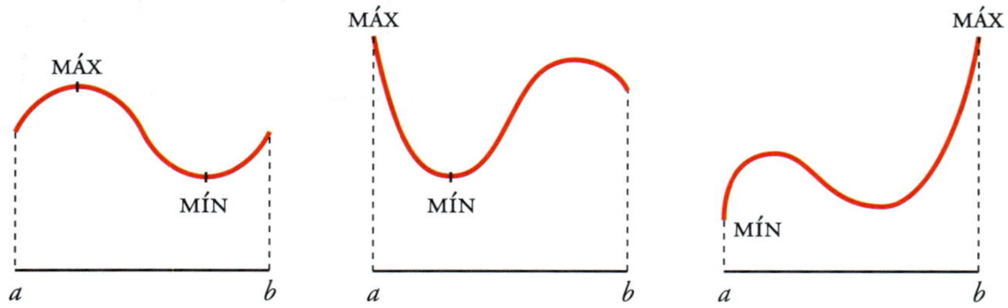

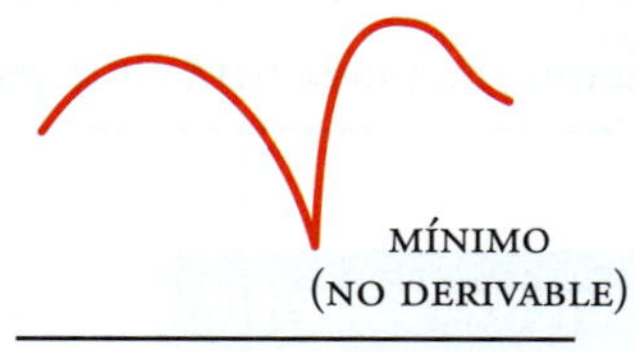

Por tanto, para hallarlos:

- Se resuelve la ecuación $f'(x) = 0$.
- Se seleccionan las soluciones $x_1, x_2, x_3, \dots$ que están entre a y b.
- Se calcula $f(a), f(x_1), f(x_2), \dots$ y $f(b)$.

Con estos valores se verá cuál es el máximo y cuál el mínimo.

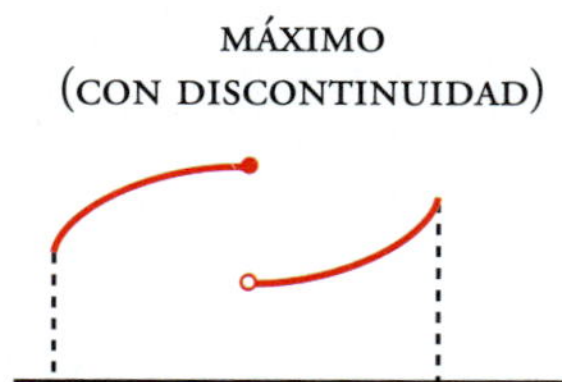

b) Si hay algún punto de $[a, b]$ en el que la función no sea derivable, aunque sí continua, calcularemos el valor de f en ese punto, pues podría ser un extremo.

c) Si f no es continua en algún punto x_0 de $[a, b]$, estudiaremos el comportamiento de la función en las cercanías de x_0.

Ejercicios resueltos

1 *En la segunda página de la unidad se proponía un problema como este:*

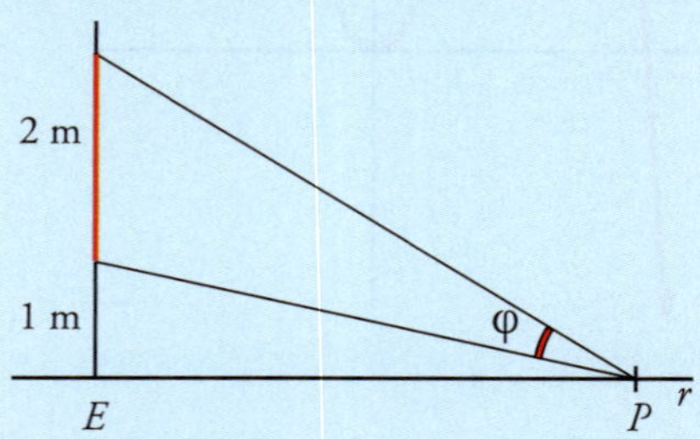

Si el punto P se desliza a lo largo de la semirrecta r, ¿en qué posición se consigue que el ángulo φ sea máximo?

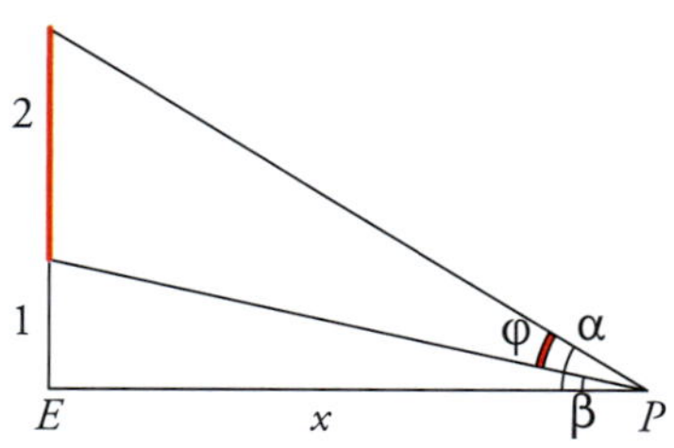

$$tg\,\alpha = \frac{3}{x},\quad tg\,\beta = \frac{1}{x}$$

$$tg\,\varphi = tg(\alpha - \beta) = \frac{tg\,\alpha - tg\,\beta}{1 + tg\,\alpha\, tg\,\beta} = \frac{\frac{3}{x} - \frac{1}{x}}{1 + \frac{3}{x} \cdot \frac{1}{x}} = \frac{2x}{x^2 + 3}$$

El ángulo φ es máximo cuando lo es su tangente.

Hemos de hallar el máximo de $tg\,\varphi = f(x) = \dfrac{2x}{x^2+3}$; $f'(x) = \dfrac{-2x^2+6}{(x^2+3)^2}$

$f'(x) = 0 \iff x = \pm\sqrt{3}$. Solo vale la solución positiva.

Por tanto, para que φ sea máximo, el punto P ha de estar a $\sqrt{3} = 1{,}73$ m del punto E.

Ejercicios resueltos

2 *Descomponer el número 36 en dos sumandos positivos de modo que el producto del primer sumando por el cuadrado del segundo sea máximo.*

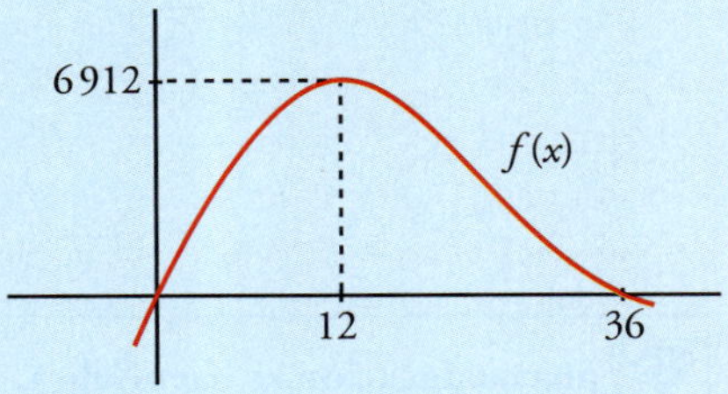

$\left.\begin{array}{l}1.^{er} \text{ sumando: } x,\ x > 0 \\ 2.^{o} \text{ sumando: } 36 - x,\ x < 36\end{array}\right\}$

Ha de ser máximo el valor de la siguiente función:

$$f(x) = x(36 - x)^2,\ \ 0 < x < 36$$

Empezamos averiguando dónde se anula su derivada:

$$f(x) = x^3 - 72x^2 + 1\,296x \qquad f'(x) = 3x^2 - 144x + 1\,296$$

$$f'(x) = 0 \ \rightarrow\ x = \frac{144 \pm \sqrt{144^2 - 4 \cdot 3 \cdot 1\,296}}{2 \cdot 3} = \begin{cases} 12 \\ 36 \text{ (no vale)} \end{cases}$$

(36 no vale porque está fuera del dominio de definición de f).

En este caso, el intervalo de definición es (0, 36), es decir, es abierto; por tanto, no hace falta estudiar el comportamiento de f en sus extremos aunque fácilmente puedes comprobar que se corresponden con el producto 0, es decir, $f(0) = f(36) = 0$.

Por tanto, el valor máximo se obtiene para $x = 12$, $f(12) = 6\,912$.

Solución: el primer sumando es 12, y el segundo, 24.

3 *Con dos piezas cuadradas de 36 cm de lado hacemos la operación que aparece a la derecha.*

¿Cuánto debe valer x, el lado del cuadradito que recortamos, para que el volumen de la caja resultante sea máximo?

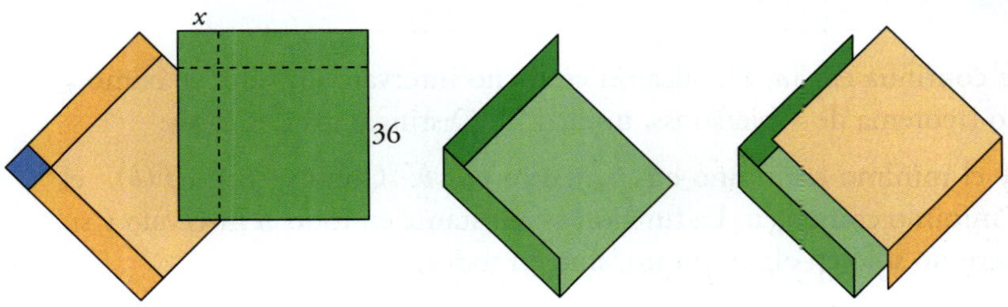

Las dimensiones de la caja serán:

$x,\ 36 - x,\ 36 - x$

Por tanto, el volumen será:

$V(x) = x(36 - x)^2,\ \ 0 < x < 36$

Es decir, la función que hemos de optimizar es la misma del ejemplo anterior.

El lado del cuadradito será de 12 cm.

En tal caso, el volumen de la caja será de $6\,912\ cm^3$.

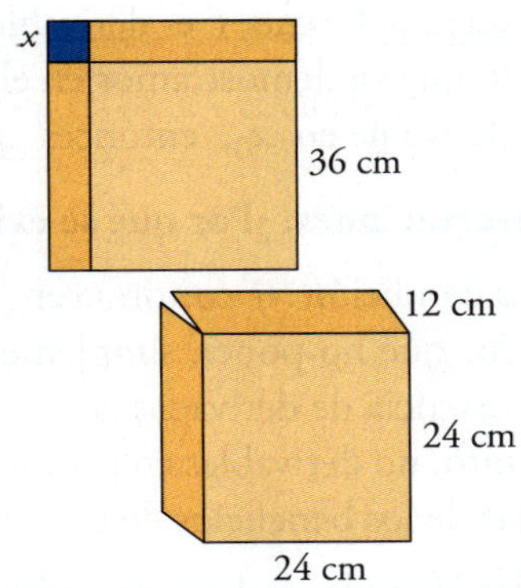

anayaeducacion.es
Ejercicios de **refuerzo** sobre optimización de funciones.

Piensa y practica

1 Halla el número positivo cuya suma con veinticinco veces su inverso sea mínima.

2 De entre todos los triángulos rectángulos cuyos catetos tienen longitudes que suman 10 cm, halla las dimensiones de aquel cuya área es máxima.

3 Entre todos los rectángulos de perímetro 12 m, ¿cuál es el que tiene la diagonal menor?

4 Determina las dimensiones que debe tener un recipiente cilíndrico de volumen igual a 6,28 litros para que pueda construirse con la menor cantidad posible de hojalata.

anayaeducacion.es GeoGebra. Problemas para optimizar funciones aplicando las derivadas.

6 DOS IMPORTANTES TEOREMAS

Lo que dicen estos teoremas es muy sencillo y natural. Con ellos se simplifican notablemente las demostraciones de varios resultados que hemos enunciado y utilizado, sin demostrar, en los primeros apartados de esta unidad. Recordemos dos de ellos:

$f'(x_0) > 0 \Rightarrow f$ es creciente en x_0

$f'(x_0) = 0$ y $f''(x_0) > 0 \Rightarrow f$ tiene un mínimo relativo en x_0

Teorema de Rolle

La idea del teorema de Rolle es que una curva continua y sin puntos angulosos que toma los mismos valores en los extremos de un intervalo necesariamente tiene algún punto con tangente horizontal.

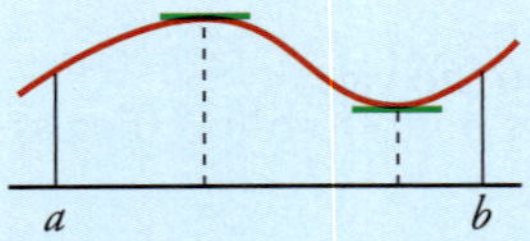

f es continua en $[a, b]$ y derivable en (a, b).

Si $f(a) = f(b)$, existe algún punto $c \in (a, b)$ tal que $f'(c) = 0$.

anayaeducacion.es GeoGebra. Comprobación interactiva del teorema de Rolle.

Demostración

HIPÓTESIS		TESIS
• f continua en $[a, b]$ • f derivable en (a, b) • $f(a) = f(b)$	$\Rightarrow$	Existe $c \in (a, b)$ tal que $f'(c) = 0$

Puesto que f es continua en $[a, b]$, alcanza en dicho intervalo un valor máximo y un valor mínimo (teorema de Weierstrass, unidad 7). Distingamos dos casos:

I. El máximo y el mínimo están uno en a y otro en b. Como $f(a) = f(b)$, el máximo y el mínimo coinciden. La función es constante en todo el intervalo y su derivada es cero no solo en algún punto, sino en todos.

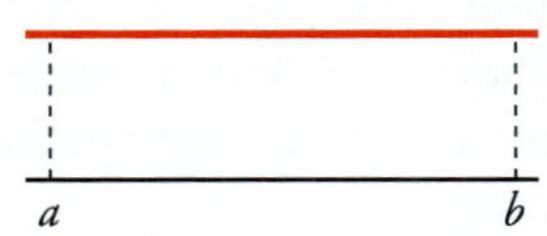

II. f alcanza el máximo o el mínimo en un punto c distinto de los extremo del intervalo. Como f es derivable en c, se cumple que $f'(c) = 0$. (Estamos aplicando lo que ya demostramos en el epígrafe 3: si f tiene máximo o mínimo en x_0 y es derivable en x_0, entonces $f'(x_0) = 0$).

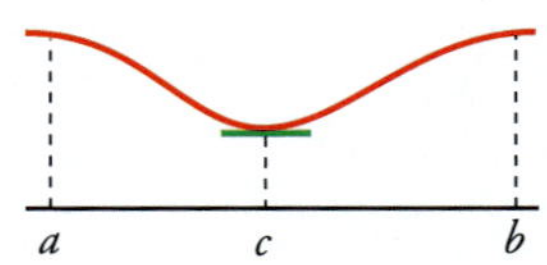

Observaciones: ¿Por qué se exigen estas hipótesis?

- La condición «f continua en $[a, b]$ y derivable en (a, b)» puede resultar chocante. ¿Por qué no poner, simplemente, derivable en $[a, b]$, con lo cual exigiríamos la existencia de derivadas laterales? Porque hay funciones con tangente vertical y, por tanto, no derivables en alguno de los extremos que quedarían injustamente separadas de los beneficios de este teorema.

  Por ejemplo, la función $f(x) = \sqrt{1-x^2}$, continua en $[-1, 1]$, derivable en $(-1, 1)$ pero no derivable en $[-1, 1]$. Fíjate en que $f(1) = f(-1) = 0$ y que $f'(0) = 0$.

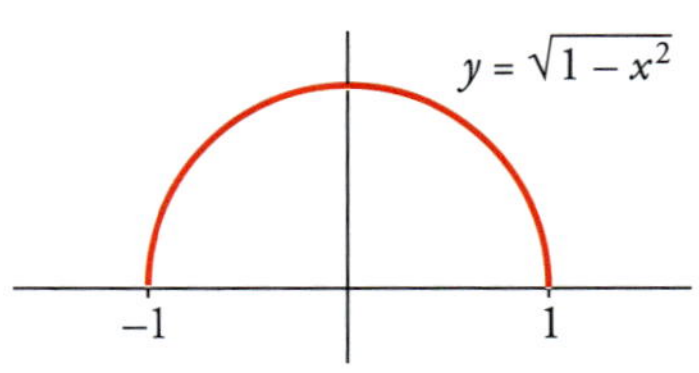

- ¿Y por qué no exigimos, simplemente, que «f sea derivable en (a, b)»? Pues porque si no exigiéramos que f sea continua en los extremos del intervalo se nos «colarían» funciones como la del margen, que, evidentemente, no es buena candidata para pretender que cumpla la tesis.

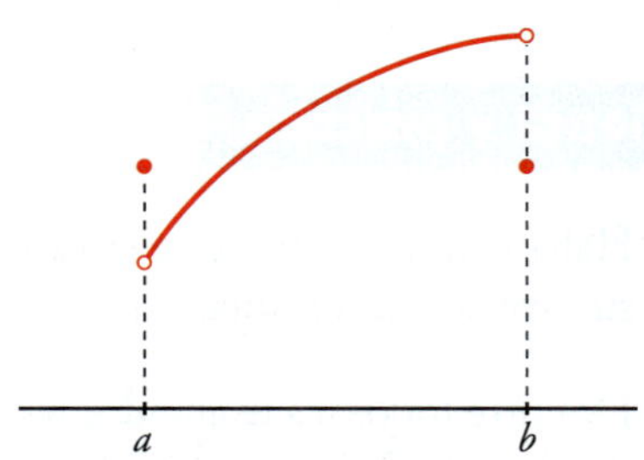

$f(a) = f(b)$ pero no existe $c \in (a, b)$ tal que $f'(c) = 0$ porque f no es continua en $[a, b]$.

En definitiva: es necesario exigir la continuidad en $[a, b]$, y es conveniente conformarse con la derivabilidad en (a, b).

Ejercicios resueltos

1 *Comprobar que la función:*

$$y = x^3 - 4x + 3$$

cumple las hipótesis del teorema de Rolle en el intervalo [0, 2]. ¿En qué punto cumple la tesis?

La función es derivable y, por tanto, continua en todo $\mathbb{R}$.

Además, $f(0) = f(2) = 3$. Cumple las hipótesis. Por tanto, cumplirá la tesis; es decir, tendrá un punto de derivada nula entre 0 y 2.

$$f'(x) = 3x^2 - 4 \to 3x^2 - 4 = 0 \to x = \pm\sqrt{\frac{4}{3}} = \pm\frac{2\sqrt{3}}{3}$$

Efectivamente, $c = \frac{2\sqrt{3}}{3} \approx 1{,}15 \in (0, 2)$ y $f'(c) = 0$.

2 *Aplicando el teorema de Rolle, demostrar que la ecuación $x^4 - 8x^2 + k = 0$ no puede tener más de una raíz en el intervalo [0, 2], cualquiera que sea el valor de k.*

Vamos a demostrarlo por reducción al absurdo: supondremos que tiene dos raíces, r y s, en el intervalo [0, 2] y llegaremos a una contradicción.

Si r y s son raíces de la ecuación, $0 \le r < s \le 2$, entonces $P(x) = x^4 - 8x^2 + k$ cumple las hipótesis del teorema de Rolle en el intervalo $[r, s]$, pues por ser polinómica es derivable, y por tanto continua, y además $P(r) = P(s) = 0$.

Se cumple, pues, la tesis: hay un número $c \in (r, s)$ para el cual $P'(c) = 0$. Como $c \in (r, s)$, entonces $0 < c < 2$.

Pero $P'(x) = 4x^3 - 16x$ solo tiene tres raíces: –2, 0, 2, ninguna de ellas está contenida en el intervalo (0, 2). Llegamos, pues, a una contradicción. Conclusión: la ecuación no tiene dos raíces en (0, 2). (Es decir, tiene una o ninguna).

3 *Calcular p, m y n para que:*

$$f(x) = \begin{cases} -x^2 + px & \text{si } -1 \le x \le 3 \\ mx + n & \text{si } 3 < x \le 5 \end{cases}$$

cumpla las hipótesis del teorema de Rolle en el intervalo [–1, 5]. ¿Dónde cumple la tesis?

$$\left.\begin{array}{l} \lim_{x \to 3^-} f(x) = -9 + 3p \\ \lim_{x \to 3^+} f(x) = 3m + n \end{array}\right\} \text{ Para que } f \text{ sea continua, ha de ser } \boxed{-9 + 3p = 3m + n}$$

$$\left.\begin{array}{l} \lim_{x \to 3^-} f'(x) = -2 \cdot 3 + p \\ \lim_{x \to 3^+} f'(x) = m \end{array}\right\} \text{ Para que } f \text{ sea derivable, ha de ser } \boxed{-6 + p = m}$$

$$\left.\begin{array}{l} f(-1) = -1 - p \\ f(5) = 5m + n \end{array}\right\} \text{ Para que } f \text{ tome el mismo valor en los dos extremos del intervalo } [-1, 5] \to \boxed{-1 - p = 5m + n}$$

El sistema formado por las tres ecuaciones señaladas tiene como solución $p = 10/3$, $m = -8/3$, $n = 9$. Para estos valores se cumplen las hipótesis del teorema de Rolle.

$$f'(x) = \begin{cases} -2x + 10/3 & \text{si } -1 \le x \le 3 \\ -8/3 & \text{si } 3 < x \le 5 \end{cases} \qquad f'(x) = 0 \Leftrightarrow x = \frac{5}{3}$$

La tesis del teorema de Rolle se cumple en $c = \frac{5}{3}$, pues $f'\left(\frac{5}{3}\right) = 0$.

Piensa y practica

1 Comprueba que la función $f(x) = sen\ x$ cumple las hipótesis del teorema de Rolle en el intervalo $[0, \pi]$.

¿Dónde cumple la tesis?

2 Calcula b para que la función:

$$f(x) = x^3 - 4x + 3$$

cumpla las hipótesis del teorema de Rolle en el intervalo $[0, b]$. ¿Dónde cumple la tesis?

3 Comprueba que la función:

$$f(x) = \begin{cases} 2x + 2 & \text{si } -0{,}5 \le x < 1 \\ 5 - (x-2)^2 & \text{si } 1 \le x \le 4 \end{cases}$$

cumple la hipótesis del teorema de Rolle en el intervalo [–0,5; 4]. ¿Dónde se cumple la tesis?

4 Aplicando el teorema de Rolle, demuestra que la ecuación $x^3 - 3x + k = 0$ no puede tener más de una raíz en el intervalo [–1, 1] cualquiera que sea el valor de k.

Teorema del valor medio

La idea del teorema del valor medio (T.V.M.) es que en una curva continua y sin puntos angulosos que va de A a B habrá algún punto intermedio en el que su tangente sea paralela al segmento AB.

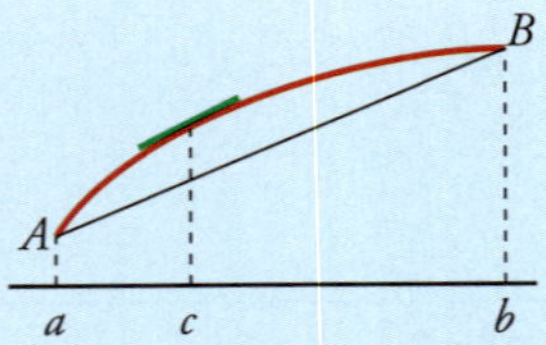

f es continua en $[a, b]$ y derivable en (a, b). Entonces, existe algún punto $c \in (a, b)$ tal que:

$$f'(c) = \frac{f(b) - f(a)}{b - a}$$

HIPÓTESIS
• f continua en $[a, b]$ • f derivable en (a, b)

⇓

TESIS
Existe $c \in (a, b)$ tal que $f'(c) = \frac{f(b) - f(a)}{b - a}$

Demostración

Vamos a estudiar la función $\psi(x)$, que se obtiene al restar de la ordenada de la curva, $f(x)$, la ordenada de la recta r que pasa por $A(a, f(a))$ y $B(b, f(b))$.

(ψ es una letra del alfabeto griego. Se llama *psi*).

La ecuación de la recta r es:

$$y = f(a) + \frac{f(b) - f(a)}{b - a}(x - a)$$

Es decir:

$$r(x) = f(a) + \frac{f(b) - f(a)}{b - a}(x - a)$$

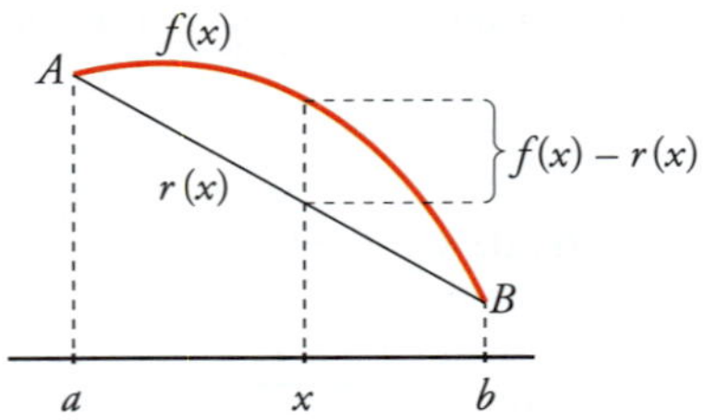

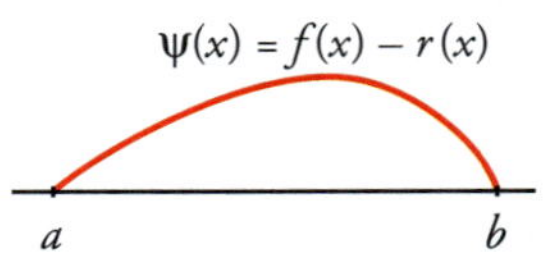

Por tanto:

$$\psi(x) = f(x) - r(x) = f(x) - f(a) - \frac{f(b) - f(a)}{b - a}(x - a)$$

Esta función cumple las hipótesis del teorema de Rolle en el intervalo $[a, b]$, pues, además de ser continua en $[a, b]$ y derivable en (a, b), verifica que $\psi(a) = \psi(b)$.

Veámoslo:

$$\left.\begin{array}{l} \psi(b) = f(b) - f(a) - \dfrac{f(b) - f(a)}{b - a}(b - a) = 0 \\ \psi(a) = f(a) - f(a) - \dfrac{f(b) - f(a)}{b - a}(a - a) = 0 \end{array}\right\} \to \psi(b) = \psi(a)$$

Por tanto, $\psi(x)$ cumple la tesis del teorema de Rolle: existe $c \in (a, b)$ tal que $\psi'(c) = 0$.

Como $\psi'(x) = f'(x) - \frac{f(b) - f(a)}{b - a}$:

$$\psi'(c) = f'(c) - \frac{f(b) - f(a)}{b - a} = 0$$

Es decir, existe un $c \in (a, b)$ tal que $f'(c) = \frac{f(b) - f(a)}{b - a}$.

anayaeducacion.es GeoGebra. Comprobación interactiva del teorema del valor medio.

Ten en cuenta

$\psi(x) = f(x) - r(x)$ es continua en $[a, b]$ y derivable en (a, b) porque $f(x)$ y $r(x)$ lo son.

Ejercicios resueltos

1 *Comprobar que $y = \sqrt{x}$ cumple las hipótesis del teorema del valor medio en el intervalo [0, 9].*

¿Dónde cumple la tesis?

$\sqrt{x}$ es continua en [0, 9] y derivable en (0, 9). Cumple, pues, las hipótesis del T.V.M. Por tanto, cumple la tesis. Veamos dónde:

$$\left.\begin{array}{l}\dfrac{f(9)-f(0)}{9-0}=\dfrac{\sqrt{9}-\sqrt{0}}{9-0}=\dfrac{1}{3}\\[2ex] f'(x)=\dfrac{1}{2\sqrt{x}}\end{array}\right\}\ \dfrac{1}{2\sqrt{c}}=\dfrac{1}{3}\ \to\ c=\dfrac{9}{4}$$

Como $\dfrac{9}{4} \in (0, 9)$ y $f'\left(\dfrac{9}{4}\right)=\dfrac{f(9)-f(0)}{9-0}=\dfrac{1}{3}$, en $c = \dfrac{9}{4}$ se cumple la tesis.

2 *Calcular a y b para que la función*

$$f(x) = \begin{cases} x^2 + ax + b, & x < 1 \\ 2x + 1 & x \ge 1 \end{cases}$$

cumpla las hipótesis del T.V.M. en el intervalo [–1, 5].

¿Dónde cumple la tesis?

Para que sea continua en $x_0 = 1$: $1 + a + b = 2 + 1 \to a + b = 2$

$f'(x) = \begin{cases} 2x + a, & x < 1 \\ 2, & x \ge 1 \end{cases}$ Para que sea derivable en $x_0 = 1$, ha de ser $2 \cdot 1 + a = 2 \to a = 0$

$(a + b = 2$ y $a = 0) \Rightarrow b = 2$

La función $f(x) = \begin{cases} x^2 + 2, & x < 1 \\ 2x + 1, & x \ge 1 \end{cases}$ es continua en [–1, 5] y derivable en (–1, 5).

Por tanto, cumple las hipótesis del T.V.M.

Veamos dónde cumple la tesis:

$$\frac{f(b)-f(a)}{b-a}=\frac{f(5)-f(-1)}{5-(-1)}=\frac{11-3}{6}=\frac{8}{6}=\frac{4}{3}$$

$$f'(x) = \begin{cases} 2x, & x < 1 \\ 2, & x \ge 1 \end{cases} \to 2c = \frac{4}{3} \to c = \frac{2}{3}$$

La tesis se cumple en el punto $c = \dfrac{2}{3} \in (-1, 5)$.

3 *Si $f(x) = mx^2 + nx + p$, comprobar que en esta parábola se tiene que el punto c para el cual*

$$f'(c) = \frac{f(b) - f(a)}{b - a}$$

es, precisamente, la media aritmética de a y b:

$$c = (a + b)/2$$

$$\frac{f(b)-f(a)}{b-a}=\frac{(mb^2+nb+p)-(ma^2+na+p)}{b-a}=$$

$$=\frac{m(b^2-a^2)+n(b-a)}{b-a}=m(b+a)+n$$

$f'(c) = 2mc + n$

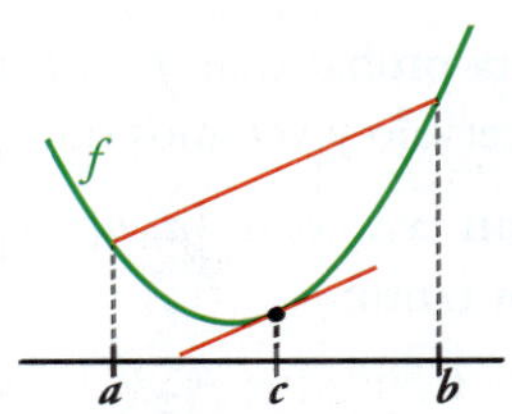

Punto medio de (*a*, *b*)

Por tanto: $2mc + n = m(b + a) + n \to 2c = b + a \to c = \dfrac{b+a}{2}$

Piensa y practica

5 Demuestra que $f(x) = \begin{cases} 2x-3 & \text{si } x < 4 \\ -x^2+10x-19 & \text{si } x \ge 4 \end{cases}$ cumple las hipótesis del teorema del valor medio en el intervalo [2, 6]. ¿En qué punto cumple la tesis?

6 Calcula a y b para que $f(x) = \begin{cases} x^2+2x+a & \text{si } x \le 0 \\ -x^2+bx & \text{si } x > 0 \end{cases}$ cumpla las hipótesis del teorema del valor medio en [–3, 2]. ¿Dónde cumple la tesis? Haz la gráfica.

7 Aplica el teorema del valor medio, si es posible, en el intervalo [–2, –1] a la función siguiente:

$$f(x) = x^2 - 3x + 2$$

Calcula el valor correspondiente a c y comprueba gráficamente el resultado obtenido.

8 Repite el ejercicio anterior para la función:

$$g(x) = x^3 - x^2 - x + 1$$

7

APLICACIONES TEÓRICAS DEL TEOREMA DEL VALOR MEDIO

A lo largo de la unidad hemos demostrado algunas propiedades como, por ejemplo:

$$\text{«}f \text{ creciente y derivable en } x_0 \Rightarrow f'(x_0) \geq 0\text{»}$$

en las que, a partir de ciertas propiedades de la función, se obtienen consecuencias de su derivada. Pero hemos dejado sin demostrar otras del tipo:

$$\text{«}f'(x_0) > 0 \Rightarrow f \text{ es creciente en } x_0\text{»}$$

en las que, a partir de alguna propiedad de $f'(x)$, se obtienen datos de la función.

Con el teorema del valor medio se simplifican notablemente las demostraciones de este último tipo de teoremas en los que se deducen propiedades de una función, $f(x)$, a partir de sencillas propiedades de su derivada, $f'(x)$.

FUNCIÓN CONSTANTE

Sabemos que la derivada de una función constante es cero en todos sus puntos. Ahora vamos a probar lo recíproco: si la derivada de una función es cero en todos sus puntos, entonces esa función es constante.

> f es continua en $[a, b]$ y derivable en (a, b).
> Si $f'(x) = 0$ en todos los puntos de (a, b), entonces f es constante en $[a, b]$.

Observa

Hay funciones en las que todos los puntos en los que son derivables tienen derivada igual a 0 pero que no son constantes.

Por ejemplo, la función *signo*:

$$signo\ (x) = \begin{cases} -1, & \text{si } x < 0 \\ 0, & \text{si } x = 0 \\ 1, & \text{si } x > 0 \end{cases}$$

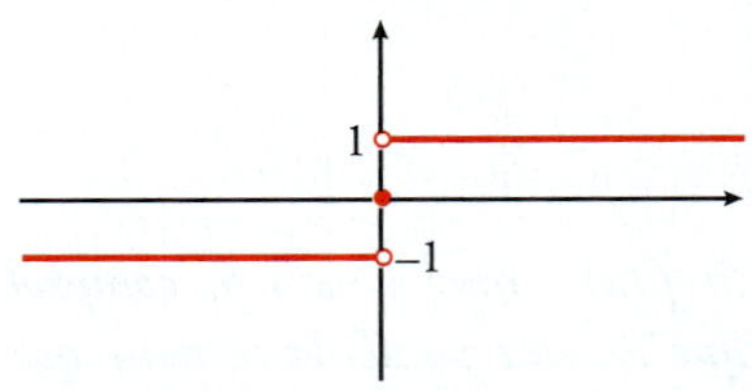

Evidentemente, la razón es que no cumple las hipótesis pues no es continua ni derivable en $x = 0$.

Demostración

HIPÓTESIS		TESIS
• f continua en $[a, b]$ • f derivable en (a, b) • $f'(x) = 0$ para cualquier $x \in (a, b)$	$\Rightarrow$	f es **constante** en $[a, b]$

Para probar que f es constante en $[a, b]$, tomaremos dos puntos cualesquiera del intervalo y veremos que f toma el mismo valor en ambos.

Sean $x_1, x_2 \in [a, b]$, $x_1 < x_2$. Se cumplen las hipótesis del T.V.M. en $[x_1, x_2]$ y, por tanto:

$$\exists\, c \in (x_1, x_2) \text{ que verifica } \frac{f(x_2) - f(x_1)}{x_2 - x_1} = f'(c)$$

Pero como $f'(x) = 0$ en todo el intervalo (a, b), $f'(c) = 0$. Por tanto:

$$f(x_2) - f(x_1) = 0, \text{ es decir, } f(x_2) = f(x_1)$$

Esto significa que la función toma el mismo valor en dos puntos cualesquiera del intervalo y, por tanto, es constante.

FUNCIÓN CRECIENTE EN UN PUNTO

En el apartado 2 de esta unidad hemos visto y demostrado que:

$$\text{«}f \text{ creciente y derivable en } x_0 \Rightarrow f'(x_0) \geq 0\text{»}$$

también afirmamos allí que «$f'(x_0) > 0 \Rightarrow f$ es creciente en x_0».

Esta última implicación quedó sin demostrar. Ahora, utilizando el teorema del valor medio podremos probarla fácilmente, retocando la hipótesis de partida.

> f es derivable en un entorno de x_0 y $f'(x_0) > 0 \Rightarrow f$ es creciente en x_0

Demostración

HIPÓTESIS		TESIS
• f derivable en un entorno de x_0. • $f'(x_0) > 0$	$\Rightarrow$	f es **creciente** en x_0

Si $f'(x_0) > 0$, hay un entorno $E = (x_0 - \delta,\ x_0 + \delta)$ en donde f' es positiva.

Si tomamos dos puntos cualesquiera, $x_1 < x_2$ de E, f cumple las hipótesis del T.V.M. en $[x_1, x_2]$. Por tanto, se cumple la tesis:

$$\exists\ c \in (x_1, x_2) \text{ tal que } \frac{f(x_2) - f(x_1)}{x_2 - x_1} = f'(c) \text{ y, por hipótesis, } f'(c) > 0$$

De ahí se deduce que $f(x_2) - f(x_1) > 0$ y, por tanto, que $f(x_2) > f(x_1)$.

La función es, pues, creciente en $(x_0 - \delta,\ x_0 + \delta)$ y, por tanto, lo es en x_0.

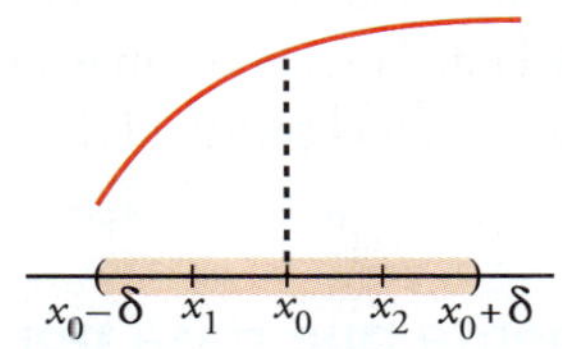

Función decreciente

Naturalmente hay un resultado análogo para funciones decrecientes:

$f'(x_0) < 0 \Rightarrow f$ decreciente en x_0

MÍNIMO RELATIVO

En el apartado 3 de esta unidad demostramos que:

«si f tiene un mínimo en x_0 y es derivable, entonces $f'(x_0) = 0$»

También veíamos que la implicación recíproca no siempre es cierta. Ahora estamos en condiciones de enunciar y demostrar una proposición parecida a su recíproca:

$$f'(x_0) = 0 \text{ y } f''(x_0) > 0 \Rightarrow f \text{ presenta un mínimo relativo en } x_0$$

Demostración

HIPÓTESIS		TESIS
• $f'(x_0) = 0$ • $f''(x_0) > 0$	$\Rightarrow$	f tiene un **mínimo relativo** en x_0

Para probar que f tiene un mínimo en x_0 demostraremos que es decreciente a su izquierda y creciente a su derecha. Para ello, tendremos en cuenta el resultado anterior que asocia el crecimiento o decrecimiento con el signo de la derivada, f':

$$f''(x_0) = \lim_{h \to 0} \frac{f'(x_0 + h) - f'(x_0)}{h} \overset{(*)}{=} \lim_{h \to 0} \frac{f'(x_0 + h)}{h} \overset{(**)}{>} 0$$

Si $h < 0$, $f'(x_0 + h) < 0 \overset{(***)}{\Rightarrow} f$ es decreciente a la izquierda de x_0 ①

Si $h > 0$, $f'(x_0 + h) > 0 \overset{(****)}{\Rightarrow} f$ es creciente a la derecha de x_0 ②

Por ① y ②, f presenta un mínimo en x_0.

Recuerda

Análogamente, se puede demostrar que, si $f'(x_0) = 0$ y $f''(x_0) < 0$, entonces f presenta un máximo relativo en x_0.

(*) Por la primera hipótesis.

(**) Por la segunda hipótesis.

(***) $f' < 0 \Rightarrow f$ decreciente

(****) $f' > 0 \Rightarrow f$ creciente

Piensa y practica

1 Demuestra que si f es derivable en un entorno de x_0 y $f'(x_0) < 0$, entonces f es decreciente en x_0.

2 Demuestra que si $f'(x_0) = 0$ y $f''(x_0) < 0$, entonces f presenta un máximo relativo en x_0.

1. Recta tangente y recta normal

Dada la función $f(x) = |x|\,e^{-x}$, escribir, si es posible, la ecuación de la recta tangente y la de la recta normal para $x = 0$ y para $x = -1$.

Hazlo tú

Escribe la ecuación de la recta tangente y la de la recta normal a la curva $x^y y^x = 1$ en el punto (1,1).

- Definimos la función por intervalos: $f(x) = \begin{cases} -xe^{-x} & \text{si } x < 0 \\ xe^{-x} & \text{si } x \geq 0 \end{cases}$.

  Es una función continua en $\mathbb{R}$, ya que $\lim_{x \to 0^-} f(x) = \lim_{x \to 0^+} f(0) = f(0) = 0$.

- Hallamos su función derivada $f'(x) = \begin{cases} (-1+x)e^{-x} & \text{si } x < 0 \\ (1-x)e^{-x} & \text{si } x > 0 \end{cases}$:

  f es derivable en $x = -1$ pero no en $x = 0$ ya que $\lim_{x \to 0^-} f'(x) = -1 \neq 1 = \lim_{x \to 0^+} f'(x)$.

Por tanto, no existe recta tangente ni recta normal en $x = 0$.

La recta tangente en $x = -1$ es $y = f(-1) + f'(-1)(x+1) \rightarrow y = e - 2e(x+1)$

La recta normal en $x = -1$ es $y = f(-1) - \dfrac{1}{f'(-1)}(x+1) \rightarrow y = e + \dfrac{1}{2e}(x+1)$

2. Tangente que pasa por un punto exterior

Hallar los puntos de la curva

$$f(x) = \frac{1}{x-1}$$

en los que la recta tangente a ella pase por el punto $P(-3, 2)$.

Hazlo tú

Halla los puntos de la curva $f(x) = x^2 - 2x + 4$ en los que la recta tangente a ella pasa por el origen de coordenadas.

- Las coordenadas del punto de tangencia son $x = a$, $f(a) = \dfrac{1}{a-1}$.

  La pendiente de la tangente en $x = a$ es $f'(a) = \dfrac{-1}{(a-1)^2}$.

- La pendiente del segmento de la tangente que pasa por el punto $P(-3, 2)$ y por el punto de tangencia $\left(a, \dfrac{1}{a-1}\right)$ debe ser igual a $f'(a)$.

  Por tanto: $\dfrac{\frac{1}{a-1} - 2}{a+3} = \dfrac{-1}{(a-1)^2} \rightarrow \dfrac{-2a+3}{(a-1)(a+3)} = \dfrac{-1}{(a-1)^2} \rightarrow \dfrac{-2a+3}{a+3} = \dfrac{-1}{a-1}$

  $(-2a+3)(a-1) = -(a+3) \rightarrow -2a^2 + 6a = 0 \rightarrow a = 0;\ a = 3 \rightarrow f(0) = -1;\ f(3) = \dfrac{1}{2}$

  Hay dos puntos de tangencia que corresponden a dos rectas tangentes:

  - $x = 0;\ f(0) = -1;\ f'(0) = -1 \rightarrow y = -1 - x$
  - $x = 3;\ f(3) = \dfrac{1}{2};\ f'(3) = -\dfrac{1}{4} \rightarrow y = \dfrac{1}{2} - \dfrac{1}{4}(x-3)$

3. Recta tangente en un punto de la curva

Si P es un punto cualquiera de la gráfica de $xy = 1$, probar que el triángulo formado por la recta OP, la tangente a esa gráfica en P y el eje $y = 0$ es isósceles.

Hazlo tú

Escribe la ecuación de la recta tangente a la curva $y = \dfrac{1}{x}$ en el punto de coordenadas (3, 1/3).

Comprueba que el segmento de esa recta comprendido entre los ejes de coordenadas está dividido en dos partes iguales por el punto de tangencia.

Un punto P cualquiera de la curva $y = \dfrac{1}{x}$ tiene por coordenadas $\left(a, \dfrac{1}{a}\right)$.

- Tangente en P: $m = f'(a) = -\dfrac{1}{a^2} \rightarrow y = \dfrac{1}{a} - \dfrac{1}{a^2}(x-a)$
- Hallamos el punto de corte de la tangente con el eje $y = 0$:

  $$\frac{1}{a} - \frac{1}{a^2}(x-a) = 0 \rightarrow x = 2a \rightarrow Q(2a, 0)$$

- Calculamos la longitud de los lados del triángulo:

  $$|\overrightarrow{OP}| = \sqrt{a^2 + \left(\frac{1}{a}\right)^2} = \frac{\sqrt{a^4+1}}{a}$$

  $$|\overrightarrow{PQ}| = \sqrt{(2a-a)^2 + \left(0 - \frac{1}{a}\right)^2} = \frac{\sqrt{a^4+1}}{a}$$

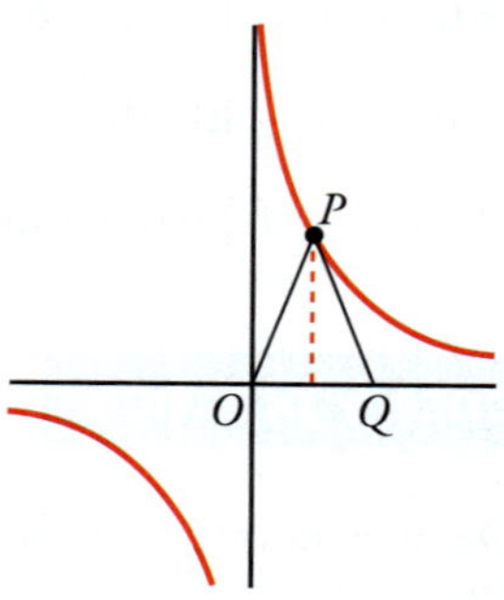

Como $|\overrightarrow{OP}| = |\overrightarrow{PQ}|$, el triángulo OPQ es isósceles.

4. Intervalos de crecimiento

Estudiar los intervalos de crecimiento y decrecimiento de las siguientes funciones y determinar sus máximos y sus mínimos.

a) $f(x) = e^x(x^2 - 3x + 1)$

b) $f(x) = \begin{cases} -x^2 - 2x & si\ x \le 0 \\ x\ ln\ x & si\ x > 0 \end{cases}$

a) La función es continua y derivable en todo su dominio, $\mathbb{R}$.

f es creciente en los intervalos donde $f' > 0$, y decreciente si $f' < 0$. Buscamos los puntos de derivada nula.

$$f'(x) = e^x(x^2 - 3x + 1) + e^x(2x - 3) = e^x(x^2 - x - 2)$$

Como $e^x > 0$ para cualquier x, f' se anula si:

$$x^2 - x - 2 = 0 \rightarrow x = -1,\ x = 2$$

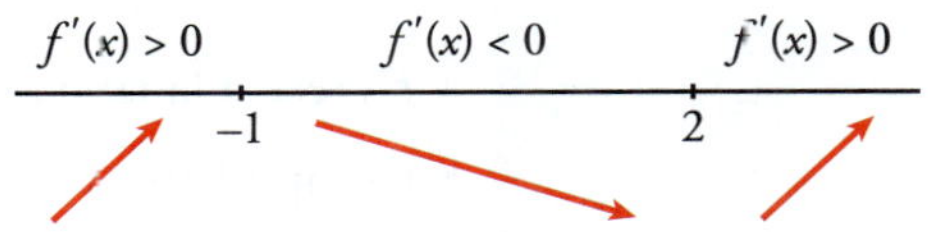

f crece en $(-\infty, -1) \cup (2, +\infty)$ y decrece en $(-1, 2)$.

Tiene un máximo en $\left(-1, \dfrac{5}{e}\right)$ y un mínimo en $(2, -e^2)$.

b) La función es continua en $\mathbb{R}$ pero no es derivable en $x = 0$.

$$f'(x) = \begin{cases} -2x - 2 & \text{si } x < 0 \rightarrow -2x - 2 = 0 \rightarrow x = -1 \\ 1 + ln\,x & \text{si } x > 0 \rightarrow 1 + ln\,x = 0 \rightarrow x = e^{-1} \end{cases}$$

La derivada es nula en $x = -1$ y $x = 1/e$. Estudiamos el signo de f' a la izquierda y a la derecha de esos puntos.

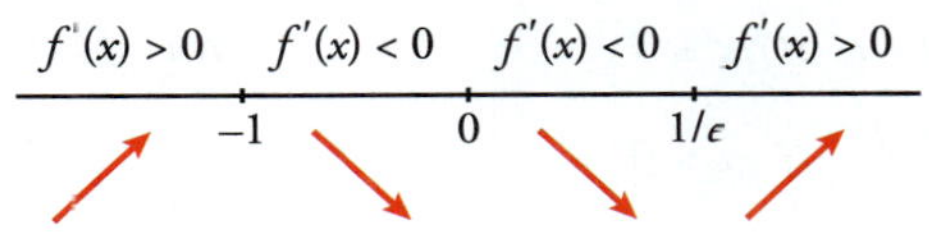

f crece en $(-\infty, -1) \cup \left(\dfrac{1}{e}, +\infty\right)$ y decrece en $(-1, 0) \cup \left(0, \dfrac{1}{e}\right)$.

Tiene un máximo en $(-1, 1)$ y un mínimo en $\left(\dfrac{1}{e}, -\dfrac{1}{e}\right)$.

Hazlo tú

Estudia los intervalos de crecimiento y decrecimiento de las siguientes funciones:

a) $f(x) = \dfrac{x^3}{x^2 - 4}$

b) $f(x) = ln(x^2 + 4x - 5)$

5. Función derivada

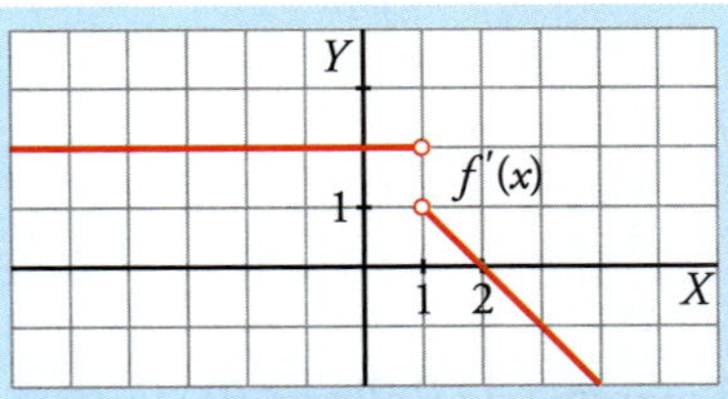

Esta es la gráfica de la función derivada de una función f continua en $\mathbb{R}$.

a) Explicar razonadamente si f es derivable en todo $\mathbb{R}$.

b) Estudiar el crecimiento y el decrecimiento de f y explicar si tiene algún extremo relativo.

c) Representar $f''(x)$.

a) $f(x)$ no es derivable en $x = 1$. No existe $f'(1)$, ya que $f'(1^-) = 2 \neq 1 = f'(1^+)$.

b) $f(x)$ es creciente en $(-\infty, 1) \cup (1, 2)$ porque en ese intervalo $f'(x) > 0$.

$f(x)$ es decreciente en $(2, +\infty)$ porque $f'(x) < 0$.

$f(x)$ tiene un extremo en $x = 2$, porque en la gráfica observamos que $f'(2) = 0$.

Además, en $x = 2$, $f'(x)$ pasa de positiva a negativa y, por ello, $f(x)$ pasa de creciente a decreciente, lo que nos asegura que $f(x)$ tiene un máximo en $x = 2$.

c) Los valores de $f''(x)$ son las pendientes de las semirrectas que forman $f'(x)$. Su gráfica es la siguiente:

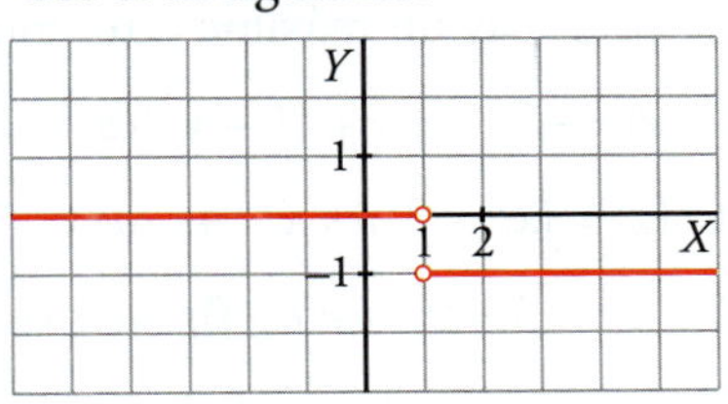

6. Puntos en los que se anulan f', f'' y f'''

Dada la función $f(x) = 1 - (2-x)^5$ estudiar si tiene máximo, mínimo o punto de inflexión en $x = 2$.

- Hallamos f', f'', f''':

$$f'(x) = 5(2-x)^4 \rightarrow f''(x) = -20(2-x)^3 \rightarrow f'''(x) = 60(2-x)^2$$

Al hacer $x = 2$, se verifica $f'(2) = f''(2) = f'''(2) = 0$.

- Estudiamos el signo de f' a la izquierda y a la derecha de $x = 2$:

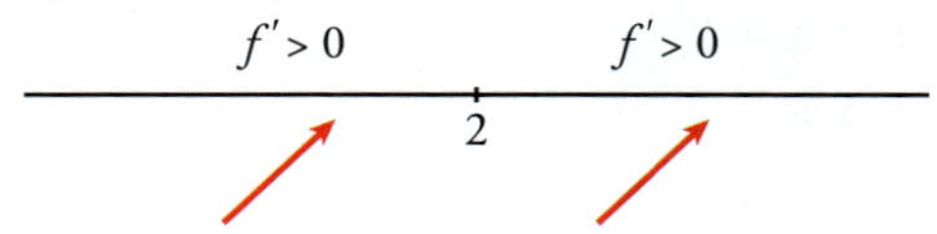

f crece a la izquierda y a la derecha de 2 $\rightarrow$ f no tiene máximo ni mínimo en $x = 2$.

- Comprobamos que tiene un punto de inflexión estudiando el signo de f'':

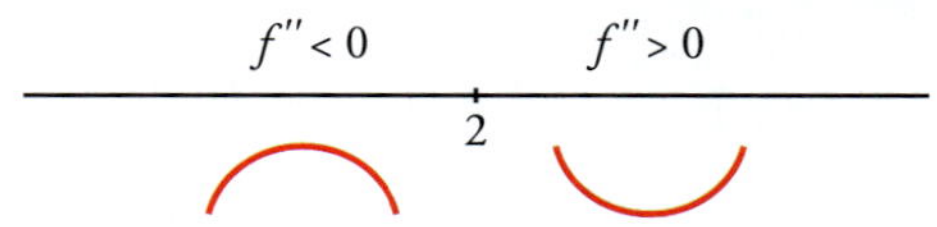

A la izquierda de $x = 2$, la función es convexa, y a la derecha de $x = 2$, la función es cóncava.

El punto (2, 1) es un punto de inflexión.

Hazlo tú

Estudia si la función

$$f(x) = 3 - (x+1)^4$$

tiene algún máximo, mínimo o punto de inflexión.

7. Parámetros de una función definida a trozos

Se considera la función

$$f(x) = \begin{cases} ax^2 + bx + c & si \ x \le 0 \\ \dfrac{\cos^2 x - 1}{x} & si \ x > 0 \end{cases}$$

Determinar los valores de a, b y c para que la función sea continua, tenga un máximo en $x = -1$ y la tangente en $x = -2$ sea paralela a la recta $y = 2x$.

- Para que sea continua debe ser:

$$\lim_{x \to 0^-} f(x) = \lim_{x \to 0^+} f(x) = f(0) = c$$

$$\lim_{x \to 0^+} \frac{\cos^2 x - 1}{x} = \left(\frac{0}{0}\right) = \lim_{x \to 0^+} \frac{-2 sen\, x \cos x}{1} = 0 \rightarrow c = 0$$

- Si tiene un máximo en $x = -1$, debe ser:

$f'(-1) = 0$, es decir, como $f'(x) = 2ax + b \rightarrow -2a + b = 0$

- Si la tangente en $x = -2$ es paralela a $y = 2x$, debe ser: $f'(-2) = 2 \rightarrow -4a + b = 2$

- Resolvemos el sistema: $\begin{cases} -2a + b = 0 \\ -4a + b = 2 \end{cases}$; $a = -1$, $b = -2$

Los valores pedidos son: $a = -1$, $b = -2$, $c = 0$.

Hazlo tú

Calcula b y d para que la función $f(x) = -x^3 + bx^2 + x + d$ tenga un máximo relativo en el punto (1, 4).

8. Teorema de Rolle

Demostrar que la función:

$$f(x) = (1 - x^2)\, sen\, x$$

tiene un máximo relativo que pertenece al intervalo $\left(0, \frac{\pi}{2}\right)$.

- f es continua y derivable en todo $\mathbb{R}$.

$$\left.\begin{array}{l} \bullet\ f(0) = (1-0)\, sen\, 0 = 0 \\ \bullet\ f(1) = (1-1)\, sen\, 1 = 0 \end{array}\right\}\ f \text{ cumple las hipótesis del teorema de Rolle en } (0, 1).$$

Como (0, 1) está contenido en $\left(0, \frac{\pi}{2}\right)$, podemos asegurar que existe un $c \in \left(0, \frac{\pi}{2}\right)$ tal que $f'(c) = 0$.

Para saber si en c hay un máximo o un mínimo, utilizamos la segunda derivada:

$$f'(x) = -2x\, sen\, x + (1 - x^2)\cos x$$

$$f''(x) = (x^2 - 3) sen\, x - 4x \cos x$$

Si $c \in (0, 1)$: $c^2 - 3 < 0$, $sen\, c > 0$, $4c > 0$, $\cos c > 0$

$f''(c) = (- \cdot +) - (+ \cdot +) < 0 \rightarrow f$ tiene un máximo en $x = c$.

9. Área máxima

En un jardín con forma de semicírculo de radio 10 m se va a instalar un parterre rectangular, uno de cuyos lados está sobre el diámetro y el opuesto a él tiene sus extremos en la parte curva.

Calcular las dimensiones del parterre para que su área sea máxima.

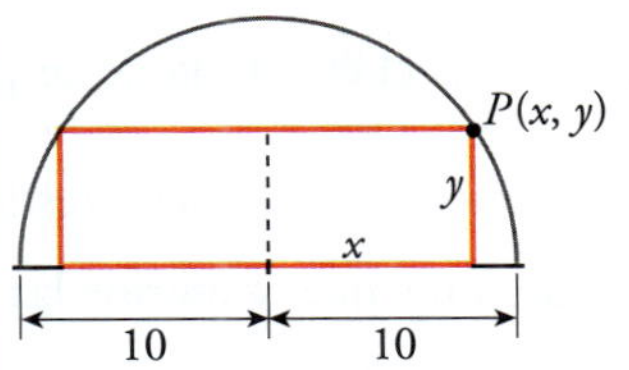

Tomamos como origen de coordenadas el centro de la circunferencia.

$P(x, y)$ es un punto de la circunferencia.

El área del parterre es: $S = 2xy$

Como el punto P pertenece a la circunferencia, debe verificar que:

$$x^2 + y^2 = 100 \rightarrow y = \sqrt{100 - x^2}$$

Así pues, hay que maximizar $S(x) = 2x\sqrt{100 - x^2}$.

Calculamos $S'(x) = \dfrac{2(100 - 2x^2)}{\sqrt{100 - x^2}}$; $S'(x) = 0$ $\begin{cases} x = 5\sqrt{2} \\ x = -5\sqrt{2} \text{ (no vale)} \end{cases}$

En $x = 5\sqrt{2}$ hay, efectivamente, un máximo, ya que $S'(x) > 0$ si $x < 5\sqrt{2}$, y $S'(x) < 0$ si $x > 5\sqrt{2}$.

Las dimensiones del parterre serán $10\sqrt{2}$ m y $5\sqrt{2}$ m, y su área máxima será 100 m^2.

Hazlo tú

Se desea construir un depósito de latón con forma de cilindro de área total 54 cm^2. Determina el radio de la base y la altura del cilindro para que el volumen sea máximo.

10. Problema de tiempo mínimo

Un nadador, A, se encuentra a 3 km de la playa enfrente de una caseta. Desea ir a B, en la misma playa, a 6 km de la caseta.

Sabiendo que nada a 3 km/h y anda por la arena a 5 km/h, averiguar a qué lugar debe dirigirse a nado para llegar a B en el menor tiempo posible.

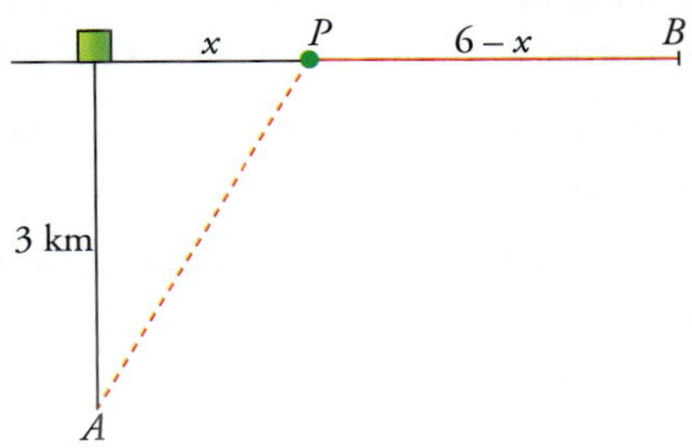

Llamamos x a la distancia de la caseta al punto P al que debe llegar a nado.

Tiene que recorrer:

$\overline{AP} = \sqrt{x^2 + 9}$ a 3 km/h y

$\overline{PB} = 6 - x$ a 5 km/h

El tiempo empleado es:

$$t(x) = \frac{\sqrt{x^2 + 9}}{3} + \frac{6 - x}{5} \rightarrow t'(x) = \frac{2x}{6\sqrt{x^2 + 9}} - \frac{1}{5}$$

$$t'(x) = 0 \rightarrow 10x - 6\sqrt{x^2 + 9} = 0 \rightarrow 5x = 3\sqrt{x^2 - 9} \rightarrow$$

$$\rightarrow 25x^2 = 9(x^2 + 9) \rightarrow 16x^2 = 81 \begin{cases} x = 9/4 = 2,25 \text{ km} \\ x = -9/4 \text{ (no vale)} \end{cases}$$

Comprobamos que:

- si $x < 2,25$ $t'(x) < 0$ ya que, por ejemplo, $t'(0) = -1/5$.
- si $x > 2,25$ $t'(x) > 0$ ya que $t'(4) = 1/15$.

Debe dirigirse a nado a un punto que diste 2,25 km de la caseta.

El tiempo que tardará en llegar a B es:

$$t = \frac{\sqrt{2,25^2 + 9}}{3} + \frac{6 - 2,25}{5} = 1,25 + 0,75 = 2 \text{ horas}$$

Hazlo tú

La vela mayor de un barco tiene forma de triángulo rectángulo. Si la hipotenusa debe medir 6 m, calcula sus dimensiones para que la superficie de la vela sea máxima.

1. Tangente perpendicular a una recta

Escribir las ecuaciones de las rectas tangentes a la función $f(x) = 4x^3 - 2x + 1$ que son perpendiculares a la recta $x + y - 2 = 0$.

- Si la pendiente de la recta es m, la de su perpendicular es $\frac{-1}{m}$.
- Para obtener los puntos de tangencia, resuelve la ecuación $f'(x) = \frac{-1}{m}$.
- Halla los puntos de tangencia y escribe las ecuaciones pedidas.

Solución: $y = x$; $y = x + 2$

2. Intervalos de concavidad y convexidad

Determinar los intervalos de concavidad y convexidad y los puntos de inflexión de la función:

$$f(x) = \frac{x^2}{x^2 - 1}$$

- Resuelve la ecuación $f''(x) = 0$.
- Recuerda que para que exista un punto de inflexión la curva debe pasar de cóncava a convexa o de convexa a cóncava.
- Ten en cuenta el dominio de definición de la función para determinar los intervalos donde debes estudiar el signo de $f''(x)$.

Solución:
Cóncava en $(-\infty, -1) \cup (1, +\infty)$ y convexa en $(-1, 1)$. No tiene puntos de inflexión.

3. Máximo y mínimo absoluto

Calcular el máximo y el mínimo absolutos, en el intervalo $[-1, 2]$ de la función:

$$f(x) = \ln(x^2 + x + 1) - x$$

- Estudia el dominio de $f(x)$ y su continuidad en el intervalo dado.
- Recuerda que una función continua en un intervalo cerrado alcanza el máximo y el mínimo absolutos en los extremos del intervalo o en los extremos relativos.
- Obtén las abscisas de los extremos relativos. Calcula y compara el valor de $f(x)$ en esos puntos y en $x = -1$ y en $x = 2$.

Solución: El máximo absoluto se alcanza en el punto $(-1, 1)$ y el mínimo absoluto en $(2, \ln 7 - 2)$.

4. Teorema del valor medio

Dada la función $f(x) = x^{\sqrt{x^2 - 4x + 7}}$, demostrar que existe un valor $c \in (1, 3)$ tal que $f'(c) = 4$.

- Estudia el dominio de $f(x)$ y su continuidad en el intervalo $[1, 3]$.
- Halla la derivada de $f(x)$ tomando logaritmos.
- Comprueba que la derivada existe en el intervalo $(1, 3)$. Aplica el teorema del valor medio y obtén c.

Solución: $f(x)$ es continua en $[1, 3]$ y derivable en $(1, 3)$. Entonces, existe un c tal que $f'(c) = \frac{f(3) - f(1)}{3 - 1} = 4$.

5. Extremos relativos

Sea $f(x) = x^2 e^{-ax}$ con $a \neq 0$.

a) Calcular el valor de a para que la función tenga un extremo relativo en el punto de abscisa $x = 2$.

b) Clasificar los extremos relativos cuando $a = 2$.

a) Los extremos relativos están entre las soluciones de la ecuación $f'(x) = 0$.

Una de las soluciones de esa ecuación depende de a. Para $x = 2$, obtendrás el valor de a.

b) Estudia el signo de $f'(x)$ en los intervalos que determinan los puntos singulares.

Solución:
a) $a = 1$
b) Tiene un mínimo relativo en $(0, 0)$ y un máximo relativo en $(1, e^{-2})$.

Recuerda seleccionar el material de trabajo de esta unidad para tu **portfolio.**

EJERCICIOS Y PROBLEMAS PROPUESTOS

Para practicar

Recta tangente

1 Halla la ecuación de la recta tangente a las siguientes curvas en los puntos que se indican:

a) $y = ln\,(tg\,2x)$ en $x = \dfrac{\pi}{8}$

b) $y = \sqrt{sen\,5x}$ en $x = \dfrac{\pi}{6}$

c) $x^2 + y^2 - 2x - 8y + 15 = 0$ en $x = 2$

d) $y = (x^2 + 1)^{sen\,x}$ en $x = 0$

2 Halla las tangentes a la curva:

$$y = \frac{2x}{x-1}$$

paralelas a la recta $2x + y = 0$.

3 Obtén la ecuación de la recta tangente paralela al eje de abscisas en las siguientes curvas:

a) $y = x\,ln\,x$ b) $y = x^2\,e^x$ c) $y = sen\,2x$

4 Halla el punto de la gráfica de $y = 2\sqrt{x}$ en el que la tangente forma un ángulo de 60° con el eje X. Escribe la ecuación de esa tangente.

5 a) Halla la ecuación de la recta tangente a la gráfica de la función $f(x) = x^3 - 3x^2 + 2x + 2$ en $x = 3$.

b) ¿Existe alguna otra recta tangente a la gráfica de f que sea paralela a la que has hallado? En caso afirmativo, hállala.

6 Halla la ecuación de la recta tangente a la curva:

$$y = 4x^3 - 2x^2 - 10$$

en su punto de inflexión.

7 Halla los puntos de la curva:

$$y = 3x^2 - 5x + 12$$

en los que la recta tangente a ella pase por el origen de coordenadas.

8 Halla los puntos de la curva:

$$y = \frac{1}{4}x^2 + 4x - 4$$

en los que la recta tangente a esta pase por el punto $(0, -8)$. Escribe las ecuaciones de las rectas tangentes en dichos puntos.

9 Halla, en cada caso, las ecuaciones de las rectas tangentes paralelas al eje X:

a) $y = \dfrac{x^3}{3(x-1)}$ b) $y = \dfrac{x^2}{ln\,x}$ c) $y = \dfrac{x^2 + 2x}{e^x}$

Máximos y mínimos. Puntos de inflexión

10 Halla los máximos, los mínimos y los puntos de inflexión de las siguientes funciones:

a) $y = x^3 - 6x^2 + 9x$ b) $y = \dfrac{x^3(3x-8)}{12}$

c) $y = x^4 - 2x^3$ d) $y = x^4 + 2x^2$

e) $y = \dfrac{1}{x^2+1}$ f) $y = e^x\,(x-1)$

11 Halla los intervalos de crecimiento y de decrecimiento, y los máximos y los mínimos de las siguientes funciones:

a) $y = \dfrac{8-3x}{x(x-2)}$ b) $y = \dfrac{x^2+1}{x^2-1}$

c) $y = \dfrac{x^3}{x^2-1}$ d) $y = \dfrac{2x^2-3x}{2-x}$

e) $y = \dfrac{x^2-1}{x}$ f) $y = \dfrac{8}{x^2(x-3)}$

12 Estudia la concavidad, la convexidad y los puntos de inflexión de las siguientes funciones:

a) $y = x^3 - 3x + 4$ b) $y = x^4 - 6x^2$

c) $y = (x-2)^4$ d) $y = x\,e^x$

e) $y = \dfrac{2-x}{x+1}$ f) $y = ln\,(x+1)$

13 Estudia si las siguientes funciones tienen máximos, mínimos o puntos de inflexión en el punto de abscisa $x = 1$:

a) $y = 1 + (x-1)^3$ b) $y = 2 + (x-1)^4$

c) $y = 3 - (x-1)^6$ d) $y = -3 + 2(x-1)^5$

14 Determina los máximos y mínimos de las siguientes funciones:

a) $f(x) = x + \dfrac{4}{(x-1)^2}$ b) $f(x) = x\,ln\,x$

c) $f(x) = sen\,x - cos\,x$ d) $f(x) = e^{-x^2}$

15 Dadas las funciones:

$$f(x) = \begin{cases} x^2 + 2x - 1 & \text{si } x \le 1 \\ 4x - 2 & \text{si } x > 1 \end{cases}$$

$$g(x) = \begin{cases} x^2 + 7x - 4 & \text{si } x < 2 \\ 2x^2 + 3x & \text{si } x \ge 2 \end{cases}$$

a) Comprueba que son derivables en $\mathbb{R}$.

b) Determina sus intervalos de crecimiento y decrecimiento y sus máximos y mínimos.

16 Estudia los intervalos de crecimiento y decrecimiento de la función $f(x) = x|x|$. ¿Tiene máximos o mínimos?

Determina los intervalos de concavidad y convexidad. ¿Tiene algún punto de inflexión?

EJERCICIOS Y PROBLEMAS PROPUESTOS

Funciones dependientes de parámetros

17 Dada la función $f(x) = 1 + \frac{a}{x} + \frac{6}{x^2}$, calcula a sabiendo que $f(x)$ tiene un extremo relativo en el punto de abscisa $x = 3$. ¿Se trata de un máximo o un mínimo?

18 De la función $f(x) = ax^3 + bx$ sabemos que pasa por $(1, 1)$ y en ese punto tiene tangente paralela a la recta $3x + y = 0$. Halla a y b.

19 Halla una función $f(x) = x^3 + ax^2 + bx + c$ que tenga un extremo relativo en el punto de abscisa $x = 2$ y un punto de inflexión en $P(1, 2)$.

20 Calcula los coeficientes a, b y c de la función $f(x) = x^4 + ax^3 + bx^2 + cx$, sabiendo que:

a) La ecuación de la recta tangente a f en $x = 0$ es $y = x$.

b) Tiene un extremo relativo en el punto $(-1, 0)$.

21 Halla a, b, c y d para que $f(x) = ax^3 + bx^2 + cx + d$ tenga un máximo relativo en el punto $(0, 4)$ y un mínimo relativo en el punto $(2, 0)$.

22 Las funciones $f(x) = x^4 + ax^2 + bx$ y $g(x) = x - cx^2$ pasan por el punto $(1, 0)$. Determina los coeficientes a, b y c para que tengan la misma recta tangente en dicho punto y calcúlala.

23 Dada la función $y = ax^4 + 3bx^3 - 3x^2 - ax$, calcula los valores de a y b sabiendo que tiene dos puntos de inflexión, uno en $x = 1$ y otro en $x = 1/2$.

24 La curva $y = x^3 + ax^2 + bx + c$ corta al eje de abscisas en $x = -1$ y tiene un punto de inflexión en el punto $(2, 1)$. Calcula a, b y c.

25 Sabiendo que la función $f(x) = x^3 + ax^2 + bx + c$ verifica que $f(1) = 1$, $f'(1) = 0$ y que f no tiene extremo relativo en $x = 1$. Calcula a, b y c.

26 Sea $f(x) = x^3 + ax^2 + bx + 5$. Halla a y b para que la curva $y = f(x)$ tenga en $x = 1$ un punto de inflexión con tangente horizontal.

27 Halla el valor de c de modo que la función $y = \frac{e^x}{x^2 + c}$ tenga un único punto crítico.

¿Se trata de un máximo, de un mínimo o de un punto de inflexión?

28 a) Calcula los valores de los parámetros a y b para que sea derivable la función:

$$f(x) = \begin{cases} \frac{1-x}{e^x} & \text{si } x < 0 \\ x^2 + ax + b & \text{si } x \geq 0 \end{cases}$$

b) Halla sus extremos relativos en el caso $a = -2$, $b = 1$.

Para resolver

29 Halla la ecuación de la recta tangente y la de la recta normal a la curva $x^2 - y^2 + 2x - 6 = 0$ en los puntos de ordenada $y = 3$.

30 Determina los puntos de la circunferencia

$$(x - 3)^2 + (y + 2)^2 = 16$$

en los que la recta tangente a ella es paralela a la bisectriz del primer cuadrante.

31 Escribe la ecuación de la recta tangente a la curva

$$y = arc\ tg\ \frac{x-1}{x+1}$$

que es paralela a la recta $x - 2y + 3 = 0$.

32 Halla la ecuación de la tangente a la curva $y = x^{x/2}$ en el punto de abscisa $x = e$.

33 Halla el ángulo que forman las rectas tangentes a las funciones $f(x)$ y $g(x)$ en el punto de abscisa 2:

$$f(x) = 2x - x^2 \qquad g(x) = x^2 - x - 2$$

34 Dada la función $f(x) = |x - 3|(x + 1)$, halla los puntos donde las tangentes son paralelas a la recta $y = 6x - 2$.

35 Dada la función $f(x) = 4 - x^2$ se pide:

a) El punto de esa curva en el que la tangente es paralela a la cuerda que une los puntos $(-1, 3)$ y $(2, 0)$.

b) Las rectas que pasan por el punto $(-2, 1)$ y son tangentes a la curva.

36 Halla la ecuación de la tangente a la curva $f(x) = x^3 + 3x^2 - 1$ con pendiente mínima.

37 Dada la curva $y = \frac{1}{3 + x^2}$:

a) Expresa la función $m(x)$ que da la pendiente de la recta tangente a la curva en cada punto x.

b) Calcula el valor de x donde se alcanza la máxima pendiente.

38 Halla el dominio de definición y los intervalos de crecimiento y decrecimiento de la función:

$$f(x) = ln\left(\frac{x^2 - 1}{x^2 + 1}\right)$$

39 Estudia los intervalos de crecimiento y los máximos y los mínimos de la función dada por:

$$y = |x^2 + 2x - 3|$$

40 Estudia la existencia de máximos y mínimos relativos y absolutos de la función $y = |x^2 - 4|$.

41 Halla el valor que debe tener a para que la función $f(x) = x^2 \ln \frac{x}{a}$, $a > 0$, tenga un punto singular en $x = e$.

42 Se considera la función $f(x) = \begin{cases} ax^2 + bx + c & \text{si } x \leq 0 \\ x \ln x & \text{si } x > 0 \end{cases}$.

Determina a, b y c para que sea continua, tenga un máximo en $x = -1$ y la tangente en $x = -2$ sea paralela a la recta $y = 2x$.

43 a) Dada la función:

$$f(x) = \begin{cases} -x^2 + px & \text{si } x \leq 1 \\ x^2 + mx + n & \text{si } x > 1 \end{cases}$$

calcula los valores de m, n y p para que f sea derivable en $\mathbb{R}$ y tenga un extremo relativo en $x = -\frac{1}{2}$.

b) ¿Es un máximo o un mínimo?

c) Comprueba si existen otros puntos singulares y representa la función.

44 Sea f la función definida por $f(x) = \begin{cases} x + 2e^{-x} & \text{si } x \leq 0 \\ a\sqrt{b - x} & \text{si } x > 0 \end{cases}$.

a) Determina el valor de a y b sabiendo que $f(x)$ es derivable en $x = 0$.

b) ¿Tiene puntos singulares?

45 Halla los puntos de la parábola $y = x^2 - 1$ que se encuentran a distancia mínima del punto $A\left(-2, -\frac{1}{2}\right)$.

46 Calcula los extremos relativos, los intervalos de crecimiento y decrecimiento y los de concavidad y convexidad de las siguientes funciones:

a) $f(x) = x^2 + |x - 2|$ b) $f(x) = 3e^{-2|x|}$

47 Calcula el máximo y el mínimo absolutos en el intervalo $[-2, 3]$ de la función $f(x) = \ln(x^2 + 1) + (x - 3)$.

48 a) Siendo $h(x)$ la suma de las coordenadas del punto $P(x, f(x))$ de la gráfica de $f(x) = x^4 + x^3 + x^2 - x + 1$. Calcula los extremos relativos de $h(x)$.

b) ¿Tiene $h(x)$ algún extremo absoluto?

49 El punto $P(x, y)$ recorre la elipse $\frac{x^2}{25} + \frac{y^2}{9} = 1$.

Deduce las posiciones del punto P para las que su distancia al punto $(0, 0)$ es máxima y también aquellas para las que su distancia es mínima.

50 Sean x e y dos números positivos cuyo producto vale 16. ¿Puede $x + y$ ser menor que 7? Razona la respuesta.

51 Se desea vallar un terreno rectangular usando 100 m de una tela metálica. Se ha decidido dejar una abertura de 20 m sin vallar en uno de los lados de la parcela para colocar una puerta. Calcula las dimensiones de todos los lados de la parcela rectangular de área máxima que puede vallarse de esa manera. Calcula también el valor de dicha área máxima.

52 Se quiere construir un recipiente cónico de generatriz 10 cm y de capacidad máxima. ¿Cuál debe ser el radio de la base?

53 En un cuadrado de lado 10 cm queremos apoyar la base de un cilindro cuya área lateral es 50 cm^2. ¿Cuál debe ser el radio del cilindro para que su volumen sea máximo?

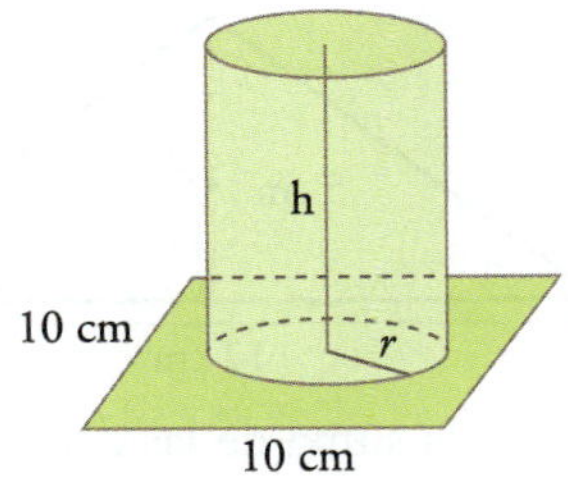

54 En un triángulo isósceles de base 12 cm (el lado desigual) y altura 10 cm, se inscribe un rectángulo de forma que uno de sus lados esté sobre la base del triángulo y dos de sus vértices sobre los lados iguales:

a) Expresa el área, A, del rectángulo en función de su base, x, y di cuál es el dominio de la función.

b) Halla el valor máximo de esa función.

55 ODS Meta 7.3. Queremos hacer un envase con forma de prisma regular de base cuadrada y capacidad 80 cm^3. Para la tapa y la superficie lateral, usamos un determinado material, pero para la base, debemos emplear un material un 50 % más caro. Halla las dimensiones de este envase para que su precio sea el menor posible.

56 Dos postes de 12 m y 18 m de altura distan entre sí 30 m. Se desea tender un cable que una un punto del suelo entre los dos postes con los extremos de estos. ¿Dónde hay que situar el punto del suelo para que la longitud total del cable sea mínima?

57 De todas las rectas que pasan por el punto (1, 2), encuentra la que determina con los ejes de coordenadas, y en el primer cuadrante, un triángulo de área mínima.

58 Cada una de las páginas de un libro debe tener 600 cm^2 de superficie, con los márgenes alrededor del texto de 2 cm en la parte inferior, 3 cm en la parte superior y 2 cm a cada lado. Calcula las dimensiones de la página que permiten que la superficie impresa sea lo más grande posible.

59 Un rectángulo tiene sus vértices en los puntos (0, 0), (a, 0), (0, b) y (a, b), donde $a > 0$, $b > 0$ y, además, el punto (a, b) está situado en la curva de ecuación $y = \frac{1}{x^2} + 9$.

De entre todos los rectángulos que cumplen esas condiciones, determina el rectángulo de área mínima y calcula dicha área mínima.

60 Considera un triángulo isósceles cuya base de 12 cm es el lado desigual y cuya altura es de 5 cm. Se quiere determinar un punto A situado sobre la altura a una distancia x de la base, de manera que la suma de las distancias del punto A a los tres vértices del triángulo sea mínima. Observa la figura:

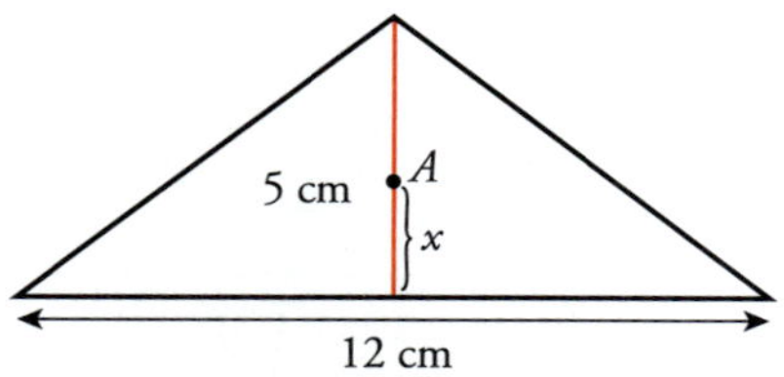

a) Demuestra que la suma de las distancias del punto A a los tres vértices del triángulo viene dada por la expresión $f(x) = 5 - x + 2\sqrt{x^2 + 36}$.

b) Calcula el valor de x para que la suma de las distancias sea mínima.

c) Calcula dicha cantidad mínima.

61 Las manecillas de un reloj miden 4 cm y 6 cm; uniendo sus extremos se forma un triángulo.

a) Demuestra que el área de ese triángulo viene dada por $A(x) = 12 sen\ x$, donde x es el ángulo que forman las manecillas.

b) Halla x para que el área del triángulo sea máxima y calcula dicha área.

62 La velocidad de una partícula en m/s, viene dada por la función $v(t) = (t^2 + 2t)e^{-t}$ con $t \geq 0$.

a) ¿En qué instante del intervalo [0, 3] se alcanza la velocidad máxima?

b) Calcula $\lim_{x \to +\infty} v(t)$ e interpreta el resultado.

63 Dada f: [1, e] $\to \mathbb{R}$ definida por $f(x) = \frac{1}{x} + ln\ x$, determina cuáles de las rectas tangentes a la gráfica de f tienen la máxima pendiente.

64 Calcula las dimensiones del triángulo isósceles de área máxima, inscrito en una circunferencia de 4 m de radio.

Cuestiones teóricas

65 Comprueba que $f(x) = x^3 - 18x$, definida en el intervalo $[0, 3\sqrt{2}]$, verifica las hipótesis del teorema de Rolle y encuentra el valor $c \in (0, 3\sqrt{2})$ para el que $f'(c) = 0$.

66 La función $y = x^3 - 5x^2 + 3x - 2$, ¿cumple las hipótesis del teorema del valor medio en el intervalo [0, 4]? En caso afirmativo, di cuál es el x_0 que cumple la tesis.

67 Se tiene la función:

$$f(x) = \begin{cases} \dfrac{1}{x} & \text{si } -2 \leq x \leq -1 \\ \dfrac{x^2 - 3}{2} & \text{si } -1 < x \leq 0 \end{cases}$$

Prueba que f satisface las hipótesis del teorema del valor medio en [–2, 0] y calcula el o los puntos en los que se cumple el teorema.

68 ¿Es posible calcular a, b, c para que la función:

$$f(x) = \begin{cases} 5x + 1 & \text{si } x < 1 \\ ax^2 + bx + 3 & \text{si } x \geq 1 \end{cases}$$

cumpla el teorema de Rolle en el intervalo [0, c]?

69 La función $f(x) = |cos\ x|$ toma en los extremos del intervalo $[0, \pi]$ el valor 1. ¿Cumplirá el teorema de Rolle?

70 Sea f una función continua y derivable tal que $f(0) = 3$. Calcula cuánto tiene que valer $f(5)$ para asegurar que en [0, 5] existe un c tal que $f'(c) = 8$.

71 Calcula a y b para que:

$$f(x) = \begin{cases} ax - 3 & \text{si } x < 4 \\ -x^2 + 10x - b & \text{si } x \geq 4 \end{cases}$$

cumpla las hipótesis del teorema del valor medio en el intervalo [2, 6]. ¿Dónde cumple la tesis?

72 Sea $f(x) = 1 - x^{2/3}$.

Prueba que $f(1) = f(-1) = 0$, pero que $f'(x)$ no es nunca cero en el intervalo [–1, 1]. Explica por qué este resultado contradice aparentemente el teorema de Rolle.

73 La derivada de una función f es positiva para todos los valores de la variable. ¿Puede haber dos números distintos, a y b, tales que $f(a) = f(b)$? Razónalo.

74 Calcula a, b y c para que la función:

$$f(x) = \begin{cases} x^2 + ax + b & \text{si } x < 2 \\ cx + 1 & \text{si } x \geq 2 \end{cases}$$

cumpla las hipótesis del teorema de Rolle en el intervalo [0, 4]. ¿En qué punto se cumple la tesis?

75 Dada la función:

$$f(x) = \sqrt{ln(3^x + x) + ln(x^2 - 10x + 20)}$$

demuestra que existe un valor $a \in (1, 2)$ tal que $f'(a) = 0$. Menciona y justifica los resultados teóricos empleados.

76 ¿Verdadero o falso? Razona la respuesta.

a) Una función que no sea una recta puede tener infinitos puntos en los que su recta tangente sea $y = 1$.

b) Si $f'(a) = 0$, $f''(a) = 0$, entonces f no puede tener ni máximo ni mínimo en $x = a$.

c) Si un polinomio de grado 3 tiene un mínimo en $x = 2$, ese mínimo no puede ser mínimo absoluto.

d) Una función continua en [0, 5], que no es derivable en $x = 3$, no puede tener un máximo en $x = 3$.

e) Si $y = f(x)$ es creciente en $x = a$, entonces $y = -f(x)$ es decreciente en $x = a$.

f) Si $f'(a) = 0$, f tiene un máximo o un mínimo en $x = a$.

g) Si $f'(a) = 0$, $f''(a) = 0$ y $f'''(a) = -5$, f tiene un punto de inflexión en $x = a$.

h) Si esta es la gráfica de $f'(x)$, entonces f tiene un mínimo en $x = -1$ y un máximo en $x = 1$.

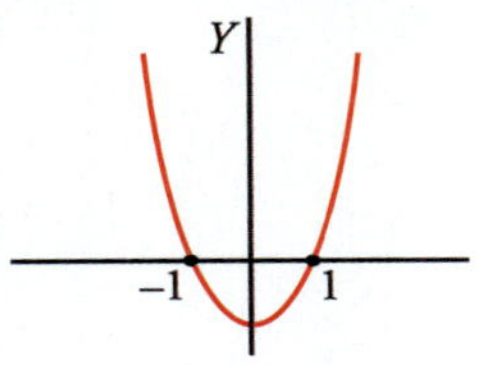

Para profundizar

77 En un experimento se han realizado cinco medidas del mismo objeto, que han dado los resultados siguientes:

$$m_1 = 0{,}92;\ m_2 = 0{,}94;\ m_3 = 0{,}89;\ m_4 = 0{,}90;\ m_5 = 0{,}91$$

Se tomará como mejor aproximación a la medida real el valor de x tal que la suma de los cuadrados de los errores sea mínima. Es decir, el valor para el que la función:

$$E(x) = (x - m_1)^2 + (x - m_2)^2 + \ldots + (x - m_5)^2$$

alcanza el mínimo. Calcula dicho valor de x.

78 Demuestra que existe $\alpha \in (-1,3)$ tal que $f'(\alpha) = \frac{-1}{4}$ siendo $f(x) = [x^2 + log(x^2 - 2x + 7)]^{\sqrt[3]{\frac{3-x}{4}}}$

Menciona los resultados teóricos empleados y justifica su uso.

79 Cuando un globo está a 200 m sobre el suelo y se eleva a 15 m/s, un automóvil pasa bajo él con velocidad de 45 km/h. ¿Con qué velocidad se separan coche y globo un segundo después?

Ten en cuenta lo siguiente:

— El globo está a $200 + 15t$ m de altura en el instante t.

— El coche está a $(45/3{,}6) \cdot t$ m de la vertical del globo.

Halla la distancia entre ambos y averigua la velocidad de alejamiento cuando $t = 1$.

AUTOEVALUACIÓN

Resoluciones de estos ejercicios.

1 Halla los puntos de la función:

$$f(x) = ln\,\frac{1 - cos\,x}{1 + cos\,x}$$

en los que la recta tangente sea paralela a la recta $y = 2x - 3$.

2 Calcula los extremos relativos y los intervalos de crecimiento y decrecimiento y los de concavidad y convexidad de la función siguiente:

$$f(x) = x|x - 2|$$

3 Estudia el crecimiento de la función $f(x) = e^x(cos\,x + sen\,x)$ y determina sus máximos y mínimos para $x \in [0, 2\pi]$.

4 a) Estudia la curvatura de la siguiente función:

$$f(x) = x^2\,ln\,x$$

b) Escribe la ecuación de la recta tangente que pasa por su punto de inflexión.

5 Determina a, b, c y d para que la función:

$$g(x) = ax^3 + bx^2 + cx + d$$

tenga un máximo relativo en el punto (0, 4) y un mínimo relativo en el punto (2, 0).

6 Calcula el punto de la curva $y = \frac{1}{1 + x^2}$ en el que la pendiente de la recta tangente sea máxima.

7 De todos los cilindros que pueden inscribirse en una esfera de 9 cm de radio, halla la altura y el radio del que tiene mayor volumen.

8 La función $f(x) = 1 - |x|$ si $x \in [-2, 2]$ verifica la igualdad $f(-2) = f(2)$.

Justifica si es posible encontrar algún $c \in (-2, 2)$ tal que $f'(c) = 0$.

Compromiso ODS Visualiza el vídeo Meta 10.4, piensa en una acción con la que podrías contribuir al logro de esa meta y comprométete a llevarla a cabo.

10

REPRESENTACIÓN DE FUNCIONES

Concepto de función

En los siglos XV y XVI se sentaron las bases de la simbología algebraica que permitieron un manejo muy práctico de las matemáticas, lo que abrió camino a la diferenciación entre las **variables** de una función y las **incógnitas** de una ecuación, esencial para llegar a establecer la noción de función.

A principios del siglo XVII, **Galileo** utilizó por primera vez la experimentación cuantitativa como fuente de información. Empezó a relacionar de forma funcional las causas y los efectos. Esto fue fundamental para determinar la concepción de **variable dependiente.**

Las investigaciones de Galileo sobre las relaciones matemáticas entre dos variables (x e y, causas y efectos) son un antecedente muy claro del concepto de función, que va tomando forma a lo largo del siglo XVII.

Una de las ideas más fecundas y brillantes del siglo XVII fue la de la conexión entre el concepto de función y la representación gráfica de una curva.

La representación gráfica mediante diagramas cartesianos permitió la visualización de las funciones. De este modo, el concepto de función se generalizó a cualquier relación numérica que responda a una gráfica sobre unos ejes coordenados. Pero los matemáticos de aquella época solo admitían como funciones las gráficas que respondían a una fórmula. Fue a mediados del siglo XIX cuando **Dirichlet** amplió el concepto de función a relaciones de ciertos tipos dadas gráficamente (o de otro modo), aunque no hubiera una «fórmula» que las describiera.

Los conceptos y los procedimientos del cálculo de límites y derivadas permiten, en la actualidad, indagar cómoda y eficazmente sobre las características más relevantes de funciones dadas mediante fórmulas y, en consecuencia, proceder a su representación gráfica. Con una calculadora o un ordenador se consigue de forma automática e instantánea.

Dirichlet

Su definición del concepto de función sirvió para afianzar los fundamentos del análisis. Pero Gustav Dirichlet, profesor en Berlín, hizo otras muchas aportaciones a las matemáticas y a la física, de modo que, al morir **Gauss** en 1855, todos pensaron en Dirichlet como su digno sucesor y fue llamado a ocupar la cátedra de Göttingen.

Una extraña función y un sabio contrariado

Dirichlet, con el fin de poner un ejemplo de función que no fuera continua en ninguno de sus puntos, definió esto:

$$D(x) = \begin{cases} 1 & \text{si } x \in \mathbb{Q} \\ 0 & \text{si } x \in \mathbb{R} - \mathbb{Q} \end{cases}$$

Funciones así de estrafalarias se diseñaron para perfilar el concepto de función. **Poincaré,** considerado como el más importante matemático del momento a principios del siglo XX, se quejaba de «esas extrañas funciones inventadas con el fin de mostrar que el razonamiento de nuestros antecesores fue erróneo» y las contraponía a las «funciones *honestas* que sirven para algo».

Dos curvas interesantes

TRACTRIZ

Sobre el eje X, a 4 m del origen hay una bola atada a una cuerda de 4 m. Una persona sujeta el extremo de la cuerda y camina a lo largo del eje Y, arrastrando la bola. La trayectoria que recorre la bola es una curva, llamada tractriz, que es tangente a la cuerda en cada punto. Su ecuación es:

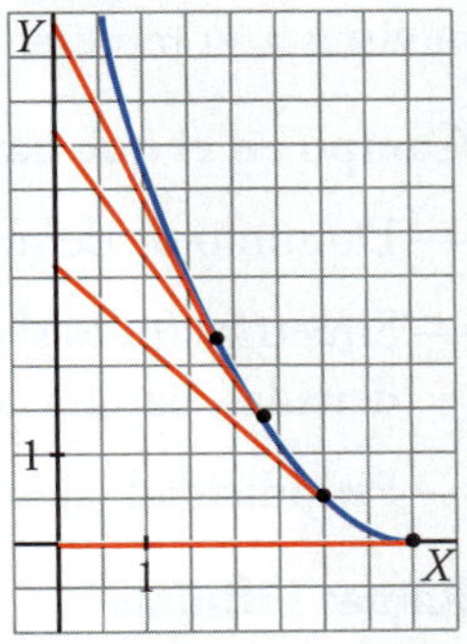

$$y = 4log\left(\frac{4+\sqrt{16-x^2}}{x}\right) - \sqrt{16-x^2}$$

CATENARIA

Si se atan los extremos de una cadena de 2,35 m a sendos postes de 1,54 m de altura separados entre sí 2 m, la cadena forma una curva llamada catenaria. Situando los ejes de forma adecuada, su ecuación es:

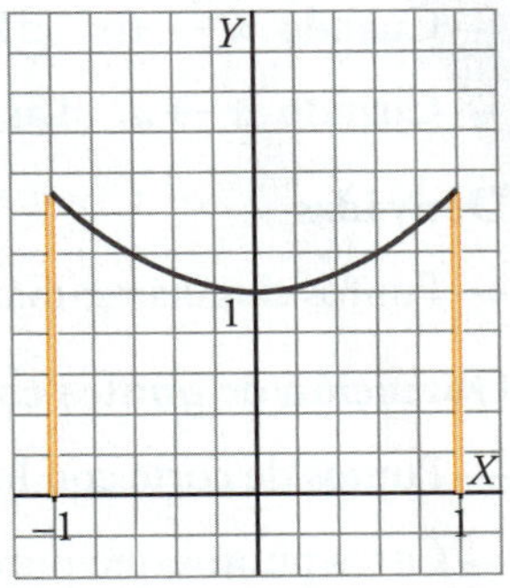

$$y = \frac{e^x + e^{-x}}{2}$$

RESUELVE

Límites y derivadas para representar una función

- Traza unos ejes coordenados sobre papel cuadriculado y representa una curva, lo más sencilla posible, que cumpla las siguientes condiciones:
  - $\lim\limits_{x \to -\infty} f(x) = -\infty$
  - $\lim\limits_{x \to +\infty} f(x) = 2$
  - $\lim\limits_{x \to 2^-} f(x) = -\infty$
  - $\lim\limits_{x \to 2^+} f(x) = +\infty$
  - $f(0) = 4$; $f'(0) = 0$
  - $f(-5) = 0$; $f(1{,}75) = 0$
  - f es derivable en todo $\mathbb{R}$, salvo en $x = 2$.
- Describe, con la menor cantidad de datos y de forma similar al ejercicio anterior, la siguiente función:

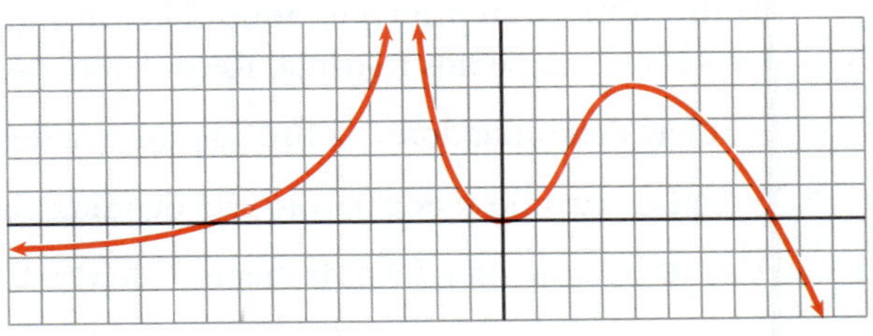

1
ELEMENTOS FUNDAMENTALES PARA LA CONSTRUCCIÓN DE CURVAS

Aunque la gráfica de una función es un conjunto de puntos, para representarla no es buen sistema, como bien sabes, obtener indiscriminadamente las coordenadas de muchos puntos de la misma. Y esto por dos motivos:

— Se emplearía mucho tiempo.

— Esos puntos, probablemente, sean insuficientes para dar una idea correcta de cómo es la curva, pues las partes más interesantes de la misma es posible que se encuentren intercaladas entre ellos o bien fuera del tramo en que hemos trabajado.

Las curvas, en general, presentan algunos detalles interesantes (puntos singulares, ramas, rupturas…) y fuera de ellos se comportan de forma anodina. Para representarlas eficazmente habrá que saber localizar esas peculiaridades que las caracterizan. Con ese fin se estudian sus límites, asíntotas, derivadas…

En esta unidad vamos a revisar, a sistematizar, a poner orden en todos los instrumentos matemáticos que poseemos para la búsqueda de rasgos interesantes de una curva con vistas a su representación. Recordemos cuáles son:

- **Campo en el que hay que estudiar la función**
  - — Dominio de definición. ¿Es continua? ¿Es derivable?
  - — Simetrías (pues si es simétrica respecto del eje Y o respecto del origen de coordenadas, bastará con estudiarla para $x \geq 0$).
  - — Periodicidad (si es periódica, bastará estudiarla en un periodo).
- **Ramas infinitas**
  - — Cuando $x \to \pm\infty$. ¿De qué tipo son?
  - — Cuando $x \to a$. ¿Las hay?
- **Derivadas**
  - — Puntos singulares: máximos, mínimos relativos o puntos de inflexión.
- **Obtención de puntos complementarios**
  - — Puntos de corte con los ejes.
  - — Otros puntos que puedan servir para perfilar la curva.

Casi nunca será necesario someter la curva a un estudio tan prolijo que requiera de todos estos elementos. Esta lista es como el panel en el que el artesano pone sus herramientas. Rara vez tendrá que utilizarlas todas para ejecutar una obra. Pero es bueno que las tenga a mano y conozca cómo se usan y cuándo es oportuno hacerlo.

Pongamos a punto todas estas herramientas.

> **anayaeducacion.es**
> Ejercicios para repasar funciones conocidas.

FUNCIÓN PAR

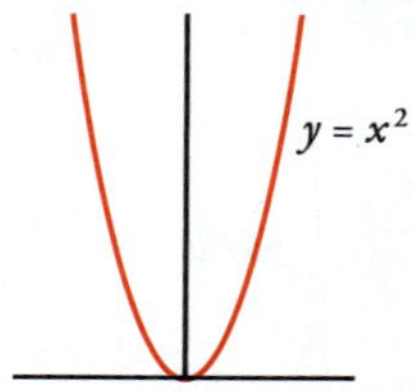

Simétrica respecto del eje Y

FUNCIÓN IMPAR

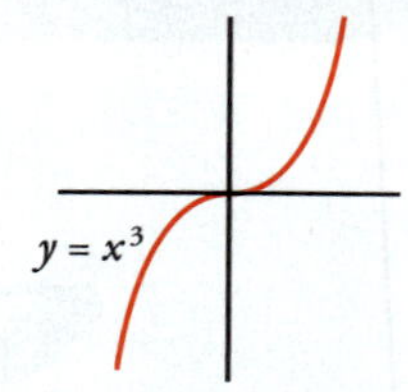

Simétrica respecto del origen, $O(0, 0)$

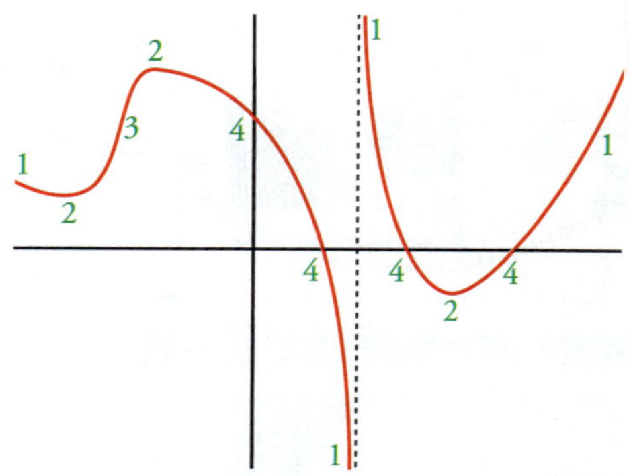

1. Ramas infinitas
2. Máximos y mínimos: $f'(x) = 0$
3. Puntos de inflexión: $f''(x) = 0$
4. Puntos de corte con los ejes: $f(x) = 0$ y $x = 0$

■ Dominio de definición

El dominio de definición de una función $y = f(x)$ (valores de x para los cuales existe la función) es, en principio, todo $\mathbb{R}$, salvo que haya operaciones imposibles o que, expresamente, se nos restrinja. Recordemos las principales restricciones:

- Si hay denominadores, la función no está definida donde estos se anulan.
- $\sqrt[n]{\varphi(x)}$ cuando n es par, solo está definida cuando $\varphi(x) \geq 0$.
- $log\ \varphi(x)$ solo está definida cuando $\varphi(x) > 0$.
- $arc\ sen\ \varphi(x)$ y $arc\ cos\ \varphi(x)$ solo están definidas cuando $-1 \leq \varphi(x) \leq 1$.
- $tg\ \varphi(x)$ no está definida si $\varphi(x) = \frac{\pi}{2} + k\pi,\ k \in \mathbb{Z}$.

Ejercicio resuelto

1 *Hallar el dominio de definición de las siguientes funciones:*

a) $y = arc\ sen\ (x + 3)$

b) $y = ln\ (3 - \sqrt{25 - x^2})$

a) Puesto que *arc sen* actúa sobre valores del intervalo $[-1, 1]$, se ha de cumplir:

$$-1 \le x + 3 \le 1 \rightarrow -1 - 3 \le x \le 1 - 3 \rightarrow -4 \le x \le -2$$

El dominio de definición de $y = arc\ sen\,(x + 3)$ es $[-4, -2]$.

b) Para poder extraer la raíz cuadrada, ha de ser $25 - x^2 \ge 0$:

$$25 - x^2 \ge 0 \Leftrightarrow x^2 \le 25 \Leftrightarrow -5 \le x \le 5$$

Para poder tomar logaritmo, ha de ser $3 - \sqrt{25 - x^2} > 0$:

$$3 - \sqrt{25 - x^2} > 0 \Leftrightarrow \sqrt{25 - x^2} < 3 \Leftrightarrow 25 - x^2 < 9 \Leftrightarrow -x^2 < -16 \Leftrightarrow$$

$$\Leftrightarrow x^2 > 16 \Leftrightarrow (x < -4 \text{ o bien } x > 4)$$

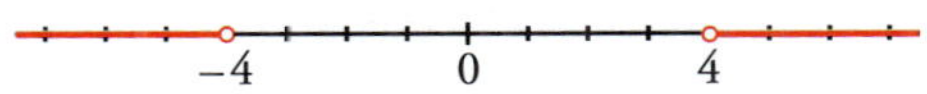

Como han de cumplirse las dos condiciones:

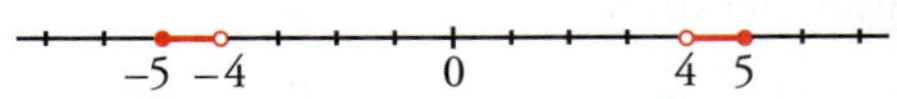

Es decir, el dominio de definición de $y = ln(3 - \sqrt{25 - x^2})$ es $[-5, -4) \cup (4, 5]$.

Continuidad, derivabilidad

Las funciones que utilizamos en este nivel *son continuas en todo su dominio de definición*, salvo aquellas que se definen artificialmente empalmando trozos. También son derivables, con algunas excepciones:

— Las funciones «raíz» pueden tener tangente vertical (y, por tanto, no ser derivables) en los puntos en los que se anula el radicando.

Por ejemplo, $y = \sqrt[3]{x^2 - 4}$ no es derivable en $x = -2$ ni en $x = 2$.

— El valor absoluto suele dar lugar a puntos angulosos.

Por ejemplo, $y = |x^2 - 4|$ los tiene en $x = -2$ y en $x = 2$.

Dibujar funciones continuas y derivables

La **continuidad** en un intervalo permite unir con un solo trazo todos los detalles (puntos, ramas…) que conozcamos de la función.

Si, además, es **derivable,** el trazo será suave, es decir, sin puntos angulosos.

Piensa y practica

1 Halla el dominio de estas funciones y di dónde son continuas y dónde derivables.

a) $y = x^3 - 5x^2 + 7x + 3$ b) $y = \dfrac{3x^3 + 5}{x^2 - 5x + 4}$ c) $y = \dfrac{1}{sen\ x}$ d) $y = \dfrac{x^3 + 2x}{x^2 + 1}$

e) $y = \sqrt{x^2 - 2x}$ f) $y = ln(x^2 - 1)$ g) $y = ln(x^2 + 1)$ h) $y = \dfrac{e^x}{x^2}$

2 Di dónde son continuas y dónde son derivables las funciones:

a) $y = \dfrac{x^3}{x^2 - 1}$ b) $y = |x^3 - x|$ c) $y = arc\ cos(x - 4)$ d) $y = log(5 - \sqrt{169 - x^2})$

anayaeducacion.es Ejercicios para determinar el dominio de una función.

Simetrías

- Si una función f verifica que $f(x) = f(-x)$, entonces su gráfica es **simétrica respecto al eje *Y*.** La razón es muy sencilla: si el punto (a, b) es de la gráfica, $f(a) = b$ y, por tanto, $f(-a) = b$, lo que quiere decir que el punto $(-a, b)$ también es de la gráfica.

  Por ejemplo: $y = \dfrac{x^4 - 8x^2 + 7}{5}$ (representada en el margen), $y = cos\, x$, $y = \dfrac{x^3 - 5x}{x^3 + 2x}$

- Si una función verifica que $f(-x) = -f(x)$, entonces su gráfica es **simétrica respecto al origen de coordenadas,** pues si (a, b) pertenece a la gráfica de f, entonces $f(a) = b$ y, por tanto, $f(-a) = -b$, lo que significa que $(-a, -b)$ pertenece también a la gráfica de f. El punto $(-a, -b)$ es el simétrico de (a, b) respecto de $O(0, 0)$.

  Por ejemplo: $y = x^3 - 3x$ (representada en el margen), $y = sen\, x$, $y = \dfrac{x^3 - 5x}{x^2 + 2}$

Si sabemos que una función es simétrica, podemos construir solo media curva y, después, dibujar la otra parte por simetría.

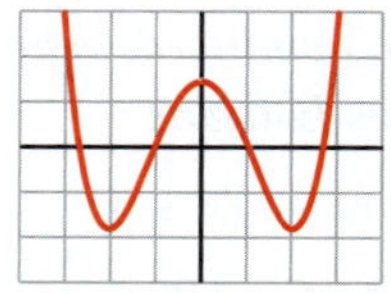

$y = \dfrac{x^4 - 8x^2 + 7}{5}$

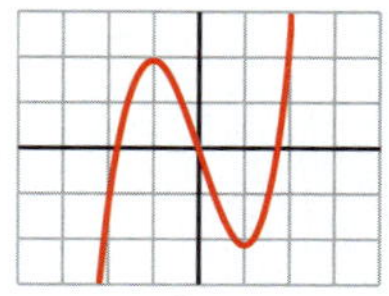

$y = x^3 - 3x$

Periodicidad

Saber que una función es periódica facilita mucho su representación. Para ayudarte en la detección de periodicidades, aquí tienes algunas propiedades. Léelas atentamente y razónalas sobre algún ejemplo:

— Las únicas funciones periódicas que conoces son las trigonométricas.

— Si $f(x)$ es periódica de periodo T, también lo es $f(mx + n)$, y su periodo es $\dfrac{T}{m}$.

Por ejemplo, observa las gráficas de estas tres funciones:

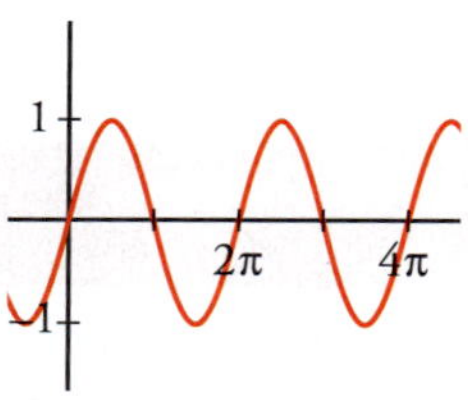

$y = sen\, x \to T = 2\pi$

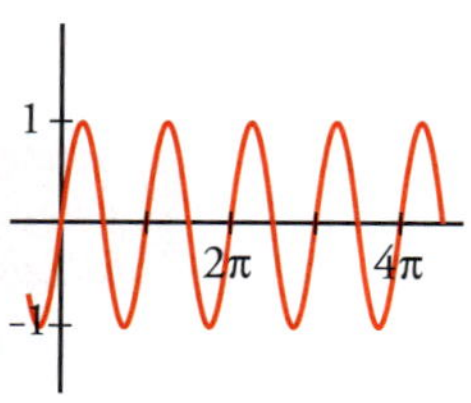

$y = sen\, 2x \to T = \pi$

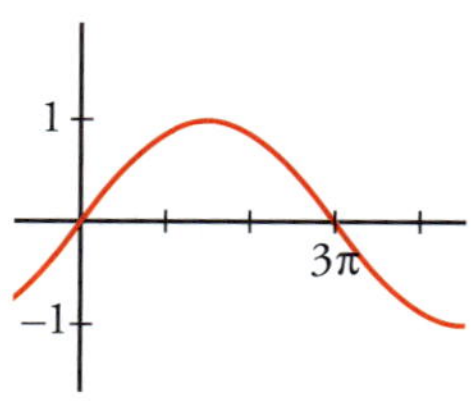

$y = sen\, \dfrac{x}{3} \to T = 6\pi$

— Si $f(x)$ y $g(x)$ son periódicas, entonces $f(x) \pm g(x)$, $f(x) \cdot g(x)$ y $f(x)/g(x)$ son periódicas, y su periodo es, como máximo, el mínimo común múltiplo de los periodos de f y g.

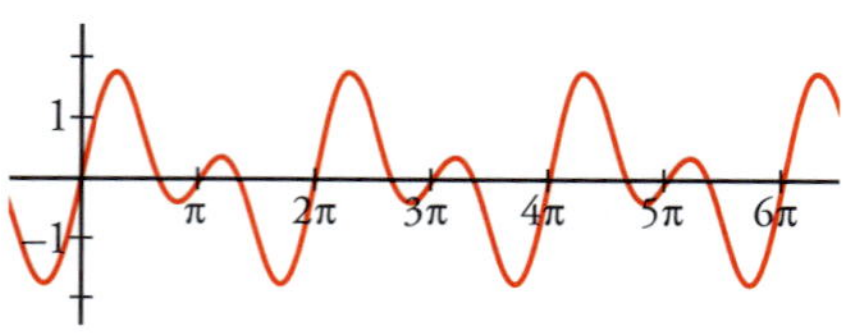

$y = sen\, x + sen\, 2x \to T = 2\pi.$

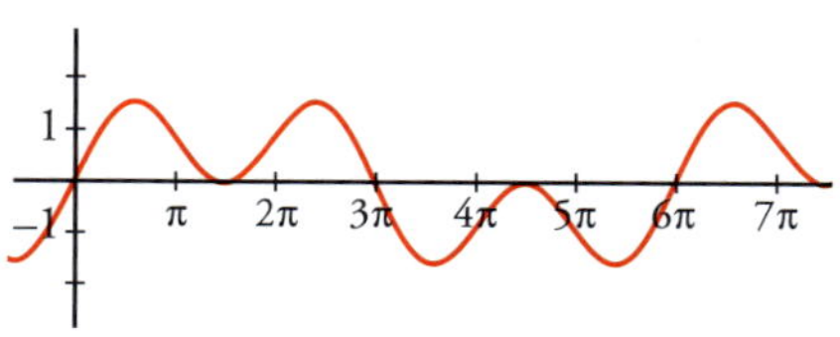

$y = sen\, x + sen\, \dfrac{x}{3} \to T = 6\pi.$

Recuerda

En el curso pasado viste la función *parte decimal* de x.

$$Mant\,(x) = x - Ent\,(x)$$

(*Mant* → *Mantisa*; *Ent* → *Parte entera*)

Esta función es periódica de periodo 1.

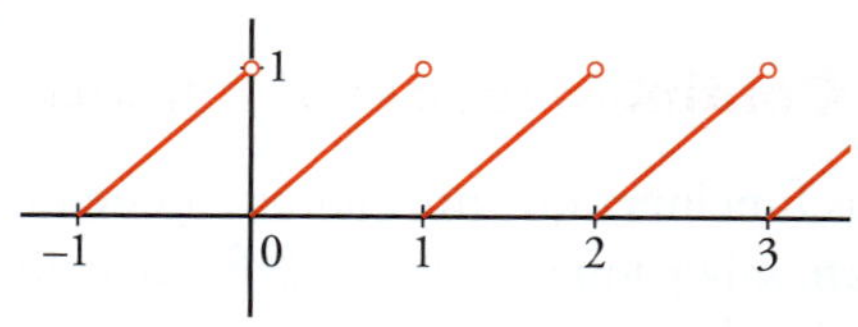

Piensa y practica

3 Halla las simetrías y las periodicidades de las funciones siguientes:

a) $y = 3x^4 - 5x^2 - 1$

b) $y = \sqrt{x^2 - 2x}$

c) $y = \dfrac{x^3}{x^2 - 1}$

d) $y = \dfrac{x^3 - 1}{x^2}$

e) $y = sen\, x + 1/2\, (sen\, 2x)$

f) $y = \sqrt[3]{cos\, x + 5}$

anayaeducacion.es GeoGebra. Visualiza funciones simétricas.

Ramas infinitas en un punto. Asíntotas verticales

Si $\lim\limits_{x \to a} f(x) = \pm\infty$, entonces la recta $x = a$ es una **asíntota vertical.**

La función se puede acercar a $x = a$ por la izquierda o por la derecha y puede tender a más o menos infinito. Veamos los casos posibles:

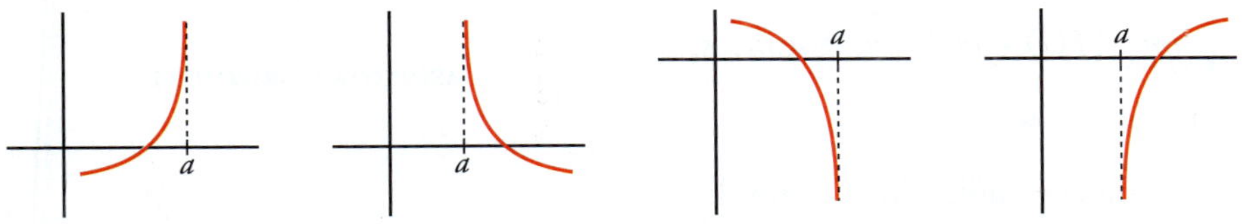

$\lim\limits_{x \to a^-} f(x) = +\infty$ $\lim\limits_{x \to a^+} f(x) = +\infty$ $\lim\limits_{x \to a^-} f(x) = -\infty$ $\lim\limits_{x \to a^+} f(x) = -\infty$

Si la función está definida a ambos lados de la asíntota, estudiamos los dos límites laterales:

$$\lim_{x \to a^-} f(x) \quad \text{y} \quad \lim_{x \to a^+} f(x)$$

Ejemplos:

- $y = \dfrac{2x+1}{x-2}$ tiene una asíntota vertical en $x = 2$ $\left(\lim\limits_{x \to 2} f(x) = \pm\infty\right)$.

  Para averiguar el signo de $f(x)$ en las cercanías de 2, damos a x valores próximos a 2 («algo menores» y «algo mayores»).

  IZQUIERDA: $x = 1{,}99 \;\to f(x) = \dfrac{2 \cdot 1{,}99 + 1}{1{,}99 - 2} = -498$ (negativo) $\to$

  $\to \lim\limits_{x \to 2^-} f(x) = -\infty$

  DERECHA: $x = 2{,}01 \;\to f(x) = \dfrac{2 \cdot 2{,}01 + 1}{2{,}01 - 2} = 502$ (positivo) $\to$

  $\to \lim\limits_{x \to 2^+} f(x) = +\infty$

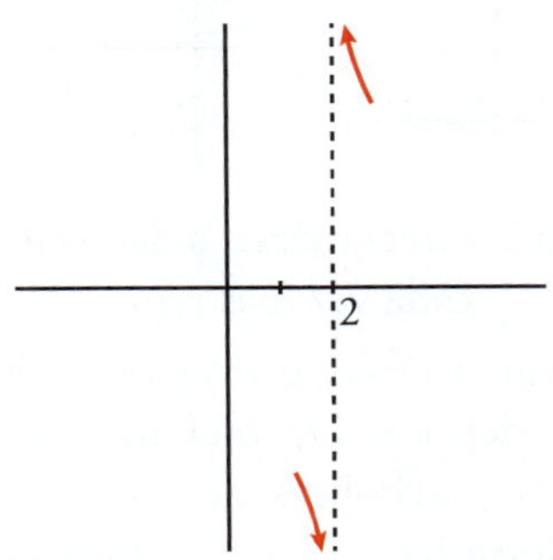

- $y = \dfrac{1}{\sqrt{x+5}}$ tiene una asíntota vertical en $x = -5$. Pero la función solo está definida a la derecha de la asíntota, y, evidentemente, $\lim\limits_{x \to -5^+} \dfrac{1}{\sqrt{x+5}} = +\infty$.

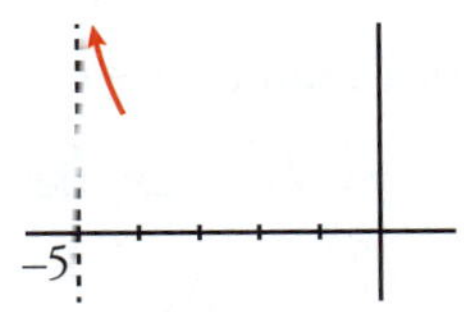

- $y = ln\,(x^2 - 1)$

  $ln\,(x^2 - 1) \to -\infty$ si $x^2 - 1 \to 0^+$

  Es decir, si $x \to 1^+$ o $x \to -1^-$:

  $\lim\limits_{x \to -1^-} ln\,(x^2 - 1) = \lim\limits_{x \to 1^+} ln\,(x^2 - 1) = -\infty$

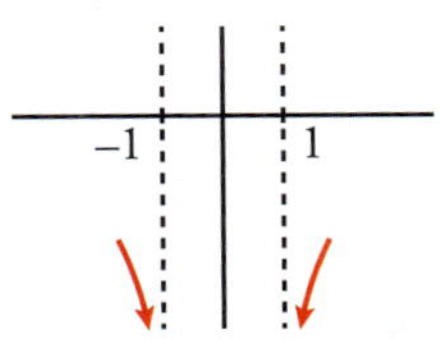

Tienen asíntota vertical

- Las funciones que son de la forma $\dfrac{\psi(x)}{\phi(x)}$ en los puntos en que $\phi(x) = 0$ (siempre que la fracción esté simplificada).
- $log\,\varphi(x)$ en los puntos en los que $\varphi(x) = 0$.
- $tg\,\varphi(x)$, en los puntos en los que $\varphi(x) = \dfrac{\pi}{2} + k\pi$.

Piensa y practica

4 Halla las asíntotas verticales y sitúa la curva respecto a ellas:

a) $y = \dfrac{x^3}{(x-2)^2 x}$ b) $y = \dfrac{1}{\sqrt{x-4}}$ c) $y = \dfrac{3}{\sqrt{4-x}}$ d) $y = log\,(x^2 - 4)$

e) $y = \dfrac{x-1}{x^2-1}$ f) $y = \dfrac{2x+6}{x^2+7x+12}$ g) $y = \dfrac{2}{x-3} + ln(x+2)$ h) $y = 3 - tg\left(\pi x + \dfrac{\pi}{2}\right)$

Ten en cuenta que en algunos apartados el numerador y el denominador pueden tener raíces comunes.

Ramas infinitas en el infinito

- Si $\lim_{x \to +\infty} f(x) = l$, entonces la recta $y = l$ es **asíntota horizontal** cuando $x \to +\infty$.

  La posición de la curva respecto de la asíntota se averigua estudiando el signo de la diferencia $f(x) - l$ para valores grandes de x.

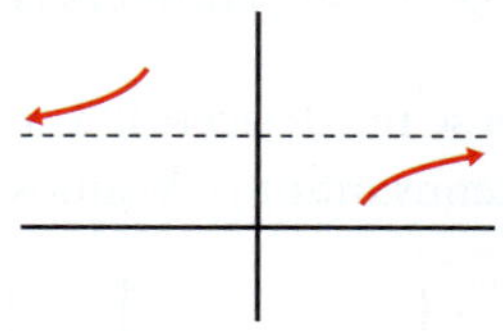

ASÍNTOTA HORIZONTAL

- Si $\lim_{x \to +\infty} f(x) = \pm\infty$, $\lim_{x \to +\infty} \frac{f(x)}{x} = m \neq 0$ y $\lim_{x \to +\infty} [f(x) - mx] = n$, entonces la recta $y = mx + n$ es una **asíntota oblicua** cuando $x \to +\infty$.

  La posición de la curva respecto de la asíntota se averigua estudiando el signo de $f(x) - (mx + n)$ para valores grandes de x.

  ¡Atención! Como sabes del curso anterior, en las funciones racionales la localización de las asíntotas oblicuas es mucho más sencilla (véase página 304).

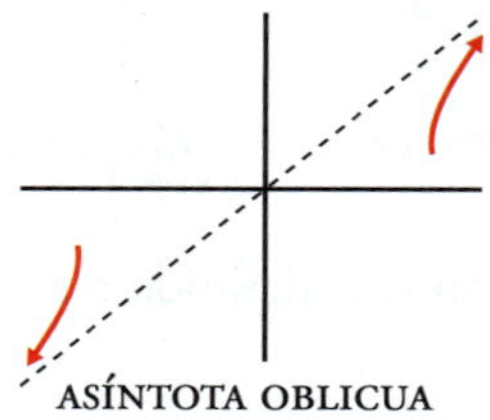

ASÍNTOTA OBLICUA

- Si $\lim_{x \to +\infty} f(x) = \pm\infty$ y no hay asíntota oblicua, entonces puede haber **rama parabólica** de uno de los siguientes tipos:

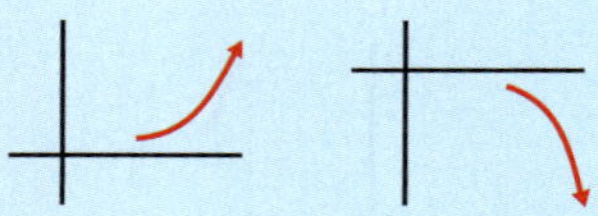

TIPO 1. Crecimiento o decrecimiento cada vez más rápido.

La curva crece, o decrece, cada vez más deprisa. De este tipo son las ramas parabólicas de las funciones **polinómicas** y de las **exponenciales.**

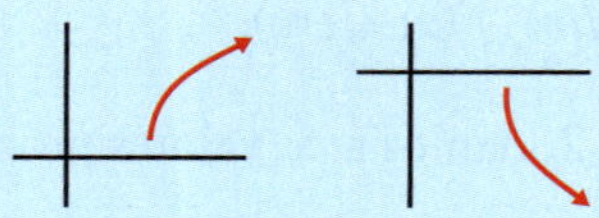

TIPO 2. Crecimiento o decrecimiento cada vez más lento.

La curva crece, o decrece, cada vez más despacio. De este tipo son las funciones **radicales** y las **logarítmicas.**

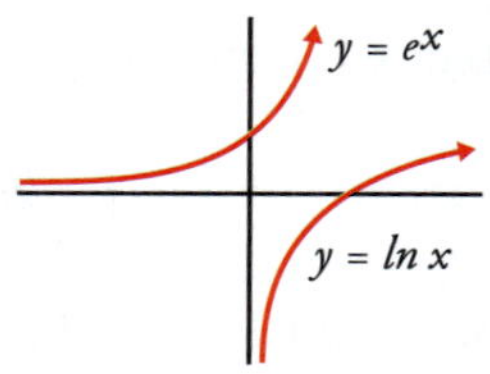

RAMAS PARABÓLICAS

La casuística cuando $x \to -\infty$ es análoga a la aquí expuesta.

- La función $y = \sqrt{x^2 - 2x}$ tiene una asíntota oblicua cuando $x \to +\infty$. Hallémosla:

$$m = \lim_{x \to +\infty} \frac{f(x)}{x} = \lim_{x \to +\infty} \frac{\sqrt{x^2 - 2x}}{x} = \lim_{x \to +\infty} \sqrt{1 - \frac{2}{x}} = 1$$

$$n = \lim_{x \to +\infty} [f(x) - mx] = \lim_{x \to +\infty} (\sqrt{x^2 - 2x} - x) =$$

$$= \lim_{x \to +\infty} \frac{(\sqrt{x^2 - 2x} - x)(\sqrt{x^2 - 2x} + x)}{\sqrt{x^2 - 2x} + x} = \lim_{x \to +\infty} \frac{(x^2 - 2x) - x^2}{\sqrt{x^2 - 2x} + x} =$$

$$= \lim_{x \to +\infty} \frac{-2x}{\sqrt{x^2 - 2x} + x} = \lim_{x \to +\infty} \frac{-2}{\sqrt{1 - 2/x} + 1} = \frac{-2}{2} = -1$$

Hay asíntota oblicua para $x \to +\infty$. Su ecuación es $y = x - 1$.

Posición de la curva respecto de la asíntota:

Para $x = 1\,000$, $\sqrt{x^2 - 2x} - (x - 1)$ vale $-0{,}0005$.

La curva queda por debajo de la asíntota.

Análogamente, se obtiene la asíntota $y = -x + 1$ para $x \to -\infty$ y se prueba que la curva también está por debajo.

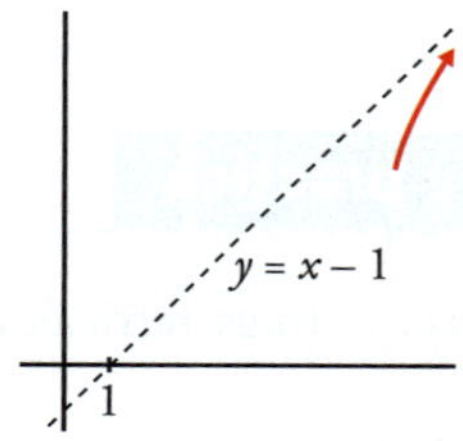

Notación

Llamamos $y = mx + n$ a la asíntota.

anayaeducacion.es

Obtención de la asíntota oblicua de $y = \sqrt{x^2 - 2x}$ cuando $x \to -\infty$.

Síntesis: posibles ramas infinitas cuando $x \to +\infty$ (*)

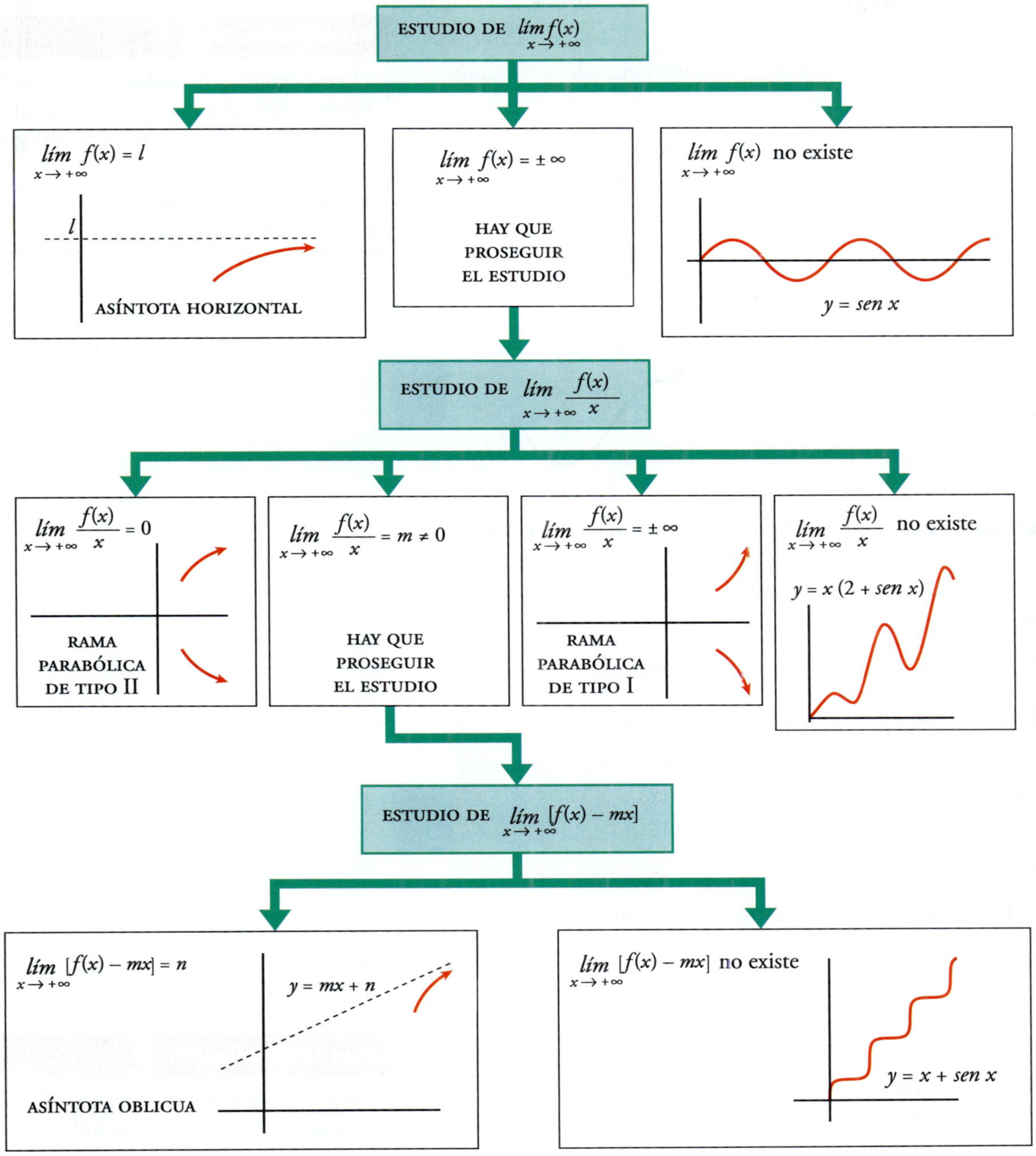

(*) Para $x \to -\infty$ la casuística es idéntica.

Piensa y practica

5 Halla las ramas en el infinito de las funciones siguientes:

a) $y = 3x^5 - 20x^3$

b) $y = \dfrac{x^4}{x^2 - 1}$

c) $y = \dfrac{x^3}{(x-2)^2}$

d) $y = \sqrt{x^2 - 2x}$

e) $y = ln\,(x^2 + 1)$

f) $y = 2^{x-1}$

g) $y = x\, sen\, x$

h) $y = x - cos\, x$

6 ¿Qué tipo de ramas en el infinito tienen estas funciones?

a) $y = \dfrac{1}{x+1}$

b) $y = \dfrac{3x}{x+1}$

c) $y = \dfrac{x^2}{x+1}$

d) $y = \dfrac{x^4}{x+1}$

e) $y = \dfrac{x^2}{e^x}$

f) $y = \sqrt[3]{x^2 + 3}$

g) $y = x + \sqrt{x}$

h) $y = tg\, x$

anayaeducacion.es GeoGebra. Ejercicios para determinar las asíntotas de funciones racionales.

Puntos interesantes

PUNTOS DE TANGENTE HORIZONTAL (SINGULARES O CRÍTICOS)

- Las abscisas de los puntos de tangente horizontal se obtienen cuando resolvemos la ecuación $f'(x) = 0$.

  Una vez halladas sus soluciones, $x_1, x_2, \ldots, x_k$, los puntos de la gráfica correspondientes, $(x_1, f(x_1))$, $(x_2, f(x_2))$, …, $(x_k, f(x_k))$, sirven para marcar las subidas y las bajadas de la curva, siempre que $f(x)$ sea derivable en todo el tramo en el que se encuentran.

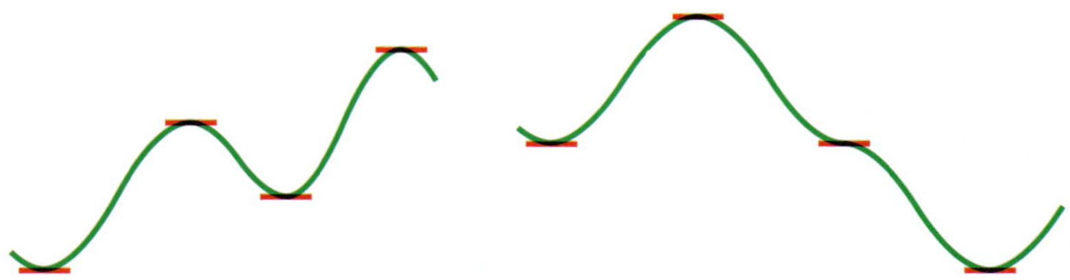

- Los **máximos** y los **mínimos** se manifiestan espontáneamente al trazar la curva, uniendo razonablemente las ramas infinitas y los puntos de derivada nula. Pero recordemos que también se puede saber si un punto de tangente horizontal es máximo o mínimo recurriendo a la segunda derivada:

  Si $f'(a) = 0$ y $f''(a) > 0 \Rightarrow$ en $(a, f(a))$ hay un mínimo relativo.

  Si $f'(a) = 0$ y $f''(a) < 0 \Rightarrow$ en $(a, f(a))$ hay un máximo relativo.

- También se puede averiguar si un punto de tangente horizontal es máximo o mínimo estudiando el signo de $f'(x)$ a su izquierda y a su derecha.

Puntos singulares

El conocimiento de **todos** los puntos de tangente horizontal (puntos singulares) es crucial para la representación de una gráfica.

También es un dato muy importante saber que no hay ninguno.

PUNTOS DE CORTE CON LOS EJES

- Cortes con el eje X: sus abscisas son las soluciones de la ecuación $f(x) = 0$.
- Corte con el eje Y: es el $(0, f(0))$.

PUNTOS DE INFLEXIÓN

Son los puntos en donde la función pasa de cóncava a convexa, o viceversa. Se encuentran entre las raíces de la ecuación $f''(x) = 0$.

Puntos de inflexión

Los puntos de inflexión matizan la forma de la curva. A veces, son muy útiles.

OTROS PUNTOS

A veces, conviene hallar otros puntos $(a, f(a))$ para precisar la forma de la curva.

Piensa y practica

7 Halla los puntos singulares y los puntos de inflexión de estas funciones:

a) $y = x^3 - 6x^2 + 9x + 5$

b) $y = ln(x^2 + 1)$

8 Halla los puntos singulares de:

a) $y = 3x^5 - 20x^3$

b) $y = \dfrac{x^2}{x^2 - 1}$

c) $y = \dfrac{x^3}{(x-2)^2}$

d) $y = \sqrt{x^2 - 2x}$

anayaeducacion.es GeoGebra. Ejercicios para buscar puntos singulares y puntos de inflexión en funciones polinómicas.

2 EL VALOR ABSOLUTO EN LA REPRESENTACIÓN DE FUNCIONES

Valor absoluto de una función

Para representar $y = |f(x)|$, representaremos la función $y = f(x)$ y, después, pasaremos hacia arriba, mediante simetría, todo el trozo de curva que esté bajo el eje X.

anayaeducacion.es
Repaso teórico: valor absoluto de una función.

Por ejemplo, para representar $y = \left|\frac{1}{3}x^3 - 2x + 1\right|$, representamos $y = \frac{1}{3}x^3 - 2x + 1$ y «echamos hacia arriba» del eje X, por simetría, lo que está debajo.

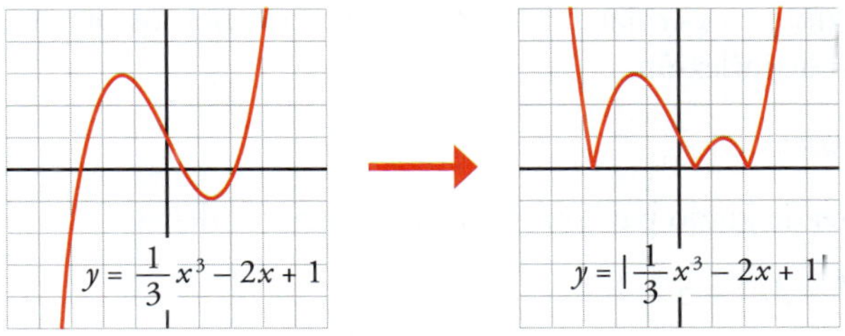

OPERACIONES CON «VALORES ABSOLUTOS»

El análisis de la función debe realizarse prestando atención a las abscisas en las que cambia de signo alguno de los sumandos con valor absoluto.

Ejercicios resueltos

1 *Representar* $y = \frac{1}{1 + |x|}$.

El único valor absoluto que interviene es $|x|$. La abscisa en donde cambia de signo x es 0. Por tanto:

$$x < 0,\ |x| = -x \rightarrow y = \frac{1}{1-x} = -\frac{1}{x-1}$$

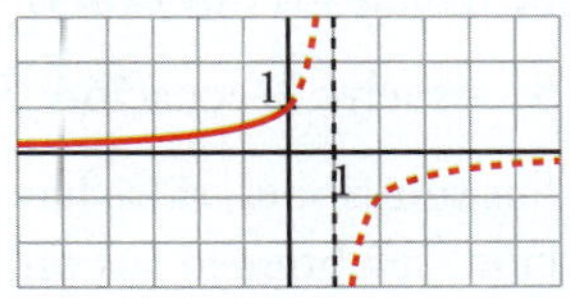

$$x \geq 0,\ |x| = x \rightarrow y = \frac{1}{1+x}$$

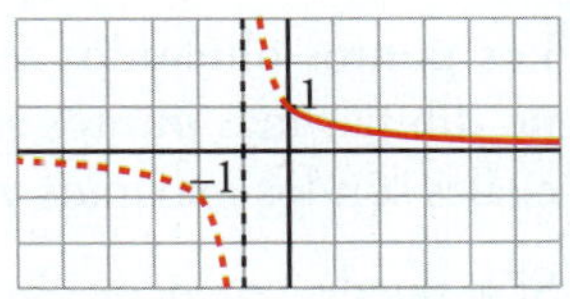

Representamos, pues, esta función:

$$y = \frac{1}{1+|x|} = \begin{cases} -\frac{1}{x-1}, & x < 0 \\ \frac{1}{1+x}, & x \geq 0 \end{cases}$$

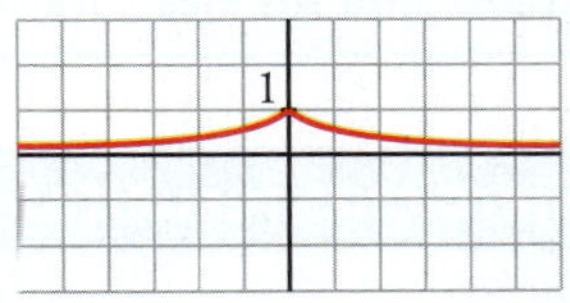

2 *Representar* $y = x|x - 2|$.

El único valor absoluto que interviene es $|x - 2|$. La abscisa en donde cambia de signo $x - 2$ es 2. Por tanto, analizamos cómo queda la función a la izquierda y a la derecha de 2:

$$x < 2 \rightarrow |x - 2| = -x + 2 \rightarrow y = x(-x + 2) = -x^2 + 2x$$

$$x \geq 2 \rightarrow |x - 2| = x - 2 \rightarrow y = x(x - 2) = x^2 - 2x$$

$$y = x|x - 2| = \begin{cases} -x^2 + 2x & \text{si } x < 2 \\ x^2 - 2x & \text{si } x \geq 2 \end{cases}$$

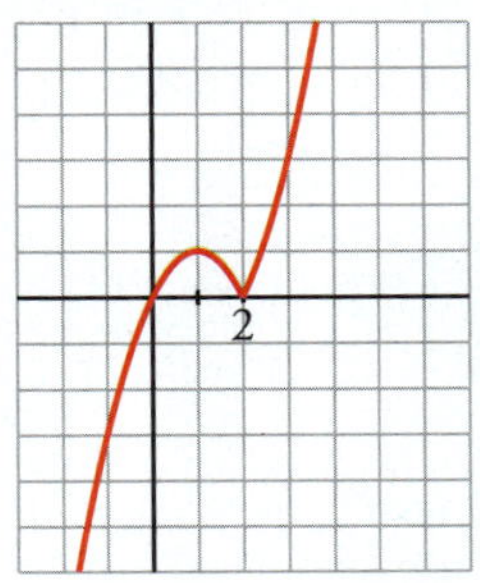

Piensa y practica

1 Representa:

a) $y = \frac{x^2 + 3x}{|x| + 1}$ b) $y = |x - 5|x$ c) $y = x - |x - 3| + |x + 1|$ d) $y = \sqrt{|x^2 - 1|}$

anayaeducacion.es **GeoGebra.** Representación de funciones de valor absoluto.

3 REPRESENTACIÓN DE FUNCIONES POLINÓMICAS

Las funciones polinómicas, $y = P(x)$, son derivables (y, por tanto, continuas) en todo $\mathbb{R}$.

No tienen asíntotas de ningún tipo. Tienen ramas parabólicas en $-\infty$ y en $+\infty$. Conociendo estas dos ramas infinitas y los puntos singulares, se pueden representar con mucha precisión. Si se quieren perfilar mejor, se pueden obtener los puntos de corte con los ejes y los puntos de inflexión.

Pueden presentar simetrías:

- Si solo tienen términos de grado par, son simétricas respecto del eje Y.

  Por ejemplo: $y = 2x^4 - 3x^2 + 5$

- Si solo tienen términos de grado impar, son simétricas respecto del origen de coordenadas.

  Por ejemplo: $y = x^5 - 4x^3 + 2x$

Para representar una función polinómica $y = P(x)$:

- Se observa si tiene algún tipo de **simetría.**
- Se hallan sus dos **ramas infinitas:** $\lim\limits_{x \to -\infty} f(x)$, $\lim\limits_{x \to +\infty} f(x)$
- Se resuelve la ecuación $P'(x) = 0$.

  Sus soluciones, si las hay, son las abscisas de sus **puntos singulares.** A continuación, se obtienen sus ordenadas.
- Los puntos obtenidos se unen entre sí y con las ramas infinitas, cuidando de no dibujar más puntos singulares que los obtenidos. De este modo se averigua cuáles son los máximos y mínimos relativos.
- Si se puede, conviene obtener, también, los **puntos de inflexión** y los **puntos de corte con los ejes** para conseguir mayor precisión en la representación.

Recuerda

Es importante reconocer las funciones polinómicas y saber, a priori, qué podemos esperar de ellas.

Ten en cuenta

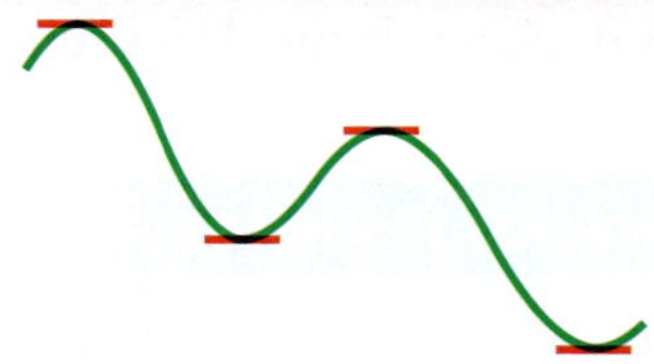

Con los puntos singulares y las ramas infinitas se aprecia claramente la forma de la curva.

anayaeducacion.es

Ejercicios para **repasar** la representación de funciones polinómicas.

Ejercicios resueltos

1 *Representar la función siguiente:*

$$f(x) = x^3 - 6x^2 + 9x + 5$$

Simetrías: No es simétrica ni respecto del eje Y ni respecto del origen de coordenadas.

Ramas infinitas: $\lim\limits_{x \to -\infty} f(x) = -\infty$, $\lim\limits_{x \to +\infty} = +\infty$

Puntos singulares:

$f'(x) = 3x^2 - 12x + 9$

$f'(x) = 0 \Leftrightarrow x = 1,\ x = 3$

$f(1) = 9,\ f(3) = 5 \rightarrow (1, 9), (3, 5)$

Cortes con los ejes:

Corta el eje Y en $(0, 5)$ y al eje X entre -1 y 0, pues $f(-1) = -11$ y $f(0) = 5$.

Puntos de inflexión:

$f''(x) = 6x - 12$

$f''(x) = 0 \Leftrightarrow x = 2 \rightarrow (2, 7)$

Con estos datos podemos dibujar la curva.

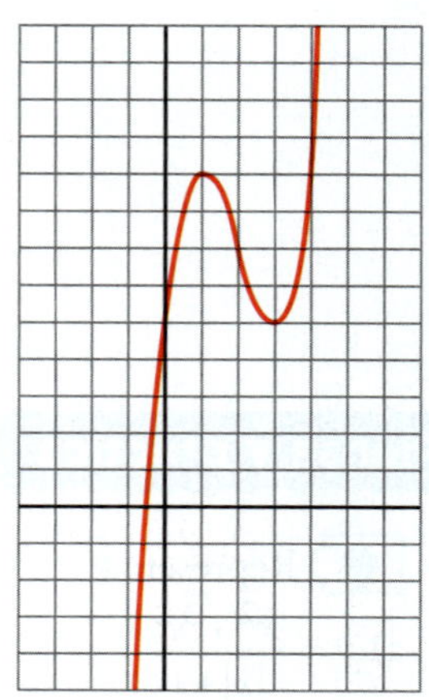

Ejercicios resueltos

2 *Representar la siguiente función:*

$f(x) = 3x^5 - 20x^3$

Simetrías: Observamos que todos los términos son de grado impar. Por tanto, es simétrica respecto del origen de coordenadas. (Recuerda que a estas funciones se las llama **impares**).

Ramas infinitas:

$$\lim_{x \to -\infty} (3x^5 - 20x^3) = -\infty, \quad \lim_{x \to +\infty} (3x^5 - 20x^3) = +\infty$$

Puntos singulares:

$$f'(x) = 15x^4 - 60x^2$$

$$f'(x) = 0 \Leftrightarrow x^4 - 4x^2 = 0 \Leftrightarrow \begin{cases} x = 0 \\ x^2 = 4 \end{cases} \to \begin{cases} x = -2 \\ x = 2 \end{cases}$$

Los puntos singulares son (–2, 64), (0, 0) y (2, –64).

Estos datos son suficientes para representar la gráfica.

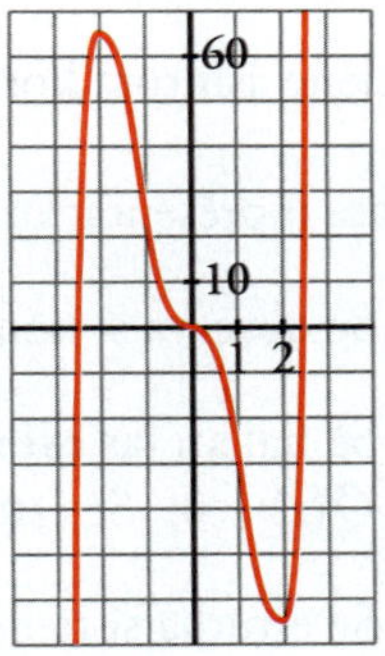

3 *Representar la función:*

$f(x) = x^4 + 8x^3 + 22x^2 + 24x + 9$

Simetrías: No es ni **par** ni **impar.** Por tanto, no es simétrica respecto del eje Y ni respecto del origen de coordenadas.

Ramas infinitas:

$$\lim_{x \to -\infty} f(x) = +\infty, \quad \lim_{x \to +\infty} f(x) = +\infty$$

Puntos singulares:

$f'(x) = 4x^3 + 24x^2 + 44x + 24$. Por ser un polinomio de tercer grado, hemos de localizar algunas de sus raíces tanteando con los divisores del término independiente (24). Además, como todos los coeficientes son positivos, solo puede tener raíces negativas. Probamos con $x = -1$:

	4	24	44	24
–1		–4	–20	–24
	4	20	24	0

Una raíz es $x = -1$, y las otras dos raíces se obtienen resolviendo la ecuación $4x^2 + 20x + 24 = 0$.

Son $x = -2$ y $x = -3$.

$$\left.\begin{array}{l} x = -3, \ f(-3) = 0 \\ x = -2, \ f(-2) = 1 \\ x = -1, \ f(-1) = 0 \end{array}\right\} \text{Puntos singulares: } (-3, 0), (-2, 1), (-1, 0)$$

Cortes con los ejes:

Dos de los puntos singulares están en el eje X.

Si hacemos un bosquejo de la curva, observamos que no corta al eje X en más puntos.

Al eje Y lo corta en el punto (0, 9).

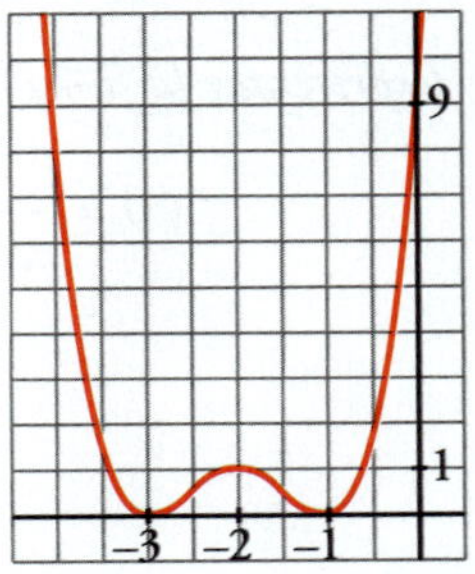

Piensa y practica

1 Representa estas funciones:

a) $y = x^4 - 8x^2 + 7$

b) $y = 3x^4 + 4x^3 - 36x^2$

c) $y = x^4 - 4x^3 - 2x^2 + 12x$

d) $y = 3x^4 - 4x^3 - 16$

e) $y = x^3 - 3x$

f) $y = (1/4)x^4 - 2x^2$

anayaeducacion.es GeoGebra. Representación de funciones polinómicas.

4 REPRESENTACIÓN DE FUNCIONES RACIONALES

En una función racional $y = P(x)/Q(x)$ hemos de prestar especial atención a los valores de x para los que se anula el denominador: en cada uno de ellos hay una asíntota vertical. La función es derivable (y, por tanto, continua) en todos los demás puntos de $\mathbb{R}$.

Dependiendo de los grados de $P(x)$ y de $Q(x)$, la curva puede tener asíntota horizontal, asíntota oblicua o ninguna de ellas.

Si tiene asíntota horizontal u oblicua, es la misma para $x \to -\infty$ y para $x \to +\infty$.

Atención

Suponemos que los polinomios $P(x)$ y $Q(x)$ no tienen raíces comunes.

Para representar una función racional $y = f(x) = P(x)/Q(x)$:

- Se observa si tiene algún tipo de **simetría.**
- Se hallan las **asíntotas verticales:** sus abscisas son las soluciones de la ecuación $Q(x) = 0$. Se estudia la posición de la curva respecto de cada una de ellas.
- Se estudia si tiene asíntota horizontal u oblicua:
  - — Si *grado de* $P(x) \le$ *grado de* $Q(x)$, hallamos:

    $$\lim_{x \to +\infty} P(x)/Q(x) = l$$

    La recta $y = l$ es una **asíntota horizontal.**
  - — Si *grado de* $P(x)$ = *grado de* $Q(x) + 1$ hay **asíntota oblicua.** Su ecuación es $y = mx + n$, siendo $mx + n$ el cociente de la división $P(x) : Q(x)$.

    (Tanto si hay asíntota horizontal como oblicua, se estudia la posición de la curva respecto de ella para $x \to -\infty$ y para $x \to +\infty$).
  - — Si *grado de* $P(x)$ > *grado de* $Q(x) + 1$ hay **ramas parabólicas.**
- Se averiguan los **puntos singulares.** Sus abscisas son las soluciones de la ecuación $f'(x) = 0$.
- Se pueden obtener, si se desea, otros puntos como los **de corte con los ejes,** valores de x para los que $f(x) = 0$; y $(0, f(0))$. Y, acaso también, los puntos **de inflexión,** $f''(x) = 0$.

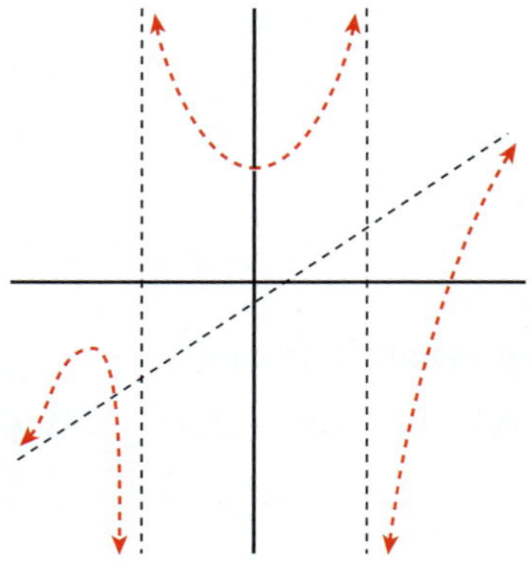

En las funciones racionales, conociendo las asíntotas y la posición de la curva respecto de ellas, podemos realizar un bosquejo en el que se aprecie claramente la forma de la curva.

anayaeducacion.es

Ejercicios para **repasar** la representación de funciones racionales.

Ejercicios resueltos

1 *Representar la función siguiente:*

$$f(x) = \frac{x^4}{x^2 - 1}$$

Simetrías: $f(-x) = f(x)$. Por tanto, es simétrica respecto del eje Y.

Asíntotas verticales: $x^2 - 1 = 0 \Leftrightarrow x = -1,\ x = 1$

Posición respecto de la asíntota $x = 1$:

$$f(0{,}99) = -48, \ldots \to \lim_{x \to 1^-} f(x) = -\infty; \quad f(1{,}01) = 51, \ldots \to \lim_{x \to 1^+} f(x) = +\infty$$

Por simetría, se deduce la posición respecto de la asíntota $x = -1$.

Ramas infinitas en el infinito:

No tiene asíntota horizontal ni oblicua, pues:

$$\textit{grado}\ P(x) = \textit{grado}\ Q(x) + 2$$

Como $\lim_{x \to +\infty} f(x) = \lim_{x \to -\infty} f(x) = +\infty$, tiene dos ramas parabólicas.

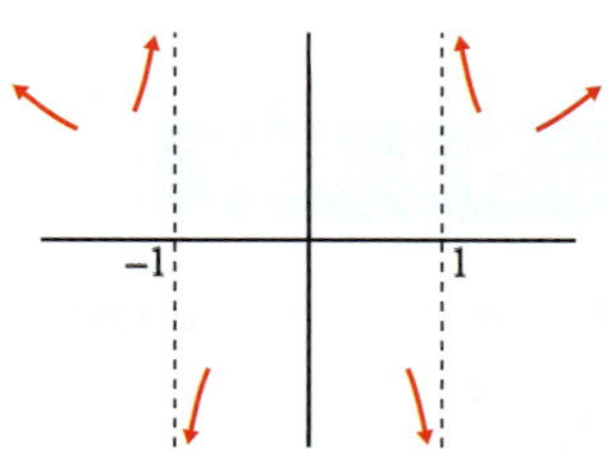

anayaeducacion.es **GeoGebra.** Ejemplos de representación de funciones racionales.

Ejercicios resueltos

Puntos singulares:

$$f'(x) = \frac{4x^3(x^2-1) - x^4 \cdot 2x}{(x^2-1)^2} = \frac{2x^5 - 4x^3}{(x^2-1)^2}$$

$$f'(x) = 0 \Leftrightarrow 2x^5 - 4x^3 = 0 \Leftrightarrow x = 0,\ x = \pm\sqrt{2}$$

$$\left.\begin{array}{l} x = -\sqrt{2},\ f(-\sqrt{2}) = 4 \\ x = 0,\ f(0) = 0 \\ x = \sqrt{2},\ f(\sqrt{2}) = 4 \end{array}\right\}$$ Puntos singulares: $(-\sqrt{2}, 4)$, $(0, 0)$, $(\sqrt{2}, 4)$

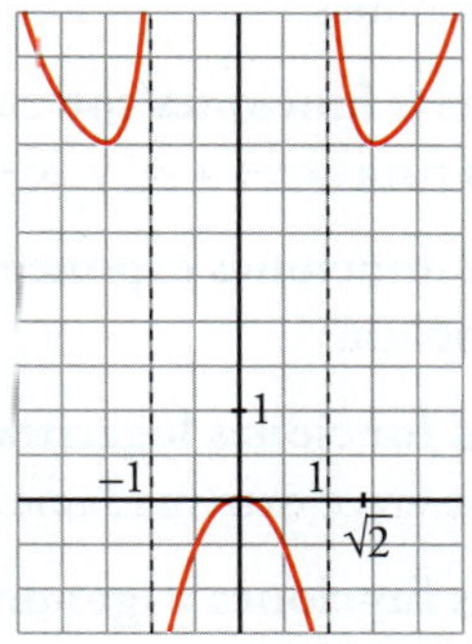

2 *Representar la siguiente función:*

$$f(x) = \frac{x^3}{(x-2)^2}$$

Simetrías: No es simétrica respecto del eje Y ni respecto del origen.

Asíntotas verticales: Hay una en $x = 2$.

Posición de la curva respecto de la asíntota:

$$f(1{,}99) \approx 78\,806 \rightarrow \lim_{x \to 2^-} f(x) = +\infty$$

$$f(2{,}01) \approx 81\,206 \rightarrow \lim_{x \to 2^+} f(x) = +\infty$$

Asíntota oblicua:

$$\frac{x^3}{x^2 - 4x + 4} = x + 4 + \frac{12x - 16}{x^2 - 4x + 4}$$

$y = x + 4$ es asíntota oblicua.

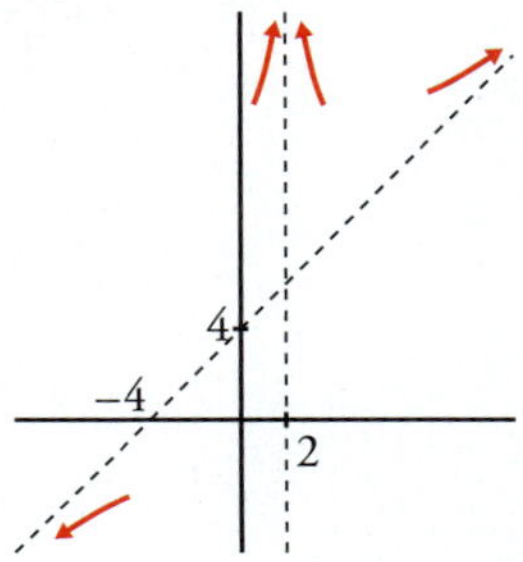

El signo de la diferencia, $\frac{12x - 16}{(x-2)^2}$, es positivo cuando $x \to +\infty$ y negativo cuando $x \to -\infty$.

Puntos singulares:

$$f'(x) = \frac{3x^2(x-2)^2 - x^3 \cdot 2(x-2)}{(x-2)^4} =$$

$$= \frac{3x^2(x-2) - 2x^3}{(x-2)^3} = \frac{x^3 - 6x^2}{(x-2)^3}$$

$$f'(x) = 0 \Leftrightarrow x^3 - 6x^2 = 0 \Leftrightarrow x = 0,\ x = 6$$

$$\left.\begin{array}{l} x = 0 \rightarrow f(0) = 0 \\ x = 6 \rightarrow f(6) = 13{,}5 \end{array}\right\}$$ Puntos singulares: $(0, 0)$ y $(6; 13{,}5)$

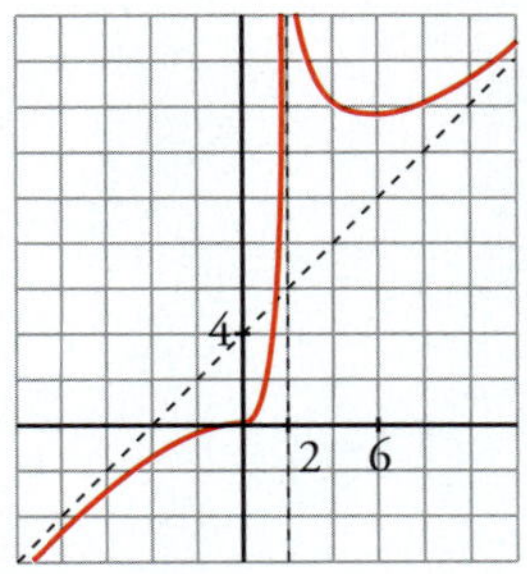

Piensa y practica

1 Representa:

a) $y = \frac{x^3}{1 - x^2}$ b) $y = \frac{x^2 - 9}{x^2 - 4}$ c) $y = \frac{x^2 - 2x - 8}{x}$ d) $y = \frac{x^3 + 2x}{x^2 + 1}$

5 REPRESENTACIÓN DE OTROS TIPOS DE FUNCIONES

Si la función que nos proponemos representar no es polinómica ni racional, debemos proceder analizando sistemáticamente los aspectos que describimos al principio de la unidad. Aun así, tendremos en cuenta las características de algunas funciones elementales:

- En las **funciones con radicales,** hemos de cuidar el dominio. Pueden tener asíntotas para $x \to +\infty$ y $x \to -\infty$, pero suelen ser distintas.
- Las **funciones exponenciales** suelen tener una asíntota horizontal y una rama parabólica.
- Las **funciones logarítmicas** suelen tener una asíntota vertical y una rama infinita que crece extremadamente despacio.
- Las **funciones trigonométricas** es muy probable que sean periódicas.

Ejercicios resueltos

1 *Representar la función siguiente:*

$$f(x) = \sqrt{x^2 - 2x}$$

- $f(-x) = \sqrt{(-x)^2 - 2 \cdot (-x)} = \sqrt{x^2 + 2x}$ no es igual a $f(x)$ ni a $-f(x)$.

  Por tanto, **no es simétrica** respecto del eje Y ni del origen de coordenadas.

- $x^2 - 2x = 0 \Rightarrow x = 0$ o bien $x = 2$

  Si $x \in (0, 2)$, $x^2 - 2x < 0$; es decir, el radicando es negativo. Por tanto, no está definida en $(0, 2)$.

  Dominio de definición: $(-\infty, 0] \cup [2, +\infty)$

  La curva es derivable en $(-\infty, 0) \cup (2, +\infty)$.

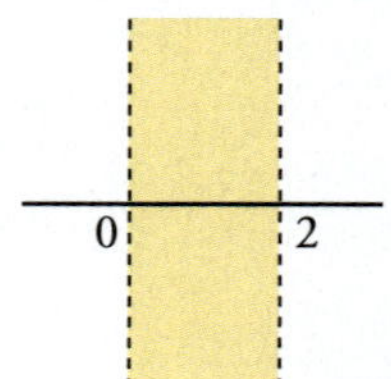

- Ya hemos visto (página 306) que tiene asíntotas oblicuas para $x \to +\infty$ y $x \to -\infty$ y la posición de la curva respecto a ellas.

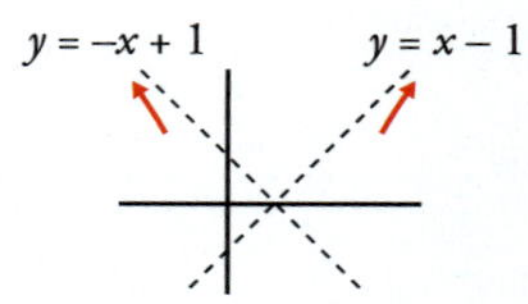

- **Puntos singulares:**

$$f'(x) = \frac{2x - 2}{2\sqrt{x^2 - 2x}} = \frac{x - 1}{\sqrt{x^2 - 2x}}$$

  Se anula en $x = 1$, pero aquí la función no está definida. Por tanto, **no tiene puntos singulares.**

  Sabemos que la curva pasa por $(0, 0)$ y $(2, 0)$.

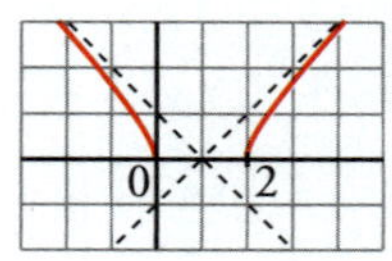

Otra forma de localizar las dos asíntotas oblicuas:

$$\sqrt{x^2 - 2x} = \sqrt{x^2 - 2x + 1 - 1} = \sqrt{(x-1)^2 - 1} \approx \sqrt{(x-1)^2} = |x - 1|$$

Vemos de esta forma que $f(x) = \sqrt{x^2 - 2x}$, para valores grandes de $|x|$ se aproxima a $y = |x - 1|$. Además es «un poco menor», pues se resta 1 en el radicando.

Esto se concreta así:

Cuando $x \to -\infty$, $y = f(x) \approx y = -x + 1$

Cuando $x \to +\infty$, $y = f(x) \approx y = x - 1$

La curva se aproxima a las asíntotas por debajo.

Ejercicios resueltos

2 *Representar la siguiente función:*

$$f(x) = ln(x^2 + 1)$$

- Es **simétrica respecto al eje** Y, pues $f(x) = f(-x)$.
- Como $x^2 + 1$ es siempre positivo, **está definida** y **es derivable** en todo $\mathbb{R}$. Además, $f(x)$ es siempre positivo, pues $x^2 + 1 \geq 1$.
- $\lim\limits_{x \to +\infty} f(x) = +\infty$, $\lim\limits_{x \to +\infty} \frac{f(x)}{x} = \lim\limits_{x \to +\infty} \frac{ln(x^2+1)}{x} = \lim\limits_{x \to +\infty} \frac{\frac{2x}{x^2+1}}{1} = 0$

  Por tanto, no tiene asíntota de ningún tipo.

  Tiene **ramas parabólicas.**

- $f'(x) = \frac{2x}{x^2+1}$, $f'(x) = 0 \Leftrightarrow x = 0$

  $x = 0$, $f(0) = 0$. Tiene un **punto singular** en $(0, 0)$. Es un mínimo relativo, pues sabemos que $f(x) > 0$ si $x \neq 0$.

- $f''(x) = \frac{2(x^2+1) - 2x \cdot 2x}{(x^2+1)^2} = \frac{-2x^2+2}{(x^2+1)^2}$

  $f''(x) = 0 \Leftrightarrow x = 1$ o bien $x = -1$

  $f(-1) = f(1) = ln\ 2 \approx 0,7$

  Puntos de inflexión: $(-1, ln\ 2)$, $(1, ln\ 2)$

- **Representación:**

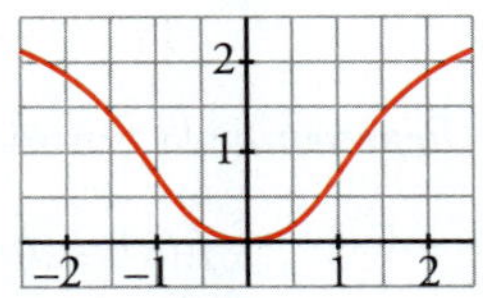

3 *Representar la siguiente función:*

$$f(x) = \frac{1}{2} sen\ 2x + sen\ x$$

El periodo de $sen\ x$ es 2π y el de $sen\ 2x$, es π. Por tanto, la función es **periódica** de periodo 2π. La estudiamos solo en el intervalo $[0, 2\pi]$.

- Es **derivable** en todo $\mathbb{R}$ (es suma de funciones derivables).
- $f'(x) = cos\ 2x + cos\ x = cos^2 x - sen^2 x + cos\ x =$

  $= cos^2 x - (1 - cos^2 x) + cos\ x = 2cos^2 x + cos\ x - 1$

  $f'(x) = 0 \Leftrightarrow 2cos^2 x + cos\ x - 1 = 0 \rightarrow cos\ x = \frac{-1 \pm \sqrt{1+8}}{4} = \begin{cases} 1/2 \\ -1 \end{cases}$

  - $cos\ x = \frac{1}{2} \rightarrow \begin{cases} x = \frac{\pi}{3} \rightarrow f(\pi/3) \approx 1,3 \\ x = \frac{5\pi}{3} \rightarrow f(5\pi/3) \approx -1,3 \end{cases}$

  - $cos\ x = -1 \rightarrow x = \pi \rightarrow f(\pi) = 0$

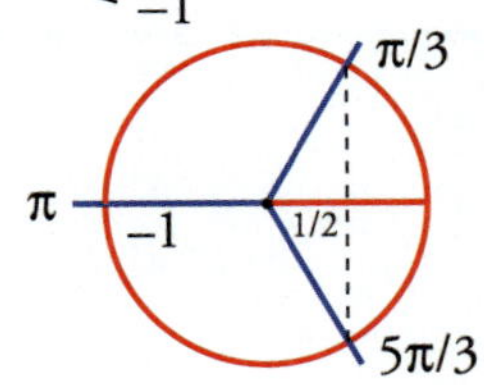

  Los **puntos singulares** son $\left(\frac{\pi}{3}; 1,3\right)$, $\left(\frac{5\pi}{3}; -1,3\right)$, $(\pi, 0)$

- **Puntos de corte con los ejes:** $(0, 0)$, $(\pi, 0)$
- **Puntos de inflexión:**

  $f''(x) = -4sen\ x\ cos\ x - sen\ x = -sen\ x(4cos\ x + 1)$

  $f''(x) = 0 \Leftrightarrow sen\ x = 0,\ cos\ x = -\frac{1}{4}$

  $sen\ x = 0 \rightarrow \begin{cases} x = 0\ (0, 0) \\ x = \pi\ (\pi, 0) \end{cases}$

  $cos\ x = -\frac{1}{4} \rightarrow \begin{cases} x = 1,82\ (1,82; 0,73) \\ x = 4,46\ (4,46; -0,73) \end{cases}$

- **Representación:**

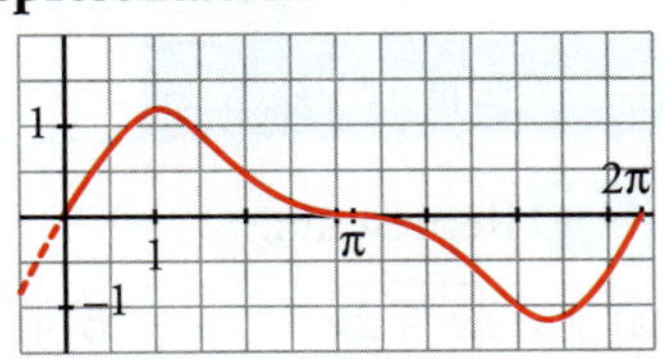

A partir de aquí, se extiende periódicamente en todo $\mathbb{R}$.

Ejercicios resueltos

4 *Representar la función siguiente:*

$$f(x) = \frac{e^x}{x}$$

- **No es simétrica.**
- **Asíntota vertical** en $x = 0$: $\lim\limits_{x \to 0^+} f(x) = +\infty$, $\lim\limits_{x \to 0^-} f(x) = -\infty$
- Rama infinita cuando $x \to +\infty$:

  $\lim\limits_{x \to +\infty} f(x) = +\infty$, $\lim\limits_{x \to +\infty} \frac{f(x)}{x} = +\infty$. Es una **rama parabólica.**

  Rama infinita cuando $x \to -\infty$:

  $\lim\limits_{x \to -\infty} f(x) = 0$ tomando valores negativos.

  $y = 0$ es una **asíntota horizontal.**

  La curva queda por debajo.
- $f'(x) = \frac{x\,e^x - e^x}{x^2} = \frac{e^x(x-1)}{x^2}$

  $f'(x) = 0 \Leftrightarrow x = 1$

  $f(1) = e$. Tiene un **punto singular:** $(1, e)$.
- **Representación:**

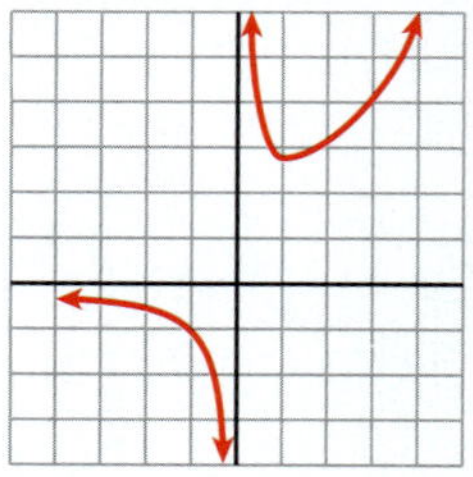

5 *Representar la función siguiente:*

$$f(x) = (ln\, x)^2$$

Recordemos la gráfica de $y = ln\, x$ para inspirarnos en ella.

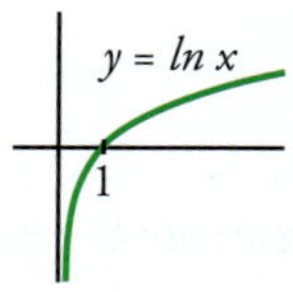

- Puesto que $ln\, x$ está definido en $(0, +\infty)$, $D = (0, +\infty)$ es el dominio de definición de $y = (ln\, x)^2$.

  En él la función es **continua** y, seguramente, también será **derivable.**
- **Ramas infinitas:**

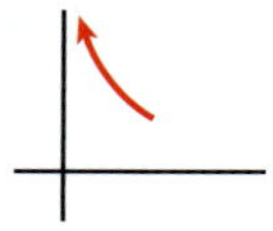

  La asíntota vertical de $y = ln\, x$ también lo es de esta función, solo que al elevar al cuadrado tomará valores positivos: $\lim\limits_{x \to 0^+} (ln\, x)^2 = +\infty$

  Cuando $x \to +\infty$, tiene una rama parabólica.

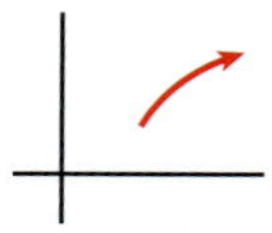

- **Puntos singulares:**

  $f'(x) = 2 ln\, x \cdot \frac{1}{x} = \frac{2\, ln\, x}{x}$, $f'(x) = 0 \Leftrightarrow ln\, x = 0 \Leftrightarrow x = 1$

  $f(1) = (ln\, 1)^2 = 0$. Por tanto, el punto $(1, 0)$ es de tangente horizontal.

  Puesto que $(ln\, x)^2 \geq 0$ en su dominio, entonces en $(1, 0)$ hay un mínimo.
- **Puntos de inflexión:**

  $f''(x) = 2\,\frac{1 - ln\, x}{x^2}$

  $f''(x) = 0 \Leftrightarrow ln\, x = 1 \Leftrightarrow x = e$

  $f(e) = (ln\, e)^2 = 1$. Punto de inflexión en $(e, 1)$
- **Representación:**

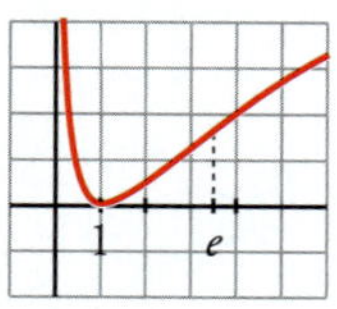

Piensa y practica

1 Representa:

a) $y = \sqrt{x^2 + 2x}$ b) $y = \sqrt{x^2 - 9}$ c) $y = ln(x^2 + 4)$ d) $y = ln(x^2 - 1)$ e) $y = \frac{ln\, x}{x}$

f) $y = \frac{e^x}{x^2}$ g) $y = \frac{e^{-x}}{-x}$ h) $y = x^3 e^x$ i) $y = \frac{1}{2} cos\, 2x + cos\, x$ j) $y = \frac{1}{ln\, x}$

anayaeducacion.es GeoGebra. Ejercicios para identificar funciones.

EJERCICIOS Y PROBLEMAS RESUELTOS

1. Del estudio a la gráfica (simetrías, asíntotas horizontales, oblicuas y verticales)

Representar $y = f(x)$ en cada caso:

a) I. Dom $f = \mathbb{R} - \{0\}$ y f es derivable en todo su dominio.

II. $\lim\limits_{x \to -\infty} f(x) = 0^+$; $\lim\limits_{x \to +\infty} f(x) = 0^-$

$\lim\limits_{x \to 0^-} f(x) = +\infty$; $\lim\limits_{x \to 0^+} f(x) = +\infty$

III. $f(1) = 0$;

$f'(x) = 0 \Leftrightarrow x = 2$;

$f(2) = -1$; $f''(2) > 0$

b) I. Dom $f = \mathbb{R} - \{-1, 1\}$ y f es derivable en todo su dominio.

II. La función es par.

Información de $f(x)$ cuando $x \geq 0$:

III. $\lim\limits_{x \to +\infty} f(x) = +\infty$; $\lim\limits_{x \to +\infty} \dfrac{f(x)}{x} = 1$

$\lim\limits_{x \to +\infty} [f(x) - x] = -2^-$;

$\lim\limits_{x \to 1^-} f(x) = +\infty$; $\lim\limits_{x \to 1^+} f(x) = -\infty$

IV. $f(3/4) = 0$; $f(3) = 0$;

$f'(x) = 0 \Leftrightarrow x = 0$;

$f(0) = -1$; $f''(0) > 0$

Hazlo tú

Representa $y = f(x)$:

Dom $f = \mathbb{R} - \{-2, 2\}$; función impar.

$\lim\limits_{x \to +\infty} f(x) = -\infty$; $\lim\limits_{x \to +\infty} \dfrac{f(x)}{x} = -1$

$\lim\limits_{x \to +\infty} [f(x) - (-1) \cdot x] = -1^+$

$\lim\limits_{x \to 2^-} f(x) = +\infty$; $\lim\limits_{x \to 2^+} f(x) = +\infty$

$f(3) = 0$; $f'(x) = 0 \Leftrightarrow x = 0$; $f(0) = 0$

a) I. Como es derivable en todo su dominio, $\mathbb{R} - \{0\}$, es continua y no tiene puntos angulosos.

II. Cuando $x \to -\infty$ hay una asíntota horizontal, $y = 0$, a la que la función se acerca por encima.

En $x = 0$ hay una asíntota vertical. Tanto a su izquierda como a su derecha, la gráfica tiende a $+\infty$.

Cuando $x \to +\infty$ está la misma asíntota horizontal, $y = 0$, a la que la función se acerca por debajo.

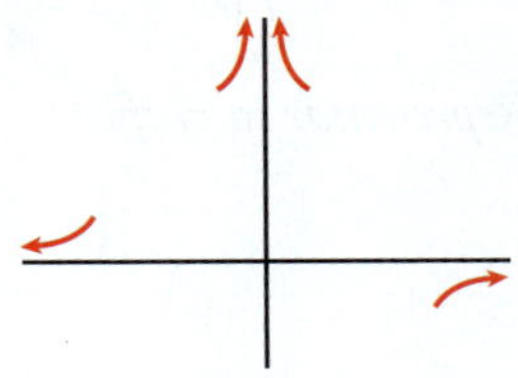

III. $f(1) = 0$ quiere decir que corta al eje X en $x = 1$.

La equivalencia $f'(x) = 0 \Leftrightarrow x = 2$ significa no solo que hay un punto de tangente horizontal en $x = 2$, sino que es el único. Como $f(2) = -1$, está en $(2, -1)$ y como $f''(2) > 0$, es un mínimo.

Trazamos la curva.

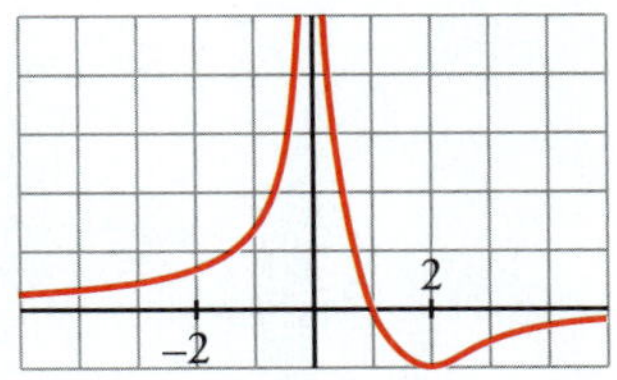

b) I. La función es continua y no tiene puntos angulosos en $\mathbb{R} - \{-1, 1\}$.

II. Que la función sea par quiere decir que es simétrica con respecto al eje Y. A partir de aquí, obtenemos la información solo para $x > 0$ y trazamos, luego, su simétrica.

III. Los límites muestran: cuando $x \to +\infty$ una asíntota oblicua, $y = x - 2$, a la que la curva se acerca por debajo; y en $x = 1$ una asíntota vertical a la que la curva tiende a $+\infty$ por la izquierda y a $-\infty$ por la derecha.

IV. La equivalencia $f'(x) = 0 \Leftrightarrow x = 0$ quiere decir que $x = 0$ es el único punto de derivada cero. Como, además, $f''(0) > 0$, se trata de un mínimo relativo.

Trazamos, a partir de esta información, un esbozo de la gráfica de la función.

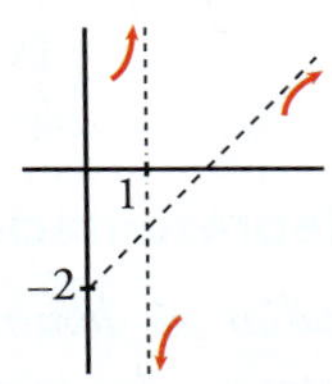

Representamos, primero, la función para $x \geq 0$, y luego, por simetría respecto al eje Y, la función completa.

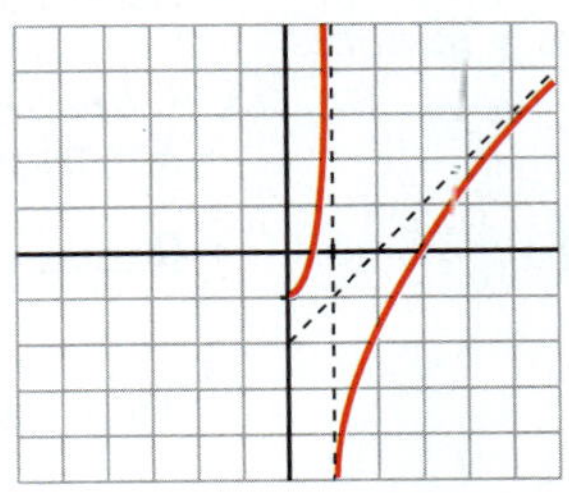

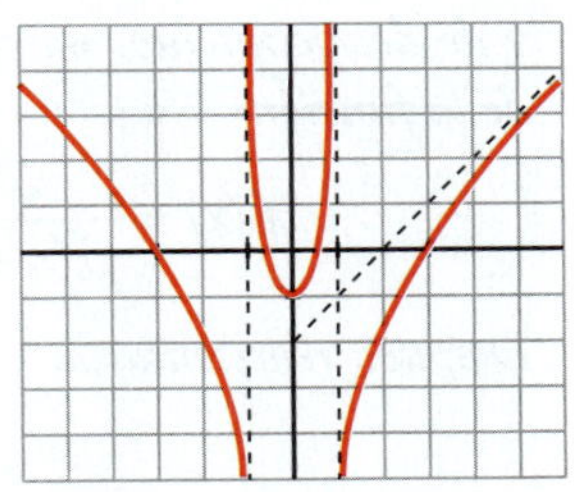

2. Descripción de una gráfica

Describir la siguiente gráfica de una función:

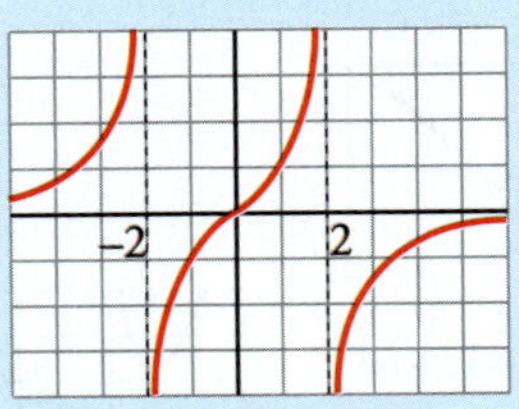

- Dom $f = \mathbb{R} - \{-2, 2\}$
- Es impar. Es decir, simétrica respecto del origen de coordenadas.
- $x = -2$ es asíntota vertical $\to \begin{cases} \lim\limits_{x \to -2^-} f(x) = +\infty \\ \lim\limits_{x \to -2^+} f(x) = -\infty \end{cases}$
- $x = 2$ es asíntota vertical $\to \begin{cases} \lim\limits_{x \to 2^-} f(x) = +\infty \\ \lim\limits_{x \to 2^+} f(x) = -\infty \end{cases}$
- $f'(x) > 0$ en todo su dominio, es decir, es creciente, no tiene máximos ni mínimos.
- $f''(x) = 0 \Leftrightarrow x = 0$; además, $f(0) = 0$. Tiene un punto de inflexión en $(0, 0)$.

3. Representación de una función racional con asíntotas oblicuas

Estudiar el dominio, las asíntotas y los puntos singulares de esta función:

$$f(x) = \frac{4 - 2x^2}{x}$$

Representar su gráfica.

- Está definida en $\mathbb{R} - \{0\}$ y es continua en todo su dominio. Su expresión parece indicar que será derivable en todo el dominio.
- Simetría: $f(-x) = \dfrac{4 - 2(-x)^2}{-x} = -\dfrac{4 - 2x^2}{x} = -f(x)$

  Es simétrica respecto del origen de coordenadas.
- Asíntota vertical: $x = 0$

  $$\lim_{x \to 0^-} \frac{4 - 2x^2}{x} = -\infty; \quad \lim_{x \to 0^+} \frac{4 - 2x^2}{x} = +\infty$$

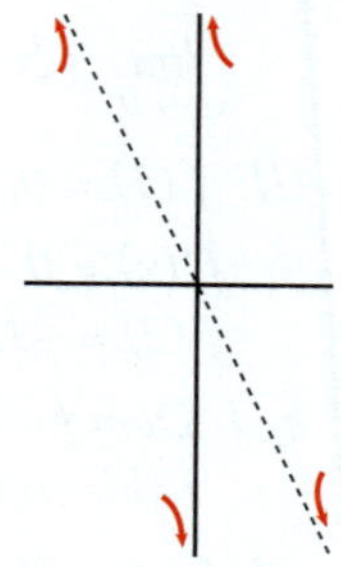

- Asíntota oblicua: $y = -2x$

  La obtenemos efectuando el cociente: $\dfrac{4 - 2x^2}{x} = -2x + \dfrac{4}{x}$

  $$f(x) - (-2x) = \frac{4}{x} \begin{cases} \text{si } x \to +\infty, \ f(x) > -2x \\ \text{si } x \to -\infty, \ f(x) < -2x \end{cases}$$

- Puntos singulares: a partir del bosquejo de la curva que hemos hecho con las asíntotas, nos quedamos con la impresión de que no va a tener ni máximos ni mínimos. Lo comprobamos estudiando la derivada:

  $$f'(x) = \frac{-2x^2 - 4}{x^2}; \ f'(x) = 0 \Leftrightarrow -2x^2 - 4 = 0 \Leftrightarrow x^2 + 2 = 0$$

  Efectivamente, la ecuación $x^2 + 2 = 0$ no tiene solución. No hay, pues, puntos de tangente horizontal.

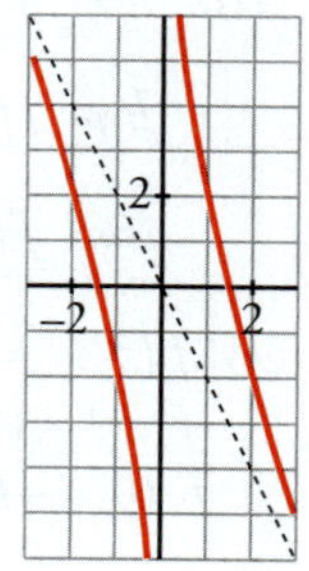

Hazlo tú

Representa la siguiente función:

$$f(x) = \frac{x^3}{(x-2)^2(x-1)}$$

4. Representación de una función racional con ramas parabólicas

Estudiar el dominio de definición, las asíntotas y los intervalos de crecimiento y de decrecimiento, máximos y mínimos de la función:

$$f(x) = \frac{x^3}{3(x+1)}$$

Después, representarla.

- Dominio de definición: $\mathbb{R} - \{-1\}$. No tiene simetrías.
- Asíntota vertical: $x = -1$

  $$\lim_{x \to -1^-} \frac{x^3}{3(x+1)} = +\infty, \quad \lim_{x \to -1^+} \frac{x^3}{3(x+1)} = -\infty$$

- Ramas en el infinito: $\displaystyle\lim_{x \to \pm\infty} \frac{x^3}{3(x+1)} = +\infty$

  Tiene ramas parabólicas, pues $\displaystyle\lim_{x \to \pm\infty} \frac{f(x)}{x} = \pm\infty$

  La curva debe tener un mínimo a la izquierda de $x = -1$.

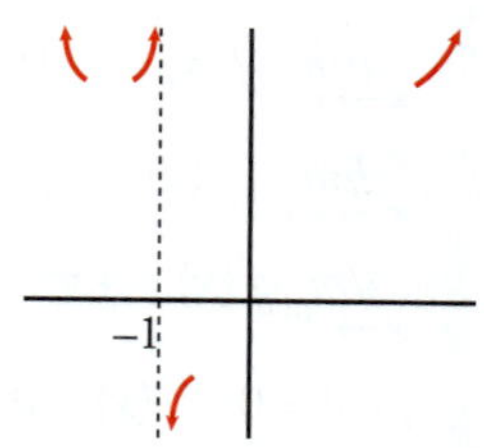

- Puntos singulares:

  $$f'(x) = \frac{x^2(2x+3)}{3(x+1)^2}; \ f'(x) = 0 \Leftrightarrow x = 0, \ x = -\frac{3}{2}$$

- Signo de la derivada:

$y' < 0$	$y' > 0$	$y' > 0$	$y' > 0$
↘ $-\frac{3}{2}$	↗ -1	↗ 0	↗

- Decreciente en $\left(-\infty, -\dfrac{3}{2}\right)$ y creciente en $\left(-\dfrac{3}{2}, -1\right) \cup (-1, +\infty)$.

  Tiene un mínimo en $\left(-\dfrac{3}{2}, \dfrac{9}{4}\right)$. En $x = 0$ tiene un punto de inflexión.

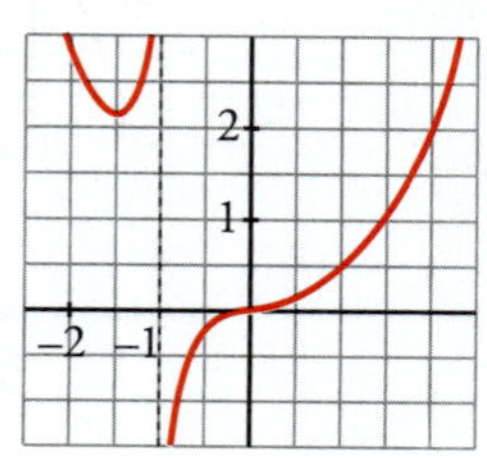

Hazlo tú

Estudia el dominio, las asíntotas, los intervalos de crecimiento y de decrecimiento, los máximos y los mínimos para representar esta función:

$$f(x) = \frac{x^3}{(x-1)^2}$$

5. Función con valor absoluto

Dibujar la gráfica de esta función:

$$f(x) = |x + 3| + |x - 1| - |2x + 4|$$

Indicar antes la función a trozos correspondiente.

Expresamos cada uno de los valores absolutos como función definida a trozos:

$$|x+3| = \begin{cases} -(x+3) = -x-3 & \text{si } x < -3 \\ x+3 & \text{si } x \geq -3 \end{cases}$$

$$|x-1| = \begin{cases} -(x-1) = -x+1 & \text{si } x < 1 \\ x-1 & \text{si } x \geq 1 \end{cases}$$

$$-|2x+4| = \begin{cases} -[-(2x+4)] = 2x+4 & \text{si } x < -2 \\ -(2x+4) = -2x-4 & \text{si } x \geq -2 \end{cases}$$

Efectuamos la suma teniendo en cuenta los puntos donde cambia de signo cada sumando, que son –3, –2 y 1:

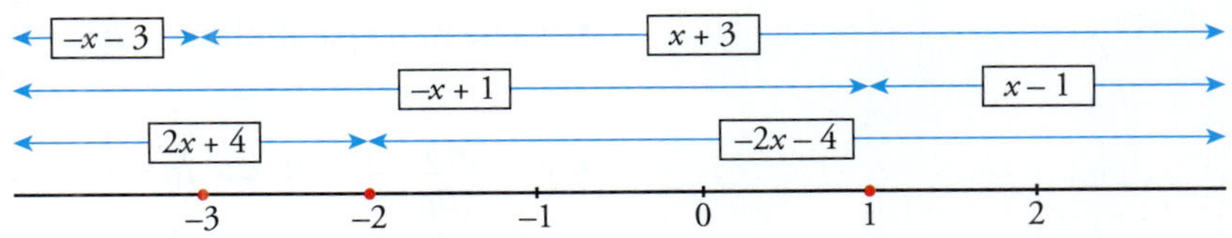

Sumando en cada tramo, se obtiene:

$x \in (-\infty, -3) \rightarrow f(x) = -x - 3 - x + 1 + 2x + 4 = 2$

$x \in [-3, -2) \rightarrow f(x) = x + 3 - x + 1 + 2x + 4 = 2x + 8$

$x \in [-2, 1) \rightarrow f(x) = x + 3 - x + 1 - 2x - 4 = -2x$

$x \in [1, +\infty) \rightarrow f(x) = x + 3 + x - 1 - 2x - 4 = -2$

La función que debemos representar es:

$$f(x) = \begin{cases} 2 & \text{si } x < -3 \\ 2x+8 & \text{si } -3 \leq x < -2 \\ -2x & \text{si } -2 \leq x < 1 \\ -2 & \text{si } 1 \leq x \end{cases}$$

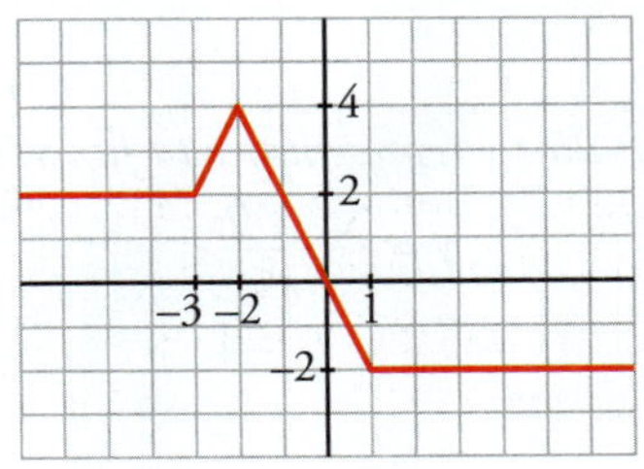

Hazlo tú

Representa la siguiente función:

$$f(x) = |x| - |x - 3| + |x + 1|$$

6. Función logarítmica

Representar la gráfica de esta función:

$$f(x) = ln\,\frac{x-3}{x-1}$$

- La función está definida si $\frac{x-3}{x-1} > 0$. Dominio: $(-\infty, 1) \cup (3, +\infty)$.
- Comportamiento de la función en las proximidades de $x = 1$ y $x = 3$:

  Si $x \rightarrow 1^-$, entonces $\frac{x-3}{x-1} \rightarrow +\infty$ y $ln\,\frac{x-3}{x-1} \rightarrow +\infty$

  Si $x \rightarrow 3^+$, entonces $\frac{x-3}{x-1} \rightarrow 0$ y $ln\,\frac{x-3}{x-1} \rightarrow -\infty$

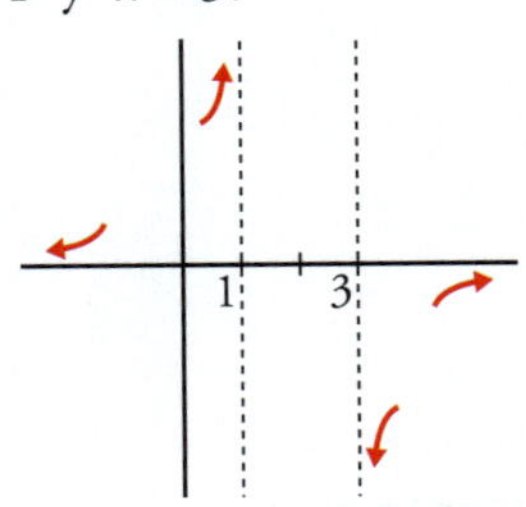

- Las rectas $x = 1$ y $x = 3$ son asíntotas verticales.
- $y = 0$ es una síntota horizontal, ya que:

  $$\lim_{x \to \pm\infty} ln\,\frac{x-3}{x-1} = ln\left(\lim_{x \to \pm\infty} ln\,\frac{x-3}{x-1}\right) = ln\,1 = 0$$

  $$\begin{cases} \text{Si } x \rightarrow +\infty, \text{ entonces } \frac{x-3}{x-1} \rightarrow 1^- \text{ y } ln\,\frac{x-3}{x-1} \rightarrow 0^- \\ \text{Si } x \rightarrow -\infty, \text{ entonces } \frac{x-3}{x-1} \rightarrow 1^+ \text{ y } ln\,\frac{x-3}{x-1} \rightarrow 0^+ \end{cases}$$

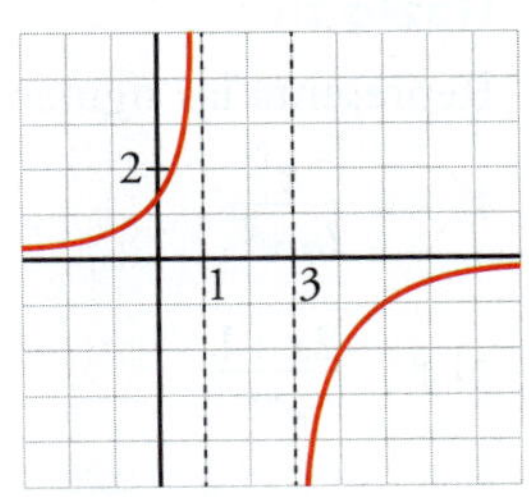

Hazlo tú

Representa esta función sabiendo que para $x \geq 0$, $f'(x)$ solo se anula en $x = 1{,}98$:

$$f(x) = \frac{ln\,(x^2 + 1)}{x}$$

7. Estudio y gráfica de otras funciones

a) Estudiar y representar la siguiente función:

$$y = \frac{x}{\ln x}$$

a) • Dominio: $(0, 1) \cup (1, +\infty)$

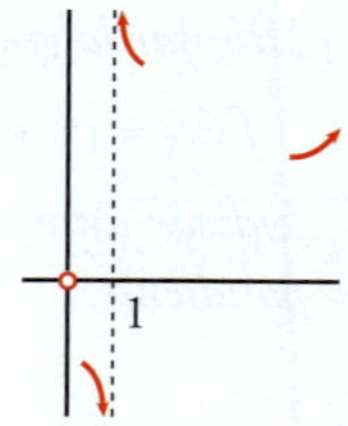

• Comportamiento de la función cerca de $x = 0$:

$$\lim_{x \to 0^+} \frac{x}{\ln x} = 0.$$ No tiene asíntota en $x = 0$.

• Asíntota vertical: $x = 1 \to \lim_{x \to 1^-} \frac{x}{\ln x} = -\infty, \quad \lim_{x \to 1^+} \frac{x}{\ln x} = +\infty$

• Ramas infinitas: $\lim_{x \to +\infty} \frac{x}{\ln x} = \frac{+\infty}{+\infty} \to \lim_{x \to +\infty} \frac{1}{1/x} = +\infty$

• Tiene rama parabólica: $\lim_{x \to +\infty} \frac{f(x)}{x} = \lim_{x \to +\infty} \frac{1}{\ln x} = 0$

• $y' = \frac{\ln x - 1}{(\ln x)^2} = 0 \Leftrightarrow \ln x = 1 \Leftrightarrow x = e \to f(e) = e$

Signo de y':

$y' < 0$ (0 a 1, decrece)	$y' < 0$ (1 a e, decrece)	$y' > 0$ (desde e, crece)

Crece en $(e, +\infty)$. Decrece en $(0, 1) \cup (1, e)$.

Mínimo en (e, e).

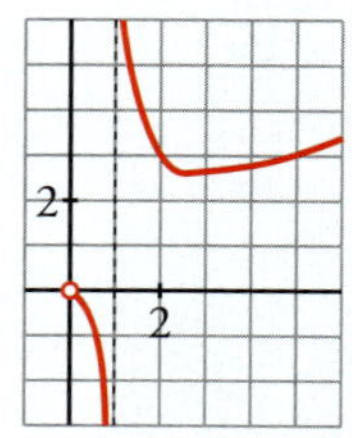

b) Estudiar y representar esta función:

$$y = \frac{x^2 + 2x}{e^x}$$

b) • Dominio: $\mathbb{R}$. No tiene asíntotas verticales.

• Ramas infinitas:

$$\lim_{x \to +\infty} \frac{x^2 + 2x}{e^x} = 0, \quad \lim_{x \to -\infty} \frac{x^2 + 2x}{e^x} = +\infty, \quad \lim_{x \to -\infty} \frac{x^2 + 2x}{xe^x} = -\infty$$

• Tiene asíntota horizontal $y = 0$ cuando $x \to +\infty$ y rama parabólica cuando $x \to -\infty$.

• Estudio de la derivada: $y' = \frac{2 - x^2}{e^x} \to y' = 0 \to x = \sqrt{2}, \; x = -\sqrt{2}$

Signo de y':

$y' < 0$ (hasta $-\sqrt{2}$, decrece)	$y' > 0$ ($-\sqrt{2}$ a $\sqrt{2}$, crece)	$y' < 0$ (desde $\sqrt{2}$, decrece)

Crece en: $(-\sqrt{2}, \sqrt{2})$

Decrece en: $(-\infty, -\sqrt{2}) \cup (\sqrt{2}, +\infty)$

Mínimo: $\left(-\sqrt{2}, \frac{2 - 2\sqrt{2}}{e^{-\sqrt{2}}}\right)$

Máximo: $\left(\sqrt{2}, \frac{2 + 2\sqrt{2}}{e^{\sqrt{2}}}\right)$

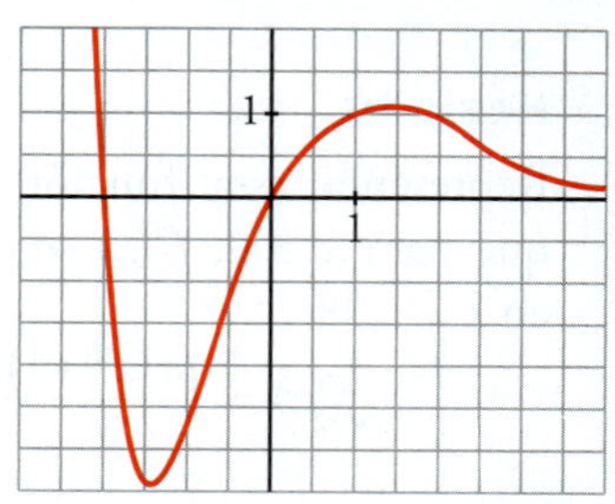

Hazlo tú

Representa las siguientes funciones:

a) $y = \frac{x}{\ln x^2}$

b) $y = \frac{2x + 1}{e^{-x}}$

8. Funciones trigonométricas

a) Representar esta función:

$y = \cos 2x - \cos x$

a) Dominio: $\mathbb{R}$. Es continua y derivable. Periodicidad: 2π. Función par.

- Punto de corte con el eje *Y*: $x = 0,\ y = 0 \rightarrow (0, 0)$
- Puntos de corte con el eje *X*: $\cos 2x - \cos x = 0 \rightarrow (\cos^2 x - \operatorname{sen}^2 x) - \cos x = 0 \rightarrow$

  $\rightarrow \cos^2 x - (1 - \cos^2 x) - \cos x = 0 \rightarrow 2\cos^2 x - \cos x - 1 = 0 \rightarrow \begin{cases} \cos x = 1 \\ \cos x = -1/2 \end{cases}$

  Si $\cos x = 1 \rightarrow x = 0 + 2k\pi$ con $k \in \mathbb{Z}$

  Si $\cos x = -1/2 \rightarrow x = (2\pi/3) + 2k\pi;\ x = (4\pi/3) + 2k\pi$ con $k \in \mathbb{Z}$
- Máximos y mínimos: $y' = -2\operatorname{sen} 2x + \operatorname{sen} x = 0 \rightarrow$

  $\rightarrow -2(2\operatorname{sen} x \cos x) + \operatorname{sen} x = 0 \rightarrow \operatorname{sen} x(-4\cos x + 1) = 0 \rightarrow$

  $\rightarrow \begin{cases} \operatorname{sen} x = 0 \rightarrow x = 0 + k\pi \\ -4\cos x + 1 = 0 \rightarrow \cos x = 1/4 \rightarrow x \approx 1{,}32 + 2k\pi;\ x \approx 4{,}96 + 2k\pi \end{cases}$ con $k \in \mathbb{Z}$

  Estudiamos el signo de $y'' = -4\cos 2x + \cos x$ en esos puntos:

  $y'' < 0$ en $x = 0 + k\pi \rightarrow$ máximos: $(0 + 2k\pi, 0)$, $(\pi + 2k\pi, 2)$ con $k \in \mathbb{Z}$

  $y'' > 0$ en $x = 1{,}32 + 2k\pi$ y en $x = 4{,}96 + 2k\pi \rightarrow$

  $\rightarrow$ mínimos: $(1{,}32 + 2k\pi; -1{,}12)$, $(4{,}96 + 2k\pi; -1{,}12)$ con $k \in \mathbb{Z}$

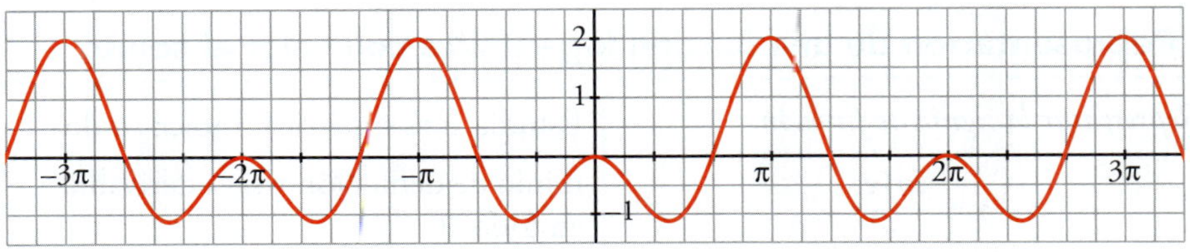

b) Representar la siguiente función:

$y = \dfrac{1}{\operatorname{sen} \pi x}$

b) Dominio: $\mathbb{R} - \{k\}$, con $k \in \mathbb{Z}$. Es continua y derivable. Periodicidad: 2. Impar.

- No corta con los ejes.
- Asíntotas verticales: $x = k$ con $k \in \mathbb{Z}$.

  Posición de la curva con respecto a la asíntota:

  $\lim\limits_{x \to k^-} y = -\infty \qquad \lim\limits_{x \to k^+} y = +\infty$, si k es par

  $\lim\limits_{x \to k^-} y = +\infty \qquad \lim\limits_{x \to k^+} y = -\infty$, si k es impar
- Máximos y mínimos: $y' = -\dfrac{\pi \cos \pi x}{(\operatorname{sen} \pi x)^2} = 0 \rightarrow x = 1/2 + k$ con $k \in \mathbb{Z}$

  Estudiamos ahora el signo de $y'' = \dfrac{2\pi^2 \cos^2 \pi x + \pi^2 \operatorname{sen}^2 \pi x}{\operatorname{sen}^3 \pi x}$.

  El numerador es siempre positivo. El denominador es positivo para los intervalos $(2k, 1 + 2k)$ y negativo para $(1 + 2k, 2 + 2k)$, con $k \in \mathbb{Z}$. Por tanto:

  $y'' > 0$ en $x = 1/2 + 2k \rightarrow$ mínimos: $(1/2 + 2k, 1)$ con $k \in \mathbb{Z}$.

  $y'' < 0$ en $x = 3/2 + 2k \rightarrow$ máximos: $(3/2 + 2k, -1)$ con $k \in \mathbb{Z}$.

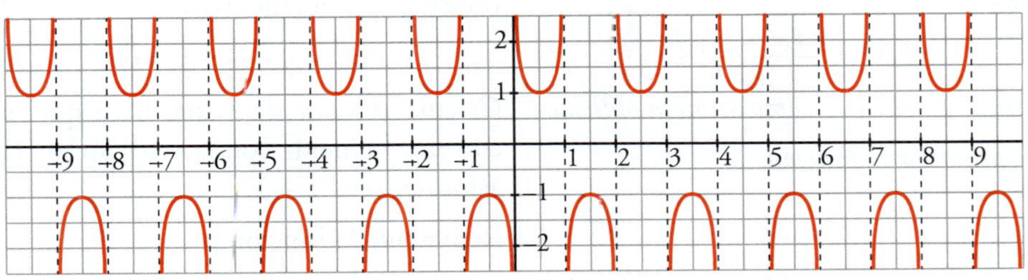

Hazlo tú

Representa las siguientes funciones:

a) $y = 2\operatorname{sen} x + \cos 2x$

b) $y = \dfrac{1}{\cos \pi x}$

EJERCICIOS Y PROBLEMAS GUIADOS

1. Descripción de una gráfica

Describir la siguiente gráfica dando los elementos necesarios para que un compañero la pueda representar a partir de la descripción.

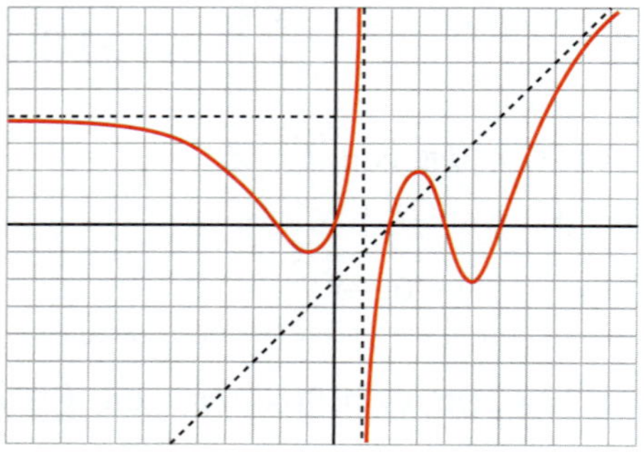

- Indica dónde está definida la función y refiérete a su continuidad y su derivabilidad.
- Describe, mediante un límite, la asíntota horizontal, y la posición de la curva con respecto a esta.
- Describe, mediante límites, la asíntota vertical y la posición de la curva tanto a su izquierda como a su derecha.
- Describe la asíntota oblicua mediante límites. Refiere en uno de ellos la posición de la curva respecto a la asíntota.
- Describe la condición por la que se obtienen los puntos singulares. Añade condiciones para saber cuáles son máximos y mínimos.
- Completa la información de los puntos singulares con sus ordenadas.

Solución: $Dom\, f = \mathbb{R} - \{1\}$; derivable en todo su dominio.

Asíntota horizontal para $x \to -\infty$: $y = 4$. Asíntota vertical: $x = 1$.

Asíntota oblicua para $x \to +\infty$: $y = x - 2$.

Máximo relativo en (3, 2). Mínimos relativos en (–1, –1) y (5, –2).

Cortes con los ejes en (–2, 0), (0, 0), (2, 0), (4, 0) y (6, 0).

2. Representación de una función logarítmica con valor absoluto

Representar la siguiente función:

$$y = \frac{ln|x|}{x}$$

Estudia si es simétrica. Indica su dominio de definición y si es derivable en todo él.

Halla los elementos necesarios para su representación: asíntotas, puntos singulares, etc.

Solución:

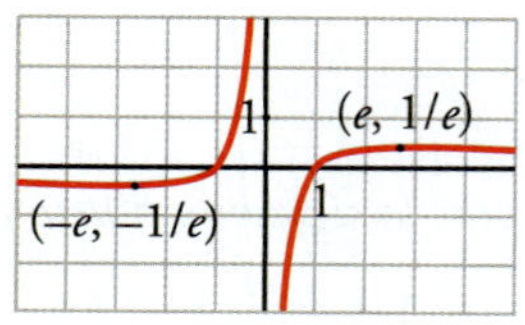

3. Función polinómica con parámetros

Calcular los parámetros a, b, c y d para que la curva de f tenga dos extremos relativos en (1, 0) y (0, 1).

$$f(x) = ax^3 + bx^2 + cx + d$$

Representar la función.

- Con la expresión de la función, $f(x) = ax^3 + bx^2 + cx + d$, y los datos que tenemos, $f(0) = 1$, $f(1) = 0$, $f'(0) = 0$ y $f'(1) = 0$, formamos un sistema de 4 incógnitas y 4 ecuaciones.
- Resuélvelo y representa la función.

Solución:

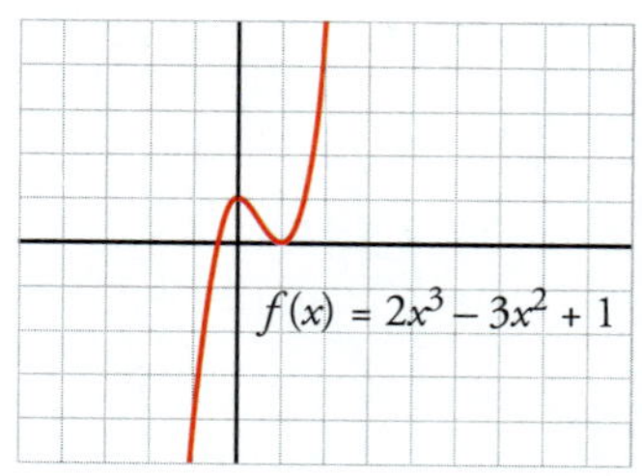

4. Función racional con parámetros

Calcular el valor del parámetro k para que la función:

$$f(x) = \frac{4x^2 + x + 1}{x + k}$$

tenga $y = 4x + 5$ como asíntota oblicua.

Representar la función.

Para hallar la ecuación de la asíntota oblicua, realiza esta división:

$$(4x^2 + x + 1) : (x + k)$$

Calcula el valor de k que hace que el cociente coincida con la ecuación de la asíntota, $y = 4x + 5$.

Representa la función.

Solución:

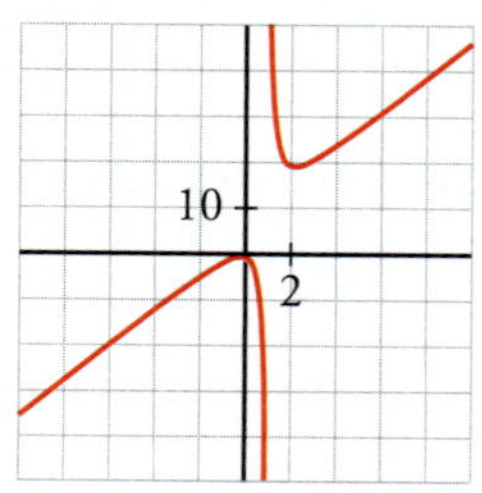

$k = -1$

Para practicar

Descripción de una gráfica

1 Representa una función continua y derivable en $\mathbb{R}$ tal que:

$\lim_{x \to +\infty} f(x) = +\infty$ $\quad$ $\lim_{x \to -\infty} f(x) = -\infty$

$f(2) = 1$, $f'(x) \geq 0$ para cualquier x, $f'(2) = 0$

2 De una función $y = f(x)$ tenemos la siguiente información:

$D = \mathbb{R} - \{1, 4\}$

$\lim_{x \to 1^-} f(x) = +\infty$ $\quad$ $\lim_{x \to 1^+} f(x) = -\infty$

$\lim_{x \to 4^-} f(x) = -\infty$ $\quad$ $\lim_{x \to 4^+} f(x) = +\infty$

$\lim_{x \to \pm\infty} f(x) = 0$

si $x \to +\infty$, $f(x) > 0$ $\quad$ si $x \to -\infty$, $f(x) < 0$

$f'(2) = 0$, $f(2) = -1$; $f'(-1) = 0$, $f(-1) = -1$

Represéntala.

3 Dibuja la gráfica de una función continua y derivable en $\mathbb{R}$ de la que se conocen los siguientes datos:

$\lim_{x \to -\infty} f(x) = -\infty$ $\quad$ $\lim_{x \to +\infty} f(x) = +\infty$

$f'(x) = 0$ si $x = -2$, $x = 0$, $x = 3$, $x = 4$

$f(-2) = 2$; $f(0) = 0$; $f(3) = 5$; $f(4) = 4$

4 Describe las siguientes funciones indicando su dominio, sus simetrías (si las tienen), sus asíntotas y ramas infinitas, sus puntos singulares y los intervalos de crecimiento y decrecimiento. Hazlo dando valores de la función, de su derivada y de ciertos límites.

a) 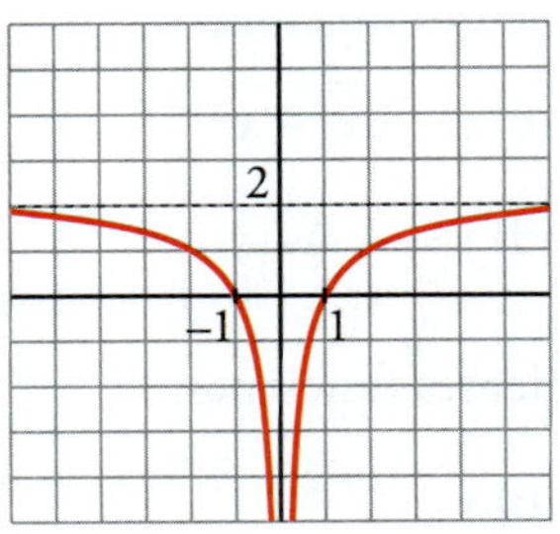

b) 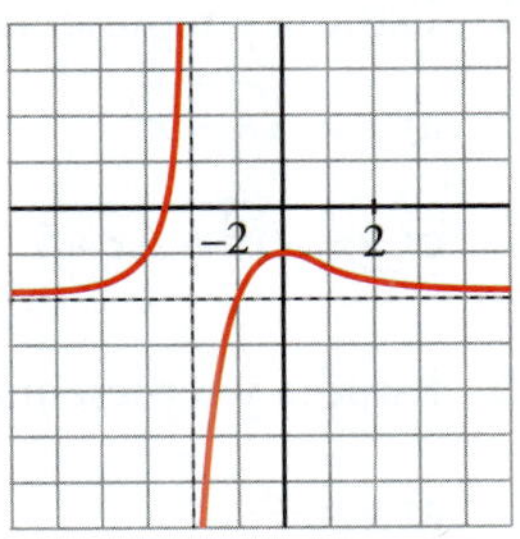

5 Describe la siguiente función:

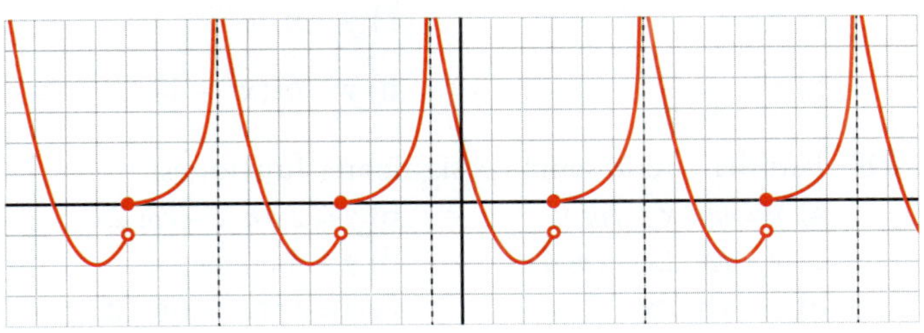

Características de las funciones

6 Indica el dominio de cada una de las siguientes funciones:

a) $y = x^4 - 2x^2 + 5$ $\quad$ b) $y = 3 - \dfrac{x}{x^2+1}$

c) $y = \sqrt{-x^2 + 3x + 4}$ $\quad$ d) $y = \dfrac{1}{\sqrt{3x - 21}}$

e) $y = ln\,(4 - \sqrt{x})$ $\quad$ f) $y = \dfrac{1}{ln\,(9 - x^2)}$

g) $y = \dfrac{1}{tg\,x}$ $\quad$ h) $y = \dfrac{1}{\sqrt{tg^2\,x - 1}}$

7 Estudia la simetría de las siguientes funciones:

a) $y = x^2 + 1$ $\quad$ b) $y = \dfrac{x}{\sqrt{x^2 - 3}}$ $\quad$ c) $y = tg\,\pi x$

d) $y = e^{|x|}$ $\quad$ e) $y = \dfrac{|x|}{x^2 - 2x}$ $\quad$ f) $y = 2cos\,\dfrac{x}{2}$

8 Determina el periodo de cada una de estas funciones:

a) $y = sen\,3x$ $\quad$ b) $y = sen\,2\pi x$

c) $y = tg\,\pi x$ $\quad$ d) $y = sen\,x + cos\,2x$

e) $y = cos\left(\dfrac{\pi}{2}x\right) \cdot sen\,x$ $\quad$ f) $y = sen\,(x^2 + 1)$

9 Halla las asíntotas verticales de estas funciones e indica la posición relativa de cada curva respecto a ellas:

a) $y = \dfrac{x^2+1}{x^2-1}$ $\quad$ b) $y = \dfrac{2x-2}{\sqrt{x^2-9}}$

c) $y = \dfrac{1}{ln\,x}$ $\quad$ d) $y = \dfrac{x(x-1)}{x^2-2x}$

e) $y = \dfrac{1}{1 - sen^2\,x}$ $\quad$ f) $y = \dfrac{1}{cos\,\dfrac{x}{2}}$

10 Halla las asíntotas horizontales e indica la posición relativa de cada curva respecto de ellas.

a) $y = \dfrac{x-1}{x^2+2}$ $\quad$ b) $y = \dfrac{2x^2-1}{3-x^2}$

c) $y = \dfrac{|1-x|}{\sqrt{x^2+2}}$ $\quad$ d) $y = \dfrac{3-e^x}{2e^{|x-1|}}$

11 Halla las asíntotas oblicuas de estas funciones e indica la posición relativa de cada curva respecto de ellas:

a) $y = \dfrac{3+2x-x^2}{x}$ $\quad$ b) $y = \dfrac{x^2-5x+2}{2x+3}$

c) $y = \dfrac{(x-1/2)^2}{\sqrt{x^2+2}}$ $\quad$ d) $y = \sqrt{3x^2+5}$

Funciones polinómicas

12 Estudia y representa las siguientes funciones:

a) $y = x^3 + 3x^2$ b) $y = x^3 - 3x^2 + 5$

c) $y = \frac{x^4}{4} - \frac{9}{2}x^2 + 10$ d) $y = \frac{5x^4 - x^5}{64}$

e) $y = x^5 - 5x^3$ f) $y = (x-1)^3 - 3x$

g) $y = x^4 - 4x^2$ h) $y = 1 - (x-1)^3$

13 Estudia las ramas infinitas, intervalos de crecimiento y de decrecimiento, máximos, mínimos y puntos de inflexión de las siguientes funciones. Represéntalas gráficamente:

a) $y = 3 + (2-x)^3$ b) $y = 2 - (x-3)^4$

c) $y = (x+1)^6 - 5$ d) $y = 3 - (1-x)^3$

e) $y = x(x-1)(x+3)$ f) $y = (x-2)^2 (x+1) x^3$

14 Representa las siguientes funciones:

a) $y = x^2 - x^4$ b) $y = 3x^4 + x^3 - 1$

c) $y = x^3 - x^2$ d) $y = 2x^3 + 3x^2 - 12x$

Funciones racionales

15 En las siguientes funciones, estudia su dominio, asíntotas y posición de la curva respecto de estas, y represéntalas a partir de los resultados obtenidos:

a) $y = \frac{1}{x^2}$ b) $y = \frac{1}{x^2-1}$ c) $y = \frac{x}{x^2-1}$

d) $y = \frac{x^2-1}{x}$ e) $y = \frac{x}{x^2+1}$ f) $y = x + \frac{1}{x^2}$

g) $y = \frac{x^3}{1-x^2}$ h) $y = \frac{x^3}{(1-x)^2}$ i) $y = \frac{4x^2}{1+x^4}$

16 Representa estas funciones estudiando previamente su dominio, asíntotas, ramas infinitas y extremos relativos.

a) $y = \frac{1}{(x-1)(x-3)}$ b) $y = \frac{(x-1)}{x(x-3)(x+4)}$

c) $y = \frac{8-2x}{x(x-2)}$ d) $y = \frac{x^2(2x-1)}{(x-2)(x+1)}$

17 Representa las siguientes funciones racionales:

a) $y = \frac{x^2-x+1}{x^2+x+1}$ b) $y = \frac{x^2-2x+2}{x-1}$

c) $y = \frac{3x^2+x-2}{x^2+1}$ d) $y = \frac{x^3-x^2-4x+4}{2x^3}$

e) $y = \frac{x^3-7x^2+6}{x^4-x^2}$ f) $y = \frac{x^3-3x^2-9x+22}{x^3-x^2-2x}$

Recuerda que si se simplifica una fracción dividiendo numerador y denominador por $(x-a)$, hay una discontinuidad evitable en $x = a$.

Funciones con valor absoluto y funciones a trozos

18 Representa esta función:

$$f(x) = \begin{cases} -x^2 - 2x + 2 & \text{si } x < 0 \\ x^2 - 2x + 2 & \text{si } x \geq 0 \end{cases}$$

19 Representa esta función definida a trozos:

$$f(x) = \begin{cases} \frac{1}{x^2+1} & \text{si } x < 0 \\ -x + 1 & \text{si } x \geq 0 \end{cases}$$

20 Representa la siguiente función:

$$f(x) = \begin{cases} x^3 - 3x + 1 & \text{si } x < 0 \\ (x-1)^2 & \text{si } x \geq 0 \end{cases}$$

Estudia sus intervalos de crecimiento y de decrecimiento, sus extremos relativos y su curvatura.

21 Dibuja la gráfica de las siguientes funciones e indica en qué puntos no son derivables:

a) $y = x + |x+2|$ b) $y = 2x - |x-3|$

c) $y = |x| + |x-3|$ d) $y = x|x-1|$

22 Considera la función $f(x) = x^2|x-3|$:

a) Halla los puntos donde f no es derivable.

b) Calcula sus máximos y mínimos.

c) Represéntala gráficamente.

23 Representa gráficamente cada una de las siguientes funciones:

a) $y = \frac{1}{|x|-2}$ b) $y = \frac{|2x|}{x^2+1}$

c) $y = \frac{|x+3|}{1+|x|}$ d) $y = -|x^3 - x^2 + 2|$

Otros tipos de funciones

24 Estudia y representa las siguientes funciones:

a) $y = \sqrt[3]{4-x^2}$ b) $y = \sqrt{x^2-x}$

c) $y = \sqrt{x^2-4x+5}$ d) $y = \frac{x^2}{\sqrt{x^2-1}}$

25 Estudia y representa las siguientes funciones:

a) $y = \frac{x}{e^x}$ b) $y = \frac{\ln x}{x}$

c) $y = x \ln x$ d) $y = (x-1)e^x$

e) $y = e^{-x^2}$ f) $y = x^2 e^{-x}$

g) $y = \frac{x^3}{\ln x}$ h) $y = \ln(x^2-1)$

26 Estudia y representa las siguientes funciones:

a) $y = \operatorname{sen} x + \cos x$ b) $y = 2\operatorname{sen} x - \cos 2x$

c) $y = \cos 2x - \cos 4x$ d) $y = 3\operatorname{sen} \pi x + 2$

e) $y = \operatorname{sen} \pi x - 2$ f) $y = \operatorname{tg} \pi x + \cos 2\pi x$

Para resolver

27 Estudia el dominio de definición, las asíntotas y los extremos de cada una de estas funciones y, con esa información, relaciónalas con sus respectivas gráficas:

a) $y = \dfrac{1}{sen\, x}$ b) $y = x e^x$ c) $y = sen\, \dfrac{x}{2}$

d) $y = \sqrt[3]{x}$ e) $y = \sqrt{x^2 + 1}$ f) $y = sen^2\, x$

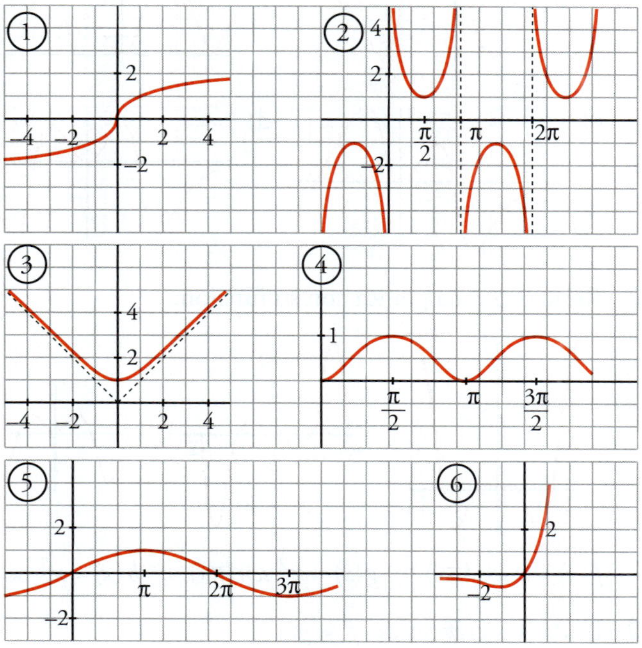

28 Recuerda que el seno hiperbólico y el coseno hiperbólico se definían así:

$$senh\, x = \frac{e^x - e^{-x}}{2} \qquad cosh\, x = \frac{e^x + e^{-x}}{2}$$

Estudia los máximos, los mínimos y los puntos de inflexión de estas funciones y represéntalas gráficamente.

29 Determina las asíntotas de las siguientes funciones:

a) $y = \dfrac{\sqrt{1-x}}{3x}$ b) $y = \dfrac{x + \sqrt{x^2+1}}{x}$

30 Realiza un estudio y representa cada una de las siguientes funciones:

a) $y = ln\left(\dfrac{x^2-1}{x^2+1}\right)$ b) $y = \dfrac{e^x - 1}{e^x + 1}$

c) $y = ln\left(\dfrac{x}{x+1}\right)$ d) $y = \dfrac{e^{|x-1|}}{x^2 + 2x - 3}$

31 Calcula el valor de a, b y c, sabiendo que esta función es del tipo $y = a + b\, cos\left(\dfrac{\pi x}{c}\right)$.

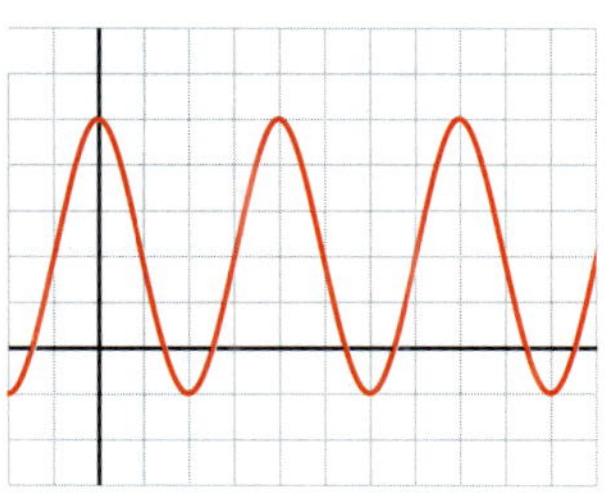

32 La recta $y = 2x + 6$ es una asíntota oblicua de la función:

$$f(x) = \frac{2x^2 + 1}{x - k}$$

Halla el valor de k y representa la función así obtenida.

33 Sea la función $f(x) = x^2 \cdot e^{-ax}$ con $a \neq 0$.

a) Calcula el valor de a para que esta función tenga un extremo relativo en el punto de abscisa $x = 2$.

b) Clasifica los extremos relativos cuando $a = 2$.

34 Dada la función: $f(x) = ax + b + \dfrac{8}{x}$ calcula a y b para que la gráfica de f pase por el punto $(-2, -6)$ y tenga, en ese punto, tangente horizontal. Para esos valores de a y b, representa la función.

35 Halla los valores de a, b y c para los cuales la función:

$$f(x) = \frac{ax^2 + bx + c}{x^2 - 4}$$

tiene como asíntota horizontal la recta $y = -1$ y un mínimo en el punto $(0, 1)$.

36 Una partícula se mueve a lo largo de la gráfica de la curva de ecuación $y = \dfrac{2x}{1 - x^2}$ para $x > 1$.

En el punto $P(2, -4/3)$ la deja y se desplaza a lo largo de la recta tangente a dicha curva.

a) Halla la función a trozos que describe su trayectoria.

b) Si el desplazamiento es de izquierda a derecha, halla el punto en el que la partícula corta el eje X.

37 La concentración (en %) de nitrógeno de un compuesto viene dada, en función del tiempo $t \in [0, +\infty)$ medido en segundos, por la función:

$$N(t) = \frac{60}{1 + 2e^{-t}}$$

a) Comprueba que la concentración de nitrógeno crece con el tiempo. ¿Para qué t la concentración de nitrógeno es mínima y cuál es esta concentración?

b) ¿A qué valor tiende la concentración de nitrógeno cuando el tiempo tiende a infinito?

38 El beneficio de una empresa, en cientos de miles de euros, con el paso del tiempo, t (en años), durante los 5 últimos años, viene dado por esta función:

$$b(t) = \begin{cases} 2t & \text{si } t \in [0, 3] \\ 6 - \dfrac{(t-3)^2}{2} & \text{si } t \in (3, 5] \end{cases}$$

a) Indica cuándo ha crecido el beneficio y determina en qué momentos hubo máximos y mínimos locales y cuáles fueron sus correspondientes valores.

b) ¿Cuándo tuvo un beneficio de 500 000 €?

c) Representa la función $b(t)$.

Cuestiones teóricas

39 ¿Qué podemos decir del grado de una función polinómica con dos máximos y dos mínimos relativos? En esa función, ¿puede estar uno de los mínimos más alto que los máximos?

40 Una función $f(x)$ tiene las siguientes características: $Dom\, f = \mathbb{R} - \{0\}$ y es continua y derivable en su dominio.

$\lim\limits_{x \to -\infty} f(x) = -\infty$ $\qquad \lim\limits_{x \to +\infty} f(x) = +\infty$

$\lim\limits_{x \to 0^-} f(x) = +\infty$ $\qquad \lim\limits_{x \to 0^+} f(x) = -\infty$

Indica cuáles de las siguientes afirmaciones son seguras, cuáles son probables y cuáles son imposibles:

a) $f(x)$ es par.

b) $f(x)$ es impar.

c) No tiene máximos ni mínimos.

d) Tiene un máximo y un mínimo.

e) Corta al eje X en dos puntos.

f) Corta el eje X al menos en dos puntos.

g) Tiene, al menos, una asíntota vertical.

h) Tiene solo una asíntota vertical.

i) Tiene una asíntota oblicua.

j) Es cóncava en $x < 0$ y convexa en $x > 0$.

41 ¿Cuántos puntos de inflexión puede tener, como máximo, una función polinómica de cuarto grado?

42 Comprueba que $y = \dfrac{|x|}{x+1}$ tiene dos asíntotas horizontales.

43 Sobre la gráfica de $y = |x^2 - 4|$ indica los intervalos de concavidad, de convexidad y sus puntos de inflexión.

44 $y = \dfrac{x+1}{x^2-1}$ no está definida en $x = 1$ ni en $x = -1$; sin embargo, tiene solo una asíntota vertical. Justifícalo.

45 ¿Cuántas asíntotas verticales puede tener una función? ¿Y horizontales?

46 Da un ejemplo de una función que tenga un mínimo en $x = 1$ y que no sea derivable en ese punto. Represéntala.

47 Da un ejemplo de una función derivable en $x = 1$ con $f'(1) = 0$ que no tenga máximo ni mínimo en ese punto.

48 Si es posible, dibuja una función continua en el intervalo $[0, 4]$ que tenga, al menos, un máximo relativo en $(2, 3)$ y un mínimo relativo en $(3, 4)$. Si la función fuera polinómica, ¿cuál debería ser, como mínimo su grado?

49 ¿Tiene $f(x) = x + e^{-x}$ alguna asíntota? Si es así, hállala.

50 ¿Qué tipo de simetría tienen las siguientes funciones?

a) $y = sen^2\, x$ b) $y = |x| - 2$ c) $y = tg\, x$ d) $y = x^3 - x$

51 Dada la función $f(x)$:

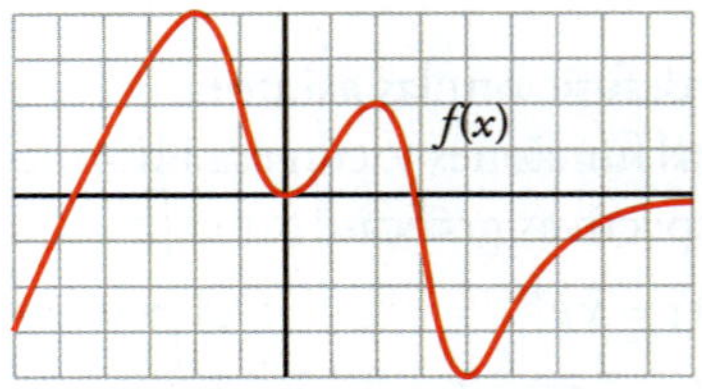

Indica qué gráfica corresponde a estas otras:

I. $f(-x)$ II. $f(|x|)$ III. $-|f(x)|$ IV. $|f(x)|$

a)
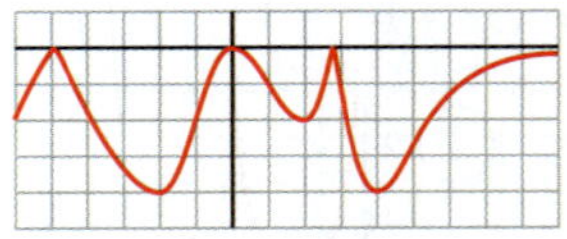

b)
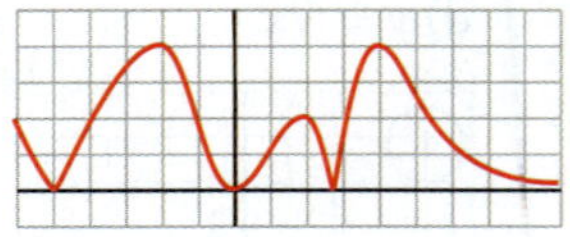

c)
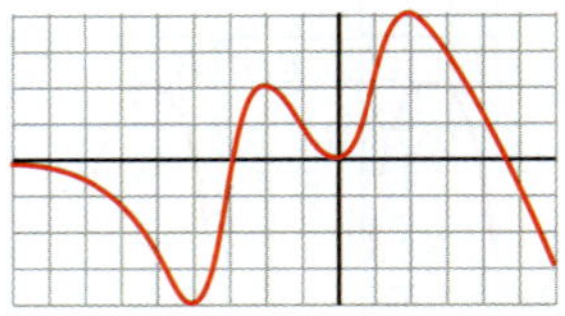

d)
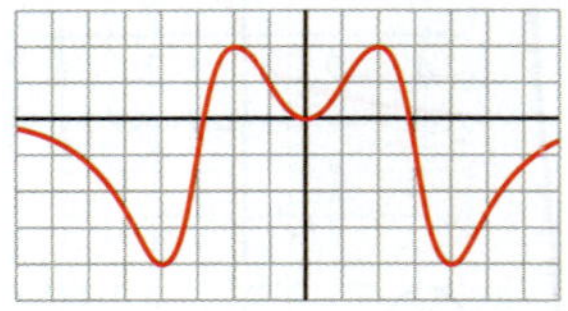

52 Relaciona cada gráfica con su función.

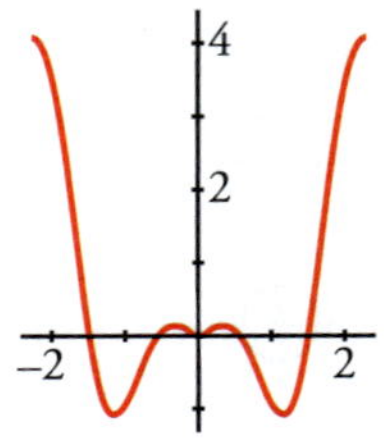

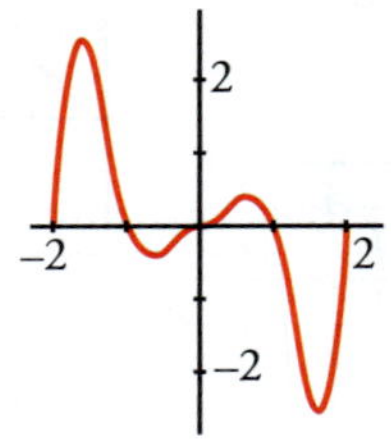

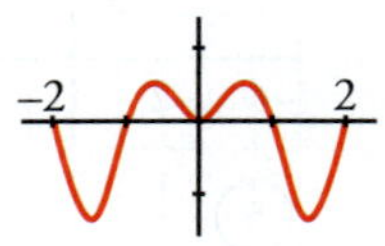

$f(x) = x\, sen\,(\pi x)$ $\quad g(x) = x^2\, sen\,(\pi x)$ $\quad h(x) = x^2\, cos\,(\pi x)$

53 Dadas las gráficas de f y g:

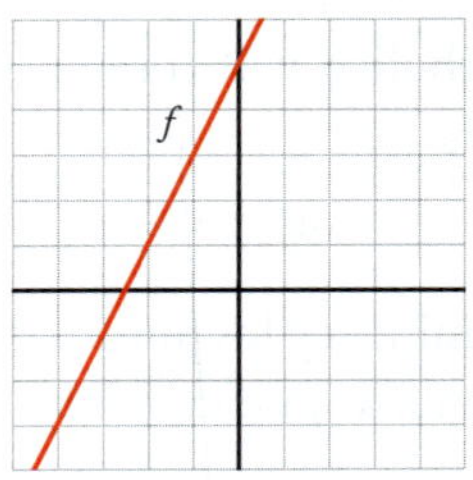

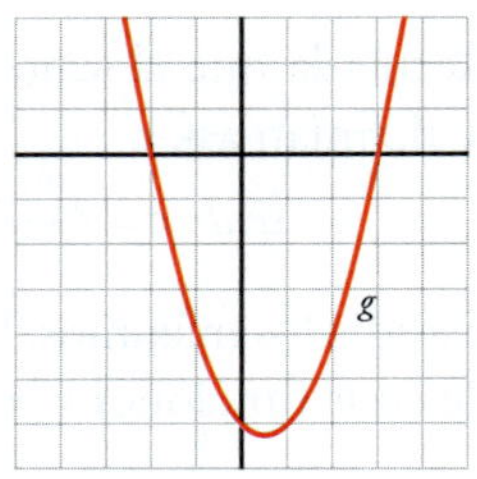

Relaciona estas funciones con sus representaciones:

I. f/g II. g/f III. $g-f$ IV. $f \cdot g$

a)
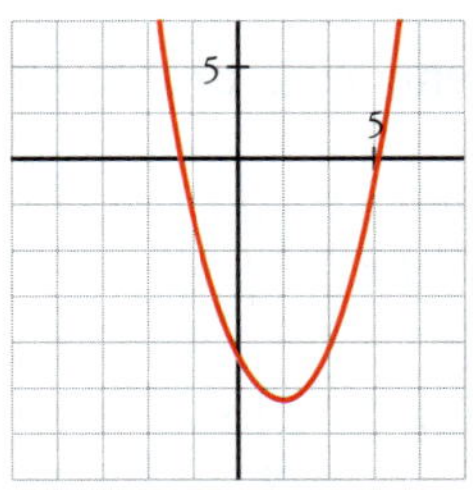

b)
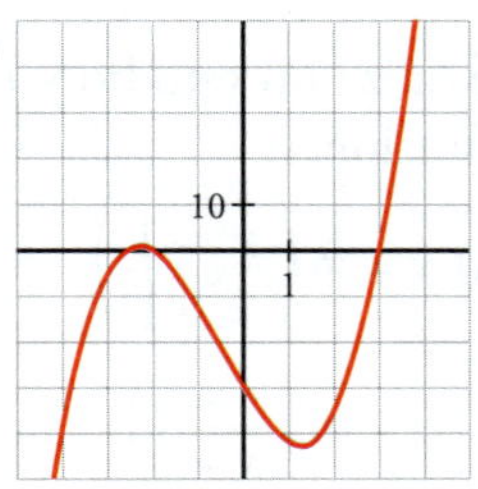

c)
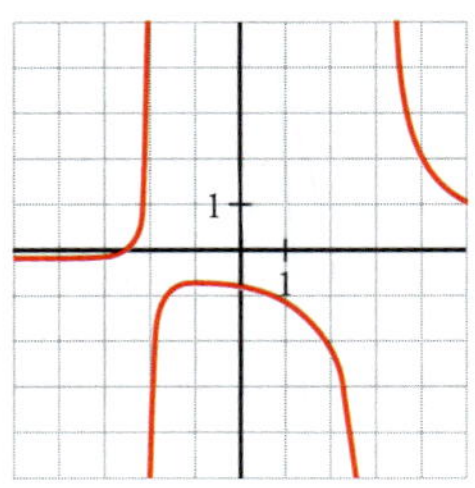

d)
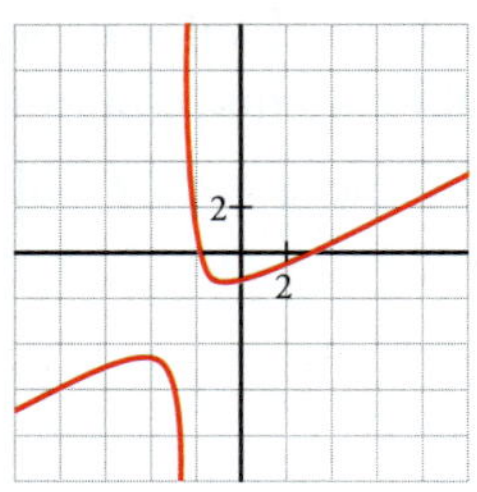

Para profundizar

54 Aunque la palabra *asíntota* la hemos aplicado a rectas que se aproximan a una gráfica, tiene un significado más amplio: se dice que dos curvas son **asintóticas** cuando, al alejarse del origen, la distancia entre ellas tiende a cero.

Por ejemplo, la parábola $y = x^2 + 1$ es asintótica a la función $y = \dfrac{x^4}{x^2-1}$ (revisa su gráfica en la página 313), ya que

$y = \dfrac{x^4}{x^2-1} = x^2 + 1 + \dfrac{1}{x^2-1}$ y, además, $\dfrac{1}{x^2-1}$ tiende a 0 cuando $x \longrightarrow \pm\infty$ tomando valores positivos, por lo que la gráfica de $y = f(x)$ queda por encima de la parábola.

Este resultado permite representar la función de forma más precisa apoyándonos en la representación de la parábola:

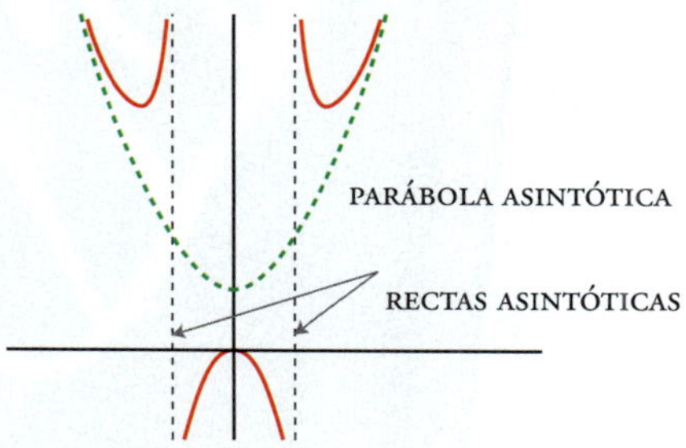

a) Halla la parábola asintótica a $y = \dfrac{x^3 - 2x^2 + x + 8}{x}$. Determina la posición de la curva respecto de ella.

b) Representa la función utilizando esos datos, así como la asíntota vertical y el punto singular (único, en $x = 2$).

55 Estudia la posición relativa entre estas curvas y sus parábolas asintóticas. Representa la información obtenida:

a) $y = \dfrac{x^4}{x^2+1}$ b) $y = \dfrac{x^3-1}{x}$ c) $y = \dfrac{x^4}{x^2-4}$

56 En el *Ejercicio resuelto 1* del apartado 10.5, vimos un sencillo procedimiento para calcular las asíntotas de la función $y = \sqrt{x^2 - 2x}$ mediante los pasos siguientes:

$$\sqrt{x^2 - 2x} = \sqrt{(x-1)^2 - 1} \approx |x - 1|$$

Averigua, de forma similar, las asíntotas de estas funciones:

a) $y = \sqrt{x^2 + 2x}$ b) $y = \sqrt{x^2 - 6x + 12}$ c) $y = \sqrt{x^2 + 4x}$

Indica la posición de cada curva respecto de las asíntotas.

57 Si una función, f, es periódica, también lo es $g[f(x)]$ cualquiera que sea $g(x)$, ya que si f es periódica de periodo T, entonces $f(x + kT) = f(x)$. Por tanto:

$$g\,[f(x + kT)] = g\,[f(x)], \text{ es decir } g \circ f \text{ es periódica}$$

Sin embargo, en general, $f[g(x)]$ no es periódica, ya que $f[g(x + kT)] \neq f[g(x)]$ porque $g(x + kT) \neq g(x)$.

Según estas afirmaciones, indica cuáles de las siguientes funciones son o no periódicas.

a) $y = 2sen\ x$ b) $y = sen^2\ x$ c) $y = sen\ x^2$

d) $y = \sqrt{sen\ x}$ e) $y = sen\ \sqrt{x}$ f) $y = sen\ 2x$

* *Recuerda que si una función f es periódica de periodo T, entonces también es periódica f(mx + n), y su periodo es T/m.*

AUTOEVALUACIÓN

Resoluciones de estos ejercicios.

1 Dibuja la gráfica de una función f de la que sabemos:

$\lim\limits_{x \to +\infty} f(x) = +\infty$, $\lim\limits_{x \to -\infty} f(x) = -3$, $\lim\limits_{x \to -3} f(x) = -\infty$

$f'(-5) = 0$; $f'(0) = 0$; $f(-5) = 0$; $f(0) = 2$

2 Describe las siguientes funciones:

a) 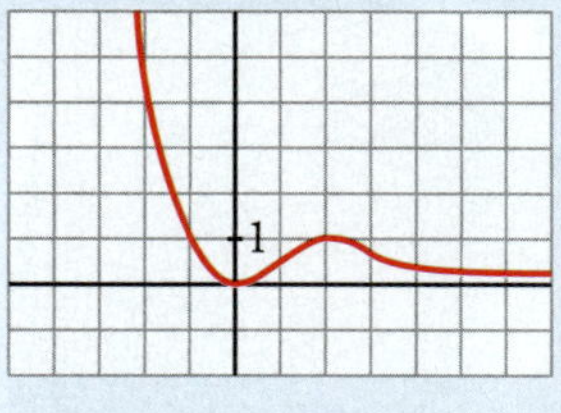

b) 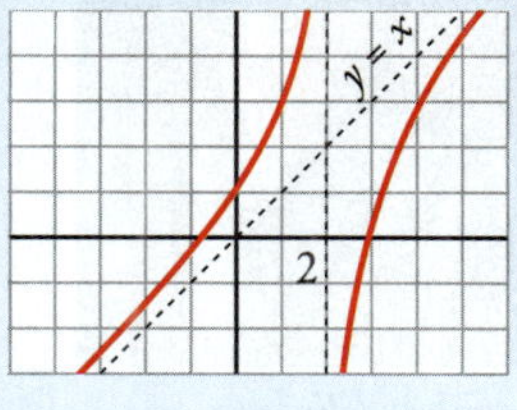

3 Dibuja una función continua en $\mathbb{R}$ que tenga un mínimo relativo en (1, 6) y un máximo relativo en (6, 2). Si es polinómica, ¿cuál será, como mínimo, su grado?

4 Representa las siguientes funciones:

a) $f(x) = |x + 3| + |x - 1|$ b) $g(x) = \begin{cases} ln(1-x) & \text{si } x < 1 \\ \dfrac{2x+1}{x^2-1} & \text{si } x \geq 1 \end{cases}$

5 Representa estas funciones:

a) $f(x) = \dfrac{(x+2)^2}{x+1}$ b) $g(x) = \dfrac{(x+1)^2}{e^x}$

6 Calcula los puntos de corte con los ejes y los puntos singulares de la función $y = ln(-x^2 + 1)$. Determina los intervalos de crecimiento y de decrecimiento y esboza la gráfica.

7 Halla los máximos y los mínimos de $f(x) = x\sqrt{x+3}$.

Indica si tiene asíntotas y represéntala gráficamente.

8 Estudia estas funciones y represéntalas gráficamente:

a) $y = sen\ 2x + 2cos\ x$ b) $y = 2sen\ \pi x + cos\ 2\pi x$

Compromiso ODS Visualiza el vídeo Meta 17.10., piensa en una acción con la que podrías contribuir al logro de esa meta y comprométete a llevarla a cabo.

11

CÁLCULO DE PRIMITIVAS

¿Qué es la primitiva de una función?

A la pregunta *¿cuál es la derivada de $f(x)$?* se respondió en la unidad 8 y se resolvió para la totalidad de las funciones que se manejan en este nivel. En las unidades 9 y 10, también vimos cómo utilizar los procedimientos aprendidos para resolver problemas prácticos.

¿Cuál es la función cuya derivada es $f(x)$? La respuesta a esta pregunta es trivial para algunas funciones; difícil, para otras, e imposible, para la mayoría. Por ejemplo:

- Es claro que la función cuya derivada es $f(x) = \cos x$ es $F(x) = \operatorname{sen} x$.
- En esta unidad aprenderemos a averiguar cuál es la función cuya derivada es xe^x, así como muchas otras.
- Es imposible encontrar, porque no existe, una función dada mediante expresiones analíticas conocidas, cuya derivada sea $\frac{\operatorname{sen} x}{x}$.

Una función, $F(x)$, cuya derivada sea $f(x)$ se llama *primitiva* de $f(x)$. ¿Para qué sirve conocer una primitiva de una función? Su razón de ser, así como su justificación histórica, se verá en la próxima unidad.

Un genio matemático

Leonhard Euler (1707-1783) fue uno de los genios más impresionantes de la historia de las matemáticas. Sus textos de cálculo infinitesimal han influenciado profundamente a muchas generaciones de matemáticos. El mismo **Laplace,** otro genio que vivió entre los siglos XVIII y XIX, daba como consejo a los que se iniciaban: *«Leed a Euler. Él es el maestro de todos nosotros».*

Euler nació en Basilea, Suiza. Su padre, pastor calvinista, deseaba que su hijo siguiera la carrera de teología. Pero su amistad con **Johann Bernoulli** propició su afición a las matemáticas, a las que acabó dedicándose con pasión, tutorado por el propio Bernoulli. Su preparación fue muy completa: estudió teología, matemáticas, física, astronomía, medicina y lenguas orientales.

Fue, sin duda, el matemático más prolífico de todos los tiempos. Sus obras completas, cuya edición se comenzó en 1911, ocuparon más de 80 voluminosos tomos. Están llenas de ideas asombrosas en los campos más dispares. A sus 33 años perdió un ojo y a los 60 se quedó totalmente ciego. A pesar de ello siguió dictando obras matemáticas importantes hasta los 76 años en que murió.

Leonhard Euler (1707-1783)

Euler, el porqué de su enorme talento

Se dice que los tres grandes secretos de la enorme capacidad de Euler fueron los siguientes:

1) Su increíble memoria. Ya anciano era capaz de recitar de memoria todos los libros de la *Eneida* de Virgilio, por supuesto en latín. Se acordaba, palabra por palabra, de las actas de las sesiones de la Academia… ¡decenas de años después de celebradas!

2) Su capacidad de concentración para el trabajo era asombrosa. Según afirmó un contemporáneo, *«escribió sus obras inmortales con un niño en las rodillas y un gato en su espalda»*.

3) Su trabajo continuado y paciente le hacía capaz de mantener su interés durante años por los problemas más difíciles hasta lograr hacer luz en ellos.

RESUELVE

Obtención de la primitiva de algunas funciones

Como ya sabes, la derivada de x^3 es $3x^2$, y lo escribimos así:

$$(x^3)' = 3x^2$$

Esto mismo se puede expresar diciendo que **una primitiva** de $3x^2$ es x^3, y lo escribimos así:

$$\int 3x^2\,dx = x^3$$

La obtención de primitivas es, pues, el proceso inverso de la derivación. Teniéndolo en cuenta, **intenta calcular las primitivas de las funciones dadas a continuación.** (Te resultará más fácil si tienes a mano una tabla de derivadas).

Cuando tengas duda de si la solución que das es la correcta, compruébalo tú mismo: derívala y deberás llegar a la función cuya primitiva hallaste.

- NÚMEROS Y POTENCIAS SENCILLAS

a) $\int 1\,dx$ b) $\int 2\,dx$ c) $\int \sqrt{2}\,dx$

d) $\int 2x\,dx$ e) $\int x\,dx$ f) $\int 3x\,dx$

g) $\int 7x\,dx$ h) $\int x^2\,dx$ i) $\int \frac{1}{2}x^2\,dx$

- POTENCIAS DE EXPONENTE ENTERO

a) $\int (-1)x^{-2}\,dx$ b) $\int x^{-2}\,dx$ c) $\int \frac{5}{x^2}\,dx$

d) $\int \frac{1}{x^3}\,dx$ e) $\int \frac{2}{x^3}\,dx$ f) $\int \frac{5}{(x-3)^3}\,dx$

- LAS RAÍCES TAMBIÉN SON POTENCIAS

a) $\int \frac{3}{2}x^{1/2}\,dx$ b) $\int \frac{3}{2}\sqrt{x}\,dx$

c) $\int 7\sqrt{x}\,dx$ d) $\int \frac{1}{2}x^{-1/2}\,dx$

e) $\int \frac{1}{2\sqrt{x}}\,dx$ f) $\int 5\sqrt{x^3}\,dx$

- ¿RECUERDAS QUE $(ln\ x)' = \frac{1}{x}$?

a) $\int \frac{1}{x}\,dx$ b) $\int \frac{1}{5x}\,dx$

c) $\int \frac{1}{x+5}\,dx$ d) $\int \frac{3}{2x+6}\,dx$

- ALGUNAS FUNCIONES TRIGONOMÉTRICAS

a) $\int cos\ x\,dx$ b) $\int 2cos\ x\,dx$

c) $\int cos\left(x+\frac{\pi}{2}\right)dx$ d) $\int cos\ 2x\,dx$

e) $\int (-sen\ x)\,dx$ f) $\int sen\ x\,dx$

g) $\int sen\,(x-\pi)\,dx$ h) $\int sen\ 2x\,dx$

i) $\int (1+tg^2\,2x)\,dx$ j) $\int tg^2\,2x\,dx$

- ALGUNAS EXPONENCIALES

a) $\int e^{x-1}\,dx$ b) $\int e^{2x+1}\,dx$

1 PRIMITIVAS. REGLAS BÁSICAS PARA SU CÁLCULO

Definición y nomenclatura

$F(x)$ es una **primitiva** de $f(x)$ si $F'(x) = f(x)$. Esto se expresa así:

$$\int f(x)\,dx = F(x)$$

Cada función tiene infinitas primitivas, pues si $F(x)$ es primitiva de $f(x)$ (es decir, si $F'(x) = f(x)$), entonces $F(x) + k$ también lo es, pues $[F(x) + k]' = F'(x) = f(x)$. Y esto es cierto cualquiera que sea la constante k. Por eso, se suele escribir:

$$\int f(x)\,dx = F(x) + k$$

A la expresión $\int f(x)\,dx$ se la llama también **integral indefinida** o, simplemente, **integral** de $f(x)$. Por esta razón, al cálculo de primitivas se le suele llamar **cálculo de integrales** o **integración.**

Propiedades

Puesto que el proceso de integración es opuesto al de derivación, muchas de sus propiedades se deducen, inmediatamente, de las propiedades de las derivadas. Las más importantes son:

- $\int [f(x) + g(x)]\,dx = \int f(x)\,dx + \int g(x)\,dx$
- $\int c\,f(x)\,dx = c\int f(x)\,dx$
- Si $\int f(x)\,dx = F(x) + k$, entonces $\int f(mx + n)\,dx = \frac{1}{m}F(mx + n) + k$

Por ejemplo:

$$\int (x^2 + x^3)\,dx = \int x^2\,dx + \int x^3\,dx$$

$$\int 5x^3\,dx = 5\int x^3\,dx$$

Si $\int x^3\,dx = \frac{x^4}{4} + k$, entonces $\int (7x + 11)^3\,dx = \frac{1}{7}\,\frac{(7x+11)^4}{4} + k$

Integral de una potencia

- $\int 1\,dx = x + k$
- $\int x^n\,dx = \frac{x^{n+1}}{n+1} + k$, si $n \neq -1$ $(n \in \mathbb{R})$
- $\int \frac{1}{x}\,dx = \int x^{-1}\,dx = \ln|x| + k$

Por ejemplo:

$$\int x^2\,dx = \frac{x^{2+1}}{2+1} + k = \frac{x^3}{3} + k \qquad \int x^3\,dx = \frac{x^{3+1}}{3+1} + k = \frac{x^4}{4} + k$$

Atención, las raíces también son potencias:

$$\int \sqrt{x}\,dx = \int x^{1/2}\,dx = \frac{x^{1/2+1}}{1/2+1} + k = \frac{2}{3}x^{3/2} + k = \frac{2}{3}\sqrt{x^3} + k$$

$$\int \frac{1}{\sqrt[3]{x^2}}\,dx = \int x^{-2/3}\,dx = \frac{x^{-2/3+1}}{-2/3+1} + k = \frac{x^{1/3}}{1/3} + k = 3\sqrt[3]{x} + k$$

Ten en cuenta

$F(x)$ es una primitiva de $f(x)$:

$$\int f(x)\,dx = F(x) \Leftrightarrow F'(x) = f(x)$$

También es primitiva de $f(x)$

$$F(x) + k$$

para cada valor de k.

El símbolo $\int$

El símbolo de integración fue introducido por Leibniz. Es una *s* alargada, inicial de la palabra suma. ¿Por qué? En la próxima unidad lo entenderemos.

Observa

- $f(x) = \ln x,\ x > 0 \to f'(x) = \frac{1}{x}$
- $f(x) = \ln(-x),\ x < 0 \to f'(x) = \frac{1}{x}$
- $f(x) = \ln|x|,\ x \neq 0 \to f'(x) = \frac{1}{x}$

Por tanto:

$$\int \frac{1}{x}\,dx = \ln|x| + k$$

Ejercicio resuelto

1 a) $\int 3x^5\,dx$

b) $\int \frac{5}{x^3}\,dx$

c) $\int \frac{\sqrt{x^3}}{6}\,dx$

d) $\int \frac{\sqrt{5}}{\sqrt[3]{x^2}}\,dx$

e) $\int \frac{\sqrt{2x}}{\sqrt[3]{5x}}\,dx$

f) $\int \frac{\sqrt{x}+\sqrt[3]{x^2}}{\sqrt{x^5}}\,dx$

g) $\int \sqrt{3x-11}\,dx$

h) $\int \frac{11\,dx}{4x-7}$

i) $\int \frac{3}{4x^2-4x+1}\,dx$

a) $\int 3x^5\,dx = 3\int x^5\,dx = 3\,\frac{x^6}{6}+k = \frac{x^6}{2}+k$

b) $5\int \frac{1}{x^3}\,dx = 5\int x^{-3}\,dx = 5\,\frac{x^{-3+1}}{-3+1}+k = 5\,\frac{x^{-2}}{-2}+k = -\frac{5}{2x^2}+k$

c) $\int \frac{\sqrt{x^3}}{6}\,dx = \frac{1}{6}\int x^{3/2}\,dx = \frac{1}{6}\,\frac{x^{3/2+1}}{3/2+1}+k = \frac{1}{6}\,\frac{x^{5/2}}{5/2}+k = \frac{2\sqrt{x^5}}{6\cdot 5}+k = \frac{\sqrt{x^5}}{15}+k$

d) $\int \frac{\sqrt{5}}{\sqrt[3]{x^2}}\,dx = \sqrt{5}\int x^{-2/3}\,dx = \sqrt{5}\,\frac{x^{-2/3+1}}{-2/3+1}+k = \sqrt{5}\,\frac{x^{1/3}}{1/3}+k = 3\sqrt{5}\,\sqrt[3]{x}+k$

e) $\int \frac{\sqrt{2x}}{\sqrt[3]{5x}}\,dx = \int \frac{\sqrt{2}\,x^{1/2}}{\sqrt[3]{5}\,x^{1/3}}\,dx = \frac{\sqrt{2}}{\sqrt[3]{5}}\int x^{1/2-1/3}\,dx = \frac{\sqrt{2}}{\sqrt[3]{5}}\int x^{1/6}\,dx =$

$= \frac{\sqrt{2}}{\sqrt[3]{5}}\,\frac{x^{7/6}}{7/6}+k = \frac{6\sqrt{2}\cdot\sqrt[6]{x^7}}{7\sqrt[3]{5}}+k$

f) $\int \frac{\sqrt{x}+\sqrt[3]{x^2}}{\sqrt{x^5}}\,dx = \int\left(\frac{x^{1/2}}{x^{5/2}}+\frac{x^{2/3}}{x^{5/2}}\right)dx = \int (x^{-2}+x^{-11/6})\,dx =$

$= \frac{x^{-1}}{-1}+\frac{x^{-5/6}}{-5/6}+k = -\frac{1}{x}-\frac{6}{5\sqrt[6]{x^5}}+k$

g) $\int \sqrt{3x-11}\,dx = \int (3x-11)^{1/2}\,dx = \frac{1}{3}\cdot\frac{(3x-11)^{3/2}}{3/2}+k = \frac{2}{9}\sqrt{(3x-11)^3}+k$

h) $\int \frac{11\,dx}{4x-7} = 11\int \frac{dx}{4x-7} = 11\cdot\frac{1}{4}\,ln|4x-7|+k = \frac{11}{4}\,ln|4x-7|+k$

i) $\int \frac{3}{4x^2-4x+1}\,dx = \int \frac{3\,dx}{(2x-1)^2} = 3\int \frac{dx}{(2x-1)^2} =$

$= 3\int (2x-1)^{-2}\,dx = -\frac{3}{2}(2x-1)^{-1}+k = -\frac{3}{2}\cdot\frac{1}{2x-1}+k$

Piensa y practica

1 Halla:

a) $\int x^4\,dx$ b) $\int (5x^3-8x^2+2x-3)\,dx$ c) $\int \sqrt[3]{x}\,dx$ d) $\int \frac{1}{\sqrt{x}}\,dx$

e) $\int \frac{1}{\sqrt[5]{x^2}}$ f) $\int \frac{3}{x^2}$ g) $\int \frac{5}{6x^4}\,dx$ h) $\int \frac{\sqrt[3]{2x}}{\sqrt{3x}}\,dx$

i) $\int \frac{\sqrt[3]{x}+\sqrt{5x^3}}{3x}\,dx$ j) $\int (\sqrt{5}\,x-3)^4\,dx$ k) $\int \sqrt[3]{(7x-6)^2}\,dx$ l) $\int \frac{5x^3+6x^2-\sqrt{2}x+\sqrt{3}}{x}\,dx$

m) $\int \frac{2x^4-6x^3+5x}{x+2}\,dx$ n) $\int \frac{5dx}{6-4x}$ ñ) $\int \frac{2x^4+6x-3}{x-2}\,dx$ o) $\int \frac{7x^4-5x^2+3x-4}{x^2}\,dx$

anayaeducacion.es Calcula primitivas de funciones de potencia natural, entera o fraccionaria y de funciones polinómicas.

Integrales trigonométricas, exponenciales y logarítmicas

$\int sen\, x\, dx = -cos\, x + k$ $\qquad$ $\int cos\, x\, dx = sen\, x + k$

$\int tg\, x\, dx = -ln|cos\, x| + k$ (la deduciremos en la página 335).

$\int (1 + tg^2\, x)\, dx = \int \frac{1}{cos^2\, x}\, dx = tg\, x + k$ $\qquad$ $\int \frac{1}{1+x^2}\, dx = arc\, tg\, x + k$

$\int \frac{1}{\sqrt{1-x^2}}\, dx = arc\, sen\, x + k$ $\qquad$ $\int \frac{-1}{\sqrt{1-x^2}}\, dx = arc\, cos\, x + k$

$\int e^x\, dx = e^x + k$ $\qquad$ $\int a^x\, dx = \frac{1}{ln\, a}\, a^x + k$

$\int ln\, x\, dx = x\, ln\, x - x + k$ $\qquad$ $\int log_a\, x\, dx = \frac{1}{ln\, a}\,(x\, ln\, x - x) + k$

Comprobación

Comprueba, derivando y simplificando, que las dos integrales logarítmicas son correctas.

En el epígrafe 3 (Integración por partes) se obtiene, paso a paso, este resultado.

Ejercicios resueltos

1 *Hallar las siguientes integrales:*

a) $\int (3\, sen\, x + 2\, cos\, x)\, dx$

b) $\int (2^x + 3^x)\, dx$

c) $\int \frac{\sqrt{1-x^2}}{1-x^2}\, dx$

d) $\int \frac{x^3 - 3x^2 + 5x + 2}{x^2+1}\, dx$

e) $\int (3\, cos\, x - 5\, e^x)\, dx$

a) $\int (3\, sen\, x + 2\, cos\, x)\, dx = 3\int sen\, x\, dx + 2\int cos\, x\, dx = -3\, cos\, x + 2\, sen\, x + k$

b) $\int (2^x + 3^x)\, dx = \frac{1}{ln\, 2}\cdot 2^x + \frac{1}{ln\, 3}\cdot 3^x + k$

c) $\int \frac{\sqrt{1-x^2}}{1-x^2}\, dx = \int \frac{1}{\sqrt{1-x^2}}\, dx = arc\, sen\, x + k = -arc\, cos\, x + k'$

d) $\int \frac{x^3 - 3x^2 + 5x + 2}{x^2+1}\, dx = \int \left(x - 3 + \frac{4x+5}{x^2+1}\right) dx =$

$= \int \left(x - 3 + \frac{4x}{x^2+1} + \frac{5}{x^2+1}\right) dx =$

$= \frac{x^2}{2} - 3x + 2\, ln\,(x^2+1) + 5\, arc\, tg\, x + k$

Para hallar la integral de $\frac{4x}{x^2+1}$, hemos tenido en cuenta que:

$(x^2 + 1)' = 2x$

e) $\int (3\, cos\, x - 5\, e^x)\, dx = 3\int cos\, x\, dx - 5\int e^x\, dx = 3\, sen\, x - 5\, e^x + k$

Piensa y practica

2 a) $\int (3^x - 5\, tg\, x)\, dx$ $\qquad$ b) $\int (5\, cos\, x + 3^x)\, dx$

c) $\int (3\, tg\, x - 5\, cos\, x)\, dx$ $\qquad$ d) $\int (10^x - 5^x)\, dx$

3 a) $\int \frac{3}{x^2+1}\, dx$ $\qquad$ b) $\int \frac{2x}{x^2+1}\, dx$

c) $\int \frac{x^2-1}{x^2+1}\, dx$ $\qquad$ d) $\int \frac{(x+1)^2}{x^2+1}\, dx$

anayaeducacion.es Calcula primitivas de funciones exponenciales y trigonométricas.

Ejercicios resueltos

2 *a)* $\int \cos^2 x\,dx$

a) Vamos a suprimir el cuadrado recurriendo a relaciones trigonométricas.

$$\left.\begin{array}{r}\cos 2x = \cos^2 x - sen^2 x\\ 1 = \cos^2 x + sen^2 x\end{array}\right\} \text{Sumando: } 1 + \cos 2x = 2\cos^2 x$$

$$\int \cos^2 x\,dx = \int \frac{1+\cos 2x}{2}dx = \int \frac{1}{2}dx + \frac{1}{2}\int \cos 2x\,dx = \frac{x}{2} + \frac{1}{2}\frac{sen\,2x}{2} + k$$

b) $\int \frac{dx}{1+4x^2}$

b) $\int \frac{dx}{1+4x^2} = \int \frac{dx}{1+(2x)^2} = \frac{1}{2}\,arc\,tg\,2x + k$

c) $\int \frac{dx}{1+5x^2}$

c) $\int \frac{dx}{1+5x^2} = \int \frac{dx}{1+(\sqrt{5}x)^2} = \frac{1}{\sqrt{5}}\,arc\,tg\,\sqrt{5}x + k$

d) $\int \frac{dx}{9+4x^2}$

d) $\int \frac{dx}{9+4x^2} = \frac{1}{9}\int \frac{dx}{1+\frac{4x^2}{9}} = \frac{1}{9}\int \frac{dx}{1+\left(\frac{2x}{3}\right)^2} = \frac{1}{9}\frac{1}{\frac{2}{3}}\,arc\,tg\,\frac{2x}{3} + k = \frac{1}{6}\,arc\,tg\,\frac{2x}{3} + k$

e) $\int \frac{dx}{3x^2+11}$

e) $\int \frac{dx}{3x^2+11} = \frac{1}{11}\int \frac{dx}{1+\frac{3}{11}x^2} = \frac{1}{11}\int \frac{dx}{1+\left(\sqrt{\frac{3}{11}}x\right)^2} =$

$$= \frac{1}{11}\frac{1}{\sqrt{\frac{3}{11}}}\,arc\,tg\left(\sqrt{\frac{3}{11}}x\right) + k = \frac{1}{\sqrt{33}}\,arc\,tg\left(\sqrt{\frac{3}{11}}x\right) + k$$

f) $\int \frac{dx}{\sqrt{16-9x^2}}$

f) $\int \frac{dx}{\sqrt{16-9x^2}} = \frac{1}{4}\int \frac{dx}{\sqrt{1-\frac{9x^2}{16}}} = \frac{1}{4}\int \frac{dx}{\sqrt{1-\left(\frac{3x}{4}\right)^2}} =$

$$= \frac{1}{4}\frac{1}{\frac{3}{4}}\,arc\,sen\,\frac{3x}{4} + k = \frac{1}{3}\,arc\,sen\,\frac{3x}{4} + k$$

g) $\int \frac{dx}{\sqrt{7-15x^2}}$

g) $\int \frac{dx}{\sqrt{7-15x^2}} = \frac{1}{\sqrt{7}}\int \frac{dx}{\sqrt{1-\frac{15x^2}{7}}} = \frac{1}{\sqrt{7}}\int \frac{dx}{\sqrt{1-\left(\sqrt{\frac{15}{7}}x\right)^2}} =$

$$= \frac{1}{\sqrt{7}}\frac{1}{\sqrt{\frac{15}{7}}}\,arc\,sen\left(\sqrt{\frac{15}{7}}x\right) + k = \frac{1}{\sqrt{15}}\,arc\,sen\left(\sqrt{\frac{15}{7}}x\right) + k$$

h) $\int xe^{3x^2+1}dx$

h) $\int xe^{3x^2+1}dx = \frac{1}{6}\int e^{3x^2+1}\cdot 6x\,dx = \frac{1}{6}e^{3x^2+1} + k$

Piensa y practica

4 a) $\int sen^2 x\,dx$ b) $\int \frac{dx}{1+9x^2}$ c) $\int \frac{dx}{1+8x^2}$ d) $\int \frac{dx}{25+9x^2}$ e) $\int \frac{dx}{3+2x^2}$

f) $\int \frac{dx}{\sqrt{1-9x^2}}$ g) $\int \frac{dx}{\sqrt{1-8x^2}}$ h) $\int \frac{dx}{\sqrt{25-9x^2}}$ i) $\int \frac{dx}{\sqrt{3-2x^2}}$ j) $\int e^{5x-2}dx$

anayaeducacion.es Calcula primitivas de funciones de tipo arco tangente.

2
EXPRESIÓN COMPUESTA DE INTEGRALES INMEDIATAS

La integración como proceso inverso de la diferenciación

Hasta ahora, el cálculo de primitivas ha consistido en reconocer, a simple vista, bajo el signo integral, una función cuya derivada sea conocida, directamente o con unos «pequeños arreglos». Ahora vamos a ampliar nuestro campo de actuación mediante la regla de la cadena.

Para ello, empecemos dándole sentido a la notación diferencial que estamos utilizando:

— Recuerda que $dF(x) = F'(x)\, dx$ (unidad 8, página 262). Observa que si $F(x)$ es una primitiva de $f(x)$, entonces $F'(x) = f(x)$ y, por tanto, $dF(x) = f(x)\, dx$:

$$\int f(x)\, dx = \int dF(x) = F(x) + k$$

— La integración es, pues, el proceso inverso de la diferenciación.

La regla de la cadena y el cálculo de primitivas

Recuerda la regla de la cadena para el cálculo de derivadas:

Si $\phi(x) = g[f(x)]$ entonces $\phi'(x) = g'[f(x)] \cdot f'(x)$

Esta expresión se puede poner en notación diferencial del siguiente modo:

$$d\,\phi(x) = dg[f(x)] = g'[f(x)] \cdot f'(x)\, dx$$

Y, por tanto, se verifica que:

$$\int g'[f(x)] \cdot f'(x)\, dx = g[f(x)] + k$$

Esta fórmula nos permite interpretar la lista de integrales inmediatas haciendo actuar las funciones elementales sobre funciones cualesquiera:

EXPRESIÓN COMPUESTA DE LAS INTEGRALES INMEDIATAS	
$\int f(x)^n \cdot f'(x)\, dx = \frac{f(x)^{n+1}}{n+1} + k$, si $n \neq -1$	$\int \frac{f'(x)}{\sqrt{1-f(x)^2}}\, dx = arc\ sen\ f(x) + k$
$\int \frac{f'(x)}{f(x)}\, dx = ln\lvert f(x)\rvert + k$	$\int \frac{-f'(x)}{\sqrt{1-f(x)^2}}\, dx = arc\ cos\ f(x) + k$
$\int sen\, f(x) \cdot f'(x)\, dx = -cos\, f(x) + k$	$\int e^{f(x)} \cdot f'(x)\, dx = e^{f(x)} + k$
$\int cos\, f(x) \cdot f'(x)\, dx = sen\, f(x) + k$	$\int a^{f(x)} \cdot f'(x)\, dx = \frac{1}{ln\ a} a^{f(x)} + k$
$\int [1 + tg^2 f(x)]\, f'(x)\, dx = \int \frac{f'(x)}{cos^2 f(x)}\, dx = tg\ f(x) + k$	$\int ln\, f(x) \cdot f'(x)\, dx = f(x)\, ln\, f(x) - f(x) + k$
$\int \frac{f'(x)}{1+f(x)^2}\, dx = arc\ tg\ f(x) + k$	$\int tg\ f(x) \cdot f'(x)\, dx = -ln\lvert cos\ f(x)\rvert + k$

Por ejemplo, para calcular la integral $I = \int cos\,(x^2 - 5x + 3)\,(2x - 5)\, dx$, observamos que la función *coseno* actúa sobre $f(x) = x^2 - 5x + 3$, cuya diferencial aparece a continuación.

Por tanto:

$$I = sen\, f(x) + k = sen\,(x^2 - 5x + 3) + k$$

Ejercicio resuelto

1 a) $\int sen^4 x \cos x\, dx$

b) $\int e^{\sqrt{x}} \cdot \frac{1}{2\sqrt{x}}\, dx$

c) $\int e^{x^2-5x}(2x-5)\, dx$

d) $\int tg\, x\, dx$

e) $\int \frac{2x}{1+x^4}\, dx$

f) $\int \frac{e^x\, dx}{\sqrt{1-e^{2x}}}$

g) $\int \left(\cos \frac{1}{x}\right)\left(-\frac{1}{x^2}\right) dx$

h) $\int \frac{10x\, dx}{\sqrt[4]{(5x^2-7)^3}}$

i) $\int \ln \sqrt{3x+1}\, \frac{3dx}{2\sqrt{3x+1}}$

j) $\int \frac{\cos \sqrt{3x-1}}{\sqrt{3x-1}}\, dx$

a) $\int sen^4 x \cos x\, dx = \int (sen\, x)^4 \cos x\, dx = \frac{(sen\, x)^5}{5} + k$

b) $\int e^{\sqrt{x}} \cdot \frac{1}{2\sqrt{x}}\, dx = I$. Observamos que $\left(\sqrt{x}\right)' = \frac{1}{2\sqrt{x}}$.

Por tanto, $I = e^{\sqrt{x}} + k$.

c) $\int e^{x^2-5x}(2x-5)\, dx = e^{x^2-5x} + k$, pues $(x^2-5x)' = 2x-5$

d) $\int tg\, x\, dx = \int \frac{sen\, x\, dx}{\cos x} = -\int \frac{-sen\, x\, dx}{\cos x} = -\ln|\cos x| + k$

e) $\int \frac{2x}{1+x^4}\, dx = \int \frac{2x\, dx}{1+(x^2)^2} = arc\, tg\, x^2 + k$, pues $(x^2)' = 2x$

f) $\int \frac{e^x\, dx}{\sqrt{1-e^{2x}}} = \int \frac{e^x\, dx}{\sqrt{1-(e^x)^2}} = arc\, sen\, e^x + k$, pues $(e^x)' = e^x$

g) $\int \left(\cos \frac{1}{x}\right)\left(-\frac{1}{x^2}\right) dx = sen \frac{1}{x} + k$, pues $\left(\frac{1}{x}\right)' = -\frac{1}{x^2}$

h) $\int \frac{10x\, dx}{\sqrt[4]{(5x^2-7)^3}} = \int (5x^2-7)^{-3/4} \cdot 10x\, dx = \frac{(5x^2-7)^{1/4}}{\frac{1}{4}} + k = 4\sqrt[4]{5x^2-7} + k$

i) $\int \ln \sqrt{3x+1}\, \frac{3dx}{2\sqrt{3x+1}} = I$; $(\sqrt{3x+1})' = \frac{1}{2\sqrt{3x+1}} \cdot 3$

Por tanto, $I = \sqrt{3x+1}\, \ln \sqrt{3x+1} - \sqrt{3x+1} + k$

j) $\left(\sqrt{3x-1}\right)' = \frac{3}{2\sqrt{3x-1}}$. Por tanto:

$$\int \frac{\cos \sqrt{3x-1}}{\sqrt{3x-1}}\, dx = \frac{2}{3} \int \cos \sqrt{3x-1} \cdot \frac{3}{2\sqrt{3x-1}}\, dx = \frac{2}{3}\, sen \sqrt{3x-1} + k$$

Piensa y practica

1 a) $\int \cos^5 x\, (-sen\, x)\, dx$ b) $\int \sqrt[3]{\cos^2 x}\, (-sen\, x)\, dx$ c) $\int e^{\cos x}\, sen\, x\, dx$

d) $\int e^{x^3+x^2}(3x^2+2x)\, dx$ e) $\int tg\, x^2 \cdot 2x\, dx$ f) $\int \frac{3x^2}{1+x^6}\, dx$

g) $\int \frac{-e^{-x}}{\sqrt{1-e^{-2x}}}\, dx$ h) $\int \ln(x^2+1)\, 2x\, dx$ i) $\int \sqrt[3]{(x^4+5x)^2}\, (4x^3+5)\, dx$

anayaeducacion.es Calcula primitivas aplicando la regla de la cadena.

Método de sustitución

Pretendemos calcular una integral $\int h(x)\,dx$ en la que somos capaces de reconocer la igualdad siguiente:

$$h(x) = f[g(x)] \cdot g'(x)$$

y supongamos que $\int f(t)\,dt = F(t)$ nos resulta fácil de obtener.

Entonces, en la integral:

$$I = \int h(x)\,dx = \int f[g(x)] \cdot g'(x)\,dx$$

debemos hacer el **cambio de variable** siguiente:

$$u = g(x) \qquad du = g'(x)\,dx$$

Queda, pues, $I = \int f(u)\,du = F(u) = F[g(x)]$.

En la página anterior hemos resuelto muchas integrales que responden a este esquema y en las que hemos sido capaces de ver el cambio de variable sin necesidad de explicitarlo. Sin embargo, lo habitual es que no se pueda efectuar mentalmente la sustitución y haya que explicitarla. Veamos algunos casos.

Ejercicio resuelto

1 a) $\int e^{\sqrt{x^2-2x}} \dfrac{x-1}{\sqrt{x^2-2x}}\,dx$

b) $\int \dfrac{1}{1+e^{2\sqrt{x}}} \dfrac{e^{\sqrt{x}}}{\sqrt{x}}\,dx$

c) $\int \dfrac{sen\,x\,cos\,x\,dx}{\sqrt{1-sen^4\,x}}$

d) $\int x\,ln\,(x^2-5)\,dx$

a) Efectuamos el cambio $u = \sqrt{x^2-2x}$, $du = \dfrac{1}{2\sqrt{x^2-2x}}(2x-2)\,dx = \dfrac{x-1}{\sqrt{x^2-2x}}\,dx$

$$I = \int e^u\,du = e^u + k = e^{\sqrt{x^2-2x}} + k$$

b) Advertimos que $e^{2\sqrt{x}} = (e^{\sqrt{x}})^2$, por tanto: $u = e^{\sqrt{x}}$, $du = \dfrac{e^{\sqrt{x}}}{2\sqrt{x}}\,dx$

$$I = \int \frac{1}{1+(e^{\sqrt{x}})^2}\frac{e^{\sqrt{x}}}{\sqrt{x}}\,dx = \int \frac{1}{1+u^2}\cdot 2du = 2\,arc\,tg\,u + k = 2\,arc\,tg\,e^{\sqrt{x}} + k$$

c) $sen^4\,x = (sen^2\,x)^2$, por tanto: $u = sen^2\,x$, $du = 2sen\,x\,cos\,x\,dx$

$$I = \int \frac{\frac{1}{2}du}{\sqrt{1-u^2}} = \frac{1}{2}\,arc\,sen\,u + k = \frac{1}{2}\,arc\,sen\,(sen^2\,x) + k$$

d) $u = x^2-5$, $du = 2x\,dx$

$$I = \frac{1}{2}\int ln\,u\,du = \frac{1}{2}[u\,ln\,u - u] + k = \frac{(x^2-5)\,ln\,(x^2-5)}{2} - \frac{x^2-5}{2} + k$$

Piensa y practica

2 a) $\int \sqrt{x^3-3x^2+5}\cdot(x^2-2x)\,dx$ b) $\int \dfrac{1}{\sqrt{1-e^{2\sqrt{x}}}}\dfrac{e^{\sqrt{x}}}{\sqrt{x}}\,dx$ c) $\int \dfrac{cos^3\,x\,dx}{sen^4\,x}$

d) $\int (x^2+1)\,ln\,(x^3+3x)\,dx$ e) $\int \dfrac{sen\,x\,cos\,x}{1+sen^4\,x}\,dx$ f) $\int e^{x+\sqrt{x}}\left(\dfrac{6x+3\sqrt{x}}{x}\right)dx$

Otros cambios de variable

Si en la integral $I = \int f(x)\, dx$ efectuamos el cambio $x = \varphi(t)$, $dx = \varphi'(t)\, dt$ queda de la siguiente forma:

$$I = \int f[\varphi(t)]\, \varphi'(t)\, dt$$

Pues bien, si $f(x)$ no se sabe integrar y $f[\varphi(t)]\, \varphi'(t)$ es una función cuya integración sí sabemos abordar, entonces el cambio de variable habrá resultado muy favorable. Veamos unos ejemplos.

Ejercicio resuelto

1 a) $\int x\sqrt{x+5}\, dx$

b) $\int \dfrac{dx}{\sqrt{x} + \sqrt[3]{x}}$

c) $\int \sqrt{1-x^2}\, dx$

a) Para eliminar la raíz cuadrada se nos ocurre el siguiente cambio:

$x + 5 = t^2 \rightarrow dx = 2t\, dt \quad (x = t^2 - 5)$

$$I = \int (t^2-5)\cdot\sqrt{t^2}\cdot 2t\, dt = \int (t^2-5)\, t\cdot 2t\, dt = \int (2t^4 - 10t^2)\, dt = \frac{2t^5}{5} - \frac{10t^3}{3} + k$$

Ahora deshacemos el cambio: $t = \sqrt{x+5}$

$$I = \frac{2\sqrt{(x+5)^5}}{5} - \frac{10\sqrt{(x+5)^3}}{3} + k$$

b) Para eliminar las dos raíces hacemos $x = t^6$ y, por tanto, $dx = 6t^5\, dt$:

$$I = \int \frac{6t^5\, dt}{t^{6/2} + t^{6/3}} = \int \frac{6t^5\, dt}{t^3 + t^2} = 6\int \frac{t^3}{t+1}\, dt = 6\int \left(t^2 - t + 1 - \frac{1}{t+1}\right) dt =$$

$$= 6\left(\frac{t^3}{3} - \frac{t^2}{2} + t - \ln|t+1|\right) + k = 2t^3 - 3t^2 + 6t - 6\ln|t+1| + k$$

Para volver a la variable x, hacemos $t = \sqrt[6]{x}$:

$$I = 2\sqrt{x} - 3\sqrt[3]{x} + 6\sqrt[6]{x} - 6\ln|\sqrt[6]{x} + 1| + k$$

c) La relación trigonométrica $sen^2\, \alpha + cos^2\, \alpha = 1 \rightarrow 1 - sen^2\, \alpha = cos^2\, \alpha$ nos sirve de inspiración para poder quitar la raíz:

$x = sen\, \alpha \rightarrow dx = cos\, \alpha\, d\alpha$

$$I = \int \sqrt{1 - sen^2\, \alpha}\, cos\, \alpha\, d\alpha = \int \sqrt{cos^2\, \alpha}\, cos\, \alpha\, d\alpha = \int cos^2\, \alpha\, d\alpha$$

El resultado de esta integral lo conocemos (*Ejercicio resuelto* de la página 333).

$$I = \frac{\alpha}{2} + \frac{sen\, 2\alpha}{4} + k \xrightarrow{\alpha = arc\, sen\, x} I = \frac{arc\, sen\, x}{2} + \frac{sen\,(2\, arc\, sen\, x)}{4} + k$$

Piensa y practica

3 $\int \sqrt{x-4}\,(x+5)\, dx$

4 $\int \dfrac{\sqrt[3]{x-1} + x - 1}{\sqrt{(x-1)^3}}\, dx$

5 $\int \sqrt{4-x^2}\, dx$

anayaeducacion.es Ejercicios para el cálculo de primitivas aplicando cambios de variable.

3
INTEGRACIÓN «POR PARTES»

La fórmula para la derivada de un producto es:

$$[u(x) \cdot v(x)]' = u'(x) \cdot v(x) + u(x) \cdot v'(x)$$

que, expresada en notación diferencial, queda así:

$$d[u(x) \cdot v(x)] = du(x) \cdot v(x) + u(x) \cdot dv(x)$$

Despejando el último sumando, queda:

$$u(x)\, dv(x) = d[u(x) \cdot v(x)] - v(x)\, du(x)$$

Si integramos en los dos miembros, se obtiene:

$$\int u(x)\, dv(x) = u(x) \cdot v(x) - \int v(x)\, du(x)$$

De forma abreviada: $\int u\, dv = u \cdot v - \int v\, du$

Esta fórmula permite calcular la integral $\int u\, dv$ a partir de la integral $\int v\, du$. Para poder utilizarla, hemos de reconocer que la integral que se nos plantea es de la forma $\int u\, dv$, y apreciar que la integral $\int v\, du$ resulta más asequible que la anterior.

Ten en cuenta

El resultado de integrar una función puede ser una función más complicada (por ejemplo, si es polinómica). Al derivar ocurre lo contrario. Cuando integres por partes, conviene que intentes encontrar funciones más fáciles de integrar.

Ejercicios resueltos

1 *Calcular:*

a) $I = \int x e^x\, dx$

b) $I = \int x^3 \ln x\, dx$

c) $I = \int \ln x\, dx$

a) Al derivar x, **se simplifica**, y al integrar e^x, **no se complica**. Por tanto:

$$\left.\begin{array}{l} u = x \;\rightarrow\; du = dx \\ dv = e^x\, dx \;\rightarrow\; v = \int e^x\, dx = e^x \end{array}\right\} \; I = xe^x - \int e^x\, dx = xe^x - e^x + k$$

b) Puesto que la derivada de $\ln x$ es $\frac{1}{x}$, se nos ocurre asignar las funciones del siguiente modo:

$$\left.\begin{array}{l} u = \ln x \;\rightarrow\; du = \frac{dx}{x} \\ dv = x^3\, dx \;\rightarrow\; v = \int x^3\, dx = \frac{x^4}{4} \end{array}\right\}$$

$$I = (\ln x) \cdot \frac{x^4}{4} - \int \frac{x^4}{4} \cdot \frac{dx}{x} = \frac{x^4}{4} \ln x - \frac{1}{4} \int x^3\, dx = \frac{x^4}{4} \ln x - \frac{x^4}{16} + k$$

c) En muchos casos, como este, conviene tomar $dv = dx$:

$$\left.\begin{array}{l} u = \ln x \;\rightarrow\; du = \frac{dx}{x} \\ dv = dx \;\rightarrow\; v = x \end{array}\right\} \; I = x \ln x - \int x \frac{dx}{x} = x \ln x - x + k$$

Piensa y practica

1 Calcula:

$$\int x \,\text{sen}\, x\, dx$$

2 Calcula:

$$\int x \,\text{arc tg}\, x\, dx$$

Ejercicios resueltos

2 *Resolver:*

$\int x^3 e^x \, dx$

$$I = \int x^3 e^x \, dx \quad \left.\begin{array}{l} u = x^3 \to du = 3x^2 \, dx \\ dv = e^x \, dx \to v = e^x \end{array}\right\}$$

$$I = x^3 e^x - \int e^x \, 3x^2 \, dx = x^3 e^x - 3\int x^2 e^x \, dx$$

$$I_1 = \int x^2 e^x \, dx \quad \left.\begin{array}{l} u_1 = x^2 \to du_1 = 2x \, dx \\ dv_1 = e^x \, dx \to v_1 = e^x \end{array}\right\}$$

$$I_1 = x^2 e^x - \int e^x \, 2x \, dx = x^2 e^x - 2\int x e^x \, dx$$

$I_2 = \int x \, e^x \, dx = xe^x - e^x$ (visto en el *Ejercicio resuelto 1a*)

$$I = x^3 e^x - 3I_1 = x^3 e^x - 3[x^2 e^x - 2I_2] = x^3 e^x - 3[x^2 e^x - 2(xe^x - e^x)] + k =$$
$$= x^3 e^x - 3x^2 e^x + 6(xe^x - e^x) + k = x^3 e^x - 3x^2 e^x + 6xe^x - 6e^x + k$$

3 *Calcular:*

$\int cos^2 \, x \, dx$

Esta integral la hemos resuelto en la página 333 aplicando fórmulas trigonométricas y hemos obtenido el siguiente resultado:

$$I = \frac{x}{2} + \frac{sen \, 2x}{4} + k$$

Pero también se puede resolver integrando por partes:

$$I = \int cos^2 \, x \, dx \quad \left.\begin{array}{l} u = cos \, x \to du = -sen \, x \, dx \\ dv = cos \, x \, dx \to v = sen \, x \end{array}\right\}$$

$$I = cos \, x \, sen \, x - \int sen \, x \, (-sen \, x \, dx) = cos \, x \, sen \, x + \int sen^2 \, x \, dx =$$
$$= cos \, x \, sen \, x + \int (1 - cos^2 \, x) \, dx = cos \, x \, sen \, x + \int dx - \int cos^2 \, x \, dx$$

Es decir: $I = cos \, x \, sen \, x + x - I \to I = \dfrac{cos \, x \, sen \, x + x}{2} + k$

¿Coincide con el resultado anterior? Comprueba que sí, teniendo en cuenta la identidad $sen \, 2x = 2sen \, x \, cos \, x$.

4 *Calcular:*

$\int \frac{ln \, x}{x^3} \, dx$

$$\left.\begin{array}{l} u = ln \, x \to du = \dfrac{dx}{x} \\ dv = x^{-3} \to v = \dfrac{1}{-2} x^{-2} = \dfrac{-1}{2x^2} \end{array}\right\}$$

$$I = (ln \, x)\left(-\frac{1}{2x^2}\right) - \int \frac{-1}{2x^2} \frac{dx}{x} = -\frac{ln \, x}{2x^2} + \frac{1}{2}\int x^{-3} \, dx = -\frac{ln \, x}{2x^2} - \frac{1}{4x^2} + k$$

Piensa y practica

3 Calcula:

$\int x^4 e^x \, dx$

4 Calcula:

$\int sen^2 \, x \, dx$

anayaeducacion.es Calcula primitivas aplicando la integración por partes.

4
INTEGRACIÓN DE FUNCIONES RACIONALES

Las funciones racionales se expresan como cociente de dos polinomios, $\dfrac{P(x)}{Q(x)}$.

En este apartado vamos a ver lo más importante de la casuística a que da lugar su integración:

- El denominador, $Q(x)$, solo tiene raíces reales.
  - — $Q(x)$ es de primer grado.
  - — $Q(x)$ solo tiene raíces reales sencillas.
  - — $Q(x)$ tiene raíces reales múltiples.
- El denominador, $Q(x)$, tiene raíces imaginarias.

  Este caso es menos frecuente y más complicado. Por eso lo veremos, muy simplificado, en el próximo apartado.

En todos los casos que estudiemos, consideraremos que **el numerador es de grado inferior al denominador**, pues, si no lo fuera, al efectuar el cociente entero, daría lugar a la suma de un polinomio con una fracción cuyo numerador es de grado inferior al denominador.

$$\begin{array}{l|l} P(x) & Q(x) \\ \hline R(x) & C(x) \end{array} \Rightarrow \frac{P(x)}{Q(x)} = C(x) + \frac{R(x)}{Q(x)}$$

El denominador es de primer grado

Puesto que $\displaystyle\int \frac{A}{x-a}\,dx = A\,ln\,|x-a| + k$, mediante sencillos arreglos sabremos calcular cualquier integral del tipo $\displaystyle\int \frac{P(x)}{mx+n}\,dx$.

Ejercicio resuelto

1 *Calcular:*

a) $I = \displaystyle\int \frac{dx}{x+3}$

b) $I = \displaystyle\int \frac{3\,dx}{2x-5}$

c) $I = \displaystyle\int \frac{3x+4}{x+3}\,dx$

d) $I = \displaystyle\int \frac{3x^2-7x+4}{2x-3}\,dx$

a) $I = ln\,|x+3| + k$

b) $I = \dfrac{3}{2}\,ln\,|2x-5| + k$

c) $I = \displaystyle\int \left(3 - \frac{5}{x+3}\right) dx = 3x - 5\,ln\,|x+3| + k$

d) $I = \displaystyle\int \left(\frac{3}{2}x - \frac{5}{4} + \frac{1/4}{2x-3}\right) dx = \frac{3}{4}x^2 - \frac{5}{4}x + \frac{1}{8}\,ln\,|2x-3| + k$

Piensa y practica

1 Calcula:

$$\int \frac{3x^2-5x+1}{x-4}\,dx$$

2 Calcula:

$$\int \frac{3x^2-5x+1}{2x+1}\,dx$$

El denominador solo tiene raíces reales sencillas

El modelo anterior nos sugiere intentar la descomposición en fracciones de este tipo de cualquier función racional. Veamos cómo y cuándo puede hacerse:

$$\int \frac{x-2}{x^2+x}\, dx$$

Intentaremos poner la fracción algebraica como suma de dos fracciones simples.

El denominador, $x^2 + x$, se puede poner como producto de dos factores $x \cdot (x + 1)$. Por tanto, intentaremos la siguiente descomposición:

$$\frac{x-2}{x^2+x} = \frac{A}{x} + \frac{B}{x+1}$$

Operando en el segundo miembro:

$$\frac{x-2}{x^2+x} = \frac{A(x+1)+Bx}{x(x+1)}$$

Puesto que los denominadores son iguales, A y B deben ser tales que los numeradores sean iguales:

$$x - 2 = A(x + 1) + Bx \rightarrow x - 2 = (A + B)\, x + A$$

$$\begin{cases} A + B = 1 & \text{(coeficiente de } x\text{)} \\ A \quad\; = -2 & \text{(término independiente)} \end{cases}$$

Se obtiene $A = -2$, $B = 3$ y, por tanto:

$$\int \frac{x-2}{x^2+x}\, dx = \int \left(\frac{-2}{x} + \frac{3}{x+1} \right) dx = -2\, ln|x| + 3\, ln|x+1| + k$$

La idea anterior, junto con la que se expone en el margen para la obtención de los coeficientes, permite descomponer cualquier función racional **cuyo denominador solo tenga raíces reales sencillas**:

$$\int \frac{P(x)\, dx}{(x-a_1)(x-a_2)\ldots(x-a_k)} = \int \left(\frac{A_1}{x-a_1} + \frac{A_2}{x-a_2} + \ldots + \frac{A_k}{x-a_k} \right) dx$$

Recuerda que el grado de $P(x)$ ha de ser menor que k. Si no fuera así, antes que nada dividiríamos.

Obtención de A y B

Observa este otro método mediante el que pueden obtenerse los valores de A y B en la igualdad siguiente:

$$x - 2 = A(x + 1) + Bx$$

Damos a x el valor -1:

$$x = -1 \rightarrow -3 = -B \rightarrow B = 3$$

Damos a x el valor 0:

$$x = 0 \rightarrow -2 = A \rightarrow A = -2$$

Ejercicio resuelto

1 *Calcular:*

$$I = \int \frac{x^3 + 4x^2 - 10x + 7}{x^3 - 7x - 6}\, dx$$

Puesto que el numerador no es de grado inferior al denominador, efectuamos la división y ponemos:

$$\frac{\text{dividendo}}{\text{divisor}} = \text{cociente} + \frac{\text{resto}}{\text{divisor}}$$

$$\frac{x^3 + 4x^2 - 10x + 7}{x^3 - 7x - 6} = 1 + \frac{4x^2 - 3x + 13}{x^3 - 7x - 6}$$

Descomponemos el denominador en factores, calculando sus raíces:

$$x^3 - 7x - 6 = (x + 1) \cdot (x + 2) \cdot (x - 3)$$

Ejercicio resuelto

Descomponemos la fracción:

$$\frac{4x^2-3x+13}{x^3-7x-6}=\frac{A}{x+1}+\frac{B}{x+2}+\frac{C}{x-3}=$$

$$=\frac{A(x+2)(x-3)+B(x+1)(x-3)+C(x+1)(x+2)}{(x+1)(x+2)(x-3)}$$

Puesto que los denominadores de la primera y la última fracción son iguales, han de serlo los numeradores.

Calculemos los parámetros A, B y C para que así sea. Lo hacemos dándole a x los valores -1, -2 y 3:

$$4x^2-3x+13=A(x+2)(x-3)+B(x+1)(x-3)+C(x+1)(x+2)$$

$$x=-1\ \rightarrow\ A=-5 \qquad x=-2\ \rightarrow\ B=7 \qquad x=3\ \rightarrow\ C=2$$

Queda, pues:

$$\int\left(1+\frac{-5}{x+1}+\frac{7}{x+2}+\frac{2}{x-3}\right)dx=x-5\ ln|x+1|+7\ ln|x+2|+2\ ln|x-3|+k$$

■ El denominador tiene raíces reales múltiples

Veamos un primer caso muy sencillo:

$$\frac{3x^2-5x+1}{x^3}=\frac{3x^2}{x^3}-\frac{5x}{x^3}+\frac{1}{x^3}=\frac{3}{x}-\frac{5}{x^2}+\frac{1}{x^3}$$

Ha sido muy fácil descomponer la fracción en varias, todas ellas integrables de forma inmediata, pues la división se puede realizar «a ojo».

Ten en cuenta

La raíz múltiple del denominador es 0, por tanto, la descomposición es inmediata.

Otro caso menos sencillo: $\frac{3x^2-5x+1}{(x-2)^3}$

Observamos que si el numerador estuviera escrito utilizando potencias de $(x-2)$, la fracción se descompondría con la misma facilidad que la anterior.

Pues bien, hagamos como si así fuera:

$$\frac{3x^2-5x+1}{(x-2)^3}=\frac{A}{x-2}+\frac{B}{(x-2)^2}+\frac{C}{(x-2)^3}=\frac{A(x-2)^2+B(x-2)+C}{(x-2)^3}$$

Identificando numeradores, se obtiene: $A=3,\ B=7,\ C=3,$ con lo cual queda:

$$\frac{3x^2-5x+1}{(x-2)^3}=\frac{3}{x-2}+\frac{7}{(x-2)^2}+\frac{3}{(x-2)^3}$$

En general, si el denominador de una fracción algebraica tiene una raíz múltiple a de orden k, al descomponerlo se pueden obtener tantas fracciones como el orden de multiplicidad de la raíz:

$$\frac{A_1}{x-a}+\frac{A_2}{(x-a)^2}+\ldots+\frac{A_k}{(x-a)^k}$$

Por tanto

Según los cálculos que hemos hecho:

$$\int\frac{3x^2-5x+1}{(x-2)^3}dx=$$

$$=\int\left(\frac{3}{x-2}+\frac{7}{(x-2)^2}+\frac{3}{(x-2)^3}\right)dx=$$

$$=3\ ln|x-2|-\frac{7}{x-2}-\frac{3}{2(x-2)^2}+k$$

Ejercicios resueltos

1 *Calcular:*

$$I = \int \frac{2x+5}{(x+3)^3}\,dx$$

$$\frac{2x+5}{(x+3)^3} = \frac{A}{x+3} + \frac{B}{(x+3)^2} + \frac{C}{(x+3)^3} = \frac{A(x+3)^2 + B(x+3) + C}{(x+3)^3}$$

Identificando los numeradores se tiene:

$$A = 0, \; B = 2, \; C = -1$$

Por tanto:

$$I = \int \left(\frac{2}{(x+3)^2} + \frac{-1}{(x+3)^3} \right) dx = \frac{-2}{x+3} + \frac{1}{2(x+3)^2} + k$$

2 *Calcular:*

$$\int \frac{6x^5 - 7x^4 - 5x^3 + x^2 - 5x + 2}{x^6 - 2x^5 + 2x^3 - x^2}\,dx$$

Primero, encontramos las raíces del denominador. Son 0, 0, 1, 1, 1 y –1.

Efectuamos, pues, la siguiente descomposición:

$$\frac{6x^5 - 7x^4 - 5x^3 + x^2 - 5x + 2}{x^2(x-1)^3(x+1)} =$$

$$= \frac{A}{x} + \frac{B}{x^2} + \frac{C}{x-1} + \frac{D}{(x-1)^2} + \frac{E}{(x-1)^3} + \frac{F}{x+1}$$

Operando en el segundo miembro, identificando numeradores y tras un laborioso proceso, se obtiene:

$$A = 1, \; B = -2, \; C = 5, \; D = 2, \; E = -4 \; \text{ y } \; F = 0$$

La integral queda, pues:

$$\int \left(\frac{1}{x} - \frac{2}{x^2} + \frac{5}{x-1} + \frac{2}{(x-1)^2} - \frac{4}{(x-1)^3} \right) dx =$$

$$= ln|x| + \frac{2}{x} + 5\,ln|x-1| - \frac{2}{x+1} + \frac{2}{(x-1)^2} + k$$

Falta por responder una pregunta: ¿cómo es posible que haya desaparecido la fracción correspondiente a la raíz $x = -1$?

Pues, sencillamente, porque esa raíz también estaba en el numerador.

Si nos hubiéramos dado cuenta, antes que nada habríamos simplificado numerador y denominador dividiendo por $x + 1$. No haber hecho la simplificación a tiempo nos ha dado más trabajo, pero no ha traído nuevos inconvenientes.

Piensa y practica

3 Calcula:

a) $\displaystyle\int \frac{5x-3}{x^3-x}\,dx$

b) $\displaystyle\int \frac{x^2-2x+6}{(x-1)^3}\,dx$

4 Calcula:

a) $\displaystyle\int \frac{x^3+22x^2-12x+8}{x^4-4x^2}\,dx$

b) $\displaystyle\int \frac{x^3-4x^2+4x}{x^4-2x^3-4x^2+8x}\,dx$

anayaeducacion.es Practica el cálculo de primitivas de funciones racionales.

■ El denominador tiene raíces imaginarias

Primer caso

$\int \frac{dx}{ax^2+c}$, donde a y c son positivos.

Ya lo hemos resuelto en el primer apartado de esta unidad. Recordémoslo:

$$\int \frac{dx}{ax^2+c} = \frac{1}{c}\int \frac{dx}{\frac{a}{c}x^2+1} = \frac{1}{c}\int \frac{dx}{\left(\sqrt{\frac{a}{c}}\,x\right)^2+1} =$$

$$= \frac{1}{c}\,\frac{1}{\sqrt{\frac{a}{c}}}\,arc\,tg\left(\sqrt{\frac{a}{c}}\,x\right)+k = \frac{1}{\sqrt{ac}}\,arc\,tg\left(\sqrt{\frac{a}{c}}\,x\right)+k$$

Ten en cuenta

Si a y c tienen el mismo signo, el polinomio ax^2+c no tiene raíces reales.

Segundo caso

$\int \frac{dx}{ax^2+bx+c}$, ax^2+bx+c no tiene raíces reales.

El objetivo será poner el denominador así: $(mx+n)^2+1$. Veamos algunos ejemplos:

- $\int \frac{dx}{x^2+2x+2} = \int \frac{dx}{(x+1)^2+1} = arc\,tg\,(x+1)+k$

- $\int \frac{dx}{x^2+2x+7} = \int \frac{dx}{(x+1)^2+6} = \frac{1}{6}\int \frac{dx}{\frac{(x+1)^2}{6}+1} = \frac{1}{6}\int \frac{dx}{\left(\frac{x+1}{\sqrt{6}}\right)^2+1} =$

$$= \frac{1}{6}\cdot\frac{1}{\frac{1}{\sqrt{6}}}\,arc\,tg\left(\frac{x+1}{\sqrt{6}}\right)+k = \frac{\sqrt{6}}{6}\,arc\,tg\left(\frac{x+1}{\sqrt{6}}\right)+k$$

- $\int \frac{dx}{x^2-5x+11} = \int \frac{dx}{\left(x-\frac{5}{2}\right)^2+\left(11-\frac{25}{4}\right)} = \int \frac{dx}{\left(x-\frac{5}{2}\right)^2+\frac{19}{4}} =$

$$= \frac{1}{\frac{19}{4}}\int \frac{dx}{\left(\frac{x-\frac{5}{2}}{\sqrt{\frac{19}{4}}}\right)^2+1} = \frac{4}{19}\sqrt{\frac{19}{4}}\,arc\,tg\left(\frac{2x-5}{\sqrt{19}}\right)+k$$

- $\int \frac{dx}{3x^2-15x+33} = \frac{1}{3}\int \frac{dx}{x^2-5x+11}$ y sigue como el anterior.

Piensa y practica

5 a) $\int \frac{dx}{3x^2+3}$ b) $\int \frac{dx}{9x^2+3}$

c) $\int \frac{dx}{6x^2+3}$ d) $\int \frac{dx}{7x^2+11}$

6 a) $\int \frac{dx}{x^2-4x+5}$ b) $\int \frac{dx}{x^2-4x+10}$

c) $\int \frac{dx}{x^2+3x+8}$ d) $\int \frac{dx}{2x^2-12x+26}$

Tercer caso

$\int \frac{Mx+N}{ax^2+bx+c}\,dx$, ax^2+bx+c sin raíces reales.

El primer objetivo será utilizar el término Mx para construir una expresión semejante a la derivada del denominador. Veamos ejemplos:

- $\int \frac{2x+7}{x^2-5x+11}\,dx = \int \frac{(2x-5)+(5+7)}{x^2-5x+11}\,dx = \int \frac{2x-5}{x^2-5x+11}\,dx + \int \frac{12}{x^2-5x+11}\,dx$

$I_1 = \int \frac{2x-5}{x^2-5x+11}\,dx = ln\,|x^2-5x+11| + k$

$I_2 = 12\frac{2\sqrt{19}}{19}\,arc\,tg\left(\frac{2x-5}{\sqrt{19}}\right) + k$ ya lo vimos en la página anterior.

- $\int \frac{11x-19}{x^2-5x+11}\,dx = \int \frac{\frac{11}{2}(2x-5)+\left(\frac{11}{2}\cdot 5-19\right)}{x^2-5x+11}\,dx =$

$= \frac{11}{2}\int \frac{2x-5}{x^2-5x+11}\,dx + \frac{17}{2}\int \frac{dx}{x^2-5x+11} = \frac{11}{2}I_1 + \frac{17}{2}I_2$

$\frac{11}{2}I_1 = \frac{11}{2}\int \frac{2x-5}{x^2-5x+11}\,dx = \frac{11}{2}\,ln\,|x^2-5x+11| + k$

$\frac{17}{2}I_2 = \frac{17}{2}\,\frac{2\sqrt{19}}{19}\,arc\,tg\left(\frac{2x-5}{\sqrt{19}}\right) + k$

- $\int \frac{7x-8}{3x^2-4x+7}\,dx = \int \frac{\frac{7}{6}(6x-4)+\left(\frac{7}{6}\cdot 4-8\right)}{3x^2-4x+7}\,dx = \frac{7}{6}I_1 - \frac{10}{3}I_2$

$I_1 = \int \frac{6x-4}{3x^2-4x+7}\,dx = ln\,|3x^2-4x+7| + k$

$I_2 = \int \frac{dx}{3x^2-4x+7} = \frac{1}{3}\int \frac{dx}{x^2-\frac{4}{3}x+\frac{7}{3}} = \frac{1}{3}\cdot\int \frac{dx}{\left(x-\frac{2}{3}\right)^2+\left(-\frac{4}{9}+\frac{7}{3}\right)} =$

$= \frac{1}{3}\int \frac{dx}{\left(x-\frac{2}{3}\right)^2+\frac{17}{9}} = \frac{1}{3}\cdot\frac{1}{\frac{17}{9}}\int \frac{dx}{\frac{\left(x-\frac{2}{3}\right)^2}{\frac{17}{9}}+1} = \frac{3}{17}\int \frac{dx}{\left(\frac{3x-2}{\sqrt{17}}\right)^2+1} =$

$= \frac{3}{17}\,\frac{1}{\frac{3}{\sqrt{17}}}\,arc\,tg\left(\frac{3x-2}{\sqrt{17}}\right) + k = \frac{\sqrt{17}}{17}\,arc\,tg\left(\frac{3x-2}{\sqrt{17}}\right) + k$

$I = \frac{7}{6}\,ln\,|3x^2-4x+7| - \frac{10}{3}\,\frac{\sqrt{17}}{17}\,arc\,tg\left(\frac{3x-2}{\sqrt{17}}\right) + k$

Recuerda

Si el numerador es de grado mayor que 1, se empieza efectuando la división y poniendo

$$\int\left(\text{cociente} + \frac{\text{resto}}{ax^2+bx+c}\right)$$

El resto es de primer grado.

Piensa y practica

7 a) $\int \frac{x-2}{x^2-4x+10}\,dx$ b) $\int \frac{x-11}{x^2-4x+10}\,dx$ c) $\int \frac{7x-11}{x^2-4x+10}\,dx$ d) $\int \frac{5x+12}{x^2+3x+10}\,dx$

Ejercicio resuelto

1 $P(x) = x^4 - 3x^3 + 8x^2 + 30x - 112$

$Q(x) = x^3 - 7x^2 + 25x - 39$

Hallar:

$$\int \frac{P(x)}{Q(x)}\,dx$$

Puesto que *grado* $P(x) \geq$ *grado* $Q(x)$, efectuamos la división.

Obtenemos:

cociente = $x + 4$

resto = $11x^2 - 31x + 44$

La integral queda así:

$$I = \int \left(x + 4 + \frac{11x^2 - 31x + 44}{x^3 - 7x^2 + 25x - 39} \right) dx$$

Hemos de descomponer el cociente en suma de fracciones simples. Para ello, empezaremos buscando las raíces del denominador. Obtenemos:

$$x^3 - 7x^2 + 25x - 39 = (x - 3)(x^2 - 4x + 13)$$

El polinomio $x^2 - 4x + 13$ no tiene raíces reales. Procedemos así:

$$\frac{11x^2 - 31x + 44}{x^3 - 7x^2 + 25x - 39} = \frac{A}{x - 3} + \frac{Mx + N}{x^2 - 4x + 13} = \frac{A(x^2 - 4x + 13) + (x - 3)(Mx + N)}{(x - 3)(x^2 - 4x + 13)}$$

Igualamos los numeradores de la primera y la última fracción:

$$A(x^2 - 4x + 13) + (x - 3)(Mx + N) = 11x^2 - 31x + 44$$

Para hallar A, M y N damos a x valores adecuados para obtener ecuaciones sencillas:

$$\begin{cases} x = 3 \;\to\; 10A = 50 & \to\; \boxed{A = 5} \\ x = 0 \;\to\; 13A - 3N = 44 & \to\; 13 \cdot 5 - 3N = 44 \;\to\; \boxed{N = 7} \\ x = 1 \;\to\; 10A - 2(M + N) = 24 & \to\; 10 \cdot 5 - 2(M + 7) = 24 \;\to\; \boxed{M = 6} \end{cases}$$

$$I = \int \left(x + 4 + \frac{5}{x - 3} + \frac{6x + 7}{x^2 - 4x + 13} \right) dx$$

$$\frac{6x + 7}{x^2 - 4x + 13} = \frac{3(2x - 4) + 12 + 7}{x^2 - 4x + 13} = 3\,\frac{2x - 4}{x^2 - 4x + 13} + 19\,\frac{1}{x^2 - 4x + 13}$$

$$\frac{1}{x^2 - 4x + 13} = \frac{1}{(x - 2)^2 + 9} = \frac{1}{9}\,\frac{1}{\left(\frac{x - 2}{3}\right)^2 + 1}$$

Ya estamos en condiciones de integrar cada sumando:

$$I = \int \left(x + 4 + \frac{5}{x - 3} + 3\,\frac{2x - 4}{x^2 - 4x + 13} + 19 \cdot \frac{1}{9}\,\frac{1}{\left(\frac{x - 2}{3}\right)^2 + 1} \right) dx =$$

$$= \frac{x^2}{2} + 4x + 5\,ln|x - 3| + 3\,ln|x^2 - 4x + 13| + \frac{19}{9} \cdot \frac{1}{\frac{1}{3}}\,arc\,tg\left(\frac{x - 2}{3}\right) + k$$

Piensa y practica

8 Calcula $\int \frac{x^4 + 2x^3 + 3x^2 + 3x + 3}{x^3 + 2x^2 + 3x}\,dx$.

9 Halla $\int \frac{x^4 + 13x - 18}{x^3 - 3x^2 + 7x - 5}\,dx$.

EJERCICIOS Y PROBLEMAS RESUELTOS

1. Integrales inmediatas de funciones compuestas

a) $\int \frac{3x-5}{2}(x^2-1)\,dx$

a) Efectuamos el producto indicado:

$$I = \int \frac{3x^3-5x^2-3x+5}{2}\,dx = \frac{1}{2}\left(\frac{3x^4}{4}-\frac{5x^3}{3}-\frac{3x^2}{2}+5x\right)+k$$

b) $\int \left(\frac{3-5x}{2}\right)^3 dx$

b) $I = -\frac{2}{5}\int -\frac{5}{2}\left(\frac{3-5x}{2}\right)^3 dx = -\frac{2}{5}\cdot\frac{1}{4}\left(\frac{3-5x}{2}\right)^4 + k = -\frac{1}{10}\left(\frac{3-5x}{2}\right)^4 + k$

c) $\int \sqrt[3]{tg^2\,x}\;sec^2\,x\,dx$

c) $\int (tg\,x)^{2/3}\,sec^2\,x\,dx = \frac{(tg\,x)^{5/3}}{\frac{5}{3}} + k = \frac{3}{5}\sqrt[3]{(tg\,x)^5}+k$ $\left(\text{Recuerda: } sec\,x = \frac{1}{cos\,x}\right)$

d) $\int \frac{3e^{2x}-2e^x}{e^{2x}}\,dx$

d) $I \overset{(*)}{=} \int (3-2e^{-x})\,dx = \int 3\,dx - 2\int e^{-x}\,dx = 3x + 2e^{-x} + k$

(*) Dividimos numerador y denominador por e^{2x}.

e) $\int \frac{2x-3}{x+2}\,dx$

e) $I \overset{(*)}{=} \int \left(2-\frac{7}{x+2}\right)dx = 2x - 7\,ln|x+2| + k$

(*) Efectuamos la división y ponemos: $\frac{\text{dividendo}}{\text{divisor}} = \text{cociente} + \frac{\text{resto}}{\text{divisor}}$

f) $\int \frac{sen\,2x + cos\,x}{cos\,x}\,dx$

f) $I = \int \frac{2sen\,x\,cos\,x + cos\,x}{cos\,x}\,dx = 2\int sen\,x\,dx + \int dx = -2\,cos\,x + x + k$

g) $\int tg^2\,x\,dx$

g) $I = \int (1+tg^2\,x-1)\,dx = \int (1+tg^2\,x)\,dx - \int dx = tg\,x - x + k$

h) $\int \frac{1+sen\,x}{1-sen\,x}\,dx$

h) $I \overset{(*)}{=} \int \frac{(1+sen\,x)^2}{1-sen^2\,x}\,dx = \int \frac{1+2sen\,x+sen^2\,x}{cos^2\,x}\,dx =$

$= \int \frac{dx}{cos^2\,x} + 2\int \frac{sen\,x}{cos^2\,x}\,dx + \int tg^2\,x\,dx =$

$= tg\,x + 2\int sen\,x\,cos^{-2}\,x\,dx + \int (1+tg^2\,x-1)\,dx =$

$= tg\,x - 2\,\frac{cos^{-1}\,x}{-1} + tg\,x - x + k = 2tg\,x + \frac{2}{cos\,x} - x + k$

(*) Multiplicamos numerador y denominador por $(1 + sen\,x)$.

i) $\int \frac{1}{\sqrt{4-3x^2}}\,dx$

i) $I = \int \frac{\frac{1}{2}}{\sqrt{\frac{4}{4}-\frac{3x^2}{4}}}\,dx = \int \frac{\frac{1}{2}}{\sqrt{1-\left(\frac{\sqrt{3}x}{2}\right)^2}}\,dx = \frac{1}{\sqrt{3}}\int \frac{\frac{\sqrt{3}}{2}}{\sqrt{1-\left(\frac{\sqrt{3}\,x}{2}\right)^2}}\,dx =$

$= \frac{1}{\sqrt{3}}\cdot arc\,sen\,\frac{\sqrt{3}\,x}{2} + k$

Hazlo tú

Calcula las siguientes integrales:

a) $\int \frac{sen\,3x + cos\,3x}{sen\,3x - cos\,3x}\,dx$

b) $\int \frac{3x}{\sqrt{x^2-2}}\,dx$

c) $\int \frac{1-cos^2\,x}{sen\,2x}\,dx$

d) $\int \frac{x^2}{x^2+1}\,dx$

2. Método de sustitución

Resolver las siguientes integrales por el método de sustitución:

a) $\int \frac{dx}{\cos^2 x \sqrt[3]{1 + tg\, x}}$

b) $\int \frac{x^2}{\sqrt[3]{1 + 2x}}\, dx$

c) $\int \sqrt{e^x - 1}\, dx$

Hazlo tú

Aplica el método de sustitución para resolver estas integrales:

a) $\int \frac{dx}{x\sqrt{1 - \ln x}}$

b) $\int \frac{x}{1 + \sqrt{x}}\, dx$

a) Hacemos el cambio $1 + tg\, x = t \rightarrow \frac{1}{\cos^2 x}\, dx = dt$

$$I = \int \frac{dt}{\sqrt[3]{t}} = \int t^{-1/3}\, dt = \frac{3}{2} t^{2/3} + k = \frac{3}{2}\sqrt[3]{(1 + tg\, x)^2} + k$$

b) Hacemos $1 + 2x = t^3 \rightarrow x = \frac{t^3 - 1}{2} \rightarrow dx = \frac{3t^2\, dt}{2}$

$$I = \int \left(\frac{t^3 - 1}{2}\right)^2 \cdot \frac{1}{t} \cdot \frac{3}{2} t^2\, dt = \frac{3}{8}\int (t^7 - 2t^4 + t)\, dt = \frac{3}{8}\left(\frac{t^8}{8} - \frac{2t^5}{5} + \frac{t^2}{2}\right) + k =$$

$$= \frac{3t^2}{8}\left(\frac{t^6}{8} - \frac{2t^3}{5} + \frac{1}{2}\right) + k = \frac{3\sqrt[3]{(1 + 2x)^2}}{8}\left(\frac{(1 + 2x)^2}{8} - \frac{2(1 + 2x)}{5} + \frac{1}{2}\right) + k$$

c) Hacemos $e^x - 1 = t^2 \rightarrow e^x = t^2 + 1 \rightarrow e^x\, dx = 2t\, dt \rightarrow dx = \frac{2t\, dt}{t^2 + 1}$

$$I = \int t \cdot \frac{2t\, dt}{t^2 + 1} = 2\int \frac{t^2}{t^2 + 1}\, dt = 2\int \left(1 - \frac{1}{t^2 + 1}\right) dt =$$

$$= 2(t - arc\, tg\, t) + k = 2\left(\sqrt{e^x - 1} - arc\, tg\, \sqrt{e^x - 1}\right) + k$$

3. Integración por partes

a) Calcular todas las primitivas de: $f(x) = \ln(1 + x^2)$

a) $I = \int \ln(1 + x^2)\, dx$. Integramos por partes: $\begin{cases} u = \ln(x^2 + 1) \rightarrow du = \frac{2x}{1 + x^2}\, dx \\ dv = dx \rightarrow v = x \end{cases}$

$$I = x \ln(x^2 + 1) - \int x \frac{2x}{1 + x^2}\, dx = x \ln(x^2 + 1) - I_1$$

Resolvemos: $I_1 = 2\int \frac{x^2}{x^2 + 1}\, dx = 2\int \left(1 - \frac{1}{x^2 + 1}\right) dx = 2(x - arc\, tg\, x)$

Por tanto: $I = x \ln(x^2 + 1) - 2x + 2arc\, tg\, x + k$

b) Calcular todas las primitivas de: $f(x) = arc\, tg\, 3x$

b) $I = \int arc\, tg\, 3x\, dx$. Integramos por partes: $\begin{cases} u = arc\, tg\, 3x \rightarrow du = \frac{3}{1 + (3x)^2}\, dx \\ dv = dx \rightarrow v = x \end{cases}$

$$I = x\, arc\, tg\, 3x - \int \frac{3x}{1 + 9x^2}\, dx = x\, arc\, tg\, 3x - \frac{1}{6}\int \frac{18x}{1 + 9x^2}\, dx$$

$$I = x\, arc\, tg\, 3x - \frac{1}{6} \ln(1 + 9x^2) + k$$

ALGUNOS TIPOS DE INTEGRALES QUE SE RESUELVEN POR PARTES			
$\int x^n e^x\, dx$	$u = x^n$ $dv = e^x\, dx$	$\int x^n \ln x\, dx$	$u = \ln x$ $dv = x^n\, dx$
$\int x^n\, sen\, x\, dx$	$u = x^n$ $dv = sen\, x\, dx$	$\int arc\, tg\, x\, dx$	$u = arc\, tg\, x$ $dv = dx$
$\int x^n \cos x\, dx$	$u = x^n$ $dv = \cos x\, dx$	$\int arc\, sen\, x\, dx$	$u = arc\, sen\, x$ $dv = dx$

Hazlo tú

a) $\int arc\, sen\, \frac{x}{2}\, dx$

b) $\int \frac{1}{x^2} \ln x\, dx$

4. Integración por partes

Resolver: $I = \int e^x \, sen\, x \, dx$

Integramos por partes: $\begin{cases} sen\, x = u & \to \ cos\, x\, dx = du \\ e^x\, dx = dv & \to \ e^x = v \end{cases}$

$$I = e^x\, sen\, x - \underbrace{\int e^x\, cos\, x\, dx}_{I_1} \ (*)$$

$$\begin{cases} cos\, x = u & \to \ -sen\, x\, dx = du \\ e^x\, dx = dv & \to \ e^x = v \end{cases}$$

$$I_1 = e^x\, cos\, x + \int e^x\, sen\, x\, dx = e^x\, cos\, x + I$$

Nos encontramos con la integral inicial. Sustituimos I_1 en (*) y despejamos I:

$$I = e^x\, sen\, x - e^x\, cos\, x - I \to 2I = e^x\, sen\, x - e^x\, cos\, x$$

$$I = \frac{1}{2}(e^x\, sen\, x - e^x\, cos\, x) + k$$

Hazlo tú

Calcula:

a) $I = \int 2x^2\, cos\, 2x\, dx$

b) $I = \int e^{-x}\, cos\, 2x\, dx$

5. Integración de funciones racionales

Calcular:

a) $I = \int \left(\frac{x+2}{x-1}\right)^2 \frac{dx}{x}$

b) $\int \frac{3}{4x^2 - 4x + 5}\, dx$

a) Descomponemos la fracción: $\frac{(x+2)^2}{(x-1)^2 x} = \frac{A}{x-1} + \frac{B}{(x-1)^2} + \frac{C}{x}$

Calculamos A, B y C: $A = -3$, $B = 9$, $C = 4$

$$I = \int \frac{-3}{x-1}\, dx + \int \frac{9}{(x-1)^2}\, dx + \int \frac{4}{x}\, dx =$$

$$= -3\, ln|x-1| - \frac{9}{x-1} + 4\, ln|x| + k = ln\frac{x^4}{|x-1|^3} - \frac{9}{x-1} + k$$

b) El denominador no tiene raíces reales. Lo transformamos en $1 + (x-c)^2$.

$$\int \frac{3}{(2x-1)^2+4}\, dx = \frac{3}{4}\int \frac{dx}{\left(\frac{2x-1}{2}\right)^2 + 1} = \frac{3}{4}\int \frac{dx}{\left(x - \frac{1}{2}\right)^2 + 1} = \frac{3arc\, tg\left(x - \frac{1}{2}\right)}{4} + k$$

Hazlo tú

a) $\int \frac{x+2}{x^4 - 2x^2 + 1}\, dx$

b) $\int \frac{2}{3x^2+4}\, dx$

6. Integrales de diversos tipos

Calcular:

a) $I = \int e^{x + e^x}\, dx$

b) $I = \int cos^4\, x\, dx$

c) $I = \int \frac{ln\,(ln\, x)}{x\, ln\, x}\, dx$

a) Hacemos el cambio $e^x = t \to e^x\, dx = dt \to dx = \frac{dt}{e^x} = \frac{dt}{t}$

$$I = \int e^x e^{e^x}\, dx = \int t\, e^t \frac{dt}{t} = \int e^t\, dt = e^t + k = e^{e^x} + k$$

b) Utilizamos la igualdad $2cos^2\, x = 1 + cos\, 2x$:

$$cos^4\, x = \left(\frac{1}{2} + \frac{cos\, 2x}{2}\right)^2 = \frac{1}{4} + \frac{cos^2\, 2x}{4} + \frac{cos\, 2x}{2} =$$

$$= \frac{1}{4} + \frac{1}{4}\left(\frac{1}{2} + \frac{cos\, 4x}{2}\right) + \frac{cos\, 2x}{2} = \frac{3}{8} + \frac{cos\, 4x}{8} + \frac{cos\, 2x}{2}$$

$$I = \frac{3}{8}x + \frac{sen\, 4x}{32} + \frac{sen\, 2x}{4} + k$$

c) Hacemos $t = ln\, x \to dt = \frac{dx}{x}$

$$I = \int \frac{ln\, t}{t}\, dt = \frac{(ln\, t)^2}{2} + k = \frac{[ln\,(ln\, x)]^2}{2} + k$$

Hazlo tú

a) $\int \frac{\sqrt{x}}{1+\sqrt{x}}\, dx$

b) $\int \frac{e^x}{(e^{2x}-1)(e^x+1)}\, dx$

c) $\int [cos\,(2x) + sen\, x\, cos\, x]\, dx$

7. Integración de un valor absoluto

Dada la función $f(x) = \frac{x}{2} - 2$, calcular $\int |f(x)|\, dx$.

Hazlo tú

Calcula $\int |x + 1|\, dx$

Resolvemos la ecuación $f(x) = 0$ y definimos $|f(x)|$ por intervalos.

$$f(x) = 0 \rightarrow \frac{x}{2} - 2 = 0 \rightarrow x = 4$$

$$|f(x)| = \begin{cases} \frac{-x}{2} + 2 & \text{si } x < 4 \\ \frac{x}{2} - 2 & \text{si } x \geq 4 \end{cases}$$

Hallamos las primitivas de $|f(x)|$ en cada tramo del intervalo:

$$F(x) = \begin{cases} \frac{-x^2}{4} + 2x + k & \text{si } x < 4 \\ \frac{x^2}{4} - 2x + c & \text{si } x > 4 \end{cases}$$

Como $F(x)$ ha de ser continua en $x = 4$, deben coincidir los límites laterales en ese valor; es decir, $4 + k = -4 + c \rightarrow c = 8 + k$. Por tanto:

$$F(x) = \begin{cases} \frac{-x^2}{2} + 2x + k & \text{si } x < 4 \\ \frac{x^2}{2} - 2x + 8 + k & \text{si } x \geq 4 \end{cases}$$

8. Primitiva que pasa por un punto

Hallar la primitiva de la función

$$f(x) = \frac{1 + e^x}{1 - e^x}$$

cuya gráfica pasa por el punto (1, 1).

Hazlo tú

Halla la primitiva de $f(x) = \frac{e^x}{1 + e^x}$ cuya gráfica pasa por el punto (0, 2).

Para calcular la integral, hacemos el cambio de variable:

$$e^x = t \rightarrow e^x\, dx = dt \rightarrow dx = \frac{dt}{t}$$

$$I = \int \frac{1 + e^x}{1 - e^x} dx = \int \frac{1 + t}{1 - t} \cdot \frac{dt}{t} = \int \frac{1 + t}{t(1 - t)} dt$$

Descomponemos en fracciones simples:

$$\frac{1 + t}{t(1 - t)} = \frac{A}{t} + \frac{B}{1 - t} = \frac{A(1 - t) + Bt}{t(1 - t)} \rightarrow A = 1, B = 2$$

Por tanto:

$$I = \int \frac{1}{t} dt + \int \frac{2}{1 - t} dt = ln|t| - 2ln|1 - t| + k$$

Hallamos k teniendo en cuenta que pasa por el punto (1, 1):

$$1 - 2ln|1 - e| + k = 1 \rightarrow k = 2ln(e - 1)$$

Es decir: $I = x - 2ln|1 - e^x| + 2ln(e - 1)$

9. Primitiva que cumple una condición

Determinar la función $f(x)$ tal que:

- $f''(x) = 2$
- *La ecuación de la recta tangente a f en $x = 0$ es $y = 3x - 5$.*

Hazlo tú

Halla $f(x)$ sabiendo que $f(0) = 1$, $f'(0) = 2$ y $f''(x) = 3x$.

- Calculamos las primitivas de $f''(x)$ y de $f'(x)$:

$$f'(x) = \int 2dx = 2x + k_1 \qquad f(x) = \int (2x + k_1)\, dx = x^2 + k_1 x + k_2$$

Para determinar k_1 y k_2 utilizamos la recta tangente.

$x = 0$; $y = 3 \cdot 0 - 5 = -5 \rightarrow$ el punto de tangencia es $T(0, -5)$. Este punto pertenece a la gráfica de $f(x)$.

$$f(x) = x^2 + k_1 x + k_2 \rightarrow f(0) = -5 \rightarrow 0 + 0 + k_2 = -5 \rightarrow k_2 = -5$$

- La pendiente de la recta tangente es $m = 3 \rightarrow f'(0) = 3$

$$2 \cdot 0 + k_1 = 3 \rightarrow k_1 = 3 \qquad \text{Por tanto, } f(x) = x^2 + 3x - 5$$

anayaeducacion.es Cálculo de la «función primitiva» de otra función.

EJERCICIOS Y PROBLEMAS GUIADOS

1. Cálculo de integrales

Calcular:

a) $I = \int (x^2 - 1)e^{-2x}\,dx$

b) $I = \int \frac{2x-1}{x^3+3x}\,dx$

a) Aplica el método de integración por partes, llamando:

$$u = x^2 - 1,\ dv = e^{-2x}\,dx$$

Vuelve a aplicar la integración por partes a la integral que queda.

b) $x^3 + 3x = x(x^2+3)$. El polinomio x^2+3 no tiene raíces reales.

Descompón en fracciones simples y calcula la integral.

Solución:

a) $\frac{-1}{2}e^{-2x}\left(x^2 + x - \frac{1}{2}\right) + k$ b) $\frac{-1}{3} ln|x| + \frac{1}{6} ln(x^2+3) + \frac{2\sqrt{3}}{3} arctg\left(\frac{x}{\sqrt{3}}\right) + k$

2. Curva de la que se conocen las pendientes de las rectas tangentes

Hallar la curva en la que las pendientes de las rectas tangentes en cualquier punto vienen dadas por la función $f(x) = xe^{2x}$. Se sabe también que la curva pasa por el punto $A(0, 2)$.

- La pendiente de la recta tangente a una curva es igual al valor de la derivada de la curva en el punto de tangencia.

  Tienes que buscar las funciones $F(x)$ tales que $F'(x) = f(x)$, es decir, las primitivas de $f(x)$.

- Aplica el método de integración por partes. Obtendrás una familia de funciones que dependen de una constante.

  Determina esa constante haciendo que la curva pase por el punto $A(0, 2)$.

Solución:

$F(x) = \frac{xe^{2x}}{2} - \frac{e^{2x}}{4} + \frac{9}{4}$

3. Función derivable

Hallar una función $f(x)$ derivable en $\mathbb{R}$, que pase por el punto $P(-1, 3)$ y cuya derivada es:

$$f'(x) = \begin{cases} 2x - 1 & si\ x \leq 1 \\ \frac{1}{x} & si\ x > 1 \end{cases}$$

- Buscamos una función $f(x)$ de la que conocemos su derivada. Calculamos las primitivas de f en cada tramo del intervalo de definición.
- En cada tramo las primitivas dependerán de una constante, k_1 y k_2, que tenemos que determinar con las condiciones dadas.
- Haz que $f(x)$ pase por el punto dado.
- Como $f(x)$ ha de ser derivable en $x = 1$, tiene que ser continua en ese punto.

Solución:

$$f(x) = \begin{cases} x^2 - x + 1 & \text{si } x \leq 1 \\ ln\,x + 1 & \text{si } x > 1 \end{cases}$$

4. Gráficas de primitivas

Hallar una primitiva $F(x)$ de la función $f(x) = 2x - 4$ tal que su gráfica corte al eje X en un único punto.

- Calcula la familia de primitivas de $f(x)$.

  Representa gráficamente la primitiva en la que $k = 0$.

- Traslada la gráfica hacia arriba tanto como sea necesario para que $F(x) \geq 0$ y escribe la ecuación de la gráfica trasladada.

Solución:

$F(x) = x^2 - 4x + 4$

Recuerda seleccionar el material de trabajo de esta unidad para tu **portfolio.**

EJERCICIOS Y PROBLEMAS PROPUESTOS

Para practicar

Integrales casi inmediatas

1 Calcula las siguientes integrales:

a) $\int \frac{4x^2-5x+7}{2}\,dx$ b) $\int \frac{x\,dx}{\sqrt[3]{x}}$

c) $\int \frac{1}{2x+7}\,dx$ d) $\int (x - sen\,x)\,dx$

2 Resuelve estas integrales:

a) $\int (x^2+1)^2\,dx$ b) $\int (x-5)^3\,dx$

c) $\int \sqrt{3x+5}\,dx$ d) $\int (cos\,x + e^x)\,dx$

3 Calcula:

a) $\int \sqrt[3]{\frac{x^2}{2}}\,dx$ b) $\int \frac{7}{cos^2\,x}\,dx$

c) $\int sen(x-4)\,dx$ d) $\int (e^{2x}+3e^{-x})\,dx$

4 Halla las siguientes integrales:

a) $\int \left(\frac{2}{x}+\frac{2}{x^2}\right)dx$ b) $\int \frac{dx}{(x-1)^3}$

c) $\int \frac{x+\sqrt{x}}{x^2}\,dx$ d) $\int \frac{-8}{1+x^2}\,dx$

e) $\int \frac{3x}{1+x^2}\,dx$ f) $\int \frac{x^2}{2-x^3}\,dx$

5 Resuelve las integrales siguientes:

a) $\int \frac{dx}{3x-4}$ b) $\int \frac{dx}{(3x-4)^2}$

c) $\int \sqrt{3x-4}\,dx$ d) $\int \sqrt[5]{\frac{1}{(3x-4)^3}}\,dx$

6 Halla las siguientes integrales del tipo exponencial:

a) $\int e^{x-4}\,dx$ b) $\int e^{-2x+9}\,dx$

c) $\int e^{5x}\,dx$ d) $\int (3^x - x^3)\,dx$

7 Resuelve las siguientes integrales del tipo arco tangente:

a) $\int \frac{2\,dx}{1+25x^2}$ b) $\int \frac{5dx}{100x^2+1}$

c) $\int \frac{4\,dx}{3+3x^2}$ d) $\int \frac{dx}{4+x^2}$

e) $\int \frac{dx}{4+9x^2}$ f) $\int \frac{dx}{9+x^2}$

g) $\int \frac{dx}{2+4x^2}$ h) $\int \frac{e^x}{1+e^{2x}}\,dx$

8 Expresa el cociente de la forma $\frac{P}{Q}=C+\frac{R}{Q}$ y resuelve:

a) $\int \frac{x^2}{x-3}\,dx$ b) $\int \frac{x^2-5x+4}{x+1}\,dx$

c) $\int \frac{x^2-1}{x+2}\,dx$ d) $\int \frac{2x^2+2x+4}{x+2}\,dx$

e) $\int \frac{x^3}{x^2-1}\,dx$ f) $\int \frac{x^3-3x^2+x-1}{x-2}\,dx$

9 Halla estas integrales sabiendo que son del tipo arco seno:

a) $\int \frac{dx}{\sqrt{1-4x^2}}$ b) $\int \frac{dx}{\sqrt{4-x^2}}$

c) $\int \frac{1}{\sqrt{1-100x^2}}\,dx$ d) $\int \frac{dx}{x\cdot\sqrt{1-(ln\,x)^2}}$

10 Resuelve las siguientes integrales:

a) $\int sen\,x\,cos\,x\,dx$ b) $\int \frac{sen\,x\,dx}{cos^5\,x}$

c) $\int \frac{2x\,dx}{\sqrt{9-x^2}}$ d) $\int \frac{x\,dx}{\sqrt{x^2+5}}$

11 Resuelve las siguientes integrales:

a) $\int \sqrt{x^2-2x}\,(x-1)\,dx$ b) $\int \frac{arc\,sen\,x}{\sqrt{1-x^2}}\,dx$

c) $\int \sqrt{(1+cos\,x)^3}\,sen\,x\,dx$ d) $\int \frac{(1+ln\,x)^2}{x}\,dx$

e) $\int \frac{2x^2}{(2-x^3)^2}\,dx$ f) $\int \frac{e^x}{\sqrt{1+e^x}}\,dx$

Integración por partes

12 Aplica la integración por partes para resolver las siguientes integrales:

a) $\int x\,e^{2x}\,dx$ b) $\int x^2\,ln\,x\,dx$

c) $\int 3x\,cos\,x\,dx$ d) $\int ln(2x-1)\,dx$

e) $\int \frac{x}{e^x}\,dx$ f) $\int arc\,cos\,x\,dx$

13 Resuelve las siguientes integrales aplicando dos veces la integración por partes:

a) $\int x^2\,sen\,x\,dx$ b) $\int x^2\,e^{2x}\,dx$

c) $\int e^x\,cos\,x\,dx$ d) $\int (x+1)^2\,e^x\,dx$

Integrales racionales

14 Resuelve:

a) $\int \frac{dx}{(x+1)(x+2)}$ b) $\int \frac{2x+1}{(x+1)(x-3)}\,dx$

c) $\int \frac{3dx}{x(x+4)}$ d) $\int \frac{dx}{x^2(x-1)}$

15 Aplica la descomposición en fracciones simples para resolver las siguientes integrales:

a) $\int \frac{dx}{x^2+x-6}$ b) $\int \frac{3x^3}{x^2-4}\,dx$

c) $\int \frac{dx}{(x^2-25)(x-4)}$ d) $\int \frac{x^2+1}{x^2+x}\,dx$

e) $\int \frac{4}{x^2+x-2}\,dx$ f) $\int \frac{x^2}{x^2+4x+3}\,dx$

16 Resuelve las siguientes integrales:

a) $\int \frac{2x^2-5x+3}{x^2-3x+2}\,dx$ b) $\int \frac{-16}{x^2-2x-15}\,dx$

c) $\int \frac{2x-4}{(x-1)^2(x+3)}\,dx$ d) $\int \frac{2x+3}{(x-2)(x+5)}\,dx$

e) $\int \frac{1}{(x-1)(x+3)^2}\,dx$ f) $\int \frac{3x-2}{x^2-4}\,dx$

Integrales por sustitución

17 Aplica el método de sustitución para resolver las siguientes integrales, con el cambio indicado en cada caso:

a) $\int \frac{dx}{x-\sqrt{x}}$ (haciendo $x=t^2$)

b) $\int x\sqrt[3]{x+2}\,dx$ (haciendo $x+2=t^3$)

c) $\int \frac{\sqrt{x}\,dx}{\sqrt[3]{x}-1}$ (haciendo $x=t^6$)

d) $\int \frac{2}{2+e^x}\,dx$ (haciendo $t=e^x$)

e) $\int \frac{e^x}{1-\sqrt{e^x}}\,dx$ (haciendo $e^x=t^2$)

18 Resuelve estas integrales utilizando un cambio de variable:

a) $\int x\sqrt{x+1}\,dx$ b) $\int \frac{dx}{x-\sqrt[4]{x}}$

c) $\int \frac{x}{\sqrt{x+1}}\,dx$ d) $\int \frac{1}{x\sqrt{x+1}}\,dx$

e) $\int \frac{1}{x+\sqrt{x}}\,dx$ f) $\int \frac{\sqrt{x}}{1+x}\,dx$

Para resolver

19 Resuelve las siguientes integrales:

a) $\int x^4 e^{x^5}\,dx$ b) $\int x\,sen\,x^2\,dx$

c) $\int x\cdot 2^{-x}\,dx$ d) $\int x^3\,sen\,x\,dx$

e) $\int \sqrt{(x+3)^5}\,dx$ f) $\int \frac{-3x}{2-6x^2}\,dx$

g) $\int e^{2x+1}\cos x\,dx$ h) $\int x^5 e^{-x^3}\,dx$

20 Calcula las siguientes integrales:

a) $\int \frac{x+2}{x^2+1}\,dx$ b) $\int \frac{1}{(x^2-1)^2}\,dx$

c) $\int \frac{x+2}{2x^2+x-1}\,dx$ d) $\int \frac{x-1}{4x^2-9}\,dx$

e) $\int \frac{2x^2+7x-1}{x^3+x^2-x-1}\,dx$ f) $\int \frac{3x-1}{2x^2+8}\,dx$

21 Resuelve las integrales siguientes:

a) $\int \frac{\ln x}{x}\,dx$ b) $\int \frac{1-sen\,x}{x+\cos x}\,dx$

c) $\int \frac{1}{x\ln x}\,dx$ d) $\int \frac{1+e^x}{e^x+x}\,dx$

e) $\int \frac{sen\sqrt{x}}{\sqrt{x}}\,dx$ f) $\int \ln(x-3)\,dx$

g) $\int \frac{\ln\sqrt{x}}{\sqrt{x}}\,dx$ h) $\int \ln(x^2+1)\,dx$

22 Calcula las siguientes integrales:

a) $\int \frac{sen(1/x)}{x^2}\,dx$ b) $\int \frac{2x}{x+2}\,dx$

c) $\int \frac{arc\,tg\,x}{1+x^2}\,dx$ d) $\int \frac{sen\,x}{\cos^4 x}\,dx$

e) $\int (\ln x)^2\,dx$ f) $\int e^x\cos e^x\,dx$

g) $\int \frac{1}{1-x^2}\,dx$ h) $\int \frac{(1-x)^2}{1+x}\,dx$

23 Calcula:

a) $\int \frac{1}{1+e^x}\,dx$ b) $\int \frac{x+3}{\sqrt{9-x^2}}\,dx$

c) $\int \frac{dx}{e^{2x}-3e^x}$ d) $\int \frac{sen(tg\,x)}{\cos^2 x}\,dx$

e) $\int \frac{e^{3x}-e^x}{e^{2x}+1}\,dx$ f) $\int \frac{1}{1+\sqrt{x}}\,dx$

EJERCICIOS Y PROBLEMAS PROPUESTOS

24 Resuelve:

a) $\int \frac{x+4}{\sqrt{1-x^2}}\,dx$ b) $\int \frac{dx}{\sqrt{1-(2x-3)^2}}$

25 Calcula $\int \frac{x^3}{(x+1)^2}\,dx$

a) Por descomposición en fracciones simples.

b) Mediante un cambio de variable.

26 Calcula estas integrales:

a) $\int \frac{5x^2}{x^3-3x^2+3x-1}\,dx$ b) $\int \frac{x^2-3}{x^2-2x+5}\,dx$

c) $\int \frac{x^4-2x-6}{x^3+x^2-2x}\,dx$ d) $\int \frac{2x^2+12x-6}{(x-2)(x^2+9)}\,dx$

27 Resuelve las siguientes integrales:

a) $\int \frac{dx}{x^2+4x+5}$ b) $\int \frac{(x+5)\,dx}{x^2+2x+3}$

c) $\int \frac{x+1}{x^3+2x^2+3x}\,dx$ d) $\int \frac{2x-1}{x^3+x}\,dx$

e) $\int \frac{x^2+3x+8}{x^2+9}\,dx$ f) $\int \frac{dx}{(x+1)^2(x^2+1)}$

28 Halla la familia de curvas en las que la pendiente de las rectas tangentes a dichas curvas en cualquiera de sus puntos viene dada por la función:

$$f(x) = \frac{x-2}{2x+4}$$

29 Para resolver la integral $\int cos^3\, x\,dx$, hacemos:

$$cos^3\, x = cos\, x\, cos^2\, x = cos\, x(1 - sen^2\, x) =$$
$$= cos\, x - cos\, x\, sen^2\, x$$

Resuélvela y calcula después $\int sen^3\, x\,dx$.

30 Calcula las siguientes integrales utilizando las relaciones trigonométricas:

a) $\int (sen^2\, x + 2\, cos\, 2x)\,dx$ b) $\int \frac{(1-2\,cos^2\, x)\, cos\, x}{cos\, 2x}\,dx$

c) $\int (sen^2\, x \cdot sen\, 2x)\,dx$ d) $\int (cos^2\, x - cos\, 2x)\,dx$

* *Recuerda que* $1 + cos\, 2x = 2cos^2\, x$ *y que* $1 - cos\, 2x = 2sen^2\, x$.

31 Halla los valores de m y n para que la función $F(x) = mx^2 + nx$ sea una primitiva de $f(x) = 5x + 4$

32 Razona si $F(x) = 2x^3 + 3x^2 - 5$ y $G(x) = 2x^3 + 3x^2 + 9$ son primitivas de $f(x) = 6x^2 + 9x$.

33 Explica si $F(x) = 12x^2 - 2$ es una primitiva de esta función: $f(x) = 4x^3 - 2x + 5$.

34 Encuentra la primitiva de $f(x) = \frac{3x}{1-x^2}$ que pasa por el punto (0, 3).

35 Halla la función F para la que $F'(x) = \frac{1}{x^2}$ y $F(1) = 2$.

36 De todas las primitivas de la función $y = 4x - 6$, ¿cuál de ellas toma el valor 4 para $x = 1$?

37 Halla $f(x)$ sabiendo que:

$$f''(x) = 6x,\ f'(0) = 1 \text{ y } f(2) = 5$$

38 Encuentra una primitiva de $f(x) = x^2\, sen\, x$ cuyo valor para $x = 0$ sea 1.

39 Determina la función $f(x)$ sabiendo que:

$$f''(x) = x\, ln\, x,\ f'(1) = 0 \text{ y } f(e) = \frac{e}{4}$$

40 Calcula la expresión de una función $f(x)$ tal que:

$$f'(x) = x\, e^{-x^2} \text{ y } f(0) = \frac{1}{2}$$

41 De una función $y = f(x)$, $x > -1$, sabemos que tiene por derivada $y' = \frac{a}{1+x}$, donde a es una constante.

Determina la función si, además, sabemos que $f(0) = 1$ y $f(1) = -1$.

42 Dada la función $f: \mathbb{R} \to \mathbb{R}$ definida por $f(x) = ln(1 + x^2)$, halla la primitiva de f cuya gráfica pasa por el origen de coordenadas.

43 Calcula el valor del parámetro a para que una primitiva de la función:

$$\int (ax^2 + x\, cos\, x + 1)\,dx$$

pase por $(\pi, -1)$.

44 Halla $\int e^{ax}(x^2 + bx + c)\,dx$ en función de los parámetros a, b y c.

45 Encuentra la función derivable $f: [-1, 1] \to \mathbb{R}$ que cumple $f(1) = -1$ y tal que:

$$f'(x) = \begin{cases} x^2 - 2x & \text{si } -1 \le x < 0 \\ e^x - 1 & \text{si } 0 \le x \le 1 \end{cases}$$

46 De una función derivable se sabe que pasa por el punto $A(-1, -4)$ y que su derivada es:

$$f'(x) = \begin{cases} 2 - x & \text{si } x \le 1 \\ 1/x & \text{si } x > 1 \end{cases}$$

a) Halla la expresión de $f(x)$.

b) Obtén la ecuación de la recta tangente a $f(x)$ en $x = 2$.

47 Halla una primitiva $F(x)$ de la función $f(x) = 3x^2 - 6x$ tal que $F(x)$ tenga un mínimo en el punto $(2, 0)$.

Determina los demás puntos singulares de $F(x)$.

48 Halla la función $f(x)$ de la que conocemos $f''(x) = e^x$, $f'(1) = 0$ y $f(0) = 1$.

49 Halla una primitiva $F(x)$ de la función $f(x) = 2x$ tal que $F(x) \le 0$ en el intervalo $[-2, 2]$.

50 Halla $f(x)$ sabiendo que:

$$f''(x) = \cos\frac{x}{2},\ f'(2\pi) = 0 \text{ y } f(0) = 1$$

51 Calcula la función $f(x)$ sabiendo que $f''(x) = x$, que la gráfica de f pasa por el punto $P(1, 1)$ y que la tangente en P es paralela a la recta de ecuación:

$$3x + 3y - 1 = 0$$

52 Dadas las funciones:

$$f(x) = 12x^3 - 8x^2 + 9x - 5$$
$$g(x) = 6x^2 - 7x + 2$$

halla la función $H(x) = \int \frac{f(x)}{g(x)}\,dx$ que cumple la igualdad $H(1) = 1$.

53 Calcula $\int \frac{1}{\operatorname{sen}^2 x \cos^2 x}\,dx$.

* *Utiliza la igualdad* $\operatorname{sen}^2 x + \cos^2 x = 1$.

54 Resuelve:

a) $\int \frac{x^2}{\sqrt{1-9x^6}}\,dx$ b) $\int \sqrt{81-25x^2}\,dx$

* *a) Haz* $t = 3x^3$. *b) Haz* $x = \frac{9}{5}\operatorname{sen} t$.

55 Calcula:

a) $\int |1-x|\,dx$ b) $\int (3+|x|)\,dx$

c) $\int |2x-1|\,dx$ d) $\int \left|\frac{2x}{3}-4\right|dx$

e) $\int |x-2|\,x\,dx$ f) $\int e^{|x|}\,dx$

56 Determina una función $f(x)$ que verifique la ecuación siguiente: $x^3 f'(x) + x^2 + 2x = 3$

57 De una función derivable $f: \mathbb{R} \to \mathbb{R}$ se sabe que pasa por el punto $(-1, 0)$ y que su derivada es:

$$f'(x) = \begin{cases} -e^{-x} & \text{si } x < 0 \\ -1 & \text{si } x \ge 0 \end{cases}$$

a) Halla la expresión de $f(x)$.

b) Obtén la ecuación de la recta tangente en $x = 1$.

58 Determina una función $f: \mathbb{R} \to \mathbb{R}$ sabiendo que la derivada segunda es constante e igual a 3 y que la ecuación de la recta tangente en el punto de abscisa $x = 1$, es $5x - y - 3 = 0$.

59 Calcula una primitiva de la función $f(x) = 1/x$ que no tome ningún valor positivo en el intervalo $[1, e]$.

60 Resuelve las siguientes integrales:

a) $\int \frac{x+3}{\sqrt{x+2}}\,dx$ b) $\int \frac{dx}{(x+1)\sqrt{x}}$

c) $\int \sqrt{x}\left(1+\sqrt[3]{x^2}\right)dx$ d) $\int x^2\sqrt{x+1}\,dx$

61 a) Para resolver la siguiente integral, multiplica numerador y denominador por $\cos x$ y haz después un cambio de variable:

$$\int \frac{dx}{\cos x}$$

b) Utiliza el procedimiento anterior para resolver las integrales siguientes:

$$\int \frac{dx}{\cos^3 x} \qquad \int \frac{dx}{\operatorname{sen} x}$$

62 Sean a y b dos números reales cualesquiera. Calcula la siguiente integral indefinida. Ten en cuenta los casos $a = 0$ o $b = 0$.

$$\int \frac{\cos x}{(a + b\operatorname{sen} x)^2}\,dx$$

63 Dada $f(x) = \operatorname{sen} x - \operatorname{sen}^3 x$, halla:

a) Su integral indefinida.

b) La primitiva que pase por el punto $\left(\frac{\pi}{3}, 1\right)$.

64 Calcula $f(x)$ sabiendo que su derivada $f'(x) = 3 - 2\operatorname{sen} x$ corta a la bisectriz del primer cuadrante en el punto $x = \pi$.

65 Calcula la siguiente primitiva, en la que suponemos que $a \ne 1$:

$$\int \frac{dx}{x^2 - (a+1)x + a}$$

66 Determina una función $f(x)$ de la que sabemos que $f''(x) = -\operatorname{sen} x$ y que la recta $x + y - 2 - \pi = 0$ es tangente a su gráfica en el punto de abscisa $x = \pi$.

67 Calcula $\int 3x|x-2|\,dx$.

68 De una función continua $f(x)$ sabemos que tiene un mínimo en $(-1, -2)$ y que su derivada es:

$$f'(x) = \begin{cases} 2x+2 & \text{si } x \le 1 \\ 4 & \text{si } x > 1 \end{cases}$$

a) Halla la expresión analítica de $f(x)$.

b) Escribe la ecuación de la recta tangente en $x = 1$.

Cuestiones teóricas

69 Prueba que si $F(x)$ es una primitiva de $f(x)$ y C un número real cualquiera, la función $F(x) + C$ es también una primitiva de $f(x)$.

70 Representa tres primitivas de las siguientes funciones f:

a) 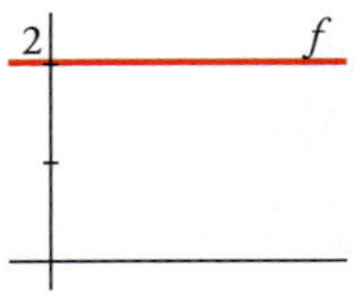

b) 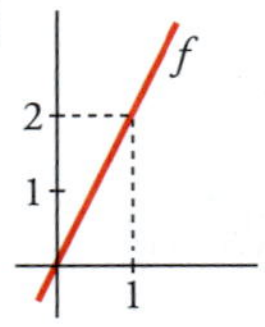

71 En una integral hacemos el cambio $t = tg\, x$. ¿Cuál es la expresión de dx en función de t?

72 Comprueba que $\int \frac{1}{cos\, x}\, dx = ln\, |sec\, x + tg\, x| + k$.

73 Calcula $f(x)$ sabiendo que $\int f(x)\, dx = ln\, |tg\, x| + k$.

74 Las integrales $\int \frac{(arc\, tg\, x)^2}{1+x^2}\, dx$ y $\int (tg^3\, x + tg^5\, x)\, dx$, ¿son del tipo $\int f(x)^n f'(x)\, dx$? En caso afirmativo, identifica, en cada una de ellas, $f(x)$, n y $f'(x)$.

75 Sin utilizar el cálculo de derivadas, prueba que:

$$F(x) = \frac{1}{1+x^4} \text{ y } G(x) = \frac{-x^4}{1+x^4}$$

son dos primitivas de una misma función.

76 Calcula $f(x)$ sabiendo que $\int f(x)\, dx = ln\, \frac{|x-1|^3}{(x+2)^2} + k$.

77 Sean f y g dos funciones continuas y derivables que se diferencian en una constante. ¿Podemos asegurar que f y g tienen una misma primitiva?

78 ¿Cuáles de los siguientes apartados representan la gráfica de una función $f(x)$ y la de una de sus primitivas $F(x)$?

a) 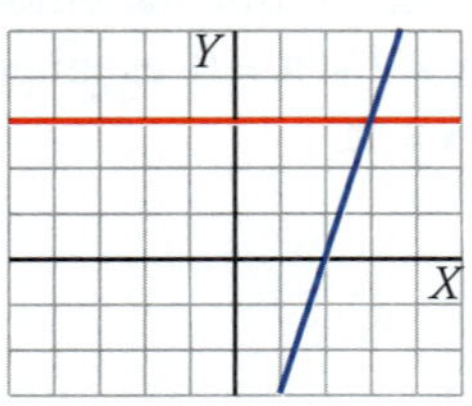

b) 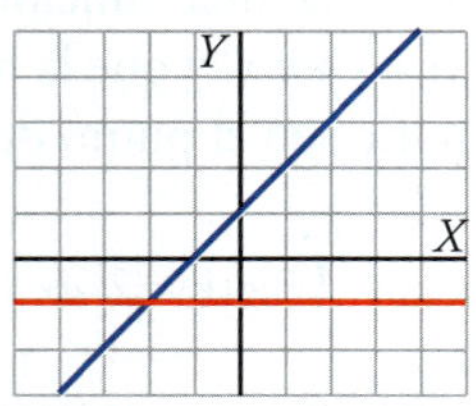

c) 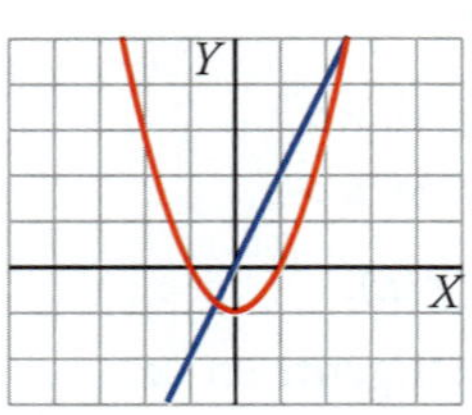

d) 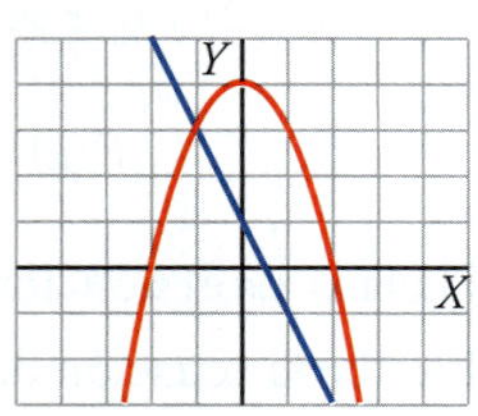

79 Si $\int f(x)\, dx = F(x)$ y $\int g(x)\, dx = G(x)$, halla en función de $F(x)$ y de $G(x)$:

a) $\int [f(x) - g(x)]\, dx$

b) $\int -\frac{1}{2} [5g(x) + 4f(x)]\, dx$

c) $\int f(2x-1)\, dx$

d) $\int [5 - g(x)]\, dx$

e) $\int g\left(\frac{x-3}{2}\right) dx$

f) $\int [3f(5x-1) - 6g(2-3x)]\, dx$

g) $\int G'(x)\, g'(x)\, dx$

h) $\int \frac{f'(x)}{F'(x)}\, dx$

80 ¿Verdadero o falso? Justifica y pon ejemplos.

a) Una función logarítmica puede ser una primitiva de una función racional.

b) $\int f(x) \cdot g(x)\, dx = \int f(x)\, dx \cdot \int g(x)\, dx$

c) Las primitivas de una función racional irreducible cuyo denominador es de primer grado son un polinomio más un logaritmo neperiano.

81 Al aplicar el método de integración por partes para calcular $\int f(x)\, cos\, x\, dx$, donde f es una función derivable, se obtiene:

$$\int f(x)\, cos\, x\, dx = f(x)\, sen\, x - \int \frac{1}{x}\, sen\, x\, dx$$

Encuentra la expresión analítica de $f(x)$ si sabemos que pasa por el punto $(1, 2)$.

82 Comprueba que las funciones:

$$F(x) = arc\, tg\, x \quad \text{y} \quad G(x) = -arc\, tg\left(\frac{1}{x}\right)$$

son primitivas de una misma función $f(x)$.

a) ¿Son iguales las funciones F y G?

b) ¿Se cortan sus gráficas?

Para profundizar

83 Calcula las siguientes integrales trigonométricas mediante un cambio de variable:

a) $\int sen^2\, x \cos^3 x\, dx$ b) $\int sen^3\, x \cos^2 x\, dx$

c) $\int \cos^5 x\, dx$ d) $\int \cos^3 x\, sen^3\, x\, dx$

84 Calcula:

a) $\int sen^2\, x \cos^2 x\, dx$ b) $\int sen^6\, x\, dx$

* *Recuerda:* $1 + \cos 2x = 2\cos^2 x$ *y* $1 - \cos 2x = 2sen^2\, x$.

85 Para resolver integrales del tipo $\int \sqrt{a^2 - b^2x^2}\, dx$ se utiliza el cambio de variable $x = \frac{a}{b} sen\, t$.

Calcula las integrales siguientes:

a) $\int \sqrt{100 - 25x^2}\, dx$ b) $\int \sqrt{25 - 64x^2}\, dx$

c) $\int \sqrt{2 - x^2}\, dx$ d) $\int \sqrt{\frac{9}{16} - 25x^2}\, dx$

86 Una **ecuación diferencial de primer orden** es una ecuación en la que, además de x e y, figura también y'. Resolverla es buscar una función $y = f(x)$ que la verifique:

Por ejemplo, resolvamos $x y^2 + y' = 0$:

$$y' = -x\, y^2 \rightarrow \frac{dy}{dx} = -x\, y^2 \rightarrow dy = -x\, y^2\, dx$$

Separamos las variables:

$$\frac{dy}{y^2} = -x\, dx \rightarrow \int \frac{dy}{y^2} = \int (-x)\, dx$$

$$-\frac{1}{y} = -\frac{x^2}{2} + k \rightarrow y = \frac{2}{x^2 - 2k}$$

Hay infinitas soluciones. Busca la que pasa por el punto (0, 2) y comprueba que la curva que obtienes verifica la ecuación propuesta.

87 Resuelve estas ecuaciones diferenciales de primer orden:

a) $yy' - x = 0$ b) $y^2 y' - x^2 = 1$ c) $y' - xy = 0$

d) $y' \sqrt{x} - y = 0$ e) $y' e^y + 1 = e^x$ f) $x^2 y' + y^2 + 1 = 0$

* *En todas ellas, al despejar* y' *se obtiene en el segundo miembro el producto o el cociente de dos funciones, cada una de ellas con una sola variable.*

AUTOEVALUACIÓN

Resoluciones de estos ejercicios.

Resuelve las integrales siguientes:

1 $\int (\cos x + tg\, x)\, dx$

2 $\int \left(\frac{2}{x} + \frac{x}{\sqrt{x}}\right) dx$

3 $\int x \sqrt[3]{2x^2 + 1}\, dx$

4 $\int \frac{tg^2\, x}{\cos^2 x}\, dx$

5 $\int 2^{sen\, x} \cos x\, dx$

6 $\int \frac{1}{x} sen\, (ln\, x)\, dx$

7 $\int \frac{x}{x^2 + 4x - 21}\, dx$

8 $\int \frac{-1}{3x^2 + 27}\, dx$

9 Resuelve, por el método de sustitución, la integral:

$$\int \frac{1 + x}{1 + \sqrt{x}}\, dx$$

10 Aplica la integración por partes para calcular:

a) $\int (x + 10)e^{2x}\, dx$ b) $\int \cos\, (ln\, |x|)\, dx$

11 De la función $f(x)$, se sabe que:

$$f'(x) = \frac{3}{(x+1)^2},\quad f(2) = 0$$

a) Determina f.

b) Halla la primitiva de f cuya gráfica pasa por (0, 1).

12 Calcula las siguientes integrales:

a) $\int \frac{sen\, 2x}{1 + \cos^2 2x}\, dx$ b) $\int \frac{3x + 2}{x^2 - 4x + 6}\, dx$

13 De una función derivable $f(x)$ se sabe que $f(3) = 26$ y que su derivada es:

$$f'(x) = \begin{cases} 4x + 3 & \text{si } x \le 2 \\ 2x + 7 & \text{si } x > 2 \end{cases}$$

Halla la expresión de $f(x)$.

14 Calcula $\int |x + 2|\, dx$.

15 Halla la curva en la que la pendiente de las rectas tangentes en cualquier punto viene dada por la función:

$$f(x) = \frac{1 + \cos^2 x}{1 + \cos 2x}$$

Se sabe también que la curva pasa por el punto $P(\pi, 0)$.

16 Determina una función $f(x)$ de la que sabemos:

- $f''(x) = 2$
- r es la tangente a f en el punto T.

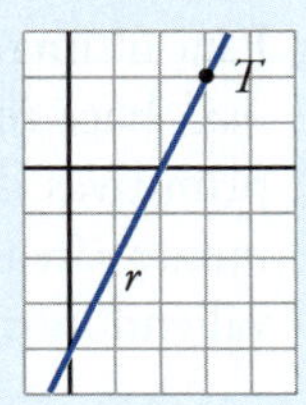

Compromiso ODS Visualiza el vídeo Meta 6.2., piensa en una acción con la que podrías contribuir al logro de esa meta y comprométete a llevarla a cabo.

12 LA INTEGRAL DEFINIDA

La integral, antes de la derivada

Aunque hoy día se suele presentar el estudio de la derivada antes que el de la integral de una función, lo cierto es que la integral es anterior a la derivada en más de 18 siglos.

Encontramos los primeros antecedentes en un método utilizado por **Eudoxo** en el siglo IV a. C. para el cálculo del volumen del cono y la pirámide, que recoge **Euclides** en su libro *Elementos*.

Arquímedes, en el siglo III a. C., calculó el área limitada por un segmento de parábola mediante un procedimiento muy ingenioso, parecido al utilizado por Eudoxo y a los utilizados posteriormente en el cálculo integral: lo hizo sumando «infinitos» trocitos de áreas prácticamente nulas, proceso en el que subyacía la idea no precisada de paso al límite. Resolvió, además, otros muchos problemas similares. Pero su método cayó en el olvido y no tuvo repercusión en los avances posteriores. No hubo progresos en la materia hasta que **Kepler,** en la primera mitad del siglo XVII, obtuvo longitudes de curvas y volúmenes de cuerpos de revolución. Comenzó a ocuparse seriamente del cálculo de volúmenes, al parecer, motivado por la inexactitud de las cuentas de los vinateros al medir los volúmenes de vino que cabían en sus toneles. Estudió a fondo el asunto y publicó un tratado: *Cálculo de volúmenes de barriles de vino,* que comenzó a motivar a otros matemáticos del tiempo que resolvieron problemas similares, pero cada uno necesitó un procedimiento específico de resolución.

El primer paso de unificación del enfoque de esos problemas fue advertir que todos ellos podían expresarse de la misma forma: cálculo del área encerrada entre una cierta curva y el eje X.

Ambos conceptos se hermanan

La gran aportación de **Newton** y **Leibniz** (siglo XVIII) por la cual se les consagra como inventores del cálculo infinitesimal, fue relacionar este problema con el problema de la tangente:

— La pendiente de la recta tangente a una curva $y = f(x)$ en un punto, x_0, es su derivada en ese punto: $f'(x_0)$.

— El área bajo una curva, $y = f(x)$, se obtiene a partir de una función, $F(x)$, cuya derivada es $f(x)$. Es decir, F es la primitiva de f.

Esta última relación, llamada *Teorema Fundamental del Cálculo Infinitesimal,* hace relevante la búsqueda, emprendida en la unidad anterior, de las primitivas de ciertas funciones. Con ellas se podrían obtener automáticamente «áreas bajo una curva», lo que permitirá calcular áreas, volúmenes… valiéndonos del cálculo infinitesimal.

La apoteosis del cálculo

Al enlazar la derivada y la integral en un cuerpo de pensamiento, se consiguen procedimientos operativos rápidos y muy manejables.

La integral, junto con la derivada, se constituyó en una herramienta enormemente poderosa para expresar y calcular diversos conceptos importantes de la física y de otras disciplinas. El área y el volumen fueron los primeros de toda una serie. El trabajo, como integral de la fuerza que recorre un espacio; el caudal, como integral del flujo puntual en una corriente no homogénea; el espacio recorrido por un móvil, como integral de la velocidad; la inercia de un cuerpo con respecto a un eje de giro, como integral de la masa puntual por el cuadrado de la distancia al eje, son otros tantos de los numerosos ejemplos de aplicabilidad de la integral.

Es impresionante la cantidad y variedad de problemas matemáticos a que la integral dio lugar.

RESUELVE

Dos trenes

Un tren de pasajeros, P, y un tren de mercancías, M, salen de la misma estación, por la misma vía y en idéntica dirección, uno tras otro, casi simultáneamente.

Estas son las gráficas TIEMPO-VELOCIDAD que describen ambos movimientos:

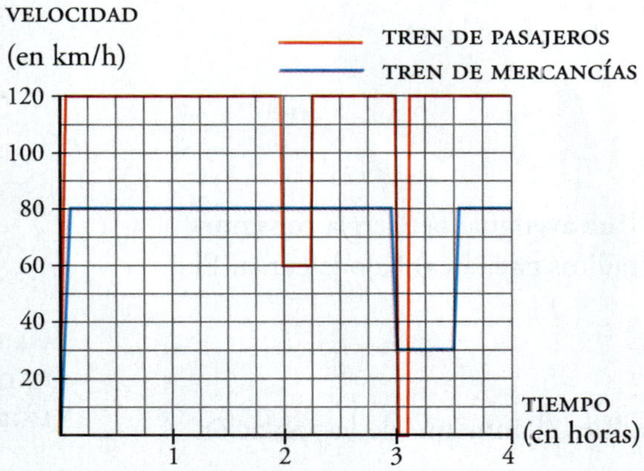

Como podemos ver en la gráfica, el tren de pasajeros, a las dos horas reduce su velocidad:

— ¿A qué puede deberse?

— ¿Por qué no aminora la marcha también el otro tren en ese instante?

A las tres horas, ambos trenes modifican su marcha: el tren de pasajeros se detiene durante breves minutos, mientras que el tren de mercancías va muy despacio durante media hora.

- Para hacernos una idea clara de estos movimientos, realicemos algunos cálculos:

a) El tren P durante 2 h, va a 120 km/h. ¿Qué distancia recorre a esa velocidad?

b) De 2 a $2\frac{1}{4}$, el tren de pasajeros reduce su velocidad. ¿Cuántos kilómetros recorre a esa velocidad?

c) El tren M reduce la marcha a las 3 h. ¿Qué distancia recorre hasta ese momento?

d) ¿Qué distancia recorre el tren M durante la media hora a baja velocidad?

Haciendo los cálculos, podrás comprobar que: Ambos trenes recorren 240 km a velocidad normal. Reducen la velocidad en el mismo lugar y recorren, así, otros 15 km y, a continuación, recupera cada cual su velocidad normal, (es decir, el tren M no frena *cuando* el tren P, pero sí *donde* el tren P). Más adelante, el tren P para en una estación.

e) ¿A qué distancia de la estación de salida está esta otra en la que para el tren de pasajeros?

f) Observa que en todos los cálculos que has realizado hasta ahora se han obtenido áreas bajo las gráficas, roja o azul. Señala en tu cuaderno los recintos cuyas áreas has calculado y asigna a cada uno su área correspondiente.

1
ÁREA BAJO UNA CURVA

■ Significado de algunas áreas

Hay infinidad de funciones extraídas del mundo real (científico, económico…) para las cuales tiene especial relevancia el área bajo su gráfica. Veamos algunas de ellas.

I. Espacio recorrido por un móvil (gráfica *velocidad-tiempo*)

La gráfica adjunta describe un movimiento que, *grosso modo*, comienza a una velocidad de 5 m/s, sigue a 11 m/s y termina a 3 m/s, con velocidades constantes en cada uno de los intervalos. En cada tramo, el espacio recorrido es el área del rectángulo correspondiente.

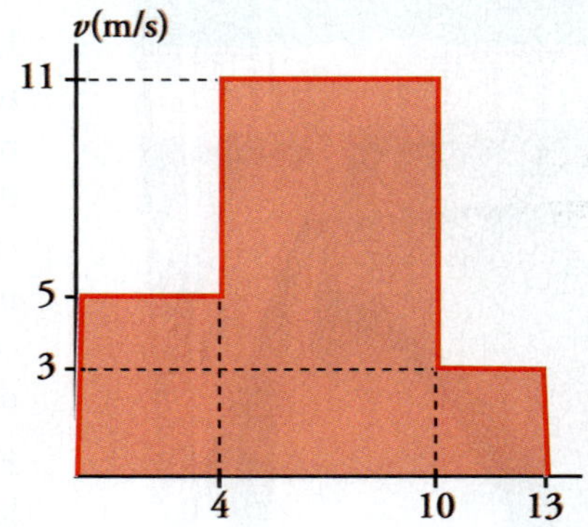

El espacio recorrido, *e*, finalmente, por el móvil, es, aproximadamente la suma de las tres áreas:

$$e = 5 \cdot 4 + 11 \cdot 6 + 3 \cdot 3 = 20 + 66 + 9 = 95 \text{ m}$$

El ejercicio propuesto en la página anterior («Dos trenes») desarrolla este mismo tipo de funciones.

II. Consumo de energía eléctrica (gráfica *potencia-tiempo*)

La gráfica adjunta nos da la potencia eléctrica que hay en funcionamiento en una vivienda, a cada instante, entre las 7 de la mañana y las 12 de la noche.

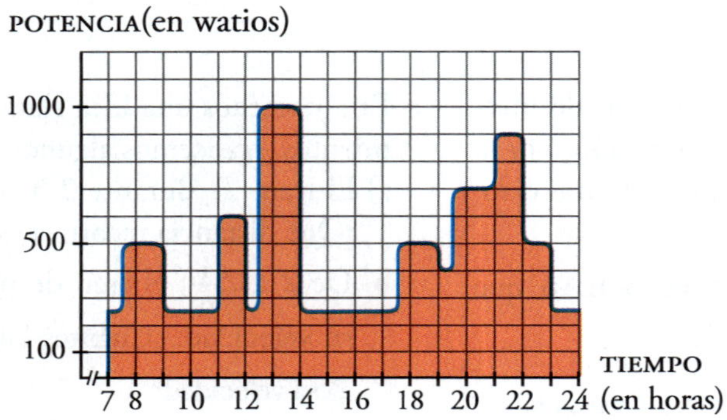

El área bajo la curva es la energía consumida:

potencia × tiempo = energía

Un cuadradito equivale a 100 Wh = 0,1 kWh. Para averiguar la energía consumida en esas 17 horas, contaríamos cuántos cuadraditos hay (área) bajo la curva. El resultado será aproximado.

III. Curvas de natalidad y mortalidad

- El área bajo la curva verde (tasa de natalidad) es el aumento de la población debido a los nacimientos.
- El área bajo la curva roja (índice de mortalidad) es la disminución de la población a causa de los fallecimientos.
- El área entre las dos curvas es el incremento de la población: positivo, en verde, o negativo, en rojo (es decir, si se quisiera calcular el incremento en todo el periodo representado, se deberían sumar las áreas verdes y restar las rojas).

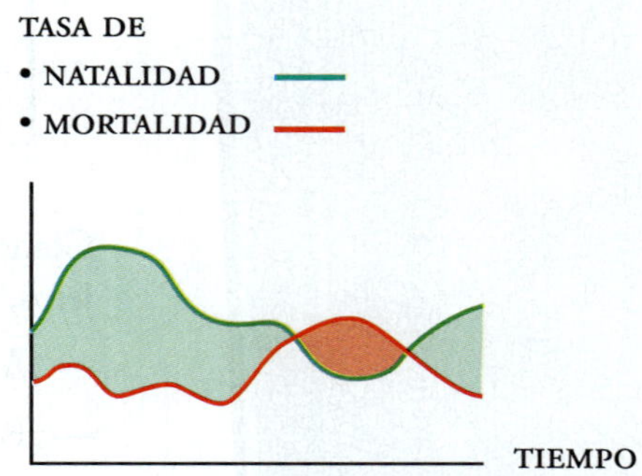

El par de curvas ingresos y gastos, en una empresa, tendrá un aspecto y una interpretación similares.

Estos son solo algunos ejemplos de funciones para las cuales el área bajo la curva es una magnitud relevante, que debe ser medida. Vamos a esmerarnos en aprender a medirla.

anayaeducacion.es
Interpretación gráfica del área bajo una curva.

Integral definida de una función

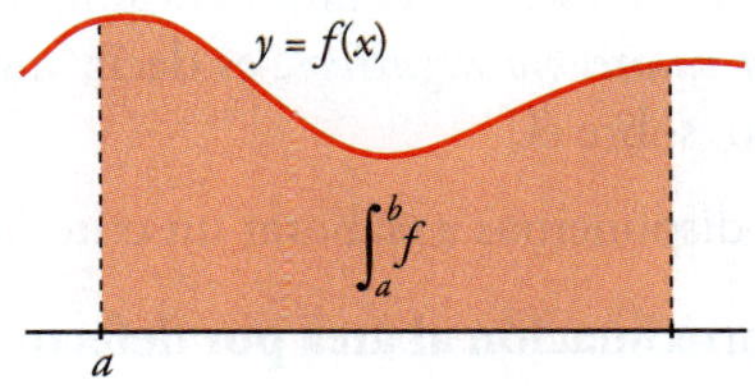

El área entre la gráfica de la función $y = f(x)$ y el eje X, en el intervalo $[a, b]$ se designa:

$$\int_a^b f \quad \text{o bien} \quad \int_a^b f(x)\,dx \quad \text{y se lee } \textbf{integral} \text{ entre } a \text{ y } b \text{ de } f.$$

Si la curva está encima del eje X $(f(x) > 0)$ la integral es positiva, y si está debajo del eje X $(f(x) < 0)$ la integral es negativa.

¿Por qué utilizamos, para designar un área, el mismo símbolo, $\int$, que se utilizó para obtener la primitiva de una función?

A lo largo de esta unidad lo justificaremos de modo que verás con claridad que están estrechamente relacionados ambos conceptos.

Funciones integrables

Diremos que una función, f, es **integrable** en $[a, b]$ si existe la integral $\int_a^b f$, es decir, si podemos asignar un área al recinto formado por la gráfica de la función, el eje X y las rectas $x = a$ y $x = b$.

Bien, pero ¿cuáles son las funciones «integrables»?

Parece claro que cada una de estas funciones sí encierra un área entre su gráfica y el eje X. No hay duda de que deben ser **integrables.**

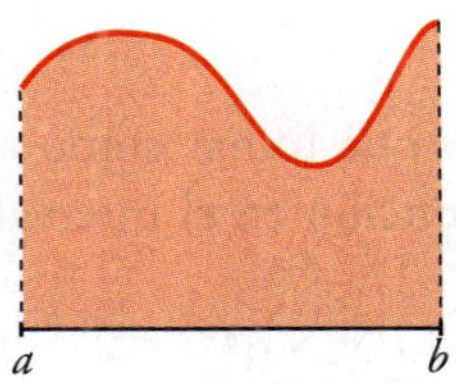

¿Y esta otra? Bueno, ... si consideramos que el área no se sale por los boquetitos, podríamos admitirla como integrable.

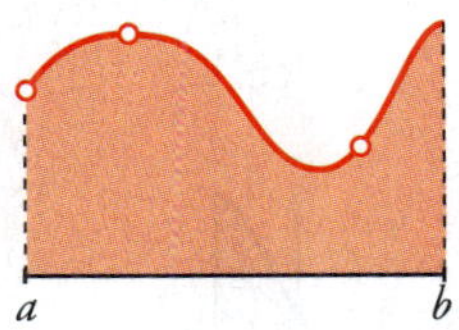

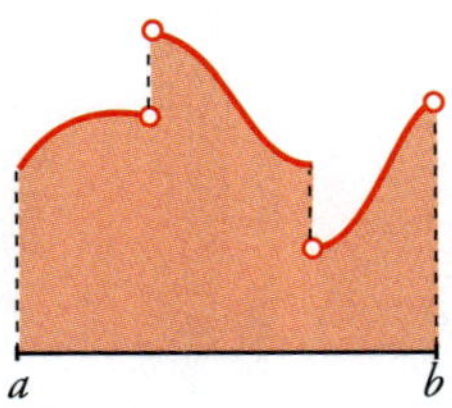

¿Y esta? Pues si cada uno de los tres trozos es integrable, ¿por qué no admitir que lo sea la función formada por ellos, aunque no empalmen unos con otros?

¿Recuerdas la función de Dirichlet? Vale 1 en las abscisas racionales y 0 en las irracionales. No tiene ningún punto de continuidad. Es obvio que esta no debe ser admitida como «**integrable**».

También parece razonable no considerar **integrable** una función que se haga infinita en el intervalo como, por ejemplo, $y = \frac{1}{x}$ en $[-1, 1]$.

En las próximas páginas vamos a elaborar un criterio por el cual se pueda dilucidar cuándo una cierta función es o no integrable. Y, lo que es mucho mejor, demostraremos que todas las funciones que manejamos habitualmente lo son si se mantienen acotadas en un intervalo.

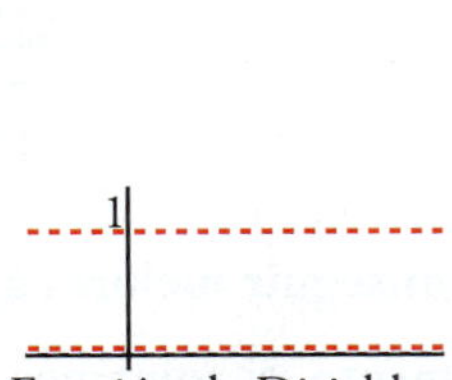

Función de Dirichlet

$$D(x) = \begin{cases} 1 & \text{si } x \in \mathbb{Q} \\ 0 & \text{si } x \in \mathbb{R} - \mathbb{Q} \end{cases}$$

2 UNA CONDICIÓN PARA QUE UNA FUNCIÓN SEA INTEGRABLE EN $[a, b]$

Vamos a partir de una función, $y = f(x)$, **acotada** en $[a, b]$ (es decir, que no se haga infinita en este intervalo). Para simplificar el proceso, empezaremos suponiendo que *toma valores no negativos*, es decir, que está toda ella por encima del eje X o, a lo sumo, sobre él.

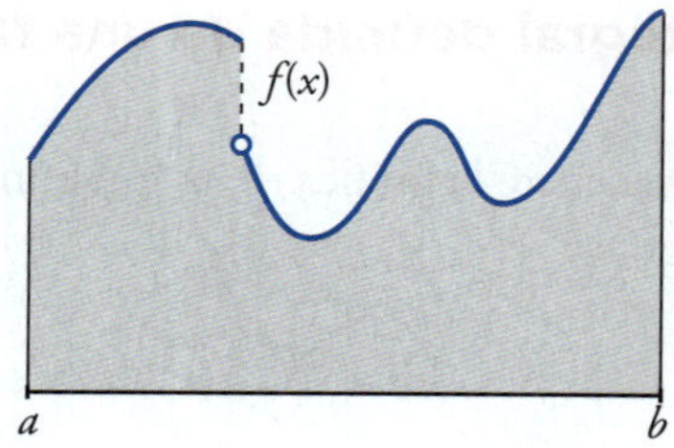

Nos disponemos a elaborar un criterio que nos permita decidir si es integrable.

- **Aproximación al área por defecto**

  Una idea útil consiste en dividir $[a, b]$ en tramos y aproximar el área mediante rectángulos con base en el eje X y altura el mínimo valor que toma la función en cada tramo.

  Si el intervalo $[a, b]$ se ha partido en n trozos, no necesariamente iguales:

$$a = x_0 < x_1 < x_2 < x_3 < \dots < x_n = b$$

  y llamamos m_i al menor valor que toma la función en el tramo $[x_{i-1}, x_i]$, el área rayada de verde es:

$$m_1(x_1 - x_0) + m_2(x_2 - x_1) + m_3(x_3 - x_2) + \dots + m_n(x_n - x_{n-1}) =$$

$$= \sum_{i=1}^{n} m_i(x_i - x_{i-1})$$

  Esta área es menor (o, a lo sumo, igual) que el área buscada (en gris). Nos hemos *aproximado por defecto* al área buscada.

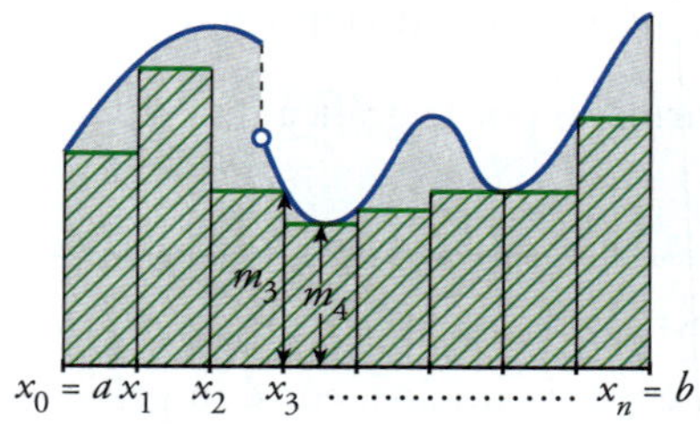

APROXIMACIÓN POR DEFECTO

- **Aproximación al área por exceso**

  También podíamos habernos *aproximado por exceso* sin más que tomar como altura de cada rectángulo el mayor valor, M_i, que toma la función en el intervalo correspondiente:

$$M_1(x_1 - x_0) + M_2(x_2 - x_1) + M_3(x_3 - x_2) + \dots + M_n(x_n - x_{n-1}) =$$

$$= \sum_{i=1}^{n} M_i(x_i - x_{i-1})$$

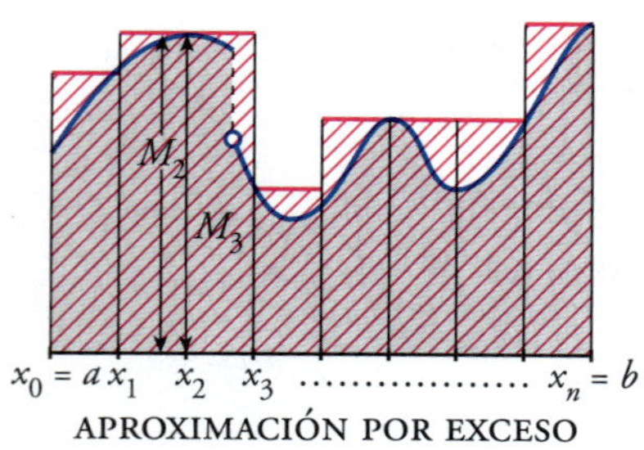

APROXIMACIÓN POR EXCESO

- **¿Cómo conseguir mejores aproximaciones?**

  Evidentemente, si tomamos unos rectángulos más finos, es decir, si los puntos x_i los tomamos cada uno más cerca del siguiente, tanto el área por defecto como el área por exceso se aproximan más que antes al área del recinto.

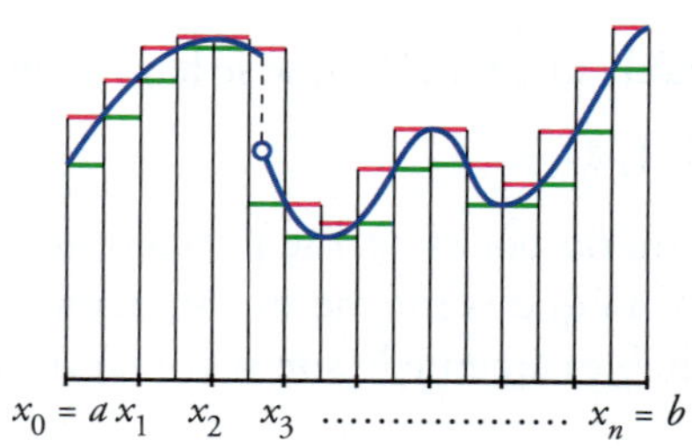

El símbolo ∫

Como dijimos en la unidad anterior, el símbolo ∫ es una *s*, por ser la inicial de la palabra suma. Ahora vemos que, efectivamente, la integral se obtiene como suma de infinitas áreas. Esta estrategia viene de muy antiguo: ya conoces que Arquímedes obtuvo áreas y volúmenes descomponiendo cada recinto en infinitos fragmentos simples que se podían sumar con facilidad.

Lo grandioso del cálculo integral, como verás en el apartado 4 de esta unidad, es su relación con la derivada. Esta circunstancia asocia estrechamente la integración con el cálculo de primitivas. De ahí que se utilice el mismo signo integral para ambos procesos.

anayaeducacion.es GeoGebra.

Escena para interpretar gráficamente las aproximaciones para el cálculo de la integral definida.

Sistematización del proceso

A cada colección de puntos $x_0 = a < x_1 < x_2 < \dots < x_n = b$ la llamaremos **partición** de $[a, b]$. A la mayor de las distancias $x_i - x_{i-1}$ la llamaremos **diámetro** de la partición.

A cada partición $\mathcal{P}$ de $[a, b]$ le asociamos, como hemos visto antes, un área por defecto s y un área por exceso S:

$$s = \sum_{i=1}^{n} m_i(x_i - x_{i-1})$$

$$S = \sum_{i=1}^{n} M_i(x_i - x_{i-1})$$

Si tenemos una sucesión de particiones $\mathcal{P}_1, \mathcal{P}_2, \mathcal{P}_3, \dots, \mathcal{P}_k \dots$, a esta le corresponderán dos sucesiones de áreas:

$s_1, s_2, s_3, \dots, s_k \dots$ (áreas por defecto)

$S_1, S_2, S_3, \dots, S_k \dots$ (áreas por exceso)

Hacemos que el diámetro de la partición tienda a cero (es decir, que las bases de los rectángulos se hagan tan pequeñas como se quiera).

Si la sucesión de diferencias:

$$S_1 - s_1,\ S_2 - s_2,\ S_3 - s_3,\ \dots,\ S_k - s_k,\ \dots$$

tiende a cero, significa que s_k y S_k tienen un límite común que es el área bajo la curva. Entonces la función **es integrable.**

Bernhard Riemann (1826-1866)

Áreas negativas

Si consideramos que los recintos situados debajo del eje X tienen área negativa (las integrales correspondientes lo son), entonces el proceso anterior es válido para funciones cualesquiera, sin imponerles la condición de que $f(x) \geq 0$.

Para funciones negativas, también el área por defecto queda debajo de la curva, y el área por exceso, encima de la curva, como puedes apreciar en las gráficas del margen.

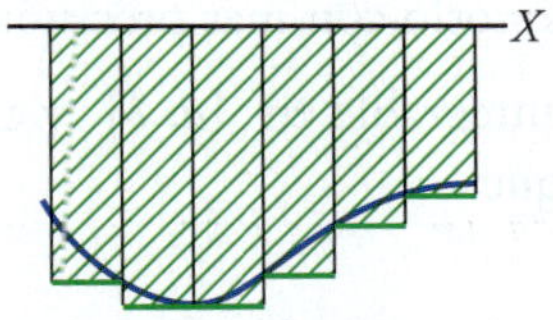

ÁREA POR DEFECTO

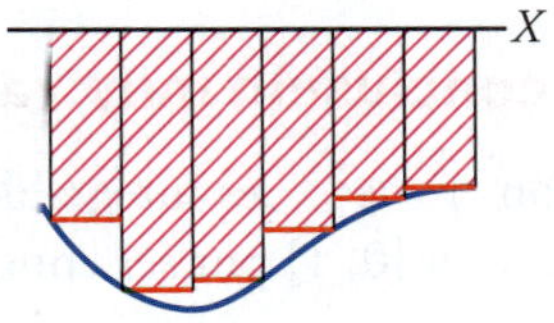

ÁREA POR EXCESO

La idea de integral de una función para funciones cualesquiera es como la que se ha visto para funciones positivas. El proceso nos lleva a obtener el área comprendida entre la curva y el eje X de modo que se valoren adecuadamente los recintos de área positiva y los de área negativa. El resultado es la suma algebraica de la superficie de los recintos que intervienen: con signo positivo los que están encima del eje X, y con signo negativo, los que están debajo.

CONCLUSIÓN

Una función acotada es integrable en $[a, b]$ si, para cualquier sucesión de particiones, $\mathcal{P}_1, \mathcal{P}_2, \dots, \mathcal{P}_k, \dots$ cuyo diámetro tienda a cero, las correspondientes sucesiones de áreas por defecto, s_k, y áreas por exceso, S_k, cumplen que $S_k - s_k \to 0$.

Esta forma de caracterizar las funciones integrables resulta sumamente incómoda de aplicar (¿es integrable $y = x^2$? Tiene que serlo, pero parece que será muy complicado demostrarlo siguiendo este camino).

No obstante, a partir de este criterio y basándonos en él, a continuación vamos a dar algunos pasos que nos llevarán a una nueva conclusión comodísima de aplicar: las funciones que usamos habitualmente son, todas ellas, integrables.

2 UNA CONDICIÓN PARA QUE UNA FUNCIÓN SEA INTEGRABLE EN [a, b]

■ Una familia de funciones integrables

La siguiente propiedad nos va a facilitar mucho el camino:

Si una función f es continua y creciente en $[a, b]$, entonces es integrable.

Demostración

Para demostrarla, hemos de aplicar el criterio elaborado en la página anterior.

$\mathcal{P}_1, \mathcal{P}_2, \ldots, \mathcal{P}_k, \ldots$ es una sucesión de particiones. Una de ellas, $\mathcal{P}_k$, es:

$$a = x_0, x_1, x_2, \ldots, x_n = b$$

La diferencia $S_k - s_k$ aparece dibujada en el margen.

Evidentemente, se cumple que:

$S_k - s_k \le$ (*diámetro de* $\mathcal{P}_k$) $\cdot [f(b) - f(a)]$

Si *diámetro de* $\mathcal{P}_k \to 0$, entonces $S_k - s_k \to 0$. Por tanto, f es integrable.

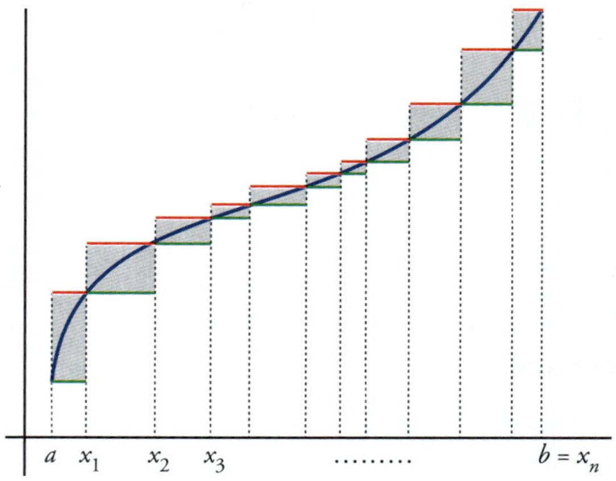

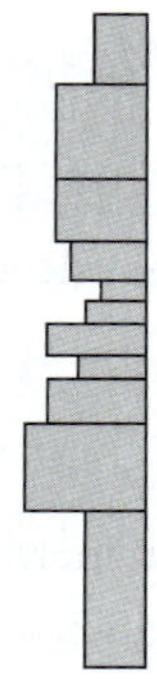

Las diferencias de las barras rojas y verdes:

$(M_i - m_i) \cdot (x_i - x_{i-1})$

se pueden apilar, pues la parte superior de cada una coincide con la base de la siguiente.

Análogamente se demostraría que si f es continua y decreciente, entonces es también integrable.

En general, cualquier función monótona (creciente o decreciente) es integrable.

■ Una propiedad útil y sencilla

Si una función está formada por dos trozos, ambos integrables, entonces es integrable. Digámoslo con más precisión:

Si f es integrable en $[a, b]$ y en $[b, c]$, entonces f es integrable en $[a, c]$ y se cumple que:

$$\int_a^c f = \int_a^b f + \int_b^c f$$

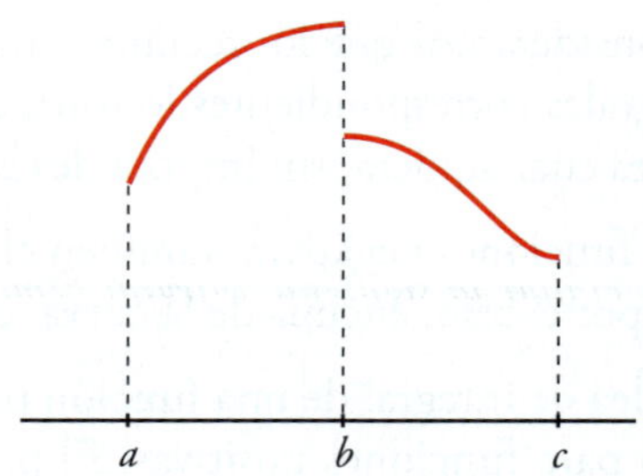

■ Una conclusión muy valiosa

La función $y = x^2$, ¿es integrable en [–2, 1]? Lo es en [–2, 0] por ser continua decreciente, y en [0, 1] por ser continua creciente. Por tanto, es integrable en [–2, 1].

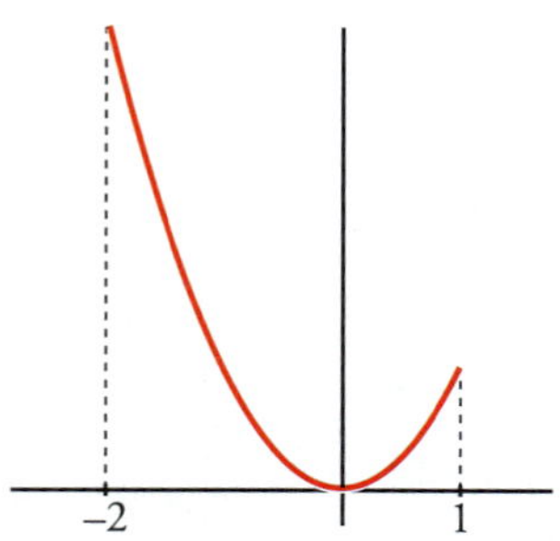

Razonando análogamente, llegaremos a la siguiente conclusión:

Todas las funciones habituales son integrables en cualquier intervalo en el que se mantengan acotadas.

Recuerda

f es acotada en $[a, b]$ si no se hace infinita en ese intervalo.

Cómo calcular integrales

Sabemos que una cierta función, *f*, es integrable en $[a, b]$. Bien, pero ¿cómo calcular $\int_a^b f$? Veamos:

— Si el recinto tiene una forma cuya área se puede calcular por los métodos de geometría elemental, pues lo haremos así.

Por ejemplo, $\int_2^4 (x-1)\,dx$: representamos el recinto y observamos que se trata de un trapecio de bases 1 y 3 y de altura 2. Por tanto, $\int_2^4 f = \frac{(1+3)\cdot 2}{2} = 4$.

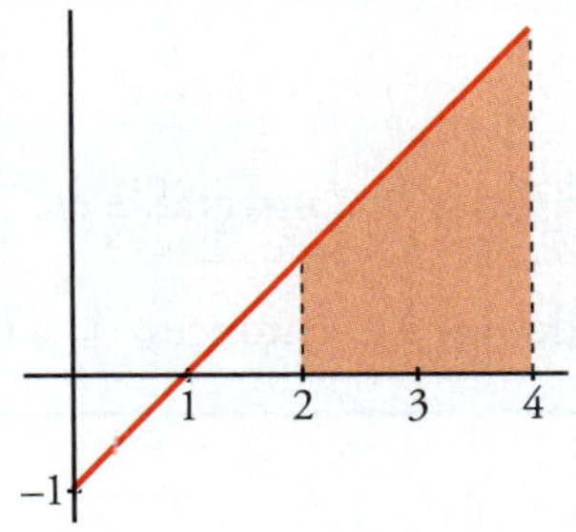

— También se puede hallar una integral recurriendo a la suma de rectángulos, es decir, mediante la suma $s_k^* = \sum_{i=1}^{k} f(c_i)(x_i - x_{i-1})$, donde $x_{i-1} < c_i < x_i$, es decir, c_i es un punto cualquiera del intervalo.

Entonces $\int_a^b f = lím\ s_k^*$ (Este método es muy complicado y solo sirve para algunas funciones)

(El *Ejercicio resuelto 2* de esta página es de este tipo).

— En las próximas páginas veremos un método para calcular $\int_a^b f$, potente y sumamente cómodo, que funciona siempre que sepamos hallar una primitiva de la función *f*.

Ejercicios resueltos

1 *Hallar las siguientes integrales reconociendo en cada una el recinto cuya área se quiere calcular:*

$$\int_0^5 \sqrt{25-x^2}\,dx$$

$y = \sqrt{25-x^2} \Rightarrow y^2 = 25 - x^2 \Rightarrow x^2 + y^2 = 5^2$ (circunferencia)

El recinto cuya área queremos calcular es una cuarta parte de un círculo de radio 5 u.

$$\text{Área} = \frac{1}{4}\pi r^2 = \frac{1}{4}\pi 5^2 = \frac{25}{4}\pi \approx 19{,}6 \text{ u}^2$$

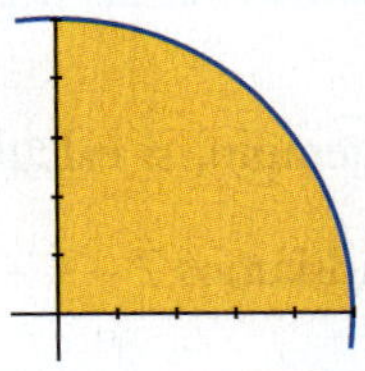

2 *Hallar la siguiente integral sumando rectángulos y hallando el límite:*

$$\int_0^1 x^2\,dx$$

Partimos el intervalo $[0, 1]$ en n trozos iguales: $0, \frac{1}{n}, \frac{2}{n}, \ldots, \frac{n}{n} = 1$.

Tomamos el valor de la función en el extremo de la derecha en cada intervalo:

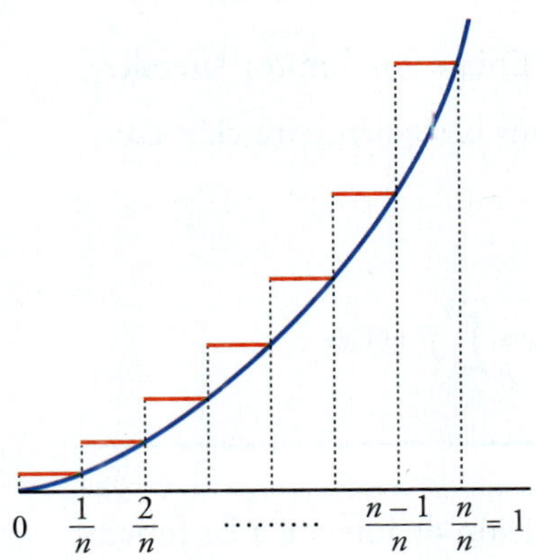

$$s_n^* = \frac{1}{n}\left[\left(\frac{1}{n}\right)^2 + \left(\frac{2}{n}\right)^2 + \ldots + \left(\frac{n}{n}\right)^2\right] =$$

$$= \frac{1^2 + 2^2 + \ldots + n^2}{n^3} = \frac{n(n+1)(2n+1)}{6n^3}$$

(Hemos aplicado la fórmula de la suma de los n primeros cuadrados)

$$lím\ s_n^* = \lim_{n \to \infty} \frac{n(n+1)(2n+1)}{6n^3} = \frac{2}{6} = \frac{1}{3}$$

Por tanto, $\int_0^1 x^2\,dx = \frac{1}{3}$

Piensa y practica

1 Halla gráficamente las siguientes integrales:

a) $\int_2^6 \left(\frac{x}{2} + 1\right) dx$ b) $\int_{-4}^4 \sqrt{16 - x^2}\,dx$

2 Halla gráficamente las siguientes integrales:

a) $\int_{-4}^4 (\sqrt{16 - x^2} + 4)\,dx$ b) $\int_{-4}^4 (4 - \sqrt{16 - x^2})\,dx$

3 PROPIEDADES DE LA INTEGRAL

Todas las propiedades que se ven a continuación son muy razonables. Se justifican a partir del concepto de integral que acabamos de ver.

1. $\int_a^a f(x)\,dx = 0$ cualquiera que sea f.

2. Si $f(x) \geq 0$ e integrable en $[a, b]$, entonces $\int_a^b f(x)\,dx \geq 0$, y si $f(x) \leq 0$ en todo $[a, b]$, entonces $\int_a^b f(x)\,dx \leq 0$.

3. Si $a < b < c$ y f es integrable en $[a, c]$, entonces:

$$\int_a^b f(x)\,dx + \int_b^c f(x)\,dx = \int_a^c f(x)\,dx$$

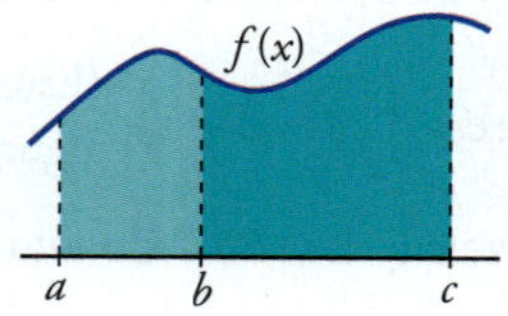

Recuerda que si f cambia de signo en $[a, b]$, la $\int_a^b f$ nos da la suma algebraica de las áreas que están por encima y por debajo del eje X, cada una con su signo. Si quisiéramos calcular el área que queda entre la gráfica de f y el eje X, tendríamos que considerar las negativas en valor absoluto.

Por ejemplo, si calculamos $\int_a^b f$, donde f es la función que aparece al margen, obtendríamos 7 – 4 + 1 = 4 unidades de área.

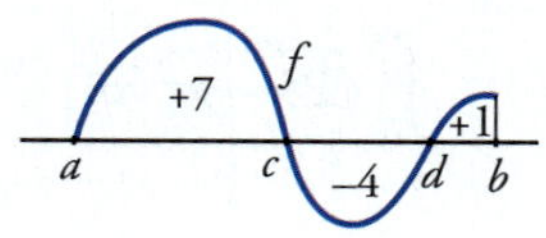

Para calcular el área propiamente dicha, tendríamos que obtener $\int_a^c f$, $\int_c^d f$ y $\int_d^b f$, cuyos valores absolutos suman 12. Este es el valor del área en su sentido usual.

4. Si f es continua en (a, b) y existen y son finitos los límites laterales, $\lim\limits_{x \to a^+} f(x) = \alpha$, $\lim\limits_{x \to b^-} f(x) = \beta$, entonces formamos la siguiente función continua en $[a, b]$:

$$f_1(x) = \begin{cases} \alpha & \text{si } x = a \\ f(x) & \text{si } x \in (a, b) \\ \beta & \text{si } x = b \end{cases} \quad \text{y definimos} \quad \int_a^b f(x)\,dx = \int_a^b f_1(x)\,dx$$

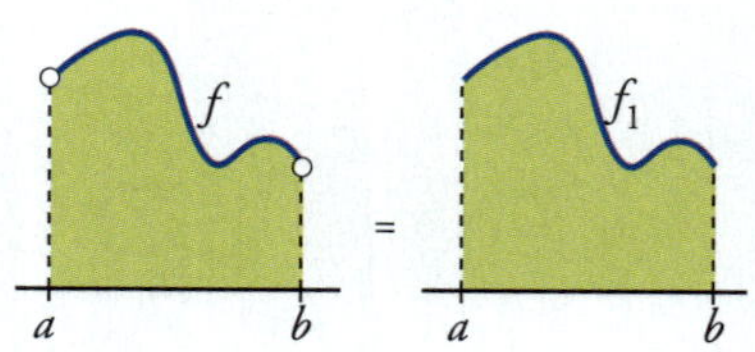

Las dos últimas propiedades permiten ampliar la definición de integral a las funciones continuas a trozos, con la condición de que no tengan ramas infinitas.

En adelante, cuando hablemos de $\int_a^b f(x)\,dx$ supondremos que f es continua en $[a, b]$ o que, a lo sumo, tiene algunos puntos de discontinuidad en los cuales hay límites laterales finitos.

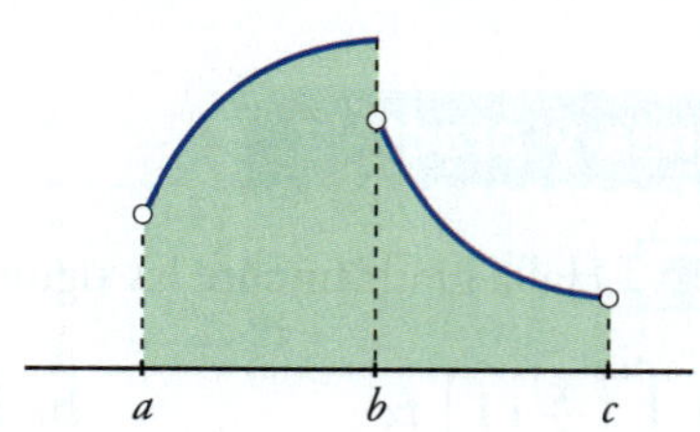

5. $\int_a^b f(x)\,dx + \int_a^b g(x)\,dx = \int_a^b (f+g)(x)\,dx$

6. $\int_a^b c\,f(x)\,dx = c\int_a^b f(x)\,dx$ cualquiera que sea el número c.

7. Si para cada $x \in [a, b]$ es $f(x) \le g(x)$, entonces $\int_a^b f(x)\,dx \le \int_a^b g(x)\,dx$.

8. Si f es continua en $[a, b]$, entonces existe un número $c \in (a, b)$ tal que:

$$\int_a^b f(x)\,dx = f(c)\,(b-a)$$

Esta propiedad se llama **teorema del valor medio del cálculo integral.**

anayaeducacion.es GeoGebra. Escena para interpretar gráficamente el teorema del valor medio del cálculo integral.

Demostración

Por ser f continua en $[a, b]$, alcanza su valor mínimo, m, y su valor máximo, M (teorema de Weierstrass, página 233 de la unidad 7). Es decir, cualquiera que sea $x \in [a, b]$: $m \le f(x) \le M$.

Por la propiedad 7. anterior: $\int_a^b m \le \int_a^b f(x)\,dx \le \int_a^b M$

Puesto que $\int_a^b m = m(b-a)$ y $\int_a^b M = M(b-a)$, la desigualdad anterior da lugar a:

$$m\,(b-a) \le \int_a^b f(x)\,dx \le M(b-a)$$

Dividimos por $b-a$: $\quad m \le \frac{1}{b-a}\int_a^b f(x)\,dx \le M$

Esto significa (teorema de Darboux, página 233 de la unidad 7) que existe algún número $c \in [a, b]$ tal que:

$$f(c) = \frac{1}{b-a}\int_a^b f(x)\,dx$$

Por tanto: $\int_a^b f(x)\,dx = (b-a)\,f(c)$ para algún número $c \in [a, b]$.

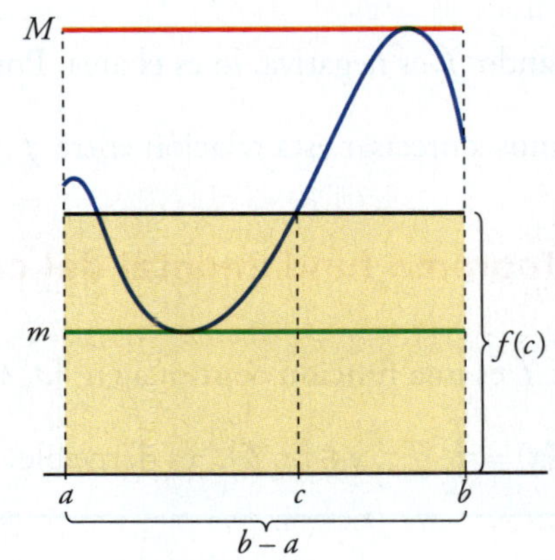

El área del rectángulo de base $b-a$ y altura $f(c)$ es igual al área bajo la curva.

9. $\int_a^b f(x)\,dx = -\int_b^a f(x)\,dx$

Recuerda

La propiedad 9 es una convención que resulta útil para hacer algunos cálculos con integrales.

Piensa y practica

1 Dadas las integrales: $\int_{-1}^{2} f(x)\,dx = 3$ y $\int_{-5}^{2} f(x)\,dx = 7$

¿Cuánto vale $\int_{-5}^{-1} f(x)\,dx$?

2 Justifica esta desigualdad:

$$\left|\int_a^b f(x)\,dx\right| \le \int_a^b |f(x)|\,dx$$

3 Justifica las siguientes implicaciones:

a) Si f es impar: $\int_{-a}^{a} f(x)\,dx = 0$

b) Si f es par: $\int_{-a}^{a} f(x)\,dx = 2\int_0^a f(x)\,dx$

4 Halla el valor del punto c que se postula en el T.V.M. del cálculo integral para $f(x) = x + 3$ y el intervalo $[-2, 4]$.

anayaeducacion.es Cálculo de integrales definidas aplicando sus propiedades.

4
LA INTEGRAL Y SU RELACIÓN CON LA DERIVADA

Como hemos dicho en la introducción de esta unidad, existe una estrecha relación entre la integración (cálculo del área bajo la curva) y la derivación (medida de la variación de la función). Vamos a recorrer, con cierto rigor, el camino que nos lleva a establecer esa relación.

Isaac Newton (1643-1727)

■ La función área

Dada una función f, continua en el intervalo $[a, b]$, podemos calcular $\int_a^c f$ para todo número $c \in [a, b]$.

Consideremos la nueva función $F(x) = \int_a^x f$, $x \in [a, b]$, que es el área bajo f entre a y un punto variable x.

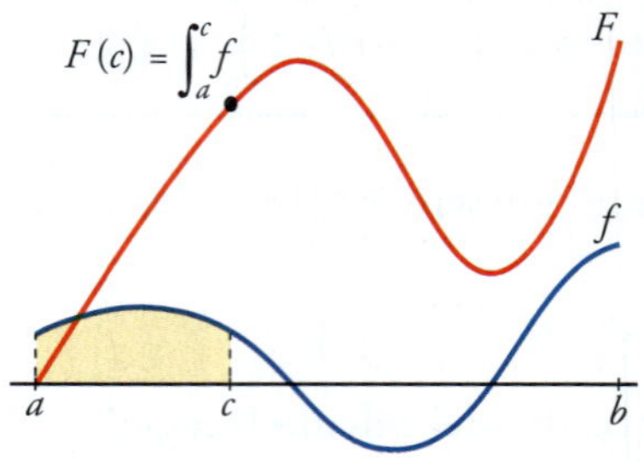

Cuanto mayor sea la ordenada de f, más rápidamente crece el área bajo ella, F, y, por tanto, mayor es F'.

Cuando f es negativa, lo es el área. Por tanto, F decrece y su derivada es negativa.

Vamos a precisar esta relación entre f y F' que aquí hemos visto intuitivamente.

Gottfried Leibniz (1646-1716)

■ Teorema fundamental del cálculo

Si f es una función continua en $[a, b]$, entonces la función $F(x) = \int_a^x f$, $x \in [a, b]$, es derivable, y se verifica que $F'(x) = f(x)$.

Demostración

Para hallar $F'(x)$, hemos de calcular:

$$\lim_{h \to 0} \frac{F(x+h) - F(x)}{h}$$

El numerador es:

$$F(x+h) - F(x) = \int_a^{x+h} f - \int_a^x f = \int_x^{x+h} f$$

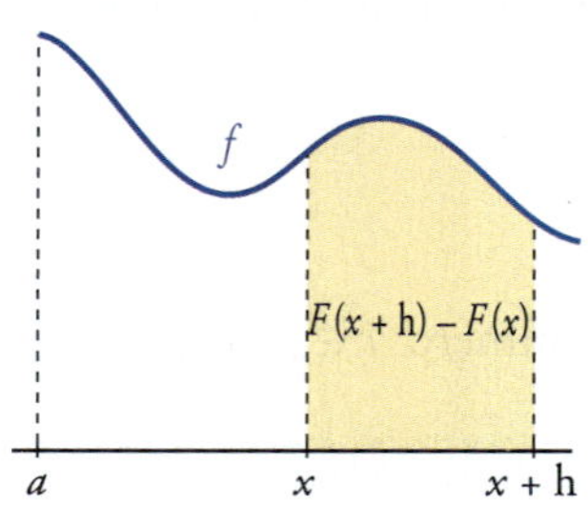

Por la propiedad **8.** de la página anterior (teorema del valor medio del cálculo integral), al ser f continua en $[x, x + h]$, existe $c \in (x, x + h)$ tal que:

$$\int_x^{x+h} f = f(c)\,(x + h - x) = f(c) \cdot h$$

Por tanto:

$$F'(x) = \lim_{h \to 0} \frac{F(x+h) - F(x)}{h} = \lim_{h \to 0} \left[\frac{1}{h} \int_x^{x+h} f\right] = \lim_{h \to 0} \left[\frac{1}{h} f(c) \cdot h\right] = \lim_{h \to 0} f(c)$$

Como $c \in (x, x + h)$, el límite $\lim_{h \to 0} f(c) = f(x)$, pues f es continua.

Por tanto, $F'(x) = f(x)$, que es lo que queríamos demostrar.

Derivada de $\int_a^{\varphi(x)} f(t)\,dt$

$F(y) = \int_a^y f(t)\,dt \to F'(y) = f(y)$

$y = \varphi(x)$, $G(x) = \int_a^{\varphi(x)} f(t)\,dt = F[\varphi(x)]$

$G'(x) = F'[\varphi(x)] \cdot \varphi'(x) = f[\varphi(x)] \cdot \varphi'(x)$

Conclusión:

$$\left[\int_a^{\varphi(x)} f(t)\,dt\right]' = f[\varphi(x)] \cdot \varphi'(x)$$

En consecuencia:

$$\left[\int_{\varphi_1(x)}^{\varphi_2(x)} f(t)\,dt\right]' =$$

$$= f[\varphi_2(x)] \cdot \varphi'_2(x) - f[\varphi_1(x)] \cdot \varphi'_1(x)$$

anayaeducacion.es

Ampliación práctica: aplicación del teorema fundamental del cálculo al manejo de funciones del tipo:

$$\int_a^{\varphi(x)} f(t)\,dt$$

La relación anterior, que liga el cálculo de áreas (integrales) con la derivación, abre una gran cantidad de posibilidades teóricas y prácticas.

La función *área bajo la gráfica de f*, $F(x) = \int_a^x f$, es una primitiva de $f(x)$, según acabamos de ver.

Por eso, al cálculo de primitivas se le llama **integración** o cálculo de integrales, y se utiliza la expresión $\int f(x)\, dx$ para designar una primitiva de la función $f(x)$.

Ejercicios resueltos

1 *Calcular la derivada de la función:*

$$\int_5^x \sqrt{e^t + 1}\, dt$$

$F(x) = \int_5^x \sqrt{e^t+1}\, dt = \int_5^x f(t)\, dt$, siendo $f(t) = \sqrt{e^t+1}$ continua.

Por el teorema fundamental del cálculo:

$$F'(x) = f(x) = \sqrt{e^x+1}$$

2 *Calcular el área comprendida entre una de las ondulaciones de la función seno y el eje X.*

Es decir, $\int_0^\pi sen\, x\, dx$.

Llamamos $F(x) = \int_0^x sen\, t\, dt$.

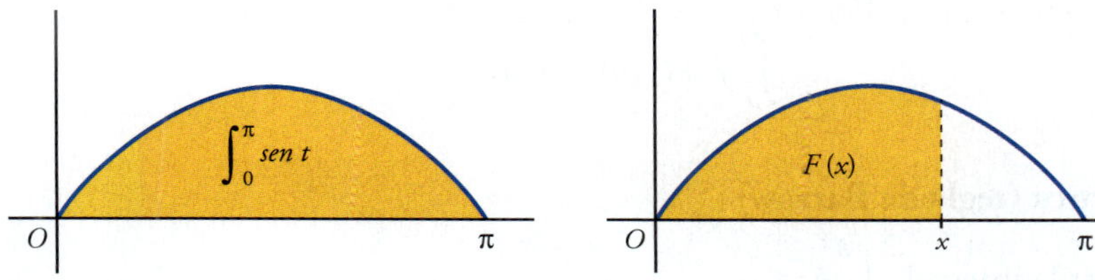

Por el teorema fundamental, $F'(x) = sen\, x$. Por tanto:

$$F(x) = \int sen\, x\, dx = -cos\, x + k$$ (F es una primitiva de la función *seno*).

Como $F(0) = \int_0^0 sen\, t\, dt = 0 \rightarrow -cos\, 0 + k = 0 \rightarrow k = cos\, 0 = 1$

La función $F(x)$ es, por tanto, $F(x) = -cos\, x + 1$.

El área que queremos calcular es:

$$\int_0^\pi sen\, x\, dx = F(\pi) = -cos\, \pi + 1 = -(-1) + 1 = 2$$

Hemos obtenido que el área buscada es 2 u^2.

En la página siguiente veremos un método para hallar esto mismo de forma más rápida y eficaz.

Piensa y practica

1 Sea la función $F(x) = \int_0^x log\,(t^2+4)\, dt$.

Calcula $F'(x)$.

2 Calcula la siguiente integral:

$$\int_0^{\pi/2} cos\, x\, dx$$

5 REGLA DE BARROW

Los pasos que hemos dado en el segundo ejercicio resuelto de la página anterior se utilizan en el siguiente teorema:

Si $f(x)$ es continua en $[a, b]$ y $G(x)$ es una primitiva suya, entonces:

$$\int_a^b f = G(b) - G(a)$$

Isaac Barrow (1630-1677)

Demostración

$F(x) = \int_a^x f$ es la función *área bajo la curva.*

$F'(x) = f(x)$, por el teorema fundamental del cálculo.

$G'(x) = f(x)$, por hipótesis, ya que $G(x)$ es una primitiva de $f(x)$.

Dos funciones que tienen la misma derivada difieren, a lo sumo, en una constante. Por tanto, $F(x) = G(x) + k$.

En la igualdad anterior, hacemos $x = a$. Como $F(a) = \int_a^a f = 0$, queda: $G(a) + k = 0$; es decir, $k = -G(a)$.

Por tanto, queda, finalmente, $F(x) = G(x) - G(a)$.

Y si ahora, en esta última igualdad, damos a x el valor b, obtenemos:

$$\int_a^b f = G(b) - G(a)$$

Regla práctica (regla de Barrow)

Para calcular la integral $\int_a^b f$:

1.° Buscamos una primitiva, $G(x)$, de f: $G(x) = \int f(x)\, dx$

2.° Calculamos $G(b)$ y $G(a)$.

3.° Hacemos $\int_a^b f = G(b) - G(a)$

Notación

Escribiremos:

$G(b) - G(a) = \left[G(x)\right]_a^b$

Ejercicio resuelto

1 *Calcular:*

a) $I = \int_2^5 (3x^2 - 2x + 3)\, dx$

b) $I = \int_0^6 (6 + 2t - 0,5t^2)\, dt$

c) $I = \int_0^{\pi} sen\, x\, dx$

a) $I = \left[x^3 - x^2 + 3x\right]_2^5 = (5^3 - 5^2 + 3 \cdot 5) - (2^3 - 2^2 + 3 \cdot 2) = 115 - 10 = 105$

b) $I = \left[6t + t^2 - \dfrac{0,5t^3}{3}\right]_0^6 = (36 + 36 - 36) - (0) = 36$

c) $I = \left[-cos\, x\right]_0^{\pi} = -cos\, \pi - (-cos\, 0) = -(-1) + 1 = 2$ (fíjate en que coincide con el resultado del *Ejercicio resuelto 2* de la página anterior).

Piensa y practica

1 Calcula: $\int_1^6 (4x^3 - 4x^4 - 3)\, dx$

2 Calcula: $\int_0^1 \dfrac{1}{1 + x^2}\, dx$

anayaeducacion.es Ejercicios para calcular áreas usando la regla de Barrow.

6 CÁLCULO DE ÁREAS MEDIANTE INTEGRALES

Veamos un método sistemático para calcular el área comprendida entre una curva $y = f(x)$, el eje X y las rectas $x = a$, $x = b$ (recuerda que mencionamos este tipo de cálculos en la página 366).

Al calcular $\int_a^b f(x)$, nos podemos encontrar en alguno de estos casos:

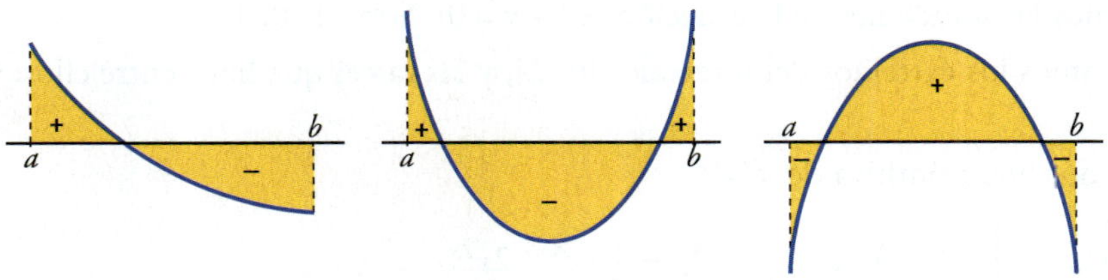

Aquí, el resultado de la integral no representa el área buscada. Ello es debido a las compensaciones que se producen de las partes positivas con las negativas.

La forma correcta de proceder será calcular, por separado, las integrales de los diversos recintos y, posteriormente, sumar sus valores absolutos.

Para calcular el área comprendida entre la curva $y = f(x)$, el eje X y las rectas $x = a$ y $x = b$, conviene dar los siguientes pasos:

I. Resolver la ecuación $f(x) = 0$ para averiguar los puntos de corte de la curva con el eje X.

II. Seleccionar, de entre las raíces de la ecuación anterior, aquellas que estén comprendidas entre a y b. Imaginemos que estas raíces, ordenadas de menor a mayor, son x_1, x_2 y x_3.

Es decir, se cumple: $a < x_1 < x_2 < x_3 < b$.

III. Buscar una primitiva de $f(x)$. Llamémosla $G(x)$.

IV. Calcular $G(a)$, $G(x_1)$, $G(x_2)$, $G(x_3)$ y $G(b)$.

V. $G(x_1) - G(a)$, $G(x_2) - G(x_1)$, $G(x_3) - G(x_2)$ y $G(b) - G(x_3)$ son las integrales de los cuatro recintos en los que queda dividida el área buscada.

Sus áreas son los valores absolutos de estas cantidades. El área buscada es la suma de todas ellas.

Observemos que, con estos pasos, no es necesario dibujar la curva.

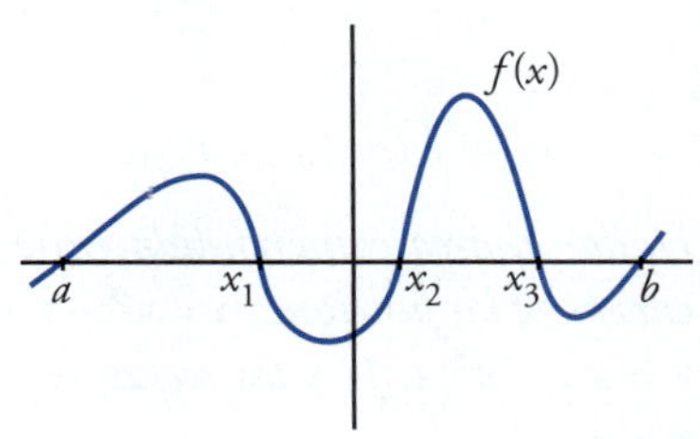

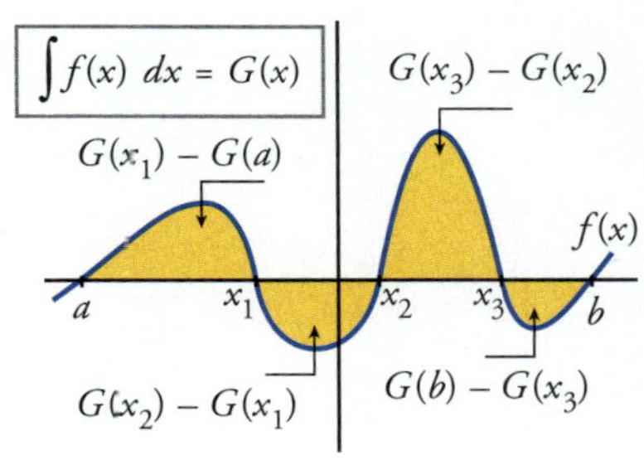

■ Área comprendida entre dos curvas

El área comprendida entre dos curvas f y g es igual al área comprendida entre la función diferencia, $f - g$, y el eje X.

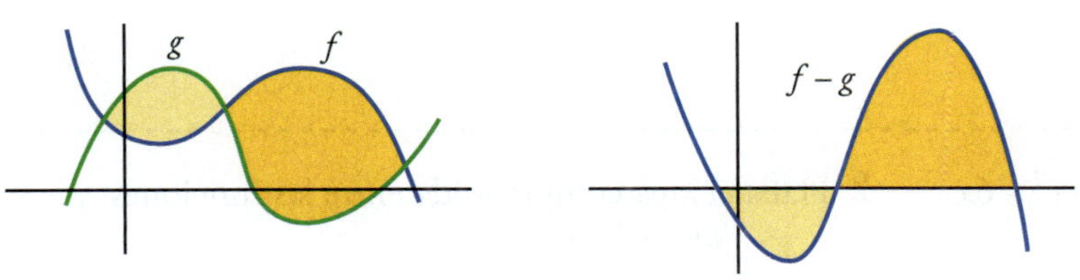

Integrales con la calculadora

Algunas calculadoras tienen la tecla: [∫▭]

Con ella se obtienen integrales definidas con gran aproximación decimal. Calculemos, por ejemplo, la integral del apartado a) del *Ejercicio resuelto 1* de la página anterior.

$$\int_2^5 (3x^2 - 2x + 3)\, dx$$

[∫▭] [(] 3 [ALPHA] [)] [x²] [−] 2 [ALPHA] [)] [+] 3 [)] [⊛] 2 [⊛] 5 [=] {105}

anayaeducacion.es

Curiosidad teórica: obtención de las áreas de figuras planas conocidas, mediante integrales.

Ejercicios resueltos

1 *Hallar el área comprendida entre la curva $y = x^3 - x$, el eje X y las rectas $x = 0$ y $x = 2$.*

Como ya sabemos, probablemente la integral $\int_0^2 (x^3 - x)\,dx$ no nos dará la solución correcta.

Debemos proceder así:

I. Hallamos las soluciones de la ecuación $x^3 - x = 0$. Son $-1, 0, 1$.

II. Ordenamos los extremos del intervalo, $[0, 2]$, y las raíces que haya entre ellos: 0, 1, 2.

III. Buscamos una primitiva de $f(x)$:

$$G(x) = \int (x^3 - x)\,dx = \frac{x^4}{4} - \frac{x^2}{2} = \frac{1}{4}(x^4 - 2x^2)$$

IV. $G(0) = 0,\ G(1) = -\frac{1}{4},\ G(2) = 2$

V. $G(1) - G(0) = -\frac{1}{4}$

$$G(2) - G(1) = 2 - \left(-\frac{1}{4}\right) = \frac{9}{4}$$

El área buscada es:

$$\left|-\frac{1}{4}\right| + \frac{9}{4} = \frac{1}{4} + \frac{9}{4} = \frac{10}{4} = \frac{5}{2}\ \text{u}^2$$

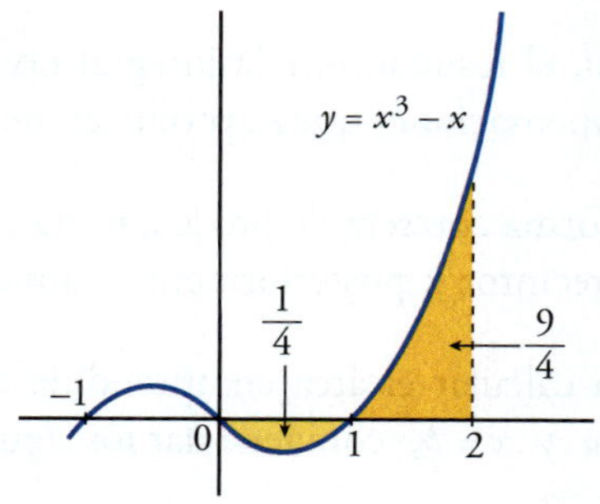

(La gráfica la hemos incluido para entender el proceso, pero es innecesaria para obtener el área).

2 *Hallar el área comprendida entre las curvas de las funciones $y = x^4 - x + 1$, $y = x^4 - x^3 + 1$ y las rectas $x = 0$, $x = 2$.*

Se obtiene la función diferencia:

$$y = (x^4 - x + 1) - (x^4 - x^3 + 1) = x^3 - x$$

Ahora debemos calcular el área comprendida entre esta función, el eje X y las rectas $x = 0$, $x = 2$, lo cual se ha hecho ya en el ejercicio anterior.

Por lo tanto, el área que pide el enunciado es $\frac{5}{2}$ u^2.

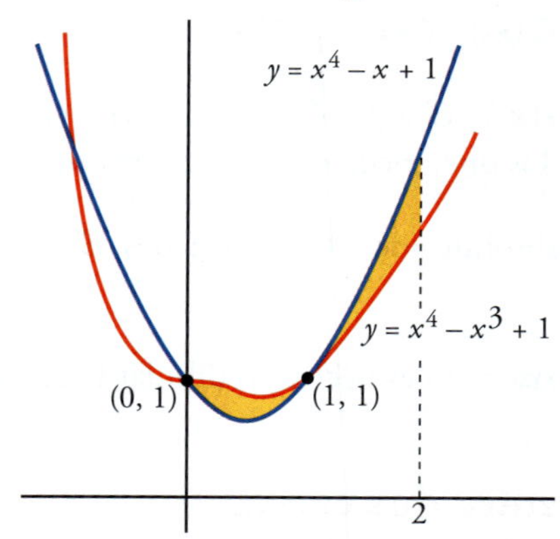

(También en este caso es innecesario representar la gráfica para obtener el área buscada).

Piensa y practica

1 Halla el área comprendida entre la función $y = x^3 - x^2 - 6x$ y el eje X.

2 Halla el área comprendida entre las funciones $y = x^4 + x^3$ e $y = x^4 + x^2 + 6x$.

anayaeducacion.es **GeoGebra.** Ejercicios para calcular áreas comprendidas entre rectas y curvas.

Integrales impropias

El concepto de integral como «área bajo una curva» puede extenderse a recintos infinitos del siguiente modo:

Si existe (y es finito) el siguiente límite, $\lim\limits_{x \to +\infty} \int_a^x f(t)\,dt$, entonces se le da el nombre de **integral impropia** y se designa así:

$$\lim_{x \to +\infty} \int_a^x f(t)\,dt = \int_a^{\infty} f(t)\,dt$$

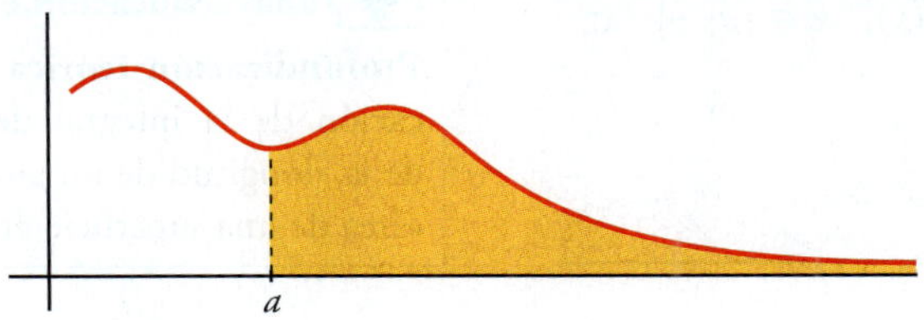

Por ejemplo:

$$\int_1^x \frac{1}{t^2}\,dt = \left[-\frac{1}{t}\right]_1^x = -\frac{1}{x} + 1 = 1 - \frac{1}{x} \to 1 \text{ si } x \to +\infty$$

Por tanto: $\int_1^{\infty} \frac{1}{t^2}\,dt = 1$ es una **integral impropia.**

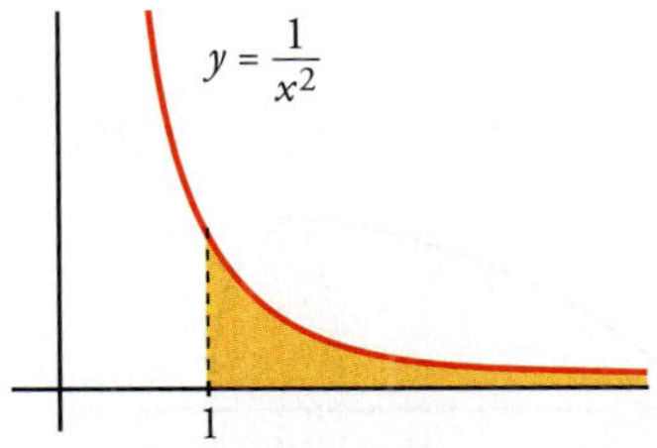

EL ÁREA DE ESTE RECINTO INFINITO ES 1

Sin embargo:

$$\int_1^x \frac{1}{t}\,dt = \left[\ln t\right]_1^x = \ln x - \ln 1 =$$

$$= \ln x \to +\infty \text{ si } x \to +\infty$$

Por tanto: $\int_1^{\infty} \frac{1}{t}\,dt$ no existe

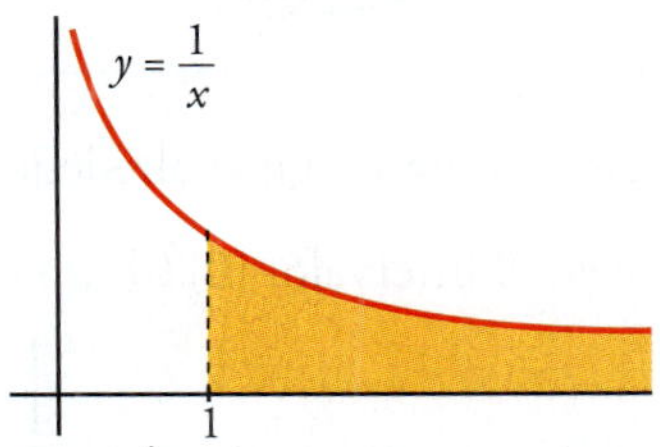

EL ÁREA DE ESTE RECINTO INFINITO ES INFINITA

Otras integrales impropias

Si f no está acotada en $[a, b]$, no existe la integral $\int_a^b f$. Sin embargo, en algunos casos se puede proceder de forma análoga a la anterior.

Por ejemplo:

$$\int_0^1 \frac{1}{\sqrt{t}}\,dt = \lim_{x \to 0^+} \int_x^1 \frac{1}{\sqrt{t}}\,dt = \lim_{x \to 0^+} \left[2\sqrt{t}\right]_x^1 = \lim_{x \to 0^+} \left(2 - 2\sqrt{x}\right) = 2$$

$$\int_0^1 \frac{1}{t^2}\,dt = \lim_{x \to 0^+} \int_x^1 \frac{1}{t^2}\,dt = \lim_{x \to 0^+} \left[-\frac{1}{t}\right]_x^1 = \lim_{x \to 0^+} \left[-1 + \frac{1}{x}\right] = +\infty$$

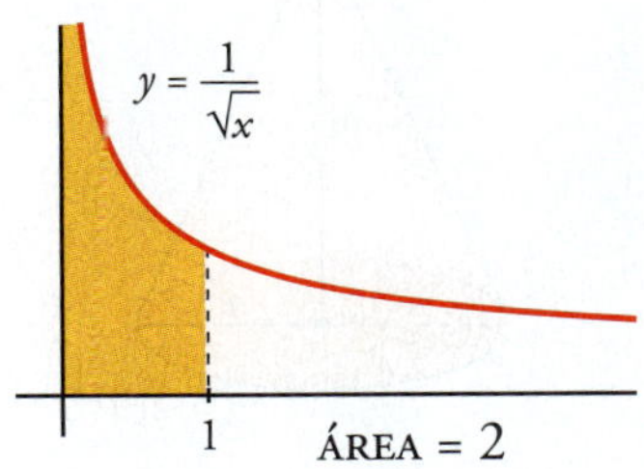

ÁREA = 2

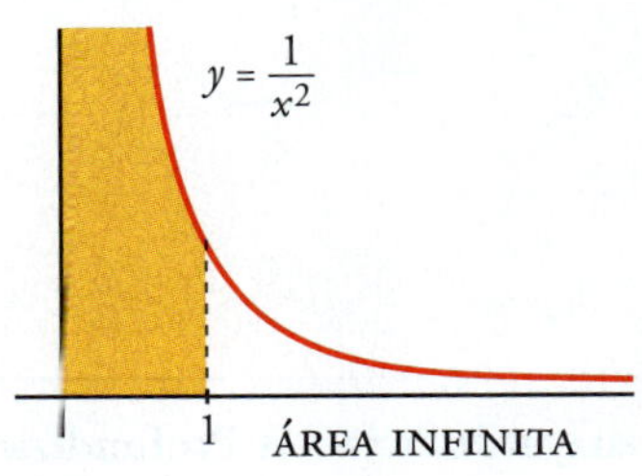

ÁREA INFINITA

Piensa y practica

3 Halla:

a) $\int_{-\infty}^{1} \frac{1}{t^2}\,dt$ b) $\int_{-\infty}^{1} \frac{1}{t}\,dt$ c) $\int_{-1}^{0} \frac{1}{\sqrt{-t}}\,dt$ d) $\int_{-1}^{0} \frac{1}{t^2}\,dt$

anayaeducacion.es Cálculo de integrales impropias.

7 VOLUMEN DE UN CUERPO DE REVOLUCIÓN

Un trozo de curva $y = f(x)$, $x \in [a, b]$, se hace girar alrededor del eje X engendrando un cuerpo de revolución cuyo volumen queremos calcular.

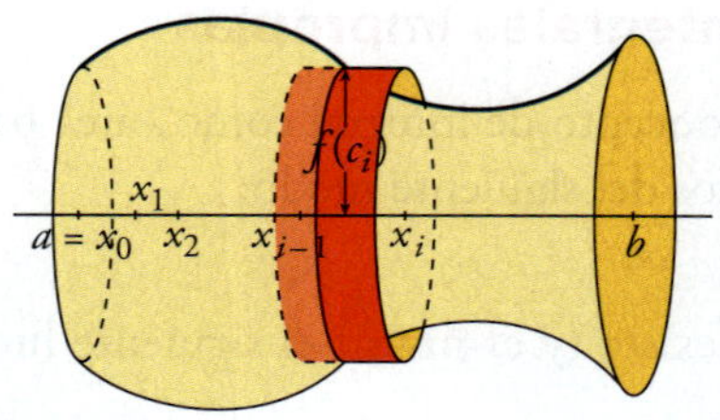

La rodaja señalada en el dibujo es un cilindro, el radio de cuya base es $f(c_i)$, y su altura, $(x_i - x_{i-1})$. Por tanto, su volumen es:

$$\pi f(c_i)^2 (x_i - x_{i-1})$$

El volumen de todo el cuerpo es, aproximadamente, $\sum_{i=1}^{n} \pi f(c_i)^2 (x_i - x_{i-1})$.

Pasando al límite, obtenemos el valor exacto mediante una integral.

VOLUMEN DEL CUERPO DE REVOLUCIÓN QUE ENGENDRA $y = f(x)$, $x \in [a, b]$ AL GIRAR ALREDEDOR DEL EJE X:

$$\int_a^b \pi f(x)^2\,dx = \pi \int_a^b f(x)^2\,dx$$

anayaeducacion.es

Profundización teórica y práctica: aplicación de la integral definida al cálculo de la «longitud de un arco de curva» y del «área de una superficie de revolución».

Ejercicios resueltos

1 *Calcular el volumen engendrado al girar la parábola $y = \sqrt{x}$ alrededor del eje X entre 0 y 4.*

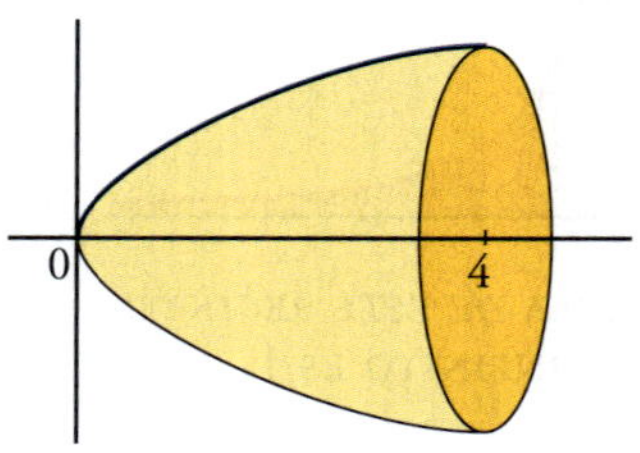

$$V = \pi \int_0^4 (\sqrt{x})^2\,dx = \pi \int_0^4 x\,dx = \pi \left[\frac{x^2}{2}\right]_0^4 = 8\pi \text{ u}^3$$

2 *Deducir la fórmula para el volumen de un cono.*

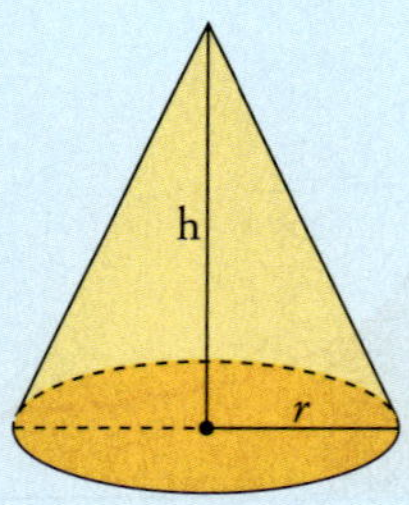

La recta que ha de girar alrededor del eje X tiene por ecuación $y = \frac{r}{h}x$ para que genere en el intervalo $[0, h]$ un cono de radio r y altura h:

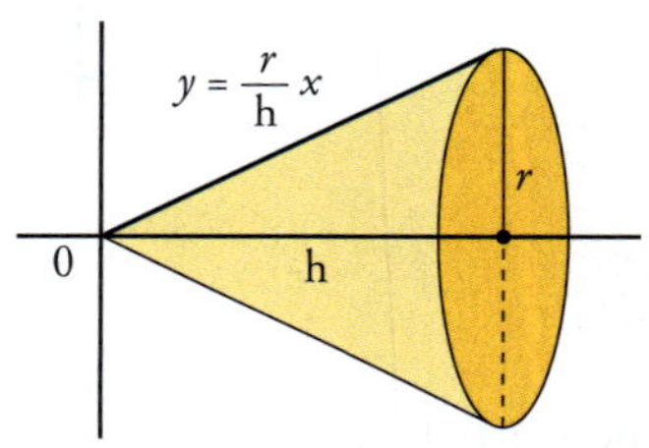

Su volumen es:

$$V = \pi \int_0^h \left(\frac{r}{h}x\right)^2 dx = \frac{\pi r^2}{h^2} \int_0^h x^2\,dx = \frac{\pi r^2}{h^2} \cdot \frac{h^3}{3} = \frac{1}{3}\pi r^2 h$$

(fórmula del volumen de un cono)

anayaeducacion.es **Profundización práctica:** obtención del volumen de cuerpos conocidos, mediante integrales.

Piensa y practica

1 Calcula el volumen de una esfera de radio 5 cm haciendo girar la semicircunferencia $y = \sqrt{25 - x^2}$ alrededor del eje X. ¿Qué límite de integración debes tomar?

1. Área limitada por una curva y el eje *X*

Calcular el área comprendida entre la curva $y = x^3 - 5x^2 + 6x$ y el eje X.

Hallamos el área sin dibujar el recinto:

- Resolvemos la ecuación $x^3 - 5x^2 + 6x = 0$.

  Las soluciones son $x = 0$, $x = 2$ y $x = 3$ (abscisas de los puntos de corte de la curva con OX).

- Calculamos una primitiva de la función:

$$G(x) = \int (x^3 - 5x^2 + 6x)\, dx = \frac{x^4}{4} - \frac{5x^3}{3} + 3x^2$$

- Obtenemos el valor de la primitiva en cada uno de los puntos anteriores:

$$G(0) = 0 \qquad G(2) = \frac{8}{3} \qquad G(3) = \frac{9}{4}$$

- Calculamos la integral en cada tramo:

$$\int_0^2 f(x)\, dx = G(2) - G(0) = \frac{8}{3}$$

$$\int_2^3 f(x)\, dx = G(3) - G(2) = \frac{9}{4} - \frac{8}{3} = -\frac{5}{12}$$

- Área $= \displaystyle\int_0^2 f(x)\, dx + \left| \int_2^3 f(x)\, dx \right| = \frac{8}{3} + \left| -\frac{5}{12} \right| = \frac{37}{12}\ u^2$

Hazlo tú. Halla el área comprendida entre el eje X y la gráfica de la función:

$$y = x^3 + x^2 - 2x$$

2. Áreas e integrales de valores absolutos

Dada la función $f(x) = x^2 - 1$, calcular:

a) $\displaystyle\int_{-2}^{2} f(x)\, dx$

b) $\displaystyle\int_{-2}^{2} |f(x)|\, dx$

c) Área encerrada entre la curva $y = f(x)$, el eje X y las rectas $x = -2$ y $x = 2$.

a) $$\int_{-2}^{2} f(x)\, dx = \int_{-2}^{2} (x^2 - 1)\, dx = \left[\frac{x^3}{3} - x \right]_{-2}^{2} = \frac{2}{3} - \left(\frac{-2}{3} \right) = \frac{2}{3} + \frac{2}{3} = \frac{4}{3}$$

Como la función es par, es decir, $f(x) = f(-x)$, es simétrica respecto del eje Y. Entonces podríamos hallar la integral pedida de la siguiente forma:

$$\int_{-2}^{2} f(x)\, dx = 2 \cdot \int_0^2 f(x)\, dx = 2 \cdot \left[\frac{x^3}{3} - x \right]_0^2 = 2 \cdot \left(\frac{8}{3} - 2 \right) = 2 \cdot \frac{2}{3} = \frac{4}{3}$$

b) Definimos $y = |f(x)|$ como función a trozos:

$$f(x) = \begin{cases} x^2 - 1 & \text{si } x < -1 \\ -x^2 + 1 & \text{si } -1 \le x < 1 \\ x^2 - 1 & \text{si } x \ge 1 \end{cases}$$

Por tanto:

$$\int_{-2}^{2} |f(x)|\, dx = \int_{-2}^{-1} (x^2 - 1)\, dx + \int_{-1}^{1} (-x^2 + 1)\, dx + \int_{1}^{2} (x^2 - 1)\, dx =$$

$$= \left[\frac{x^3}{3} - x \right]_{-2}^{-1} + \left[\frac{-x^3}{3} + x \right]_{-1}^{1} + \left[\frac{x^3}{3} - x \right]_{1}^{2} = \frac{4}{3} + \frac{4}{3} + \frac{4}{3} = \frac{12}{3} = 4$$

c) Lo que se nos pide coincide con lo que ya hemos obtenido en el apartado anterior. Por tanto, el área pedida es:

$$\text{Área} = 4\ u^2$$

Hazlo tú

Halla el área encerrada entre la gráfica de la función $f(x) = |x - 1|$, el eje X y las rectas $x = -1$ y $x = 2$.

3. Área entre dos curvas

Hallar el área limitada por las parábolas

$y = \dfrac{x^2}{2}$ *e* $y^2 = 2x$.

Representar el recinto cuya área se pide.

- Representamos las dos parábolas, $y = \dfrac{x^2}{2}$, de eje vertical, e $y^2 = 2x$, de eje horizontal:

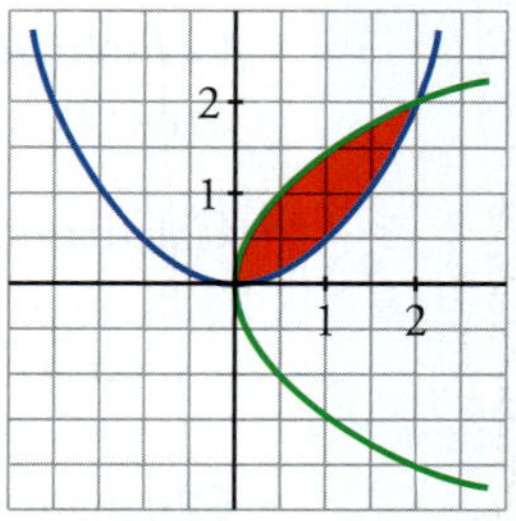

- Hallamos las abscisas de sus puntos de corte:

$$\left.\begin{array}{l} y = \dfrac{x^2}{2} \\ y^2 = 2x \end{array}\right\} \ \dfrac{x^4}{4} = 2x \ \rightarrow \ x^4 - 8x = 0 \ \rightarrow \ x(x^3 - 8) = 0 \ \rightarrow \ x = 0, \ x = 2$$

- El área pedida es la comprendida entre las curvas $y = \dfrac{x^2}{2}$ e $y = \sqrt{2x}$ (tomamos la parte positiva), que es igual al área comprendida entre la función diferencia, a la que llamamos $h(x)$, y el eje X.

$$h(x) = \frac{x^2}{2} - \sqrt{2x}; \quad G(x) = \int \left(\frac{x^2}{2} - \sqrt{2x} \right) dx = \frac{1}{6}x^3 - \frac{2\sqrt{2}}{3}x^{3/2}$$

$$G(0) = 0; \quad G(2) = \frac{8}{6} - \frac{2\sqrt{2}\sqrt{8}}{3} = \frac{8}{6} - \frac{8}{3} = -\frac{8}{6} = -\frac{4}{3}$$

$$\int_0^2 h(x)\,dx = G(2) - G(0) = -\frac{4}{3}; \quad \text{Área} = \frac{4}{3} \text{ u}^2$$

Hazlo tú

Comprueba que la recta $y = \dfrac{3}{5\pi}x$ corta a la gráfica de $y = sen\ x$ en el punto $\left(\dfrac{5}{6}\pi, \dfrac{1}{2}\right)$.

Halla el área comprendida entre:

$$y = \frac{3}{5\pi}x \quad \text{e} \quad y = sen\ x$$

4. Área de un recinto

Calcular el área del recinto coloreado, sabiendo que la ecuación de la parábola es $y = x^2 - 1$ *y la de la recta es* $y = 5 - x$.

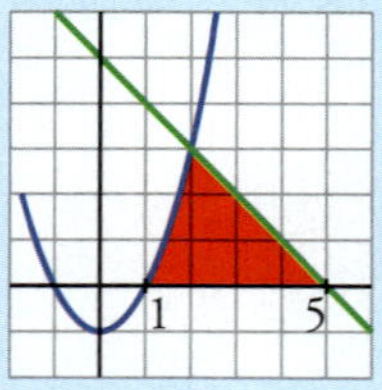

- Obtenemos el punto A resolviendo el sistema:

$$\left.\begin{array}{l} y = x^2 - 1 \\ y = 5 - x \end{array}\right\} \begin{array}{l} x = 2 \\ x = -3 \ \rightarrow \ \text{No nos interesa.} \end{array}$$

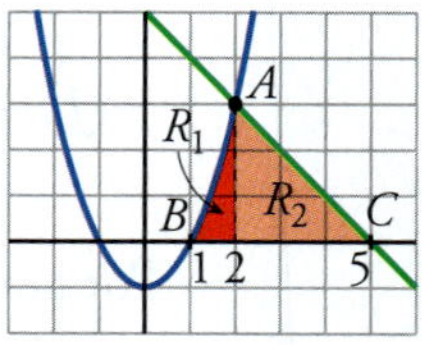

- Calculamos el área del recinto ABC como suma de los recintos R_1 y R_2.

$$\left.\begin{array}{l} R_1 = \displaystyle\int_1^2 (x^2 - 1)\,dx = \left[\frac{x^3}{3} - x\right]_1^2 = \frac{2}{3} - \left(-\frac{2}{3}\right) = \frac{4}{3} \\ R_2 = \displaystyle\int_2^5 (5 - x)\,dx = \left[5x - \frac{x^2}{2}\right]_2^5 = \frac{25}{2} - 8 = \frac{9}{2} \end{array}\right\} \ \text{Área} = R_1 + R_2 = \frac{35}{6} \text{ u}^2$$

Hazlo tú

Halla el área encerrada entre la parábola $y = x^2$, el eje X y la recta $y = -x + 6$.

5. Área de un recinto

Calcular el área del recinto plano limitado por las rectas $y = x$, $y = 2x$ y la parábola $y = x^2$.

- Representamos las rectas y la parábola para identificar el recinto.

Puntos de corte:

$$\left.\begin{array}{l} y = x \\ y = 2x \end{array}\right\} \to x = 0 \qquad \left.\begin{array}{l} y = x \\ y = x^2 \end{array}\right\} \to x = 0,\ x = 1 \qquad \left.\begin{array}{l} y = 2x \\ y = x^2 \end{array}\right\} \to x = 0,\ x = 2$$

- Descomponemos el recinto OAB en suma de R_1 y R_2.

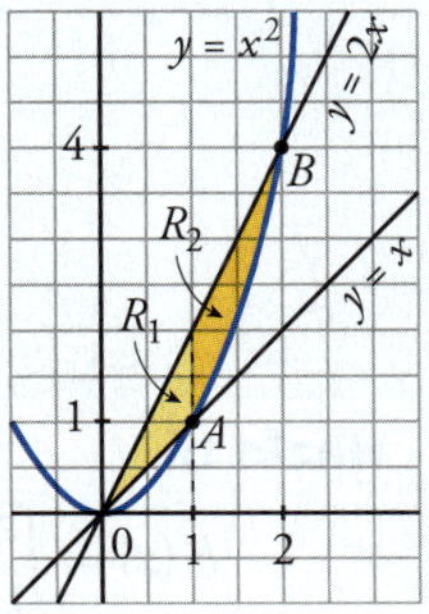

$$R_1 = \int_0^1 (2x - x)\,dx = \left[\frac{x^2}{2}\right]_0^1 = \frac{1}{2}$$

$$R_2 = \int_1^2 (2x - x^2)\,dx = \left[x^2 - \frac{x^3}{3}\right]_1^2 = \frac{2}{3}$$

$$\text{Área} = R_1 + R_2 = \frac{1}{2} + \frac{2}{3} = \frac{7}{6}\ \text{u}^2$$

Hazlo tú. Halla el área del recinto limitado por las rectas $y = 0$, $y = 15x$ y la curva $y = x^3 - 4x$, $x \geq 0$.

6. Dividir un recinto en áreas iguales

Dos hermanas heredan una parcela que han de repartirse en partes iguales. La parcela es la región plana encerrada entre la parábola $y = x^2$ y la recta $y = 1$. Deciden dividirla mediante una recta $y = a$.

Hallar el valor de a.

- El recinto que tienen que repartir es el indicado en la figura.

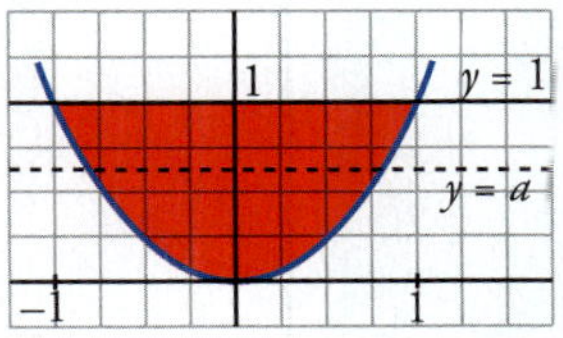

- Calculamos su área:

$$A_1 = 2\int_0^1 (1 - x^2)\,dx = 2\left[x - \frac{x^3}{3}\right]_0^1 = \frac{4}{3}\ \text{u}^2$$

- Dividimos el recinto por $y = a$.

Las intersecciones de $y = x^2$ con $y = a$ son $(\sqrt{a}, a)$ y $(-\sqrt{a}, a)$.

El área que determina $y = a$ con $y = x^2$ es:

$$A_2 = 2\int_0^{\sqrt{a}} (a - x^2)\,dx = 2\left[ax - \frac{x^3}{3}\right]_0^{\sqrt{a}} = \frac{4}{3}a^{3/2}\ \text{u}^2$$

- Queremos que $A_2 = \dfrac{A_1}{2} = \dfrac{2}{3}\ \text{u}^2$; es decir:

$$\frac{4}{3}a^{3/2} = \frac{2}{3} \to a = \frac{1}{\sqrt[3]{4}} \approx 0{,}63$$

Hazlo tú. El recinto limitado por la parábola $y = x^2$ y la recta $y = 4$ debe ser partido en dos trozos de igual área por una recta paralela al eje X, $y = a$.

Halla el valor de a.

7. Función integral

Sea $F(x) = \int_1^{x^2} (t^2 - 1)\, dt$.

Hallar los puntos extremos de dicha función.

Sabemos que $\left[\int_a^{\varphi(x)} f(t)\, dt\right]' = f[\varphi(x)] \cdot \varphi'(x)$

Por tanto, $F'(x) = [(x^2)^2 - 1] \cdot (x^2)' = [(x^2)^2 - 1] \cdot 2x = 2x^5 - 2x$

Para ver cuáles son los posibles puntos extremos, hacemos $F'(x) = 0$ y obtenemos:

$$x_1 = 0,\ x_2 = 1,\ x_3 = -1$$

$$F''(x) = 10x^4 - 2 \to F''(-1) > 0,\ F''(0) < 0,\ F''(1) > 0$$

Hay un máximo relativo en $x_1 = 0$ y dos mínimos relativos en $x_2 = 1$ y en $x_3 = -1$.

Los valores de estos extremos son:

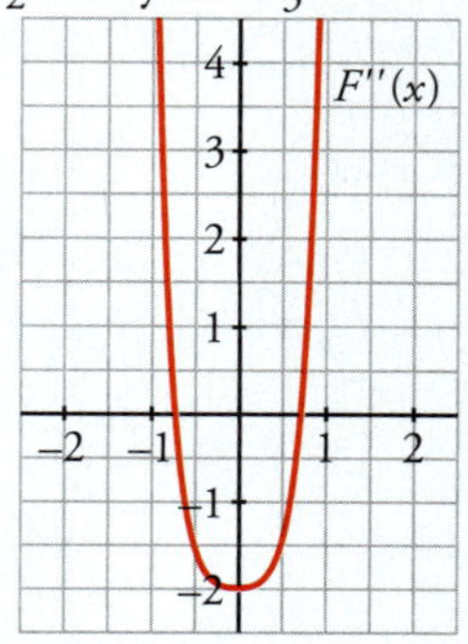

$$F(0) = \int_1^0 (t^2 - 1)\, dt = -\int_0^1 (t^2 - 1)\, dt = -\left[\frac{t^3}{3} - t\right]_0^1 = \frac{2}{3}$$

$$F(1) = \int_1^1 (t^2 - 1)\, dt = 0;\ F(-1) = \int_1^1 (t^2 - 1)\, dt = 0$$

Máximo: $\left(0, \frac{2}{3}\right)$; Mínimos: $(1, 0)$ y $(-1, 0)$

Hazlo tú

$$F(x) = \int_1^{x^2} (t^2 - 4t)\, dt$$

Halla sus puntos extremos.

8. La integral como límite de suma de rectángulos

Hallar $\int_0^1 x^3\, dx$ *mediante suma de rectángulos y paso al límite.*

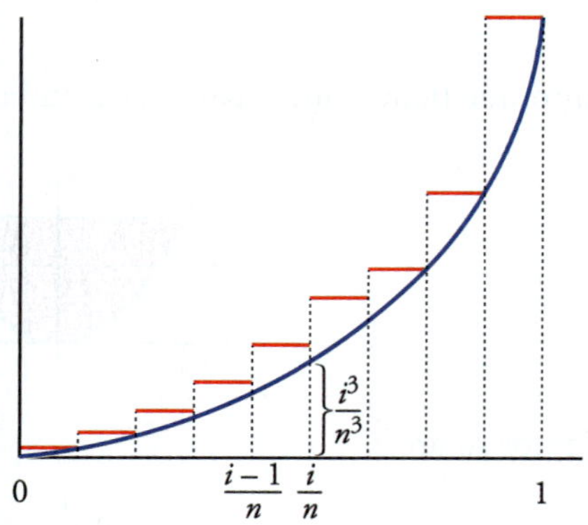

Partimos el intervalo $[0, 1]$ en n trozos de la misma longitud. La partición se compone de los siguientes puntos:

$$\frac{1}{n}, \frac{2}{n}, \frac{3}{n}, \ldots, \frac{n}{n} = 1$$

En cada intervalo tomamos un rectángulo cuya altura es el valor de la función en el extremo superior del intervalo.

El área del rectángulo correspondiente al intervalo $\left[\frac{i-1}{n}, \frac{i}{n}\right]$ es $\frac{1}{n} \cdot \left(\frac{i}{n}\right)^3$.

La suma del área de todos los rectángulos es:

$$\frac{1}{n} \cdot \left(\frac{1}{n}\right)^3 + \frac{1}{n} \cdot \left(\frac{2}{n}\right)^3 + \frac{1}{n} \cdot \left(\frac{3}{n}\right)^3 + \ldots + \frac{1}{n} \cdot \left(\frac{n}{n}\right)^3$$

La suma anterior puede ponerse así: $S_n = \frac{1}{n^4}(1^3 + 2^3 + 3^3 + \ldots + n^3)$

Recordemos que la suma de los n primeros cubos es: $1^3 + 2^3 + 3^3 + \ldots + n^3 = \frac{n^2(n+1)^2}{4}$

Por tanto, $S_n = \frac{n^2(n+1)^2}{4n^4}$.

Si tomamos una sucesión de particiones como la anterior, con n creciente, podemos hallar el límite de S_n cuando $n \to \infty$:

$$\int_0^1 x^3\, dx = \lim_{n \to \infty} S_n = \lim_{n \to \infty} \frac{n^2(n+1)^2}{4n^4} = \frac{1}{4}$$

Podemos comprobar que ese es el valor de la integral si la hallamos utilizando la regla de Barrow.

Hazlo tú

Halla $\int_0^2 x^2\, dx$ mediante suma de rectángulos y paso al límite.

9. Volumen (giro alrededor del eje Y)

Hallar el volumen engendrado por la curva $y = \sqrt{x}$ al girar alrededor del eje Y entre $y = 0$ e $y = 2$.

Hazlo tú

Calcula el volumen generado por $y = -x^2 + 4$, $-2 \le x \le 2$, al girar alrededor del eje Y.

Se hace exactamente igual que al girar en torno al eje X, pero poniendo la función en la forma $x = g(y)$. Así:

$$V = \pi \int_a^b g(y)^2\, dy$$

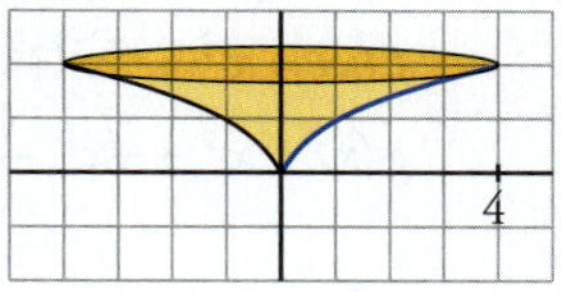

En este caso: $y = \sqrt{x} \rightarrow x = y^2$

$$V = \pi \int_0^2 (y^2)^2\, dy = \pi \left[\frac{y^5}{5} \right]_0^2 = \frac{32}{5}\pi \text{ u}^3$$

10. Volumen de una esfera

Calcular el volumen de la esfera engendrada por la semicircunferencia de centro $C(3, 0)$ y radio 2 al girar alrededor del eje X.

- En primer lugar, escribimos la ecuación de la circunferencia de centro (3, 0) y radio 2:

  $$(x-3)^2 + y^2 = 4 \rightarrow x^2 - 6x + 5 + y^2 = 0$$

  Una de las semicircunferencias es:

  $$y = \sqrt{-x^2 + 6x - 5}$$

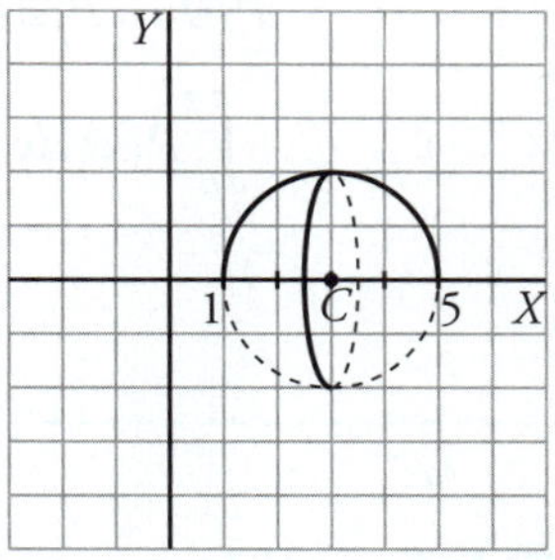

- Los límites de integración son los puntos donde la curva corta al eje X:

  $$y = 0 \Leftrightarrow x^2 - 6x + 5 = 0 \begin{cases} x = 1 \\ x = 5 \end{cases}$$

- Por tanto, el volumen de la esfera es:

  $$V = \pi \int_1^5 \left(\sqrt{-x^2 + 6x - 5}\right)^2 dx = \pi \left[-\frac{x^3}{3} + 3x^2 - 5x \right]_1^5 = \pi \left(\frac{25}{3} + \frac{7}{3} \right)$$

  $$V = \frac{32\pi}{3} \text{ u}^3$$

Hazlo tú. Halla el volumen del elipsoide de revolución que se obtiene al girar la elipse $\frac{x^2}{25} + \frac{y^2}{16} = 1$ alrededor del eje X.

11. Volumen de un recinto infinito (Trompeta de Torricelli)

Hallar el volumen del recinto generado por cada una de las dos funciones al girar alrededor del eje X, entre 1 y $+\infty$.

a) $y = \frac{1}{x}$

b) $y = \frac{1}{\sqrt{x}}$

Hazlo tú

Halla el volumen que genera la función $y = \frac{1}{x^2}$ al girar alrededor del eje X, entre $x = 1$ y $+\infty$.

a) Hallamos el volumen entre 1 y x:

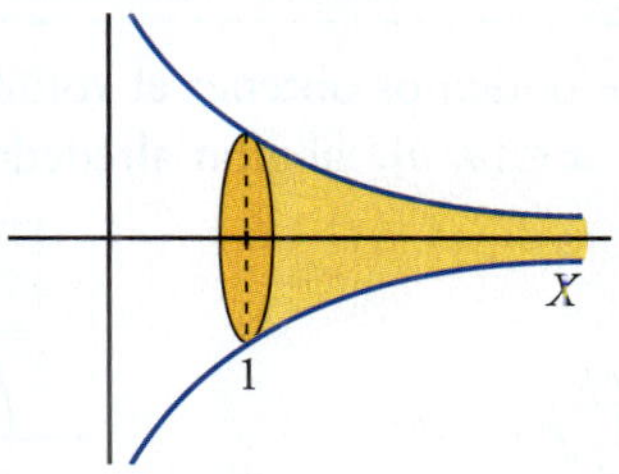

$$V_x = \pi \int_1^x \left(\frac{1}{t}\right)^2 dt = \pi \int_1^x \frac{dt}{t^2} = \pi \left[\frac{-1}{t} \right]_1^x = \pi \left(1 - \frac{1}{x} \right)$$

$$V = \lim_{x \to +\infty} V_x = \lim_{x \to +\infty} \pi \left(1 - \frac{1}{x} \right) = \pi \text{ u}^3$$

b) $V_x = \pi \int_1^x \left(\frac{1}{\sqrt{t}}\right)^2 dt = \pi \int_1^x \frac{1}{t}\, dt = \pi \left[\ln t \right]_1^x = \pi (\ln x - 0) = \pi \ln x$

$$V = \lim_{x \to +\infty} V_x = \pi \cdot \lim_{x \to +\infty} \ln x = +\infty$$

Es decir, en a) hay un volumen finito mientras que en b) el volumen es infinito. Al cuerpo infinito de a) se le llama Trompeta de Torricelli.

1. Área entre dos curvas

Calcular el área comprendida entre las curvas f y g:

$$f(x) = x^4 + 5x^3 - 7x^2 + 2x - 1$$

$$g(x) = x^4 + 4x^3 - 8x^2 + 4x - 1$$

- El área entre dos curvas es igual al área comprendida entre la función diferencia y el eje X.
- Halla la función diferencia y sus puntos de corte con el eje X.
- Obtén una primitiva de la función diferencia.
- Calcula el área en cada uno de los tramos y suma.

Solución: Área $= \frac{8}{3} + \frac{5}{12} = \frac{37}{12}$ u^2

2. Construcción de un polinomio definido mediante unas condiciones

Hallar un polinomio de segundo grado, $P(x)$, que cumpla:

$$P(0) = P(2) = 0$$

$$\int_0^1 P(x)\,dx = 1$$

- Observa que $P(0) = 0$, $P(2) = 0$ significa que 0 y 2 son raíces del polinomio.
- ¿Cómo se expresa un polinomio $P(x)$ cuyas raíces son a y b?:

$$P(x) = k(x - a)(x - b)$$

- Halla la integral de la expresión de segundo grado en función de k.
- Iguala el resultado a 1. Al resolver la ecuación obtienes el valor de k.

Solución: $P(x) = -\frac{3}{2}x^2 + 3x$

3. Integral impropia: área definida por una función no acotada

Hallar la integral impropia:

$$\int_0^1 \frac{1}{\sqrt[3]{t}}\,dt$$

- Observa que $f(t) = t^{-1/3}$ no está definida en $x = 0$. Por eso se trata de una integral impropia.
- Halla $\int_x^1 t^{-1/3}\,dt = I(x)$
- Y, a continuación, halla $\lim\limits_{x \to 0^+} I(x)$.

Solución: $\frac{3}{2}$

4. Volumen (giro alrededor del eje X)

Hallar el volumen del cuerpo de revolución engendrado al girar alrededor del eje X la curva:

$$y = \frac{x^2}{2} + 1$$

entre las rectas $x = -1$ y $x = 2$.

- Recuerda que podemos obtener el volumen del cuerpo de revolución engendrado por $y = f(x)$, $x \in [a, b]$, al girar alrededor del eje X, mediante la fórmula:

$$V = \pi \int_a^b f(x)^2\,dx$$

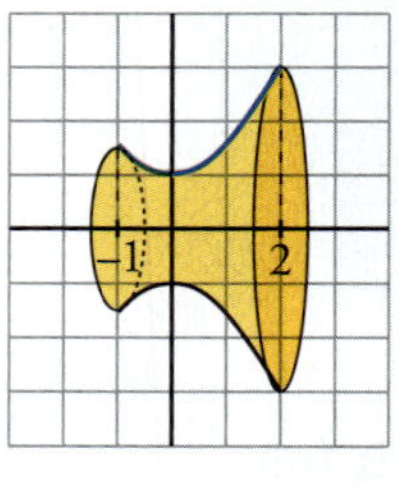

- Aplica la fórmula y obtendrás el volumen buscado.

Solución: Volumen $= \frac{153\pi}{20} = 7{,}65\pi$ u^3

EJERCICIOS Y PROBLEMAS PROPUESTOS

Para practicar

Integral definida

1 Calcula las siguientes integrales:

a) $\int_0^2 \frac{x}{\sqrt{x^2+1}}\,dx$ b) $\int_1^4 \frac{x-1}{\sqrt{x}}\,dx$

c) $\int_{1/e}^{e} 2\,ln\,x\,dx$ d) $\int_{-\sqrt{3}}^{\sqrt{3}} \frac{x^2}{x^2+1}\,dx$

2 Calcula: $\int_0^{\pi/4} sen\,x\cos x\,dx$

3 Halla el valor de la integral definida de la función $f(x) = \frac{1}{x+1} - 3cos\,(2\pi x)$ en el intervalo $I = [0, 2]$.

4 Halla:

$$\int_0^3 (x^2 - x)\,dx \quad y \quad \int_0^3 |x^2 - x|\,dx$$

5 Calcula las siguientes integrales:

a) $\int_0^2 f(x)\,dx$ siendo $f(x) = \begin{cases} x^2 & \text{si } 0 \le x < 1 \\ 2 - x & \text{si } 1 \le x \le 2 \end{cases}$

b) $\int_{-1}^3 f(x)\,dx$ siendo $f(x) = \begin{cases} x & \text{si } -1 \le x \le 1 \\ x^2 + 1 & \text{si } 1 < x \le 3 \end{cases}$

Área entre *f(x)*, eje *X*, *x = a*, *x = b*

6 a) Calcula: $\int_{-1}^4 (x^2 + x - 2)\,dx$

b) Halla el área que determina la curva $y = x^2 + x - 2$ con el eje X entre las rectas $x = -1$ y $x = 4$.

7 Calcula el área comprendida entre la curva $y = 3x^2 - x + 1$, el eje X y las rectas $x = 0$ y $x = 4$.

8 Calcula el área bajo la curva $y = 3x - 2$ entre las rectas $x = -1$ y $x = 1$.

9 Halla el área bajo la curva $y = \sqrt{x}$ entre $x = 0$ y $x = 4$.

10 Calcula el área de la región limitada por la curva:

$$y = (x-1)^2\,(x+1)$$

y las rectas $y = 0$, $x = 1$, $x = 2$.

11 Calcula el área de la región limitada por la curva:

$$y = \frac{x}{x^2 - 2}$$

y las rectas $x = 2$, $x = 3$, $y = 0$.

Cálculo de un área reconociendo la figura

12 Las siguientes integrales se pueden calcular reconociendo, en cada caso, la curva cuya ecuación está bajo el signo integral y calculando, utilizando métodos de geometría elemental, el área pedida:

a) $\int_0^4 2x\,dx$ b) $\int_1^5 (x+1)\,dx$

c) $\int_0^6 \sqrt{36 - x^2}\,dx$ d) $\int_0^3 \sqrt{36 - 4x^2}\,dx$

* *Recuerda que el área de la elipse de semiejes a y b es $A = \pi ab$.*

13 Halla gráficamente las siguientes integrales:

a) $\int_{-2}^5 (x+2)\,dx$ b) $\int_0^4 \left[6 - \sqrt{4 - (x-2)^2}\right] dx$

Área entre dos curvas

14 Halla, en cada caso, el área comprendida entre los siguientes pares de parábolas:

a) $y = x^2 - 5$ e $y = -x^2 + 5$

b) $y = x^2$ e $y^2 = x$

15 Calcula el área comprendida entre las curvas dadas en cada uno de los ejercicios siguientes:

a) $y = 4 - x^2$ $y = 8 - 2x^2$

b) $y = x^2$ $y = 4 - x^2$

c) $y = x^3 - 3x^2 + 3x$ $y = x$

d) $y = x\,(x-1)\,(x-2)$ $y = 0$

e) $y = x^2$ $y = 1$

f) $y = x^2 - 2x$ $y = -x^2 + 4x$

g) $y = -x^2 + 4x - 4$ $y = 2x - 7$

16 Dibuja y halla el área de la región limitada por la curva:

$$y = x(3 - x)$$

y la recta $y = 2x - 2$.

17 Dibuja el recinto plano limitado por la parábola:

$$y^2 - x = 1$$

y por la recta paralela a $y = x$ que pasa por el punto $(1, 0)$. Calcula el área de ese recinto.

18 Halla el área limitada por la función $y = 2x - x^2$ y sus tangentes en los puntos en los que su gráfica corta al eje de abscisas.

EJERCICIOS Y PROBLEMAS PROPUESTOS

19 Dadas la hipérbola $xy = 6$ y la recta $x + y - 7 = 0$, calcula el área comprendida entre ellas.

20 Calcula el área limitada por la curva:

$$y = x^3 - 2x^2 + x$$

y la recta tangente a ella en el origen de coordenadas.

21 Halla el área encerrada por la curva $y = \ln x$ entre el punto de corte con el eje X y el punto de abscisa $x = e$.

22 Halla el área limitada por las gráficas de las funciones que se indican.

a) $f(x) = x^3 + x^2$ $\quad g(x) = x^3 + 1$

b) $f(x) = x^2$ $\quad g(x) = 1 - x^2$ $\quad y = 2$

c) $f(x) = x(x-1)(x-4)$ $\quad g(x) = 0$

d) $f(x) = x^2 - 2x$ $\quad g(x) = x$

e) $f(x) = x^3 - x$ $\quad g(x) = -x^2$

f) $f(x) = 2 - x^4$ $\quad g(x) = x^2$

Volúmenes

23 Calcula el volumen engendrado al girar alrededor del eje X los recintos siguientes:

a) $f(x) = \sqrt{x-1}$ entre $x = 1$ y $x = 5$

b) $f(x) = x^2$ entre $x = -1$ y $x = 2$

c) $f(x) = x - x^2$ entre $x = 0$ y $x = 1$

24 Calcula el volumen engendrado al girar alrededor del eje X los recintos limitados por las gráficas que se indican:

a) $f(x) = \sqrt{x}$, $g(x) = x^2$ $\quad$ b) $y^2 = 4x$, $x = 4$

Función integral

25 Calcula las derivadas de las siguientes funciones:

a) $F(x) = \int_0^x \cos t \, dt$

b) $G(x) = \int_3^x (t^2+1)^4 \, dt$

c) $H(x) = \int_0^x e^{-t^2} \, dt$

d) $J(x) = \int_3^5 (t^2+1)^4 \, dt$

¡Atención! La última es la más fácil.

Para resolver

26 Calcula:

a) $\int_1^3 \frac{x-1}{(x+1)^2} \, dx$ $\quad$ b) $\int_0^5 (x+10)\, e^{2x} \, dx$

27 Se considera la función:

$$g(x) = \begin{cases} x^2 & \text{si } -2 \le x < 0 \\ 2x & \text{si } 0 \le x < 2 \\ 10 - 3x & \text{si } 2 < x \le 4 \end{cases}$$

Representa la función g y calcula el valor de las siguientes integrales definidas:

$$I = \int_{-2}^1 g(x)\, dx$$

$$J = \int_1^4 g(x)\, dx$$

$$K = \int_{-2}^4 g(x)\, dx$$

28 De la función $f(x) = ax^3 + bx^2 + cx + d$ se sabe que tiene un máximo relativo en $x = 1$, un punto de inflexión en $(0, 0)$ y que $\int_0^1 f(x)\, dx = \frac{5}{4}$.

Calcula a, b, c y d.

29 Sea $f(x) = \frac{2x+3}{x^2+3x+1}$. Halla el área del recinto limitado por la gráfica de $f(x)$, el eje X y las rectas $x = 0$ y $x = 2$.

30 Dibuja el recinto comprendido entre las gráficas de las funciones $y = \frac{1}{x^2}$, $y = x$, $y = 8x$, y halla su área.

31 Calcula el área encerrada por las gráficas de $f(x) = 4x$ y de $g(x) = x^3$ en el intervalo $[0, 2]$, probando antes que, en dicho intervalo, $f \ge g$.

32 Halla el área comprendida entre la curva:

$$y = \frac{4}{9 + 2x^2}$$

el eje de abscisas y las rectas verticales que pasan por los puntos de inflexión de dicha curva.

33 Si $f(x) = \sqrt{\frac{x}{2}}$ y $g(x) = |1 - x|$:

a) Dibuja las dos gráficas sobre unos mismos ejes y halla sus puntos de intersección.

b) Determina el área del recinto encerrado entre ambas gráficas.

34 Calcula el área limitada por $f(x) = \dfrac{4x}{x^2+4}$, el eje X y las rectas $x = a$ y $x = b$, siendo a y b las abscisas del máximo y el mínimo de f.

35 Halla el polinomio de segundo grado que pasa por los puntos (0, 1) y (3, 0), sabiendo que el área limitada por esa curva, el eje Y y el eje X positivo es 4/3.

36 Halla la ecuación de una parábola de eje vertical, tangente en el origen de coordenadas a una recta de pendiente 4 y que delimita con el eje X un recinto de base [0, 3] y área 9.

37 Sabiendo que el área de la región comprendida entre la curva $y = x^2$ y la recta $y = bx$ es igual a $\dfrac{9}{2}$, calcula el valor de b.

38 Calcula el valor de a para que el área de la región limitada por la curva $y = -x^2 + ax$ y el eje X sea igual a 36.

39 Dada la función:

$$y = \frac{2}{x+1}$$

calcula el valor de a para que el área limitada por esa curva y las rectas $x = 0$ y $x = a$ sea igual a 2.

40 Teniendo en cuenta que la función $f(x) = 2x^3 - 3x^2 + k$ toma valores positivos y negativos, halla el valor de k de forma que el área de la región limitada por el eje X, las rectas $x = -1$, $x = 2$ y la curva $f(x)$ quede dividida por el eje X en dos partes con igual área.

41 Se consideran las curvas $y = x^2$ e $y = a$, donde $0 < a < 1$. Ambas curvas se cortan en el punto (x_0, y_0) con abscisa positiva. Halla a sabiendo que el área encerrada entre ambas curvas desde $x = 0$ hasta $x = x_0$ es igual a la encerrada entre ellas desde $x = x_0$ hasta $x = 1$.

42 Sean $y = ax^2$ e $y = ax + a$ las ecuaciones de una parábola p y de una recta r, respectivamente. Demuestra las siguientes afirmaciones:

a) Los puntos de corte de p y r no dependen del valor de a.

b) Si se duplica el valor de a, también se duplica el área encerrada entre p y r.

43 Expresa la función de posición de un móvil sabiendo que su aceleración es constante de 8 cm/s^2, que su velocidad es 0 cuando $t = 3$ y que está en el origen a los 11 segundos.

44 Un móvil se desplaza en línea recta, con movimiento uniformemente acelerado, con aceleración de 2 m/s^2 y con velocidad inicial $v_0 = 1$ m/s. Calcula y compara las distancias recorridas entre $t = 0$ y $t = 2$ y entre $t = 2$ y $t = 3$.

45 Considera la región del plano que determinan las curvas $y = e^x$ e $y = e^{2x}$ y la recta $x = k$.

a) Halla su área para $k = 1$.

b) Determina el valor de $k > 0$ para que el área sea 2.

46 Calcula el área encerrada entre la curva $y = x^2 - 2x - 3$ y la cuerda de la misma que tiene por extremos los puntos de abscisas 0 y 1.

47 La curva $y = \dfrac{4}{x+4}$, los ejes de coordenadas y la recta $x = 4$ limitan una superficie S. Calcula el área de S y el volumen de la figura engendrada por S al girar alrededor del eje X.

48 Halla el volumen del cuerpo limitado por la elipse $\dfrac{x^2}{25} + y^2 = 1$ al dar una vuelta completa alrededor de OX.

49 Halla el volumen del cuerpo engendrado por la región del plano limitada por los ejes de coordenadas, la curva de ecuación $y = e^{-x}$ y la recta $x = 3$, al girar alrededor del eje X.

50 Calcula el volumen que se obtiene al hacer girar alrededor del eje X el recinto limitado por las gráficas de las funciones $y = \dfrac{1}{x}$, $x = y^2$, $x = 4$.

51 Calcula el volumen engendrado por la hipérbola:

$$\frac{x^2}{4} - \frac{y^2}{9} = 1$$

cuando $x \in [-4, 4]$.

52 Calcula el área de la región encerrada por el eje X, la recta $x = 4$ y la gráfica de la función:

$$f(x) = \begin{cases} \ln x & \text{si } 0 < x \le e \\ \dfrac{x}{e} & \text{si } e < x \end{cases}$$

53 Halla la derivada de las funciones que se dan en los siguientes apartados:

a) $F(x) = \int_0^x \cos t^2 \, dt$ b) $F(x) = \int_0^{x^2} (t^2 + t) \, dt$

c) $F(x) = \int_4^x \dfrac{1}{1 + \operatorname{sen}^2 t} \, dt$ d) $F(x) = \int_0^{\operatorname{sen} x} (1 + t) \, dt$

54 Sin resolver la integral, indica dónde hay máximo o mínimo relativo en la función:

$$F(x) = \int_0^x (t^2 - 1) \, dt$$

55 Sabemos que $\int_0^x f(t) \, dt = x^2 (1 + x)$, siendo continua en $\mathbb{R}$. Calcula $f(2)$.

56 Sea $F(x) = \int_1^x cos^2\, t\, dt$. Halla los posibles extremos de dicha función en el intervalo $[0, 2\pi]$.

57 Halla máximos y mínimos relativos de las funciones:

a) $F(x) = \int_0^x (t-1)^2 (t+2)^2\, dt$

b) $G(x) = \int_1^x \frac{log\, t}{t}\, dt$

Cuestiones teóricas

58 Sea $g(x)$ una función integrable. Si $\int_0^3 g(x)\, dx = 4$ y $\int_2^3 g(x)\, dx = 6$, ¿cuánto vale $\int_0^2 g(x)\, dx$?

59 ¿Cuál de las siguientes expresiones nos da el área limitada por la gráfica de f y el eje de abscisas?

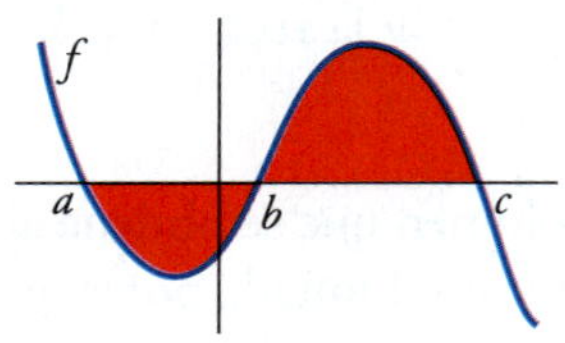

a) $\int_a^c f$ b) $\left|\int_a^c f\right|$

c) $\int_a^b f + \int_b^c f$ d) $-\int_a^b f + \int_b^c f$

60 Las gráficas I, II y III corresponden, no necesariamente por ese orden, a las de una función derivable f, a su función derivada f' y a una primitiva F de f. Identifica cada gráfica con su función, justificando la respuesta.

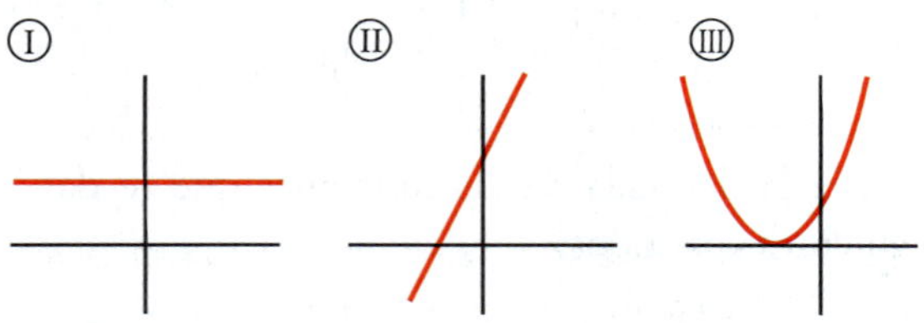

61 Sabemos que el área limitada por una función f, el eje de abscisas y las rectas $x = 1$ y $x = 5$ es igual a 6. ¿Cuánto aumentará el área si trasladamos 2 unidades hacia arriba la función f?

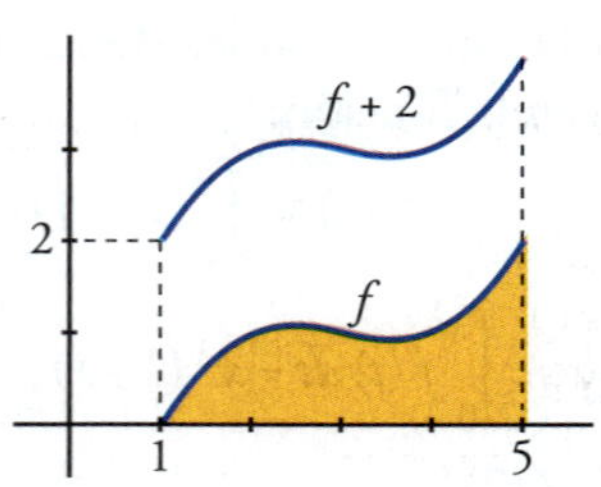

62 Si una función f es positiva para todos los valores de su variable, cualquier función primitiva de ella es creciente en cada uno de sus puntos. ¿Por qué?

63 Calcula la derivada de la función dada por:

$$F(x) = \int_0^{x^2} cos\, t\, dt$$

de dos formas:

a) Obteniendo de forma explícita $F(x)$ y, después, derivando.

b) Aplicando el teorema fundamental del cálculo.

64 Halla las derivadas de:

a) $F(x) = \int_2^3 cos^3\, t\, dt$

b) $F(x) = \int_x^0 (1 + 3t^2)\, dt$

c) $F(x) = \int_1^a \frac{x}{1+t}\, dt$

(Observa que la x puede salir fuera de la integral)

d) $F(x) = \int_1^x \frac{x}{1+t}\, dt$

e) $F(x) = \int_{x^2}^{x^3} (t^3 + t)\, dt$

65 Dada la función $y = x^2$, halla el punto $c \in [0, 2]$ tal que el área:

$$\int_0^2 x^2\, dx$$

sea igual a la de un rectángulo de base 2 y altura $f(c)$.

Es decir, que cumpla lo siguiente:

$$2\, f(c) = \int_0^2 x^2\, dx$$

¿Qué teorema asegura la existencia de c?

66 Sea F una función definida en $[0, +\infty)$ tal que:

$$F(x) = \int_0^x ln(2+t)\, dt$$

Analiza si es verdadera o falsa cada una de las siguientes afirmaciones:

a) $F(0) = ln\, 2$

b) $F'(x) = \frac{1}{2+x}$, $x \geq 0$

c) F es creciente en su dominio.

67 Demuestra la desigualdad siguiente:

$$0 \leq \int_0^{\pi/2} \frac{sen\, x}{1+x^2}\, dx \leq 1$$

Para profundizar

68 a) Halla el volumen del tronco de cono de radios 7 cm y 11 cm y altura 6 cm.

b) Obtén la fórmula:

$$V = \frac{1}{3}\pi\, h\,(r_1^2 + r_2^2 + r_1 r_2)$$

que nos da el volumen de un tronco de cono de radios r_1, r_2 y altura h.

69 a) Demuestra, utilizando el cálculo integral, que el área del círculo $x^2 + y^2 \leq 9$ es 9π.

b) Demuestra, utilizando el cálculo integral, que el volumen de la esfera de radio r es $V = \frac{4}{3}\pi r^3$.

70 Calcula el área encerrada por la elipse $\frac{x^2}{16} + \frac{y^2}{9} = 1$.

71 Demuestra, utilizando el cálculo integral, que el área de la elipse $x^2 + 4y^2 = 4$ es 2π.

72 Demuestra que el volumen del elipsoide obtenido al girar la elipse $\frac{x^2}{a^2} + \frac{y^2}{b^2} = 1$ es:

a) $\frac{4}{3}\pi a b^2$ si gira alrededor del eje X.

b) $\frac{4}{3}\pi a^2 b$ si gira alrededor del eje Y.

73 Halla la derivada de la función siguiente:

$$F(x) = \int_{x^2}^{x^3} x \, sen\, t \, dt$$

74 Comprueba si existen y, en su caso, calcula las siguientes integrales impropias:

a) $\int_0^{\infty} \frac{1}{1+t^2}\, dt$ b) $\int_1^{\infty} \frac{1}{x^r}\, dx, \quad r > 1$

c) $\int_{-\infty}^{\infty} \frac{1}{1+t^2}\, dt$ d) $\int_{-\infty}^{0} e^x\, dx$

e) $\int_0^1 \frac{1}{\sqrt[3]{x}}\, dx$ f) $\int_0^1 \frac{1}{x}\, dx$

g) $\int_0^1 \frac{1}{\sqrt{1-x^2}}\, dx$ h) $\int_2^3 \frac{du}{(u-2)^2}$

75 Si $f(x) = \frac{1}{1+e^x}$ y $g(x) = \int_0^x f(t)\, dt$, halla el siguiente límite:

$$\lim_{x \to 0} \frac{g(x)}{x}$$

76 Determina el valor del parámetro $a > 0$ de tal manera que valga 108 el área de la región del plano limitada por el eje X y la gráfica de la función siguiente:

$$f(x) = a(x+2)^2 - (x+2)^3$$

AUTOEVALUACIÓN

Resoluciones de estos ejercicios.

1 Dada la función $f(x) = x^3 + 3x^2$, calcula:

a) El área encerrada por la gráfica de $f(x)$, el eje X y las rectas $x = -2$ y $x = 1$.

b) El área de cada uno de los dos recintos comprendidos entre las gráficas de $f(x)$ y de $g(x) = x + 3$.

2 Calcula el área del recinto limitado por $f(x) = x^2 - 2x + 2$, el eje Y y la recta tangente a f en $x = 3$.

3 Calcula: $\int_0^2 |2x - 1|\, dx$

4 Halla el área de la región comprendida entre la gráfica de la función $f(x) = \frac{1}{(x-2)^2}$ y las rectas $y = 1$, $x = \frac{5}{2}$.

5 Calcula el área encerrada entre la gráfica de la función exponencial $f(x) = e^x$ y la cuerda a la misma que une los puntos de abscisas $x = 0$ y $x = 2$.

6 Dada la función $F(x) = \int_1^{x^2} ln\, t\, dt$ con $x \geq 1$:

a) Calcula $F'(e)$.

b) ¿Tiene F puntos de inflexión? Justifica tu respuesta.

7 a) Halla, integrando la función adecuada en el intervalo que convenga, el volumen de un cono de radio 5 cm y altura 6 cm.

b) Procediendo de forma similar, deduce la fórmula del volumen de un cono de radio r y altura a.

Compromiso ODS Visualiza el vídeo Meta 2.3b., piensa en una acción con la que podrías contribuir al logro de esa meta y comprométete a llevarla a cabo.

ANÁLISIS

PARA LA PRUEBA DE ACCESO A LA UNIVERSIDAD

¡Prepárala en anayaeducacion.es!

¿Sabes aplicar la regla de L'Hôpital para calcular límites del tipo $lím \frac{f(x)}{g(x)}$?

¿Sabes preparar una expresión para que pueda aplicarse en ella la la regla de L'Hôpital?

¿Dominas las técnicas necesarias para representar una función?

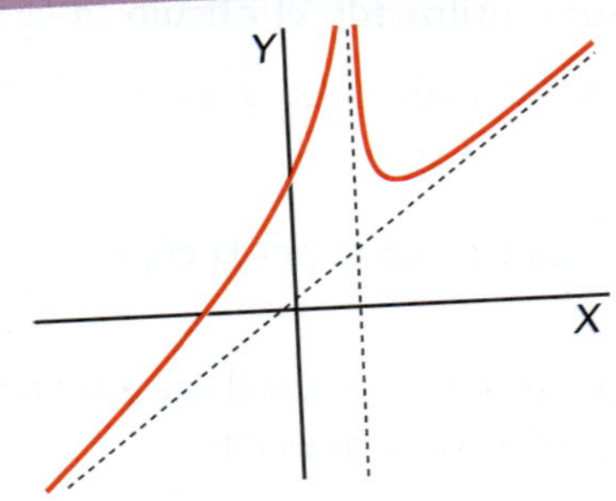

Con estas técnicas y algunas otras puedes resolver un montón de problemas.

¿Sabes aplicar los límites laterales para estudiar la continuidad y la derivabilidad en un punto?

¿Y también en funciones «a trozos»?

$$f(x) = \begin{cases} f_1(x) & \text{si } x \le a \\ f_2(x) & \text{si } x > a \end{cases}$$

¿Dominas las reglas de derivación?

¿Conoces las aplicaciones de las derivadas?

¿Eres capaz de obtener, cuando se necesita, la derivada de una función en un punto aplicando la definición de derivada?

¿Relacionas el cálculo de primitivas con la derivación?

¿Tienes cierto dominio en la obtención de primitivas?

¿Asocias esta obtención con los procesos de integración?

Ejemplos de ejercicios y problemas.

En la prueba de aceso a la universidad puedes encontrarte con una gran diversidad de problemas. Por ejemplo:

Calcula b y c sabiendo que la función $f(x) = \begin{cases} x^2+bx+c & \text{si } x\le 0 \\ \dfrac{ln(x+1)}{x} & \text{si } x>0 \end{cases}$ es derivable en $x = 0$.

Para que sea derivable ha de ser continua, el $\lim\limits_{x\to 0^+} \dfrac{ln(x+1)}{x}$ ha de valer c.

El cálculo de dicho límite se hace recurriendo a la regla de L'Hôpital y obtenemos $c = 1$.

Para ver que es derivable, la derivada por la derecha se obtiene a partir de la definición de derivada:

$$f'(0^+) = \lim_{h\to 0^+} \frac{\frac{ln(h+1)}{h}-1}{h} = \lim_{h\to 0^+} \frac{ln(h+1)-h}{h^2} \overset{\text{L'Hôpital}}{=} \lim_{h\to 0^+} \frac{\frac{1}{h+1}-1}{2h} = \ldots = -\frac{1}{2}$$

Igualando a la derivada por la izquierda obtenemos: $b = -\dfrac{1}{2}$

La potencia generada por una pila viene dada por la expresión $P(t) = 25te^{-t^2/4}$, donde $t > 0$ es el tiempo de funcionamiento.

a. Calcula hacia qué valor tiende la potencia generada por la pila si se deja en funcionamiento indefinidamente.

b. Determina la potencia máxima que genera la pila y el instante en el que se alcanza.

c. La energía generada por la pila hasta el instante t, $E(t)$, se relaciona con la potencia mediante $E'(t) = P(t)$, con $E(0) = 0$. Calcula la energía producida por la pila entre el instante $t = 0$ y el instante $t = 2$.

a. El $\lim\limits_{x\to +\infty} P(t) = 0$ es inmediato.

b. El máximo se obtiene igualando a 0 la primera derivada:

$$P'(t) = \frac{25te^{-t^2/4}}{2}(2-t^2) \to P'(t)=0 \Rightarrow t = \sqrt{2} \to P(\sqrt{2}) = 25\sqrt{2}\,e^{-1/2}$$

c. $E(t) = \int P(t)\,dt = -50e^{-t^2/4}+k \to E(0) = 0 \Rightarrow k = 50 \to E(t) = 50-50e^{-t^2/4}$

Ahora es fácil hallar la energía producida entre $t = 0$ y $t = 2$:

$$E(2) = 50 - \frac{50}{e}$$

Las técnicas que se han necesitado para resolver estos problemas son las que se han revisado a la izquierda.

En anayaeducacion.es encontrarás:

- Un camino de aprendizaje de estas técnicas básicas para el análisis de modo que puedas adquirir una razonable agilidad para comprenderlas, reconocer la oportunidad de su uso y aplicarlas.
- Una colección de problemas de pruebas de acceso a la universidad, resueltos, propuestos, con ayudas, indicaciones…

1 Calcula los siguientes límites:

a) $\lim_{x \to 1} \left(\frac{1}{x-1} - \frac{1}{\ln x} \right)$ b) $\lim_{x \to 0} \left(\cot g\, x - \frac{1}{x} \right)$

c) $\lim_{x \to 0} \frac{x - sen\, x}{\ln (\cos x)}$ d) $\lim_{x \to 0} (x + e^{2x})^{1/x}$

2 a) Dada la siguiente función:

$$f(x) = \begin{cases} -x^3 + 2x + b & \text{si } x \le 1 \\ ax^2 - 1 & \text{si } x > 1 \end{cases}$$

halla los parámetros a y b para que sea derivable en todo $\mathbb{R}$.

b) Represéntala.

3 Dada la función:

$$f(x) = \begin{cases} x^2 e^x & \text{si } x \le 0 \\ a + x \ln x & \text{si } x > 0 \end{cases}$$

a) Halla el valor de a para que f sea continua en $\mathbb{R}$.

b) Calcula $f'(x)$ donde sea posible.

c) Halla $\int_{-1}^{0} f(x)\,dx$.

4 Sea $f(x)$ la función definida por:

$$f(x) = \begin{cases} \cos x & \text{si } x \le 0 \\ -x^2 + ax + b & \text{si } x > 0 \end{cases}$$

con a y b números reales.

a) Halla a y b para que la función sea continua y derivable en $x = 0$.

b) Para los valores anteriores de a y b, analiza si la función tiene un extremo relativo en $x = 0$.

c) Halla el área encerrada por la función y el eje X en el intervalo $\left[\frac{-\pi}{2}, 1\right]$.

5 a) Estudia el crecimiento de la siguiente función:

$$f(x) = 1 + 2x + 3x^2 + 4x^3$$

b) Demuestra que la ecuación $1 + 2x + 3x^2 + 4x^3 = 0$ tiene una única solución real y localiza un intervalo de longitud 1 que la contenga.

c) Represéntala.

6 Estudia las asíntotas y los máximos y mínimos de la función de ecuación $y = \frac{2x^2 - 3x}{e^x}$. Representa su gráfica.

7 Considera la función $f(x) = \frac{x^2}{|x-1|}$.

a) Determina sus asíntotas y estudia la posición de la curva con respecto a ellas.

b) Calcula sus extremos relativos.

c) Represéntala gráficamente.

8 Dada la función $f(x) = \frac{ax^2 + b}{a - x}$ para $x \ne a$, calcula a y b para que la gráfica de f pase por el punto (2, 3) y tenga una asíntota oblicua de pendiente -4. Representa la función para los valores de a y b obtenidos.

9 Sea $f(x) = ax^3 + bx^2 + cx + d$. Halla los valores de a, b, c y d sabiendo que $f(x)$ tiene un extremo local en el punto de abscisa $x = 0$, que el punto (1, 0) es un punto de inflexión y que la pendiente de la recta tangente en dicho punto es -3. Represéntala.

10 En una circunferencia de centro O y radio 10 cm, se traza un diámetro AB y una cuerda CD perpendicular a ese diámetro.

¿A qué distancia del centro O debe estar esa cuerda para que la diferencia entre las áreas de los triángulos ADC y BCD sea máxima?

11 Calcula a y b para que se pueda aplicar el teorema de Rolle a la función $f(x) = \begin{cases} ax + bx^2 & \text{si } 0 \le x \le 2 \\ -2 + \sqrt{x-1} & \text{si } 2 < x \le 5 \end{cases}$ en el intervalo [0, 5]. ¿En qué punto se cumplirá el teorema?

12 Dada la función $f(x) = x^x - 2^x + 1$:

a) Prueba que existe algún $\alpha \in (1, 2)$ tal que $f'(\alpha) = 0$.

b) ¿Podemos asegurar que existe un $\beta \in (1, 3)$ tal que $f(\beta) = 10$?

c) Escribe la ecuación de la recta tangente a f en el punto de abscisa 2.

13 Justifica si se puede aplicar el teorema del valor medio a la función $f(x) = 1 + x|x|$ en el intervalo $[-1, 1]$ y, en caso afirmativo, calcula los puntos donde se cumple el teorema.

14 Calcula:

a) $\int \frac{x}{\sqrt{4x^2 + 1}}\,dx$ b) $\int_0^1 2xe^{3x^2}\,dx$

15 a) Halla la función polinómica de segundo grado cuya gráfica pasa por el punto (0, 0) y tiene un máximo en el punto (1, 1).

b) Halla el área del recinto finito delimitado por la curva obtenida y el eje de abscisas.

16 Calcula el valor de $a > 0$ para que el área de la región determinada por la parábola $f(x) = -x^2 + a^2$ y el eje de abscisas, coincida con la pendiente de la recta tangente a la gráfica de $f(x)$ en $x = -a$.

17 Calcula el área limitada por $y = x^3 - 3x$ y la recta $y = x$.

18 Halla el área del recinto limitado por los ejes X e Y y la siguiente función:

$$f(x) = \frac{x^3 - 1}{x^2 + 1}$$

anayaeducacion.es Resoluciones de estos ejercicios.

PROBABILIDAD

BLOQUE IV

NOTAS HISTÓRICAS
Probabilidad

En principio, la teoría de la probabilidad estuvo relacionada con los juegos de azar. El tránsito del juego a la teoría se produjo, seguramente, al intentar encontrar regularidades en determinados juegos con el fin de conocer mejor el modo en el que funcionaban.

Desde el principio del siglo xx, la teoría de la probabilidad se ha ligado íntimamente con otra rama de las matemáticas: la estadística.

- La matemática renacentista
- La matemática moderna
- El siglo XVIII
- El siglo XIX
- El siglo XX

1 Los primeros acercamientos serios a lo que más tarde se llamaría la probabilidad fueron debidos a los esfuerzos de personajes como **Tartaglia**, **Luca Pacioli**, **Galileo** y **G. Cardano**. Este último escribe el primer tratado medianamente organizado sobre el azar: *Liber de ludo alae*.

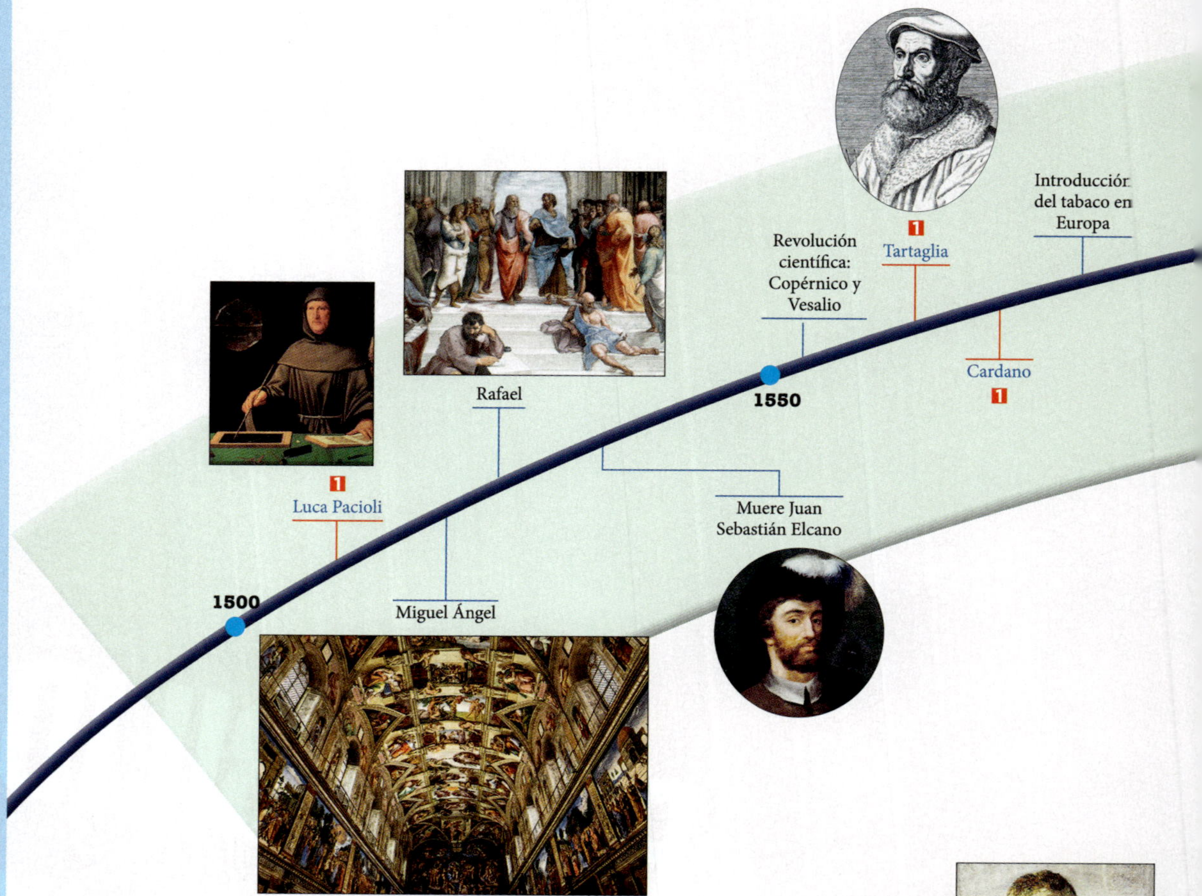

2 Parece claro que las bases sobre las que se asienta la teoría matemática de la probabilidad parten de las investigaciones realizadas por **Pascal** (1623-1662) y **Fermat** (1601-1665) con motivo de la resolución de una serie de problemas sobre juegos de azar que les propuso el caballero De Méré.

3 El suizo **J. Bernoulli** (1655-1705) con su *Ars conjectandi* o los franceses **Laplace** (1749-1827), con su *Teoría analítica de las probabilidades*, y **De Moivre** (1667-1754) , con *La doctrina de las probabilidades*, profundizaron en la teoría de la probabilidad.

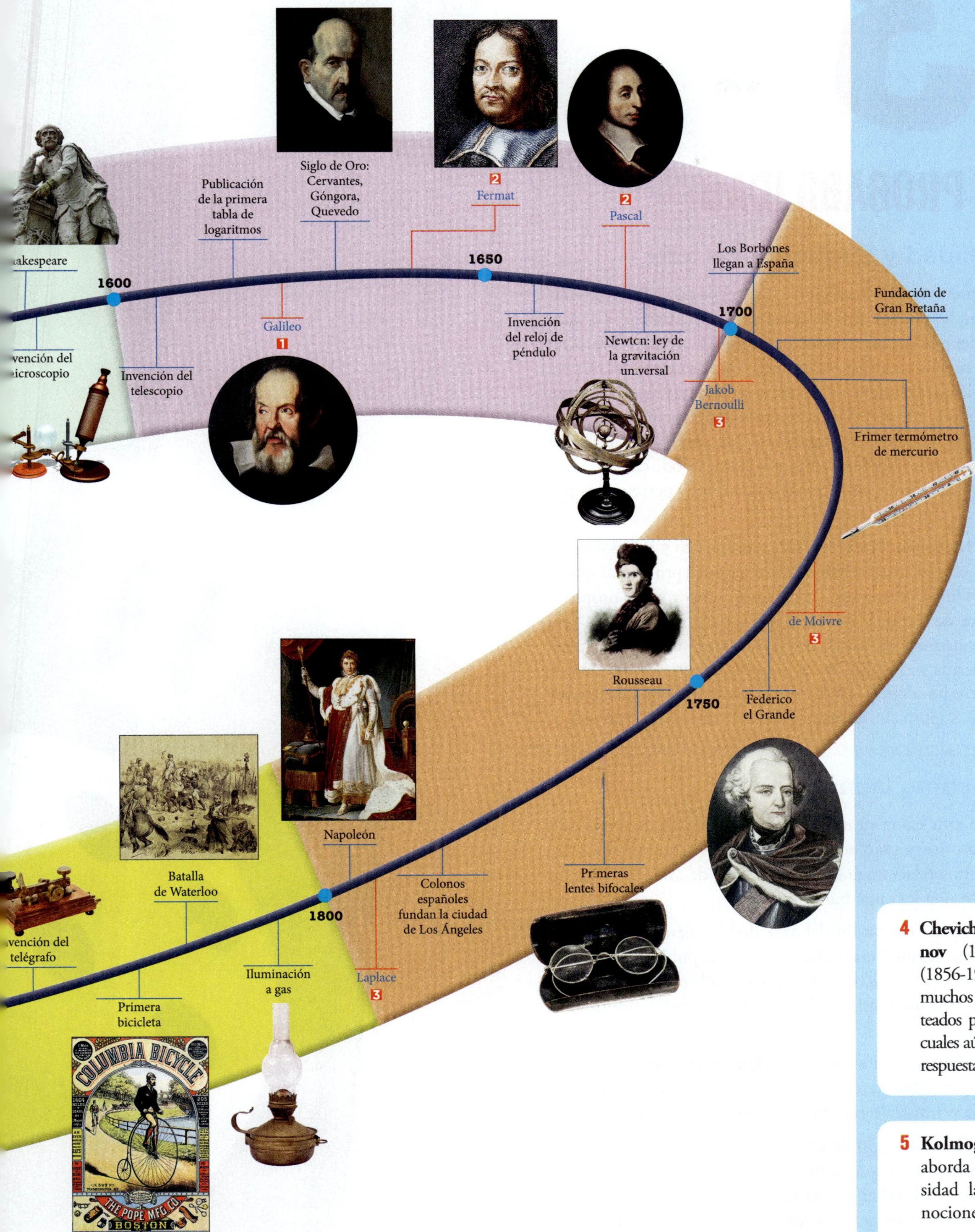

4 **Chevichev** (1821-1894), **Lyapunov** (1857-1918) y **Markov** (1856-1922) estudian y resuelven muchos de los problemas planteados por sus predecesores a los cuales aún no se había podido dar respuesta.

5 **Kolmogorov** (1903-1987) aborda con orden y rigurosidad la enorme cantidad de nociones probabilísticas que, poco a poco, habían surgido. Sus conclusiones sientan las bases de la moderna teoría de la probabilidad.

En **anayaeducacion.es**:
Ampliación de las notas históricas correspondientes a este bloque.

13

AZAR Y PROBABILIDAD

La probabilidad y los juegos de azar

Desde tiempo inmemorial existe afición a los juegos de azar: dados, cartas, tabas... fueron habituales instrumentos de juego. Los lances de azar presentaban situaciones problemáticas que algunos intentaron resolver de manera más o menos científica. El primero que dio pasos serios para afrontar sistemáticamente algunos de estos problemas fue **Cardano,** algebrista italiano del siglo XVI y jugador empedernido. Su *Libro de los juegos de azar* es un manual para jugadores, que dedica una pequeña parte al estudio del azar. No fue publicado hasta 1663, casi un siglo después de su muerte, porque estos temas estaban muy perseguidos por la Iglesia.

En el siglo XVII, el caballero **De Méré** (filósofo, literato y jugador compulsivo) consultó con su amigo **Blaise Pascal** algunos problemas que le habían surgido en juegos de dados. Pascal los estudió y se los propuso, por carta, a **Pierre de Fermat.** Ambos matemáticos mantuvieron una fructífera correspondencia en la que intercambiaron resoluciones a los problemas propuestos y elucubraciones sobre otras situaciones probabilísticas. Esta correspondencia, cuyas conclusiones publicó **Christiaan Huygens** en 1657, supuso el nacimiento de la teoría de la probabilidad.

Desarrollo como ciencia

A finales del siglo XVII había ya una buena cantidad de conocimientos sobre sucesos aleatorios y gran acopio de problemas propuestos y correctamente resueltos relacionados con los juegos de azar. Pero faltaba un enfoque teórico que los englobara.

El primero que abordó el estudio del azar desvinculándolo del mundo de los juegos fue **Jacob Bernoulli.** En 1713 se publicó de manera póstuma *El arte de la conjetura,* libro en el que Jacob recoge los conocimientos anteriores, los sistematiza y da la primera definición formal de probabilidad.

El inglés **Thomas Bayes** y el italiano **Lagrange** unificaron las ideas sobre probabilidad que había hasta mediados del siglo XVIII. El segundo de ellos compiló la primera *Teoría general de las probabilidades.*

Pierre-Simon Laplace, un siglo después, publica *Teoría analítica de las probabilidades,* donde recoge y organiza multitud de resultados que había ido obteniendo y difundiendo desde hacía 40 años. Se trata de la mayor aportación de la historia a esta teoría.

Esta obra inició el tratamiento del cálculo de probabilidades como un área autónoma de las matemáticas, lo que la dotó del impulso para alcanzar el extraordinario desarrollo que posee en nuestros días.

La probabilidad moderna. Aplicaciones

A comienzos del siglo XX la teoría de la probabilidad se va formalizando gracias a la aportación de varios matemáticos entre los que destacan los de origen ruso. En 1933, **Andrei Kolmogorov** unifica puntos de vista diversos y, apoyándose en la teoría de conjuntos, establece las definiciones, axiomas y postulados en los que se basa la teoría de la probabilidad dotándola de rigor y generalidad.

La probabilidad moderna tiene multitud de aplicaciones en economía, informática, ciencias físicas, biología (por ejemplo, su aportación para descifrar las secuencias de ADN)...

La ciencia que nació de los juegos, hoy en día dista mucho de ser un juego.

RESUELVE

Obtención experimental de la probabilidad

Cuadriculamos un folio con cuadrados de 3 cm × 3 cm.

Si dejamos caer sobre él una moneda de 2 céntimos de euro (19 mm de diámetro), puede caer «tocando raya», como *A*, o «sin tocar raya», como *B*.

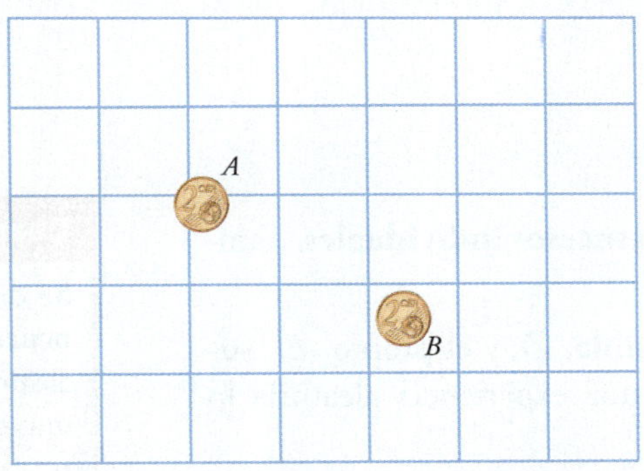

Vamos a estimar la probabilidad del suceso *S*:

S = «LA MONEDA CAE SIN TOCAR RAYA»

Para ello, se realiza la experiencia muchas veces y se calcula la frecuencia relativa del suceso *S*.

Supongamos que 30 personas (los alumnos y las alumnas de una clase) lo realizan 100 veces cada una (un total de 3 000 experiencias), y que se contabiliza que el suceso *S* ha ocurrido 385 veces.

La frecuencia relativa y la probabilidad serán:

$$fr(S) = \frac{385}{3\,000} = 0{,}128 \rightarrow P[S] \approx 0{,}13$$

- Estima tú la probabilidad de *S* lanzando 100 veces una moneda de 2 céntimos sobre una cuadrícula como la que se acaba de describir.

Cálculo matemático de la probabilidad

Resolvemos ahora el problema anterior de forma matemática.

La posición de la moneda queda determinada por su centro.

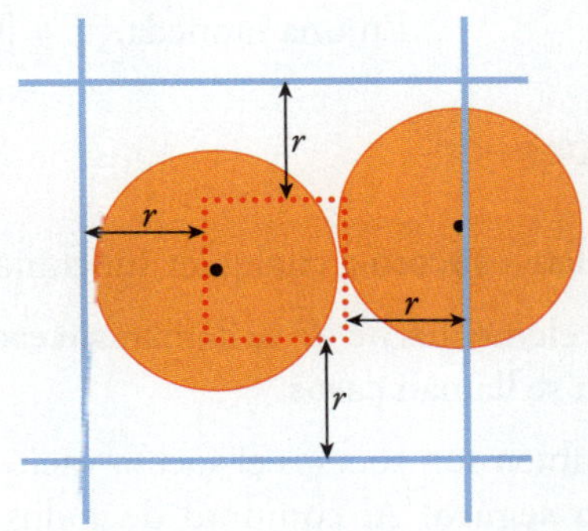

¿En qué puntos de la cuadrícula debe quedar **el centro de la moneda** para que esta no toque raya? Es claro que debe estar en el interior del cuadrado pequeño, es decir, su distancia a cada raya debe ser mayor que el radio de la moneda.

Área del cuadrado grande: $3^2 = 9$ cm^2

Área del cuadrado pequeño:

$$(3 - 1{,}9)^2 = 1{,}21 \text{ cm}^2$$

Probabilidad: $P[S] = \dfrac{1{,}21}{9} = 0{,}134$

La probabilidad obtenida por este método (0,134) ha sido sensiblemente igual a la obtenida por el método experimental (0,13).

- Calcula matemáticamente cuál es la probabilidad de que un botón de 1 cm de diámetro «no toque raya» en la cuadrícula de 3 cm × 3 cm.

1 EXPERIENCIAS ALEATORIAS. SUCESOS

Si lanzamos una piedra y conocemos las condiciones iniciales de altura, de velocidad, etc., sabremos con certeza dónde caerá, cuánto tiempo tardará, etc. Es una *experiencia determinista*.

Si echamos un dado sobre una mesa, ignoramos qué cara quedará arriba. El resultado depende del azar. Es una *experiencia aleatoria*.

Experiencia aleatoria es aquella cuyo resultado depende del azar.

Suceso aleatorio es un acontecimiento que ocurrirá o no dependiendo del azar.

La vida cotidiana está plagada de experiencias aleatorias. Muchas de ellas, de tipo sociológico (viajes, accidentes, número de personas que acudirán a un gran almacén…), aunque son suma de muchas decisiones individuales, pueden ser estudiadas, muy ventajosamente, como aleatorias.

Para empezar, nos fijaremos en experiencias aleatorias sencillas como lanzar dados, extraer cartas de una baraja, sacar bolas de urnas…

Sucesos aleatorios

El número de coches que pasarán por un tramo de carretera cierto día, ¿es un suceso aleatorio? Podríamos preguntar, previamente, a cada uno de los posibles viajeros y realizar con cierta exactitud la previsión. ¿Imaginas la inmensa dificultad de la consulta? Sin embargo, los expertos, tratando como aleatorio el suceso y recurriendo a experiencias anteriores, prevén con notable aproximación lo que va a ocurrir.

Espacio muestral

Se llama **espacio muestral** al conjunto de todos los posibles resultados de una experiencia aleatoria. En adelante lo designaremos por E.

Por ejemplo: En un dado, $E = \{1, 2, 3, 4, 5, 6\}$

En una moneda, $E = \{C, +\}$

Sucesos

Se llama **suceso** a cualquier subconjunto de E.

Los elementos de E se llaman **sucesos elementales** o **sucesos individuales.** También se llaman **casos.**

También son sucesos el suceso vacío o **suceso imposible,** $\varnothing$, y el propio E, **suceso seguro.** Al conjunto de todos los sucesos de una experiencia aleatoria lo designaremos $\mathcal{S}$.

Si E tiene un número finito, n, de elementos, el número de sucesos de E es 2^n. Por tanto, el conjunto $\mathcal{S}$ tiene 2^n elementos.

Por ejemplo: En un dado, $\{1, 2\}$, $\{2, 4, 6\}$, $\{3, 5\}$ son sucesos.

$\{1\}$, $\{2\}$, $\{3\}$, … son sucesos elementales.

Hay $2^6 = 64$ sucesos.

Al lanzar una moneda hay $2^2 = 4$ sucesos:

$\mathcal{S} = \{\varnothing, \{C\}, \{+\}, \{C, +\}\}$

Cuando «ocurre» un suceso

Se dice que un suceso **se verifica,** o que **ocurre,** cuando al realizar la experiencia aleatoria correspondiente, el resultado es uno de los casos de dicho suceso.

Por ejemplo, si al tirar un dado sale un 5, han ocurrido, entre otros, los sucesos $\{5\}$, $\{3, 5, 6\}$, $\{1, 5\}$, E.

Piensa y practica

1 Numeramos con 1, 2, 3 y 4 las cuatro caras de un dado con forma de tetraedro. Lo dejamos caer y anotamos el número de la cara inferior.

a) ¿Cuál es el espacio muestral?

b) Escribe un suceso elemental y tres que sean no elementales.

c) ¿Cuántos sucesos tiene esta experiencia?

Operaciones y relaciones con sucesos

Dados dos sucesos, A y B, damos las siguientes definiciones:

- **Unión de sucesos.** $A \cup B$ (se lee *A unión B*) es el suceso formado por todos los casos de A y de B.

  El suceso $A \cup B$ se verifica cuando ocurre uno de los dos, A o B, o ambos.

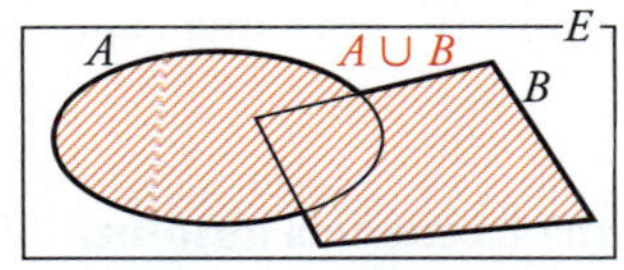

- **Intersección de sucesos.** $A \cap B$ (se lee *A intersección B*) es el suceso formado por todos los casos que son, a la vez, de A y de B.

  El suceso $A \cap B$ se verifica cuando ocurren simultáneamente A y B.

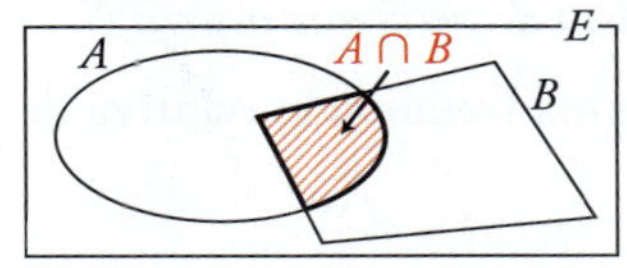

- **Diferencia de sucesos.** $A - B$ (se lee *A menos B*) es el suceso formado por todos los casos de A que no son de B.

  $A - B$ se verifica cuando lo hace A y no B.

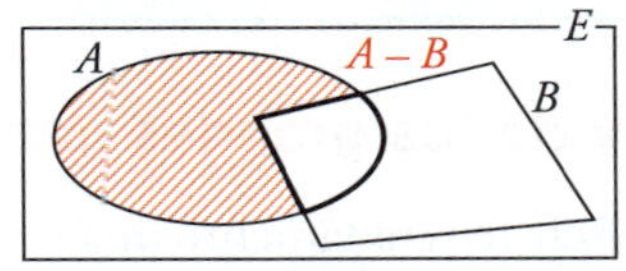

- **Suceso complementario.** El suceso $\overline{A} = E - A$ se llama **suceso contrario** o **complementario de *A*.**

  El suceso $\overline{A}$ se verifica siempre y cuando no se verifique A.

  Al suceso $\overline{A}$ también se le suele designar con A'.

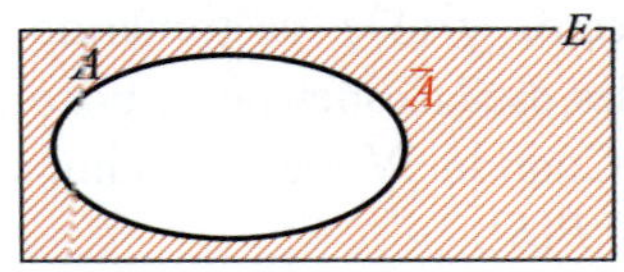

- **Sucesos incompatibles.** Dos sucesos, A y B, se llaman **incompatibles** cuando no tienen ningún caso común. Es decir, cuando $A \cap B = \varnothing$. Los sucesos inccompatibles no se pueden verificar simultáneamente.

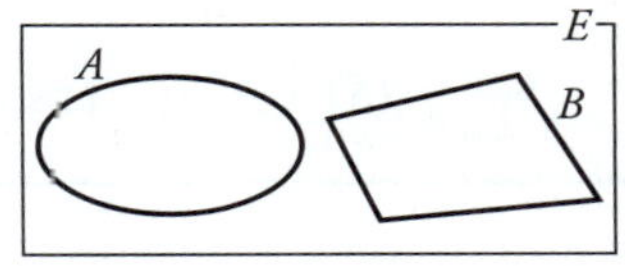

Propiedades de las operaciones con sucesos

Las operaciones anteriores cumplen, entre otras, las siguientes propiedades:

Distributivas	$A \cup (B \cap C) = (A \cup B) \cap (A \cup C)$	
	$A \cap (B \cup C) = (A \cap B) \cup (A \cap C)$	
De simplificación	$A \cup (B \cap A) = A$	
	$A \cap (B \cup A) = A$	
Del complementario	$\overline{(\overline{A})} = A$	$A - B = A \cap \overline{B} = A - (A \cap B)$
Leyes de Morgan	**1.ª** $\overline{A \cup B} = \overline{A} \cap \overline{B}$	**2.ª** $\overline{A \cap B} = \overline{A} \cup \overline{B}$

Piensa y practica

2 Justifica gráficamente a partir de los siguientes conjuntos la primera ley de Morgan, $\overline{A \cup B} = \overline{A} \cap \overline{B}$.

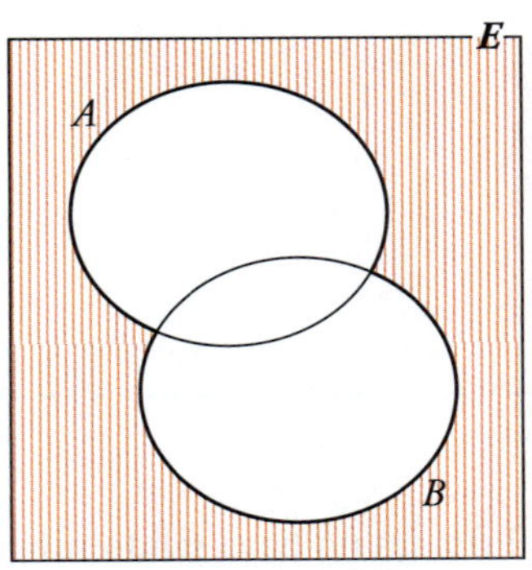

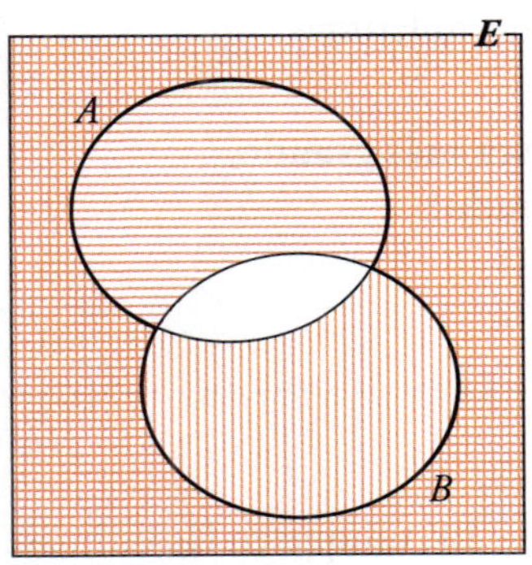

3 Justifica gráficamente la siguiente igualdad:

$$A \cup (B \cap C) = (A \cup B) \cap (A \cup C)$$

4 Justifica gráficamente la segunda ley de Morgan, $\overline{A \cap B} = \overline{A} \cup \overline{B}$, a partir de estos conjuntos.

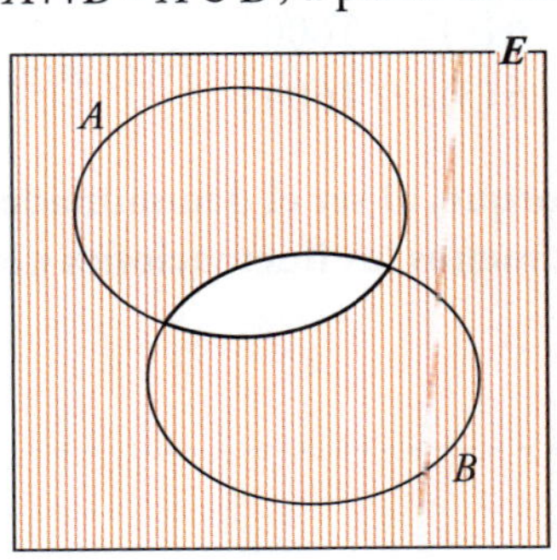

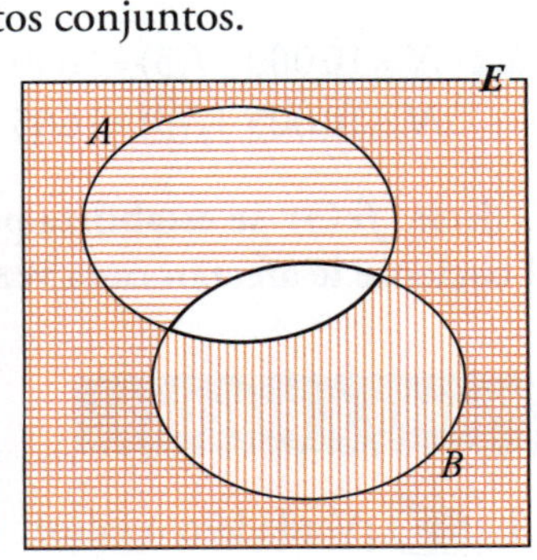

5 Justifica gráficamente las siguientes igualdades:

a) $A - B = A \cap \overline{B} = A - (A \cap B)$

b) $(A \cup B) - (A \cap B) = (\overline{A} \cap B) \cup (A \cap \overline{B})$

anayaeducacion.es GeoGebra. Diagrama de Venn.

2 FRECUENCIA Y PROBABILIDAD

Frecuencias absoluta y relativa de un suceso

Realizamos N veces una experiencia aleatoria. Recordemos las siguientes definiciones.

Se llama **frecuencia absoluta** de un suceso S o, simplemente, frecuencia de S, al *número de veces que ocurre* S. Se designa por $f(S)$.

Se llama **frecuencia relativa** de S a la *proporción de veces que ocurre* S.

$$fr(S) = \frac{f(S)}{N}$$

Ley de los grandes números

Al realizar reiteradamente una experiencia aleatoria, la frecuencia relativa de un cierto suceso, $fr(S)$, va tomando distintos valores. Estos valores al principio sufren grandes oscilaciones pero, poco a poco, se van estabilizando (oscilan cada vez menos). Cuando N crece mucho, se aproximan a un cierto valor que es la probabilidad de S, $P[S]$.

anayaeducacion.es Hoja de cálculo en la que puedes comprobar experimentalmente la *ley de los grandes números.*

$$\lim_{N \to \infty} fr(S) = P[S] \quad \text{LEY DE LOS GRANDES NÚMEROS}$$

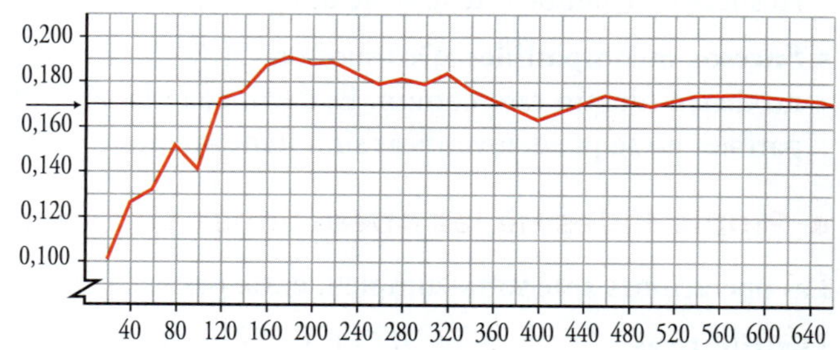

Por ejemplo, al lanzar un dado se obtienen los valores de $fr(3)$ para $N = 20, 40, 60, 80, 100, 120, ...$

Los valores de $fr(3)$ se van estabilizando en torno a $1/6 = 0,166$. (Observa la evolución en la gráfica del margen).

¿Por qué la frecuencia relativa tiende a estabilizarse?

Al lanzar reiteradamente un dado, ¿es posible obtener el suceso «3» cinco veces consecutivas? Por supuesto que sí; es difícil, pero posible. ¿Cómo afecta esa *racha* a la $fr(3)$? Pues depende de cuántas experiencias se lleven a cabo. Por ejemplo, supongamos que antes de la *racha* era $fr(3) = 0,16$:

anayaeducacion.es GeoGebra. Visualización de un ejemplo de la ley de los grandes números.

Para $\left.\begin{array}{lll} N=100 & f(3)=16 & fr(3)=0,16 \\ N=105 & f(3)=21 & fr(3)=0,20 \end{array}\right\}$ Con la *racha* de 5 veces «3», $fr(3)$ aumenta 4 centésimas.

Para $\left.\begin{array}{lll} N=1000 & f(3)=160 & fr(3)=0,160 \\ N=1005 & f(3)=165 & fr(3)=0,164 \end{array}\right\}$ $fr(3)$ aumenta 4 milésimas.

Para $\left.\begin{array}{lll} N=10\,000 & f(3)=1600 & fr(3)=0,1600 \\ N=10\,005 & f(3)=1605 & fr(3)=0,1604 \end{array}\right\}$ $fr(3)$ aumenta 4 diezmilésimas.

Es decir, ***fr*(3) se estabiliza porque, al ser el denominador cada vez más grande, al cociente le afectan cada vez menos las fluctuaciones del numerador.**

Piensa y practica

1 ¿Verdadero o falso?

a) Estoy jugando con un dado correcto y en las últimas 20 jugadas no he conseguido ningún «5». Según la *ley de los grandes números*, en la siguiente jugada es muy muy probable que ya me salga «5».

b) Aunque en las últimas 20 tiradas no haya salido ningún «5», la probabilidad de que ahora salga «5» sigue siendo la misma que antes de la *racha*: 1/6 (el azar «no tiene memoria»).

Propiedades de las probabilidades

Cada suceso de un espacio muestral lleva asociada una probabilidad. Estas probabilidades deben cumplir las propiedades que damos a continuación.

- Las tres primeras se imponen, es decir, son **axiomas.**
- Las siguientes se deducen de las primeras, es decir, son **teoremas.**

AXIOMAS

La probabilidad de cada suceso es un número. Se han de cumplir los siguientes axiomas:

Ax.1 Cualquiera que sea el suceso S, $P[S] \geq 0$.

Ax.2 Si dos sucesos son incompatibles, la probabilidad de su unión es igual a la suma de sus probabilidades.

$$A \cap B = \varnothing \Rightarrow P[A \cup B] = P[A] + P[B]$$

Ax.3 La probabilidad total es 1: $P[E] = 1$

En esencia, estas tres propiedades indican que la cantidad total de probabilidad es igual a 1 y se reparte aditivamente entre los distintos sucesos. Por tanto, la probabilidad de cada suceso es un número comprendido entre 0 y 1: $0 \leq P[S] \leq 1$

TEOREMAS

T.1 $P[\overline{A}] = 1 - P[A]$

T.2 $P[\varnothing] = 0$

T.3 Si $A \subset B$, entonces $P[B] = P[A] + P[B - A]$

T.4 Si $A \subset B$, entonces $P[A] \leq P[B]$

T.5 Si $A_1, A_2, \ldots, A_k$, son incompatibles dos a dos, entonces:

$$P[A_1 \cup A_2 \cup \ldots \cup A_k] = P[A_1] + P[A_2] + \ldots + P[A_k]$$

T.6 $P[A \cup B] = P[A] + P[B] - P[A \cap B]$

T.7 Si el espacio muestral E es finito y un suceso es $S = \{x_1, x_2, \ldots, x_k\}$, entonces:

$$P[S] = P[x_1] + P[x_2] + \ldots + P[x_k]$$

Andréi Kolmogórov (1903-1987). Matemático ruso que dio rigor a la teoría de la probabilidad construyendo un sistema axiomático inspirado en la teoría de conjuntos.

anayaeducacion.es

Justificación de los axiomas a partir de las frecuencias relativas de los sucesos.

anayaeducacion.es

Demostración de los teoremas T.1 a T.7.

Ejercicio resuelto

1 *Los sucesos A y B cumplen lo siguiente:*

$P[A] = 0,6$ $\quad$ $P[B] = 0,7$

$P[A \cup B] = 0,9$

Calcular:

$P[\overline{A}]$ $\quad$ $P[\overline{B}]$

$P[A \cap B]$ $\quad$ $P[\overline{A} \cup \overline{B}]$

- Por el **T.1,** $P[\overline{A}] = 1 - P[A] = 1 - 0,6 = 0,4$
- $P[\overline{B}] = 1 - P[B] = 1 - 0,7 = 0,3$
- En el **T.6** se despeja $P[A \cap B] = P[A] + P[B] - P[A \cup B]$

  $P[A \cap B] = 0,6 + 0,7 - 0,9 = 0,4$
- Tenemos en cuenta que $\overline{A} \cup \overline{B} = \overline{A \cap B}$ (2.ª ley de Morgan)

  $P[\overline{A} \cup \overline{B}] = P[\overline{A \cap B}] = 1 - P[A \cap B] = 1 - 0,4 = 0,6$

Piensa y practica

2 Conocemos las siguientes probabilidades:

$P[A] = 0,4 \qquad P[B] = 0,7 \qquad P[\overline{A} \cup \overline{B}] = 0,8$

Calcula $P[\overline{A \cap B}]$, $P[A \cap B]$, $P[A \cup B]$.

3 Sabemos que:

$P[M \cup N] = 0,6 \qquad P[M \cap N] = 0,1 \qquad P[\overline{M}] = 0,7$

Calcula $P[M]$, $P[N]$, $P[\overline{N}]$, $P[\overline{M} \cap \overline{N}]$.

3 LEY DE LAPLACE

La propiedad **T.7** de la página anterior permite calcular la probabilidad de un suceso S conociendo las probabilidades de los sucesos elementales que lo componen.

Si, además, el espacio muestral consta de n sucesos elementales equiprobables (todos ellos con la misma probabilidad $1/n$), entonces la probabilidad de S solo depende del número de sucesos elementales que lo componen:

$$P[S] = \frac{1}{n} + \frac{1}{n} + \ldots + \frac{1}{n} \quad \text{tantos sumandos como elementos tiene } S$$

Ley de Laplace

Si $E = \{x_1, x_2, \ldots, x_n\}$ y $P[x_1] = P[x_2] = \ldots = P[x_n]$, entonces:

$$P[S] = \frac{\text{número de elementos de } S}{n} = \frac{\text{número de casos favorables a } S}{\text{número de casos posibles}}$$

Se dice que un instrumento aleatorio es *de Laplace* cuando la probabilidad de todos sus sucesos elementales (casos) es la misma. Por ejemplo, un dado correcto, una moneda, una baraja…

Pierre-Simon Laplace (1749-1827)

Ejercicios resueltos

1 *En una baraja de 40 cartas, hallar:*

a) P[AS]

b) P[OROS]

c) P[FIGURA]

a) $P[\text{AS}] = \dfrac{\text{n.º de ASES}}{\text{n.º total de cartas}} = \dfrac{4}{40} = \dfrac{1}{10} = 0,1$

b) $P[\text{OROS}] = \dfrac{\text{n.º de OROS}}{\text{n.º total de cartas}} = \dfrac{10}{40} = \dfrac{1}{4} = 0,25$

c) Las figuras de la baraja española son sota, caballo y rey.

Hay, pues, 12 figuras en la baraja. Por tanto:

$P[\text{FIGURA}] = \dfrac{12}{40} = \dfrac{3}{10} = 0,3$

2 *En una baraja hemos suprimido varias cartas. Entre las que quedan, se dan las siguientes probabilidades de ser extraídas:*

P[REY] = 0,15

P[BASTOS] = 0,3

P[ni REY ni BASTOS] = 0,6

a) ¿Está entre las que se quedan el rey de bastos? ¿Cuál es la probabilidad de extraer esta carta?

b) ¿Cuántas cartas hay?

a) Llamamos R al suceso REY y B al suceso BASTOS.

El suceso REY DE BASTOS lo interpretamos como $R \cap B$ (y, por tanto, el dato que nos dan «ni REY ni BASTOS» como $\overline{R} \cap \overline{B}$).

Aplicando **T.6:** $P[R \cap B] = P[R] + P[B] - P[R \cup B] = 0,15 + 0,3 - P[R \cup B]$

Por otro lado:

$$P[R \cup B] = 1 - P[\overline{R \cup B}] = 1 - P[\overline{R} \cap \overline{B}] = 1 - 0,6 = 0,4$$

Por tanto, $P[\text{REY DE BASTOS}] = 0,15 + 0,3 - 0,4 = 0,05 = \dfrac{1}{20}$

Como la probabilidad es distinta de cero, el rey de bastos está entre las cartas no eliminadas.

b) Una porción de cartas de una baraja es un instrumento aleatorio *de Laplace*, pues la probabilidad de extraer cada una de ellas es la misma. Si en este montón la probabilidad del rey de bastos es 1/20, es porque hay 20 cartas.

Hazlo tú Repite el problema con los datos siguientes:

$P[\text{COPA}] = \dfrac{1}{2}$, $P[\text{AS}] = \dfrac{1}{4}$, $P[\text{ni COPA ni AS}] = \dfrac{5}{16}$. Halla $P[\text{AS DE COPAS}]$ y di cuántas cartas hay.

anayaeducacion.es Practica la ley de Laplace.

Cuándo no se puede aplicar la ley de Laplace

La ley de Laplace se puede aplicar cuando todos los sucesos elementales (elementos del espacio muestral) tienen la misma probabilidad. Pero hay muchos casos en que esto no ocurre. Veamos dos situaciones tipo.

- **Instrumentos irregulares**

Hay instrumentos aleatorios claramente irregulares: un dado mal construido, una chincheta, una taba. ¿Cómo evaluar las probabilidades de los sucesos en estos casos?

Si el instrumento es irregular, para evaluar la probabilidad de un suceso, S, recurrimos a la *ley de los grandes números*. Efectuaremos un número, N, grande de experiencias, obtendremos la frecuencia, $f(S)$, y así, la frecuencia relativa $fr(S) = \frac{f(S)}{N}$ será una medida aproximada de la probabilidad. Cuanto mayor sea N, más confianza tendremos en la estimación.

Por ejemplo, si dejamos caer 100 chinchetas del mismo tipo 10 veces, obtendremos 1 000 resultados.

Supongamos que $f($$) = 243$ y $f($$) = 757$.

Las frecuencias relativas nos sirven para estimar las probabilidades:

$P[$$] \approx fr($$) = 0{,}243$ $\quad P[$$] \approx fr($$) = 0{,}757$

Si quisiéramos tener más seguridad en las estimaciones, acumularíamos más experiencias: 2 000, 5 000, 10 000, …

- **Instrumentos regulares, sucesos elementales no equiprobables**

Lanzamos dos dados correctos y sumamos sus resultados. El espacio muestral de esta experiencia es {2, 3, 4, 5, 6, 7, 8, 9, 10, 11, 12}. Pero la experiencia o el sentido común nos hacen ver que no es igualmente probable que la suma sea 2 o 7 o 10. Sin embargo, podemos modificar la descripción de la experiencia de modo que los sucesos elementales sean equiprobables, tal como hacemos en el cuadro del margen.

De este modo, el espacio muestral consta de 36 sucesos elementales (1, 1), (1, 2), …, (3, 5), …, (6, 6), todos ellos con la misma probabilidad: $\frac{1}{36}$. Los resultados «SUMA 2», «SUMA 7», «SUMA 10», que antes eran considerados sucesos elementales, en la nueva descripción son sucesos no elementales. Sus probabilidades se obtienen con sencillez:

$$P[\text{SUMA } 2] = \frac{1}{36} \qquad P[\text{SUMA } 7] = \frac{6}{36} = \frac{1}{6} \qquad P[\text{SUMA } 10] = \frac{3}{36} = \frac{1}{12}$$

1.er DADO (columnas) · 2.º DADO (filas)

+	1	2	3	4	5	6
1	(2)	3	4	5	6	(7)
2	3	4	5	6	(7)	8
3	4	5	6	(7)	8	9
4	5	6	(7)	8	9	(10)
5	6	(7)	8	9	(10)	11
6	(7)	8	9	(10)	11	12

Piensa y practica

1 Lanzamos un dado «chapucero» mil veces. Obtenemos:

$f(1) = 117$ $\quad f(2) = 302$ $\quad f(3) = 38$

$f(4) = 234$ $\quad f(5) = 196$ $\quad f(6) = 113$

Estima las probabilidades de las distintas caras y, basándote en ellas, calcula las probabilidades de estos sucesos:

PAR $\quad$ MENOR QUE 6 $\quad$ {1, 2}

2 ¿Cuál es la probabilidad de obtener 12 al multiplicar los resultados de dos dados correctos? ¿Y la de obtener 9? ¿Y la de obtener 4?

3 ¿Cuál es la probabilidad de que al lanzar dos dados correctos la diferencia de sus puntuaciones sea 2? ¿Y la probabilidad de que la diferencia sea 1?

4 PROBABILIDAD CONDICIONADA. SUCESOS INDEPENDIENTES

Tenemos una bolsa con bolas de colores numeradas. Vamos a exhibirlas para apreciarlas con claridad.

Si se extrae una bola al azar, la probabilidad de que el número sea PAR es $\frac{4}{8} = \frac{1}{2}$. Esto es claro. Pero si, antes de mirar el número, nos dicen cuál es el color, las cosas cambian:

- Si la bola es verde, la probabilidad de PAR es $\frac{1}{3}$.
- Si la bola es roja, la probabilidad de PAR es $\frac{2}{4} = \frac{1}{2}$.
- Y si es negra, seguro que es PAR. La probabilidad de PAR es 1.

Estas probabilidades se llaman **condicionadas:** «la probabilidad de que el número sea PAR con la condición de que el color sea…».

Dados dos sucesos, A y C, con $P[A] \neq 0$ y $P[B] \neq 0$, se llama **probabilidad de A condicionada a C** y se escribe $P[A/C]$ a:

$$P[A/C] = \frac{P[A \cap C]}{P[C]}$$ Mide la proporción de veces que ocurre A de entre las que ocurre C.

De la expresión anterior se deduce que $P[A \cap C] = P[C] \cdot P[A/C]$.

Análogamente, $P[C/A] = \frac{P[C \cap A]}{P[A]} \Rightarrow P[A \cap C] = P[A] \cdot P[C/A]$.

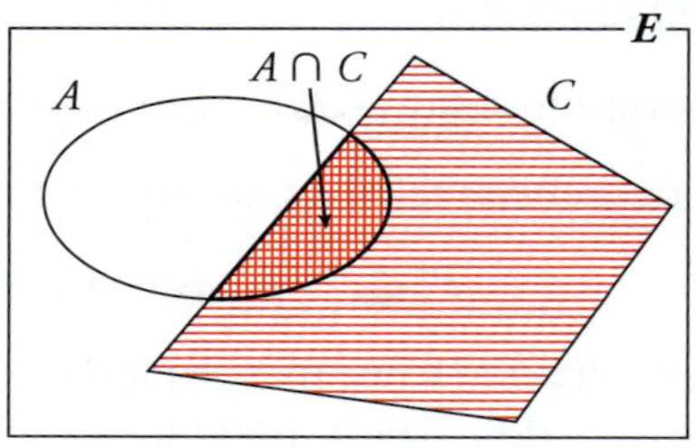

Calculemos las probabilidades del ejemplo anterior aplicando la fórmula:

$$P[\text{PAR}/\text{VERDE}] = \frac{P[\text{PAR Y VERDE}]}{P[\text{VERDE}]} = \frac{P[2]}{P[1, 2, 3]} = \frac{1/8}{3/8} = \frac{1}{3}$$

Análogamente, obtendríamos $P[\text{PAR}/\text{ROJO}] = \frac{1}{2}$, $P[\text{PAR}/\text{NEGRO}] = 1$.

anayaeducacion.es GeoGebra. Ejercicios de probabilidad condicionada.

Sucesos independientes

Observamos que la probabilidad de PAR condicionada a ROJO es igual que la probabilidad de PAR sin condiciones, $P[\text{PAR}/\text{ROJO}] = P[\text{PAR}]$.

Por eso decimos que los sucesos PAR y ROJO son **independientes.** Sin embargo, el suceso PAR no es independiente de VERDE ni de NEGRO.

PAR y ROJA son independientes

La proporción de par entre las bolas rojas es la misma que la proporción de par en el total. El dato «la bola es roja» no modifica la expectativa de obtener par.

Dos sucesos, A y C, se dice que son **independientes** cuando:

$P[A/C] = P[A]$ lo que es equivalente a $P[C/A] = P[C]$

Cuando dos sucesos son independientes, la probabilidad de su intersección es igual al producto de sus probabilidades:

A y C independientes $\Rightarrow P[A \cap C] = P[A] \cdot P[C]$

Hasta hace poco, en los seguros de coches a las mujeres les cobraban menos que a los hombres. Era debido a que $P[\text{ACCIDENTE}/\text{MUJER}] < P[\text{ACCIDENTE}]$. Es decir, los sucesos TENER ACCIDENTE y SER MUJER no son independientes. Sin embargo, no les cobran ni más ni menos a quienes tengan Rh+ o sean RUBIOS. Es lógico, pues el suceso TENER ACCIDENTE es independiente tanto del suceso TENER Rh+ como del suceso SER RUBIO.

■ Probabilidades condicionadas en tablas de contingencia

Recordemos en qué consisten las tablas de contingencia y veamos, sobre un ejemplo, cómo se interpretan y se calculan en ellas las probabilidades condicionadas.

Se ha seguido la pista, durante un año, a 100 000 teléfonos móviles de tres marcas distintas: PUNKIA, PIJIA y KAKIA. Unos han tenido alguna avería (AV) y otros no (NO AV). Se reparten como ves en la primera tabla de la derecha.

	PUNKIA	PIJIA	KAKIA
AV	4 000	2 000	4 000
NO AV	46 000	18 000	26 000

Una tabla de este tipo se llama **tabla de contingencia.** El colectivo total (teléfonos) se reparte según dos características (marcas y si han tenido o no avería). El estudio de los datos permite averiguar las relaciones entre ambas características.

Para analizar una tabla de contingencia debemos empezar completándola con las sumas parciales y con la suma total (segunda tabla).

	PUNKIA	PIJIA	KAKIA	TOTAL
AV	4 000	2 000	4 000	10 000
NO AV	46 000	18 000	26 000	90 000
TOTAL	50 000	20 000	30 000	100 000

Las sumas parciales nos permiten ver que, por ejemplo, hay 20 000 teléfonos de la marca PIJIA o que hay 10 000 teléfonos que han tenido avería.

Si entre los 10 000 teléfonos que han tenido avería, AV, elegimos uno al azar, es fácil hallar las **probabilidades condicionadas:**

$$P[\text{PUNKIA}/\text{AV}] = \frac{4\,000}{10\,000} = 0,4$$

Esto significa que si sabemos que el teléfono ha tenido avería, la probabilidad de que sea PUNKIA es 0,4.

Análogamente, $P[\text{PIJIA}/\text{AV}] = \frac{2\,000}{10\,000} = 0,2$ y $P[\text{KAKIA}/\text{AV}] = 0,4$.

También se puede calcular la probabilidad de que un teléfono de una cierta marca tenga avería:

$$P[\text{AV}/\text{PUNKIA}] = \frac{4\,000}{50\,000} = 0,08$$

$$P[\text{AV}/\text{PIJIA}] = \frac{2\,000}{20\,000} = 0,10$$

$$P[\text{AV}/\text{KAKIA}] = \frac{4\,000}{30\,000} = 0,13$$

Estos resultados nos hacen ver que la marca más segura es PUNKIA y la menos, KAKIA.

Comparando estas últimas probabilidades condicionadas con la probabilidad total $P[\text{AV}] = \frac{10\,000}{100\,000} = 0,10$; advertimos que los sucesos PIJIA y AV son independientes, mientras que PUNKIA y KAKIA no son independientes con AV.

anayaeducacion.es
Cálculo de probabilidades usando tablas de contingencia.

anayaeducacion.es
Ejercicios sobre probabilidades condicionadas en tablas de contingencia.

Piensa y practica

1 Observa las bolas que hay en la urna.

a) Completa el cuadro de doble entrada en el que se reparten las bolas según el color (V, R, N) y el número (1, 2).

	V	R	N	TOTAL
1		2		
2		3		
TOTAL		5		

b) Calcula la probabilidad de ROJO, NEGRO, VERDE, 1 y 2, sin más que observar la composición de la urna.

c) Comprueba que las probabilidades obtenidas en b) se pueden obtener sumando filas o columnas del cuadro formado en a).

d) Calcula las probabilidades condicionadas: $P[1/\text{ROJO}]$, $P[1/\text{VERDE}]$, $P[1/\text{NEGRO}]$, $P[2/\text{ROJO}]$, $P[2/\text{VERDE}]$, $P[2/\text{NEGRO}]$, $P[\text{ROJO}/1]$, $P[\text{VERDE}/1]$.

e) Di si alguno de los caracteres ROJO, NEGRO, VERDE es independiente de 1 o de 2.

5 PRUEBAS COMPUESTAS

Hay experiencias en las que fácilmente podemos distinguir dos o más etapas. Se llaman **pruebas compuestas.** En ellas, el cálculo de probabilidades de sucesos compuestos se simplifica mucho calculando las probabilidades de sus componentes.

Dos pruebas compuestas son **independientes** cuando el resultado de una no influye en la otra. Si no es así, se llaman **dependientes.**

- Ejemplo 1. Lanzamos una moneda y un dado. Es evidente que el resultado de una no influye en la otra. Son independientes.
- Ejemplo 2. Extraemos dos cartas de una baraja. El resultado de la segunda sí depende de la primera (por ejemplo, si la primera es AS, es menos probable que la segunda lo sea). Son dependientes.

Experiencias independientes

Analicemos el ejemplo 1 de arriba. En este caso, el cálculo de probabilidades es especialmente sencillo si suponemos que la moneda y el dado son *de Laplace*.

		1/6	1/6	1/6	1/6	1/6	1/6
		1	**2**	**3**	**4**	**5**	**6**
1/2	**C**	C, 1	C, 2	C, 3	C, 4	C, 5	C, 6
1/2	**+**	+, 1	+, 2	+, 3	+, 4	+, 5	+, 6

$$P[(C, 3)] = P[C] \cdot P[3] = \frac{1}{2} \cdot \frac{1}{6} = \frac{1}{12}$$

La probabilidad del **suceso compuesto** es igual al producto de las probabilidades de los sucesos componentes. Por ejemplo:

$$P[(C \text{ y PAR})] = P[C] \cdot P[\text{PAR}] = \frac{1}{2} \cdot \frac{1}{2} = \frac{1}{4}$$

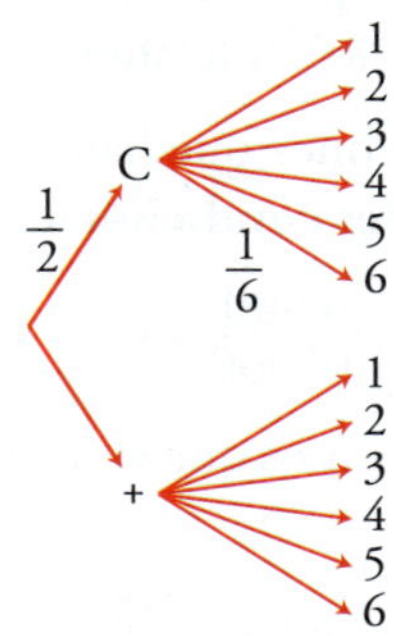

$P[C \text{ y } 3] = \frac{1}{2} \cdot \frac{1}{6} = \frac{1}{12}$

Diagrama en árbol para el lanzamiento de una moneda y un dado.

Se dice que **dos o más pruebas son independientes** cuando el resultado de cada una de ellas no influye en las probabilidades de los distintos resultados de las otras. Por tanto, los sucesos correspondientes a la primera son independientes de los sucesos correspondientes a la segunda.

Si n pruebas son independientes y los sucesos $S_1, S_2, \ldots, S_n$ corresponden, respectivamente, a cada una de ellas se cumple que:

$$P[S_1 \text{ en la 1.ª y } S_2 \text{ en la 2.ª y} \ldots \text{y } S_n \text{ en la } n\text{-ésima}] = P[S_1] \cdot P[S_2] \cdot \ldots \cdot P[S_n]$$

Ten en cuenta

Hay ocasiones en las que las pruebas no son sucesivas, sino simultáneas. Pero, si se puede, resulta muy ventajoso pensar en ellas como si se sucedieran en el tiempo.

Piensa y practica

1 ¿Verdadero o falso?

a) En una bolsa tenemos 5 bolas verdes y 5 bolas rojas. Extraemos una bola y luego otra. Las dos extracciones son independientes. Por tanto: $P[\text{1.ª ROJA y 2.ª VERDE}] = P[\text{ROJA en 1.ª}] \cdot P[\text{VERDE en 2.ª}] = \frac{5}{10} \cdot \frac{5}{10} = \frac{1}{4} = 0{,}25$.

b) Tenemos dos bolsas, cada una de ellas con 5 bolas verdes y 5 bolas rojas. Extraemos una bola de la primera bolsa y una bola de la segunda bolsa. Las dos extracciones son independientes. Por tanto: $P[\text{1.ª ROJA y 2.ª VERDE}] = P[\text{ROJA en 1.ª}] \cdot P[\text{VERDE en 2.ª}] = \frac{5}{10} \cdot \frac{5}{10} = \frac{1}{4} = 0{,}25$.

2 Calcula la probabilidad de obtener TRES CUATROS al lanzar tres dados.

3 Calcula la probabilidad de que no nos salga el número 6 (NINGÚN SEIS) al lanzar cuatro dados (cuatro veces NO SEIS).

4 Calcula la probabilidad de obtener ALGÚN SEIS al lanzar cuatro dados. (ALGÚN SEIS es el suceso contrario de NINGÚN SEIS).

5 Calcula la probabilidad de obtener ALGÚN SEIS al lanzar seis dados.

Experiencias dependientes

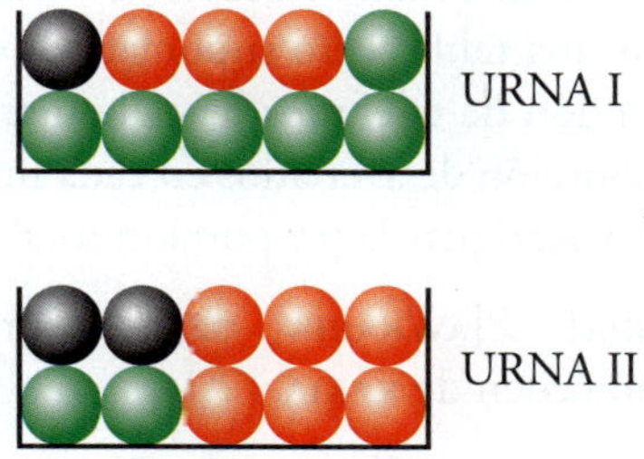

Tenemos una moneda y dos urnas con bolas. Lanzamos la moneda y si sale cara, extraemos una bola de I y si sale cruz, extraemos una bola de II.

Describimos, mediante un diagrama en árbol, la experiencia compuesta e incluimos las correspondientes probabilidades.

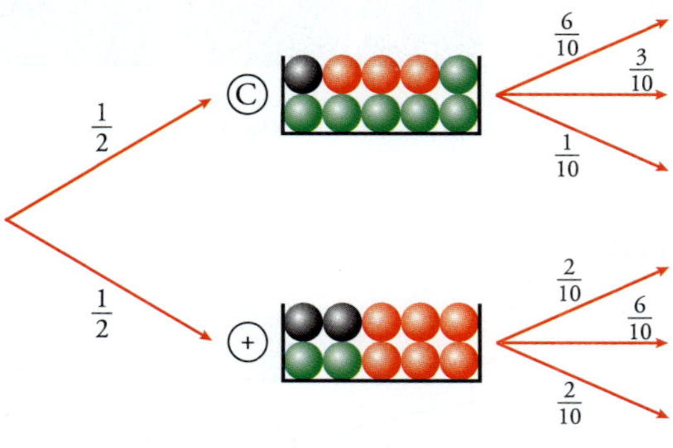

$P[\text{C y 🟢}] = \frac{1}{2} \cdot \frac{6}{10} = \frac{6}{20}$

$P[\text{C y 🔴}] = \frac{1}{2} \cdot \frac{3}{10} = \frac{3}{20}$

$P[\text{C y ⚫}] = \frac{1}{2} \cdot \frac{1}{10} = \frac{1}{20}$

$P[\text{+ y 🟢}] = \frac{1}{2} \cdot \frac{2}{10} = \frac{2}{20}$

$P[\text{+ y 🔴}] = \frac{1}{2} \cdot \frac{6}{10} = \frac{6}{20}$

$P[\text{+ y ⚫}] = \frac{1}{2} \cdot \frac{2}{10} = \frac{2}{20}$

Observemos que las probabilidades de las segundas flechas son probabilidades condicionadas.

Por ejemplo, $P[\text{🟢/C}] = \frac{6}{10}$ y, por tanto

$$P[\text{C y 🟢}] = P[\text{C} \cap \text{🟢}] = P[\text{C}] \cdot P[\text{🟢/C}] = \frac{1}{2} \cdot \frac{6}{10} = \frac{6}{20}$$

> Dos experiencias son **dependientes** cuando el resultado de la primera influye en las probabilidades de los sucesos de la segunda. Las probabilidades de sucesos compuestos se obtienen así:
>
> $P[S_1 \text{ en la 1.ª y } S_2 \text{ en la 2.ª}] = P[S_1] \cdot P[S_2/S_1]$. Es decir:
>
> $P[S_1 \text{ en la 1.ª}] \cdot P[S_2 \text{ en la 2.ª supuesto que ocurrió } S_1 \text{ en la 1.ª}]$
>
> Si se encadenan más de dos experiencias dependientes, las probabilidades de los sucesos compuestos se obtienen análogamente. Por ejemplo, para tres pruebas:
>
> $P[S_1 \text{ en la 1.ª y } S_2 \text{ en la 2.ª y } S_3 \text{ en la 3.ª}] =$
>
> $= P[S_1] \cdot P[S_2/S_1] \cdot P[S_3/S_1 \text{ y } S_2]$

Piensa y practica

6 ¿Verdadero o falso?

En una bolsa tenemos 5 bolas verdes y 5 bolas rojas. Extraemos una bola y luego otra. La segunda extracción depende del resultado de la primera. Por tanto:

$P[\text{1.ª 🔴 y 2.ª 🟢}] = P[\text{🔴 en 1.ª}] \cdot P[\text{🟢 en 2.ª/🔴 en 1.ª}] =$

$= \frac{5}{10} \cdot \frac{5}{9} = \frac{25}{90} = \frac{5}{18}$

7 Tenemos un dado y las dos urnas descritas en el dibujo que aparece a continuación.

Lanzamos el dado. Si sale 1 o 2, vamos a la urna I. Si sale 3, 4, 5 o 6, acudimos a la urna II. Extraemos una bola de la urna correspondiente.

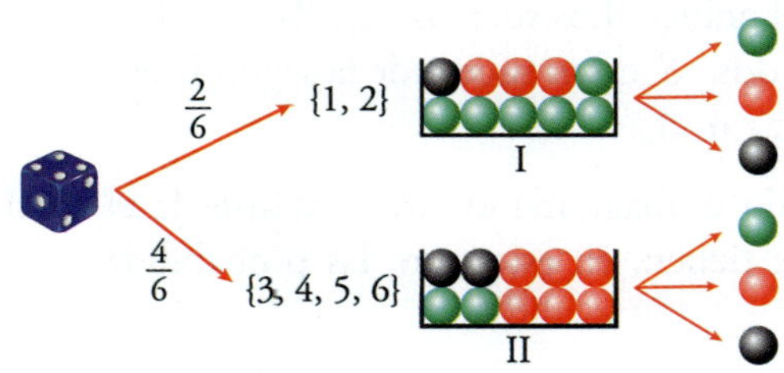

a) Completa las probabilidades en el diagrama en árbol.

b) Halla:

$P[\{3, 4, 5, 6\} \text{ y 🔴}]$ $\quad P[\text{🟢/1}]$

$P[\text{🔴/5}]$ $\quad P[\text{2 y 🟢}]$

anayaeducacion.es **GeoGebra.** Cálculo de probabilidades mediante un diagrama en árbol.

6 PROBABILIDAD TOTAL

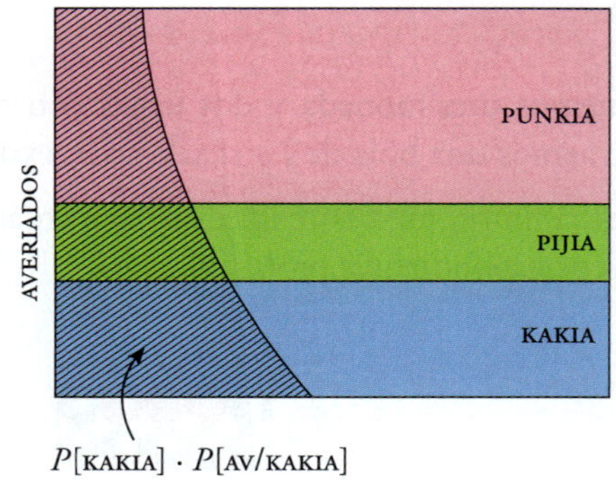

Recordemos el ejemplo de los teléfonos móviles que vimos al estudiar las probabilidades condicionadas en tablas de contingencia. Allí los datos aparecían muy ordenados en una tabla. Pero supongamos que no los tenemos así, que solo conocemos la proporción de teléfonos de cada marca, $P[\text{PUNKIA}]$, $P[\text{PIJIA}]$, $P[\text{KAKIA}]$, así como la proporción de averiados en cada marca: $P[\text{AV}/\text{PUNKIA}]$, $P[\text{AV}/\text{PIJIA}]$, $P[\text{AV}/\text{KAKIA}]$. ¿Cómo averiguar la proporción total de teléfonos averiados, $P[\text{AV}]$?

$P[\text{KAKIA}] \cdot P[\text{AV}/\text{KAKIA}]$ da, de la proporción total de teléfonos averiados, aquellos que proceden de KAKIA.

Análogamente, $P[\text{PUNKIA}] \cdot P[\text{AV}/\text{PUNKIA}]$ y $P[\text{PIJIA}] \cdot P[\text{AV}/\text{PIJIA}]$.

Por tanto:

$$P[\text{AV}] = P[\text{PUNKIA}] \cdot P[\text{AV}/\text{PUNKIA}] + P[\text{PIJIA}] \cdot P[\text{AV}/\text{PIJIA}] + P[\text{KAKIA}] \cdot P[\text{AV}/\text{KAKIA}]$$

Tenemos n sucesos, $A_1, A_2, \dots, A_n$.

Son incompatibles dos a dos y tales que $A_1 \cup A_2 \cup \dots \cup A_n = E$.

Entonces, para cualquier suceso S se cumple que:

$$P[S] = P[A_1] \cdot P[S/A_1] + P[A_2] \cdot P[S/A_2] + \dots + P[A_n] \cdot P[S/A_n]$$

A la probabilidad $P[S]$ descompuesta de este modo se la llama **probabilidad total.**

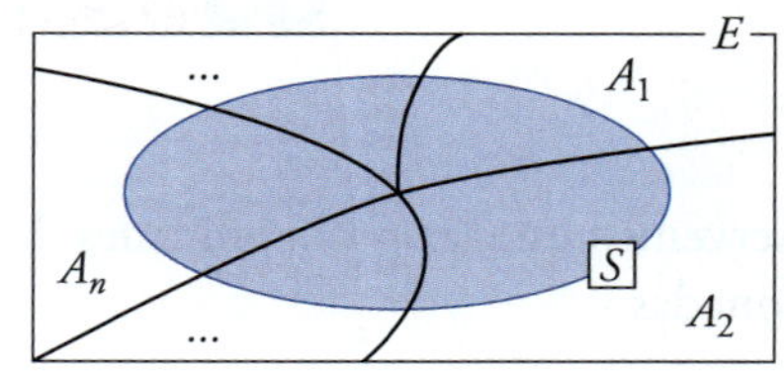

Demostración

Descomponemos S en sucesos incompatibles:

$$S = (A_1 \cap S) \cup (A_2 \cap S) \cup \dots \cup (A_n \cap S)$$

Aplicamos la propiedad **T.5** de las probabilidades:

$$P[S] = P[A_1 \cap S] + P[A_2 \cap S] + \dots + P[A_n \cap S]$$

Teniendo en cuenta que $P[A_k \cap S] = P[A_k] \cdot P[S/A_k]$, se obtiene la expresión buscada.

■ La probabilidad total en el caso de pruebas sucesivas

El resultado anterior es especialmente útil para experiencias compuestas que se suceden en el tiempo. Vamos a ilustrarlo en el caso de dos etapas sucesivas:

Observa el gráfico. Los sucesos $A_1, A_2, \dots, A_n$ son de la primera etapa e incompatibles dos a dos. S es un suceso de la segunda etapa. Se puede llegar a S pasando por A_1, A_2, … o A_n.

Observando el diagrama en árbol se aprecia el significado que tienen, en este caso, las probabilidades siguientes:

$$P[S/A_i]$$

$$P[A_i \cap S] = P[A_i] \cdot P[S/A_i]$$

así como la $P[S]$ como probabilidad total.

También es claro el interés que tiene este proceso para estos casos, pues solo se puede llegar al suceso S pasando por alguno de los sucesos A_1, A_2, …, A_n.

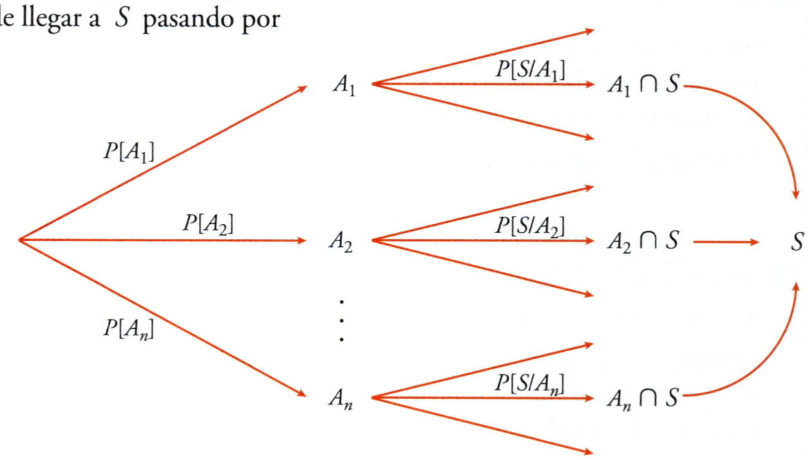

Ejercicios resueltos

1 *Lanzamos un dado. Si sale 1 o 2 extraemos una bola de la urna I, si sale 3, 4, 5 o 6 extraemos bola de la urna II.*

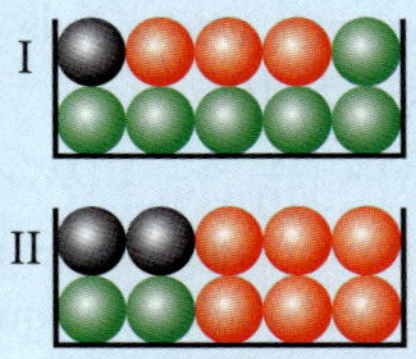

Hallar P[🔴] (la probabilidad de que la bola sea roja).

Describimos el proceso mediante un diagrama en árbol en el que se incluyen las probabilidades de todos los sucesos que intervienen.

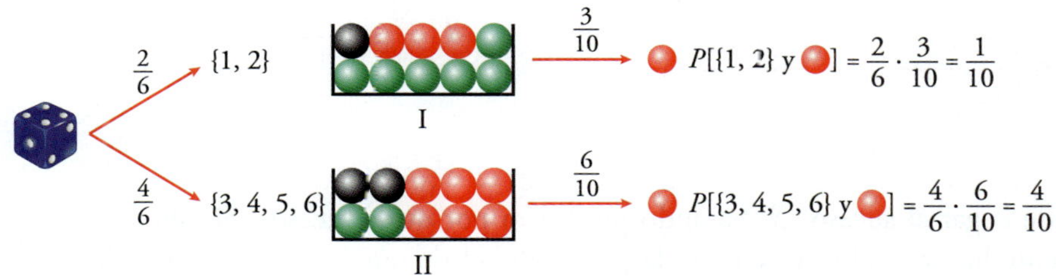

Ahora, hallamos la probabilidad total.

$$P[🔴] = \frac{1}{10} + \frac{4}{10} = \frac{5}{10} = \frac{1}{2}$$

Hazlo tú En el ejercicio anterior, calcula P[🟢] y P[⚫]. Comprueba que la suma P[🔴] + P[🟢] + P[⚫] es igual a 1.

2 *Un gato persigue a un ratón. Este puede entrar en uno de los callejones A, B o C.*

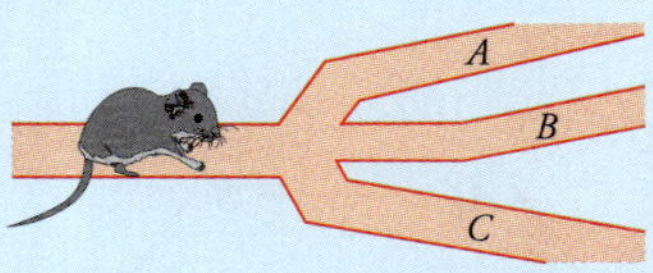

En cada uno de ellos puede cazarlo, +, o no. Se sabe:

$P[\text{entre por } A] = P[A] = 0{,}3$

$P[B] = 0{,}5$

$P[C] = 0{,}2$

$P[\text{lo cace habiendo entrado en } A] = P[+/A] = 0{,}4$

$P[+/B] = 0{,}6$

$P[+/C] = 0{,}1$

Calcular la probabilidad de que el gato cace al ratón.

Describimos el proceso mediante un diagrama en árbol:

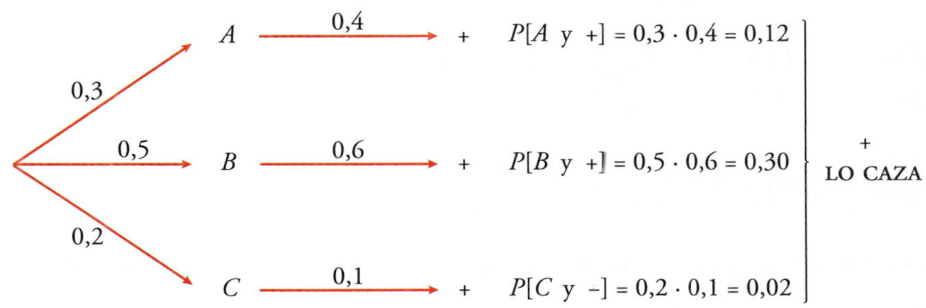

La probabilidad de que el gato acabe cazando al ratón es:

$$P[+] = 0{,}12 + 0{,}30 + 0{,}02 = 0{,}44$$

Observa que, razonando sobre el gráfico, se obtiene la fórmula de la probabilidad total:

$$P[+] = P[A] \cdot P[+/A] + P[B] \cdot P[+/B] + P[C] \cdot P[+/C] =$$
$$= 0{,}3 \cdot 0{,}4 + 0{,}5 \cdot 0{,}6 + 0{,}2 \cdot 0{,}1 = 0{,}44$$

Hazlo tú En el ejercicio anterior, si la probabilidad de que cace al ratón es 0,44, entonces la probabilidad de que escape (↗) es 0,56 ($P[↗] = 1 - P[+] = 1 - 0{,}44 = 0{,}56$). Calcula dicha probabilidad, $P[↗]$, siguiendo todo el proceso.

Piensa y practica

1 ¿Verdadero o falso?

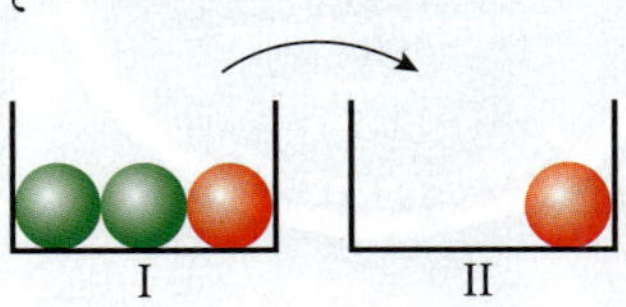

Primero extraemos una bola de I y la introducimos en II. Después extraemos una bola de II.

a) P[2.ª 🔴/1.ª 🟢] $= \frac{1}{2}$

b) P[2.ª 🟢/1.ª 🟢] $= \frac{1}{2}$

c) P[2.ª 🔴/1.ª 🔴] $= \frac{1}{3}$

d) P[1.ª 🟢 y 2.ª 🔴] $= \frac{1}{3} \cdot \frac{1}{2} = \frac{1}{6}$

2 Tenemos dos urnas:

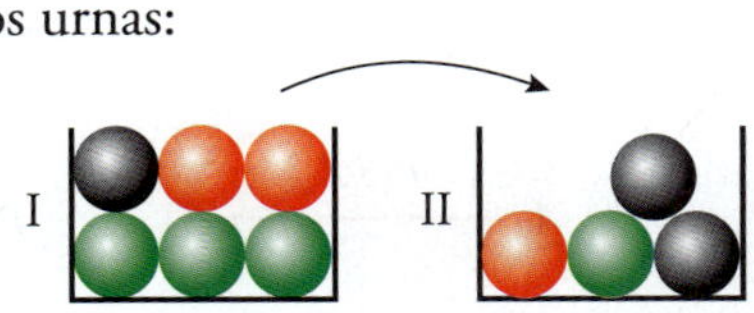

La experiencia consiste en extraer una bola de I, introducirla en II, remover y extraer, finalmente, una bola de II. Calcula la probabilidad de que la segunda bola extraída sea:

a) roja b) verde c) negra

anayaeducacion.es Calcula la probabilidad total.

7 PROBABILIDAD «A POSTERIORI». FÓRMULA DE BAYES

En una experiencia compuesta de dos, si A es un suceso correspondiente a la primera y S es un suceso correspondiente a la segunda, el significado de la probabilidad condicionada $P[A/S]$ es interesante.

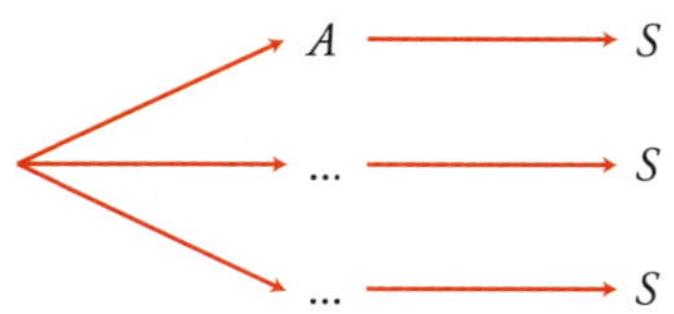

Se puede llegar al suceso S pasando por A o por otros sucesos. Si sabemos que finalmente ha ocurrido S, ¿cuál es la probabilidad de que haya sido «pasando por A»? $P[A/S]$.

Es decir, de las distintas formas en que se puede llegar a S, ¿en qué proporción de ellas se pasa por A?

Intuitivamente puede admitirse que dicha proporción es:

$$P[A/S] = \frac{P[A \cap S]}{P[S]}$$

Su demostración no es difícil:

$$\left.\begin{aligned} P[A \cap S] &= P[A] \cdot P[S/A] \\ P[A \cap S] &= P[S] \cdot P[A/S] \end{aligned}\right\} P[A] \cdot P[S/A] = P[S] \cdot P[A/S]$$

Despejando: $P[A/S] = \dfrac{P[A] \cdot P[S/A]}{P[S]} = \dfrac{P[A \cap S]}{P[S]}$

Si expresamos $P[S]$ como probabilidad total, se obtiene la llamada **fórmula de Bayes:**

$$P[A_i/S] = \frac{P[A_i] \cdot P[S/A_i]}{P[A_1] \cdot P[S/A_1] + \ldots + P[A_n] \cdot P[S/A_n]}$$

En la práctica, más que la fórmula, resulta muy útil seguir el proceso en un diagrama en árbol:

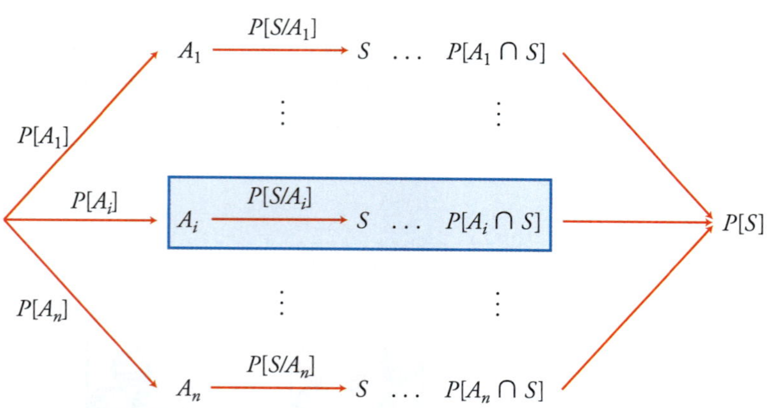

Si sabemos que ocurrió S, sobre el gráfico se obtiene que:

$$P[A_i/S] = \frac{P[A_i \cap S]}{P[S]}$$

Un ejemplo

Otro ejemplo con teléfonos y averías:

El 80 % de los teléfonos es de la marca GUAY y el 20 % de PUAF:

P [GUAY] = 0,8 P [PUAF] = 0,2

Los GUAY tienen averías 1 de cada 20, los PUAF, 3 de cada 10:

P [AV/GUAY] = $\frac{1}{20}$ P [AV/PUAF] = $\frac{3}{10}$

Un teléfono tomado al azar tiene avería. ¿Cuál es la probabilidad de que sea GUAY?

Para resolverlo, sigamos la pista a 100 teléfonos que se reparten de forma *ideal*:

$$100 \begin{cases} \text{G, } 80 \xrightarrow{1/20} \text{G y AV, } 4 \\ \text{P, } 20 \xrightarrow{3/10} \text{P y AV, } 6 \end{cases} \text{AV, } 10$$

¿No está claro que si un teléfono, elegido al azar, tiene avería, la probabilidad de que sea GUAY es 4/10 y la de que sea PUAF es 6/10?

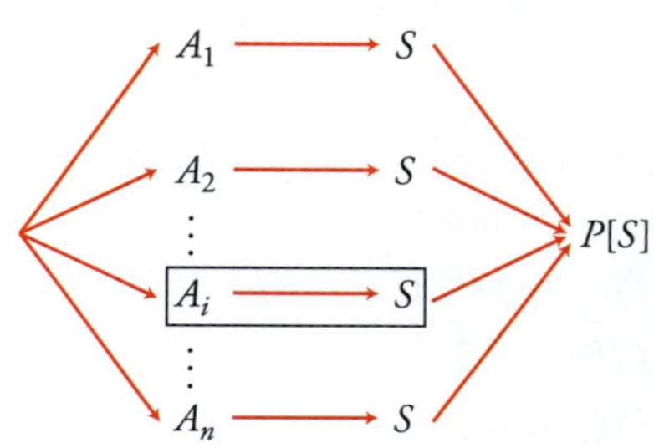

Placa conmemorativa en la casa en la que vivió Thomas Bayes en Tunbridge Wells (Condado de Kent, Inglaterra).

anayaeducacion.es Calcula probabilidades aplicando la fórmula de Bayes.

Ejercicios resueltos

1 *Retomamos el problema del dado y las dos urnas resuelto en el apartado anterior.*

Sabemos que, finalmente, se ha obtenido una bola negra. ¿Cuál es la probabilidad de que se haya extraído de la URNA *II? Es decir, P[II/⚫].*

Nos valemos de un diagrama en árbol para calcular la probabilidad total P[⚫].

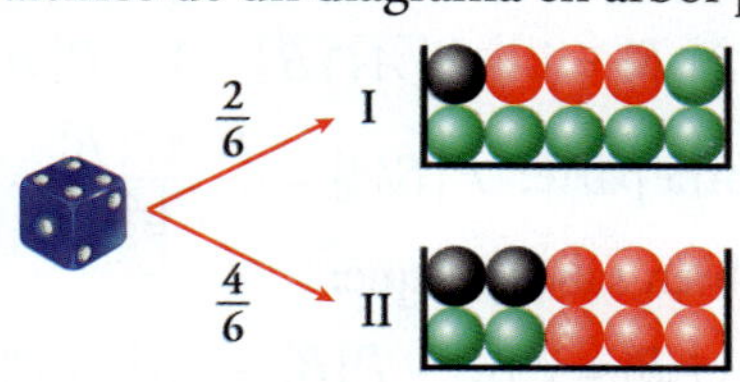

$\frac{1}{10}$ → ⚫ P[I y ⚫] $= \frac{2}{6} \cdot \frac{1}{10} = \frac{2}{60}$

$\frac{2}{10}$ → ⚫ P[II y ⚫] $= \frac{4}{6} \cdot \frac{2}{10} = \frac{8}{60}$

P[⚫] $= \frac{2}{60} + \frac{8}{60} = \frac{10}{60}$

Para hallar P[II/⚫] obtenemos el cociente entre P[II y ⚫] y P[⚫].

P[II/⚫] $= \frac{P[\text{II y ⚫}]}{P[⚫]} = \frac{8/60}{10/60} = \frac{8}{10} = 0,8$

Vamos a describir el resultado de forma ingenua: «De cada 60 veces que se realiza la experiencia, en 10 de ellas sale bola negra. De esas 10 veces, en 2 procede de la URNA I y en 8 procede de la URNA II».

Hazlo tú Si lo que se obtiene finalmente es bola roja, ¿qué probabilidad hay de que provenga de la URNA I? Es decir, calcula P[I/🔴].

2 *Retomamos el problema del ratón y el gato que vimos en el ejercicio resuelto 2 del apartado anterior. Supongamos que vemos a un gato perseguir a un ratón. Al poco rato llega con él en la boca. ¿En cuál de los tres caminos lo habrá cazado?*

Naturalmente, no sabremos dónde lo ha cazado, pero sí podemos calcular la probabilidad de que lo haya hecho en un cierto callejón: $P[A/+]$, $P[B/+]$ o $P[C/+]$.

Ya conocemos algunos resultados obtenidos en el apartado anterior:

$A \longrightarrow + \quad P[A \text{ y } +] = 0,12$

$B \longrightarrow + \quad P[B \text{ y } +] = 0,30$

$C \longrightarrow + \quad P[C \text{ y } +] = 0,02$

$\left.\begin{matrix} 0,12 \\ 0,30 \\ 0,02 \end{matrix}\right\} P[+] = 0,44$

El cálculo de las probabilidades pedidas es inmediato:

$$P[A/+] = \frac{P[A \text{ y } +]}{P[+]} = \frac{0,12}{0,44} = 0,273$$

$$P[B/+] = \frac{P[B \text{ y } +]}{P[+]} = \frac{0,30}{0,44} = 0,682$$

$$P[C/+] = \frac{P[C \text{ y } +]}{P[+]} = \frac{0,02}{0,44} = 0,045$$

Piensa y practica

1 ¿Verdadero o falso?

En el ejemplo de los teléfonos GUAY y PUAF visto anteriormente, sabemos de un teléfono que, pasado el tiempo prudencial, NO TIENE AVERÍAS. Ignoramos la marca pero podemos calcular sus probabilidades.

100 → G, 80 —19/20→ G y NO AV, 76 → NO AV, 90

100 → P, 20 —7/10→ P y NO AV, 14 → NO AV, 90

P[GUAY/NO AV] $= \frac{76}{90} = 0,84$

P[PUAF/NO AV] $= \frac{14}{90} = 0,16$

2

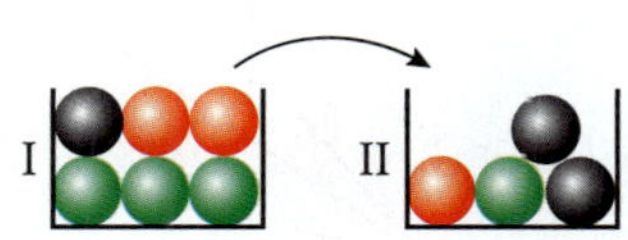

Se extrae una bola de I y se introduce en II. Se remueve y se extrae una bola de II.

a) Sabiendo que la segunda bola ha sido negra, ¿cuál es la probabilidad de que la primera también lo fuera? P[1.ª⚫/2.ª⚫]

b) Sabiendo que la segunda bola ha sido roja, ¿cuál es la probabilidad de que la primera haya sido negra? P[1.ª⚫/2.ª🔴]

c) ¿Cuál es la probabilidad de que la primera fuera verde siendo verde la segunda? P[1.ª🟢/2.ª🟢]

1. Propiedades de las probabilidades

Dados dos sucesos A y B, se conocen estas probabilidades:

$P[A \cup B] = 0{,}55$

$P[\overline{A} \cup \overline{B}] = 0{,}90$

$P[B/A] = 0{,}25$

Se pide:

a) Hallar $P[A \cap B]$, $P[A]$, $P[B]$ y $P[B/\overline{A}]$.

b) Deducir de manera razonada si A y B son independientes.

Hazlo tú

a) Con los mismos datos, calcula: $P[A \cap \overline{B}]$ y $P[A \cup \overline{B}]$

b) ¿Son A y B incompatibles?

a) Sabemos que $\overline{A} \cup \overline{B} = \overline{A \cap B}$, por tanto:

$P[A \cap B] = 1 - P[\overline{A \cap B}] = 1 - P[\overline{A} \cup \overline{B}] = 1 - 0{,}90 = 0{,}10$

Por otra parte: $P[B/A] = \dfrac{P[A \cap B]}{P[A]} = \dfrac{0{,}10}{P[A]} = 0{,}25 \rightarrow P[A] = 0{,}4$

También sabemos que:

$P[A \cup B] = P[A] + P[B] - P[A \cap B] \rightarrow 0{,}55 = 0{,}4 + P[B] - 0{,}1 \rightarrow P[B] = 0{,}25$

Para la última probabilidad que se pide, viene bien hacer un diagrama:

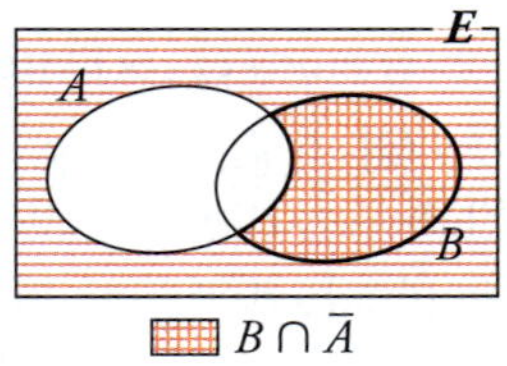

$$P[B/\overline{A}] = \frac{P[B \cap \overline{A}]}{P[\overline{A}]} = \frac{P[B] - P[A \cap B]}{1 - P[A]} = \frac{0{,}25 - 0{,}1}{1 - 0{,}4} = 0{,}25$$

b) Como $P[B/\overline{A}] = P[B]$, A y B son independientes. También se podría deducir que son independientes comprobando que $P[A \cap B] = P[A] \cdot P[B]$.

2. Lanzamiento de tres dados

Al lanzar tres dados, hallar la probabilidad de que la puntuación obtenida en uno de ellos sea igual a la suma de las puntuaciones de los otros dos.

Las posibles sumas de las puntuaciones de dos dados se recogen así:

	1	2	3	4	5	6
1	2	3	4	5	6	7
2	3	4	5	6	7	8
3	4	5	6	7	8	9
4	5	6	7	8	9	10
5	6	7	8	9	10	11
6	7	8	9	10	11	12

Como solo nos interesa que coincida con la puntuación del otro dado, las probabilidades que necesitamos son:

$P[\text{SUMA} = 2] = \dfrac{1}{36}$ $\quad P[\text{SUMA} = 3] = \dfrac{2}{36}$

$P[\text{SUMA} = 4] = \dfrac{3}{36}$ $\quad P[\text{SUMA} = 5] = \dfrac{4}{36}$

$P[\text{SUMA} = 6] = \dfrac{5}{36}$

(Observa que no es posible «SUMA = 1»).

Hacemos un diagrama en árbol para hallar la probabilidad de que la puntuación del primer dado coincida con la suma de los otros dos:

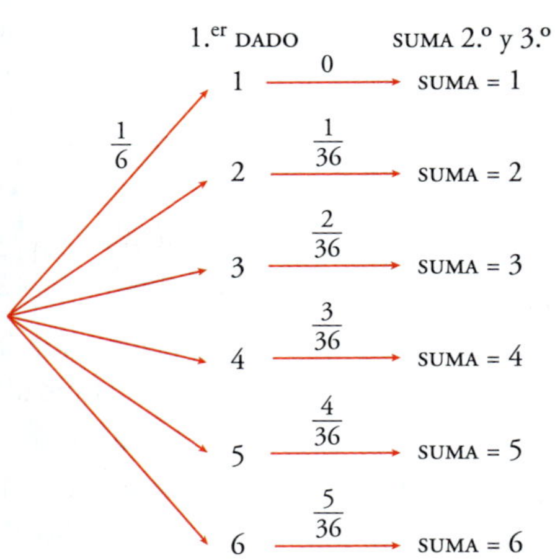

Por tanto, la probabilidad de que la puntuación del primer dado coincida con la suma de los otros dos es:

$$P_1 = \frac{1}{6} \cdot 0 + \frac{1}{6} \cdot \frac{1}{36} + \frac{1}{6} \cdot \frac{2}{36} + \frac{1}{6} \cdot \frac{3}{36} + \frac{1}{6} \cdot \frac{4}{36} + \frac{1}{6} \cdot \frac{5}{36} = \frac{15}{216} = \frac{5}{72}$$

Hay que tener en cuenta que también podría ocurrir que el resultado del segundo dado coincidiera con la suma del primero y el tercero, o que el resultado del tercer dado coincidiera con la suma del primero y el segundo.

Por tanto, la probabilidad pedida sería:

$$P = 3 \cdot P_1 = 3 \cdot \frac{5}{72} = \frac{5}{24}$$

Hazlo tú

En el lanzamiento de dos dados rojos y uno verde, halla la probabilidad de que la puntuación obtenida en el verde coincida con la diferencia de las puntuaciones (mayor – menor) de los dos dados rojos.

3. Cálculo de probabilidades utilizando diagramas

Se sabe que en cierto pueblo el 50 % de la población tienen coche, el 35 % tienen moto y el 22 % tienen coche y moto.

Se elige al azar un ciudadano del pueblo. Hallar la probabilidad de que:

a) Tenga coche o moto.

b) No tenga ni coche ni moto.

c) Sabiendo que tiene coche, que tenga moto.

d) Sabiendo que tiene moto, que no tenga coche.

e) Que tenga solo uno de los dos.

Dibujamos el siguiente diagrama, dividiendo el espacio muestral en subconjuntos **incompatibles.** Por ejemplo, si hay un 50 % de habitantes con coche y un 22 % con coche y moto, entonces habrá 50 % – 22 % = 28 % de ellos con coche pero sin moto. Así rellenamos el resto.

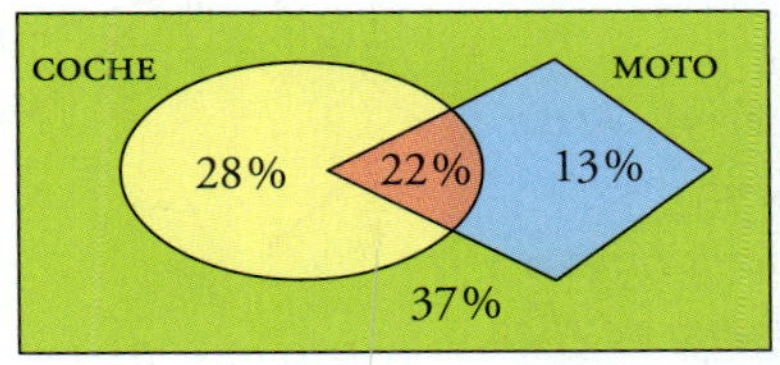

a) P[COCHE O MOTO] = + + = 0,28 + 0,22 + 0,13 = 0,63

b) P[NO COCHE y NO MOTO] = = 1 – P[COCHE O MOTO] = 1 – 0,63 = 0,37

c) P[MOTO/COCHE] = = $\dfrac{0,22}{0,5}$ = 0,44

d) P[NO COCHE/MOTO] = = $\dfrac{0,13}{0,35}$ = 0,37

e) P[SOLO COCHE O SOLO MOTO] = + = 0,28 + 0,13 = 0,41

4. Probabilidades en tablas de contingencia

En la casa de la cultura de cierta población hay 300 socios. Cada uno puede apuntarse a una actividad: bailes de salón (BAI), marchas por la montaña (MON) o videojuegos (VID).

Hay dos rangos de edad: jóvenes (JOV), los menores de 26 años; y mayores (MAY), de 26 años en adelante.

- *Entre los socios hay 180 jóvenes, de los cuales 15 hacen bailes de salón y 60 van a la montaña.*
- *Al grupo de montaña se han apuntado 100 personas.*
- *Solo hay 13 mayores en el grupo de videojuegos.*

a) Construir una tabla de contingencia.

b) Tomando un socio al azar, hallar estas probabilidades:

P[MAY]   P[MON]   P[JOV y VID]

P[VID/JOV]   P[MAY/BAI]

c) Comprobar que el suceso MON es independiente de la edad.

a) Construimos la tabla de contingencia con los datos que nos dan (en rojo) y, haciendo cuentas, rellenamos los huecos que quedan.

	BAILES DE SALÓN	MONTAÑA	VIDEOJUEGOS	TOTAL
JÓVENES	**15**	**60**	105	**180**
MAYORES	67	40	**13**	120
TOTAL	82	**100**	118	**300**

b) Calculamos las probabilidades:

P[MAY] = 120/300 = 0,4 (Hay 120 mayores.)

P[MON] = 100/300 = 0,33 (Hay 100 socios apuntados a la montaña.)

P[JOV y VID] = 105/300 = 0,35 (Hay 105 jóvenes apuntados a videojuegos.)

P[VID/JOV] = 105/180 = 0,58 (De los 180 jóvenes, 105 practican videojuegos.)

P[MAY/BAI] = 67/82 = 0,82 (De los 82 que bailan, 67 son mayores.)

c) Vamos a ver que MON es independiente de JOV y MAY.

P[JOV/MON] = 60/100 = 0,6
P[JOV] = 180/300 = 0,6
→ P[JOV/MON] = P[JOV]

Por tanto MON y JOV son independientes.

Análogamente se comprueba que P[MAY/MON] = P[MAY].

Esto significa que entre los que salen a la montaña (MON) los socios se reparten por edades en las mismas proporciones que en el total.

Hazlo tú Calcula P[VID/MAY].

5. Probabilidad condicionada

Un mueble tiene 9 cajones. La probabilidad de haber guardado la cartera en el mueble es 1/2 y, si está en el mueble, tiene la misma probabilidad de estar en cualquiera de los 9 cajones.

a) ¿Cuál es la probabilidad de que la cartera esté en el noveno cajón?

b) Si abrimos los ocho primeros cajones y la cartera no está en ninguno de ellos, ¿cuál es la probabilidad de que esté en el noveno cajón?

Llamamos OTRO al suceso «alguno de los 8 primeros cajones»:

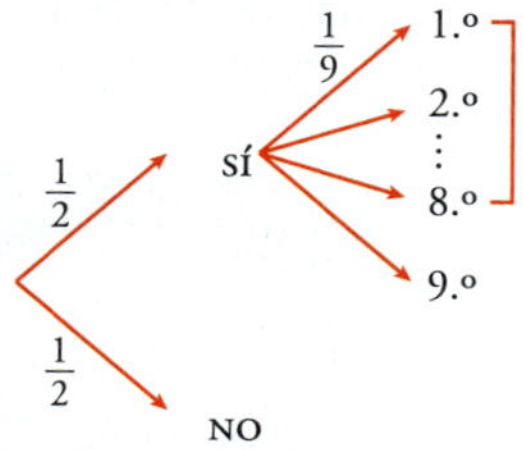

$P[\text{sí y OTRO}] = \frac{1}{2} \cdot \frac{8}{9} = \frac{8}{18}$

$P[\text{sí y } 9.°] = \frac{1}{2} \cdot \frac{1}{9} = \frac{1}{18}$

a) $P[9.°] = P[\text{sí y } 9.°] + P[\text{NO y } 9.°] = \frac{1}{18} + 0 = \frac{1}{18}$

b) $P[\text{OTRO}] = P[\text{sí y OTRO}] + P[\text{NO y OTRO}] = \frac{8}{18} + 0 = \frac{8}{18} = \frac{4}{9}$

$$P[9.°/\text{no OTRO}] = \frac{P[9.° \text{ y no OTRO}]}{P[\text{no OTRO}]} = \frac{P[9.°]}{1 - P[\text{OTRO}]} = \frac{1/18}{1 - 8/18} = \frac{1}{10}$$

Para hacer intuitivo este resultado, vamos a describir la experiencia de forma simplona: imaginemos que realizamos la experiencia 18 veces; en la mitad de ellas, 9, la cartera está en alguno de los cajones, y en la otra mitad no está en ningún cajón.

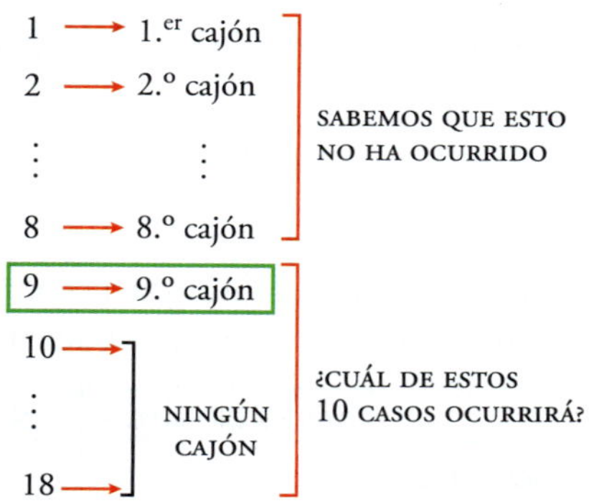

Evidentemente, el caso recuadrado en verde ocurrirá 1 de cada 10 veces: la probabilidad de que ocurra es 1/10.

Hazlo tú

Repite el apartado b) del problema suponiendo que fueran 6 cajones y se abrieran los cinco primeros, sin que estuviera en ninguno de los cinco.

6. El juego de la suma

Un juego consiste en lanzar dos dados hasta que la suma de sus puntuaciones sea 10 o 7. Si es 10, ganamos; si es 7, perdemos. ¿Qué probabilidad tenemos de ganar?

Observa la tabla que aparece en el problema resuelto 2, que recoge las posibles sumas que podemos obtener al lanzar dos dados. Es fácil ver que:

$P[10] = \frac{3}{36} = \frac{1}{12}$ $P[7] = \frac{6}{36} = \frac{1}{6}$ $P[\text{OTRO}] = \frac{27}{36} = \frac{3}{4}$

Hacemos un diagrama en árbol:

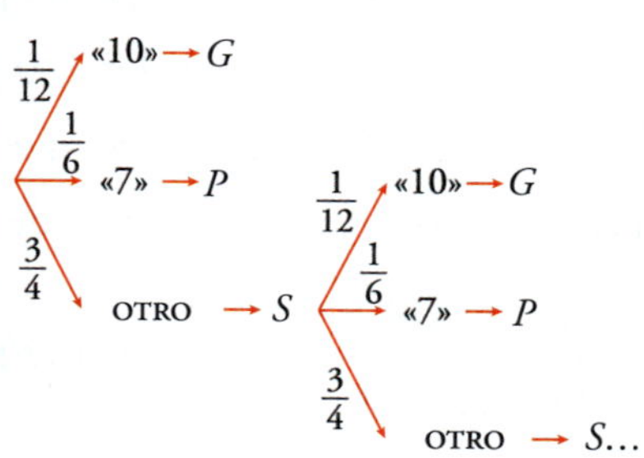

G = GANAR P = PERDER S = SEGUIR

$$P[\text{GANAR}] = \frac{1}{12} + \frac{3}{4} \cdot \frac{1}{12} + \frac{3}{4} \cdot \frac{3}{4} \cdot \frac{1}{12} + \ldots =$$

$$= \frac{1}{12}\left[1 + \frac{3}{4} + \left(\frac{3}{4}\right)^2 \cdot \left(\frac{3}{4}\right)^3 + \ldots\right] = \frac{1}{12} \cdot 4 = \frac{1}{3}$$

En la penúltima igualdad hemos hecho la suma de los infinitos términos de una progresión geométrica con $a_1 = 1$ y $r = 3/4$:

$$S_\infty = \frac{a_1}{1 - r} = \frac{1}{1 - \frac{3}{4}} = \frac{1}{\frac{1}{4}} = 4$$

Otra forma de verlo:

Observamos que siempre hay el doble de posibilidades de sacar un 7 que de sacar un 10; por tanto, habría el doble de posibilidades de perder que de ganar; es decir, 2/3 de perder y 1/3 de ganar.

Hazlo tú

Repite el problema, suponiendo que ganáramos si la suma fuera 3 y perdiéramos si la suma fuera 7.

EJERCICIOS Y PROBLEMAS GUIADOS

1. Propiedades de las probabilidades

De los sucesos A y B se sabe que:

$P[A] = 0{,}4$

$P[B] = 0{,}5$

$P[\overline{A} \cap \overline{B}] = 0{,}3$

Hallar:

a) $P[A \cup B]$

b) $P[A \cap B]$

a) Podemos relacionar $P[A \cup B]$ con $P[\overline{A} \cap \overline{B}]$, probabilidad conocida, aplicando una de las leyes de Morgan: $\overline{A} \cap \overline{B} = \overline{A \cup B}$

Por tanto, $P[\overline{A} \cap \overline{B}] = P[\overline{A \cup B}] = 1 - P[A \cup B]$

b) Para calcular $P[A \cap B]$ aplicamos la igualdad:

$$P[A \cup B] = P[A] + P[B] - P[A \cap B]$$

Solución:

a) 0,7 b) 0,2

2. Probabilidades en experiencias compuestas

Un dado está trucado de manera que son iguales las probabilidades de obtener 2, 4 o 6; también son iguales las probabilidades de sacar 1, 3 o 5, y la probabilidad de obtener 2 es el doble que la de sacar 1.

Deducir razonadamente cuál es la probabilidad de que, al lanzar el dado dos veces, se obtenga una suma de puntos igual a 7.

- Observa que la probabilidad de obtener par es el doble que la de obtener impar:

  $P[1] = P[3] = P[5] = p$ $\qquad$ $P[2] = 2P[1] = P[4] = P[6] = 2p$

  Para hallar el valor de p, utiliza la propiedad $P[E] = 1$.
- Para «SUMA 7», debemos sacar 1 y 6, 6 y 1, 2 y 5, … Completa los demás resultados.

  Observa que todas las parejas tienen un número par y otro impar.
- ¿Cuál es la probabilidad de que salga cada una de las parejas?
- ¿Qué probabilidad hay de que la suma de los puntos sea 7?

Solución: P[SUMA 7] = 12/81 = 0,15

3. Probabilidad «a posteriori»

El 12 % de la población de un país padece cierta enfermedad. Se dispone de una prueba para detectarla, pero no es fiable.

- *Da positivo en el 90 % de los casos de personas realmente enfermas.*
- *Da positivo en el 5 % de personas sanas.*

¿Cuál es la probabilidad de que esté sana una persona a la que la prueba le ha dado positivo?

Completa el diagrama en árbol, poniendo las probabilidades que faltan:

E → Enfermo; S → Sano; + → Positivo; – → Negativo

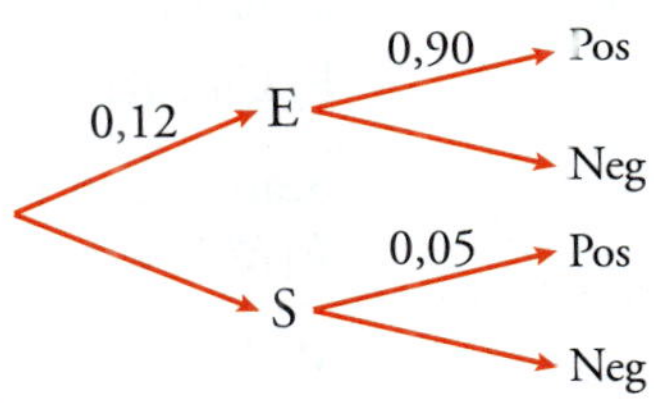

La probabilidad pedida será:

$$P[S/+] = \frac{P[S \text{ y } +]}{P[+]} = \dots$$

Solución: 0,2895

4. Experiencias compuestas. Probabilidad total y probabilidad «a posteriori»

Tenemos estas dos urnas:

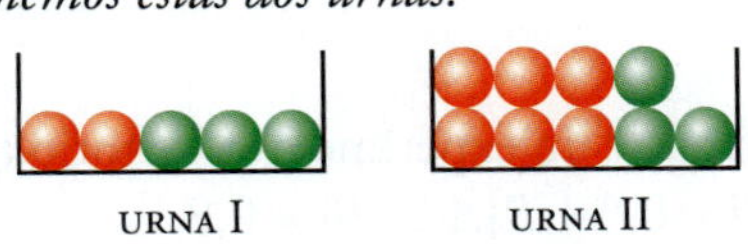

Se extrae al azar una bola de la urna I y se deposita en la urna II. Luego, se extrae al azar una bola de la urna II. Calcular las siguientes probabilidades:

a) P[🔴 en I]; b) P[🔴 en II/🔴 en I]

c) P[🟢 en I]: d) P[🔴 en II/🟢 en I]

e) P[🔴 en II]: f) P[🟢 en II]

g) P[🔴 en I/🔴 en II]

- Completa el siguiente diagrama en árbol:

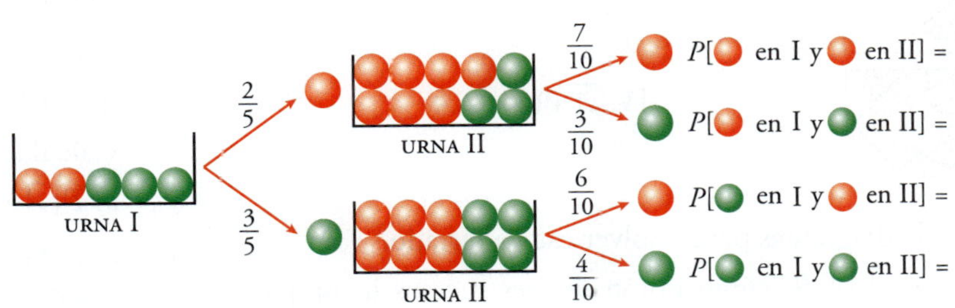

- A partir de ahí, calcula todas las probabilidades que se piden.

Solución: a) 2/5 b) 7/10 c) 3/5 d) 3/5 e) 16/25 f) 9/25 g) 7/16

Recuerda seleccionar el material de trabajo de esta unidad para tu **portfolio.**

EJERCICIOS Y PROBLEMAS PROPUESTOS

Para practicar

Espacio muestral. Sucesos

1 Di cuál es el espacio muestral correspondiente a cada experiencia aleatoria:

a) Lanzar dos monedas y decir lo que sale en cada una.

b) Lanzar dos monedas y anotar el número de caras.

c) Lanzar una moneda y un dado.

d) Extraer una carta de una baraja y anotar el palo.

e) Lanzar una pelota a canasta (encestar o no).

f) Preguntar a una persona por el día de la semana en el que cae su cumpleaños este año.

2 Se extrae una carta de una baraja española. Consideramos los sucesos A, FIGURA; B, BASTOS, y C, MENOR QUE 4.

a) Expresa en función de A, B y C estos sucesos:

- Se realiza alguno de los tres.
- No se realiza ninguno de los tres.
- Se realizan los tres.
- Alguno no se realiza.
- Se realiza el A o el B, pero no el C.

b) Describe los elementos correspondientes a cada uno de los sucesos del apartado a).

3 Lanzamos tres monedas y anotamos el resultado, C y +, de cada una. Consideramos los sucesos A = «Sacar más caras que cruces» y B = «Sacar una o dos cruces». Halla todos los casos que integran los sucesos $A \cup B$ y $A \cap B$.

4 Relaciona cada diagrama con un suceso.

a) 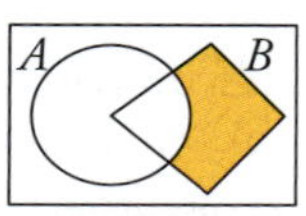

I. $A \cap \overline{B}$

b) 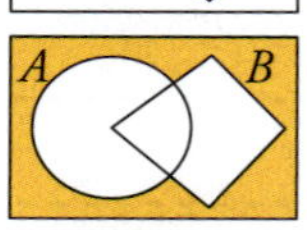

II. $\overline{A} - \overline{B}$

c) 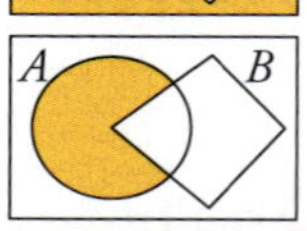

III. $\overline{A} \cup \overline{B}$

d) 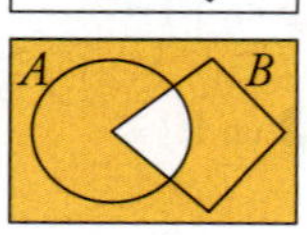

IV. $\overline{A} \cap \overline{B}$

5 Ayúdate de diagramas para resolver cada apartado.

a) Expresa $A \cup B$ como unión de tres sucesos incompatibles. Puedes utilizar alguno de los siguientes: $\overline{A}$, $\overline{B}$, $A - B$, $B - A$, $A \cap B$.

b) El suceso $A - B$ es igual a algunos de los siguientes sucesos; di a cuáles: $A \cap B$, $A \cap \overline{B}$, $\overline{A} \cap B$, $A - (A \cap B)$

Propiedades de la probabilidad

6 Observa los siguientes conjuntos:

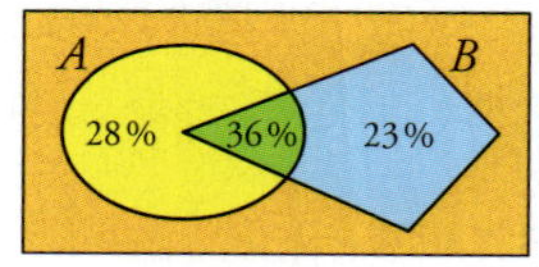

Calcula $P[A \cup B]$, $P[\overline{A}/B]$, $P[A/\overline{B}]$ y $P[A \cap \overline{B}]$.

7 De los sucesos A y B se sabe lo siguiente:

$P[A] = \frac{2}{5}$ $\quad P[B] = \frac{1}{3}$ $\quad P[\overline{A} \cap \overline{B}] = \frac{1}{3}$

Calcula $P[A \cup B]$ y $P[A \cap B]$.

8 Sean A y B dos sucesos tales que:

$P[A \cup B] = \frac{3}{4}$ $\quad P[\overline{B}] = \frac{2}{3}$ $\quad P[A \cap B] = \frac{1}{4}$

Calcula $P[A]$, $P[B]$ y $P[\overline{A} \cap B]$.

9 Sean A y B dos sucesos de manera que $P[A] = 0{,}4$; $P[B] = 0{,}3$ y $P[A \cap B] = 0{,}1$. Halla razonadamente:

a) $P[A \cup B]$ b) $P[\overline{A} \cup \overline{B}]$

c) $P[A \cap \overline{B}]$ d) $P[\overline{A} \cap \overline{B}]$

10 Se sabe que $P[A] = \frac{1}{4}$, $P[B] = \frac{1}{2}$ y $P[A \cup B] = \frac{2}{3}$. Determina si los sucesos A y B son compatibles o incompatibles.

11 Sean A y B dos sucesos del mismo espacio muestral con $P[A] = 0{,}7$; $P[B] = 0{,}6$ y $P[A \cup B] = 0{,}9$.

a) Justifica si A y B son independientes.

b) Calcula $P[A/\overline{B}]$ y $P[B/\overline{A}]$.

12 Sean A y B dos sucesos con $P[A] = 0{,}3$; $P[B] = 0{,}54$ y $P[B/A] = 0{,}4$. Calcula.

a) $P[A \cup B]$ b) $P[A \cap B]$

13 Dados dos sucesos, A y B, tales que:

$$P[A] = \frac{4}{9},\ P[B] = \frac{1}{2} \text{ y } P[A \cup B] = \frac{2}{3}$$

a) Comprueba si los sucesos A y B son independientes.

b) Calcula $P[\overline{A}/\mathrm{B}]$.

14 Sean A y B dos sucesos de un experimento aleatorio tales que $P[A] = 0{,}4$, $P[B] = 0{,}6$ y $P[A \cup B] = 0{,}8$.

Calcula.

a) $P[\overline{A} \cap B]$ b) $P[\overline{A \cup B}/A]$

15 Sean A y B dos sucesos tales que $P[B] = 0{,}7$; $P[A \cap B] = 0{,}3$; $P[A \cap \overline{B}] = 0{,}2$. Calcula.

a) $P[A \cup B]$ b) $P[B/\overline{A}]$

16 Sean A y B dos sucesos. Calcula $P[A]$ si $P[B] = 0{,}8$; $P[A \cap B] = 0{,}2$ y $P[A \cup B]$ es el triple que $P[A]$.

Probabilidades en experiencias compuestas

17 Lanzamos cuatro monedas. Calcula la probabilidad de obtener:

a) Ninguna cara. b) Alguna cara.

18 De una baraja se extraen dos cartas. Calcula la probabilidad de que:

a) Dos sean copas.

b) Al menos una sea copas.

c) Una sea copas y la otra espadas.

Considera dos procesos distintos:

I. Después de extraer una se devuelve al mazo.

II. Se extraen las dos a la vez.

19 Se extraen dos cartas de una baraja española y se tira un dado. ¿Cuál es la probabilidad de que las cartas sean sotas y el número del dado sea par?

Probabilidad total y «a posteriori»

20 Extraemos una bola de cada una de estas urnas:

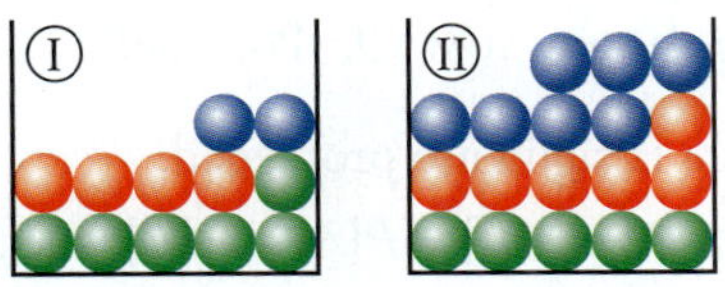

¿Cuál es la probabilidad de que sean del mismo color? ¿Y de distinto color?

21 Hay dos cajas de bombones; la primera tiene 7 bombones de chocolate blanco y 3 de chocolate negro y la segunda, 3 de chocolate blanco y 6 de chocolate negro.

Se extrae sin mirar un bombón de la primera caja y se pone en la segunda. ¿Qué probabilidad hay de que al coger un bombón de la segunda caja sea de chocolate blanco?

22 Observa estas cajas con bolas de colores:

Caja A  Caja B 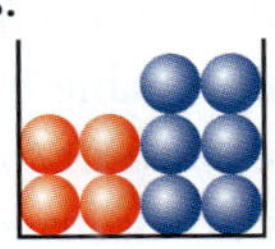

Tenemos un dado que tiene cuatro caras marcadas con la letra A y las otras dos, con la letra B. Tiramos el dado, elegimos la caja que indica y sacamos, al azar, una bola.

a) ¿Cuál es la probabilidad de que sea roja? ¿Y negra?

b) La bola extraída ha resultado ser roja. ¿Cuál es la probabilidad de que proceda de la caja B?

23 Un bote A contiene 6 clips blancos y 4 negros. Otro bote B tiene 5 clips blancos y 9 negros. Elegimos al azar un bote, extraemos dos clips y resultan ser blancos. Halla la probabilidad de que el bote elegido haya sido el A.

Para resolver

24 ODS **Meta 6.3.** La probabilidad de que cierto río esté contaminado por nitratos es 0,6; por sulfatos es 0,4; y por ambos es 0,2. Calcula la probabilidad de que dicho río:

a) No esté contaminado por nitratos, si se sabe que está contaminado por sulfatos.

b) No esté contaminado ni por nitratos ni por sulfatos.

25 En una ciudad, el 40 % de la población es rubia, el 25 % tiene ojos azules y el 15 % es rubia de ojos azules. Se escoge una persona al azar:

a) Si es rubia, ¿cuál es la probabilidad de que también tenga ojos azules?

b) Si tiene ojos azules, ¿cuál es la probabilidad de que sea rubia?

c) ¿Cuál es la probabilidad de que no sea rubia ni tenga los ojos azules?

* *Usa una tabla como la siguiente:*

	OJOS AZULES	OJOS NO AZULES	TOTAL
CABELLO RUBIO	15		40
CABELLO NO RUBIO			
TOTAL	25		100

26 Se dispone de dos urnas, A y B. La urna A contiene 3 bolas blancas y 5 negras, mientras que la B contiene 10 bolas negras. Se toma al azar una bola de cada una de las urnas al mismo tiempo y se intercambian (es decir, la bola extraída de la urna A se introduce en la urna B y la bola extraída de la urna B se introduce en la urna A). Si a continuación se extrae una bola de la urna A, ¿cuál es la probabilidad de que sea negra?

27 Una compañía farmacéutica vende un medicamento que alivia la dermatitis atópica en un 80 % de los casos. Si un enfermo es tratado con un placebo, la probabilidad de mejoría espontánea es del 10 %. En un estudio, la mitad de los pacientes han sido tratados con el medicamento y la otra mitad con un placebo.

a) Determina cuál es la probabilidad de que un paciente elegido al azar haya mejorado.

b) Si el estudio se hubiera hecho con 500 pacientes, ¿cuántos habrían mejorado aproximadamente?

c) Si un paciente elegido al azar ha mejorado, halla la probabilidad de que haya sido tratado con el medicamento.

28 En un bosque hay 50 abetos, 30 cipreses y 120 pinos. Una enfermedad provocada por una oruga afecta a 25 abetos, 9 cipreses y 48 pinos. Calcula la probabilidad de que:

a) Un pino elegido al azar esté infectado por la oruga. ¿Qué porcentaje de pinos están infectados por la oruga?

b) Un árbol elegido al azar esté infectado por la oruga.

c) Sea un pino, si se toma al azar un árbol infectado.

29 Una prueba rápida para detectar una enfermedad da un 2 % de falsos positivos (personas sanas en las que la prueba da positivo, clasificándolas como enfermas) y un 1 % de falsos negativos (personas enfermas en las que la prueba da negativo, clasificándolas como sanas). En una población hay un 4 % de enfermos.

a) Calcula la probabilidad de que un test dé negativo.

b) Si una persona da positivo, ¿qué probabilidad hay de que esté sana?

30 ODS Meta 3.3. Hay una epidemia de cólera (C). Se considera como uno de los síntomas la diarrea (D), pero el síntoma se presenta también en personas con intoxicación (I), e incluso en algunas que no tienen nada serio (N). Las probabilidades son:

$P[D/C] = 0{,}99 \qquad P[D/I] = 0{,}5 \qquad P[D/N] = 0{,}004$

Se dan estos porcentajes: el 2 % de la población tiene cólera; el 0,5 %, intoxicación, y el resto, 97,5 %, nada serio.

Si una persona tiene diarrea, ¿cuál es la probabilidad de que tenga cólera?

31 Lara y Rebeca tienen una bolsa con 9 bolas numeradas del 1 al 9. Lara saca al azar una bola, mira el número y la vuelve a introducir en la bolsa. Después, lo mismo Rebeca. Si suman los números que han sacado, cada una, averigua cuál será la cifra de las unidades más probable para esa suma.

32 Un estudio sobre la obsolescencia programada en una marca de electrodomésticos reveló que la probabilidad de que un microondas se estropee durante su periodo de garantía es 0,02. Esta probabilidad se eleva a 0,05 para sus hornos eléctricos y se sabe que estos sucesos son independientes. Cuando el microondas se ha estropeado en el periodo de garantía, la marca la amplía por dos años más. El 40 % de los clientes con garantía ampliada no conserva la factura de compra durante los dos años de ampliación.

a) Un cliente compra un horno y un microondas de esta marca. Obtén la probabilidad de que se estropee al menos uno de ellos durante el periodo de garantía.

b) Halla la probabilidad de que a alguien que compra un microondas se le estropee durante el periodo de garantía y conserve la factura durante los dos años de ampliación.

Cuestiones teóricas

33 ¿Se puede asegurar que $P[\{1, 2\}] < P[\{1, 2, 7\}]$?

34 Sírvete de un diagrama para verificar estas afirmaciones y, si no fueran ciertas, pon un ejemplo:

a) Si $A \cap B = \varnothing$, entonces $\overline{A} \cap B = B$.

b) Si $A \cup \overline{B} = E$, entonces $P[B] = 0$.

c) Si A y B son incompatibles, entonces $\overline{A}$ y $\overline{B}$ son incompatibles.

35 El siguiente enunciado es falso: «Si $\overline{A}$ y B son compatibles, entonces A y $\overline{B}$ son compatibles». Pon un ejemplo de un experimento y dos sucesos A y B de forma que $\overline{A}$ y B sean compatibles, pero A y $\overline{B}$ sean incompatibles.

36 Al tirar tres dados podemos obtener SUMA 9 de seis formas distintas:

1-2-6, 1-3-5, 1-4-4, 2-2-5, 2-3-4, 3-3-3

Y hay otras seis de obtener SUMA 10:

1-3-6, 1-4-5, 2-2-6, 2-3-5, 2-4-4, 3-3-4

Sin embargo, la experiencia nos dice que es más fácil obtener SUMA 10 que SUMA 9. ¿Por qué?

37 Demuestra la siguiente propiedad:

$$P[A \cup B] = P[A] + P[B] - P[A \cap B]$$

descomponiendo $A \cup B$ en tres sucesos distintos.

Para profundizar

38 Tenemos una urna con tres bolas blancas y tres negras. Tiramos un dado y extraemos de la urna tantas bolas como indica el dado. ¿Cuál es la probabilidad de que sean todas blancas?

39 Gema y Pascual juegan al tiro al plato. Gema acierta 1 de cada 3 disparos y Pascual, 1 de cada 2. Al lanzar un plato al aire, se oyen dos disparos consecutivos; que de forma equiprobable fueron hechos ambos por Gema, ambos por Pascual, o uno por cada uno. Observamos que el plato no ha sido alcanzado.

a) ¿Qué probabilidad hay de que haya sido Gema la que hizo los dos disparos? ¿Y de que fuera Pascual?

b) ¿Y de que haya hecho un disparo cada uno de los dos?

40 Una moneda se arroja repetidamente. Calcula la probabilidad de que salga dos veces consecutivas el mismo lado si el experimento consta:

a) Exactamente de 2 lanzamientos.

b) Exactamente de 4 lanzamientos.

c) Exactamente de n lanzamientos, $n \geq 2$.

d) Como máximo, de 10 lanzamientos.

41 De una urna en la que hay 2 bolas blancas, 3 rojas y 4 negras, se extraen 3 bolas a la vez.

Halla la probabilidad de que dos de ellas (y solo dos) sean del mismo color.

42 Lanzamos 3 dados. ¿Cuál es la probabilidad de que el valor intermedio sea 5? ¿Y 2? ¿Y 1?

* *Ten en cuenta que, por ejemplo, el valor intermedio del resultado 5-1-4 es 4; el de 2-1-2 es 2 y el de 4-4-4 es 4.*

AUTOEVALUACIÓN

Resoluciones de estos ejercicios.

1 En el experimento aleatorio de lanzar una moneda tres veces se consideran los siguientes sucesos:

A = «Sacar al menos una cara y una cruz»

B = «Sacar a lo sumo una cara»

a) Determina el espacio muestral asociado a ese experimento y los sucesos A y B.

b) ¿Son independientes ambos sucesos?

2 Sean A y B dos sucesos tales que $P[A] = \frac{3}{4}$, $P[B/A] = \frac{1}{4}$ y $P[A/B] = \frac{3}{4}$.

a) Calcula $P[A \cap B]$.

b) Demuestra que A y B son sucesos independientes, pero no incompatibles.

c) Calcula $P[\overline{A}/\overline{B}]$.

3 Observa esta urna:

Copia en tu cuaderno y completa la siguiente tabla:

	🔴	🟢	⚫	TOTAL
1				
2				
TOTAL				

Calcula:

a) P[🔴], P[🟢], P[⚫], P[1], P[2]

b) P[🔴 ∩ 1], P[🔴/1], P[1/🔴]. Explica el significado de estas probabilidades.

c) P[🟢/1], P[⚫/1]

d) El suceso «1» es independiente con uno de los sucesos 🔴, 🟢 o ⚫. ¿Con cuál? Explica por qué.

4 Extraemos al azar una bola de la urna A y la metemos en B. Removemos y volvemos a extraer al azar una bola, pero esta vez de la urna B. Calcula las siguientes probabilidades:

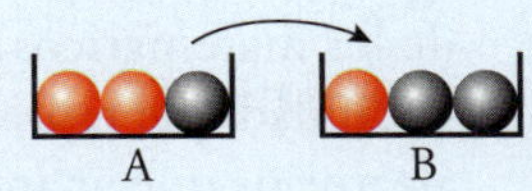

a) P[1.ª🔴 y 2.ª🔴], P[2.ª🔴/1.ª🔴]

b) P[1.ª⚫ y 2.ª🔴], P[2.ª🔴/1.ª⚫], P[2.ª 🔴]

c) P[2.ª ⚫], P[1.ª⚫/2.ª🔴]

5 En una agencia de viajes, el 75 % de los clientes busca un billete de transporte y el 80 % busca una reserva de hotel. El 65 % busca las dos cosas. Elegido un cliente al azar, calcula la probabilidad de que:

a) Busque un billete de transporte o una reserva de hotel.

b) Sabiendo que busca una reserva de hotel, también busque un billete de transporte.

6 Una empresa fabrica dos modelos de ordenadores portátiles, siendo la producción del modelo A el doble que la del modelo B. Se sabe que la probabilidad de que un ordenador portátil del modelo A salga defectuoso es de 0,02, mientras que esa probabilidad en el modelo B es de 0,06.

a) Calcula la probabilidad de que un ordenador fabricado por dicha empresa elegido al azar:

i) No salga defectuoso.

ii) Sea del modelo A, si se sabe que ha salido defectuoso.

b) Aproximadamente, cuántos defectuosos habrá en un pedido de 1 500 ordenadores.

Compromiso ODS Visualiza el vídeo Meta 5.5., piensa en una acción con la que podrías contribuir al logro de esa meta y comprométete a llevarla a cabo.

14

DISTRIBUCIONES DE PROBABILIDAD

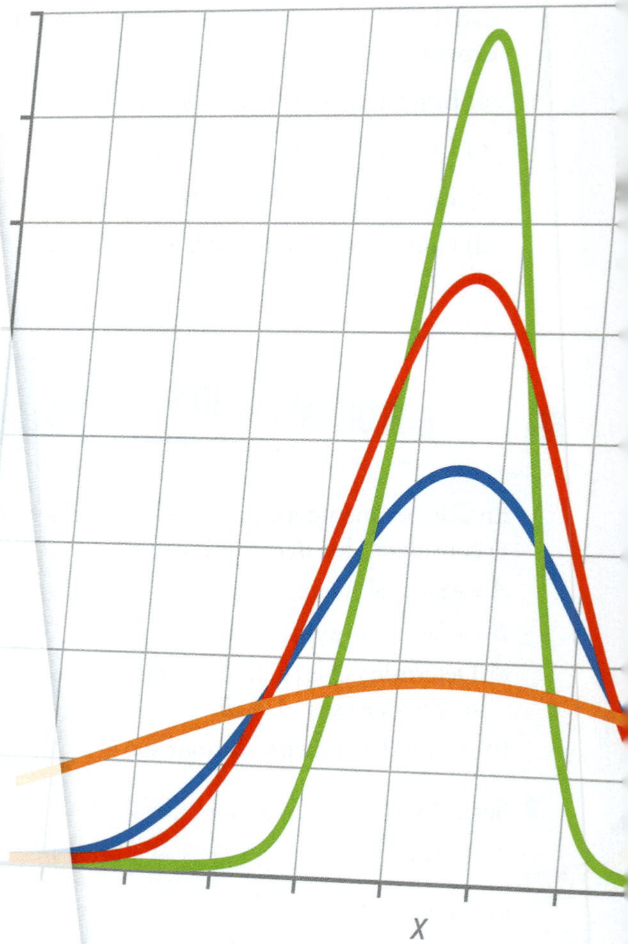

La distribución normal

Las distribuciones de probabilidad son idealizaciones de las distribuciones estadísticas cuando en estas se usan frecuencias relativas. Las distribuciones de frecuencias relativas son experimentales, mientras que las de probabilidad son teóricas. Uno de los retos más importantes de los matemáticos ha sido construir modelos de distribuciones de probabilidad que representen el comportamiento de diferentes fenómenos aleatorios que aparecen en el mundo real.

La normal es la más importante de las distribuciones de probabilidad. **Galileo** (1564-1642) se acercó a ella analizando los errores en las mediciones astronómicas, que atribuía a los instrumentos utilizados o al observador. Notó que los errores eran simétricos, y mucho más frecuentes los pequeños que los grandes. A comienzos del siglo XVIII los matemáticos empezaron a advertir que un gran número de medidas diferentes se suelen distribuir en forma de campana, pero el primero que la describe y la da a conocer, en 1733, es **De Moivre** en un breve artículo titulado *Aproximación a la suma de los términos del binomio $(a + b)^n$ desarrollado como una serie.* Llegó a ella experimentando con monedas y otros instrumentos aleatorios, pero su descubrimiento cayó en el olvido, pues su aplicación a los juegos daba poco de sí.

Hubo que esperar más de medio siglo para que fuera redescubierta por **Laplace** (1749-1827) y **Gauss** (1777-1855) al estudiar la distribución de los errores en las medidas. Por eso se la llamó «curva de errores». También se la suele llamar, en honor al matemático alemán, «campana de Gauss».

El matemático **Adolphe Quetelet** (1796-1874) averiguó que muchos resultados de censos, medidas, etc., mostraban inesperadamente unas distribuciones de frecuencia con las mismas características que la «curva de errores». Esta se empezó a aplicar en los campos más dispares: demografía, sanidad, genética, psicología, seguros… El propio Gauss la había utilizado en sus cálculos para la astronomía.

Adolphe Quetelet (1796-1874)

La admiración por la curva normal, llevó a decir a **Galton** (1822-1911): *«No conozco nada que cautive de tal modo la inteligencia como la maravillosa expresión del orden cósmico que encierra la «ley de frecuencia de error». Si los griegos la hubieran conocido, la habrían adorado como un dios. Reina con serenidad en medio de la más salvaje confusión»*.

Abraham de Moivre

Abraham de Moivre (1667-1754) fue un gran matemático francés. Exiliado en Londres por cuestiones religiosas, fue miembro de la más antigua sociedad científica del Reino Unido, la Royal Society, y amigo de Newton, que lo admiró profundamente por sus conocimientos matemáticos. A pesar de ello, vivió pobremente e incluso se cuenta que frecuentemente recurría a ganar algo de dinero jugando al ajedrez en los cafés.

Abraham de Moivre (1667-1754)

RESUELVE

El aparato de Galton

Observa el aparato que aparece dibujado a la derecha.

Para hacerlo funcionar se sitúa verticalmente y, por el embudo superior, se echan un montón de perdigones que van cayendo y se recogen en las casillas inferiores. ¿Por qué las casillas centrales están más llenas que las extremas?

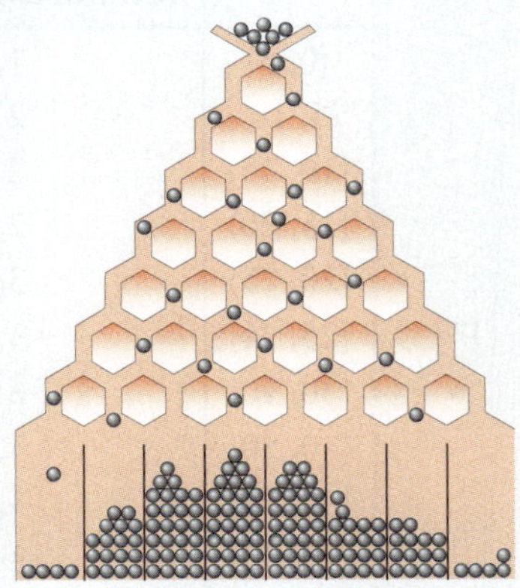

Para explicarlo, sigamos el camino recorrido por un perdigón: en su trayectoria encuentra 7 bifurcaciones y, en cada una de ellas, tiene la misma probabilidad $\left(\frac{1}{2}\right)$ de ir hacia la izquierda o hacia la derecha.

a) Imita el recorrido de un perdigón lanzando una moneda 7 veces y haciendo la asignación CARA → derecha, CRUZ → izquierda. Por ejemplo, si obtienes:

© © © ⊕ © ⊕ ©

¿cuál sería el itinerario correspondiente? Dibújalo.

Repite la experiencia y obtén otros recorridos distintos.

b) Intenta encontrar una ley que asocie el número de caras de la serie, cualquiera que sea el orden en que salen al lanzar la moneda, con el casillero en el que cae el perdigón.

c) ¿Se podría repetir la experiencia tirando 7 monedas simultáneamente y anotando solo el número de caras obtenido?

Intenta ahora explicar por qué hay más perdigones en las casillas centrales que en las extremas.

■ Gráficos: diagramas de barras e histogramas

Observemos las dos distribuciones dadas gráficamente a la derecha. Ambas son **distribuciones de frecuencia** de variables cuantitativas (numéricas).

La de arriba corresponde a una **variable discreta,** pues solo puede tomar valores aislados (el número de aciertos puede ser, por ejemplo, 5 o 6, pero no un valor intermedio). Por eso la hemos representado mediante barras estrechas situadas sobre esos puntos y separadas unas de otras. Es un **diagrama de barras.** En él, las alturas de las barras son proporcionales a las respectivas frecuencias.

En la segunda distribución la **variable** es **continua:** cada individuo puede tener un valor situado en un punto cualquiera del intervalo al que pertenece. Por eso, en vez de barras, levantamos rectángulos que ocupan todo el intervalo. El gráfico se llama **histograma.**

En un histograma, las frecuencias correspondientes a los intervalos son proporcionales a las áreas de los respectivos rectángulos. Por eso, si las bases de los rectángulos son iguales, sus alturas son también proporcionales a las frecuencias. Pero si las bases tienen diferentes anchos, las alturas de los rectángulos se deben hallar como verás en el ejercicio que se resuelve a continuación.

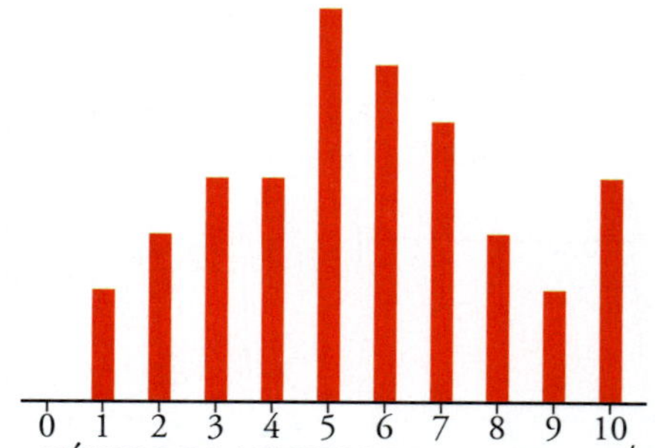

NÚMERO DE ACIERTOS DE 40 ALUMNOS/AS EN UN TEST

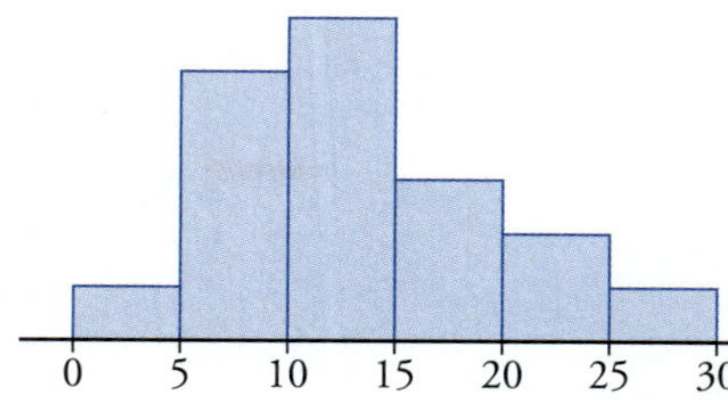

TIEMPO (en min) QUE TARDAN EN LLEGAR AL TRABAJO LOS EMPLEADOS DE UNA EMPRESA

Ejercicio resuelto

1 *Representar la siguiente distribución correspondiente a la población de un cierto país en el año 2021.*

EDAD	N.° HABITANTES (en millones)
[0, 5)	1,8
[5, 10)	2
[10, 15)	2
[15, 20)	2,6
[20, 25)	3,2
[25, 30)	3,5
[30, 40)	6
[40, 50)	5,3
[50, 70)	3,6
[70, 90)	3
[90, 110)	1
	TOTAL = 34

Se trata de una distribución de variable continua (edad) que debe ser representada mediante un histograma. En un histograma, la frecuencia de cada intervalo viene dada por el área del rectángulo correspondiente.

Puesto que aquí los intervalos no son de la misma longitud, los rectángulos tienen distintas bases. Hemos de calcular sus alturas de modo que sus áreas sean proporcionales a sus frecuencias. Para ello, hallamos la altura de cada rectángulo dividiendo su área (frecuencia correspondiente) por la base (longitud del intervalo). Calculemos algunas de ellas:

1.ᵉʳ rectángulo. Base = 5 – 0 = 5, Área = 1,8 → Altura = 1,8 : 5 = 0,36

7.° rectángulo. Base = 40 – 30 = 10, Área = 6 → Altura = 6 : 10 = 0,60

9.° rectángulo. Base = 70 – 50 = 20, Área = 3,6 → Altura = 3,6 : 20 = 0,18

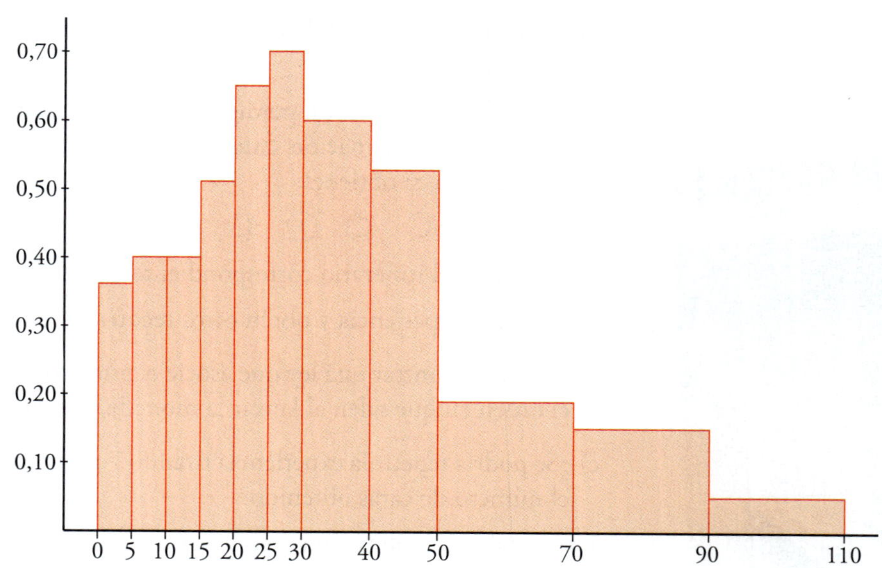

Hazlo tú Halla las alturas de los demás rectángulos en el diagrama anterior.

Cálculo de los parámetros $\bar{x}$ y σ

Cuando la distribución viene dada mediante una tabla de frecuencias, las fórmulas para el cálculo de los parámetros adoptan las siguientes formas:

x_i	f_i
x_1	f_1
x_2	f_2
x_3	f_3
…	…
x_n	f_n

MEDIA: $$\bar{x} = \frac{f_1x_1 + f_2x_2 + \ldots + f_nx_n}{f_1 + f_2 + \ldots + f_n} = \frac{\sum f_ix_i}{\sum f_i}$$

VARIANZA:

$$\sigma^2 = \frac{f_1(x_1 - \bar{x})^2 + f_2(x_2 - \bar{x})^2 + \ldots + f_n(x_n - \bar{x})^2}{f_1 + f_2 + \ldots + f_n} = \frac{\sum f_i(x_i - \bar{x})^2}{\sum f_i}$$

O bien, $$\sigma^2 = \frac{f_1x_1^2 + \ldots + f_nx_n^2}{f_1 + f_2 + \ldots + f_n} - \bar{x}^2 = \frac{\sum f_ix_i^2}{\sum f_i} - \bar{x}^2$$

DESVIACIÓN TÍPICA: $\sigma = \sqrt{\text{VARIANZA}}$

Recuerda

Si la variable viene dada en intervalos, tomamos como x_i la marca de clase, que es el punto medio del intervalo.

anayaeducacion.es

Demostración de que las dos expresiones de la varianza coinciden.

Ejercicio resuelto

1 *Calcular $\bar{x}$ y σ en la distribución de las estaturas (en centímetros) de un grupo de jóvenes, dada por la tabla de frecuencias adjunta.*

ESTATURA (cm)	f_i
148,5 a 153,5	*2*
153,5 a 158,5	*4*
158,5 a 163,5	*11*
163,5 a 168,5	*14*
168,5 a 173,5	*5*
173,5 a 178,5	*4*

Tomamos como variable x_i las marcas de clase de los intervalos.

x_i	f_i	$f_i \cdot x_i$	$f_i \cdot x_i^2$
151	2	302	45 602
156	4	624	97 344
161	11	1 771	285 131
166	14	2 324	385 784
171	5	855	146 205
176	4	704	123 904
	40	6 580	1 083 970

$$\bar{x} = \frac{\sum f_ix_i}{\sum f_i} = \frac{6\,580}{40} = 164{,}5 \text{ cm}$$

$$\sigma^2 = \frac{\sum f_ix_i^2}{\sum f_i} - \bar{x}^2 = \frac{1\,083\,970}{40} - 164{,}5^2 = 39$$

$$\sigma = \sqrt{39} = 6{,}24 \text{ cm}$$

CON LA CALCULADORA:

1. Se prepara la calculadora en modo estadístico pulsando MENÚ → **6: Estadística** → **1:1-Variable.** Aparece, entonces, una tabla vacía para introducir los datos.

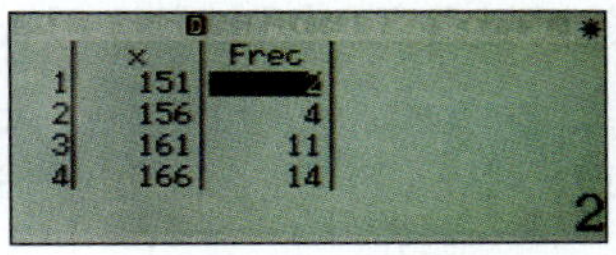

2. Al apagar la calculadora o salir del modo estadístico, se borran todos los datos. Para borrar los datos que no interesan se debe utilizar la tecla DEL.
3. Se introducen los datos en la tabla pulsando = después de cada uno. Del mismo modo, se introducen las frecuencias en la columna de la derecha.
4. Para obtener el resumen de los datos y el valor de los parámetros estadísticos, se pulsa OPTN → **3:Cálc 1-variable.**

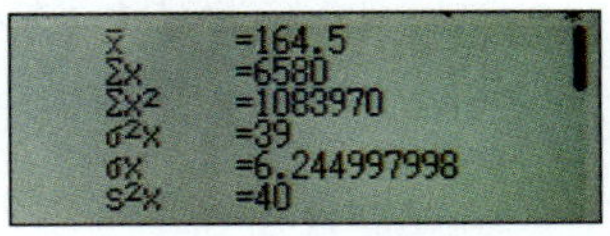

anayaeducacion.es

Hoja de cálculo para trabajar con los parámetros $\bar{x}$ y σ.

Piensa y practica

1 Calcula $\bar{x}$ y σ en esta distribución: tiempo que emplean en ir de su casa al colegio un grupo de alumnos. (Recuerda: al intervalo (0, 5] le corresponde su marca de clase 2,5; …).

TIEMPO (min)	(0, 5]	(5, 10]	(10, 15]	(15, 20]	(20, 25]	(25, 30]
N.° DE ALUMNOS	2	11	13	6	3	1

anayaeducacion.es Cálculo de la media y de la varianza.

2

DISTRIBUCIONES DE PROBABILIDAD DE VARIABLE DISCRETA

Las **distribuciones de probabilidad** son idealizaciones teóricas de las **distribuciones de frecuencias relativas,** que se obtienen empíricamente (experimentando u observando). Cuando la variable es discreta, unas y otras se representan mediante diagramas de barras.

DISTRIBUCIÓN DE FRECUENCIAS RELATIVAS 200 lanzamientos

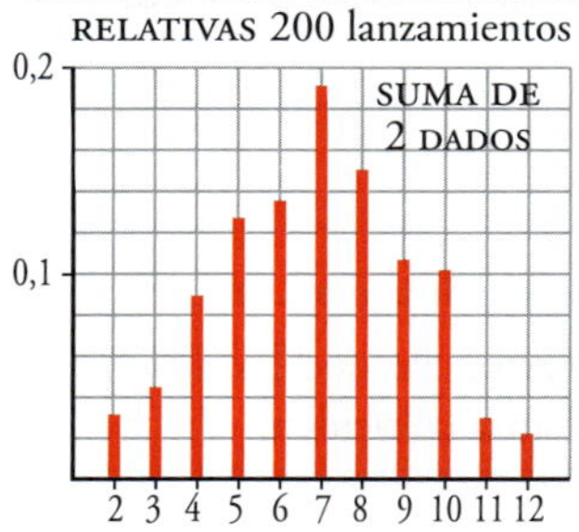

Idealización →

DISTRIBUCIÓN DE PROBABILIDADES

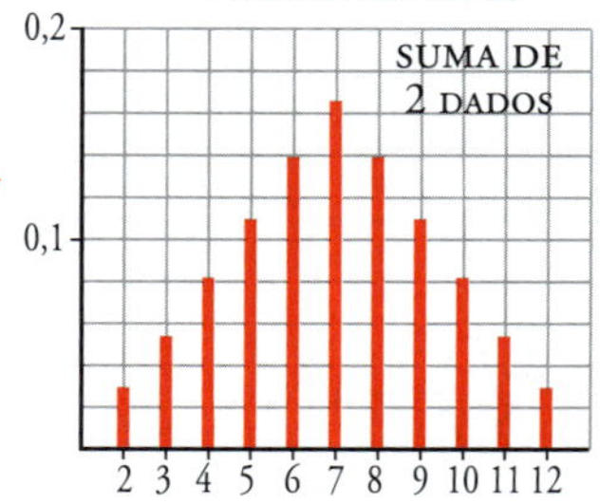

Una **distribución de probabilidad de variable discreta** es el resultado de asignar a *cada valor de la variable,* x_i*, su probabilidad,* p_i.

- Cada p_i es un número comprendido entre 0 y 1: $0 \le p_i \le 1$
- La suma de todos los p_i es 1: $p_1 + p_2 + \dots + p_n = \sum p_i = 1$
- Se representa mediante un diagrama de barras.

Parámetros. Se definen de forma similar a los de las distribuciones estadísticas:

MEDIA: $\mu = p_1 x_1 + p_2 x_2 + \dots + p_n x_n = \sum p_i x_i$

(a la media se la llama también, esperanza matemática)

VARIANZA: $\sigma^2 = p_1(x_1 - \mu)^2 + p_2(x_2 - \mu)^2 + \dots + p_n(x_n - \mu)^2 = \sum p_i (x_i - \mu)^2$

o bien: $\sigma^2 = (p_1 x_1^2 + p_2 x_2^2 + \dots + p_n x_n^2) - \mu^2 = \sum p_i x_i^2 - \mu^2$

DESVIACIÓN TÍPICA: $\sigma = \sqrt{\text{VARIANZA}} = \sqrt{\sum p_i (x_i - \mu)^2} = \sqrt{\sum p_i x_i^2 - \mu^2}$

Observa las dos fórmulas de la varianza:

- En la primera se ve claro el significado de la varianza: suma ponderada de los cuadrados de las diferencias de cada valor a la media.
- La segunda es mucho más cómoda para calcular la varianza a partir de los datos (mira los ejemplos de la página siguiente).

Pero, naturalmente, ambas son equivalentes, como podrás comprobar con la siguiente demostración:

$$\begin{aligned}\sum p_i (x_i - \mu)^2 &= \sum p_i (x_i^2 - 2x_i \mu + \mu^2) = \sum p_i x_i^2 + \sum p_i (-2x_i \mu) + \sum p_i \mu^2 = \\ &= \sum p_i x_i^2 - 2\mu \sum p_i x_i + \mu^2 \sum p_i \overset{(*)}{=} \\ &= \sum p_i x_i^2 - 2\mu\mu + \mu^2 \cdot 1 = \\ &= \sum p_i x_i^2 - \mu^2\end{aligned}$$

(*) $\sum p_i x_i = \mu$

$\sum p_i = 1$

¿Por qué «frecuencias relativas»?

En la unidad anterior se ha definido la probabilidad y sus propiedades tomando como modelo las frecuencias relativas y su comportamiento. Para que las distribuciones estadísticas (distribuciones de frecuencias) sirvan de modelo para las distribuciones de probabilidad, es necesario que, en lugar de frecuencias absolutas lleven frecuencias relativas.

x_i	$P[x_i] = p_i$
x_1	p_1
x_2	p_2
.	.
.	.
.	.
x_n	p_n

anayaeducacion.es GeoGebra. Ejercicios sobre distribuciones de probabilidad de variable discreta.

Lenguaje matemático

Cuando se utilizan distribuciones estadísticas (empíricas) y distribuciones de probabilidad (teóricas), los parámetros de las primeras se designan mediante letras latinas ($\bar{x}$ o m, s) mientras que los parámetros de las segundas se designan mediante letras griegas (μ, σ).

Hasta ahora hemos usado la σ para la desviación típica en las distribuciones estadísticas. ¿Por qué σ y no s? Porque σ es la letra que se usa en las calculadoras.

Pero, repetimos, cuando se manejen simultáneamente distribuciones teóricas y empíricas, se deben utilizar letras griegas para aquellas y latinas para estas.

Piensa y practica

1 ¿Verdadero o falso?

Ninguna de las siguientes distribuciones de probabilidad está definida correctamente:

a)

x_i	a	b	c
p_i	0,3	0,4	0,2

Porque $\sum p_i \ne 1$.

b)

x_i	a	b	c	d
p_i	0,3	0,4	0,5	–0,2

Porque una de las probabilidades es negativa.

anayaeducacion.es Distintos modelos de calculadora para estadística y probabilidad.

Ejercicios resueltos

1 *En una lotería popular hay 1 000 números. Se rifa un número, que gana 5 000 €. El anterior y el siguiente ganan 1 000 € cada uno. Todos los que tienen la misma terminación que el ganador se llevan 10 €, y el resto, nada.*

¿Cómo se describe la probabilidad de premio de una persona que lleve un único número?

x_i	p_i	$p_i x_i$	$p_i x_i^2$
5 000	0,001	5	25 000
1 000	0,002	2	2 000
10	0,099	0,99	9,9
0	0,898	0	0
	1	7,99	27 009,9

Hemos construido una tabla en la que se asocia a cada premio, x_i, la probabilidad de conseguirlo, p_i.

Completamos la tabla con las columnas $p_i x_i$ y $p_i x_i^2$ cuyas sumas nos sirven para calcular los parámetros.

MEDIA: $\mu = \sum p_i x_i = 7{,}99$ (Esto significa que si jugáramos muchísimas veces un número a esa lotería, ganaríamos 7,99 € por término medio. Esto, sin contar lo que nos cuesta el boleto).

DESVIACIÓN TÍPICA: $\sigma = \sqrt{\sum p_i x_i^2 - \mu^2} = \sqrt{27\,009{,}9 - 7{,}99^2} = 164{,}15$

2 *Hallar μ y σ en la distribución que se obtiene al sumar las puntuaciones de dos dados.*

+	⚀	⚁	⚂	⚃	⚄	⚅
⚀	2	3	4	5	6	7
⚁	3	4	5	6	7	8
⚂	4	5	6	7	8	9
⚃	5	6	7	8	9	10
⚄	6	7	8	9	10	11
⚅	7	8	9	10	11	12

x_i	2	3	4	5	6	7	8	9	10	11	12
f_i	1	2	3	4	5	6	5	4	3	2	1

x_i son los posibles valores para la suma de dos dados y f_i son sus correspondientes «frecuencias esperadas» para 36 lanzamientos.

x_i	p_i	$p_i x_i$	$p_i x_i^2$
2	1/36	2/36	4/36
3	2/36	6/36	18/36
4	3/36	12/36	48/36
5	4/36	20/36	100/36
6	5/36	30/36	180/36
7	6/36	42/36	294/36
8	5/36	40/36	320/36
9	4/36	36/36	324/36
10	3/36	30/36	300/36
11	2/36	22/36	242/36
12	1/36	12/36	144/36
	1	252/36	1974/36

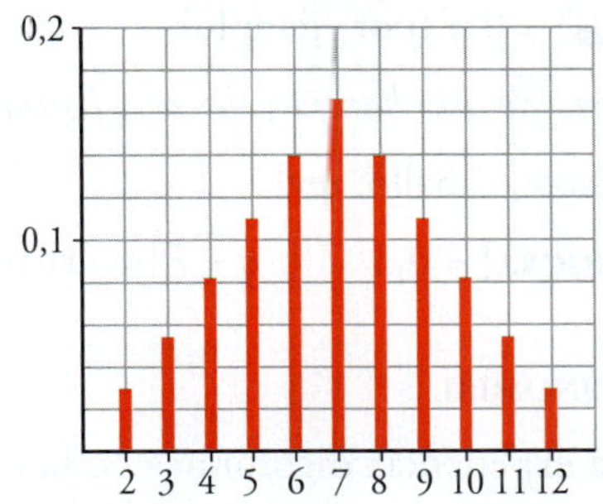

MEDIA:

$$\mu = \frac{252}{36} = 7$$

DESVIACIÓN TÍPICA:

$$\sigma = \sqrt{\frac{1974}{36} - 7^2} = 2{,}415$$

Para obtener los resultados con calculadora, introducimos las probabilidades como si fueran frecuencias. Para ello en la casilla correspondiente se puede realizar la operación. Por ejemplo: 1 ÷ 36 = 0.02777.

Obtenemos los resultados del mismo modo que hicimos en el epígrafe anterior, es decir:

OPTN → **3:Cálc 1-variable**

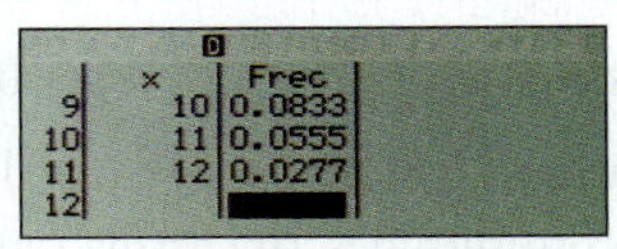

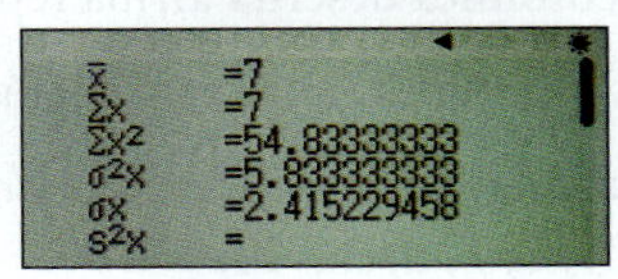

anayaeducacion.es GeoGebra. Ejercicios para calcular las probabilidades al lanzar los dados.

Piensa y practica

2 Calcula la media y la desviación típica de la distribución de probabilidad correspondiente a la puntuación obtenida en el lanzamiento de un dado.

3 Si se tiran dos monedas, podemos obtener 0, 1 o 2 caras. Calcula la media y la desviación típica de la distribución de probabilidad correspondiente.

4 En una bolsa tenemos un cierto número de bolas numeradas:

9 bolas con un *uno*, 5 con un *dos* y 6 con un *tres*

Sacamos una bola al azar y vemos qué número tiene.

a) ¿Cuál es la distribución de probabilidad?

b) Calcula la media y la desviación típica.

3 LA DISTRIBUCIÓN BINOMIAL

EXPERIENCIA DICOTÓMICA

Si en una experiencia aleatoria destacamos un suceso A y prestamos atención, exclusivamente, a si ocurre A o su contrario, $\overline{A}$, se trata de una **experiencia dicotómica.**

Al suceso A se le denomina **éxito,** y a su probabilidad, $P[A] = p$.

La probabilidad de su contrario es $P[\overline{A}] = 1 - p = q$.

Por ejemplo, son experiencias dicotómicas las siguientes:

1. *Lanzar una moneda:* A = CARA, $\overline{A}$ = NO CARA = CRUZ

   $p = P[\text{CARA}] = 1/2 \qquad q = P[\text{CRUZ}] = 1/2$

2. *Lanzar un dado y ver si sale 5:* $A = \{5\}$, $\overline{A}$ = «no 5» = $\{1, 2, 3, 4, 6\}$

   $p = P[«5»] = 1/6 \qquad q = P[«\text{no } 5»] = 5/6$

3. *Lanzar una chincheta:* A = , $\overline{A}$ =

   $p = P[\;] = 0{,}3$ (por ejemplo) $\qquad q = P[\;] = 0{,}7$

4. *Extraer una carta de una baraja y ver si es figura:*

   A = FIGURA = {sota, caballo, rey} $\qquad \overline{A}$ = NO FIGURA = {as, 2, 3, 4, 5, 6, 7}

   $p = P[\text{FIGURA}] = 0{,}3 \qquad q = P[\text{NO FIGURA}] = 0{,}7$

DISTRIBUCIÓN BINOMIAL

Partimos de una experiencia dicotómica en la que p es la probabilidad de *éxito.* La repetimos n veces y observamos el número, x, de éxitos que se consiguen (la variable x es discreta porque toma los valores $0, 1, 2, \ldots, n$).

La distribución de probabilidad de x se llama **distribución binomial** $B(n, p)$.

Por ejemplo, son distribuciones binomiales las siguientes:

1. *Lanzamos 10 monedas y nos preguntamos por el número de caras.*

   Lanzar una moneda es una experiencia dicotómica.

   Éxito: CARA $\rightarrow P[C] = p = 0{,}5$

   Lanzar 10 monedas es equivalente a lanzar 10 veces una moneda. Es la experiencia dicotómica descrita arriba repetida 10 veces.

   Es, por tanto, una distribución binomial $B(10; 0{,}5)$.

   La variable x es el *número de caras* obtenidas. Puede tomar los valores 0, 1, 2, 3, 4, 5, 6, 7, 8, 9 y 10.

2. *Lanzamos 6 dados correctos y nos preguntamos por el número de «cincos».*

   Es una distribución binomial con $n = 6$, $p = 1/6 \rightarrow B(6, 1/6)$.

3. *Dejamos caer al suelo 100 chinchetas y contamos cuántas caen con la punta hacia arriba.*

   Suponemos que las chinchetas son todas del mismo tipo. Entonces sí es una binomial con $n = 100$ y $p = P[\;]$. Si $P[\;] = 0{,}3$ entonces será $B(100; 0{,}3)$.

4. *Extraemos una carta de una baraja, observamos si es o no figura y la devolvemos al mazo. Barajamos y volvemos a extraer. Repetimos cinco veces la experiencia.* Es una distribución binomial: $n = 5$, $p = 0{,}3 \rightarrow B(5; 0{,}3)$.

Nota

Cuando decimos que $P[\;] = 0{,}3$, estamos suponiendo que ese modelo de chincheta, por término medio, caerá con la punta hacia arriba 3 de cada 10 veces que la lancemos.

La variable en una $B(n, p)$ es discreta

En una distribución $B(n, p)$, la variable x es el número de éxitos. Puesto que la experiencia se repite n veces, x puede tomar los valores $0, 1, 2, 3, \ldots, n$.

Es, evidentemente, una variable discreta.

Aparato de Galton

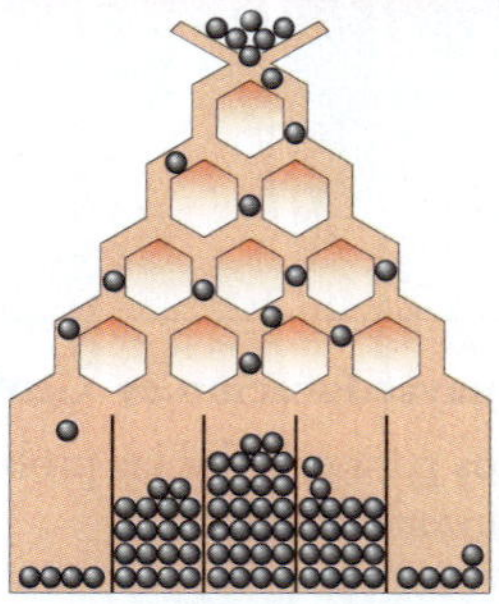

Este aparato de Galton se comporta, para cada bola, como una distribución binomial $B(4, 1/2)$.

La bola en su camino encuentra cuatro bifurcaciones y en cada una la probabilidad de que vaya hacia un lado u otro es 1/2.

anayaeducacion.es GeoGebra.

- Ejercicios interactivos de binomiales.
- Simulador del aparato de Galton.

Cálculo de probabilidades en una distribución $B(n, p)$

Extraer 5 cartas con reemplazamiento de una baraja de 40 y observar cuántas figuras, x, se obtienen es una distribución binomial $B(5; 0{,}3)$.

Cada extracción es una secuencia de 5 cartas de las que solo importa si son o no figuras. Veamos la probabilidad de algunas de estas secuencias:

$$F\ \overline{F}\ F\ F\ \overline{F} \xrightarrow{\text{Prob.}} 0{,}3 \cdot 0{,}7 \cdot 0{,}3 \cdot 0{,}3 \cdot 0{,}7 = 0{,}3^3 \cdot 0{,}7^2$$

$$\overline{F}\ \overline{F}\ \overline{F}\ F\ \overline{F} \xrightarrow{\text{Prob.}} 0{,}7 \cdot 0{,}7 \cdot 0{,}7 \cdot 0{,}3 \cdot 0{,}7 = 0{,}3 \cdot 0{,}7^4$$

¿Cuál es la probabilidad de obtener 3 figuras?

$$\left.\begin{array}{lllllll} F & F & F & \overline{F} & \overline{F} & \to & 0{,}3^3 \cdot 0{,}7^2 \\ F & F & \overline{F} & F & \overline{F} & \to & 0{,}3^3 \cdot 0{,}7^2 \\ F & F & \overline{F} & \overline{F} & F & \to & 0{,}3^3 \cdot 0{,}7^2 \\ \dots & \dots & \dots & \dots & \dots & \dots & \dots\dots \\ \overline{F} & \overline{F} & F & F & F & \to & 0{,}3^3 \cdot 0{,}7^2 \end{array}\right\}$$

En total hay $\binom{5}{3}$ formas distintas de que salga $3F$ y $2\overline{F}$. Por tanto:

$$P[3F] = \binom{5}{3} \cdot 0{,}3^3 \cdot 0{,}7^2 = 0{,}1323$$

Si x es una variable $B(n, p)$, la probabilidad de obtener k éxitos es:

$$P[x = k] = \binom{n}{k} p^k \cdot q^{n-k}$$

Se obtiene así la siguiente distribución de probabilidad:

VARIABLE x	0	...	k	...	n
PROBABILIDAD $P[x = k]$	$\binom{n}{0} p^0 q^n = q^n$	...	$\binom{n}{k} p^k q^{n-k}$	...	$\binom{n}{n} p^n q^0 = p^n$

Los parámetros de esta distribución son:

MEDIA: $\mu = np$ DESVIACIÓN TÍPICA: $\sigma = \sqrt{npq}$

Números combinatorios

Recuerda los números combinatorios $\binom{m}{n}$ que vimos el curso anterior.

x_i	p_i
0	0,16807
1	0,36015
2	0,3087
3	0,1323
4	0,02835
5	0,00243
	1,00000

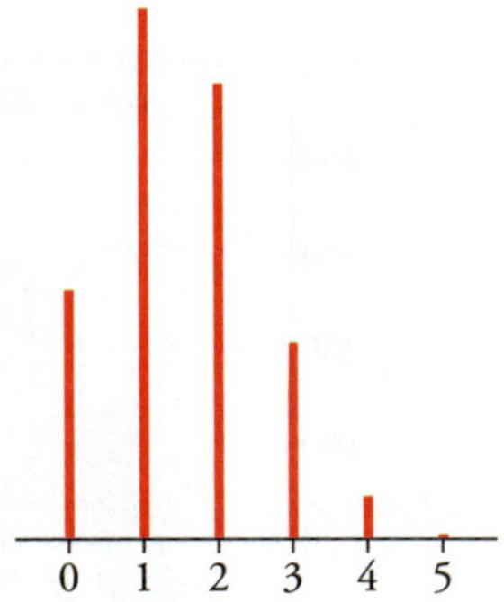

Distribución de probabilidades en una binomial $B(5; 0{,}3)$ y su representación gráfica.

Con calculadora

Para hallar números combinatorios con calculadora debemos pulsar las teclas SHIFT nCr ÷. Veamos cómo:

$\binom{5}{3} \to$ 5 SHIFT nCr ÷ 3 = 10

anayaeducacion.es

- Cálculo de probabilidades en la binomial con ayuda de la tabla.
- Cálculo de probabilidades en la binomial con la calculadora.

Ejercicio resuelto

1 *En una binomial $B(8; 0{,}2)$, calcular $P[x = 0]$, $P[x \neq 0]$, $P[x = 2]$, así como los parámetros μ y σ.*

$P[x = 0] = 0{,}8^8 = 0{,}168$ (probabilidad de «ningún éxito»)

$P[x \neq 0] = 1 - 0{,}8^8 = 0{,}832$ (probabilidad de «algún éxito»)

$P[x = 2] = \binom{8}{2} 0{,}2^2 \cdot 0{,}8^6 = 28 \cdot 0{,}04 \cdot 0{,}262 = 0{,}294$

MEDIA: $\mu = np = 8 \cdot 0{,}2 = 1{,}6$

DESVIACIÓN TÍPICA: $\sigma = \sqrt{npq} = \sqrt{1{,}28} = 1{,}13$

Piensa y practica

1 En una distribución binomial $B(10; 0{,}4)$, halla $P[x = 0]$, $P[x = 3]$, $P[x = 5]$, $P[x = 10]$ y el valor de μ y σ.

2 Lanzamos 7 monedas. Calcula las probabilidades de 3 caras, 5 caras y 6 caras. Halla los valores de μ y σ.

3 ¿Verdadero o falso?

«El resultado de uno de los equipos en un partido de fútbol puede ser GANA *o* NO GANA*. Por tanto, es una experiencia dicotómica.»*

anayaeducacion.es Cálculo de probabilidades en una distribución binomial.

4 DISTRIBUCIONES DE PROBABILIDAD DE VARIABLE CONTINUA

Las distribuciones de probabilidad de variable continua son idealizaciones de las distribuciones estadísticas de variable continua. Estas se obtienen empíricamente (experimentando u observando). Aquellas son distribuciones teóricas.

Por ejemplo, estaturas, pesos, tiempos…, son variables continuas.

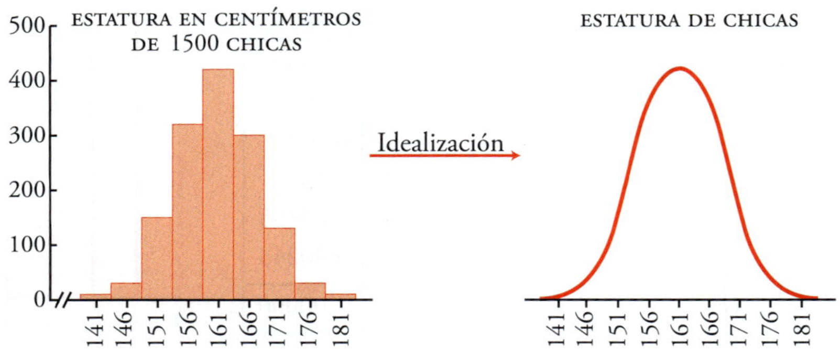

Las distribuciones de probabilidad de variable continua se definen por medio de una función, $y = f(x)$, que se llama función de probabilidad y cuyas condiciones describimos a continuación.

Para que $f(x)$ sea la **función de densidad** o **función de probabilidad** de una variable aleatoria, es necesario que:

— $f(x)$ sea no negativa: $f(x) \geq 0$ para todo x.

— El área bajo la curva $y = f(x)$ sea igual a 1.

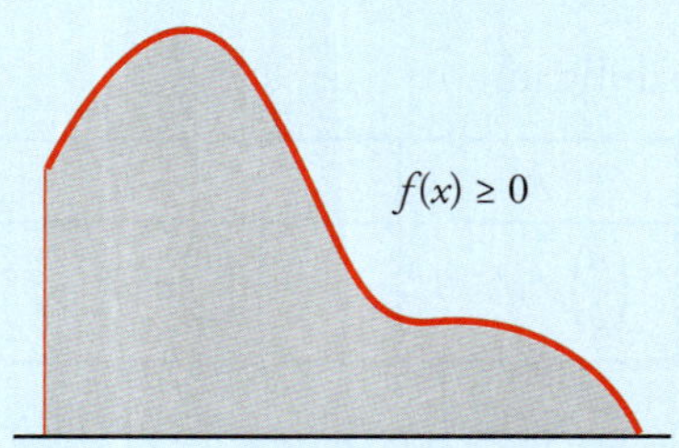

- Para hallar la probabilidad $P[a \leq x \leq b]$, obtendremos el área que hay bajo la curva en el intervalo $[a, b]$:

  $P[a \leq x \leq b]$ = área bajo la curva en $[a, b]$

- Las probabilidades de sucesos puntuales son cero:

  $P[x = a] = 0, \quad P[x = b] = 0, \quad \ldots$

  Por tanto:

  $P[a \leq x \leq b] = P[a < x < b]$

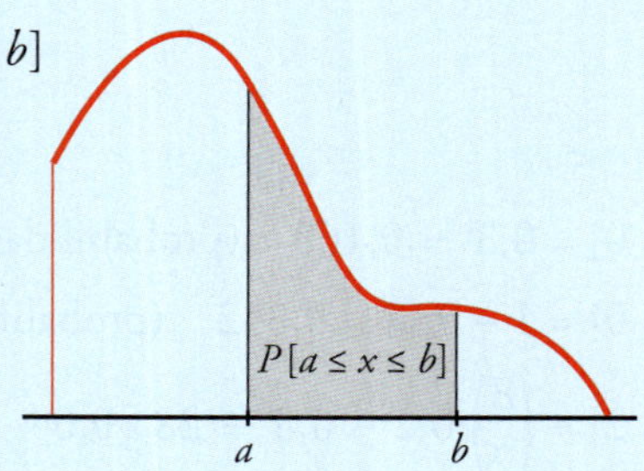

anayaeducacion.es

Ejercicios sobre funciones de densidad.

Cálculo de probabilidades a partir de la función de densidad $y = f(x)$

Ya sabemos que para calcular probabilidades en distribuciones de probabilidad de variable continua, hay que hallar las áreas bajo la curva que representa la función de densidad $y = f(x)$. Pero, ¿cómo hacerlo de forma exacta cuando $f(x)$ viene dada mediante su expresión analítica? Para eso, echamos mano del cálculo integral:

$$P[a \leq x \leq b] = [\text{Área entre } f(x), y = 0, x = a, x = b] = \int_a^b f(x)\,dx$$

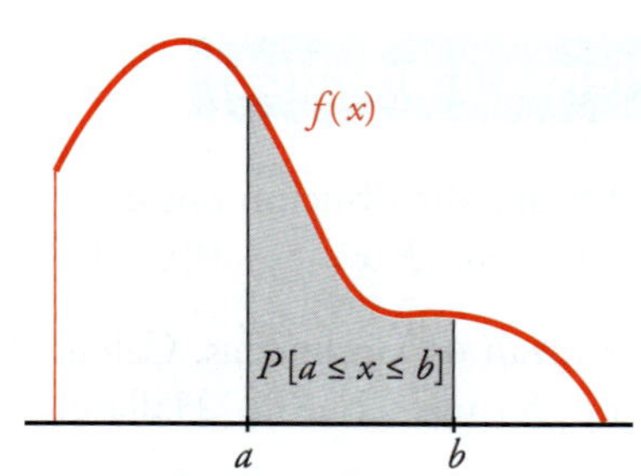

Veamos, a continuación, algunos ejemplos.

Ejercicios resueltos

1 *Calcular k para que la función*

$$f(x)=\begin{cases}k, & x\in[1,5]\\ 0, & x\notin[1,5]\end{cases}$$

sea una función de densidad.

Hallar la probabilidad:

$P[2\le x\le 3]$

Recordemos que el área total bajo la curva ha de ser igual a 1. En este caso, no merece la pena utilizar las integrales para hallar el área.

$$P[-\infty<x<+\infty]=P[1\le x\le 5]=4\cdot k=1$$

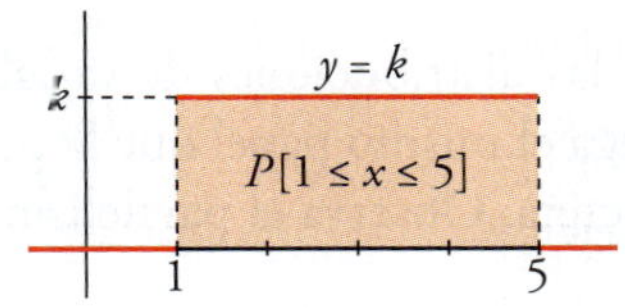

Por tanto, $k=\frac{1}{4}$. Así podemos calcular la probabilidad pedida:

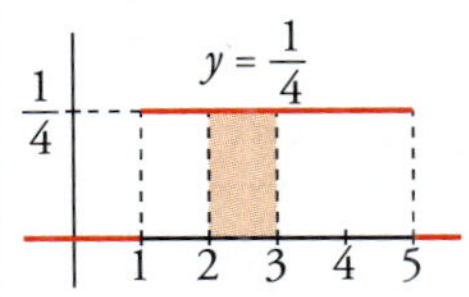

$$P[2\le x\le 3]=(3-2)\cdot\frac{1}{4}=\frac{1}{4}$$

Hazlo tú Calcula:

a) $P[2\le x\le 5]$

b) $P[2\le x\le 2{,}5]$

2 *Calcular m para que la función*

$$f(x)=\begin{cases}mx, & x\in[0,4]\\ 0, & x\notin[0,4]\end{cases}$$

sea una función de densidad.

Hallar $P[2\le x\le 3]$.

Calculamos m para que el área del triángulo sea igual a 1. Tampoco en este caso merece la pena recurrir al cálculo infinitesimal.

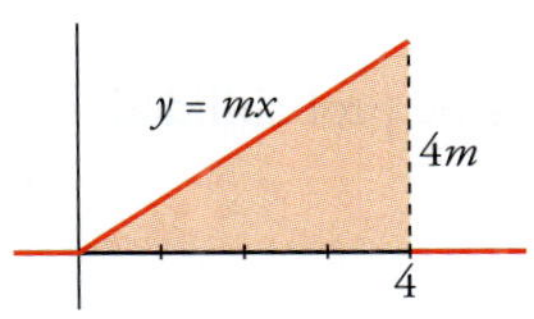

Área del triángulo: $\frac{4\cdot 4m}{2}=8m$. Por tanto:

$$P[-\infty<x<+\infty]=P[0\le x\le 4]=8m=1$$

$$8m=1\ \rightarrow\ m=\frac{1}{8}$$

La función de densidad es $y=x/8$, $x\in[0,4]$, $y=0$ en el resto.

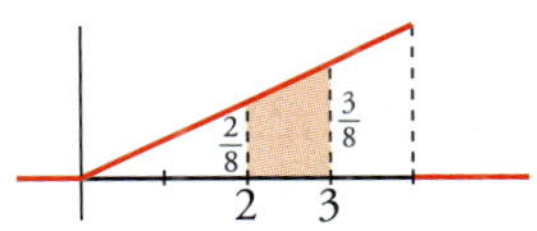

$P[2\le x\le 3]$ es el área del trapecio rojo.

$$P[2\le x\le 3]=\frac{(2/8+3/8)\cdot 1}{2}=\frac{5}{16}$$

Hazlo tú Calcula:

a) $P[0\le x\le 1]$

b) $P[3\le x\le 4]$

3 *a) Hallar el valor del parámetro b para que la función:*

$$f(x)=\frac{1}{x},\ 1\le x\le b$$

sea una función de densidad.

b) Hallar $P[1\le x\le 2]$.

a) Hallamos el área bajo la curva y la igualamos a 1:

$$\int_1^b\frac{1}{x}dx=\left[\ln x\right]_1^b=\ln b-\ln 1=\ln b\ \text{(pues } \ln 1=0\text{)}$$

Por tanto, ha de ser $\ln b=1\rightarrow b=e^1=e$.

$$f(x)=\frac{1}{x},\ 1\le x\le e$$

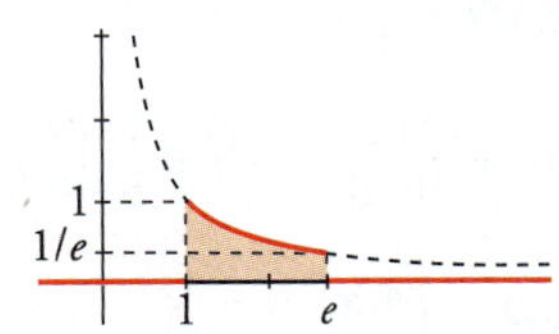

b) Calculamos la probabilidad pedida:

$$P[1\le x\le 2]=\int_1^2\frac{1}{x}dx=\left[\ln x\right]_1^2=\ln 2-\ln 1=\ln 2=0{,}6931$$

Hazlo tú Halla $P[0{,}5\le x\le 2{,}5]$.

Piensa y practica

1 Calcula k para que $f(x)=\begin{cases}k, & x\in[3,8]\\ 0, & x\notin[3,8]\end{cases}$ sea una función de densidad. Halla las probabilidades:

a) $P[4<x<6]$ b) $P[2<x\le 5]$

c) $P[x=6]$ d) $P[5<x\le 10]$

2 Calcula las probabilidades anteriores usando el cálculo integral.

3 Calcula m para que $f(x)=\begin{cases}mx, & x\in[3,7]\\ 0, & x\notin[3,7]\end{cases}$ sea una función de densidad. Halla las probabilidades:

a) $P[3<x<5]$ b) $P[5\le x<7]$

c) $P[4\le x\le 6]$ d) $P[6\le x<11]$

4 Obtén las probabilidades anteriores mediante cálculo integral.

anayaeducacion.es Cálculo de probabilidades en distribuciones de probabilidad de variable continua.

■ Obtención de los parámetros μ y σ

En las distribuciones de variable continua, la función de densidad $f(x)$, $a \le x \le b$, juega el mismo papel que la probabilidad, $p_i = P[x_i]$ en las distribuciones de variable discreta. Observa el paralelismo:

	VARIABLE DISCRETA	VARIABLE CONTINUA
LA SUMA DE LAS PROBABILIDADES	$\sum p_i = 1$	$\int_a^b f(x)\,dx = 1$
LA MEDIA	$\mu = \sum p_i x_i$	$\mu = \int_a^b f(x) \cdot x\,dx$
LA VARIANZA	$\sigma^2 = \sum p_i (x_i - \mu)^2$	$\sigma^2 = \int_a^b f(x) \cdot (x - \mu)^2\,dx$

Al igual que en las variables discretas, la varianza en las distribuciones continuas se puede simplificar así: $\sigma^2 = \int_a^b f(x) \cdot x^2\,dx - \mu^2$ más cómoda de calcular.

anayaeducacion.es
Demostración de que las dos expresiones de σ^2 coinciden.

Obtengamos el valor de estos parámetros en las tres distribuciones de probabilidad que vimos en la página anterior:

1. $f(x) = \frac{1}{4},\ 1 \le x \le 5$

$$\mu = \int_1^5 \frac{1}{4} \cdot x\,dx = \frac{1}{4}\left[\frac{x^2}{2}\right]_1^5 = \frac{1}{8}(5^2 - 1^2) = 3$$

$$\sigma^2 = \int_1^5 \frac{1}{4} \cdot x^2\,dx - \mu^2 = \frac{1}{4}\left[\frac{x^3}{3}\right]_1^5 - 3^2 = \frac{1}{12}(125 - 1) - 9 = 10{,}33 - 9 = 1{,}33$$

$$\sigma = \sqrt{1{,}33} = 1{,}15$$

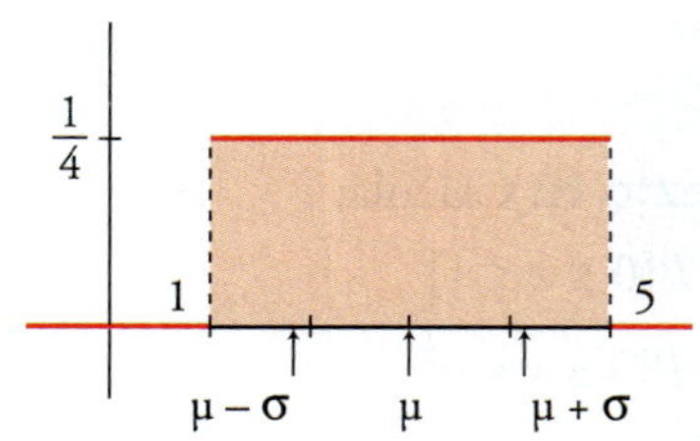

2. $f(x) = \frac{x}{8},\ 0 \le x \le 4$

$$\mu = \int_0^4 \frac{x}{8} \cdot x\,dx = \frac{1}{8}\int_0^4 x^2\,dx = \frac{1}{8}\left[\frac{x^3}{3}\right]_0^4 = \frac{1}{24}(64 - 0) = 2{,}67$$

$$\sigma^2 = \int_0^4 \frac{x}{8} \cdot x^2\,dx - 2{,}67^2 = \frac{1}{8}\left[\frac{x^4}{4}\right]_0^4 - 2{,}67^2 = 8 - 2{,}67^2 = 0{,}87$$

$$\sigma = \sqrt{0{,}87} = 0{,}93$$

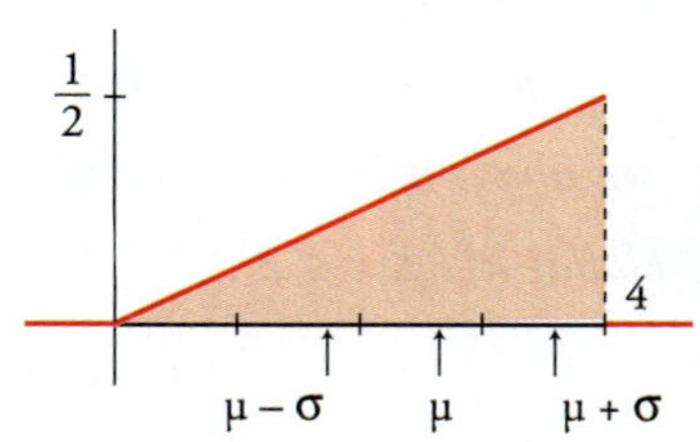

3. $f(x) = \frac{1}{x},\ 1 \le x \le e$

$$\mu = \int_1^e \frac{1}{x} \cdot x\,dx = \int_1^e dx = [x]_1^e = e - 1 = 1{,}72$$

$$\sigma^2 = \int_x^e \frac{1}{x} \cdot x^2\,dx - (e - 1)^2 = \left[\frac{x^2}{2}\right]_1^e - (e - 1)^2 = \frac{e^2}{2} - \frac{1}{2} - e^2 + 2e - 1 = 0{,}24$$

$$\sigma = \sqrt{0{,}24} = 0{,}49$$

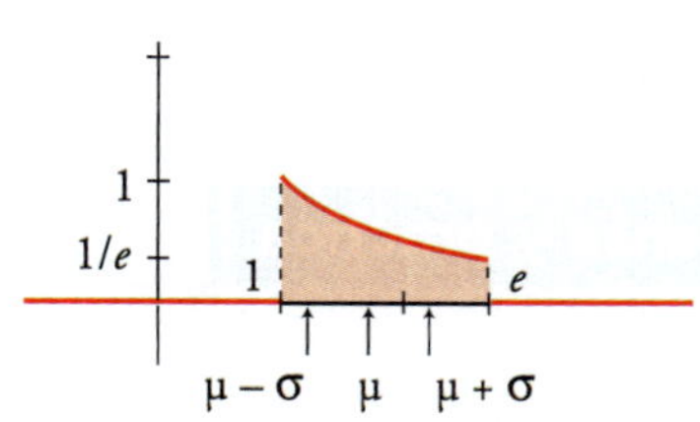

Piensa y practica

5 Comprueba que $f(x) = \frac{x^2}{9}$, $0 \le x \le 3$, es una función de densidad. Halla sus parámetros μ y σ.

6 Comprueba que $f(x) = \frac{2}{x^2}$, $1 \le x \le 2$, es una función de densidad. Halla sus parámetros μ y σ.

5 LA DISTRIBUCIÓN NORMAL

Carl Friedrich Gauss (1777-1855)

Dentro de las distribuciones de probablidad de variable continua, destaca especialmente la distribución normal.

La **curva normal** es una función de probabilidad **continua** y **simétrica,** cuyo máximo coincide con la media, μ.

Esta curva fue descrita por el matemático alemán Carl Friedrich Gauss. Llegó a ella estudiando los errores que se producen al medir reiteradamente una cierta magnitud. Estas son su ecuación y su representación gráfica:

$$y = \frac{1}{\sigma\sqrt{2\pi}}\, e^{-\frac{1}{2}\left(\frac{x-\mu}{\sigma}\right)^2}$$

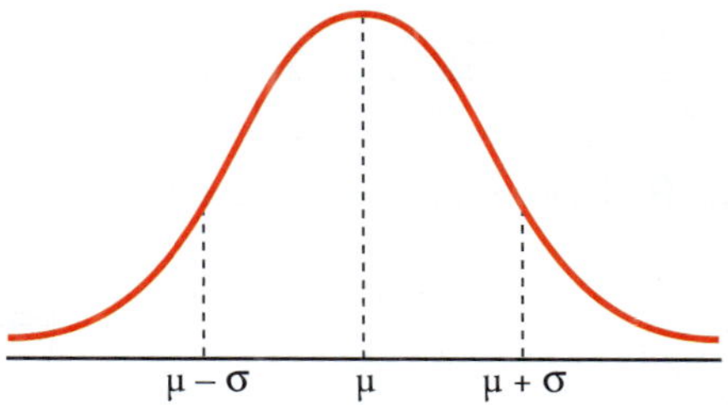

Por su forma acampanada, se denomina **campana de Gauss.**

La gran importancia de esta distribución se debe a la enorme frecuencia con que aparece en las situaciones más variadas. Entre las muchas variables que se distribuyen *normalmente*, podemos citar:

- Caracteres morfológicos de individuos (personas, animales, plantas) de una misma raza. Por ejemplo: tallas, pesos, envergaduras, etc.
- Caracteres fisiológicos. Por ejemplo, efectos de una misma dosis de un fármaco o de una misma cantidad de abono.
- Caracteres sociológicos. Por ejemplo, consumo de ciertos productos por individuos de un mismo grupo humano.
- Caracteres físicos. Por ejemplo, resistencia a la rotura de piezas aparentemente idénticas.

Y, en general, cualquier característica que se obtenga como suma de muchos factores.

Para cada valor de μ (media) y cada valor de σ (desviación típica), hay una curva normal, que se designa $N(\mu, \sigma)$.

Por ejemplo, observemos las distribuciones $N(0, 4)$, $N(10, 4)$ y $N(10, 2)$.

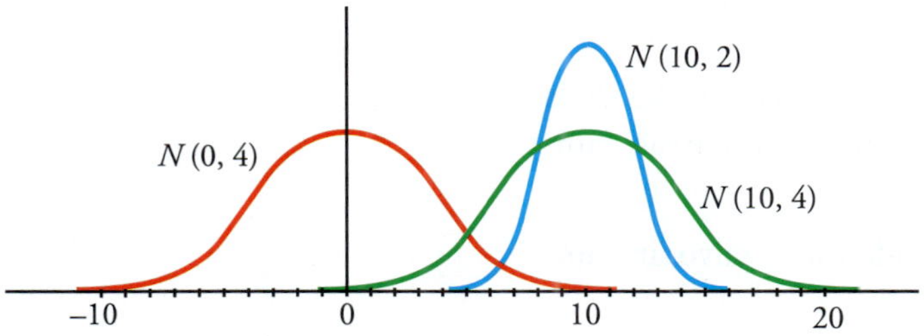

Aunque son tres gráficas distintas, el reparto de probabilidades en ellas es prácticamente idéntico. Solo depende de los parámetros μ y σ.

Observamos que dos curvas normales con la misma desviación típica son idénticas. Y si tienen distinta desviación típica, son similares: iguales salvo un cambio de escala.

En la página siguiente se concretará lo que significa esta similitud.

Reparto del área bajo la curva normal

Por ser una distribución de probabilidad, el área bajo una curva normal cualquiera es 1. Pero esta área se distribuye del siguiente modo:

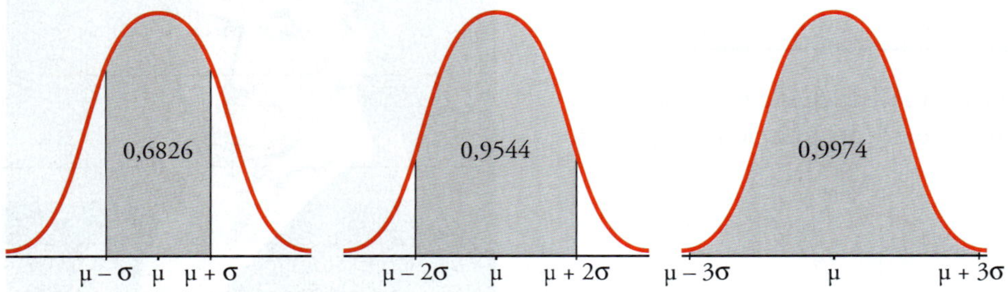

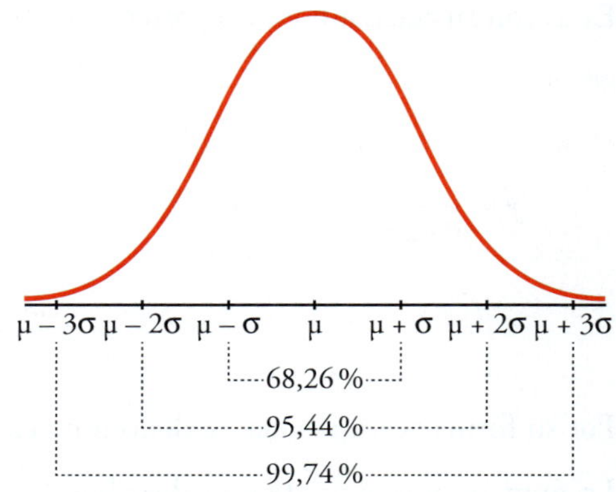

Esto significa que, por ejemplo, si el cociente intelectual (C.I.) de las personas de un cierto colectivo se distribuye $N(112, 6)$, entonces:

— El 68,26 % de ellos tienen un C.I. entre 106 y 118.

— El 95,44 % de ellos tienen un C.I. entre 100 y 124.

— El 99,74 % de ellos tienen un C.I. entre 94 y 130.

Afinando más, podemos decir que se distribuyen del siguiente modo:

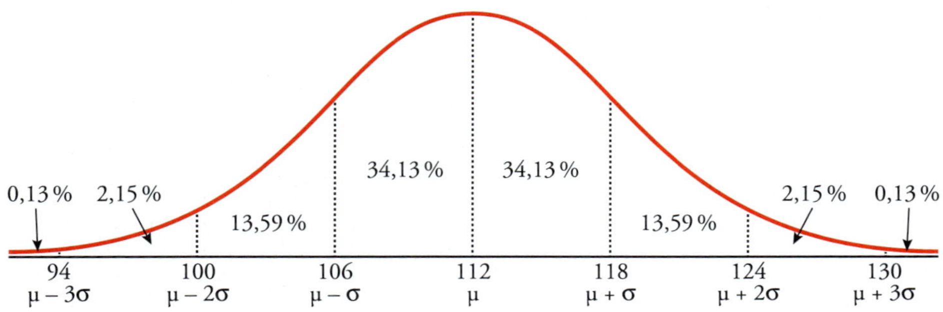

Todas las curvas normales son esencialmente iguales

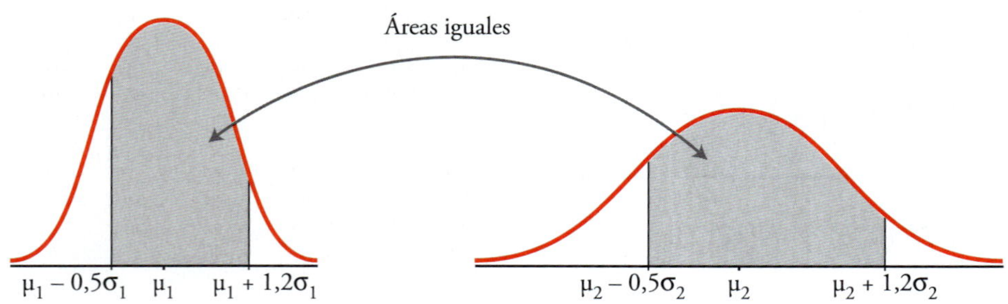

Si en lugar de tomar 0,5 desviaciones típicas a la izquierda y 1,2 a la derecha de la media hubiéramos tomado otras dos constantes, las mismas en las dos curvas, también las áreas serían iguales.

Esto significa que, en esencia, todas las curvas normales son idénticas, salvo un cambio de origen y de escala.

Esta coincidencia permite conocer la distribución de áreas bajo una curva normal cualquiera si se conoce la de una de ellas. Concretamente, la más sencilla, la normal de media 0 y desviación típica 1.

Las áreas bajo la curva normal $N(0, 1)$, es decir, sus probabilidades, son conocidas, están tabuladas y vamos a aprender a manejarlas a continuación. Con ellas podremos calcular probabilidades en una normal cualquiera, $N(\mu, \sigma)$.

■ Tabla de áreas bajo la curva normal $N(0, 1)$

Para facilitar las expresiones en los cambios de variables que se darán más adelante, en la distribución $N(0, 1)$, a la variable se la suele designar por la letra z. La tabla que aparece a continuación nos da las probabilidades $P[z \leq k]$ para valores de k de 0 a 3,99, de centésima en centésima. A estas probabilidades se las llama $\phi(k)$:

$$\phi(k) = P[z \leq k], \quad z \text{ se distribuye } N(0, 1)$$

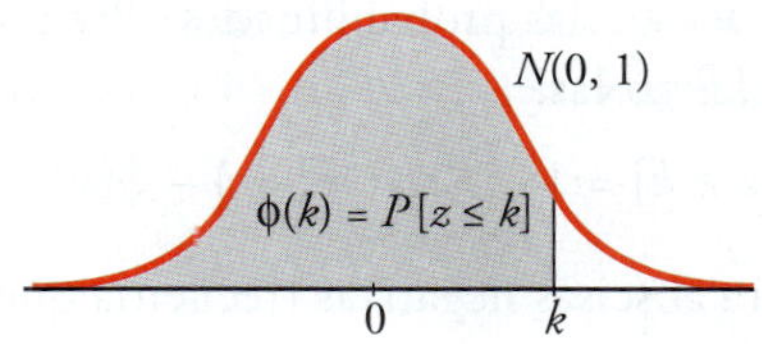

El valor de k se busca así:

Unidades y **décimas** en la columna de la izquierda.

Centésimas en la fila de arriba.

El número que nos da la tabla es el valor de:

$$\phi(k) = P[z \leq k]$$

- Ejemplos:

$P[z \leq 0{,}45] = \phi(0{,}45) = 0{,}6736$

$P[z \leq 1{,}2] = \phi(1{,}20) = 0{,}8849$

$P[z \leq 1] = \phi(1{,}00) = 0{,}8413$

Recíprocamente, si conocemos el valor de la probabilidad $\phi(k)$, se puede saber el valor de k.

- Ejemplos:

$P[z \leq k] = \phi(k) = 0{,}7190 \rightarrow k = 0{,}58$

$P[z \leq k] = \phi(k) = 0{,}8643 \rightarrow k = 1{,}10$

$P[z \leq k] = \phi(k) = 0{,}5560 \rightarrow k \approx 0{,}14$

		CENTÉSIMAS									
	k	0	1	2	3	4	5	6	7	8	9
UNIDADES Y DÉCIMAS	0,0	0,5000	0,5040	0,5080	0,5120	0,5160	0,5199	0,5239	0,5279	0,5319	0,5359
	0,1	0,5398	0,5438	0,5478	0,5517	0,5557	0,5596	0,5636	0,5675	0,5714	0,5754
	0,2	0,5793	0,5832	0,5871	0,5910	0,5948	0,5987	0,6026	0,6065	0,6103	0,6141
	0,3	0,6179	0,6217	0,6255	0,6293	0,6331	0,6368	0,6406	0,6443	0,6480	0,6517
	0,4	0,6554	0,6591	0,6628	0,6664	0,6700	0,6736	0,6772	0,6808	0,6844	0,6879
	0,5	0,6915	0,6950	0,6985	0,7019	0,7054	0,7088	0,7123	0,7157	0,7190	0,7224
	0,6	0,7258	0,7291	0,7324	0,7357	0,7389	0,7422	0,7454	0,7486	0,7518	0,7549
	0,7	0,7580	0,7612	0,7642	0,7673	0,7704	0,7734	0,7764	0,7794	0,7823	0,7852
	0,8	0,7881	0,7910	0,7939	0,7967	0,7996	0,8023	0,8051	0,8078	0,8106	0,8133
	0,9	0,8159	0,8186	0,8212	0,8238	0,8264	0,8289	0,8315	0,8340	0,8365	0,8389
	1,0	0,8413	0,8438	0,8461	0,8485	0,8508	0,8531	0,8554	0,8577	0,8599	0,8621
	1,1	0,8643	0,8665	0,8686	0,8708	0,8729	0,8749	0,8770	0,8790	0,8810	0,8830
	1,2	0,8849	0,8869	0,8888	0,8907	0,8925	0,8944	0,8962	0,8980	0,8997	0,9015
	1,3	0,9032	0,9049	0,9066	0,9082	0,9099	0,9115	0,9131	0,9147	0,9162	0,9177
	1,4	0,9192	0,9207	0,9222	0,9236	0,9251	0,9265	0,9279	0,9292	0,9306	0,9319
	1,5	0,9332	0,9345	0,9357	0,9370	0,9382	0,9394	0,9406	0,9418	0,9429	0,9441
	1,6	0,9452	0,9463	0,9474	0,9484	0,9495	0,9505	0,9515	0,9525	0,9535	0,9545
	1,7	0,9554	0,9564	0,9573	0,9582	0,9591	0,9599	0,9608	0,9616	0,9625	0,9633
	1,8	0,9641	0,9649	0,9656	0,9664	0,9671	0,9678	0,9686	0,9693	0,9699	0,9706
	1,9	0,9713	0,9719	0,9726	0,9732	0,9738	0,9744	0,9750	0,9756	0,9761	0,9767
	2,0	0,9772	0,9778	0,9783	0,9788	0,9793	0,9798	0,9803	0,9808	0,9812	0,9817
	2,1	0,9821	0,9826	0,9830	0,9834	0,9838	0,9842	0,9846	0,9850	0,9854	0,9857
	2,2	0,9861	0,9864	0,9868	0,9871	0,9875	0,9878	0,9881	0,9884	0,9887	0,9890
	2,3	0,9893	0,9896	0,9898	0,9901	0,9904	0,9906	0,9909	0,9911	0,9913	0,9916
	2,4	0,9918	0,9920	0,9922	0,9925	0,9927	0,9929	0,9931	0,9932	0,9934	0,9936
	2,5	0,9938	0,9940	0,9941	0,9943	0,9945	0,9946	0,9948	0,9949	0,9951	0,9952
	2,6	0,9953	0,9955	0,9956	0,9957	0,9959	0,9960	0,9961	0,9962	0,9963	0,9964
	2,7	0,9965	0,9966	0,9967	0,9968	0,9969	0,9970	0,9971	0,9972	0,9973	0,9974
	2,8	0,9974	0,9975	0,9976	0,9977	0,9977	0,9978	0,9979	0,9979	0,9980	0,9981
	2,9	0,9981	0,9982	0,9982	0,9983	0,9984	0,9984	0,9985	0,9985	0,9986	0,9986
	3,0	0,9987	0,9987	0,9987	0,9988	0,9988	0,9989	0,9989	0,9989	0,9990	0,9990
	3,1	0,9990	0,9991	0,9991	0,9991	0,9992	0,9992	0,9992	0,9992	0,9993	0,9993
	3,2	0,9993	0,9993	0,9994	0,9994	0,9994	0,9994	0,9994	0,9995	0,9995	0,9995
	3,3	0,9995	0,9995	0,9995	0,9996	0,9996	0,9996	0,9996	0,9996	0,9996	0,9997
	3,4	0,9997	0,9997	0,9997	0,9997	0,9997	0,9997	0,9997	0,9997	0,9997	0,9998
	3,5	0,9998	0,9998	0,9998	0,9998	0,9998	0,9998	0,9998	0,9998	0,9998	0,9998
	3,6	0,9998	0,9998	0,9999	0,9999	0,9999	0,9999	0,9999	0,9999	0,9999	0,9999
	3,7	0,9999	0,9999	0,9999	0,9999	0,9999	0,9999	0,9999	0,9999	0,9999	0,9999
	3,8	0,9999	0,9999	0,9999	0,9999	0,9999	0,9999	0,9999	0,9999	0,9999	0,9999
	3,9	1,0000	1,0000	1,0000	1,0000	1,0000	1,0000	1,0000	1,0000	1,0000	1,0000

Recordemos que en una distribución de variable continua las probabilidades puntuales son nulas: $P[x = k] = 0$. Por tanto, $P[x \leq k] = P[x < k]$.

Piensa y practica

1 Halla las siguientes probabilidades:

a) $P[z \leq 0{,}84]$ b) $P[z < 1{,}5]$

c) $P[z < 2]$ d) $P[z < 1{,}87]$

e) $P[z < 2{,}35]$ f) $P[z \leq 0]$

g) $P[z < 4]$ h) $P[z = 1]$

2 Di el valor de k en cada caso:

a) $P[z \leq k] = 0{,}7019$ b) $P[z < k] = 0{,}8997$

c) $P[z \leq k] = 0{,}5040$ d) $P[z < k] = 0{,}7054$

3 Di el valor aproximado de k en cada caso:

a) $P[z < k] = 0{,}9533$ b) $P[z \leq k] = 0{,}62$

■ Cálculo de probabilidades en una distribución *N*(0, 1)

- Si $k \geq 0$, las probabilidades $P[z \leq k] = P[z < k] = \phi(k)$ se encuentran directamente en las tablas.
- $P[z \geq k] = 1 - P[z < k] = 1 - \phi(k)$
- Para abscisas negativas (recuerda que la curva es simétrica),

$$P[z \leq -k] = P[z \geq k] = 1 - \phi(k)$$

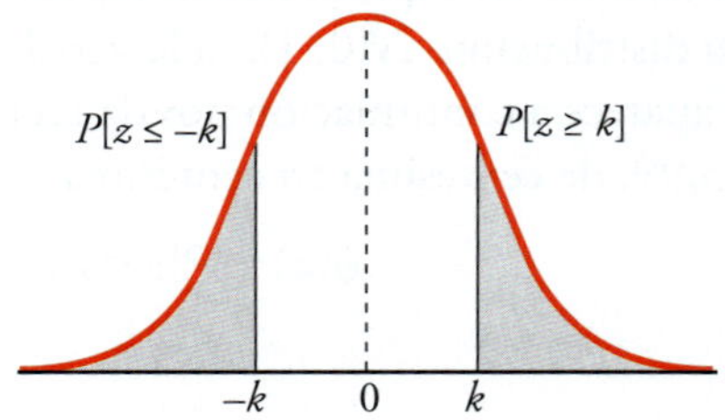

Las restantes probabilidades se pueden obtener a partir de estas como se ve en los siguientes ejemplos:

1. $P[z \geq 1{,}73] = 1 - P[z < 1{,}73] = 1 - \phi(1{,}73) =$

$= 1 - 0{,}9582 = 0{,}0418$

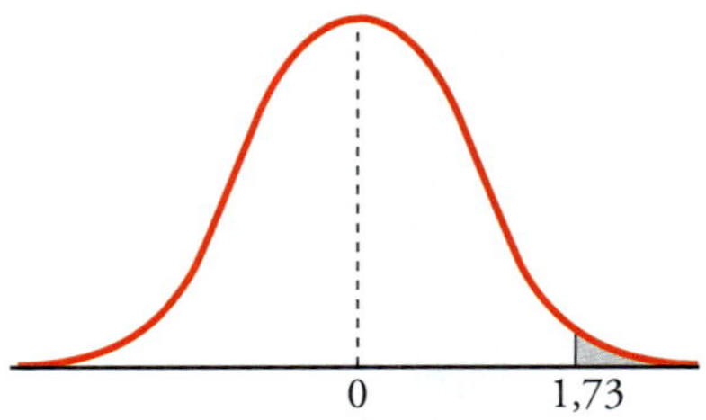

2. $P[0{,}21 < z \leq 1{,}34] = \phi(1{,}34) - \phi(0{,}21) =$

$= 0{,}9099 - 0{,}5832 = 0{,}3267$

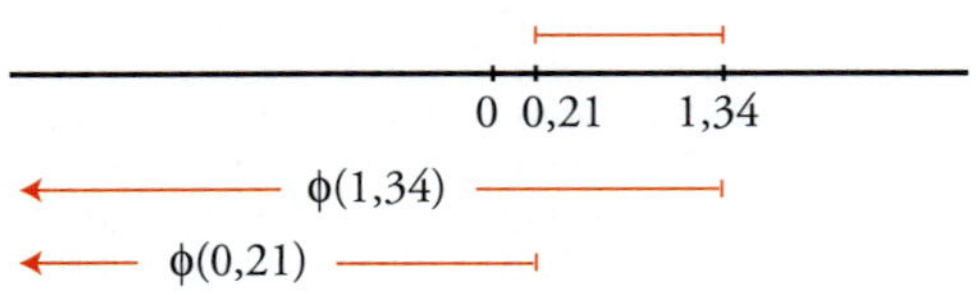

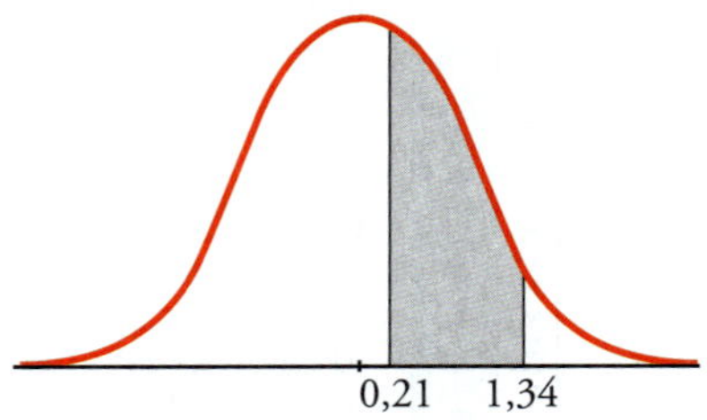

3. $P[-0{,}83 < z \leq 2{,}3] = P[z \leq 2{,}3] - P[z \leq -0{,}83] =$

$= \phi(2{,}3) - P[z \geq 0{,}83] = \phi(2{,}3) - (1 - \phi(0{,}83)) =$

$= \phi(2{,}3) + \phi(0{,}83) - 1 = 0{,}9893 + 0{,}7967 - 1 =$

$= 0{,}7860$

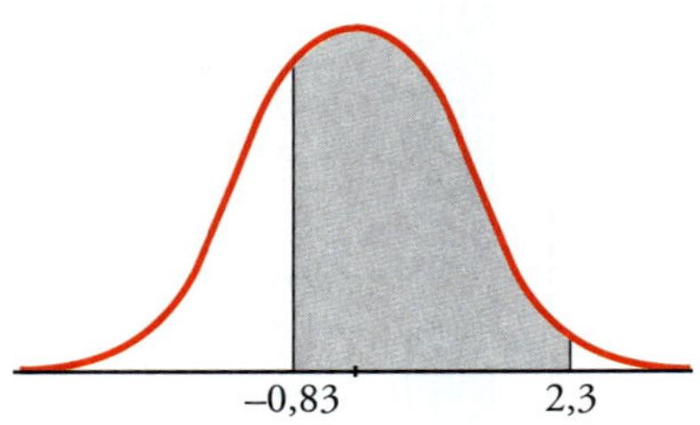

4. $P[-1{,}95 < z < -1] = P[1 < z < 1{,}95] =$

$= \phi(1{,}95) - \phi(1) = 0{,}9744 - 0{,}8413 = 0{,}1331$

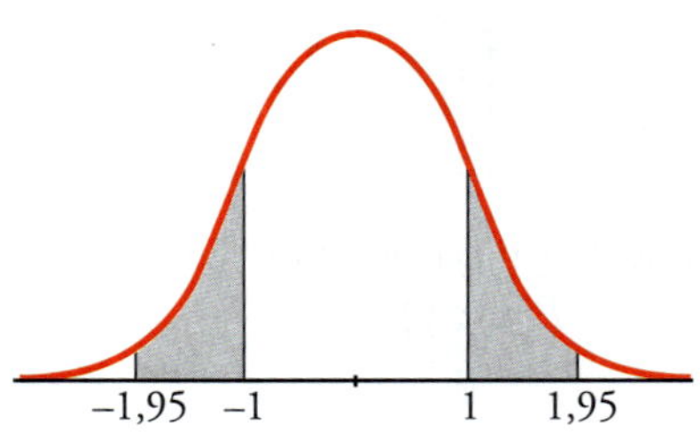

Piensa y practica

4 Halla:

a) $P[z > 1{,}3]$ b) $P[z < -1{,}3]$ c) $P[z > -1{,}3]$

d) $P[1{,}3 < z < 1{,}96]$ e) $P[-1{,}96 < z < -1{,}3]$

f) $P[-1{,}3 < z < 1{,}96]$ g) $P[-1{,}96 < z < 1{,}96]$

5 Halla, a partir de la tabla, las siguientes probabilidades:

a) $P[-1 \leq z \leq 1]$ b) $P[-2 \leq z \leq 2]$

c) $P[-3 \leq z \leq 3]$ d) $P[-4 \leq z \leq 4]$

e) $P[0 \leq z \leq 1]$ f) $P[0 \leq z \leq 4]$

anayaeducacion.es Cálculo de probabilidades en una distribución *N*(0,1).

■ Cálculo de probabilidades en una distribución $N(\mu, \sigma)$

Como ya sabemos, las probabilidades en dos distribuciones normales cualesquiera se reparten de forma análoga. Por tanto, para calcular probabilidades en una distribución $N(\mu, \sigma)$, la relacionaremos con la $N(0, 1)$, para la cual disponemos del recurso de las tablas. Por ejemplo:

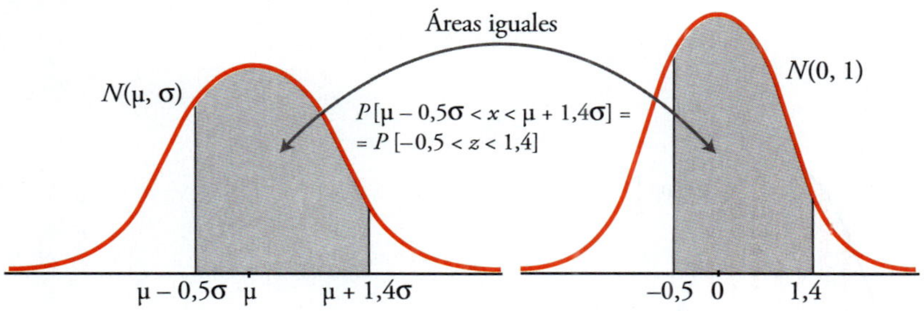

anayaeducacion.es
Cálculo de probabilidades en la normal $N(\mu, \sigma)$ con la calculadora.

Para establecer la relación con la $N(0, 1)$, habrá que expresar los extremos de los intervalos en *número de desviaciones típicas que se separan de la media*. A esto se llama **tipificar** la variable.

Si x es $N(\mu, \sigma)$, para calcular la probabilidad $P[h < x < k]$ se procede del siguiente modo:

$$P[h < x < k] = P\left[\frac{h-\mu}{\sigma} < z < \frac{k-\mu}{\sigma}\right]$$

El cambio $k \rightarrow \frac{k-\mu}{\sigma}$ se llama **tipificación de la variable.**

La variable ya tipificada, z, sigue una distribución $N(0, 1)$.

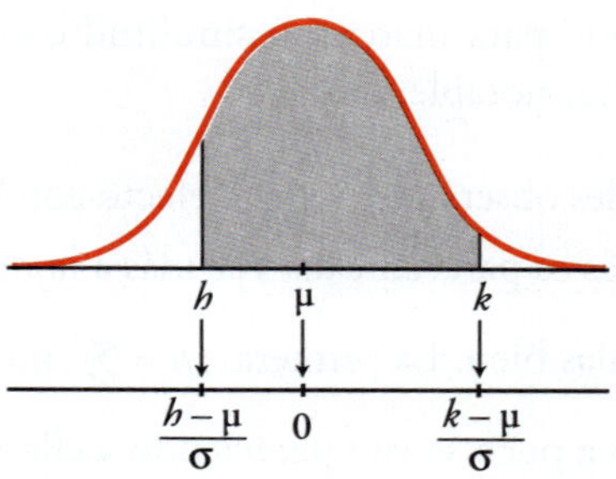

ATENCIÓN: Observa que hemos llamado x a la variable de una distribución $N(\mu, \sigma)$ cualquiera, y z a la variable de la distribución $N(0, 1)$. Así lo haremos siempre.

Ejercicio resuelto

1 *En una $N(6, 4)$, calcular las probabilidades siguientes:*

a) $P[x \le 3]$

b) $P[x \ge 12]$

c) $P[5 \le x \le 8]$

a) $P[x \le 3] = P\left[z \le \frac{3-6}{4}\right] = P[z \le -0,75] = 1 - \phi(0,75) =$

$= 1 - 0,7734 = 0,2266$

b) $P[x \ge 12] = P\left[z \ge \frac{12-6}{4}\right] = P[z \ge 1,5] = 1 - P[z \le 1,5] =$

$= 1 - \phi(1,5) = 1 - 0,9332 = 0,0668$

c) $P[5 \le x \le 8] = P[-0,25 \le z \le 0,5] = P[z \le 0,5] - P[z \le -0,25] =$

$= P[z \le 0,5] - (1 - P[z \le 0,25]) = \phi(0,5) + \phi(0,25) - 1 =$

$= 0,6915 + 0,5987 - 1 = 0,2902$

Piensa y practica

6 En una distribución $N(173, 6)$, halla las siguientes probabilidades:

a) $P[x \le 173]$
b) $P[x \ge 180,5]$
c) $P[174 \le x \le 180,5]$
d) $P[161 \le x \le 180,5]$
e) $P[161 \le x \le 170]$
f) $P[x = 174]$
g) $P[x > 191]$
h) $P[x < 155]$

6
LA DISTRIBUCIÓN BINOMIAL SE APROXIMA A LA NORMAL

Vamos a ver que, para ciertos valores de n y p, las distribuciones binomiales tienen un extraordinario parecido con las correspondientes distribuciones normales.

Empecemos observando estas distribuciones $B\left(n, \frac{1}{2}\right)$ para distintos valores de n:

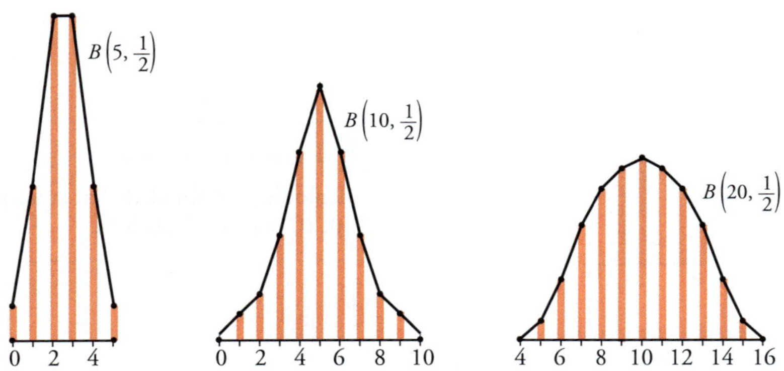

La probabilidad viene marcada por las barras. Las líneas que las envuelven se han trazado para marcar su similitud con la normal, que en la segunda es clara, y en la tercera, notable.

Puedes observar el mismo efecto con binomiales $B\left(n, \frac{1}{5}\right)$: cómo al aumentar n, las curvas se parecen cada vez más a la normal.

Míralas bien. La primera $(n = 5)$ no se parece en nada a la curva normal.

Poco a poco se van pareciendo a ella más y más.

La última, una binomial $B(50; 0{,}2)$, es casi exactamente una curva normal.

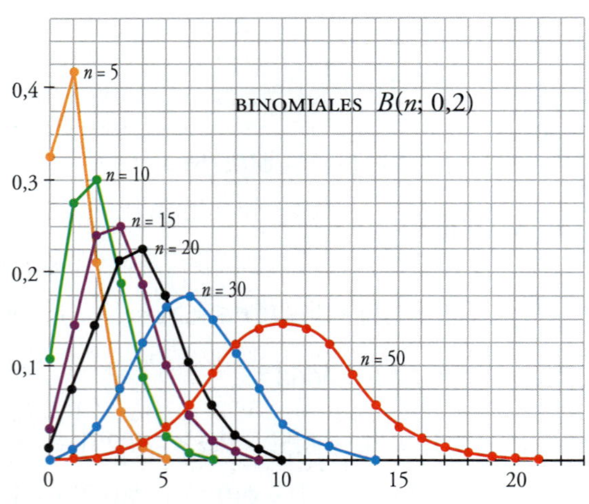

En general, una binomial $B(n, p)$ se parece a una curva normal tanto más cuanto mayor es el producto np (o nq, si $q < p$).

Cuando np y nq son ambos mayores que 3, la aproximación es bastante buena. Y si superan a 5, la aproximación es casi perfecta. En adelante, tomaremos el valor 3 como referente para darle validez a esta información.

Naturalmente, la curva normal a la cual se aproxima tiene la misma media y la misma desviación típica que la binomial, es decir:

$$\mu = np \qquad \sigma = \sqrt{npq}$$

Importante

Si $n \cdot p \geq 3$ y $n \cdot q \geq 3$, entonces:

$$B(n, p) \approx N(np, \sqrt{npq})$$

En esta similitud no se debe olvidar que la binomial es discreta, y la normal, continua. En la página siguiente se atiende a esta importante diferencia.

Regla práctica para calcular probabilidades mediante el paso de una binomial a una normal

Si x es $B(n, p)$ y se parece mucho a x', $N(np, \sqrt{npq})$, el cálculo de probabilidades de x puede hacerse a partir de x' del siguiente modo:

$$P[x = k] = P[k - 0{,}5 < x' < k + 0{,}5]$$

Es decir, a cada valor puntual de x $(0, 1, 2, \ldots, k, \ldots, n)$ se le asocia en x' un intervalo centrado en k y de radio 0,5. Por tanto:

$P[a \le x < b] = P[a - 0{,}5 < x' < b - 0{,}5]$

$P[a < x \le b] = P[a + 0{,}5 < x' < b + 0{,}5]$

$P[a < x] = P[a + 0{,}5 < x']$

Por ejemplo:

- $P[3 < x < 5] = P[x = 4] = P[3{,}5 < x' < 4{,}5]$

- $P[3 \le x < 5] = P[x = 3 \text{ o } x = 4] = P[2{,}5 < x' < 4{,}5]$

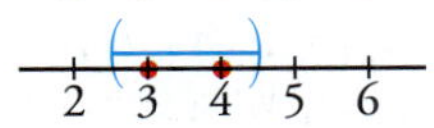

- $P[3 \le x \le 5] = P[x = 3 \text{ o } x = 4 \text{ o } x = 5] = P[2{,}5 < x' < 5{,}5]$

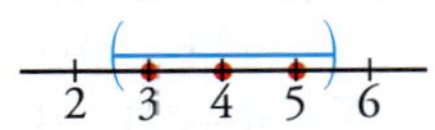

Ten en cuenta

Si x es $B(n, p)$ y x' es $N(np, \sqrt{npq})$:

$$P[x = k] = P[k - 0{,}5 < x' < k + 0{,}5]$$

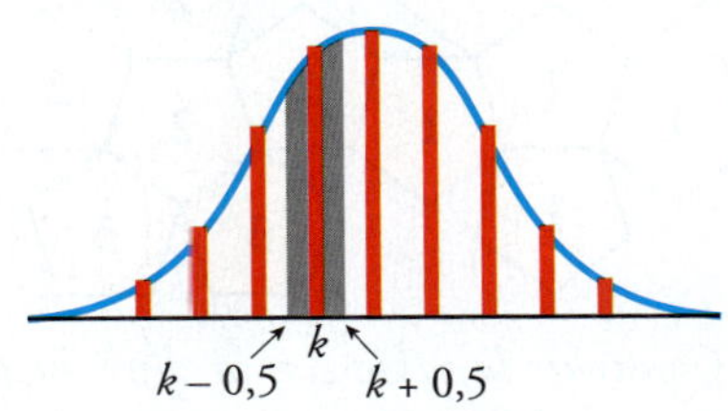

El área de la parte gris, de base 1, es prácticamente igual a la longitud de la barra roja.

Ejercicios resueltos

1 *En una distribución B(200; 0,3), calcular P[x ≥ 70].*

$$\left.\begin{array}{l}\mu = 200 \cdot 0{,}3 = 60\\ \sigma = \sqrt{200 \cdot 0{,}3 \cdot 0{,}7} = 6{,}48\end{array}\right\}$$ Ya vemos que $np > 3$ y es claro que nq también.

$$x \text{ es } B(200; 0{,}3) \to x' \text{ es } N(60; 6{,}48) \to z \text{ es } N(0, 1)$$

$$P[x \ge 70] = P[x' > 69{,}5] = P\left[z > \frac{69{,}5 - 60}{6{,}48}\right] = P[z > 1{,}47] =$$

$$= 1 - P[z \le 1{,}47] = 1 - \phi(1{,}47) = 0{,}0708$$

2 *El 2% de los tornillos fabricados por una máquina presentan defectos. En un lote de 2 000 tornillos, ¿cuál es la probabilidad de que haya menos de 50 defectuosos?*

Es una binomial $B(2\,000; 0{,}02)$, con $\mu = np = 40$ y $\sigma = \sqrt{npq} = 6{,}26$.

Ya vemos que $np = 40 > 3$ y también $nq > 3$. Por tanto, podemos asegurar que se aproxima a la normal $N(40; 6{,}26)$.

$$x \text{ es } B(2\,000; 0{,}02) \to x' \text{ es } N(40; 6{,}26) \to z \text{ es } N(0, 1)$$

$$P[x < 50] = P[x' \le 49{,}5] = P\left[z \le \frac{49{,}5 - 40}{6{,}26}\right] = P[z \le 1{,}52] =$$

$$= \phi(1{,}52) = 0{,}9357$$

La probabilidad pedida es 0,9357.

Piensa y practica

1 Calcula las probabilidades de las siguientes distribuciones binomiales mediante su correspondiente aproximación a la normal. En todas ellas, ten en cuenta el ajuste de media unidad que hay que hacer al pasar de una variable discreta a una continua.

a) x es $B(100; 0{,}1)$. Calcula $P[x = 10]$, $P[x < 2]$ y $P[5 < x < 15]$.

b) x es $B(1\,000; 0{,}02)$. Calcula $P[x > 30]$ y $P[x < 80]$.

c) x es $B(50; 0{,}9)$. Calcula $P[x > 45]$ y $P[x \le 30]$.

anayaeducacion.es Cálculo de probabilidades mediante el paso de una binomial a una normal.

EJERCICIOS Y PROBLEMAS RESUELTOS

1. Distribución de probabilidad de variable discreta

Se lanza un dodecaedro con las caras numeradas como se muestra en su desarrollo plano:

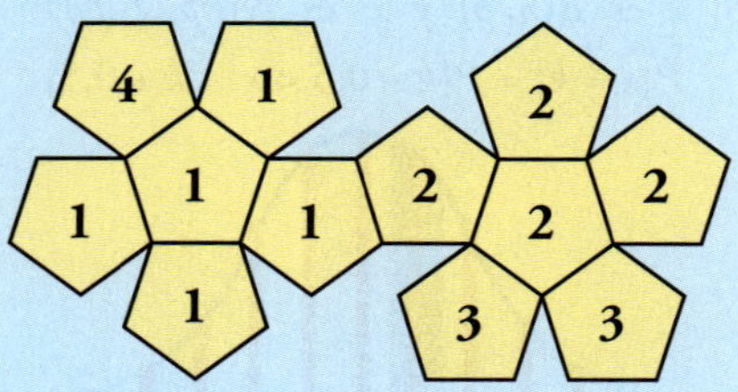

a) Construir la tabla con la distribución de probabilidad.

b) Hallar μ y σ.

Hazlo tú

Lanzamos dos dados y nos quedamos con la mayor de las puntuaciones (por ejemplo: 3 y 5 → 5; 4 y 4 → 4). Calcula μ y σ de esta distribución de probabilidad.

a) Mirando el desarrollo del dodecaedro, observamos que hay:

- 5 caras numeradas con 1
- 4 caras numeradas con 2
- 2 caras numeradas con 3
- 1 cara numerada con 4

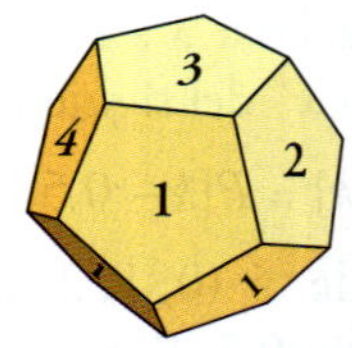

Con estos datos construimos la distribución de probabilidad. En la tabla añadimos las columnas $p_i x_i$ y $p_i x_i^2$. Las sumas de estas columnas, $\sum p_i x_i$ y $\sum p_i x_i^2$, sirven para calcular los parámetros μ y σ.

x_i	p_i	$p_i x_i$	$p_i x_i^2$
1	5/12	5/12	5/12
2	4/12	8/12	16/12
3	2/12	6/12	18/12
4	1/12	4/12	16/12
TOTALES	1	23/12	55/12

b) $\mu = \sum p_i x_i = \dfrac{23}{12} = 1{,}92$

$$\sigma = \sqrt{\sum p_i x_i^2 - \mu^2} = \sqrt{\frac{55}{12} - 1{,}92^2} = 0{,}95$$

2. Distribución binomial

En un centro de fertilidad, cada intento de inseminación in vitro para cualquier pareja tiene un porcentaje de éxito del 30 %. Esta semana han acudido al centro 10 parejas para realizar el tratamiento. Nos preguntamos por el número de ellas que consiguen tener hijos.

a) Justificar que es una distribución binomial.

b) Calcular los parámetros μ y σ.

c) ¿Qué probabilidad hay de que ninguna pareja conciba? ¿Y de que alguna conciba?

d) ¿Cuál es la probabilidad de que conciban menos de dos parejas?

Hazlo tú

Halla la probabilidad de que haya exactamente 2 parejas que conciban, la de que todas las parejas tengan éxito en el tratamiento, y la de que alguna pareja no lo tenga.

a) Se trata de una distribución binomial $B(10; 0{,}3)$, ya que la probabilidad de que cada pareja conciba es igual en los diez casos, 0,3.

b) Sus parámetros son:

$$\mu = np = 10 \cdot 0{,}3 = 3$$

$$\sigma = \sqrt{npq} = \sqrt{10 \cdot 0{,}3 \cdot 0{,}7} = 1{,}449$$

c) Aplicamos la fórmula: $P[x = k] = \binom{n}{k} p^k q^{n-k}$

$$P[\text{NINGUNA PAREJA CONCIBA}] = P[x = 0] = \binom{10}{0} \cdot 0{,}3^0 \cdot 0{,}7^{10} = 0{,}028$$

«Alguna pareja conciba» es lo contrario de «ninguna pareja conciba»:

$P[x > 0] = 1 - P[x = 0] = 1 - 0{,}028 = 0{,}972$

d) Se trata de hallar la siguiente probabilidad:

$P[x < 2] = P[x = 0] + P[x = 1]$

Hemos visto en el apartado c) que $P[x = 0] = 0{,}028$.

Calculamos la probabilidad que falta:

$$P[x = 1] = \binom{10}{1} \cdot 0{,}3^1 \cdot 0{,}7^9 = 0{,}121$$

Por tanto:

$$P[x < 2] = 0{,}028 + 0{,}121 = 0{,}149$$

3. Función de densidad

a) Calcular el valor de k para que f(x) sea función de densidad.

$$f(x) = \begin{cases} kx & \text{si } 0 \le x \le 2 \\ k & \text{si } 2 < x \le 4 \\ 0 & \text{en el resto} \end{cases}$$

b) Hallar las siguientes probabilidades: $P[x \le 1]$ y $P[1 \le x \le 3]$.

a) Representamos la gráfica en función del parámetro k.

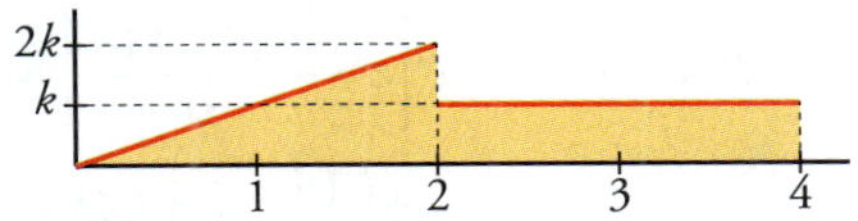

El área del recinto naranja es $\frac{2 \cdot 2k}{2} + 2k = 4k$. Como el área encerrada bajo la función de densidad debe ser igual a 1, entonces: $4k = 1 \to k = 1/4$.

b) Representamos la función de densidad con el valor de k hallado.

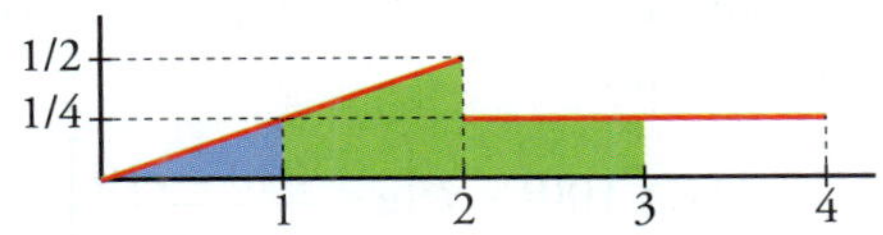

$P[x \le 1]$ es el área del recinto azul, un triángulo de base 1 y altura 1/4:

$$P[x \le 1] = \frac{1 \cdot (1/4)}{2} = \frac{1}{8} = 0{,}125$$

$P[1 \le x \le 3]$ es el área del recinto verde; es decir, el área del trapecio rectángulo de bases 1/4 y 1/2 y altura 1 más el área del rectángulo de base 1 y altura 1/4.

$$P[1 \le x \le 3] = \frac{(1/2)+(1/4)}{2} \cdot 1 + \frac{1}{4} \cdot 1 = \frac{5}{8} = 0{,}625$$

Hazlo tú

Determina el valor de k para que $f(x) = 0{,}4 + kx$, si $x \in [0, 4]$ y 0 en el resto, sea función de densidad. Calcula $P[x \ge 3]$, $P[x \le 1]$ y $P[1 \le x \le 3]$.

4. Función de densidad

a) Hallar el valor de k para que f(x) sea función de densidad:

$$f(x) = \begin{cases} k(1-x^2) & \text{si } 0 \le x \le 1 \\ 0 & \text{en el resto} \end{cases}$$

b) Calcular $P[x \ge 0{,}5]$.

a) El área bajo la curva es:

$$\text{Área} = \int_0^1 k(1-x^2)\,dx = \int_0^1 (k - kx^2)\,dx = \left[kx - k\frac{x^3}{3}\right]_0^1 = \frac{2k}{3}$$

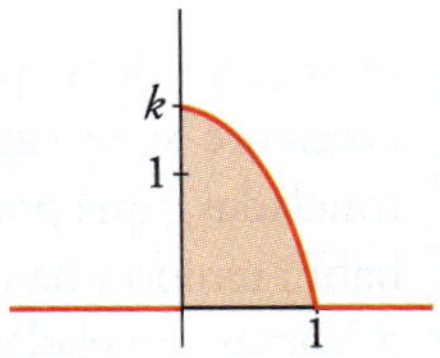

Como el área bajo la curva ha de ser igual a 1, entonces:

$$\frac{2k}{3} = 1 \to k = \frac{3}{2}$$

b) $P[x \ge 0{,}5] = \int_{0,5}^1 \frac{3}{2}(1-x^2)\,dx = \int_{0,5}^1 \left(\frac{3}{2} - \frac{3}{2}x^2\right)dx = \left[\frac{3}{2}x - \frac{x^3}{2}\right]_{0,5}^1 = 0{,}3125$

Hazlo tú

Halla $P[0{,}2 < x \le 0{,}8]$.

5. Distribución normal $N(\mu, \sigma)$

La altura de los árboles de un parque se distribuye mediante una normal de media 9 m y desviación típica 1,5 m. Calcular la probabilidad de que, al tomar al azar un árbol del parque:

a) Su altura sobrepase los 10,5 m.

b) Su altura sea menor que 8,25 m.

c) ¿Qué proporción de árboles tiene una altura comprendida entre 8,25 m y 10,5 m?

Llamamos x a la altura, en metros, de un árbol.

En todos los casos hay que tipificar los extremos de los intervalos de referencia restando la media, 9, y dividiendo la diferencia entre la desviación típica, 1,5.

$$x \text{ es } N(9;\, 1{,}5) \to z \text{ es } N(0,\, 1)$$

a) $P[x > 10{,}5] = P\left[z > \frac{10{,}5 - 9}{1{,}5}\right] = P[z > 1] = 1 - P[z \le 1] =$

$= 1 - \phi(1) = 1 - 0{,}8413 = 0{,}1587$

b) $P[x < 8{,}25] = P\left[z < \frac{8{,}25 - 9}{1{,}5}\right] = P[z < -0{,}5] = 1 - P[z \le 0{,}5] =$

$= 1 - \phi(0{,}5) = 1 - 0{,}6915 = 0{,}3085$

c) $P[8{,}25 \le x \le 10{,}5] = P[-0{,}5 \le z \le 1] = P[z \le 1] - P[z \le -0{,}5] =$

$= \phi(1) - (1 - \phi(0{,}5)) = 0{,}8413 + 0{,}6915 - 1 = 0{,}5328$

La probabilidad puede interpretarse como una proporción en tantos por uno. Sin embargo, es preferible expresarla en tantos por ciento, multiplicándola por 100. Podemos decir entonces que la proporción de árboles cuya altura está comprendida entre 8,25 m y 10,5 m es del 53,28 %.

Hazlo tú

En esta misma distribución, halla la proporción de árboles cuyas alturas están comprendidas entre 10 m y 11 m.

6. Distribución normal

La distribución del peso en toneladas de atunes capturados por los barcos pesqueros que salen a faenar en una cierta zona es una normal de media 110 toneladas. Se sabe que, tomando un barco al azar, la probabilidad de que capture más de 125 toneladas de atunes es 0,1587.

a) Calcular la desviación típica de la distribución.

b) Se considera que la campaña ha sido buena si se capturan más de 100 toneladas de atunes. ¿Qué porcentaje estimado de barcos no tendrán una buena campaña?

c) ¿Cuántas toneladas debe capturar un barco para estar en el percentil 90?

Hazlo tú

Si se considera que una campaña es excelente si se capturan más de 130 toneladas, ¿qué porcentaje de atuneros habrá tenido una campaña excelente? ¿Cuántas toneladas ha capturado un barco que se encuentra en el percentil 5?

a) Si x sigue una $N(110, \sigma)$, la variable tipificada z sigue una $N(0, 1)$.

$$P[x > 125] = P\left[z > \frac{125-110}{\sigma}\right] = P\left[z > \frac{15}{\sigma}\right] = 1 - \phi\left(\frac{15}{\sigma}\right) = 0{,}1587 \rightarrow$$

$$\rightarrow \phi\left(\frac{15}{\sigma}\right) = 0{,}8413$$

Miramos la tabla: si $\phi(k) = 0{,}8413 \rightarrow k = 1$

$$\frac{15}{\sigma} = 1 \rightarrow \sigma = 15$$

b) Calculamos $P[x \le 100]$ y multiplicamos el resultado por 100 para expresarlo en tantos por ciento.

$$P[x \le 100] = P\left[z \le \frac{100-110}{15}\right] = P[z \le -0{,}67] = 1 - P[z \le 0{,}67] =$$

$$= 1 - \phi(0{,}67) = 1 - 0{,}7486 = 0{,}2514$$

El porcentaje de barcos que no tendrán una buena campaña es del 25,14 %.

c) Tenemos que calcular el valor de la variable que deja por debajo de él al 90 % de la población. Conocemos el valor de la probabilidad y tenemos que hallar k.

$$P[z \le k] = \phi(k) = 0{,}90$$

Buscamos en la tabla el valor más próximo a 0,90 → 0,8997, que corresponde a $k = 1{,}28$.

En este caso hay que realizar el proceso opuesto a la tipificación: conocemos el valor tipificado y hemos de obtener el valor sin tipificar.

$$\frac{k' - 110}{15} = 1{,}28 \rightarrow k' = 15 \cdot 1{,}28 + 110 = 129{,}2$$

Para estar en el percentil 90 hay que capturar, al menos, 130 toneladas.

7. Aproximación de la binomial a la normal

En una clase hay 30 alumnos.

a) ¿Cuál es la probabilidad de que al menos un alumno haya nacido en diciembre?

b) ¿Cuál es la probabilidad de que al menos un tercio de la clase haya nacido en verano?

Hazlo tú

a) En el primer apartado hemos tomado diciembre como 1/12 del año. Halla la misma probabilidad tomando diciembre como 31 días de los 365 días del año.

b) ¿Qué probabilidad hay de que al menos 5 alumnos hayan nacido un domingo?

a) Se trata de una distribución binomial $B(30, 1/12) = B(30; 0{,}083)$.

En este caso no nos interesa aproximar la binomial a la normal, ya que es fácil resolverlo con la fórmula de la binomial. Pero si la resolución lo hubiera requerido, como $np = 30 \cdot 0{,}083 = 2{,}49 < 3$, no hubiéramos podido hacerlo.

Que al menos un alumno haya nacido en diciembre es lo contrario de que ninguno haya nacido en diciembre. Por tanto:

$$P[x \ge 1] = 1 - P[x = 0] = 1 - 0{,}917^{30} = 1 - 0{,}074 = 0{,}926$$

b) Ahora la distribución es binomial $B(30, 1/4) = B(30; 0{,}25)$.

Como $np = 30 \cdot 0{,}25 = 7{,}5 > 3$, podemos aproximar la distribución binomial a la normal. Para ello, hemos de calcular μ y σ en la binomial.

$$\mu = 7{,}5 \qquad \sigma = \sqrt{30 \cdot 0{,}25 \cdot 0{,}75} = 2{,}37$$

x es $B(30; 0{,}25) \rightarrow x'$ es $N(7{,}5; 2{,}37) \rightarrow z$ es $N(0, 1)$

Para calcular $P[x \ge 10]$ es fundamental interpretar correctamente los extremos del intervalo para x', teniendo en cuenta que x es discreta y x' es continua.

$$P[x \ge 10] = P[x' > 9{,}5] = P\left[z > \frac{9{,}5 - 7{,}5}{2{,}37}\right] = P[z > 0{,}84] = 1 - P[z \le 0{,}84] =$$

$$= 1 - \phi(0{,}84) = 1 - 0{,}7996 = 0{,}2004$$

EJERCICIOS Y PROBLEMAS GUIADOS

1. Distribuciones de probabilidad

Sacamos dos cartas de una baraja y anotamos el número de ases (0, 1 o 2).

a) ¿Cuál es la distribución de probabilidad?

b) Calcular la media y la desviación típica.

a) Tienes que calcular las probabilidades $P[0 \text{ ASES}]$, $P[1 \text{ AS}]$ y $P[2 \text{ ASES}]$.

$P[0 \text{ ASES}] = P[\text{no AS la 1.}^{a}] \cdot P[\text{no AS la 2.}^{a}/\text{no AS la 1.}^{a}] = \ldots$

$P[2 \text{ ASES}] = P[\text{AS la 1.}^{a}] \cdot P[\text{AS la 2.}^{a}/\text{AS la 1.}^{a}] = \ldots$

$P[1 \text{ AS}] = 1 - [P[0 \text{ ASES}] + P[2 \text{ ASES}]] = \ldots$

b) $\mu = \sum p_i x_i$; $\sigma = \sqrt{\sum p_i x_i^2 - \mu^2}$

Solución:

a)

x_i	0	1	2
p_i	105/130	24/130	1/130

b) $\mu = 0{,}2$; $\sigma = 0{,}42$

2. Binomial

Un examen tipo test consta de 10 preguntas, cada una con cuatro respuestas, de las cuales solo una es correcta. Si un alumno contesta al azar:

a) ¿Cuál es la probabilidad de que conteste correctamente 4 preguntas?

b) ¿Y la de que conteste bien más de 2 preguntas?

c) Calcular la probabilidad de que conteste mal alguna pregunta.

¿Se trata de una distribución binomial? ¿Cuál es el valor de n? ¿Y el de p?

a) Aplica la fórmula $P[x = k] = \binom{n}{k} p^k q^{n-k}$.

b) $P[x > 2] = 1 - P[x \le 2] = 1 - (P[x = 0] + P[x = 1] + P[x = 2])$

c) $P[x \le 9] = 1 - P[x = 10]$

Solución:

a) 0,146

b) 0,474

c) 0,999999046

3. Distribución normal

Las personas de una población tienen una estatura que se distribuye según una normal de media 170 cm y desviación típica 10 cm.

a) ¿Qué porcentaje de habitantes miden entre 170 cm y 185 cm?

b) ¿A partir de qué estatura está el 33 % de los habitantes más altos?

Si llamamos x a la estatura de las personas de esa población, x sigue una distribución normal $N(170, 10)$. En ella:

a) Calcula $P[170 < x < 185]$ y expresa el resultado como porcentaje.

b) Se trata de hallar α tal que $P[x > \alpha] = 0{,}33$; es decir:

$P[x < \alpha] = 1 - 0{,}33 = 0{,}67 \rightarrow$ busca en la tabla de la normal el valor que corresponda a una probabilidad de 0,67 y despeja α.

Solución:

a) 43,32 % b) A partir de 174,4 cm.

4. Tipificación

En una cierta prueba, las puntuaciones tipificadas de dos estudiantes fueron 0,8 y –0,4 y sus notas reales fueron 88 y 64 puntos, respectivamente. ¿Cuál es la media y cuál la desviación típica de las puntuaciones del examen?

- Expresa que 0,8 es el resultado de tipificar 88 puntos: $\frac{88 - \mu}{\sigma}$
- Expresa que –0,4 es el resultado de tipificar 64 puntos.
- Resuelve el sistema de dos ecuaciones y dos incógnitas.

Solución:

$\mu = 72$; $\sigma = 20$

Recuerda seleccionar el material de trabajo de esta unidad para tu **portfolio.**

EJERCICIOS Y PROBLEMAS PROPUESTOS

Para practicar

Distribuciones de probabilidad

1 Completa la siguiente tabla de probabilidades y calcula sus parámetros μ y σ:

x_i	0	1	2	3
p_i	0,1	0,3	…	0,1

2 En una urna hay diez bolas con los números 1, 1, 2, 3, 3, 3, 4, 5, 5, 10. Sacamos una bola y anotamos el resultado. Elabora la distribución de probabilidad y calcula μ y σ.

3 Elabora una tabla con la distribución de probabilidad correspondiente a los resultados de sumar las puntuaciones obtenidas al lanzar dos dados.

Calcula μ y σ.

Distribución binomial

4 Reconoce en cada uno de los siguientes casos una distribución binomial y di los valores de n, p, q, μ y σ.

- Un examen tipo test consta de 50 preguntas, cada una con tres respuestas, de las que solo una es correcta. Se responde al azar. ¿Cuál es el número de preguntas acertadas?
- En el examen descrito en el apartado anterior, un alumno conoce las respuestas de 20 preguntas y responde las restantes al azar. Nos preguntamos cuántas de ellas acertará.
- Una moneda se lanza 400 veces. Número de caras.
- El 1 % de ciertas soldaduras son defectuosas y revisamos mil de ellas. Número de soldaduras defectuosas que habrá.

5 En una distribución binomial $B(9; 0{,}2)$, calcula:

a) $P[x < 3]$ b) $P[x \geq 7]$
c) $P[x \neq 0]$ d) $P[x \leq 9]$

Función de densidad

6 Justifica si pueden ser funciones de densidad las siguientes:

a) $f(x) = 0{,}5 + 0{,}5x$ con $x \in [0, 2]$
b) $f(x) = 0{,}5 - x$ con $x \in [0, 2]$
c) $f(x) = 1 - 0{,}5x$ con $x \in [0, 2]$

7 Comprueba que la función $f(x)$, representada a la derecha, es de densidad. Calcula $P[x > \sqrt{2/\pi}]$.

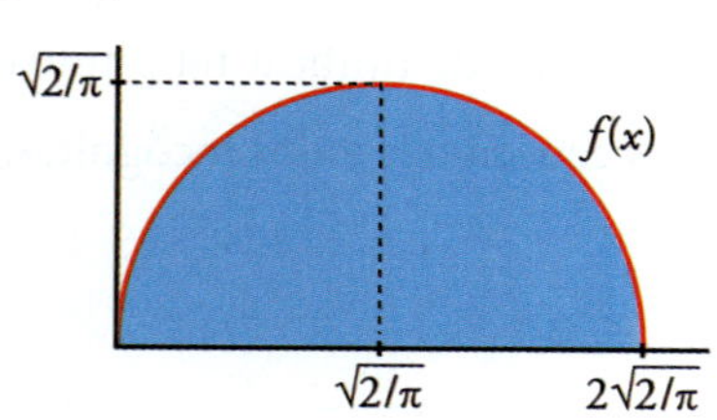

Manejo de la tabla N(0, 1)

8 En una distribución $N(0, 1)$, calcula estas probabilidades:

a) $P[z = 2]$ b) $P[z \leq 2]$
c) $P[z \geq 2]$ d) $P[z \leq -2]$
e) $P[z \geq -2]$ f) $P[-2 \leq z \leq 2]$

9 En una distribución $N(0, 1)$, calcula:

a) $P[z \leq 1{,}83]$ b) $P[z \geq 0{,}27]$
c) $P[z \leq -0{,}87]$ d) $P[z \geq 2{,}5]$

10 En una distribución $N(0, 1)$, calcula estas probabilidades:

a) $P[z = 1{,}6]$ b) $P[-2{,}71 \leq z \leq -1{,}83]$
c) $P[1{,}5 \leq z \leq 2{,}5]$ d) $P[-1{,}87 \leq z \leq 1{,}25]$

11 Calcula k en cada uno de los siguientes casos:

a) $P[z < k] = 0{,}8365$ b) $P[z > k] = 0{,}8365$
c) $P[z < k] = 0{,}1894$ d) $P[-k < z < k] = 0{,}95$

Tipificación

12 En un examen la media fue 28 puntos y la desviación típica, 10 puntos. Calcula la puntuación tipificada en los alumnos que obtuvieron:

a) 38 puntos b) 14 puntos
c) 45 puntos d) 10 puntos

13 Si en el examen del problema anterior la puntuación tipificada de un alumno fue 0,8, ¿cuántos puntos obtuvo? ¿Cuántos puntos corresponden al valor tipificado de –0,2?

Cálculo de probabilidades en N(μ, σ)

14 En una distribución $N(43, 10)$, calcula cada una de estas probabilidades:

a) $P[x \geq 43]$ b) $P[x \leq 30]$
c) $P[40 \leq x \leq 55]$ d) $P[30 \leq x \leq 40]$

15 En una distribución $N(151, 15)$, calcula:

a) $P[x \leq 136]$ b) $P[120 \leq x \leq 155]$
c) $P[x \geq 185]$ d) $P[140 \leq x \leq 160]$

Binomial → Normal

16 Si lanzamos un dado mil veces, ¿cuál es la probabilidad de que el número de cincos obtenidos sea menor que 100?

17 Una moneda se lanza 400 veces. Calcula la probabilidad de que el número de caras:

a) sea mayor que 210.
b) esté entre 180 y 220.

Para resolver

18 La distribución de probabilidad de una variable aleatoria discreta viene dada por esta tabla:

x_i	0	1	2	3	4
p_i	0,1	a	b	c	0,2

Sabemos que $P[x \le 2] = 0{,}7$ y que $P[x \ge 2] = 0{,}75$. Halla los valores de a, b y c y calcula μ y σ.

19 Un alumno ha estudiado 12 temas de los 30 que entran en el examen. Se eligen 2 temas al azar. El alumno puede haber estudiado los dos, uno o ninguno. Haz la tabla con la distribución de probabilidad y represéntala gráficamente. Halla μ y σ.

20 Tenemos una moneda defectuosa para la cual la probabilidad de obtener cruz en un lanzamiento es 0,4. La lanzamos cinco veces y anotamos el número de cruces.

Haz una tabla con la distribución de probabilidad, represéntala gráficamente y calcula su media y su desviación típica.

21 La probabilidad de que una persona escriba un mensaje sin faltas de ortografía es 0,75. Si una persona escribe a lo largo del día 10 mensajes, halla la probabilidad de que:

a) exactamente la mitad de ellos no tengan faltas de ortografía.

b) ningún mensaje de los 10 tenga faltas de ortografía.

c) 8 o más mensajes tengan faltas de ortografía.

22 Una monitora de tenis compra un cañón para lanzar bolas. Sabiendo que el cañón falla el 10 % de los lanzamientos, halla la probabilidad de que si lanza 20 bolas:

a) se tengan exactamente 5 fallos.

b) como mucho falle dos veces.

23 En un proceso de fabricación de tornillos se sabe que el 2 % son defectuosos. Los empaquetamos en cajas de 50 tornillos. Halla la probabilidad de que en una caja haya este número de tornillos defectuosos:

a) Ninguno b) Uno c) Más de dos

24 Halla el valor de k para que esta función sea de densidad:

$$f(x) = \begin{cases} kx & \text{si } 0 \le x \le 2 \\ 2k(x-1) & \text{si } 2 < x \le 4 \\ 0 & \text{en el resto} \end{cases}$$

Halla estas probabilidades:

$P[1 \le x \le 3]$, $P[x \le 3]$, $P[0 \le x \le 7]$

25 Calcula el valor de a para que la siguiente función sea de densidad:

$$f(x) = \begin{cases} 1/4 & \text{si } 1 \le x \le a \\ 1/2 & \text{si } a < x \le 4 \\ 0 & \text{en el resto} \end{cases}$$

Calcula, además, las siguientes probabilidades:

$P[1 \le x \le 2]$, $P[x \le 3]$, $P[x > 2]$

26 Calcula el valor de a para que esta gráfica sea una representación de una función de densidad y escribe su expresión analítica.

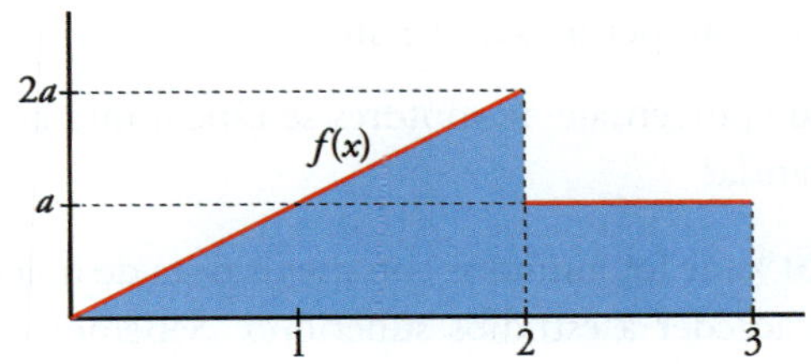

27 a) Halla k para que $f(x)$ sea función de densidad:

$$f(x) = \begin{cases} x^2 + k & \text{si } 0 \le x \le 1 \\ 0 & \text{en el resto} \end{cases}$$

b) Calcula $P[x < 0{,}5]$ y $P[0{,}2 \le x \le 2]$.

c) Halla sus parámetros μ y σ.

28 Los pesos de los soldados de una compañía de un ejército presentan una distribución normal de media 75 kg y desviación típica 8 kg. Halla la probabilidad de que un soldado elegido al azar pese:

a) más de 71 kg. b) entre 73 y 79 kg.

c) menos de 80 kg. d) más de 85 kg.

29 El tiempo, en horas, empleado en realizar cierta intervención quirúrgica sigue una distribución normal $N(10, 2)$. Calcula el porcentaje de estas intervenciones que se pueden realizar:

a) entre 6,5 y 13 horas.

b) en menos de 7 horas.

c) en más de 9 horas.

30 ODS **Meta 2.1.** La variable aleatoria I.M.C. (índice de masa corporal) de las personas adultas de un determinado país sigue una distribución normal de media 26 y desviación típica 6.

a) ¿Cuál es la probabilidad de que una persona, elegida al azar entre los adultos de ese país, tenga un I.M.C. comprendido entre 23 y 30?

b) Si tener un I.M.C. superior a 35 significa ser obeso, halla el porcentaje de personas adultas obesas de ese país.

EJERCICIOS Y PROBLEMAS PROPUESTOS

31 Para iluminar el recinto de un estadio deportivo se quieren instalar focos. El suministrador asegura que el tiempo de vida de los focos es una variable normal con media de 1 500 h y desviación típica de 200 h.

a) ¿Cuál es la probabilidad de que un foco elegido al azar luzca por lo menos 1 000 horas?

b) Si se compran 2 000 focos, ¿cuántos puede esperarse que luzcan al menos 1 000 horas?

32 La duración de cierto tipo de motor es una variable normal con una media de 10 años y desviación típica de 2 años. El fabricante garantiza el buen funcionamiento de los motores por un periodo de 13 años.

¿Qué porcentaje de motores se espera que no cumplan la garantía?

33 El 20 % de los alumnos con mejor nota de una escuela pueden acceder a estudios superiores. Sabemos que las notas medias finales en esa escuela se distribuyen normalmente con media 5,8 y desviación típica 2. ¿Cuál es la nota media mínima que debe obtener un alumno si quiere hacer estudios superiores?

34 El cociente intelectual (C.I.) de una determinada población sigue una distribución normal de media 100 y desviación típica 10.

a) Calcula el porcentaje de esa población con un C.I. comprendido entre 90 y 110.

b) Si se considera superdotada a una persona con un C.I. superior a 130, halla el porcentaje de esa población que es considerada superdotada.

c) Nos dicen que el 70% de esa población tiene un C.I. menor que un cierto valor. Calcula dicho valor.

35 Las alturas de los alumnos de una clase siguen una $N(\mu, \sigma)$. Sonia, con 172 cm, y Begoña, con 167 cm, tienen unas alturas tipificadas de 1,4 y 0,4, respectivamente.

a) ¿Cuál es la altura real de Estefanía si su altura tipificada es de –1?

b) ¿Cuál es la tipificación de la altura de Azucena si mide 165 cm?

36 El diámetro medio de las piezas producidas en una fábrica es de 45 mm.

a) Determina su desviación típica sabiendo que la probabilidad de que una pieza tenga un diámetro mayor que 50 mm es igual a 0,0062.

b) Si se analizan 820 piezas, ¿cuántas se estima que tendrán un diámetro comprendido entre 39,7 y 43,5 mm?

37 La probabilidad de que un pez de una determinada especie sobreviva más de 5 años es del 10 %. Se pide:

a) Si en un acuario tenemos 10 peces de esta especie nacidos este año, halla la probabilidad de que, al menos dos de ellos, sigan vivos dentro de 5 años.

b) Si en un tanque de una piscifactoría hay 200 peces de esta especie nacidos este mismo año, usando una aproximación mediante la distribución normal correspondiente, halla la probabilidad de que al cabo de 5 años hayan sobrevivido al menos 10 de ellos.

38 Un examen tipo test tiene 50 preguntas y cada pregunta, tres respuestas diferentes, solo una de las cuales es correcta.

Para aprobar, hace falta responder bien a 25 preguntas; para sacar un notable, a 35; y para un sobresaliente, a 45.

Si se responde al azar, ¿cuál es la probabilidad de aprobar? ¿Y la de sacar notable? ¿Y sobresaliente?

Responde a las mismas cuestiones si el alumno sabe la respuesta correcta de 30 preguntas.

39 En una empresa que fabrica microcircuitos se ha comprobado que el 10 % de estos son defectuosos. Si se compra un paquete de 300 microcircuitos procedentes de la fábrica, determina:

a) La probabilidad de que se encuentren más de 27 microcircuitos defectuosos.

b) La probabilidad de que el número de microcircuitos defectuosos esté entre 20 y 30.

40 Un test de sensibilidad musical da resultados que se distribuyen según una $N(65, 18)$.

Se quiere hacer un baremo por el cual, a cada persona, junto con la puntuación obtenida, se le asigne uno de los siguientes comentarios:

- Duro de oído.
- Poco sensible a la música.
- Normal.
- Sensible a la música.
- Extraordinariamente dotado para la música.

de modo que haya en cada uno de los grupos, respectivamente, un 10 %, un 35 %, un 30 %, un 20 % y un 5 % del total de individuos observados.

a) ¿En qué puntuaciones pondrías los límites entre los distintos grupos?

b) ¿Qué comentario se le haría a una persona que obtuviera una puntuación de 80? ¿Y a otra que obtuviera una puntuación de 40?

Cuestiones teóricas

41 En una distribución $B(4; 0{,}25)$, comprueba que:

$P[x = 0] + P[x = 1] + P[x = 2] + P[x = 3] + P[x = 4] = 1$

42 Di el valor de las siguientes probabilidades en una distribución normal $N[\mu, \sigma]$:

a) $P[x \le \mu]$

b) $P[x = \mu]$

c) $P[\mu - \sigma \le x \le \mu + \sigma]$

43 Razona si las siguientes afirmaciones, referidas a una normal $N(10, 2)$, son verdaderas o falsas:

a) $P[x \ge 10] = 0{,}5$

b) $P[\mu - 4\sigma \le x \le \mu + 4\sigma] \approx 0$

c) $P[\mu - 4\sigma \le x \le \mu + 4\sigma] \approx 1$

d) $P[2 \le x \le 18] \approx 1$

44 En una distribución normal $N(10, 2)$, indica qué porcentaje de resultados, aproximadamente, queda fuera del intervalo [2, 18].

Para profundizar

45 ODS Meta 7.3. El tiempo de duración de las bombillas de una cierta marca, medido en horas, sigue una distribución normal de media μ y desviación típica σ. Se sabe que el 69,5 % de las bombillas duran menos de 5 061,2 horas, y que el 16,6 % de las bombillas duran más de 5 116,4 horas.

a) ¿Cuál es la probabilidad de que una bombilla de esta marca dure entre 5 061,2 h y 5 116,4 h?

b) Calcula la media y la desviación típica de esta distribución normal.

46 Una máquina que expende bebidas está regulada de modo que la cantidad de líquido que echa está distribuida normalmente con una media de 200 mL y una desviación típica de 15 mL.

a) ¿Qué porcentaje de los vasos se llenarán con más de 224 mL?

b) Si usamos 6 vasos de 224 mL de capacidad, ¿cuál es la probabilidad de que se derrame líquido únicamente en uno de los vasos?

AUTOEVALUACIÓN

Resoluciones de estos ejercicios.

1 La siguiente tabla corresponde a una distribución de probabilidad de variable discreta:

x_i	5	6	7	8	9	10
p_i	0,1	0,3	0,2	0,1	0,1	…

a) Complétala en tu cuaderno y calcula μ y σ.

b) ¿Cuál será la probabilidad de que $x > 7$? ¿Y la de que $x < 7$?

2 Con un cierto tipo de chinchetas se dan las siguientes probabilidades al dejarlas caer en el suelo:

P[] = 0,3 P[] = 0,7

Dejamos caer 6 chinchetas. Calcula:

a) P[2  y 4 ]

b) P[Ninguna ]

c) P[Alguna ]

d) P[3  y 3 ]

3 Comprueba que $y = \frac{x}{2} - 1$ si $2 \le x \le 4$ es una función de densidad. Represéntala y calcula estas probabilidades:

a) $P[x = 3]$

b) $P[x < 3]$

c) $P[x > 3{,}5]$

d) $P[3 \le x \le 3{,}5]$

4 Sabemos que una variable z es $N(0, 1)$.

a) Calcula las siguientes probabilidades:

$P[1{,}53 < z < 2{,}1]$ $\quad$ $P[-1{,}53 < z < 2{,}1]$

b) Halla b y k para que se cumpla lo siguiente:

$P[z < b] = 0{,}4$ $\quad$ $P[-k < z < k] = 0{,}9$

5 El cociente intelectual (C.I.) de un colectivo de bomberos se distribuye normal, de media 108 y desviación típica 3,5. Llamamos x al C.I. de uno de ellos tomado al azar. Calcula:

a) $P[x < 100]$ b) $P[x > 115]$ c) $P[100 < x < 115]$

6 El tiempo que tardo en llegar a clase sigue una normal de media 20 minutos. He comprobado que el 94,5 % de los días llego antes de 28 minutos. Si en todo el año voy 177 días a clase, ¿cuántos días puedo estimar que tardaré menos de un cuarto de hora en llegar?

7 El 7 % de las personas padecen un pequeño defecto anatómico de origen genético. En una empresa trabajan 80 personas. ¿Cuál es la probabilidad de que haya más de 10 con ese defecto?

Compromiso ODS Visualiza el vídeo Meta 14.1., piensa en una acción con la que podrías contribuir al logro de esa meta y comprométete a llevarla a cabo.

PROBABILIDAD

PARA LA PRUEBA DE ACCESO A LA UNIVERSIDAD

¡Prepárala en anayaeducacion.es!

[redacted]

En tu preparación de **Probabilidad** has aprendido conceptos y técnicas básicas con las que puedes afrontar multitud de problemas, vamos a recordar algunos.

¿Conoces las propiedades de los sucesos y sus probabilidades?

$P[A \cup B] = P[A] + P[B] - P[A \cap B]$

$\overline{A \cap B} = \overline{A} \cup \overline{B}$

$P[A/B] = \dfrac{P[A \cap B]}{P[B]}$

¿Sabes valerte de la representación gráfica para visualizar las propiedades de los sucesos y sus probabilidades?

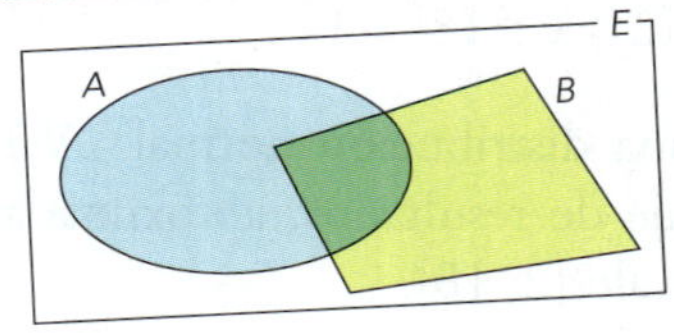

Con estas técnicas y algunas otras puedes resolver un montón de problemas.

¿Te sabes valer del diagrama en árbol para interpretar problemas probabilísticos y para resolverlos?

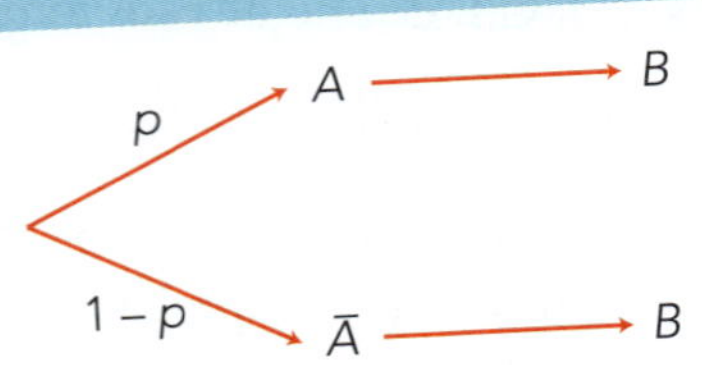

¿Dominas el manejo de la curva normal y sus características?

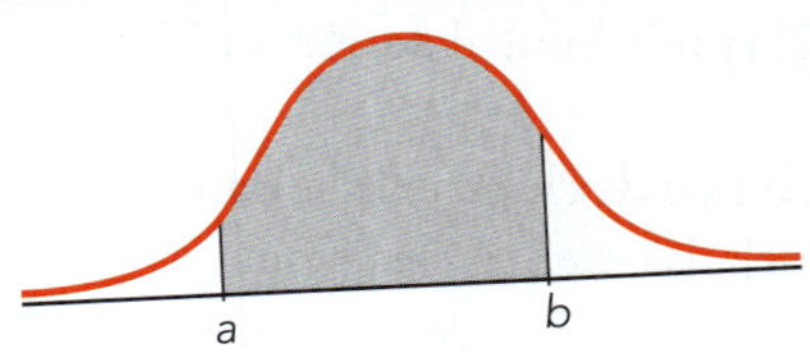

¿Sabes pasar de una probabilidad $P[a \le x \le b]$ en una $N(\mu, \sigma)$ a la correspondiente probabilidad en la distribución $N(0, 1)$?

[redacted]

Ejemplos de ejercicios y problemas.

En la prueba de acceso a la universidad puedes encontrarte con ejercicios y problemas de distintas dificultades:

En un mercado agropecuario, el 70% de las verduras que se comercializan son de proximidad y, el resto, no. El 30 % de las verduras de proximidad son ecológicas, mientras que, de las que no son de proximidad, solo son ecológicas el 10%. Si un cliente elegido al azar ha realizado una compra de una verdura, calcula las siguientes probabilidades:

a. Probabilidad de que la verdura comprada no sea ecológica.

b. Probabilidad de que la verdura sea de proximidad o ecológica.

a. Un diagrama en árbol nos permite visualizar los datos y razonar sobre ellos.

b. Para el cálculo de P[PROX O ECOL] tendremos en cuenta:

$$P[\text{PROX} \cup \text{ECOL}] = P[\text{PROX}] + P[\text{ECOL}] - P[\text{PROX} \cap \text{ECOL}]$$

Un estudiante ha comprobado que el tiempo que le cuesta llegar desde su casa a la universidad sigue una distribución normal de media 30 minutos y desviación típica 5 minutos.

a. ¿Cuál es la probabilidad de que tarde menos de 40 minutos en llegar a la universidad?

b. ¿Cuál es la probabilidad de que tarde entre 20 y 40 minutos?

c. El estudiante, un día al salir de su casa comprueba que faltan, exactamente, 40 minutos para que empiece la clase. ¿Cuál es la probabilidad de que llegue tarde a clase?

Es una distribución $N(30, 5)$ en la que hemos de hallar las siguientes probabilidades:

a. $P[x < 40]$ b. $P[20 < x < 40]$ c. $P[x > 40]$

Sean C y D dos sucesos de un experimento aleatorio tales que $P[C] = 0{,}3$; $P[D] = 0{,}6$ y $P[C \cup D] = 0{,}8$. Calcula:

a. $P[C/D]$ b. $P[\overline{C \cap D}/C]$

Hemos de empezar hallando $P[C \cap D]$:

$$P[C \cap D] = P[C] + P[D] - P[C \cup D] = 0{,}3 + 0{,}6 - 0{,}8 = 0{,}1$$

Resolvemos a. y b. razonando sobre la gráfica:

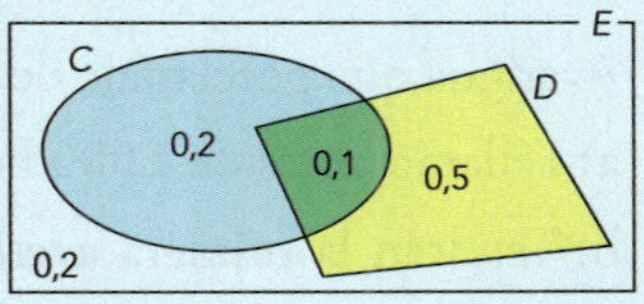

a. ¿Qué proporción ocupa C en el total de D?

$$P[C/D] = \frac{0{,}1}{0{,}6} = \frac{1}{6}$$

b. ¿Qué proporción ocupa $\overline{C \cap D}$ en el total de C?

$\overline{C \cap D}$ es lo que hay fuera de $C \cap D$, por tanto:

$$P[\overline{C \cap D}/C] = \frac{0{,}2}{0{,}3} = \frac{2}{3}$$

Este ejercicio también se puede resolver algebraicamente aplicando las propiedades de la probabilidad.

Las técnicas que se han necesitado para resolver estos problemas son las que se han revisado a la izquierda.

En **anayaeducacion.es** encontrarás:

- Un camino de aprendizaje de estas técnicas básicas para la probabilidad de modo que puedas adquirir una razonable agilidad para comprenderlas, reconocer la oportunidad de su uso y aplicarlas.
- Una colección de problemas de pruebas de acceso a la universidad, resueltos, propuestos, con ayudas, indicaciones…

1 Conocemos las siguientes probabilidades:

$P[A] = 0{,}33 \quad P[\overline{A} \cap \overline{B}] = 0{,}41 \quad P[\overline{B}] = 0{,}62$

Calcula $P[B]$, $P[A \cup B]$ y $P[A \cap B]$.

2 Dados dos sucesos independientes, A y B, se sabe que $P[A] = 0{,}3$ y $P[\overline{B}] = 0{,}4$. Calcula:

a) $P[A \cup B]$ b) $P[\overline{A} \cap \overline{B}]$ c) $P[A/\overline{B}]$

3 En un grupo de estudiantes, el 50 % practica natación, el 20 % baloncesto y el 5 % ambos deportes. Calcula la probabilidad de que un estudiante elegido al azar:

a) no practique ni natación ni baloncesto.

b) practique natación, sabiendo que juega al baloncesto.

4 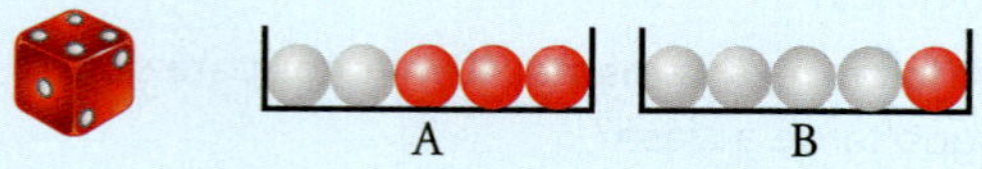

Si en el dado sale 1, sacamos bola de B. Si sale otra puntuación, la sacamos de A. Calcula:

$P[●/1]$ $P[1 \text{ y } ●]$ $P[●]$ $P[○]$ $P[1/●]$

5 Por cada 100 personas con gafas o lentillas de un cierto colectivo, hemos atendido al color de ojos (azul, verde, negro, marrón). Alguno de los resultados se refleja en la siguiente tabla:

	AZUL	VERDE	NEGRO	MARRÓN	TOTAL
GAFAS	11	5		25	55
LENTILLAS					
TOTAL	20	15	25		100

a) Completa la tabla.

b) Calcula P[AZUL], P[GAFAS], P[AZUL y GAFAS].

c) Calcula P[AZUL/GAFAS], P[GAFAS/AZUL].

d) Explica por qué los sucesos GAFAS y AZUL son independientes.

6 Una multinacional dedicada a la fabricación de vehículos fabrica el 40 % de sus vehículos en España, el 35 % en Francia y el resto en Italia. Los vehículos fabricados son de tres modelos (Ancer, Beam y Celestial). En España se fabrican los tres modelos a partes iguales. En Francia, dos terceras partes de los vehículos que se fabrican son del modelo Ancer, y el resto son Beam. En Italia se fabrican los modelos Beam y Celestial a partes iguales.

a) Se elige un vehículo al azar, ¿cuál es la probabilidad de que sea del modelo Beam?

b) Si poseyéramos un vehículo del modelo Ancer, ¿cuál es la probabilidad de que hubiera sido fabricado en España?

7 a) Calcula k para que la siguiente tabla corresponda a una distribución de probabilidad:

x_i	11	12	13	14	15	16
p_i	0,15	0,1	0,12	0,17	k	k

b) Halla $P[13 \le x_i \le 15]$.

c) Calcula los parámetros μ y σ.

8 En una distribución $B(10; 0{,}4)$ calcula:

a) $P[x = 0]$, $P[x = 1]$, $P[x > 1]$.

b) Los parámetros μ y σ.

9 El 8 % de los análisis de comprobación del níquel en una aleación de acero son erróneos. Se realizan 10 análisis. Justifica si son ciertas o falsas las siguientes afirmaciones:

a) La probabilidad de que 3 o más análisis sean erróneos es menor que el 3 %.

b) La probabilidad de obtener exactamente 3 análisis erróneos es menor que el 3 %.

c) Si se realizan 100 análisis, el número esperado de resultados correctos es igual a 8.

10 El tiempo que transcurre hasta la primera avería de una unidad de cierta marca de impresoras viene dado por una distribución normal con una media de 1 500 horas y una desviación típica de 200 horas.

Averigua qué porcentaje de esas impresoras:

a) Fallarán antes de 1 000 horas de funcionamiento.

b) Tendrán la primera avería entre las 1 000 y 2 000 horas de uso.

11 Un pediatra está haciendo un estudio del peso de los niños de siete años a los que atiende. El peso de estos niños se distribuye según una normal de media 26 kg y desviación típica 4,3 kg. Se elige un niño al azar.

a) Calcula la probabilidad de que pese entre 25 y 28 kg.

b) ¿Qué peso ha de tener el niño, como mínimo, para que esté por encima del umbral del 20 %?

12 Un examen tipo test tiene cien preguntas y cada pregunta cuatro respuestas diferentes, de las que solo una es correcta. Un estudiante responde al azar.

Calcula la probabilidad de que:

a) Acierte más de 20 preguntas.

b) Acierte más de 50 preguntas.

c) Tenga bien 50 o más preguntas, suponiendo que conoce la respuesta correcta de 40 de ellas.

Unidad 1

1 Si $a = 3$, $ran(A) = 2$.

Si $a \neq 3$, $ran(A) = 3$.

2 B debe ser una matriz de orden 3×2.

3 $A = \begin{pmatrix} a & b \\ c & d \end{pmatrix} \rightarrow A^t = \begin{pmatrix} a & c \\ b & d \end{pmatrix}$

$A^2 = \begin{pmatrix} a^2+bc & b(a+d) \\ c(a+d) & d^2+bc \end{pmatrix}$

$(A^2)^t = \begin{pmatrix} a^2+bc & c(a+d) \\ b(a+d) & d^2+bc \end{pmatrix}$

$(A^t)^2 = \begin{pmatrix} a^2+bc & c(a+d) \\ b(a+d) & d^2+bc \end{pmatrix}$

4 $A^n = \begin{pmatrix} 1 & 0 \\ 5n & 1 \end{pmatrix}$

5 $A = \begin{pmatrix} a & b \\ b & a \end{pmatrix}$

6 $X = \begin{pmatrix} 1 & 3/2 \\ 3/2 & 1 \end{pmatrix}$, $Y = \begin{pmatrix} 0 & 2 \\ -2 & 0 \end{pmatrix}$

7 a) $A^{-1} = \begin{pmatrix} -1 & 1 & 1 \\ 2 & -2 & -1 \\ -2 & 3 & 1 \end{pmatrix}$

b) $X = \begin{pmatrix} -2 & 5/2 & 3/2 \\ 0 & -1 & 1/2 \\ 1/2 & -1/2 & 1/2 \end{pmatrix}$

8 No es posible. Si se añade una fila, como máximo podría tener rango 3.

9 $\begin{pmatrix} 1 & 5 & 2 & 3 \\ 1{,}5 & 4{,}5 & 1{,}8 & 3{,}6 \\ 1{,}2 & 5{,}4 & 2{,}2 & 3{,}5 \end{pmatrix} \cdot \begin{pmatrix} 2 \\ 1 \\ 3 \\ 4 \end{pmatrix} = \begin{pmatrix} 25 \\ 27{,}3 \\ 28{,}4 \end{pmatrix}$

El gasto semanal de una familia en la tienda S_1 será de 25 €, en S_2 de 27,3 € y en S_3 de 28,4 €.

Unidad 2

1 A no es regular para $a = -2$.

2 $a^2(a+2)(a-2)$

3 a) $a = -1$, $a = 5$

b) $N = \begin{pmatrix} 1/5 & 16/5 \\ 0 & 5 \end{pmatrix}$

c) $X = \begin{pmatrix} 9 & 5 \\ -11/5 & 1/5 \end{pmatrix}$

4 a) 5 b) 10 c) -10

5 Si $a = 0$, $ran(N) = 1$

Si $a = -3$, $ran(N) = 3$

Si $a \neq 0$, $ran(N) = 3$

6 a) A tiene inversa si $t \neq -1$ y $t \neq -3$.

b) $X = \begin{pmatrix} 9/8 & -1/8 & 1/2 \\ 5/8 & 3/8 & 5/2 \\ 1/8 & -1/8 & 3/2 \end{pmatrix}$

7 Es distinto de cero para cualquier valor de a.

Unidad 3

1 $(\lambda, \lambda, 1-2\lambda)$. Son cuatro planos con una recta en común.

2 $x = 1, y = 2, z = 3$

3 El 123.

4 A modo de ejemplo:

a) $2x + 2y - 2z = 7$

b) $x + y + z = 7$

5 $|A| = 4 - m$

Si $m = 4$, $ran(A) = ran(A') = 2$.

El sistema es compatible indeterminado con solución $x = -1 + \lambda$, $y = 2 - \lambda$, $z = \lambda$.

Si $m \neq 4$, $ran(A) = ran(A') = 3$.

El sistema es compatible determinado con solución $x = 1$, $y = 0$, $z = 2$.

Por tanto, no hay ningún valor de m para el que el sistema no tenga solución.

6 a) Si $a = 1$, el sistema es incompatible.

- Si $a = -2$, $ran(A) = ran(A') = 2 <$ n.º de incógnitas. El sistema es compatible indeterminado:

  Solución: $x = t, y = t - 2/3, x = t - 4/3$

- Si $a \neq 1$ y $a \neq -2$, $ran(A) = ran(A') = 3$, el sistema es compatible determinado.

  Solución: $x = \dfrac{a}{a-1}$, $y = \dfrac{a+2}{a-1}$, $z = \dfrac{2(a+1)}{a-1}$

b) Si $a = 14$, $ran(A) = ran(A') = 3 =$ n.º de incógnitas.

El sistema es compatible determinado con solución $x = 17$, $y = 8$, $z = 6$.

Si $a \neq 14$, $ran(A) = 3 \neq ran(A') = 4$.

El sistema es incompatible.

7 En un sistema homogéneo, el rango de la matriz de coeficientes y el de la matriz ampliada siempre coincide, ya que al añadir una columna de ceros no cambia el signo.

Por tanto, $ran(A) = ran(A') = 3 =$ n.º de incógnitas.

El sistema será compatible determinado. Solo tiene una solución, la trivial: $x = 0,\ y = 0, z = 0$.

Bloque I

1 a) $x = 1$ b) $x = -2$ c) $x = 5/2$

2 a) Si $m = 0,\ ran(M) = 2$

Si $m = -1,\ ran(M) = 2$

Si $m \neq 0$ y $m \neq -1,\ ran(M)\ 3$

b) $M^{-1} = \begin{pmatrix} 0 & -1/2 & 1 \\ 0 & 1/2 & 0 \\ -1 & -1/2 & 1 \end{pmatrix}$

3 $x = -1, y = 2$ $x = 1, y = -2$

4 $X = \begin{pmatrix} -6 & 3 \\ 3 & -3 \end{pmatrix}$

5 $m = -1,\ n = -12$

6 a) Efectivamente, $A^2 = \begin{pmatrix} 2 & 0 \\ 0 & 2 \end{pmatrix} = 2I$

$A^{-1} = \dfrac{1}{2}A$

b) $A^{13} = 64A$

7 $X = \begin{pmatrix} 3 & -3/2 & 3/2 \\ 6 & -1 & -3 \end{pmatrix}$ $Y = \begin{pmatrix} -5 & 2 & -3 \\ -9 & 2 & 4 \end{pmatrix}$

8 a) $-1/27$ b) $-1/3$ c) 6

9 $\begin{cases} x - y + 4z = 11 \\ 3x + y = 5 \to y = 5 - 3x \\ -x + z = 2 \to z = x + 2 \end{cases}$

Solución: $x = 1, y = 2, z = 3$

10 Para $m = 2$, hay infinitas matrices $X = \begin{pmatrix} -2\mu + \lambda \\ \mu \\ \lambda \end{pmatrix}$, λ o bien $\mu \neq 0, \lambda, \mu \in \mathbb{R}$, que verifican la igualdad $AX = mX$.

Si $m \neq 2$, el sistema es compatible determinado con solución (0, 0, 0).

11 $B = \begin{pmatrix} b+d & b \\ b & d \end{pmatrix}, b, d \in \mathbb{R}$

12 $\begin{vmatrix} 1 & 2 & 3 & 4 \\ 1+a & 2+a & 3+a & 4+a \\ a & a & a & a \\ 5 & 6 & 7 & 8 \end{vmatrix} =$

$= \begin{vmatrix} 1 & 2 & 3 & 4 \\ 1 & 2 & 3 & 4 \\ a & a & a & a \\ 5 & 6 & 7 & 8 \end{vmatrix} + \begin{vmatrix} 1 & 2 & 3 & 4 \\ a & a & a & a \\ a & a & a & a \\ 5 & 6 & 7 & 8 \end{vmatrix} = 0 + 0 = 0$

13 a) El sistema no tiene solución.

Interpretación geométrica: son tres rectas que se cortan dos a dos.

b) Como $ran(M) = ran(M') = 3 =$ n.º de incógnitas, el sistema es compatible determinado.

Solución: $x = -\dfrac{3}{5};\ y = \dfrac{4}{5};\ z = -\dfrac{2}{5}$.

Interpretación geométrica: son cuatro planos que se cortan en un punto.

14 • Si $m \neq 0$ y $m \neq \pm 1$ el sistema es compatible determinado. La solución es:

$x = \dfrac{2(a - 1 - m^2 + m)}{m(m^2 - 1)}$

$y = \dfrac{-a + m^2 - m + 1}{m(m-1)}$

$z = \dfrac{1 - a}{m(m-1)}$

• Si $m = 0, a = 1$, es compatible indeterminado:

Solución: $x = -2 - 2t, y = 1 + t, z = t$

• Si $m = 0$ y $a \neq 1$, es incompatible.

• Si $m = 1$ y $a = 1$, es compatible indeterminado:

Solución: $x = -2 - 2t, y = 1 + t, z = t$

• Si $m = 1$ y $a \neq 1$, es incompatible.

• Si $m = -1$ y $a = 3$, es compatible indeterminado:

Solución: $x = t, y = 0, z = -1$

15 El sistema es incompatible si $a \neq 0$ y $a \neq 3$.

No es posible encontrar valores de a para los cuales el sistema sea compatible indeterminado.

16 a) $ran(A) = ran(A') = 2$. El sistema es compatible indeterminado. Su solución es $(\lambda, \lambda, \lambda)$.

b) Sí, es posible añadir una ecuación que lo convierta en compatible determinado. La ecuación que se añada debe ser linealmente independiente de las otras.

Por ejemplo: $x + y + z = 1$.

No es posible añadir una ecuación que lo convierta en incompatible, porque para cualquier ecuación que se añada, $ran(A') = 3$.

Unidad 4

1 a) $a = b = c = 0$

b) Sí, forman una base.

c) $\vec{r} = -\frac{1}{5}\vec{u} + \frac{4}{5}\vec{v} - \frac{3}{5}\vec{w}$

2 $|\vec{u}| = 4$; $|\vec{v}| = 6$; $\widehat{(\vec{u}, \vec{v})} = 67° \ 47' \ 26''$

Vector proyección de $\vec{u}$ sobre $\vec{v} = \frac{4-\sqrt{3}}{9}(4, -2, -4)$

3 a) $m = 0$

b) $\vec{w} = \vec{u} \times \vec{v} = (-28, -21, 0)$

c) $\vec{u'} = \left(\frac{3}{5}, \frac{-4}{5}, 0\right)$; $\vec{v'} = (0, 0, 1)$; $\vec{w'} = \left(\frac{-4}{5}, \frac{-3}{5}, 0\right)$

d) Sí.

4 a) $a = \frac{-3}{6-b}$

b) $b = \frac{11}{3}$

5 $m = 0$, $m = \frac{-24}{5}$

6 Hay dos soluciones:

$(\sqrt{7,5}; \sqrt{67,5}; 5)$ y $(-\sqrt{7,5}; -\sqrt{67,5}; 5)$

7 $m = 3$, $m = -2$

Unidad 5

1 a) Ecuaciones implícitas de la recta: $r: \begin{cases} x = 1 \\ z = 3 \end{cases}$

Ecuación del plano: $\pi: -x + 7y + 4z - 3 = 0$

La recta y el plano se cortan.

b) (1, –8/7, 3)

2 $x + 3y + z - 9/2 = 0$

3 $\pi: x + 14y + 11z + 12 = 0$

4 $y = z$

5 Las dos rectas se cruzan si $k = 2$.

Las rectas se cortan en el punto (3, 1, 4) si $k = 5$.

6 Si $m \neq 2$, los planos se cortan en un punto.

Si $m = 2$, los planos se cortan en una recta, $r: \begin{cases} x = -1 - 2\lambda \\ y = 3 + 3\lambda \\ z = \lambda \end{cases}$.

7 $s: \begin{cases} 9x + 2y - z - 17 = 0 \\ 3x + y - 6 = 0 \end{cases}$

Unidad 6

1 a) $dist(A, \pi') = \frac{4}{7}\sqrt{2}\sqrt{7}$ u b) $A'(0, -2, -3)$

c) $\widehat{(s, \pi)} = arc\ sen \frac{4}{\sqrt{35}}\sqrt{2} = 73°$

2 a) Es un plano. $\pi: -x + 3y - 2z - 6 = 0$

b) $\vec{n_\pi} = (-1, 3, -2)$

$\overrightarrow{PQ} = (-2, 6, -4) = 2(-1, 3, -2)$

$\overrightarrow{PQ} \parallel \vec{n_\pi} \to \pi \perp \overrightarrow{PQ}$

El punto medio de PQ es $M = (4, 4, 1) \in \pi$

π es perpendicular al segmento y pasa por su punto medio.

c) $A(-6, 0, 0)$, $B(0, 2, 0)$, $C(0, 0, -3)$

$\overrightarrow{AC} = (6, 0, -3)$

Área del triángulo $ABC = 3\sqrt{14}$ u^2

d) $V = 6$ u^3

3 $A'(9, 1, 0)$

4 a) $S(4, 1, 1)$

b) 3,54 u

5 a) $t: \begin{cases} 3x + 5y - z - 30 = 0 \\ 2x - y + z + 4 = 0 \end{cases}$

b) $dist(r, s) = \frac{3\sqrt{210}}{14}$

6 a) Centro: (2, 0, –1); radio = 5

b) Radio = 4

Bloque II

1 $(\sqrt{2}, 0, \sqrt{2})$ y $(-\sqrt{2}, 0, -\sqrt{2})$

2 a) $3\sqrt{2}$ u^2

b) $\alpha = 45°$

c) 6 u^3

3 a) (1, 1, 0) b) $\sqrt{2}$

4 $\vec{d}(1, 1, -1)$

$\begin{cases} x = \lambda \\ y = \lambda \\ z = 2 - \lambda \end{cases}$

5 $x - z + 1 = 0$

6 Área $= \frac{3}{2}$ u^2

7 $(x, y, z) = (1, 2, 3) + \lambda(1, 2, 0)$

8 a) $a = -2,\ b = -\frac{1}{2}$

b) No.

9 $k = -2$

$\pi: x - y - 2z - 2 = 0$

10 a) $\vec{v}_r = (1, 1, 1);\ \vec{v}_s = (3, 3, 1);$

$P(0, 0, 0) \in r;\ Q\left(0, -1, -\frac{1}{3}\right) \in s$

$\overrightarrow{PQ} = \left(0, -1, -\frac{1}{3}\right)$

$$\begin{vmatrix} 1 & 3 & 0 \\ 1 & 3 & -1 \\ 1 & 1 & -1/3 \end{vmatrix} \neq 0$$

b) $t: \begin{cases} -x - y + 2z = 0 \\ -x - y + 6z = -1 \end{cases}$

11 $P(1, -2, 0)$

$Q(4, 1, 3)$

12 a) Si $a = -\frac{13}{2}$, las rectas se cortan.

Si $a \neq -\frac{13}{2}$, las rectas se cruzan.

b) $\alpha = 90°$

13 $x - 2y - 4z - 5 = 0$

14 a) $Q(0, 0, 0)$

b) $R_1(2, 2, -2),\ R_2(-2, -2, 2)$

15 $(x, y, z) = (1, 1, 1) + \lambda(0, 1, -1)$

16 a) Son paralelas.

b) $10/3\ u^2$

17 Hay dos soluciones:

$x - 3y - z + 3\sqrt{11} - 2 = 0;\quad x - 3y - z - 3\sqrt{11} - 2 = 0$

18 Hay dos soluciones: $(2, -2, 2)$ y $(4, -4, 4)$.

19 $r: \begin{cases} 2x - y + 5 = 0 \\ x - 2z = 0 \end{cases}$

20 Los puntos equidistantes a ambos planos son los planos $y = -4$ y $x = 1$.

21 a) Centro: $(1, -3, 0)$. Radio: 7

b) $z = 7$

Unidad 7

1 a) 0 b) $\frac{1}{e}$ c) 1 d) 1

2 a) f es continua en $\mathbb{R} - \{0, -3\}$.

En $x = 0$ tienen una discontinuidad de salto infinito.

En $x = -3$ tiene una discontinuidad evitable.

b) $\lim\limits_{x \to +\infty} f(x) = -1 \qquad \lim\limits_{x \to -\infty} f(x) = -1$

c)

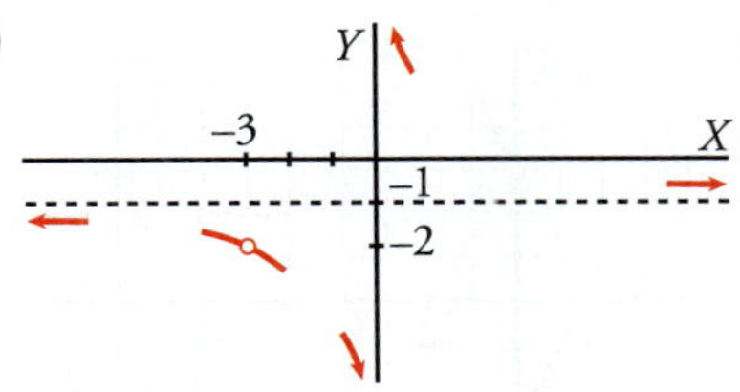

3 a) $f(x)$ es discontinua en $x = -2$, ya que no existe en ese punto.

$f(x)$ es discontinua en $x = 0$, ya que:

$$\lim_{x \to 0^-} f(x) = 0 \neq \lim_{x \to 0^+} f(x) = 1$$

b) $\lim\limits_{x \to +\infty} f(x) = +\infty,\quad \lim\limits_{x \to -\infty} f(x) = 1$

4 $a = 1,\ b = 1$

5 $Dom = \mathbb{R} - \{0, -3\}$; Hay que asignar $f(0) = 16/3$.

6 Definimos $g(x) = f(x + 1) - f(x)$.

La función g es continua en $[0, 4]$ y *signo de* $g(0) \neq$ *signo de* $g(4)$.

Según el teorema de Bolzano, existe $c \in (0, 4)$ tal que $g(c) = 0$ y, por tanto, $f(c + 1) = f(c)$.

7 f es continua en $\mathbb{R}$. $f(0) = 1$ y $f(5) \approx 5{,}007$.

Por el teorema de los valores intermedios, existe $c \in (0, 5)$ tal que $f(c) = 4$ y, por tanto, $c + e^{-c} = 4$.

Unidad 8

1 a) $y' = \dfrac{3x - 1}{\sqrt{x - 1}}$

b) $y' = \dfrac{-3}{x^2 + 9}$

c) $y' = 2\,\dfrac{\cos x}{\operatorname{sen} x}$

d) $y' = \dfrac{\ln 2}{3}\, 2^{(x-1)/3}$

e) $y' = -(tg\,x)^{1-x} \ln(tg\,x) + (1 - x)(1 + tg^2\,x)(tg\,x)^{-x}$

f) $y' = \dfrac{y - 2x}{2y - x}$

2 $f(x) = \begin{cases} x^2 + x & \text{si } x < -2 \\ -x^2 - 3x & \text{si } -2 \le x \le 0 \\ x^2 + 3x & \text{si } x > 0 \end{cases}$

a) $f'(x) = \begin{cases} 2x + 1 & \text{si } x < -2 \\ -2x - 3 & \text{si } -2 < x < 0 \\ 2x + 3 & \text{si } x > 0 \end{cases}$

b) $f''(x) = \begin{cases} 2 & \text{si } x < -2 \\ -2 & \text{si } -2 < x < 0 \\ 2 & \text{si } x > 0 \end{cases}$

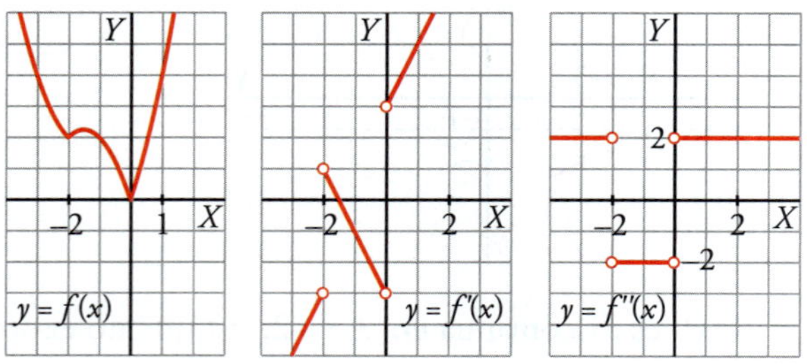

3 La función es continua en $\mathbb{R}$ y derivable en $\mathbb{R} - \{1\}$. En $x = -1$, $f'(x) = 0$.

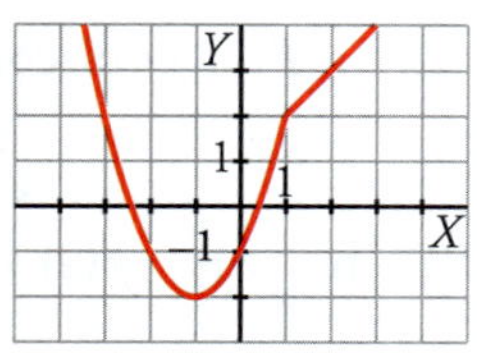

4 La función es continua pero no derivable en $x = 0$. Lo mismo ocurre en $x = 1$.

5 $a = 2$; $b = 2$

f es derivable en $\mathbb{R} - \{0\}$.

6 f es derivable en $\mathbb{R} - \{-2, 1\}$.

$f'(-4) = 0$; $f'(0) = 0$; $f'(3) = -1$

Unidad 9

1 $\left(\dfrac{\pi}{2} + 2k\pi, 0\right)$

2 Hay un máximo en (1, 1).

Crece en $(-\infty, 1) \cup (2, +\infty)$.

Decrece en (1, 2).

Es cóncava en $(2, +\infty)$, y convexa en $(-\infty, 2)$.

3 Es creciente en $\left[0, \dfrac{\pi}{2}\right) \cup \left(\dfrac{3\pi}{2}, 2\pi\right]$.

Es decreciente en $\left(\dfrac{\pi}{2}, \dfrac{3\pi}{2}\right)$.

Tiene un máximo en $\left(\dfrac{\pi}{2}, e^{\pi/2}\right)$.

Tiene un mínimo en $\left(\dfrac{3\pi}{2}, -e^{3\pi/2}\right)$.

4 a) f es convexa en $(0, e^{-3/2})$ y cóncava en $(e^{-3/2}, +\infty)$.

Tiene un punto de inflexión de coordenadas: $\left(e^{-3/2}, -\dfrac{3}{2}e^{-3}\right)$.

b) $y = -\dfrac{3}{2}e^{-3} - 2e^{-3/2}(x - e^{-3/2})$

5 $a = 1$, $b = -3$, $c = 0$, $d = 4$

6 $\left(-\dfrac{\sqrt{3}}{3}, \dfrac{3}{4}\right)$

7 Altura = $6\sqrt{3}$ cm, radio = $3\sqrt{6}$ cm.

8 La función no cumple las hipótesis del teorema de Rolle en [–2, 2] al no ser derivable en $x = 0$.

Por tanto, no podemos asegurar la existencia de $c \in (-2, 2)$ tal que $f'(c) = 0$.

Unidad 10

1

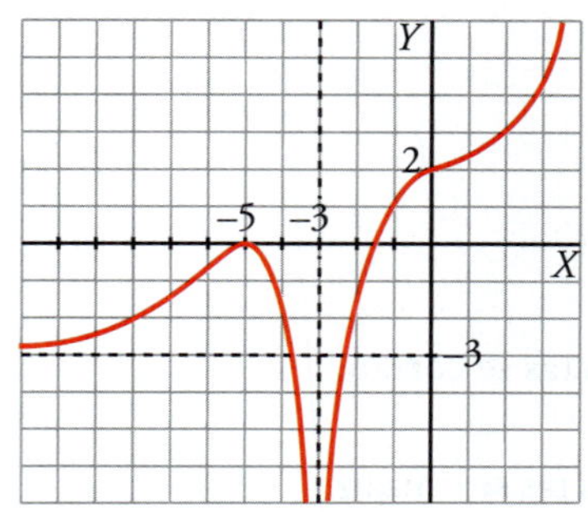

2 a) *Dom* = $\mathbb{R}$

Tiene una asíntota horizontal en $y = 0$ cuando $x \to +\infty$.

Tiene un rama infinita: la función tiende a $+\infty$ cuando $x \to -\infty$.

Decrece en $(-\infty, 0) \cup (2, +\infty)$. Crece en (0,1).

Tiene un máximo relativo en el punto (2,1). Tiene un mínimo absoluto en (0,0).

Tiene un punto de inflexión en (1, 1/2).

b) *Dom* = $\mathbb{R} - \{2\}$

Tiene una asíntota vertical en $x = 2$ y oblicua en $y = x$.

Tiende a $-\infty$ cuando $x \to -\infty$, y la función tiende a $+\infty$ cuando $x \to +\infty$.

Es creciente en todo su dominio. No tiene puntos singulares.

3 Su grado será, al menos, 5.

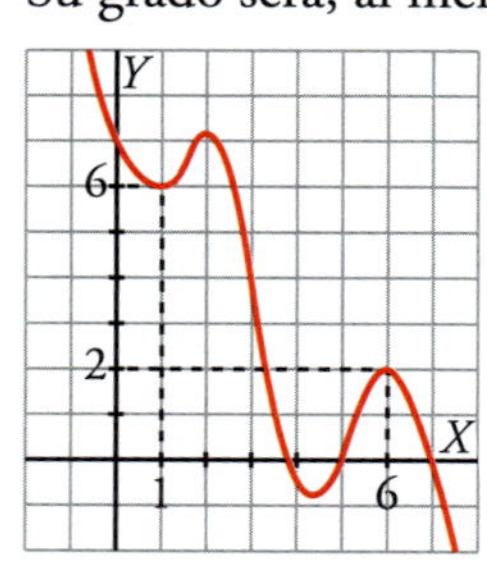

4 a)

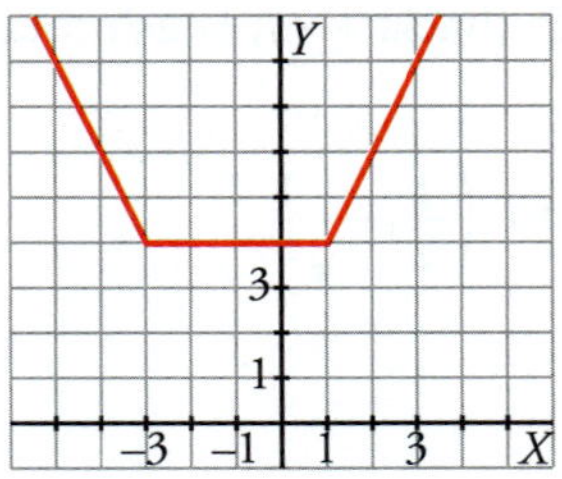

b)

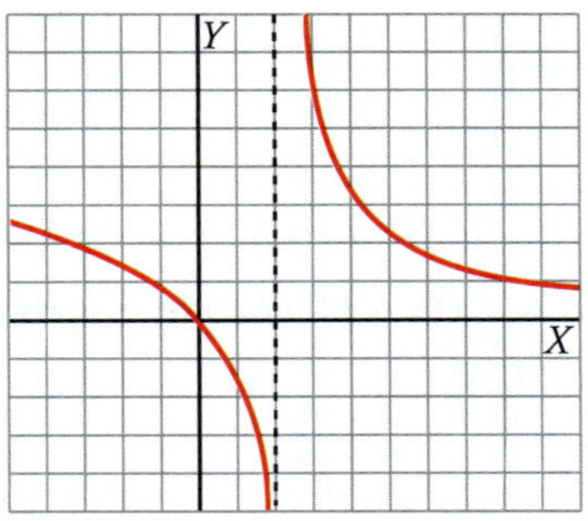

5 a)

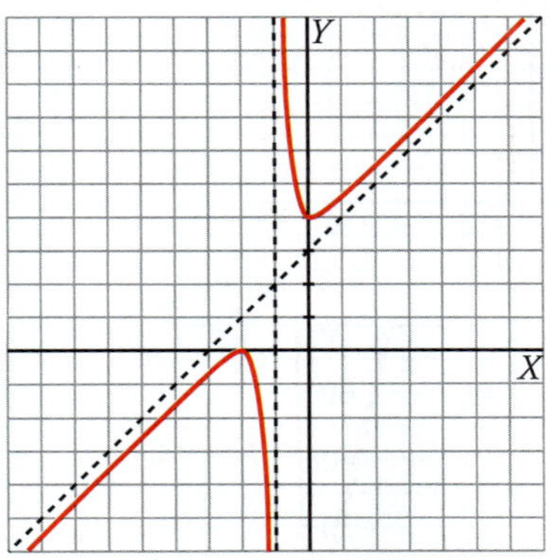

b)

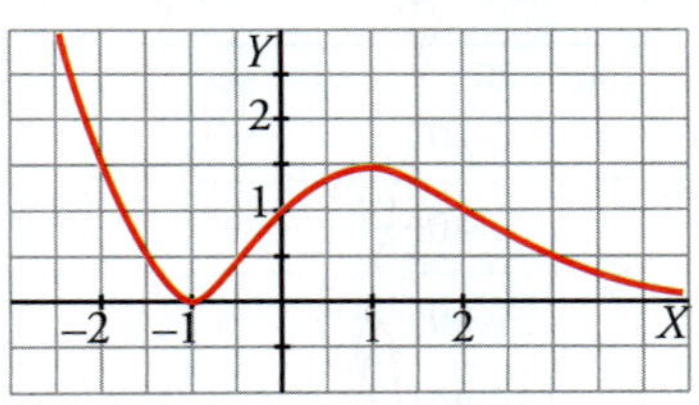

6 Corta a los ejes en (0, 0).

Tiene un máximo en (0, 0).

Decrece en (0, 1) y crece en (–1, 0).

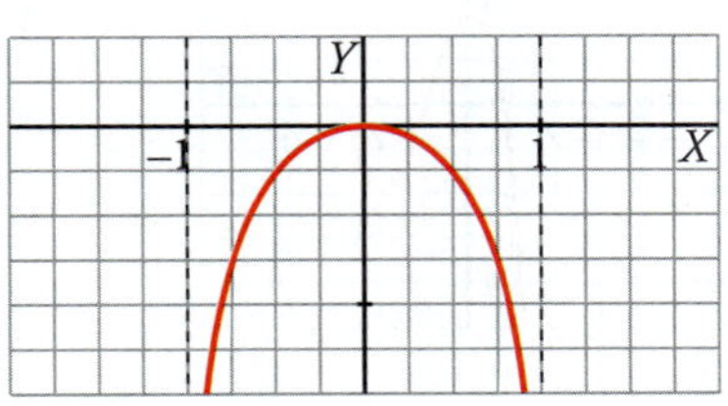

7 $f(x)$ tiene un mínimo en (–2, –2). No tiene asíntotas.

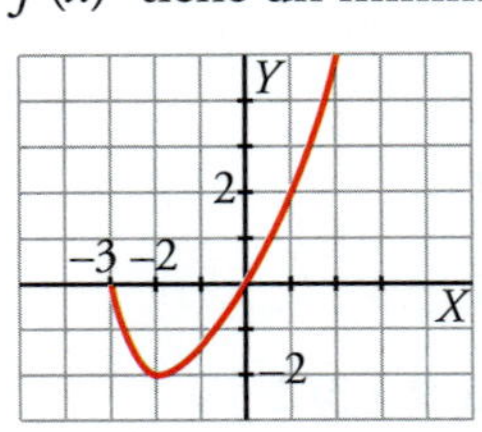

8 a)

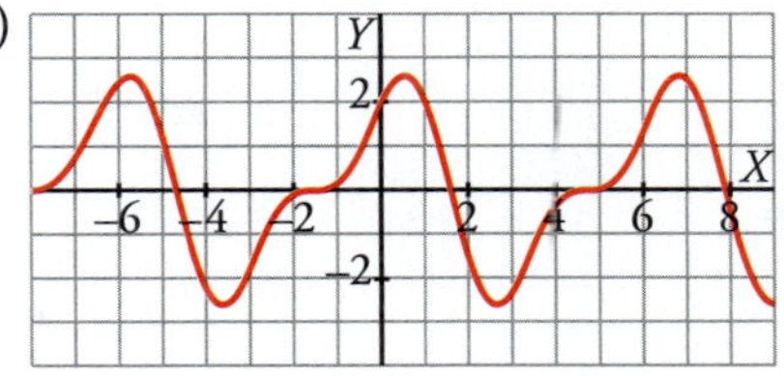

b)

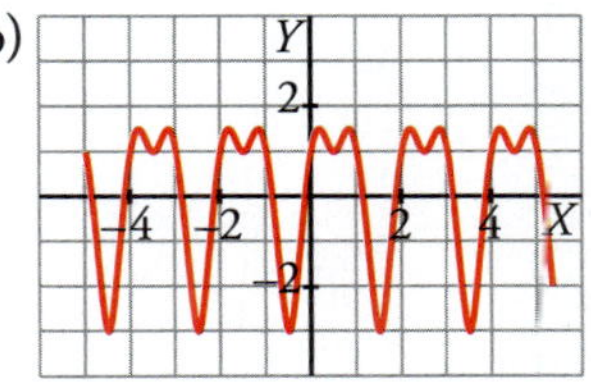

Unidad 11

1 $sen\,x - ln\,|cos\,x| + k$

2 $ln\,x^2 + \frac{2}{3}\sqrt{x^3} + k$

3 $\frac{3}{16}\sqrt[3]{(2x^2+1)^4} + k$

4 $\frac{tg^3\,x}{3} + k$

5 $\frac{1}{ln\,2}2^{sen\,x} + k$

6 $-cos\,(ln\,x) + k$

7 $\frac{3}{10}ln|x-3| + \frac{7}{10}ln|x+7| + k$

8 $-\frac{1}{9}\,arc\,tg\left(\frac{x}{3}\right) + k$

9 $\frac{2}{3}\sqrt{x^3} - x + 4\sqrt{x} - 4\,ln\,(\sqrt{x}+1) + k$

10 a) $\frac{1}{2}e^{2x}\left(x + \frac{19}{2}\right) + k$

b) $I = \frac{x\,cos(ln\,x) + x\,sen(ln\,x)}{2} + k$

11 a) $f(x) = \frac{x-2}{x+1}$ b) $g(x) = x - 3ln\,|x+1| + 1$

12 a) $-\frac{1}{2}\,arc\,tg\,(cos\,2x) + k$

b) $\frac{3}{2}\,ln\,(x^2 - 4x + 6) + 4\sqrt{2}\,arc\,tg\left(\frac{x-2}{\sqrt{2}}\right) + k$

13 $f(x) = \begin{cases} 2x^2 + 3x & \text{si } x \le 2 \\ x^2 + 7x - 4 & \text{si } x > 2 \end{cases}$

14 $F(x) = \begin{cases} -\frac{x^2}{2} - 2x + k & \text{si } x < -2 \\ \frac{x^2}{2} + 2x + 4 + k & \text{si } x \ge -2 \end{cases}$

15 $F(x) = \frac{1}{2}\,tg\,x + \frac{1}{2}\,x - \frac{\pi}{2}$

16 $f(x) = x^2 - 4x + 5$

Unidad 12

1 a) Área = $\frac{21}{4}$ u^2

b) 4 u^2 cada uno

2 9 u^2

3 $\frac{5}{2}$ u^2

4 $\frac{1}{2}$ u^2

5 2 u^2

6 a) $F'(e) = 4e$

b) $F''(x) = 0 \Leftrightarrow x = e^{-1} < 1$, que no pertenece al dominio de definición de F. Es decir, F'' no se anula en su dominio de definición.

7 a) $V = \pi\int_0^6 \left(\frac{5}{6}x\right)^2 dx = 50\pi$ u^3

b) $V = \pi\int_0^a \left(\frac{r}{a}x\right)^2 dx = \frac{\pi r^2 a}{3}$

Bloque III

1 a) $-\frac{1}{2}$ b) 0 c) 0 d) e^3

2 $a = -\frac{1}{2}$ $b = -\frac{5}{2}$

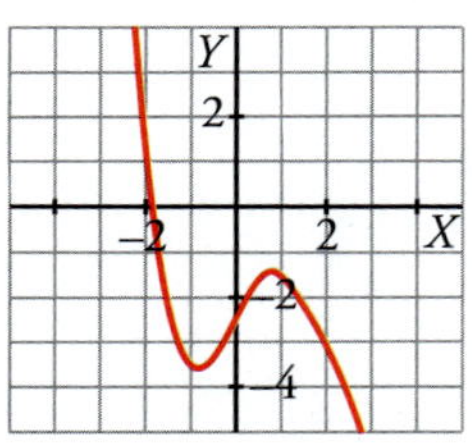

3 a) $a = 0$ b) $f'(x) = \begin{cases} (2x + x^2) & x < 0 \\ 1 + ln\, xe^x & x > 0 \end{cases}$ c) $2 - \frac{5}{e}$

4 a) $a = 0$, $b = 1$

b) La función tiene un máximo relativo en (0, 0).

5 a) $f(x)$ es creciente en todo su dominio de definición.

b) $\lim\limits_{x \to +\infty} f(x) = +\infty$; $\lim\limits_{x \to -\infty} f(x) = -\infty$ y $f'(x) > 0$.

Intervalo donde $f(x) = 0 \to [-1, 0]$.

c)

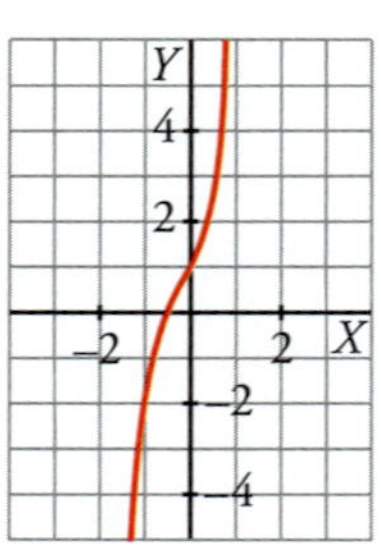

6 Asíntota horizontal: $y = 0$ (hacia $+\infty$); la asíntota va por debajo de la curva.

Máximo $\left(3, \frac{9}{e^3}\right)$. Mínimo $\left(\frac{1}{2}, -\frac{1}{e^{1/2}}\right)$

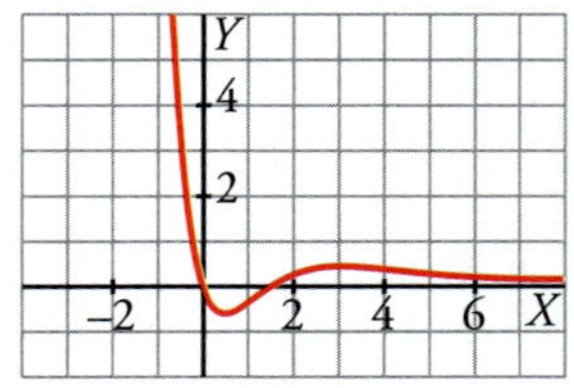

7 a) Asíntota vertical: $x = 1$; Si $x \to 1$, $f(x) \to +\infty$.

Asíntotas oblicuas $y = \pm(x + 1)$ cuando $x \to \pm\infty$.

b) Mínimos: (0, 0) y (2, 4)

c)

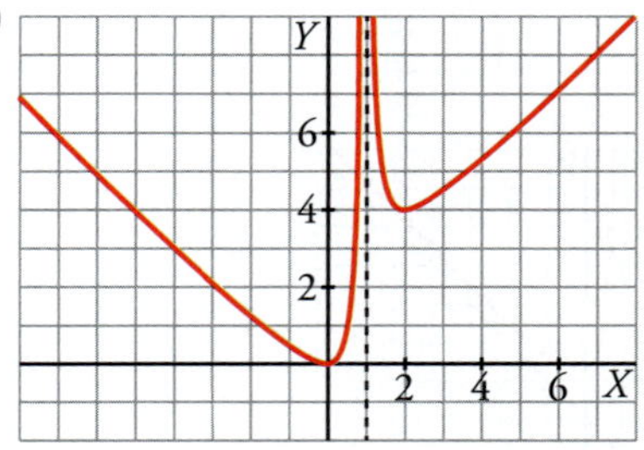

8 $a = 4$, $b = -10$

$f(x) = \frac{4x^2 - 10}{4 - x}$

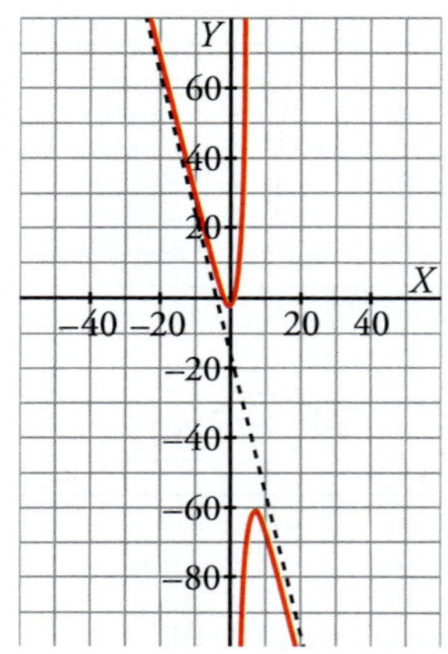

9 $a = 1$

$b = -3$

$c = 0$

$d = 2$

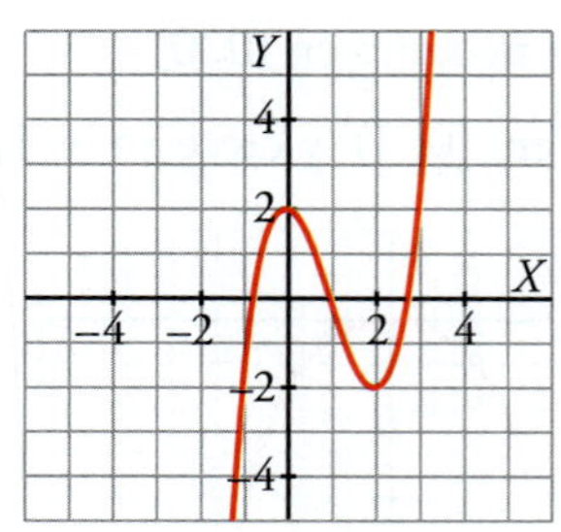

10 Distancia al centro, $\sqrt{50}$ cm.

11 $a = -\frac{3}{2}$, $b = \frac{1}{2}$

$$f(x) = \begin{cases} -\frac{3}{2}x + \frac{1}{2}x^2 & \text{si } 0 \le x \le 2 \\ -2 + \sqrt{x - 1} & \text{si } 2 < x \le 5 \end{cases}$$

El teorema de Rolle se cumple en $c = 3/2$.

12 a) $f'(x) = x^x(1 + \ln x) - 2^x \ln 2$. Es continua en $\mathbb{R}$.

$f'(1) < 0$, $f'(2) > 0$. Aplicando el teorema de Bolzano, existe $\alpha \in (1, 2)$ tal que $f'(\alpha) = 0$.

b) $f(1) = 0$, $f(3) = 20$. Sí, es posible que exista β tal que $f(\beta) = 20$, ya que $10 \in [0, 20]$.

c) $y = 1 + 4(x - 2)$. $f(x)$ es continua y derivable.

13 Hay dos puntos donde se cumple el teorema del valor medio, $c = 1/2$ y $c = -1/2$.

14 a) $\frac{1}{4}\sqrt{4x^2+1} + k$

b) $\frac{1}{3}(e^3 - 1)$

15 a) $y = -x^2 + 2x$

b) 4/3

16 $a = \sqrt{\frac{3}{2}}$

17 Área = 8 u^2

18 Área = $\left|\frac{1}{2} - \frac{1}{2}\ln 2 - \frac{\pi}{4}\right| \approx 0{,}63\ u^2$

Unidad 13

1 a) E = {(c, c, c), (c, c, +), (c, +, c), (c, +, +), (+, c, c), (+, c, +), (+, +, c), (+, +, +)}

A = {(c, c, +), (c, + , c), (c, +, +), (+, c, c), (+, c, +), (+, +, c)}

B = {(c, +, +), (+, c, +), (+, +, c), (+, +, +)}

b) $P[A/B] = P[A \cap B]/P[B] = \frac{3}{8} : \frac{4}{8} = \frac{3}{4}$; $P[A] = \frac{6}{8}$ $\Bigg\}$ $P[A/B] = P[A]$

A y B son independientes.

2 a) $P[B/A] = \frac{3}{16}$

b) $P[A \cap B] = P[A] \cdot P[B] \rightarrow \frac{3}{16} \rightarrow$ son independientes pero no incompatibles ya que $P[A \cap B] \neq 0$.

3 a) P[🔴] = $\frac{5}{10}$ P[🟢] = $\frac{2}{10}$ P[⚫] = $\frac{3}{10}$

$P[1] = \frac{6}{10}$ $P[2] = \frac{4}{10}$

b) P[🔴 ∩ 1] = $\frac{3}{10}$ P[🔴/1] = $\frac{3}{6}$ P[1/🔴] = $\frac{3}{5}$

c) P[🟢/1] = $\frac{1}{6}$ P[⚫/1] = $\frac{2}{6}$

d) P[1/🔴] = $\frac{3}{5}$ = P[1], luego «1» y «🔴» son independientes.

4

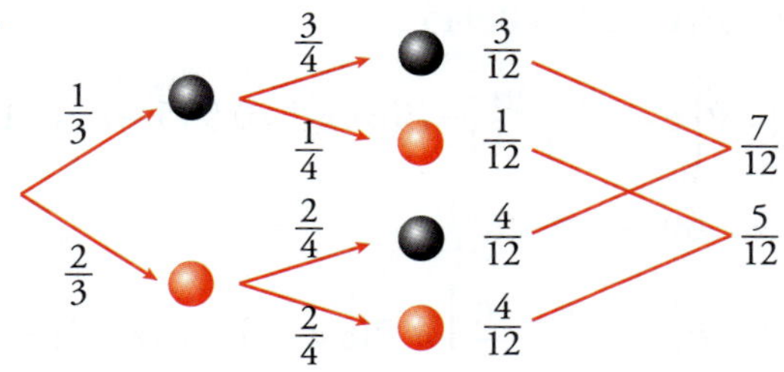

a) P[1.ª🔴 y 2.ª🔴] = $\frac{4}{12}$ P[2.ª🔴/1.ª🔴] = $\frac{2}{4}$

b) P[1.ª⚫ y 2.ª🔴] = $\frac{1}{12}$ P[2.ª🔴/1.ª⚫] = $\frac{1}{4}$

P[2.ª 🔴] = $\frac{5}{12}$

c) P[2.ª⚫] = $\frac{7}{12}$ P[1.ª⚫/2.ª🔴] = $\frac{P[1.ª⚫ \text{ y } 2.ª🔴]}{P[2.ª🔴]} = \frac{1}{5}$

5 a) $P[T \cup R] = 0{,}90$

b) $P[T/R] = 0{,}8125$

6 a) i) $P[\overline{D}] = 0{,}967$

ii) $P[A/D] = 0{,}404$

b) 50 defectuosos.

Unidad 14

1 a)

x_i	5	6	7	8	9	10
p_i	0,1	0,3	0,2	0,1	0,1	0,2

$\mu = 7{,}4$

$\sigma = 1{,}69$

b) $P[x > 7] = 0{,}1 + 0{,}1 + 0{,}2 = 0{,}4$

$P[x < 7] = 0{,}1 + 0{,}3 = 0{,}4$

2 a) P[2 📌 y 4 ∠] = $\binom{6}{2}0{,}3^2 \cdot 0{,}7^4 = 0{,}3241$

b) P[Ninguna 📌] = 0,1176

c) P[Alguna 📌] = 0,8824

d) P[3 📌 y 3 ∠] = 0,1852

3

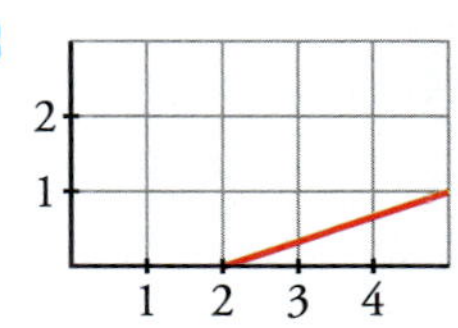

Es función de densidad porque es no negativa y el área bajo la recta es 1.

a) 0 b) 0,25

c) 0,4375 d) 0,3125

4 a) $P[1{,}53 < z < 2{,}1] = 0{,}0451$

$P[-1{,}53 < z < 2{,}1] = 0{,}9191$

b) $b = -0{,}25$, $k = 1{,}65$

5 a) 0,0113

b) 0,0228

c) 0,9655

6 $N(20, \sigma)$; $P[x < 28] = 0{,}945$

$$P[x<28]=P\left[z<\frac{28-20}{\sigma}\right]=P[z<z_0]=0{,}945 \rightarrow z_0=1{,}60$$

$$\frac{28-20}{\sigma}=1{,}60 \rightarrow \sigma=5$$

$$P[x<15]=P\left[z<\frac{15-20}{5}\right]=P[z<-1]=P[z>1]=$$

$$=1-P[z<1]=1-0{,}8413=0{,}1587$$

$0{,}1587 \cdot 177 = 28{,}09$

Aproximadamente, 28 días tardaré menos de un cuarto de hora en llegar.

7 La probabilidad es 0,0158.

Bloque IV

1 $P[B] = 0{,}38$; $P[A \cup B] = 0{,}59$; $P[A \cap B] = 0{,}12$

2 a) 0,72

b) 0,28

c) 0,3

3 a) 0,35

b) 0,25

4 $P[●/1] = \frac{1}{5}$; $P[1 \text{ y } ●] = \frac{1}{30}$; $P[●] = \frac{16}{30}$

$P[○] = \frac{14}{30}$; $P[1/●] = \frac{1}{16}$

$P[1/●]$ significa que ha salido finalmente bola roja y nos preguntamos por la probabilidad de que en el dado hubiera salido 1.

5 a)

	AZUL	VERDE	NEGRO	MARRÓN	TOTAL
GAFAS	11	5	**14**	25	55
LENTILLAS	**9**	**10**	**11**	**15**	**45**
TOTAL	20	15	25	**40**	100

b) $P[\text{AZUL}] = 0{,}20$ $P[\text{GAFAS}] = 0{,}55$

$P[\text{AZUL y GAFAS}] = 0{,}11$

c) $P[\text{AZUL/GAFAS}] = 0{,}20$ $P[\text{GAFAS/AZUL}] = 0{,}55$

d) Son independientes porque, por ejemplo:

$P[\text{GAFAS/AZUL}] = P[\text{GAFAS}]$

6 a) 0,375 b) 0,3636

7 a) $k = 0{,}23$

b) $P[13 \leq x_i \leq 15] = 0{,}52$

c) $\mu = 13{,}92$ y $\sigma = 1{,}73$

8 a) $P[x = 0] = 0{,}0060$

$P[x = 1] = 0{,}0403$

$P[x > 1] = 1 - [P[0] + P[1]] = 0{,}9537$

b) $\mu = 4$ y $\sigma = 1{,}55$

9 a) La probabilidad es del 4,01 %. Falso.

b) La probabilidad es del 3,43 %. Falso.

c) El número esperado de análisis es 92, no 8.

10 a) 0,62 % b) 98,76 %

11 a) 0,2718 b)22,37 kg

12 a) 0,8508

b) Es aproximadamente 0.

c) 0,9495

Suma Piezas es un proyecto educativo de Anaya para Bachillerato.

En la realización de esta obra han intervenido:

EDICIÓN: Joaquín Montón

DISEÑO Y GRÁFICOS: Miguel Ángel Castillejos, Miguel Ángel Díaz-Rullo, Patricia G. Serrano

MAQUETACIÓN: Isabel Pérez

CORRECCIÓN: Mercedes Pérez

EDICIÓN GRÁFICA: Olga Sayans

FOTOGRAFÍA: Age Fotostock (Bridgeman Images, CSP_MaykovNikita, DEA PICTURE LIBRARY, Fine Art Images, Image Asset Management, Sammlung Rauch, Science Source, The Granger Collection, Zoonar.com/Patrick Guenette), Alamy/Cordon Press (Artokoloro, Chris Hellier, Colport, EDR archives, GL Archive, Hi-Story, History and Art Collection, incamerastock, Neftali, Photimageon, PjrStatues, sciencephotos, stivog, The History Collection, Yogi Black), Album Archivo Fotográfico (akg-images, WARNER BROTHERS), Archivo Anaya (Candel, C.; Cosano, P.; Enríquez, S.; García Pelayo, Á.; Hernández Moya, B.; Leiva, Á.; Lezama, D.; Martin, J.; Martínez Bravo, R.; Marín, E.; Ortiz, J.; Osuna, J.; Padura, S.; Peñuela Py, E.; Sánchez, J.), Dreamstime (Georgios Kollidas, Yingko), Getty Images (Keystone, Photo12/Universal Images Group), iStock/Getty Images (aapsky, aarondf2003, AlexLMX, blueskyline, claudiodivizia, dwphotos, Halfpoint, Helin Loik-Tomson, Hendra Su, humancode, JoeGough, Juan Enrique del Barrio Arri, Larasoul, olgalngs, PaulFleet, propeller, pxel66, undrey),NASA, Trevillion Images (Jill Ferry), 123RF(abxyz, Alexey, Anna Ivanova, epicstockmedia, gayane1966, georgejmclittle, Georgios Kollidas, Heiko Kueverling, HONGQI ZHANG, Isogood, Ivan Cholakov, Jevgenij Avin, katrinaelena, Liew Hooi Feng, Marco Rubino, Monsit Jangariyawong, Olga Popova, Parinya Yodchompoo, Peter Hermes Furian, Philippe Halle, sedmak, Serhii Kamshylin, tarzhanova, Vacheslav Krisanov, Viktorija Reuta, Zvonimir Atletic).

Fundación Bertelsmann
Por el empleo juvenil

ORIENTACIÓN ACADÉMICA Y PROFESIONAL: elaborada con el asesoramiento de la Fundación Bertelsmann. Coordinación: Juan José Juárez Calvo. Colaboración como expertas: Sara Lozano Santiago, Belén Pérez Castro y Pilar Vázquez Hernández.

COMPROMISO ODS

Nuestras publicaciones mantienen el rigor en el uso y en la selección de los contenidos, en las imágenes y en el lenguaje, para cumplir con la **no discriminación** por razón de género, cultura u opinión.

Grupo Anaya considera la **responsabilidad social** y **medioambiental** como uno de sus valores fundamentales. Por ello, se compromete a:

· mejorar nuestros resultados en materia de medio ambiente,

· reducir nuestras emisiones de carbono,

· hacer uso de los recursos naturales de manera responsable y

· eliminar cualquier impacto negativo de nuestra actividad en los bosques en peligro.

Dichos compromisos, entre otros, hacen que **el 100 % del papel utilizado** en nuestros libros tenga el sello **PEFC.**

Importante:

Las **actividades** propuestas en este libro deben ser realizadas en cuadernos u hojas sueltas; nunca en el propio libro.

Los **enlaces** a las páginas web que aparecen en este libro han sido revisados en la fecha de su impresión. La editorial no se hace responsable de las modificaciones o las anulaciones que se produzcan en ellos con posterioridad a dicha fecha.

ISBN: 978-84-698-8453-9 - Depósito Legal: M-7242-2021 - Printed in Spain.

ET040676/1E1I - 8470043